D1725934

Günther Mechelke

Einführung in die Analog- und Digitaltechnik

4. Auflage

Stam 0505

Stam Verlag
Fuggerstraße 7 · 51149 Köln

ISBN 3-8237-**0505**-9

Wie dieses Buch zu lesen ist

Wer über *keinerlei Vorkenntnisse* verfügt, liest das ganze Buch bzw. ein bestimmtes Kapitel Zeile für Zeile ...

Wenn *einige Vorkenntnisse* vorhanden sind, empfiehlt es sich, zunächst nur die Merkkästen zu lesen. Diese ermöglichen eine schnelle Erfassung des Inhalts bzw. der angesprochenen Thematik, denn:

> Alle wichtigen **Fakten, Betrachtungen, Schlußfolgerungen, Zusammenfassungen und Merksätze** sind in Merkkästen festgehalten.

Wer noch *mehr Information* sucht, findet diese als nächstes in den zugeordneten Bildern.
Ganz ausführlich informiert schließlich der Text.

Abschnitte für *Experten, Tüftler, Spezialisten* und *Praktiker* sind als solche gekennzeichnet.

Aufgaben, die mit einem Stern * versehen sind, sind sehr anspruchsvoll.

Inhaltsverzeichnis

Grundlagen

Analogtechnik

Anhang

Grundlagen

1 Spannungen, Ströme und deren Kennwerte

1.1 Die elektrische Spannung

Die elektrische Spannung U ist eng mit der mechanischen Arbeit W verknüpft.

► Wird eine (positive) Ladung Q in einem elektrischen Feld von einem Punkt P_1 zu einem Punkt P_2 bewegt, so wird dabei Arbeit W verrichtet ($W>0$) oder frei ($W<0$).

Diese Arbeit W ist direkt proportional zur transportierten Ladungsmenge Q. Für Vergleichszwecke ist es deshalb besser, die Arbeit W auf die verwendete Ladungsmenge Q zu beziehen.

Definition der elektrischen Spannung:

$$\text{Spannung} = \frac{\text{Überführungsarbeit } W \text{ zwischen zwei Punkten}}{\text{Ladung } Q}$$

Symbolisch:

$$U = \frac{W}{Q} \quad \text{mit } [U] = \frac{1\,\text{J}}{1\,\text{C}} = 1\,\text{V (Volt)}$$

1.1.1 Spannungsmessung, Spannungsabfall

Aufgrund dieser Definition muß eine Spannung immer zwischen zwei Punkten gemessen werden. In der Regel sind dies die Anschlußklemmen eines Bauelementes.
Daher gilt:

Ein **Spannungsmesser** wird dem Bauelement parallel geschaltet, an dem die Spannung gemessen werden soll.

Bild 1.1 zeigt für einen sehr einfachen Stromkreis die Spannungsmessung an einem Verbraucher R, der von der Speisespannung U_S versorgt wird.
Für die Darstellung der Spannungen werden (nach DIN 5489) Pfeile verwendet, deren Richtung bei Verbrauchern mit der konventionellen Stromrichtung übereinstimmt.[1]) Die *Spannungspfeile* legen somit die Polarität (Plus und Minus) eindeutig fest (Bild 1.1). Zusätzlich kann noch der Betrag angegeben werden (Bild 1.2).

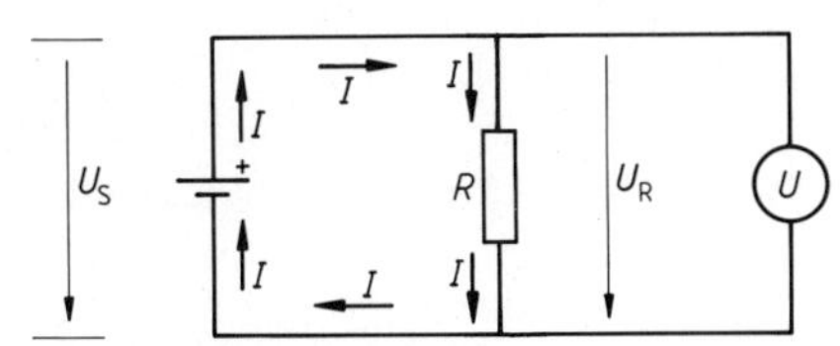

Bild 1.1 Messung der Spannung am Bauelement R

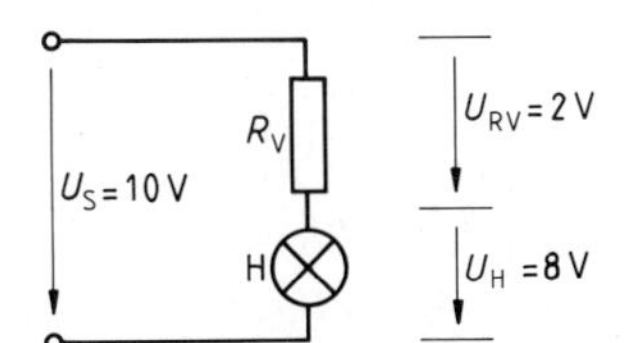

Bild 1.2 Der Spannungsabfall an R_V vermindert die Betriebsspannung an der Glühlampe H.

[1]) Folge: Bei Stromquellen (Batterien, Generatoren) sind Spannungs- und Strompfeil immer entgegengerichtet, was Bild 1.1 ebenfalls erkennen läßt.

Bei der *Reihenschaltung* mehrerer Bauelemente entstehen *Teilspannungen,* die sich zur Gesamtspannung aufaddieren.[1])

Teilspannungen bezeichnen wir auch als *Spannungsabfall* (am betreffenden Bauelement).

Mit dieser Sprechweise läßt sich oft anschaulicher argumentieren, wie z. B. der Text zu Bild 1.2 zeigt.

1.1.2 Die Spannung an einem Punkt

Die Darstellung von und die Spannungsmessung an umfangreichen Schaltungen wird durch die Wahl einer sogenannten *Bezugsleitung* erheblich übersichtlicher.

- ▶ Diese Bezugsleitung wird auch kurz **Masse** genannt[2]) und mit dem Symbol „⊥" gekennzeichnet (Bild 1.3).
- ▶ Wir verabreden nun, daß jeder Anschlußpunkt, der dieses Symbol trägt, mit dieser Bezugsleitung zu verbinden ist. Dies ermöglicht z. B., Bild 1.3 in Bild 1.4 umzuzeichnen.

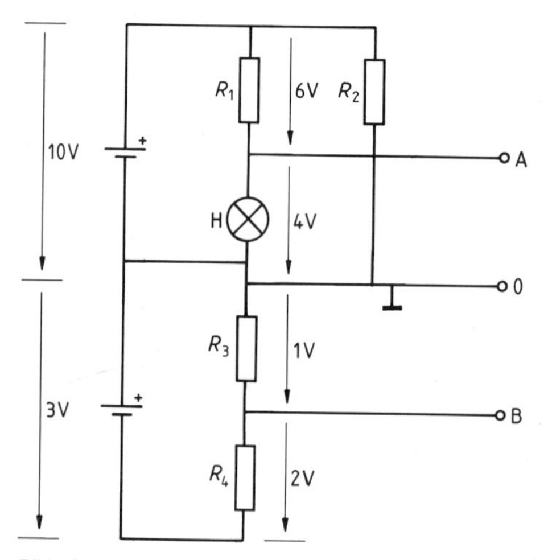

Bild 1.3 Schaltung mit markiertem Bezugsleiter

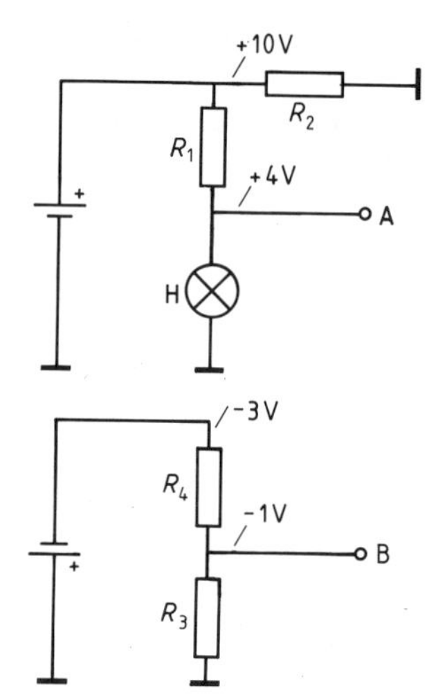

Bild 1.4 Andere Darstellung von Bild 1.3

Durch die feste Wahl einer (Bezugs-)Masse ergibt sich nun auch eine Vereinfachung bei der spannungsmäßigen Erfassung aller Schaltungspunkte:

- ▶ Ein Anschluß des Spannungsmessers wird fest mit Masse verbunden.
- ▶ Mit dem anderen Anschluß tasten wir systematisch die einzelnen Meßpunkte ab.

[1]) Grund: Die Additivität der (Überführungs-)Arbeit *W*.
[2]) ground, grd, GRD (engl.) = Masse; common, COM (engl.) = gemeinsamer Anschluß.

Polarität und Betrag der Spannung geben wir dann einfach durch eine vorzeichenbehaftete Größe (siehe Bild 1.4) an. Die Massepunkte selbst lassen sich durch die Spannung Null charakterisieren. Gegebenenfalls muß die Spannung zwischen zwei massefreien Punkten durch eine einfache Rechnung bestimmt werden.

Beispiel: Im Bild 1.4 ist $U_{AB} = +5$ V
Dies folgt aus: $U_{AB} = U_A - U_B$ [1]

> Durch die Wahl eines Bezugsleiters (Masse) kann die **Spannung eines Punktes** sinnvoll definiert werden.
> Die Spannung an einem (Meß-)Punkt ist dessen Spannung gegen Masse und heißt auch Potential.

Dazu noch zwei Anmerkungen:

- In elektronischen Geräten ist die Masse gewöhnlich relativ leicht zu finden. Da die spannungsfreie Masse häufig als Abschirmung dient, sind Abschirmgeflechte (sog. kaltes Ende), Abschirmbecher, Metallrahmen und Gehäuse meist direkt mit der Masse verbunden. Auf Platinen ist die Masse aus demselben Grund meist besonders *großflächig* ausgeführt.
- Durch einen fest vereinbarten Bezugspunkt haben wir das elektrische Potential φ definiert: Das Potential φ ist die Spannung zwischen dem Meßpunkt und dem festen Bezugspunkt.
  Die Spannung wird so zu einer Potentialdifferenz:
  $$U = \varphi_1 - \varphi_2$$
  Genauer: $\boxed{U_{12} = \varphi_1 - \varphi_2}$

1.2 Strom und Strommessung

Strom beruht auf dem *Transport beweglicher Ladungsträger.* Je mehr Ladung ΔQ im Zeitabschnitt Δt transportiert wird, desto größer ist die Stromstärke I. Wir definieren deshalb:

$$\text{Stromstärke} = \frac{\text{transportierte Ladung } \Delta Q}{\text{Zeitabschnitt } \Delta t}$$

Symbolisch:
$$I = \frac{\Delta Q}{\Delta t} \xrightarrow[\Delta t \to 0]{} I = \frac{dQ}{dt} \quad \text{mit } [I] = \frac{1\,\text{C}}{1\,\text{s}} = 1\,\text{A (Ampère)}$$

1.2.1 Direkte Strommessung

Zur direkten Messung des Stromes muß nach dem oben gesagten ein *Strommesser* im Sinne eines Durchflußmessers in die betreffende Leitung eingeschaltet werden. Dadurch entsteht eine Reihenschaltung aus Meßgerät und untersuchtem Bauelement R (Bild 1.5).
Der endliche Innenwiderstand R_i des Strommessers wirft nun einige Probleme auf:

1. Der Gesamtwiderstand im Kreis wird um R_i größer, der gemessene Strom I ist somit kleiner, als er ohne Meßgerät wäre.
2. Der Spannungsabfall U_i am Meßgerät verringert die Spannung am Meßobjekt R.[2]
3. Bei einer Bereichsumschaltung des Strommessers verändert sich immer auch dessen Innenwiderstand R_i (siehe Bild 1.6). Folglich stimmen die Meßwerte in verschiedenen Meßbereichen prinzipiell nicht überein.[3]

---

[1] Mit dieser Festlegung ist U_{AB} positiv, wenn A positiver als B ist und umgekehrt.
[2] Problematisch bei nichtlinearen Widerständen, wenn sich R sehr stark mit U_R ändert.
[3] Vergleiche dazu auch Aufgabe 2.

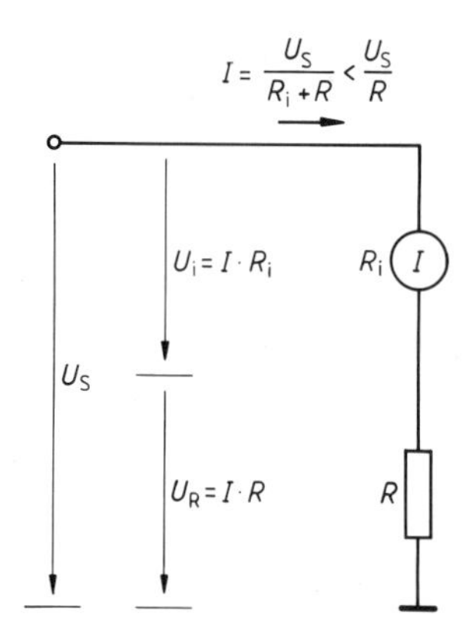

Bild 1.5 Der Innenwiderstand des Strommessers verfälscht die Meßwerte.

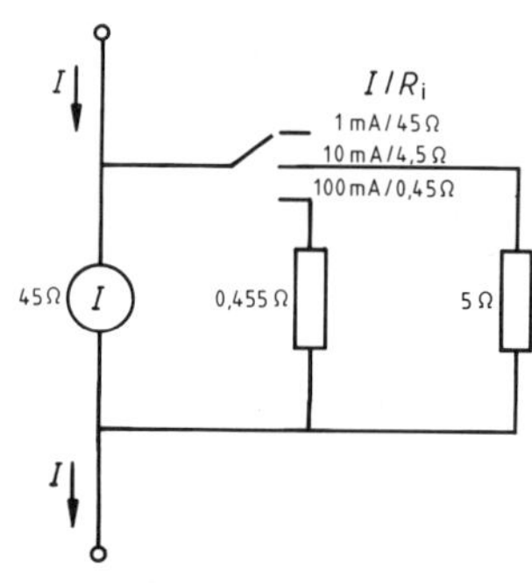

Bild 1.6 Die Meßbereichsänderung von Strommessern geschieht durch Zu- oder Abschaltung von Nebenwiderständen. Dadurch ändert sich auch jedesmal der Innenwiderstand.

Wir beachten deshalb:

> Bei einer **Strommessung** sollte der Innenwiderstand des Meßgerätes vergleichsweise niedrig sein.
> *Der Meßbereich ist innerhalb einer Meßreihe möglichst nicht umzuschalten.*

1.2.2 Indirekte Strommessung

In vielen Fällen ist eine direkte Strommessung nicht möglich, z. B.

- wenn bestehende Leiter(-bahnen) nicht aufgetrennt werden dürfen,
- wenn sich der Strom so schnell ändert, daß nur eine Registrierung mit einem (fast) trägheitsfreien Oszilloskop in Frage kommt. Ein solches *Oszilloskop* hat aber einen praktisch unendlich hohen Innenwiderstand (typisch: 1 MΩ) und ist deshalb *nur als Spannungsmesser verwendbar*.

Hier hilft eine indirekte Strommessung weiter. Der Strom wird dabei über den proportionalen Spannungsabfall ($U = I \cdot R$) an einem ohmschen Meßwiderstand erschlossen. Solche Widerstände sind schon häufig als Vorwiderstände (zur Strombegrenzung) in den Zuleitungen der fraglichen Bauelemente vorhanden.

Bild 1.7 zeigt das Meßprinzip, wobei ein Oszilloskop als Spannungsmesser dient. In diesem Fall ist der Strom I durch

$$I = \frac{U_y}{R_M}$$

gegeben (sofern wir den Innenwiderstand des Oszilloskops als groß gegenüber dem „Meßwandler R_M" ansehen dürfen).

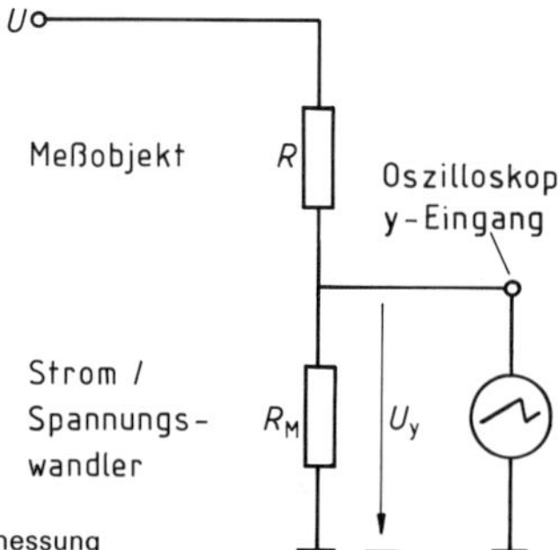

Bild 1.7 Prinzip einer indirekten Strommessung

1.3 Gleichzeitige Strom- und Spannungsmessung

Bauelemente lassen sich sehr gut durch ihre *Kennlinien* charakterisieren. Diese stellen (meist) die Abhängigkeit des Stromes I von der anliegenden Spannung U dar. Um solche Kennlinien aufzunehmen, muß also I und U gleichzeitig (d.h. im Zusammenhang) gemessen werden. Dazu gibt es zwei Standardschaltungen, die sich durch ihre jeweils unvermeidbaren Meßfehler unterscheiden, die Stromfehler- und die Spannungsfehlerschaltung.

1.3.1 Die Stromfehlerschaltung

Diese Meßschaltung für I und U zeigt Bild 1.8. Während die Spannung U_R richtig gemessen wird, unterscheidet sich der Strom I_R (der durch das Bauelement R fließt) vom angezeigten Strom I um den „Fehlerstrom" I_U, der durch den Spannungsmesser fließt (Bild 1.8). Der Fehler ist klein, solange

$$I_R \gg I_U\text{, d.h.}\quad \boxed{R \ll R_{iU}}$$

eingehalten wird.

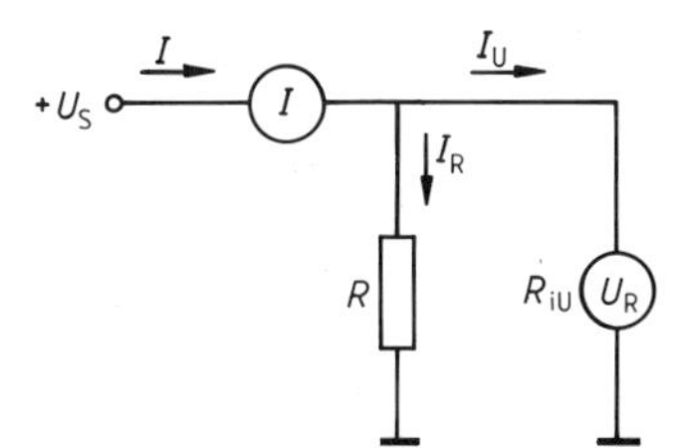

Bild 1.8 Stromfehlerschaltung

Anders ausgedrückt:

> Bei relativ niederohmigen Bauelementen verwenden wir die **Stromfehlerschaltung** (mit richtiger Spannungsanzeige).

Bei der Verwendung *elektronischer Spannungsmesser* (meist Digitalvoltmeter mit Ziffernanzeige) läßt sich relativ leicht entscheiden, ob $R_{iU} \gg R$ vorliegt. Nach Bild 1.9 ist nämlich der Innenwiderstand R_{iU} solcher Meßgeräte in allen Bereichen konstant (typisch 10 MΩ).

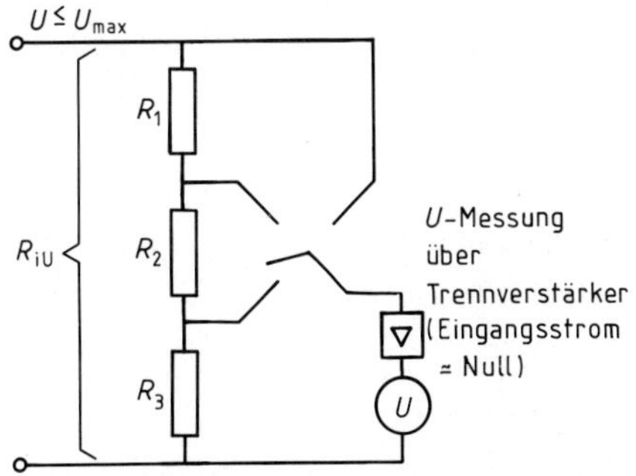

Bild 1.9 Schaltung eines elektronischen Spannungsmessers. Der Innenwiderstand ist in allen Bereichen konstant.

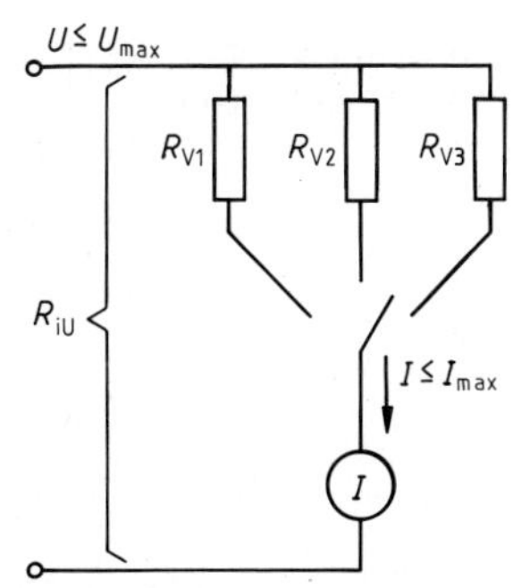

Bild 1.10 Schaltung eines Spannungsmessers mit Drehspul-Strommeßwerk. Der Innenwiderstand ändert sich mit dem Meßbereich.

Bei herkömmlichen Spannungsmessern geschieht die Spannungsanzeige aufgrund eines Meßstromes durch ein *Drehspulmeßwerk* (Bild 1.10). Hier muß in jedem Meßbereich der Strom durch Vorwiderstände auf den *gleichen maximalen Meßstrom* I_{max} begrenzt werden. Deshalb ändert sich der Innenwiderstand R_{iU} beim Umschalten des Meßbereichs U_{max}.

$$R_{iU} = \frac{U_{max}}{I_{max}}$$

I_{max} ist hier eine *Meßwertkonstante* und sollte möglichst klein, der Kehrwert von I_{max} also möglichst groß sein. Wir nennen den Kehrwert der Konstanten I_{max} den *Innenwiderstand pro Volt* und bezeichnen ihn mit $R_{i/V}$.

Beispiel: $I_{max} = 100\ \mu A \Rightarrow R_{i/V} = \frac{1}{I_{max}} = \frac{1}{100\ \mu A} = 10\ k\Omega/V$

Mit Hilfe dieser Kenngröße, die jeder Meßgerätehersteller angibt, läßt sich der tatsächliche Innenwiderstand R_{iU} im Meßbereich U_{max} durch eine einfache Multiplikation leicht bestimmen:

$$R_{iU} = \frac{U_{max}}{I_{max}} = U_{max} \cdot R_{i/V}$$

Beispiel: $R_{i/V} = 10\ k\Omega/V$

Meßbereich 1: $U_{max} = 10\ V \Rightarrow R_{iU} = 100\ k\Omega$

Meßbereich 2: $U_{max} = 100\ V \Rightarrow R_{iU} = 1\ M\Omega$

1.3.2 Die Spannungsfehlerschaltung

Bei sehr hochohmigen Bauelementen R mißt die Stromfehlerschaltung praktisch nur noch den Meßstrom des Spannungsmessers. Diesen Fall vermeidet die Spannungsfehlerschaltung nach Bild 1.11 grundsätzlich. Der Strom wird hier immer richtig angezeigt, während jetzt die Spannung U um den Spannungsabfall U_I am Strommeßgerät „falsch ist". Dieser Fehler ist solange vertretbar, wie gilt:

$$U_R \gg U_I \quad \text{bzw.} \quad \boxed{R \gg R_{iI}}$$

Wir folgern daraus:

> Die **Spannungsfehlerschaltung** wird bei relativ hochohmigen Bauelementen verwendet. Die Stromanzeige ist hier immer richtig.

Einige Bauelemente der Elektronik ändern ihren Widerstand R mit der Spannung U bzw. deren Polung recht drastisch, z. B. Dioden (ab Kapitel 3). Bei diesen muß deshalb sogar innerhalb einer vollständigen Meßreihe *(Kennlinienaufnahme)* die Meßschaltung abgeändert werden.

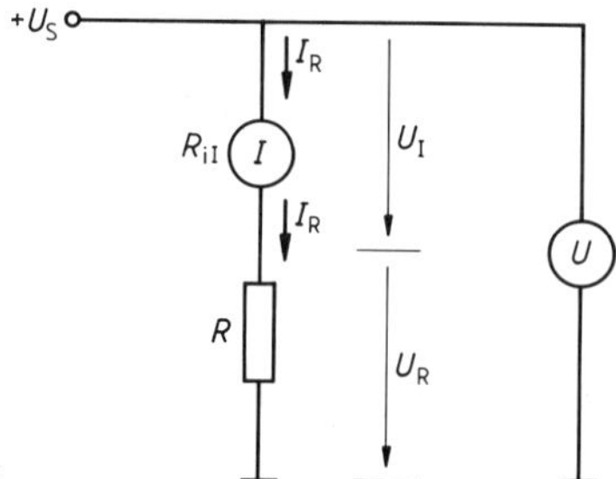

Bild 1.11 Spannungsfehlerschaltung

1.4 Einteilung von Spannungen und Strömen nach ihrem zeitlichen Verlauf

Wir unterscheiden zwischen **Gleichspannung, Wechselspannung** und **gemischter Spannung** (Ströme ganz analog).

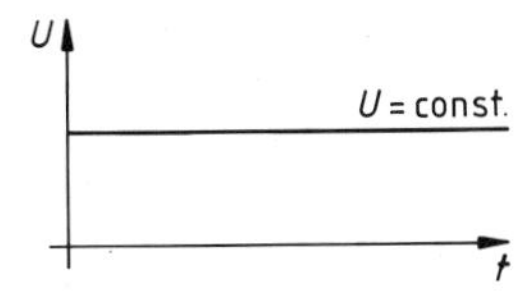

Bild 1.12 a) Zeitlich konstante Gleichspannung

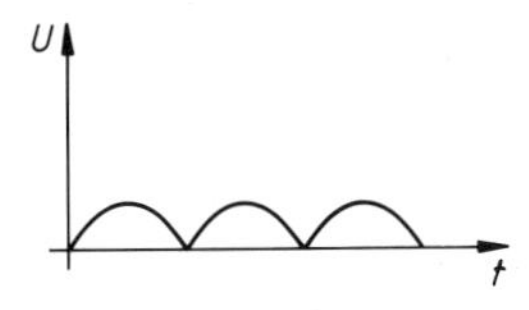

Bild 1.12 b) Pulsierende Gleichspannung

Diese Einteilung ergibt sich aus dem zeitlichen Verlauf. Bild 1.12 zeigt (zwei) Gleichspannungen, während Bild 1.13 verschiedene Wechselspannungen zeigt. Diese werden entsprechend ihrem „Aussehen" mit jeweils typischen Namen belegt.

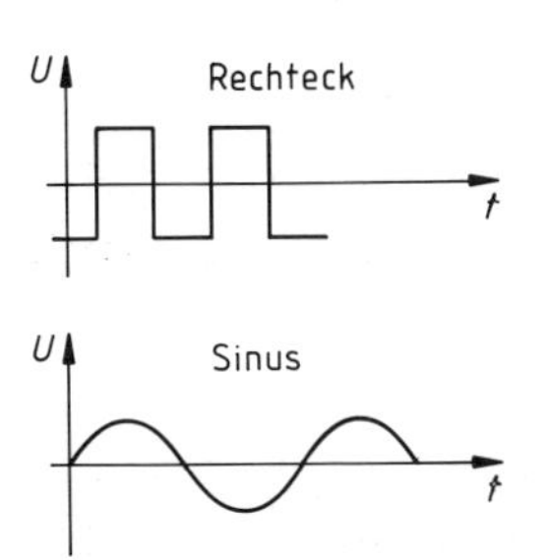

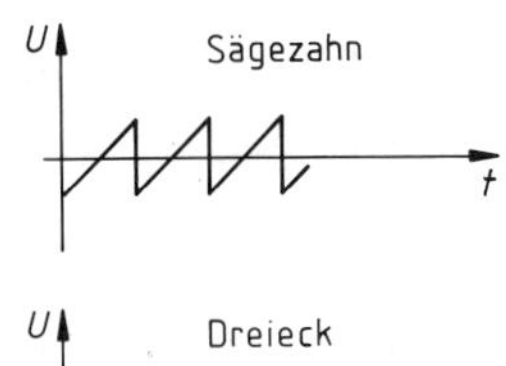

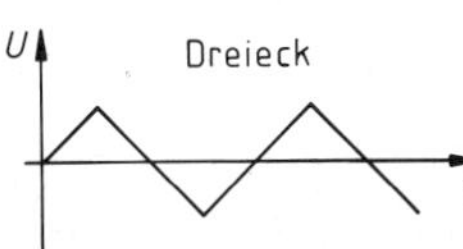

Bild 1.13 Verschiedene (reine) Wechselspannungen

Schließlich zeigt Bild 1.14 noch gemischte Spannungen. Diese lassen sich in einen zeitlich konstanten Gleichspannungsanteil und in einen reinen Wechselspannungsanteil zerlegen.[1])

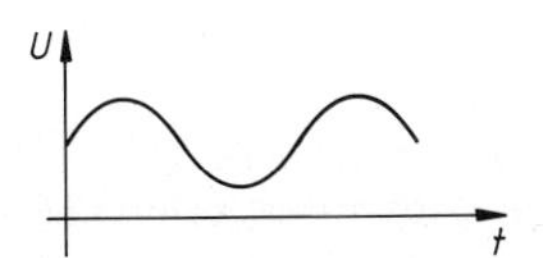

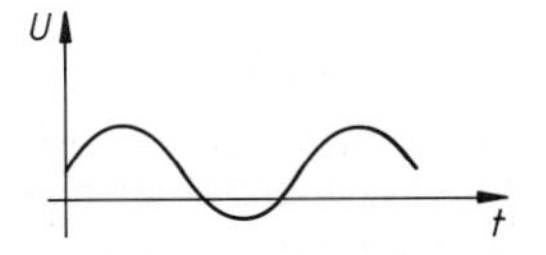

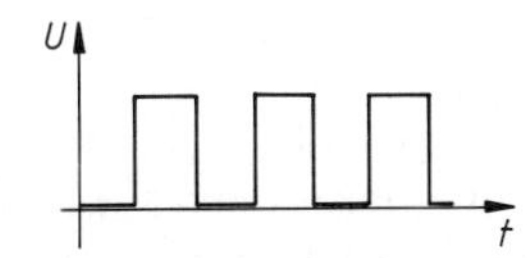

Bild 1.14 Gemischte Spannungen

Die Messung von Spannungen (und Strömen) geschieht entweder mit dem Oszilloskop oder mit einem Vielfach- bzw. Universalmeßgerät. Ein *Vielfachmeßgerät* ist immer umschaltbar auf

- die Anzeige des „Gleichspannungs-(bzw. Gleichstrom-)Wertes". Dabei steht der Meßartschalter auf „–" oder DC (DCV bzw. DCA).[2])
- die Anzeige des „Wechselspannungs-(bzw. Wechselstrom-)Wertes". Hier steht der Meßartschalter auf „~" oder AC (ACV bzw. ACA).[3])

Die jeweils angezeigten Werte ergeben sich aus recht komplizierten Definitionen, denen wir jetzt auf den Grund gehen. Es ist z. B. keineswegs so, daß in der Stellung DC nur Gleichspannungen und in der Stellung AC nur Wechselspannungen gemessen werden.

[1]) In diesem Sinne zeigt auch Bild 1.12 b eine gemischte Spannung.
[2]) DC: **d**irect **c**urrent (engl.) = Gleichstrom
[3]) AC: **a**lternating **c**urrent (engl.) = Wechselstrom

1.4.1 Verlauf einer rein sinusförmigen Wechselspannung

- Die *Augenblickswerte* zeitlich veränderlicher Größen, wie Spannung, Strom und Leistung, bezeichnen wir mit kleinen Buchstaben, also mit u, i und p.
- Wenn wir *Spannungs- und Strompfeile* zeichnen, greifen wir einen Polaritätsfall heraus, verwenden also keine Doppelpfeile.

Um den zeitlichen Verlauf einer rein sinusförmigen Wechselspannung zu beschreiben und zu definieren, verwenden wir ein Modell. Wir stellen uns vor, daß ein sogenannter (Spannungs-)-„Zeiger" der Länge U_m gleichförmig, d. h. mit konstanter Winkelgeschwindigkeit ω, rotiert:

$$\omega = \frac{\varphi}{t} = \text{const}$$

Die Projektion dieser Bewegung definiert eine rein sinusförmige Spannung (Bild 1.15).

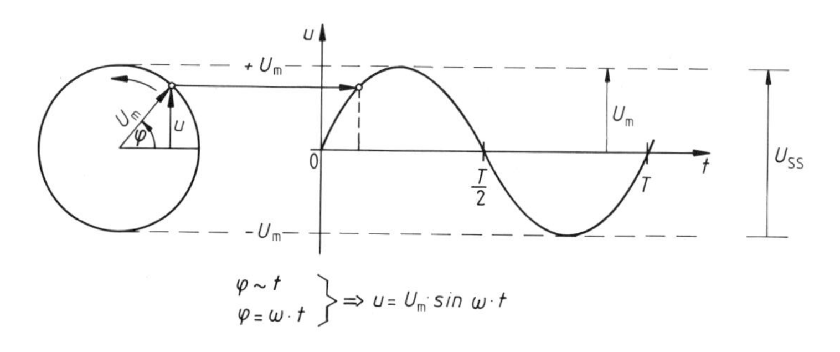

Bild 1.15 Zur Festlegung einer rein sinusförmigen Wechselspannung

Für diese gilt

$$u = U_m \cdot \sin\varphi$$

mit $\varphi = \omega \cdot t$, also:

$$u = U_m \cdot \sin\omega \cdot t$$

Dabei heißt U_m *Scheitelwert* (oder *Amplitude*). U_m kann dem Schaubild (Oszillogramm) direkt entnommen werden, z. B. über den Spitzen-Spitzen-Wert $U_{SS} = 2\,U_m$.

Auch die *Periodendauer* T ist aus dem Schaubild leicht ablesbar. Hieraus ergibt sich sofort die Konstante ω. Bei $t = T$ gilt $\varphi = 2\pi$, damit folgt:

$$\omega = \frac{\varphi}{t} = \frac{2 \cdot \pi}{T}$$

Da die *Frequenz* f gleich der Anzahl n der Perioden je Zeitabschnitt Δt ist, gilt:

$$f = \frac{n}{\Delta t} = \frac{n}{nT} = \frac{1}{T}$$

Deshalb erhalten wir für ω auch:

$$\omega = 2 \cdot \pi \cdot f$$

Wegen dieses (linearen) Zusammenhanges mit der Frequenz wird die Konstante ω auch als Kreisfrequenz bezeichnet.

Ergebnis:

Dem Schaubild einer reinen sinusförmigen Wechselspannung entnehmen wir die Größen:

U_{SS} **Spitzen-Spitzen-Wert** (engl. U_{pp}: peak-to-peak-level)

U_m **Scheitelwert** (Amplitude): $U_m = 1/2 \cdot U_{SS}$ (Oft wird U_m auch mit $\hat{u}$ bezeichnet.)

T **Periodendauer**

f **Frequenz:** $f = 1/T$

ω **Kreisfrequenz:** $\omega = \frac{2 \cdot \pi}{T} = 2\pi \cdot f$

Eine reine Wechselspannung wird mathematisch beschrieben durch:

$$u = U_m \cdot \sin \omega \cdot t$$

Beispiel: $U_m = 8\text{ V}$, $T = 20\text{ ms}$ ($f = 50\text{ Hz}$)

$$u = 8\text{ V} \cdot \sin\left(\frac{2\pi}{20\text{ ms}} \cdot t\right) = 8\text{ V} \cdot \sin\left(314\,\frac{1}{\text{s}} \cdot t\right)$$

Mit dieser Gleichung kann nun $u = U(t)$ für jeden Zeitpunkt ganz konkret ausgerechnet werden:

$t = 1\text{ ms} \rightarrow u \simeq +2{,}47\text{ V}$
$t = 5\text{ ms} \rightarrow u = +8{,}00\text{ V}$
$t = 18\text{ ms} \rightarrow u \simeq -4{,}70\text{ V}$
...

1.4.2 Der Effektivwert einer Wechselspannung

Wir schließen nun die besprochene Sinus-Wechselspannung an ein Meßgerät an und schalten dieses auf AC-Messung. Der angezeigte Meßwert stimmt weder mit U_{SS} noch mit U_m überein. Dies liegt an der Definition der im AC-Bereich angezeigten Meßwerte.

► Meßgeräte im AC-Bereich zeigen den sogenannten *Effektivwert* der anliegenden Spannung (bzw. des Stromes) an.

Dieser Meßwert orientiert sich an der mittleren Leistung, welche die Quelle abgibt. Wir bauen dazu die einfache Versuchsanordnung nach Bild 1.16 auf. Der linke AC-Teil ist mit dem rechten DC-Teil bis auf die Speisung identisch. Dies geschieht im linken Teil mit Wechselspannung, im rechten Teil mit konstanter Gleichspannung. Wenn beide Glühlampen gleich hell brennen, ist in beiden Kreisen die mittlere Leistung $\overline{P}$ gleich groß: $\overline{P}_{AC} = \overline{P}_{DC}$

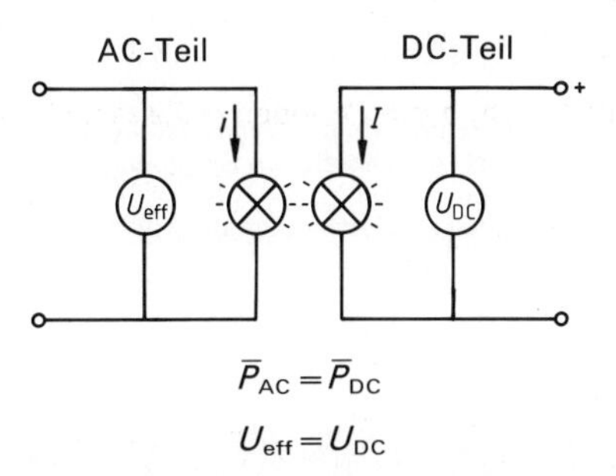

$$\overline{P}_{AC} = \overline{P}_{DC}$$
$$U_{eff} = U_{DC}$$

Bild 1.16 Leistungsvergleich mit einem Gleichstromkreis liefert den Effektivwert einer (beliebigen) Quelle.

Wir sagen in diesem Fall auch:

- ▶ In beiden Kreisen ist im zeitlichen Mittel der „Effekt" gleich groß.
- ▶ Die Effektivwerte von Spannung (und Strom) sind in beiden Stromkreisen gleich. Folglich gilt für den AC-Teil im Vergleich zum DC-Teil:

$$U_{eff} = U_{DC}$$

Dieser Leistungsvergleich mit einer konstanten Gleichspannung läßt sich prinzipiell für beliebige Spannungsarten durchführen.

Wir formulieren deshalb sehr allgemein:

> Der **Effektivwert** U_{eff} gibt an, wie groß eine konstante Gleichspannung sein müßte, damit sie dieselbe mittlere Leistung wie die untersuchte Quelle abgibt (Ströme entsprechend). Meßgeräte, die auf AC geschaltet sind, zeigen immer diesen Effektivwert an. Dieser Effektivwert ist, wenn nicht anders angegeben, *die Spannung einer Wechselspannungsquelle.*

Das Experiment aus Bild 1.16 liefert bei *rein sinusförmiger Spannung* folgenden Zusammenhang zwischen Effektivwert und dem oszilloskopisch meßbaren Scheitelwert:[1]

$$U_{eff} \simeq 0{,}7 \cdot U_m$$

Oder umgekehrt:[2]

$$U_m \simeq 1{,}4 \cdot U_{eff}$$

Beispiel: Im Lichtnetz ist $U_{eff} = 230$ V (neuer Normwert), d. h., eine Glühbirne würde beim Anschluß an eine Batterie mit 230 V gleich hell leuchten.
Aus $U_{eff} = 230$ V ergibt sich aber für das Lichtnetz $U_m \simeq 325$ V und $U_{SS} \simeq 622$ V (!).

Wenn wir einen Spannungsmesser auf AC-Messung schalten und ihn an eine Batterie bzw. an eine konstante Gleichspannung mit dem Wert U_{DC} anschließen, erhalten wir definitionsgemäß:

$$U_{eff} = U_{DC}$$

- ▶ Bei Gleichspannung unterscheidet sich die Anzeige im AC-Bereich definitionsgemäß nicht von der Anzeige im DC-Bereich.[3]
- ▶ Außerdem muß im AC-Bereich nicht auf die Polung der Anschlußklemmen geachtet werden.

Weshalb jedes Meßgerät dennoch über DC-Meßbereiche verfügt, wird im Abschnitt 1.5 geklärt.

Zuvor noch für Experten:

1.4.3 Berechnung des Effektivwertes

Wir beschränken uns hier auf eine rein sinusförmige Wechselspannung mit dem bekannten Scheitelwert U_m. (Das Verfahren läßt sich jedoch auch bei beliebigem Spannungs- und Stromverlauf anwenden, siehe z. B. Aufgabe 6.)
Wir berechnen zunächst die Momentanleistung p am Widerstand R.

$$p = u \cdot i = u \cdot \frac{u}{R} = \frac{u^2}{R}$$

---

[1]) Die theoretische Herleitung in 1.4.3 ergibt: $U_{eff} = \frac{1}{\sqrt{2}} \cdot U_m$.

[2]) Der Faktor 1,4 bzw. allgemein das Verhältnis U_m/U_{eff} heißt auch *Krestfaktor*.

[3]) Aber viele Geräte verfügen leider über keine „echte Effektivwertmessung" bzw. unterdrücken im AC-Bereich DC-Anteile (Anzeige dann $U_{eff} = 0$).

Den Verlauf von p zeigt Bild 1.17. Den zeitlichen Mittelwert $\overline{P}_{AC}$ erhalten wir, indem wir für jede Periode T die Fläche unter dem p-Schaubild in ein flächengleiches Rechteck der Grundseite T umwandeln.

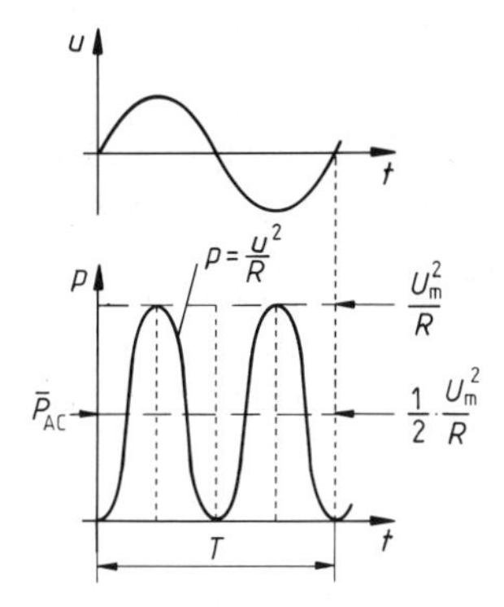

Bild 1.17 Momentanleistung p und mittlere Leistung $\overline{P}_{AC}$ einer Sinusspannung

Mit Hilfe der Integralrechnung bzw. der Anschauung (Bild 1.17) erhalten wir für die mittlere Leistung im Wechselstromkreis:

$$\overline{P}_{AC} = \frac{1}{2} \cdot \frac{U_m^2}{R}$$

In einem Gleichstromkreis mit $U = U_{eff} = \text{const}$ wäre am selben Widerstand R die mittlere Leistung:

$$\overline{P}_{DC} = \frac{U_{eff}^2}{R}$$

Durch Gleichsetzen erhalten wir

$$U_{eff}^2 = \frac{1}{2} U_m^2.$$

Daraus folgt:

Zusammenhang zwischen Scheitelwert U_m und Effektivwert U_{eff}:

$$U_{eff} = \frac{1}{\sqrt{2}} \cdot U_m \simeq 0{,}7 \cdot U_m$$

Dies gilt nur für rein sinusförmige Wechselspannungen.

Aufgrund der Herleitung wird die mittlere Leistung über einen Term der Form u^2/R (bzw. $i^2 \cdot R$) ermittelt. Von diesem Term wird dann der zeitliche Mittelwert, also $\overline{u^2/R}$ (bzw. $\overline{i^2 \cdot R}$), gebildet und mit U_{eff}^2/R (bzw. $I_{eff}^2 \cdot R$) gleichgesetzt. Dabei kann auf beiden Seiten die Größe R „gestrichen" werden, so daß im Prinzip nur übrigbleibt:

$$U_{eff}^2 = \overline{u^2} \quad \text{bzw.} \quad I_{eff}^2 = \overline{i^2}$$

▶ Deshalb heißt der Effektivwert auch **quadratischer Mittelwert.**

Wir erhalten demnach U_{eff} wie folgt:

1. „u-Kurve" quadrieren: u^2
2. Mittlere Höhe der „u^2-Kurve" bestimmen: $\overline{u^2}$
3. Von diesem Wert die Wurzel berechnen: U_{eff}.

Diese drei Schritte sind übrigens im englischen Wort für Effektivwert enthalten: *root-mean-square-value* (RMS) = Wurzel aus dem mittleren Quadrat.

1.5 Der arithmetische Mittelwert (auch linearer Mittelwert)

Die mittlere Leistung und damit der Effektivwert einer rein sinusförmigen Spannung ist immer von Null verschieden. Im Gegensatz dazu ist die mittlere Spannung $\overline{U}$ über eine (oder mehrere) Periode(n) gesehen Null, denn:
Die Summe der positiven Augenblickswerte ist so groß wie die Summe der negativen Augenblickswerte (Bild 1.18).

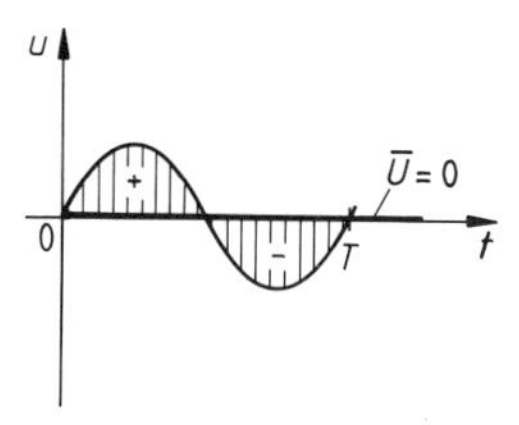

Bild 1.18 Bei einer reinen Wechselspannung ist die positive gezählte Fläche so groß wie die negative.

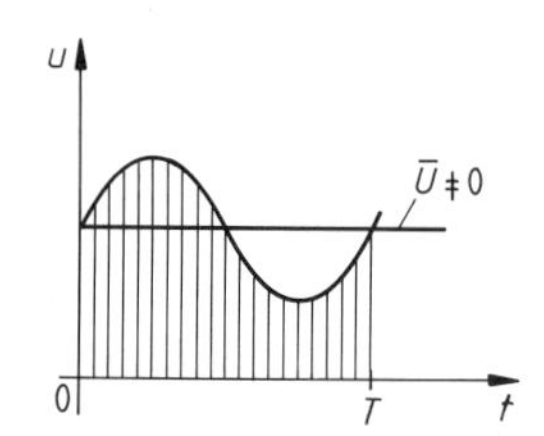

Bild 1.19 Die mittlere Spannung(-shöhe) ist hier ungleich Null.

Die resultierende mittlere Spannung $\overline{U}$ ist demnach gerade Null. Diese Aussage unterscheidet *reine Wechselspannungen* von Gleichspannungen bzw. gemischten Spannungen (Bild 1.19).
Die mittlere Gleichspannung $\overline{U}$ wird nun verabredungsgemäß von Gleichspannungsmeßgeräten angezeigt, d. h. von Geräten, die im DC- oder „–"-Bereich arbeiten.
Bei Zeigermeßgeräten ist die notwendige zeitliche Mittelwertbildung aufgrund ihrer Trägheit unmittelbar gegeben. Hochmoderne elektronische Meßgeräte enthalten dazu ein besonderes Teilsystem zur (linearen) Mittelwertbildung, z. B. ein *RC*-Glied wie in Abschnitt 2.2.5, Bild 2.18.

> Die **mittlere Spannung** $\overline{U}$ heißt auch
> - arithmetischer Mittelwert,
> - DC-Anteil oder DC-Offset (Gleichspannungsanteil),
> - Gleichrichtwert.
>
> Vom arithmetischen Mittelwert $\overline{U}$ aus gesehen heben sich die größeren und kleineren Augenblickswerte gerade auf. Reine Wechselspannungen sind durch $\overline{U}=0$ erkennbar.
> Den arithmetischen Mittelwert $\overline{U}$ zeigen Meßgeräte an, wenn sie auf DC (DCV, DCA) bzw. „–" geschaltet sind.

1.5.1 Der arithmetische Mittelwert einer gemischten Spannung

Bei gemischten Spannungen ist der angezeigte Mittelwert nach Bild 1.20 anschaulich klar. Wegen $u_3=U_1+u_2$ gilt:

$$\overline{U}_3=\overline{U}_1$$

Bei gemischten Spannungen wird der Mittelwert auch als Gleichspannungsanteil oder DC-Offset des Signals bezeichnet. Viele Signalgeneratoren erlauben eine stetige Änderung des DC-Offsets bei konstanter Wechselspannungsamplitude U_{2m}.

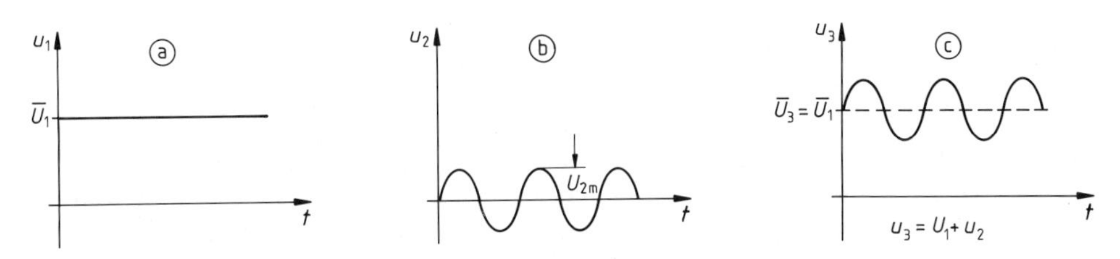

Bild 1.20 Jede gemischte Spannung ⓒ läßt sich als Summe einer konstanten Gleichspannung ⓐ und einer reinen Wechselspannung ⓑ deuten.

Zu Bild 1.20, c noch ein Hinweis für Spezialisten:

Bei einer gemischten Spannung addieren sich die Effektivwerte vom Gleich- und Wechselspannungsanteil quadratisch.[1])

$$U_3^2 = U_1^2 + U_2^2$$

Im DC-Bereich erfaßt ein Meßgerät den arithmetischen Mittelwert $\overline{U}_3 = \overline{U}_1$; $\overline{U}_1$ ist aber gerade der Effektivwert U_1 des DC-Offsets, somit ist U_1 leicht meßbar.
Bei echter Effektivwertanzeige erfolgt beim Umschalten auf AC die Anzeige des Effektivwertes U_3. Aus U_3 und U_1 können wir dann den Effektivwert (und die Amplitude) des Wechselspannungsanteiles U_2 berechnen.

1.5.2 Der arithmetische Mittelwert als Gleichrichtwert

Bei der Gleichrichtung einer sinusförmigen Wechselspannung entsteht häufig eine Ausgangsspannung, wie sie Bild 1.21 zeigt. Um die mittlere Höhe $\overline{U}_a$ der Ausgangsspannung u_a zu erhalten, „ebnen" wir die verbliebenen positiven Halbwellen flächengleich (über einer Periode T) ein.

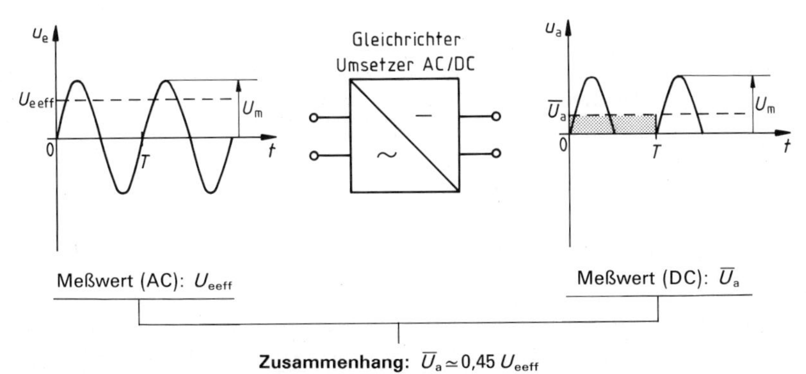

Bild 1.21 Gleichrichtwert, wenn eine Halbwelle „abgeschnitten" wird

Wir erhalten dann zeichnerisch (bzw. durch Integralrechnung) für diesen Typ einer pulsierenden Gleichspannung:

$$\overline{U}_a = \frac{1}{\pi} U_m \simeq 0{,}32 \cdot U_m$$

Dabei stellt U_m den Scheitelwert der Eingangsspannung dar. Gewöhnlich ist von der Eingangsspannung nur der Effektivwert U_{eeff} direkt meßbar. Wegen $U_m = \sqrt{2} \cdot U_{eeff}$ ergibt sich somit der Zusammenhang:

$$\overline{U}_a = \frac{\sqrt{2}}{\pi} \cdot U_{eeff} \simeq 0{,}45 \cdot U_{eeff}$$

---

[1]) $U_3^2 = \overline{u_3^2} = \overline{(U_1 + U_{2m} \sin \omega t)^2} = \overline{U_1^2 + 2U_1 \cdot U_{2m} \sin \omega t + U_{2m}^2 \cdot \sin^2 \omega t} = U_1^2 + 0 + \frac{1}{2} U_{2m}^2 = U_1^2 + U_2^2$

Wenn wir symbolisch das Meßverfahren angeben, gilt:

$$U_a(DC) \simeq 0{,}45 \cdot U_e(AC)$$

Wegen der „Entstehungsgeschichte" heißt hier der arithmetische Mittelwert auch **Gleichrichtwert.**[1]) Er ist bei der hier vorliegenden einfachen Gleichrichtung relativ niedrig.
Nun gibt es auch Gleichrichter, bei denen beide Halbwellen mit demselben Vorzeichen erscheinen (Bild 1.22). Entsprechend größer ist die mittlere Ausgangsspannung.

$$\overline{U}_a \simeq 0{,}64 \cdot U_m \simeq 0{,}9 \cdot U_{eeff} \quad \text{bzw.} \quad U_a(DC) \simeq 0{,}9 \cdot U_e(AC)^{2)}$$

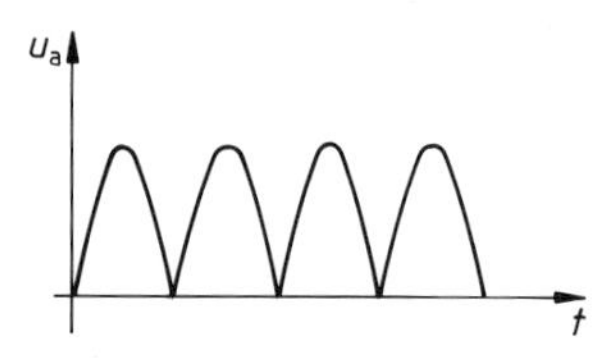

Bild 1.22 Ausgangsspannung eines Vollweggleichrichters

Der Gleichrichtwert ist hier also fast so groß wie die Eingangsspannung. Leistungsmäßig besteht zwischen Ein- und Ausgangssignal kein Unterschied. Ein Meßgerät im **AC**-Bereich zeigt deshalb für die Ein- und Ausgangsspannung denselben Effektivwert an.

Aufgaben

Bezugsleiter (Masse)

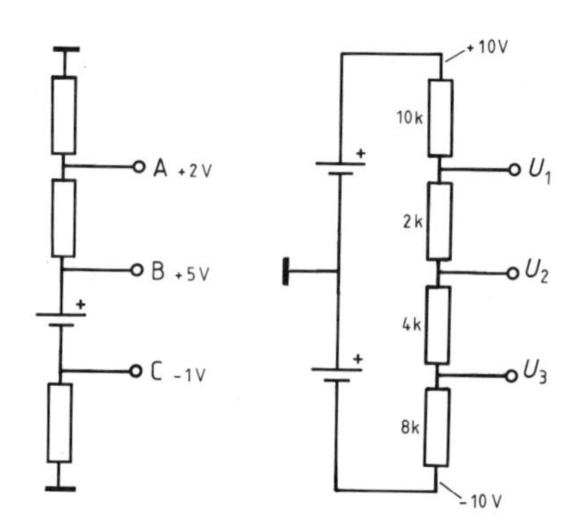

1. **a)** Welche Vorteile hat die Einführung des Bezugsleiters bzw. des Symbols „⊥"?
   b) Welche Vereinbarung ist beim praktischen Aufbau einer Schaltung, die „⊥"-Symbole enthält, unbedingt zu beachten?
   c) Wie groß sind die Spannungen U_{BC}, U_{AB}, U_{AC}, U_1, U_2, U_3?
   (*Lösung:* +6 V, −3 V, +3 V, +1,67 V, 0, −3,3 V)

Spannungs- und Stromfehler

2. **a)** Ein Stromkreis besteht aus einer Speisespannungsquelle mit $U_S = 2$ V und einem Verbraucher mit $R = 100\ \Omega$.
   Welcher Strom fließt? (*Lösung:* 20 mA)
   b) Dieser Strom soll mit einem Strommesser, der einen Meßbereich von $I_{max} = 20$ mA und einen Innenwiderstand von $R_i = 20\ \Omega$ hat, gemessen werden.
   Welcher Strom wird angezeigt? (*Lösung:* 16,7 mA)
   c) 1. Anschließend wird der Strommesser auf den Meßbereich $I'_{max} = 50$ mA umgeschaltet.
   Welchen Innenwiderstand hat der Strommesser jetzt, und welcher Strom wird in diesem Meßbereich angezeigt? (*Lösung:* 8 Ω, 18,5 mA; *Hilfe:* Bild 1.6)
   2. Weshalb ist die anscheinend genauere Messung in c, 1, im größeren Meßbereich, dennoch problematisch? (*Lösung:* Der relative Meßfehler ist bei gegebener Instrumentenklasse, z. B. 2,5, im unteren Skalenbereich recht groß, z. B. ≃7 % beim Meßbereich 50 mA.)

---

[1]) Gleichrichterschaltungen siehe Kapitel 4.4ff.
[2]) Oder umgekehrt: $U_e(AC) \simeq 1{,}1\,U_a(DC)$, d. h., der Effektivwert ist hier um den „Formfaktor" 1,1 größer als der Gleichrichtwert. (Formfaktor = Effektivwert/Gleichrichtwert)

3. **a)** Ein elektronisches Digitalvoltmeter (DVM) hat in allen Meßbereichen einen Innenwiderstand von $R_{iU} = 10\ \text{M}\Omega$. Es wird zusammen mit einem Strommesser ($R_{iI} = 2\ \text{k}\Omega$) in einer Stromfehlerschaltung verwendet.
   1. Zeichnen Sie die Meßschaltung mit dem Meßobjekt R.
   2. Der relative Stromfehler soll, bezogen auf den tatsächlichen Meßstrom I_R, maximal 1% betragen.
      Welchen maximalen Widerstand R darf das Meßobjekt hier haben? (*Lösung:* 100 kΩ)

   b) Anstelle des DVM wird ein Spannungsmesser mit Drehspulmeßwerk verwendet. Er hat einen Innenwiderstand von 50 kΩ pro Volt (50 kΩ/V). Der Meßbereich wird auf $U_{max} = 10$ V bzw. 50 V eingestellt.
   1. Wie groß ist hier jeweils der relative Strommeßfehler, wenn das Meßobjekt einen Widerstand von $R = 100\ \text{k}\Omega$ hat? (*Lösung:* 20% bzw. 4%)
   2. Die bestehende Anordnung wird in eine Spannungsfehlerschaltung umgeändert, weil dadurch der Meßfehler auf 2% sinkt.
      Zeigen Sie dies anhand einer Rechnung, zusammen mit einem Schaltbild.

AC- und DC-Messung, Effektivwert und arithmetischer Mittelwert

4. Eine Quelle soll ein rein sinusförmiges Signal mit $U_{eff} = 1$ V bei einer Frequenz von $f = 1$ kHz liefern.

   a) Geben Sie sämtliche Kennwerte dieser Wechselspannung und ihre Momentanwertgleichung an.

   b) Diese Spannung wird auf einem Oszilloskop dargestellt. Für die y-Ablenkung beträgt der Ablenkkoeffizient $U_y/y = 0{,}5$ V/Teil, der Zeitkoeffizient (die Zeitbasis) wird zu $t_x/x = 0{,}2$ ms/Teil gewählt (1 Teil ≙ 1 Rasterteil auf dem Bildschirm, meist 1 cm).
   Zeichnen Sie das Schirmbild, wenn der Schirm 10 Teile breit und 8 Teile hoch ist.

   c) Es sei zunächst unklar, ob es sich um eine reine Sinusspannung handelt. Wie läßt sich dies mit einem Universalmeßgerät nachprüfen?

   d) Eine andere sinusförmige Spannung hat auf dem Oszilloskop (Einstellung wie in b) eine Amplitude von 3 Teilen und eine Periodenlänge von 1,5 Teilen. Geben Sie wieder sämtliche Kennwerte dieser Wechselspannung und ihre Momentanwertgleichung an.

   e) Entnehmen Sie der Momentanwertgleichung $u = 2{,}8\ \text{V} \cdot \sin \dfrac{2\pi}{1{,}8\ \text{ms}} \cdot t$ sämtliche Kennwerte der beschriebenen Wechselspannung.

5. **a)** Erklären Sie die Begriffe Effektivwert und arithmetischer Mittelwert sowie ihre praktische Bestimmung mit einem Universalmeßgerät.

   b) Nennen Sie noch möglichst viele andere Bezeichnungen für diese Begriffe.

   c) Wie läßt sich mit einem Universalmeßgerät feststellen, ob eine gemischte Spannung vorliegt?

   d)* Übertragen Sie die Berechnung von $U_{eff} = U_m/\sqrt{2}$ aus Kapitel 1.4.3 auf Ströme, und zeigen Sie $I_{eff} = I_m/\sqrt{2}$.

6. **a)** Geben Sie von den dargestellten Spannungen den Gleichspannungsmittelwert (DC-Offset) an. (*Lösung:* 1 V, 0, 0, 1 V, 0,5 V, 1 V)

   b) Geben Sie auch jeweils die Effektivwerte an.
   * (Teil ⓓ und ⓕ anspruchsvoll, siehe Kapitel 1.5.1.)
   (*Lösung:* 1,4 V, 1 V, 0,7 V, 1,2 V, 1 V, 1,154 V)

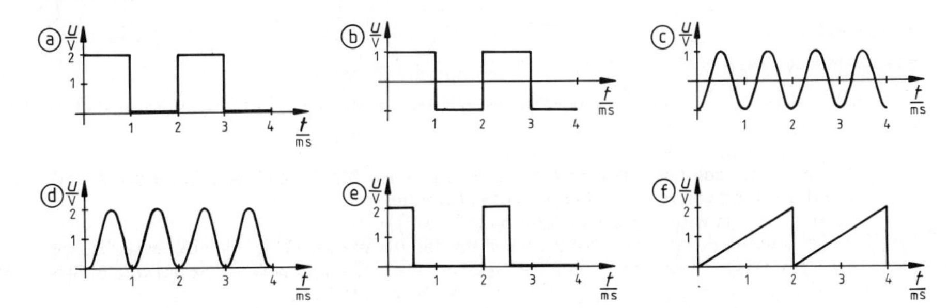

7. **a)** Erläutern Sie den Begriff Gleichrichtwert.

   b) Ein Einweggleichrichter „schneidet" von einer Sinusspannung die negative Halbwelle „ab". Die korrekte Funktion des Gerätes soll ohne Oszilloskop, allein mit einem Universalmeßgerät geprüft werden.
   Wie gehen Sie vor, und welche Zusammenhänge müssen sich zwischen den einzelnen Meßwerten ergeben? (*Hilfe:* Kapitel 1.5.2)

2 Widerstand-Kondensator-Schaltungen

Im folgenden beschäftigen wir uns mit Schaltungen, die einen Kondensator C und einen Widerstand R enthalten. Solche Anordnungen nennen wir ganz allgemein RC-Glieder.
Zuvor noch einige Anmerkungen zu den Bauelementen R und C.

2.1 Bauteile

2.1.1 Kennwerte von Widerständen

Wir stellen hier noch einmal die wichtigsten Kennwerte von linearen Festwiderständen zusammen. Es sind dies

1. Der Widerstandswert *R*

Für diesen gelten folgende Festlegungen:

Der (Gleichstrom-) **Widerstand** R ist definiert durch

$$R = \frac{U}{I} = \frac{\text{Spannungsabfall}}{\text{(bei der) Stromstärke } I}$$

mit der Einheit $$[R] = \frac{1\,\text{V}}{1\,\text{A}} = 1\,\Omega\ (1\ \text{Ohm}).$$

Festwiderstände werden entweder im Klartext oder mit Hilfe eines Farbcodes gekennzeichnet.[1]) Außerdem stellt die Industrie solche Widerstände nur in ganz bestimmten Normwerten her. Diese Normwerte sind in den sog. IEC-Normreihen festgelegt.[1]) Indirekt ergibt sich aus diesen auch die Toleranz.

2. Die Toleranz

Toleranzen werden in % angegeben. Für Kohleschichtwiderstände sind Toleranzen von ±10, ±5, ±2% üblich, während *Metallfilmwiderstände* bis zu ±0,5% erhältlich sind. Die Toleranz wird wiederum im Klartext oder durch den letzten Farbring angegeben.

3. Die Belastbarkeit

Sie ist ein Maß für die *Verlustleistung P*, welche für das Bauelement zulässig ist. Für die Berechnung von P gilt:

$$P = U \cdot I = I^2 \cdot R = U^2/R$$

Wie alle Werte sind auch die lieferbaren Werte für P genormt. Bild 2.1 zeigt einige Schaltsymbole für Widerstände.

[1]) Siehe Anhang A-1 bis A-5 am Buchende.

Festwiderstand

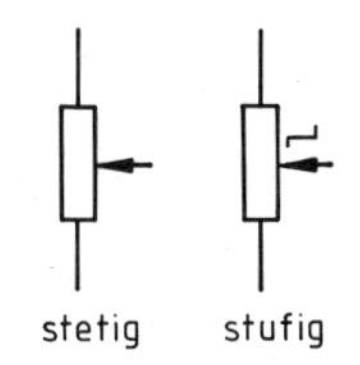

einstellbarer Widerstand (Poti)

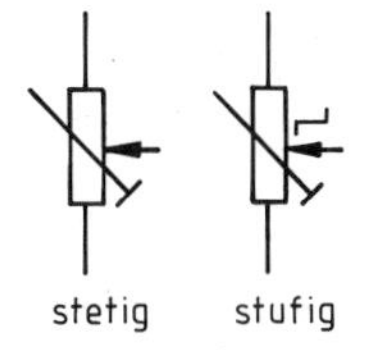

bei Abgleich oder Fertigung einmalig einzustellender Widerstand (Trimmpoti)

Bild 2.1 Schaltsymbole für Widerstände

2.1.2 Kennwerte von Kondensatoren

Wichtigste Kenngröße aller Kondensatoren ist ihre *Kapazität C*, ihr „Fassungsvermögen" für die Ladung Q, bei einer bestimmten Spannung U.

Die **Kapazität** C eines Kondensators ist definiert durch

$$C = \frac{Q}{U} = \frac{\text{gespeicherte Ladung } Q}{\text{(bei der) Spannung } U}$$

mit der Einheit $$[C] = \frac{1\,\text{C}}{1\,\text{V}} = \frac{1\,\text{As}}{1\,\text{V}} = 1\,\text{F} \quad (1\text{ Farad}).$$

Kondensatoren bestehen immer aus zwei voneinander isolierten, leitfähigen Belägen (Bild 2.2). Dazwischen befindet sich ein isolierendes Medium, ein Dielektrikum. Dieses beeinflußt sehr wesentlich die Kapazität C. Im Vakuum errechnet sich die Kapazität aus:

$C_0 = \varepsilon_0 \cdot \frac{A}{d}$ A: Fläche der Beläge d: Abstand der Beläge ε_0: Feldkonstante $\varepsilon_0 \simeq 9$ pF/m

a) ⊣⊢ b) ⊣(⊢

Bild 2.2 a) Schaltzeichen für ungepolte Kondensatoren.
b) Eine gebogene Linie markiert Besonderheiten (z. B. Außenbelag).

Ein Dielektrikum vergrößert diesen Wert um ε_r, eine Materialkonstante mit $\varepsilon_r \simeq 2{,}0 \dots 10000$ (!). Entsprechend unterscheiden sich technische Kondensatoren durch ihr Dielektrikum.

Als *Dielektrikum* werden verwendet:

- Papier (z. B. Metallpapier bzw. MP-Kondensatoren)
- Kunststoffe (Polyester, Polypropylen, ...)
- Keramik
- Oxide (in Verbindung mit Elektrolyten, siehe Kapitel 2.1.3)

Mit dem verwendeten Dielektrikum eng verknüpft sind auch folgende Daten des Kondensators:

- die Spannungsfestigkeit (Nennspannung),
- der Isolationswiderstand,
- die Verluste bei Wechselspannungsbetrieb (Verlustfaktor),
- die Baugröße.

Vom Dielektrikum hängt es auch ab, ob ein Kondensator gepolt oder ungepolt einsetzbar ist.

Bei ungepolten Kondensatoren spielt die **Polung der angelegten Spannung** keine Rolle. Alle Kondensatoren, die keinen Elektrolyt enthalten, sind ungepolt.

Anmerkung:
Solche ungepolten Kondensatoren können bis zur Nennspannung an Gleichspannung, reiner Wechselspannung und an gemischten Spannungen betrieben werden. Elektrolytfreie Kondensatoren gibt es von 1 pF bis 5 μF.

Aus den Angaben auf dem Bauelement lassen sich in der Regel folgende Daten entnehmen:

1. Der Kapazitätswert (Nennkapazität)

Die Nennkapazität wird meistens durch einen Quasi-Klartextcode oder einen Buchstabencode verschlüsselt.[1]) Relativ selten wird bei Kondensatoren auch ein Farbcode verwendet.[2]) Die Kapazitätswerte selbst sind, wie die Widerstandswerte, durch die IEC-Normreihen festgelegt (siehe Anhang A-1 und A-2).

2. Die Toleranz in Prozent

Diese ist aus dem vierten Farbring oder aus dem Klartext entnehmbar. Häufigste Werte: ±20%, ±10%, ±5%.

3. Die Nennspannung in V

Bei Dünnfilmkondensatoren ist die Nennspannung durch einen fünften Farbring verschlüsselt. Bei anderen Kondensatoren erfolgt die Angabe im Klartext (bzw. überhaupt nicht). Hergestellt werden nur genormte Nennspannungswerte (siehe Anhang A-7).
Eine viel größere Kapazität als die ungepolten Kondensatoren haben:

2.1.3 Gepolte Elektrolytkondensatoren

Elektrolytkondensatoren werden auch kurz *Elkos* genannt. Sie haben als Dielektrikum eine sehr dünne Oxidschicht, z. B. Aluminiumoxid, wobei dann der erste Belag aus Aluminium besteht. Den zweiten Belag bildet hier eine elektrisch leitende Flüssigkeit, eben ein Elektrolyt (Bild 2.3).
Die Stromzuführung an den Elektrolyt selbst geschieht über den äußeren Metallbecher.[3])

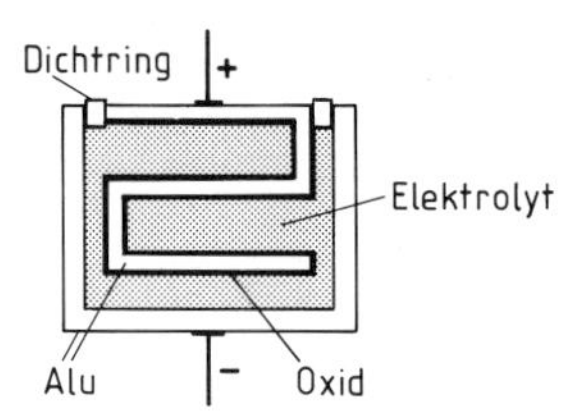

Bild 2.3 Schematischer Aufbau eines Elkos

Durch die flüssige Gegenelektrode schrumpft der effektive Abstand beider Beläge auf die Dicke der Oxidschicht, was sehr hohe Kapazitätswerte bei akzeptablen Baugrößen ermöglicht.[4]) Handelsüblich sind Elkos von 1 ... 22000 μF.
Der relativ geringen (spezifischen) Baugröße von Elkos stehen allerdings einige Nachteile gegenüber.

---

[1]) Beispiele dazu im Anhang A-7
[2]) siehe Anhang A-6
[3]) Daran läßt sich auch der „Minuspol" eines Elkos erkennen (wenn er nicht ganz gekapselt ist).
[4]) Es gilt ja $C \sim 1/d$, siehe 2.1.2.

1. Elkos dürfen nicht falsch gepolt werden

Bei jedem Elko ist ein Anschluß mit dem Pluszeichen gekennzeichnet (Bild 2.4, a). An diesem Anschluß muß immer der Pluspol der äußeren Spannung liegen, sonst baut sich die innere Oxidschicht im Elko ab. Der Verlauf der Spannung selbst ist, solange sich das Vorzeichen nicht ändert, beliebig (z. B. Gleichspannung, pulsierende Gleichspannung, gemischte Spannungen).

altes Symbol:

Bild 2.4 a) Schaltzeichen für gepolte Elkos, das linke Schaltzeichen stellt die nach DIN 40900 bevorzugte Form dar.

Kleinere *Fehlpolungen von 1...2 V sind jedoch zulässig*, ohne daß die Oxidschicht dadurch zerstört wird. Dies ist für viele praktische Anwendungen wichtig.

2. Die Nennspannung ist recht klein

Je größer die Kapazität bei einem bestimmten Volumen werden soll, desto kleiner muß der Abstand *d* der Beläge werden. Dadurch wächst die Gefahr eines Durchschlags. Aus diesem Grund haben Elkos mit $C \geq 100\ \mu F$ in der Regel recht niedrige Nennspannungen. (Normwerte sind z. B. 16 V, 25 V, 40 V und 63 V, siehe auch Anhang A-7).

3. Elkos haben große Leckströme

Da die Oxidschicht nie vollständig isoliert, fließt immer ein kleiner Leckstrom (typisch 0,1 ... 1 mA). Dieser Leckstrom ist nach langen Betriebspausen besonders groß, da sich dann die Oxidschicht unter der äußeren Spannung erst wieder nach„formieren" muß.
Im Betrieb, aber erst recht in Betriebspausen, zersetzt sich die Oxidschicht allmählich. Deshalb haben Elkos nur eine sehr beschränkte Lebensdauer (ca. 5 bis 7 Jahre). Eine Ausnahme bilden die teueren Tantalelkos. Bei diesen ist die Oxidschicht auf einem Tantalbelag wesentlich stabiler, was auch die Leckströme reduziert.

4. Die Kapazitätswerte streuen sehr stark

Durch die quasi „lebende" Oxidschicht streuen die Kapazitätswerte sehr stark, je nach Temperatur und Betriebsart. Bei reinem Gleichspannungsbetrieb stellt sich eine ganz andere Kapazität ein, als beim Betrieb an Spannungen mit überlagertem Wechselspannungsanteil. Aus diesem Grund geben die Hersteller recht große Toleranzen für ihre Elkos an: −40% ... +100% (!).
Neben den gepolten Elkos gibt es auch ungepolte. Diese bestehen, grob gesagt, aus zwei gepolten Elkos, die in Reihe gegeneinander geschaltet worden sind. Bild 2.4, b zeigt das zugehörige Schaltsymbol.

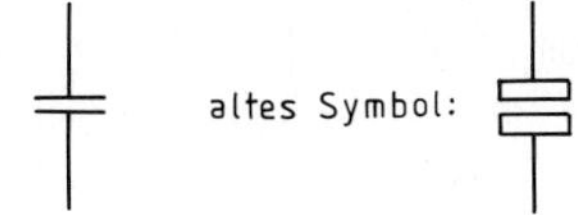

Bild 2.4 b) Schaltzeichen für ungepolte Elkos

> Beim **Anschluß von Elkos** ist unbedingt auf die Polung zu achten.
> Fehlpolungen von 1 ... 2 V sind zulässig.
> Für Sonderzwecke gibt es auch ungepolte Elkos.

2.1.4 Parallelschaltung von Kondensatoren

Wenn bei einem Griff in die Bastelkiste der richtige Kapazitätswert nicht zu finden ist, hilft vielleicht eine Parallel- oder Reihenschaltung vorhandener Kondensatoren weiter. Fehlen z. B. große Kapazitäten, kann eine Parallelschaltung zum Ziel führen, denn

▶ bei einer Parallelschaltung addieren sich die Teilkapazitäten zur Gesamtkapazität auf:

$$C_{ges} = C_1 + C_2 + \dots$$

Diese Formel wird unmittelbar aus Bild 2.4, c verständlich.

- Die zufließende Ladung verteilt sich auf die einzelnen Kondensatoren, d. h. es gilt allgemein:

$$Q_{ges} = Q_1 + Q_2 + \dots$$

- Durch die Parallelschaltung liegt an jedem Kondensator dieselbe Spannung U an.

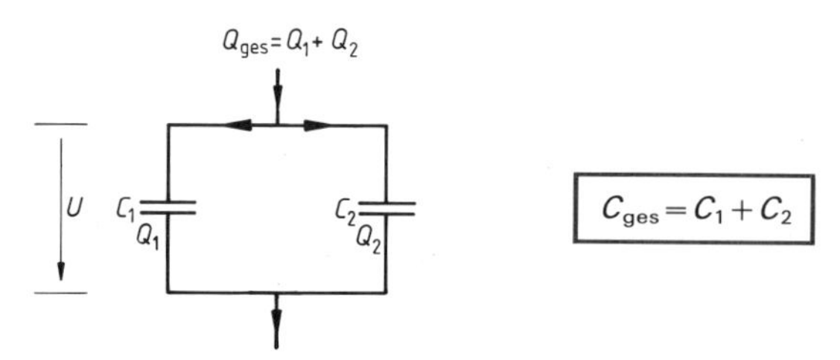

Bild 2.4c) Bei einer Parallelschaltung addieren sich die Kapazitäten.

Mit dem Zusammenhang $Q = C \cdot U$[1]) läßt sich

$$Q_{ges} = Q_1 + Q_2 + \dots$$

umschreiben in

$$C_{ges} \cdot U = C_1 \cdot U + C_2 \cdot U + \dots$$

Wenn wir auf beiden Seiten durch U dividieren, erhalten wir schon:

$$C_{ges} = C_1 + C_2 + \dots$$

> Durch eine **Parallelschaltung von Kondensatoren** lassen sich größere (Gesamt-) Kapazitäten realisieren.
>
> $$C_{ges} = C_1 + C_2 + \dots$$

2.1.5 Reihenschaltung von Kondensatoren

Wenn kleinere Kapazitätswerte aus größeren zusammengesetzt werden müssen, kommt nur eine Reihenschaltung in Frage, denn

▶ bei einer Reihenschaltung addieren sich die Kehrwerte der einzelnen Kapazitäten zum Gesamtkehrwert auf:

$$\frac{1}{C_{ges}} = \frac{1}{C_1} + \frac{1}{C_2} + \dots$$

▶ Je größer aber der Wert von $1/C_{ges}$ wird, desto kleiner wird folglich C_{ges} selbst.

---

[1]) $Q = C \cdot U$ folgt aus der Definition $C = \frac{Q}{U}$ (siehe Kapitel 2.1.2).

Für eine Herleitung betrachten wir Bild 2.4, d.

- Die einzelnen Teilspannungen addieren sich hier zur Gesamtspannung. Somit gilt allgemein:

$$U_{ges} = U_1 + U_2 + \dots$$

- Durch die Reihenschaltung trägt jeder Kondensator dieselbe Ladung Q.[1])

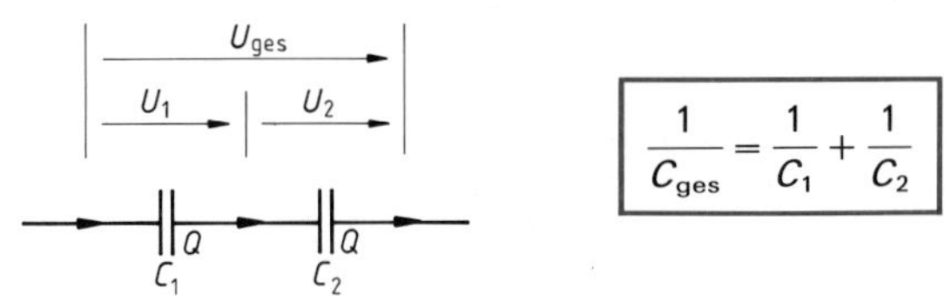

$$\frac{1}{C_{ges}} = \frac{1}{C_1} + \frac{1}{C_2}$$

Bild 2.4 d) Bei einer Reihenschaltung ist die Gesamtkapazität kleiner als jede Einzelkapazität.

Mit $Q = C \cdot U$ bzw. wegen $U = \frac{Q}{C}$ läßt sich nun

$$U_{ges} = U_1 + U_2 + \dots$$

umschreiben in

$$\frac{Q}{C_{ges}} = \frac{Q}{C_1} + \frac{Q}{C_2} + \dots$$ [2])

Division beider Seiten durch Q liefert sofort:

$$\frac{1}{C_{ges}} = \frac{1}{C_1} + \frac{1}{C_2} + \dots$$

Durch eine **Reihenschaltung von Kondensatoren** lassen sich kleinere (Gesamt-) Kapazitäten zusammenstellen.

$$\frac{1}{C_{ges}} = \frac{1}{C_1} + \frac{1}{C_2} + \dots$$

2.2 *RC*-Glieder

Als *RC*-Glied (im engeren Sinne) bezeichnen wir eine Reihenschaltung aus Widerstand R und Kondensator C mit der in Bild 2.5 dargestellten Reihenfolge. Ein solches *RC*-Glied wird auch häufig als Vierpol nach Bild 2.6 umgezeichnet bzw. aufgefaßt.

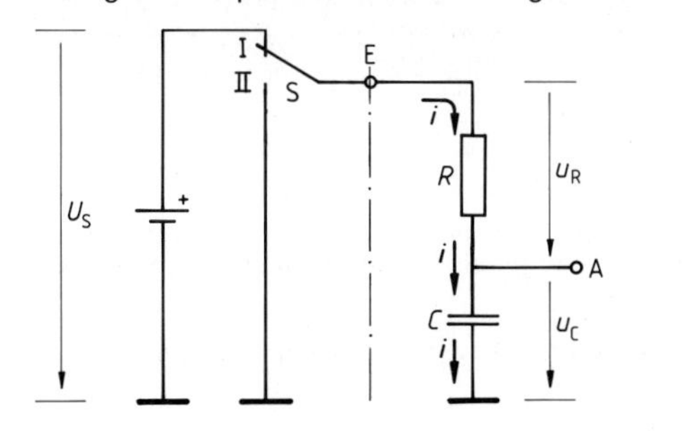

Bild 2.5 *RC*-Glied. Der Kondensator C wird gerade geladen.

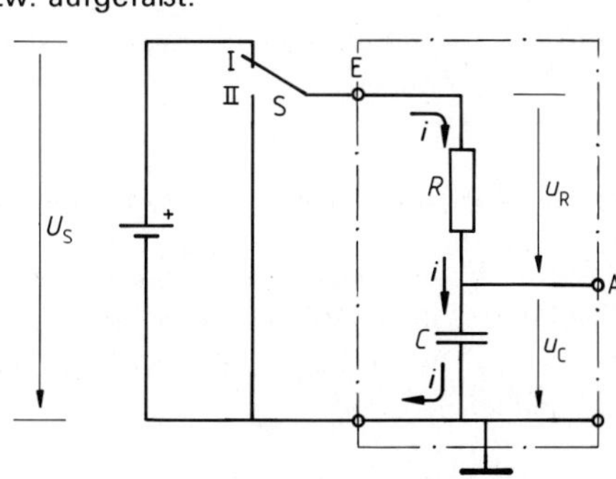

Bild 2.6 Das *RC*-Glied als Vierpol. (E: Eingang, A: Ausgang). Dargestellt ist (entsprechend Bild 2.5) die Aufladung von C.

[1]) In einer Reihenschaltung sind an jedem Meßpunkt die Ströme und folglich auch die transportierten Ladungsmengen gleich groß.

[2]) Da jeder Kondensator dieselbe Ladung trägt, gilt: $Q = Q_{ges} = Q_1 = Q_2 = \dots$

Mit RC-Gliedern können z. B. Spannungssprünge in langsam ansteigende Spannungen umgeformt werden. Dies ermöglicht u. a. den Bau von elektronischen Zeitschaltern. Eine weitere Anwendung stellt die vollständige „Glättung" von Impulsen und welligen Spannungen zu einer reinen Gleichspannung dar.

2.2.1 Der Kondensator C wird geladen

Wir steuern das RC-Glied gemäß Bild 2.5 an. Der Kondensator sei völlig entladen. Um ihn aufzuladen, bringen wir den Schalter S in die Position I. Am Eingang des RC-Gliedes liegt dann die Speisespannung U_S an.

Die Summe der beiden Teilspannungen u_R und u_C ergibt zu jedem Zeitpunkt die Eingangsspannung, also hier U_S:

$$u_C + u_R = U_S$$

Wegen $u_R = i \cdot R$ gilt auch:

$$u_C + i \cdot R = U_S$$

Zu Beginn der Beobachtung (Zeitpunkt $t=0$) war der Kondensator C noch völlig ungeladen, d. h. $u_C = 0$.

Damit ergibt sich für $t=0$ der *Anfangsstrom* $i = i_0$ einfach aus:

$$i_0 \cdot R = U_S$$

zu

$$i_0 = \frac{U_S}{R}$$

Dies ist gleichzeitig der größte Strom, der in dieser Schaltung „durch"[1]) die beiden Bauelemente R und C fließt. Da sich der Kondensator allmählich auflädt, also $u_C > 0$ wird, geht der Strom i im Kreis zwangsläufig zurück:

$$i = \frac{u_R}{R} = \frac{U_S - u_C}{R} < \frac{U_S}{R} = i_0 \quad \text{also: } i < i_0$$

Folge:

> Nach einer ganz bestimmten Zeitspanne τ ist der (Lade-)Strom i auf 37% seines Anfangswertes i_0 gesunken:
>
> $$i(\tau) = 37\,\% \cdot i_0$$
>
> Diese Zeitspanne heißt **Zeitkonstante des *RC*-Gliedes.**[2]) Die Zeitkonstante τ ist für ein RC-Glied eine typische Kenngröße.
>
> ▶ Den „krummen" 37%-Wert rechtfertigen wir (später) durch eine sehr einfache Berechnungsformel für τ.

Für den nächsten Zeitabschnitt liegt nun sozusagen als „neuer" Anfangsstrom $i_0' = 37\% \cdot i_0$ vor. Am Ende dieses zweiten Zeitintervalles ist dann der Strom erneut um 37% abgesunken, somit ist

$$i(2\tau) = 37\,\% \cdot i_0' = 37\,\%(37\,\% \cdot i_0)\,.$$

Dies ergibt *ungefähr*[3]):

$$i(2\tau) = 13{,}7\,\% \cdot i_0$$

---

[1]) Der Strompfeil beim Kondensator C in Bild 2.5 bzw. 2.6 ist bewußt zweimal gezeichnet. Wenn der obere Kondensatorbelag positiv geladen wird (Strom zufließt), so fließt vom unteren Belag (durch Influenz) positive Ladung ab. In diesem Sinne fließt der (technische) Strom „über" bzw. „durch" den Kondensator. (Falsch: zwei Strompfeile, die beide zum Kondensator hinzeigen)

[2]) Ganz genaue Definition von τ in Kapitel 2.2.3.

[3]) Nach Kapitel 2.2.3 folgt der genauere Wert mit 13,5%.

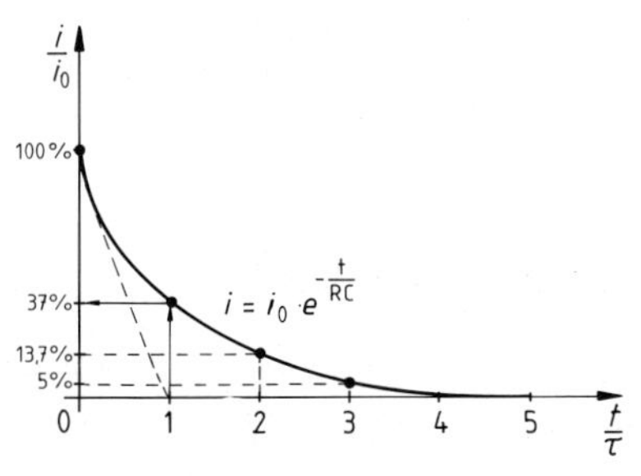

Bild 2.7 Ladestromverlauf für ein *RC*-Glied (normierte Darstellung)

Wenn wir diesen Gedanken fortsetzen, erhalten wir den Stromverlauf von Bild 2.7. Daran erkennen wir:

> Schon *nach fünf Zeitkonstanten* ($t=5\cdot\tau$) ist der Strom praktisch auf Null gesunken, der Kondensator also „voll" geladen.
> Im Prinzip dauert dieser Vorgang aber unendlich lange.

Da sich die Spannung u_R am Widerstand R proportional mit dem Strom ändert ($u_R=i\cdot R$), erhalten wir aus der Stromkurve von Bild 2.7 sofort den Verlauf der Spannung u_R (Bild 2.8, a).

Nach einer Zeitkonstanten ist demnach:

$$u_R=37\,\%\cdot U_S \text{ (usw.)}$$

Schließlich folgt aus

$$u_C+u_R=U_S$$

noch der Spannungsverlauf u_C am Kondensator (Bild 2.8, b). Diese Spannung u_C ist gleichzeitig die *Ausgangsspannung des RC-Gliedes.*

a)

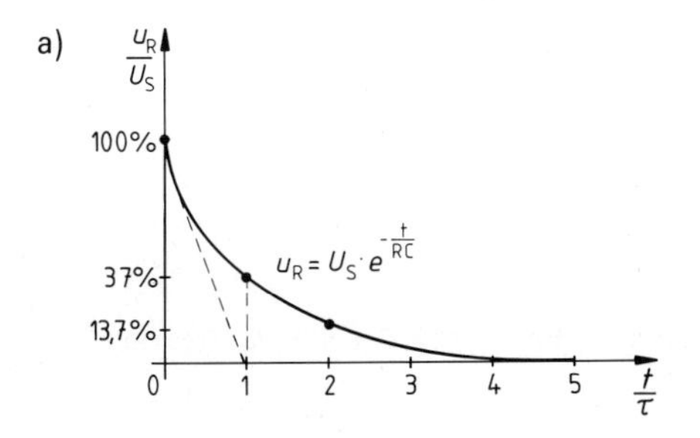

b)

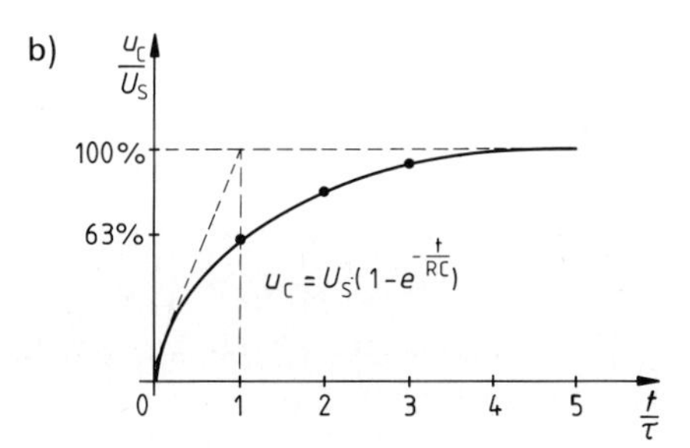

Bild 2.8 Aus Bild 2.7 ergibt sich u_R und daraus der Spannungsverlauf u_C am Kondensator.

Für sie gilt:

> *Nach der Zeit* τ (Zeitkonstante) hat sich der Kondensator auf 63% (!) der Speisespannung aufgeladen.
>
> $$u_C(\tau)=63\,\%\cdot U_S$$

Nach fünf Zeitkonstanten betrachten wir den Kondensator als aufgeladen: $u_C(5\cdot\tau)=U_S$.
Die „Ladezeit" des Kondensators nimmt direkt mit seiner Kapazität C zu. Denselben Effekt hat aber auch ein größerer „Vor-"Widerstand R.

Daraus folgern wir:

Die **Zeitkonstante** τ wächst proportional mit C und R an.
Genaue Messungen bzw. die exakte Berechnung (in Kapitel 2.2.3) liefern für τ die einfache Beziehung:

$$\tau = RC$$

Anmerkung:

Hätten wir τ nicht über $i(\tau) = 37\% \cdot i_0$, sondern durch $i(\tau) = 0{,}5 \cdot i_0$ definiert, wäre für τ die recht komplizierte Formel $\tau = 0{,}693 \cdot RC$ entstanden.
Übrigens verblüffend, daß die Multiplikation der Einheiten von R und C auch die richtige Einheit von τ, nämlich Sekunden, liefert.[1])

2.2.2 Der Kondensator wird wieder entladen

Nachdem sich der Kondensator C auf $+U_S$ aufgeladen hat, legen wir den Schalter S in die Position II um (Bild 2.9 bzw. 2.10). Jetzt stellt der Kondensator C im Stromkreis die Spannungsquelle dar, die sich aber durch die Entladung über R relativ schnell erschöpft.

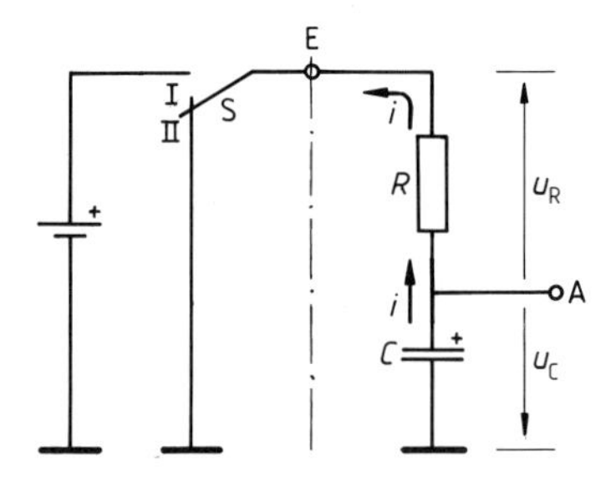

Bild 2.9 Der Kondensator C entlädt sich über R.

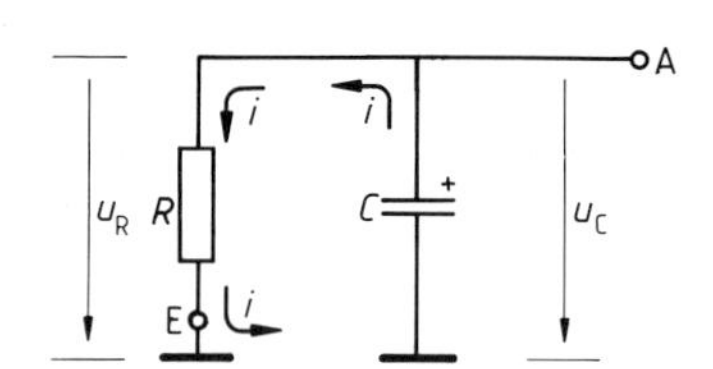

Bild 2.10 Andere Darstellung des Entladevorganges (von Bild 2.9)

Wenn wir die Spannungen wie in Bild 2.10 messen, so gilt für den Entladevorgang immer:

$$u_R = u_C \quad \text{bzw.} \quad i \cdot R = u_C$$

Daraus errechnet sich der Anfangsstrom i_0 zu Beginn der Entladung. Da sich der Kondensator auf U_S aufgeladen hat, gilt:

$$i_0 \cdot R = U_S$$

Daraus folgt wieder (wie beim Aufladevorgang):

$$i_0 = \frac{U_S}{R}$$

Nach der Zeit τ ist der Strom i dann auf 37% seines Anfangswertes i_0 gesunken, nach $t = 5\,\tau$ ist er praktisch Null. Diesen Verlauf zeigt Bild 2.11 (linkes Teilbild), der Entladestrom des Kondensators ist negativ dargestellt. Aus

$$u_R = i \cdot R \quad \text{und} \quad u_C = u_R$$

ergeben sich die Spannungsdiagramme von Bild 2.11.

[1]) siehe Aufgabe 1

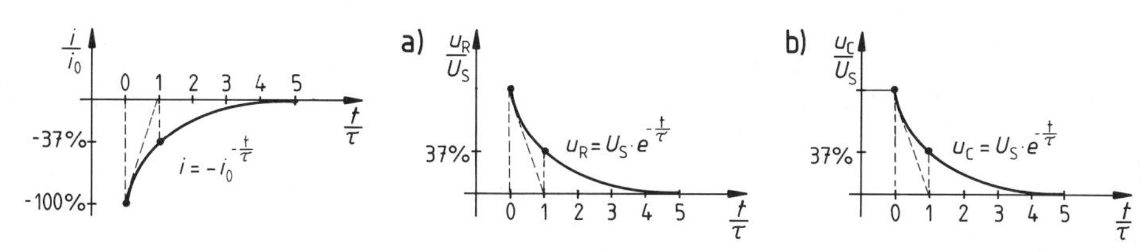

Bild 2.11 Strom- und Spannungsverlauf beim Entladevorgang

Wir ziehen Bilanz:

Im Gegensatz zum Ladevorgang beträgt die Spannung am Kondensator beim Entladen nach einer Zeitkonstante 37% von U_S.
Für den **Lade- und Entladevorgang** gelten aber gemeinsam folgende Aussagen:
Nach einer Zeitkonstante τ sinkt der *Strom* auf 37% seines Anfangswertes $i_0 = U_S/R$ ab.
Laden und Entladen sind praktisch beendet nach der Zeit:

$$t = 5 \cdot \tau$$

Die Zeitkonstante berechnet sich (nach Kapitel 2.2.3) immer aus:

$$\tau = RC$$

2.2.3 Wir berechnen die Zeitkonstante exakt

► Gegebenenfalls kann die Rechnung kurz überflogen und nur das Ergebnis am Schluß betrachtet werden.

Bei vielen Naturvorgängen ist die zeitliche Änderung einer Größe y proportional zur vorhandenen Menge.

Beispiele: Die Abnahme $\Delta y/\Delta t$ radioaktiver Teilchen ist durch ihren Zerfall proportional zur Menge y der (noch) vorhandenen Teilchen.
Die Zunahme $\Delta y/\Delta t$ von Bakterien erfolgt durch ihre Vermehrung proportional zur Anzahl y der (schon) vorhandenen Bakterien.

In all diesen Fällen wird der Naturvorgang durch eine Exponentialfunktion mit der Basis e = 2,71828... beschrieben. Diese „e-Funktion" ist also immer eine Lösung, wenn ein Problem der *Form*

$$\frac{\Delta y}{\Delta t} \sim y \quad \text{also} \quad \frac{\Delta y}{\Delta t} = k \cdot y$$

vorliegt. (k ist hier ein Proportionalitätsfaktor.) Für $\Delta t \to 0$ wird daraus eine Differentialgleichung[1]) der Form:

$$\frac{\mathrm{d}y}{\mathrm{d}t} = k \cdot y \quad \text{mit der Lösung}^{2)} \quad y = y_0 \cdot \mathrm{e}^{kt}$$

Wir übertragen dies nun auf den *Entladevorgang* des Kondensators. Die Rechnung ist für diesen am einfachsten, weil hier die (formale) Summe beider Teilspannungen nach Bild 2.12 Null ergibt (und nicht, wie beim Laden, $+U_S$). Also gilt beim Entladen:

$$u_C + u_R = 0 \quad \text{bzw.} \quad u_C + i \cdot R = 0$$

[1]) Das ist eine Gleichung, in der eine Größe y mit ihrem Differentialquotienten $\mathrm{d}y/\mathrm{d}t$ verknüpft ist.
[2]) Probe durch Ableiten und Einsetzen.

Dies liefert den Strom i:

$$i = -\frac{u_C}{R}$$

Andererseits ist dieser Strom mit einer Spannungsänderung am Kondensator verknüpft.

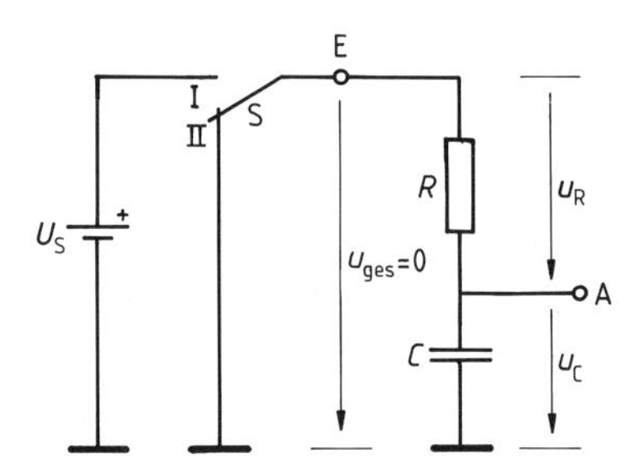

Bild 2.12 Beim Entladevorgang ist $u_{ges}=0$.

Deshalb gilt für diesen Strom auch die Beziehung:

$$i = \frac{dq}{dt} = \frac{d(C \cdot u_C)}{dt} = C\frac{du_C}{dt}$$

Durch Gleichsetzen der beiden Ausdrücke für i folgt:

$$C\frac{du_C}{dt} = -\frac{u_C}{R}$$

Dies liefert eine Differentialgleichung mit einer schon bekannten Form (s. o.), denn

$$\frac{du_C}{dt} = -\frac{1}{RC} \cdot u_C \quad \text{hat die Form} \quad \frac{dy}{dt} = k \cdot y$$

Zu dieser Form kennen wir die Lösung (s. o.):

$$u_C = U_S \cdot e^{-\frac{1}{RC} \cdot t} \quad \text{analog zu} \quad y = y_0 e^{kt}$$

Daraus ergibt sich der Strom $i = u_C/R$ (dem Betrage nach):

$$\boxed{i = i_0 e^{-\frac{1}{RC} \cdot t}}$$

Wenn wir speziell für $t = \tau = RC$ den Strom berechnen, erhalten wir:

$$i(\tau) = i_0 \cdot e^{-1} = \frac{1}{e} \cdot i_0 \simeq 0{,}37 \cdot i_0$$

Ergebnis:

Bei einem ***RC*-Glied** klingt der Strom exponentiell (mit einer e-Funktion) ab.
Nach der Zeit

$$\tau = RC$$

ist der Strom auf 1/e-tel ($\simeq 37\%$) des Anfangswertes gesunken.

Dies ist die exakte Definition der Zeitkonstanten:

$$i(\tau) = \frac{1}{e} \cdot i_0$$

2.2.4 Meß- und Zeichenhilfen

Wir betrachten zuerst den *Ladevorgang* eines *RC*-Gliedes. Sofern die Zeitkonstante τ bekannt ist, läßt sich der Verlauf der Ausgangsspannung u_C mit drei markanten Punkten schnell skizzieren. Wir verwenden z. B. für Bild 2.13 die Werte:

$$u_C(t=0)=0$$
$$u_C(t=\tau)=63\% \cdot U_S$$
$$u_C(t=5\tau)\simeq 100\% \cdot U_S$$

Betrachten wir nun umgekehrt Bild 2.13 als Meßergebnis eines Experimentes, so läßt sich aus dem Schnitt der Kurve mit der „63%-Geraden" die Zeitkonstante τ bestimmen. Eine Kontrolle von τ über $t=5\cdot\tau$ (d. h. über den Schnitt mit der 100%-Linie) ist nach Bild 2.13 viel zu unsicher.

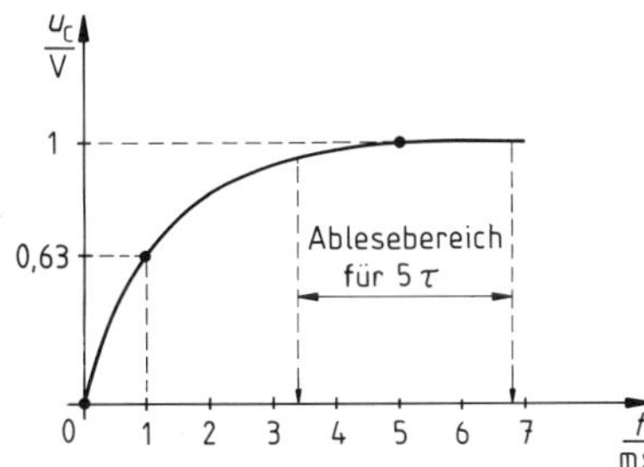

Bild 2.13 Verlauf von u_C bei $\tau=1\,\text{ms}$ und $U_S=1\,\text{V}$

Nun gibt es noch eine weitere Möglichkeit, τ abzuschätzen. Wir stellen uns vor, wir könnten den Kondensator ständig mit dem festen Anfangsstromwert $i_0=U_S/R$ laden.[1]) Wegen $i_0=\text{const}$ ergäbe sich dann die Ladung $q=Q(t)$ des Kondensators aus

$$q=i_0\cdot t.$$

q stiege also linear mit der Zeit t an, ebenso die Spannung am Kondensator:

$$u_C=\frac{q}{C}=\frac{i_0\cdot t}{C}=\frac{U_S}{R\cdot C}\cdot t$$

In diesem Fall hätte der Kondensator nach der Zeit $t=\tau=RC$ gerade die Speisespannung U_S erreicht:

$$u_C=\frac{U_S}{RC}\cdot RC=U_S$$

Der wahre Verlauf von u_C deckt sich mit diesem (hypothetischen) linearen Anstieg erkennbar nur so lange, wie noch $i\simeq i_0=\text{const}$ ist, also am Anfang der Kurve.
Immerhin kann jetzt der Anstieg von u_C genauer skizziert werden oder umgekehrt aus der Anfangssteigung die Zeitkonstante τ auf eine zweite Art experimentell bestimmt werden (Bild 2.14).

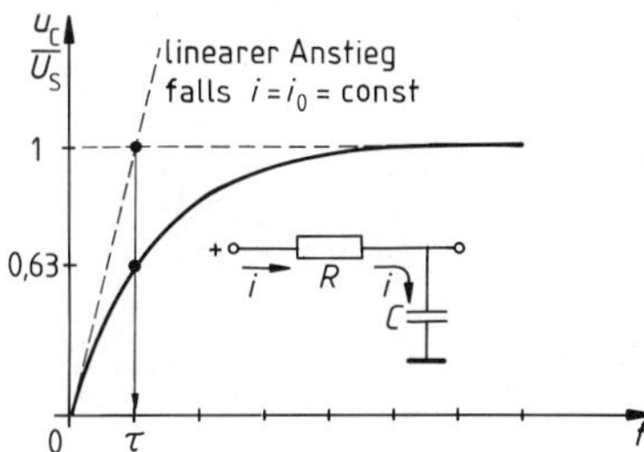

Bild 2.14 Die Anfangssteigung liefert τ.

[1]) Dies ist mit einer Konstantstromquelle auch tatsächlich möglich.

Schließlich überlegen wir uns noch, daß beim *Entladevorgang* entsprechendes gilt: Würde sich der Kondensator mit dem konstanten Strom $i_0 = U_S/R$ entladen, wäre er nach der Zeit $\tau = RC$ vollständig leer.

Wir erhalten aus diesen Betrachtungen:

Zu Beginn des **Lade- bzw. Entladevorgangs bei einem *RC*-Glied** fließt der Strom $i_0 = U_S/R$. Vorausgesetzt, dieser Anfangsstrom i_0 fließt konstant weiter, dann ändert sich die Spannung u_C innerhalb einer Zeitkonstanten τ linear um den Betrag U_S.
Da am Anfang für den Strom immer $i \simeq i_0$ gilt, erhalten wir (schematisiert) den nachfolgend dargestellten u_C-Verlauf.

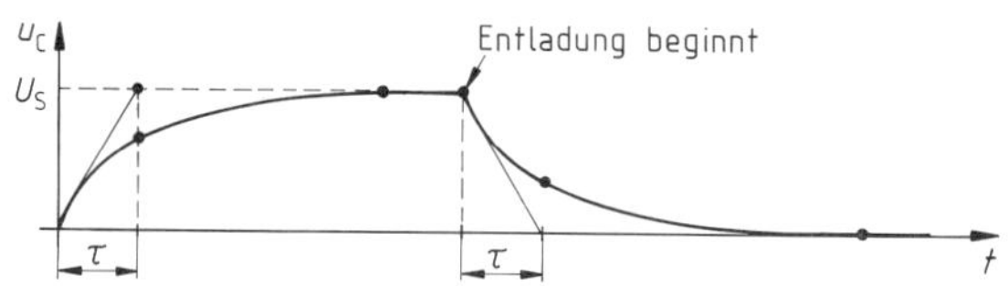

Bild 2.15 Lade- und Entladevorgang: für kurze Zeit folgt der u_C-Verlauf näherungsweise einer Geraden mit der Steigung U_S/τ.

2.2.5 Impulsverformung durch *RC*-Glieder

Wir betrachten jetzt das *RC*-Glied als Vierpol (Bild 2.16) und fragen uns, wie ein solcher Vierpol das Eingangssignal verändert.
Als Eingangssignal verwenden wir eine Rechtspannung nach Bild 2.17. Sie enthält nur positive Signalanteile, ist also in diesem Sinne unsymmetrisch.[1])

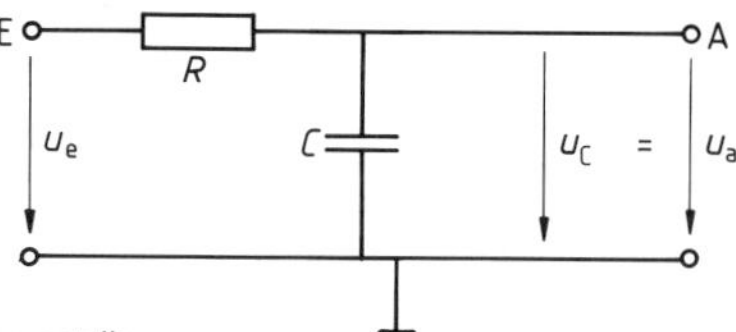

Bild 2.16 Das *RC*-Glied als Vierpol dargestellt

Unsymmetrische Rechteckspannungen beschreiben wir (nach Bild 2.17) durch:

- die *Impulsdauer* t_i, während dieser Zeit gilt: $u_e = U_0$
- die *Pausendauer* t_P, während dieser Zeit gilt: $u_e = 0$ (Massenverbindung)
- die *Periodendauer* $T = t_i + t_p$ bzw. die Frequenz $f = 1/T$,
- das *Tastverhältnis*[2]) $V = T/t_i$,
- die *mittlere Gleichspannung* (DC-Offset) $\overline{U}_e = \frac{t_i}{T} U_0$.

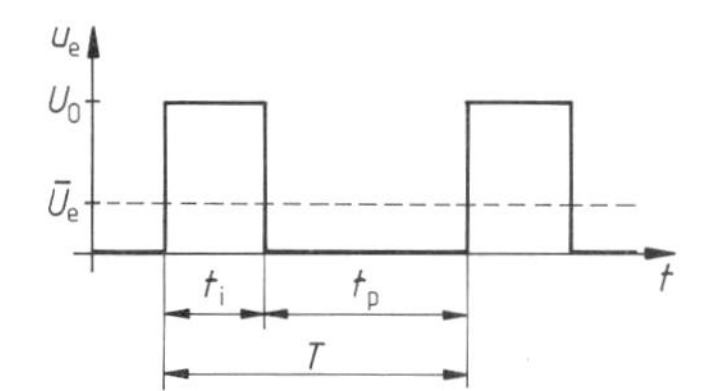

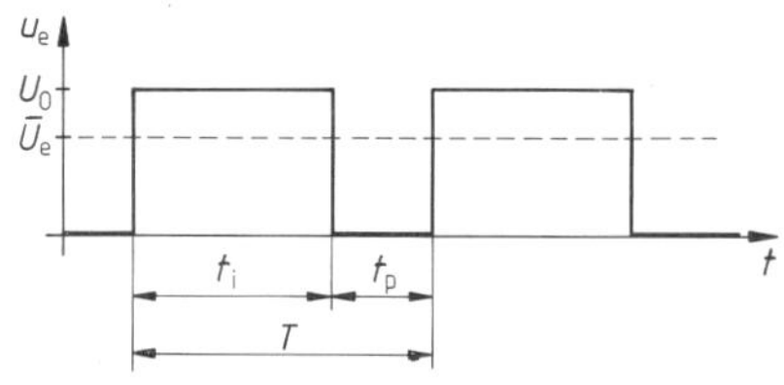

Bild 2.17 (Positive) Unsymmetrische Rechteckspannungen mit $V = 3:1$ und $V = 3:2$

[1]) Die meisten Steuersignale der Elektronik sind von diesem Typ. Falls symmetrische Rechteckspannungen auftreten, sind die Ergebnisse relativ leicht übertragbar.

[2]) Der Kehrwert heißt auch Tastgrad. Achtung: Es gibt auch andere Definitionen des Tastverhältnisses!

Bei jeweils gleichem Eingangssignal u_e hängt das Ausgangssignal u_a der *RC*-Glieder sehr stark von der relativen Größe der Zeitkonstanten τ ab. Dies zeigen die einzelnen Teilbilder von Bild 2.18 genauer.

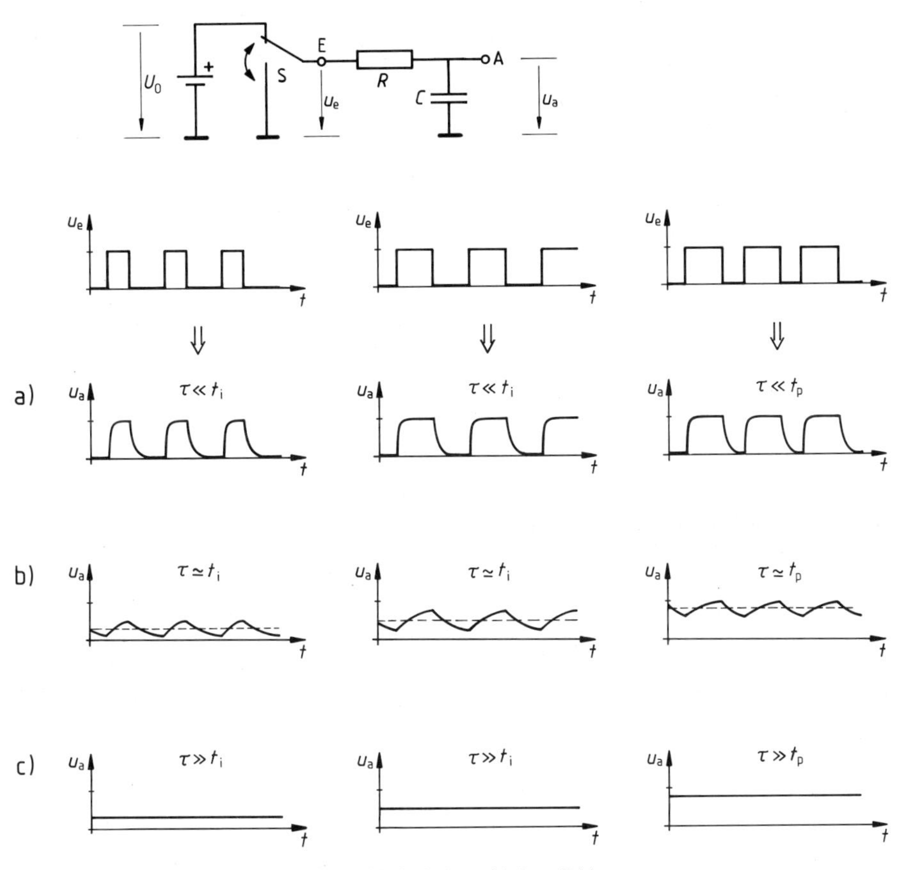

Bild 2.18 Ein- und Ausgangssignale eines *RC*-Gliedes bei verschiedener Zeitkonstante τ.
Die Zeitkonstante τ nimmt jeweils von oben nach unten zu.
Die Bilder b) und c) gelten erst nach Ablauf der Einschwingzeit.
a) Relativ kleine Zeitkonstante: *C* lädt und entlädt sich jedesmal vollständig.
b) Mittlere Zeitkonstante: *C* lädt und entlädt sich nur teilweise.
c) Relativ große Zeitkonstante: *C* lädt und entlädt sich praktisch nicht mehr.

In Teilbild a ist die Zeitkonstante τ noch so klein, daß der Kondensator jedesmal vollständig ge- und entladen wird. Ein- und Ausgangssignal sind mehr oder weniger ähnlich, was naturgemäß häufig gewünscht wird. In diesem Fall muß $\tau \ll t_i$ bzw. $\tau \ll t_p$ sein.

Wenn τ mit den Zeiten t_i bzw. t_p vergleichbar wird, kann sich der Kondensator nicht mehr ganz auf- bzw. entladen. Nach einer gewissen Einschwingzeit (die wir gleich besprechen) ergibt sich am Ausgang des *RC*-Gliedes dann das Teilbild b.
Ein für den Anwender wichtiger Extremfall ist in Teilbild c dargestellt. Hier ist die Zeitkonstante schon so groß, daß sich der Kondensator praktisch weder weiter auf- noch entladen kann. Am Ausgang des *RC*-Gliedes erscheint (ebenfalls nach einer bestimmten Einschwingzeit) eine *konstante, geglättete Gleichspannung*. Ihr Wert entspricht dem DC-Offset (der mittleren Gleichspannung) des Eingangssignals $u_a = \overline{U}_e$.

Beim **Anschluß eines *RC*-Gliedes an eine Rechteckgleichspannung** mit $T = 1/f$ sind folgende Extremfälle wichtig:

1. Das *RC*-Glied hat eine Zeitkonstante mit $\tau \ll T$ (also $\tau \ll t_i$ und $\tau \ll t_p$). Dann wird der Kondensator C jedesmal ganz auf- bzw. entladen. Das Ausgangssignal ist bis auf relativ kleine Verzerrungen mit dem Eingangssignal identisch.
2. Das *RC*-Glied hat eine Zeitkonstante $\tau \gg T$ (also $\tau \gg t_i$ und $\tau \gg t_p$). Als Ausgangssignal erscheint eine geglättete Gleichspannung. Sie ist so groß wie der DC-Offset der Eingangsspannung: $u_a = \overline{U}_e$.

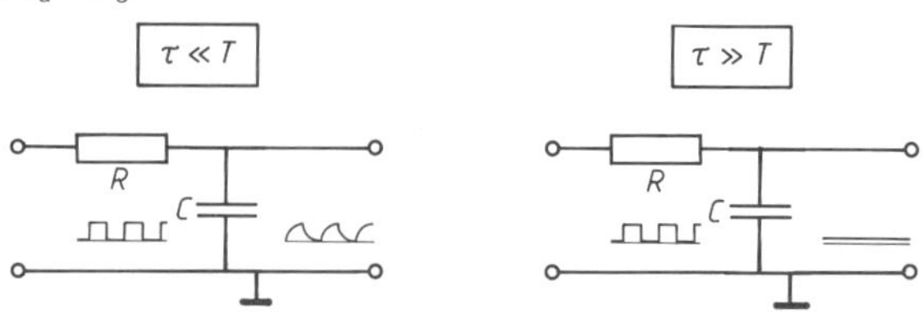

Für Experten:

2.2.6 Die Kondensatorspannung schaukelt sich hoch

Wir betrachten noch einmal Bild 2.18. Bei einer relativ großen Zeitkonstanten τ erscheint am Ausgang eine Gleichspannung, die kaum noch Schwankungen aufweist. Das trifft jedoch erst nach einer gewissen Einschwingzeit zu. Dafür gibt es zwei Erklärungen.

1. Erklärung

Wir gehen dazu von Bild 2.19 aus. Das *RC*-Glied mit $\tau > T$ liegt an u_e. Der erste Impuls lädt hier C bis auf die Spannung U_1 auf. In der nun folgenden Impulspause t_p entlädt sich C aber nicht mehr vollständig. Eben weil τ so groß ist, bleibt eine Restspannung U_2 mit $U_2 > 0$.[1])

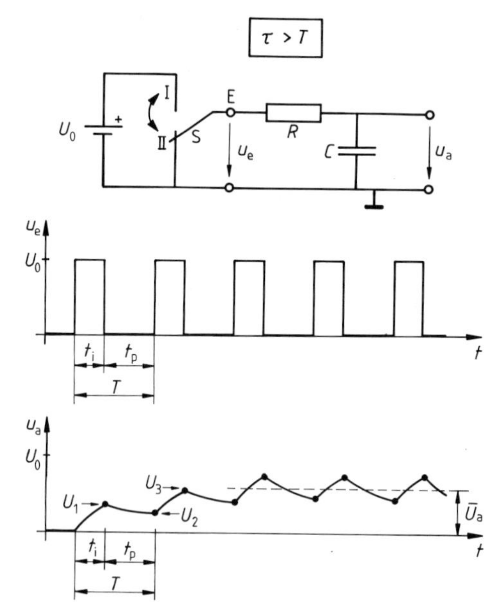

Bild 2.19 Der Gleichspannungsanteil am Kondensator steigt bis zu einem Gleichgewichtswert an.

[1]) Mit $\tau \gg T$ gilt auch $\tau \gg t_p$, selbst wenn $\tau = t_p$ wäre, bliebe noch $U_2 \simeq 37\% \cdot U_1$ übrig.

Durch den zweiten Impuls erhöht sich nun die Spannung, ausgehend vom Niveau U_2 auf den Wert U_3 ... Je größer aber u_C wird, desto kleiner werden die *Ladeströme,* während die *Entladeströme* (in den Impulspausen t_P) mit u_C größer werden. Diese Tatsache verhindert, daß sich C bis auf U_0 auflädt. Das Gleichgewicht – und damit das Ende der Einstellzeit – ist erreicht, wenn jeder Ladestromstoß durch den anschließenden Entladestromstoß ausgeglichen wird.

2. Erklärung

Wir zerlegen in Gedanken das Eingangssignal u_e in eine reine Gleichspannung und eine reine Rechteckwechselspannung (Bild 2.20, mittlerer Teil). Diese reine Wechselspannung liefert dann auch am Ausgang keinen Gleichspannungsanteil (Bild 2.20, unterer Teil).

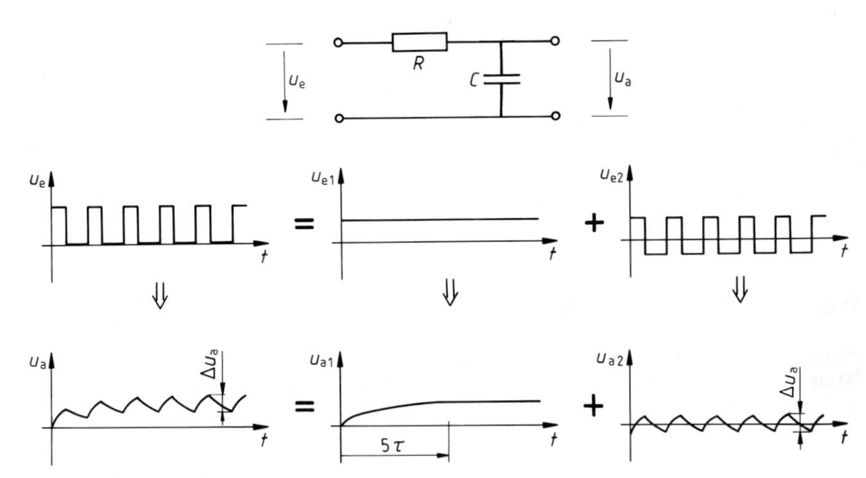

Bild 2.20 Der Verlauf von u_a hat sich nach $t' = 5\tau$ stabil eingestellt.

Mit diesem Trick erkennen wir aus Bild 2.20:

- Der Kondensator lädt sich gerade nach der Zeit $t = 5\tau$ auf die mittlere Gleichspannung auf. Anschließend ändert sich der Verlauf von u_a nicht mehr.

  Zum Schluß schätzen wir noch die Schwankungen Δu_a der Ausgangsspannung grob ab. Mit $i < i_0$ und $t_i < T$ folgt:

$$\Delta u_a = \Delta u_C = \frac{\Delta Q}{C} < \frac{i_0 \cdot t_i}{C} = \underbrace{\frac{U_0}{R} \cdot \frac{t_i}{C}}_{} < \frac{U_0 \cdot T}{\tau}$$

Also:

$$\Delta u_a < U_0 \cdot \frac{T}{\tau}$$

Mit dieser Abschätzung erhalten wir für $\tau \gg T$ näherungsweise $\Delta u_a \simeq 0$, d. h., am Ausgang erscheint eine reine, geglättete Gleichspannung (wie in Bild 2.18, c) dargestellt.

Liegt an einem ***RC*-Glied** eine **periodische Rechteckspannung** mit $f = 1/T$ und ist $\tau \gg T$, so wird der endgültige Verlauf der Ausgangsspannung u_a erst erreicht, nachdem die Einschwingvorgänge abgeklungen sind. Die dazu notwendige Einschwingzeit beträgt:

$$t' = 5 \cdot \tau$$

Die Ausgangsspannung u_a ist jetzt als Gleichspannung beschreibbar, der sich kleine Schwankungen Δu_a überlagern. Diese lassen sich abschätzen durch:

$$\Delta u_a < U_0 \frac{T}{\tau}$$

Für $\tau \gg T$ sind die Schwankungen Δu_a praktisch Null; am Ausgang erscheint eine konstante Gleichspannung.

Die zuletzt aufgestellte Forderung $\tau \gg T$ betrachten wir für $\tau \geq 10 \cdot T$ als erfüllt. Mit $T = 1/f$ geht diese Beziehung über in:

$$\tau \geq 10 \cdot \frac{1}{f}$$

Anders ausgedrückt:

> Durch ein *RC*-Glied mit der Zeitkonstanten
>
> $$RC \simeq 10 \cdot \frac{1}{f}$$
>
> läßt sich eine **Wechselspannung** der Frequenz f **vollständig glätten.**

2.2.7 Das *RC*-Glied als Integrierglied

Weil der Kondensator (nach Kapitel 2.2.6) die einzelnen Ladestromstöße aufsammelt, aufsummiert bzw. „integriert", heißt ein *RC*-Glied auch Integrierglied. Die Integrationswirkung tritt aber nur auf, wenn die Ladung während der Pausenzeiten t_p nicht „verloren geht", d. h. wenn $\tau \gg t_p$ ist.

Für $\tau \gg T$ (insbesondere $\tau \gg t_p$) wirkt das *RC*-Glied als **Integrierglied.**

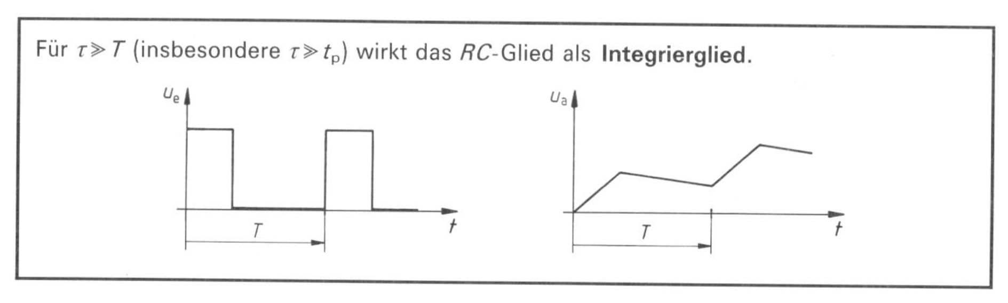

2.3 *CR*-Glieder

Gegenüber dem bekannten *RC*-Glied sind in Bild 2.21 die Bauelemente vertauscht worden. Dies bringen wir auch sprachlich zum Ausdruck. Wir bezeichnen diese Anordnung als *CR*-Glied (obwohl sie allgemein zu den *RC*-Gliedern zählt).

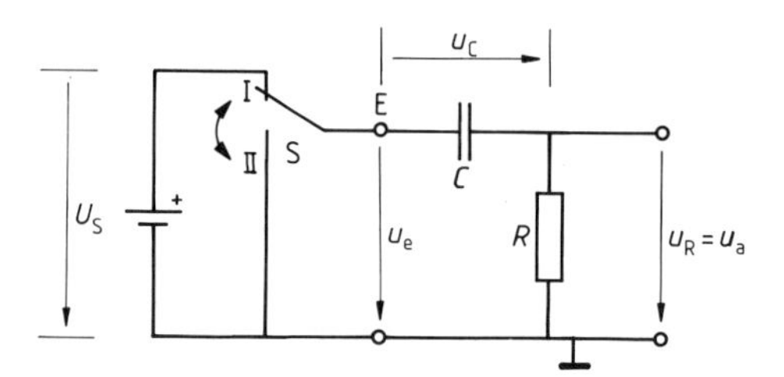

Bild 2.21 Ein *CR*-Glied

Solche *CR*-Glieder dienen hauptsächlich zwei Zwecken.

Erstens können sie bei positiven Eingangsimpulsen auch negative Impulse am Ausgang erzeugen, was häufig für Steuersignale und Zeitschalter gebraucht wird.[1])

Zum zweiten blockt der Kondensator Gleichspannungsanteile der Eingangsspannung ab, kann aber Wechselspannungssignale unverzerrt weitergeben. Dies erlaubt z. B. erst die Kopplung von Verstärkerstufen oder, in der Meßtechnik, die oszilloskopische Untersuchung von sehr kleinen Signalen mit einem „riesigen" DC-Offset.

[1]) Siehe z. B. dynamische Eingänge (Kapitel 14.6) von Kippschaltungen (binären Speichern); Zeitschalter werden unter dem Stichwort „Monoflop" in Kapitel 15 behandelt.

2.3.1 Lade- und Entladevorgang beim *CR*-Glied

Die Ausgangsspannung u_a des *CR*-Gliedes wird immer am Widerstand R abgegriffen. Damit ist

$$u_a = u_R = i \cdot R$$

ein direktes Abbild des Lade- bzw. Entladestromes des Kondensators C.

Betrachten wir zuerst den *Ladevorgang* (Bild 2.22, Schalter S wird in Position I umgelegt). Der Strom i fließt hier von oben nach unten. Bezogen auf Masse ist u_a bzw. u_R folglich positiv. Nach fünf Zeitkonstanten ist der Ladevorgang beendet. Aus dem Strom i (siehe auch Bild 2.7) ergibt sich somit direkt der Verlauf der Ausgangsspannung u_a (Bild 2.23).

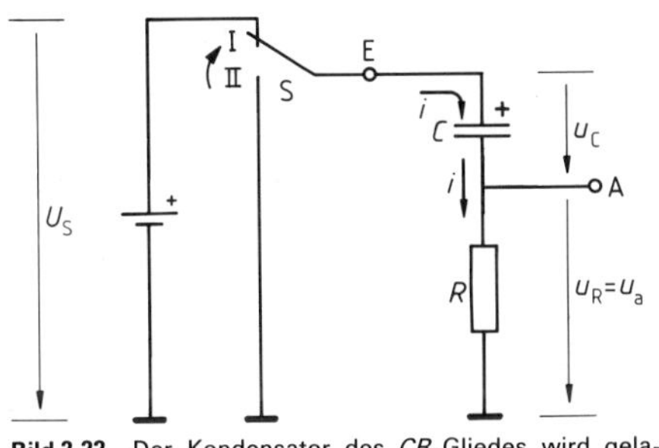

Bild 2.22 Der Kondensator des *CR*-Gliedes wird geladen.

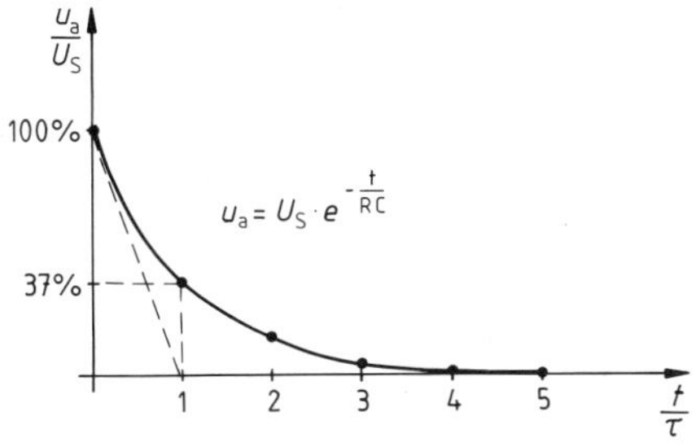

Bild 2.23 Spannungsverlauf am Ausgang des *CR*-Gliedes

Für Zeiten $t > 5\tau$ gilt $u_R = 0$ bzw. $u_a = 0$, der Kondensator ist mit der in Bild 2.22 dargestellten Polarität auf die Speisespannung U_S aufgeladen. Dies ist wichtig, wenn für den sich anschließenden Entladevorgang der Schalter S in die Position II gebracht wird: In diesem Augenblick gelangt der *Pluspol des geladenen Kondensators an Masse* (Bild 2.24), während am Ausgang A der Minuspol anliegt.

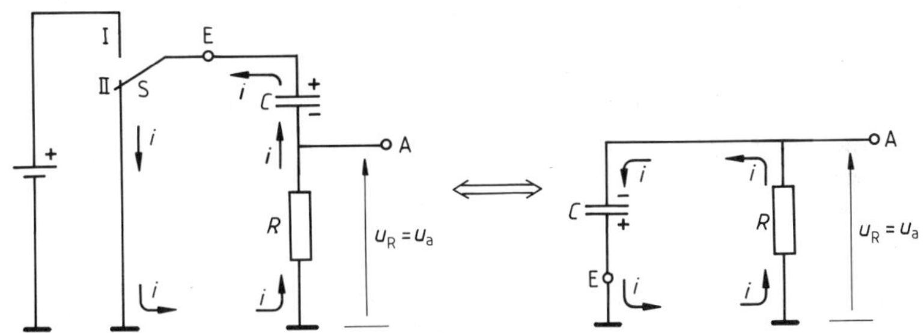

Bild 2.24 Der Entladevorgang beim *CR*-Glied: u_a *wird negativ.*

► Obwohl ursprünglich nur positive Spannungen (gegen Masse) vorhanden waren, wird jetzt eine „echt" negative Ausgangsspannung u_a erzeugt.

Da die Entladung über R mit „vollem" Kondensator beginnt, ist im ersten Augenblick sogar $u_a = -U_S$. Den weiteren zeitlichen Verlauf von u_a zeigt Bild 2.25. Der Entladestrom und somit u_a nehmen exponentiell ab.

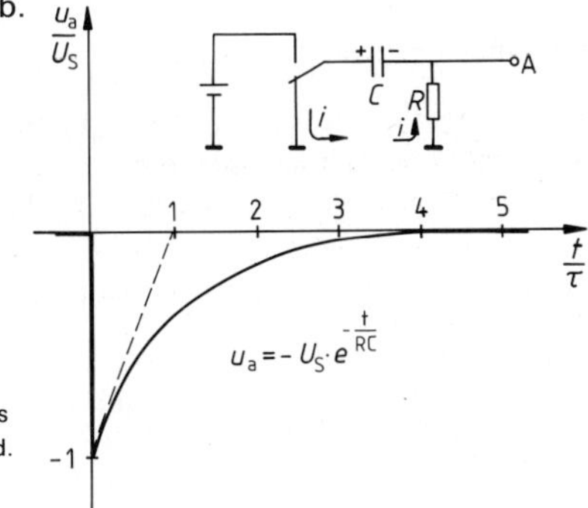

Bild 2.25 Ausgangsspannung des *CR*-Gliedes, wenn C entladen wird.

Wird ein *CR*-Glied an positiver Spannung geladen, so liefert es beim **Entladevorgang** negative Ausgangsspannung.
Grund:
Der Pluspol des aufgeladenen Kondensators gelangt beim Entladevorgang an Masse, der Minuspol liegt dann am Ausgang.

2.3.2 Das Impulsverhalten des *CR*-Gliedes

Genau wie beim *RC*-Glied hängt das Ausgangssignal eines *CR*-Gliedes von der relativen Größe der Zeitkonstanten ab. Analog zu Bild 2.18 erhalten wir hier Bild 2.26.

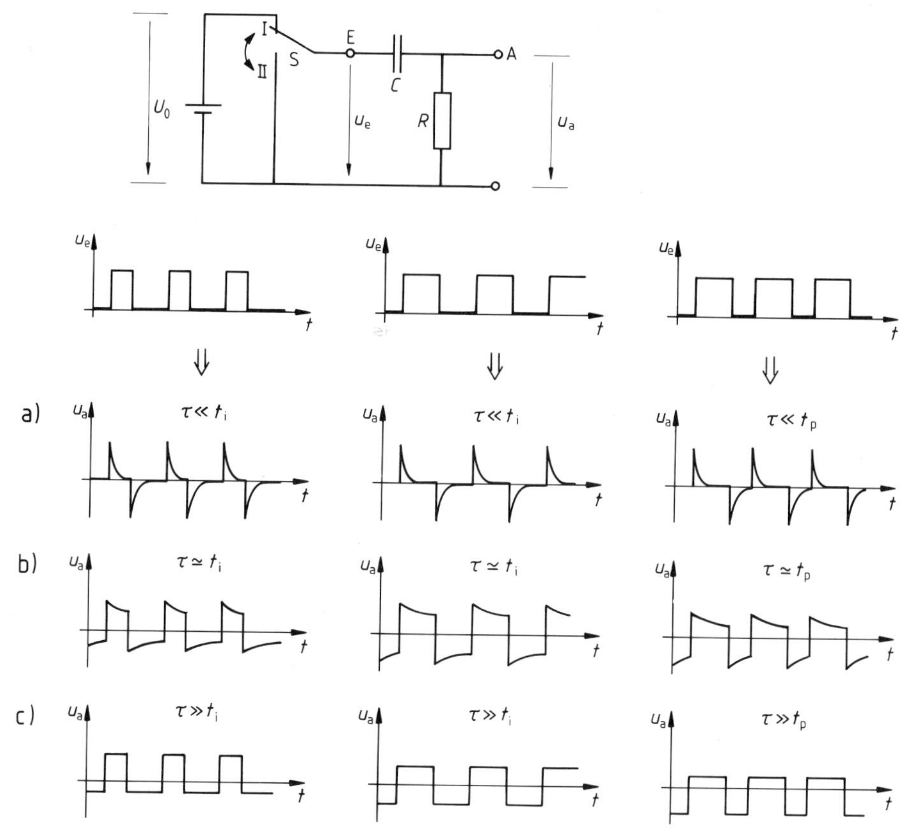

Bild 2.26 Ein- und Ausgangssignale eines *CR*-Gliedes bei verschiedener Zeitkonstante τ.
Die Zeitkonstante τ nimmt jeweils von oben nach unten zu.
Die Bilder b) und c) gelten erst nach Ablauf der Einschwingzeit (siehe S. 45).
a) Kondensator *C* wird noch vollständig ge- und entladen ($\tau \ll T$).
b) Kondensator wird teilweise ge- und entladen ($\tau \simeq t_i$). Das Ausgangssignal ist deutlich verzerrt.
c) Die Spannungsänderungen am Kondensator sind (wegen $\tau \gg T$) so klein, daß sie das Ausgangssignal nicht mehr verzerren.

Für die Praxis wichtig sind wieder die beiden Extremfälle a und c.
Teilbild a ist leicht zu deuten. Die Zeitkonstante ist hier so klein, daß der Kondensator jedesmal vollständig geladen bzw. entladen wird. Die entsprechenden Lade-Entladeströme erzeugen die nadelförmigen Spannungsspitzen („Peaks") am Ausgang.

Teilbild c ergibt sich aus folgender Überlegung: Bei relativ großer Zeitkonstante τ ändert sich die Spannung am Kondensator C trotz der äußeren Impulse praktisch nicht mehr.[1]) Die vergleichsweise kurzen Stromstöße liefern ja nur sehr kleine Ladungsänderungen ΔQ, also kaum noch meßbare Spannungsänderungen $\Delta u_C = \Delta Q/C$ (siehe auch Bild 2.18). Die Spannung u_C am Kondensator C ist deshalb konstant und zwar gleich dem Gleichspannungsmittelwert $\overline{U}_e$ der Eingangsspannung u_e.

Nach Bild 2.27 gilt dann der Zusammenhang:

$$u_e = u_C + u_a = \text{const} + u_a = \overline{U}_e + u_a$$

Deshalb ist:

▶ $$u_a = u_e - \text{const} = u_e - \overline{U}_e$$

▶ Der Verlauf von u_a unterscheidet sich also von u_e allein durch den am Ausgang fehlenden Gleichspannungsanteil von u_e.

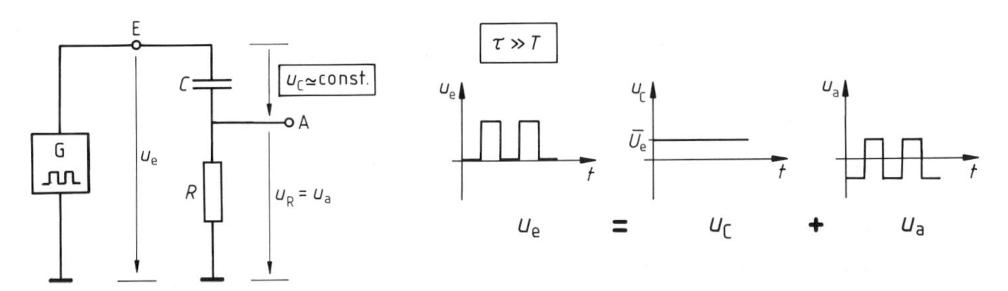

Bild 2.27 Bei $\tau \gg T$ ist $u_C = \overline{U}_e = \text{const}$. Dieser konstante Gleichspannungsanteil fehlt am Ausgang. Die Impulsform wird nicht verzerrt.

Ganz ähnlich läßt sich auch Teilbild b von Bild 2.26 erklären. Hier ist u_C noch nicht konstant, so daß $u_a = u_e - u_C$ durch die Änderungen von u_C verzerrt wird.

Wir notieren:

Ein ***CR*-Glied** wird an eine **Rechteckspannung** u_e mit der Frequenz $f = 1/T$ angeschlossen.
Falls $\tau \ll T$ ist, entstehen positive oder negative Nadelimpulse (Peaks). Anwendung: Steuerimpulse.

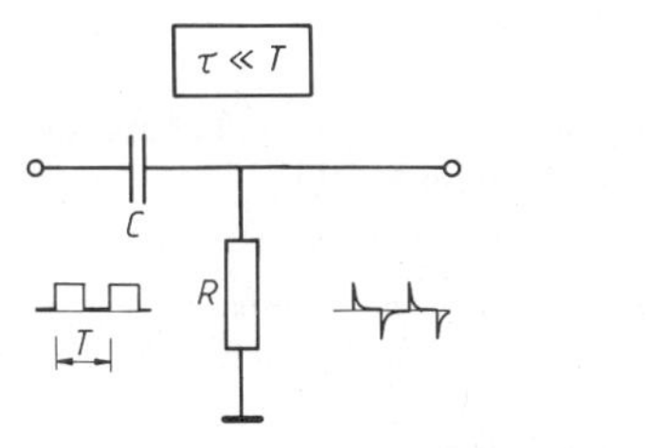

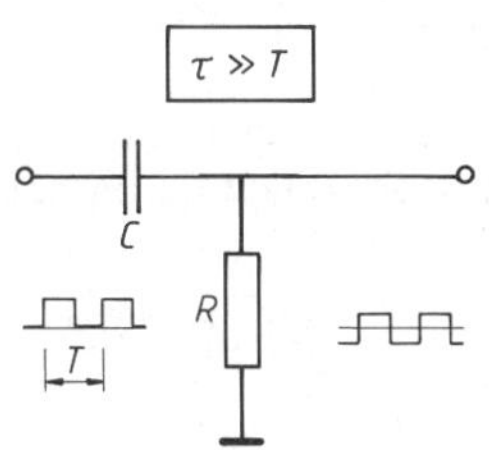

Falls $\tau \gg T$ ist[2]), unterscheidet sich das Ausgangssignal vom Eingangssignal nur durch den *fehlenden Gleichspannungsanteil.* Anwendung der *CR*-Kopplung mit $\tau \gg T$: Gleichspannungsfreie Ankopplung von Signalen (z. B. bei Verstärkern), gleichspannungsfreie Darstellung von Signalen auf dem Oszilloskop.[3])

---

[1]) Einstellzeit $t' = 5 \cdot \tau$ (siehe Kapitel 2.2.6, Bild 2.20).
[2]) Für die Praxis genügt $\tau \geq 10 \cdot T$ für $\tau \gg T$.
[3]) Eingangswahlschalter des Oszilloskops in Stellung AC (der DC-Anteil wird über ein *CR*-Glied „abgeblockt", im Gegensatz zur Stellung DC, hier wird der DC-Anteil immer mit dargestellt).

Für Experten:

2.3.3 Das *CR*-Glied kann differenzieren

Anschaulich bedeutet differenzieren, die Steigung einer „Kurve" bestimmen. Die Steigung der Eingangsspannung u_e ist durch die zeitliche Änderung $\Delta u_e/\Delta t$ gegeben. Bei einer relativ *kleinen Zeitkonstanten* liefert nun das *CR*-Glied ein Ausgangssignal u_a, das näherungsweise zu $\Delta u_e/\Delta t$ proportional ist:
Bei der geforderten extrem kleinen Zeitkonstanten $\tau \ll t_i$ gilt praktisch für jeden Augenblick $u_C \simeq u_e$. Bei Spannungsänderungen fließt jeweils der Ladestrom i:

$$i = \frac{\Delta q}{\Delta t} = \frac{C \cdot \Delta u_C}{\Delta t}$$

Wegen $u_C \simeq u_e$ gilt auch:

$$i \simeq C \cdot \frac{\Delta u_e}{\Delta t}$$

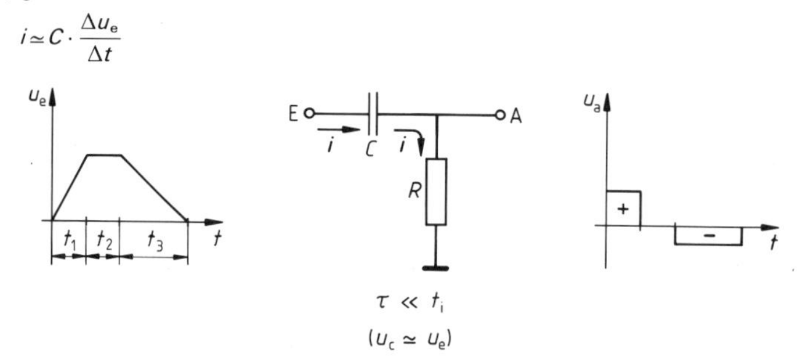

Bild 2.28 Ein *CR*-Glied differenziert, wenn τ sehr klein ist. (u_a ist stark vergrößert dargestellt.)

Der Strom im *CR*-Glied ist demnach proportional zur Steigung der Eingangsspannung. Entsprechend gilt für das Ausgangssignal u_a (Spannungsabfall am Widerstand R):

$$u_a = R \cdot i \simeq RC \frac{\Delta u_e}{\Delta t} = \tau \cdot \frac{\Delta u_e}{\Delta t}$$

Weil immer $u_C \simeq u_e$ gilt, ist $u_a = u_e - u_C$ sehr klein. Dies zeigt auch die für u_a aufgestellte Berechnungsformel. Die nach Voraussetzung extrem kleine Zeitkonstante τ erscheint ja als Multiplikator.
Somit liefern nur *große Spannungssprünge* (z. B. die Flanken eines Rechtecksignals) am Eingang auch „ordentliche Peaks" am Ausgang des *CR*-Gliedes.

> Ein *CR*-Glied mit einer relativ kleinen Zeitkonstanten τ arbeitet als **Differenzierglied.**

2.4 Vergleich von *RC*- und *CR*-Glied

Zum Abschluß der Gleichspannungsbetrachtungen noch eine Vergleichstabelle.
Sie gilt erst nach Ablauf der Einschwingzeit $t' = 5 \cdot \tau$ (siehe S. 45).

***RC*-Glied**	*Verhältnis* $\frac{\tau}{T}$	*Ausgangsspannung*	*Ergebnis*
u_e, t	$\tau \ll T$		Signal bleibt (fast)
R, C, u_e, u_a	$\tau \simeq T$		Signal verzerrt
	$\tau \gg T$		Gleichspannung, Integrierglied

CR-Glied	*Verhältnis* $\frac{\tau}{T}$	*Ausgangsspannung*	*Ergebnis*
	$\tau \ll T$		Differenzierglied
	$\tau \simeq T$		Signal verzerrt
	$\tau \gg T$		Gleichspannungsanteil fehlt, Signalform bleibt

2.5 *RC*- und *CR*-Glieder im Wechselstromkreis

2.5.1 Der kapazitive Widerstand X_C

Wird ein Kondensator C an einer sinusförmigen Wechselspannung ständig umgeladen, so fließt in den Zuleitungen ein periodischer Ladestrom i. Folglich entsteht am Kondensator eine periodische Wechselspannung u_C (Bild 2.29).[1])

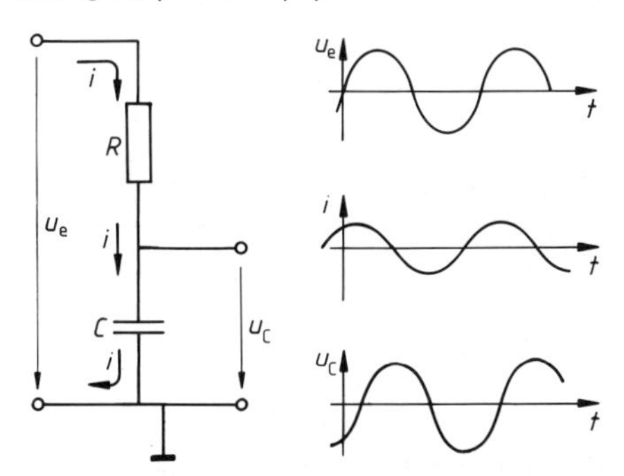

Bild 2.29 Der Kondensator verhält sich hier ähnlich wie ein „gewöhnlicher" Widerstand.

Von außen betrachtet läßt sich dieses Experiment auch wie folgt beschreiben: Durch ein Bauelement, den Kondensator C, fließt ein Wechselstrom mit einem ganz bestimmten Effektivwert I_{Ceff}. An den Klemmen dieses Bauelementes fällt eine Wechselspannung U_{Ceff} ab. Dieses Bauelement, d. h. der Kondensator, verhält sich also formal wie ein (Wechselstrom-) *Widerstand*. Als Symbol für diesen Widerstand verwenden wir X_C. Seinen Wert messen wir durch:

$$X_C = \frac{U_{Ceff}}{I_{Ceff}} \quad \text{mit } [X_C] = 1\,\Omega$$

Sofern kleine Buchstaben demonstrativ für die üblichen Wechselstromgrößen stehen, schreiben wir kürzer:

$$X_C = \frac{u}{i}$$

► Dieser so definierte Widerstand X_C ist aber von der Meßfrequenz abhängig.

[1]) Die hier auftretenden Phasenverschiebungen beachten wir nicht.

Wir halten in einem weiteren Versuch die Spannung U_{Ceff} am Kondensator jeweils konstant und verändern nur die Frequenz f. Dann ändert sich proportional mit der Frequenz f die Anzahl der Stromstöße ΔQ je Zeitabschnitt[1]). Folglich ändert sich auch der Effektivwert des (Zuleitungs-) Stromes. Da der Strom im Nenner von $X_C = u/i$ auftritt, hängt X_C umgekehrt proportional von der Frequenz f ab.

Beispiel: $f \rightarrow 2 \cdot f$ also $i \rightarrow 2 \cdot i$, somit $X_C = \frac{u}{i} \rightarrow \frac{1}{2} \cdot X_C$

Also gilt: $X_C \sim \frac{1}{f}$

Andererseits nimmt der Ladestrom i (für eine bestimmte Spannung) direkt mit der Kapazität C zu. Demnach gilt, neben $X_C \sim 1/f$, auch:

$$X_C \sim \frac{1}{C}$$

Eine genaue mathematische Behandlung liefert schließlich noch den richtigen Proportionalitätsfaktor. Somit:

$$X_C = \frac{1}{2\pi f \cdot C} = \frac{1}{\omega} \cdot \frac{1}{C}$$

Der Kondensator verhält sich äußerlich wie ein (Wechselstrom-) Widerstand X_C. **Der kapazitive Widerstand** X_C ist definiert durch:

$$X_C = \frac{U_{Ceff}}{I_{Ceff}} \quad \text{bzw.} \quad X_C = \frac{u}{i}$$

Dieser Wert ist frequenzabhängig:

$$X_C = \frac{1}{2\pi f C} = \frac{1}{\omega C}$$

Bei hohen Frequenzen f geht X_C (und somit der Wechselspannungsabfall an C) gegen Null.

2.5.2 *RC*-Glied an Wechselspannung

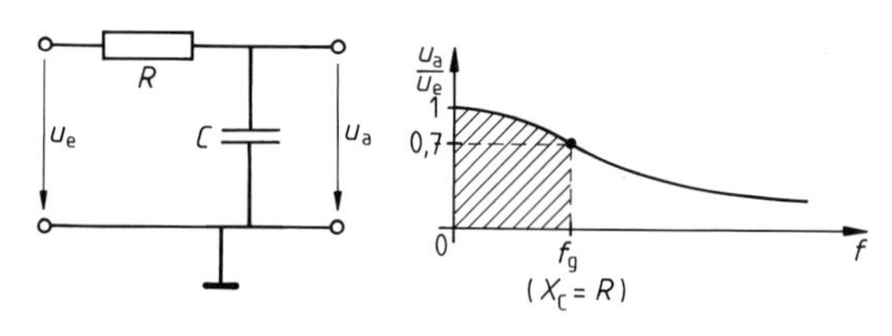

Bild 2.30 Das *RC*-Glied, ein Tiefpaß

[1]) Die Stromstöße ΔQ sind alle gleich groß, da der Kondensator jedesmal auf dieselbe Scheitelspannung aufgeladen werden muß.

Da der Widerstand X_C eines Kondensators mit der Frequenz abnimmt, nimmt auch die Ausgangsspannung u_a eines *RC*-Gliedes mit der Frequenz ab. (In dem frequenzabhängigen *RC*-Spannungsteiler schließt der Kondensator *C* hohe Frequenzen zunehmend kurz.) Das *RC*-Glied stellt also in diesem Sinn einen Tiefpaß dar (Bild 2.30). Dieser wird durch die Grenzfrequenz f_g charakterisiert. Für f_g gilt gerade $X_C = R$ und $u_a = (1/\sqrt{2}) \cdot u_e$, also $u_a \simeq 70\% \cdot u_e$ und nicht – wie bei ohmschen Spannungsteilern – $u_a = 50\% \cdot u_e$.[1])

Ein *RC*-Glied bildet einen (passiven) **Tiefpaß.**

2.5.3 Ein *CR*-Glied überträgt nur Wechselspannungsanteile

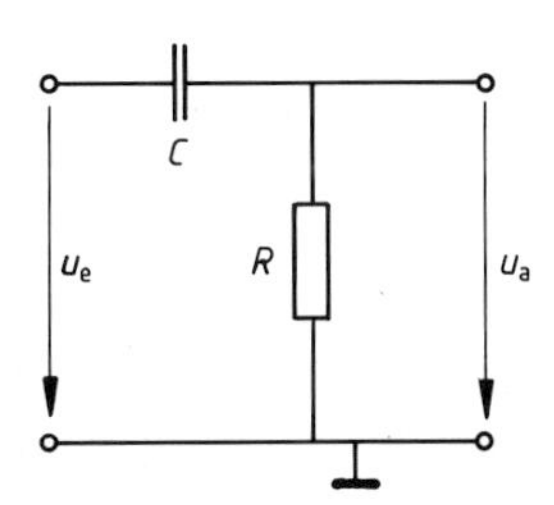

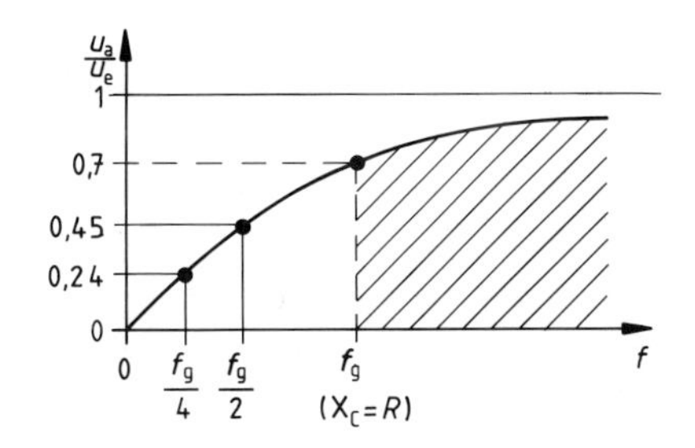

Bild 2.31 Das *CR*-Glied, ein Hochpaß

Zunächst stellt jedes *CR*-Glied einen Hochpaß dar: Mit zunehmender Frequenz nimmt der kapazitive ,,Vorwiderstand'' X_C des *CR*-Spannungsteilers ab. Deshalb führen hohe Frequenzen hier zu einer hohen Ausgangsspannung (Bild 2.31).

Ein *CR*-Glied stellt einen **Hochpaß** dar.

Wir sind aber häufig an einer weiteren Eigenschaft des *CR*-Gliedes interessiert. Viele Nutzsignale (z. B. von Verstärkerstufen) entstehen immer zusammen mit einer Gleichspannungskomponente $\overline{U}_e$ (Bild 2.32b). Dieser DC-Offset muß für die meisten Verbraucher „herausgefiltert" werden.[2]) Mit Hilfe eines Koppelkondensators *C* kann dieser Gleichspannungsanteil „abgeblockt" werden (Bild 2.32c).

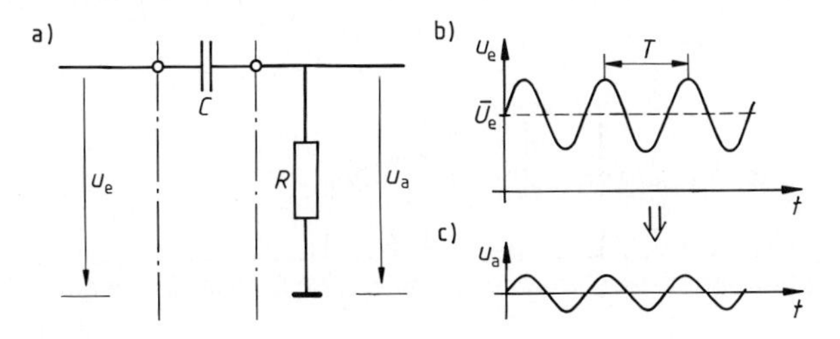

Bild 2.32 Der Koppelkondensator trennt den Gleichspannungsanteil ab.

[1]) Dies wird erst bei Berücksichtigung der Phasenverschiebungen verständlich.
[2]) Zum Beispiel für einen Lautsprecher; denn ein großer DC-Offset verspannt die Membrane bis zum ,,Anschlag'' bzw. zerstört die Magnetspule.

Falls die Zeitkonstante τ des so entstehenden *CR*-Gliedes relativ groß ist ($\tau \gg T$), wird das Wechselspannungssignal sogar praktisch unverändert übertragen.[1])
Diese Eigenschaft eines *CR*-Gliedes hatten wir uns schon anhand von Rechteckspannungen klargemacht (Bild 2.26 bzw. 2.27).

> Ein *CR*-Glied trennt Gleichspannungsanteile ab, koppelt aber Wechselspannungssignale kapazitiv an den Verbraucher R an. Diese **Signalkopplung** ist prinzipiell frequenzabhängig, da sich das *CR*-Glied wie ein Hochpaß verhält. Für $\tau \gg T$ wird ein Signal der Frequenz $f = 1/T$ aber fast unverändert übertragen.

▶ Soll ein ganzer Frequenzbereich mit Frequenzen $f \geq f_u$ „gestaltsgleich" durch ein *CR*-Glied übertragen werden, so muß $\tau \gg T$ auch schon für $T_u = 1/f_u$ gelten.
$\tau \gg T_u$ ersetzen wir in der Praxis durch $\tau \geq 10 \cdot T_u$

Mit $\tau = R \cdot C$ und $T_u = 1/f_u$ liefert $\tau \geq 10 \cdot T_u$ eine Abschätzung für den Koppelkondensator C, nämlich:

$$C \geq \frac{10}{f_u \cdot R}$$

Die Frequenz f_u bezeichnen wir als *untere Frequenzgrenze für eine (fast) identische Übertragung* eines Signals.

Anmerkung:
f_u und die Grenzfrequenz f_g sind verschieden. Bei f_g wird ein Signal ja schon deutlich (um ca. 30%) geschwächt (siehe Bild 2.31). f_u liegt deutlich über f_g, genaueres in der Anmerkung am Schluß dieses Abschnittes.

Mit Hilfe des kapazitiven Widerstandes X_C können wir zeigen, daß auch schon kleinere Koppelkondensatoren ausreichen. Nach Bild 2.33 folgt aus der Forderung $u_e \simeq u_a$ sofort: $u_C \ll u_a$

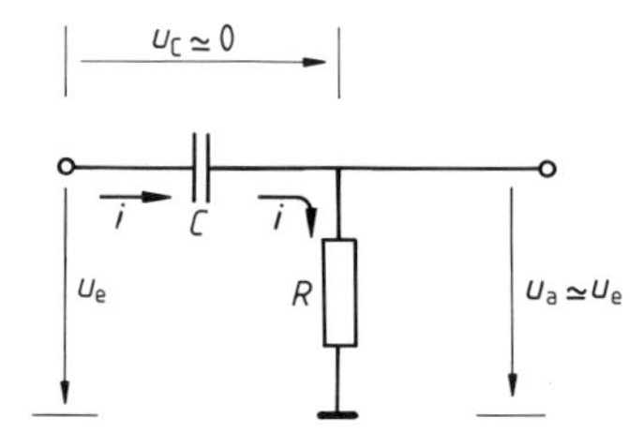

Bild 2.33 Für $X_C \ll R$ gilt: $u_a \simeq u_e$.

Das bedeutet für die Widerstände:

$$X_C \ll R$$

Diese Ungleichung betrachten wir für alle Frequenzen $f \geq f_u$ als erfüllt, wenn (auch noch) für f_u gilt:

$$X_C \leq \frac{1}{10} \cdot R \quad \text{also} \quad \frac{1}{2\pi \cdot f_u \cdot C} \leq \frac{1}{10} \cdot R$$

[1]) In Bild 2.32 ist aber dies nicht der Fall.

Dies liefert für den Koppelkondensator die Abschätzung:

$$C \geq \frac{10}{2\pi \cdot f_u \cdot R} \simeq \frac{1{,}6}{f_u \cdot R}$$

► Ein solcher Koppelkondensator stellt für das Signal einen *kapazitiven Kurzschluß* dar, da der Spannungsabfall an X_C praktisch Null ist (Bild 2.33). In *Wechselstromersatzschaltbildern* darf der Kondensator für das Signal deshalb durch eine einfache Leitung ersetzt werden.

Ein **Koppelkondensator** C überträgt an einen Verbraucher R Signale mit Frequenzen $f \geq f_u$ dann unverändert, wenn gilt:

$$X_C \leq \frac{1}{10} \cdot R \quad \text{also} \quad C \geq \frac{10}{2\pi \cdot f_u \cdot R}$$

Der Kondensator stellt dann bis zur unteren Frequenzgrenze f_u einen kapazitiven Kurzschluß dar.

Anmerkung:

Ein Signal mit der Grenzfrequenz f_g, bei der ja $X_C = R$ gilt, wird noch nicht unverändert übertragen (Bild 2.31). Eine identische Übertragung erfolgt nach dem oben Gesagten erst für Signale mit der weit größeren Frequenz $f_u = 10 \cdot f_g$. Bei dieser Frequenz dürfen auch erst die (von uns nicht untersuchten) Phasenverschiebungen vernachlässigt werden.

Aufgaben

Allgemeine Probleme

1. Zeigen Sie, daß sich als Einheit von $\tau = RC$ Sekunden ergeben. (*Hilfen:* $1\,\Omega = 1\,\text{V}/1\,\text{A}$; $1\,\text{F} = 1\,\text{As}/1\,\text{V}$)

2. **a)** Wie groß sind bei einem *RC*-Glied nach $t = 5 \cdot \tau$ die genauen Werte von i, u_R und u_C (ausgedrückt als Vielfache der Größen i_0 bzw. U_S)?

b) Zuweilen wird schon davon ausgegangen, daß ein Kondensator schon nach $t = 3 \cdot \tau$ aufgeladen ist. Welcher Fehler (in Prozent) wird hier begangen? (*Lösung:* 5%)

c) In einem *RC*-Glied wird der Kondensator ausgetauscht. Begründen Sie, daß sich dadurch der Anfangsstrom $i_0 = i(t=0)$ nicht ändert.

3. Rechteckgeneratoren arbeiten meist nach dem skizzierten Ersatzschaltbild. Dabei schließt und öffnet der (elektronische) Schalter S periodisch. Es sei $t_i = t_p$, die Schaltfrequenz betrage $f = 333$ Hz.
(*Hinweis:* Der Kondensator wird jedesmal ganz ge- und entladen; nachrechnen!)

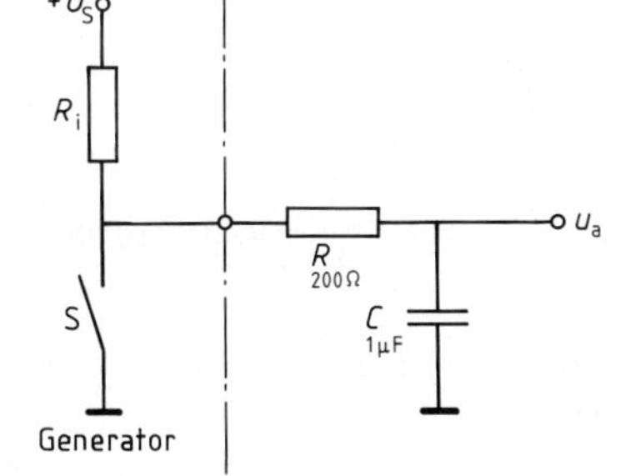

a) Skizzieren Sie den zeitlichen Verlauf des Verhältnisses u_a/U_S, wenn der Innenwiderstand des Generators vernachlässigbar ist.
(*Lösung:* Lade-Entladezeit jeweils 1 ms)

b) wie a, jedoch für $R_i = 100\,\Omega$.
(*Lösung:* Ladezeit 1,5 ms)

c) Anstelle des externen *RC*-Gliedes soll nun ein anderes mit gleicher Zeitkonstante eingesetzt werden. Bei diesem neuen *RC*-Glied soll sich der Innenwiderstand des Generators von $R_i = 100\,\Omega$ nicht mehr auf den Verlauf des Ausgangssignals u_a auswirken. Geben Sie eine mögliche Dimensionierung für das neue *RC*-Glied an.
(*Lösung:* $R \geq 10\,\text{k}\Omega$, $C \leq 20$ nF, Abweichung ≤ 1%)

4. **a)** Ein Kondensator ist auf die Spannung U_S aufgeladen. Er wird mit einem Konstantstrom $i_0 = U_S/R$ entladen.
Zeigen Sie, daß er nach der Zeit $\tau = RC$ entladen ist.
b) Ein Stromregelgerät liefert einen Konstantstrom von 10 mA.
1. Nach welcher Zeit wird in der skizzierten Schaltung $u_C = u_R$ sein? (*Lösung:* 1 ms)
2. Nach welcher Zeit gilt $u_C = 2 \cdot u_R$? (*Lösung:* 2 ms)
3. Skizzieren Sie den zeitlichen Verlauf von u_C und u_0 (Ausgangsspannung des Stromreglers). Beschreiben Sie die Unterschiede zum „gewohnten" Ladevorgang beim *RC*-Glied.

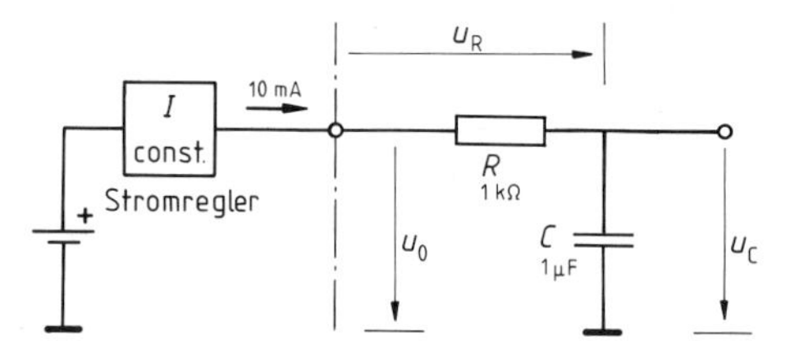

Integrationswirkung von *RC*-Gliedern

5. Hier wird für den Spezialfall $\tau = t_i = t_p$ gezeigt, wie sich die Spannung am Kondensator hochschaukelt. Es sei also $\tau = t_i = t_p$, und für die Eingangsspannung gelte $U_0 = 1$ V.
a) Berechnen Sie $u_C(\tau)$. (*Lösung:* 0,63 V)
b) Berechnen Sie $u_C(2 \cdot \tau)$. (*Lösung:* 0,23 V = 37% · 0,63 V)
c) Berechnen Sie $u_C(3\,\tau)$. (*Lösung:* 0,715 V = 0,23 V + 63% · 0,77 V)
d) Berechnen Sie $u_C(4\,\tau)$. (*Lösung:* 0,265 V = 37% · 0,715 V)
e) Zeichnen Sie u_C bis $t = 5\,\tau$.
f) *R* und *C* werden vertauscht. Skizzieren Sie den Verlauf von u_R. (*Hilfe:* Bild 2.26, b; *Lösung:* $u_R = u_e - u_C$)

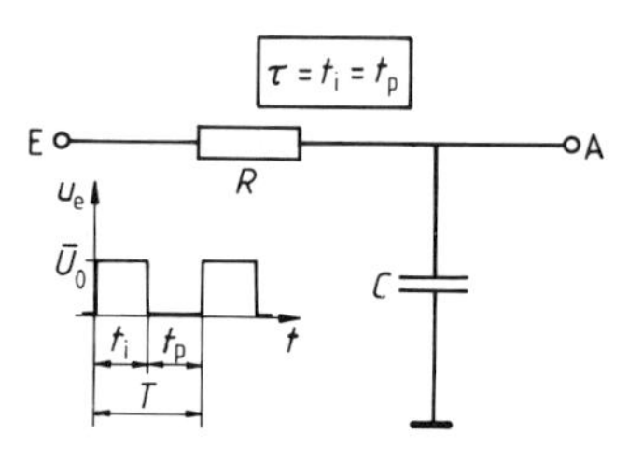

6. Das skizzierte *RC*-Glied wird an ein Rechtecksignal mit $t_i = t_p$ und $f_1 = 200$ Hz angeschlossen.
a) Skizzieren Sie u_C bis $t = 5$ ms (*Hilfe:* Bild 2.18, a).
b) 1. Die Eingangsfrequenz wird auf $f_2 = 50$ kHz umgeschaltet. Skizzieren Sie auch jetzt u_C bis $t = 5$ ms (*Hilfe:* Bild 2.20).
(*Lösung:* Nach 1,1 ms ist Endwert - Gleichspannung von 2,5 V– erreicht.)
2. *R* und *C* werden nun vertauscht. Skizzieren Sie das Ausgangssignal für $t \geq 5$ ms über zwei Perioden hinweg.
(*Lösung:* u_a gestaltsgleich zu u_e, $\overline{U} = 0$, siehe Bild 2.26, c und Bild 2.27)

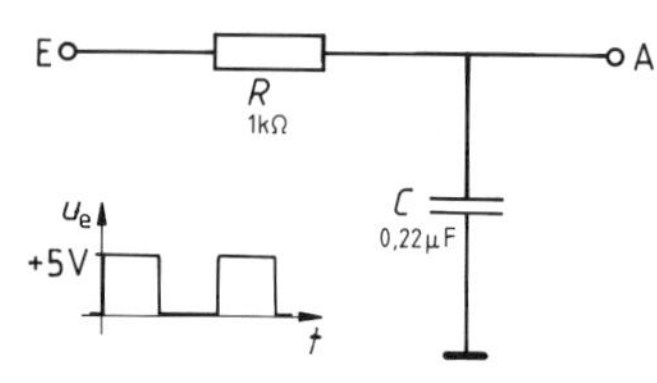

***C* als Koppelkondensator**

7. **a)** Wie groß ist der DC-Offset des skizzierten Signals? (*Lösung:* 8 V)
b) Dieses Signal wird über einen Kondensator mit $C = 1$ µF an einen Verbraucher von $R = 100$ kΩ angekoppelt.
1. Begründen Sie, daß das Signal nach einer gewissen Einstellzeit gestaltsgleich, aber ohne DC-Offset am Widerstand *R* erscheint (*Hilfe:* Bild 2.26, c und Bild 2.27)
(*Lösung:* $\tau = 10$ T, d. h. $\tau \gg T$)
2. Geben Sie die Einstellzeit an. (*Lösung:* 0,5 s)
3. Zeichnen Sie das „endgültige" Signal an *R* für zwei Perioden.

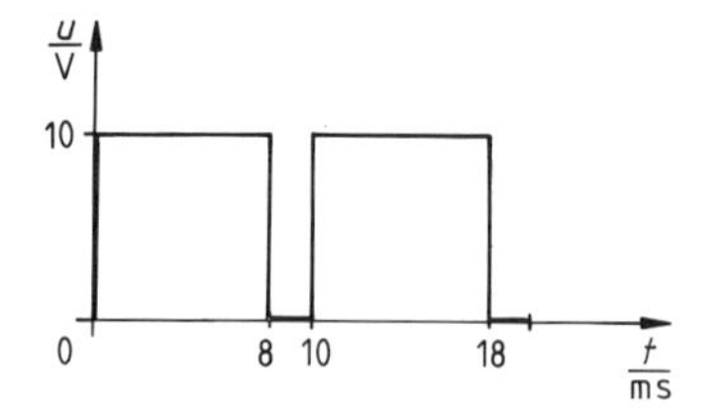

8. Am Ausgang eines Verstärkers entsteht das skizzierte Signal. Der Wechselspannungsanteil soll für alle Frequenzen ab $f_u = 25$ Hz unverändert an einen Verstärkereingang (Eingangswiderstand 1,6 kΩ) gelangen.
Wie groß muß der Koppelkondensator mindestens sein?
(*Hilfe:* Ende des Kapitels 2.5.3)
(*Lösung:* 40 μF)

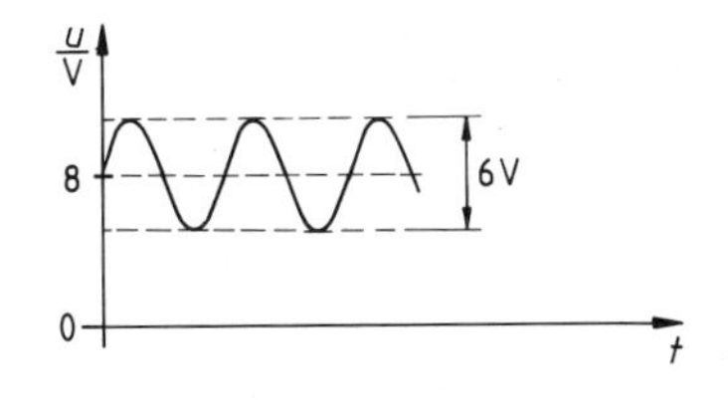

Messung einer Kapazität

9. Dieser Versuch dient zur Bestimmung der Kapazität C_0. Dazu wird der Kondensator C_0 über den Umschalter S an der Speisespannung $U_S = 10$ V abwechselnd geladen und über das Meßgerät entladen.
Die Schaltfrequenz des Umschalters betrage $f_0 = 50$ Hz, die Kontaktzeiten beim Laden und Entladen sind gleich, die Umschaltzeit selbst sei vernachlässigbar. Die Quelle hat einen Innenwiderstand von 50 Ω ($= R_{iS}$), das Meßgerät P hat einen Innenwiderstand von $R_{iP} = 500$ Ω. Die Kapazität C_0 sei hier für einen Demonstrationsversuch schon bekannt mit $C_0 = 3{,}3$ μF.

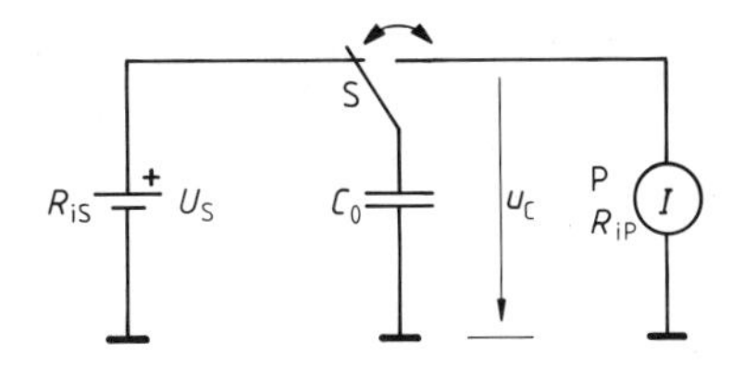

a) Erläutern Sie das Meßprinzip, insbesondere den Zusammenhang zwischen dem (mittleren) Meßstrom und der zu messenden Kapazität C_0.
Zeichnen Sie dazu eine Ersatzschaltung mit allen Innenwiderständen.

b) Berechnen Sie die in Frage kommenden Zeitkonstanten, und zeichnen Sie den Lade- und Entladestromverlauf unter Verwendung typischer Zeichenhilfen ($T = 10$ cm, 20 mA = 1 cm).
(*Lösung:* Laden: $\tau = 165$ μs, $i_0 = 200$ mA; Entladen: $\tau = 1{,}65$ ms, $i_0 = 20$ mA)

c) Der Spannungsverlauf am Kondensator C_0 ist hinzuzufügen. (1 V ≙ 1 cm)

d) Welchen Strom zeigt das Gleichstrommeßgerät P an?
(*Lösung:* 1,65 mA)

e) 1. Die Spannung U_C soll mit zwei Perioden auf einem Oszilloskop dargestellt werden: Nullinie in Bildschirmmitte, Bildschirmbreite: 10 Teile, Bildschirmhöhe: 8 Teile, Eingangswahlschalter auf DC, d. h. direkte Ankopplung und Anzeige des Signals mit DC-Anteil.
Welche Ablenkkoeffizienten wählen Sie?
(*Lösung:* ≥ 2,5 V/Teil bzw. 4 ms/Teil)

2. Der Eingangswahlschalter wird auf AC umgestellt. Erläutern Sie anhand der jetzt vorliegenden *CR*-Eingangskopplung (Skizze) das beobachtbare Schirmbild und wie es hierzu kommt.
(*Lösung:* Bild gestaltsgleich, aber DC-Offset Null, siehe z. B. Abschnitt 2.3.2)

f) Welche maximale Umschaltfrequenz f_{0max} ist für den Umschalter S noch sinnvoll?
(*Lösung:* 60,6 Hz)

g) Welche Kapazitäten können bei $f_0 = 50$ Hz noch maximal gemessen werden?
(*Lösung:* 4 μF)

3 Halbleiterphysik

Die Massenfertigung modernster Halbleiter begann erst in den sechziger Jahren.[1]) Ihr verdanken wir eine Unzahl neuartiger und billiger Bauelemente. Als Beispiele für solche Halbleiter nennen wir:

> *Heißleiter, Hallsonden, magnetfeldabhängige Widerstände, Fotowiderstände, Dioden (Gleichrichter), Leuchtdioden, Fotodioden, Transistoren, Feldeffekttransistoren, Thyristoren, integrierte Schaltkreise*

Von Hallsonden und Halbleiterwiderständen abgesehen, beruhen diese Bauelemente auf der Wirkung von *PN-Übergängen*. Wir beginnen die Betrachtung der PN-Übergänge mit dem Bauelement, das nur einen PN-Übergang hat. Dieser ist über zwei Anschlüsse direkt zugänglich. Wir sprechen von einer Diode.[2]) Was eine solche Diode bewirkt, geht unmittelbar aus Bild 3.1 hervor. Bei „richtiger" Polung der äußeren Spannung fließt Strom, die Lampe leuchtet auf (Bild 3.1, a). Wird die Spannung aber umgepolt, erlischt die Lampe (Bild 3.1, b).

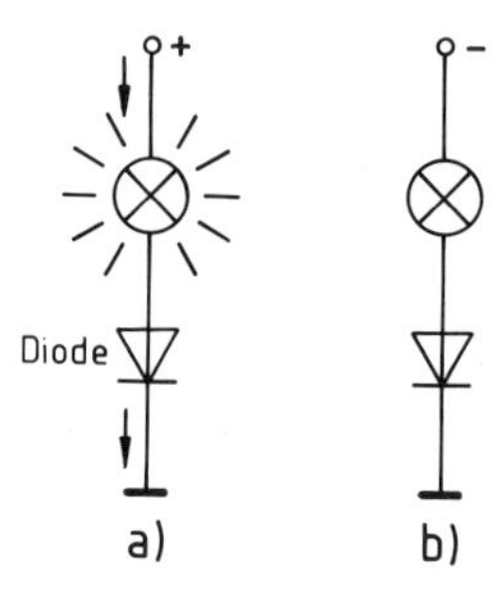

Bild 3.1 Die Diode läßt nur in einer Richtung Stromfluß zu.

Die **Diode** arbeitet als *stromrichtungsabhängiges Ventil.*

Eine Diode kann z. B. als Gleichrichter für Wechselspannungen eingesetzt werden. Früher wurden Dioden als (Vakuum-)Röhren aufgebaut. Sie mußten ständig geheizt werden, was ihren Betrieb recht unwirtschaftlich machte. Außerdem hielten die Röhren heftigen mechanischen Erschütterungen (Stößen) selten stand. Heute sind praktisch nur noch Halbleiterdioden auf dem Markt, die diese Nachteile nicht mehr aufweisen.

3.1 Halbleiter und Eigenleitung

Wir teilen zunächst die elektrischen Werkstoffe grob nach ihrer *spezifischen Leitfähigkeit* σ ein, die sie bei Zimmertemperatur haben (Bild 3.2).

[1]) 1957 vergab Siemens Lizenzen zur Herstellung hochreiner Halbleiterkristalle (relativer Fremdstoffanteil: 10^{-10}) nach dem Zonenschmelzverfahren: In einer Schmelze lösen sich Verunreinigungen relativ gut. Geschmolzen wird jeweils eine kleine verschiebbare Zone, in der die Verunreinigungen „mitgenommen" werden.
[2]) di- (gr.) = zwei (hier: zwei Anschlüsse)

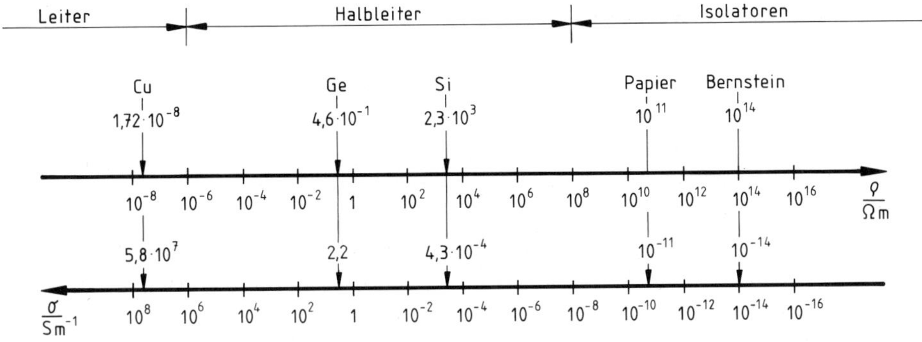

Bild 3.2 Spezifische Leitfähigkeit σ und spezifischer Widerstand $\varrho = 1/\sigma$ verschiedener Werkstoffe bei $T = 300$ K

Dabei gibt es eine Reihe von Materialien, deren Leitfähigkeit zwischen der von Metallen und der von Isolatoren liegt. Diese Werkstoffe heißen Halbleiter.

Die für die Elektronik wichtigen Halbleiter kommen in elementarer Form, als Verbindungshalbleiter und sogar als Mischkristalle, zum Einsatz. Unter den elementaren Halbleitern haben heute Germanium (Ge) und Silizium (Si) die größte Bedeutung. Sie stammen aus der IVten Gruppe des Periodensystems (Bild 3.3). Entsprechend verfügen Ge und Si über jeweils vier Valenzelektronen (Bindungselektronen).

Hauptgruppe			
III	IV	V	VI
B	**C**	**N**	**O**
Al	**Si**	**P**	**S**
Ga	**Ge**	**As**	**Se**

Bild 3.3 Auszug aus dem Periodensystem (unterlegt: wichtige elementare Halbleiter)

In reiner Form bilden diese Elemente einen geordneten Kristallverband mit der Struktur des Diamants.[1]) Dabei verbinden sich die Atome kovalent, d. h., die vier Außenelektronen bilden immer eine „Brücke" mit den nächsten vier Nachbarelektronen. Dies ist in Bild 3.4, a modellhaft *zweidimensional* dargestellt. Dadurch, daß jedes Elektron quasi doppelt benutzt wird, haben alle Atome eine vollständige und stabile Achterschale um sich herum aufgebaut.

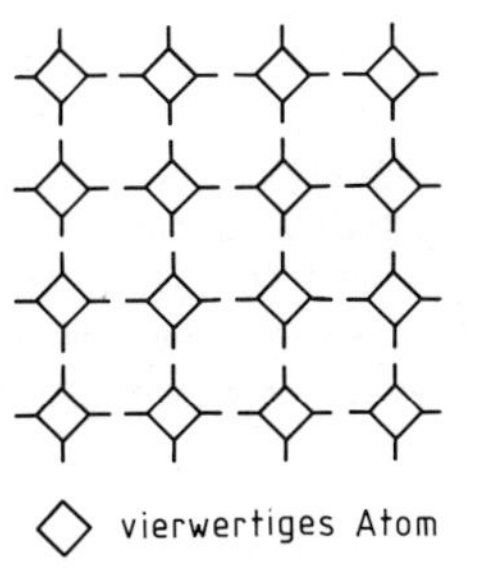

Bild 3.4a) Struktur elementarer Halbleiter

dreiwertiges Atom
fünfwertiges Atom
Elektronenverleih

Bild 3.4b) III-V-Verbindungshalbleiter: Achterschale durch „Elektronenverleih"

[1]) Je ein Atom ist tetraedisch von vier anderen umgeben.

Dieselbe Struktur wie die elementaren Halbleiter zeigen auch die *Verbindungshalbleiter* (Bild 3.4, b). Das sind „1:1"-Verbindungen von Elementen aus der III- und V-Gruppe des Periodensystems, z. B. GaAs (= Galliumarsenid). III-V-Halbleiter gewinnen zunehmend an Bedeutung.[1]) Ohne sie gäbe es z. B. keine Leuchtdioden (Kapitel 5.1) und keine „schnellen" Feldeffekttransistoren (siehe Kapitel 11).

Betrachten wir die Kristallstruktur von Halbleitern (Bild 3.4), so könnten wir annehmen, daß bei ihnen eine Leitfähigkeit gar nicht auftreten kann. Alle Elektronen sind in kovalente Bindungen[2]) eingebaut, freie Ladungsträger – und damit Leitfähigkeit – ist nicht vorhanden. Bei Temperaturen um den absoluten Nullpunkt ($T \simeq 0$ K) stimmt dies auch tatsächlich. Erst bei höheren Temperaturen brechen einige Kristallbindungen auf, und eine Leitfähigkeit wird meßbar. Typische Halbleiter sind nun gerade die Stoffe, bei denen dieser Effekt schon bei Zimmertemperatur zu einer deutlichen Leitfähigkeit führt. Im Unterschied zu Metallen leiten sie aber bei $T \simeq 0$ K nicht. Germanium und Silizium zeigen dieses charakterische Verhalten.

Beim absoluten Nullpunkt sind Halbleiter Isolatoren, weil alle Valenzelektronen kovalent gebunden sind.

3.1.1 Thermische Eigenleitung von Halbleitern

Um andere Probleme auszuschließen, stellen wir uns den Halbleiterkristall absolut rein vor. Bei $T = 0$ sind also noch alle Elektronen fest gebunden. Aber:

- ▶ Mit steigender Temperatur brechen aufgrund der Wärmebewegung des Gitters zunehmend mehr Bindungen auf. Es werden somit *freie Ladungsträger*[3]) erzeugt (Bild 3.5).

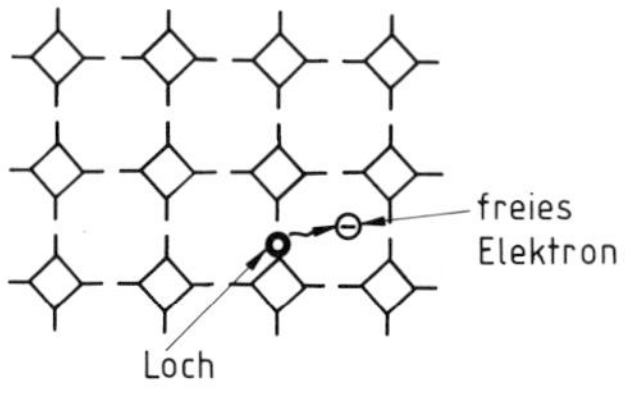

Bild 3.5 Thermische Erzeugung von Ladungsträgern

Diese Erzeugung (*Generation*) freier Ladungsträger wächst exponentiell mit der Temperatur (Bild 3.6). Entsprechend nimmt auch die Leitfähigkeit reiner Halbleiter fast exponentiell zu.[4]) Diese Leitfähigkeit ist also eine Eigenschaft jedes Halbleiters, sie heißt Eigenleitung oder eigentliche Leitung, engl. Intrinsic-Leitung oder kurz i-Leitung. (Im Gegensatz dazu steht die Störstellenleitung oder ex-Leitung, die in Kapitel 3.2 folgt.)

---

[1]) Es gibt auch II-VI und IV-VI-Verbindungen (z. B. ZnS und PbS); entdeckt wurden die Verbindungshalbleiter erst 1952.
[2]) Die kovalente Bindung ist auch typisch für alle Nichtleiter und viele synthetische (organische) Isolierstoffe.
[3]) Das sind Ladungsträger (Elektronen), die nicht mehr an einen bestimmten Atomkern gebunden sind; sie sind allen Atomkernen gemeinsam zuzurechnen. Im Kristall können sie sich *frei* bewegen.
[4]) Fast exponentiell, weil die Beweglichkeit der Ladungsträger (wie bei Metallen) mit T geringfügig abnimmt.

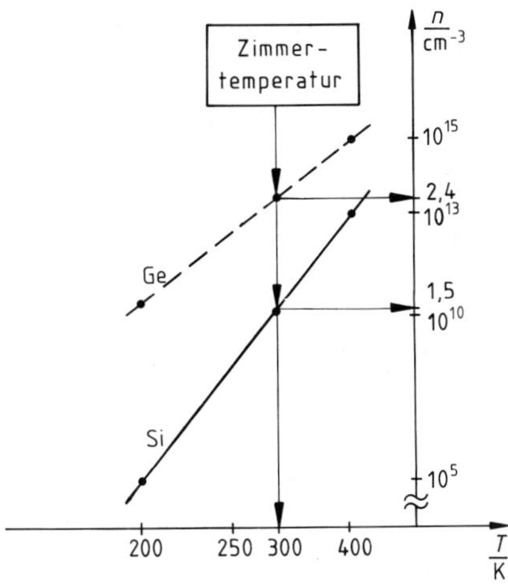

Bild 3.6 Zunahme freier Ladungsträger mit der Temperatur

Teilchendichten der Grundstoffe

$$n_{Ge} \simeq 4{,}4 \cdot 10^{22} \frac{1}{cm^3}$$

$$n_{Si} \simeq 5{,}0 \cdot 10^{22} \frac{1}{cm^3}$$

Berechnungsgrundlagen[1])

$$n = n_Z \cdot e^{-\frac{W_G}{2kT}}$$

$$k = 83{,}3 \frac{\mu eV}{K} = 1{,}38 \cdot 10^{-23} \frac{J}{K}$$

Für Ge: $n_Z = 1{,}6 \cdot 10^{19} \frac{1}{cm^3}$, $W_G = 0{,}67$ eV

Für Si: $n_Z = 5{,}0 \cdot 10^{19} \frac{1}{cm^3}$, $W_G = 1{,}1$ eV

Reine Halbleiter zeigen eine thermische *Eigenleitung* (i-Leitung). Elektronenbindungen brechen durch die Wärmebewegung auf. Dadurch entstehen freie Ladungsträger. Die Eigenleitung nimmt (fast) exponentiell mit der Temperatur zu. Richtwert: +5%/K im Bereich der Zimmertemperatur.[2]) Der Temperaturkoeffizient des spezifischen Widerstandes ist daher negativ, ca. −5%/K (NTC-Verhalten).

3.1.2 Löcher und (freie) Elektronen tragen den Strom

Wie Bild 3.5 zeigt, hinterläßt bei der Eigenleitung jedes freie Elektron eine *Bindungslücke*, auch *Defektelektron* oder **Loch** genannt.

Die Elektronen in der Umgebung eines solchen Loches sind durch die thermische Eigenbewegung schon stets „gelockert". Dadurch springt gelegentlich ein anderes *Bindungselektron* in ein solches Loch, wodurch wiederum ein neues Loch entsteht ...

Also:

▶ Auch Löcher sind beweglich.

Interessant ist nun, wie sich ein solches Loch unter dem Eindruck eines äußeren Feldes bewegt. Wie Bild 3.7 zeigt, bewegen sich die Löcher vom Plus- zum Minuspol.

▶ Löcher verhalten sich also wie positive, bewegliche Ladungsträger.

▶ Völlig unabhängig davon transportieren die freien Elektronen (wie gewohnt) ebenfalls elektrische Ladung (Bild 3.7).

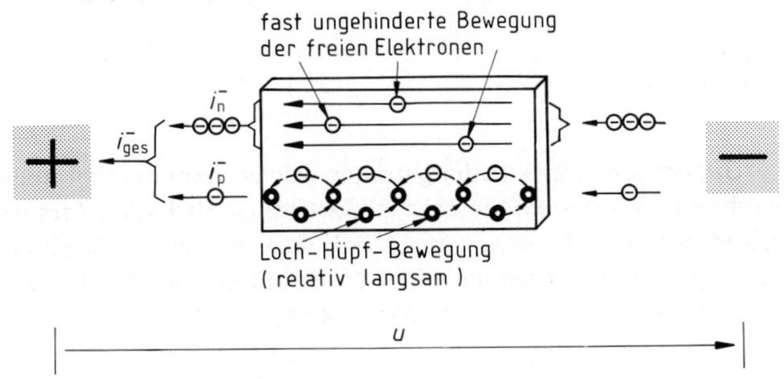

Bild 3.7 Löcher bewegen sich wie positive Ladungsträger.

[1]) Erläuterungen hierzu in Abschnitt 3.1.3

[2]) Aus Bild 3.6 folgt (für Germanium bei $T = 300$ K): $\frac{1}{n}\frac{dn}{dT} \simeq +0{,}045 \frac{1}{K}$

Im Halbleiter gibt es also grundsätzlich *zwei Stromanteile:* den Löcher- und den Elektronenstrom. Beide zusammen bilden den Gesamtstrom.[1])

Bei der **thermischen Generation** (Erzeugung) von Ladungsträgern für die Eigenleitung entstehen immer *Ladungsträgerpaare* (Elektron-Loch-Paare). Mit jedem frei beweglichen Elektron entsteht auch ein bewegliches Loch, das sich wie ein positiver Ladungsträger verhält.

Bei Eigenleitung gilt also:

Konzentration der Leitungselektronen = Konzentration der Löcher

$$n_n = n_p$$

Der Strom im Halbleiter wird immer aus zwei Anteilen gebildet: dem Elektronen- und dem Löcherstromanteil.

Anmerkung für Spezialisten:

Wegen $n_n = n_p$ bzw. wegen Bild 3.7 könnte man annehmen, daß der Strombeitrag der Löcher und der freien Elektronen im Eigenleitungsfall gleich groß ist. Dies ist aber nicht so, denn die „Hüpfbewegung" der Löcher geht viel langsamer als der „unbehinderte Flug" der freien Elektronen. Deshalb transportieren im gleichen Zeitraum Δt die freien Elektronen mehr Ladung als die Löcher, d. h.: $i_{ges} = i_n + i_p$, aber $i_n > i_p$. (Bei Si ist z. B. $i_n \simeq 3 i_p$, wie dies in Bild 3.7 auch dargestellt ist.)

3.1.3 Halbleiter im Energiemodell (Bändermodell)

Die gebundenen (Valenz-)Elektronen eines Festkörpers haben ganz definierte Bindungsenergien W (bzw. Ablöse- oder Ionisierungsarbeit). Nun haben aber keineswegs alle Elektronen dieselbe Bindungsenergie.[2]) Der geringe Abstand der Atome im Festkörper führt zu einer Wechselwirkung aller Außenelektronen. Dadurch spalten sich deren Energiezustände in viele unterschiedliche Energieniveaus auf. Diese überlagern sich dann zu Energiebändern (Bild 3.8, a), wobei einzelne Bänder häufig – und bei Halbleitern immer – durch eine verbotene Zone, eine Energielücke W_G, getrennt sind (Bild 3.8, b).

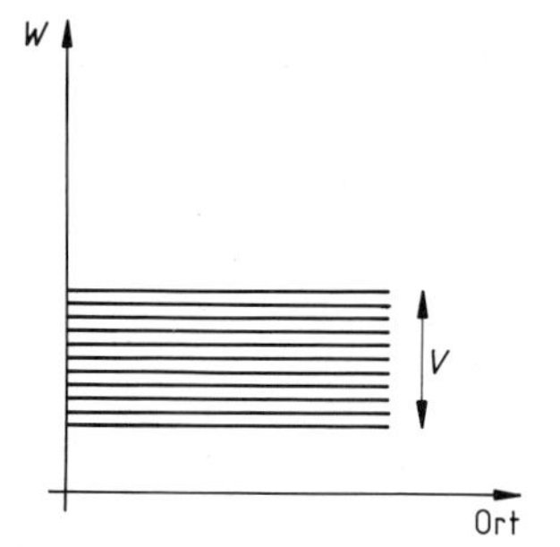

Bild 3.8 a) Die möglichen Energieterme der Valenzelektronen bilden das Valenzband V.

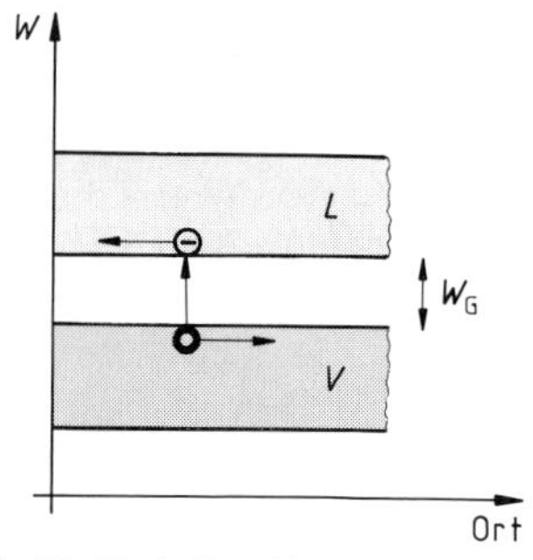

Bild 3.8 b) Die Bänder V und L sind bei Halbleitern durch eine verbotene Zone W_G getrennt. Wenn Elektronen aus dem Valenzband V ins Leitungsband L gelangen, wird ein Elektron-Loch-Paar erzeugt.

► Die Breite dieser Energielücke W_G nennen wir Bandabstand.

[1]) Wie auch Bild 3.7 zeigt, subtrahieren sich diese Ströme nicht; der Löcherstrom ist ja nur ein anderer Mechanismus für den Ladungstransport durch Elektronen, eine Art „Hüpfbewegung".

[2]) Das ist schon beim einzelnen Atom so. Denn nach dem Pauli-Prinzip stimmen Elektronen niemals in allen vier Quantenzahlen überein.

Die Energieterme sämtlicher Valenzelektronen bilden das Valenzband (Bild 3.8, a). Solange dieses Band voll besetzt ist, also alle Elektronen gebunden sind, ist kein Stromfluß möglich.

► Volle Bänder tragen nicht zur Leitfähigkeit bei.[1])

Um ein Valenzelektron aus seiner Bindung im Kristallverband zu lösen, bedarf es einer Mindestenergie, diese entspricht der Energielücke bzw. dem Bandabstand W_G in Bild 3.8, b. Häufig (jedoch nicht immer) wird diese Energie auf thermischem Wege aufgebracht. Ein so „befreites" Elektron kann dann den Strom leiten. Es gehört nun energetisch zum Leitungsband L, das vorher leer war (Bild 3.8, b). Gleichzeitig entsteht im Valenzband ein Loch. Das Valenzband ist jetzt nicht mehr voll besetzt und trägt ebenfalls zur Leitfähigkeit bei, wobei die Löcher entgegengesetzt wie die Elektronen wandern (symbolische Pfeile in Bild 3.8, b beachten).

Ergebnis:

Bei $T=0$ ist das Valenzband eines Halbleiters voll besetzt. Stromtransport ist nicht möglich. Durch thermische Energie können Elektronen aus dem Valenzband V den **Bandabstand** W_G (G ≙ Gap ≙ Lücke) überspringen. Sie gelangen so ins Leitungsband L, wo sie frei beweglich sind. Im Valenzband V entsteht gleichzeitig ein Loch, das ebenfalls beweglich ist.
Thermische Generation schafft also immer Ladungsträgerpaare ($n_n = n_p$).

Die zur Erzeugung eines Elektron-Loch-Paares notwendige Energie kann auch durch Licht aufgebracht werden: Dies ermöglicht z. B. Fotowiderstände, Fotodioden und Fototransistoren (Kapitel 5.2 und 7.9). Umgekehrt kann ein freies Elektron auf ein Loch treffen. Dadurch wird einerseits die Gitterbindung „repariert" und andererseits die „Paarenergie" ($W \simeq W_G$) wieder frei, entweder in Form von Wärme oder, wie bei Leuchtdioden (Kapitel 5.1), durch Licht. Dieser Vorgang heißt *Rekombination* (= Wiedervereinigung).

Rekombination ist die Umkehrung der Generation. Ein freies Elektron-Loch-Paar verschwindet bei gleichzeitiger Energieabgabe. Das Elektron wird wieder in die Bindungslücke (Loch) eingebaut.

Bändermodell für Nichtleiter, Halbleiter und Leiter im Vergleich

Es leuchtet ein, daß die thermische Trägerpaarerzeugung um so kleiner ist, je größer der Bandabstand W_G ist. (Nach der Berechnungsformel zu Bild 3.6 nimmt die Trägererzeugung sogar exponentiell mit W_G ab.) Also:

► Mit zunehmender Bandlücke W_G erhalten wir einen Isolator.

Faustregel:
Isolatoren haben Bandabstände W_G mit $W_G \geq 3$ eV.[2]) Einige Werte für W_G:

Ge:	0,67 eV	**GaAs:**	1,38 eV
Si:	1,1 eV	**C** als Diamant:	6 eV

Zum Vergleich die mittlere thermische Energie der Elektronen bei Zimmertemperatur:
0,025 eV

[1]) Strom ist Ladungstransport. Er beruht auf der Bewegung von Ladungen (i. A. Elektronen). Dazu müssen sich die Elektronen im Festkörper aber bewegen können, d. h. in andere Energieniveaus übergehen können. Bei einem vollbesetzten Band ist dies aber nicht möglich, da alle Niveaus ja schon besetzt sind und keine Elektronen mehr aufnehmen können.
[2]) $1\ eV = 1{,}6 \cdot 10^{-19}$ J

Wenn wir die mittlere thermische Energie der Elektronen und die Bandabstände der Halbleiter betrachten, so scheint es zunächst unmöglich, daß ein Elektron aus dem Valenzband die Bandlücke W_G überhaupt überspringen kann. Dies wird jedoch verständlicher, wenn wir beachten, daß die Elektronen keine einheitliche Geschwindigkeit (bzw. Energie) haben. Durch die vorhandene Streuung der Geschwindigkeiten gibt es naturgemäß immer einige Elektronen, deren Energie ausreicht, um ins Leitungsband zu gelangen.

Verursacht wird diese *Geschwindigkeitsverteilung* durch die Stöße, welche aufgrund der thermischen Bewegung auftreten. Die daraus resultierende Wahrscheinlichkeit, daß ein Elektron eine bestimmte Geschwindigkeit hat, läßt sich mathematisch angeben. Für relativ große (!) Geschwindigkeiten dürfen wir hierfür die aus der Gaskinetik bekannte Maxwell-Boltzmann-Verteilung ansetzen. Danach nimmt die Anzahl der Elektronen mit zunehmender Energie exponentiell ab. Dies führt letztlich zu der Gleichung, die in Bild 3.6 angegeben ist.

„Echte" Leiter haben schon bei $T=0$ freie Elektronen. Ursache kann in diesem Fall entweder ein nur unvollständig besetztes Valenzband sein (z. B. bei Silber) oder die Tatsache, daß Valenz- und Leitungsband überlappen (z. B. bei Kupfer). Damit ergibt sich zusammenfassend Bild 3.9.

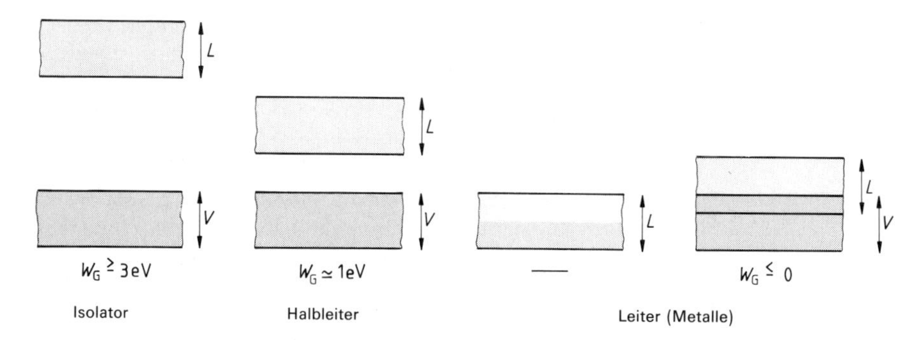

Bild 3.9 Bändermodell für elektrische Werkstoffe im Vergleich (schraffiert heißt: mit Elektronen besetzt).

3.2 Störstellenleitung

Neben der Eigenleitung reiner Halbleiter gibt es noch die künstlich verursachte *Störstellenleitung*. Dazu werden in den hochreinen Halbleiterkristall nur relativ wenige Fremdatome eingebaut. Das Verhältnis zu den Kristallatomen beträgt etwa $1:10^4$ bis $1:10^8$. Diesen Vorgang nennen wir *dotieren* des Halbleiters.[1]) Die nun eingebrachten Fremdatome schaffen im Halbleiterkristall Störstellen, wodurch sich die Leitfähigkeit dieser Halbleiter schlagartig erhöht und sich im Bereich der Zimmertemperatur (fast) nicht mehr mit der Temperatur ändert. Wir erklären dies gleich näher und merken uns:

Dotieren heißt das kontrollierte Einbringen von Fremdatomen in den reinen Halbleiter. Dadurch entstehen Störstellen im Kristall. Sie schaffen eine vergrößerte, im Bereich der Zimmertemperatur nahezu temperaturunabhängige Leitfähigkeit.
Diese Leitfähigkeit ist von außen (engl. extrinsic) verursacht und heißt daher auch Extrinsic-Leitung oder kurz ex-Leitung.

[1]) Häufiges Verfahren: Die Fremdatome dringen gasförmig Schicht für Schicht in den Halbleiterkristall ein. (Diffusions-Planar-Technologie)

3.2.1 Der N-Leiter: Störstellenleitung durch Elektronen

In einen elementaren Halbleiter (mit vierwertigen Atomen) werden als Störstellen **fünfwertige Fremdatome** (z. B. Arsen, Phosphor oder Antimon) eindotiert. Dann findet das „fünfte" Elektron des Fremdatoms keinen Bindungspartner (Bild 3.10).

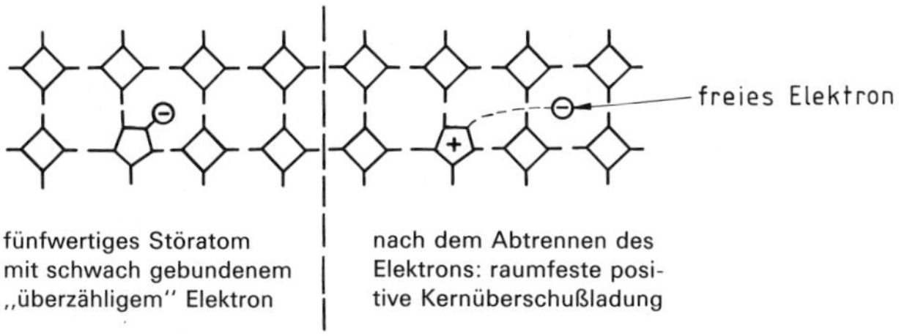

freies Elektron

fünfwertiges Störatom mit schwach gebundenem „überzähligem" Elektron

nach dem Abtrennen des Elektrons: raumfeste positive Kernüberschußladung

Bild 3.10 Künstliche Erhöhung der freien Elektronen durch fünfwertige Störatome

Da dieses Elektron als äußeres Valenzelektron ohnehin nur schwach gebunden ist, wird es schon bei geringster thermischer Anregung von seinem Atomrumpf „abgelöst", also frei. Der Rumpf bleibt als positives Ion zurück (Bild 3.10).
Diese Ionisierung beginnt schon bei Temperaturen um 100 K ($\simeq -200\,°\mathrm{C}$).
Bei Zimmertemperatur (und darüber) stehen praktisch alle „fünften" Elektronen freibeweglich zur Verfügung. Die Abgabe von Elektronen aus den Störstellen ist dann abgeschlossen **(Störstellenerschöpfung).** Die so künstlich eingefügten **n**egativen Ladungsträger geben einem so dotierten Halbleiter den Namen **N**-Leiter.

▶ Da die Fremdatome die „Spender" zusätzlicher freier Elektronen sind, heißen sie auch **Donatoren.**

Aus einem elementaren Halbleiter entsteht durch *Dotieren mit fünfwertigen Fremdatomen* (= *Donatoren*) ein **N-Leiter.** Die Fremdatome geben ihre – für die Kristallbindung überzähligen – Elektronen leicht ab. Der N-Leiter enthält somit wesentlich mehr freie Elektronen als der undotierte Halbleiter.
Es gilt somit nicht mehr $n_n = n_p$ (wie bei der i-Leitung), sondern:

$$n_n > n_p$$

Die *freien Elektronen* bilden also (im Vergleich zu den Löchern) die Mehrheit. Sie heißen deshalb **Majoritätsträger.** Die Löcher sind im N-Leiter somit die **Minoritätsträger.** Näheres in Kapitel 3.2.3.

Für die praktische Verwendung ist nun entscheidend, daß *bei Zimmertemperatur*

1. Störstellenerschöpfung vorliegt und
2. die Störstellenleitung die Eigenleitung um einige 10er-Potenzen(!) übertrifft, auch dann, wenn der relative Fremdstoffanteil (mit z. B. 10^{-6}) sehr gering ist.

Dadurch ist die *Störstellenleitung dominant* und weitgehend temperaturunabhängig.[1])

Zur Bestätigung ergänzen wir Bild 3.6 mit der Konzentration n_D der Donatoren, wie sie sich bei einem üblichen Dotierungsgrad (= relativer Fremdstoffanteil) von $\delta = 10^{-6}$ ergibt. Den Eigenleitungsanteil aus Bild 3.6 bezeichnen wir zur besseren Unterscheidung ab jetzt mit n_i und erhalten so Bild 3.11. Wir sehen nun, daß $n_D \gg n_i$ ist, und folglich $n_n = n_D + n_i \simeq n_D$ gilt. Die Konzentration freier Elektronen ist hier also (fast) identisch mit der Störstellenkonzentration.

[1]) Hierbei ist insbesondere die schwache Abhängigkeit der Ladungsträgerbeweglichkeit von der Temperatur vernachlässigt. Streng genommen befinden wir uns aber in einem Bereich „gemischter Leitung" (siehe Bild 3.16).

Folglich gilt:

Bei Zimmertemperatur und üblicher Dotierung ist die **Störstellenleitung** für das elektrische Verhalten des Halbleiters maßgebend. Wegen der vorliegenden Störstellenerschöpfung ist die Leitfähigkeit sogar weitgehend temperaturunabhängig.

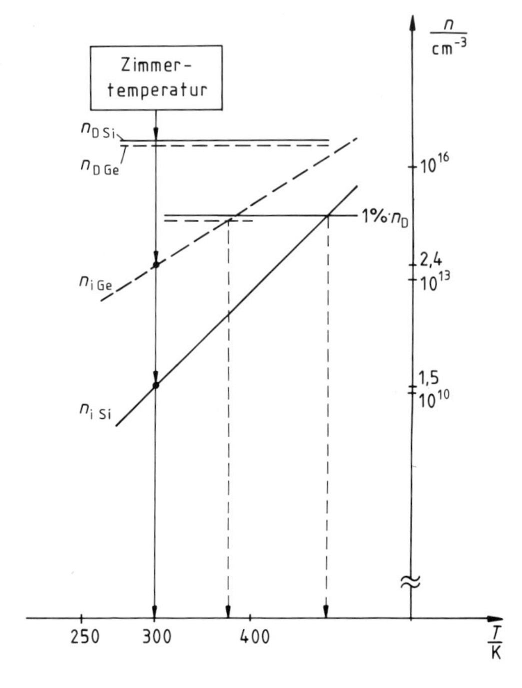

Teilchendichten der Grundstoffe

$n_{Ge} \simeq 4{,}4 \cdot 10^{22} \frac{1}{cm^3}$

$n_{Si} \simeq 5{,}0 \cdot 10^{22} \frac{1}{cm^3}$

Dotierungsgrad (Donatorenanteil)

$\delta \simeq 10^{-6}$

Störstellenkonzentration

$$n_D = \delta \cdot n$$

Bild 3.11 Bei Zimmertemperatur ist die Eigenleitung (d. h. n_i) gegen die Störstellenleitung vernachlässigbar, da $n_D \gg n_i$

Aus Bild 3.11 läßt sich noch ablesen, ab wann die mit der Temperatur stark zunehmende Eigenleitung die Größenordnung der Störstellenleitung erreicht. So ergeben sich z. B. für $n_i = 1\,\%\, n_D$ (wie in Bild 3.11):

Grenztemperaturen für Halbleiter	**Ge:** 80 °C **Si:** 180 °C

Bei noch höheren Temperaturen dominiert alsbald die i-Leitung. Sie überdeckt dann alle Effekte der ex-Leitung und gefährdet außerdem das Bauelement durch thermische Selbstzerstörung.

Anmerkung:

Aus Bild 3.11 läßt sich noch erkennen, ab wann ein Halbleiterkristall als „rein" zu bezeichnen ist. In diesem Fall müßte die i-Leitung eine Fremstoff-„Restleitung" weit übersteigen.
Wir betrachten (vereinfacht) alle Fremdstoffreste als Donatoren. Ihre Störstellenkonzentration $n_{D\,Rest}$ wäre z. B. bei Si vernachlässigbar, wenn $n_{D\,Rest}$ deutlich kleiner als $n_i = 1{,}5 \cdot 10^{10}/cm^3$ ist (vergl. Bild 3.11). Daraus folgt:

$$\delta_{Rest} = \frac{n_{D\,Rest}}{n} < \frac{1{,}5 \cdot 10^{10}\ cm^{-3}}{5{,}0 \cdot 10^{22}\ cm^{-3}} = 3 \cdot 10^{-13}$$

Technisch erreichbar ist zur Zeit erst eine Restdotierung von $\delta_{Rest} = 10^{-9}$. Dies bedeutet immerhin, daß von einer Milliarde (10^9) Kristallatomen nur eines kein Si-Atom ist.
Da speziell bei Si $\delta_{Rest} < 3 \cdot 10^{-13}$ gelten und somit wesentlich unter dem erreichbaren Wert von 10^{-9} liegen soll, ist es bis heute nicht gelungen, die i-Leitfähigkeit von Si bei Zimmertemperatur direkt nachzumessen. Bei Ge erhalten wir entsprechend $\delta_{Rest} < 5 \cdot 10^{-10}$, weshalb „reines" Ge im Bereich des Möglichen liegt.

Wir erkennen aber insgesamt:

Reine i-Leitung erfordert einen Halbleiterkristall, dessen relativer *Fremdstoffanteil* geringer als 10^{-9} ist.

Für Spezialisten (sonst weiter bei Kapitel 3.2.4):

3.2.2 Donatoren im Bändermodell

Die relativ leichte thermische „Befreiung" des fünften Valenzelektrons eines Donators kommt im Bändermodell dadurch zum Ausdruck, daß die Donatoren auf der Energieskala dicht unterhalb des Leitungsbandes anzusiedeln sind (Bild 3.12).

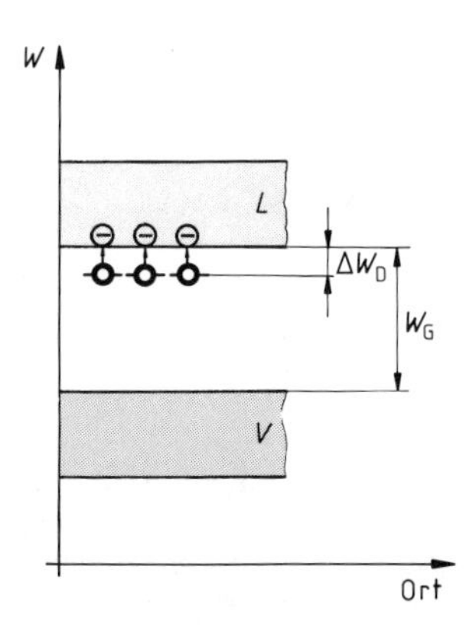

Bild 3.12 Lage der Donatorenniveaus

Energieabstand der Donatoren vom Leitungsband (ΔW_D) im Vergleich zur Bandlücke (W_G):

ΔW_D (As in Si) $= 0{,}05$ eV ($W_G = 1{,}10$ eV)
ΔW_D (As in Ge) $= 0{,}01$ eV ($W_G = 0{,}67$ eV)
ΔW_D (Si in GaAs) $= 0{,}002$ eV ($W_G = 1{,}38$ eV)

Anmerkungen:

1. Wegen ihrer im Vergleich zu den Gitteratomen geringen Anzahl sind die Donatoren räumlich voneinander isoliert und bilden kein eigenes Band.
2. Bei Zimmertemperatur liegt die mittlere thermische Energie der Elektronen (0,025 eV) schon in bzw. über der Größenordnung von ΔW_D, was die vorliegende Störstellenerschöpfung verständlich macht.

Durch den geringen Abstand der Donatorenniveaus zum Leitungsband liegt bei Zimmertemperatur immer **Störstellenerschöpfung** vor.

Ebenfalls für Spezialisten:

3.2.3 Das Massenwirkungsgesetz für Ladungsträger

Im N-Leiter bilden die freien Elektronen die Majorität. Dies zeigt folgende Überlegung deutlich:

Ohne Dotierung liegt reine Eigenleitung (i-Leitung) vor. Da hier immer Elektron-Loch-Paare erzeugt werden, gilt $n_n = n_p$. Die Größe $n_n = n_p = n_i$ heißt Eigenleitungskonzentration, Intrinsiczahl oder i-Dichte. Damit gilt für Eigenleitung das Massenwirkungsgesetz (MWG):

$$n_n \cdot n_p = n_i^2$$

n_i ist bei fester Temperatur eine typische Materialkonstante (für Si gilt z.B. nach Bild 3.11: $n_i = 1{,}5 \cdot 10^{10}\,\text{cm}^{-3}$ bei 300 K).

In einem N-Leiter ist n_n künstlich (durch Donatoren) erhöht worden. Auch in diesem Fall (dotierter Halbleiter) gilt das MWG in der Form:

$$n_n \cdot n_p = n_i^2$$

Begründung anhand eines Beispiels:

Durch Dotieren werde (im thermischen Gleichgewicht) $n_n = 2n_i$ erzielt.[1]) Die Wahrscheinlichkeit, daß nun ein Loch auf ein Elektron trifft, ist nun immer doppelt so hoch wie im eigenleitenden Fall. Folglich rekombinieren auch doppelt so viele Löcher wie vorher, es bleiben also nur noch halb so viele Löcher übrig: $n_p = 1/2 \cdot n_i$. Das Produkt $n_n \cdot n_p$ ergibt also wieder n_i^2.

> Auch **im dotierten Halbleiter gilt das Massenwirkungsgesetz:**
>
> $$n_n \cdot n_p = n_i^2$$
>
> n_i heißt Intrinsiczahl (Eigenleitungskonzentration, i-Dichte) und ist eine temperaturabhängige Materialkonstante.

Beispiel: Wir dotieren Si mit As bei einem Dotierungsgrad von $\delta = 10^{-6}$. Folglich gilt mit $n = 5 \cdot 10^{12}\,\text{cm}^{-3}$ für Si (wie im Bild 3.11):

$$n_D = n \cdot \delta = 5 \cdot 10^{16}\,\text{cm}^{-3}$$

Ein Vergleich mit

$$n_i = 1{,}5 \cdot 10^{10}\,\text{cm}^{-3}$$

erlaubt es, für $n_n = n_D + n_i \simeq n_D$ zu setzen. Aus dem MWG folgt nun:

$$n_p = \frac{n_i^2}{n_n} \simeq \frac{n_i^2}{n_D} = 4{,}5 \cdot 10^3\,\text{cm}^{-3} = 4500\,\text{cm}^{-3}$$

Das heißt: In einem solcher Art schwach dotierten N-Leiter aus Si entfallen auf $5 \cdot 10^{16}$ freie Elektronen nur 4500 bewegliche Löcher. (Unterschied: Faktor 10^{13})

> Im dotierten N-Leiter tragen die **Majoritätsträger** (die freien Elektronen) praktisch allein den Strom.

3.2.4 Der P-Leiter: Störstellenleitung durch Löcher

Wenn wir einen elementaren Halbleiter mit **dreiwertigen Fremdatomen** (z.B. mit Bor oder Gallium) dotieren, entstehen wieder Störstellen im Kristall. Diesmal fehlt aber ein Elektron zum vollständigen Aufbau der Elektronenbindungen. Es entsteht so jeweils ein künstliches **Loch,** auch *Elektronenfehlstelle* oder *Defektelektron* genannt (Bild 3.13, a).

---

[1]) Bis sich dieses Gleichgewicht durch Rekombination und Generation eingestellt hat, vergeht eine gewisse Zeit. Die nachfolgende Überlegung gilt für das eingestellte Gleichgewicht. (Vor dem Gleichgewicht müßte mit $n_n = 2{,}5 n_i$ begonnen werden.)

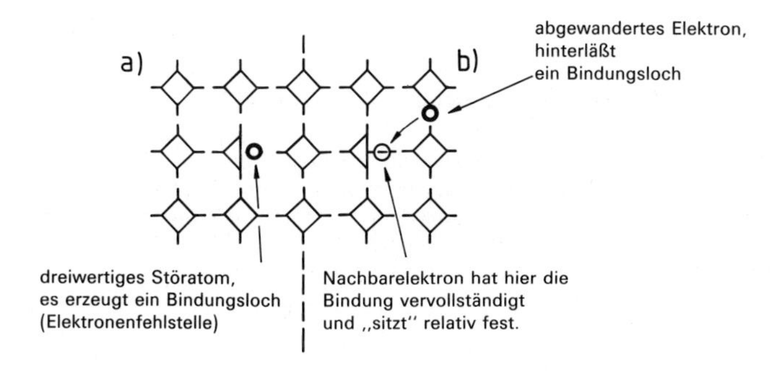

Bild 3.13 Durch dreiwertige Fremdatome entstehen *Löcher* im Kristall.

Wenn sich diesem Loch durch die Temperaturbewegung irgendein benachbartes Bindungselektron „zu sehr" annähert, wird es „eingebaut". An seinem alten Platz hinterläßt es erneut ein Loch, in das wieder ein Elektron springen kann (Bild 3.13, b).
Diese *künstlich geschaffenen Löcher* sind also (wie bei der Eigenleitung) relativ frei beweglich und verhalten sich in einem elektrischen Feld auch wie *positive Ladungsträger.* Beim Anlegen einer Spannung wandern sie vom Plus- zum Minuspol (Bild 3.14). Weil nun (bei geeigneter Dotierung) in einem solchen Halbleiter der Ladungstransport hauptsächlich durch die Bewegung **p**ositiver Löcher geschieht, nennen wir ihn einen **P**-Leiter.

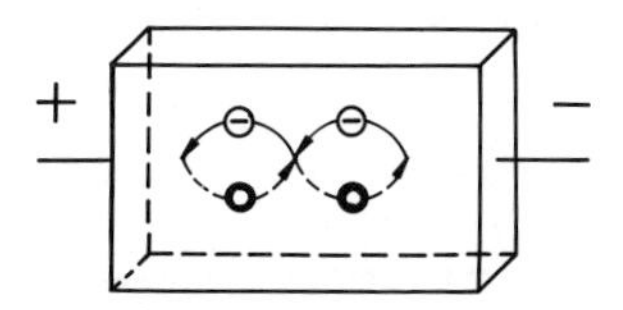

Bild 3.14 Die Löcher wandern, als ob sie positiv geladen wären.

Da die Fremdatome hier gebundene Valenzelektronen (aus der Nachbarschaft) annehmen bzw. „akzeptieren" müssen, heißen sie in diesem Fall **Akzeptoren.**

> Aus einem elementaren Halbleiter entsteht ein **P-Leiter,** wenn er *mit dreiwertigen Fremdatomen (=Akzeptoren)* dotiert wird.
> Die Fremdatome nehmen hier relativ leicht Valenzelektronen zur Vervollständigung der (Achter-)Bindung auf. Dadurch entstehen vermehrt freie Löcher. Sie bewegen sich wie **p**ositive Ladungsträger und tragen im **P**-Leiter „mehrheitlich" den Strom. Somit gilt im P-Leiter:
> Die Löcher sind die Majoritätsträger, die Elektronen die Minoritätsträger, es gilt hier:[1])
>
> $$n_p > n_n$$

[1]) Eine analoge Rechnung wie in 3.2.3 zeigt wieder: Ladungstransport durch freie Elektronen kommt im P-Leiter praktisch nicht vor. Wegen der ihnen eigenen „Hüpfbewegung" sind Löcher aber nicht so beweglich wie die freien Elektronen; folglich ist der spezifische Widerstand eines P-Leiters immer größer als der eines N-Leiters, bezogen auf den gleichen Dotierungsgrad.

Für Spezialisten (sonst weiter bei Kapitel 3.3):

3.2.5 Akzeptoren im Bändermodell

Erfahrungsgemäß zeigen auch die Akzeptoren spätestens bei Zimmertemperatur eine Störstellenerschöpfung, d. h, fast jedes Fremdatom ist schon von einem Elektron aus dem Valenzband „besetzt". Dadurch ist im Valenzband eine entsprechende Anzahl von Löchern entstanden. Deshalb können die Akzeptorniveaus nur über dem Valenzband liegen, und ihr Abstand zum Valenzband muß verglichen mit dem Bandabstand relativ klein sein.

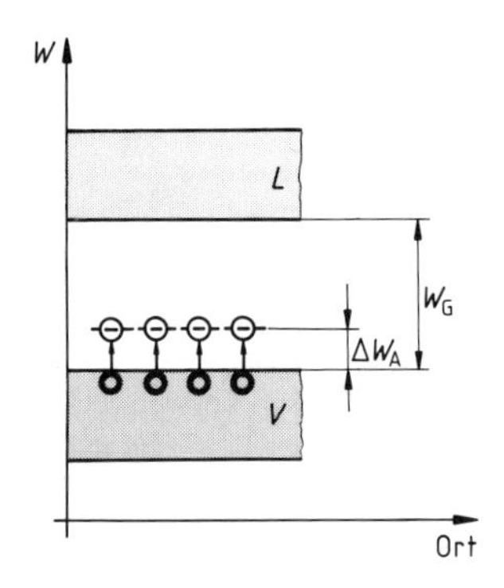

Bild 3.15 Lage der Akzeptoren im Bändermodell

Energieabstand der Akzeptoren vom Valenzband (ΔW_A) im Vergleich zum Bandabstand (W_G):

ΔW_A(B in Si) $= 0{,}05$ eV ($W_G = 1{,}10$ eV)
ΔW_A(B in Ge) $= 0{,}01$ eV ($W_G = 0{,}67$ eV)
ΔW_A(Ge in GaAs) $= 0{,}08$ eV ($W_G = 1{,}38$ eV)

Ebenfalls für Spezialisten:

3.2.6 Temperaturgang der Störstellenleitfähigkeit

Sobald Störstellenerschöpfung vorliegt, also die Fremdatome keine neuen Ladungsträger mehr bereitstellen können, hängt die Leitfähigkeit der ex-Träger allein von der Trägerbeweglichkeit ab. Diese nimmt (wie bei Metallen) mit der Temperatur ab (Stöße mit dem Gitter nehmen zu). Zusammen mit der zunächst langsam ansteigenden Eigenleitung σ_i ergibt sich der in Bild 3.16 dargestellte Verlauf der Gesamtleitfähigkeit σ_{ges}. Zwischen T_1 und T_{Grenz} ist σ_{ges} fast konstant.
Ab T_{Grenz} übernimmt die i-Leitung zunehmend den Ladungstransport, unterhalb von T_1 dominiert die ex-Leitung (Störstellenleitung).

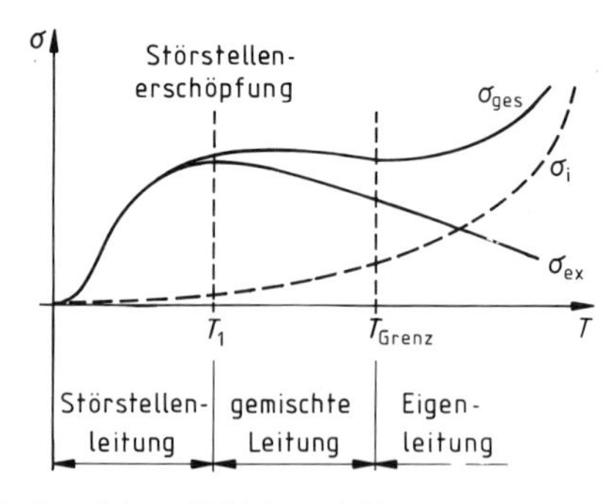

Bild 3.16 Verlauf der Leitfähigkeit eines dotierten Halbleiters mit T

3.3 Der PN-Übergang

Ein P- und N-Leiter werden flächig[1]) zusammengefügt. Sie bilden einen PN-Übergang (engl. junction). Da nun Elektronen und Löcher im ganzen Kristall frei beweglich sind, würde man zunächst annehmen, daß sie sich alsbald im gesamten Kristallvolumen weitgehend ausgleichen. Dem ist aber nicht so. Vielmehr entsteht durch die Kernladungen der raumfesten Akzeptoren und Donatoren eine dünne, etwa 1 μm breite Grenzschicht, die wie eine Sperre für den weiteren Austausch der Ladungsträger wirkt und deshalb auch **Sperrschicht** genannt wird.

Auch im einfachen N- und P-Leiter bilden die Störstellen lokale, raumfeste Ladungen. Bei den Donatoren des N-Leiters bleibt z. B. eine positive Kernüberschußladung zurück. Sie wird aber im zeitlichen und räumlichen Mittel durch die freien Elektronen, die von den Donatoren stammen, kompensiert. Dies ändert sich auch nicht, wenn Strom fließt, denn dann treten in den Kristall immer genauso viele Elektronen ein wie aus.
Im einfachen N- und P-Leiter gibt es also nirgends eine meßbare Aufladung. Dies ist nun beim PN-Übergang aber anders. Da bei diesem Elektronen aus dem N-Leiter und Löcher aus dem P-Leiter in der Grenzschicht rekombinieren, bleiben dort die Störstellen geladen zurück und bauen ein elektrisches Feld auf. Dieses Feld verhindert jeden weiteren Ladungsträgeraustausch zwischen N- und P-Leiter.

► Die Wirkung der Sperrschicht beruht auf einer Aufladung von Kristallschichten.

3.3.1 Die Entstehung einer Sperrschicht

Um die Erklärung etwas übersichtlicher zu machen, beschränken wir uns weitgehend auf die Betrachtung der Elektronen. Für die Löcher(-ströme) gelten dann sinngemäß völlig analoge Aussagen.
Zur Kennzeichnung von Elektronenströmen, die bekanntlich der technischen Stromrichtung entgegenfließen, markieren wir bei Bedarf das Stromsymbol I mit einem Minusstrich im Exponenten: I^-. Aussagen ohne diesen Querstrich beziehen sich immer sinngemäß auf Elektronen- *und* Löcherstrom *(Gesamtstrom)*.
Wir stellen uns nun vor, ein P- und ein N-Leiter seien gerade zusammengebracht worden. Dann herrscht auf beiden Seiten der Grenzschicht eine sehr unterschiedliche Konzentration von Elektronen (Bild 3.17). Hier kommt nun ein allgemeines Naturprinzip zum Tragen:

> Unterschiedliche Konzentrationen (beweglicher Teilchen) versuchen sich auszugleichen. Dieser Vorgang heißt **Diffusion.** Ursache der Diffusion ist die Wärmebewegung der Teilchen.
> Bei einem PN-Übergang fließt deshalb zunächst ein großer *Diffusionsstrom* aus Elektronen vom N- in den P-Leiter.

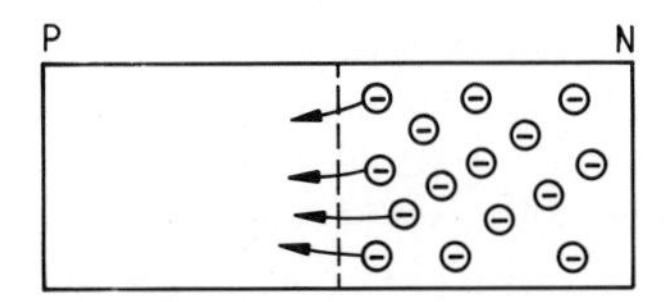

Bild 3.17 Mit dem Berühren beginnt der Konzentrationsausgleich der Ladungsträger durch Diffusion.

[1]) Flächiger Kontakt entsteht z. B. durch Anschmelzen. Einfache Berührung schafft nur störanfälligen „Spitzenkontakt".

Dieser Diffusionsstrom kommt aber rasch zum Erliegen, weil sich die Grenzschicht elektrisch auflädt. Die ersten Elektronen, die ihre „angestammte" N-Schicht verlassen haben, lassen ja dort ortsfeste positive Ionen zurück. Deren Kernladung wird nun nicht mehr neutralisiert. Dadurch entsteht im N-Leiter eine positive „Überschußladung" (Raumladung) $Ü_+$ (Bild 3.18).

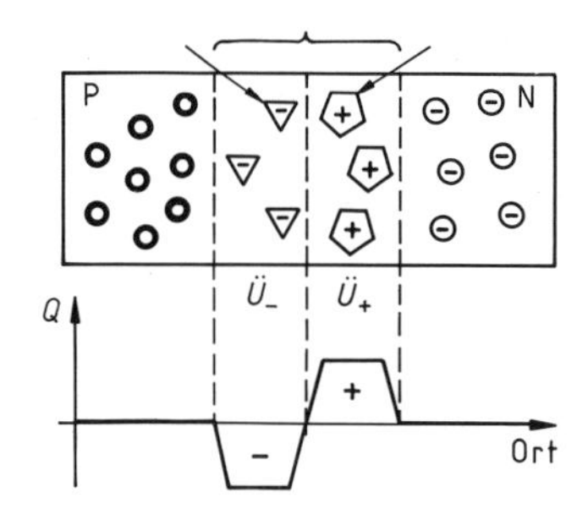

Bild 3.18 Die Diffusion erzeugt eine elektrische Aufladung in der Nähe der Grenzschicht.

Die Elektronen, die ins angrenzende P-Gebiet eingedrungen sind, werden dort von den vorhandenen Löchern „eingefangen" und als Bindungselektron (relativ) fest eingebaut.[1]) Diese (durch Rekombination) „eingefangenen" Elektronen erzeugen somit im angrenzenden P-Gebiet eine „echte", ortsfeste negative Überschußladung (Raumladung) $Ü_-$ (Bild 3.18).
Die Aufladung der Grenzschicht nimmt zunächst mit fortschreitender Diffusion zu, erreicht aber sehr rasch einen Grenzwert (Gleichgewichtswert), denn:

- ▶ Die zunehmende negative (Raum-)Ladung des P-Leiters stößt die Elektronen aus dem N-Leiter immer stärker zurück.

Bei einer bestimmten Aufladung hört der Konzentrationsausgleich schließlich ganz von selbst auf, die Sperrschicht hat sich ausgebildet.

> Durch den Diffusionsstrom lädt sich der P-Leiter negativ auf. Dadurch klingt die Diffusion der Elektronen vom N- ins P-Gebiet rasch ab.
> Im Endzustand *(Gleichgewicht)* stellt der PN-Übergang eine „unüberwindliche" **Sperrschicht** für die Ladungsträger dar.

Der Ausdruck Sperrschicht (im Sinne von nichtleitender Strom-Sperrschicht) ist um so mehr gerechtfertigt, als diese Zone (fast) keine frei beweglichen Ladungsträger mehr enthält. Die ursprünglichen freien Elektronen, welche in den P-Leiter eingedrungen sind, haben dort mit den Löchern rekombiniert und sind als Bindungselektronen raumfest eingebaut worden.

---

[1]) Dadurch entsteht wieder eine vollständige, stabile kovalente (Elektronen-) Paarbindung bzw. eine Achterschale, wo vorher ein leicht bewegliches Loch war.

3.3.2 Die Diffusionsspannung

Zu beiden Seiten der Sperrschicht stehen sich also getrennte, ortsfeste Ladungen gegenüber, ganz ähnlich wie bei einem geladenen Kondensator. Dies führt zu dem *Modell des Sperrschichtkondensators* (Bild 3.19).

Die (Raum-)Ladungen des Sperrschichtkondensators erzeugen ein elektrisches Feld E_D und eine elektrische Spannung U_D. Wir nennen die Spannung Diffusionsspannung U_D, weil sie durch die Diffusion verursacht ist. Da die entstehende Sperrschicht die Diffusion schon sehr früh „unterbricht", ergeben sich recht kleine Aufladungen bzw. Diffusionsspannungen U_D (Größenordnung 0,5 V). Der genaue Wert hängt von der Dotierung (der Ursache für das Konzentrationsgefälle) und von der Temperatur, dem „Motor" der Diffusion, ab.

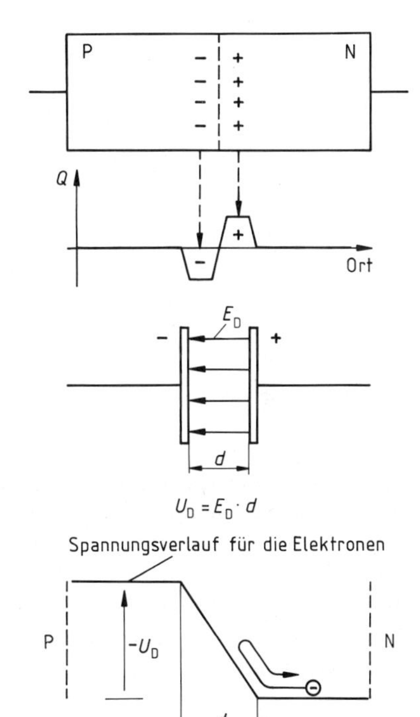

Bild 3.19 Die Diffusionsspannung läßt sich durch den geladenen Sperrschichtkondensator erklären.

> Die Aufladung der Sperrschicht durch die Diffusion führt zu einer **Diffusionsspannung** U_D.
>
> Typische Werte: **Ge:** $U_D \simeq 0{,}3$ V
> **Si:** $U_D \simeq 0{,}7$ V

Wie sich U_D bestimmen läßt, zeigen wir in den Kapiteln 3.4.1 bzw. 3.5.2.

Für Experten (sonst weiter bei Kapitel 3.4):

3.3.3 In der Sperrschicht fließen ständig Ströme

Bei einer bestimmten Temperatur ist die Geschwindigkeit der Elektronen untereinander nicht gleich, sondern streut um einen Mittelwert (Näheres auch in Kapitel 3.1.3). Deshalb gibt es bei bestehender Sperrschicht immer noch einige „schnelle" Elektronen aus dem N-Gebiet, die (trotz der negativen Aufladung $\ddot{U}_-$ des P-Gebietes) die Grenzfläche „überschreiten" können (Bild 3.20).

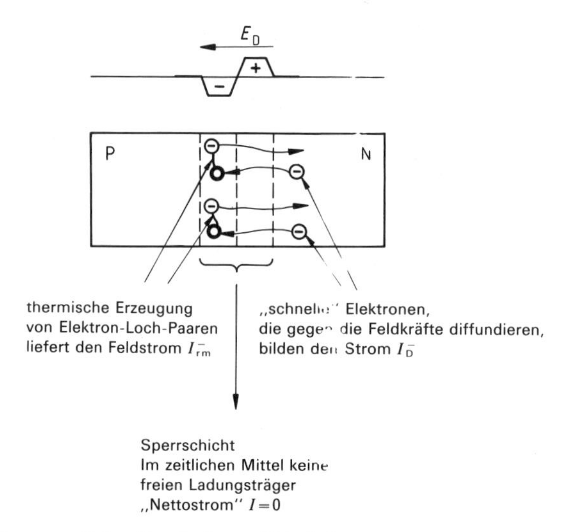

Bild 3.20 Auch ohne äußere Spannung fließen über die Grenzschicht Ströme

Diese Elektronen bilden einen andauernden, kleinen Diffusionsstrom I_D^- über die Sperrschicht. Dieser Strom I_D^- wird ständig durch einen thermisch erzeugten „Rückstrom" I_{rm}^- ausgeglichen.
Im negativ aufgeladenen P-Gebiet der Sperrschicht werden nämlich durch die Temperaturbewegung ständig einige der dort gebundenen Elektronen „befreit", entsprechend der immer stattfindenden Erzeugung von Elektronen (bzw. Trägerpaaren) für die Eigenleitung. Diese relativ wenigen freien Elektronen werden nun vom positiv geladenen N-Leiter angezogen, sie bilden den thermisch erzeugten Rückstrom I_{rm}^-.
Dieser Rückstrom I_{rm}^- fließt also aufgrund des elektrischen Feldes der Sperrschicht. Er wird deshalb auch Feldstrom genannt.

Im thermischen Gleichgewicht ergibt sich so ein Gesamtstrom I von

$$I = I_D - I_{rm} = 0$$

Anders ausgedrückt:

Im Gleichgewicht heben sich auf:

- der Diffusionsstrom (Ursache: das Konzentrationsgefälle der Ladungsträger) und
- der Feldstrom (Ursache ist die thermische Generation von Elektron-Loch-Paaren in der Sperrschicht, wie in Bild 3.20 dargestellt).

Die von außen meßbare Spannung ist Null.

Mit der Temperatur wächst die Eigenleitung und damit I_{rm} exponentiell an. Im selben Maß vermehren sich aber auch die „schnellen" Elektronen, so daß sich bei jeder Temperatur der „Nettostrom" Null über die Grenzschicht einstellt. Dennoch kann der thermisch erzeugte Rückstrom I_{rm} gemessen werden, wie in Kapitel 3.4.2, b dargelegt.[1])

[1]) Dort wird auch die Bedeutung der Indizes klar (r = reverse, m = maximal).

Über den PN-Übergang fließen (bei der äußeren Spannung Null) *kleine Ströme*, die sich gegenseitig bei jeder Temperatur aufheben. Es sind dies:

- **der Diffusionsstrom** aus „schnellen" Elektronen I_D^-,
- **der thermisch erzeugte Rückstrom** I_{rm}^- (Feldstrom),

  welcher durch die Erzeugung und Trennung freier Ladungsträger in der Sperrschicht entsteht.
  (Löcherströme analog)

Insgesamt gilt: $$I = I_D - I_{rm} = 0$$

I_{rm} und I_D nehmen exponentiell mit der Temperatur zu. Typische Werte bei Zimmertemperatur:

Ge: $I_{rm} = 10 \dots 50\ \mu A$
Si: $I_{rm} = 1 \dots 5\ nA$

Hinweis:
Der um den Faktor 1000 kleinere Wert von I_{rm} bei Si läßt sich mit Bild 3.6 (oder Bild 3.11) begründen. Physikalischer Hintergrund ist der im Vergleich zu Ge größere Bandabstand von Si (siehe Abschnitt 3.1.3).

3.4 Der PN-Übergang mit einer äußeren Spannung

3.4.1 Der PN-Übergang in Durchlaßrichtung

a) Einfache Erklärung

Ohne äußere Spannungsquelle stellt die vorliegende Sperrschicht durch ihre Aufladung ein unüberwindliches Hindernis für die Elektronen des N-Gebietes dar (Bild 3.21).

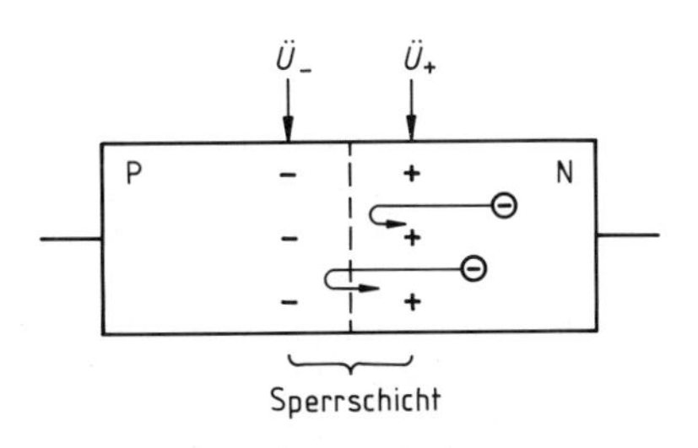

Bild 3.21 PN-Übergang ohne äußere Spannung

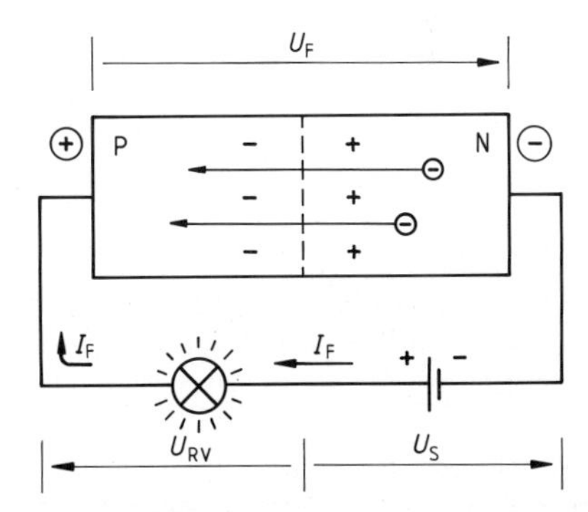

Bild 3.22 PN-Übergang mit äußerer Spannung U_F in Flußrichtung

Nun legen wir eine Spannungsquelle mit dem **n**egativen Pol an den **N**-Leiter und mit dem **po**sitiven Pol an den **P**-Leiter. Die Elektronen des N-Leiters werden daher durch elektrische Abstoßung vom Minuspol der Quelle in und über die Grenzschicht gedrückt. Diese verliert dadurch ihre Sperrfunktion, der PN-Übergang leitet nun den Strom (Bild 3.22). Wir sagen hierzu:

- ▶ Der PN-Übergang wird in Flußrichtung bzw. in Durchlaßrichtung betrieben.
- ▶ Der zugehörige Strom heißt Durchlaßstrom I_F, die Spannung entsprechend Durchlaßspannung U_F (F: forward = vorwärts).

Die auftretende (Klemmen-)Spannung U_F bleibt dabei relativ klein. Sie erreicht praktisch nur den Wert der „inneren" Diffusionsspannung U_D, welche mit dem Aufbau der Sperrschicht entstanden ist. Wenn U_F nämlich U_D ausgleicht, verliert die Sperrschicht (bzw. deren Abstoßung) ihre Wirkung, der Durchlaßwiderstand sinkt „dramatisch" ab.[1])

> Ein **PN-Übergang** arbeitet **in Durchlaßrichtung**, wenn der Minuspol der äußeren Spannungsquelle am N-Leiter anliegt.
> Der Durchlaßstrom I_F kann dabei sehr stark ansteigen, während die Durchlaßspannung U_F relativ klein bleibt. Sie erreicht in etwa nur den Wert der Diffusionsspannung U_D.
>
> $$U_F \rightarrow U_D, \quad \text{typische Werte für} \begin{cases} \textbf{Ge:} & U_D \simeq 0{,}3\,\text{V} \\ \textbf{Si:} & U_D \simeq 0{,}7\,\text{V} \end{cases}$$

Für Experten (sonst weiter bei Kapitel 3.4.2):

b) Genauere Erklärung mit dem Energiemodell[2])

Ohne äußere Spannung ist die Diffusion über den PN-Übergang durch die Potentialschwelle der Höhe U_D auf ganz wenige „schnelle" Elektronen beschränkt (Bild 3.23 bzw. Kapitel 3.3.3).
Wird jedoch an den PN-Übergang eine Durchlaßspannung U_F angelegt, so unterstützt die äußere Quelle die Elektronen beim Überwinden des Potentialberges. Der Potentialberg wird dadurch relativ kleiner, und zwar genau um die Spannung U_F (Bild 3.24).

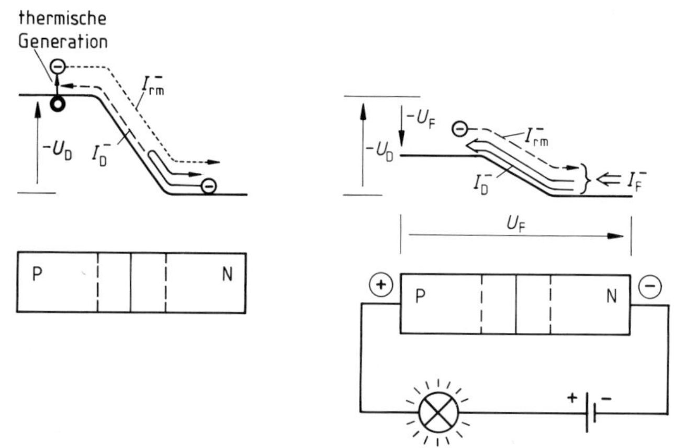

Bild 3.23 Potentialberg ohne äußere Spannung (für die *Elektronen* dargestellt)

Bild 3.24 U_F baut die Potentialschwelle ab.

Mit dem Abbau der Potentialschwelle nimmt nun der Diffusionsstrom I_D exponentiell zu, während der thermisch erzeugte Rückstrom I_{rm} davon nicht betroffen wird. Insgesamt fließt deshalb ein großer Durchlaßstrom I_F über die restliche Potentialschwelle:

$$I_F = I_D - I_{rm}$$

Wird die Schwelle durch $U_F \rightarrow U_D$ abgebaut, so wird I_D sehr groß, I_{rm} also vernachlässigbar:

$$I_F \rightarrow I_D \quad \text{für} \quad U_F \rightarrow U_D$$

Wir erkennen wieder, daß U_F maximal auf $U_F \simeq U_D$ ansteigen kann.

> Eine **Durchlaßspannung** U_F baut die Potentialschwelle U_D der Grenzschicht ab.
> Mit dem Abbau der Schwelle steigt der Diffusionsstrom exponentiell an. Durchlaßstrom I_F und Diffusionsstrom sind praktisch gleich.

[1]) Die Spannung U_S der Quelle kann natürlich relativ groß sein, wenn die Differenz $U_S - U_F$ an einem Vorwiderstand R_V abfällt (Bild 3.22).

[2]) Hier handelt es sich um ein vereinfachtes Bändermodell.

Die theoretische Behandlung dieser Überlegungen, nämlich daß I_D exponentiell mit U_F zunimmt, I_{rm} aber nicht von U_F abhängt, liefert:

$$I_F = I_D - I_{rm} = I_{rm} \cdot e^{U_F/U_T} - I_{rm}$$

Also: $$\boxed{I_F = I_{rm}\left(e^{U_F/U_T} - 1\right)}$$

Dabei stellt U_T eine temperaturabhängige Konstante, die „Temperaturspannung", dar. Es ist

$$U_T = \frac{kT}{e}$$

T: absolute Temperatur in K

k: (Boltzmann-)Konstante $\simeq 1{,}4 \cdot 10^{-23}\ \frac{\text{J}}{\text{K}} \simeq 83{,}3\ \frac{\mu\text{eV}}{\text{K}}$

e: Elementarladung $\simeq 1{,}6 \cdot 10^{-19}$ As

Bei Zimmertemperatur gilt somit:[1])

$$\boxed{U_T \simeq 25\ \text{mV}}$$

Dies bedeutet, daß schon bei $U_F \simeq 50$ mV die e-Funktion groß gegen 1 wird, d. h., I_F wächst im wesentlichen exponentiell mit U_F. Wir erhalten die

Näherung für I_F (sofern $U_F > 2\,U_T$):

$$I_F \simeq I_{rm} \cdot e^{U_F/U_T} \quad \text{mit } U_T \simeq 25 \text{ mV bei 300 K}$$

Der Durchlaßstrom I_F einer Diode ändert sich praktisch exponentiell mit der Durchlaßspannung U_F.

3.4.2 Der PN-Übergang in Sperrichtung

a) einfache Erklärung

Wird an den N-Leiter der Pluspol und an den P-Leiter der Minuspol einer Spannungsquelle angelegt, so werden die Elektronen des N-Gebietes von der Grenzschicht „weggezogen" (Bild 3.25).

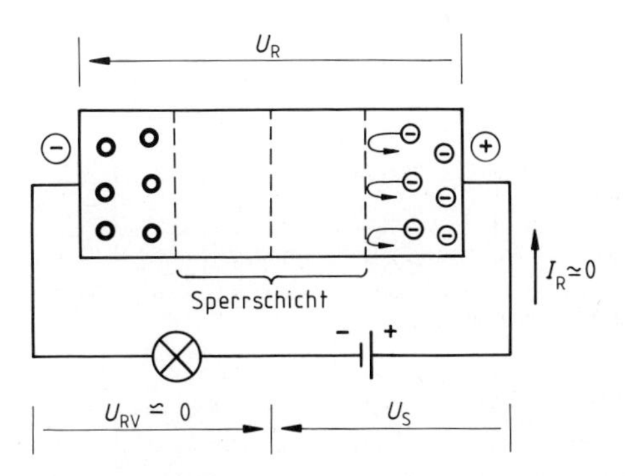

Bild 3.25 Bei dieser Polung sperrt der PN-Übergang.

Die (fast) ladungsträgerfreie Grenzschicht wird dadurch noch breiter, ein Strom über diese Zone praktisch unmöglich.

- ▶ Der PN-Übergang wird so in Sperrichtung betrieben (beansprucht).
- ▶ Der zugehörige, winzige Sperrstrom wird mit I_R, die anliegende Sperrspannung mit U_R bezeichnet (R: reverse = rückwärts).

[1]) Der Zahlenwert entspricht genau der mittleren thermischen Energie der Elektronen aus Kapitel 3.1.3.

Liegt am N-Leiter eines PN-Übergangs der Pluspol einer äußeren Spannung, so sperrt der PN-Übergang **(Sperrspannung)**. Die tatsächlich noch auftretenden Sperrströme I_R sind unbedeutend:

Ge: $I_R \simeq 10\ \mu A$
Si: $I_R \simeq 1\ nA$

Für Experten (sonst weiter bei Kapitel 3.5):

b) genauere Erklärung:

Im Sperrbetrieb liegt der Pluspol der Quelle am N-Leiter. Das heißt, das Anlegen einer Sperrspannung U_R „bremst" ganz erheblich die Elektronen des N-Leiters, die gegen den Potentialberg der Sperrschicht anlaufen. Damit erhöht sich, relativ gesehen, die Potentialschwelle um die Sperrspannung U_R (Bild 3.26). Über diese hohe Schwelle können nur noch die „allerschnellsten" Elektronen aus dem N-Gebiet gelangen, d.h., der Diffusionsstrom I_D nimmt sehr stark ab.

Unbeeinflußt davon werden in der Sperrschicht weiterhin Träger für die Eigenleitung erzeugt. Somit fließt der thermisch bedingte Rückstrom I_{rm} (Feldstrom) weiterhin im Feld der Sperrschicht ab (Bild 3.26).

Insgesamt fließt über die Grenzschicht ein winziger Sperrstrom I_R, der praktisch allein von I_{rm} getragen wird, da I_D fast Null ist.

$$I_R = I_{rm} - I_D \rightarrow I_{rm}$$

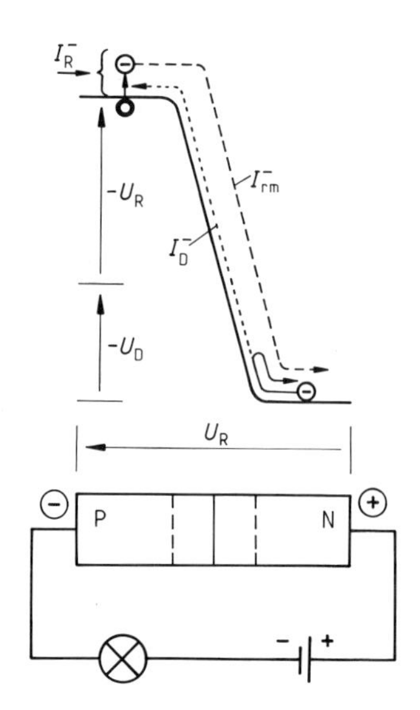

Bild 3.26 U_R vergrößert die Potentialschwelle.

Die **Sperrspannung** U_R vergrößert die Potentialschwelle.
Mit der Erhöhung der Schwelle klingt die Diffusion exponentiell ab. Bei größeren Sperrspannungen U_R wird deshalb der Sperrstrom I_R allein von dem kleinen, thermisch erzeugten Rückstrom I_{rm} getragen. I_{rm} stellt also den maximalen Sperrstrom dar (und kann auf diese Weise gemessen werden).

Wird der Sperrstrom analog zu Kapitel 3.4.1, b theoretisch beschrieben, so muß die Abnahme von I_D mit U_R mit einem negativen Exponenten der e-Funktion beschrieben werden; dies liefert:

$$I_R = -I_{rm}\left(e^{-U_R/U_T} - 1\right)$$

Für $U_R \gg U_T$ gilt $I_R \rightarrow I_{rm}$.

3.5 Die Diode

Über den PN-Übergang fließt, abhängig von der Polung der äußeren Quelle, einmal sehr viel und einmal praktisch kein Strom (Bild 3.27). Ein Bauelement mit diesen Eigenschaften ist schon in der Einleitung vorgestellt worden. Wir nennen es (Halbleiter-)Diode.

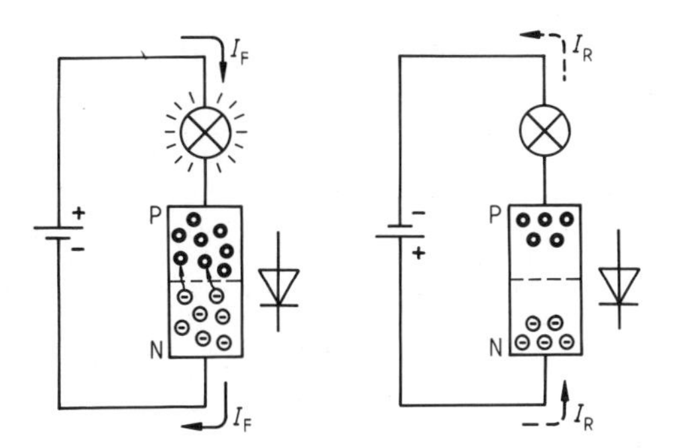

Bild 3.27 Der PN-Übergang hat „Ventilwirkung".

Bild 3.28 zeigt das zugehörige Schaltsymbol. Es ist so angelegt, daß beim Durchlaßbetrieb der „Diodenpfeil" und der technische Strompfeil übereinstimmen. Im Vergleich mit Bild 3.27 ist auch die Zuordnung von P- bzw. N-Gebiet zum Schaltsymbol zu erkennen. Der Strich (Katode) im Schaltsymbol läßt sich als Minuszeichen für das N-Gebiet deuten.

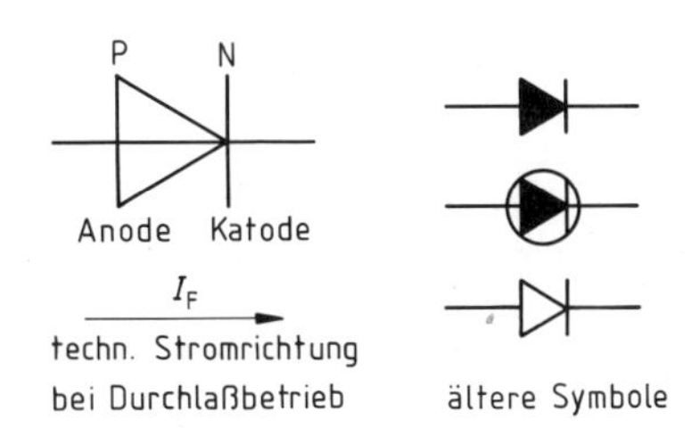

Bild 3.28 Schaltsymbol der Diode

> Eine **Diode** enthält einen PN-Übergang.
> Das Schaltsymbol der Diode gibt an, in welcher technischen Stromrichtung der Durchlaßstrom I_F fließt.

3.5.1 Die Kennlinie einer Diode

Die Kennlinie einer Diode stellt den Zusammenhang zwischen Spannung und Strom graphisch dar.

- Wir betrachten die Spannung U als Ursache des Stromes I. Damit ist I eine Funktion von U, symbolisch:

  $I = I(U)$ oder $I = f(U)$

- Spannungen und Ströme im Durchlaßbetrieb erhalten den Index F (forward) und werden positiv aufgetragen.
- Der Sperrbetrieb wird durch den Index R (reverse) gekennzeichnet. Durch die Umpolung werden U_R und I_F negativ aufgetragen.

Bild 3.29 zeigt nun die vollständige Kennlinie einer idealen und einer realen Si-Diode. Damit die „Sperrkennlinie" überhaupt darstellbar ist, wurde der Maßstab für I_R um den Faktor 10^6 gedehnt. (Allein aus dieser Skalendehnung entsteht der Eindruck, daß sich die Steigung der Kennlinie im Ursprung abrupt ändert.)

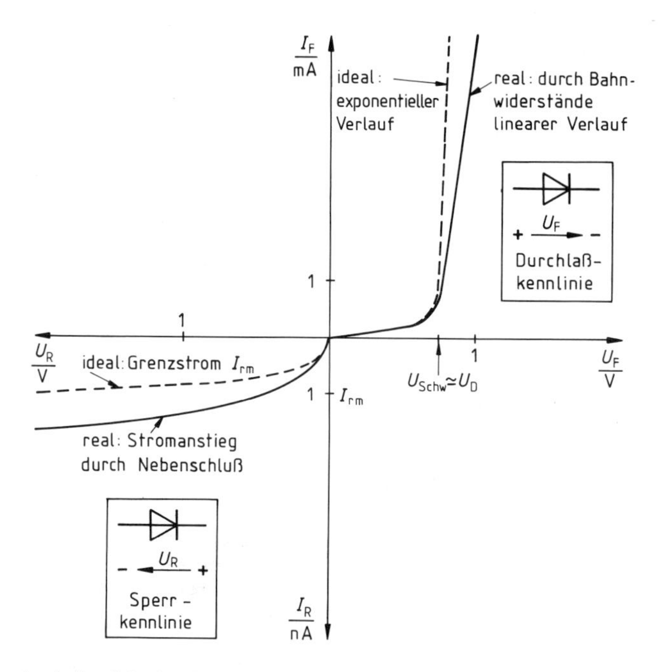

Bild 3.29 Ideale und reale Kennlinie einer Si-Diode

3.5.2 Die Durchlaßkennlinie

Bei einer idealen Diode (PN-Übergang) verändert sich der Durchlaßstrom I_F (fast) exponentiell mit der Spannung.[1]) Im linearen Maßstab aufgetragen, ergibt dies scheinbar einen „Knick" in der Kennlinie.

Bei einer realen Diode wird der exponentielle Anstieg von I_F zunehmend geradliniger. Dies liegt daran, daß für den Strom nicht allein die Sperrschichtvorgänge verantwortlich sind. Vor dem PN-Übergang selbst liegen noch reine Halbleitergebiete. Über deren ohmschen „Bahnwiderstand" muß I_F zugeführt werden. Mit zunehmendem Strom I_F überlagern sich der idealen Kennlinie immer mehr ohmsche Spannungsabfälle, was die Kennlinie linearisiert. Wie die Durchlaßkennlinie von Bild 3.29 belegt, ist der Durchlaßstrom I_F erst nach dem „Knickpunkt" von praktischer Bedeutung. Dies drückt man wie folgt aus:

> Eine Diode leitet den Strom erst ab einem gewissen **Schwellwert** U_{Schw}, der Spannung U_F. Diese *Schaltschwelle* U_{Schw} wird durch geradlinige Verlängerung der steil ansteigenden Durchlaßkennlinie bis zur U_F-Achse bestimmt.

[1]) Falls $U_F > 50$ mV, siehe Kapitel 3.4.1, b).

Nach der Theorie (Kapitel 3.4.1) ist ein großer Strom über die Diode praktisch erst mit dem (näherungsweisen) Abbau der Sperrschicht möglich, d. h., wenn $U_F \simeq U_D$ gilt.

Der Schwellwert U_{Schw} einer Diode ist etwa so groß wie die innere **Diffusionsspannung** U_D, die dadurch (grob) meßbar wird. Bei Si gilt somit:

$$U_{Schw} \simeq U_D \simeq 0{,}7\ \text{V}$$

3.5.3 Die Sperrkennlinie

Bei einer idealen Diode bleibt der Sperrstrom auf den Grenzwert I_{rm} beschränkt, der durch die temperaturbedingte Trägererzeugung innerhalb der Sperrschicht gegeben ist (genaueres in Kapitel 3.4.2, b). Dadurch wird I_{rm} über den maximalen Sperrstrom meßbar.
Häufig zeigen reale Dioden jedoch einen stetigen Anstieg von I_R mit U_R. Dies ist auf ohmsche Nebenschlüsse (Verunreinigungen im PN-Übergang und an dessen Oberfläche) zurückzuführen.

3.5.4 Ge- und Si-Dioden im Vergleich

Wegen der grundsätzlich größeren Eigenleitung von Ge gegenüber Si (siehe z. B. Bild 3.6) sind bei Ge-Dioden die Sperrströme relativ groß und oft nicht mehr vernachlässigbar. Diesem Nachteil von Ge-Dioden steht der kleinere Schwellwert gegenüber (Bild 3.30), was in Spezialfällen von Bedeutung ist.

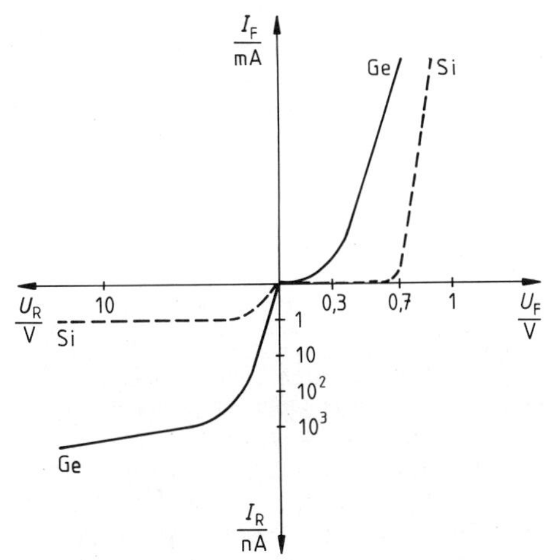

Bild 3.30 Kennlinien von Ge- und Si-Dioden (Achtung: Maßstäbe)

Außerdem ist bei Ge der „Knick" bei U_{Schw} nicht so ausgeprägt, der Übergang weicher.[1]) Es ergeben sich also folgende Vergleichswerte (bezogen auf Zimmertemperatur):

Si: $U_{Schw} \simeq 0{,}7\ \text{V};\ I_R \simeq 1\ \text{nA}$
Ge: $U_{Schw} \simeq 0{,}3\ \text{V};\ I_R \simeq 10\ \mu\text{A}$

[1]) Dies ist zum Beispiel bei verzerrungsfreier Modulation und Demodulation wichtig.

Für Experten:

3.5.5 Statischer und differentieller Diodenwiderstand

Zu jedem Arbeitspunkt A, d. h. zu jedem Wertepaar (U/I), lassen sich zwei Widerstandswerte angeben. Es sind dies

1. **der statische Diodenwiderstand**

$$R = \frac{U}{I}$$

Dieser ist im Durchlaßbetrieb relativ klein und fällt nach dem „Knickpunkt" stark ab.

2. **der differentielle Diodenwiderstand**

$$r = \frac{\Delta U}{\Delta I} \rightarrow \frac{dU}{dI}$$

Dieser gibt den Kehrwert der (Kennlinien-)Steigung im Arbeitspunkt A an (Bild 3.31).

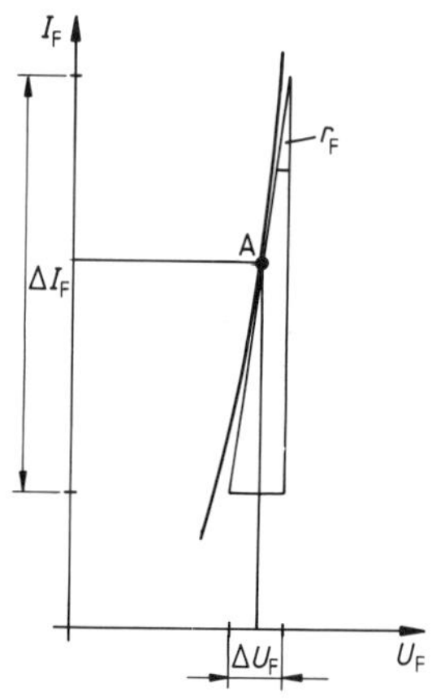

Bild 3.31 Differentieller Widerstand (für den Durchlaßbereich mit r_F bezeichnet)

Dieser differentielle Widerstand wird hauptsächlich bei Änderungsbetrachtungen im Durchlaßbetrieb benötigt, etwa wenn zu Stromänderung ΔI_F die Schwankung ΔU_F der Klemmenspannung gesucht ist:

$$\Delta U_F = r_F \cdot \Delta I_F$$

Dabei bezeichnet r_F den differentiellen Widerstand in Durchlaßrichtung.

Da bei einer idealen Diode I_F (fast) exponentiell mit U_F zunimmt,[1]) verläuft die Durchlaßkennlinie immer steiler, d. h., r_F wird mit zunehmendem „Arbeitsstrom" immer kleiner.
Darauf kommen wir noch einmal beim Transistor zurück (in Kapitel 8.11.1).

> Für jeden *Arbeitspunkt* gibt es zwei **Diodenwiderstandswerte:**
>
> 1. den *statischen*: $R = \frac{U}{I}$ (Gleichstromwiderstand)
>
> 2. den *differentiellen*: $r = \frac{\Delta U}{\Delta I}$ (reziproke Steigung der Kennlinie)
>
> Der differentielle Widerstand bezieht sich auf Änderungen und heißt (deshalb) auch dynamischer Widerstand.
> Im Durchlaßbetrieb werden sowohl R_F als auch r_F mit zunehmendem Strom I_F immer kleiner.

[1]) Siehe Kapitel 3.4.1, b, Schlußteil

3.5.6 Das Temperaturverhalten von Dioden

Die Sperrströme werden hauptsächlich durch die thermische Erzeugung von Elektron-Loch-Paaren in der Grenzschicht bestimmt (siehe Kapitel 3.4.2, b). Diese Erzeugung von Trägern nimmt aber exponentiell mit der Temperatur zu, und zwar näherungsweise um den Faktor 1,05 bei $\Delta T = 1$ K (siehe Kapitel 3.1.1). (Dies liefert dann bei $\Delta T = x$ K eine ungefähre Zunahme um den Faktor $1{,}05^x$, vergl. dazu auch Aufgabe 1, b.)

Daraus ergibt sich:

> Die **Sperrströme** nehmen exponentiell mit der Temperatur zu.
> Typische Vergrößerungsfaktoren (gerundete Werte):
> 1,05 bei 1 K; 1,1 bei 2 K; 10 bei 50 K

► Da die Eigenleitung von Ge fast 1000mal größer ist als die von Si (Bild 3.6), sperren Ge-Dioden bei hoher Temperatur schon relativ schlecht.

In Durchlaßrichtung wird der Strom I_F praktisch nur vom Diffusionsanteil getragen (Kapitel 3.4.1, b). Die Diffusion[1]) nimmt mit der Temperatur ebenfalls sehr stark zu, was – relativ gesehen – auch als Abbau der Potentialschwelle (bzw. der Grenzschicht) gedeutet werden kann. Mit der Temperatur sinkt also der Schwellwert einer Diode ab (Bild 3.32).

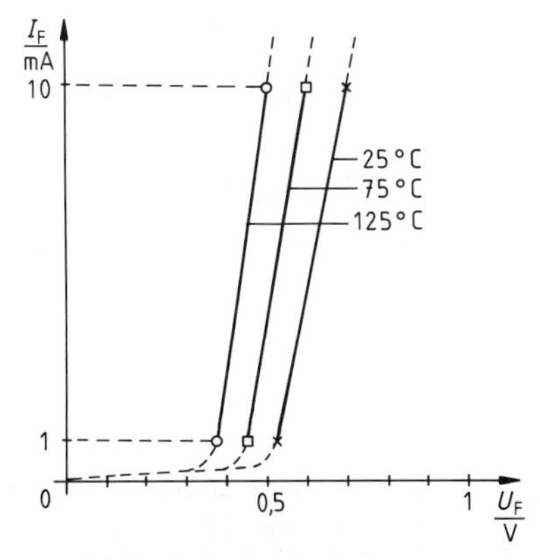

Bild 3.32 Temperaturabhängigkeit der Durchlaßkennlinien (für Si-Dioden)

Mit anderen Worten:

> Bezogen auf einen konstanten Durchlaßstrom I_F hat die *Durchlaßspannung* U_F einer Diode einen negativen **Temperaturkoeffizienten** TK.
>
> Als Formel: $\mathrm{TK} = \frac{\Delta U_F}{\Delta T} < 0$
>
> Typischer Wert: $\mathrm{TK} = -2\ \mathrm{mV/K}$

[1]) Anschaulich: der Diffusionsdruck

Oder kurz und bündig:

Mit der Temperatur sinkt der Schwellwert einer Diode (um circa −2 mV pro Kelvin).

Anmerkung:

Diese Tatsache kann zum Bau von elektronischen Thermometern oder zur Kompensation positiver Temperaturkoeffizienten verwendet werden. In der Regel schafft sie aber Probleme, da bei fester äußerer Spannung U_F der Strom mit der Temperatur ansteigt und die Diode sich dadurch noch weiter erwärmt. Das kann schließlich zur thermischen Zerstörung der Diode führen.

Für Praktiker:

3.6 Daten von Dioden

Zum Schluß noch einige praktische Hinweise zum Kauf und Betrieb von Halbleiterdioden.

3.6.1 Grenzwerte

Wichtigster Grenzwert ist *der höchstzulässige Durchlaßstrom* $I_{F\max}$, typische Werte: 150 mA oder 1 A. Wenn nicht besonders vermerkt, handelt es sich hier um einen mittleren Gleichstromwert. Kurzzeitige Spitzenströme dürfen höher liegen.
In Sperrichtung darf die Diode nur bis zu einer *maximalen Sperrspannung* $U_{R\max}$ beansprucht werden. Werden auf Dauer größere Sperrspannungen angelegt, bricht die Diodensperrschicht aufgrund verschiedener Effekte (siehe Kapitel 6) zusammen.
Typische Werte für $U_{R\max}$: 50 V; 100 V; 1000 V

> Die wichtigsten **Daten einer Diode** sind:
> - ihr zulässiger (Durchlaß-)Strom und
> - ihre zulässige (Sperr-)Spannung

Weitere Grenzwerte sind *die zulässige Verlustleistung* sowie die maximale Sperrschichttemperatur $\vartheta_{\max}$.
Nach Kapitel 3.2.1 (Bild 3.11) liegt letztere bei Si wesentlich höher als bei Ge:

$$\vartheta_{\max}(\mathrm{Si}) \simeq 180°, \quad \text{aber} \quad \vartheta_{\max}(\mathrm{Ge}) \simeq 80°$$

Achtung:

▶ Die herrschende Sperrschichttemperatur ist wegen des Wärmewiderstandes des Gehäuses immer deutlich größer als die Gehäusetemperatur[1]).

3.6.2 Gehäuseform und Typenbezeichnung

Bild 3.33 zeigt einige Gehäuseausführungen handelsüblicher Dioden (Ausnahme: Hochstromgleichrichter). Die Katode ist meist an einem farblich abgesetzten Ring erkennbar.
Die Bezeichnung europäischer Typen erfolgt nach dem Pro-Electron-Schlüssel, und zwar durch zwei Buchstaben und drei Zahlen (Industrietypen: drei Buchstaben, zwei Zahlen).

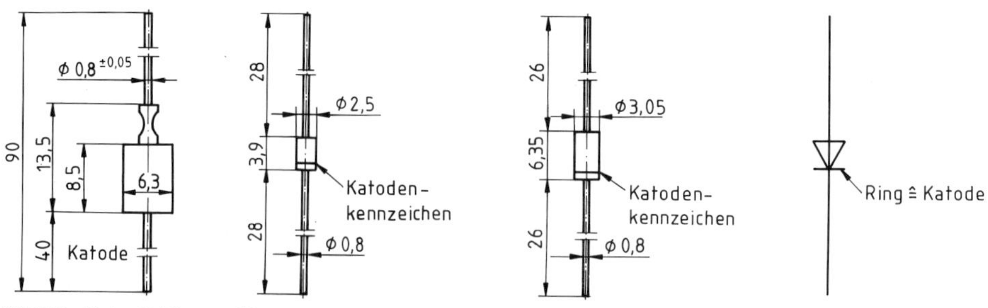

Bild 3.33 Einige Gehäuseausführungen von Dioden im Vergleich mit dem Schaltsymbol (alle Maße in mm)

[1]) Mit Hilfe des Wärmewiderstandes sind Umrechnungen möglich.

Hier ein Auszug aus dem Schlüssel:[1])

Erster Buchstabe **(Halbleitermaterial):**

A: Germanium
B: Silizium

Zweiter Buchstabe **(Anwendung):**

A: Diode (ohne spezielle Eigenschaft)
Y: Leistungsdiode

Amerikanische Dioden beginnen alle mit 1 N..., japanische Typen dagegen mit 1 S..., gefolgt von (meistens) vier Ziffern.[1])

Nachfolgend eine kleine Typenauswahl:

Typ	I_{Fmax}/mA	U_{Rmax}/V	Material
AA 118	50	90	Ge
BA 100	90	60	Si
BY 127	1000	1250	Si
1N 4148	75	75	Si
1N 4004	1000	400	Si
1N 4007	1000	1000	Si

Bild 3.34 Einige Diodentypen im Vergleich

3.6.3 Vor dem Einbau erst prüfen

Eine grobe *Funktionsprüfung* von Dioden geschieht am einfachsten mit einem Ohmmeter im kΩ-Bereich. Die Spannung der eingebauten Batterie liegt mit ca. 1,5 V deutlich über dem Schwellwert aller Diodentypen, ein interner Vorwiderstand verhindert zuverlässig die Überlastung der Diode. Bei intakter Diode läßt sich Durchlaß- und Sperrichtung ganz klar unterscheiden (Bild 3.35).

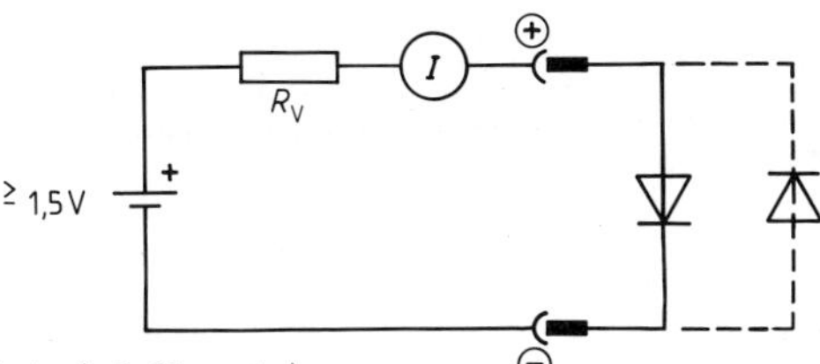

Bild 3.35 Prüfschaltung für Dioden (z. B. Ohmmeter)

Natürlich ist auch ein Vielfachmeßgerät im kΩ-Bereich zur Prüfung von Dioden geeignet. Aber Vorsicht bei der *Festlegung der Durchlaßrichtung:* Die Meßgeräteklemmen haben im Ohmbereich (fast) immer eine andere Polarität, als die externen Klemmen angeben (Bild 3.36).
Probleme gibt es mit elektronischen (digitalen) Vielfachmeßgeräten. Meist liegen im Ohmbereich Meßstrom bzw. Meßspannung so niedrig, daß die Dioden nicht „durchschalten" und scheinbar defekt sind.

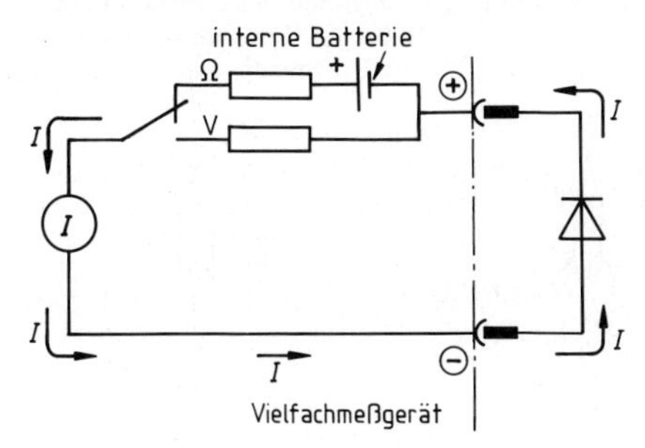

Bild 3.36 Vielfachmeßgerät im Ω-Bereich: Die angegebene Polung stimmt hier nicht mit der Richtung des Prüfstroms überein.

[1]) Vollständiger Schlüssel am Buchende (Anhang A-9, A-10 und A-11).

Aufgaben

Halbbleiterphysik

Kristallmodell

1. **a)** Was verstehen wir unter elementarem Halbleiter, was unter Verbindungshalbleiter? (Beispiele!)
   b) Erklären Sie, daß Halbleiter bei $T=0$ Isolatoren sind, bei $T>0$ aber eine Eigenleitung (i-Leitung) zeigen.
   Wie hängt diese von der Temperatur ab?
   Wie groß ist ungefähr der Temperaturkoeffizient bei Eigenleitung? (*Hilfe:* Kapitel 3.1.1)
   Um welchem Faktor ändert sich der Widerstand folglich bei $\Delta T=1$ K, $\Delta T=2$ K, $\Delta T=10$ K, $\Delta T=50$ K ...?
   (*Lösung:* 1,05; 1,1; 1,6; 11,5)
   c) Erläutern Sie: Paarerzeugung von Ladungsträgern, Löcherstrom i_P, Elektronenstrom i_n und $i_{ges}=i_n+i_P$.
   Weshalb gilt bei i-Leitung zwar $n_n=n_P$, aber nicht $i_P=i_n$? (*Hilfe:* Kapitel 3.1.2, Schluß)
   d) Was bezeichnen die Begriffe Generation und Rekombination?
   e) Erläutern Sie: Störstellenleitung, N-Leiter, P-Leiter, Donator, Akzeptor, ex-Leitung, Majoritätsträger, Minoritätsträger.
   f) Bis zu welcher Temperatur ist bei Ge bzw. Si die Störstellenleitung maßgebend? Warum ist diese (fast) temperaturunabhängig?
   g) Wie lautet das Massenwirkungsgesetz (MWG) für Ladungsträger? Was verstehen wir unter Intrinsicdichte?
   Zeigen Sie mit dem MWG, daß im P-Leiter bei $\delta=10^{-8}$ und $T=300$ K praktisch nur Löcher den Strom tragen.
   h) Wie rein muß ein Ge-Kristall sein, daß es bei Zimmertemperatur praktisch nur Eigenleitung zeigt? (*Hilfe:* Bild 3.11; *Lösung:* $\delta_{Rest} \ll 5 \cdot 10^{-10}$)
   Ab welchem Dotierungsgrad δ dominiert schließlich die Störstellenleitung?
   (*Lösung:* $\delta > 5 \cdot 10^{-8}$)

Energiemodell (Bändermodell)

2. **a)** Wie unterscheiden sich im Bändermodell Isolator, Halbleiter, Leiter? (Erklärung!)
   b) Wie hängt die Eigen-Leitfähigkeit mathematisch vom Bandabstand ab? (*Hilfe:* Bild 3.6)
   Welchen Bandabstand haben die Ihnen bekannten Halbleiter?
   Begründen Sie die Lage der Akzeptoren- und Donatorenniveaus im Bändermodell.
   c) Erläutern Sie Generation und Rekombination im Energiemodell. Nennen Sie Anwendungen für die stattfindenden Energieumsetzungen.

PN-Übergang

3. **a)** Wie entsteht die Sperrschicht eines PN-Übergangs, wie lädt sich das N- bzw. P-Gebiet auf, weshalb begrenzt sich diese Aufladung von selbst, weshalb unterbleibt ein weitgehender Löcher- und Elektronenausgleich? (Beschreibung auch durch die Löcherströme ergänzen.)
   b) Weshalb ist die Breite der Sperrschicht bei hoher Materialdotierung grundsätzlich geringer?
   c) Wie kann die Diffusionsspannung U_D erklärt werden, wie kann sie näherungsweise gemessen werden?
   Welche (Richt-)Werte liefern Ge bzw. Si?
   d)* Zeigen Sie, daß in der Sperrschicht (ohne und mit äußerer Spannung) eigentlich vier Ströme fließen. (*Hilfe:* Elektronen- und Löcherströme)
   Welche Ströme dominieren im Durchlaß- bzw. Sperrbetrieb?
   Woher stammt die Energie im spannungslosen Fall?
   Welche Größenordnung haben diese Ströme bei Ge bzw. Si für Zimmertemperatur?
   Wie lassen sich diese Werte bestimmen?

Kennlinien

4. a) Wodurch unterscheidet sich eine ideale Diodenkennlinie von einer realen?
b) Wie wird der Schwellwert U_{Schw} bestimmt? Wie hängt dieser mit der Diffusionsspannung U_D zusammen?
c) Worin unterscheiden sich Ge- von Si-Dioden? (Angabe typischer Kennwerte)

5.* a) Fassen Sie die Gleichungen für I_F und I_R zu einer universellen Gleichung $I = I(U)$ der Kennlinie zusammen. (*Hilfe:* Kapitel 3.4.1, b und 3.4.2, b)
b) Stellen Sie grob den Verlauf des statischen und differentiellen (dynamischen) Diodenwiderstandes als Funktion von I_F bzw. I_R dar. (*Hilfe:* $\sim 1/I_F$)
c) Der Durchlaßstrom einer idealen Diode ändere sich um den Faktor 10. Dabei sei $U_F > 2U_T = 50$ mV.
Zeigen Sie, daß sich U_F dann nur um
$\Delta U_F = U_{F1} - U_{F2} = U_T \cdot \ln 10 \simeq 60$ mV
ändert. (*Hilfe:* Gleichung für I_F am Schluß von Kapitel 3.4.1, b) verwenden und $I_{F1}/I_{F2} = 10$ ansetzen, dann logarithmieren)
Welche Anwendung ergibt sich hieraus für Dioden?
(*Lösung:* Stabilisierung kleinerer Spannungen)

Praktische Probleme

6. a) Nennen Sie die zwei wichtigsten Grenzwerte von Dioden, geben Sie Größenordnungen an.
b) Bei einem Diodentyp reicht I_{Fmax} nicht aus. Deshalb wird die skizzierte Parallelschaltung vorgeschlagen.
Weshalb sind die Widerstände notwendig?
(*Hilfe:* Bei gleichem U_F ist immer ein I_F größer [Exemplarstreuung], stärkere Erwärmung ... [Kapitel 3.5.6])

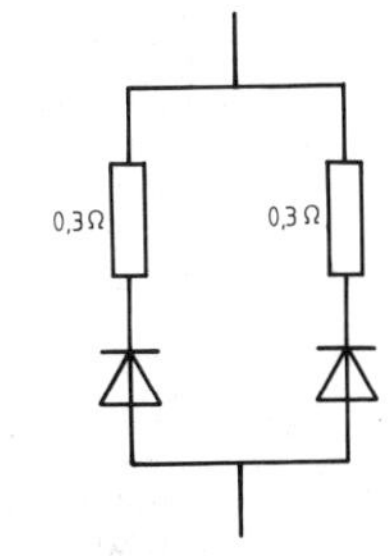

c) Um U_{Rmax} zu vergrößern, werden die Dioden in Reihe geschaltet.
Weshalb sind hier die Widerstände notwendig.
(*Hilfe:* Ein Sperrwiderstand ist immer größer als der andere, also auch U_R ...)

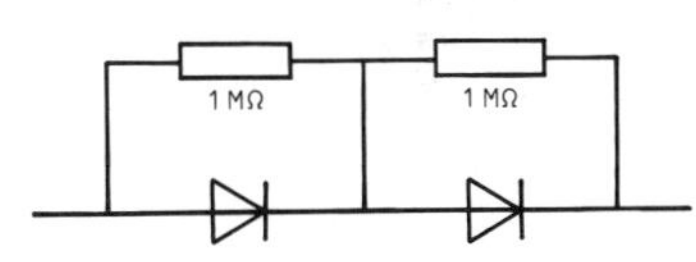

7. a) Weshalb muß eine Diode bei den üblichen Speisespannungen unbedingt über einen Vorwiderstand betrieben werden?
b) Welche Anforderungen sind an ein Ohmmeter zur Prüfung von Dioden zu stellen?

8. Welche der Lampen H1 bzw. H2 leuchtet, wenn die Taste S1 bzw. S2 gedrückt wird?
(Anwendung: Klingelanlage bei Wohnung mit Untermietern)

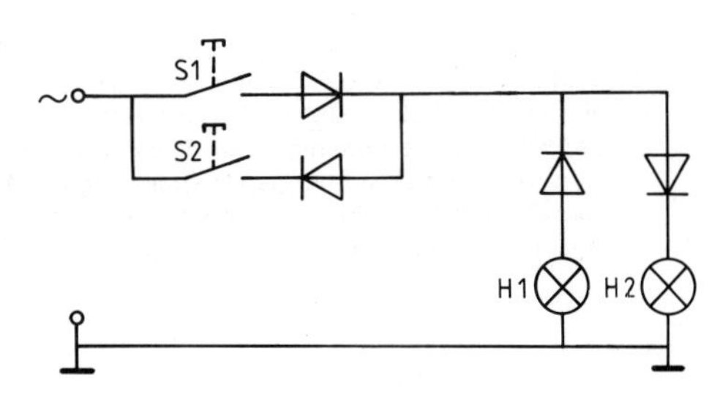

9. Wir verabreden hier folgende Symbolik

0: Eingang liegt an Masse (0 V) bzw.
Ausgang liefert (nahezu) 0 V.

1: Eingang liegt an Speisespannung (U_S) bzw.
Ausgang liefert (nahezu) Speisespannung (U_S).

a) Bestimmen Sie die fehlenden Werte in den Tabellen ($U_{Schw} \ll U_S$).

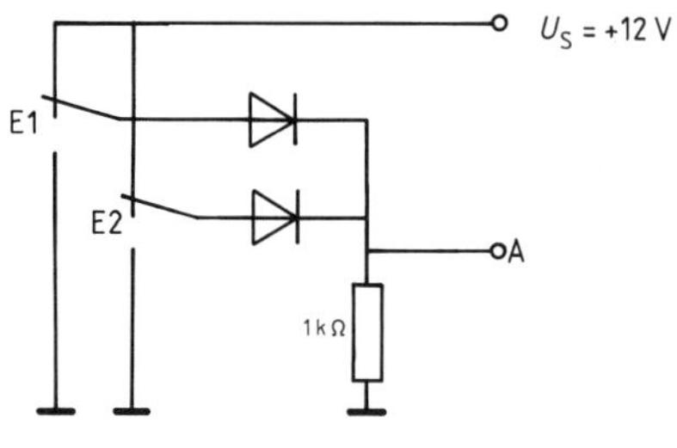

E1	E2	A
0	0	?
0	1	?
1	0	?
1	1	?

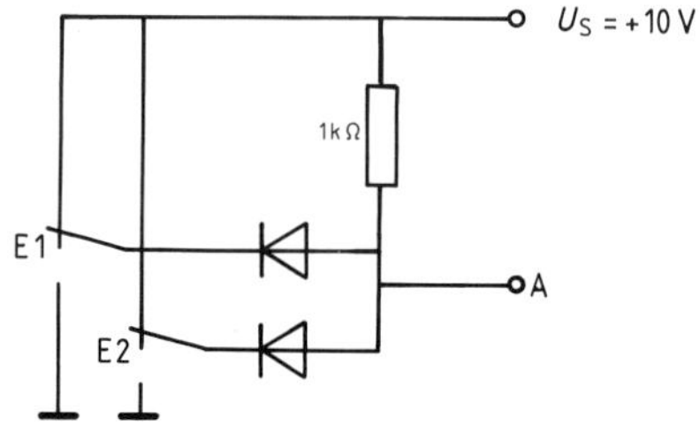

E1	E2	A
0	0	?
0	1	?
1	0	?
1	1	?

b) In welchem Fall liegt eine (logische) ODER- bzw. UND-Verknüpfung vor?
(*Lösung:* Im ersten Fall ODER ...)

c) Zeigen Sie, daß die Dioden Kurzschlüsse der Quelle verhindern, also nicht einfach durch Leitungen ersetzbar sind.

d) Welche Ausgangsspannungen stellen sich tatsächlich ein, wenn

1. alle Dioden einen Schwellwert von 0,7 V haben,
2. alle Dioden durch Widerstände mit $R = 100\,\Omega$ ersetzt werden?

4 Anwenderschaltungen mit Dioden

Dioden haben hauptsächlich drei Einsatzgebiete:

1. **Dioden dienen als elektronische Schalter für Gleichspannungssignale.**
   Da Dioden immer stromrichtungsabhängig durchschalten, können mehrere Signale rückwirkungsfrei verknüpft werden (Beispiel: Aufgabe 9, Kapitel 3). Auf diese Schalteranwendung der Dioden gehen wir im Rahmen der Digitaltechnik noch mehrfach ein (ab Kapitel 15.1.7 und 17.1.2).

2. **Dioden dienen als Gleichrichter für Wechselströme.**
   Diese ,,klassische'' Anwendung ergibt sich unmittelbar aus der Richtungsabhängigkeit des Stromflusses. Einige bewährte Standardschaltungen stellen wir in diesem Abschnitt vor (ab Kapitel 4.4.1).

3. **Dioden dienen zur Begrenzung und Stabilisierung von Spannungen.**
   Diese Anwendung beruht auf der Tatsache, daß die Klemmenspannung einer Diode im Durchlaßbetrieb praktisch immer bei der Schwellspannung liegt bzw. diese nicht übersteigt. Mit einer entsprechenden Schaltung beginnen wir jetzt.

4.1 Spannungsstabilisierung mit Dioden

4.1.1 Grundschaltung

Bei dem in Bild 4.1 dargestellten *Vierpol* wird die Diode in Durchlaßrichtung betrieben. Die Ausgangsspannung (d. h. die Durchlaßspannung U_F der Diode) ist auch dann weitgehend konstant, wenn die eingangsseitige Speisespannung U_S (und damit der Strom in der Schaltung) stark schwankt. Die Höhe der Ausgangsspannung U_F ist dabei (fast) gleich dem Schwellwert U_{Schw} der Diode (bzw. auf diesen begrenzt). Dies ergibt sich unmittelbar aus der *Durchlaßkennlinie* einer Diode (Bild 4.2).

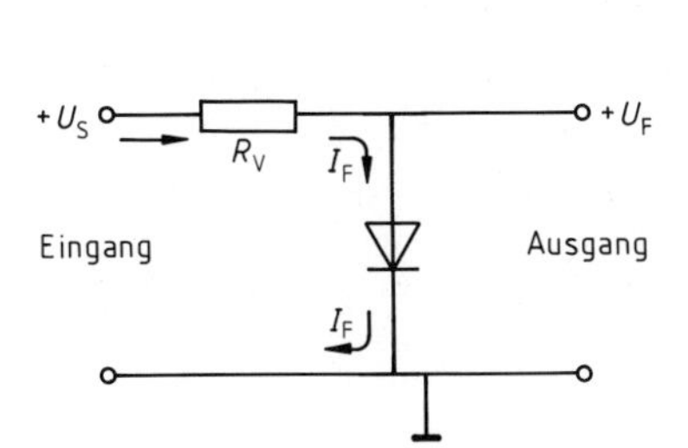

Bild 4.1 Dieser Vierpol stabilisiert bzw. begrenzt die Ausgangsspannung.

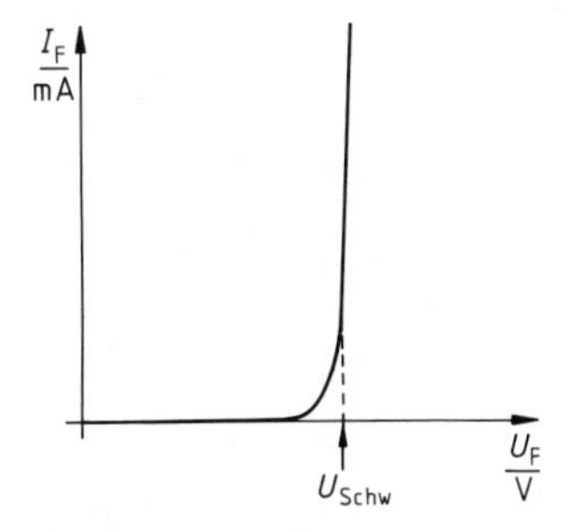

Bild 4.2 Durchlaßkennlinie einer Diode: U_F ist über einen großen Strombereich (fast) konstant und gleich U_{Schw}.

4.1.2 Der Widerstand R_V hat mehrere Aufgaben

In Bild 4.3 ist die Schaltung von Bild 4.1 anders dargestellt. Gewöhnlich ist die Speisespannung U_S weit größer als die Durchlaßspannung U_F an der Diode. Die Differenz muß folglich ein *Vorwiderstand* R_V aufnehmen. Nach Bild 4.3 gilt: $U_{RV} = U_S - U_F$

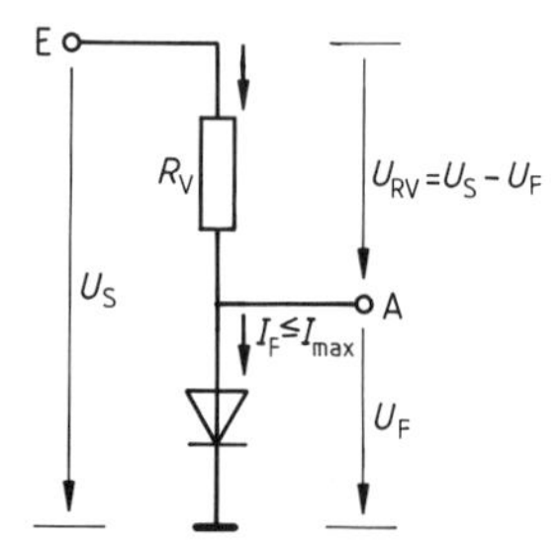

Bild 4.3 Der Vorwiderstand R_V begrenzt I_F und stabilisiert den Arbeitspunkt thermisch.

Dieser Vorwiderstand R_V muß immer so bemessen sein, daß der Durchlaßstrom I_F auf keinen Fall den höchstzulässigen Diodenstrom I_{Fmax} übersteigen kann. Neben dieser Schutzfunktion als *Strombegrenzer* wirkt der Vorwiderstand auch noch als *„Temperaturregler":* Der Durchlaßstrom I_F erwärmt nämlich die Diode. Dadurch steigt die (Sperrschicht-)Temperatur, der Strom nimmt folglich weiter zu usw. (*Begründung:* siehe Kapitel 3.5.6, Bild 3.32).
Diesen „thermischen Selbstmord" der Diode verhindert hier der Vorwiderstand R_V. Durch das temperaturbedingte Ansteigen von I_F erhöht sich auch der Spannungsabfall U_{RV} am Vorwiderstand. Dadurch geht die Restspannung $U_F = U_S - U_{RV}$ an der Diode zurück. Die in der Diode umgesetzte Verlustleistung fällt also wieder, die Diode kühlt ab, der Strom I_F geht zurück.

Wir merken uns dazu:

> Der **Vorwiderstand** R_V übernimmt die Spannungsdifferenz $U_{RV} = U_S - U_F$.
> Gleichzeitig begrenzt er den Durchlaßstrom I_F und stabilisiert diesen thermisch.

4.2 Berechnungen ohne Kennlinie

In aller Regel ist die genaue Kennlinie einer Diode nicht bekannt. In diesem Fall müssen Schätzlösungen in Kauf genommen werden. Nach Bild 4.4 verwenden wir dazu für die Durchlaßspannung U_F die Abschätzung: $U_F \simeq U_{Schw}$

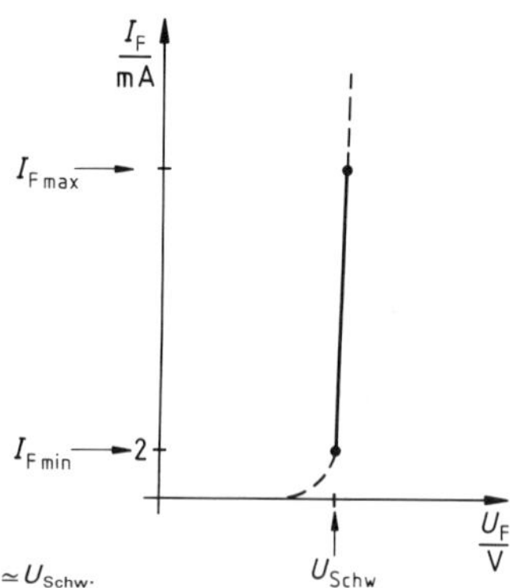

Bild 4.4 Für U_F gilt näherungsweise $U_F \simeq U_{Schw}$.

Dies gilt natürlich nur *nach dem Kennlinienknick,* also für Durchlaßströme mit $I_F \geq I_{Fmin}$.[1])

▶ Wir verwenden für I_{Fmin} als typischen Wert:

$$I_{Fmin} = 2 \text{ mA}$$

Andererseits darf der zulässige Grenzstrom I_{Fmax} der Diode nicht überschritten werden.

Daraus folgt:

> **Regeln für überschüssige Berechnungen**
> 1. $I_{Fmin} \simeq 2$ mA
> 2. Im Bereich $I_F = I_{Fmin} \dots I_{Fmax}$ gilt:
>
> $$U_F \simeq U_{Schw} \quad \text{mit} \quad \begin{cases} U_{Schw} \simeq \mathbf{0{,}7\ V} \text{ bei Si} \\ U_{Schw} \simeq \mathbf{0{,}3\ V} \text{ bei Ge} \end{cases}$$

Zur weiteren Vereinfachung gehen wir in diesem Kapitel (4) immer davon aus, daß die *Schaltung unbelastet* ist, d. h. wir vernachlässigen in allen Fällen den Laststrom I_{RL} gegenüber dem Durchlaßstrom I_F (Bild 4.5).[2]) Dies ist bei hochohmiger Last berechtigt (z. B. bei einem Spannungsmesser oder einem Oszilloskop).

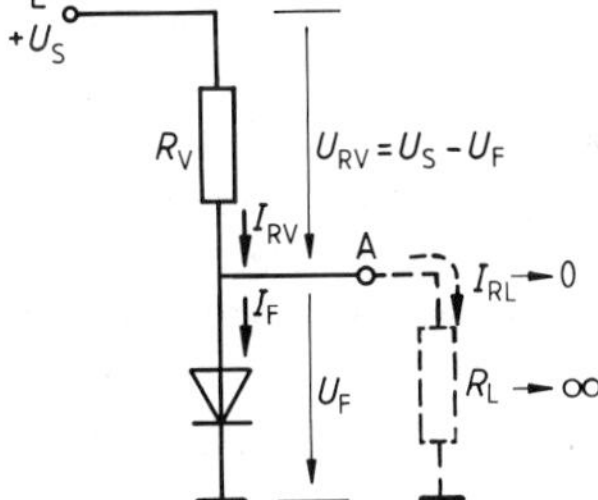

Bild 4.5 Der Laststrom I_{RL} sei vernachlässigbar klein.

Also:

> Alle Ausführungen in diesem Kapitel gelten nur **für unbelastete Schaltungen.**[2])

4.2.1 Die Grundformel für eine Diode mit Vorwiderstand

Anhand von Bild 4.5 läßt sich der Vorwiderstand R_V allgemein angeben.

Es ist: $$R_V = \frac{U_{RV}}{I_{RV}} = \frac{U_S - U_F}{I_{RV}}$$

Wegen $I_{RV} = I_F$ (unbelasteter Fall) ergibt sich:

> **Grundformel für eine Diode mit Vorwiderstand:**
>
> $$R_V = \frac{U_S - U_F}{I_F}$$
>
> Im Bereich $I_F = 2$ mA ... I_{Fmax} verwenden wir näherungsweise:
>
> $$R_V \simeq \frac{U_S - U_{Schw}}{I_F}$$

▶ Alle nun folgenden Beispiele sind Anwendungen dieser Grundformel.

---

[1]) Da bei Si-Dioden der Knick viel ausgeprägter als bei Ge-Dioden ist (siehe Bild 3.30), sind für Si-Dioden die Schätzwerte besser.

[2]) Belastete Schaltungen betrachten wir im Kapitel Z-Diode. Die dortigen Ergebnisse (ab Kapitel 6.4) können direkt übertragen werden, wenn U_Z gleich U_F und I_Z gleich I_F gesetzt wird.

4.2.2 Die richtige Wahl des Vorwiderstandes R_V

Die Frage nach dem richtigen Vorwiderstand läßt sich ohne Vorgabe weiterer Randbedingungen nicht eindeutig beantworten.[1]) Mit der Grundformel läßt sich aber der kleinste und der größte zulässige Wert von R_V berechnen. Dazu müssen für I_F lediglich die Grenzwerte $I_{F\max}$ bzw. $I_{F\min}$ eingesetzt werden. Falls die Speisespannung U_S ebenfalls schwankt, sind deren Extremwerte entsprechend zu berücksichtigen:

a) Der kleinste zulässige Vorwiderstand

Auch im ungünstigsten Betriebsfall ($U_S = U_{S\max}$) muß R_V den Durchlaßstrom I_F auf $I_F \leq I_{F\max}$ beschränken. Deshalb darf R_V einen bestimmten *Minimalwert* nicht unterschreiten. Aus der Grundformel bzw. aus Bild 4.6 folgt für R_V die Abschätzung:

$$R_V \geq \frac{U_{S\max} - U_F}{I_{F\max}}$$

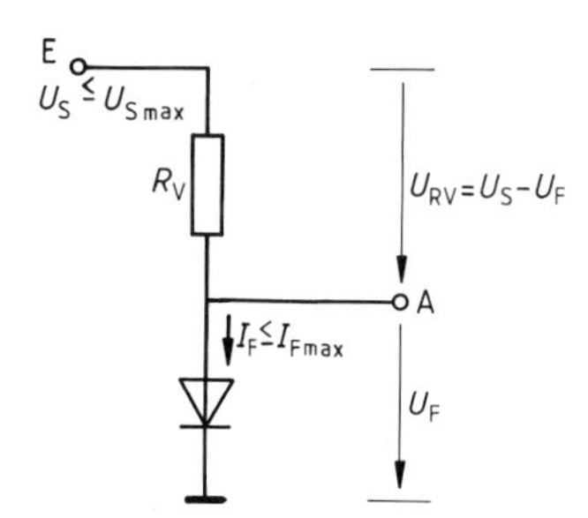

Bild 4.6 Aus $I_F \leq I_{F\max}$ folgt $R_{V\min}$.

Beispiel: Si-Diode BA 100 mit $I_{F\max} = 90$ mA und $U_F \simeq U_{Schw} = 0{,}7$ V an einer 9-V-Batterie mit $U_S = 9\text{ V} \pm 10\%$

$$R_V \geq \frac{9{,}9\text{ V} - 0{,}7\text{ V}}{90\text{ mA}} \simeq 100\ \Omega$$

Kleinster zulässiger Normwert für R_V:

$\mathbf{R_{V\min} = 100\ \Omega}$

b) Der größte zulässige Vorwiderstand

Damit die Diode immer oberhalb des Kennlinienknicks arbeitet (wo ja erst $U_F \simeq U_{Schw}$ gilt), muß auch noch bei der kleinsten Speisespannung $U_{S\min}$ ein Minimalstrom von $I_{F\min} \simeq 2$ mA fließen. Deshalb darf der Vorwiderstand R_V nicht zu groß gewählt werden. Der größte Wert für R_V ergibt sich wieder aus der Grundformel. Mit $I_F \geq I_{F\min}$ folgt in diesem Fall:

$$R_V \leq \frac{U_{S\min} - U_F}{I_{F\min}}$$

Mit den Werten aus dem obigen Beispiel:

$$R_V \leq \frac{8{,}1\text{ V} - 0{,}7\text{ V}}{2\text{ mA}} = 3700\ \Omega$$

Soll für R_V ein Normwert (aus der E12-Reihe) gewählt werden, so gilt:

$\mathbf{R_{V\max} = 3{,}3\ k\Omega}$

[1]) Mit R_V nimmt z. B. die „Qualität" der Spannungsstabilisierung zu, die mögliche Belastbarkeit der Schaltung jedoch ab, genaueres bei Z-Diode (Kapitel 6.3.2 und 6.4.4).

4.2.3 Der zulässige Speisespannungsbereich bei einer Spannungsstabilisierung

► Nach Kapitel 4.4.1 (Bild 4.2 oder 4.4) ist die Durchlaßspannung U_F im Strombereich $I_{Fmin} \ldots I_{Fmax}$ relativ konstant. Diese Feststellung erlaubt es, kleine Spannungen auch dann stabil zu halten, wenn die Speisespannung U_S stark schwankt.

In diesem Anwendungsfall interessieren die zulässigen Grenzen der Speisespannung U_S, also U_{Smin} und U_{Smax}. Beide Werte ergeben sich wieder aus unserer Grundformel:

$$R_V = \frac{U_S - U_F}{I_F}$$

durch Umstellung nach U_S:

$$\boxed{U_S = R_V \cdot I_F + U_F}$$

Mit $I_F = I_{Fmax}$ bzw. $I_F = I_{Fmin}$ ergeben sich die Werte von U_{Smax} bzw. U_{Smin}.

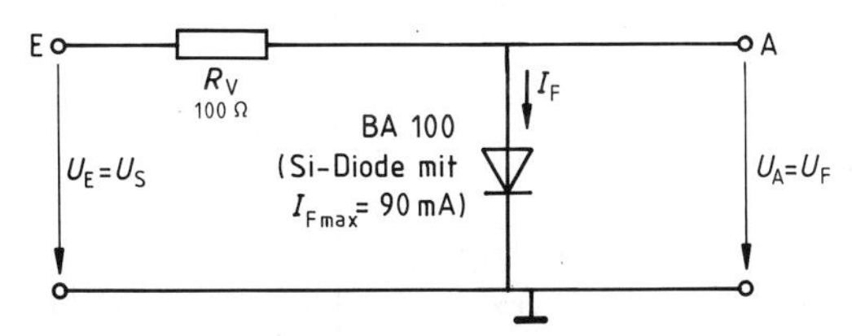

Bild 4.7 Wenn U_S schwankt, bleibt U_F weitgehend stabil.

Beispiel: Bild 4.7 zeigt noch einmal die Grundschaltung einer Spannungsstabilisierung nach Bild 4.1, diesmal aber mit konkreten Daten.
Mit diesen folgt nun aus $U_S = R_V \cdot I_F + U_F$:

1. U_{Smin} bei $I_{Fmin} \simeq 2$ mA:
$U_{Smin} = 100\,\Omega \cdot 2\text{ mA} + 0{,}7\text{ V} = 0{,}9\text{ V}$

2. U_{Smax} bei $I_{Fmax} = 90$ mA:
$U_{Smax} = 100\,\Omega \cdot 90\text{ mA} + 0{,}7\text{ V} = 9{,}7\text{ V}$

Dies ergibt einen erstaunlich großen Stabilisierungsbereich, in dem die Ausgangsspannung mit $U_A = U_F \simeq 0{,}7$ V fast konstant ist, obwohl die Eingangsspannung $U_E = U_S$ zwischen 0,9 V und 9,7 V schwankt (Bild 4.8, a).

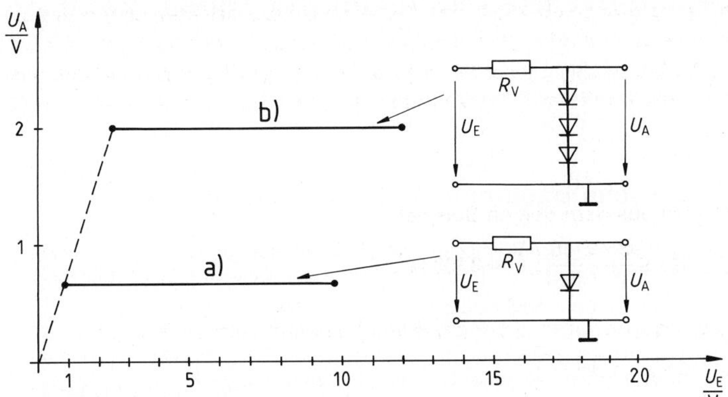

Bild 4.8 Stabilisierung kleiner Ausgangsspannung
a) mit einer Si-Diode
b) mit drei Si-Dioden in Reihe

Falls in einer Stabilisierung (oder Spannungsbegrenzung) größere Ausgangsspannungen (als U_{Schw}) gewünscht werden, schalten wir mehrere Dioden in Reihe (Bild 4.8, b).
Relativ große Spannungen werden aber einfacher mit Z-Dioden stabilisiert bzw. begrenzt (siehe Kapitel 6).

4.2.4 Begrenzung von Wechselspannungen und Störsignalen

Die bisher vorgestellte Schaltung begrenzt die Ausgangsspannung nur für einen Polaritätsfall am Eingang (Diode in Durchlaßrichtung). Eine symmetrische Signalbegrenzung liefert dagegen eine Schaltung nach Bild 4.9.

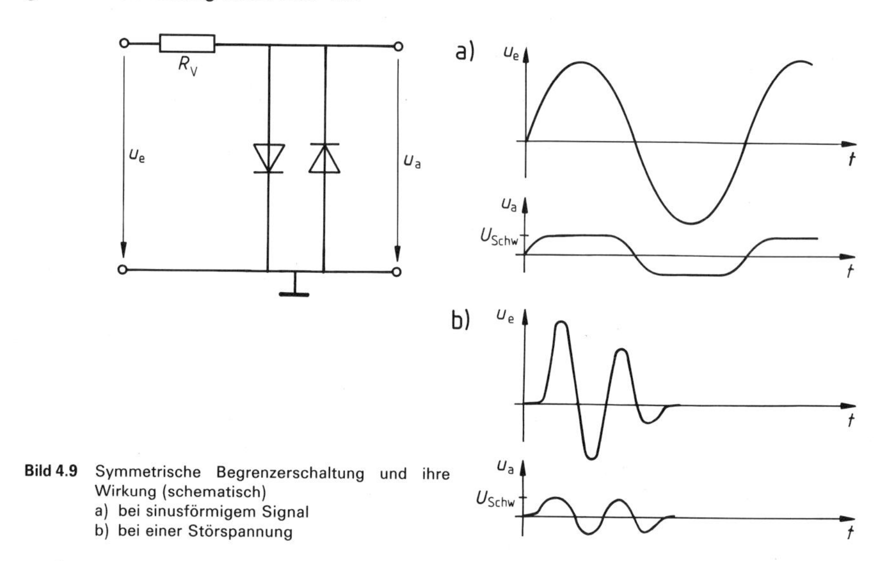

Bild 4.9 Symmetrische Begrenzerschaltung und ihre Wirkung (schematisch)
a) bei sinusförmigem Signal
b) bei einer Störspannung

▶ Solche Begrenzerschaltungen schützen häufig empfindliche Meßgeräte und Verstärker, aber auch Kopfhörer.

Für Experten (sonst weiter bei Kapitel 4.4):

4.3 Genaue Werte bei bekannter Diodenkennlinie

Wenn die (Durchlaß-)Kennlinie einer Diode als Schaubild $I_F = f(U_F)$ gegeben ist, können die Schätzwerte aus Kapitel 4.2 durch genauere Werte ersetzt werden.
Dazu werden *graphische Verfahren* verwendet.[1])

4.3.1 Graphische Bestimmung des Arbeitspunktes

Zur Einführung der graphischen Methoden bestimmen wir den genauen Arbeitspunkt einer Diode, wobei wir die bekannte Schaltung (Bild 4.10) und eine gemessene Diodenkennlinie (Bild 4.11) zugrunde legen.

▶ Graphisch ergibt sich der Arbeitspunkt A durch den Schnitt zweier Kurven.
▶ Eine dieser Kurven ist die gegebene Kennlinie $I_F = f(U_F)$.
▶ Damit liegen auch die Koordinaten (bzw. Größen) für die Gleichung der zweiten Kurve fest. Es muß sich ebenfalls um eine Beziehung zwischen I_F und U_F handeln.

---

[1]) Hier werden immer nur unbelastete Schaltungen betrachtet. Für belastete Schaltungen sei hier auf die Abschnitte über die Z-Diode (ab Kapitel 6.4 bzw. 6.6) verwiesen. Dabei ist (U_Z, I_Z) durch (U_F, I_F) zu ersetzen.

Das Schaubild dieser zweiten Kurve sollte leicht und schnell zu zeichnen sein, also, wenn möglich, eine Gerade darstellen. Eine entsprechende lineare Beziehung zwischen I_F und U_F liefert der ohmsche Vorwiderstand R_V. Nach Bild 4.10 hängen nämlich I_F und U_F über diesen Widerstand R_V wie folgt zusammen:

$$I_F = \frac{U_{RV}}{R_V} = \frac{U_S - U_F}{R_V}$$

Wir bringen diese Gleichung in die Form

$$\boxed{I_F = \frac{U_S}{R_V} - \frac{1}{R_V} \cdot U_F}$$

Im U_F-I_F-Koordinatensystem stellt das Schaubild dieser Funktionsgleichung (wunschgemäß) eine Gerade dar.[1])

► **Wir nennen sie die R_V-*Gerade*.**

► Um sie zu zeichnen, genügen zwei Punkte, z. B. die Schnittpunkte mit den Achsen.

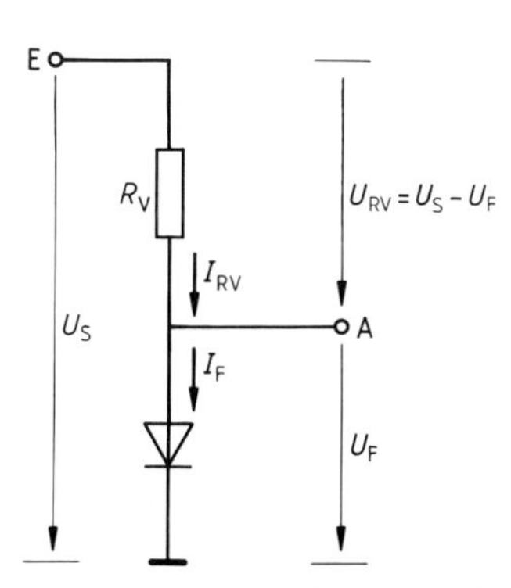

Bild 4.10 In dieser Schaltung ist $I_F = I_{RV} = U_{RV}/R_V$.

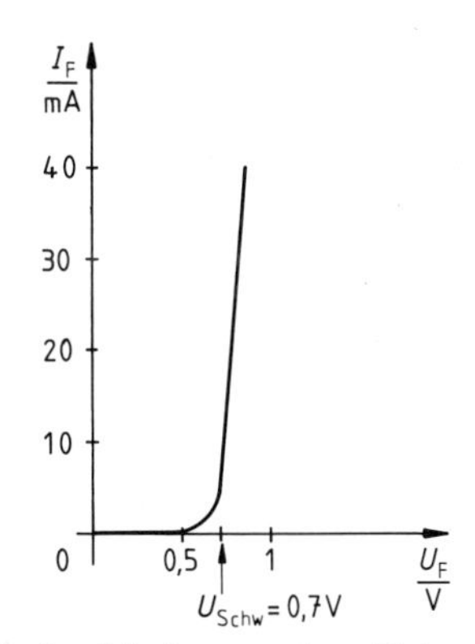

Bild 4.11 Kennlinie der verwendeten Diode

Diese *Schnittpunkte mit den Achsen* und damit die R_V-Gerade lassen sich noch anschaulich deuten: Angenommen die Diode ist so defekt, daß überhaupt kein Strom fließt, also $I_F = 0$ ist, dann fällt am Vorwiderstand keine Spannung ab. An den nun quasi **o**ffenen Diodenklemmen liegt somit die Spannung $U_{Fo} = U_S$. Damit wäre $U_{Fo} = U_S$ bei $I_F = 0$ ein extremer Arbeitspunkt dieser Schaltung.

► Dieser ist in Bild 4.12 rechts unten eingetragen.

Also:

> Der **Abschnitt der R_V-Geraden auf der U_F-Achse** ergibt sich aus:
>
> $$U_{Fo} = U_S$$
>
> (*Anschaulich:* U_F nimmt bei **o**ffenen Diodenklemmen, also bei $I_F = 0$, den Wert $U_{Fo} = U_S$ an.)

Nun könnte die Diode auch einen internen Kurzschluß haben. In diesem Fall wäre die Klemmenspannung $U_F = 0$. Es fließt jetzt ein **K**urzschlußstrom I_{FK} durch die Diode, der *allein vom Vorwiderstand* begrenzt wird. $I_F = I_{FK}$ bei $U_F = 0$ ist also ein *zweiter extremer Arbeitspunkt* der Schaltung.
Folglich gilt:

> Der **Abschnitt auf der I_F-Achse** ergibt sich als *Kurzschlußstrom* aus:
>
> $$I_{FK} = \frac{U_S}{R_V}$$
>
> (*Anschaulich:* I_F steigt bei einem internen Diodenkurzschluß, also bei $U_F = 0$, auf den Kurzschlußwert $I_{FK} = U_S/R_V$ an.)

[1]) Die Funktionsgleichung ist ja vom Typ $y = b - mx$ bzw. $y = -mx + b$.

Weitere theoretische Arbeitspunkte liegen nun zwischen diesen extremen Arbeitspunkten, eben auf der R_V-Geraden. Der Schnittpunkt mit der Diodenkennlinie liefert den „wahren" Arbeitspunkt.

Bild 4.12 zeigt dazu ein Beispiel mit $U_S = 4$ V und $R_V = 100\ \Omega$. Für den Arbeitspunkt A entnehmen wir:

A (0,8 V/31,5 mA)

Zum Vergleich eine überschlägige Berechnung mit der Regel aus Kapitel 4.2:

A (0,7 V/33 mA)

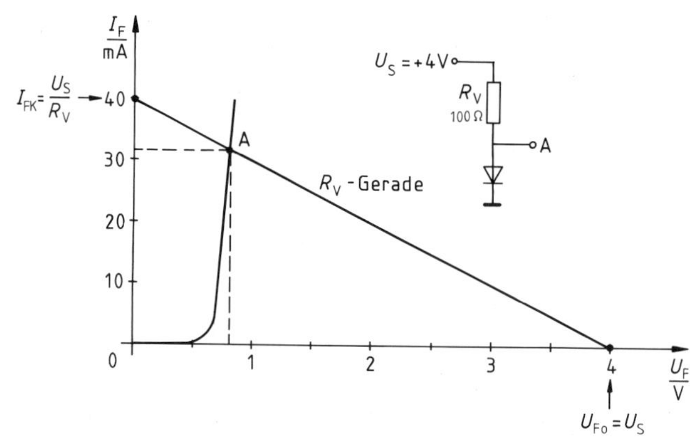

Bild 4.12 Graphische Bestimmung des Arbeitspunktes mit Kennlinie und R_V-Gerade

Ergebnis:[1])

Der **Arbeitspunkt** ist im I_F-U_F-Koordinatensystem durch zwei Bedingungen festgelegt:

1. Lagebedingung: **Diodenkennlinie**

2. Lagebedingung: **R_V-Gerade,** gegeben durch:

$$I_F = \frac{U_{RV}}{R_V} = \frac{U_S}{R_V} - \frac{1}{R_V} U_F$$

Diese Gerade hat die Achsenabschnitte:

$$U_{Fo} = U_S \quad (I_F = 0)$$

$$I_{FK} = \frac{U_S}{R_V} \quad (U_F = 0)$$

4.3.2 Die Speisespannung U_S verändert sich (R_V sei konstant)

Aus der Gleichung

$$I_F = \frac{U_S}{R_V} - \frac{1}{R_V} \cdot U_F$$

läßt sich sehr rasch ablesen, wie sich eine Änderung der Speisespannung U_S auf die R_V-Gerade auswirkt.

► Ist der Vorwiderstand R_V fest, so ist die Steigung $-1/R_V$ der R_V-Geraden immer gleich.

Eine *Änderung von U_S* führt somit zu einer *Parallelverschiebung* der R_V-Geraden (Bild 4.13). Anhand einer solchen Geradenschar läßt sich z. B. $U_{S\max}$ und $U_{S\min}$ bei einer gegebenen Schaltung bestimmen.

[1]) Gilt nur, wenn kein Laststrom fließt. Für belastete Schaltungen sei erneut auf Kapitel 6.4 verwiesen.

Für die in Bild 4.13 eingeblendete Schaltung gilt:

$$U_{S\,max} \simeq 10\ \text{V} \quad \text{und} \quad U_{S\,min} \simeq 1{,}3\ \text{V}$$

Zum Vergleich die Schätzwerte aus Kapitel 4.2.3:

$$U_{S\,max} \simeq 9{,}7\ \text{V} \quad \text{und} \quad U_{S\,min} \simeq 0{,}9\ \text{V}$$

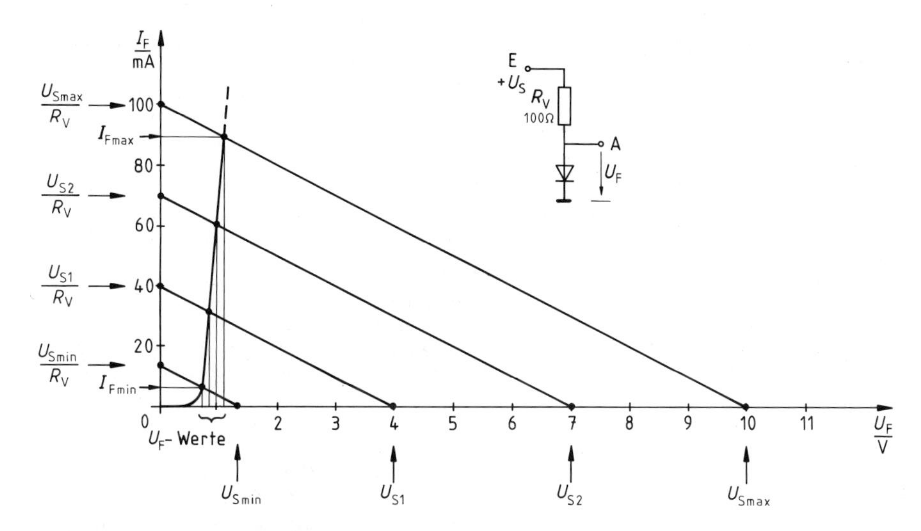

Bild 4.13 Verschiedene Speisespannungen führen zu einer Parallelverschiebung der R_V-Geraden.

Wenn wir aus Bild 4.13 zu jeder Speisespannung U_S die Ausgangsspannung U_F ablesen und U_F über U_S auftragen, entsteht Bild 4.14.
Es zeigt, genau wie Bild 4.8, a, daß die Diode als Spannungsstabilisator bzw. -begrenzer arbeitet.

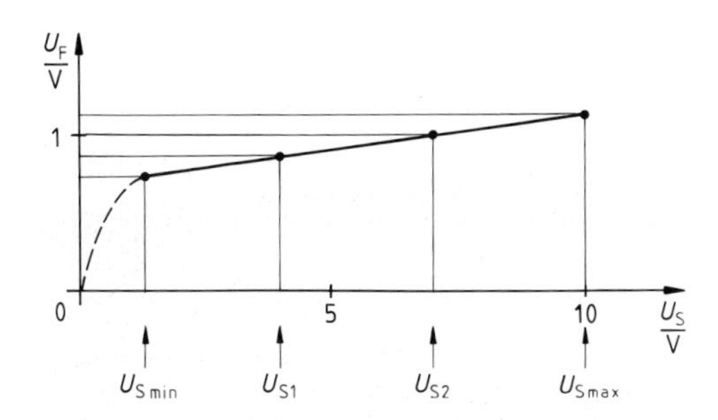

Bild 4.14 Die Ausgangsspannung U_F als Funktion der Eingangsspannung U_S gemäß Bild 4.13 (Maßstab geändert)

Eine *Parallelverschiebung* der R_V-Geraden entspricht einer **Änderung der Speisespannung U_S**. Bei bekanntem R_V sind z. B. die genauen Arbeitspunkte der Diode sowie $U_{S\,min}$ und $U_{S\,max}$ ablesbar.

4.3.3 Der Vorwiderstand R_V wird verändert (U_S sei konstant)

Bei einer Änderung von R_V ändert sich erkennbar die Steigung $-1/R_V$ und der I_F-Achsenabschnitt $I_{FK} = U_S/R_V$ der R_V-Geraden

$$I_F = \frac{U_S}{R_V} - \frac{1}{R_V} \cdot U_F$$

Zum Glück hat hier (bei konstanter Speisespannung U_S) der U_F-Achsenabschnitt immer den gleichen Wert, nämlich $U_{Fo} = U_S$.
Grund: Für die U_F-Achse gilt ja $I_F = 0$. Dies ist unabhängig von R_V immer bei $U_F = U_S$ erfüllt:

$$I_F = \frac{U_S - U_F}{R_V} = 0 \Leftrightarrow U_F = U_S$$

Dabei bezeichnen wir dann U_F bei $I_F = 0$ (offene Diodenklemmen) mit U_{Fo}.

> Wird bei konstanter Speisespannung U_S der **Vorwiderstand R_V geändert**, so dreht sich die R_V-Gerade um den festen Punkt (U_S|0) auf der U_F-Achse.

Je größer R_V wird, desto kleiner wird die Steigung $-1/R_V$ und der I_F-Achsenabschnitt $I_{FK} = U_S/R_V$.
Anhand von Bild 4.15 lesen wir ab, daß R_V in weiten Grenzen geändert werden darf, ohne daß sich U_F wesentlich ändert.

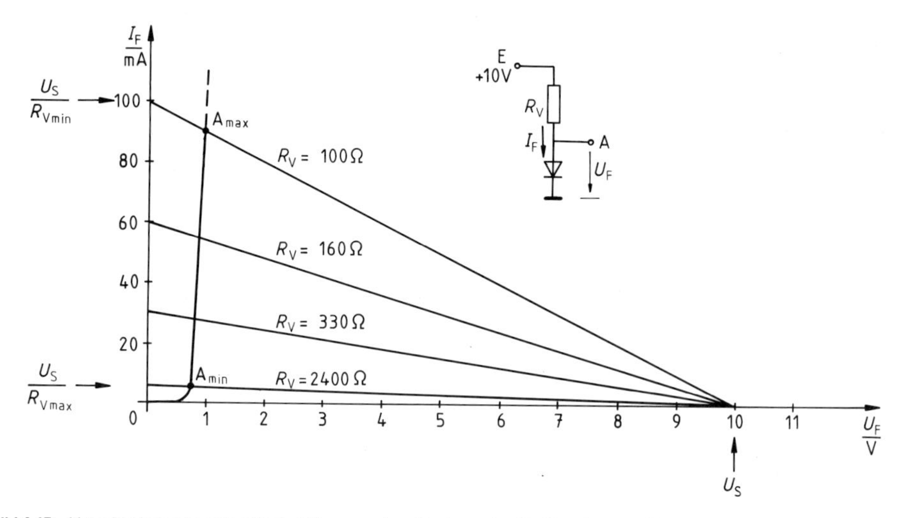

Bild 4.15 Verschiedene Vorwiderstände führen zu einer Drehung der R_V-Geraden um $U_{Fo} = U_S$.

4.4 Dioden in Gleichrichterschaltungen

Zur Vereinfachung der nachfolgenden Betrachtungen schematisieren wir die Kennlinie aller Dioden entsprechend Bild 4.16.

- In Sperrichtung und bei kleinen Durchlaßspannungen blockiert die Diode den Strom völlig.
- Erst mit dem Erreichen der Schwellspannung U_{Schw} wird die Diode schlagartig leitend.
- Dann bleibt die Spannung an den Diodenklemmen aber unabhängig vom einsetzenden Durchlaßstrom praktisch konstant: $U_F = U_{Schw}$.

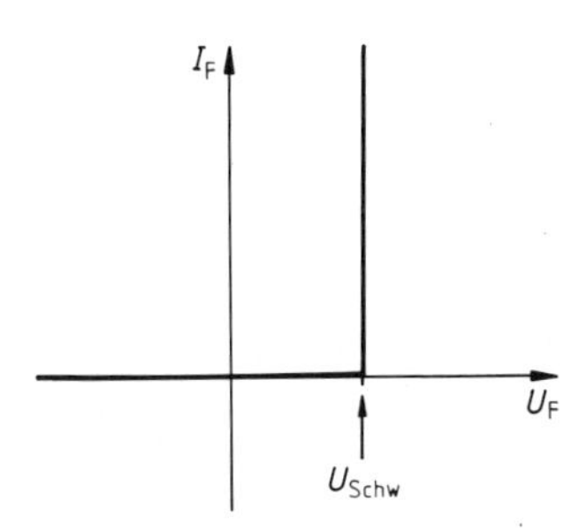

Bild 4.16 Schematische Diodenkennlinie zur Betrachtung von Gleichrichterschaltungen

Bei realen Dioden muß jedoch dafür gesorgt werden, daß sie oberhalb des „Knicks" arbeiten (z. B. $I_F \geq 2$ mA), d. h., der angeschlossene Lastwiderstand R_L (siehe unten) darf nicht zu hochohmig sein.[1])
Für die nun folgenden Gleichrichterschaltungen verwenden wir als *Eingangsspannung* eine sinusförmige Wechselspannung, wie sie z. B. das Lichtnetz (über einen Transformator) liefert.

4.4.1 Die Einwegschaltung

Die einfachste Gleichrichterschaltung zeigt Bild 4.17. Sie wird auch kurz E-Schaltung genannt. Bei ihr kann der Strom nur „einen Weg" nehmen (im Gegensatz zur nächsten Schaltung in Kapitel 4.4.2, Bild 4.18).

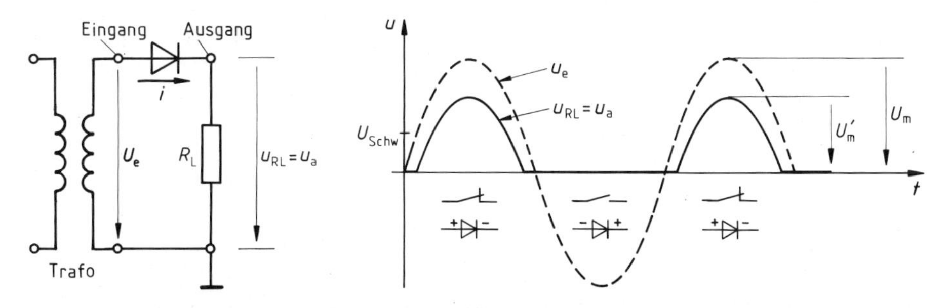

Bild 4.17 Die Einwegschaltung und ihre Ausgangsspannung u_{RL}

Der Stromfluß beginnt hier, wenn die Eingangsspannung u_e (an der Sekundärseite des Trafos) positiv gegen den Bezugsleiter (Masse ⊥) ist *und* den Schwellwert der Diode überschreitet. Wegen des Spannungsabfalls $U_F = U_{Schw}$ an der Diode ist die Ausgangsspannung u_a an der Last R_L immer etwas kleiner als die Eingangsspannung u_e.
Bei relativ großen Scheitelwerten U_m der Eingangsspannung spielt dieser Effekt jedoch nur eine untergeordnete Rolle. In diesem Fall ($U_m \gg U_{Schw}$) stellen wir fest:

> **Die Einwegschaltung** halbiert (praktisch) die Stromflußzeit (bzw. den Stromflußwinkel). Eine Halbwelle der Eingangsspannung wird dadurch quasi *abgeschnitten* und die andere *durchgelassen*.

[1]) Es genügt z. B. ein Oszilloskop allein als Last nicht, da dessen Eingangswiderstand (Innenwiderstand) typisch bei 1 MΩ liegt.

Damit halbiert sich auch die von der Quelle entnommene Leistung, die dann – praktisch ohne Verluste – dem Verbraucher R_L zur Verfügung steht. (Da an der Diode nur die kleine Spannung U_{Schw} abfällt, ist auch ihre Verlustleistung vergleichsweise gering.)
Die ordnungsgemäße Funktion der Schaltung kann auch mit einem Universalmeßgerät (anstelle eines Oszilloskops) geprüft werden: „Halbe Leistung an der Last" bedeutet, daß der Effektivwert der Ausgangsspannung u_a nur $\sqrt{1/2}$ so groß wie der Effektivwert U_e der Eingangsspannung u_e ist, denn die Leistung ändert sich ja proportional mit dem Quadrat der Spannung. Also gilt:[1])

$$U_{a\,eff} = \frac{1}{\sqrt{2}} \cdot U_{e\,eff} \simeq 0{,}7 \cdot U_{e\,eff}$$

Wird das Meßgerät an der Last auf DC-Messung umgeschaltet, zeigt es den Gleichspannungsmittelwert an. Dieser wird hier auch Gleichrichtwert genannt. Nach Kapitel 1.5.2 gilt für die Einwegschaltung:

$$\overline{U}_a \simeq 0{,}45 \cdot U_{e\,eff} \quad \begin{cases} \overline{U}_a \text{ mittlere Gleichspannung: } U(\text{DC}) \\ U_{e\,eff} \text{ Effektivwert: } \qquad U(\text{AC}) \end{cases}$$

Für die Auswahl der Diode ist zu beachten, daß sie in Sperrichtung bis zum Scheitelwert $U_m = \sqrt{2} \cdot U_e$ belastet wird. Der Grenzstrom der Diode richtet sich nach dem mittleren (Last-) Gleichstrom $\overline{I}_{RL} = \overline{U}_a/R$. (Aber Vorsicht bei vorhandenem Ladekondensator, siehe Kapitel 4.5.)

4.4.2 Die Brückenschaltung

Die Brückenschaltung wird auch kurz als B-Gleichrichter oder, nach ihrem Entdecker, als Graetzgleichrichter bezeichnet. Bei dieser Schaltung fließt während beider Halbwellen ein Strom. Die Eingangsspannung wird hier „voll" ausgenutzt. Aus diesem Grund sprechen wir auch von einem Vollweggleichrichter. Die Vollweggleichrichtung ergibt sich hier aus der Tatsache, daß der Strom für die zwei Halbwellen auch zwei (verschiedene) Stromwege vorfindet. Damit zählt die Brückenschaltung zu den Zweiwegschaltungen. Bild 4.18 zeigt den Aufbau eines Brückengleichrichters im Detail.

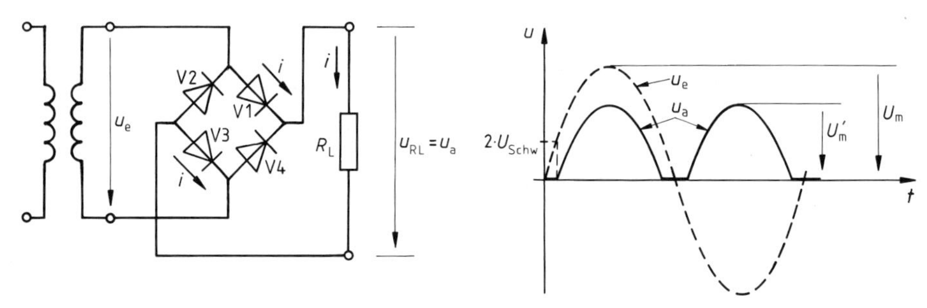

Bild 4.18 Der Brückengleichrichter und seine Ausgangsspannung

Für den dargestellten Polaritätsfall findet der Strom seinen Weg über V1, R_L und V3, folglich ist u_a, bezüglich Masse, positiv. (Da hier gleich zwei Dioden im Strompfad liegen, setzt der Strom aber erst bei $u_e > 2 \cdot U_{Schw}$ ein.)
Im anderen Polaritätsfall fließt der Strom jedoch über den zweiten Weg V4, R_L und V2. Entscheidend dabei ist, daß auch hier der Strom die Last R_L in derselben Richtung wie vorher durchfließt. An der Last erscheinen also beidesmal positive Halbwellen (Bild 4.18).

[1]) Da u_a kein reiner Sinus mehr ist, zeigen billige Geräte hier Abweichungen.

Der **Brückengleichrichter** arbeitet als *Zweiweggleichrichter*. Der Strom fließt dabei aber immer in der gleichen Richtung durch die Last R_L.

Auch diese Schaltung kann (ohne Oszilloskop) mit einem Universalmeßgerät geprüft werden.
Für den Fall, daß $U_m \gg 2 \cdot U_{Schw}$ ist, gilt für die Effektivwerte erkennbar[1]):

$$U_{a\,eff} = U_{e\,eff}$$

Wird am Ausgang die (mittlere) Gleichspannung $\overline{U}_a$ gemessen, so hängt diese mit der Eingangsspannung (nach Kapitel 1.5.2) wie folgt zusammen:

$$\overline{U}_a \simeq 0{,}9 \cdot U_{e\,eff} \quad \begin{cases} \overline{U}_a \text{ mittlere Gleichspannung: } U(DC) \\ U_{e\,eff} \text{ Effektivwert: } U(AC) \end{cases}$$

Abschließend zeigt Bild 4.19, a noch einige Darstellungsvarianten des Brückengleichrichters.

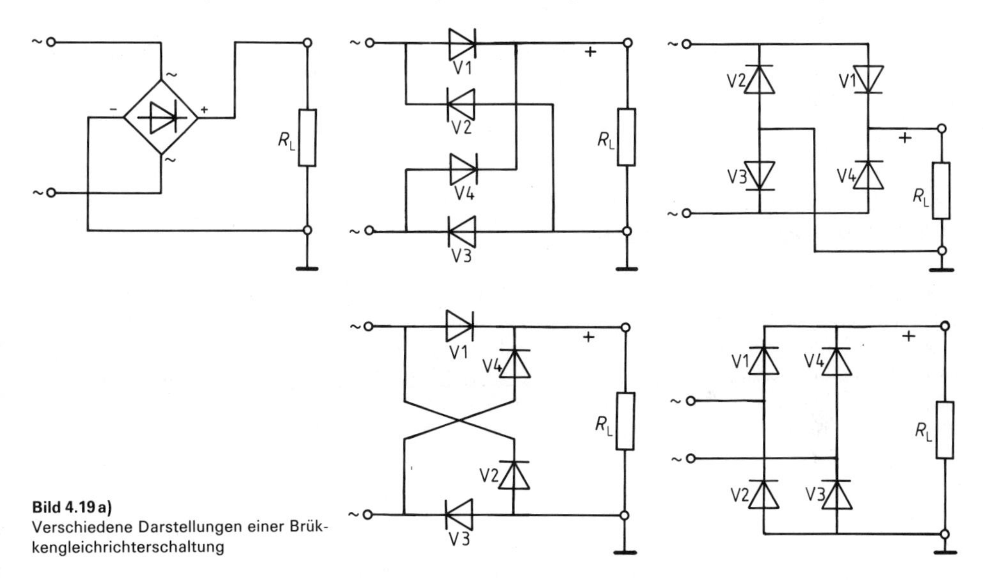

Bild 4.19 a)
Verschiedene Darstellungen einer Brückengleichrichterschaltung

Brückengleichrichter werden von der Industrie auch fertig verdrahtet und vergossen geliefert. Ihre Typenbezeichnung hat häufig folgende Form:

B ... C .../... **Beispiel:** B 40 C 3200/2200

Die Zahl hinter dem „B" gibt die zulässige Spannung in V, die hinter dem „C" den zulässigen Strom in mA (mit/ohne Kühlblech) an. Bild 4.19, b zeigt zwei Bauformen.

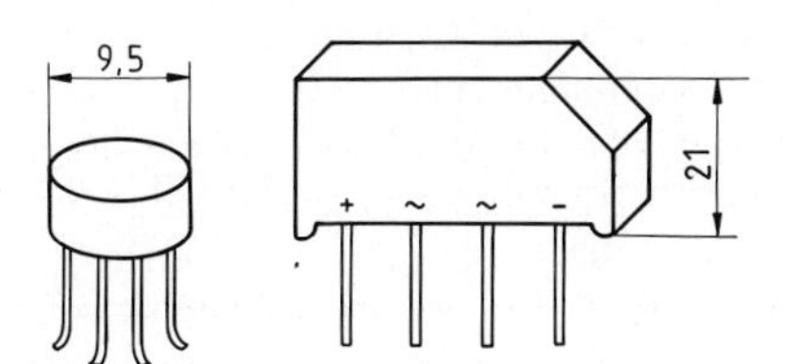

Bild 4.19 b) Industrieausführungen kompletter Si-Brückengleichrichter

[1]) Da u_a kein reiner Sinus mehr ist, zeigen billige Geräte hier Abweichungen.

4.4.3 Die Mittelpunktschaltung

Bei der in Bild 4.20 dargestellten Gleichrichterschaltung hat die Sekundärwicklung des Transformators eine *Mittelanzapfung* (welche an Masse liegt). Deshalb heißt diese Schaltung Mittelpunktschaltung oder kurz M-Schaltung. Da hier der Transformator sehr aufwendig und folglich teuer ist, ist diese Schaltung etwas „aus der Mode gekommen".

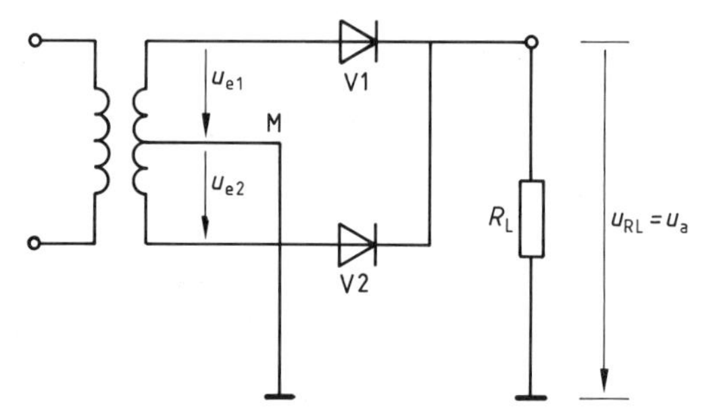

Bild 4.20 Mittelpunktschaltung

► Dieser M-Gleichrichter ist ebenfalls eine Zweiwegschaltung.

Im gezeichneten Polaritätsfall schaltet V1 durch, während V2 sperrt. Bei dieser Halbwelle fließt der Strom also über den (ersten) Weg: V1, R_L, M. Bei der nächsten Halbwelle wird der zweite Stromweg „geschaltet": V2, R_L, M. In beiden Fällen fließt der Strom in derselben Richtung durch R_L, d. h., der Ausgangsspannungsverlauf entspricht praktisch dem eines Brückengleichrichters (Bild 4.18).

4.5 Ein Ladekondensator vermindert die Welligkeit

Die Ausgangsspannung eines Gleichrichters, insbesondere eines Einweggleichrichters, ist sehr wellig (Bild 4.21).

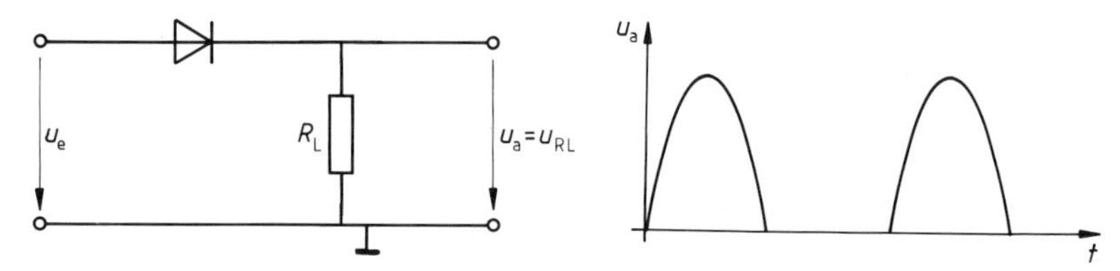

Bild 4.21 Ausgangsspannung eines (Einweg-)Gleichrichters

Um mehr Ähnlichkeit mit einer reinen Gleichspannung herzustellen, muß diese Ausgangsspannung „geglättet" werden. Dies geschieht am einfachsten mit einem Ladekondensator C_L, den wir der Last R_L parallel schalten (Bild 4.22).

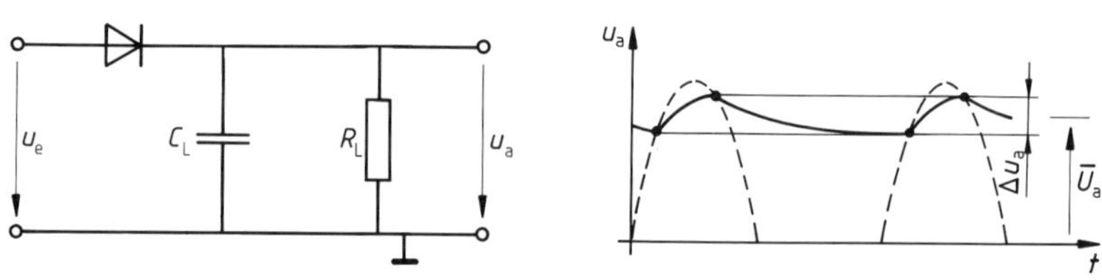

Bild 4.22 Der Ladekondensator C_L glättet die Ausgangsspannung.

Die Ausgangsspannung läßt sich nun als Gleichspannung $\overline{U}_a$ betrachten, der noch (kleine) Schwankungen Δu_a überlagert sind.

► Diese Schwankungen Δu_a werden auch als Restwelligkeit oder *Brummspannung* bezeichnet.[1])

Die Arbeitsweise des Kondensators C_L ist leicht einzusehen:
Solange durch die Diode Strom fließt, lädt sich der Kondensator auf. In der nun folgenden Sperrzeit stellt der Kondensator eine Hilfsspannungsquelle dar. Der Kondensator entlädt sich (nach einer e-Funktion) teilweise über R_L und hält damit Laststrom und Lastspannung aufrecht (siehe auch Bild 4.23). Anschließend wird der Kondensator C_L wieder nachgeladen usw.
Wir erkennen nun, wie die Restwelligkeit Δu_a von C_L und R_L abhängt.

► Je größer C_L und R_L sind, desto kleiner wird die Restwelligkeit Δu_a.

Also:

> Ein **Ladekondensator** C_L parallel zur Last wirkt als *Energiespeicher* bzw. als Spannungsquelle, solange der Gleichrichter sperrt. Dadurch wird die Ausgangsspannung u_a *geglättet*. Sie läßt sich als reine Gleichspannung $\overline{U}_a$ beschreiben, der noch eine Restwelligkeit Δu_a überlagert ist.

4.5.1 Die Dimensionierung des Ladekondensators C_L

Bild 4.23 zeigt noch einmal die Arbeitsweise des Ladekondensators:
In der Stromflußzeit der Diode wird er über den (kleinen) Durchlaßwiderstand R_F der Diode (nach-)geladen. Während der Sperrzeit entlädt er sich (teilweise) über die Last R_L. Wir schätzen nun den Spitzen-Spitzen-Wert der Restwelligkeit Δu_a grob ab.[2]) Vereinfachend nehmen wir dazu den Entladestrom des Kondensators als konstant an:

$$i = \overline{I}_a = \overline{I}_{RL} = \frac{\overline{U}_a}{R_L}$$

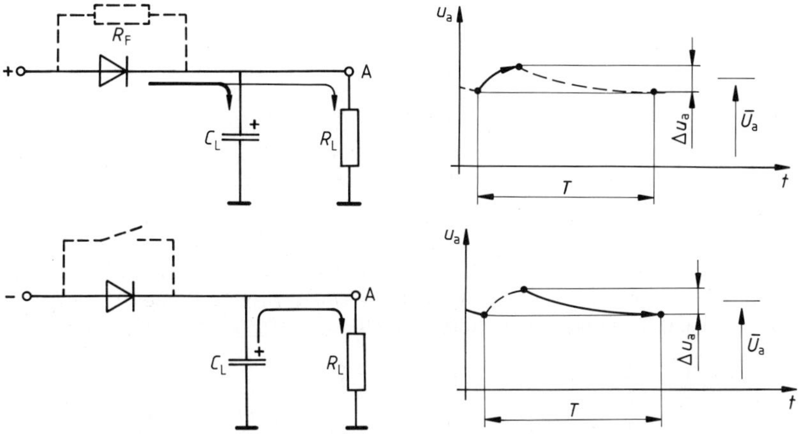

Bild 4.23 Die Restwelligkeit entsteht durch die teilweise Entladung von C_L über R_L.

[1]) Wird z. B. ein Verstärker mit solch einer Spannung gespeist, so brummt es im Lautsprecher (Netzbrumm).

[2]) Argumentation ganz ähnlich wie beim *RC*-Glied, das bei großer Zeitkonstante eine Rechteckspannung glättet (siehe Kapitel 2.2.6).

Da die Entladezeit *in etwa* so groß wie die Periodendauer $T=1/f$ ist (Bild 4.23), gilt für die Ladungsänderung ΔQ des Kondensators:

$$\Delta Q \simeq \bar{I}_{RL} \cdot T$$

Damit ergibt sich die Spannungsschwankung am Ausgang:

$$\Delta u_a = \Delta u_c = \frac{\Delta Q}{C_L} \simeq \frac{\bar{I}_{RL}}{C_L} \cdot T = \frac{\bar{I}_{RL}}{C_L} \cdot \frac{1}{f}$$

Wenn wir $\bar{I}_{RL} = \bar{U}_a / R_L$ einsetzen und die Gleichung umordnen, erhalten wir eine einprägsame Formel für die relative Restwelligkeit:

$$\frac{\Delta u_a}{\bar{U}_a} = \frac{T}{R_L \cdot C_L} = \frac{T}{\tau_L}$$

► Je größer die Zeitkonstante τ_L im Lastkreis ist, desto kleiner wird der Brummanteil.

Im Leerlauf ($R_L \to \infty$) ist somit die Restwelligkeit Null. Der Kondensator lädt sich dabei auf den Scheitelwert U_m der Wechselspannung auf.
Durch den Einsatz eines Zweiweggleichrichters vermindert sich die Restwelligkeit grundsätzlich um den Faktor 2: Die Periodendauer T für den Lade-Entladezyklus des Kondensators C_L halbiert sich (bzw. $f \to 2f$). Trotzdem läßt sich die Restwelligkeit allein mit einem Ladekondensator C_L nur mäßig reduzieren, da C_L nach oben durch den Preis und die zunehmenden Leckströme der Elkos begrenzt ist.

Beispiel: Brückengleichrichter $\bar{U}_a \simeq 10$ V, $C_L = 1000\ \mu$F (!), $I_{RL} \simeq 100$ mA. Dann ist $T = 10$ ms und $R_L = 100\ \Omega$, also $\tau_L = 0{,}1$ s.

Folglich wird: $\Delta u_a \simeq 1$ V bzw. $\dfrac{\Delta u_a}{\bar{U}_a} = \dfrac{T}{\tau_L} = 10\,\%$

Eine entscheidende Verbesserung der Restwelligkeit läßt sich nur durch den Anschluß eines „Siebgliedes" (siehe weiter unten) erreichen.

Die **Restwelligkeit** u_a läßt sich abschätzen aus der Formel:

$$\Delta u_a = \frac{\bar{I}_{RL}}{C_L} \cdot \frac{1}{f} \quad \text{bzw.} \quad \frac{\Delta u_a}{\bar{U}_a} = \frac{T}{\tau_L} = \frac{T}{R_L \cdot C_L}$$

Dabei gilt

- für Einweggleichrichter: $f = 50$ Hz, $T = 20$ ms
- für Zweiweggleichrichter: $f = 100$ Hz, $T = 10$ ms

Aus praktischen Gründen ist die Größe des Ladekondensators C_L begrenzt. Deshalb gilt $\Delta u_a / \bar{U}_a \simeq 10\,\%$ als Richtwert für eine zufriedenstellende Glättung mit einem Ladekondensator.

Wenn wir $\Delta u_a / \bar{U}_a \simeq 10\,\%$ als technisch machbaren Kompromiß ansehen, läuft die Bemessung von C_L auf die Forderung

$$\tau_L \simeq 10\,T, \quad \text{also} \quad R_L \cdot C_L \simeq 10\,T$$

hinaus (genau wie in Kapitel 2.2.6).

Eine weitere Glättung erfolgt durch ein nachgeschaltetes *RC*-Glied, das als Tiefpaß arbeitet und in diesem Zusammenhang *Siebglied* heißt. Der Kondensator C_S schließt den Wechselspannungsanteil weitgehend kurz (siehe auch Kapitel 2.5.2), ohne den Gleichspannungsanteil zu beeinflussen.

Für den Fall, daß $X_C \ll R_S$ ist, vermindert sich der „Brumm" entsprechend dem Widerstandsverhältnis.[1])

$$\frac{\Delta u_2}{\Delta u_1} \simeq \frac{X_C}{R_S} \simeq \frac{1}{s}$$

s heißt *Siebfaktor* des Siebgliedes. Für s gilt demnach $s = \omega C_S \cdot R_S$

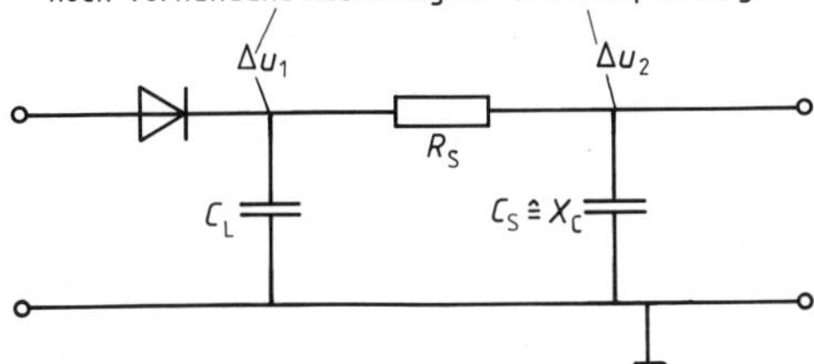

Bild 4.24 Das Siebglied R_S, C_S schließt die Brummspannung kurz.

Beispiel: $\Delta u_1 = 1$ V, $C_S = 220$ µF, $R_S = 100\ \Omega$, $f = 100$ Hz (Zweiweggleichrichtung)

Dies liefert:

$\Delta u_2 = 73$ mV ($s \simeq 14$)

Siebglieder sind Tiefpässe. Durch einen kapazitiven Kurzschluß wird die Brumm-(wechsel-)spannung herausgesiebt.

Teurer, aber besser ist es, R_S durch einen induktiven Widerstand X_L (Spule, Drossel) zu ersetzen.[2]) Die ohmschen Verluste von R_S entfallen dann fast völlig.

4.5.2 Erhöhung der Sperrspannung durch C_L

Wir betrachten hier als Beispiel die (einfache) Einwegschaltung mit Ladekondensator C_L. Im Leerlauffall ($R_L \to \infty$) lädt sich der Ladekondensator C_L auf den positiven Scheitelwert U_m der Wechselspannung auf (Bild 4.25, a). Diese Spannung behält C_L nun bei.

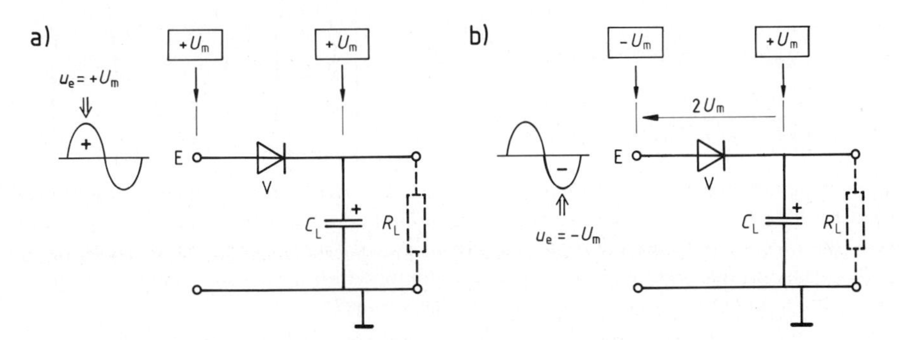

Bild 4.25 Durch C_L verdoppelt sich die Sperrspannung an der Diode V
a) $u_e = +U_m$ b) $u_e = -U_m$

[1]) X_C: kapazitiver Widerstand von C_S (zu X_C siehe Kapitel 2.5.1)
[2]) $X_L = 2\pi f \cdot L$ (L: Induktivität einer Spule)

Wenn anschließend die Eingangsspannung ihren negativen Scheitelwert annimmt, entsteht für die Diode eine Spannungsdifferenz von insgesamt $2U_m$ (Bild 4.25, b). Auch im belasteten Fall, d.h., wenn u_C immer etwas kleiner als U_m bleibt, liegen die Verhältnisse ganz ähnlich.

Dies bedeutet:

Bei einem Gleichrichter vergrößert sich durch den Ladekondensator C_L die **Sperrspannung an der Diode** praktisch *auf den doppelten Scheitelwert* der Eingangsspannung:

$$U_R = 2\,U_m$$

Wenn U_e den *Effektivwert* der Eingangsspannung bezeichnet, gilt für U_R die Beziehung:

$$U_R = 2 \cdot \sqrt{2} \cdot U_e$$

Entsprechend groß muß die höchstzulässige Sperrspannung U_{Rmax} der eingesetzten Dioden sein.
Eine praktische Anwendung dieser Überlegungen stellen die in Kapitel 4.5.4 vorgestellten Spannungsvervielfacher dar.

4.5.3 Erhöhung der Spitzenströme durch C_L

Auch hier verwenden wir die Einwegschaltung als Beispiel. Ein Vergleich von Ein- und Ausgangsspannung zeigt, daß die Eingangsspannung nur während der kurzen Zeitspanne Δt_1 größer als die Ausgangsspannung ist (Bild 4.26, a).

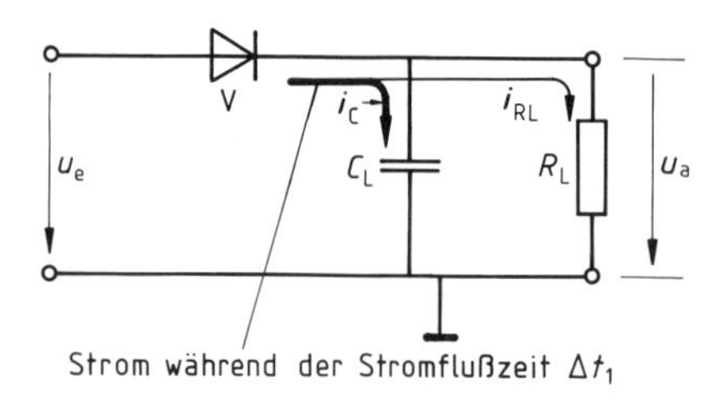

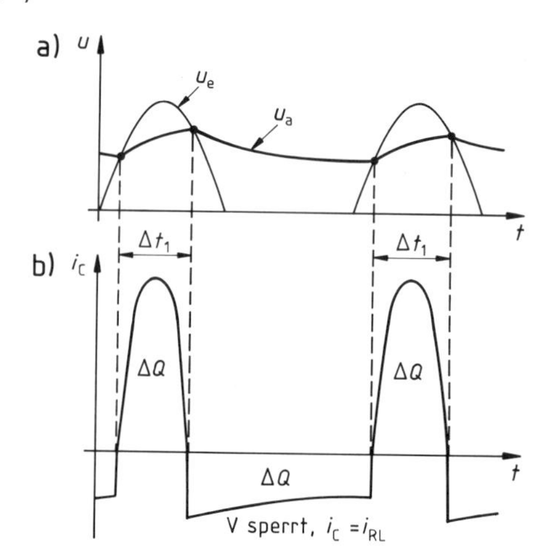

Bild 4.26 Die Stromflußzeit Δt_1 ist relativ klein, entsprechend hoch die Diodenspitzenströme.

Folglich führt die Diode nur während dieser kurzen Zeit Δt_1 Strom. In dieser Stromflußzeit[1]) muß der Kondensator C_L die ganze Ladung ΔQ aufnehmen, die er in der relativ *langen* Sperrphase (der Diode) an die Last abgibt (Bild 4.26, b). Aus diesem Grund sind die Spitzenströme der Diode viel größer (Faktor 10 und mehr) als die mittleren Lastströme (zumal während der Zeit Δt_1 auch noch der Laststrom i_{RL} durch die Diode fließt).

Da sich durch den Einbau des Ladekondensators C_L die Stromflußzeit durch die Diode verkleinert, fließen entsprechend *hohe Spitzenströme.*

[1]) auf Winkel umgerechnet auch als Stromflußwinkel bezeichnet

4.5.4 Mehr Ausgangsspannung durch Verdopplerschaltungen

Die Idee des Spannungsverdopplers geht schon aus Bild 4.25 hervor. An der Diode V1 (bzw. V) entsteht als maximale Sperrspannung der doppelte Scheitelwert der Eingangsspannung. In Bild 4.27 wird diese Spannung dem (Puffer-)Kondensator C_2 zugeführt. Die Diode V2 verhindert, wie ein ,,Rückschlagventil'', daß sich C_2 anschließend wieder (auf die Durchlaßspannung von V1) entladen kann, d. h. C_2 und V2 arbeiten quasi als Spitzenwertspeicher. Bild 4.28 zeigt die übliche Darstellung dieser Verdopplerschaltung, die auch *Villard-Schaltung* heißt.[1])

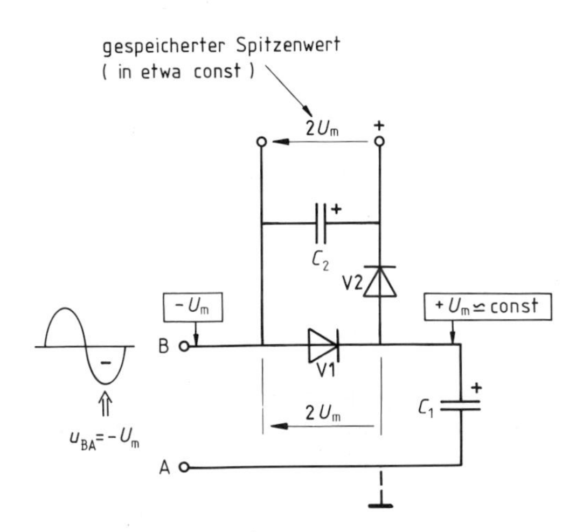

Bild 4.27 Spannungsverdopplung durch den „Spitzenwertspeicher" C_2, V2. Im dargestellten Zeitpunkt hat B gegen A die Spannung $-U_m$.

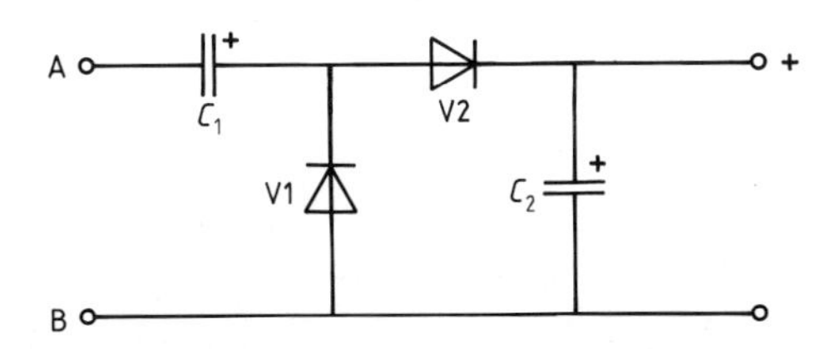

Bild 4.28 Übliche Darstellung von Bild 4.27, die Villard-Schaltung

Das vorgestellte Prinzip läßt sich kaskadenartig fortsetzen. Dabei nimmt aber die (Strom-) Belastbarkeit erheblich ab.

> Aus Wechselspannungen (z. B. auch Rechteck-) können mit Hilfe von Dioden und Speicherkondensatoren relativ große Gleichspannungen erzeugt werden. Im einfachsten Fall ist eine **Spannungsverdopplung** möglich.

[1]) andere Verdopplerschaltung in Aufgabe 12

4.5.5 Gleichrichterschaltung mit negativer Hilfsspannung

Häufig brauchen elektronische Schaltungen gleichzeitig je eine (gegen Masse) positive und eine negative Speisespannung, z. B. die vielseitig verwendbaren Operationsverstärker (Kapitel 12).

Sofern nur ein Netzteil mit (z. B.) positiver Ausgangsspannung vorhanden ist, kann dieses preiswert auf ein Doppelnetzteil erweitert werden. Die Strombelastbarkeit dieser Nachrüstschaltungen ist jedoch relativ gering, aber für negative „Hilfsspannungen" meist ausreichend. Bild 4.29, a zeigt eine gedanklich sehr einfache Ergänzungsschaltung. Die Kondensatoren C_1, C_2 sorgen für eine galvanische Trennung des zweiten Kreises. Ihr kapazitiver Widerstand bestimmt praktisch den entnehmbaren Ausgangsstrom der negativen Spannungsquelle. Bild 4.29, b zeigt eine andere Erweiterungsschaltung. Ihre Funktion wird in den Aufgaben 13 und 14 dargelegt.

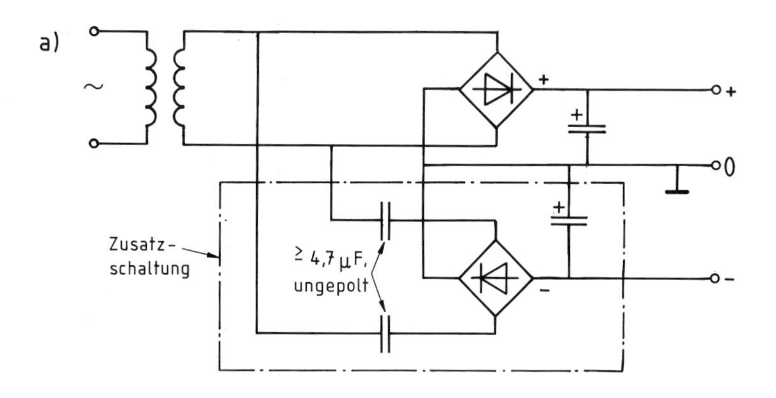

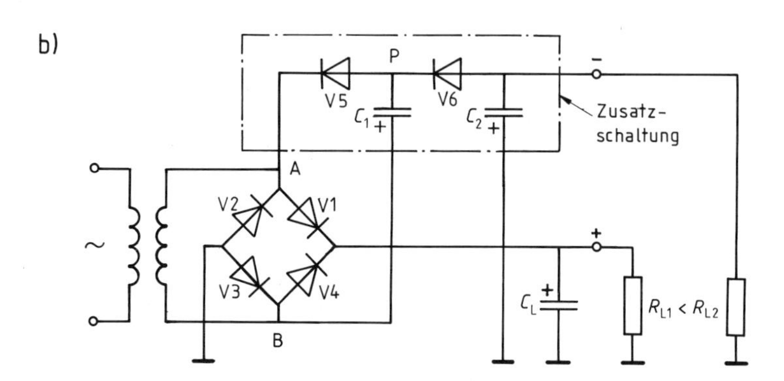

Bild 4.29 Erzeugung einer negativen Hilfsspannung bei einem schon vorhandenen Netzteil

Aufgaben

Gleichstromanwendungen

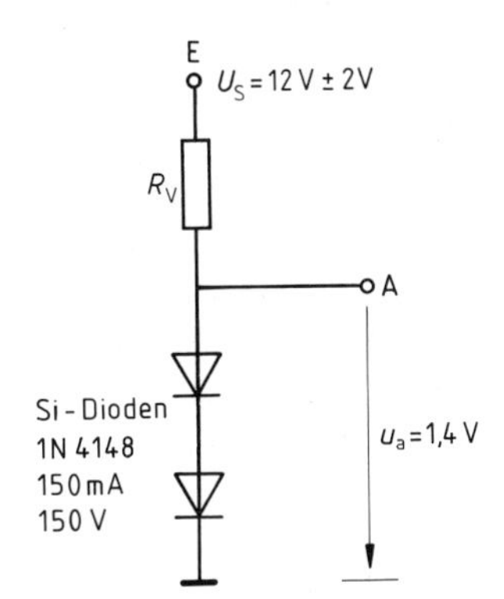

1. a) Bestimmen Sie für die gegebene Schaltung den kleinsten zulässigen Vorwiderstand. (*Lösung:* 84 Ω)
   b) Welche Belastbarkeit muß dieser Vorwiderstand haben, welche Verlustleistung wird maximal in einer Diode umgesetzt? (*Lösung:* ca. 2 W bzw. 100 mW)
   c) Welcher größte Vorwiderstand ist bei den gegebenen Daten zulässig? (*Hilfe:* Kapitel 4.2.2; *Lösung:* 4,3 kΩ)

2. a) In der Schaltung von Aufgabe 1 wird $R_V = 100\,\Omega$ eingesetzt. Welcher Speisespannungsbereich ist für U_S zulässig, wenn die Ausgangsspannung u_a annähernd stabil sein soll? (*Lösung:* 1,6 V ... 16,4 V)
   b) Begründen Sie: $u_A \simeq U_S$ für $U_S < 1{,}6$ V.
   Zeichnen Sie nun u_A als Funktion von U_S (*Hilfe:* Bild 4.8)

Graphische Lösungsmethoden

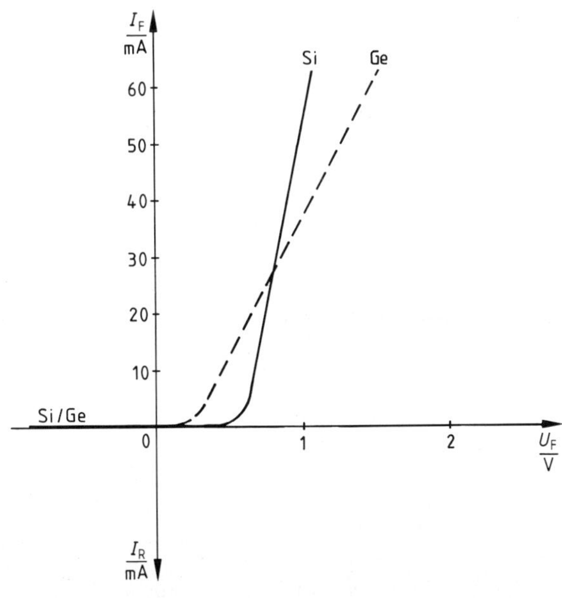

3. Eine Diode wird über einen Vorwiderstand R_V an der Speisespannung U_S in Durchlaßrichtung betrieben.
   a) Begründen Sie, weshalb der Arbeitspunkt auch auf der R_V-Geraden liegen muß, und leiten Sie deren Gleichung anhand einer Schaltskizze her.
   b) 1. Eine Si- bzw. Ge-Diode (Kennlinien siehe Skizze) wird jeweils über einen $R_V = 100\,\Omega$ an $U_S = 3$ V in Durchlaßrichtung betrieben.
      Bestimmen Sie graphisch den Arbeitspunkt der Si- bzw. Ge-Diode. (*Lösung:* 0,76 V/22 mA)
      2. Der Grenzstrom der Dioden betrage $I_{Fmax} = 35$ mA. Welcher kleinste Vorwiderstand ist zulässig? (*Lösung:* 61 Ω für Si)
      3. Bei welchem Vorwiderstand sinkt die Durchlaßspannung der Ge-Diode auf 0,5 V ab? (*Lösung:* 200 Ω)
      4. Bei $R_V = 61\,\Omega$ wird die Speisespannung U_S von 3 V auf Null „heruntergefahren". Zeichnen Sie $U_F = U_F(U_S)$.
      5.* Bestimmen Sie graphisch den Arbeitspunkt (bei $R_V = 61\,\Omega$) für eine *Sperr*spannung von $U_R = 1$ V.

Spannungsbegrenzung

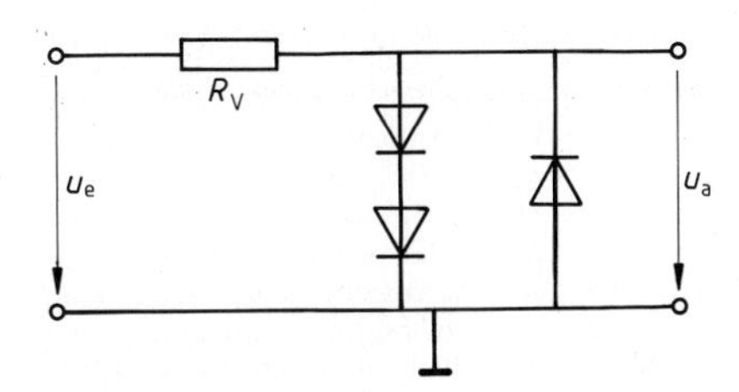

4. Alle Dioden sind Si-Typen. Die Eingangsspannung u_e sei sinusförmig. Ihr Effektivwert betrage 2 V.
   Zeichnen Sie schematisch (für zwei Perioden) die Ausgangsspannung u_a „passend" zum Verlauf von u_e.

Einseitige Spannungsbegrenzung mit verblüffendem Effekt

5. a) Zeigen Sie, daß $\tau = C \cdot R \gg T$ ist.
Skizzieren Sie dazu das Ausgangssignal u_a bei offenem Schalter für Zeiten $t \gg 5\tau$.
Wie groß ist der DC-Offset (mittlere Gleichspannung) von u_a? (*Hilfe:* Kapitel 2.3.2, insbesondere Bild 2.27)

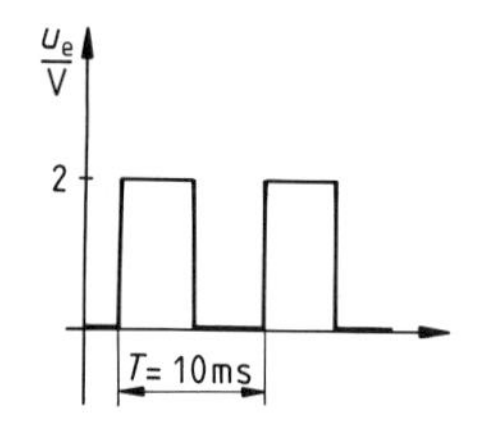

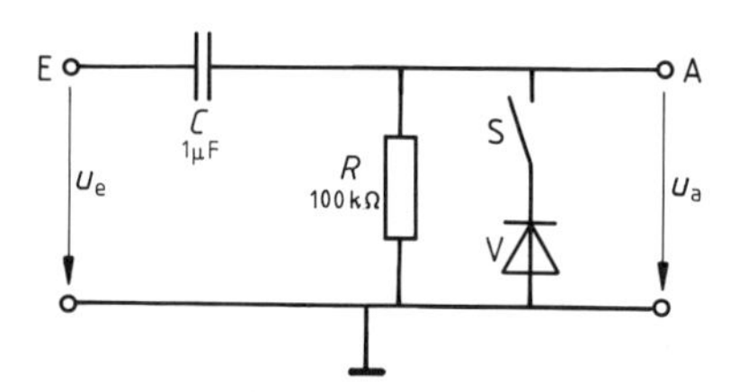

b) Der Schalter S wird geschlossen. Die Schwellspannung der Diode sei, ebenso wie ihr Durchlaßwiderstand, vernachlässigbar klein.
Zeigen Sie, daß nun Ein- und Ausgangssignal immer gleich verlaufen und trotz des Trennkondensators C der DC-Anteil nicht „verloren" geht.
(*Hilfe:* wegen $\tau \gg T$ bzw. t_i fließt während t_i praktisch immer der Ladestrom $i_0 \simeq 20\ \mu A$. Somit gilt $u_a \simeq u_e$. Bei $u_e = 0$ (E an Masse) liegt C gerade so der Diode V parallel, daß sich C sofort über V entlädt: $u_a \simeq 0$...)

Gleichrichterschaltungen

Oszillogramme

6. Zu dem gegebenen Einweggleichrichter ist jeweils für zwei Perioden in richtiger zeitlicher Zuordnung darzustellen (1 Periode ≙ 4 cm):

a) die Eingangsspannung, wenn ihr Effektivwert 3,5 V beträgt (1 V ≙ 1 cm);
b) die Ausgangsspannung u_a.
c) die Spannung an der Diode (*Hilfe:* $u_e = u_a + u_D$),
d) der Stromverlauf (10 mA ≙ 1 cm).

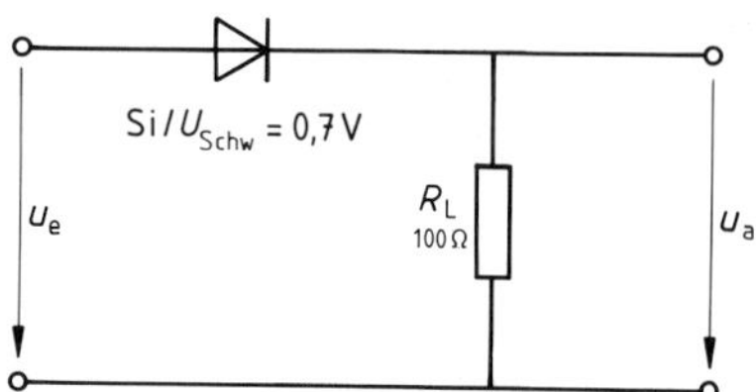

Untersuchungen mit dem Spannungsmesser

7. a) Bei obiger Schaltung (Aufgabe 6) sei $U_e \gg U_{Schw}$.
1. Welcher Zusammenhang besteht zwischen folgenden Meßgrößen (*Hilfen* im Kapitel 4.4.1):
   U_e, U_a (Effektivwerte)
   U_e, $\overline{U}_a$ (Effektivwert, mittlere Gleichspannung)
   U_a, $\overline{U}_a$ (Effektivwert, mittlere Gleichspannung)
2. Welche maximale Sperrspannung tritt an der Diode auf? (*Lösung:* $U_m = \sqrt{2} \cdot U_e$)
3. Welcher mittlere Durchlaßstrom fließt durch die Diode? (*Lösung:* $\overline{I}_F = \overline{U}_a / R_L$)

b) Wie a, jedoch für einen Brückengleichrichter mit R_L (*Hilfen* in Kapitel 4.4.2).

Einfache Helligkeitssteuerung

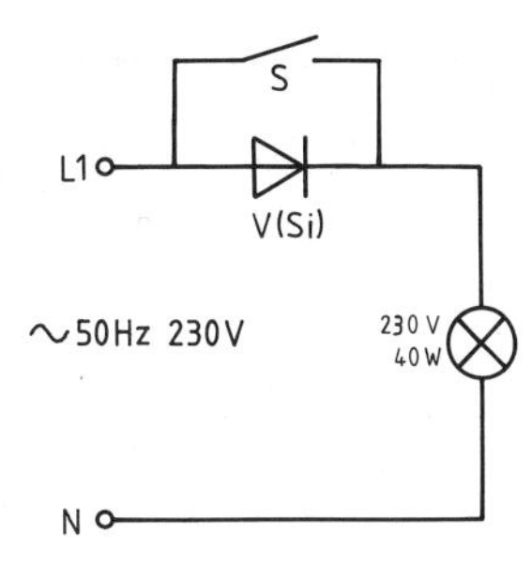

8. Der Schalter S wird geöffnet.
a) Wie groß ist die Leistung der Lampe jetzt? (R=const)
b) Wie groß ist der *mittlere* Durchlaßstrom der Diode und ihre mittlere Verlustleistung?
(*Lösung:* 80 mA [über $\overline{U}_a = 0{,}45\,U_{eeff}$ errechnet] und 60 mW; leider flackert die Lampe bei dieser „Energiesparschaltung" etwas.)

Ladekondensator

9. a) Ein Einweggleichrichter mit einem Ladekondensator C_L liefert aus dem Lichtnetz $\overline{U}_a = 12$ V an $R_L = 240\ \Omega$.
Wie groß müßte der Ladekondensator sein, um die Restwelligkeit auf $\Delta u = 0{,}1$ V (Spitzen-Spitzen-Wert) zu drücken? (*Lösung:* 10000 µF)
b) Weshalb ist der Einbau eines solch großen Ladekondensators problematisch?
c)* Tatsächlich wird ein Ladekondensator mit $C_L = 1000$ µF eingesetzt und eine Siebkette mit $R_S = 33\ \Omega$ und $C_S = 1000$ µF nachgeschaltet.
Welche Restwelligkeit entsteht an C_L bzw. noch an C_S? (Der Gleichspannungsabfall an R_S werde vernachlässigt.)
(*Lösung:* 1 V bzw. 0,1 V)
d) Wie ändern sich die Werte aus a und c für die notwendigen Kapazitäten, wenn ein Brückengleichrichter eingesetzt wird?
(*Lösung:* Faktor ½)

10. Untersuchen Sie, ob bei einem Brückengleichrichter mit Ladekondensator C_L die maximale Sperrspannung der Dioden – wie beim Einweggleichrichter – im Leerlauf ebenfalls auf $2 \cdot U_m$ ansteigt.
(*Lösung:* Nein, $U_{Rmax} = U_m$)

Spannungsverdoppler

11. a) Auf welcher Idee beruht die Spannungsverdopplung nach Villard?
b) Ergänzen Sie die Verdopplerschaltung nach Villard (Bild 4.28), so daß sich die Spannung vervierfacht. (*Hilfe:* zweite Villard-Schaltung richtig an V2 anschließen)
c) Welcher Vervielfachungsfaktor ergibt sich, wenn drei Villard-Schaltungen eine Vervielfacherkaskade bilden? (*Lösung:* 6, da jede Stufe $2\,U_m$ hinzufügt)

12. Nach Greinacher bzw. Delon läßt sich die Ausgangsspannung eines E-Gleichrichters mit der angegebenen Zusatzschaltung ebenfalls verdoppeln.
a) Auf welche Spannung (bezogen auf Masse) lädt sich C_1 bzw. C_2 auf?
b) Wie groß ist folglich U_{AB}? (*Lösung:* im Leerlauf auf $\pm U_m$, also $U_{AB} = 2\,U_m$)

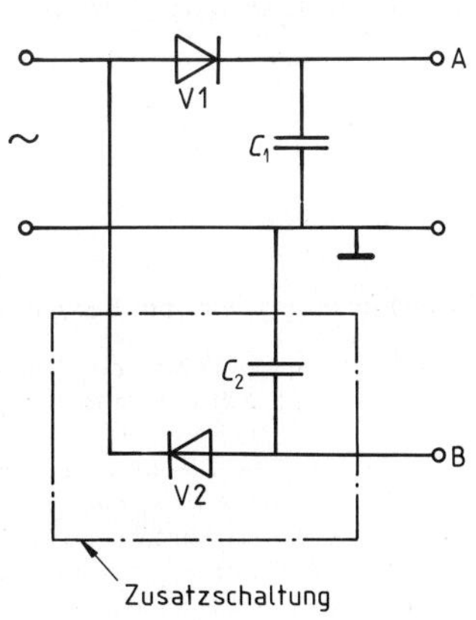

13. Nach Harms läßt sich bei einem B-Gleichrichter neben $+U_S$ durch eine Zusatzschaltung noch die Hilfsspannung $+2U_S$ abgreifen.

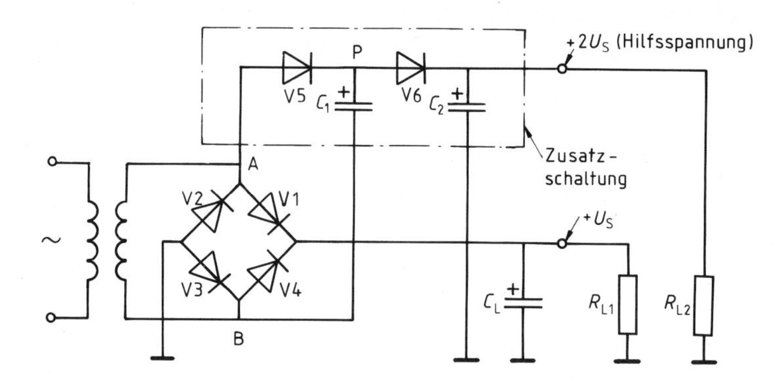

a) Auf welche Spannung U_{PB} lädt sich C_1 bei der positiven Halbwelle (an A) auf? (*Lösung:* $+U_m$)

b) Am Punkt A liegt anschließend der Scheitelwert der negativen Halbwelle an. Welche Spannung hat Punkt B gegen Masse? Welche Spannung U_P hat folglich Punkt P gegen Masse? Über welchen Weg wird der Pufferkondensator C_2 auf U_P aufgeladen? (*Lösung:* $+U_m$; $+2U_m$; *Weg:* V6, C_2, V2)

Negative Hilfsspannung

14. Werden in Aufgabe 13 die beiden Dioden V5 und V6 umgepolt (eventuell auch C_1 und C_2, falls Elkos verwendet werden), entsteht eine negative Hilfsspannung. Wir erhalten damit genau die Schaltung von Bild 4.29, b.

Analog zu Aufgabe 13 fragen wir zu Bild 4.29, b:

a) Auf welche Spannung U_{PB} lädt sich C_1 auf, wenn am Punkt A die *negative Halbwelle* erscheint? (*Lösung:* $-U_m$)

b) Am Punkt A liege anschließend der Scheitelwert der positiven Halbwelle. Welche Spannung hat Punkt B gegen Masse? Welche Spannung U_P hat jetzt der Punkt P gegen Masse? Über welchen Weg wird der Pufferkondensator C_2 auf die Spannung U_P aufgeladen?
(*Lösung:* $U_B \simeq 0$, denn V3 ist durch den Hauptstromkreis leitend, d. h. sehr niederohmig, B liegt damit an Masse, also $U_P \simeq -U_m$. *Weg:* V6, C_2, V3 → dieser Ladestrom für C_2 fließt dem Hauptstrom durch V3 entgegen. V3 sperrt diesen Strom nicht, solange V3 niederohmig ist, d. h., der Hauptstrom muß größer als dieser Strom sein. Deshalb wird in Bild 4.29 gefordert, daß $R_{L1} < R_{L2}$ ist.)

5 Spezialdioden (LEDs, Fotodioden, Kapazitätsdioden, Thyristoren, Triacs und Diacs)

In diesem Kapitel stellen wir noch einige Spezialdioden vor, die schon sehr stark die moderne Schaltungstechnik prägen. Im nächsten Kapitel (6) gehen wir dann noch ausführlich auf die Spannungsstabilisierung mit Z-Dioden ein.

5.1 Leuchtdioden (LEDs)

Leuchtdioden werden auch kurz *LEDs* genannt. Dies ist eine Abkürzung für **L**icht-**e**mittierende **D**iode. LEDs strahlen (nur) im Durchlaßbetrieb Licht ab, sie arbeiten als Lichtsender.

Bild 5.1 Schaltsymbol der LED

Manchmal werden LEDs auch als *Lumineszenzdioden* bezeichnet.
LEDs gibt es in den Farben *rot, orange, gelb* und *grün,* außerdem für unsichtbares Infrarotlicht (IREDs). Im Vergleich zur Glühlampe haben LEDs einige Vorteile:

- Das Licht ist relativ monochromatisch (einfarbig).[1])
- Die LED bleibt kalt.
- Die Lebensdauer ist sehr groß (10 ... 100 Jahre).
- Die LED arbeitet praktisch trägheitsfrei.

Für Praktiker:

5.1.1 Der richtige Vorwiderstand für LEDs

Wie jeder Durchlaßstrom einer Diode muß auch der einer LED mit einem Vorwiderstand R_V begrenzt werden. Nach Bild 5.2, a berechnet sich dieser aus:

$$R_V = \frac{U_S - U_F}{I_F} \simeq \frac{U_S - U_{Schw}}{I_F}$$

Dabei haben wir für überschlägige Berechnungen U_F durch den Schwellwert U_{Schw} der Diode ersetzt.

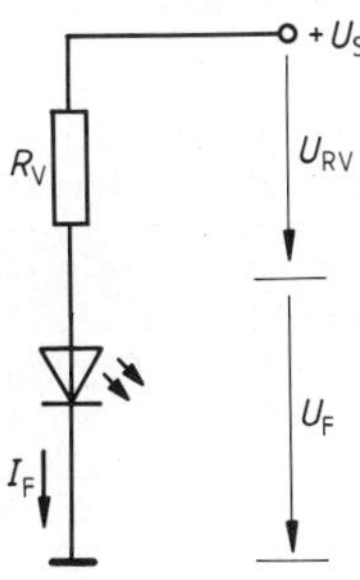

Bild 5.2 a) Betrieb einer LED immer über einen Vorwiderstand

[1]) Es hat aber nicht, wie Laserlicht, nur eine Wellenlänge.

Aber:

Da LEDs nicht aus den bekannten Halbleitern Ge bzw. Si gefertigt werden, ergeben sich ungewohnte **Schwellwerte** U_{Schw}.

Farbe der LED	Schwellwert
infrarot, rot	≈ 1,5 V
orange, gelb, grün	≈ 2,0 V
blau	≈ 3,0 V

Zur Berechnung von R_V verwenden wir diese Schwellwerte und den typischen Durchlaßstrom von $I_F \approx 20$ mA...25 mA. Die Grenzströme betragen in der Regel 50 mA (IRED höher).
Bei den speziellen LOW-Current-LEDs setzen wir $I_F \approx 2$ mA (grün 4 mA).

Im Betrieb, insbesondere an Wechselspannungen, muß die LED vor hohen Sperrspannungen geschützt werden, denn:

Die zulässige Sperrspannung der LEDs ist sehr klein, typisch:

$$U_{R\,max} = 5\text{ V}$$

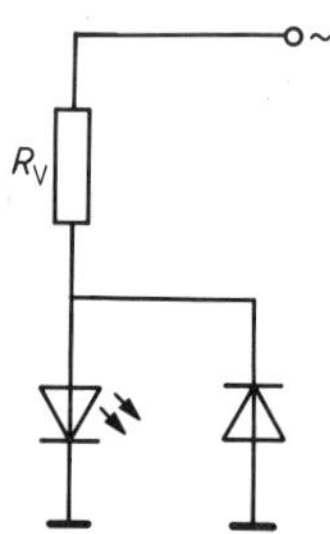

Bild 5.2 b) Schutz einer LED vor hohen Sperrspannungen

In Bild 5.2, b begrenzt eine antiparallel geschaltete Si-Diode die Sperrspannung auf einen ungefährlichen Wert (ca. 0,7 V).

Bauformen und Typenbezeichnung von LEDs

Bild 5.3, a zeigt die übliche Bauform von LEDs. Weit verbreitet sind aber auch Sonderausführungen mit Leuchtband, Leuchtkeil, Leuchtpunkt und Leuchtfeld. Daneben gibt es Zwei- und Dreifarben-LEDs, LEDs mit eingebauter Blinkschaltung, Zahlendisplays mit 7 LEDs (Segmenten) und alphanumerische Displays mit 14 LEDs.[1])

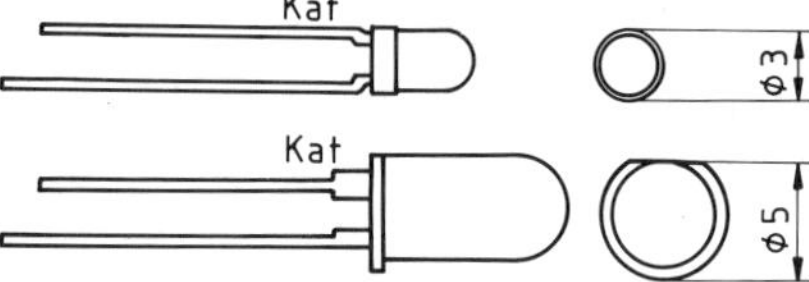

Bild 5.3 a) Standardausführung von LEDs

Nach dem Pro-Electron-Schlüssel beginnt die Typenbezeichnung der LEDs mit CQ...[2]) (Bild 5.3, b). Sehr häufig werden Leuchtdioden aber auch unter der Typenbezeichnung LD... angeboten.

Farbe		∅ 5 mm	∅ 3 mm
Infrarot	IR	CQY 99	—
Rot	RD	CQY 40	CQY 85
Orange	OG	CQX 38	CQY 41
Gelb	YE	CQY 74	CQY 87
Grün	GN	CQY 72	CQY 86

Bild 5.3 b) LED-Typenauswahl

[1]) mehr über 7-Segment-Anzeigen in Kapitel 21.3
[2]) Halbleiterschlüssel, siehe Anhang A-9

5.1.2 LEDs erzeugen Licht durch Rekombination

Wenn in einem Halbleiter die Elektronen für die Eigenleitung erzeugt werden, so ist dazu thermische Energie notwendig, denn die Elektronenpaarbindungen müssen ja „zerrissen" werden. Da nun mit jedem freien (Eigenleitungs-)Elektron auch immer ein Loch entsteht, können wir uns auch so ausdrücken:

► Die Erzeugung eines Elektron-Loch-Paares erfordert Energie.

Wird umgekehrt ein Elektron von einem Loch wieder „eingefangen", so nennen wir diesen Vorgang Rekombination. Aus dem Energiesatz folgt sofort:

> Bei der **Rekombination** eines Elektron-Loch-Paares wird Energie frei.
> Solche Rekombinationen finden bei einem PN-Übergang im Durchlaßbetrieb besonders häufig statt, weil sich hier ein großer Löcher- und Elektronenstrom begegnen.

In der Regel wird die freigesetzte Energie in Form von Wärme abgegeben.

► Bei einem ganz kleinen Prozentsatz der Rekombinationen wird diese Energie aber als *Strahlungsenergie,* in Form von Licht, frei.

Leider ist bei Ge und Si der Anteil der strahlenden Rekombinationen nicht nur vernachlässigbar klein, sondern es ist auch noch die Wellenlänge des erzeugten Lichtes weit außerhalb des sichtbaren Bereiches (Grund folgt gleich in Kapitel 5.1.3).

Zum Glück wurden 1952 Verbindungshalbleiter entdeckt. Bei diesen besteht das Halbleiterkristall selbst aus einer Verbindung von drei- und fünfwertigen Elementen, z. B. aus Gallium mit Arsen und/oder Phosphor.[1]) Deshalb heißen diese Verbindungshalbleiter auch kurz III/V-Halbleiter.

> Die III/V-Halbleiter liefern durch Rekombination **sichtbares und infrarotes Licht.** Der Wirkungsgrad ist vergleichsweise hoch (Bild 5.4).

Farbe		Halbleiter-material	mittlere Wellen-länge in nm	typischer Wirkungsgrad
—		Si	1140	unmeßbar
Infrarot	IR	GaAs	940	15%
Rot	RD	$GaAsP_{0,40}$	640	0,2% (Rot bis Grün)
Orange	OG	$GaAsP_{0,65}$	620	
Gelb	YE	$GaAsP_{0,85}$	590	
Grün	GN	GaP	575	
Blau	BU	SiC	470	0,004%

Bild 5.4 Verbindungshalbleiter ermöglichten LEDs. Blaue LEDs aus SiC sind seit 1985 auf dem Markt (z. B. der Typ SLB 5410 der Firma Siemens).

[1]) Zur Struktur der Verbindungshalbleiter siehe Kapitel 3.1 (Bild 3.4, b), Verbindungshalbleiter werden mit Ge, Si, Zn, P ... dotiert.

5.1.3 Wellenlänge und Bandabstand

Nach dem Energie- bzw. Bändermodell der Halbleiter aus Kapitel 3.1.3 muß ein gebundenes Valenzelektron eine Mindestenergie W_G aufnehmen, damit es als freies Leitungselektron zur Verfügung steht. Wir sagen: Valenzband V und Leitungsband L sind durch den Bandabstand W_G (Bandlücke) getrennt (Bild 5.5).

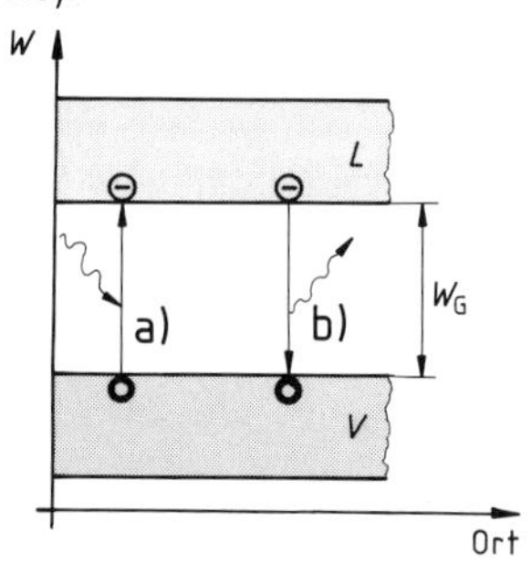

Bild 5.5 **a)** Erzeugung eines Elektron-Loch-Paares (Generation) und **b)** Rekombination im Bändermodell

Wenn ein freies Elektron wieder mit einem (Bindungs-)Loch rekombiniert, wird somit die Energie W_G frei. Die Energie W_G wird in etwa auch bei dotierten Halbleitern frei, da die Energieniveaus der Störstellen immer knapp über dem V- bzw. knapp unter dem L-Band liegen (Begründung in Kapitel 3.2.2 und 3.2.5).

► Bei einer strahlenden Rekombination sind nun (nach der Quantenphysik) Strahlungsfrequenz f und freiwerdende Energie W zueinander proportional:

$$h \cdot f = W \simeq W_G$$

Der Proportionalitätsfaktor h wird Planckschesʼ Wirkungsquantum genannt ($h \simeq 4{,}16 \cdot 10^{-15}$ eVs).

Über die Lichtgeschwindigkeit c mit

$$c = \lambda \cdot f$$

folgt die Wellenlänge des abgestrahlten Lichtes in Abhängigkeit des Bandabstandes W_G:

$$\lambda = \frac{hc}{W_G}$$

W_G selbst ist eine für den Halbleiter typische Materialkonstante. Damit ergeben sich für jeden Halbleiter andere Wellenlängen (Bild 5.6).[1] Diesem Bild ist zu entnehmen, daß für das sichtbare Gebiet nur Verbindungshalbleiter in Frage kommen.

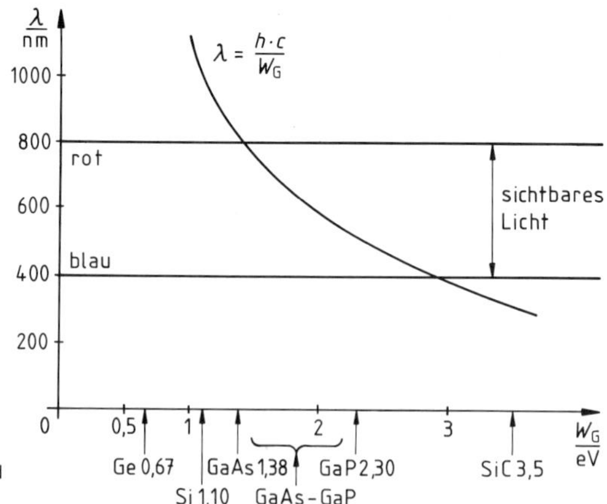

Bild 5.6 Zusammenhang zwischen Lichtwellenlänge λ und Bandabstand W_G

[1]) Dies gilt streng genommen nur für undotierte Halbleiter und erklärt die Unterschiede zu den Angaben in Bild 5.4.

Der *Bandabstand* W_G eines Halbleitermaterials bestimmt (ungefähr) die **Lichtwellenlänge** bei einer strahlenden Rekombination. Nur Verbindungshalbleiter strahlen im sichtbaren Bereich Licht ab.

Neben dem *Energiesatz* muß auch der *Impulssatz* bei einer Rekombination erfüllt sein. Bei den meisten Halbleitern verbietet der Impulssatz eine *direkte* strahlende Rekombination. Erst durch den Einbau isoelektrischer Störstellen (Fremdatome, die weder als Donatoren noch als Akzeptoren wirken, z. B. N, ZnO) wird ein lokaler Impulsausgleich möglich. Der Anteil strahlender Rekombination bzw. der Wirkungsgrad einer LED steigt so auf brauchbare Werte. Allein GaAs ist von Natur aus ein direkter Halbleiter, was sich an seinem herausragenden Wirkungsgrad von 15% (Bild 5.4) bemerkbar macht.

5.2 Fotodioden

Bei Fotodioden kann durch ein Fenster Licht auf den PN-Übergang fallen. Dadurch ändert sich der Sperrstrom (Fotostrom) proportional mit der Beleuchtungsstärke.[1] Eine Abhängigkeit von der Sperrspannung besteht dabei (fast) nicht (Bild 5.7). Im Vergleich zu den anderen Lichtempfängern, Fotowiderstand und Fototransistor (siehe Kapitel 7.9), reagieren Fotodioden extrem schnell. Die typische mittlere Anstiegszeit des Fotostromes beträgt 5 ns (Transistor: 1 µs, Widerstand: 5 ms). Demgegenüber weisen Fotodioden aber nur eine geringe Empfindlichkeit auf, d. h., der Fotostrom ändert sich nur wenig mit der Beleuchtungsstärke.

Typische Empfindlichkeiten, zum Vergleich:

Fotodiode: 10 nA/lx
Fototransistor: 5 µA/lx
Fotowiderstand bei $U = 10$ V: 50 µA/lx

Wegen dieser geringen Empfindlichkeit sind Fotodioden unter 100 lx praktisch kaum einsetzbar.

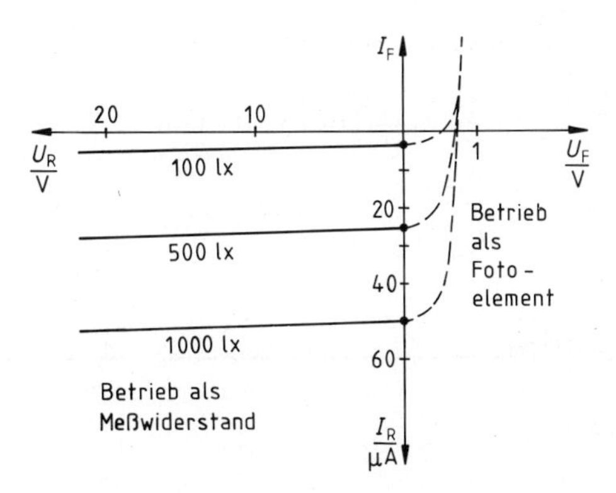

Bild 5.7 Licht ändert den Sperrstrom der Fotodiode.

[1]) gemessen in lx von Lux (lat.) = Glanz; eine 100-W-Glühlampe erzeugt ungefähr 1000 lx in 30 cm, 100 lx in 1 m Entfernung.

Fotodioden werden in Sperrichtung betrieben. Der Sperrstrom ändert sich linear mit der Beleuchtungsstärke. Fotodioden sind extrem schnell, aber nur wenig lichtempfindlich.

Bild 5.8 Schaltzeichen der Fotodiode

Die meisten Fotodioden werden auf Si-Basis hergestellt.[1]) Sie sind für sichtbares Licht geeignet, haben aber im Infrarotbereich ihre größte Empfindlichkeit.

Typenbezeichnung und Bauformen von Fotodioden

Die Bezeichnung von Si-Fotodioden beginnt nach dem Pro-Electron-Schlüssel (siehe Anhang A-9) mit:

BP ... **Beispiel:** BPX 65 (5 nA/lx)

Für die sehr häufige Anwendung im IR-Bereich werden sie schon mit eingebautem Tageslichtfilter geliefert, z. B. die Type BP 104 (10 nA/lx). Das äußere Erscheinungsbild ähnelt sehr den Standard-LEDs (Bild 5.3).

5.2.1 Schaltungen mit Fotodioden

Wegen ihrer Linearität werden Fotodioden gern zur Messung und Steuerung der Beleuchtungsstärke eingesetzt. Bild 5.9 zeigt ein entsprechendes Schaltungsbeispiel. Weit häufiger dienen Fotodioden jedoch zum Empfang infraroter Signale, z. B. bei drahtlosen Infrarot-Kopfhörern, Infrarot-Fernsteuerungen und Infrarot-Lochkartenlesern. Als Sender dient eine geeignete Leuchtdiode (IRED).

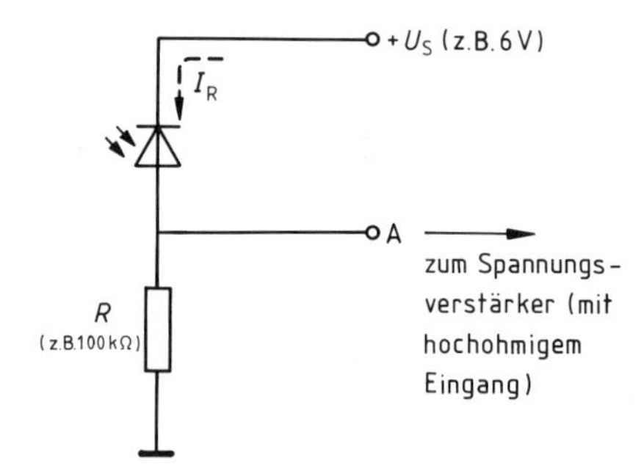

Bild 5.9 Die Ausgangsspannung steigt hier linear mit der Beleuchtungsstärke

Bild 5.10 zeigt die prinzipielle Anordnung der Fotodiode in einer solchen Signalübertragungsstrecke mit (infrarotem) Licht. Der Kondensator C auf der Empfängerseite trennt störende Gleichlichtanteile (Tageslicht o. ä.) ab.[2])

[1]) Es gibt auch Ge- und GaAsP-Fotodioden.

[2]) Nach diesem Schema aufgebaute „Optokoppler" haben sich nicht durchgesetzt, Begründung in Kapitel 7.10.

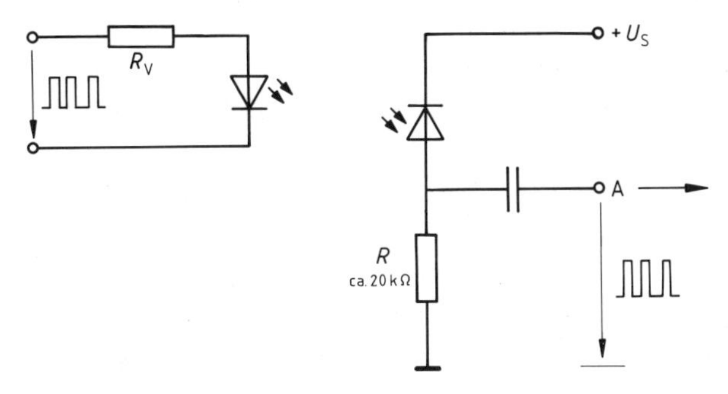

Bild 5.10 Drahtlose Übertragung von Signalen mit Licht

Schließlich lassen sich Fotodioden auch als *Fotoelemente* verwenden (Bild 5.11). Die Fotodiode arbeitet dann „im vierten Quadranten" (siehe Bild 5.7).[1]) Der Zusammenhang zwischen erzeugter *Fotospannung* U_F und Beleuchtungsstärke ist jedoch keineswegs linear. Außerdem ist der Wirkungsgrad zehnmal kleiner als bei „richtigen" Fotoelementen bzw. Solarzellen.

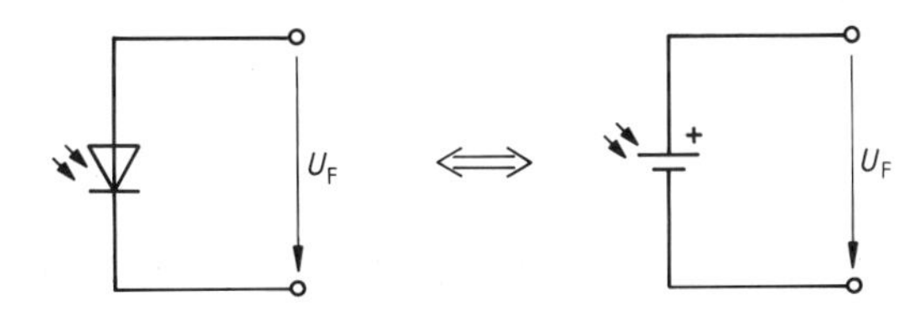

Bild 5.11 Fotodiode als Fotoelement

5.2.2 Erzeugung des Fotodiodenstroms

Durch Absorption der Strahlungsenergie des Lichtes[2]) können im Halbleiter Elektronen aus ihren Bindungen gelöst werden. Dieser Vorgang heißt **innerer Fotoeffekt.** Er erhöht die Eigenleitfähigkeit des Halbleiters.[3])
Geschieht die Erzeugung von freien Elektronen-Loch-Paaren in einem PN-Übergang (Bild 5.12), so steigt dadurch der Sperrstrom (der im wesentlichen auf der Eigenleitung beruht, siehe Kapitel 3.3.3 und 3.4.2, b).

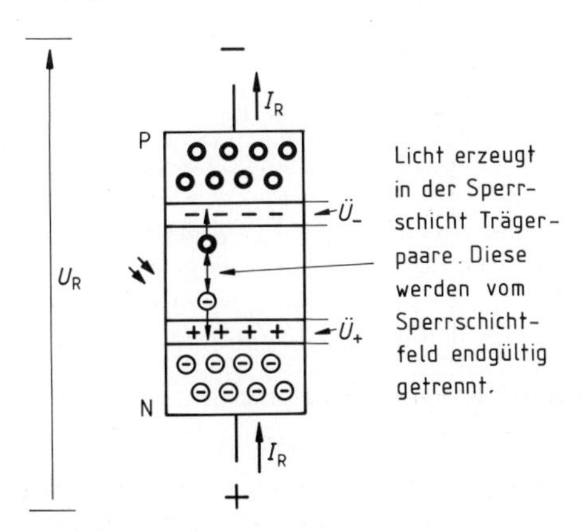

Bild 5.12 Der innere Fotoeffekt im PN-Übergang

[1]) Erklärung in Kapitel 5.2.2
[2]) genauer: der Lichtquanten
[3]) einfachste Anwendung: Fotowiderstand

Die Höhe des so erzeugten Sperrstromes hängt nun von vier Faktoren ab:

1. Von der **Beleuchtungsstärke.** Die Trägererzeugung nimmt mit der „Lichtmenge" linear zu. *Deshalb* verschiebt sich die Kennlinie proportional zur Beleuchtungsstärke nach unten (Bild 5.7).
2. Von der **Eindringtiefe** des Lichtes. Sie nimmt mit der Wellenlänge des Lichtes zu.[1])
3. Von der **Energie** des Lichtes. Diese nimmt mit der Wellenlänge ab.
4. Von der **Höhe der Dotierung.**

Aus 2. und 3. folgern wir sofort, daß es eine „optimale" Wellenlänge für die Erzeugung von Ladungsträgern geben muß. Für die uns interessierenden Halbleitermaterialien halten wir dazu fest:

Die größte Lichtempfindlichkeit von Si-Fotodioden liegt bei 800 nm (Infrarot), die von Ge-Fotodioden bei 1400 nm (fernes Infrarot).

Zu Punkt 4: Mit der Dotierung steigt die Wahrscheinlichkeit, daß die erzeugten Elektronen (und Löcher) noch in der Sperrschicht, also gleich nach ihrer Erzeugung, mit bestehenden Löchern (bzw. Elektronen) rekombinieren. Durch diese *Rekombinationsverluste* sinkt der erzeugte Fotostrom. Die Empfindlichkeit der Diode nimmt also mit der Dotierung stark ab.

Das bedeutet:

Fotodioden sollten möglichst nur **schwach dotiert** sein.

Aus diesem Grund wurden Fotodioden mit einer (fast) undotierten Zwischenschicht entwikkelt. Solche Dioden heißen **PIN**-Dioden, weil sie aus einer **P**-Schicht, einer **I**-Schicht (eigenleitende Schicht, engl. **i**ntrinsic-Schicht) und einer **N**-Schicht bestehen (Bild 5.13).

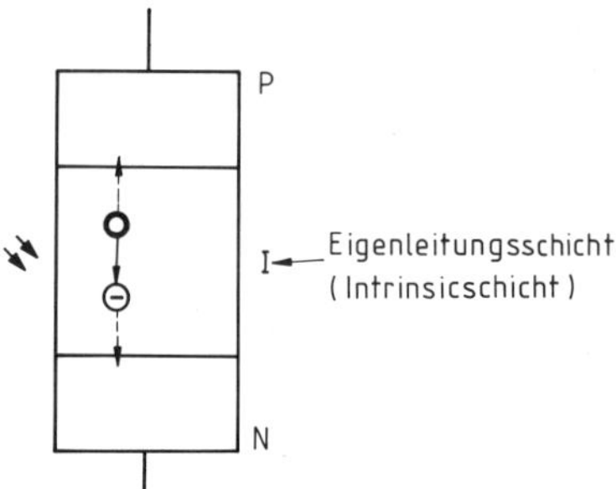

Bild 5.13 PIN-Fotodioden sind empfindlicher.

Zum Schluß überlegen wir uns, weshalb ein PN-Übergang auch als Fotoelement wirkt:
Im thermischen Gleichgewicht ist die Sperrschicht nach außen spannungs- und stromlos. Die von der Strahlungsenergie des Lichts erzeugten Trägerpaare stören dieses Gleichgewicht, da sie vom Sperrschichtfeld sofort und auf Dauer getrennt werden. Ladungstrennung bedeutet aber Spannungserzeugung. In einem äußeren Kreis fließt jetzt ein (Ausgleichs-)Strom, es wird elektrische Energie abgegeben.
Spezielle PN-Übergänge, welche dann als Fotoelemente oder Solarzellen bezeichnet werden, erreichen hier schon Wirkungsgrade von 10%. Solche Fotoelemente haben im Vergleich zu Fotodioden eine große Lichteintrittsfläche und (als Stromquellen) einen kleinen Innenwiderstand. Letzterer widerspricht allerdings der oben geforderten schwachen Dotierung, weshalb hier Kompromisse eingegangen werden müssen.

---

[1]) Richtwerte für Eindringtiefen in Si sind: 1 μm bei blauem Licht (400 nm) und 50 μm bei infrarotem Licht (950 nm)

In einer **Fotodiode** werden durch den *inneren Fotoeffekt* freie Ladungsträger (Elektron-Loch-Paare) erzeugt. Dadurch vergrößert sich der Sperrstrom.
Durch *Rekombinationsverluste* in der Sperrschicht bleibt dieser Sperrstrom, d. h. die Empfindlichkeit der Diode, relativ klein.
Die Spannungserzeugung durch Fotoelemente und Solarzellen beruht ebenfalls auf dem inneren Fotoeffekt.

5.3 Kapazitätsdioden

Zur Abstimmung von Schwingkreisen werden veränderliche Kapazitäten benötigt. Neben den mechanisch einstellbaren Drehkondensatoren setzen sich im UKW- und MW-Bereich zunehmend elektrisch steuerbare Kondensatoren in Form von Kapazitätsdioden[1]) durch. Mit diesen lassen sich Schwingkreise durch eine elektrische Spannung abstimmen bzw. nachstimmen.[2])
Wegen der gewünschten Isolation der Kondensatorbeläge liegt die erforderliche Abstimmspannung an den Dioden immer in Sperrichtung an.

Kapazitätsdioden werden in Sperrichtung betrieben. Durch eine Abstimmspannung U_R wird ihre (Sperrschicht-)Kapazität geändert.

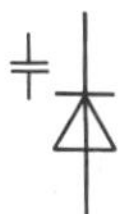

Bild 5.14 Symbol der Kapazitätsdiode

Zur Erklärung verwenden wir das Modell des Sperrschichtkondensators aus Kapitel 3.3.2. Zwischen den (Überschuß-)Raumladungen liegt die ladungsträgerarme, isolierende Sperrschicht. Je größer die angelegte Sperrspannung U_R ist, desto weiter werden die Raumladungen auseinander gezogen, d. h. desto größer wird der Abstand d der (Sperrschicht-)Ladungen (Bild 5.15). Wegen $C \sim 1/d$ heißt das:

Mit zunehmender Sperrspannung verkleinert sich die **Diodenkapazität** (Bild 5.16).

Während bei Universaldioden die typische Sperrschichtkapazität bei 5 pF liegt, kann sie bei speziellen Kapazitätsdioden bis zu 500 pF betragen.

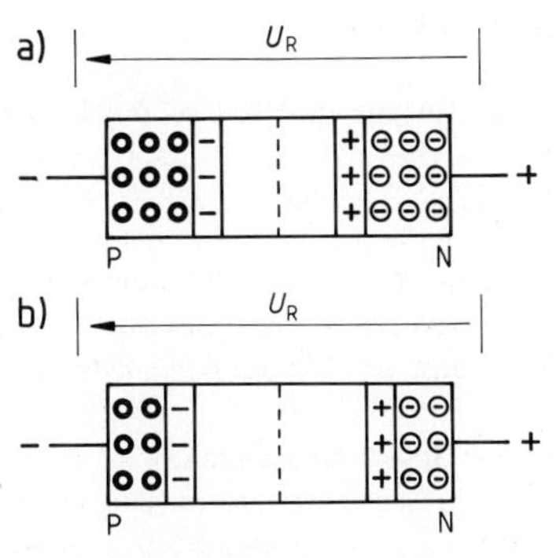

Bild 5.15 PN-Übergang an
a) kleiner
b) großer Sperrspannung

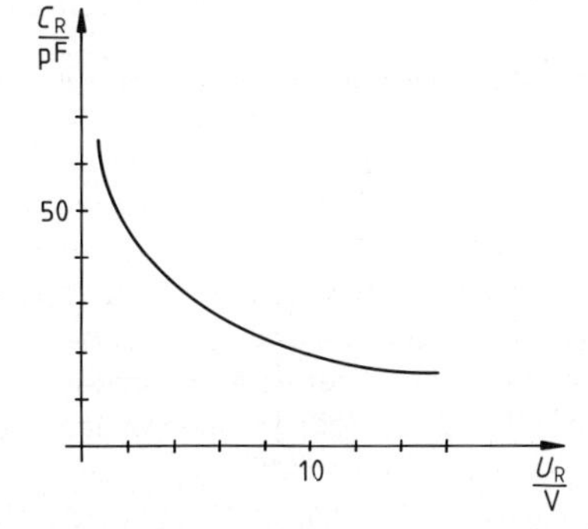

Bild 5.16 Sperrschichtkapazität als Funktion der Abstimmspannung U_R

[1]) auch Kapazitätsvariationsdioden genannt
[2]) Anwendung: AFC (= AFR) = **A**utomatische **F**requenz **C**ontrolle (**R**egelung)

Bild 5.17 zeigt eine praktische Schaltung zur Abstimmung eines Schwingkreises. Da in Empfängern fast immer zwei Kreise (Eingangs- und Oszillatorkreis) „im Gleichlauf" abgestimmt werden müssen, werden auch Doppeldioden (mit geringer Streuung der Werte) hergestellt. Bild 5.18 gibt einige Typen an.

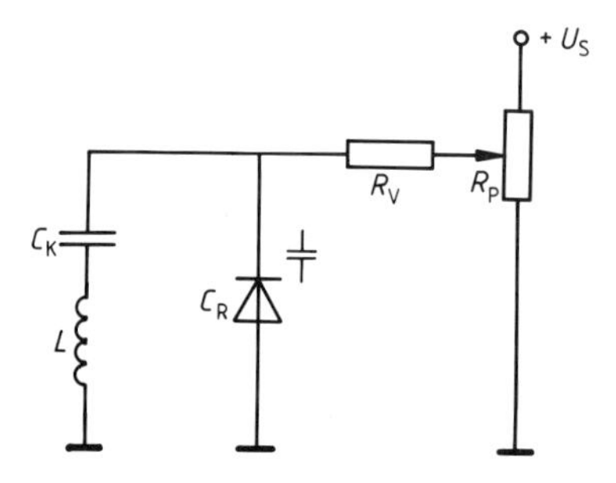

Bild 5.17 Diodenabstimmung, C_K verhindert den Kurzschluß der Abstimmspannung durch die Spule.

Typ	Verwendungsbereich
BA 163	MW
BB 107	MW (Diodenpaar)
BA 150	UKW
BB 104	UKW (Diodenpaar)

Bild 5.18 Einige Kapazitätsdioden

5.4 Elektronische Kippschalter

Die bisher besprochenen Dioden enthalten alle *einen* PN-Übergang. Es gibt aber auch *Mehrschichtdioden*. Sie arbeiten alle wie ein Kippschalter, der schlagartig von einem hochohmigen in einen niederohmigen Zustand springt. Durch die extrem kleinen Schaltzeiten (ca. 1 µs) und die kleinen Durchlaßverluste eignen sich solche Bauelemente als extrem „schnelle Netzschalter". Sie können den Verbraucherstrom innerhalb einer Halbwelle noch zu definierten Zeiten einschalten, d. h. die Phase quasi „anschneiden". Solche *Phasenanschnittsteuerungen* stellen z. B. die Drehzahl von Bohrmaschinen oder, als Dimmer, die Helligkeit von Glühlampen ein. Damit gehören diese Bauelemente zur Leistungselektronik.

5.4.1 Der Thyristor, eine schaltbare Diodenstrecke

Unter den Mehrschichtdioden greifen wir uns den Thyristor heraus und bauen ihn in einer Testschaltung ein (Bild 5.19). Wie das Schaltsymbol zeigt, hat diese Diode drei Anschlüsse:

A: Anode, K: Katode, G: Gate (Steueranschluß)

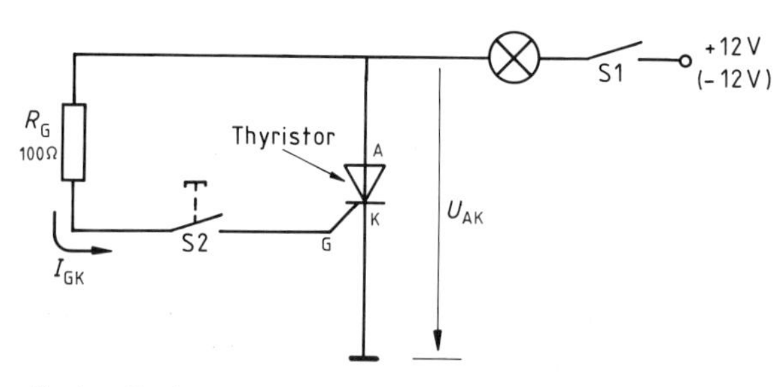

Bild 5.19 Testschaltung für einen Thyristor

Entsprechend dem Schaltbild erwarten wir bei negativer Anodenspannung $-U_{AK}$ keinen Strom. Der Thyristor sperrt auch dann, wenn wir die Taste S2 im Gatekreis betätigen. Aber auch bei positiver Anodenspannung U_{AK} wird der Strom noch blockiert. Wenn wir jetzt aber die Taste S2 betätigen, fließt ein positiver Gatestrom I_{GK}. Der Thyristor schaltet sofort durch, die Lampe leuchtet auf. Wir sagen, der Thyristor hat „gezündet" (er ist sehr niederohmig geworden).
In diesem gezündeten Zustand verbleibt nun der Thyristor auch dann, wenn wir die Taste S2 wieder loslassen. Zum Zünden genügt offensichtlich ein kurzer Zündimpuls, auch Triggerimpuls[1]) genannt. Dieser Betriebszustand kann erst dann wieder „gelöscht" werden, wenn wir die Stromzufuhr durch Öffnen des Schalters S1 unterbrechen.[2]) Anschließend blockiert der Thyristor wieder und muß erneut getriggert werden.

Der **Thyristor** sperrt bei negativer Anodenspannung immer. Bei positiver Anodenspannung blockiert er, wird aber durch einen kurzen, positiven Triggerimpuls am Gate gezündet. In diesem gezündeten Zustand verbleibt er, auch wenn kein Gatestrom mehr fließt. Der Thyristor wird gelöscht, wenn die äußere Spannung (praktisch) auf Null abfällt.

5.4.2 Schaltungen mit dem Thyristor

Als Gleichspannungsanwendung des Thyristors sei in Bild 5.20 eine einfache Alarmanlage mit „Gedächtnis" vorgestellt. Wenn die Verbindung zwischen Gate G und Katode K auch nur kurz unterbrochen wird, zündet der Thyristor.

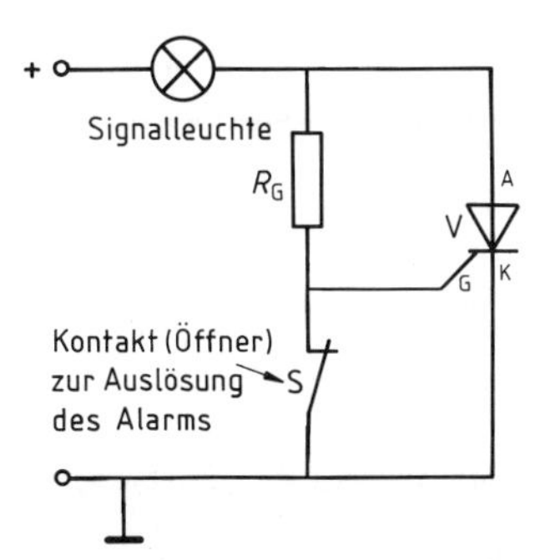

Bild 5.20 Einfache Alarmanlage

Viel häufiger ist jedoch der Betrieb von Thyristoren an einer Wechselspannung. Bild 5.21 zeigt als erstes Beispiel dazu eine sehr einfache Lichtorgel. Wenn der von der Tonquelle gelieferte Strom ausreicht, zündet der Thyristor. Beim nächsten Nulldurchgang der Netzspannung wird er automatisch wieder gelöscht, es sei denn, er wird durch die Tonquelle ständig nachgetriggert. Folglich leuchtet die Lampe abhängig von der Lautstärke (in einem bestimmten Frequenzbereich) rythmisch auf. In der Regel werden solche Lichtorgeln mehrkanalig ausgeführt.
Durch Einfügen des angedeuteten Brückengleichrichters erhält der Thyristor bei jeder (Netz-) Halbwelle positive Anodenspannung, er kann somit bei jeder Halbwelle getriggert werden, die Lampe leuchtet dadurch ruhiger.

[1]) to trigger (engl.) = auslösen (eigentlich des Gewehrabzuges)
[2]) nicht ganz korrekt, Stichwort: Haltestrom, siehe Kapitel 5.4.5

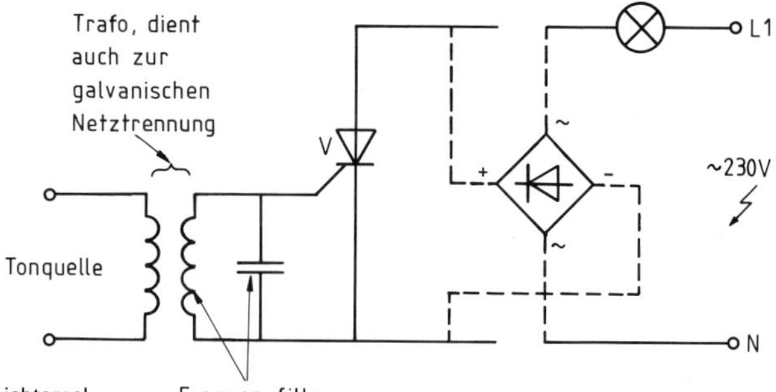

Bild 5.21 Einfache Lichtorgel

Schließlich zeigt Bild 5.22 das Prinzip der Phasenanschnittsteuerung. Je nach Einstellung des Vorwiderstandes R erreicht der Kondensator C innerhalb der positiven Halbwelle früher oder später den Schwellwert des elektronischen Kippschalters[1]) im Gatekreis. Wenn dieser Kippschalter durchschaltet, entlädt sich der Kondensator C über das Gate des Thyristors. Durch diesen (Strom-)Impuls zündet der Thyristor und führt bis zum Ende der Halbwelle (Last-) Strom.

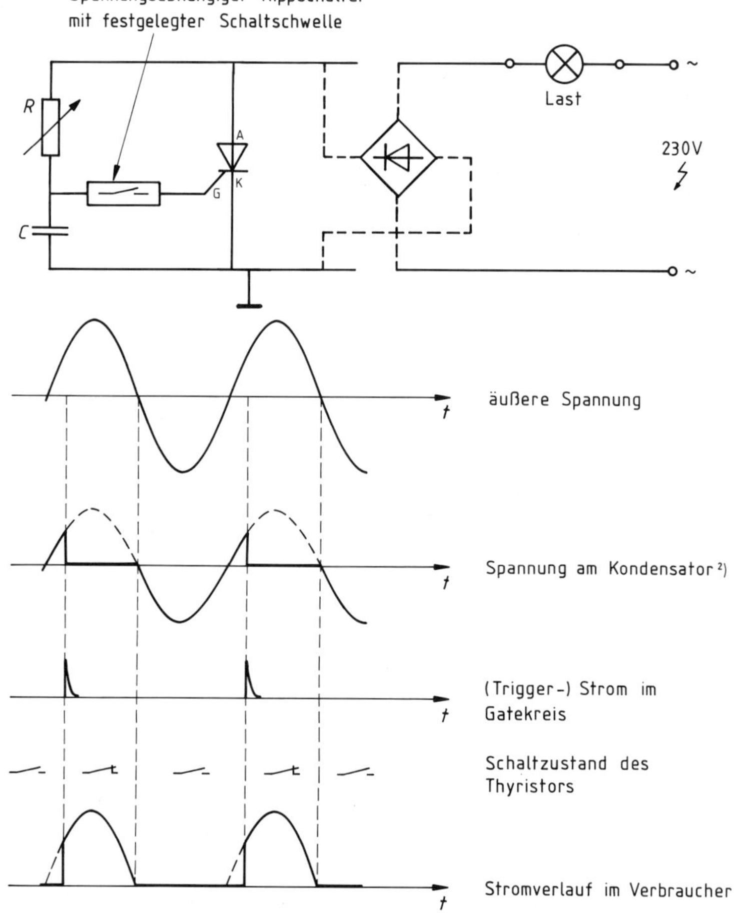

Bild 5.22 Phasenanschnittsteuerung mit Thyristor. Durch den eingefügten Brückengleichrichter können beide Halbwellen angeschnitten werden. Der Einstellbereich wird dadurch größer.

[1]) Zum Beispiel ein Diac (aus Kapitel 5.4.7, eventuell auch eine Glimmlampe)

[2]) Phasenverschiebung vernachlässigt

Die so angeschnittenen Laststromhalbwellen vermindern den Effektivwert des Laststromes. Folge: Eine Glühlampe im Lastkreis leuchtet schwächer, ein Motor dreht sich langsamer. Verluste gibt es bei diesem Verfahren praktisch nicht. In den Strompausen selbst fließt kein Strom, und hat der Thyristor gezündet, ist er sehr niederohmig, so daß auch während dieser Stromflußzeit nur wenig Verlustwärme am Thyristor anfällt.
Einen Nachteil hat dieser Phasenanschnitt allerdings. Jede Einschaltflanke des Laststromes ruft heftige Rundfunkstörungen hervor, was eine aufwendige Entstörung erfordert.
Aus diesem Grunde werden heute, wenn es der Anwendungszweck erlaubt, Thyristoren im Nulldurchgang der Netzspannung geschaltet. Der nachfolgende Laststrom steigt deshalb immer „weich" an.
Der Effektivwert des Stromes wird dann über die Länge der nachfolgenden *Impulspakete* verändert. Bild 5.23 verdeutlicht das Prinzip.

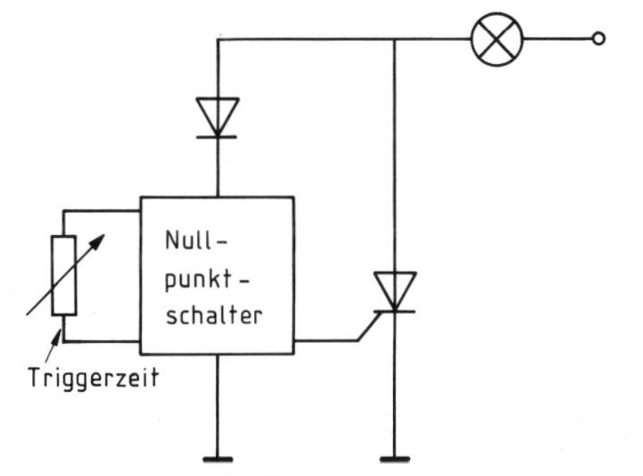

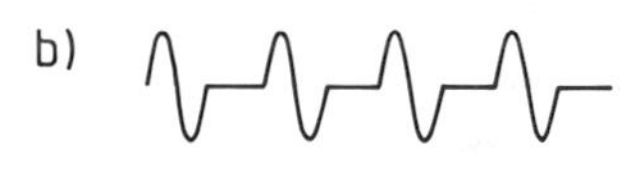

Bild 5.23 Prinzip der Impulspaketsteuerung
a) großer, **b)** kleiner Effektivwert

Für Experten (sonst weiter bei Kapitel 5.4.6):

5.4.3 Der Thyristor, eine Vierschichtdiode

Bild 5.24 zeigt den Innenaufbau eines Thyristors im Vergleich zum Schaltsymbol. Wir erkennen vier Schichten mit insgesamt drei Diodenstrecken.
Der Gateanschluß sei zunächst offen, die Anodenspannung negativ (bezogen auf die Katode K). Folge: Die äußeren Dioden sperren. Nun überlegen wir den Einfluß eines Gatestromes. Die obere Diode verhindert, daß ein Gatestrom von G nach A fließt, somit kann ein Gatestrom hier nur katodenseitig fließen. Ein solcher Gatestrom hebt damit die Sperrwirkung der unteren Diode auf. Die obere Diode bleibt davon aber unberührt. Sie sperrt bei negativer Anodenspannung weiterhin den Hauptstrom über die Anode. (Die höchstzulässige Sperrspannung darf natürlich nicht überschritten werden!)

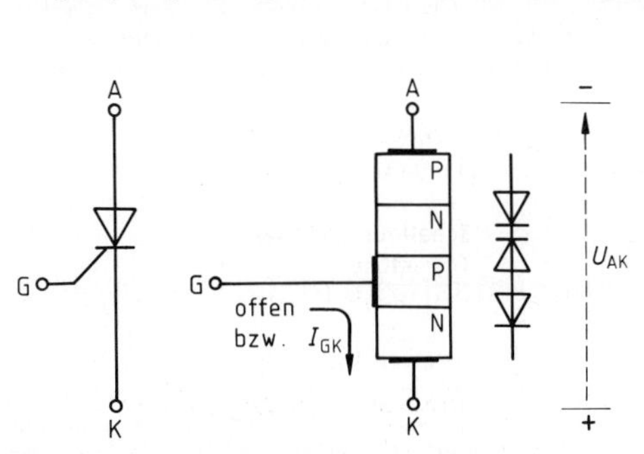

Bild 5.24 Der Thyristor enthält vier Schichten.

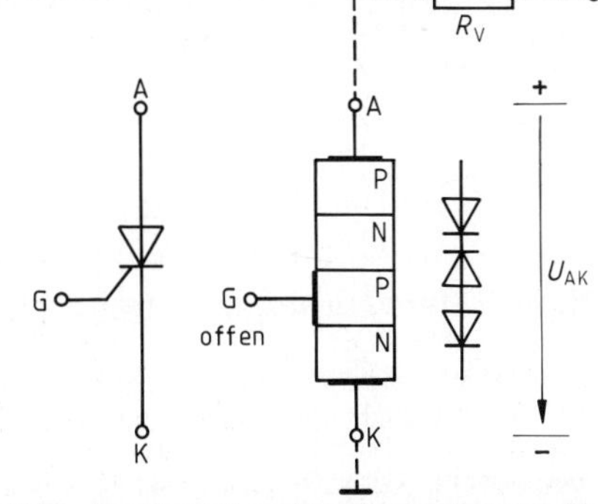

Bild 5.25 Thyristor bei positiver Anodenspannung. Die mittlere Diode blockiert (zunächst) den Strom.

Bei negativer Anodenspannung sperrt der **Thyristor**. Er läßt sich mit einem Gatestrom auch nicht zünden.

Nun betreiben wir den Thyristor mit positiver Anodenspannung U_{AK}, der Gateanschluß sei zunächst wieder offen. In diesem Fall blockiert *nur* die mittlere Diodenstrecke den Strom (Bild 5.25). Auch diese Diode hat eine maximale Sperrspannung. Bei noch höherer Spannung „bricht sie durch" (Grund folgt gleich). Sie kippt dann selbst beim Gatestrom Null in den Durchlaßbetrieb. Die zugehörige Anodenspannung nennen wir deshalb Nullkippspannung U_{AK0}. Diese gibt gleichzeitig die Spannungsfestigkeit, d. h. die Spitzensperrspannung, des Thyristors an. Der nun fließende Strom I_{AK} hängt praktisch nur noch vom eingeschalteten Vorwiderstand R_V ab (Bild 5.26).

Wir merken uns:

Bei positiver Anodenspannung und dem Gatestrom *Null* bricht ein Thyristor erst beim Überschreiten seiner **Nullkippspannung** (Spitzensperrspannung) durch. Typische Lieferwerte: 400 V und 700 V.

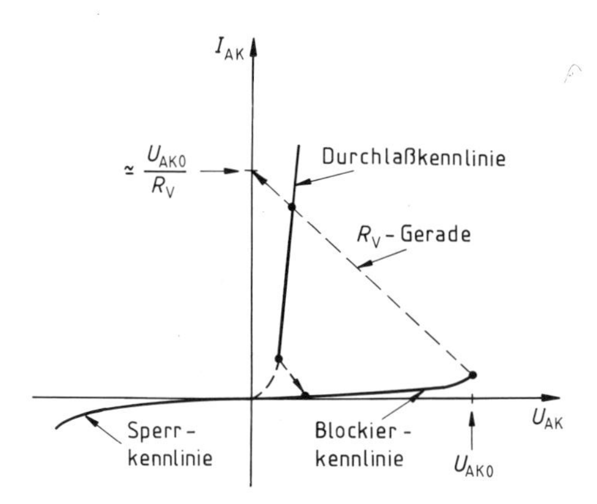

Bild 5.26 Kennlinien und Arbeitspunkte eines Thyristors bei offenem Gate (und Vorwiderstand R_V)

Wir entnehmen den typischen Nullkippspannungswerten, daß ein Thyristor am Lichtnetz ohne Gatestrom nie durchbricht. Erst durch einen Gatestrom I_{GK} läßt sich dieser Durchbruch auch bei niedrigeren Anodenspannungen herbeiführen. Um dies zu verstehen, betrachten wir den Durchbruch jetzt etwas genauer.

5.4.4 Der Durchbruch beginnt bei hoher Feldstärke in der Sperrschicht

Bild 5.27 stellt die Situation für die blockierende Mitteldiode (bei positiver Anodenspannung) schematisch dar. Die Elektronen der N-Schicht und die Löcher der P-Schicht werden durch U_{AK} weit auseinandergezogen, die Sperrschichtbreite d ist also relativ groß, die Sperrschichtfeldstärke $E = U_{AK}/d$ folglich vergleichsweise gering. Wird jedoch U_{AK} auf U_{AK0} erhöht, erreicht die Feldstärke E einen kritischen Wert. In der Sperrschicht werden Elektronen aus ihren Bindungen gerissen, also Ladungsträger(-Paare) erzeugt. Diese werden in der breiten Sperrschicht noch so stark beschleunigt, daß sie durch Stoß lawinenartig weitere Träger bilden; der Thyristor wird schlagartig niederohmig.

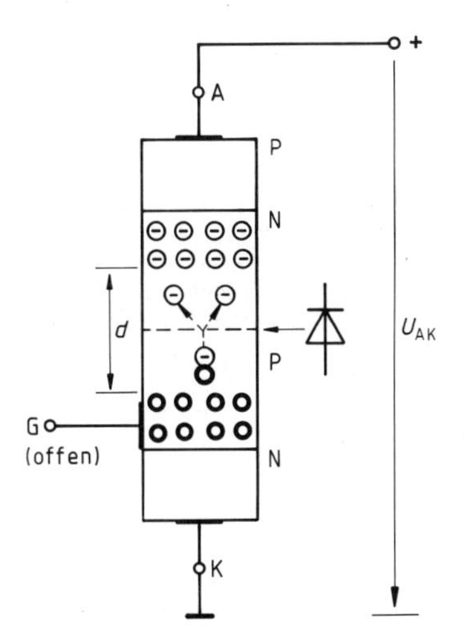

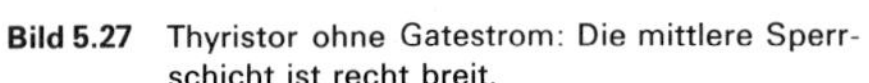

Bild 5.27 Thyristor ohne Gatestrom: Die mittlere Sperrschicht ist recht breit.

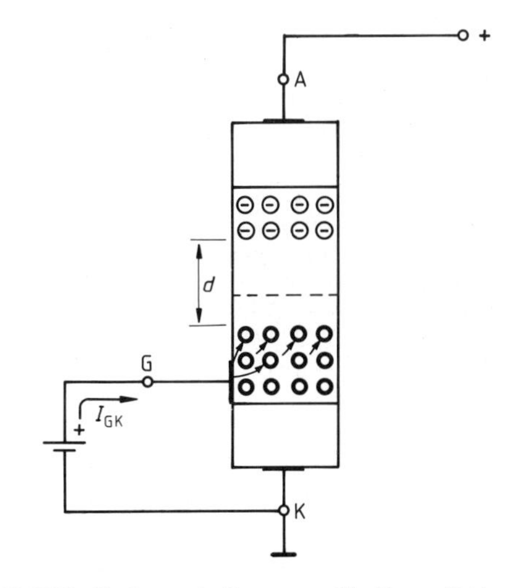

Bild 5.28 Thyristor mit Gatestrom: Die Sperrschichtbreite d sinkt.

> Auslöser für die freien Ladungsträger des **Sperrdurchbruches** ist eine hohe Feldstärke in der Sperrschicht. Anschließend findet noch ein *Lawineneffekt* statt.

Wegen $E = U_{AK}/d$ läßt sich eine hohe elektrische Feldstärke auch bei kleinen Anodenspannungen erzielen. Es muß nur gelingen, die Sperrschichtbreite d zu verringern.
Genau dies leistet ein „positiver" Gatestrom (der vom Gate zur Katode fließt). Diesen positiven Strom kann man sich als Löcherstrom vorstellen. Diese ins Gate eindringenden Löcher vermindern die Breite d der Sperrschicht (Bild 5.28). Die Feldstärke $E = U_{AK}/d$ wächst dadurch auch bei kleinen Anodenspannungen U_{AK} auf den kritischen Zündwert.
Je kleiner die Spannung U_{AK} ist, desto kleiner muß dazu auch die Sperrschichtbreite d gemacht werden. In diesem Fall müssen also *mehr* Löcher ins Gate einströmen.
Das heißt: Kleinere Anodenspannungen erfordern einen größeren Gatestrom (Bild 5.29). Die angegebenen Zündströme unterliegen aber sehr großen Exemplarstreuungen und sind stark temperaturabhängig. Deshalb wird in Datenblättern und Katalogen ein sicherer Oberwert für den Zündstrom genannt.

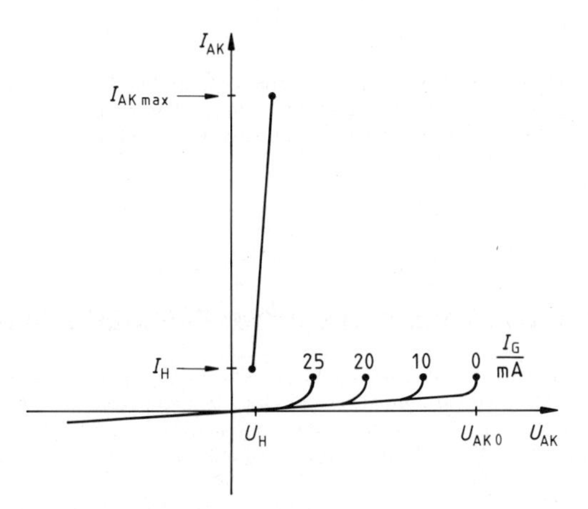

Bild 5.29 Thyristorkennlinien bei verschiedenen Gateströmen

Neben der Spitzensperrspannung ist **der obere Zündstrom** (maximal notwendiger Gate-Triggerstrom) ein wichtiger Kennwert des Thyristors.
Typischer Wert: 50 mA

Die Triggerung sollte übrigens immer mit „steilen" Zündimpulsen erfolgen. Wird der Gatestrom nur langsam erhöht, so verkleinert sich die Sperrschicht in Bild 5.28 nur am linken Rand. Dieser punktuelle Durchbruch erzeugt lokal eine große Hitze, der Thyristor ist damit thermisch stark gefährdet. Nur bei einer schockartigen Injektion von Ladungsträgern wird die Grenzschicht flächig abgebaut und die Durchbruchstromwärme weiträumig verteilt.
Aus demselben Grund ist auch ein Nullkippdurchbruch riskant.

Also:

Der Thyristor wird immer **mit kurzen** (Gatestrom-)**Impulsen** gezündet.

Noch zwei Anmerkungen zum Zünden des Thyristors:

1. Neben der katodenseitigen Verkleinerung der Sperrschichtbreite *d* wäre eine entsprechende Triggerung auch anodenseitig möglich. In Bild 5.28 müßten dann anodenseitig Elektronen zufließen. Der Gateanschluß wäre also zu verlegen und der Gatestrom jetzt negativ. Obwohl es solche Thyristoren nicht gibt, ist dies für das Verständnis des Triacs (Kapitel 5.4.6) nützlich. Die symbolische Darstellung der verschiedenen Thyristortypen erfolgt nach Bild 5.30.
2. In ungünstigen Fällen kann ein Thyristor allein durch einen steilen Anstieg der Anodenspannung gezündet werden. Dies ist z. B. bei Spannungsspitzen im Netz zu befürchten: Der Sperrschichtkondensator verändert sich hier sehr rasch, die Umladung entspricht einem großen Zündstrom.
   Abhilfe: RC-Glied parallel zum Thyristor, ähnlich wie in Bild 5.34.

▶ Übrigens gibt es auch abschaltbare Thyristoren, GTO-(Gate-turn-off-)Thyristoren. Sie werden mit einem negativen Gatestrom gesperrt.

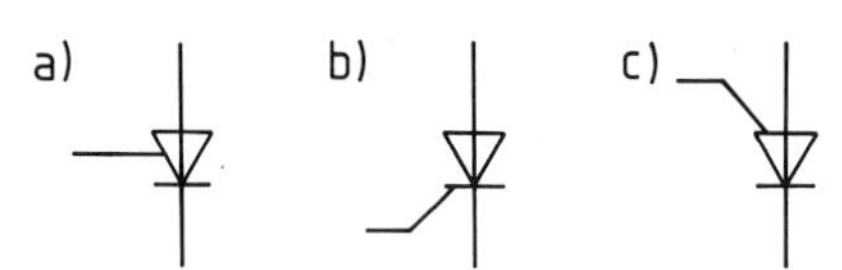

Bild 5.30 Thyristor **a)** allgemein, **b)** katodenseitig positiv getriggert, **c)** anodenseitig negativ getriggert.

5.4.5 Dauergrenzstrom und Haltestrom

In die Durchlaßkennlinie von Bild 5.29 sind noch zwei wichtige Stromgrenzwerte eingetragen, der maximale Durchlaßstrom I_{AKmax} und der minimale Durchlaßstrom, hier I_H genannt.
Der maximale Durchlaßstrom ist thermisch bedingt. Da am gezündeten Thyristor noch eine kleine Durchlaßspannung (ca. 0,7 V) abfällt, wird im Thyristor durch den Anodenstrom eine Verlustleistung erzeugt, die begrenzt werden muß. Dies bedingt einen maximalen Durchlaßstrom, welcher bei Gleichspannungsbetrieb ein Dauergrenzstrom ist. Bei Wechselspannungsbetrieb entspricht diesem der arithmetische Mittelwert des Anodenstromes. Typische Werte für den Dauergrenzstrom: 3 A ... 16 A.
Umgekehrt darf der Durchlaßstrom eines Thyristors nicht zu klein sein, sonst kann der Thyristor nicht im Zündzustand gehalten werden. Der untere Grenzwert des Anodenstromes heißt deshalb *Haltestrom* I_H. Typischer Wert: 30 mA, die zugehörige Durchlaßspannung U_H heißt entsprechend Haltespannung.
Bei einem Unterschreiten des Haltestromes I_H kippt der Thyristor sofort in den Blockierzustand zurück. Wenn nämlich die mittlere Diode nicht mehr ausreichend von Ladungsträgern durchsetzt ist, fällt sie in ihr „natürliches" Sperrverhalten zurück.[1]
Um den Thyristor zu löschen, muß also nur der Haltestrom I_H unterschritten werden. Dies ist bestimmt dann der Fall, wenn die Anodenspannung ganz abgeschaltet wird, bzw. eine anliegende Wechselspannung ihren nächsten Nulldurchgang hat (streng genommen kurz vorher).

[1]) Der Strompfad durch die Sperrschicht reißt ab.

Damit kennen wir:

Die für den Kauf wichtigsten **Thyristorkennwerte:**	
– *Dauergrenzstrom*	typisch: 6 A
– *Spitzensperrspannung*	typisch: 400 V
– *maximal notwendiger Triggerstrom*	typisch: 50 mA
Und eventuell noch:	
– *Haltestrom*	typisch: 30 mA

Abschließend soll noch eine **Typenauswahl** mit der üblichen Kurzcharakteristik gegeben werden.

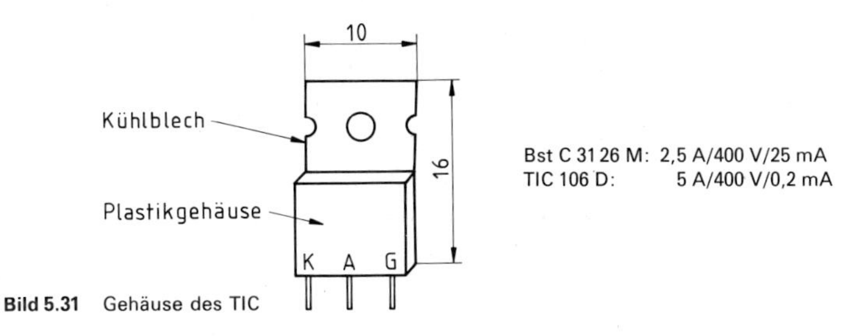

Bild 5.31 Gehäuse des TIC

Neben den genannten Thyristordaten gibt es noch sehr spezielle Kennwerte, z. B. die *Freiwerdezeit* oder die maximal zulässige *Anstiegsgeschwindigkeit* von U_{AK}. Diese Daten sind jedoch selten verfügbar und für den Praktiker von untergeordneter Bedeutung.

Aber:

► Für die Berechnung des Gatevorwiderstandes ist noch ein Kennwert des Thyristors wichtig, nämlich die maximal notwendige Gate-Trigger-Spannung U_{GKmax}. Ihr Wert muß im allgemeinen geschätzt werden.
Wir verwenden $U_{GKmax} = 2\,V \ldots 3\,V$.

Zusammen mit dem notwendigen Triggerstrom und der vorliegenden Steuerspannung ergibt sich dann der Gatevorwiderstand (Beispiel in Aufgabe 8).

5.4.6 Zweiweg-Thyristoren (Triacs)

Beim Betrieb an Wechselspannung wäre es wünschenswert, daß ein Thyristor bei jeder Polarität der Anodenspannung gezündet werden kann. Ein solcher Wechselstrom-Thyristor heißt **Triac** = **Tri** (drei [Anschlüsse]) + **ac** (**a**lternating **c**urrent).[1] Bild 5.32 zeigt das Schaltsymbol. Ein Triac besteht im wesentlichen aus zwei gegensinnig parallel geschalteten Thyristoren mit gemeinsamer Ansteuerung.[2]

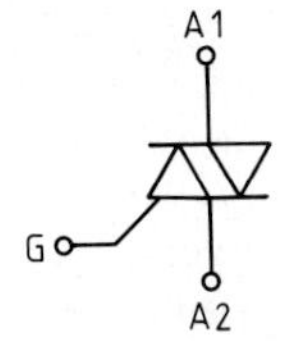

Bild 5.32 Schaltzeichen des Triac's

Die Hauptstromanschlüsse werden jetzt mit Anode 1 bzw. Anode 2 bezeichnet. Sie sind im Prinzip vertauschbar, zumal der Triac bei jeder Polarität der Haupt- und Gatespannung zündet.

[1]) alternating current (engl.) = Wechselstrom
[2]) Die Details sind recht kompliziert: Je ein katoden- und anodenseitig getriggerter Thyristor (siehe Kapitel 5.4.4) mit zwei Hilfsthyristoren für die universelle Triggerbarkeit ergibt ein Bauelement mit *sieben* Schichten.

Die niedrigsten Triggerströme fließen allerdings immer dann, wenn die Spannungen am Gate G und die an der Anode A1 (bezogen auf A2) dieselbe Polarität haben. Im übrigen hat dieses Bauelement sinngemäß dieselben Kennlinien und Kennwerte wie ein Thyristor.

Triacs sind *Wechselstromthyristoren.* Sie sind bei und mit jeder Polarität triggerbar.

Zwei Typenbeispiele und deren Kurzdaten:

TIC 226 D: 8 A/400 V/50 mA TXD 10 K 60 M: 10 A/600 V/50 mA

5.4.7 Spannungsabhängige Kippschalter (Diacs)

Während beim Thyristor und Triac ein Zünden durch Überschreiten der Nullkippspannung nicht zulässig ist (siehe Kapitel 5.4.4), ist dies bei der „Zweirichtungsdiode" Diac erlaubt. Bild 5.33 zeigt das Schaltsymbol und die typische symmetrische Kennlinie. Diese Diode ist also für den Wechselspannungseinsatz geeignet, daher auch der Name: **Diac** = **Di** (Zwei [Anschlüsse]) + **ac** (**a**lternating **c**urrent).

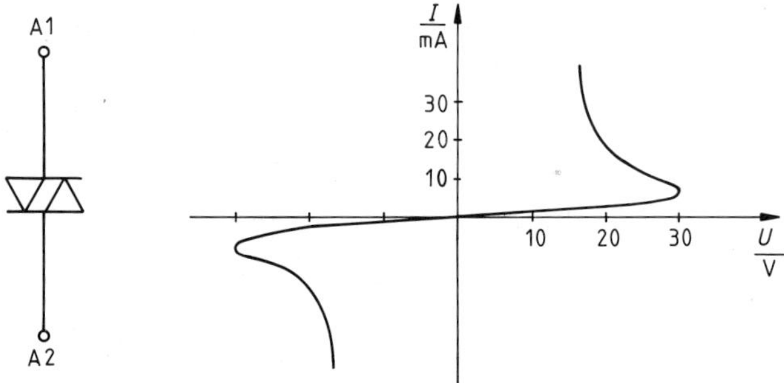

Bild 5.33 Schaltsymbol und Kennlinie einer Diac

Diacs werden praktisch nur als schnelle Triggerdioden im Gatekreis von Triacs verwendet. Die Phasenanschnittsteuerung von Bild 5.22 vereinfacht sich damit für den Anschnitt beider Halbwellen auf Bild 5.34. Die Funktionsbeschreibung von Bild 5.22 kann für diese Schaltung direkt übernommen werden (auch Aufgabe 10, a).

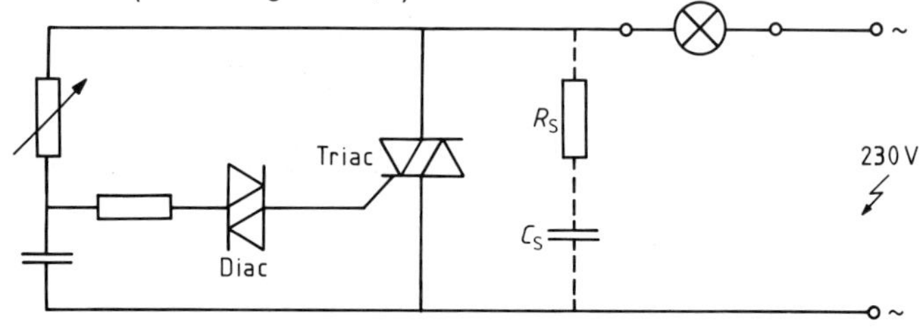

Bild 5.34 Vollweg-Phasenanschnitt mit Diac und Triac, R_s und C_s fangen Netz-Spannungsspitzen auf.[1])

Diacs zünden bei jeder Halbwelle, wenn die Durchbruchspannung überschritten wird. Diacs werden als Triggerdioden eingesetzt.

Die typische *Durchbruchspannung* aller Triggerdioden liegt bei 30 V.

Typenbeispiele:

ER 900, D 3202 U, Q 4006 LT = Diac *mit* Triac

Ein Diac ist übrigens eine *Dreischichtdiode:* Schichtfolge PNP. Die Erklärung des Durchbruchs erfolgt ganz ähnlich wie beim Thyristor (in Kapitel 5.4.4) über die kritische Feldstärke.

[1]) Siehe Anmerkung 2 am Ende von Kapitel 5.4.4

5.5 Weitere Spezialdioden

Z-Diode
Anwendung: Stabilisierung von Spannungen

Die Z-Diode ist so wichtig, daß wir ihr das ganze nächste Kapitel 6 widmen.
Einen kleinen Einblick, was noch ,,so alles'' unter den Begriff Diode fällt, soll der Schluß dieses Kapitels aber noch geben:

PIN-Diode (siehe auch Kapitel 5.2.2, Bild 5.13)
Anwendung: gleichstromgesteuerter Widerstand für HF-Signale

Schottky-Diode (Hot-Carrier-Diode)
Anwendung: Leistungsgleichrichter mit kleinem Schwellwert, schneller Schalter, Signalmischer für HF

Tunnel-Diode (Esaki-Diode, Gunn-Diode)
Anwendung: Oszillator im Mikrowellenbereich

Backward-Diode
Anwendung: Gleichrichter im Mikrowellenbereich, Gleichrichter ohne Schwellwert, extrem schneller Schalter (1 ns)

Laserdioden
Anwendung: Erzeugung sehr monochromatischer (Licht-)Strahlung mit enger Bündelung und kohärenten Wellenzügen

Avalanche-Fotodioden (Lawinen-Fotodioden)
Anwendung: Lichtempfänger hoher Empfindlichkeit, z. B. für Glasfaserstrecken

Aufgaben

Leuchtdioden

1. a) Für welche Farben (und Wellenlängen) gibt es LEDs?
   b) Welches Halbleitermaterial wird für LEDs verwendet, warum nicht Si und Ge?
   c) Skizzieren Sie mit realistischen Spannungswerten die vollständige Kennlinie einer roten und grünen LED zum Vergleich.
   d) Weshalb sind LEDs beim Betrieb an Wechselspannung problematisch?
   e) Erklären Sie die Erzeugung der Lichtstrahlung bei einer LED.

2. Berechnen Sie für folgende Schaltungen jeweils den richtigen Vorwiderstand ($I_F \simeq 25$ mA).

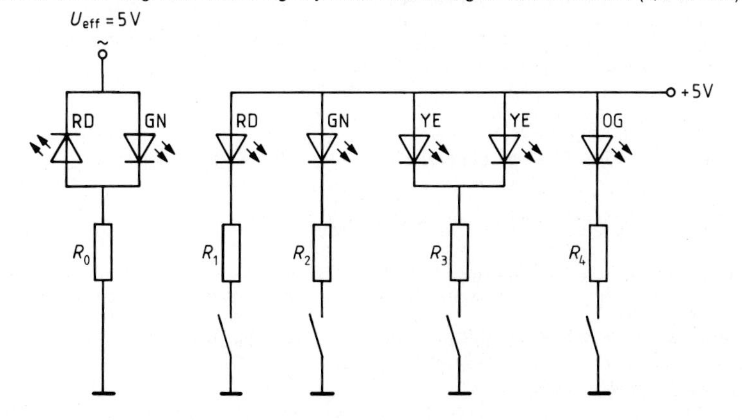

3. Mit der skizzierten Schaltung können LEDs getestet und die Anschlüsse Anode bzw. Katode festgelegt werden.
   a) Berechnen Sie R so, daß kein LED-Typ mit mehr als 25 mA Durchlaßstrom belastet wird.
   b) Weshalb ist die LED 1 für den Test von IREDs unentbehrlich?

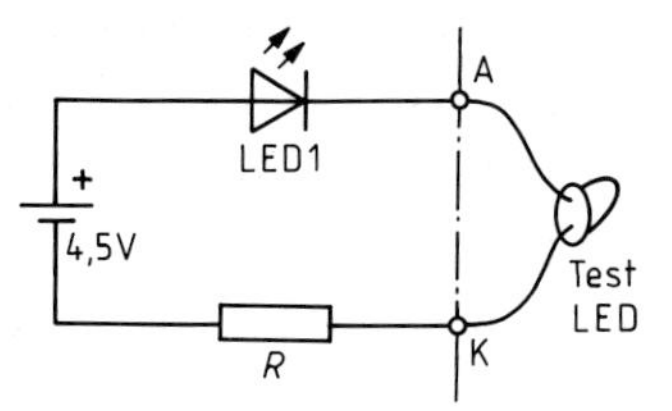

Fotodioden

4. a) Welche Vorteile haben Fotodioden im Vergleich zu Fotowiderstand und Fototransistor (siehe dazu Kapitel 7.9)? Welche Nachteile?
   b) Im Sperrbetrieb arbeiten Fotodioden als Fotowiderstände. Der Fotostrom ist aber nicht von der Speisespannung abhängig (wichtig z. B. bei Batterieversorgung).
   Begründen Sie diesen Satz.
   c) Erläutern Sie den Funktionsablauf in der Grenzschicht einer Fotodiode bei Lichteinfall.
   d) Für welches Licht sind Si-Fotoelemente am empfindlichsten?
   Erklären Sie, daß es ein Empfindlichkeitsmaximum gibt.
   e) Eine hochdotierte Universaldiode wird aufgesägt und als Fotodiode verwendet. Weshalb ist der Erfolg nur mäßig?

5. a) Eine Fotodiode mit der Kennlinie von Bild 5.7 wird an einem hochohmigen Voltmeter als Fotoelement betrieben (siehe Bild 5.11).
   Wie groß ist die Fotospannung bei 100 lx, 500 lx, 1000 lx?
   (*Lösung:* näherungsweise immer 0,75 V)
   b) Dieselbe Fotodiode wird nun aber an einen sehr niederohmigen Strommesser angeschlossen (sog. Kurzschlußbetrieb).
   Wie groß ist der Fotostrom bei 100 lx, 500 lx, 1000 lx?
   (*Lösung:* (linear(!) ansteigend von 5 μA bis 50 μA)

Kapazitätsdioden

6. a) Welche Vorteile haben Kapazitätsdioden gegenüber Drehkondensatoren?
   b) Wie läßt sich die Kapazitätsänderung der Dioden erklären?
   c) Gegeben sei eine Abstimmschaltung nach Bild 5.17
      1. Weshalb sollte $C_K \gg C_{Rmax}$ sein?
      (*Lösung:* Abstimmbereich wird nicht verkleinert, Schwingkreisberechnung einfacher, wenn C_K einen „Wechselspannungskurzschluß" darstellt!)
      2. Weshalb ist ein relativ großer Vorwiderstand R_V eingesetzt?
      (*Lösung:* Bei kleiner Abstimmspannung würde R_P den Kreis belasten)

Thyristor

7. a) Welche drei Betriebszustände hat der Thyristor?
   b) Bei welcher Polarität an Anode und Gate (bezogen auf die Katode) kann ein Thyristor gezündet werden?
   c) Wie wird der Sperrdurchbruch eingeleitet?
   Weshalb sind immer steile Zündimpulse zu verwenden?
   Weshalb ist die Zündung über die Nullkippspannung zu vermeiden?
   Nennen Sie die wichtigsten Thyristorkennwerte.
   d) Wie wird ein Thyristor gelöscht (in der Praxis)?
   e) Wie groß ist der Spannungsabfall an einem gezündeten Thyristor?
   Weshalb muß der Durchlaßstrom immer durch einen Vorwiderstand begrenzt werden?
   Weshalb darf dieser Vorwiderstand aber nicht zu groß gewählt werden?

Berechnung des Gatewiderstandes im DC-Betrieb

8. Gegeben ist die einfache Alarmanlage von Bild 5.20. Es sei $U_S = +12$ V. Verwendet wird ein Thyristor mit 6 A/400 V/50 mA (Erklärung in Kapitel 5.4.5). Die maximal notwendige Triggerspannung am Gate wird mit 3 V geschätzt.
   Berechnen Sie R_G so, daß der Gatekreis möglichst wenig Ruhestrom aufnimmt, der Thyristor aber beim Unterbrechen der Alarmschleife sicher zündet.
   (*Lösung:* $U_{RG} = 9$ V, $R_G = 180\ \Omega$)

Kondensatorlöschung im DC-Betrieb

9. In den skizzierten Schaltungen kann der Hauptthyristor V1 jeweils durch kurzes Betätigen der Tasten S1 gezündet und über die Tasten S2 gelöscht werden.
Erklären Sie den Funktionsablauf.
(*Hilfen:* Wie lädt sich *C* auf? Wie fließt der Entladestrom? Wie groß ist dann beim Löschen der Summenstrom durch V1? Wird der Haltestrom unterschritten?)

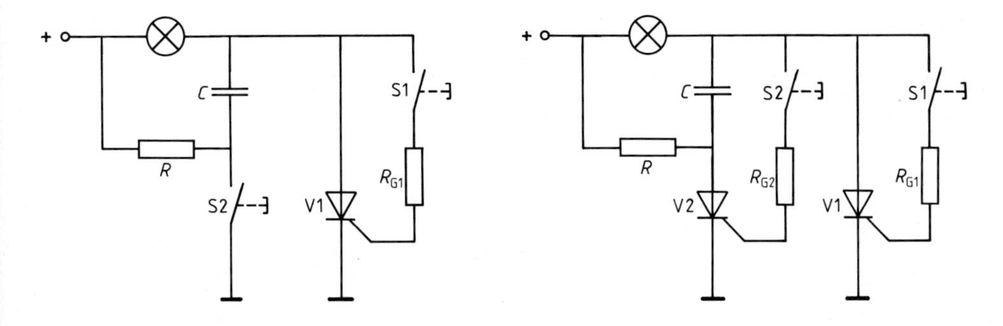

Anmerkung: Hier handelt es sich im Prinzip um ein elektronisches Gedächtnis, das mit S1 „gesetzt" und mit S2 „gelöscht" wird.

Triac und Diac

10. a) Erstellen Sie analog zu Bild 5.22 die Spannungs- und Stromdiagramme zur Vollweg-Schaltung von Bild 5.34.

b) Dem Kondensator wird ein Fotowiderstand (LDR) parallel geschaltet. Erläutern Sie, weshalb jetzt ein automatischer Dämmerungsschalter bzw. ein **Regler** für die Raumhelligkeit entsteht.

6 Z-Dioden

Z-Dioden sind Halbleiterdioden, die zur Begrenzung und Stabilisierung von Spannungen im Bereich von 1 V...200 V eingesetzt werden. Dazu werden Z-Dioden immer in Sperrichtung betrieben, d.h. im *Sperrdurchbruch.* Diesen hat Conrad Zener ca. 1934 erstmals gründlicher untersucht. Deshalb wurden solche Dioden früher auch Zener-Dioden genannt. Wie Bild 6.1 zeigt, ist der Sperrdurchbruch nur bei Si-Dioden relativ scharf ausgeprägt. Deshalb werden heute alle Z-Dioden auf Siliziumbasis hergestellt.

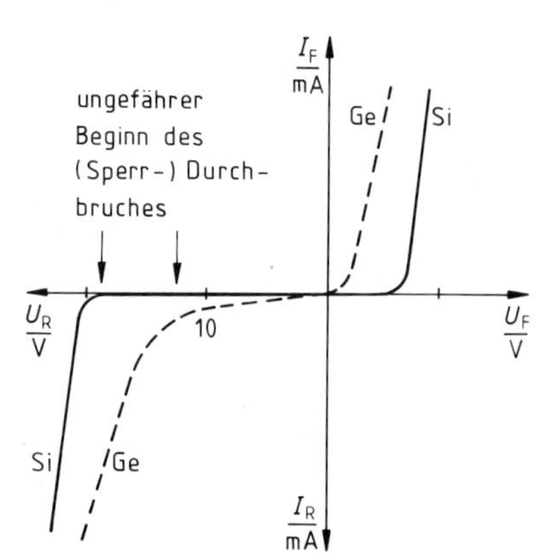

Bild 6.1 Kennlinien von Si- und Ge-Dioden

Z-Dioden sind Si-Dioden, die im *Sperrdurchbruch* betrieben werden. Wir bezeichnen hier den Sperrstrom mit I_Z (Zenerstrom) und die auftretende Klemmenspannung mit U_Z (Zenerspannung).
Im Durchbruchbereich ist die Zenerspannung U_Z relativ konstant, die Z-Diode kann deshalb zur Spannungsstabilisierung verwendet werden.
Das Schaltzeichen der Z-Diode zeigt Bild 6.2. Die „angehängte Fahne" symbolisiert den Kennlinienknick beim Sperrdurchbruch.

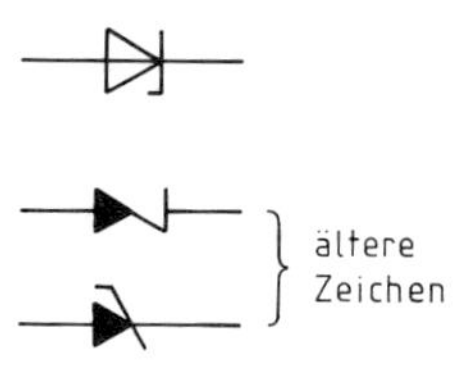

Bild 6.2 Schaltzeichen der Z-Diode

6.1 Physikalische Ursachen des Sperrdurchbruches

Der Sperrdurchbruch kann durch zwei völlig verschiedene Effekte ausgelöst werden. Dabei tritt der eigentliche „Zenereffekt" nur bei relativ kleinen Spannungen auf. Dies ist auch der tiefere Grund, weshalb Z-Dioden heute nicht mehr als Zener-Dioden bezeichnet werden.

6.1.1 Der Zenereffekt (1. Ursache)

Diesen Effekt hat Zener selbst entdeckt und beschrieben. Er findet nur bei solchen Z-Dioden statt, deren Durchbruch schon bei $U_Z < 5$ V einsetzt. Voraussetzung dazu ist, daß der Hersteller den Halbleiter hoch dotiert hat. Dadurch bildet sich eine sehr dünne Grenzschicht (Dicke $d \simeq 1$ µm) aus.[1]) Schon sehr kleine Spannungen U_Z erzeugen so in der Sperrschicht große elektrische Feldstärken E. (Es ist ja $E = U_Z/d$.) Bei einer *kritischen Feldstärke* (von etwa $2 \cdot 10^6$ V/m) werden die Kräfte auf die in der Sperrschicht gebundenen Elektronen so groß, daß sie aus ihren Bindungen herausgerissen werden. Es entstehen plötzlich viele freie Ladungsträger, die den Sperrstrom beträchtlich erhöhen, die Z-Diode bricht durch.
Da die „Lockerung" von gebundenen Elektronen durch die Wärmebewegung unterstützt wird, stellt sich bei einer Erhöhung der Temperatur T der beschriebene Zenereffekt schon bei etwas kleineren Spannungen U_Z ein (Bild 6.3, a). Abstrakter ausgedrückt:

► Die Durchbruchspannung hat beim Zenereffekt einen negativen Temperaturkoeffizienten TK.

Als Formel: Es ist $\text{TK} = \Delta U_Z/\Delta T < 0$; bezogen auf den gleichen Strom I_Z.
Typischer Wert: TK = −2 mV/K

> Bei Z-Dioden mit $U_Z < 5$ V erfolgt der (Sperr-)Durchbruch aufgrund des **Zenereffektes.** Durch hohe Dotierung entsteht eine sehr dünne Sperrschicht. Die Zenerspannung U_Z erzeugt eine so hohe Feldstärke, daß Ladungsträger aus ihren Bindungen „gerissen" werden.
> Der Zenereffekt ist mit einem *negativen* TK-Wert verbunden.

Dieser negative TK-Wert ist für den Zenereffekt typisch. Da viele Z-Dioden einen positiven TK-Wert zeigen, muß bei diesen der Durchbruch eine andere Ursache haben.

6.1.2 Der Lawineneffekt (2. Ursache)

Bei geringer Dotierung entsteht eine relativ breite Sperrschicht. Dadurch bleiben die Feldstärken in der Sperrschicht grundsätzlich unter dem kritischen Wert, der für den Zenereffekt notwendig ist.
Dennoch erfolgt bei Spannungen ab ca. 7 V aufwärts (je nach Dotierung) ein Durchbruch mit einem sehr scharfen Knick, wie Bild 6.3 zeigt.
Hier führt folgender Ablauf zum Durchbruch:

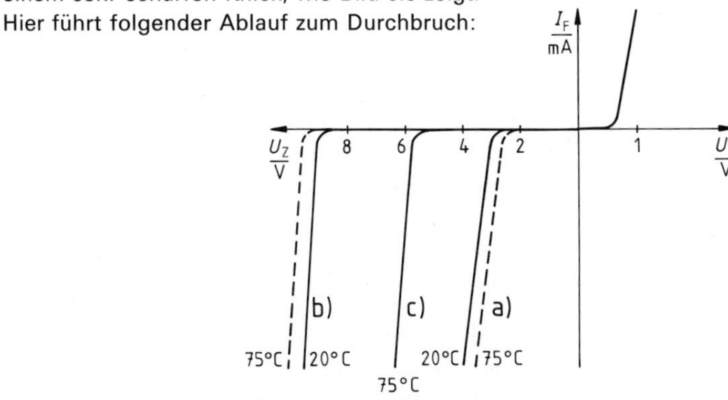

Bild 6.3 Sperrdurchbrüche haben verschiedene Ursachen: **a)** Zenereffekt, **b)** Lawineneffekt, **c)** gemischt.

[1]) Wandern z. B. die Elektronen aus dem N-Leiter in den P-Leiter, so finden sie bei hoher Dotierung schon in Grenznähe relativ viele Löcher je Volumeneinheit vor. Die Raumladung, die die Diffusion unterbricht, konzentriert sich deshalb auf einen sehr engen Raum, die Sperrschicht bleibt somit schmal.

In jeder Sperrschicht sind immer noch einige wenige, freie Ladungsträger vorhanden, die durch die Temperaturbewegung „ausgelöst" worden sind. Diese Ladungsträger werden nun von der elektrischen Feldkraft F beschleunigt und nehmen so die Energie W auf. Diese Energie W wächst mit der Beschleunigungsstrecke s gemäß $W = F \cdot s$ an.
Da nun die Sperrschicht relativ breit ist, haben viele Ladungsträger schon vor dem Verlassen der Sperrschicht so viel Energie W „angesammelt", daß sie bei einem Zusammenstoß mit einem Gitteratom dort weitere Ladungsträger „herausschlagen" können. Diese herausgeschlagenen Ladungen werden nun ihrerseits beschleunigt und „schöpfen" meist noch genug Energie für eine weitere *Stoßionisation* usw.... Der Sperrstrom wächst also wieder stark an. Ursache ist diesmal eine Stoßionisation in der Sperrschicht, die die Anzahl der freien Ladungsträger lawinenartig vergrößert. Aus diesem Grund bezeichnen wir diesen Vorgang auch als **Lawineneffekt** (engl. Avalanche-Effekt).

▶ Der Lawineneffekt ist nun mit einem positiven TK-Wert verknüpft.

Durch eine Erhöhung der Temperatur schwingen die Gitteratome heftiger. Dadurch treffen die freien Ladungsträger, welche beschleunigt werden, häufiger bzw. früher auf ein schwingendes Gitteratom. Im Mittel verkleinert sich so die Beschleunigungsstrecke s und die Stoßenergie W. Als Folge nimmt die (mittlere) Anzahl der Stöße, die *ionisierend* wirken, ab. Es entstehen weniger freie Ladungsträger, der Zenerstrom geht zurück. Um dies auszugleichen, muß mit steigender Temperatur auch die Zenerspannung U_Z erhöht werden, der TK-Wert ist hier also positiv (Bild 6.3, b).

Als Formel: Es ist $TK = \Delta U_Z / \Delta T > 0$; bezogen auf $I_Z = \text{const}$.
Typischer Wert: TK = 10 mV/K

Bei Z-Dioden mit $U_Z > 7$ V erfolgt der (Sperr-)Durchbruch aufgrund des **Lawineneffektes.** Durch niedrige Dotierung entsteht eine relativ breite Sperrschicht. In dieser vermehrt eine Stoßionisation die freien Ladungsträger lawinenartig. Der Lawineneffekt ist an einem *positiven* TK-Wert erkennbar.

Erst durch die Messung der Temperaturkoeffizienten wurde letztlich klar, daß es für den Sperrdurchbruch zwei verschiedene Ursachen geben muß.

6.1.3 Der Übergangsbereich: $U_Z = 5\,V \ldots 7\,V$

Im Bereich von 5 V bis 7 V laufen Zener- und Lawineneffekt parallel ab, weshalb der Anstieg des Zenerstromes I_Z vergleichsweise „steil" ausfällt (Bild 6.3, c). Gleichzeitig kompensieren sich die TK-Werte beider Effekte in diesem Bereich. Z-Dioden mit Durchbruchspannungen um 6 V zeigen deshalb praktisch keine Temperaturdrift der Kennlinien. Sofern möglich, werden deshalb andere Durchbruchspannungen aus 6-V-Z-Dioden[1]) zusammengestellt.

Z-Dioden mit $U_Z = 5$ V...7 V haben relative steile Kennlinien und kleine Temperaturdrift.

[1]) Normwerte: 5,6 V; 6,2 V; 6,8 V

6.2 Wichtige Kenngrößen der Z-Diode

6.2.1 Zenernennspannung und Verlustleistung

Wichtigste Kenngröße einer Z-Diode ist ihre *Durchbruchspannung*. Dies läßt sich jedoch aus einer Kennlinie nicht ohne weiteres eindeutig ablesen, was Bild 6.4 verdeutlicht.

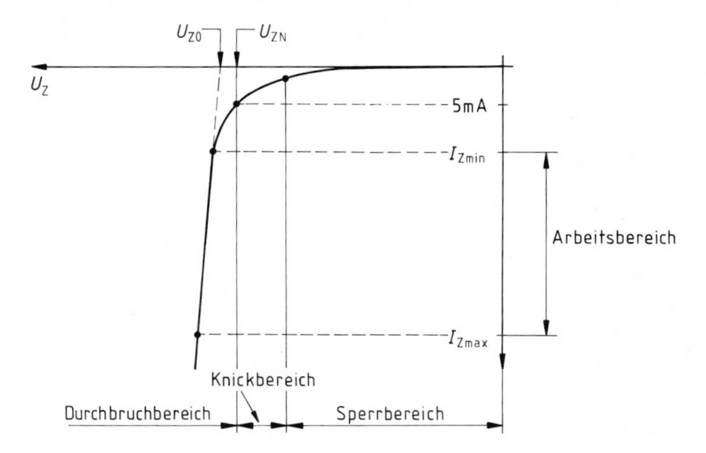

Bild 6.4 (Sperr-)Kennlinie einer Z-Diode mit Bereichseinteilung

In vielen Datenbüchern, aber keineswegs einheitlich, wird der Durchbruch durch die *Zenernennspannung* U_{ZN} charakterisiert, das ist die Zenerspannung U_Z beim Meßstrom $I_Z = 5$ mA. Nur geringfügig davon verschieden ist die *extrapolierte Zenerspannung* U_{Z0}, die sich aus der geradlinigen Verlängerung des (fast) linearen Astes der Kennlinie ergibt (Bild 6.4).

> Z-Dioden werden mit verschiedenen Durchbruchspannungen U_Z geliefert. Die **Durchbruchspannung** U_Z nennen wir auch die *Zenerspannung* der Z-Diode.
> Häufig wird für U_Z die Zenerspannung U_{ZN} im Arbeitspunkt $I_Z = 5$ mA angegeben.

Für den praktischen Betrieb einer Z-Diode ist allein der (fast) gerade Teil der Durchbruchkennlinie interessant, weil dort die Spannung U_Z relativ konstant ist. Dieser Arbeitsbereich beginnt nach Bild 6.4 bei einem Minimalstrom I_{Zmin} und endet bei dem höchstzulässigen Zenerstrom I_{Zmax}.

Der maximale Zenerstrom ergibt sich indirekt aus der *Leistungsklasse*, der die Z-Diode angehört. Z-Dioden werden nämlich nur für ganz bestimmte Verlustleistungen P_{Zmax} hergestellt, so gibt es z. B. eine Baureihe mit $U_Z = 3{,}9$ V ... 200 V, bei der die maximale Verlustleistung P_{Zmax} immer 1,3 W beträgt.

Aus $\quad P_{Zmax} = U_{Zmax} \cdot I_{Zmax}$

ergibt sich somit

$$I_{Zmax} = \frac{P_{Zmax}}{U_{Zmax}}$$

Dieser Grenzstrom definiert die *Verlustleistungshyperbel*, siehe Bild 6.5. Aus ihr erkennen wir:

1. Innerhalb einer Leistungsklasse nimmt der Maximalstrom I_{Zmax} mit der Zenerspannung ab.
2. Die Durchbruchspannung U_Z ist immer etwas kleiner als die Spannung U_{Zmax}, die Kennlinien fallen ja nicht genau senkrecht ab. Deshalb darf bei der Berechnung von

$$I_{Zmax} = \frac{P_{Zmax}}{U_{Zmax}}$$

für U_{Zmax} nicht einfach U_Z eingesetzt werden.
Sofern U_{Zmax} nicht aus einer Kennlinie ablesbar ist, verwenden wir für U_{Zmax} die *Abschätzung*:

$$\boxed{U_{Zmax} \simeq 1{,}1 \cdot U_Z}$$

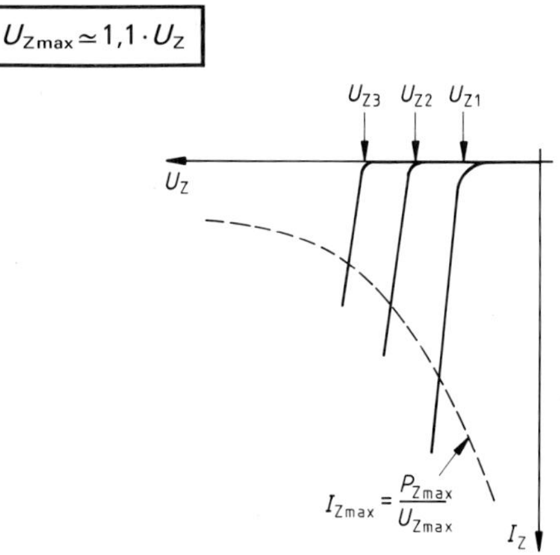

Bild 6.5 Verlustleistungshyperbel für Z-Dioden einer Leistungsklasse

6.2.2 Der Arbeitsbereich der Z-Diode

Die Z-Diode soll eine relativ konstante Klemmenspannung liefern. Dazu muß der Arbeitspunkt im linearen Teil der Durchbruchkennlinie liegen. Diesen linearen Teil nennen wir Arbeitsbereich der Z-Diode. Wir grenzen diesen nun genauer ein.
Der Arbeitsbereich endet bei I_{Zmax} und beginnt, etwas willkürlich, bei $I_{Zmin} = 10\% \cdot I_{Zmax}$.
Wir halten also fest:

Die Z-Diode wird nur im **Arbeitsbereich** betrieben. Hier verläuft die Kennlinie (fast) linear, U_Z ist praktisch konstant (Bild 6.6). Die Grenzen des Arbeitsbereiches sind durch I_{Zmax} und $I_{Zmin} = 10\% \cdot I_{Zmax}$ gegeben. I_{Zmax} läßt sich abschätzen aus:

$$I_{Zmax} \simeq \frac{P_{Zmax}}{1{,}1\ U_Z}$$

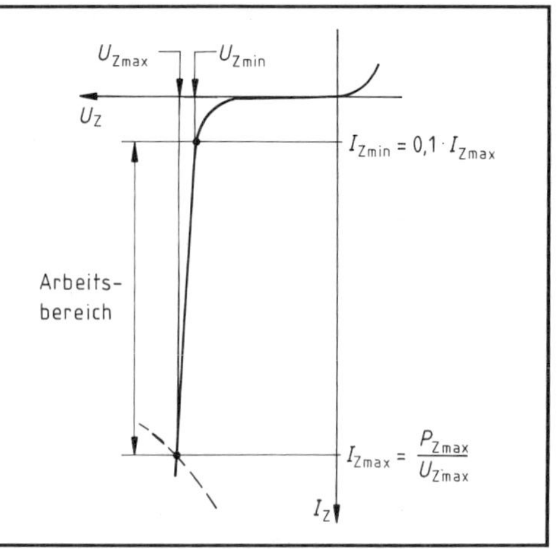

Bild 6.6 Festlegung des Arbeitsbereiches

Wird der Grenzstrom $I_{Z\max}$ der Z-Diode (längere Zeit) überschritten, so wird die Z-Diode (thermisch) zerstört. Dies muß durch einen richtig bemessenen Vorwiderstand R_V verhindert werden (Kapitel 6.4 und 6.6).

Für Praktiker:

6.2.3 Handelsübliche Z-Dioden

Entsprechend ihrer Leistungsklasse unterscheiden sich die Z-Dioden durch ihr Gehäuse (Bild 6.7). Gängig sind Z-Dioden mit 0,5 W, 1,3 W und 10 W. Die lieferbaren Zenerspannungen sind nach der E24-Reihe genormt.[1]) Folgende Tabelle gibt eine Übersicht:

Leistung	Typenbezeichnung	Beispiel	Gehäuse	Abbildung
250 mW	BZ 102 C...	BZ 102 C3V9[2])	—	—
500 mW	ZPD 1...51 BZX 55 C...	ZPD 33 BZX 55 C3V9	DO-35 DO-35	} ②
1,3 W	ZPY 1...91 ZPU 100...180 BZX 85 C ZD 3,9...200	ZPY 9,1 ZPU 150 BZX 85 C3V9 ZD 12	} DO-41 DO-41 DO-13	} ① ④
2 W	ZY 1...200	ZY 18	P1	③
10 W	ZX 3,9...200 ZL BXZ 98 C...	ZX 6,2 BXZ 98 C3V9	} Metallgehäuse mit Schraube M4	} ⑤

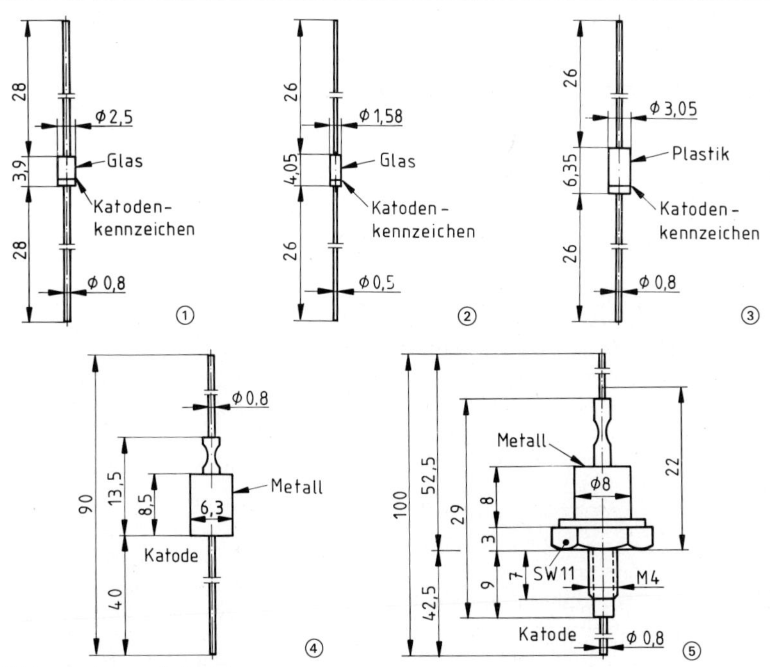

Bild 6.7 Gehäusebauformen für Z-Dioden

[1]) Normwertreihen: siehe Anhang A-1 und A-2 am Buchende.
[2]) Schreibweise nach Valvo, das V steht anstelle eines Kommas: $U_Z = 3{,}9$ V

Für Praktiker:

6.2.4 Temperaturkompensierte Z-Dioden

Während Z-Dioden um 6 V „von Haus aus" eine kleine Temperaturdrift haben (6.1.3), gibt es auch temperaturkompensierte Z-Dioden für höhere Spannungen. Sie sind nach Bild 6.8 (oder noch komplizierter) aufgebaut. Ab $U_Z = 7$ V ist der TK-Wert positiv (siehe Kapitel 6.1.2). Dies wird durch den negativen TK-Wert der Si-Dioden kompensiert.

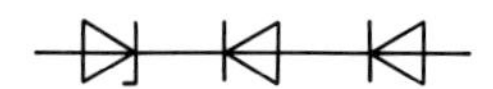

Bild 6.8 Beispiel für eine temperaturkompensierte Z-Diode

Solche Z-Dioden sind für $P_{Z\max} = 200$ mW unter der Typenbezeichnung ZTK... im Handel und naturgemäß relativ teuer.

6.2.5 Der differentielle Widerstand einer Z-Diode

Zumindest im Arbeitsbereich sollte sich die Spannung an den Klemmen der Z-Diode nur noch wenig ändern, d. h. die Kennlinie sollte dort möglichst steil verlaufen. Bild 6.9 zeigt eine in diesem Sinne ideale Z-Diode, im Arbeitsbereich ist hier $\Delta U_Z = 0$. Tatsächlich hat jede reale Kennlinie eine endliche Steigung. Sie ist mathematisch durch

$$m = \frac{\Delta I_z}{\Delta U_Z} \rightarrow \frac{d I_Z}{d U_Z}$$

definiert (Bild 6.10).

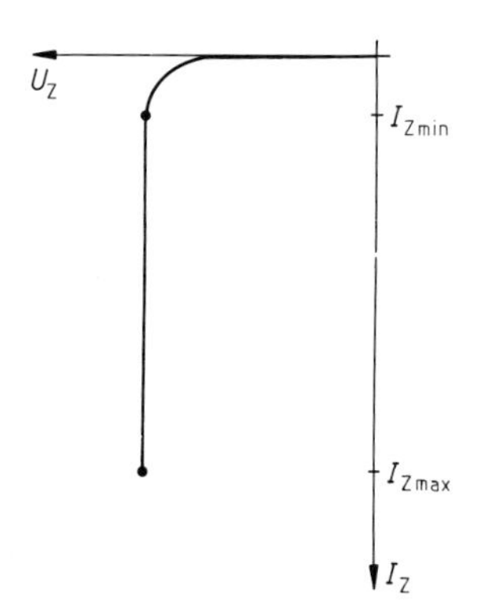

Bild 6.9 Ideale Z-Diode

Tatsächlich wird diese Steigung jedoch indirekt durch den *Kehrwert*, also durch die Größe

$$r_Z = \frac{\Delta U_Z}{\Delta I_Z} \rightarrow \frac{d U_Z}{d I_Z} \quad \text{mit } [r_Z] = 1\,\Omega$$

angegeben.

Diese Größe heißt **differentieller Widerstand r_Z**. Je steiler die Kennlinie ist, d. h. je größer die Steigung ist, desto kleiner ist der differentielle Widerstand r_Z.
Der Wert von r_Z gilt streng genommen immer nur für einen bestimmten Arbeitspunkt A und wird mit Hilfe der Tangente in diesem Punkt A ermittelt. Aus dem entstehenden Steigungsdreieck lassen sich die Werte ΔU_Z, ΔI_Z bzw. r_Z bestimmen. Bild 6.10 zeigt dazu ein Beispiel. Im Arbeitsbereich ist r_Z aber praktisch konstant (Bild 6.11).

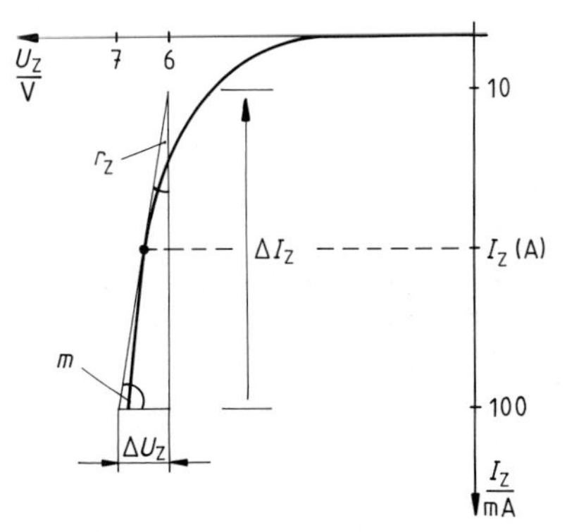

Bild 6.10 Bestimmung des differentiellen Widerstandes (hier: $r_Z \simeq 10\,\Omega$)

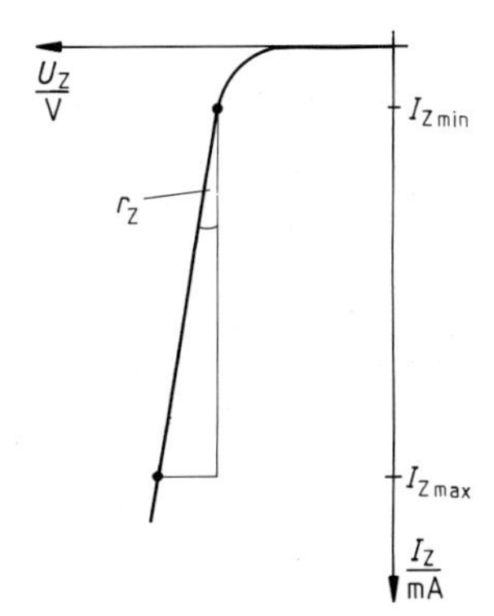

Bild 6.11 Im Arbeitsbereich ist die Kennlinie praktisch gerade und r_Z konstant.

Ist r_Z bekannt, lassen sich die Spannungsschwankungen an den Klemmen der Z-Diode abschätzen.

Beispiel: Es sei $r_Z = 10\,\Omega$ und $\Delta I_Z \simeq 10$ mA. Dann ist:

$$\Delta U_Z = r_Z \cdot \Delta I_Z \simeq 100 \text{ mV}$$

Die **Steigung der Kennlinie** wird indirekt (!) durch den *differentiellen Widerstand* r_Z angegeben.

Es gilt: $$r_Z = \frac{\Delta U_Z}{\Delta I_Z} \quad \text{bzw.} \quad r_Z = \frac{dU_Z}{dI_Z}$$

Im Arbeitsbereich ist $r_Z \simeq$ const.

Typische Werte: $r_Z = 2\,\Omega \ldots 20\,\Omega$

Mit r_Z lassen sich die Änderungen der Zenerspannung im Arbeitsbereich leicht abschätzen:

$$\Delta U_Z = r_Z \cdot \Delta I_Z$$

Mit r_Z wird auch ΔU_Z kleiner, die Spannung U_Z also stabiler.

Nach Kapitel 6.1.3 muß der differentielle Widerstand im Übergangsbereich, d.h. für $U_Z = 5\text{ V} \ldots 7\text{ V}$ ein deutliches Minimum aufweisen.

Mit dem differentiellen Widerstand r_Z läßt sich eine Z-Diode im Arbeitsbereich ersatzweise als *Spannungsquelle* mit dem *Innenwiderstand* r_Z darstellen, wobei lediglich die Stromrichtung ungewohnt ist (Bild 6.12). Aufgrund dieses Innenwiderstandes r_Z ändert sich die Klemmenspannung der Diode etwas mit dem Zenerstrom.

Zu dieser Modellvorstellung der Z-Diode gehört dann die schematische Arbeitskennlinie nach Bild 6.13. Sie ist gegeben durch

$$U_Z = U_{Z0} + r_Z I_Z \simeq U_{ZN} + r_Z I_Z \,.$$

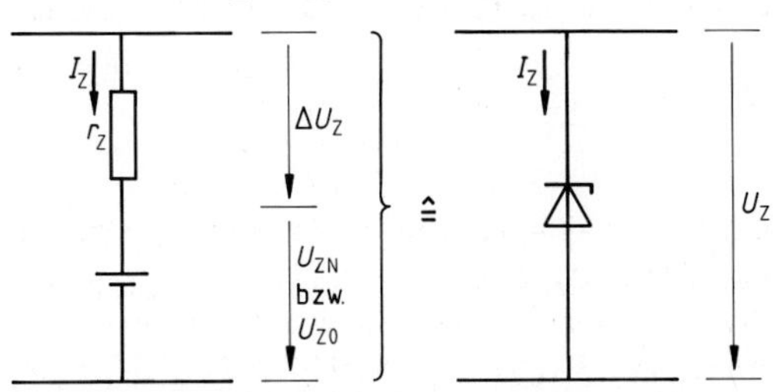

Bild 6.12 Im Arbeitsbereich wirkt die Z-Diode wie eine Spannungsquelle mit dem kleinen Innenwiderstand r_Z.

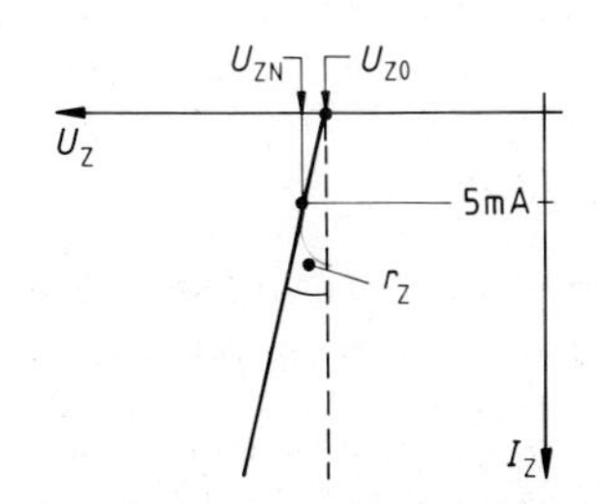

Bild 6.13 Schematische Z-Diodenkennlinie

Für Experten (sonst weiter bei 6.3):

6.2.6 Die Betriebsartabhängigkeit des differentiellen Widerstandes

Wenn sich der Zenerstrom sehr rasch ändert, etwa periodisch mit 50 Hz, so bleibt die Temperatur der Z-Diode konstant. In diesem Fall bewegt sich der Arbeitspunkt auf der *dynamischen Kennlinie* (I) von Bild 6.14.
Die Spannungsschwankungen ΔU_Z sind relativ klein, ebenso der differentielle Widerstand, den wir hier r_{Zdyn} nennen. Wird der Strom I_Z aber sehr langsam[1]), quasi statisch geändert, ergeben sich viel größere Werte für ΔU_Z und r_Z, jetzt r_{Zstat} genannt.

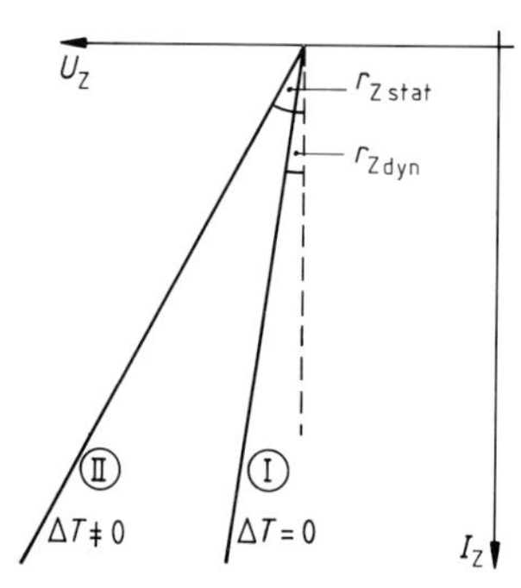

Bild 6.14 Dynamische (I) und statische Kennlinie (II)

Beispiel: Mit zunehmendem Strom erwärmt sich die Z-Diode. *Bei positivem TK-Wert* steigt dann U_Z mit I_Z stärker als erwartet an. Wir bewegen uns jetzt auf der *statischen Kennlinie* (II) von Bild 6.14. Im Vergleich zur dynamischen Kennlinie hat sich ΔU_Z bzw. r_Z um einen „Temperaturzuschlag" vergrößert.

Wir setzen deshalb r_Z allgemein wie folgt an:

$$r_{Zstat} = r_{Zdyn} + r_{Zth}$$

In Datenbüchern ist mit r_Z immer der kleine dynamische Wert gemeint. Die Zunahme von r_Z durch den thermischen Anteil r_{Zth} läßt sich wie folgt abschätzen:

- r_{Zth} steigt mit der (Verlust-)Leistung, also mit U_Z^2.
- r_{Zth} steigt bei positivem TK-Wert.
- r_{Zth} steigt mit dem *Wärmewiderstand des Gehäuses.*[2]) Dieser wird unter dem Symbol R_{th} in Kelvin je Watt (Verlustleistung) im Datenblatt angegeben. (Typisch: 100 K/W)

Somit gilt: $r_{Zth} = U_Z^2 \cdot \mathrm{TK} \cdot R_{th}$

Beispiel: $U_Z = 9{,}1$ V; TK $= 10$ mV/K; $R_{th} = 100$ K/W; $r_{Zdyn} = 10\ \Omega$

$r_{Zth} \simeq 80\ \Omega \Rightarrow r_{Zstat} \simeq 90\ \Omega$

Damit ist bei langsamen Stromänderungen r_{Zstat} rund 10mal so groß wie $r_Z = r_{Zdyn}$ aus dem Datenblatt.

> *Bei langsamen Stromänderungen* ändert sich die **Kristalltemperatur der Z-Diode.** Damit ändern sich, entsprechend dem TK-Wert, auch U_Z und r_Z.
> Bei positivem TK ($U_Z > 7$ V) vergrößert sich ΔU_Z bzw. r_Z erheblich, typisch um den Faktor zehn. Nur für Z-Dioden mit TK $\simeq 0$ bleiben r_Z und U_Z relativ konstant.

Wir erkennen, daß *auch bei konstanter Umgebungstemperatur* nur ein kleiner TK-Wert eine stabile Zenerspannung garantiert. Dies legt wieder die Verwendung von 6-V-Z-Dioden (einzeln oder in Reihe) nahe.

---

[1]) Einstellzeit 2 s ... 20 s
[2]) Eigentlich Gesamtsystem: Kristall, Gehäuse, Kühlblech ...

6.3 Spannungsstabilisierung mit Z-Dioden

6.3.1 Die Grundschaltung

Im Arbeitsbereich ist die Klemmenspannung einer Z-Diode relativ konstant, auch bei großen Änderungen des Zenerstromes I_Z. Aus diesem Grund wird eine Last, die eine stabilisierte Spannung benötigt, einfach der Z-Diode parallel geschaltet. Ein Vorwiderstand R_V sorgt dafür, daß der maximale Zenerstrom nicht überschritten wird. Da die Z-Diode im Durchbruch arbeiten muß, wird sie in Sperrichtung betrieben. Dies ergibt die einfache Stabilisierungsschaltung nach Bild 6.15. Die ganze Anordnung stellt eine *Parallelstabilisierung* der Ausgangsspannung U_{RL} dar.[1])

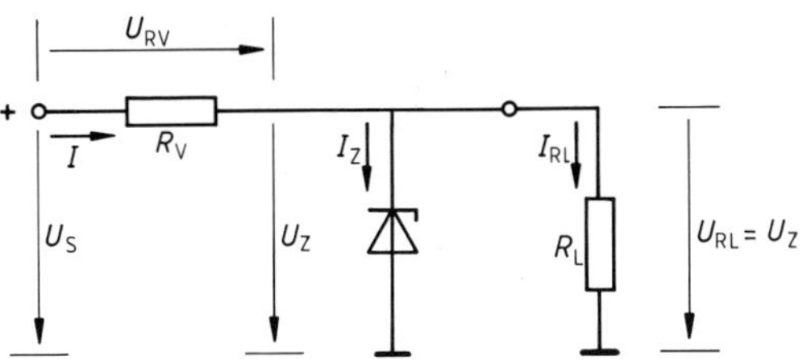

6.15 Die Z-Diode stabilisiert die Spannung an der parallelen Last R_L.

Eine Stabilisierung der Ausgangsspannung U_Z erfolgt sowohl bei Schwankungen der Eingangsspannung U_S (Speisespannung) als auch bei Schwankungen des Laststromes. In beiden Fällen ändert sich nämlich der Zenerstrom I_Z, was aber die Spannung U_Z (fast) nicht ändert, solange die Z-Diode im Arbeitsbereich verbleibt (Bild 6.16).[2])

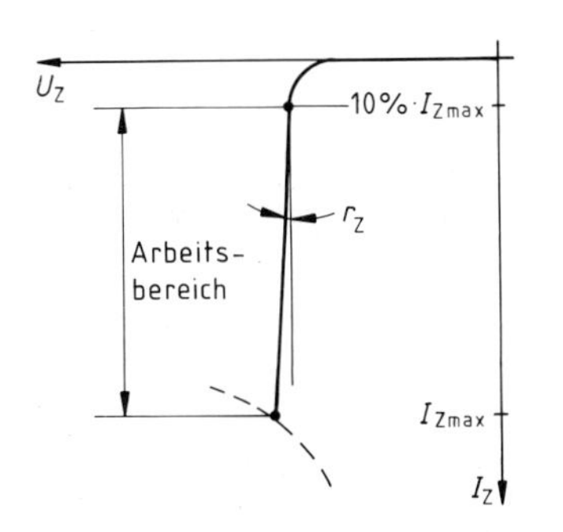

Bild 6.16 Ändert sich I_Z, bleibt U_Z (fast) konstant.

Bild 6.17 I_Z ändert sich mit U_S bzw. mit I_{RL}.

▶ Wir betrachten zuerst den Funktionsablauf bei Änderungen der Speisespannung U_S, der *Lastwiderstand R_L sei konstant.*

Wie aus Bild 6.17 hervorgeht, fällt an R_V immer die Differenz $U_{RV} = U_S - U_Z$ ab. Damit läßt sich der Eingangsstrom I berechnen.

$$I = \frac{U_{RV}}{R_V} = \frac{U_S - U_Z}{R_V} = I_Z + I_{RL}$$

Nehmen wir nun an, daß U_Z konstant bleibt (Arbeitshypothese). Dann bleibt auch der Laststrom $I_{RL} = U_Z/R_L$ konstant. Folglich ändert sich mit U_S der Eingangsstrom $I = U_{RV}/R_V$, also auch I_Z:

$$I_Z = I - I_{RL} \quad (= \text{veränderlicher Wert} - \text{konstanter Wert})$$

Solange I_Z aber im Arbeitsbereich verbleibt, ändert sich U_Z tatsächlich nicht (Bild 6.16).

[1]) Eine Serienstabilisierung (mit Transistor) wird in Kapitel 10.1 vorgestellt.

[2]) Arbeitsbereich: siehe Kapitel 6.2.2

▶ Ähnlich argumentieren wir bei Laststromschwankungen. Für diese Betrachtung sei *die Speisespannung $U_S = const.$* Dann ist auch der Eingangsstrom I konstant (s. o.). Laststromänderungen wirken sich also *direkt* auf den Zenerstrom

$$I_Z = I - I_{RL} \quad (= \text{konstanter Wert} - \text{veränderlicher Wert})$$

aus. I_Z ändert sich also wieder, aber U_Z bleibt auch hier konstant, solange I_Z im Arbeitsbereich liegt.

Natürlich ist auch denkbar, daß U_S und I_{RL} gleichzeitig schwanken, in jedem Fall gilt:

Eine **Spannungsstabilisierung mit Z-Diode** liefert dann eine (fast) konstante Ausgangsspannung U_Z, wenn der Zenerstrom I_Z im Arbeitsbereich gehalten wird.

Für Experten (sonst weiter bei 6.4):

6.3.2 Stabilität und Vorwiderstand hängen zusammen

▶ Im folgenden nehmen wir eine *konstante Last R_L* an.

Zur quantitativen Beurteilung einer Schaltung, welche Spannungen stabilisieren soll, können wir die absoluten und relativen Änderungen der Ein- und Ausgangsspannung miteinander vergleichen. Die Stabilisierungswirkung ist um so besser, je kleiner die Faktoren $1/G$ bzw. $1/S$ in den folgenden Gleichungen sind:

Absolute Änderung von U_A:	**Relative Änderung von U_A:**
$\Delta U_A = \frac{1}{G} \Delta U_E$	$\frac{\Delta U_A}{U_A} = \frac{1}{S} \cdot \frac{\Delta U_E}{U_E}$

Die absoluten und die relativen Änderungen der Ausgangsspannung sind also genau dann klein, wenn die Terme G und S groß sind.

Wir nennen

$$G = \frac{\Delta U_E}{\Delta U_A}$$

den absoluten Stabilisierungsfaktor (auch **Glättungsfaktor**) und

$$S = \frac{\Delta U_E / U_E}{\Delta U_A / U_A}$$

den relativen **Stabilisierungsfaktor.**
Mit den gegebenen Definitionen gilt der Zusammenhang:[1])

$$S = G \cdot \frac{U_A}{U_E}$$

[1]) *Probe:* $S = \frac{\Delta U_E / U_E}{\Delta U_A / U_A} = \frac{\Delta U_E}{\Delta U_A} \cdot \frac{U_A}{U_E} = G \cdot \frac{U_A}{U_E}$

Wir betrachten nun vergleichend die drei Fälle von Bild 6.18.

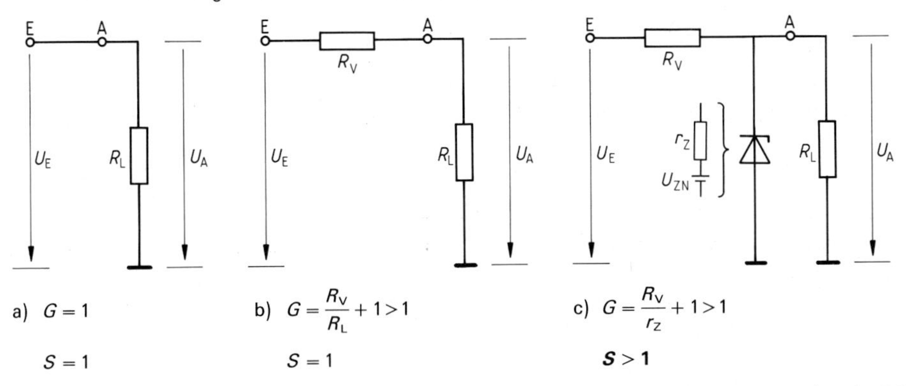

a) $G=1$ b) $G=\frac{R_V}{R_L}+1>1$ c) $G=\frac{R_V}{r_Z}+1>1$

$S=1$ $S=1$ $\boldsymbol{S>1}$

Bild 6.18 Durch die Z-Diode verkleinern sich **auch** die *relativen* Spannungsschwankungen am Ausgang A (um den Faktor $1/S$).

Wird, wie in Teilbild a, die Last direkt an eine schwankende Versorgungsspannung angeschlossen, so ist $U_E=U_A$ und $\Delta U_E=\Delta U_A$. Damit haben sowohl G als auch S ihren niedrigsten Wert, d. h. es ist:

$$G=1 \quad \text{und} \quad S=1$$

In Teilbild b gilt nach dem Spannungsteilerprinzip:

$$\frac{U_E}{U_A}=\frac{\Delta U_E}{\Delta U_A}=\frac{R_V+R_L}{R_L}=\frac{R_V}{R_L}+1$$

Folglich ist $$G=\frac{\Delta U_E}{\Delta U_A}=\frac{R_V}{R_L}+1>1.$$

Aber: $$S=G\cdot\frac{U_A}{U_E}=\left(\frac{R_V}{R_L}+1\right)\cdot\frac{1}{\frac{R_V}{R_L}+1}=1$$

Das heißt durch einen einfachen Vorwiderstand R_V verkleinert sich für die Last R_L die *absolute* Höhe der Spannungsschwankung (von ΔU_E auf $\Delta U_A=1/G\cdot\Delta U_E$), **nicht** aber deren *relative* Höhe (denn es ist $S=1$).

Zur Illustration dazu noch ein einfaches Beispiel:

Es sei $R_V=100\,\Omega$ und $R_L=100\,\Omega$ ($\Rightarrow U_A=1/2\,U_E$).
Ferner gelte: $U_E=10\,\text{V}\pm1\,\text{V}$, also $\Delta U_E/U_E=10\%$
Daraus folgt: $U_A=5\,\text{V}\pm0{,}5\,\text{V}$, also $\Delta U_A/U_A=10\%$

Somit ist:

$$G=\frac{U_E}{U_A}=\frac{1\,\text{V}}{0{,}5\,\text{V}}=2 \quad \text{und} \quad S=\frac{\Delta U_E/U_E}{\Delta U_A/U_A}=\frac{10\%}{10\%}=1$$

Wird nun jedoch, wie in Teilbild c, der Last R_L noch eine Z-Diode parallel geschaltet, verkleinert sich auch die relative Höhe der Spannungsschwankung. Zunächst ergibt sich G analog zu Teilbild b, wenn wir R_L durch (den viel kleineren Wert) r_Z ersetzen:

$$G=\frac{R_V}{r_Z}+1>1$$

Wegen der Z-Diode ist nun aber $U_A=U_Z\simeq\text{const}$. Wie folgendes Beispiel zeigt, gilt deshalb auch:

$$S=G\cdot\frac{U_A}{U_E}>1$$

Beispiel: $R_V = 100\,\Omega$, $r_Z = 11\,\Omega$, $U_E = 10\,V$, $U_A = 5\,V$

$\Rightarrow G \simeq 10$ und $S \simeq 5$

In diesem Fall vermindert die Z-Diode für die Last *die absolute und die relative Höhe* der Spannungsschwankung (um $1/G$ bzw. $1/S$).
Sowohl G als auch S sollten (s. o.) möglichst groß sein. Aus der Formel

$$G = \frac{R_V}{r_Z} + 1$$

erkennen wir z. B.:

> Die (Spannungs-)**Stabilisierung** mit einer Z-Diode **wird mit zunehmendem Vorwiderstand besser.**

Wir betrachten nun noch die Formel für S und setzen darin, wie üblich, $U_E = U_S$ bzw. $U_A = U_Z$:

$$S = G \cdot \frac{U_A}{U_E} = G \cdot \frac{U_Z}{U_S}$$

Damit S möglichst groß ausfällt, sollte U_S im Vergleich zu U_Z nicht (allzu) groß gewählt werden (z. B. $U_S = 1{,}2 \ldots 3 \cdot U_Z$). Andererseits wird bei kleiner Differenz $U_S - U_Z = U_{RV}$ auch der Eingangsstrom I der Schaltung ($I = U_{RV}/R_V$) recht klein. Dadurch sinkt zwangsläufig (siehe weiter unten) der entnehmbare Laststrom I_{RL}, möglicherweise auf unrealistisch kleine Werte. Dies erfordert einen Kompromiß für

$$\frac{U_Z}{U_S} \quad \text{bzw.} \quad U_S - U_Z:$$

> Als guter Kompromiß für die **Belastbarkeit der Schaltung** einerseits und für eine gute relative Spannungsstabilisierung andererseits gilt:
>
> $$\frac{U_Z}{U_S} \simeq \frac{1}{2}, \quad \text{also } U_S \simeq 2\,U_Z$$

6.4 Dimensionierung ohne Kennlinie

In der Regel werden wir die Kennlinie einer Z-Diode vor deren Einbau nicht erst durchmessen.

> Ist die genaue Kennlinie unbekannt, so liefert das **Datenblatt** bzw. die **Beschriftung** der Z-Diode einen Schätzwert für U_Z im Arbeitsbereich.

6.4.1 Die Grundformel für den Vorwiderstand R_V

Nach Bild 6.19 fällt an R_V die Differenz zwischen Ein- und Ausgangsspannung ab:

$$U_{RV} = U_S - U_Z$$

Durch R_V fließt der gesamte (Eingangs-)Strom:

$$I = I_Z + I_{RL}$$

Damit können wir nun R_V berechnen.

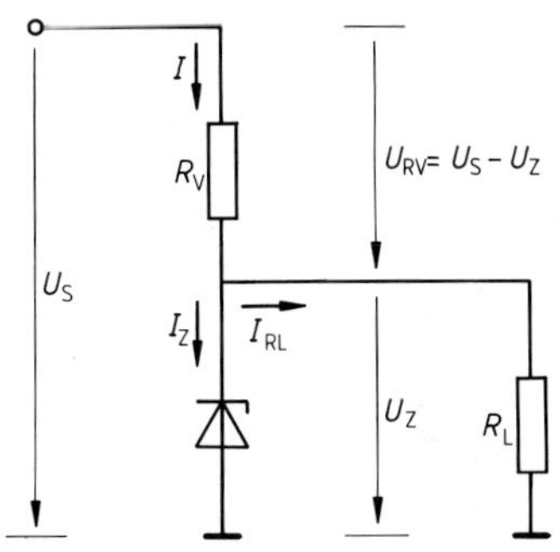

Bild 6.19 R_V ist durch U_{RV} und I bestimmt.

Grundformel zur Berechnung von R_V:

$$R_V = \frac{U_{RV}}{I} = \frac{U_S - U_Z}{I_Z + I_{RL}}$$

Je nach Problemstellung werden in diese Formel für die Spannungen und Ströme entsprechende Grenzwerte eingesetzt.

In den folgenden Kapiteln folgen hierzu noch einige Beispiele.

6.4.2 Der Laststrom kann abgeschaltet werden

a) Der kleinste zulässige Vorwiderstand R_V

Wir nehmen hier an, daß die Last von der eigentlichen Stabilisierungsschaltung abgetrennt werden kann (Bild 6.20). Dann muß damit gerechnet werden, daß der ganze Eingangsstrom I über die Z-Diode fließen kann. Der Vorwiderstand R_V muß in diesem Fall den Strom I immer auf I_{Zmax} begrenzen, und zwar auch dann, wenn U_S seinen Maximalwert U_{Smax} annimmt.

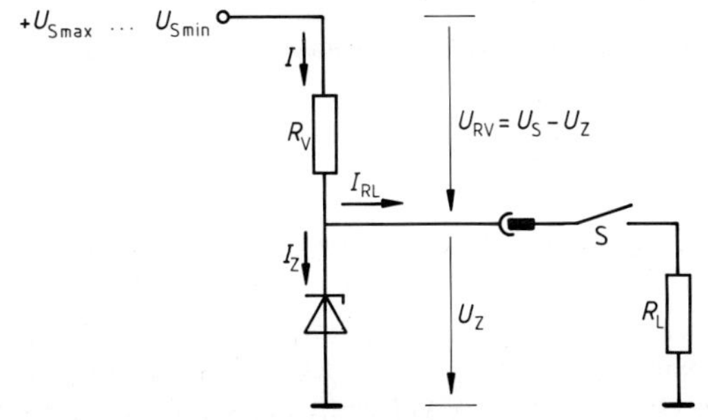

Bild 6.20 Bei abgetrennter Last wird die Z-Diode am stärksten belastet.

Daraus folgt:

Ist der **Laststrom abschaltbar** ($I_{RL} = 0$), muß R_V den Eingangsstrom I auf den maximalen Zenerstrom begrenzen.

$$I \leq I_{Zmax} \simeq \frac{P_{Zmax}}{1{,}1\,U_Z}$$

Die Grundformel für R_V liefert dazu den *kleinsten zulässigen Vorwiderstand* R_V. Es ist

$$R_V = \frac{U_{RV}}{I} \geq \frac{U_{Smax} - U_Z}{I_{Zmax}}$$

Falls bekannt, ist hier $U_Z = U_{Zmax}(I_{Zmax})$ einzusetzen.

Beispiel: Gegeben: $U_S = 10\,\text{V} \pm 1\,\text{V}$ und eine ZPD 6,2 mit $U_Z \simeq 6{,}2\,\text{V}$; $P_{Z\max} = 500\,\text{mW}$

Es ist $$I_{Z\max} \simeq \frac{500\,\text{mW}}{1{,}1 \cdot 6{,}2\,\text{V}} \simeq 73\,\text{mA},$$

somit gilt: $$R_V \geq \frac{11\,\text{V} - 6{,}2\,\text{V}}{73\,\text{mA}} \simeq 66\,\Omega$$

Nächster Normwert:

$$\boldsymbol{R_V = 68\,\Omega}$$

b) Der in jedem Betriebsfall garantierbare Laststrom

Wenn der kleinste zulässige Vorwiderstand tatsächlich eingesetzt wird, ist nach Kapitel 6.3.2 die Spannungsstabilisierung relativ schlecht, dafür ist aber der Eingangs- und Ausgangsstrom maximal. Wir berechnen für diesen Fall $I_{RL\max}$. Beim maximalen Laststrom muß die Z-Diode noch im Arbeitsbereich verbleiben. Selbst wenn U_S auf $U_{S\min}$ abfällt, muß noch $I_{Z\min} = 10\,\% \cdot I_{Z\max}$ gelten. Daraus ergibt sich der in jedem Betriebsfall garantierbare Laststrom wie folgt:

Der kleinste vorkommende **Eingangsstrom:** Mit den Werten aus dem Beispiel (s. o.):	$I_{\min} = \dfrac{U_{S\min} - U_Z}{R_V}$ $I_{\min} \simeq \dfrac{9\,\text{V} - 6{,}2\,\text{V}}{68\,\Omega} \simeq$ **41 mA**
Der in jedem Fall noch zulässige **Ausgangsstrom:** Mit den Werten aus dem Beispiel:	$I_{RL\max} = I_{\min} - I_{Z\min}$ $I_{RL\max} = I_{\min} - 10\,\%\, I_{Z\max}$ $I_{RL\max} \simeq (41 - 7{,}3)\,\text{mA} \simeq$ **33,7 mA**

Mit den Werten aus unserem Beispiel ergibt sich die in Bild 6.21 dargestellte Schaltung. Wenn am Ausgang weniger Strom benötigt wird, ist es besser, R_V heraufzusetzen. (Grund: siehe z. B. Kapitel 6.3.2.) Der größte noch mögliche Vorwiderstand ergibt sich dann nach Kapitel 6.4.4 aus dem verlangten Ausgangsstrom. Zunächst soll aber noch der allgemeine Betriebsfall betrachtet werden.

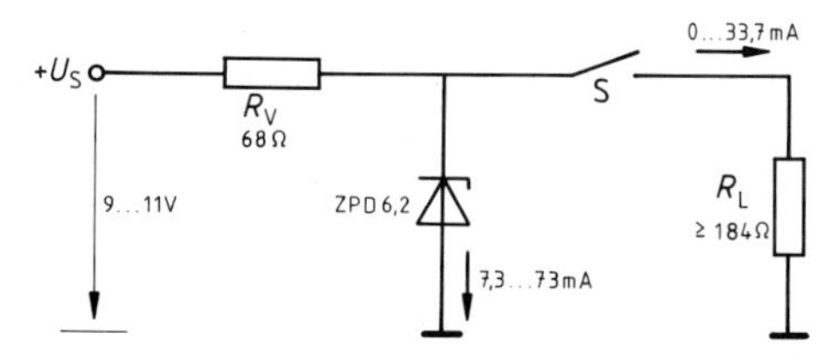

Bild 6.21 Die Z-Diode arbeitet in jedem Fall im Arbeitsbereich ($U_Z \simeq$ const).

6.4.3 Der Laststrom kann nicht abgeschaltet werden (Der kleinste zulässige Vorwiderstand R_V)

Die hier betrachtete Situation zeigt Bild 6.22. Die Z-Diode muß *nie* den ganzen Eingangsstrom übernehmen. Sie wird hier strommäßig am stärksten belastet, wenn der Laststrom I_{RL} auf sein Minimum abfällt *und* U_S zufällig gerade maximal wird. Der Vorwiderstand muß dann den gesamten Eingangsstrom I so begrenzen, daß $I_Z \leq I_{Zmax}$ bleibt.

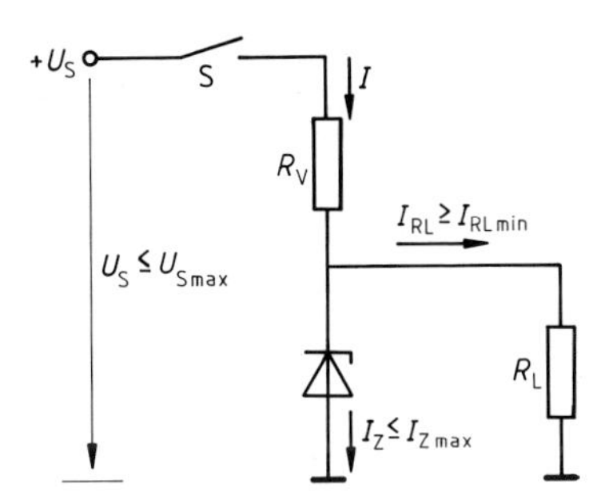

Bild 6.22 Im Betrieb ist diese Schaltung immer belastet.

Im **allgemeinen Betriebsfall** ($I_{RL} \geq I_{RLmin} > 0$) muß R_V immer so groß sein, daß die Z-Diode nie überlastet wird. Deshalb muß der Eingangsstrom immer auf

$$I \leq I_{Zmax} + I_{RLmin}$$

begrenzt bleiben.

Nach der Grundformel für R_V (Kapitel 6.5.1) erhalten wir dazu:

$$R_V = \frac{U_{RV}}{I} \geq \frac{U_{Smax} - U_Z}{I_{Zmax} + I_{RLmin}}$$

Falls bekannt, ist hier $U_Z = U_{Zmax}$ (I_{Zmax}) einzusetzen.

Beispiel: $U_S = 10\,\text{V} \pm 1\,\text{V}$; $U_Z = 6{,}2\,\text{V}$ $I_{Zmax} = 73\,\text{mA}$ ($P_{Zmax} = 500\,\text{mW}$)
$I_{RLmin} = 10\,\text{mA}$

$$R_V \geq \frac{11\,\text{V} - 6{,}2\,\text{V}}{(73+10)\,\text{mA}} \simeq \mathbf{58\,\Omega}$$

Wenn hier für R_V tatsächlich 58 Ω eingesetzt werden, kann die Schaltung auch noch bei $U_{Smin} = 9\,\text{V}$ „garantiert" 40 mA abgeben, denn der Z-Diode genügt – für den Verbleib im Arbeitsbereich – ein Minimalstrom von $I_{Zmin} = 7{,}3\,\text{mA}$.[1]) Falls der Laststrom aber niemals auf 40 mA ansteigen wird, kann R_V heraufgesetzt werden. Der größte Wert von R_V richtet sich nach dem maximal gewünschten Ausgangs- bzw. Laststrom. Dies zeigt der nächste Abschnitt.

[1]) Die Berechnung von I_{RLmax} erfolgt genau wie weiter oben in Kapitel 6.4.2, b), jedoch mit $R_V = 58\,\Omega$.

6.4.4 Der größte mögliche Vorwiderstand einer Z-Diode

Wird R_V größer gewählt, so wird

1. die Spannungsstabilisierung besser und
2. der Eingangsstrom I geringer.

Wegen Punkt zwei sinkt aber auch der Ausgangsstrom I_{RL} ab. Schon deshalb kann R_V nicht beliebig vergrößert werden. Außerdem „braucht" die Z-Diode immer ihren Mindeststrom, auch dann, wenn gerade $U_{S\,min}$ anliegt und gleichzeitig der *maximale* Laststrom $I_{RL\,max}$ „abgezogen" wird (Situation von Bild 6.23).

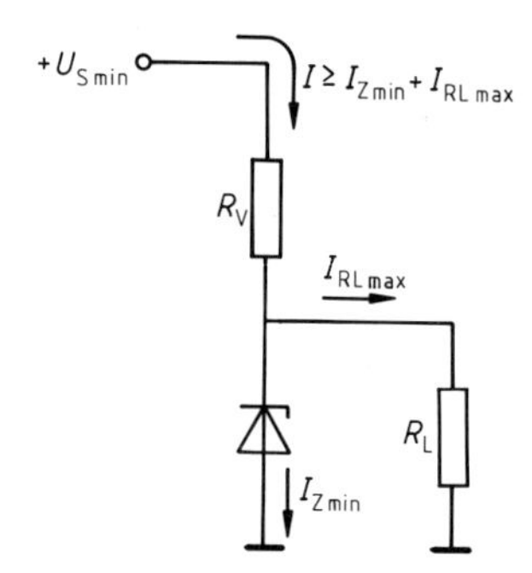

Bild 6.23 Der Eingangsstrom hat einen unteren Grenzwert, der auch nicht bei $U_S = U_{S\,min}$ unterschritten werden darf.

Der Vorwiderstand R_V muß so klein sein, daß genug Eingangsstrom I fließt, um $I_{Z\,min}$ zu garantieren, d. h. es muß

$$I \geq I_{Z\,min} + I_{RL\,max}$$

sein.

Dies liefert nach der Grundformel aus Kapitel 6.4.1 einen Höchstwert für den Vorwiderstand R_V:

$$R_V = \frac{U_{RV}}{I} \leq \frac{U_{S\,min} - U_Z}{I_{Z\,min} + I_{RL\,max}}$$

Falls bekannt, ist hier $U_Z = U_{Z\,min}(I_{Z\,min})$ einzusetzen.

Beispiel: $U_S = 10\,V \pm 1\,V$ $U_Z = 6{,}2\,V$ $I_{Z\,max} = 73\,mA$ $I_{Z\,min} = 7{,}3\,mA$ $I_{RL\,max} = 20\,mA$

$$R_V \leq \frac{9\,V - 6{,}2\,V}{(7{,}3 + 20)\,mA} \simeq \mathbf{103\,\Omega}$$

Anmerkung hierzu:

Angenommen, wir wählen $R_V = 103\,\Omega$. Dann können zwar nur maximal 20 mA am Ausgang entnommen werden, dafür ist aber die Spannungsstabilisierung (im Vergleich zu $R_V = 58\,\Omega$) optimal. Der maximale Eingangsstrom liegt hier (mit $U_{S\,max} = 11\,V$) nur bei 48 mA. Selbst dann, wenn wir die Last abtrennen, die Z-Diode also diesen Eingangsstrom voll „übernehmen" müßte, wäre die Diode ungefährdet, da $I_{Z\,max} = 73\,mA$ beträgt. Wird dagegen $R_V = 58\,\Omega$ gewählt, so beträgt der maximale Eingangsstrom 83 mA, d. h. in diesem Fall darf die Last *nie* ausfallen.

6.4.5 Die minimale Versorgungsspannung $U_{S\,min}$

Bild 6.24 zeigt eine vorgefundene Schaltung. Zwei Flachbatterien à 4,5 V versorgen eine Elektronik, die 5 V (stabilisiert) und 20 mA benötigt.

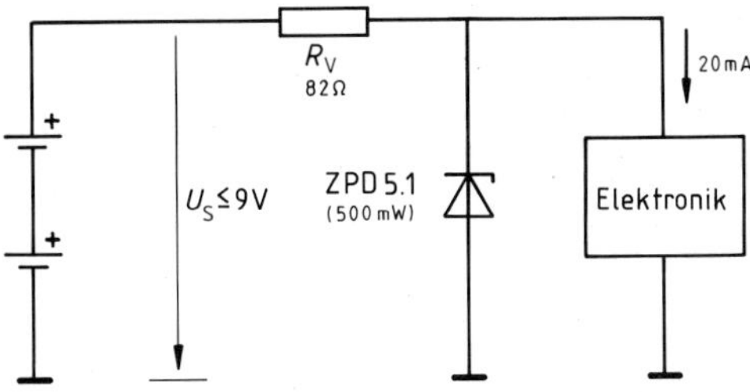

Bild 6.24 Hier dürfen sich die Batterien bis auf 7,5 V entladen.

Frage:

Bei welcher Gesamtspannung müssen die Batterien ausgetauscht werden?

Die *Antwort* ergibt sich aus folgenden Überlegungen:

1. Bei $U_{S\,min}$ muß gerade noch $I_{Z\,min}$ fließen. Es ist
   $I_{Z\,min} \simeq 9$ mA.[1]
2. Der Eingangsstrom ist in diesem Grenzfall
   $I_{min} = I_{Z\,min} + I_{RL}$, also $I_{min} \simeq 29$ mA.
3. Der Spannungsabfall an R_V ergibt sich aus
   $U_{RV\,min} = I_{min} R_V$, also $U_{RV\,min} \simeq 2{,}4$ V.
4. $U_{S\,min}$ ergibt sich als Summe gemäß
   $U_{S\,min} = U_{RV\,min} + U_Z$, also $\boldsymbol{U_{S\,min} \simeq 7{,}5}$ **V**.

Genauere Berechnungen

Bei bekanntem r_Z kann die Genauigkeit aller Berechnungen in den vorangegangenen Abschnitten verbessert werden, wenn zuerst U_Z im jeweiligen Arbeitspunkt nach Kapitel 6.2.5 (Schlußteil) berechnet wird:

$$U_Z = U_{Z0} + I_Z \cdot r_Z \simeq U_{ZN} + I_Z \cdot r_Z$$

6.5 Weitere Anwendungsbeispiele für Z-Dioden

Neben der Spannungsstabilisierung, die auch mehrstufig (siehe Aufgabe 7) ausgeführt werden kann, wird die Z-Diode auch häufig als Spitzenwertbegrenzer eingesetzt. Bild 6.25 zeigt zwei völlig gleichwertige Schaltungen, die hier ganz speziell ein Meßwerk schützen.

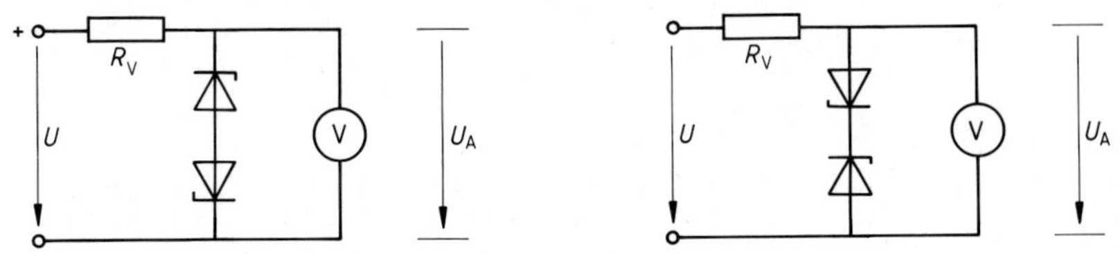

Bild 6.25 Die Z-Dioden begrenzen positive und negative Spannungsspitzen.

[1]) Berechnung nach Kapitel 6.2.2

Bild 6.26 zeigt dagegen eine Nullpunktsunterdrückung für ein Meßgerät. Die Anzeige beginnt praktisch erst bei Eingangsspannungen U, die größer als die Durchbruchspannung U_Z der Diode sind.

Somit ist: $U_A \simeq U - U_Z$

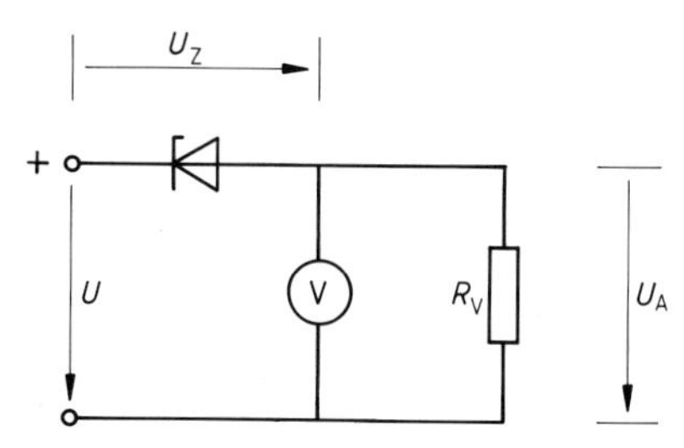

Bild 6.26 Elektronische Nullpunktsunterdrückung

Der Belastungswiderstand R_V sorgt dafür, daß die Z-Diode in den Arbeitsbereich gelangt, denn der Spannungsmesser hat einen relativ hohen Innenwiderstand. Mit solch einer Schaltung können Meßbereiche erweitert und zu überwachende Spannungsbereiche relativ „groß" dargestellt werden.

Beispiel: Kfz-Bordspannungsüberwachung mit einer ZPD 9,1 und einem 5-V-Meßinstrument. Die Anzeige des „interessanten Bereiches" von 9 V...14 V wird über die ganze Skala gestreckt.

Nur für Experten (sonst Ende):

6.6 Dimensionierung bei gegebener Kennlinie

6.6.1 Arbeitsbereich und Vorwiderstand R_V

Ist die Kennlinie und die Verlustleistung der Z-Diode bekannt, kann I_{Zmax} graphisch bestimmt werden. Der entsprechende Arbeitspunkt muß ja einerseits auf der Kennlinie, andererseits auf der Verlustleistungshyperbel

$$I_{Zmax} = \frac{P_{Zmax}}{U_Z}$$

liegen. Der Schnittpunkt liefert I_{Zmax} und den Arbeitsbereich. Für die Z-Diode aus Bild 6.27 erhalten wir:

$$7\text{ mA} \le I_Z \le 70\text{ mA}$$

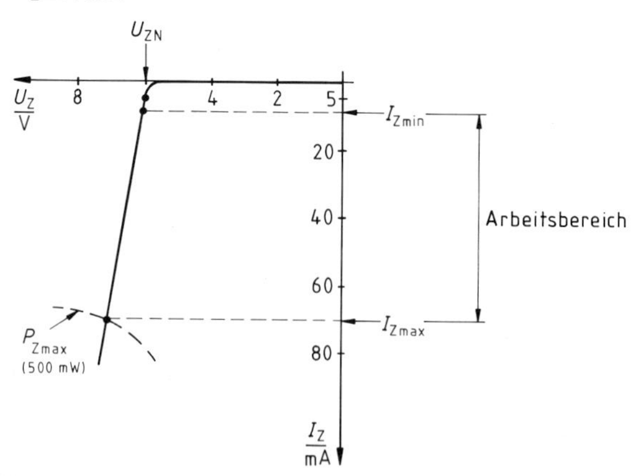

Bild 6.27 Kennlinie und Verlustleistungshyperbel (für die Z-Diode ZPD 6.2)

6.6.2 Der kleinste Vorwiderstand bei $I_{RL} = 0$

Wenn die Last abgetrennt wird, fließt der ganze Eingangsstrom durch die Z-Diode. Wir argumentieren nun genauso wie bei der „normalen" Diode im Gleichstromkreis (siehe Kapitel 4.3.1):
Der Arbeitspunkt muß auf der Kennlinie liegen, I_Z und U_Z sind außerdem durch den Vorwiderstand wie folgt verknüpft:

$$I = I_Z = \frac{U_{RV}}{R_V} = \frac{U_S - U_Z}{R_V}$$

Der Funktionsterm stellt (wieder) eine Gerade dar, **die R_V-Gerade:**[1])

$$\boxed{I_Z = \frac{U_S}{R_V} - \frac{1}{R_V} \cdot U_Z}$$

R_V muß nun so bemessen werden, daß bei $U_S = U_{S\,max}$ und $I_{RL} = 0$ *niemals* $I_{Z\,max}$ überschritten wird. Von der R_V-Geraden sind also schon zwei Punkte bekannt.

1. Der Arbeitspunkt A_{max} (Punkt ① in Bild 6.28)
2. Der U_Z-Achsenabschnitt. Hier gilt $I_Z = 0$, die Diodenklemmen sind quasi „**offen**". Es liegt somit die Spannung

   $$U_{Zo} = U_{S\,max}$$

   an. Aus $U_S = 10\,V \pm 1\,V$ erhalten wir den Punkt ②.

Eine Gerade durch diese beiden Punkte liefert sofort den I_Z-Achsenabschnitt (Punkt ③).

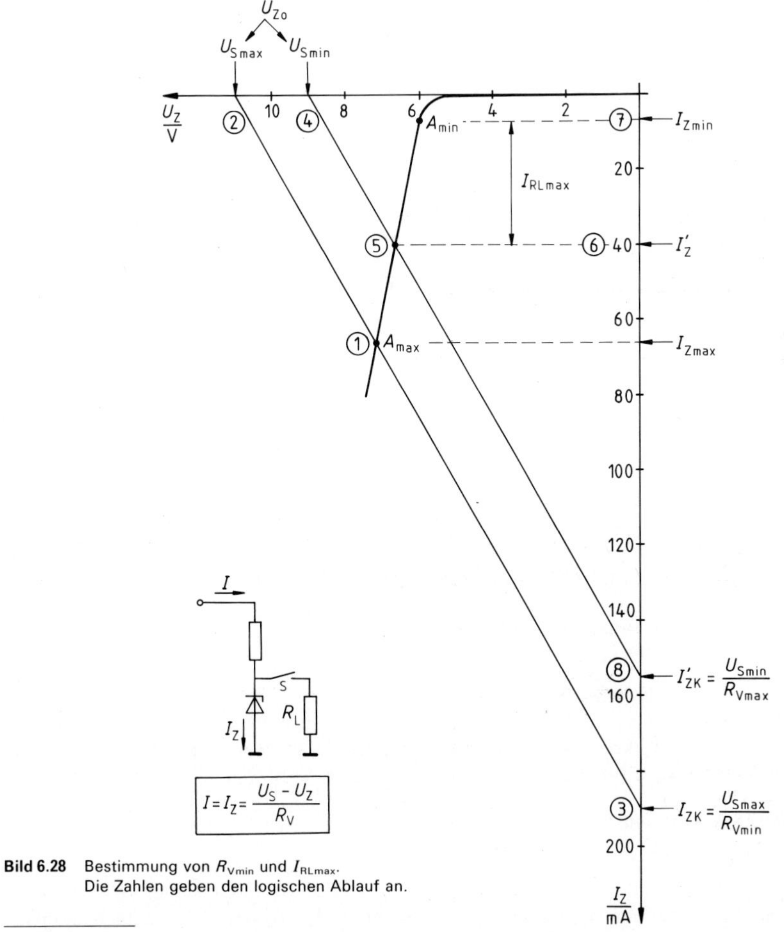

Bild 6.28 Bestimmung von $R_{V\,min}$ und $I_{RL\,max}$.
Die Zahlen geben den logischen Ablauf an.

[1]) Typ: y = b − m x bzw. y = − m x + b

Wegen $U_Z=0$ hat die Diode hier quasi einen inneren Kurzschluß. Es fließt hier ein Kurzschlußstrom I_{ZK} von:

$$I_{ZK}=\frac{U_S}{R_V}$$

Bei unserer Fragestellung gilt genauer:

$$I_{ZK}=\frac{U_{S\,max}}{R_{V\,min}}$$

Nach Bild 6.28 (Punkt ③) beträgt $I_{ZK}=190$ mA. Mit $U_{S\,max}=11$ V folgt:

$$\boldsymbol{R_{V\,min}=58\,\Omega}$$

Im ungünstigsten Betriebsfall fällt U_S auf $U_{S\,min}=9$ V. Wir erhalten in diesem Fall eine zweite R_V-Gerade, welche aus der ersten durch Parallelverschiebung hervorgeht (bei gleichem R_V ist auch die Steigung gleich). Punkt ⑤ liefert für diesen Fall den maximalen Zenerstrom I'_Z (ca. 40 mA, siehe Punkt ⑥). Wenn wir nun eine Last anschließen, so verringert sich I_Z um den Laststrom I_{RL}. Im Extremfall, d.h. für $I_{RL}=I_{RL\,max}$ muß noch der Zenermindeststrom $I_{Z\,min}$ übrigbleiben (etwa 7 mA, Punkt ⑦). Die Differenz von I'_Z und $I_{Z\,min}$ liefert also den maximal entnehmbaren Laststrom im ungünstigsten Betriebsfall, nämlich bei $U_{S\,min}=9$ V. Es ist hier:

$$\boldsymbol{I_{RL\,max}\simeq 33\text{ mA}}$$

Zum Vergleich die (Schätz-)Werte aus Kapitel 6.4.2:

$$R_{V\,min}\simeq 66\,\Omega \quad \text{und} \quad I_{RL\,max}\simeq 33{,}7\text{ mA}$$

> Ausgehend vom Laststrom Null lassen sich aus der **Z-Dioden-Kennlinie** und der **R_V-Geraden**
>
> $$I=I_Z=\frac{U_S}{R_V}-\frac{1}{R_V}\cdot U_Z$$
>
> graphisch die Werte für R_V und $I_{RL\,max}$ bestimmen. Außerdem sind jeweils die genauen Werte von U_Z bei beliebigem I_Z ablesbar.

Wird umgekehrt $I_{RL\,max}$ vorgegeben, so läßt sich $R_{V\,max}$ dazu bestimmen. Prinzipieller Ablauf:
Wir beginnen mit Punkt ④, ⑦ und ⑤ und erhalten Punkt ⑧. Aus I'_{ZK} folgt $R_{V\,max}$.

6.6.3 $R_{V\,min}$ und $R_{V\,max}$ bei fest angeschlossener Last

Im allgemeinen Fall fließt ein Laststrom I_{RL}. Wir können aber mit einem Trick den belasteten Fall auf den unbelasteten zurückführen. Für den Zenerstrom I_Z gilt ja immer:

$$I_Z=I-I_{RL} \quad \text{d.h.} \quad I_Z=\frac{U_S-U_Z}{R_V}-I_{RL}$$

► Den Laststrom „schaffen wir nach links" und schlagen ihn gedanklich dem Zenerstrom zu, indem wir die *zusammengesetzte* I_Z+I_{RL}-Kennlinie zeichnen:

Diese Kennlinie entspricht also dem linken Term der Gleichung

$$I_Z+I_{RL}=\frac{U_S-U_Z}{R_V}.$$

Der rechte Term stellt die „gewohnte" R_V-Gerade dar. Von der neuen I_Z+I_{RL}-Kennlinie benötigen wir häufig nur einen Punkt.

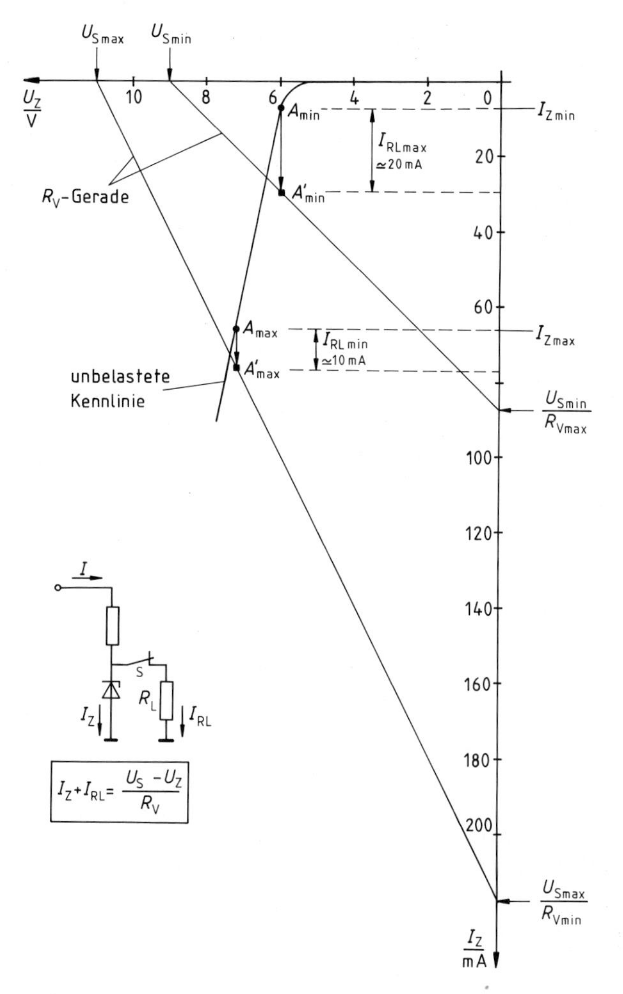

Bild 6.29 Die $I_Z + I_{RL}$-Kennlinie ist nur punktuell notwendig

Beispiel (zu Bild 6.29 mit $U_S = 10\,V \pm 1\,V$):

R_{Vmax} soll über die R_V-Gerade graphisch bestimmt werden. R_{Vmax} ist dadurch gegeben, daß auch noch bei U_{Smin} der Gesamtstrom $I = I_{Zmin} + I_{RLmax}$ möglich sein muß. Für $I_{RLmax} = 20$ mA erhalten wir z. B. in Bild 6.29 den Punkt A'_{min} auf der $I_Z + I_{RL}$-Kennlinie. Über den I_Z-Achsenabschnitt folgt dann $R_{Vmax} \simeq 100\,\Omega$.
Entsprechend erhalten wir R_{Vmin}, wenn wir z. B. $I_{RLmin} = 10$ mA vorgeben. Nach Bild 6.29 sind bei Lastströmen von 10...20 mA Vorwiderstände von 50...100 Ω verwendbar.
Zum Vergleich die Schätzwerte aus den Kapiteln 6.4.3 und 6.4.4

$$58\,\Omega \leq R_V \leq 103\,\Omega$$

Dies bedeutet also:

Der belastete Fall kann auf den unbelasteten Fall zurückgeführt werden, wenn zur Kennlinie der Z-Diode der Laststrom addiert wird.

6.6.4 Arbeitspunkte bei Belastung

R_V und U_S sind fest vorgegeben, der genaue Arbeitspunkt bei Anschluß einer Last R_L sei gesucht. Hier gibt es zwei Möglichkeiten.

a) Die Lösung mit der $I_Z + I_{RL}$-Kennlinie

Wenn der Lastwiderstand R_L *konstant* ist, lohnt es sich, die $I_Z + I_{RL}$-Kennlinie (aus Kapitel 6.6.3) vollständig zu zeichnen und diese mit der R_V-Geraden zu schneiden (Bild 6.30).

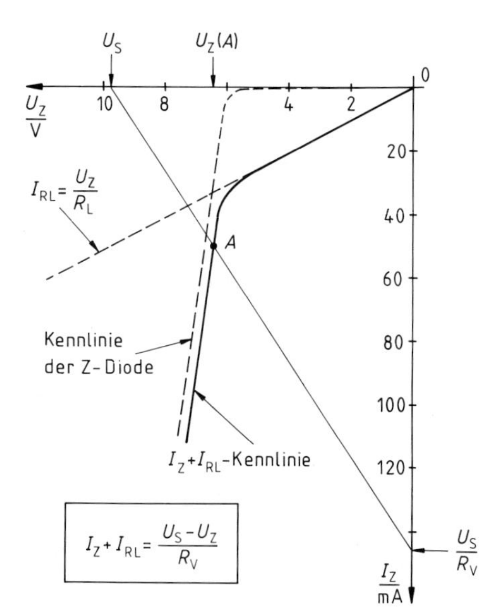

Bild 6.30 Die $I_Z + I_{RL}$-Kennlinie für einen festen Lastwiderstand R_L

Dieses Verfahren hat aber zwei Nachteile:

1. Es ist nur U_Z direkt ablesbar.
2. Untersuchungen mit nicht konstantem Lastwiderstand R_L sind sehr schwierig.

Wir betrachten deshalb noch alternativ:

b) Die Lösung mit der $R_V - R_L$-Geraden

Wir gehen hier wieder von

$$I_Z = I - I_{RL}$$

aus, bringen aber I_{RL} nicht auf die linke Seite.

Wir erhalten so

$$I_Z = \frac{U_S - U_Z}{R_V} - \frac{U_Z}{R_L}$$

oder

$$I_Z = \frac{U_S}{R_V} - \left(\frac{1}{R_V} + \frac{1}{R_L}\right) \cdot U_Z.$$

Diese Geradengleichung definiert, neben der Kennlinie, ebenfalls die Lage der Arbeitspunkte. Wir nennen diese Gerade **die $R_V - R_L$-Gerade.** Ihr I_Z-Achsenabschnitt $I_{ZK} = U_S / R_V$ (dieser folgt aus $U_Z = 0$) ist von R_L völlig unabhängig. Mit R_L ändert sich ja nur die Steigung der $R_V - R_L$-Geraden (Bild 6.31).

Weil bei offenen Diodenklemmen ($I_Z = 0$) nur noch eine Reihenschaltung aus R_V und R_L vorliegt, ergibt sich der U_Z-Achsenabschnitt einfach aus $U_{Zo}/U_S = R_L/(R_L + R_V)$.

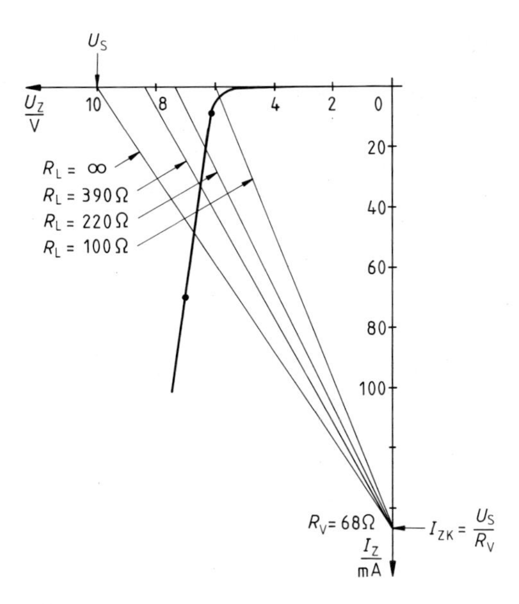

Bild 6.31 Verschiedene $R_V - R_L$-Geraden

Aus den Schnittpunkten mit der Kennlinie sind nun U_Z und I_Z ablesbar, außerdem läßt sich leicht $R_{L\min}$ bzw. $I_{RL\max}$ bestimmen.

> Mit der Diodenkennlinie und der $R_V - R_L$-Geraden
>
> $$I_Z = \frac{U_S}{R_V} - \left(\frac{1}{R_V} + \frac{1}{R_L}\right) \cdot U_Z$$
>
> können **Arbeitspunkte im belasteten Fall,** insbesondere bei variablem Lastwiderstand R_L, durch Zeichnung bestimmt werden.

Aufgaben

Theoretische Grundlagen

1. **a)** Welche physikalischen Prozesse sind bei hoher bzw. niedriger Dotierung für den Sperrdurchbruch der Z-Dioden maßgebend?
   b) Durch welches Temperaturverhalten „verrät" sich jeweils der vorliegende Effekt?
   c) Weshalb ist die Temperaturdrift von 6-V-Z-Dioden besonders klein?

2. **a)** Zeichnen Sie die Grundschaltung einer Spannungsstabilisierung mit einer Z-Diode.
   b)* Begründen Sie: Je größer der Vorwiderstand R_V, desto besser die Spannungsstabilisierung. (*Hilfe:* Kapitel 6.3.2)
   c)* Weshalb ist ein kleiner TK-Wert der Z-Diode auch bei konstanter Umgebungstemperatur wichtig? (*Hilfe:* Kapitel 6.2.6)
   d) Weshalb sollte die in einer Z-Diode statisch umgesetzte Leistung möglichst klein sein?
   e) Weshalb ist hier der Lösung ② der Vorzug vor Lösung ① zu geben? (*Hilfe:* Gesamt-TK-Wert)

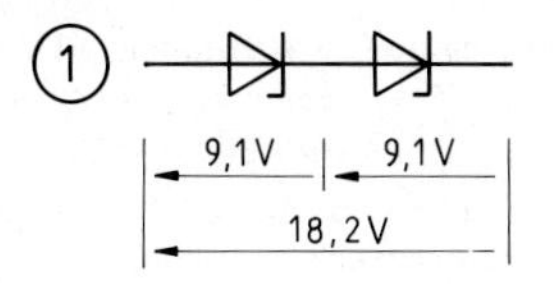

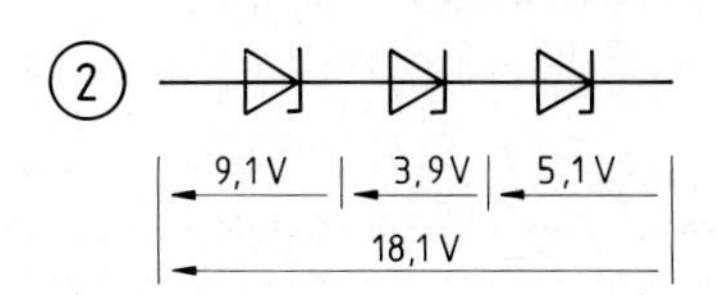

3. **a)** Wie ist der Arbeitsbereich einer Z-Diode definiert, wie läßt er sich abschätzen? (*Hilfe:* Kapitel 6.2.2)
   b) Wie ist der differentielle Widerstand r_Z definiert?
   In welchem Bereich ist er (fast) konstant?
   Weshalb sollte r_Z möglichst klein sein?
   Für welche Z-Dioden ist r_Z relativ klein?
   (*Hilfe:* Kapitel 6.2.5)
   c) Wie lautet die Grundformel für die Berechnung des Vorwiderstandes R_V? (*Hilfe:* Kapitel 6.4.1)
   Durch welche Größen wird R_V nach unten bzw. nach oben begrenzt und zwar
   1. bei abtrennbarer Last,
   2. bei fest angeschlossener Last?
   d) Wie wirkt sich bei festem U_Z-Wert eine Erhöhung der Speisespannung U_S auf die Verlustleistung aller Bauelemente aus?
   *Begründen Sie die Beschränkung von U_S auf $U_S \leq 2U_Z$. (*Hilfe:* Kapitel 6.3.2)

Berechnungen ohne Kennlinie

4. Gegeben ist eine ZD 6,2 (1,3-W-Typ).
   a) Geben Sie deren Arbeitsbereich an. (*Lösung:* 19...190 mA)
   b) Diese Z-Diode wird für eine, mit einem Akku betriebene, Spannungsstabilisierung verwendet: $U_S = 12\,V \pm 2\,V$.
   Die Last ist abschaltbar. Berechnen Sie R_V so, daß ein maximaler Laststrom entnommen werden kann. Geben Sie auch $I_{RL\,max}$ an. (*Hilfe:* ungünstiger Betriebsfall?) (*Lösung:* 41 Ω, 73 mA)
   c) Es zeigt sich, daß der größte vorkommende Laststrom nur 20 mA beträgt.
   Auf welchen Wert läßt sich R_V heraufsetzen? (*Lösung:* 97 Ω)
   d) Die Schaltung werde schließlich ausgangsseitig nicht mehr belastet. Bis zu welcher Versorgungsspannung $U_{S\,min}$ bleibt die Ausgangsspannung bei $R_V = 41\,\Omega$ bzw. $R_V = 97\,\Omega$ noch stabil? (*Lösung:* 7 V bzw. 8 V)
5. **a)** Gegeben ist eine ZX 9,1 (10-W-Typ). Mit ihr soll ein fest angeschlossener Kassettenrecorder versorgt werden: $I_{RL} = 100\,mA \ldots 220\,mA$. Die Speisespannung beträgt $U_S = 24\,V \pm 2\,V$ (LKW-Bordnetz).
   Berechnen Sie den kleinsten und größten möglichen Vorwiderstand R_V. (*Lösung:* 15,4 Ω...40 Ω)
   b) Welche Gründe sprechen für die Verwendung des größten Vorwiderstandes?

Innenwiderstand einer Stabilisierung

6. Ein Netzgerät mit $R_i = 40\,\Omega$ betreibt die skizzierte Z-Dioden-Stabilisierung.
   a) Zeigen Sie, daß sich der Innenwiderstand des Gesamtsystems, von R_L aus betrachtet, praktisch auf $r_Z = 8\,\Omega$ verringert. (*Hilfe:* r_Z relativ klein und Bild 6.12)
   b) Berechnen Sie den zulässigen Lastwiderstandsbereich (*Lösung:* 78 Ω...477 Ω bzw. 1350 Ω)
   c) Lastwiderstände mit $R_L = 150\,\Omega \ldots 330\,\Omega$ werden
   1. direkt ans Netzgerät
   2. parallel zur Z-Diode
   angeschlossen. Berechnen Sie jeweils ΔU.
   (*Lösung:* 1,23 V; 0,18 V)

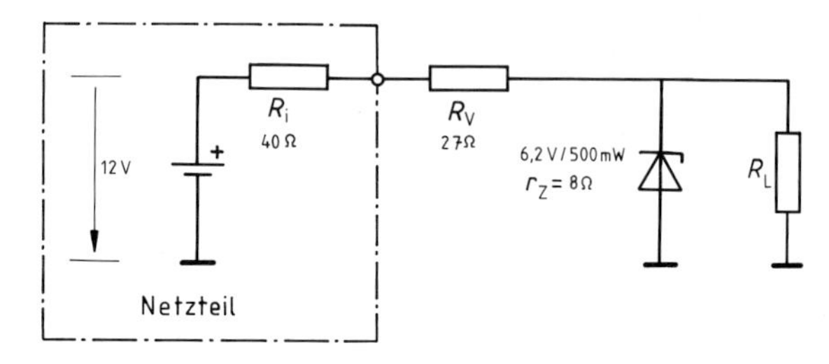

Mehrstufige Stabilisierung

7. Hier wird eine zweistufige Stabilisierung vorgestellt. Sämtliche Z-Dioden sind identische 500-mW-Typen mit $r_Z = 5\,\Omega$.
   a) Berechnen Sie den maximal zulässigen Ausgangsstrom $I_{RL\,max}$. (*Lösung:* 29 mA)
   b) Wie groß ist jeweils der absolute bzw. relative Spannungsstabilisierungsfaktor G bzw. S für die erste Stufe und für die Gesamtschaltung?
   (*Lösung:* 17 bzw. 8,8, Gesamtschaltung: 595 bzw. 150, was sich aus dem Produkt der Einzelwerte ergibt.)

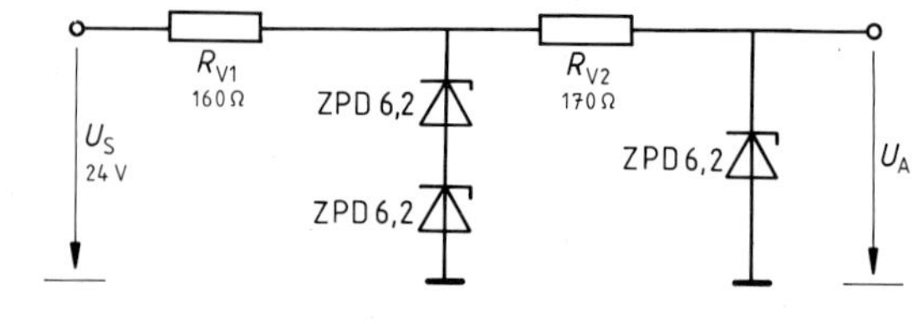

c) Die Eingangsspannung U_S schwanke um 10%. Wie groß ist in diesem Fall die absolute bzw. relative Änderung der Ausgangsspannung U_A? (*Lösung:* 4 mV bzw. 0,065%)

Spannungskaskade

8. **a)** Wieviel stabilisierte Spannungen sind abgreifbar? (*Lösung:* 6)
b) Es wird immer nur eine Spannung abgegriffen. Wieviel Strom darf im ungünstigsten Fall nur entnommen werden?
(*Hilfe:* $I_{RL} = I - I_{Z\min}$; *Lösung:* 39 mA)

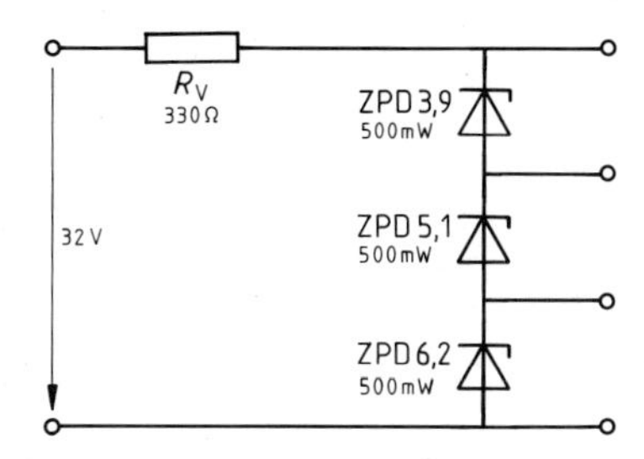

Überlastungs- und Verpolungsschutz

9. Alle Dioden arbeiten ideal ($r_Z = 0$ bzw. $r_F = 0$).
a) Welcher relative Meßfehler wird hier im Bereich 0...10 V in Kauf genommen? (*Lösung:* ≃ 1%)
b) Welche positive Eingangsspannung U darf maximal angelegt werden? (*Lösung:* ≃ 200 V)
c) Welchen Grenzstrom muß die Si-Diode haben, wenn die 200 V aus b „falsch gepolt" anliegen? (*Lösung:* 200 mA)
d) Welche Leistung wird im Grenzfall in R_V maximal umgesetzt? (*Lösung:* 40 W)

Z-Diode an Wechselspannung

10. Folgende Schaltung liegt an einer sinusförmigen Wechselspannung mit $U_m = 12$ V und $f = 50$ Hz.
Zeichnen Sie die Eingangsspannung u_e und dazu die Ausgangsspannung u_a sowie den Stromverlauf i_Z (2 Perioden).

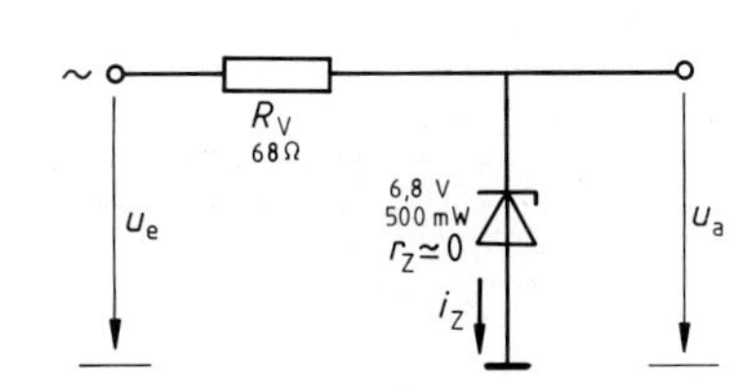

11. Wie 10, der Schaltung wird aber ein Brückengleichrichter vorgeschaltet.

12. Alle Z-Dioden haben $U_Z = 6{,}8$ V und arbeiten ideal ($r_Z = 0$).
a) Zeichnen Sie u_e und dazu u_{RL} über zwei Perioden.
b)* Weshalb wird hier nur ein kleiner Ladekondensator zur Glättung benötigt?

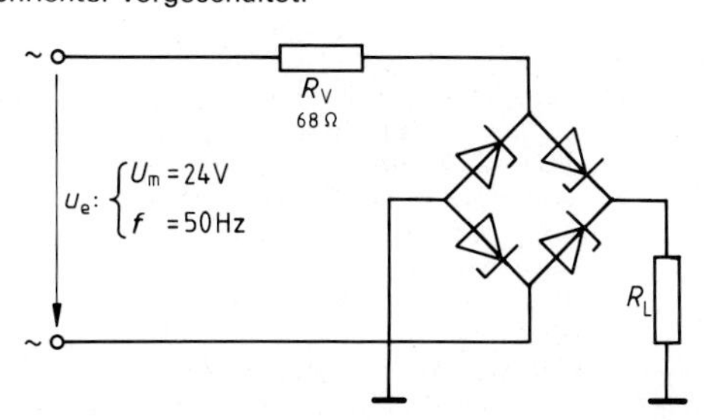

13.* „Laborübungen auf dem Papier"

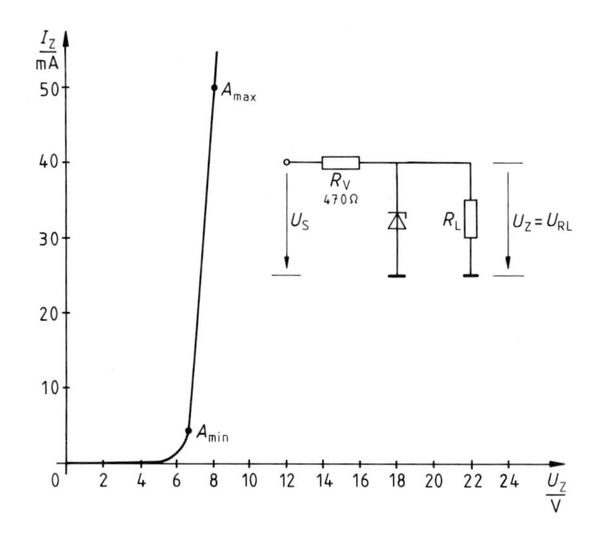

Bestimmen Sie graphisch für die angegebene Stabilisierungsschaltung:

a) den differentiellen Widerstand r_Z im Arbeitsbereich,

b) den Verlauf der Ausgangsspannung U_{RL} in Abhängigkeit der Speisespannung U_S bei fester Last $R_L = 1\ k\Omega$ (*Hilfe:* Kapitel 6.6.4) und darunter den Verlauf von I_Z in Abhängigkeit der Speisespannung U_S. Tragen Sie $I_{Z\,min}$ und $I_{Z\,max}$ ein, und lesen Sie nun $U_{S\,min}$ und $U_{S\,max}$ ab.
Zeigen Sie für $U_S > U_{S\,min}: \Delta U_Z = r_Z \cdot \Delta I_Z$.

c) Nun sei $U_S = 20\ V$ fest eingestellt. Bestimmen Sie (graphisch) den Verlauf der Ausgangsspannung U_{RL} als Funktion des Lastwiderstandes R_L für $R_L = 1\ k\Omega \ldots 47\ \Omega$.
Zeichnen Sie anschließend auch den Verlauf von U_{RL} in Abhängigkeit des Laststromes $I_{RL} = U_{RL}/R_L$. Geben Sie $I_{RL\,max}$ an.
Zeigen Sie (für $U_S = \text{const}$), daß im Stabilisierungsbereich $I = I_Z + I_{RL} \simeq \text{const}$ gilt (zwei, drei Proben genügen).

7 Transistoren, Fototransistoren und Optokoppler

7.1 Kleine Ströme steuern große Ströme (Funktion)

Transistoren sind die wohl bekanntesten Verstärkerbauelemente der Elektronik. In ganz einfachen Fällen enthält der Verstärker nur einen Transistor und sonst nichts.[1]) Da nun jeder Verstärker über zwei Ein- und Ausgangsklemmen verfügt, müßte eigentlich auch ein solcher Transistor ein *Vierpol* sein.

► Tatsächlich genügen drei Anschlüsse, weil immer ein Anschluß als gemeinsamer Bezugspol für den Ein- und Ausgang des Signals dient.

Diese drei Anschlüsse werden mit *Emitter* E, *Basis* B und *Kollektor* C bezeichnet. Die Ströme in den einzelnen Zuleitungen tragen entsprechende Namen:

Emitterstrom I_E, *Basisstrom* I_B und *Kollektorstrom* I_C.

Bild 7.1 zeigt das Schaltsymbol eines *NPN-Transistors*.[2]) Der Pfeil markiert hier nicht nur den Emitter, sondern auch die (technische Strom-)Richtung der oben genannten Ströme. Damit ist auch die Polung der äußeren Spannungsquellen eindeutig festgelegt. Eine erste Funktionserprobung des Transistors in einer praktischen Schaltung nach Bild 7.2 zeigt, daß wir „an der Basis" den Kollektorstrom I_C steuern können.

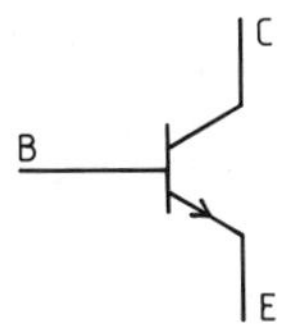

Bild 7.1 Schaltsymbol eines NPN-Transistors (E = Emitter, B = Basis, C = Kollektor)

Mit diesem Satz bringen wir folgende drei Punkte auf einen Nenner:

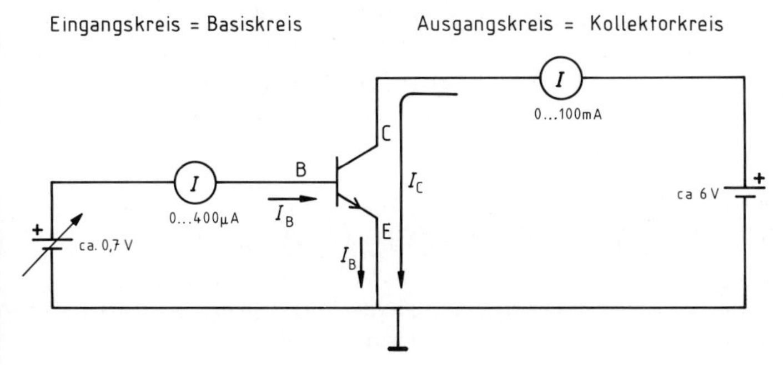

Bild 7.2 Einfache Prüfschaltung für einen Transistor

Meßbeispiel:

$\frac{I_B}{\mu A}$	$\frac{I_C}{mA}$
100	25
200	50
300	75
400	100

Ergebnis:

$$B = \frac{I_C}{I_B} = 250 = \text{const}$$

[1]) Zum Beispiel der einfache Stromverstärker, den wir gleich anhand von Bild 7.2 besprechen werden.
[2]) Es gibt auch PNP-Transistoren, siehe Abschnitt 7.2.

1. Ein kleiner Basisstrom beeinflußt (steuert) einen um vieles größeren Kollektorstrom: $I_C \gg I_B$.
   In diesem Sinne „verstärkt" ein Transistor den (Basis-)Strom.
2. Der Kollektorstrom I_C verändert sich in etwa *proportional* mit dem Basisstrom I_B, d. h. es ist $I_C \sim I_B$,
   oder:
   Das Verhältnis $B = I_C/I_B$ ist konstant. Diese wichtige Kenngröße nennen wir **Stromverstärkung B** des Transistors. Übliche Werte liegen zwischen 30 und 900, typisch: $B = 250$.
3. Es sind zwei getrennte Stromkreise vorhanden:
   der steuernde Basis-Emitterstromkreis und der gesteuerte Kollektor-Emitterstromkreis. Beiden Stromkreisen gemeinsam ist in diesem Fall der Emitter.
   - Der steuernde BE-Stromkreis heißt auch kurz *Basiskreis*, *Steuerkreis* oder *Eingangskreis*.
   - Entsprechend wird der gesteuerte CE-Stromkreis auch als *Kollektorkreis* oder *Ausgangskreis* bezeichnet.

Im Hinblick auf Punkt 3 wird der Transistor gern als (Verstärker-)Vierpol mit Ein- und Ausgang nach Bild 7.3 dargestellt.

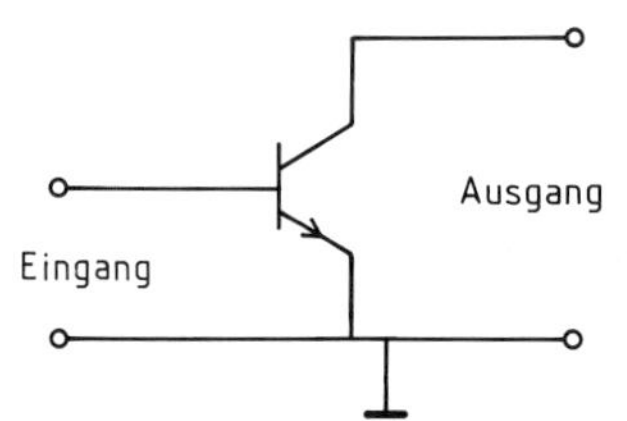

Bild 7.3 Transistor als Vierpol

Weil hier der Emitter für Ein- und Ausgang gemeinsamer Anschlußpunkt ist, sprechen wir auch von der **Emitterschaltung** des Transistors.[1]) Allein mit dieser beschäftigen wir uns zunächst.

Fürs erste merken wir uns vom Transistor:

> Der **Transistor** erlaubt die *Steuerung großer Kollektorströme* I_C am Ausgang *durch kleine Basisströme* I_B am Eingang.
> Die Stromrichtungen sind durch den Emitterpfeil festgelegt.
> Kollektorstrom I_C und Basisstrom I_B sind (näherungsweise) proportional. Das konstante Verhältnis $B = I_C/I_B$ heißt statische Stromverstärkung.
> *Typischer Wert:* $B = 250$

7.2 Das Schichtmodell des Transistors (Aufbau)

Nach der Diode mit zwei Halbleiterschichten erfolgte ab 1950 die Entwicklung des Transistors als erstes *Drei-Schicht-Bauelement*.[2]) Die Schichtfolge ist entweder PNP oder NPN, d. h. es gibt PNP- oder NPN-Transistoren (Bild 7.4).

---

[1]) Es gibt auch eine Kollektor- und Basisschaltung, siehe Kapitel 9.
[2]) Bardeen, Brattain und Shockley entdeckten diesen Transistoreffekt ca. 1948 und erhielten dafür 1956 den Nobelpreis.

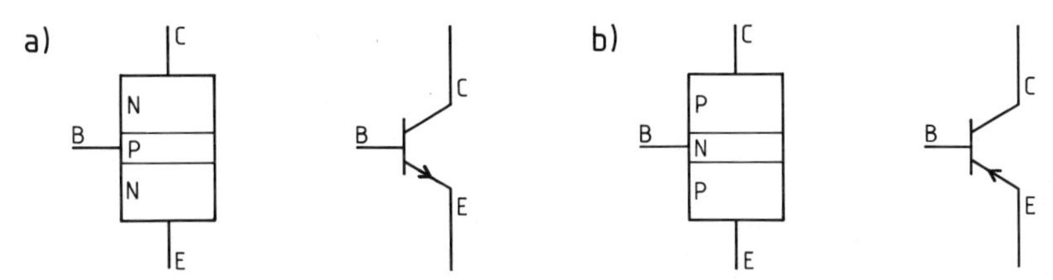

Bild 7.4 **a)** NPN-Transistor und **b)** PNP-Transistor

- ▶ PNP- und NPN-Transistoren unterscheiden sich nur durch die Richtung der Ströme bzw. die Polarität der äußeren Spannungen.
- ▶ Diese ergibt sich aus der Richtung des Emitterpfeiles bzw. aus dem mittleren Buchstaben der Schichtfolge:

  N**P**N: **p**ositive Spannungen } gegenüber dem Emitteranschluß
  P**N**P: **n**egative Spannungen }

Wir besprechen hier (ohne Beschränkung der Allgemeinheit) allein die Funktion des NPN-Typs.
Bild 7.5 zeigt zwei mögliche technische Realisierungen des Transistors. Dabei ist die Emitterschicht relativ stark N-dotiert, die Basisschicht ist möglichst dünn (z. B. nur 10 μm) und schwach P-dotiert, die Kollektorschicht ist dann wieder N-dotiert, aber schwach.

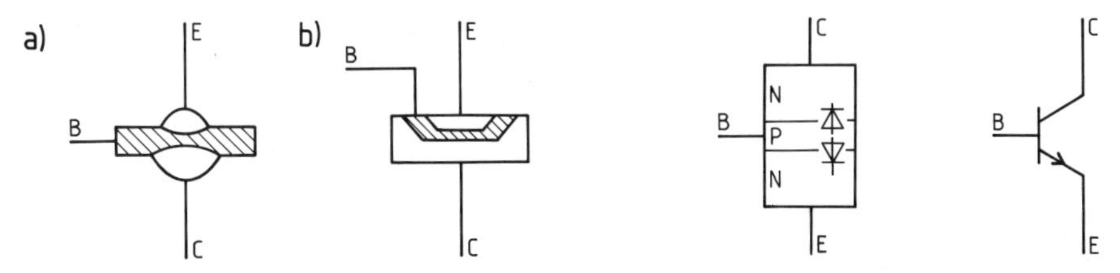

Bild 7.5 Schnittzeichnung von Transistoren
a) älterer Legierungstransistor
b) Epitaxie-Planar-Transistor[1])

Bild 7.6 Schichtmodell und Schaltzeichen des NPN-Transistors

Es entstehen so *zwei gegeneinander geschaltete Diodenstrecken* unterschiedlicher Dotierung, welche in Bild 7.6 im Vergleich zum Schaltzeichen eingetragen sind. Wir erkennen, daß im Schaltsymbol nur die hoch dotierte BE-Diode erkennbar bleibt. Dies liegt daran, daß der eigentliche Transistoreffekt von eben dieser Diodenstrecke im Zusammenwirken mit der äußerst dünnen Basisschicht verursacht wird. Wie wir noch sehen werden, „vermittelt" die dünne Basisschicht Ladungsträger zwischen der angrenzenden Emitter- und Kollektorschicht; es ist deshalb sinnlos, einen Transistor durch Zusammenlöten zweier Dioden herstellen zu wollen.

> Ein **Transistor** besteht aus drei Halbleiterschichten mit der Schichtfolge **PNP** oder **NPN**.
> Er enthält somit *zwei PN-Übergänge* (Diodenstrecken).
> Die BE-Diode ist relativ stark dotiert. Die Basisschicht ist sehr dünn (ca. 10 μm).

Anmerkung:

Weil der hier vorgestellte Transistor aus Zonen wechselnder Leitungsart besteht (N- und P-Zonen), heißt er auch *bipolarer Transistor*. Daneben gibt es noch die unipolaren Transistoren, bekannter unter der Bezeichnung Feldeffekttransistoren (FET). Diese sind seit den achtziger Jahren immer mehr „im Kommen". (Mehr über FETs in Kapitel 11.)

[1]) Worterklärung: aufgewachsene, ebene Schichten. Sie entstehen durch Aufwachsen (gr.: Epitaxie) dünner Schichten und anschließendes Eindiffundieren der Fremdatome.

Für Praktiker (sonst weiter bei Kapitel 7.2.2):

7.2.1 Grobe Prüfung von Transistoren

Gehäuse- und Typenbezeichnungen

Wenn nun unser Schichtmodell zutrifft, lassen sich total defekte Transistoren durch einfache *Widerstandsmessung der inneren Diodenstrecken* aussortieren.

Wir prüfen dazu mit einem Ohmmeter vom mittleren Basisanschluß aus, ob die beiden Diodenstrecken in Ordnung sind und untersuchen sicherheitshalber noch, ob kein Kurzschluß zwischen Kollektor und Emitter besteht (was sich bei der Prüfung der Diodenstrecken nicht klar bemerkbar macht). Falls (mangels Unterlagen) der Emitteranschluß unklar bleibt, hilft uns eine genaue Beobachtung des Ohmmeters:

Die hoch dotierte Emitterdiode hat eine höhere Diffusions- bzw. Schwellspannung, was sich durch einen geringfügig höheren Durchlaßwiderstand „verrät". Bei Transistoren kleiner und mittlerer Leistung[1]) in Metallgehäusen ist jedoch der Emitter immer an einer kleinen Gehäusefahne erkennbar.

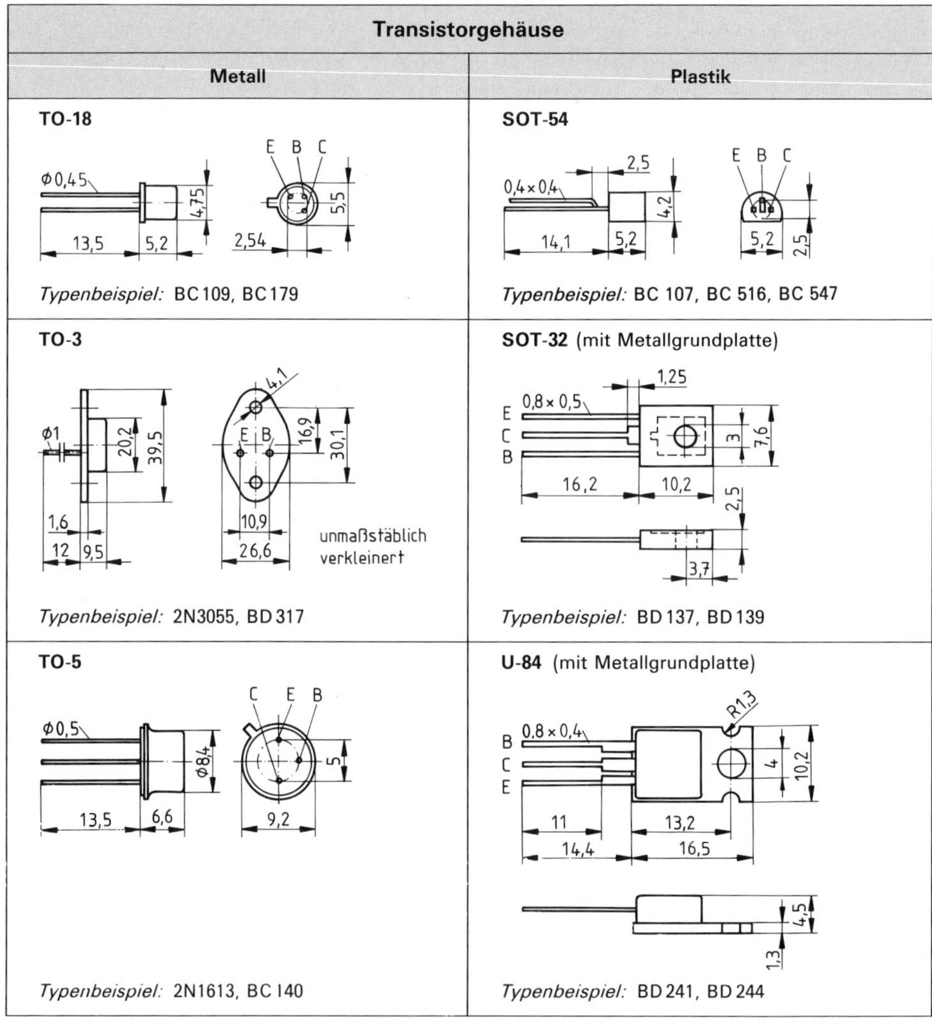

Bild 7.7 Transistorgehäuse und Anschlußbelegung von *unten*

[1]) ca. 300 mW bis 2 W

Zur Orientierung zeigt Bild 7.7 einige Gehäuseformen von Transistoren mit den entsprechenden Gehäusebezeichnungen. Die Bezeichnung der Transistortypen selbst erfolgt in Europa nach dem Pro-Electron-Schlüssel und zwar durch:

- Zwei Buchstaben[1]), gefolgt von einer dreistelligen Zahl. Die dreistellige Zahl wird firmenintern festgelegt.
- Für die beiden Buchstaben legt der Schlüssel folgende Bedeutung fest (hier ein Auszug, vollständiger Schlüssel im Anhang):

  1. Buchstabe (Er kennzeichnet das Grundmaterial.):
  A: Germanium
  B: Silizium

  2. Buchstabe (Dieser gibt den Anwendungsbereich an.):
  C: Tonfrequenzverstärker kleiner Leistung
  D: Tonfrequenzverstärker großer Leistung
  F: Hochfrequenzverstärker kleiner Leistung

Vorzuziehen sind Si-Typen, da sie höhere Sperrschichttemperaturen als Ge-Typen „verkraften" und kleinere Leckströme aufweisen.

Für unsere Zwecke nachfolgend einige „Allround"-Kleinleistungstransistoren:

Si-NPN			komplementäre **Si-PNP** Typen		
BC 107 BC 108	BC 237 BC 238	BC 547 BC 548	BC 177 BC 178	BC 307 BC 308	BC 557 BC 558
rauscharm:					
BC 109	BC 239	BC 549	BC 179	BC 309	BC 559

Nachgestellt wird oft noch ein Buchstabe[2]) für die *Stromverstärkung*, für Kleinleistungstypen gilt z. B.:
A: 100...250 B: 200...400 C: 350...900

In diesem Sinne ist eben BC107A, BC107B und BC107C nicht einfach gleich BC107.

Häufig gibt es auch denselben Typ in verschiedenen *Gehäuseausführungen*, z. B. BC107 in TO-18 (Metall) oder SOT-54 (Plastik). Metall ist teurer, aber thermisch besser als Plastik.

Amerikanische Transistoren beginnen alle mit 2N...
Typenbeispiel: der gängige Leistungstransistor 2N3055, das „Arbeitspferd der Elektronik", ein Si-NPN-Typ im TO-3-Gehäuse (bis 15 A und 117 W).
Japanische Transistoren sind an der Zeichenfolge 2S ... erkennbar.[3])

7.2.2 Das Schichtmodell erklärt den Transistoreffekt

Bevor wir die inneren Vorgänge des Transistors anhand des Schichtmodells besprechen, treffen wir noch drei Vereinbarungen:

1. Zur eindeutigen Festlegung der Spannungsmeßpunkte bekommt das Spannungssymbol U Doppelindizes, z. B. bezeichnet dann U_{CE} die Spannung zwischen Kollektor und Emitter. Dabei gibt der erste Index immer den positiveren Pol der jeweiligen Spannung an, damit gilt allgemein: $U_{xy} = -U_{yx}$.
2. Für die Ströme geben wir vereinfachend nur Beitragsgleichungen an. (Nach Definition müßten sonst Ströme negativ gezählt werden, wenn sie nicht zum Kristall hinfließen.)
3. Wenn wir Elektronenströme betrachten, welche bekanntlich der technischen Stromrichtung entgegenfließen, versehen wir das Stromsymbol I mit einem Minusquerstrich im Exponenten: I^-.

[1]) Ausnahme: Industrietypen haben drei Buchstaben, gefolgt von einer zweistelligen Zahl.
[2]) Manchmal auch römische Zahlen
[3]) Näheres im Anhang A-11

Nun die Erklärung des Transistoreffektes. Wir betrachten dazu Bild 7.8.
Im Ausgangskreis, zwischen Kollektor C und Emitter E liegt eine relativ hohe Kollektor-Emitterspannung U_{CE} an (z. B. 6 V). Im Eingangskreis (Basiskreis) wird eine veränderliche, kleine Steuerspannungsquelle (0 bis etwa 0,7 V) angelegt.

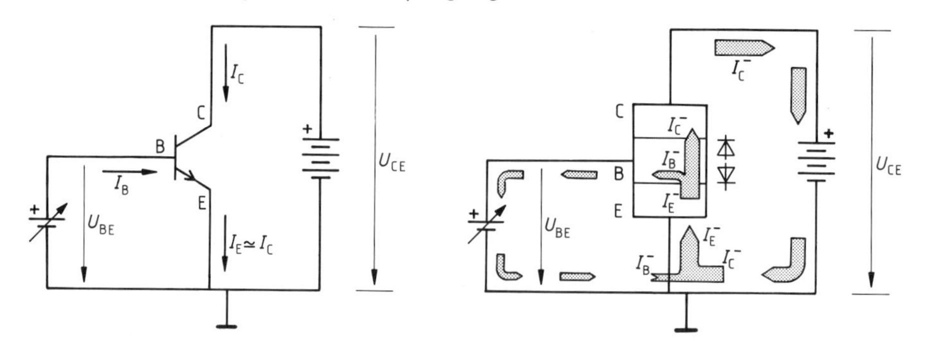

Bild 7.8 Ströme im Schichtmodell, die Basiszone ist i. G. zur Zeichnung extrem (!) dünn.

Wenn wir nun die Polungen der Spannungsquellen und der Diodenstrecken in Bild 7.8 vergleichen, so sehen wir, daß die obere BC-Diode (Kollektordiode) für die „große" CE-*Spannung in Sperrichtung* gepolt ist. Dagegen wird die untere BE-Diodenstrecke (Emitterdiode) durch die äußere Steuerspannung U_{BE} *in Durchlaßrichtung* beansprucht. Solange jedoch diese Steuerspannung U_{BE} unter dem *Schwellwert* U_{Schw} der Emitterdiode liegt, fließt überhaupt kein Strom[1]), der Transistor sperrt. Erreicht die Steuerspannung U_{BE} den Schwellwert U_{Schw} der Emitterdiode, so beginnt der Transistor Strom zu „ziehen". Im einzelnen spielt sich das folgendermaßen ab:

- Das Emittergebiet ist hoch N-dotiert. Von dort setzt sich ein großer Elektronenstrom I_E^- zum Konzentrationsausgleich der Ladungsträger in Richtung P-dotierter Basis in Bewegung.
- Da die Basis selbst nur schwach P-dotiert und äußerst dünn ist, wird in dieser Schicht nur ein kleiner Prozentsatz der Elektronen von P-Löchern „eingefangen"[2]) bzw. am Basisanschluß „abgezogen".
- Der Basisstrom I_B^- ist deshalb immer nur ein kleiner Bruchteil des Emitterstromes I_E^-.
- Die meisten Elektronen aus dem Emitter „diffundieren" nämlich fast ungehindert durch die sehr dünne Basiszone hindurch.
- Sie gelangen dadurch in die Sperrschicht der oberen Kollektordiode und von dort ins angrenzende Kollektorgebiet. Hier werden sie vom positiven Pol der Kollektorspannung U_{CE} angezogen und aufgesammelt (Bild 7.8).
- Im Ausgangskreis (Kollektorkreis) fließt demnach ein hoher Kollektorstrom I_C, der praktisch so groß wie der im Steuerkreis ausgelöste Emitterstrom I_E sein muß, da der an der Basis abfließende Anteil I_B relativ klein ist:

$$I_E \simeq I_C$$

Prinzipiell ist der Emitterstrom I_E der größte Strom im Transistor, denn nach Bild 7.8 gilt exakt:

$$I_E = I_C + I_B$$

Der direkte „hindurchdiffundierende" Kollektorstrom I_C ist um den Stromverstärkungsfaktor B größer als der Basisstrom I_B. Es gilt ja $I_C = B \cdot I_B$.

▶ Weil nun der Faktor B mit typisch 250 so groß ist, gilt für die Praxis: $I_C \simeq I_E$

---

[1]) Von Sperrströmen abgesehen.
[2]) Diesen Vorgang nennen wir auch *Rekombination*, siehe dazu z. B. Kapitel 3.1.3.

Dies belegen wir mit einem Rechenbeispiel:

Es sei $I_B = 0{,}1$ mA, $B = 250$, dies ergibt $I_C = 25$ mA und $I_E = I_C + I_B = 25{,}1$ mA. Der Unterschied zwischen I_C und I_E ist hier kleiner als ein halbes Promille.

Der steuernde Eingangskreis betreibt die hochdotierte BE-Diode in Durchlaßrichtung. Von diesem Eingangsstromkreis wird die Größe des ausgelösten Emitterstromes I_E bestimmt.
Dieser vom Emittergebiet ausgehende Strom I_E diffundiert fast vollständig durch die dünne, schwach dotierte Basiszone zum Kollektor:

$$I_C \simeq I_E$$

Der ausgangsseitige Kollektorstrom I_C ist damit um vieles größer als der Basisstrom I_B im Eingangskreis:

$$I_C = B \cdot I_B$$

In diesem Sinne findet eine *Stromverstärkung* statt, was diese Bezeichnung für den Faktor B rechtfertigt.

Zwei Anmerkungen:

1. Umseitige Erklärung gilt sinngemäß auch für PNP-Transistoren, wenn an Stelle der Elektronenströme Löcherströme gesetzt werden.
2. Wird versehentlich Kollektor und Emitteranschluß verwechselt, ist die schwach dotierte Kollektordiode Ausgangspunkt der Ströme. Entsprechend klein fällt dann die Stromverstärkung aus.

7.2.3 Einfluß der Kollektorspannung

Wir haben gesehen, daß die Basisspannung U_{BE} im Eingangskreis den Emitterstrom I_E bzw. den Kollektorstrom I_C festlegt. Wir fragen uns nun, ob die Kollektorspannung U_{CE} denn darauf überhaupt keinen Einfluß hat.
Die Antwort darauf lautet: Fast keinen. Dies wird aus den vorangegangenen Überlegungen verständlich. Im Kollektorgebiet müssen die dort ankommenden Elektronen aufgesammelt werden. Dies geschieht aber unter einer Bedingung immer: Der Kollektor muß gegenüber der Basis positiv „vorgespannt" sein, denn sonst werden ja die Elektronen zurückgetrieben.
Nach Bild 7.9 ergibt sich aus $U_{CB} > 0$, daß $U_{CE} > U_{BE}$ sein muß.[1]) Diese Bedingung ist aber durch ausreichend hohe Kollektorspannungen, z. B. $U_{CE} > 1$ V, leicht einzuhalten. In diesem Fall ist für die Höhe des Ausgangsstromes I_C allein der auslösende Basiskreis zuständig. Genaue Messungen zeigen allerdings, daß doch eine kleine Rückwirkung des Ausgangskreises auf den Eingangskreis stattfindet. Mit höherer Kollektorspannung U_{CE} steigt auch der Kollektorstrom geringfügig an.

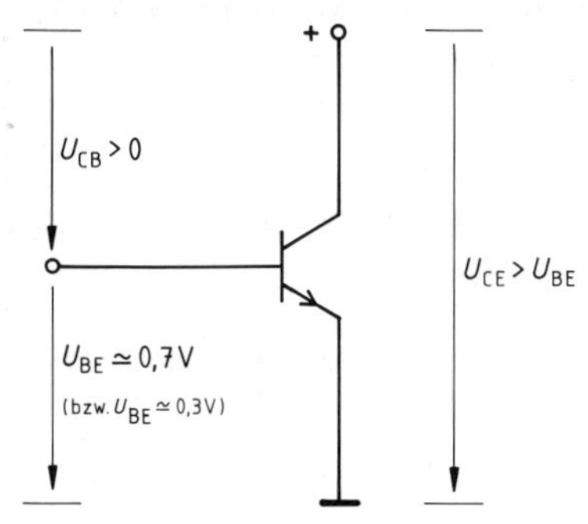

Bild 7.9 Teilspannungen am Transistor

[1]) Der Grenzfall $U_{CB} = 0$ markiert die „Kniespannung" des Transistors, siehe Kapitel 7.5.4.

Idealisiert läßt sich jedoch sagen:

Die **Steuergrößen im Basiskreis,** nämlich I_B und U_{BE} bestimmen *eindeutig* und *allein* die gesteuerte Größe, den Kollektorstrom I_C.
Der Kollektorstrom I_C hängt (fast) nicht von der anliegenden Kollektorspannung U_{CE} ab, sofern $U_{CE} > 1$ V ist.
Praktische Dimensionierungsregel: $U_{CE} \geq 1{,}5$ V.

Anmerkung:

Im Betrieb darf also die Kollektorspannung U_{CE} stark schwanken, ohne daß dies Auswirkungen auf den Kollektorstrom I_C hat. Solange $U_{CE} > 1$ V bleibt, bestimmt die Eingangsgröße I_B (bzw. U_{BE}) *allein* die Ausgangsgröße I_C.[1])

7.2.4 Die Steuerung geschieht nicht leistungslos

Die Steuerung des Kollektorstromes I_C geschieht leider nicht ohne Steuerleistung im Basiskreis. Da mit der Steuerspannung U_{BE} auch immer ein Steuerstrom I_B verbunden ist, ist von der steuernden Quelle immer eine Steuerleistung aufzubringen. (Leistung: Produkt aus Strom und Spannung.) Anders ausgedrückt: Der Eingangswiderstand des Transistors ist nicht unendlich groß.[2]) Dies belastet die Quelle. Wenn auch die Steuerleistung bei realistischer Betrachtung recht klein ausfällt (z. B. bei $U_{BE} = 0{,}7$ V und $I_B = 20$ µA nur 14 µW), ist dies einer der größten Nachteile des hier besprochenen bipolaren Transistors gegenüber moderneren Entwicklungen, den (unipolaren) Feldeffekttransistoren (= FET, siehe Kapitel 11).

Die steuernde Quelle im Basiskreis muß an den Transistor eine **Steuerleistung** abgeben können.
Der Eingangswiderstand des Transistors ist nicht unendlich groß.

Für Experten:

7.3 Erklärung des Transistoreffektes mit Potentialschwellen

Das Funktionsprinzip des Transistors lautet kurz:

▶ Die Basisspannung U_{BE} löst einen Strom I_E bzw. I_C aus.

Dies können wir uns auch wie folgt klarmachen:

Jeder PN-Übergang stellt ja eine Potentialschwelle für die Elektronen dar. Im Transistor sind gleich zwei solcher Schwellen vorhanden, die – wenigstens ungefähr – gleich hoch sind bzw. gleiche Diffusionsspannung haben. Für den Transistor ohne äußere Spannung trifft damit das Bild 7.10 zu; vom Emitter und vom Kollektor her können fast keine Elektronen (mehr) in die P-dotierte Basis gelangen; Gleichgewichtszustand.

---

[1]) Eine weitere Bestätigung dafür, daß I_C von U_{CE} unabhängig ist, erfolgt in Kapitel 7.5.4 durch die waagrechten Ausgangskennlinien und in Kapitel 7.7 durch die geringe Spannungsrückwirkung des Transistors.

[2]) Typischer Wert für Gleichströme: 35 kΩ; für Wechselströme: 1 kΩ, siehe Kapitel 7.5.3

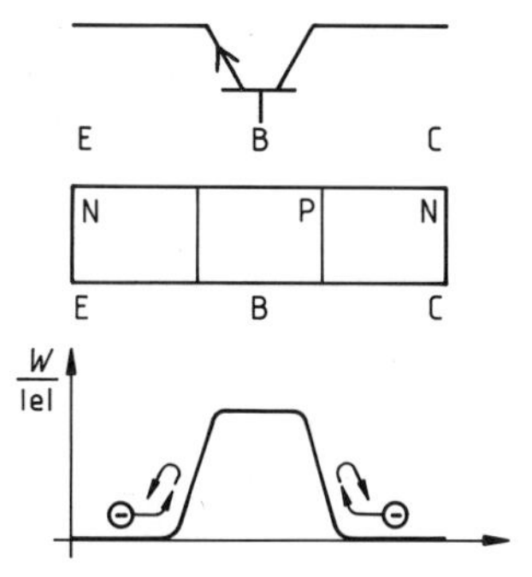

Bild 7.10 Potentialschwellen beim Transistor ohne äußere Spannung

Wird bei offener Basis allein im Ausgangskreis eine Kollektorspannung U_{CE} angelegt, so vergrößert sich für die Elektronen im Kollektorgebiet lediglich die Potentialschwelle, der Transistor sperrt (Bild 7.11). Erst wenn wir die Potentialschwelle der Basisdiode durch eine entsprechende Basisspannung U_{BE} verringern, setzt aus der stark dotierten Emitterschicht ein hoher Diffusionsstrom I_E zum Konzentrationsausgleich ein (Bild 7.12).

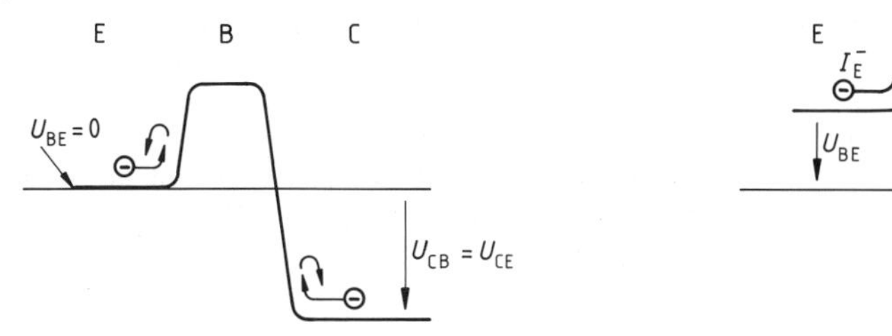

Bild 7.11 Transistor ohne Basisspannung

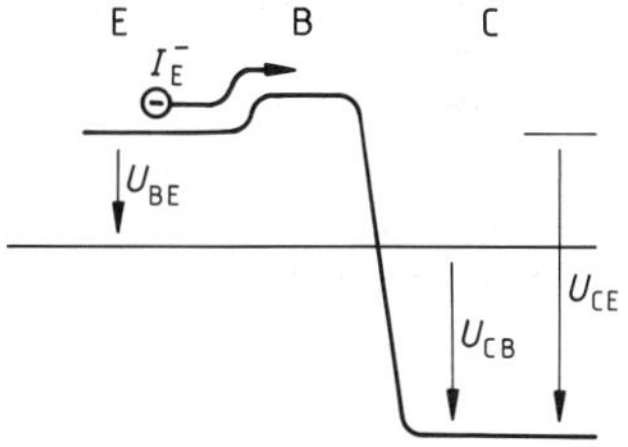

Bild 7.12 Stromführender Transistor

Sind die Elektronen erst einmal im sehr dünnen und schwach dotierten Basisgebiet, so werden nur wenige dort „hängenbleiben"[1]), die meisten „rutschen" die kurze Wegstrecke bis zur „Kollektorsenke" weiter, wo sie nun, fast unabhängig von der tatsächlichen Höhe der Kollektorspannung U_{CE}, ins „Kollektortal" hinabfließen. Wir können nun drei bereits bekannte Aussagen auch mit diesem Modell erklären:

- Der Ausgangsstrom I_C (der Kollektorstrom I_C) des Transistors wird über eine Veränderung der Basis-Emitterschwelle gesteuert. Dies geschieht durch die Steuerspannung U_{BE} im Eingangskreis.
- Der (Basis-) Strom I_B im Steuerkreis ist klein gegen den Ausgangsstrom I_C.
- Die Kollektorspannung U_{CE} im Ausgangskreis hat (fast) keinen Einfluß auf den Emitter- bzw. Kollektorstrom I_E bzw. I_C.

7.4 Die Namensgebung beim Transistor

Wie aus Bild 7.13 ersichtlich, können wir die CE-Strecke des Transistors als steuerbaren Widerstand betrachten. Daher hat der **Transistor** auch seinen Namen:

Transfer-Resistor = veränderbarer Widerstand

Der *Emitter* sendet dabei die Elektronen aus und hat so seinen Namen bekommen:

emittere (lat.) = aussenden

Der *Kollektor* sammelt die (meisten) Elektronen wieder ein, hier wird erinnert an:

collecta (lat.) = Sammlung

[1]) Weil dort nur wenige rekombinieren können.

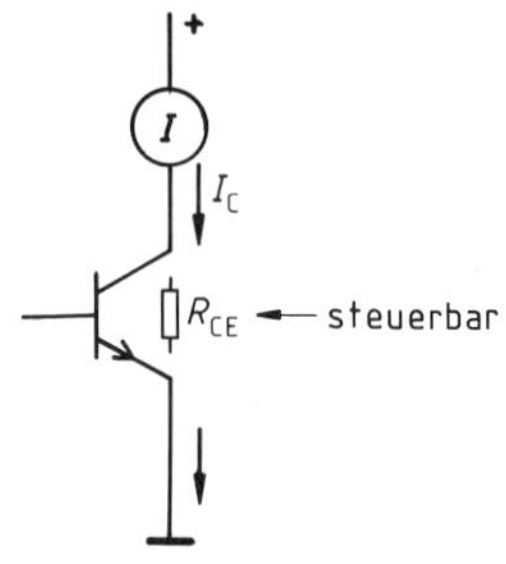

Bild 7.13 Die CE-Strecke ist ein steuerbarer Widerstand.

Die *Basis* war früher technologisch die Grundlage zur Aufbringung der Kollektor- und Emitter-„Pille", siehe Bild 7.5. Nach wie vor ist sie die Grundlage des Transistoreffektes.

7.5 Kennlinien und Kennwerte des Transistors

Die Steuerung des Kollektorstromes I_C durch den Basiskreis läßt sich mit zwei Kennlinien, die zugleich betrachtet werden, anschaulich darstellen.

7.5.1 Die Eingangskennlinie

Die erste Kennlinie beschreibt dabei den *Zusammenhang der Eingangsgrößen* I_B und U_{BE} im Basis-Emitterkreis. Das Schaubild dieser Funktion $I_B = I_B(U_{BE})$ heißt **Eingangskennlinie** des Transistors und liefert erwartungsgemäß eine Diodenkennlinie (Bild 7.14).
Diese Kennlinie wird bei einer ganz bestimmten Kollektorspannung U_{CE} gemessen. Da aber (nach 7.2.3) diese Spannung den Eingangskreis kaum beeinflußt, begnügen wir uns mit einer mittleren Eingangskennlinie.

Die Eingangskennlinie ist jedoch als Diodenkennlinie noch *stark von der Temperatur abhängig.* Nach 3.5.6 liegt die Temperaturdrift bei -2 mV/K. Dadurch „wandert" ein einmal eingestellter Arbeitspunkt (genaueres in Kapitel 8.7.2 und ab 8.8).

► Nun wird aber üblicherweise zur Darstellung der Eingangskennlinie eine von Bild 7.14 abweichende Achsenorientierung gewählt, nämlich die von Bild 7.15.

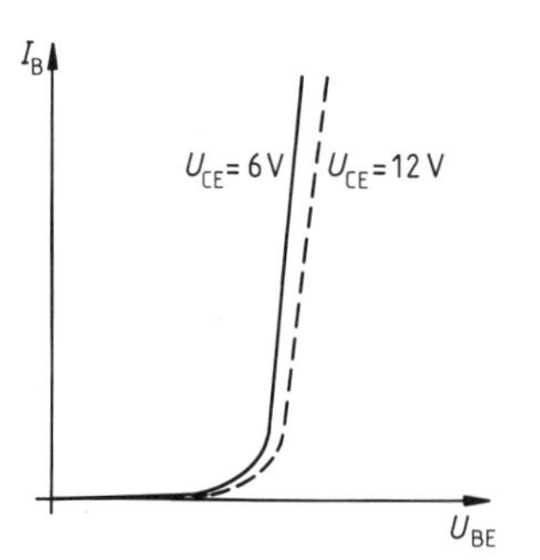

Bild 7.14 Eingangskennlinie mit gewohnter Achsenorientierung

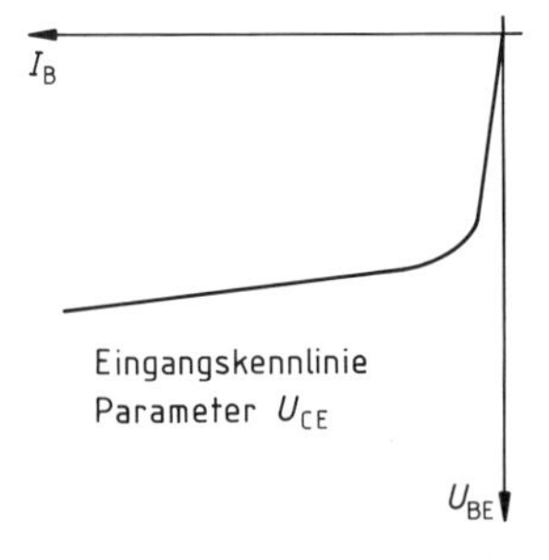

Bild 7.15 Eingangskennlinie mit der üblichen Achsenorientierung für eine Vierquadrantendarstellung

Dadurch lassen sich über (und neben) die Eingangskennlinie noch weitere Kennlinien zu I_B (und U_{BE}) zeichnen. Es entsteht so eine *Mehrquadrantendarstellung* des Transistors. Dies wird nun gleich deutlicher.

Die **Eingangskennlinie des Transistors** ist eine Diodenkennlinie.
Diese Kennlinie hängt von der Temperatur und geringfügig von der Kollektorspannung ab.
Ihre Darstellung erfolgt nach Bild 7.15.

7.5.2 Die Stromsteuerkennlinie, Gleich- und Wechselstromverstärkung

Wir stellen nun die Wirkung der Eingangsgrößen U_{BE} und I_B auf die Ausgangsgröße Kollektorstrom I_C dar. Dazu ergänzen wir die Eingangskennlinie durch die **Stromsteuerkennlinie**, welche den Kollektorstrom I_C als Funktion des Basisstromes I_B darstellt (Bild 7.16).

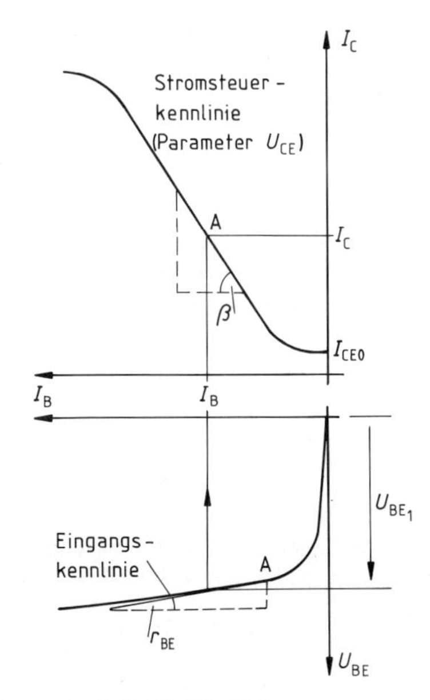

Bild 7.16 Steuerung des Kollektorstromes durch den Eingangskreis

Wegen der bekannten Proportionalität von Kollektorstrom I_C und Basisstrom I_B hätten wir hier eine Ursprungsgerade zu erwarten. Dies ist in der Praxis aber nur angenähert der Fall.[1]) Außerdem ist die Stromsteuerkennlinie wieder etwas von der Kollektorspannung U_{CE} abhängig, was wir aber hier übergehen. Schwerwiegender ist die Temperaturabhängigkeit der Stromverstärkung, die Stabilitätsprobleme schafft. Dies besprechen wir noch in Kapitel 8.7.3 und ab 8.8 eingehender.

[1]) Gründe: Reststrom I_{CE0} der Kollektordiode und „Übersteuerung" bei hohen Basisströmen (siehe Kapitel 13.2.7).

Die **Stromsteuerkennlinie** I_C (I_B) ist näherungsweise eine Ursprungsgerade.
Die Stromverstärkung $B = I_C/I_B$ ist über weite Bereiche als konstant anzusehen.
Der Quotient $B = I_C/I_B$ heißt auch (statische) Gleichstromverstärkung, da er mit Gleichströmen gemessen wird.

Im Gegensatz dazu gibt es nämlich noch eine **Wechselstromverstärkung** β. Diese heißt auch manchmal differentielle Wechselstromverstärkung und beschreibt die *Steigung* der Stromsteuerkennlinie in der Umgebung eines Arbeitspunktes A.
Somit ist β nach Bild 7.17 bestimmbar durch:

$$\beta = \frac{\Delta I_C}{\Delta I_B}$$

Solche Stromänderungen ΔI entsprechen einem überlagerten Wechselstromanteil i (siehe Bild 7.17), weshalb wir auch symbolisch[1]) schreiben:

$$\beta = \frac{\Delta I_C}{\Delta I_B} = \frac{i_C}{i_B}$$

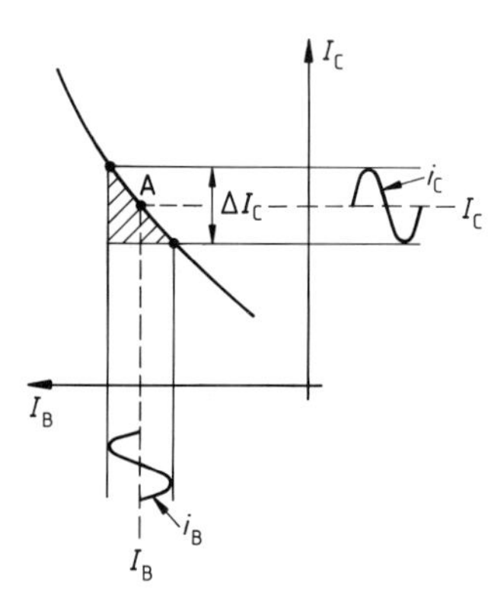

Bild 7.17 Wechselstromverstärkung

Wird der Transistor (nach Bild 7.3) als Vierpol aufgefaßt, so entspricht β der Kurzschlußstromverstärkung h_{21} aus der *Vierpoltheorie*. Für die Praxis ist nun wichtig, daß sich Gleichstromverstärkung B und Wechselstromverstärkung β wenig unterscheiden, da (nach Bild 7.16) die Stromsteuerkennlinie fast linear durch den Ursprung verläuft.

Die **Wechselstromverstärkung** β beschreibt die Wirkung kleiner Basisstromänderungen ΔI_B auf den Kollektorstrom.
Kleine Basisstromänderungen erfolgen in der Praxis durch überlagerte Wechselströme i_B.
Diese treten am Kollektor um den Faktor β verstärkt auf:

$$i_C = \beta \cdot i_B$$

Für

$$\beta = \frac{\Delta I_C}{\Delta I_B} = \frac{i_C}{i_B}$$

gilt näherungsweise:

$$\beta \simeq B$$

Für β darf auch der Vierpolparameter h_{21} gesetzt werden.

$$\beta = h_{21}$$

[1]) Für I bzw. i werden immer Wechselstromkennwerte wie I_{ss}, I_m oder I_{eff} eingesetzt.

7.5.3 Der Eingangswiderstand des Transistors

Die Ansteuerung des Transistors im Basiskreis geschieht nicht leistungslos, die angesteuerte BE-Diode weist einen endlichen Widerstand auf.[1]) Für eine Gleichstromansteuerung wäre der *statische Eingangswiderstand* R_{BE} „an der Basis" maßgebend. Es ist:

$$R_{BE} = \frac{U_{BE}}{I_B}$$

Dieser Wert ist abhängig vom gewählen Arbeitspunkt A. Typisch ist hier 35 kΩ. Diesen (Gleichstrom-)Widerstand R_{BE} „sieht" aber nur eine Gleichstromquelle.

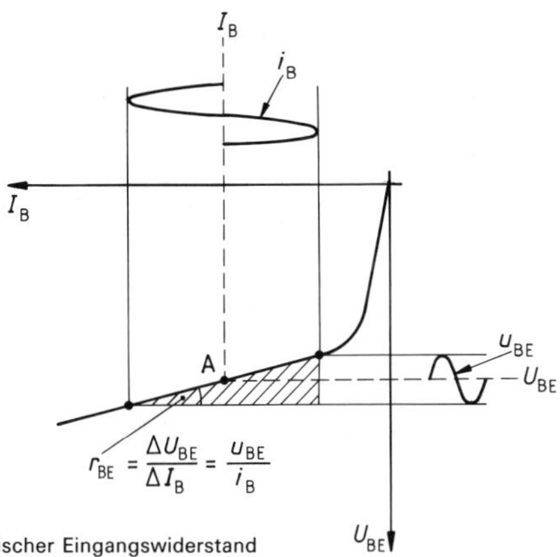

Bild 7.18 Statischer und dynamischer Eingangswiderstand

▶ Häufiger ist jedoch eine Wechselstromansteuerung des Transistors, die zu kleinen Änderungen der Basisspannung und des Basisstromes führt (Bild 7.18).

Wir definieren dazu den *Wechselstromeingangswiderstand*, den *dynamischen Eingangswiderstand*[2]), r_{BE} „an der Basis":

$$r_{BE} = \frac{\Delta U_{BE}}{\Delta I_B} = \frac{u_{BE}}{i_B}$$

Diesen Widerstandswert r_{BE} „sieht" nun allein die Wechselspannungsquelle.
Ein Blick auf Bild 7.18 zeigt, daß r_{BE} die Steigung der Eingangskennlinie angibt. Diese hängt wieder vom Arbeitspunkt und der Temperatur ab. Sie kann aber (nach dem Knick) für den linearen Teil der Diodenkennlinie als konstant angesehen werden.
Typischer Wert für r_{BE} ist 1 kΩ.

Hier schon für r_{BE} eine Abschätzformel aus Kapitel 8.11.1, die für Zimmertemperatur gilt:

$$r_{BE} \simeq 25\ \text{mV}/I_B$$

- Wegen seiner Bedeutung wird der dynamische (Wechselstrom-)Eingangswiderstand r_{BE} auch kurz „der Eingangswiderstand" (des Transistors) genannt.
- Der zugeordnete Vierpolparameter heißt h_{11} (Kurzschlußeingangswiderstand).

---

[1]) Dies stellten wir prinzipiell schon in Kapitel 7.2.4 fest.
[2]) Manchmal auch differentieller Eingangswiderstand genannt.

Der **Eingangswiderstand eines Transistors** ist sein dynamischer (Wechselstrom-)Eingangswiderstand r_{BE} an der Basis-Emitterstrecke.

Es ist:

$$r_{BE} = \frac{\Delta U_{BE}}{\Delta I_B} = \frac{u_{BE}}{i_B}$$

Durch r_{BE} wird eine Signalquelle, welche die kleinen Basisspannungsänderungen hervorrufen soll, belastet.

Typischer Wert: $r_{BE} \simeq 1\ \text{k}\Omega$

Für r_{BE} darf auch der zugeordnete Parameter h_{11} der Vierpoltheorie eingesetzt werden. Der Eingangswiderstand bei Zimmertemperatur kann durch $r_{BE} \simeq 25\ \text{mV}/I_B$ abgeschätzt werden.

Da der Transistor später noch „beschaltet" wird, ist der Eingangswiderstand r_{BE} des Transistors selbst nicht identisch mit dem Eingangswiderstand r_e der *Gesamtschaltung* (siehe Kapitel 8.9.1).

Beispiel: Damit ein gewisses Gefühl für die Aussagekraft der Kennwerte β und r_{BE} entsteht, nehmen wir einmal an, wir hätten (wie in Bild 7.16) den Arbeitspunkt A gleichstrommäßig so festgelegt, daß die Kennlinien in seiner Umgebung linear verlaufen, d.h. daß die dynamischen Kennwerte konstant sind. Es gelte nun z.B.:

$$r_{BE} = 1\ \text{k}\Omega \quad \text{und} \quad \beta = 250$$

Was bewirkt nun eine Steuerspannungsänderung von 10 mV an der Basis im Kollektorstromkreis?

Lösung:
Es ist $u_{BE} = 10$ mV. Somit ist:

$$i_B = u_{BE}/r_{BE} = 10\ \text{mV}/1\ \text{k}\Omega = 10\ \mu\text{A}$$

Folglich ergibt sich im Kollektorkreis eine Strom*änderung* von

$$i_C = \beta \cdot i_B = 250 \cdot 10\ \mu\text{A} = 2{,}5\ \text{mA}.$$

7.5.4 Die Ausgangskennlinien

Nach Kapitel 7.2.3 hat die Kollektorspannung U_{CE} (fast) keinen Einfluß auf den Kollektorstrom I_C. Diesen bestimmt allein der Basisstrom I_B (zusammen mit U_{BE}). Bei einem festen Basisstrom I_B müßte der Kollektorstrom für jede Kollektorspannung U_{CE} gleich sein. Dies ist auch weitgehend der Fall, wie Bild 7.19 zeigt. Hier sind die **Ausgangskennlinien** $I_C(U_{CE})$ dargestellt. Parameter ist der Basisstrom I_B. Der (fast) waagrechte Verlauf beginnt aber erst, wenn die Kollektorspannung U_{CE} die *Kniespannung* überschreitet, d.h. wenn die Kollektorspannung U_{CE} die Spannung U_{BE} im Basiskreis übersteigt. Erst dann ist der Kollektor nämlich positiv gegenüber der Basis und kann so als „Elektronensammler" arbeiten.

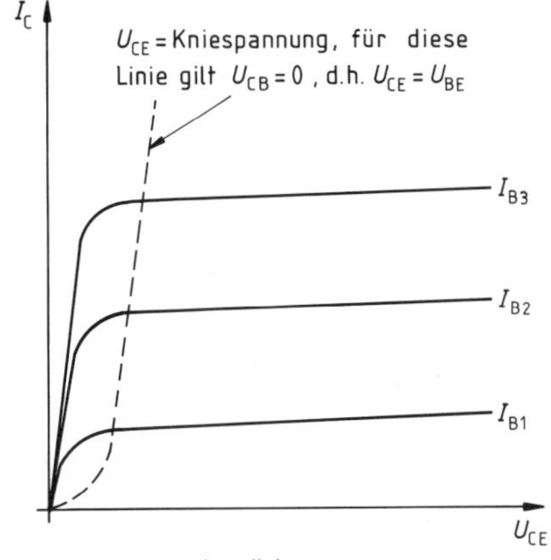

Bild 7.19 Ausgangskennlinien

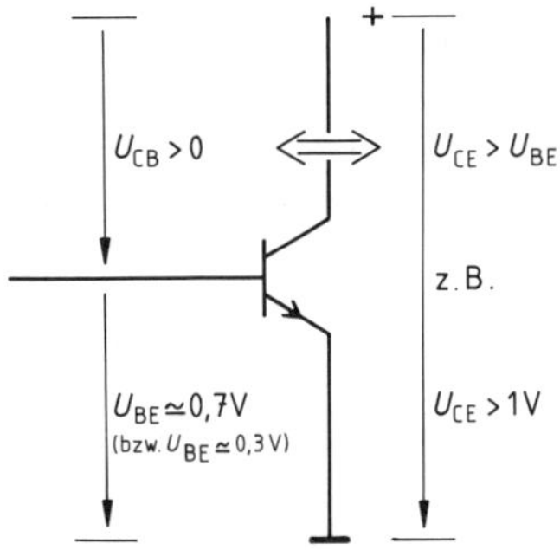

Bild 7.20 Notwendige Bedingung für den Betrieb des Transistors oberhalb der Kniespannung

Bild 7.20 zeigt noch einmal[1]) anschaulich diese Überlegung. Wegen der geringen Höhe der Basisspannung (0,3 V bzw. 0,7 V) brauchen wir nur $U_{CE} > 1$ V zu fordern. Dann ist der Kollektor mit Sicherheit positiv gegen die Basis.

Der Kollektorstrom I_C hängt (fast) nicht von der Kollektorspannung U_{CE} ab. Deshalb verlaufen die **Ausgangskennlinien** $I_C(U_{CE})$ (fast) waagrecht. Die Kollektorspannung muß dazu größer als die Kniespannung sein.
Im praktischen Betrieb fordern wir deshalb $U_{CE} > 1$ V. Dies wird z. B. durch die Dimensionierungsregel $U_{CE} \geq 1{,}5$ V erfüllt.

Bei gleicher Differenz des Parameters Basisstrom haben auch die Ausgangskennlinien (z. B. in Bild 7.19) gleichen Abstand untereinander. Dies stimmt natürlich nur in dem Bereich, in dem sich I_C auch proportional mit I_B ändert. Unabhängig davon läßt sich aus jedem gut beschrifteten Ausgangskennlinienfeld eine Stromsteuerkennlinie $I_C(I_B)$ für einen festen U_{CE}-Wert rekonstruieren (siehe Aufgabe 6).

7.5.5 Der Ausgangswiderstand des Transistors

Ideal wäre ein exakt waagrechter Verlauf der Ausgangskennlinien in Bild 7.19. In diesem Fall wäre die Kollektorspannung U_{CE} ohne jeden Einfluß auf den Kollektorstrom I_C und damit die Steigung $h_{22} = \Delta I_C / \Delta U_{CE}$ der Ausgangskennlinien gerade Null. h_{22} ist wieder ein Vierpolparameter und heißt *Ausgangsleitwert* des Transistors. Leitwert deshalb, weil der Kehrwert von h_{22}, nämlich $\Delta U_{CE} / \Delta I_C$ einen Widerstandswert liefert. Wir nennen $r_{CE} = \Delta U_{CE} / \Delta I_C$ den *Ausgangswiderstand* des Transistors „am Kollektor". Zu den wünschenswert kleinen Steigungen h_{22} gehören damit große Ausgangswiderstände r_{CE}.[2]) In der Praxis sind Werte von $h_{22} < 50 \cdot 10^{-6} \cdot 1/\Omega$ bzw. $r_{CE} > 20$ kΩ erreichbar.

Flach verlaufende Ausgangskennlinien liefern hohe Ausgangswiderstände r_{CE} des Transistors.

$$r_{CE} = \frac{\Delta U_{CE}}{\Delta I_C} = \frac{1}{h_{22}}$$

[1]) Siehe auch Kapitel 7.2.3.
[2]) r_{CE} heißt auch differentieller Ausgangswiderstand, dieser ist wieder vom Ausgangswiderstand r_a eines beschalteten Transistors, also vom Ausgangswiderstand r_a einer kompletten Schaltung, zu unterscheiden.

Ein flacher Verlauf der Kennlinien und ein hoher Ausgangswiderstand r_{CE} lassen sich auch noch anders deuten:
Nehmen wir einmal an, die Kollektorgleichspannung schwanke durch eine überlagerte Wechselspannung u_{CE} wie in Bild 7.21 dargestellt. Dann ist der dadurch verursachte Kollektorwechselstromanteil i_C über die CE-Strecke sehr klein.

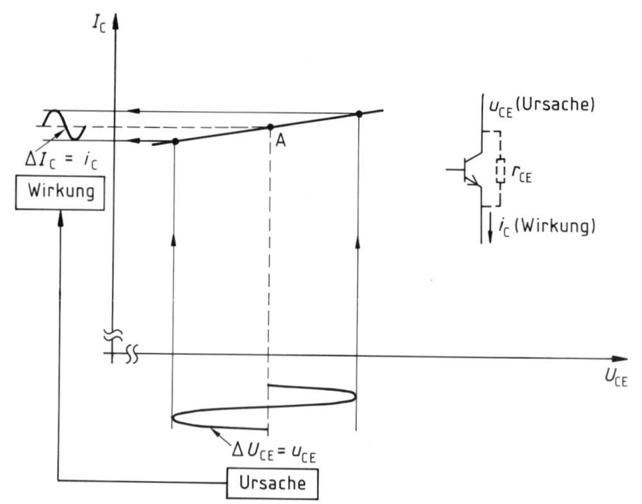

Bild 7.21 Bei Spannungsschwankungen am Kollektor fließt fast kein Wechselstrom über die CE-Strecke

Mit anderen Worten:

Der Ausgangswiderstand r_{CE} des Transistors gibt zugleich den **Wechselstromwiderstand** der CE-Strecke an. Dieser Wechselstromwiderstand ist *praktisch* unendlich groß.

Richtwert für r_{CE}: $r_{CE} \simeq 20\ \text{k}\Omega$

7.6 Grenzwerte des Transistors

7.6.1 Absolute Grenzwerte

Es sind dies:

1. Die *maximale Kollektor-Emitter-Spannung* U_{CEmax}. Diese beschränkt die Speisespannung U_S. Jedoch Vorsicht bei Induktivitäten, z. B. bei Relaisspulen. Solche Spulen erzeugen nach dem Induktionsgesetz oft viel höhere Spannungen als die Speisespannung.[1])
2. *Maximaler Dauerkollektorstrom* I_{Cmax} und *maximaler Basisstrom* I_{Bmax}. Spitzenströme dürfen größer sein.
3. Falls die Emitterdiode auch in Sperrichtung belastet wird:
   Die *höchstzulässige Sperrspannung* (Zenerspannung) der BE-Strecke (ca. 5 V ... 10 V). Dies ist im Schaltbetrieb sehr wichtig, siehe z. B. Kapitel 15.1.6.
4. Die *maximale Sperrschichttemperatur* (ca. 175 °C bei Silizium bzw. 75 °C bei Germanium). Die Gehäusetemperatur muß zur Wärmeableitung wesentlich niedriger liegen.
5. Die *maximale Gesamtverlustleistung* P_{tot} des Transistors. Hier darf die an der Basis-Emitterdiode umgesetzte Leistung vernachlässigt werden, denn die Verlustleistung der CE-Strecke ist wesentlich größer.

[1]) Bei einem Schaltrelais im Kollektorkreis ist unbedingt eine „Freilaufdiode" parallel zu schalten, siehe Kapitel 13.2.11.

Beispiel: Emitterdiode: $U_{BE} = 0{,}7\,V$; $I_B = 100\,\mu A$ $\Rightarrow$ $P_{BE} = 70\,\mu W$
CE-Strecke: $U_{CE} = 6\,V$; $I_C = 25\,mA$ $\Rightarrow$ $P_{CE} = 150\,mW$
Insgesamt: $P_{tot} = P_{BE} + P_{CE}$ $\Rightarrow$ $P_{tot} = 150{,}07\,mW$
Wir sehen also: $P_{tot} \simeq P_{CE}$

Die gesamte **Verlustleistung** P_{tot} errechnet sich in der Praxis aus der Verlustleistung der CE-Strecke:

$$P_{tot} = I_C \cdot U_{CE}$$

7.6.2 Die Verlustleistungshyperbel

Für jeden Arbeitspunkt A des Transistors ergibt sich die Verlustleistung (Wärmeleistung) nach dem oben gesagten aus

$$P = I_C \cdot U_{CE}.$$

Diese muß immer kleiner als die höchstzulässige Verlustleistung P_{tot} sein. Also:

$$I_C \cdot U_{CE} \leq P_{tot}.$$

Zu jeder gegebenen Spannung U_{CE} errechnet sich dann ein Grenzwert I_C^* für den Kollektorstrom aus:

$$I_C^* = \frac{P_{tot}}{U_{CE}}$$

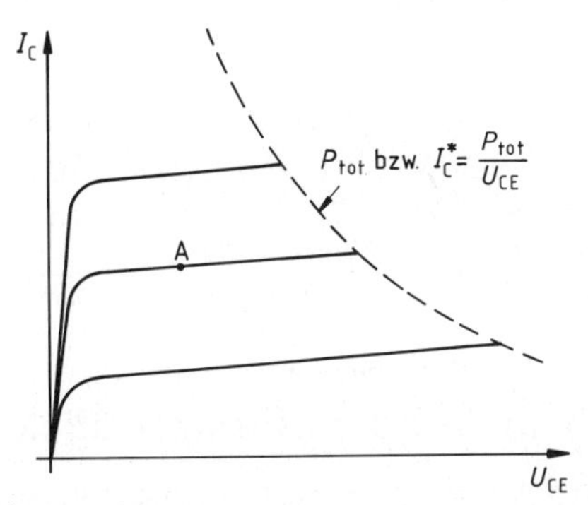

Bild 7.22 Verlustleistungshyperbel

Tragen wir diese Werte in das I_C-U_{CE}-Diagramm von Bild 7.22 ein, erhalten wir die *Verlustleistungshyperbel.*
Jeder (stationäre) Arbeitspunkt des Transistors muß demnach unterhalb der Verlustleistungshyperbel liegen.

Die Bedingung

$$I_C^* \cdot U_{CE} = P_{tot}$$

liefert die **Verlustleistungshyperbel** im I_C-U_{CE}-Diagramm.
Im Dauerbetrieb müssen Arbeitspunkte unterhalb dieser Grenzlinie liegen.

Hier noch einige Beispiele für P_{tot}:

Transistortyp	P_{tot}
BC 107 BC 238	300 mW
BC 547	500 mW
2N 1613 BC 429	1 W
BC 151 2N 3055 BD 257	20 W 117 W 125 W

7.6.3 Weitere Grenzwerte

Hierzu gehören:

1. *Der Reststrom I_{CE0} der Kollektordiode.* Wegen diesem Strom sperrt der Transistor auch bei offener Basis (bzw. bei $U_{BE}=0$) nicht vollständig. Bei Si-Transistoren kann I_{CE0} jedoch vernachlässigt werden.

2. *Die Kollektor-Emitter-Restspannung $U_{CE\,Rest}$.* Dies ist der kleinste erreichbare Spannungsabfall an der CE-Strecke eines Transistors. Er liegt bei ca. 0,2 V und stört beim „Schalterbetrieb" (siehe z. B. Kapitel 13.2 ff.).

3. *Die Grenzfrequenz f_β.* Mit höher werdender Frequenz sinkt die Stromverstärkung β der Transistoren stark ab. Bei f_β ist β auf $\beta/\sqrt{2}$ abgesunken.
Bei NF-Transistoren liegt die Grenzfrequenz unter 500 KHz.[1])

Es gibt **Grenzwerte, deren Überschreitung den Transistor zerstört.**
Als wichtigste nennen wir den maximalen Kollektorstrom, die höchst zulässige Kollektor-Emitterspannung und die Verlustleistung. Daneben gibt es noch Grenzdaten, die sich je nach Anwendungsfall störend bemerkbar machen.

7.7 Sämtliche Kennlinien auf einen Blick

Wir haben bisher drei der vier möglichen Kennlinien(-felder) des Transistors besprochen. Und nun zeigt sich der Vorteil der dazu gewählten, etwas ungewohnten Achsenorientierung. Dank dieser können wir jetzt alle Kennlinien in einem *Vierquadrantenfeld* nach Bild 7.23 zugleich darstellen. Erst dadurch wird auf einen Blick ihr innerer Zusammenhang erkennbar.

[1]) Daneben gibt es noch die Grenzfrequenz, bei der $\beta=1$ geworden ist (in etwa gleich der theoretischen Transitfrequenz f_T, Größenordnung bei NF-Transistoren 100 MHz).

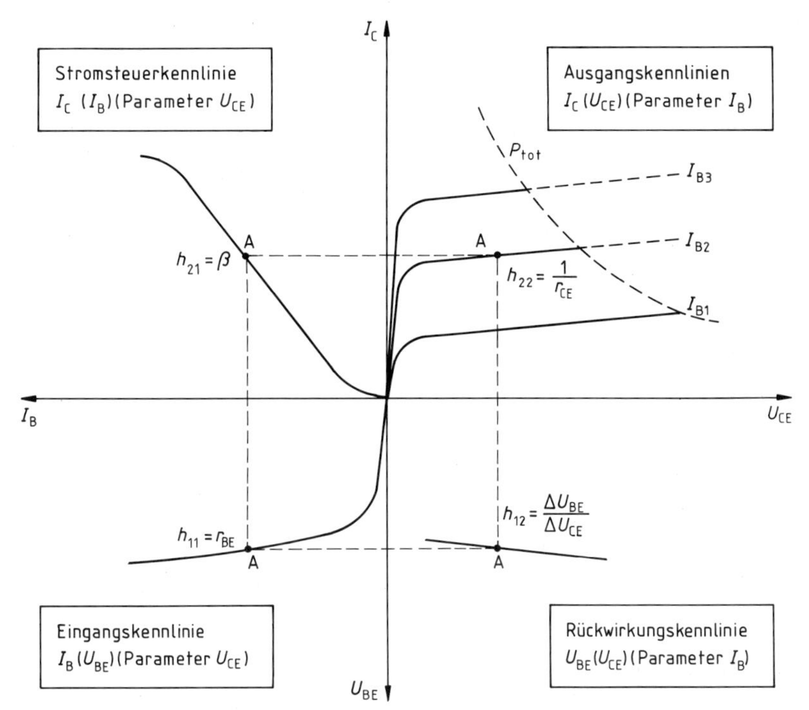

Bild 7.23 Sämtliche Kennlinien in Vierquadrantendarstellung

Neu ist die *Rückwirkungskennlinie* im vierten Quadranten. Hier wird die geringe Spannungsrückwirkung des Kollektorkreises (also von U_{CE}) auf den Basiskreis (also U_{BE}) dargestellt. Datenbücher geben diese Spannungsrückwirkung durch den Vierpolparameter $h_{12} = \Delta U_{BE}/\Delta U_{CE}$ an. Wegen $h_{12} < 0{,}3\%$ (!) vernachlässigen wir diesen Einfluß in Zukunft. Auch das Ausgangskennlinienfeld des ersten Quadranten wird an Bedeutung verlieren, da bei Verstärkern der Parameter Basisstrom als *fester* Wert nicht vorkommt. Lediglich bei Stromkonstantern (siehe Kapitel 10.2) ist dieser Betriebsfall von Bedeutung.
Wichtig bleibt aber die im ersten Quadranten miteingezeichnete *Leistungshyperbel*, die die Lage der möglichen Arbeitspunkte im Ausgangskreis weiterhin beschränkt.

Im **Vierquadrantenfeld** lassen sich sämtliche Kennlinien des Transistors und die Verlustleistungshyperbel auf einmal darstellen.

Für Experten:

7.8 Die Steilheit *S*

Im Kapitel 7.3 haben wir dargelegt, daß die Basisspannung U_{BE} die Potentialschwelle der BE-Diode ändert. Dadurch wird letztlich der „ausgesandte" Emitterstrom bzw. der „aufgesammelte" Kollektorstrom I_C gesteuert. Im Proportionalitätsbereich gilt nun $\Delta I_C \sim \Delta U_{BE}$.

Wir definieren den zugehörigen Proportionalitätsfaktor durch die Gleichung $\Delta I_C = S \cdot \Delta U_{BE}$ und nennen

$$S = \frac{\Delta I_C}{\Delta U_{BE}} = \frac{i_C}{u_{BE}} \quad \text{mit } [S] = \frac{1\,\text{mA}}{1\,\text{V}} = 1\,\text{mS}$$

die **Steilheit** des Transistors. Die Steilheit gibt also direkt an, welche Kollektorstromänderung sich bei einer Spannungsänderung an der Basis erzielen läßt.

Beispiel: $S = 160$ mA/V besagt: 1 V Spannungsänderung an der Basis würde den Kollektorstrom um 160 mA ändern. In Wahrheit sind die Basisspannungsänderungen natürlich kleiner als 1 V. Wenn wir, etwas realistischer, u_{BE} mit 10 mV annehmen, erhalten wir für $i_C = S \cdot u_{BE}$ einen Wert von 1,6 mA.

Aus $i_C = S \cdot u_{BE}$ erkennen wir:

▶ Je größer die Steilheit S, desto empfindlicher reagiert der Transistor auf Spannungsschwankungen an der Basis.

Ein Zusammenhang der Steilheit S mit den bekannten Kenngrößen $\beta = i_C/i_B$ und $r_{BE} = u_{BE}/i_B$ des Transistors liegt auf der Hand:

$$S = \frac{i_C}{u_{BE}} = \frac{\beta \cdot i_B}{u_{BE}} = \frac{\beta}{u_{BE}/i_B} = \frac{\beta}{r_{BE}}$$

Die Steilheit S wird verwendet:

1. Zum Vergleich von Transistoren untereinander
2. Zur schnellen Berechnung der Verstärkung (siehe Kapitel 8.3.2, Schluß)
3. Zum Vergleich des „normalen" Transistors mit dem Feldeffekttransistor (Kapitel 11).

> Die **Steilheit** S verknüpft die Änderungen der Ausgangsgröße Strom mit denen der Eingangsgröße Spannung.
>
> $$S = \frac{\Delta I_C}{\Delta U_{BE}} = \frac{i_C}{u_{BE}}$$
>
> Eine Wechselspannung u_{BE} am Eingang erzeugt somit am Ausgang den Wechselstrom:
>
> $$i_C = S \cdot u_{BE}$$
>
> *Typischer Wert für S:* $S = 160$ mA/V.
>
> Die Steilheit des Transistors ist mit den Kennwerten β und r_{BE} errechenbar:
>
> $$S = \frac{\beta}{r_{BE}}$$

7.9 Fototransistoren

Bei Fototransistoren fällt über ein Glasfenster Licht auf die PN-Übergänge des Transistors.[1]) Dadurch läßt sich der Kollektorstrom in Abhängigkeit der Beleuchtungsstärke[2]) steuern (Bild 7.24). Leider ist der Zusammenhang nicht linear. Wie Bild 7.25 genauer zeigt, ist er *doppel*-logarithmisch. Dies ist im Vergleich zur Fotodiode (Kapitel 5.2ff.) ein Nachteil.

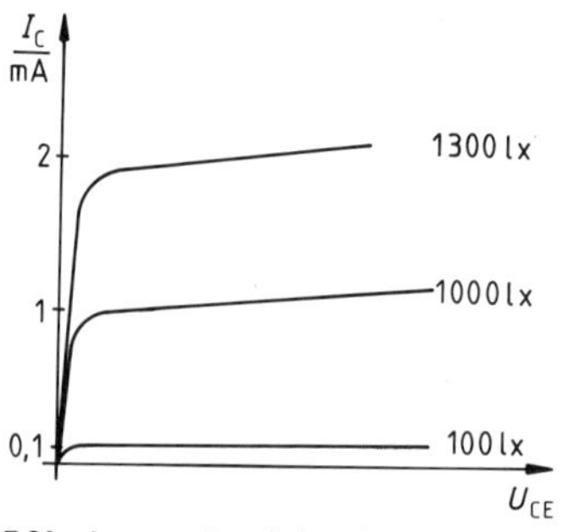

Bild 7.24 Ausgangskennlinien eines Fototransistors

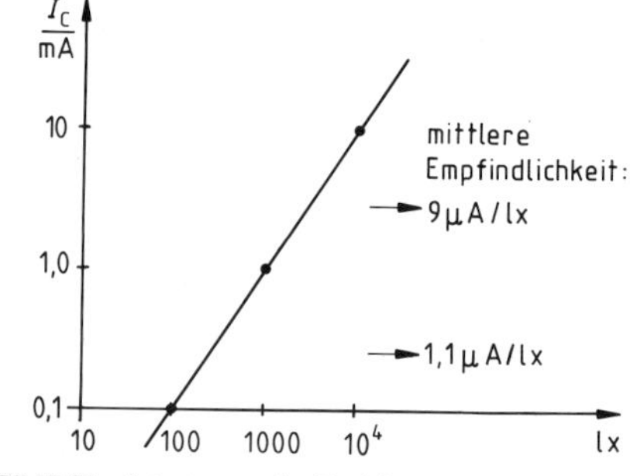

Bild 7.25 Fotostrom als Funktion der Beleuchtungsstärke (Achsen logarithmisch)

[1]) Einfacher Fototransistor: Metallgehäuse eines beliebigen Transistors aufsägen.

[2]) Gemessen in lx (Lux [lat.] = Glanz); Richtwerte (!) bezogen auf eine 100-W-Glühbirne: 1000 lx bei 30 cm, 100 lx bei 1 m, 50 lx bei 1,5 m Abstand

Auch sind beim Fototransistor die *Schaltzeiten* mit ca. 1 µs rund 200mal größer als bei der Diode. Deshalb sind Fototransistoren nur bis etwa 10 kHz verwendbar. Diesen Nachteilen steht aber die große (Ansprech-)Empfindlichkeit des Fototransistors (bis herab zu 10 lx) gegenüber.
Fototransistoren gibt es mit und ohne herausgeführten Basisanschluß. Bild 7.26 zeigt entsprechende Schaltsymbole. Bei offener Basis hat der Transistor die größte Lichtempfindlichkeit, aber leider auch die größte Temperaturdrift.
Auf sichtbares Licht reagieren alle Fototransistoren. Die relativ größten Fotoströme erzeugt aber bei Ge-Transistoren infrarotes Licht (1450 nm) und bei Si-Transistoren Rotlicht (an der Grenze zum Infrarot, 800 nm).

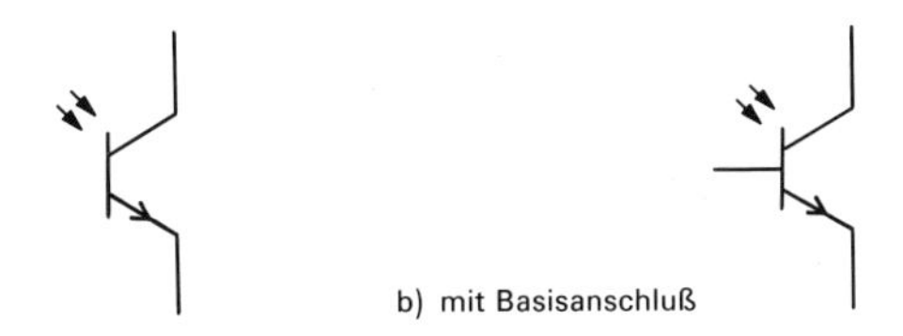

a) ohne Basisanschluß

b) mit Basisanschluß

Bild 7.26 Schaltsymbole für Fototransistoren (NPN-Typen)

> Licht steuert den Kollektorstrom von **Fototransistoren.**
> Im Vergleich zu Fotodioden sind Transistoren *lichtempfindlicher*, aber *langsamer*. Außerdem gibt es *keine lineare Beziehung* zwischen Strom und Beleuchtungsstärke.

7.9.1 Es kommt nur auf die Kollektordiode an

Das Schaltsymbol des Fototransistors (Bild 7.26) deutet schon an, daß die Lichtstrahlen nur bei der Kollektordiode „wirken". Tatsächlich ist *der innere Fotoeffekt* in der hoch dotierten Emitterdiode vernachlässigbar. Die hohe Dotierung verhindert nämlich die Entstehung eines nennenswerten Fotostromes (genaue Erklärung Kapitel 5.2.2, Punkt 4). Deshalb brauchen wir den inneren Fotoeffekt nur bei der Kollektordiode betrachten.

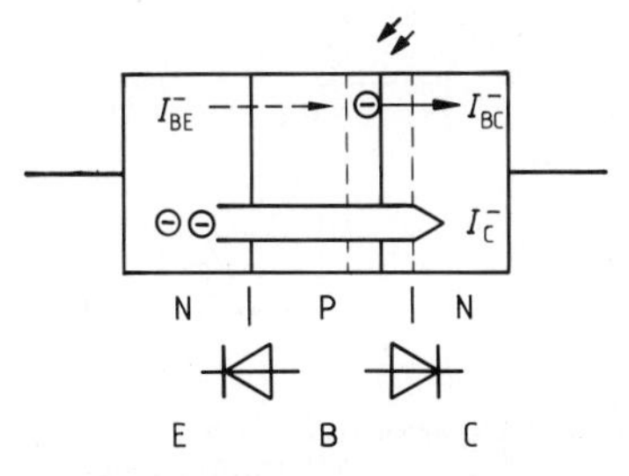

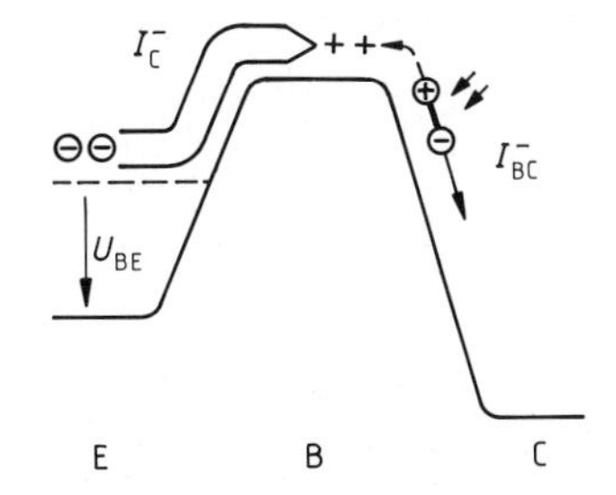

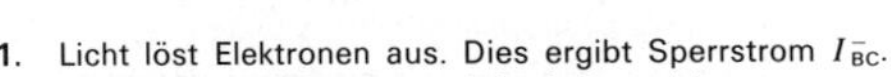

1. Licht löst Elektronen aus. Dies ergibt Sperrstrom I_{BC}^-.
2. Basis verliert Elektronen, wird relativ positiver.
3. Folge: Diffusion von Elektronen aus dem stark dotierten Emitter:
   $I_C^- = B \cdot I_{BE}^- + I_{BC}^- \simeq B \cdot I_{BC}^-$, da $I_{BE}^- = I_{BC}^-$ ist

a) Schichtmodell

1. Licht erzeugt Elektronen (Elektron-Loch-Paare)
2. Basis verliert Elektronen (Löcherstrom fließt zu), es entsteht eine positive Basisspannung U_{BE}.
3. Folge: Die Schwelle zur Basiszone wird für die Elektronen aus dem Emittergebiet relativ niedriger.

b) Potentialschwellenmodell

Bild 7.27 Der Fotoeffekt bei einem NPN-Transistor (dargestellt sind hier nur die Elektronenströme mit Minuszeichen als Exponent!)

Innerer Fotoeffekt meint, daß die aus dem Licht absorbierte Energie ausreicht, um Elektronen *im Kristall* aus ihren Atombindungen zu „reißen". Dadurch entstehen in der (CB-)Sperrschicht plötzlich freie Ladungsträger, die den Sperrstrom I_{BC} zwischen Basisanschluß und Kollektor stark vergrößern (siehe Bild 7.27, a).[1]) Dieser Sperrstrom wirkt an der Basis wie ein „gewöhnlicher" Basisstrom und erzeugt folglich einen um den Faktor B größeren Kollektorstrom (Bild 7.27).

Wir stellen also fest:

Licht vergrößert primär den **Sperrstrom der Kollektor-Basis-Strecke.**
Dieser Sperrstrom wirkt wie ein Basisstrom und wird anschließend um den Faktor B verstärkt. Der Kollektorstrom (Fotostrom) entsteht also in zwei Schritten. Der zweite Schritt hat zur Folge, daß

- ▶ auch bei wenig Licht viel Fotostrom fließt,
- ▶ dieser aber erst etwas verzögert (0,5...5 µs) auftritt.

Bei den üblichen Beleuchtungsstärken liegt der erreichbare Kollektorstrom bei 0,5...2,5 mA, so daß Verlustleistungsprobleme hier kaum eine Rolle spielen. Andererseits müssen diese kleinen Fotoströme meist nachverstärkt werden.

7.9.2 Der Basisanschluß

Wird an der Basis ein Teil des primär erzeugten Sperrstromes I_{BC} abgezogen, verringert sich damit auch der sekundäre Kollektorstrom, d. h. die Empfindlichkeit des Systems. Da nun aber der Kollektorstrom nicht mehr voll „hochgefahren" werden muß, reagiert der Transistor jetzt insgesamt schneller auf Licht. Außerdem läßt sich bei einem herausgeführten Basisanschluß die Temperaturdrift der Transistorströme kompensieren (Genaueres in Kapitel 8.8.1). Bild 7.28, a zeigt hierzu eine einfache Schaltung, die sowohl schnell als auch temperaturkompensiert arbeitet.

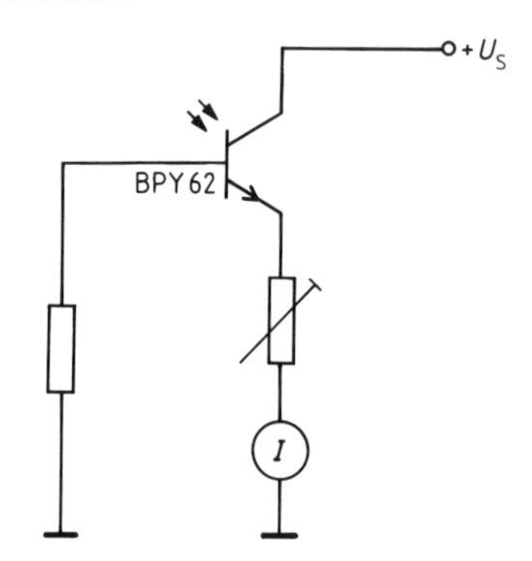

Bild 7.28 a) Einfacher Luxmeter mit BPY62

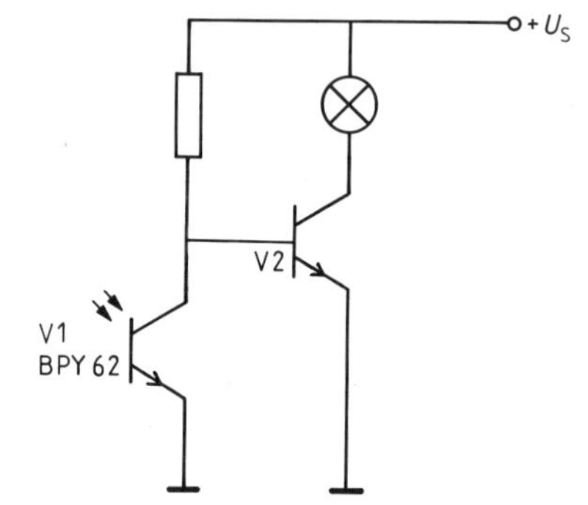

Bild 7.28 b) Lichtausfallanzeige, solange auf V1 Licht fällt, ist V1 niederohmig und schließt somit die Basisspannung von V2 kurz.

Zum Vergleich:

Fototransistoren ohne herausgeführten Basisanschluß eignen sich mehr dazu, anzuzeigen, ob überhaupt Licht da ist oder nicht (Schalteranwendungen). Bild 7.28, b zeigt ein Gerät, das in diesem Sinne arbeitet und den Ausfall einer Beleuchtungsanlage melden kann.

---

[1]) Bis hierher liegt derselbe Mechanismus wie bei einer Fotodiode vor.

7.10 Optokoppler (Licht verbindet)

Häufig soll eine Steuerschaltung einen zweiten Stromkreis beeinflussen, kann aber nicht direkt mit diesem verbunden werden, z. B. weil der zweite Stromkreis mit gefährlich hohen Spannungen arbeitet. Wenn es nun darum geht, zwei Stromkreise hochisoliert und rückwirkungsfrei zu trennen, während gleichzeitig ein Signal übertragen werden muß, kommen häufig Optokoppler zum Einsatz. Bei diesen stellt allein ein Lichtstrahl die Signalverbindung her.

Dies kann z. B. nach Bild 7.29, a mit LEDs als Sender und Fotodioden als Empfänger geschehen.

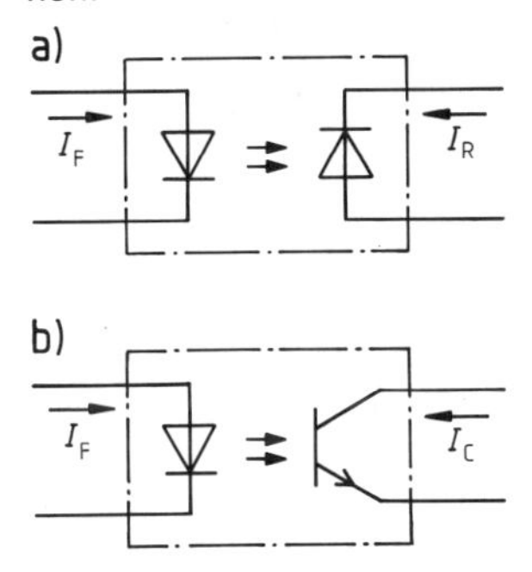

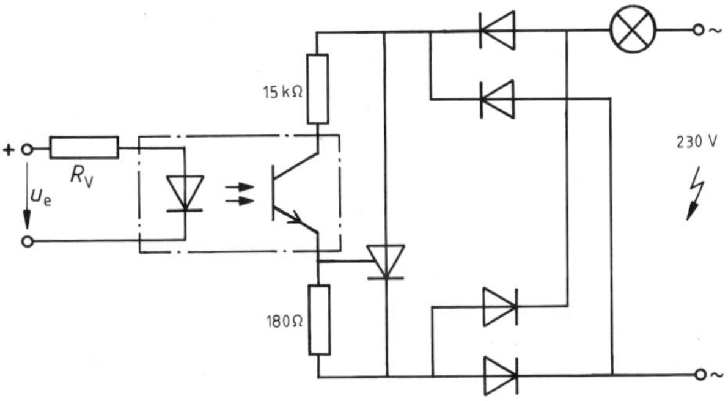

Bild 7.29 Optokoppler
a) LED mit Fotodiode
b) LED mit Fototransistor

Bild 7.30 Anwendung eines Optokopplers, elektronisches Leistungsrelais für das Lichtnetz

Trotz der relativen Trägheit haben sich aber allein Optokoppler mit Fototransistoren auf der Empfängerseite (Bild 7.29, b) durchgesetzt.[1]) Der Grund ist das sogenannte Übertragungsverhältnis von Ausgangsstrom zu Eingangsstrom. Nach Bild 7.29 ist dieses bei Fotodioden durch I_R/I_F gegeben und – weil I_R ein Sperrstrom ist – naturgemäß sehr klein ($<1\%$). Bei Fototransistoren kommt jedoch ausgangsseitig noch die Stromverstärkung B hinzu, so daß in diesem Fall I_C/I_F zu betrachten ist. Dieses Übertragungsverhältnis erreicht dann Werte um eins.

Aufgaben

Theoretische Grundlagen

1. a) Wie sieht die Diodenersatzschaltung eines NPN- und eines PNP-Transistors aus? Wie sind die Betriebsspannungen bezüglich Emitter zu polen? Erklären Sie den Transistoreffekt für einen PNP-Transistor anhand der Löcherströme.

b) Geben Sie die Vierpoldarstellung des Transistors an. Bezeichnen Sie Ein- und Ausgangskreis. Erläutern Sie den Begriff Emitterschaltung.

c) Wie prüfen Sie Transistoren mit dem Ohmmeter? Welche Prüfspannung sollte an den Ohmmeterklemmen mindestens anliegen? Weshalb muß der Ohmmeter einen Innenwiderstand besitzen? Wie unterscheiden Sie Emitter- und Kollektordiode aufgrund der Ohmmeteranzeige?

d) Welche Unterschiede bestehen zwischen Ge- und Si-Transistoren in bezug auf Basisschwelle, Restströme und thermischer Belastbarkeit?

2. a) Entwerfen Sie eine Meßschaltung für NPN-(PNP-)Transistoren zur Aufnahme sämtlicher Kennlinien mit zwei Spannungsquellen für Ein- und Ausgangskreis. Sämtliche Meßgeräte sind einzuzeichnen und entsprechende Meßtabellen sollen entworfen werden. Wie prüfen Sie jedesmal, ob der Transistor nicht überlastet wird?

b) Wie a, jedoch mit nur einer Speisespannungsquelle U_S. Die Basisspannung soll durch einen Spannungsteiler (Poti) gewonnen werden.

---

[1]) Meist werden 230 V/50 Hz-Netze getrennt, wo Fototransistoren ausreichend schnell sind. Beispiel für einen solchen Optokoppler mit VDE-Zeichen: CNY21.

3. **a)** Welche statischen und welche dynamischen (differentiellen) Kennwerte des Transistors kennen Sie?
Geben Sie typische Werte an.
Erläutern Sie die Bedeutung der differentiellen Kennwerte.
b) Welche Grenzwerte des Transistors kennen Sie?
Beschreiben Sie mit einer Funktionsgleichung die Verlustleistungshyperbel.

Kennlinienbetrachtungen

4. **a)** Ein Transistor hat die dargestellten Kennlinien.
Wie heißen diese?
Wie würden sie sich ungefähr bei $U_{CE}=8$ V ändern?
b) Für welche Bereiche sind die Stromverstärkungen B, β und der dyn. Eingangswiderstand r_{BE} konstant?
Geben Sie dafür die Werte von β und r_{BE} an.
(*Lösung:* 17...33 μA, $\beta \simeq 210$, $r_{BE} \simeq 1{,}25$ kΩ)
c) Um welchen Betrag ändert sich der Kollektorstrom, wenn die Basisspannung zwischen 0,64 V und 0,65 V schwankt?
(*Lösung:* ca. 1,68 mA)
d) Wo liegt der günstigste Arbeitspunkt, wenn wir an symmetrische Spannungsschwankungen um diesen Arbeitspunkt an der Basis denken.
(*Lösung:* $I_{B1} \simeq 25$ μA)
e) Bestimmen Sie im Linearitätsbereich zeichnerisch bzw. rechnerisch das Verhältnis $S=\Delta I_C/\Delta U_{BE}$[1]).
Wie läßt sich S noch durch andere Daten ausdrücken?
(*Lösung:* $S \simeq 168$ mA/V)

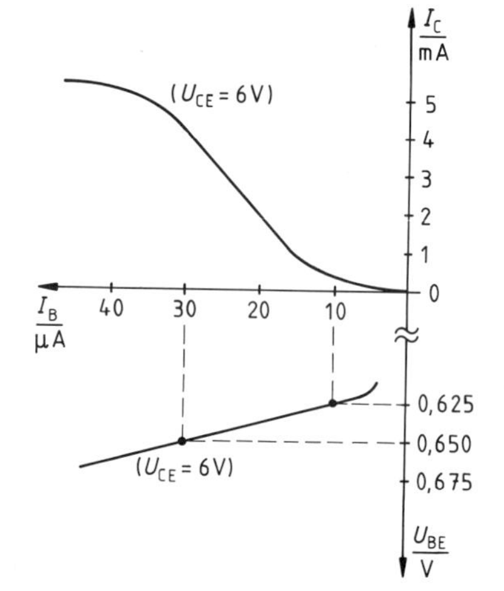

5. **a)** Zeichnen Sie *schematisiert* im Vierquadrantenfeld für einen Si-Transistor folgende Kennlinien:
   1. Stromsteuerkennlinie bis $I_B=1$ mA für $B=200$.
   2. Eingangskennlinie: $U_{Schw}=0{,}65$ V; $r_{BE}=1$ KΩ.
   3. Ausgangskennlinien für $I_B=0{,}2/0{,}4/0{,}6/1$ mA bis $U_{CE}=10$ V für $r_{CE} \simeq \infty$.
   4. Die Verlustleistungshyperbel für $P_{tot}=0{,}5$ W.

   b) Die Ausgangskennlinien sollen durch Messung bis $U_{CE}=6$ V nachgeprüft werden. Welcher maximale Basisstrom ist zulässig? (*Lösung:* ca. 0,4 mA)

6. **a)** Entnehmen Sie aus dem dargestellten Ausgangskennlinienfeld die Stromsteuerkennlinien für $U_{CE}=3$ V und $U_{CE}=6$ V.
Bestimmen Sie im linearen Bereich die mittlere Stromverstärkung β aus den gezeichneten Stromsteuerkennlinien.
b) Berechnen Sie einen mittleren Ausgangswiderstand r_{CE}.
(*Lösung zu a:* $B \simeq 100$; *zu b:* $r_{CE} \simeq 2$ kΩ, ein recht kleiner Wert; üblich sind Werte um 20 kΩ. Diese wären aber bei dem gewählten Maßstab praktisch nicht mehr bestimmbar.)

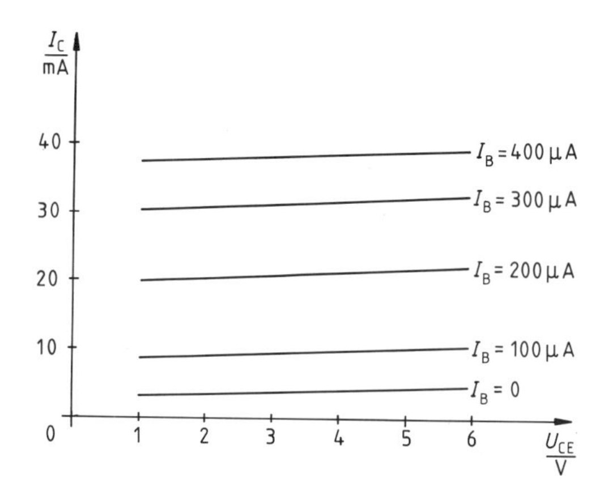

[1]) Dieses Verhältnis S heißt auch Steilheit und wird im Abschnitt 7.8 ausführlich behandelt.

Betrachtung praktischer Schaltungen

7. Der Transistor V1 habe waagrecht verlaufende Ausgangskennlinien.

a) Was bedeutet dies anschaulich? Welche Kenngrößen beschreiben diese Tatsache quantitativ?

b) Der Basisstrom beträgt 20 μA, die Stromverstärkung $B = 500$. Weitere Daten: siehe Schaltskizze.

1. Es sei $R_X = 0$, welcher Kollektorstrom fließt, wie groß ist U_{CE}, P_{tot} und U_{AB}?
2. Es sei $R_X = 500\ \Omega$, welcher Kollektorstrom fließt, wie groß ist U_{CE}, P_{tot} und U_{AB} diesmal?

c) 1. Wieso ist diese Schaltung als kurzschlußfestes Stromregelgerät bzw. als linearer Ohmmeter zu gebrauchen? Geben Sie im letzten Fall ungefähr den Meßbereich für R_X (unter Berücksichtigung der Kniespannung von ca. 1 V) an.

2. Wie lassen sich der geg. Konstantstrom bzw. der Meßbereich für R_X abändern?

d) Berechnen Sie den Widerstand R_2 für den im Bild dargestellten Fall.

(*Lösung zu a:* horizontal verlaufende Ausgangskennlinien, $r_{CE} \rightarrow \infty$; *zu b, 1:* 10 mA, 12 V, 120 mW, 0; *zu b, 2:* 10 mA, 7 V, 70 mW, 5 V; *zu c, 1:* 1,1 kΩ; *zu c, 2:* über R_1, R_2 oder U_S; *zu d:* 2,2 kΩ)

8. a) Welches der Lämpchen leuchtet bei positiver, welches bei negativer Eingangsspannung u_e, wenn wir $|u_e| > U_{Schw}$ annehmen?

b) Die Anordnung nennen wir auch Gegentaktverstärker. Bei E liege eine „ausreichend hohe" Wechselspannung an.
Welche Lampe muß durch ein Strommeßgerät ersetzt werden, wenn ein Wechselstrom beobachtet werden soll?

(*Lösung zu a:* positiv: H1, H2; negativ: H3, H2; *zu b:* H2)

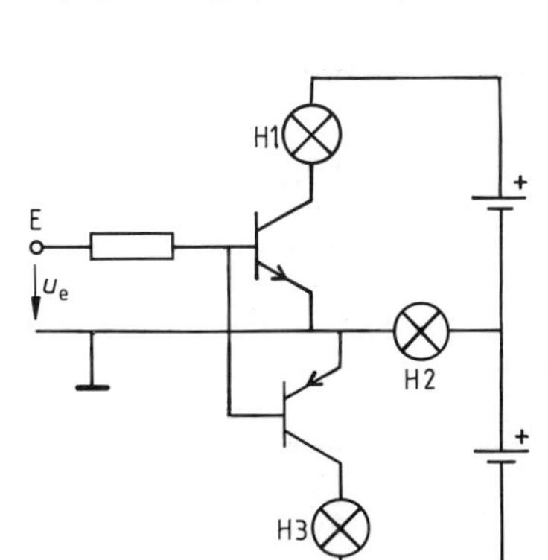

Analogtechnik

8 Einstufige Transistorverstärker in Emitterschaltung

8.1 Lineare Verstärkung

Mit dem uns nun bekannten Transistor bauen wir einen Verstärker für kleine, niederfrequente Wechselspannungen auf, die wir nun auch kurz *NF-Signale* nennen.[1]) Solche Signale liefern z. B. Mikrofone, Plattenspieler und Tonbandgeräte. Diese Signale sollen möglichst unverzerrt um einen bestimmten Faktor V verstärkt werden, wie dies z. B. Bild 8.1, c zeigt.

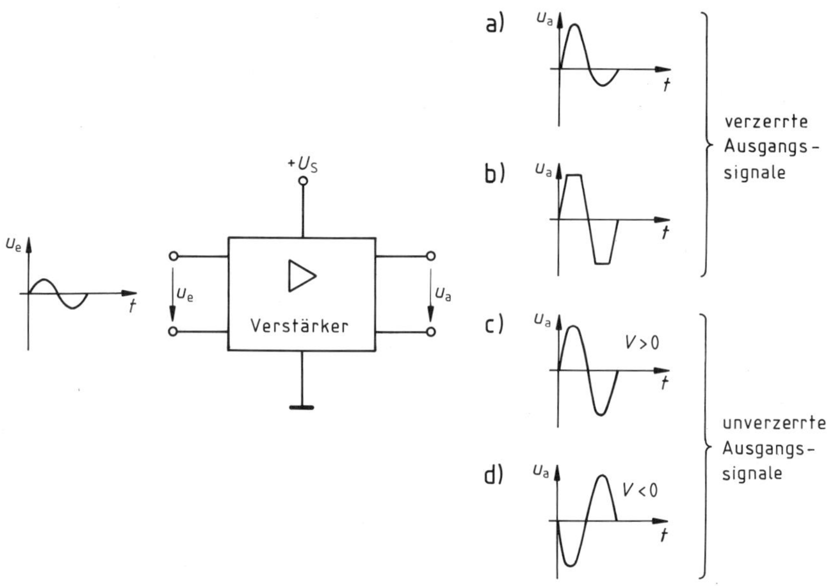

Bild 8.1 Verschiedene Ausgangssignale eines Verstärkers

Sehr häufig tritt auch der Fall von Bild 8.1, d auf. Hier ist der Verstärkungsfaktor formal negativ, das Ausgangssignal tritt hier *invertiert* bzw. *gegenphasig* auf.
Ein NF-Verstärker liefert also (auch bei leichten Verzerrungen) zu jedem Signalwert am Eingang ein entsprechendes Ausgangssignal. Wir sagen: Ein- und Ausgangssignal sind analog. Arbeitet ein solcher *Analogverstärker* ganz ohne Verzerrungen, nennen wir ihn *Linearverstärker.*

[1]) Niederfrequenz, abgekürzt NF, reicht von etwa 10 Hz bis 50 kHz. Hörbarer NF-Bereich: ca. 30 Hz bis 16 kHz.

Ein **Verstärker der Analogtechnik** liefert zu jeder stetigen[1]) bzw. kontinuierlich verlaufenden Änderung des Eingangssignals u_e auch eine stetige Änderung des Ausgangssignals. Sind Ein- und Ausgangssignal streng proportional, gilt die einfache lineare Beziehung:

$$u_a = V \cdot u_e$$

Der Verstärker arbeitet dann linear (Linearverstärker). Die Konstante V heißt *Verstärkung* (Verstärkungsfaktor, Spannungsverstärkung). Meßtechnisch ergibt sich die Verstärkung V aus dem Verhältnis[2])

$$V = \frac{u_a}{u_e}$$

8.2 Die Ansteuerung des Transistors

8.2.1 Falsche Ansteuerung

Die steuernde BE-Diode des Transistors hat bekanntlich eine Schwellspannung (von z. B. 0,7 V) und nur eine definierte Durchlaßrichtung. Aus diesem Grund kann der Transistor *nicht* wie in Bild 8.2 direkt mit dem Signal u_e angesteuert werden, denn

- bei kleinem Signal blockiert die Basisschwelle das Signal ganz und
- bei großem Signal fällt eine Halbwelle völlig aus, während die andere verzerrt erscheint.

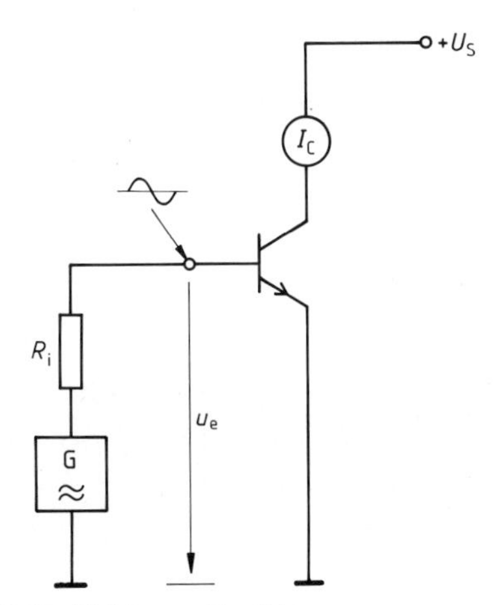

Bild 8.2 Nichtlinearer Verstärker

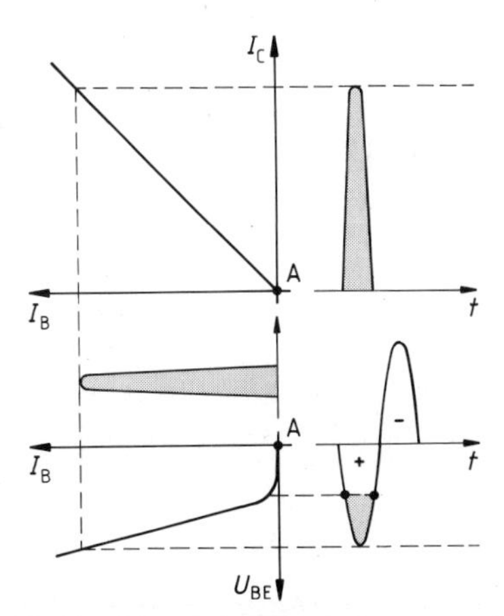

Bild 8.3 Verstärkung bei direkter Ansteuerung und großem Signal u_e, wenn Bild 8.2 zugrunde gelegt wird

Dies belegt auch Bild 8.3. Mit diesem können wir das Problem auch so beschreiben:
Für eine lineare Verstärkung ist hier der *Ruhearbeitspunkt* A völlig falsch gewählt worden.

Anmerkung:
Unter dem Ruhearbeitspunkt verstehen wir den Arbeitspunkt des Systems, wenn *kein* Signal anliegt.

[1]) Im Gegensatz zu sprunghaft verlaufenden Signalen der Digitaltechnik.
[2]) In diesen Quotienten können die üblichen Meßgrößen der Wechselstromtechnik, wie Scheitel-, Spitzen- oder Effektivwerte eingesetzt werden.

8.2.2 Richtige Ansteuerung

Bild 8.4, a zeigt einen einfachen Trick zur Überlistung der Schwellspannung eines Transistors mit einer Hilfsbatterie. Deren Spannung U_{BE} wählen wir etwas größer als den Schwellwert U_{Schw} der BE-Diode. Dadurch liegt schon im Ruhefall der Arbeitspunkt A im linearen Teil der Eingangskennlinie (Bild 8.4, b).

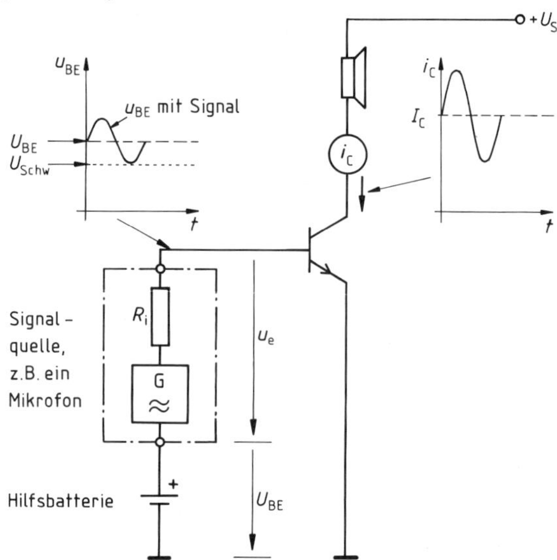

Bild 8.4 a) Lineare Verstärkung durch eine Basisvorspannung U_{BE}. Ihr Wert muß aber über dem Schwellwert der BE-Diode liegen.

Mit dem Arbeitspunkt A ist aber auch schon ein Basisruhestrom I_B und ein Kollektorruhestrom I_C verbunden, Bild 8.4 (Teilbild a bzw. b).

Folge: Der Verstärker braucht schon im „Stand-by-Betrieb" Energie.

Die lineare (unverzerrte) Verstärkung des Signals geschieht nun wie folgt:
Der Basisruhespannung U_{BE} überlagern (addieren) wir die kleine Wechselspannung u_e der in Reihe liegenden Signalquelle.[1]) Den Erfolg dieses „Huckepackverfahrens" zeigen die beiden Teilbilder 8.4. Kleine Spannungsänderungen an der Basis durch u_e erzeugen nun *proportionale* Änderungen des Kollektorstromes.

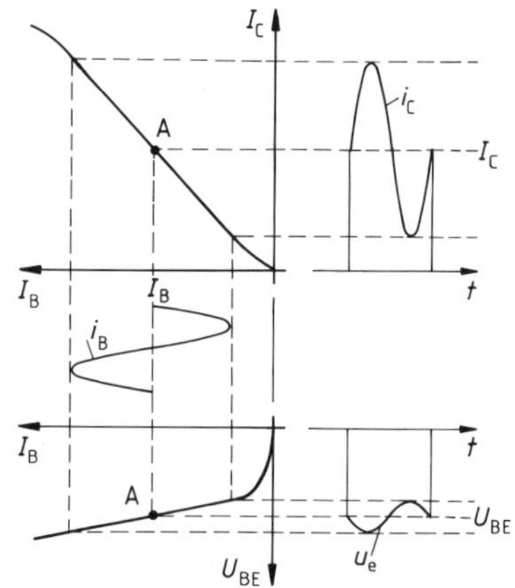

Bild 8.4 b) Lineare Verstärkung des Signals u_e bei richtiger Lage des Ruhearbeitspunktes A

[1]) Den Einfluß des Innenwiderstandes R_i der Quelle vernachlässigen wir (Spannungsansteuerung).

Wenn wir uns eine Brille aufsetzen, die nur *signalbedingte Änderungen* wahrnimmt, erhalten wir aus Bild 8.4 folgende Proportionalitäten:

$i_B \sim u_e$ genauer: $i_B = \frac{u_e}{r_{BE}}$ (siehe Kapitel 7.5.3)

$i_C \sim i_B$ genauer: $i_C = \beta \cdot i_B$

Also insgesamt:

$i_C \sim u_e$ exakt: $i_C = \frac{\beta}{r_{BE}} \cdot u_e$

▶ Diese Betrachtung setzt natürlich voraus, daß die Kennlinien im beanspruchten Bereich absolut gerade verlaufen, was wohl nur für kleine Bereiche und damit für kleine Signale u_e zutreffen wird.

Aus diesem Grund beschränken wir uns zunächst auf Kleinsignalverstärker.[1])

Also:

> Mit Hilfe einer Basisruhespannung U_{BE} wird der (Ruhe-)**Arbeitspunkt des Verstärkers** in den linearen Teil der Eingangskennlinie gelegt.
> Dann arbeitet der Transistor in einem gewissen Bereich als *linearer Verstärker.*
> Die Basisruhespannung U_{BE} bezeichnen wir auch als *Basisvorspannung.*
> Den linearen Bereich des Verstärkers nennen wir auch *Aussteuergrenze* des Verstärkers. Wird diese überschritten, kommt es zu Verzerrungen durch Übersteuerung.

8.2.3 Die Einstellung des Arbeitspunktes

Die beschriebene Einstellung des Arbeitspunktes A durch eine Hilfsbatterie hat zwei Nachteile:

- Es werden zwei Spannungsquellen benötigt.
- Laut Bild 8.4 fließt der Basisstrom, insbesondere auch der Basisruhestrom, über die Signalquelle.[2])

Zum Glück hat die Basisvorspannung U_{BE} (bezogen auf den Emitter) immer dieselbe Polarität wie die Speisespannung U_S. U_{BE} ist nur kleiner als U_S. Deshalb kann U_{BE} aus U_S einfach mit einem *Spannungsteiler* erzeugt werden (Bild 8.5). Dieser liefert bei richtiger Dimensionierung die notwendige Vorspannung U_{BE}.

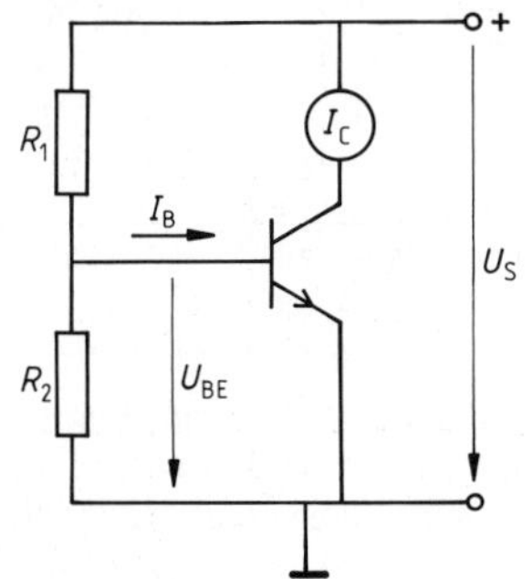

Bild 8.5 Der Ruhearbeitspunkt wird hier durch den Spannungsteiler R_1, R_2 eingestellt.

[1]) Großsignalverstärker folgen ab Kapitel 8.12 und im Kapitel 10.3.2.

[2]) Ein Gleichstrom kann z. B. bei einem dynamischen (Spulen-)Mikrofon dessen Membrane unzulässig vorspannen oder gar zerstören. Ähnliches gilt für magnetische Tonabnehmer.

Nun fehlt aber noch die *Signalquelle.* Sie wird üblicherweise *kapazitiv eingekoppelt* (Bild 8.6).

Diese Art der Signaleinkopplung hat folgende Gründe:

1. Der Kondensator C_1 trennt (d. h. er isoliert) gleichspannungsmäßig die Quelle vom Basiskreis.
   - Wenn wir den Trennkondensator C_1 weglassen, liegt der Innenwiderstand der Quelle R_i direkt dem Widerstand R_2 parallel. Dies verändert die Basisvorspannung, je nach Widerstand R_i, völlig unkontrolliert.
   - Außerdem kann der Gleichstrom(-anteil), der ohne C_1 über die Quelle fließen würde, zu starken Signalverzerrungen führen.[1])
2. Der Kondensator C_1 koppelt wechselspannungsmäßig die Signalquelle an den Basiskreis an.
   - Für die Wechselströme der Signalquelle ist der Kondensator quasi durchlässig.[2]) Dadurch wird das Eingangssignal u_e zur Basisvorspannung addiert.[3])

Insgesamt ergibt sich für den Ablauf der Signalverstärkung wieder dieselbe Situation wie in Bild 8.4 (a bzw. b).

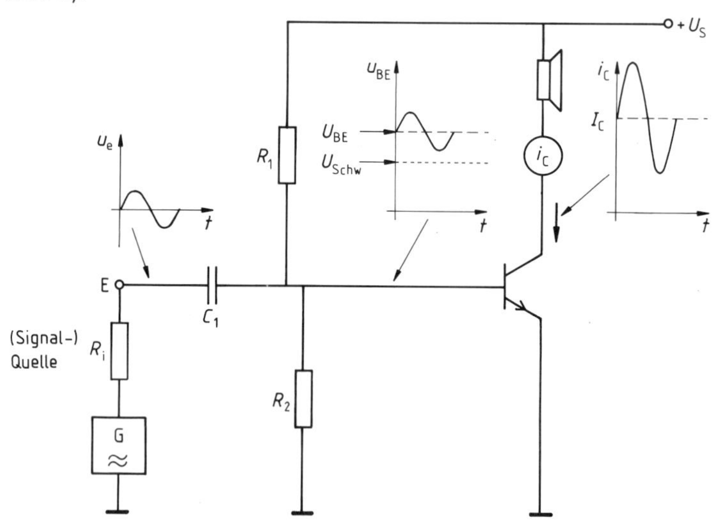

Bild 8.6 Kapazitive Einkopplung des Signals über C_1

Ergebnis:

> Die **Basisvorspannung** U_{BE} läßt sich mit einem Spannungsteiler R_1, R_2 aus der Speisespannung U_S gewinnen.
> Die Signalquelle u_e wird dann über einen Kondensator C_1 wechselspannungsmäßig an die Basis angekoppelt. Dieser **Koppelkondensator** sorgt andererseits für eine gleichspannungsmäßige Trennung zwischen Signalquelle und Basiskreis.

Ein Nachteil dieser kapazitiven Signalankopplung ist deren *Frequenzabhängigkeit.* Tiefe Frequenzen stellen ja fast schon Gleichspannungen dar und werden daher von C_1 nur schlecht angekoppelt (Genaueres in Kapitel 2.5.3 oder später in 8.10).

[1]) siehe wieder Fußnote 2 auf S. 189.
[2]) siehe z. B. Kapitel 2.5.1 und Kapitel 2.5.3
[3]) Diese Spannungsaddition beruht letztlich auf einer Stromaddition. Die Quelle u_e erzeugt für C_1 Lade- bzw. Entladeströme i_e. Diese addieren sich algebraisch zu den Gleichströmen im Basiskreis. Nach dem ohmschen Gesetz entsteht so an der Basis eine gemischte Spannung $u_{BE} = U_{BE} + u_e$, wie in Bild 8.6 auch dargestellt.

8.3 Die Ausgangsspannung eines Transistorverstärkers

8.3.1 Arbeitswiderstand und Ausgangsspannung

Bisher haben wir aus der Eingangsspannung u_e ausgangsseitig nur einen proportionalen Kollektor*strom* i_C erzeugt.
Dieser Strom soll jetzt in eine proportionale Ausgangs*spannung* u_a umgewandelt werden. Als proportionaler Strom/Spannungswandler bietet sich ein ohmscher Widerstand an, den wir in die Kollektorleitung einsetzen (Bild 8.7). Wir betrachten jetzt Bild 8.7 im einzelnen. (Zahlenmaterial dazu finden wir in Aufgabe 2.)

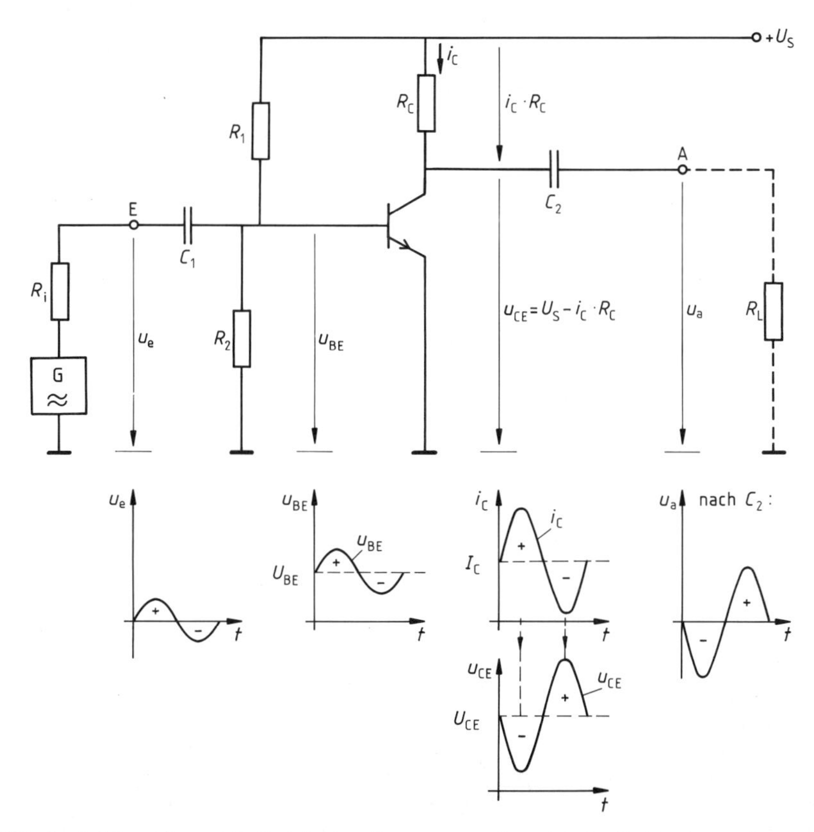

Bild 8.7 Der Kollektorwiderstand R_C dient als Strom/Spannungswandler und C_2 als „Blockkondensator" gegen den Gleichspannungsanteil U_{CE}.

Schon im Ruhefall fließt der Kollektorstrom I_C. Dadurch fällt an R_C die Gleichspannung $U_{RC} = I_C \cdot R_C$ ab, weshalb sich die Kollektorruhespannung auf den Wert

$$U_{CE} = U_S - I_C \cdot R_C$$

verringert.[1])

An dieser Gleichung und aus Bild 8.7 erkennen wir: Jede Vergrößerung des Kollektorstromes vergrößert auch den Spannungsabfall an R_C, während die restliche Kollektorspannung U_{CE} – letztlich unsere Ausgangsspannung – dadurch im selben Maß kleiner wird (und umgekehrt).

[1]) Diese und weitere Änderungen der Kollektorspannung haben aber keinen Einfluß auf den allein (!) vom Basiskreis bestimmten Kollektorstrom. Nach Kapitel 7.2.3 und Kapitel 7.5.4 hängt der Kollektorstrom (fast) nicht von der „aktuellen" Kollektorspannung U_{CE} ab.

Dies drücken wir nun so aus:

- Die Kollektorspannung verändert sich *gegenphasig* zum Kollektorstrom, symbolisch:

$$\Delta U_{CE} = -\Delta I_C \cdot R_C$$

Diese Aussage gilt auch für rein signalbedingte Änderungen. Wir schreiben dann:

$$u_{CE} = -i_C \cdot R_C$$

- Kollektorwechselspannung u_{CE} und Kollektorwechselstrom i_C verlaufen gegenphasig.

Der Kollektorwechselstrom i_C ist aber (näherungsweise) ein proportionales Abbild der Eingangswechselspannung u_e (siehe Bild 8.7 bzw. Kapitel 8.2.2). Damit geht der obige Satz über in die Feststellung:

- Kollektorwechselspannung u_{CE} und Eingangssignal u_e verlaufen gegenphasig.

Nun könnten wir die (Gesamt-)Spannung am Kollektor unmittelbar als Ausgangssignal abgreifen. Störend daran ist jedoch der Gleichspannungsanteil U_{CE}, die Kollektorspannung ist ja nach Bild 8.7 eine gemischte Spannung.
Diesen Gleichspannungsanteil unterdrückt schließlich der Auskoppelkondensator C_2 am Ausgang und zwar ganz genauso, wie C_1 auf der Eingangsseite Gleichspannungsanteile abblockt. Bei richtiger Bemessung von C_2 überträgt C_2 den Kollektorwechselspannungsanteil u_{CE} unverändert als Ausgangssignal u_a an die Last (Bild 8.7). Damit ist unsere Verstärkerstufe (vorerst) fertiggestellt.

Die **Eingangsspannung** u_e steuert den *Basisstrom* i_B und dieser den *Kollektorstrom* i_C. Der Kollektorwiderstand R_C, der auch **Arbeitswiderstand** genannt wird, wandelt den Kollektorstrom i_C in eine proportionale Kollektorwechselspannung u_{CE} um. Die Spannung u_{CE} ändert sich aber gegenphasig zum Strom i_C und damit zum Eingangssignal u_e.
Durch **kapazitive Auskopplung** entsteht aus u_{CE} das *gleichspannungsfreie* Ausgangssignal u_a. Ausgangssignal u_a und Eingangssignal u_e sind *gegenphasig* (um 180° phasenverschoben, invertiert).

Noch eine Besonderheit hat unser Verstärker:

Eingangssignal u_e und Ausgangssignal u_a haben als gemeinsamen Bezug den Emitter des Transistors. Deshalb heißt diese Schaltung auch **Emitterschaltung** (eines Verstärkers). Die *Phasenumkehr* zwischen Ein- und Ausgangssignal ist ganz typisch für einen Verstärker in Emitterschaltung.

Bei anderen Grundschaltungen von Verstärkern tritt eine solche Phasenumkehr nämlich nicht auf, wie wir noch sehen werden.

- Über den jeweils gemeinsamen (Masse-)Anschlußpunkt von Ein- und Ausgangssignal lassen sich Verstärkerstufen problemlos in Reihe schalten.

8.3.2 Die Verstärkungsformel

Für die Kollektorwechselspannung u_{CE} gilt (wenn wir die Phasenumkehr formal durch ein Minuszeichen berücksichtigen):

$$u_{CE} = -i_C \cdot R_C$$

Für i_C gilt:

$$i_C = \beta \cdot i_B$$

Wegen $r_{BE} = u_{BE}/i_B$ folgt noch:

$$i_B = \frac{u_{BE}}{r_{BE}}$$

Wir setzen nun ein:

$$u_{CE} = -i_C \cdot R_C = -(\beta i_B) \cdot R_C = -\beta \cdot \frac{u_e}{r_{BE}} \cdot R_C$$

Umordnen liefert:

$$u_{CE} = \left(-\frac{\beta}{r_{BE}} \cdot R_c\right) \cdot u_{BE}$$

Wir setzen nun voraus, daß der Kondensator C_1 das Eingangssignal u_e „voll" an die Basis ankoppelt, also gilt $u_{BE} = u_e$. Entsprechend soll C_2 die Kollektorwechselspannung u_{CE} ungeändert an den Ausgang übertragen, also gilt auch $u_{CE} = u_a$.

Damit erhalten wir:

$$u_a = \underbrace{\left(-\frac{\beta}{r_{BE}} \cdot R_C\right)}_{} \cdot u_e = \text{const} \cdot u_e$$

$$u_a = V_0 \cdot u_e$$

Wie wir sehen, ist im Linearitätsbereich u_a mit u_e über einen konstanten Faktor verknüpft. Diesen nannten wir schon im Kapitel 8.1 Verstärkung V. Da wir bis jetzt aber den Verstärker (noch) nicht belasten und bei Belastung die Dinge etwas komplizierter liegen (siehe Kapitel 8.9 und besonders Abschnitt 8.9.2), sprechen wir hier von der *Leerlaufverstärkung* und verwenden für diese das Symbol V_0.

Im linearen Bereich errechnet sich die **Leerlaufverstärkung** eines Verstärkers (wie ihn Bild 8.7 oder 8.8 zeigt) aus:

$$V_0 = -\frac{\beta}{r_{BE}} \cdot R_C$$

Durch das Minuszeichen wird die Signalumkehr zwischen u_a und u_e zum Ausdruck gebracht. Bei Betragsrechnungen lassen wir es weg.

Beispiel: $\beta = 200$; $r_{BE} = 1\,250\ \Omega$; $R_C = 1\ \text{k}\Omega$
Daraus folgt (dem Betrage nach):
$V_0 = 160$.

Die Verstärkungsformel läßt sich auch anschaulich begründen:

- Mit R_C wächst die Ausgangsspannung linear an, denn $u_{CE} = -i_C \cdot R_C$. Folge: $V_0 \sim R_C$
- i_C nimmt definitionsgemäß linear mit β zu: $V_0 \sim \beta$
- i_C nimmt aber auch proportional mit i_B zu. Der Basiswechselstrom ist nun um so größer, je kleiner der Eingangswiderstand r_{BE} des Transistors ist: $V_0 \sim 1/r_{BE}$.

Anmerkungen:

1. Falls zufällig die in 7.8 vorgestellte Steilheit S als Kenngröße des Transistors bekannt ist, kann wegen $S = \beta/r_{BE}$ die Leerlaufverstärkung V_0 auch aus der Formel
$$V_0 = S \cdot R_C$$
errechnet werden.
2. In Kapitel 8.11.2 stellen wir noch eine praktische Faustformel für V_0 vor.

Wir fassen nun zusammen:

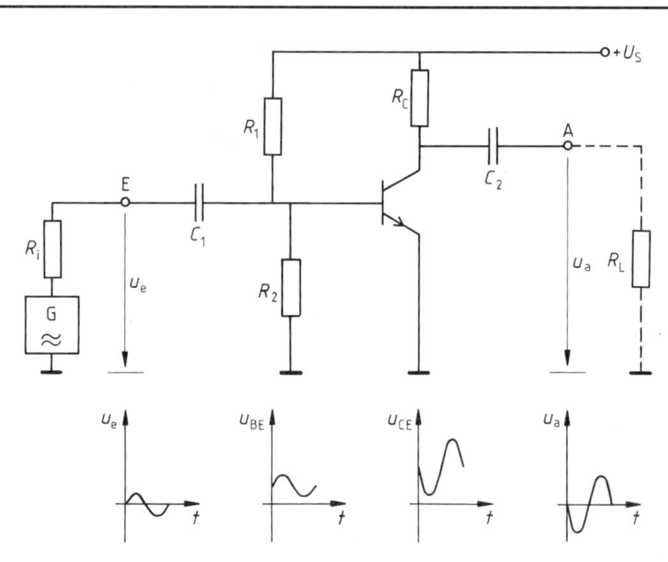

Bild 8.8 Verstärker in Emitterschaltung mit typischen Oszillogrammen

Für die in Bild 8.8 dargestellte Schaltung gilt:

- Der Emitter bildet hier den gemeinsamen Bezugspol für das Ein- und Ausgangssignal: **Emitterschaltung eines Verstärkers**
- Die Kondensatoren am Ein- bzw. Ausgang des Verstärkers koppeln das Signal jeweils gleichspannungsfrei ein bzw. aus.
- Diese Kondensatoren lassen aber Wechselströme „durch". Im Idealfall bilden sie für das Signal einen kapazitiven Kurzschluß und übertragen es unverändert.
- Der Spannungsteiler R_1, R_2 stellt den (Ruhe-)Arbeitspunkt A ein.
- Ein- und Ausgangssignal sind gegenphasig (invertiert).
- Die Leerlaufverstärkung V_0 ergibt sich im Linearitätsbereich (für kleine Signale u_e) aus der Formel:

$$V_0 = -\frac{\beta}{r_{BE}} \cdot R_C$$

8.4 Die Arbeitsgerade

Eingangsseitig haben wir die richtige Lage des Arbeitspunktes anhand der Eingangskennlinie gefunden. Zusammen mit der Stromsteuerkennlinie haben wir dann (in Bild 8.4, b) graphisch gezeigt, wie das Signal u_e einen proportionalen Kollektorstrom i_C erzeugt. Mit dem Arbeitswiderstand R_C wird anschließend der Strom i_C in die (Ausgangs-)Spannung u_{CE} umgewandelt. Auch dies läßt sich graphisch darstellen.
Die möglichen Arbeitspunkte U_{CE} (I_C) auf der Kollektorseite ergeben sich ja nach Bild 8.9 aus:

$$U_{CE} = U_S - I_C \cdot R_C$$

In einem U_{CE}-I_C-Diagramm liefert diese Gleichung eine Gerade[1]), die sogenannte *Arbeitsgerade*.

[1]) Diese Gleichung ist vom Typ $y = b - x \cdot m$, also $y = -m x + b$.

Befindet sich in der Kollektorleitung ein Arbeitswiderstand R_C, so müssen ausgangsseitig alle Arbeitspunkte auf der **Arbeitsgeraden**

$$U_{CE} = U_S - I_C \cdot R_C$$

liegen.

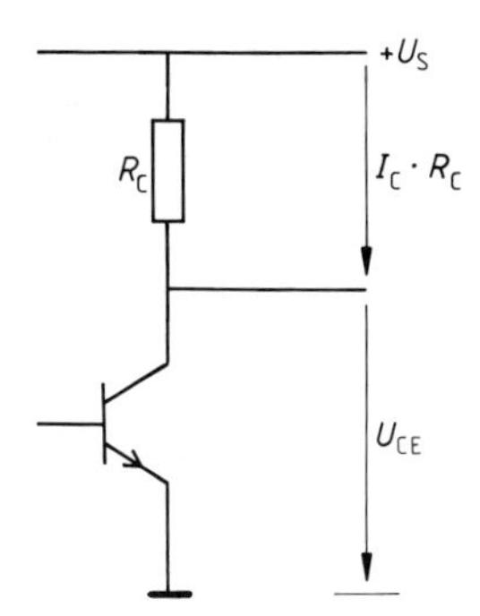

Bild 8.9 Kollektorspannung U_{CE} und Strom I_C bei eingesetztem Arbeitswiderstand

Diese Arbeitsgerade zeichnen wir am einfachsten wieder mit ihren Achsenabschnitten. Diese überlegen wir so:

Wäre $I_C = 0$ (Unterbrechung), so wäre $U_{CE} = U_S$.
Wäre $U_{CE} = 0$ (Kurzschluß), so wäre $I_C = I_{Cm} = U_S/R_C$.

Damit erhalten wir Bild 8.10, a. Aus diesem erkennen wir:

1. Bei einer Vergrößerung von I_C verringert sich U_{CE}. Dies ist uns schon früher klar geworden *(Gegenphasigkeit)*.
2. Für eine maximale *Aussteuerbarkeit* mit symmetrischem (Sinus-)Signal muß ausgangsseitig der Arbeitspunkt in der Mitte der Arbeitsgeraden, also bei $U_{CE} = U_S/2$ liegen.
3. Sämtliche Punkte der Arbeitsgeraden müssen noch unter der *Verlustleistungshyperbel* P_{tot} liegen.

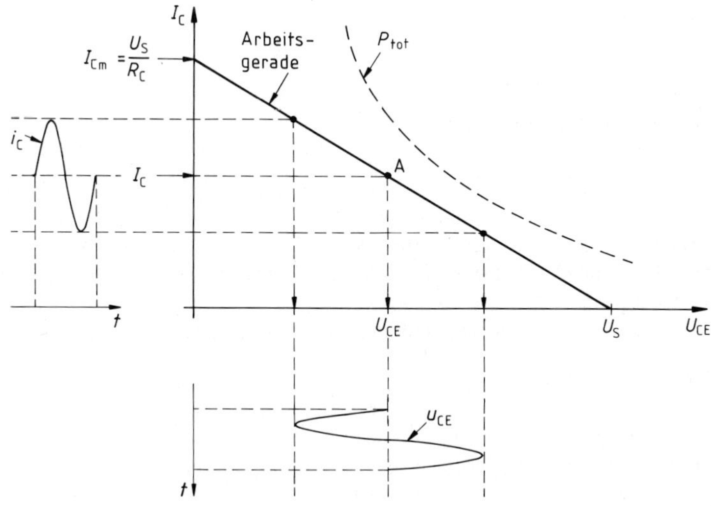

Bild 8.10 a) Arbeitsgerade mit optimalem Ruhearbeitspunkt A

Bei falscher Lage des Ruhearbeitspunktes A kann es leicht zu einer Übersteuerung und damit zu Verzerrungen kommen.

Dazu ein Beispiel:

Wir lassen I_B bzw. I_C sowie U_S fest und vergrößern R_C um den Faktor 1,5 ($R'_C = 1{,}5 \cdot R_C$). Dann ist der maximal mögliche Kollektorstrom I_{Cm} von vornherein auf den Wert $I'_{Cm} = 2/3\, I_{Cm}$ begrenzt. Bild 8.10, a geht so über in Bild 8.10, b. Eine Signalhalbwelle wird hier stark verzerrt (beschnitten). Nur durch eine Zurücknahme des Eingangssignals u_e oder durch eine Vergrößerung der Speisespannung U_S ist wieder eine lineare Verstärkung erzielbar. (Größeres U_S schafft aber Verlustleistungsprobleme.)

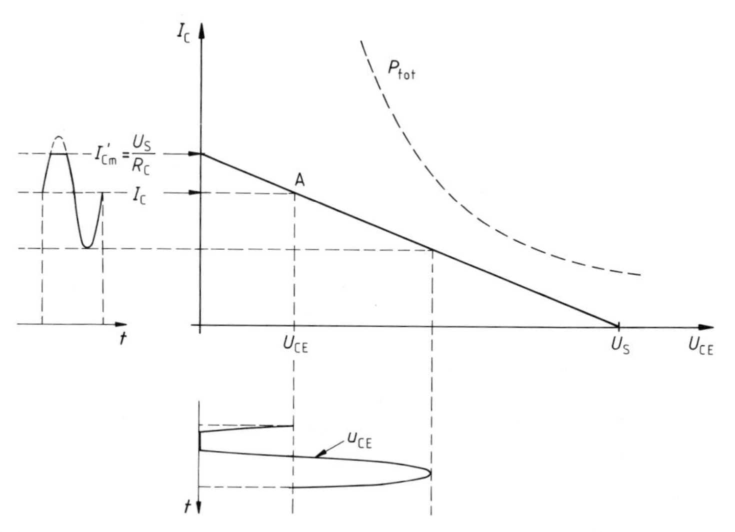

Bild 8.10 b) Bei unsymmetrischer Lage des Ruhearbeitspunktes A tritt bei einer Halbwelle Übersteuerung auf.

Wir sehen also:

Die möglichen Arbeitspunkte müssen immer unterhalb der Verlustleistungshyperbel liegen. Wenn wir maximale symmetrische Aussteuerbarkeit des Verstärkers wünschen, so muß ausgangsseitig der (Ruhe-)Arbeitspunkt A in der Mitte der Arbeitsgeraden liegen, also:

$$U_{CE} = U_S/2$$

Aus diesem „**Prinzip der halben Speisespannung**" ergibt sich dann R_C.
Bei Einhaltung der $U_S/2$-Regel liegt außerdem die beste *thermische Selbststabilisierung* des Arbeitspunktes A vor. (Dies zeigen wir in Kapitel 8.7.1.)

Demnach gibt es also zwei Gründe, den (Ruhe-)Arbeitspunkt A nach $U_S/2$ zu legen.

Für Experten:

Zur maximalen Aussteuerbarkeit noch eine Bemerkung:
Um Verzerrungen zu vermeiden, sollte auch im Arbeitspunkt $U_S/2$ die Ausgangsamplitude deutlich kleiner als $U_S/2$ ausfallen. Der Grund liegt in den Unlinearitäten aller Kennlinien und in den ausgangsseitigen Betriebsgrenzen eines Transistors. Letztere zeigt Bild 8.10, c. Es soll ja (nach Kapitel 7.5.4) die Spannung U_{CE} immer über der Kniespannung von ca. 1 V liegen, also z. B. über dem Wert $U_{CEmin} = 1{,}5$ V.
Dies verkleinert die mögliche Ausgangsamplitude.

▶ Der in Bild 8.10, c stark übertriebene Reststrom I_{CE0} der Kollektordiode kann bei Si-Transistoren vernachlässigt werden.

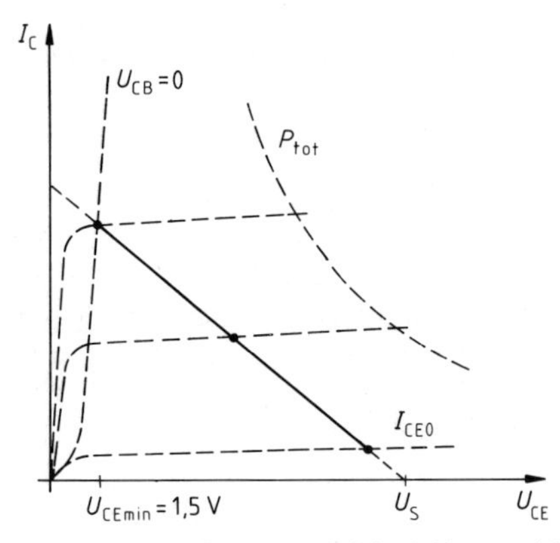

Bild 8.10c) Die physikalischen Betriebsgrenzen des Transistors sind durch U_{CEmin} und I_{CE0} gegeben.

8.5 Die gesamte Spannungsverstärkung ist graphisch darstellbar

In Bild 8.11 wird die Ausgangsspannung u_a mit Hilfe der Kennlinien rein zeichnerisch aus der Eingangsspannung u_e gewonnen. Dies geschieht im einzelnen so:

Nach der Festlegung des Ruhearbeitspunktes A wird das Eingangssignal u_e der Basisruhespannung U_{BE} überlagert. Anhand der Eingangskennlinie ergibt sich der Basiswechselstrom i_B. Die Stromsteuerkennlinie liefert dazu den Kollektorwechselstrom i_C. Schließlich erhalten wir aus der Arbeitsgeraden das Ausgangssignal u_a bzw. die Verstärkung $V_0 = u_a/u_e$.

Wenn wir den zeitlichen Ablauf der Signale u_e und u_a anhand von Bild 8.11 verfolgen, erkennen wir wieder die für die Emitterschaltung typische Aussage:

► u_e und u_a sind um 180° phasenverschoben.

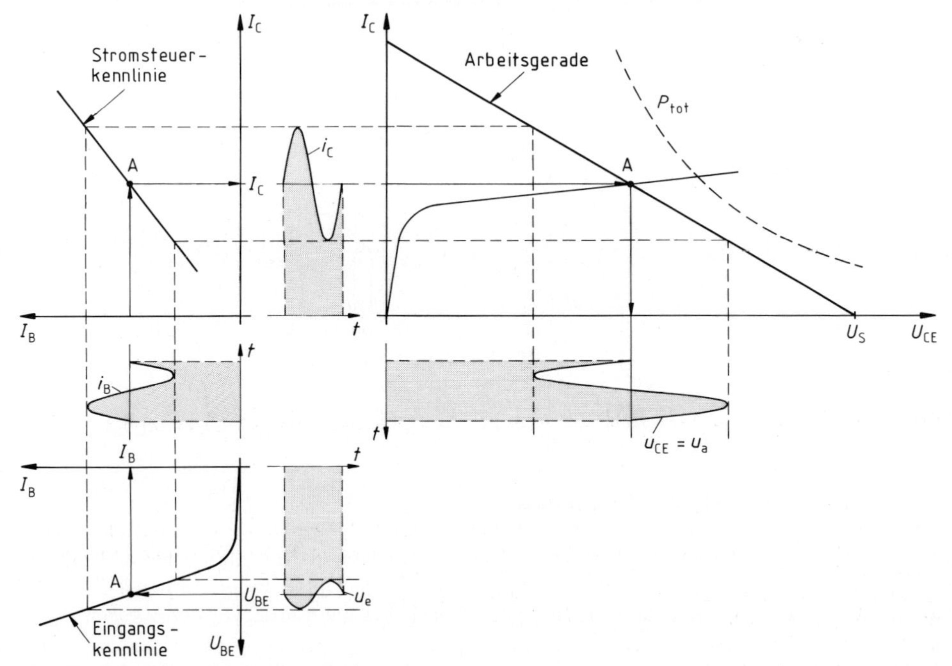

Bild 8.11 Die zeichnerische Ermittlung der Ausgangsspannung u_a

Natürlich läßt sich aus diesen Kennlinien auch die sogenannte Stromverstärkung

$$V_i = \frac{i_C}{i_B} = \beta$$

sowie die Leistungsverstärkung

$$V_P = \frac{i_C \cdot u_{CE}}{i_B \cdot u_{BE}} = \frac{i_C \cdot u_a}{i_B \cdot u_e} = V_i \cdot V_0$$

gewinnen. V_P ist jedoch für die Praxis von untergeordneter Bedeutung.

8.6 Die Dimensionierung der Widerstände

Vorweg sei betont, daß es die „richtige" Dimensionierung der Widerstände R_1, R_2 bzw. R_C eigentlich gar nicht gibt. Jede funktionstüchtige Dimensionierung hat nämlich ihre Vor- und Nachteile, weil sie bestimmte Kennwerte des Verstärkers anders beeinflußt.
Zum Schluß werden wir sehen, daß sich Temperaturabhängigkeit und Exemplarstreuungen der Transistordaten bei unserem einfachen Verstärker sehr stark bemerkbar machen. Im nächsten Abschnitt betrachten wir deshalb noch die einzig wirksame Abhilfe, die *Gegenkopplung* des Verstärkers.

8.6.1 Der Arbeitswiderstand R_C

Nach Abschnitt 8.4 verwenden wir zur Berechnung von R_C das *Prinzip der halben Speisespannung*. Laut Bild 8.12 errechnet sich R_C deshalb aus:

$$R_C = \frac{U_S/2}{I_C}$$

Die Speisespannung U_S ist meist schon festgelegt. I_C wird entweder direkt oder indirekt über I_B vorgegeben, z. B. unter dem Aspekt, bei einer Verstärkung möglichst nur lineare Kennlinienbereiche anzusprechen.

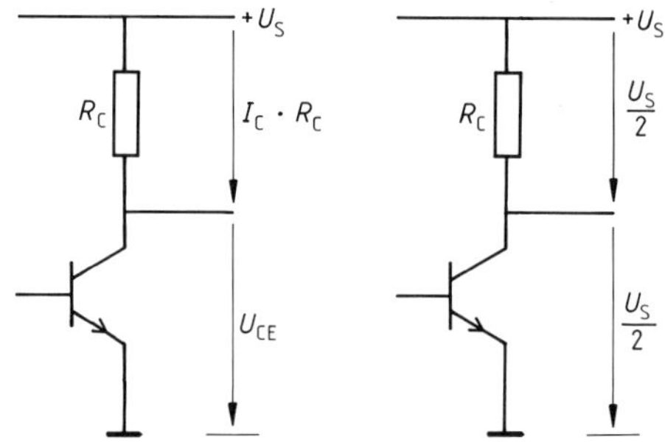

Bild 8.12 Berechnung von R_C nach dem $U_S/2$-Prinzip

Denkbar ist auch eine freie Wahl von R_C, etwa dann, wenn ein ganz bestimmter Verstärkungsfaktor erzielt werden soll. In jedem Fall ist abschließend zu prüfen, ob die Grenzwerte, insbesondere die zulässige Verlustleistung P_{tot}, des Transistors nicht überschritten werden.[1])

[1]) Nach Aufgabe 7, b muß deshalb R_C immer größer als $1/4 \cdot U_S^2/P_{tot}$ sein.

Beispiel: $U_S = 9\ \text{V}$; $I_C = 4{,}2\ \text{mA}$; $P_{tot} \leq 300\ \text{mW}$

Berechnung des Arbeitswiderstandes R_C:

$$R_C = \frac{U_S/2}{I_C} = \frac{4{,}5\ \text{V}}{4{,}2\ \text{mA}} = 1{,}07\ \text{k}\Omega$$

Nächster Normwert: $R_C = 1\ \text{k}\Omega$

Verlustleistung des Transistors:

$$P_{tot} = U_{CE} \cdot I_C = (U_S/2) \cdot I_C = 4{,}5\ \text{V} \cdot 4{,}2\ \text{mA} = 18{,}9\ \text{mW}$$

Dieser Wert liegt weit unter 300 mW.

Im Vorgriff auf spätere Abschnitte ergeben sich für R_C folgende Merkregeln:

Wir berechnen den Arbeitswiderstand R_C mit dem Prinzip der halben Speisespannung. Beim Ruhestrom I_C gilt:

$$R_C = \frac{U_S/2}{I_C}$$

Vorteile: Maximale symmetrische Aussteuerbarkeit. Thermische Selbststabilisierung des Arbeitspunktes bei $U_S/2$ (siehe Kapitel 8.7.1)

Nachteile: Die Leerlaufverstärkung V_0 liegt fest, ebenso der Ausgangswiderstand r_a (Belastbarkeit) des Verstärkers (zu r_a siehe Kapitel 8.9.2).

8.6.2 Der Spannungsteiler R_1, R_2

Dieser Spannungsteiler wird durch den Basisruhestrom des Transistors belastet. Dieser Basisstrom kann sich durch *Temperatur oder Austausch des Transistors* ändern. Je nachdem, ob der Teiler nun relativ hoch- oder niederohmig ausgelegt ist, reagiert er auf solche Laständerungen grundverschieden.
Als Kriterium, ob nun ein hoch- oder niederohmiger Teiler vorzuziehen ist, verwenden wir die Stabilität des Kollektorruhestromes.[1])

Begründung:
An der Kollektordiode wird (die meiste) Leistung umgesetzt. Deshalb unterbricht nur ein stabiler Kollektorruhestrom I_C den für Halbleiter sonst typischen Kreislauf: Eigenerwärmung, Temperaturzunahme, mehr Strom, mehr Eigenerwärmung ... (Das Ende wäre ein sogenannter Hot-Spot des Transistors.) Außerdem würde sich bei einem instabilen Ruhestrom I_C der Arbeitspunkt „in eine Ecke verschieben", was zu Verzerrungen des Signals führt.

Wir beginnen nun die Suche nach dem richtigen Teiler mit:

a) R_1, R_2 als niederohmiger Spannungsteiler

Als *niederohmig* bezeichnen wir den Teiler dann, wenn sein Querstrom I_{R2} durch den Widerstand R_2 groß gegen den Basisruhestrom I_B ist (Bild 8.13). Meist wird der Querstrom in der Form

$$I_{R2} = q \cdot I_B$$

angesetzt. Dabei heißt der Faktor q dann *Querstromverhältnis*. Dieses wird (oft) ganzzahlig gewählt. Wegen der Wärmeentwicklung und der Belastung der Speisespannungsquelle U_S wird das Querstromverhältnis in der Praxis auf $q \leq 10$ beschränkt.

- ▶ Außerdem belastet ein allzu niederohmiger Teiler R_1, R_2 unnötig die Signalquelle (siehe Kapitel 8.9.1).

[1]) Ein anderes Kriterium wäre z. B. der Eingangswiderstand r_e des Verstärkers (zu r_e siehe Kapitel 8.9.1).

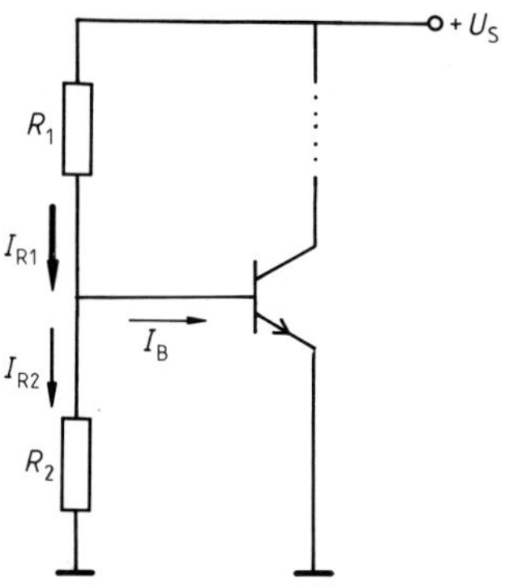

Bild 8.13 Ein Teiler ist niederohmig, wenn $I_{R2} \geq 5 \cdot I_B$ ist.

Wir definieren nun:

Einen **Basisspannungsteiler** nennen wir **niederohmig**, wenn für das Querstromverhältnis

$$q = I_{R2}/I_B \quad \text{gilt:} \quad q = 5 \ldots 10 .$$

Für die Ströme des Teilers gilt nach Bild 8.13

$$I_{R2} = q \cdot I_B$$

und

$$I_{R1} = I_{R2} + I_B = (q+1) \cdot I_B .$$

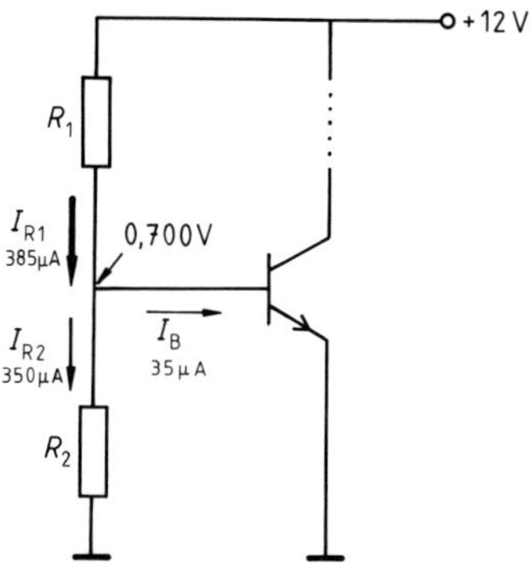

Bild 8.14 Beispiel für einen niederohmigen Teiler mit $q = 10$

Beispiel: Gegeben sei zunächst der Ruhefall von Bild 8.14 mit:

$U_S = 12\ \text{V}$; $U_{BE} = 0{,}7\ \text{V}$; $I_B = 35\ \mu\text{A}$; $q = 10$

Aus diesen Daten folgt:

$$R_2 = \frac{0{,}7\ \text{V}}{350\ \mu\text{A}} = 2\ \text{k}\Omega$$

$$R_1 = \frac{11{,}3\ \text{V}}{385\ \mu\text{A}} = 29{,}35\ \text{k}\Omega$$

Die BE-Strecke des Transistors ist ersatzweise durch einen Gleichstromwiderstand R_{BE} mit

$$R_{BE} = \frac{0{,}7\ \text{V}}{35\ \mu\text{A}} = 20\ \text{k}\Omega$$

darstellbar. Wir dürfen deshalb Bild 8.14 in Bild 8.15, a umzeichnen.

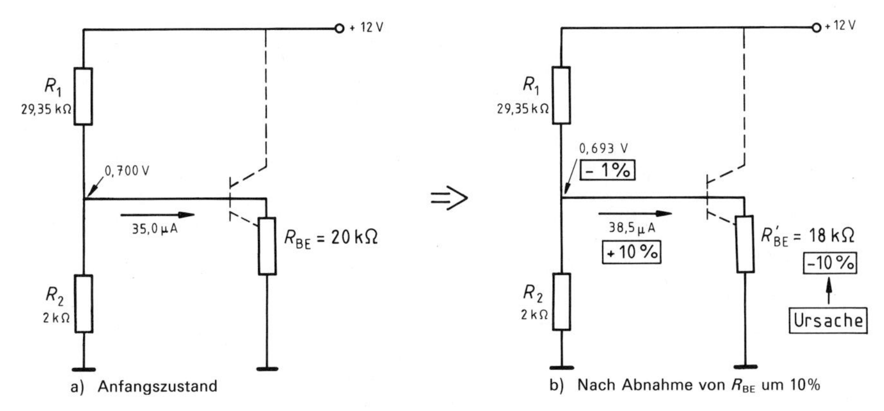

a) Anfangszustand

b) Nach Abnahme von R_{BE} um 10%

Bild 8.15 (Gleichstrom-)Ersatzschaltung von Teiler und BE-Strecke. Bei dem hier niederohmigen Teiler wirken sich Änderungen von R_{BE} praktisch nicht auf U_{R2} aus.

Nun soll durch Temperaturzunahme oder Einbau eines anderen Transistors der Gleichstromwiderstand R_{BE} um 10% kleiner werden. Wie dazu Bild 8.15, b zeigt,[1]) ändert sich dadurch die Teilerspannung U_{R2} fast nicht, während der Basisstrom um 10% ansteigt, also „voll mitzieht". Somit steigt auch der Kollektorstrom stark an und erfüllt nicht unser „Stabilitätskriterium". Der niederohmige Spannungsteiler ist in dieser Schaltung fehl am Platz.[2])

Folgerung:

Ein **niederohmiger Teiler** hält die Teilspannung U_{R2} (fast) konstant.

Aber:

Obwohl $U_{R2} \simeq$ const gilt, können sich in der vorliegenden Schaltung die Ruhewerte I_B und I_C noch stark ändern.

Zum Vergleich betrachten wir jetzt:

b) R_1, R_2 als hochohmiger Teiler

Wir legen fest:

Einen **Basisspannungsteiler** bezeichnen wir als **hochohmig**, wenn für das Querstromverhältnis q gilt:

$$0 \leq q \leq 4$$

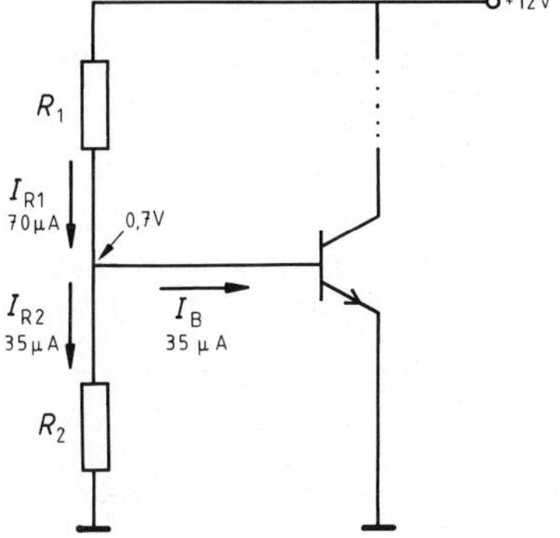

Bild 8.16 Beispiel für einen hochohmigen Teiler mit $q = 1$

[1]) Anleitung zum Nachrechnen in Aufgabe 1, c

[2]) In Schaltungen mit Stromgegenkopplung (ab Kapitel 8.8.1) ist aber ein niederohmiger Teiler mit $U_{R2} \simeq$ const unbedingt nötig.

Beispiel: Wir ändern nun die Daten aus Bild 8.14 insofern ab, daß wir jetzt $q=1$ setzen, was Bild 8.16 ergibt. Aus diesem Bild folgen nun die Werte eines hochohmigen Teilers, nämlich:

$$R_2 = \frac{0{,}7\ \text{V}}{35\ \mu\text{A}} = 20\ \text{k}\Omega$$

$$R_1 = \frac{11{,}3\ \text{V}}{70\ \mu\text{A}} = 161{,}4\ \text{k}\Omega$$

Der Gleichstromwiderstand der BE-Strecke beträgt wieder:

$$R_{BE} = \frac{0{,}7\ \text{V}}{35\ \mu\text{A}} = 20\ \text{k}\Omega$$

Der Anfangszustand von Bild 8.16 ist nun äquivalent in Bild 8.17, a dargestellt worden.

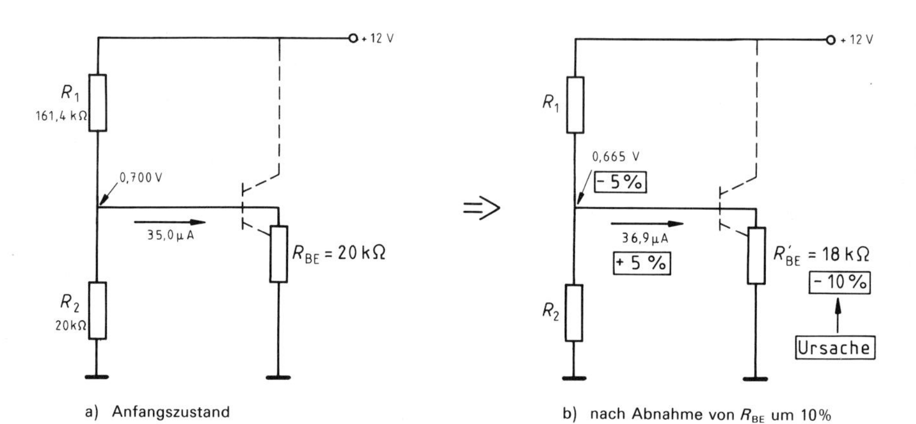

a) Anfangszustand

b) nach Abnahme von R_{BE} um 10%

Bild 8.17 Ein hochohmiger Teiler wirkt Stromänderungen in der BE-Strecke entgegen

Auch diesmal soll der Gleichstromwiderstand der Basis um 10% abnehmen. Wir erhalten so Bild 8.17, b und lesen daran ab:[1])
Die 10%ige Widerstandsänderung läßt den Basisstrom diesmal nur um 5% ansteigen, entsprechend geringer fällt die Zunahme des Kollektorruhestromes aus.

► Bei einem hochohmigen Basisspannungsteiler wird also der Kollektorruhestrom besser stabilisiert.

Qualitative Erklärung:

Durch die Abnahme von R_{BE} wird der relativ hochohmige Teiler R_1, R_2 stärker belastet. Daraufhin bricht die abgegebene Teilspannung U_{R2} deutlich zusammen. Dies vermindert automatisch die Stromaufnahme der angeschlossenen Basis-Emitter-Strecke ...

> Ein **hochohmiger Teiler** wirkt Basisruhestromänderungen entgegen.
> Im Vergleich zu einem niederohmigen Teiler ist damit
>
> **1.** der *Kollektorruhestrom stabiler* und nach Kapitel 8.9.1 auch
> **2.** der *Eingangswiderstand* eines Verstärkers *größer.*

[1]) Anleitung zum Nachrechnen in Aufgabe 1, c

8.6.3 Nur ein Vorwiderstand im Basiskreis

Besonders einfach ist die *extrem hochohmige Variante des Spannungsteilers R_1, R_2* nach Bild 8.18. Der Widerstand R_2 ist hier einfach weggelassen worden (formal ist $R_2 = \infty$ bzw. $q = 0$). Jetzt fließt durch R_1 nur noch der kleine Basisruhestrom I_B. Deshalb muß R_1 sehr hochohmig dimensioniert werden. Dies führt andererseits dazu, daß R_1 den Basisstrom *prägt,* d.h. ihn (fast) konstant hält, was wir gleich nachrechnen werden.

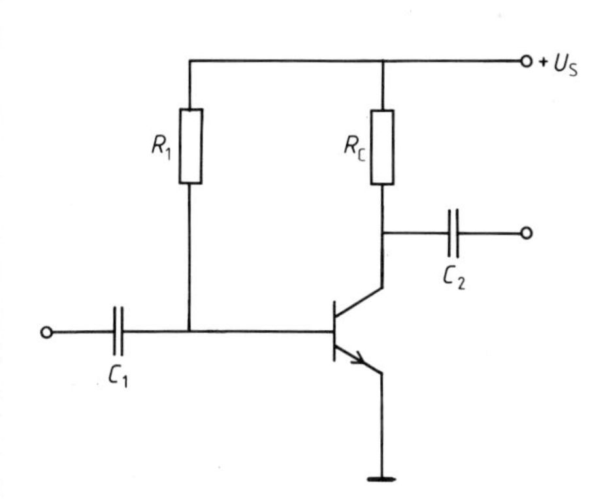

Bild 8.18 Der Arbeitspunkt wird durch den Vorwiderstand R_1 eingestellt

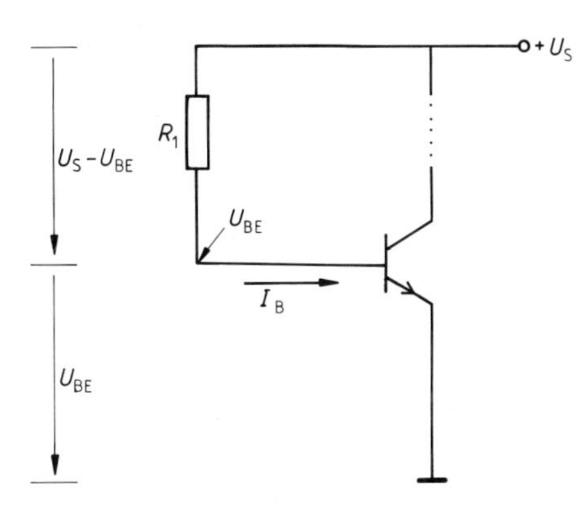

Bild 8.19 Zur Berechnung von R_1

Nach Bild 8.19 gilt für R_1:

$$R_1 = \frac{U_S - U_{BE}}{I_B}$$

Beispiel: Mit den aus Bild 8.14 bzw. 8.16 bekannten Werten $U_S = 12\,V$, $U_{BE} = 0{,}7\,V$, $I_B = 35\,\mu A$ ergibt sich:

$$R_1 = \frac{11{,}3\,V}{35\,\mu A} = 322{,}9\,k\Omega\,(!)$$

Die BE-Strecke hat wieder den Gleichstromwiderstand

$$R_{BE} = \frac{0{,}7\,V}{35\,\mu A} = 20\,k\Omega.$$

Daraus erhalten wir als Ersatzdarstellung für Bild 8.19 das Bild 8.20, a.

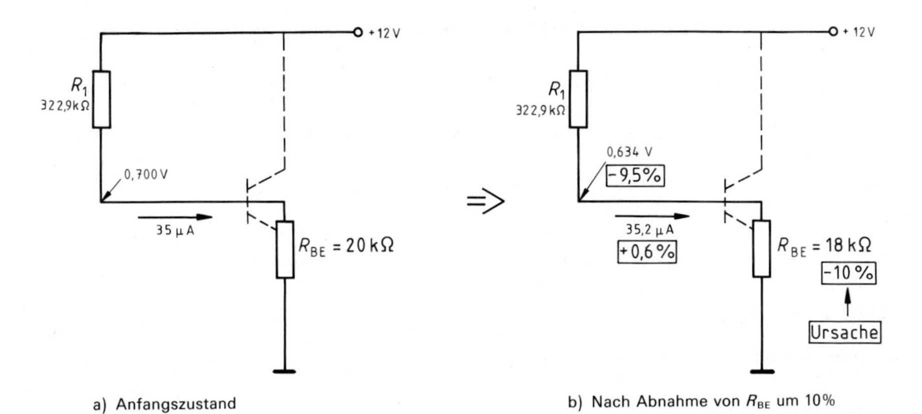

Bild 8.20 Bei einem hochohmigen Basiswiderstand bleibt der Basisstrom recht stabil.

Wenn in dieser Schaltung der Widerstand der BE-Strecke um 10% kleiner wird, bleibt der Basisstrom I_B praktisch konstant, so daß sich auch der Kollektorruhestrom I_C nur wenig ändert.
Dies ist unmittelbar Bild 8.20 zu entnehmen.[1]) Es zeigt: Einer möglichen Stromzunahme durch R_{BE} wirkt eine starke Spannungsabnahme an der Basis entgegen und umgekehrt. Hochohmige Vorwiderstände wirken auf diese Weise immer als Konstantstromquellen.

Durch einen **hochohmigen Basisvorwiderstand** läßt sich der Arbeitspunkt auf einen (fast) konstanten Basisruhestrom I_B festlegen. Dadurch ist auch der Kollektorruhestrom I_C relativ stabil.
Der Basisvorwiderstand errechnet sich aus:

$$R_1 = \frac{U_S - U_{BE}}{I_B}$$

Aufgabe 5 zeigt, daß R_1 auch mit der **Näherungsformel**

$$\boxed{R_1 \simeq 2 \cdot B \cdot R_C}$$

berechnet werden kann. Hieraus geht hervor, daß die Dimensionierung einer solch einfachen Schaltung unmittelbar von der Stromverstärkung B abhängt. Diese unterliegt großen herstellungsbedingten Exemplarstreuungen und ist meist nur ungefähr bekannt. Deshalb sollte der Widerstand R_1 abgleichbar sein (Poti). Diese (Vorsichts-)Maßnahme ist übrigens auch bei einem vollständigen Spannungsteiler empfehlenswert.

Für Experten:

8.7 Temperaturprobleme ohne Ende?

8.7.1 Warum ein Verstärker länger als 5 Minuten lebt

Ein Transistor besteht aus Halbleitermaterial. Dieses hat bei zunehmender Temperatur eine bessere Leitfähigkeit, d.h. einen kleineren Widerstand (sog. NTC-Verhalten).[2]) Damit beginnt bei Temperaturzunahme ein „tödlicher" Kreislauf: höhere Temperatur, mehr Strom, größere Verlustleistung, mehr Selbsterwärmung, höhere Temperatur ....

Grundsätzlich neigt jeder Transistor zum thermischen Selbstmord **(Hot-Spot)**.

Daß ein einfacher Transistorverstärker überhaupt die Zeiten überdauert, erscheint zunächst als wahres Wunder. Dieses Wunder verdanken wir dem Einfluß des Arbeitswiderstandes R_C in der Kollektorzuleitung. Er stabilisiert nämlich die Temperatur des Transistors, allerdings nicht bei jedem Arbeitspunkt.

[1]) Anleitung zum Nachrechnen in Aufgabe 1,d
[2]) **NTC** = **N**egativer **T**emperatur-**C**oefficient, Heißleiter (mit $T\uparrow$ gilt $R\downarrow$), Details siehe z.B. Kapitel 3.1.1

Wir gehen zunächst von dem bekannten Arbeitspunkt $U_S/2$ aus. In diesem Punkt erzeugt der Transistor die Verlustleistung

$$P_A = (U_S/2) \cdot I_C.$$

Diese erscheint in Bild 8.21, a als getönte Fläche.

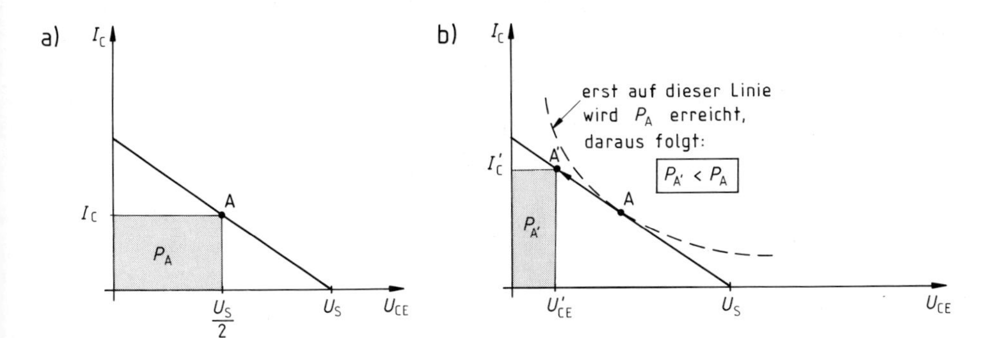

Bild 8.21 Bezogen auf den Arbeitspunkt $U_S/2$ verringert sich die Verlustleistung, wenn der Kollektorstrom zunimmt.

Wenn sich durch Temperaturzunahme der Kollektorstrom auf den Wert I'_C von Bild 8.21, b erhöht, so wandert der Arbeitspunkt wegen R_C auf der Arbeitsgeraden nach „oben". Dadurch verringert sich die Spannung U_{CE}. Die *Verlustleistung sinkt* in diesem Fall immer unter den Anfangswert P_A ab. Dies läßt ein Vergleich der Flächen P_A und $P_{A'}$ in Bild 8.21 erkennen. Der Transistor kühlt somit ab, der Arbeitspunkt bewegt sich wieder auf A (bzw. $U_S/2$) zu.

Anders liegen die Dinge, wenn von einem Arbeitspunkt A' unterhalb von A ausgegangen wird (Bild 8.22). In diesem Fall führt eine Zunahme des Kollektorstromes zwar auch zur Abnahme der Spannung U_{CE} am Transistor, aber diesmal *steigt die Verlustleistung,* wie Bild 8.22 zeigt (Flächenvergleich für A' und A"!). Der Transistor erwärmt sich somit weiter, bis schließlich der Arbeitspunkt A erreicht ist.

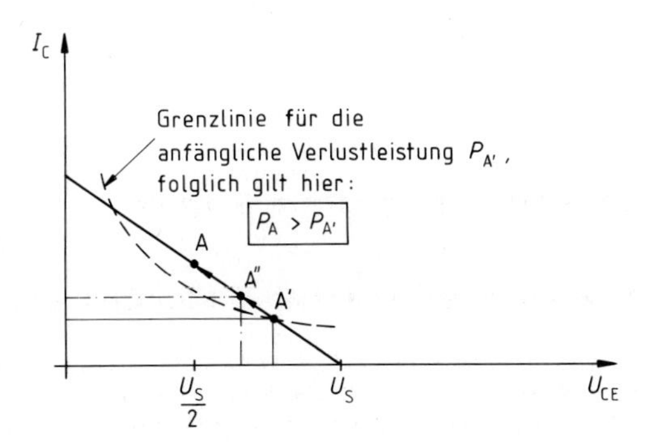

Bild 8.22 Arbeitspunkte unterhalb von A sind thermisch instabil.

Ergebnis:

> Der Arbeitswiderstand R_C sorgt dafür, daß die Verlustleistung des Transistors nicht über den Wert ansteigt, der im Punkt $U_S/2$ vorliegt. In diesem Punkt ist die Verlustleistung des Transistors also immer am größten.
> Dadurch ist eine **thermische Selbststabilisierung** des Systems (auf diesen Punkt hin) gegeben.

8.7.2 Die Temperaturdrift der Eingangskennlinie

Die Eingangskennlinie eines Transistors stellt eine Diodenkennlinie dar. Diese driftet nach Kapitel 3.5.6 um ca. −2 mV pro Kelvin, bezogen auf einen festen Basisstromwert. Dadurch ergibt sich für die Eingangskennlinie eine in Bild 8.23 schematisch dargestellte Temperaturverschiebung. Daran erkennen wir: Konstante Basisvorspannung U_{BE} vermag den ausgangsseitigen Arbeitspunkt A *nicht* zu stabilisieren, denn A driftet (z. B. bei einer Temperaturzunahme von A nach A′).
Im Gegensatz dazu erhalten wir bei konstantem Basisstrom I_B einen festen Arbeitspunkt A. Einen fast konstanten Basisstrom lieferte der *hochohmige Basisteiler* (siehe Kapitel 8.6.2 und Kapitel 8.6.3).
Das Temperaturproblem scheint damit vom Tisch, gäbe es nicht noch eine weitere Temperaturdrift.

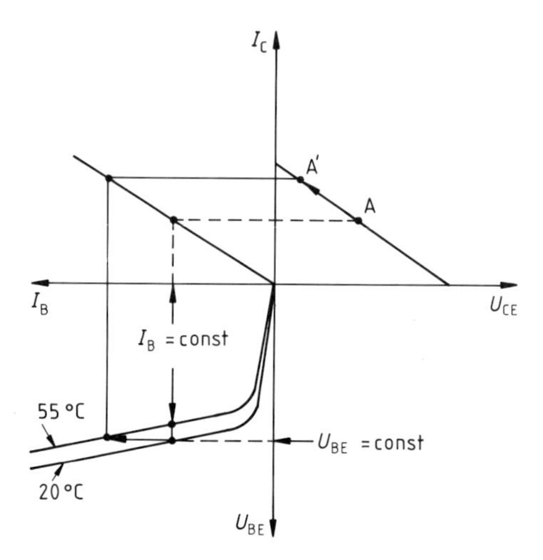

Bild 8.23 Auswirkung der Temperaturverschiebung der Eingangskennlinie auf den Arbeitspunkt: A→A′, wenn U_{BE} = const gilt.

8.7.3 Die Temperaturdrift der Stromverstärkung

Ein konstanter Basisstrom I_B garantiert noch lange keinen konstanten Kollektorstrom I_C. Dies liegt an der Temperaturdrift der Stromverstärkung. Messungen zeigen (bei mittleren Kollektorströmen von 1 ... 10 mA) im Durchschnitt einen Anstieg der Stromverstärkung von etwa +0,4% pro Grad.[1])
Bild 8.24 verdeutlicht die Folgen *dieser* Drift: Der Arbeitspunkt wandert nach oben aus.

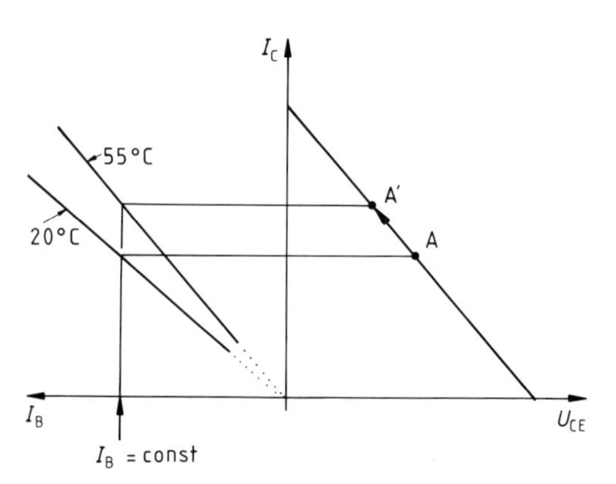

Bild 8.24 Auch bei konstantem Basisstrom driftet der Arbeitspunkt A mit der Temperatur.

[1]) Also: I_C steigt mit der Temperatur auch dann, wenn wir I_B „festhalten“.

Wir sehen also:

Eine Temperaturdrift der Eingangskennlinie läßt sich durch einen konstanten Basisruhestrom I_B auffangen.
Die **Zunahme der Stromverstärkung *B* mit der Temperatur** führt trotzdem zu einem Anstieg des Kollektorruhestromes I_C. Dieser Anstieg wird letztlich allein vom Arbeitswiderstand R_C begrenzt (siehe Kapitel 8.7.1), wenn nicht besondere Maßnahmen zusätzlich ergriffen werden.

Eine Abhilfe wäre ein zusätzliches „Herunterfahren" der Basisvorspannung (und des Basisstromes) mit der Temperatur, z. B. durch einen NTC-Widerstand (Heißleiter) parallel zur BE-Strecke. Eine bessere Alternative deutet schon die nächste Überschrift an.

8.8 Stabiler Kollektorruhestrom durch Gegenkopplung

Da mit einer Temperaturzunahme alle Transistorströme zunehmen, stellt sich weder bei einer Stabilisierung der Basisspannung noch des Basisstromes ein konstanter Kollektorstrom ein. Der Kollektorstrom steigt z. B. unabhängig vom Basisstrom mit der Temperatur an, was einer „internen" Zunahme der Stromverstärkung *B* entspricht.
Wir geben deshalb das Konzept irgendwelcher fester Basisruhewerte nun ganz auf. Von jetzt ab soll sich **automatisch** die Basisvorspannung (und der Strom) gerade *so ändern,* daß sich von selbst ein konstanter Kollektorstrom einregelt. Die Höhe der Steuerspannung U_{BE} (an der Basis) koppeln wir an die Höhe des Kollektorstromes, und zwar so, daß gegen einen zunehmenden Strom eine abnehmende Steuerspannung wirkt (und umgekehrt). Diesen Vorgang nennen wir *Gegenkopplung.*

Bei einer **Gegenkopplung** arbeitet das ganze System als *Regelkreis* zur Stabilisierung der zu regelnden Größe. Diese heißt auch Regelgröße.
Unsere *Regelgröße* ist der *Kollektorruhestrom* I_C. Bei einer Abweichung seines Istwertes vom Sollwert wird an der Basis eine sogenannte Regeldifferenz erzeugt, die der Abweichung entgegenwirkt.

8.8.1 Stromgegenkopplung

Es gibt verschiedene Arten der Gegenkopplung. Wir besprechen hier (zunächst) die Stromgegenkopplung.[1])
Die Schaltung ist sehr einfach (Bild 8.25). Sie unterscheidet sich von der bisherigen aber durch drei Besonderheiten.

1. Durch den zusätzlichen *Emitterwiderstand* R_E.
2. Der *Spannungsteiler* R_1, R_2 wird grundsätzlich *niederohmig* ausgeführt. Nach Kapitel 8.6.2, a dürfen wir deshalb die Teilspannung U_{R2} **als konstant** voraussetzen.
3. Die *Basisvorspannung* ergibt sich nach Bild 8.25 aus einer Differenz:
   $U_{BE} = U_{R2} - U_{RE}$ mit $U_{R2} \simeq \text{const}$ (wegen Punkt 2)

[1]) Genauer die Strom-Spannungs-Gegenkopplung, weil aus der Meßgröße (Strom I_C) als Regeldifferenz eine Spannung (U_{BE}) entsteht.

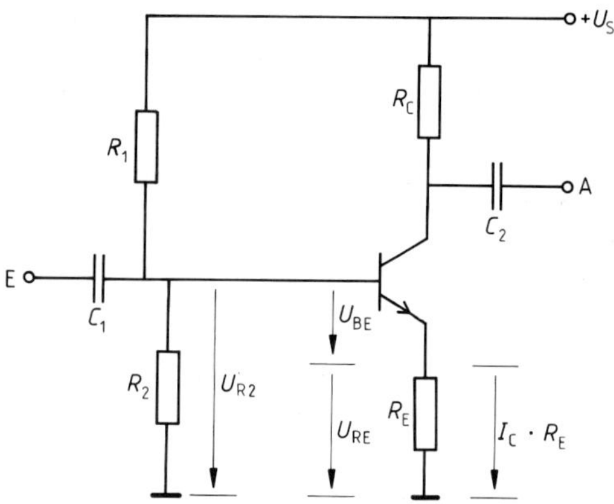

Bild 8.25 Verstärker mit Stromgegenkopplung durch R_E

Der Regelvorgang läuft nun so ab:
Der *Emitterwiderstand* R_E bildet die *Meßeinrichtung* für den gerade vorhandenen Istwert des Kollektorruhestromes I_C. Da R_E nämlich von I_C durchflossen wird,[1]) liefert R_E als Meßsignal eine Spannung U_{RE}:

$$U_{RE} = I_C \cdot R_E$$

Dadurch entsteht zwischen Basis und Emitter die Regeldifferenz U_{BE}, die direkt vom Kollektorstrom I_C abhängt:

$$U_{BE} = U_{R2} - U_{RE} \quad \Rightarrow \quad U_{BE} \simeq \text{const} - I_C \cdot R_E$$

Wenn nun I_C ansteigt, wird U_{RE} größer und die Regeldifferenz U_{BE} kleiner ($\Delta U_{BE} = -\Delta I_C \cdot R_E$). Der Transistor „macht mehr zu", der Kollektorstrom fällt wieder ab. Wird I_C aber zu klein, steigt die Regeldifferenz wieder an usw. ... Das ganze System pendelt sich so auf einen stabilen Ruhewert I_C ein, der sich als Gleichgewichtswert herausstellt.
Bild 8.26 verdeutlicht abschließend noch einmal die Idee des Regelkreises für I_C.

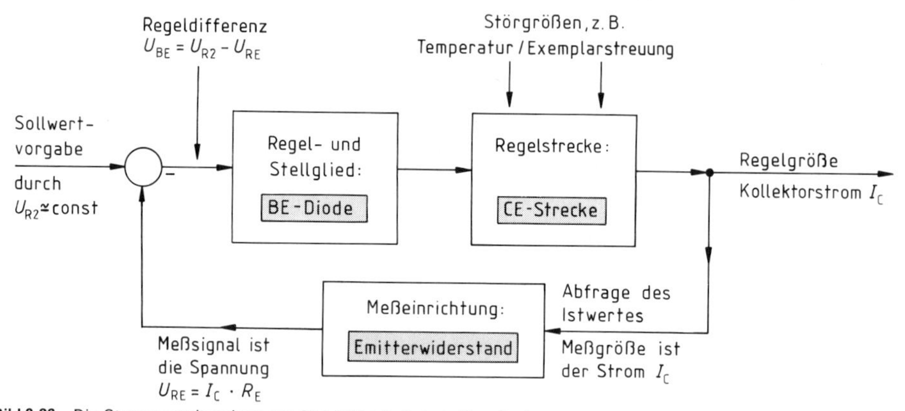

Bild 8.26 Die Stromgegenkopplung aus Bild 8.25 arbeitet als Regelkreis.

Diesen Regelkreis haben wir aufgebaut, um die thermischen Änderungen des Stromverstärkungsfaktors B „in den Griff zu bekommen".

▶ Ursache einer solchen Änderung von B kann aber ebenso ein *Auswechseln des Transistors* sein, weil die Kenngröße B des Transistors sehr stark streut.

Auch in diesem Fall macht sich der Regelkreis „an die Arbeit".

[1]) $I_C \simeq I_E$

Folge: Trotz Wechsel des Transistors wird (fast) wieder der alte, ausgangsseitige Arbeitspunkt eingeregelt. Eine Stromgegenkopplung gleicht also Exemplarstreuungen der Stromverstärkung B selbständig aus.
Die Dimensionierung der Schaltung hängt somit nur noch wenig vom eingesetzten Transistor ab. Diese Tatsache erlaubt es, (ohne Abgleicharbeiten) Verstärker „mit garantiertem Arbeitspunkt" am Fließband herzustellen.

Zusammenfassung:

Durch eine **Gegenkopplung** kann der Kollektorstrom I_C gegen *Temperatur- und Exemplarstreuungen* des Transistors stabilisiert werden. Das ganze System stellt einen Regelkreis für I_C dar.
Speziell bei der *Stromgegenkopplung* erfaßt ein Emitterwiderstand den Strom I_C zur Bildung des Gegenkopplungssignals $U_{RE} = I_C \cdot R_E$. Aus diesem Gegenkopplungssignal leitet sich die Regeldifferenz U_{BE} an der Basis ab:

$$U_{BE} = U_{R2} - I_C \cdot R_E$$

Sofern $U_{R2} \simeq \text{const}$ ist, hängt diese Regeldifferenz allein von I_C ab. $U_{R2} \simeq \text{const}$ setzt aber einen *niederohmigen Teiler* R_1, R_2 voraus. Nach Kapitel 8.6.2 gilt für einen niederohmigen Teiler:

$$I_{R2} = 5 \ldots 10 \cdot I_B \quad \text{bzw.} \quad q = 5 \ldots 10$$

8.8.2 Die Bemessung des Emitterwiderstandes R_E

Hier sind drei Aspekte zu betrachten.

1. **Mit R_E nimmt die Stabilität des Arbeitspunktes zu**
   Änderungen ΔI_C des Kollektorstromes erzeugen bei einem großen Emitterwiderstand R_E auch ein großes Gegenkopplungssignal $\Delta U_{RE} = \Delta I_C \cdot R_E$. Dadurch spricht die Regelung früher an.

2. **Mit R_E verkleinert sich der Verstärkungsfaktor**
   Der Grund ist leicht einzusehen: Die Gegenkopplung wirkt auch signalbedingten Änderungen des Kollektorstromes regelnd entgegen.
   Dies kann entweder sehr erwünscht sein (genaueres in Kapitel 8.12.1) oder ganz einfach durch einen Kondensator behoben werden. (Dies zeigen wir in Kapitel 8.8.4.)

3. **Mit R_E verringert sich der erreichbare Spannungshub am Ausgang des Verstärkers**
   Ohne Gegenkopplung sind ja die Spannungsschwankungen am Ausgang mit den Änderungen von U_{CE} identisch: Bild 8.27. Idealisiert ergibt sich hier als *Signalhub* maximal die Speisespannung U_S.

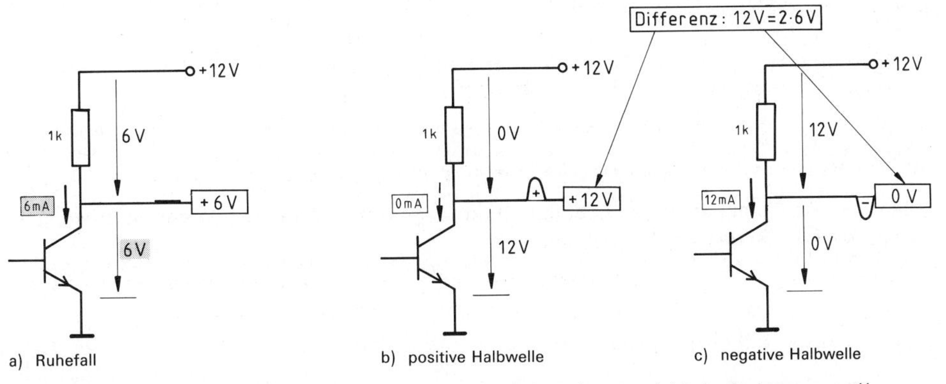

Bild 8.27 Verstärker ohne Gegenkopplung: maximaler Spannungshub am Ausgang gleich der Speisespannung U_S.

Nun betrachten wir zum Vergleich Bild 8.28. Bei der positiven Halbwelle kann die Ausgangsspannung (wie in Bild 8.27) bis auf $+U_S$ „hochfahren". Bei der negativen Halbwelle fällt sie aber selbst bei extremer Aussteuerung ($U_{CE}=0$) nicht unter den dann maximalen Spannungsabfall an R_E ab (Bild 8.28). Um diesen Spannungsabfall an R_E vermindert sich also grundsätzlich der Spannungshub am Ausgang.[1])

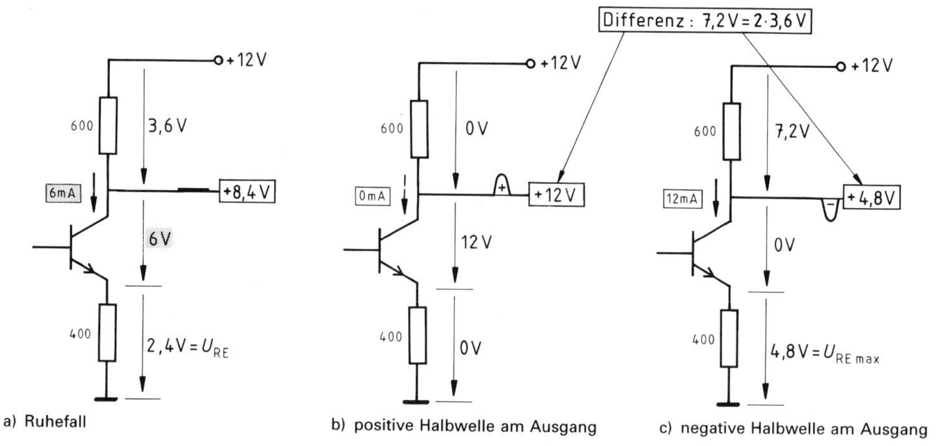

Bild 8.28 Verstärker mit Gegenkopplung. Der maximale Spannungshub am Ausgang wird durch den Spannungsabfall U_{RE} verkleinert. (Die hier getroffene Wahl des Ruhearbeitspunktes wird in Kapitel 8.8.5, b erklärt.)

Im Hinblick auf die Stabilität des Kollektorstromes einerseits und der Verringerung des Spannungshubes am Ausgang andererseits legen wir nun für R_E folgendes fest:

Der *Emitterwiderstand* R_E wird so bemessen, daß im Ruhefall an ihm eine Spannung von

$$U_{RE} = 10\,\% \ldots 20\,\% \cdot U_S$$

abfällt. Dies stellt einen Kompromiß zwischen thermischer Stabilität (von I_C) und Verringerung der erreichbaren Ausgangsamplitude dar.
Für die üblichen Speisespannungen genügt auch die Praktikerregel:

$$U_{RE} = 1 \ldots 2\ \text{V}$$

Für Experten:

8.8.3 Der Gegenkopplungsfaktor *k*

► Wir betrachten hier allein die Gleichstromgegenkopplung, die den Arbeitspunkt stabilisiert. Signalbedingte Gegenkopplung behandeln wir noch in Kapitel 8.12.2.

Die Wirkung der (Strom-)Gegenkopplung läßt sich auch als Rückwirkung der Ausgangsspannung auf die Eingangsspannung eines Verstärkers deuten. Schwankt aus irgendeinem Grund der Kollektorstrom um ΔI_C, so schwankt am Verstärkerausgang die Kollektorspannung (gegen Masse) um:

$$\Delta U_C = \Delta I_C \cdot R_C$$

[1]) Wenn R_E (wie in Kapitel 8.8.4) ein Kondensator C_E parallel geschaltet wird, ist U_{RE} aber konstant. Genaueres folgt noch.

Gegen diese Schwankung wird am Verstärkereingang durch die Bildung von ΔU_{BE} „angekämpft". Zwischen ΔU_C und ΔU_{BE} besteht ein einfacher Zusammenhang, den wir wie folgt überlegen:

Bei einem niederohmigen Teiler ist $U_{R2} \simeq \text{const}$, also $\Delta U_{R2} \simeq 0$. Dann sind die Änderungen ΔU_{BE} und ΔU_{RE} betragsmäßig gleich, da sie zusammen ΔU_{R2}, also Null ergeben müssen (Bild 8.29).

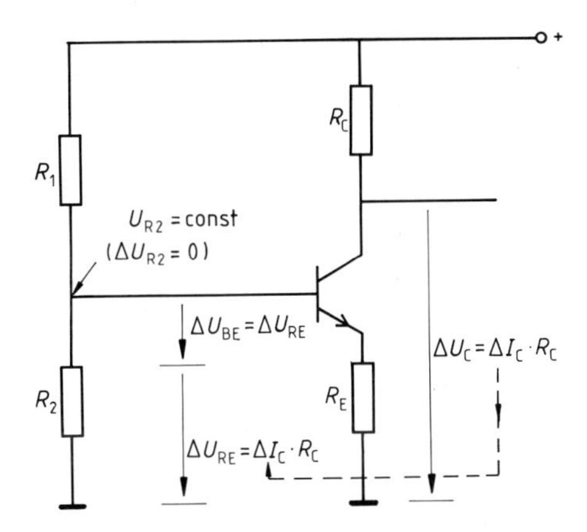

Bild 8.29 ΔU_C wirkt über ΔI_C bzw. ΔU_{RE} auf den Basiskreis zurück.

Wir erhalten somit für ΔU_{BE} dem Betrage nach:

$$\Delta U_{BE} = \Delta U_{RE} = \Delta I_C \cdot R_E$$

Aus $\Delta U_C = \Delta I_C \cdot R_C$ folgt $\Delta I_C = \Delta U_C / R_C$. Dies setzen wir in den Ausdruck für ΔU_{BE} ein, was folgenden Zusammenhang liefert:

$$\Delta U_{BE} = \frac{R_E}{R_C} \cdot \Delta U_C = k \cdot \Delta U_C$$

Von der Schwankung ΔU_C am Ausgang wird an der Basis als Gegenspannung ein Bruchteil k wirksam, der sich aus

$$k = \frac{\Delta U_{BE}}{\Delta U_C} = \frac{\Delta I_C \cdot R_E}{\Delta I_C \cdot R_C} = \frac{R_E}{R_C}$$

errechnet.

Dieser Bruchteil k heißt **Gegenkopplungsfaktor.**
Typische Werte: $k = 1/5 \ldots 1/2$

Bei größerem Gegenkopplungsfaktor k wird der Arbeitspunkt sicher stabiler, während die erreichbare Ausgangsamplitude und die Verstärkung zurückgehen.
Mit Hilfe von k läßt sich sogar dieser Verstärkungsrückgang quantitativ beschreiben (Formeln dazu in Kapitel 8.12.2).

8.8.4 Der Emitterkondensator vermeidet Verstärkungsverluste

Bild 8.30 zeigt die Schaltung eines Verstärkers, bei dem die Stromgegenkopplung nicht mehr auf die signalbedingten Änderungen des Kollektorstromes reagieren kann.[1]) Diese verlaufen ja sehr rasch, was die Gegenkopplungsspannung an R_E ebenfalls rasch ändert. Wenn wir nun R_E einen „dicken" Glättungskondensator C_E parallel schalten, kann sich die Spannung an R_E während einer Signalperiode T praktisch nicht mehr ändern.[2])
Die Gegenkopplung ist damit für signalbedingte Änderungen quasi blind geworden.

Gegen die *langsam* ablaufenden thermischen Änderungen ist C_E „machtlos". Seine Ladung reicht dann nicht aus, um U_{RE} stabil zu halten. Jetzt wird wieder eine Regeldifferenz an der Basis erzeugt.

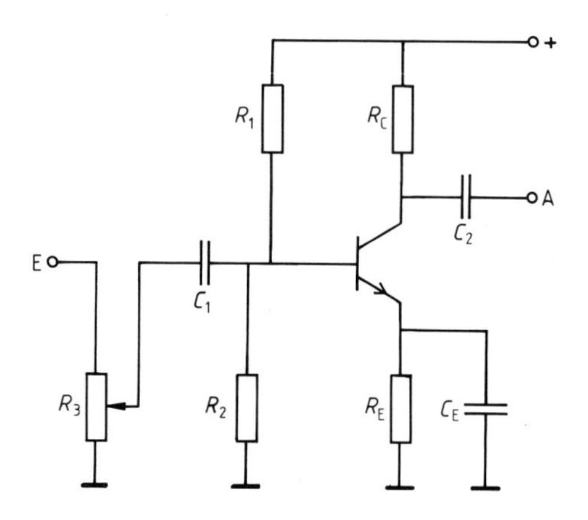

Bild 8.30 Die Stromgegenkopplung wirkt sich dank C_E nicht mehr auf das Signal bzw. die Verstärkung aus.

Wir sagen in diesem Fall auch:

> Die **Gegenkopplung** wirkt sich wegen C_E **nur noch gleichspannungsmäßig** aus. Wechselspannungsmäßig überbrückt C_E den Gegenkopplungswiderstand R_E. Eine *Signalgegenkopplung* findet nicht statt. Die Verstärkung ist so groß wie beim Verstärker ohne Gegenkopplung.
>
> Bei einem Signalwechselstrom wird durch C_E die Gegenkopplungsspannung U_{RE} konstant gehalten. Dazu muß aber die Zeitkonstante von R_E und C_E groß sein gegen die Signalzeiten $T = 1/f$, d.h.:
>
> $$R_E \cdot C_E > 1/f \quad \text{oder} \quad C_E > \frac{1}{f \cdot R_E}$$ [3])
>
> Ab einer *unteren Frequenzgrenze* f_u ist diese Bedingung nur schwer einzuhalten. Tiefe Frequenzen werden also dennoch gegengekoppelt und damit weniger verstärkt.

[1]) Der Poti dient als Signalabschwächer (z.B. als Lautstärkeeinsteller).

[2]) Innerhalb der sehr kleinen Periodendauer $T = \Delta t$ ist die Ladungsänderung ΔQ und damit die Spannungsänderung $\Delta U = \Delta Q / C_E$ am Kondensator C_E vernachlässigbar klein, solange C_E groß genug ist (genauer, solange die Zeitkonstante $R_E \cdot C_E \gg T$ ist).

[3]) Nach Kapitel 8.10 genügt $C_E = 10/(2 \cdot \pi \cdot f \cdot R_E) \simeq 1{,}6/(f \cdot R_E)$.

8.8.5 Der Arbeitspunkt bei (Strom-)Gegenkopplung

Bisher wählten wir den Arbeitspunkt immer bei $U_{CE} = U_S/2$ und zwar aus zwei Gründen:

1. Wegen der optimalen thermischen Selbststabilisierung (siehe Kapitel 8.7.1) und
2. wegen der maximalen Aussteuerbarkeit.

Durch die (Strom-)Gegenkopplung verliert der erste Grund an Gewicht. Bleibt der Aspekt maximaler Aussteuerbarkeit.

> Für **maximale symmetrische Aussteuerbarkeit** ist der Ruhewert U_{CE} einzustellen auf:[1])
>
> $$U_{CE} = U'_S/2$$
>
> Hier ist:
>
> $U'_S = U_S - U_{RE}$, sofern C_E vorhanden ist, bzw.
>
> $U'_S = U_S$, wenn C_E fehlt.

Dies zeigen wir jetzt:

a) Der Emitterwiderstand R_E ist kapazitiv durch C_E überbrückt

In diesem Fall findet ja keine Signalgegenkopplung statt. Die Spannung am Widerstand R_E ist gegenüber signalbedingten kurzfristigen Schwankungen durch C_E auf den Ruhewert U_{RE} stabilisiert. Bild 8.31 zeigt ein Zahlenbeispiel hierzu. An diesem lesen wir ab:

Durch $U_{RE} = \text{const}$ sind die Spannungsschwankungen an der CE-Strecke auf die effektive Speisespannung U'_S mit

$$U'_S = U_S - U_{RE}$$

beschränkt. Diese Schwankungen fallen bei Vollaussteuerung nur dann symmetrisch aus, wenn

$$U_{CE} = U'_S/2$$

eingestellt ist. Diese Situation ist in Bild 8.31 auch dargestellt.

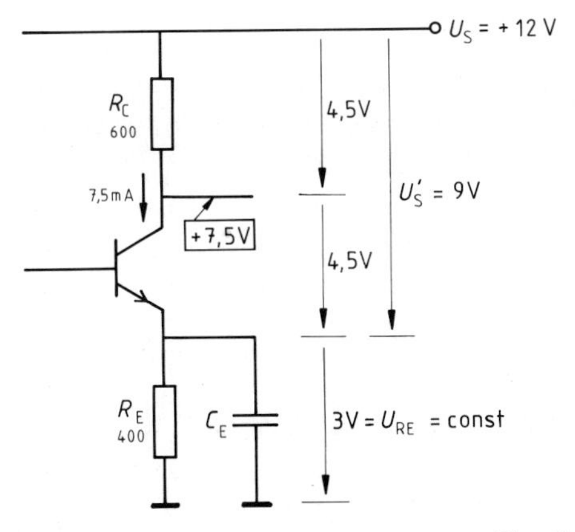

Bild 8.31 Bei C_E vermindert sich der Ausgangsspannungshub um den konstanten Wert U_{RE}

[1]) Falls die Kniespannung aus Bild 8.10,c berücksichtigt werden soll, muß U_{CE} um ca. 1 V größer als $U'_S/2$ angesetzt werden.

Nur noch für Experten:

Für die Spannung U_{CE} aus Bild 8.31 ergibt sich die Arbeitsgerade (I) gemäß

$$U_{CE} = U'_S - I_C \cdot R_C$$

(siehe Bild 8.32). Die Spannung U_C am Kollektor U_C *(gegen Masse)* liefert aber die Arbeitsgerade (II) mit

$$U_C = U_S - I_C \cdot R_C.$$

Diese ist ebenfalls in Bild 8.32 eingetragen. Beide Arbeitsgeraden unterscheiden sich um den (hier) konstanten Spannungsabfall an R_E.

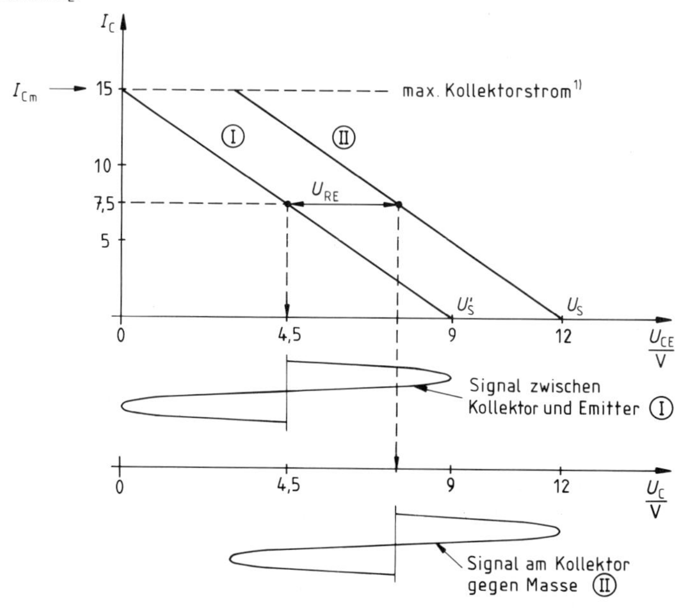

Bild 8.32 Zu Bild 8.31 hier noch der Spannungsverlauf U_{CE} und Spannung U_C am Kollektor (gegen Masse)

Ebenfalls nur für Experten:

b) Der Emitterwiderstand R_E ist nicht kapazitiv überbrückt

Ohne Kondensator C_E ist die Spannung an R_E nicht konstant. Sie ändert sich augenblicklich mit dem Signalstrom und genau dadurch entsteht die Signalgegenkopplung.
Wir suchen nun auch für diesen Betriebsfall den richtigen Ruhewert U_{CE} für eine maximale Aussteuerbarkeit.
Der größte Strom I_{Cm} fließt sicher dann, wenn der Transistor voll durchgesteuert ist, was (idealisiert) $U_{CE} = 0$ bedeutet. Bei $U_{CE} = 0$ muß aber nach Bild 8.33 an den beiden Widerständen R_C und R_E insgesamt U_S abfallen.

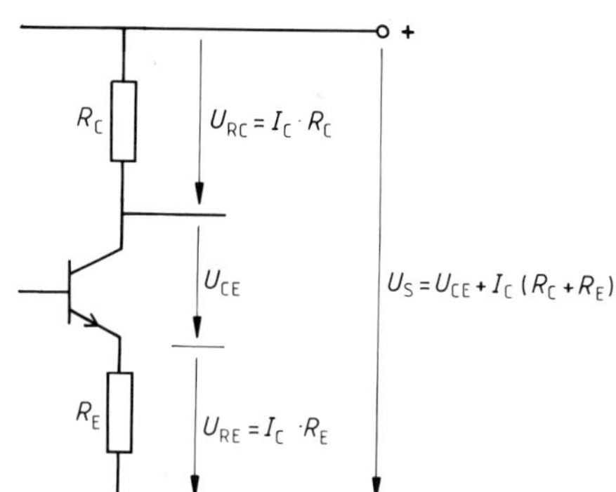

Bild 8.33
Hier ändern sich alle Spannungen mit dem Signalstrom I_C.

[1]) Häufiger Denkfehler: $I_{Cm} = U_S/(R_C + R_E) = 12\ \text{V}/1\ \text{k}\Omega = 12\ \text{mA}$, nach Bild 8.31 ist aber U_{RE} konstant, d.h. dem ohmschen Gesetz unterliegt nur U'_S an R_C.

Dies ergibt den maximal möglichen Strom (aus Bild 8.33, $U_{CE}=0$):

$$I_{Cm} = \frac{U_S}{R_C + R_E}.$$

Der kleinste mögliche Strom ist erkennbar durch

$$I_C = 0$$

gegeben. Für eine symmetrische Ansteuerung muß der Ruhestrom folglich in der Mitte liegen, also bei:

$$I_C = \frac{1}{2} \cdot I_{Cm}$$

Aus diesem Strom errechnet sich die Kollektorspannung U_{CE}. Nach Bild 8.33 gilt ja allgemein:

$$U_{CE} = U_S - I_C(R_C + R_E)$$

Setzen wir in diese Arbeitsgerade (I) (Bild 8.34) den Wert $I_C = 1/2 \cdot I_{Cm}$ ein, so erhalten wir durch Zeichnung oder Rechnung als Ruhearbeitspunkt:

$$U_{CE} = U_S/2$$

Noch eine Notiz hierzu: U_{CE} und U_C (gegen Masse) sind wieder verschieden. Die Spannung U_C am Kollektor (gegen Masse) ergibt sich aus:

$$U_C = U_S - I_C \cdot R_C$$

Dazu gehört die Arbeitsgerade (II) in Bild 8.34. Sie unterscheidet sich (im Gegensatz zu Bild 8.32) von der Geraden (I) um den hier veränderlichen Spannungsabfall an R_E. Durch die variable Gegenspannung U_{RE} ist das gegen Masse abgegriffene Ausgangssignal u_a sogar kleiner als der Spannungshub von U_{CE} (Bild 8.34).

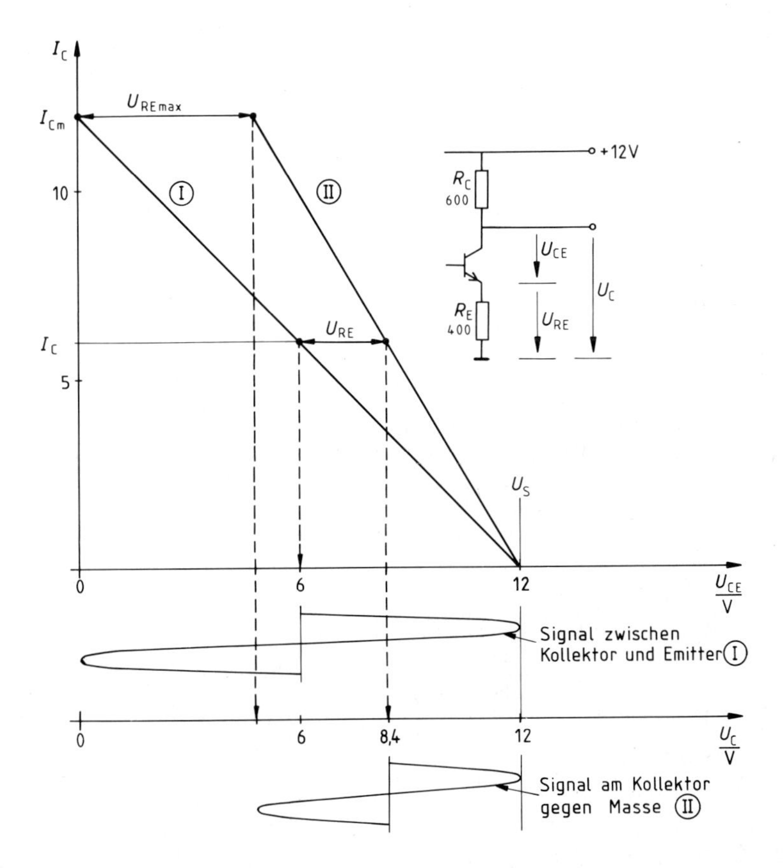

Bild 8.34 U_{CE} und U_C bei Signalgegenkopplung

8.8.6 Berechnungsbeispiel für einen Verstärker mit Arbeitspunktstabilisierung durch R_E

Im folgenden Beispiel wirkt die Gegenkopplung allein gleichstrommäßig, dient also nur zur Arbeitspunktstabilisierung.[1]) Die Schaltung zeigt Bild 8.35. Für den Transistor wird z. B. $I_C = 4$ mA empfohlen (Bereich kleinster Verzerrungen). Der mittlere Wert der Stromverstärkung ist mit $B = 250$ angegeben. Die Basisvorspannung wird auf $U_{BE} = 0{,}7$ V festgelegt. Als Speisespannung stehen $U_S = 12$ V zur Verfügung.

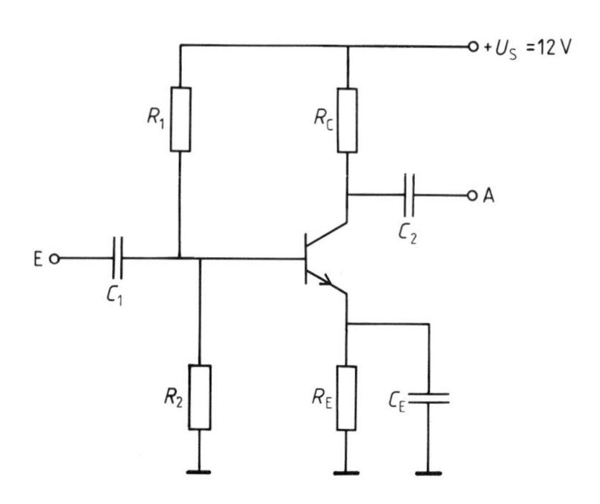

Bild 8.35 Diese Schaltung wird hier berechnet.

Wir beginnen mit R_E [2])

Es ist:

$$U_{RE} = 10\,\% \ldots 20\,\% \cdot U_S = 1{,}2 \ldots 2{,}4\ \text{V}$$

Wir wählen den glatten Wert $U_{RE} = 2$ V. Mit $I_{RE} \simeq I_C = 4$ mA folgt dann:

$$\mathbf{R_E = 500\ \Omega\ (Normwert\ 510\ \Omega)}$$

Nun berechnen wir R_C

Wegen des Emitterkondensators C_E müssen wir für die $U_S/2$-Regel den Wert:

$$U'_S = U_S - U_{RE} = 10\ \text{V}$$

verwenden. Aus $U_{RC} = U_{CE} = U'_S/2 = 5$ V und $I_C = 4$ mA ergibt sich:

$$\mathbf{R_C = 1{,}25\ k\Omega\ (Normwert\ 1{,}2\ k\Omega)}$$

Es folgt der Spannungsteiler

Die Teilspannung U_{R2} ergibt sich aus:

$$U_{R2} = U_{BE} + U_{RE} = 2\ \text{V} + 0{,}7\ \text{V} = 2{,}7\ \text{V}$$

---

[1]) Signalgegenkopplung besprechen wir ab Kapitel 8.12.1

[2]) Ausführliches Formelblatt siehe Kapitel 8.11

Dieser Spannungsteiler muß niederohmig sein, damit $U_{R2} \simeq$ const ist. Für $I_{R2} = q \cdot I_B$ wählen wir deshalb das Querstromverhältnis q = 10. Den Basisstrom I_B berechnen wir über I_C *und B* zu $I_B = 16\ \mu A$, damit errechnet sich als Querstrom

$$I_{R2} = 160\ \mu A$$

U_{R2} und I_{R2} liefern:

$$\boldsymbol{R_2 = 16{,}9\ k\Omega\ \text{(Normwert 18 k}\Omega\text{)}}$$

Für den Widerstand R_1 gilt:

$$U_{R1} = U_S - U_{R2} = 12\ V - 2{,}7\ V = 9{,}3\ V$$

$$I_{R1} = I_{R2} + I_B = (160 + 16)\ \mu A = 176\ \mu A$$

Daraus folgt:

$$\boldsymbol{R_1 = 52{,}8\ k\Omega\ \text{(Normwert 56 k}\Omega\text{)}}$$

Hinweis:
Bei der Ermittlung der Normwerte des Teilers muß immer in die gleiche Richtung gerundet werden, damit das Teilerverhältnis in etwa gleichbleibt.

Weitere Daten dieses Verstärkers wären z. B. noch:

1. Die Leerlaufverstärkung V_0

Wenn wir für r_{BE} den Schätzwert $r_{BE} = 1{,}25\ k\Omega$ annehmen (siehe Kapitel 8.11.1), ist:

$$V_0 = (\beta / r_{BE}) \cdot R_C \simeq 250$$

Für einen Spitzen-Spitzen-Wert der Ausgangsspannung von maximal $U'_S = 9\ V$ werden am Eingang nur

$$U_{eSS} = U_{aSS} / V_0 = 36\ mV\ \text{(bzw. 13 mV Effektivwert)}$$

benötigt.

2. Der Ein- und Ausgangswiderstand

Wir greifen hier dem nächsten Abschnitt vor und berechnen noch den Eingangswiderstand r_e:

$$r_e = (r_{BE} \| R_1 \| R_2) \simeq 1{,}1\ k\Omega$$

Und den Ausgangswiderstand r_a:

$$r_a \simeq R_C = 1{,}2\ k\Omega$$

3. Die Werte der Kondensatoren

Nach Kapitel 8.10 errechnen sich diese für eine untere Frequenzgrenze von $f_u = 25\ Hz$ zu:

$$C_E \simeq \frac{10}{2\pi f_u \cdot R_E} = 12{,}5\ \mu F \quad \text{(Normwert 22 }\mu F\text{)}$$

$$C_1 \simeq \frac{10}{2\pi f_u \cdot r_e} = 57{,}9\ \mu F \quad \text{(Normwert 100 }\mu F\text{)}$$

$$C_2 \simeq \frac{10}{2\pi f_u \cdot r_a} = 53{,}1\ \mu F \quad \text{(Normwert 100 }\mu F\text{)}$$

8.9 Ein- und Ausgangswiderstand eines Verstärkers

Jeder Verstärker verfügt für das Signal über je zwei Ein- und Ausgangsklemmen. Deshalb kann ein Verstärker schematisch als Vierpol nach Bild 8.36 dargestellt werden.

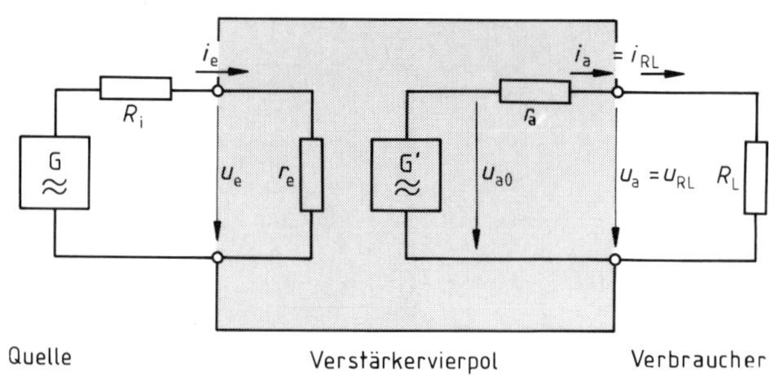

Bild 8.36 Schematische Darstellung eines Verstärkers als Vierpol

Der Eingangswiderstand

Die Signalquelle liefert an den Verstärker die Eingangsspannung u_e und den Eingangsstrom i_e. Formal wirkt der *Verstärkereingang für die Quelle wie ein Lastwiderstand* mit:

$$r_e = \frac{u_e}{i_e}$$

r_e heißt **Eingangswiderstand** der gesamten Verstärkerschaltung. Dieser Eingangswiderstand belastet die Signalquelle.

Jede Signalquelle verfügt ihrerseits über einen Innenwiderstand R_i (Bild 8.36). Damit nun die Quellenspannung u_e unter der Last r_e nicht „zusammenbricht", sollte $r_e \gg R_i$ sein.

Der Ausgangswiderstand

In bezug auf einen angeschlossenen Verbraucher R_L (z. B. den Lautsprecher) stellt der Verstärker selbst eine Signalquelle mit einem gewissen Innenwiderstand dar. Diesen ausgangsseitigen Innenwiderstand bezeichnen wir ab jetzt als Ausgangswiderstand r_a (Bild 8.36).
Der Wert von r_a ist ein Maß dafür, wie sehr sich die Ausgangsspannung u_a eines Verstärkers durch Belastung ändert.

Wir definieren:

$$r_a = \frac{\Delta u_a}{\Delta i_a}$$

r_a heißt **Ausgangswiderstand** des Verstärkers. Der Ausgangswiderstand r_a erklärt den Spannungsrückgang Δu_a am Ausgang eines Verstärkers, wenn dieser mit Δi_a zusätzlich belastet wird.

8.9.1 Berechnung des Eingangswiderstandes r_e

Wir berechnen jetzt den Eingangswiderstand eines Verstärkers ohne Signalgegenkopplung.[1]) In diesem Fall fehlt R_E, oder R_E ist durch einen Kondensator C_E überbrückt. Alle Kapazitäten seien nun so groß gewählt, daß sich durch die Signalwechselströme die Ladung bzw. die Spannung der Kondensatoren praktisch nicht ändern kann.[2])

[1]) Mit Signalgegenkopplung siehe Kapitel 8.12.5
[2]) Aus $Q = CU$ folgt $\Delta U = \Delta Q/C$; da jede Halbwelle nur sehr kurz andauert, ist ΔQ und damit ΔU auch sehr klein.

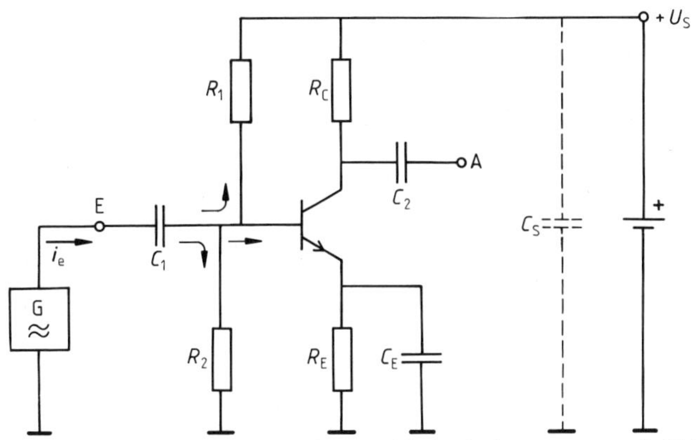

Bild 8.37 Zur Berechnung des Eingangswiderstandes: Die Kapazität der Speisespannungsquelle bildet einen Signalkurzschluß.

Wenn wir nun mit einem Voltmeter messen, das allein *Änderungen*, also Wechselspannungen anzeigt, so ist der Wechselspannungsabfall bzw. der Signalverlust an allen Kondensatoren Null. Für das *Signal* wirken die Kondensatoren folglich wie „Null-Ohm-Widerstände". Anders ausgedrückt:

> Alle Kapazitäten stellen für das (Wechselspannungs-)Signal einen Kurzschluß dar. Dies gilt erst recht für die große Kapazität C_S Speisespannungsquelle.[1])
> Daraus ergibt sich immer das **Wechselstromersatzschaltbild** einer Schaltung.

Für ein Wechselspannungssignal am Eingang des Verstärkers läßt sich somit die Schaltung von Bild 8.37 ersatzweise wie in Bild 8.38 darstellen.
Aus dieser *Wechselstromersatzschaltung* entnehmen wir, daß sich der Eingangsstrom in drei Anteile aufspaltet. Zwei Anteile fließen durch R_2 und R_1 (wobei R_1 über C_S nach Bild 8.37 kapazitiv an Masse liegt.) Der dritte Wechselstromanteil steuert als Basiswechselstrom i_B den Transistor an. Der *Transistor* selbst belastet also nur mit seinem (differentiellen) Eingangswiderstand $r_{BE} = u_e/i_B$ die Quelle.

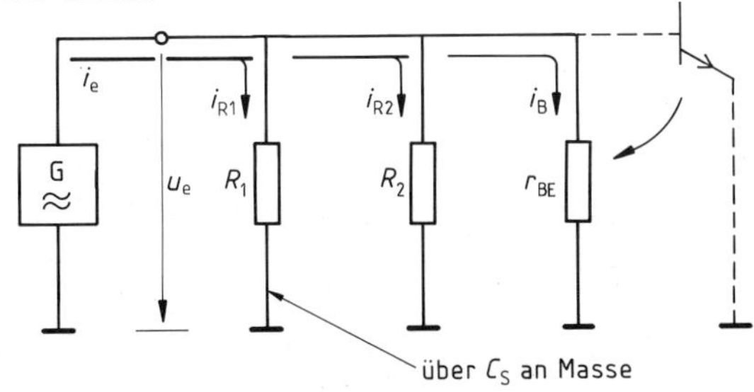

Bild 8.38 Ersatzdarstellung des Verstärkereingangs für Signalwechselströme

Insgesamt wird die Quelle aber vom Eingangswiderstand r_e der Gesamtschaltung belastet. Nach Bild 8.38 gilt für r_e:

> Der **Eingangswiderstand r_e des Verstärkers** errechnet sich aus:
> $$r_e = (r_{BE} \| R_1 \| R_2)$$
> sofern keine Signalgegenkopplung vorliegt.[2])

[1]) Eine Batterie stellt erkennbar eine „riesige" Kapazität dar. Netzteile enthalten parallel zum Ausgang immer Siebkondensatoren, die das Signal kurzschließen. Häufig werden Batterien noch zusätzlich durch einen Elko überbrückt. (Wegen des ohmschen Innenwiderstandes von Batterien)

[2]) Signalgegenkopplung folgt ab Kapitel 8.12.1; r_e speziell in diesem Fall in Kapitel 8.12.5.

Da ein Transistor nicht leistungslos angesteuert werden kann, ist r_{BE} schon relativ niederohmig (typisch: 1,25 kΩ). Durch den Spannungsteiler wird der Eingangswiderstand des Verstärkers also noch weiter herabgesetzt.

Wir erkennen:

> Für eine **möglichst geringe Belastung** der Quelle wäre ein hochohmiger Basisspannungsteiler vorzuziehen.

Da wir aber das Querstromverhältnis q immer auf $q \leq 10$ beschränkt haben, wird r_e durch den Teiler R_1, R_2 nicht *wesentlich* kleiner als r_{BE} (siehe das vorangegangene Berechnungsbeispiel in Kapitel 8.8.6, dort war $r_{BE} = 1{,}25\ \text{k}\Omega$ und $r_e = 1{,}1\ \text{k}\Omega$).

8.9.2 Der Ausgangswiderstand r_a eines Verstärkers

Auch hier behandeln wir einen Verstärker ohne Signalgegenkopplung, z. B. nach Bild 8.39.[1]) Zunächst erklären wir, weshalb die Ausgangsspannung des Verstärkers durch Anschluß einer Last R_L zurückgeht. Dazu zeichnen wir wieder ein Wechselstromersatzschaltbild, diesmal für den Ausgang, passend zu Bild 8.39.
Da alle Kapazitäten wechselspannungsmäßig kurzschließen, erhalten wir so Bild 8.40. Zunächst sei betont, daß die Höhe des Kollektorwechselstromes i_C vom Eingang her, d. h. durch i_B fest vorgegeben ist.

► i_C ändert sich also (insgesamt) nicht, wenn wir im folgenden den Kollektor unterschiedlich belasten, i_C verteilt sich nur jeweils anders.

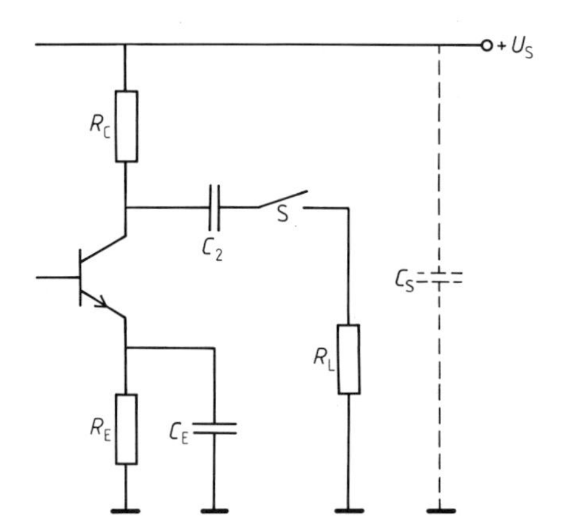

Bild 8.39 Ausgang des Verstärkers ohne Signalgegenkopplung

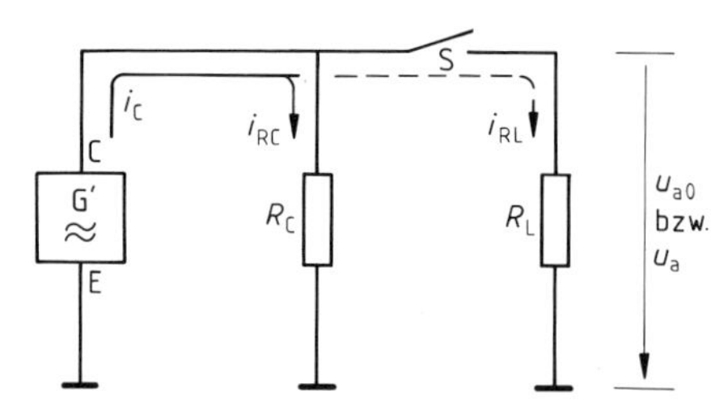

Bild 8.40 Ersatzschaltbild für den Ausgang des Verstärkers mit angeschlossener Last[2])

In Bild 8.40 ist die Last R_L zunächst über den Schalter S abgetrennt. Der Strom i_C fließt allein über R_C und erzeugt an R_C als Ausgangsspannung den Leerlaufwert u_{a0}:

$$u_{a0} = i_C \cdot R_C$$

---

[1]) Bei Signalgegenkopplung ändert sich r_a, siehe Kapitel 8.12.5 (Schluß).
[2]) Den großen Wechselstromwiderstand r_{CE} (siehe Kapitel 7.5.5) der Kollektor-Emitterstrecke lassen wir unberücksichtigt. Er liegt ebenfalls R_C parallel: $(R_C \| R_L \| r_{CE}) \simeq (R_C \| R_L)$.

Wird nun der Schalter S geschlossen, so liegt Last R_L (wechselspannungsmäßig) R_C parallel. Der Kollektorwechselstrom verteilt sich nun auf die beiden Widerstände. Die Ausgangsspannung sinkt somit auf den Wert u_a ab. Diesen Wert berechnen wir z. B. so:

$$u_a = i_C \cdot R_{ges} = i_C \cdot (R_C \| R_L)$$

► Da $R_C \| R_L$ immer kleiner als R_C ist, ist auch $u_a < u_{a0}$.

Dazu noch zwei Anmerkungen:

1. Unter Last geht auch *der meßbare Verstärkungsfaktor* zurück. Aus der Leerlaufverstärkung V_0 mit

$$V_0 = \frac{\beta}{r_{BE}} \cdot R_C$$

ergibt sich bei Belastung:

$$V = \frac{\beta}{r_{BE}} (R_C \| R_L) = V_0 \cdot \frac{R_L}{R_C + R_L}$$

2. Entsprechend könnte auch die *Arbeitsgerade unter Belastung* aus $R_{ges} = (R_C \| R_L)$ gewonnen werden. Meist wird aber die Ausgangsspannung unter Last über den nun folgenden Ausgangswiderstand r_a berechnet.

Die Berechnung des Ausgangswiderstandes r_a

Den Rückgang der Ausgangsspannung unter Last deuten wir nun mit dem Modell des Ausgangswiderstandes r_a (Bild 8.41) völlig anders als oben, nämlich so:
Der Laststrom $i_a = i_{RL}$ vermindert durch den Spannungsabfall Δu_a an r_a die Ausgangsspannung vom Wert u_{a0} auf u_a.

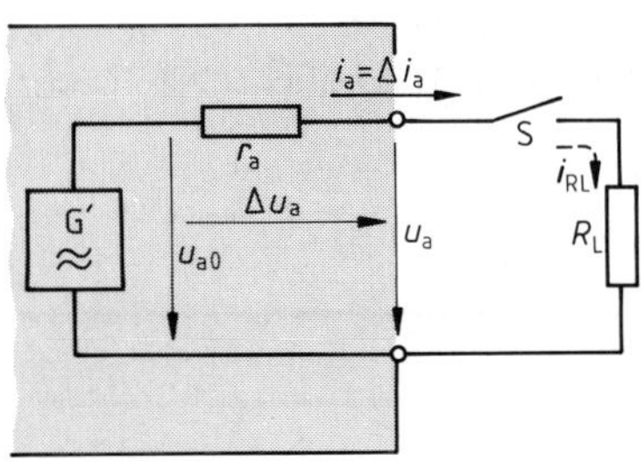

Bild 8.41 Anderes Ersatzschaltbild für den Verstärkerausgang

► Wir berechnen jetzt den Zahlenwert, den wir r_a *zuschreiben* müssen. Da eine allgemeine Lösung recht schwierig ist, verwenden wir ein Zahlenbeispiel.

Beispiel: Es sei $i_C = 5$ mA und $R_C = 1$ kΩ. Dann liefert unser Verstärker eine Leerlaufspannung von:

$$u_{a0} = i_C \cdot R_C = 5 \text{ mA} \cdot 1 \text{ k}\Omega = 5 \text{ V}.$$

Nun belasten wir den Verstärker, z. B. mit $R_L = 4$ kΩ. Die Ausgangsspannung verkleinert sich (nach Bild 8.40) auf:

$$u_a = i_C (R_C \| R_L) = 5 \text{ mA} \cdot 0{,}8 \text{ k}\Omega = 4 \text{ V},$$

d. h. durch Belastung mit $R_L = 4$ kΩ ist die Ausgangsspannung abgesunken, und zwar um:

$$\Delta u_a = 1 \text{ V}$$

Der Laststrom hat sich dabei (von Null) um

$$\Delta i_a = (i_a) = u_a / R_L = 4 \text{ V} / 4 \text{ k}\Omega = 1 \text{ mA}$$

geändert.

Um nun mit dem Modell des Ausgangswiderstandes r_a (Bild 8.41) diesen Spannungsabfall ebenfalls erklären zu können, müssen wir r_a folgenden Wert zuschreiben:

$$r_a = \frac{\Delta u_a}{\Delta i_a} = \frac{1 \text{ V}}{1 \text{ mA}} = 1 \text{ k}\Omega.$$

Genau wie der Eingangswiderstand r_e läßt sich auch der Ausgangswiderstand r_a aus den Bauelementen des Verstärkers „voraussagen". Ein Zahlenvergleich liefert hier einen erfreulich einfachen Zusammenhang. Es gilt nämlich:

$$r_a = R_C$$

Diese erstaunliche Tatsache können wir noch mit anderen Zahlenbeispielen oder ganz allgemein belegen[1]).

Der Ausgangswiderstand r_a eines Verstärkers ist rechnerisch so groß wie der Arbeitswiderstand R_C:

$$r_a = R_C$$

Die Konsequenz:

Große Arbeitswiderstände R_C im Kollektorkreis liefern zwar eine hohe Leerlaufverstärkung

$$V_0 = \frac{\beta}{r_{BE}} \cdot R_C,$$

vermindern aber die Belastbarkeit des Verstärkers.

8.9.3 Leistungsanpassung

Die größte Ausgangsspannung liefert ein Verstärker immer im Leerlauf. In diesem Fall ist $R_L = \infty$ und der Ausgangsstrom $i_a = 0$. Folglich wird auch keine Leistung abgegeben.
Für den (theoretischen) Fall eines Kurzschlusses am Ausgang liefert der Verstärker den größten Strom, jetzt ist aber die Ausgangsspannung u_a Null. Auch in diesem Extremfall wird keine Leistung an die Last abgegeben.
Nun läßt sich zeigen (z. B. wie in Aufgabe 12), daß ein Verstärker gerade dann die größte Leistung abgibt, wenn Lastwiderstand R_L und Ausgangswiderstand r_a übereinstimmen. Diesen Fall nennen wir *Leistungsanpassung.*

Leistungsanpassung liegt vor für:

$$r_a = R_L \quad \text{(hier speziell } R_C = R_L\text{)}$$

Übertragen auf beliebige Quellen mit dem Innenwiderstand R_i bedeutet Leistungsanpassung:

$$\boldsymbol{R_i = R_L}$$

Dies ist z. B. beim Anschluß eines Lautsprechers an einen Verstärker wichtig. Fehlanpassungen bis zu 100% führen aber nur zu geringem Leistungsabfall, da die Leistungskurve bei $r_a = R_L$ sehr flach verläuft (siehe Aufgabe 12).

8.10 Die Berechnung der Kondensatoren

Erst jetzt, nachdem r_e und r_a bekannt sind, können die Koppelkondensatoren berechnet werden. Die Kondensatoren C_1, C_2 unseres Verstärkers (Bild 8.42, a) sollen das Signal ein- bzw. auskoppeln. Dabei soll möglichst keine Signalwechselspannung an den Kapazitäten „verlorengehen". Entsprechend soll C_E die Signalwechselspannung an R_E klein halten. In Kapitel

[1]) Anleitung zur allgemeinen Rechnung in Aufgabe 11, c und d.

8.9.1 bzw. Kapitel 8.8.4 haben wir uns schon klar gemacht, daß dazu die Kondensatoren möglichst groß sein müssen. Wir geben nun ein Verfahren an, wie diese Kondensatoren berechnet werden:

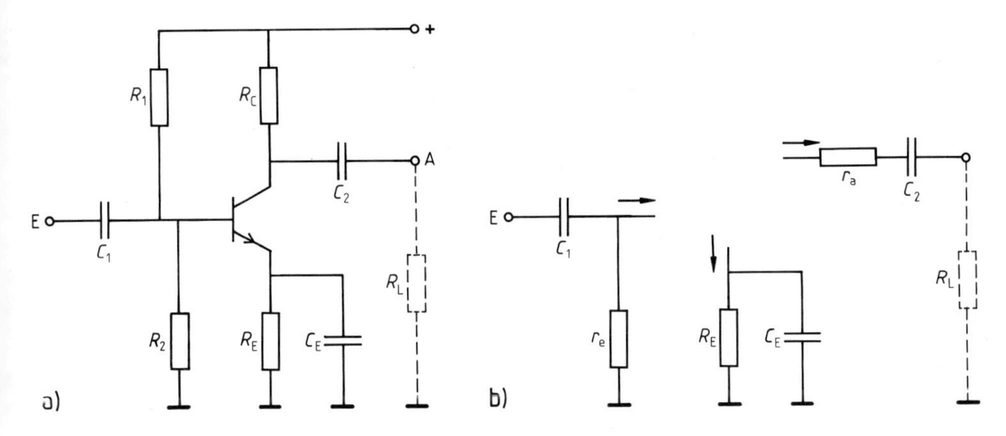

Bild 8.42 Die zur Berechnung der Kondensatoren maßgebenden Widerstände

Wenn Kondensatoren von einem Signalwechselstrom i geladen bzw. entladen werden, ändert sich die Spannung an ihnen doch geringfügig, z. B. um den Wert u.[1]) Damit können wir Kondensatoren einen kapazitiven Widerstand X_C zuschreiben:

$$X_C = \frac{u}{i} \qquad \text{(siehe auch Kapitel 2.5.1)}$$

Der Wechselspannungsabfall an einem Kondensator ist nun gegen den an einen Widerstand R vernachlässigbar, wenn

$$X_C \ll R$$

gilt.[2]) Diese Forderung ist durch

$$X_C \leq 1/10 \cdot R$$

praktisch erfüllt. Nach Bild 8.42, b ist dann für R entweder r_e, R_E oder r_a einzusetzen. (Im letzten Fall wird z. B. r_a durch C_2 nicht vergrößert.)

Die Bedingung $X_C \leq 1/10 \cdot R$ läßt sich aber bei einer gegebenen Kapazität C nicht für alle Frequenzen einhalten. Nach Kapitel 2.5.1 nimmt der kapazitive Widerstand X_C mit *ab*nehmender Frequenz *f zu.* Es gilt ja:

$$X_C = \frac{1}{2\pi f \cdot C}$$

Die tiefste Frequenz, für die ein Kondensator noch die Bedingung $X_C = 1/10 \cdot R$ erfüllt, nennen wir die *untere Frequenzgrenze* f_u. Wenn wir umgekehrt f_u vorgeben, erhalten wir die notwendigen Kapazitätswerte:

$$X_C \leq \frac{1}{10} R \quad \text{und} \quad X_C = \frac{1}{2\pi f_u \cdot C} \quad \text{liefert:}$$

$$C \geq \frac{10}{2 \cdot \pi \cdot f_u \cdot R}$$

[1]) Die kleinen Buchstaben stehen demonstrativ für Wechselspannungen und Wechselströme (gemessen wie üblich, z. B. durch ihre Effektivwerte).

[2]) Auch die Phasenverschiebungen sind dann vernachlässigbar.

An einem Kondensator C fällt relativ wenig (Signal-)Wechselspannung u ab, wenn er, vergleichsweise gesehen, einen *niedrigen Wechselstromwiderstand* hat. Dazu muß für den kapazitiven Widerstand X_C gelten:

$$X_C \leq \frac{1}{10} \cdot R.$$

Diese Bedingung ist bis zu einer **unteren Frequenzgrenze f_u** bei folgenden Kapazitätswerten erfüllt:

$$C_1 \geq \frac{10}{2\pi f_u \cdot r_e}; \quad C_2 \geq \frac{10}{2\pi f_u \cdot r_a}; \quad C_E \geq \frac{10}{2\pi f_u \cdot R_E}$$

Noch ein wichtiger Hinweis:

Sehr häufig wird zur Berechnung von Kondensatoren auch die sogenannte **Grenzfrequenz f_g** verwendet. In diesem Fall gilt aber nicht

$X_C = 1/10 \cdot R$, sondern *nur* $X_C = R$,

wodurch sich kleinere Kondensatorwerte ergeben. Der Spannungsabfall (bzw. Verlust) am Kondensator ist dann aber schon relativ groß.[1])

8.11 Formelblatt für einen Verstärker ohne Signalgegenkopplung

Zusammenfassung:

Wir haben gesehen, daß Transistordaten durch Temperatur und Herstellungsprozeß Schwankungen unterliegen. Dies machte eine *Arbeitspunktstabilisierung* erforderlich. Als Beispiel dazu haben wir die *Stromgegenkopplung* mit einem Emitterwiderstand R_E vorgestellt. Der Spannungsteiler mußte in diesem Fall niederohmig ($q = 5 \ldots 10$) ausgeführt werden, damit die Teilerspannung U_{R2} konstant blieb. Die Basisvorspannung $U_{BE} = U_{R2} - I_C \cdot R_E$ regelte sich durch den Kollektorstrom I_C automatisch so ein, daß $I_C \simeq$ const blieb. Durch diese Gegenkopplung verkleinerten sich die erreichbare Ausgangsamplitude und die Verstärkung.

Den Verstärkungsverlust durch die Stromgegenkopplung konnten wir durch einen *Emitterkondensator C_E* vermeiden. Dieser Kondensator mußte, genau wie die Koppelkondensatoren für das Signal, einen kapazitiven Kurzschluß darstellen. Dies ließ sich aber nur bis zu einer *unteren Frequenzgrenze f_u* realisieren.

Für die praktische Auslegung unserer Verstärkerstufe stellen wir nun zum Abschluß ein Formelblatt zusammen. Wegen der Gegenkopplung genügt es, bei einer Dimensionierung Mittelwerte des verwendeten Transistortyps zu kennen.

Die Faustformeln für V_0 ($V_0 \simeq U_S / 50$ mV) und r_{BE} ($r_{BE} \simeq 25$ mV$/I_B$) werden aber erst im anschließenden Expertenteil Kapitel 8.11.1 und Kapitel 8.11.2 behandelt.

---

[1]) Ebenso die Phasenverschiebungen, nämlich 45° (Weitere Details in den Kapiteln 2.5.2 und 2.5.3.)

Formelblatt für einen Transistorverstärker mit folgender Schaltung:

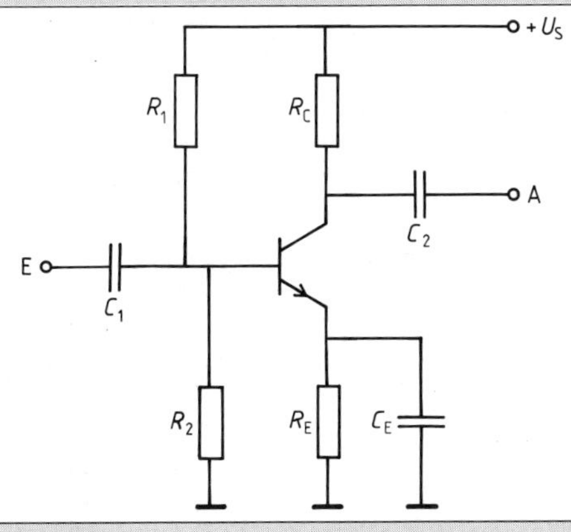

Dimensionierung der Widerstände:

$$\left.\begin{array}{l} U_{RE} = 0{,}1 \ldots 0{,}2 \cdot U_S \\ I_{RE} \simeq I_C = B \cdot I_B \end{array}\right\} \quad \boldsymbol{R_E} = \frac{U_{RE}}{I_C} \quad \text{oder: } \boldsymbol{R_E} = \frac{1}{5} \ldots \frac{1}{2} R_C$$

$$\left.\begin{array}{l} U_{RC} = U'_S/2 \quad \text{mit } U'_S = U_S - U_{RE} \\ I_{RC} = I_C = B \cdot I_B \end{array}\right\} \quad \boldsymbol{R_C} = \frac{U'_S/2}{I_C}$$

$$\left.\begin{array}{l} U_{R2} = U_{RE} + U_{BE} \\ I_{R2} = 5 \ldots 10 \cdot I_B = q I_B \end{array}\right\} \quad \boldsymbol{R_2} = \frac{U_{R2}}{I_{R2}}$$

$$\left.\begin{array}{l} U_{R1} = U_S - U_{R2} \\ I_{R1} = I_{R2} + I_B = (q+1) I_B \end{array}\right\} \quad \boldsymbol{R_1} = \frac{U_{R1}}{I_{R1}}$$

Leerlaufverstärkung, Eingangs- und Ausgangswiderstand:

$$\boldsymbol{V_0} = \frac{\beta}{r_{BE}} \cdot R_C$$

$$\boldsymbol{r_e} = (r_{BE} \| R_1 \| R_2) \simeq r_{BE} \| R_2$$

$$\boldsymbol{r_a} \simeq R_C, \quad \text{falls } R_C \ll r_{CE}$$

Faustformeln für r_{BE} und V_0

$$r_{BE} \simeq \frac{25\ \text{mV}}{I_B} \qquad V_0 \simeq \frac{U'_S}{50\ \text{mV}}$$

Dimensionierung der Kondensatoren: (f_u: untere Frequenzgrenze mit $X_C = 0{,}1\ R$)

$$\boldsymbol{C_E} \geq \frac{10}{2\pi \cdot f_u \cdot R_E}$$

$$\boldsymbol{C_1} \geq \frac{10}{2\pi \cdot f_u \cdot r_e}$$

$$\boldsymbol{C_2} \geq \frac{10}{2\pi \cdot f_u \cdot r_a}$$

Für Experten:

8.11.1 Faustformel für den Eingangswiderstand

▶ Die Herleitungen in den Kapiteln 8.11.1 und 8.11.2 sind mathematisch jeweils anspruchsvoll und können kurz überflogen werden. Die Ergebnisse sind jedoch einfach und nützlich.

Die Eingangskennlinie der BE-Diode verläuft im wesentlichen exponentiell. Nach Kapitel 3.4.1, b (Schluß) gilt in guter Näherung bei sinnvoller Änderung der Indizes:

$$I_E \simeq I_{rm} \cdot e^{U_{BE}/U_T} \quad \text{mit} \quad U_T \simeq 25\ \text{mV bei Zimmertemperatur}$$
$$\text{und} \quad I_{rm} = \text{maximaler Sperrstrom}.$$

Der Basisstrom I_B ergibt sich aus $I_E \simeq I_C = \beta \cdot I_B$ zu:

$$I_B \simeq \frac{I_E}{\beta} = \frac{I_{rm}}{\beta} \cdot e^{U_{BE}/U_T}$$

Wir berechnen nun die Basisstromänderung dI_B bei einer Basisspannungsänderung dU_{BE} durch Differenzieren:[1])

$$\frac{dI_B}{dU_{BE}} = I_B \cdot \frac{1}{U_T} = \frac{I_B}{U_T}$$

Der Kehrwert davon ist gerade der differentielle Eingangswiderstand r_{BE} der Basisdiode:

$$r_{BE} = \frac{dU_{BE}}{dI_B} = \frac{U_T}{I_B}$$

Ist der Arbeitspunkt durch I_B bzw. $I_B = I_C/\beta$ gegeben, können wir r_{BE} aus $r_{BE} = U_T/I_B$ leicht berechnen.

> Der **Eingangswiderstand des Transistors** ist bei Zimmertemperatur ($U_T \simeq 25$ mV) abschätzbar aus:
>
> $$r_{BE} = \frac{U_T}{I_B} \simeq \frac{25\ \text{mV}}{I_B}$$
>
> Bei den üblichen Basisspannungsteilern mit $q \simeq 10$ liegt der Eingangswiderstand r_e des (Gesamt-)Verstärkers nur knapp darunter.

Beispiel: Gegeben $I_C = 4$ mA, $\beta = 200$. Dies liefert $r_{BE} \simeq 1{,}25$ kΩ. Wegen $r_e < r_{BE}$ geben wir (etwas willkürlich) r_e mit $r_e \simeq 1$ kΩ an.

8.11.2 Faustformel für die Verstärkung V_0

Wir gehen von einem Verstärker ohne Signalgegenkopplung aus. Seine Leerlaufverstärkung berechnet sich aus:

$$V_0 = \frac{\beta}{r_{BE}} \cdot R_C$$

Für r_{BE} setzen wir die obige Abschätzung ein und verwenden anschließend den bekannten Zusammenhang $I_C = B \cdot I_B \simeq \beta \cdot I_B$. Somit:

$$V_0 \simeq \frac{\beta}{\frac{25\ \text{mV}}{I_B}} \cdot R_C = \frac{\beta \cdot I_B \cdot R_C}{25\ \text{mV}} \simeq \frac{I_C \cdot R_C}{25\ \text{mV}}$$

Das Produkt $I_C \cdot R_C$ gibt die Ruhespannung U_{RC} am Kollektorwiderstand R_C an. Bei richtig eingestelltem Arbeitspunkt gilt folglich $U_{RC} = U_S/2$.[2])

Damit erhalten wir für V_0:

$$V_0 \simeq \frac{U_S/2}{25\ \text{mV}} = \frac{U_S}{50\ \text{mV}}$$

> Die **Leerlaufverstärkung** eines Verstärkers ohne bzw. mit Signalgegenkopplung beträgt *ungefähr:*
>
> $$V_0 = \frac{U_S}{50\ \text{mV}} \quad \text{bzw.} \quad V_0 = \frac{U'_S}{50\ \text{mV}}$$

Beispiel: $U_S = 9$ V ergibt $V_0 \simeq 180$.

---

[1]) Die Ableitung von $y = a \cdot e^{kx}$ ist $y' = a \cdot e^{kx} \cdot k$, also $y' = y \cdot k$. Es entspricht $x = U_{BE}$, $k = 1/U_T$ und $y = I_B$.

[2]) Gegebenenfalls ist (siehe Kapitel 8.8.5) für U_S der Wert U'_S einzusetzen.

8.12 Verstärkerschaltungen, wie sie die Industrie verwendet

Wir betrachten noch einmal die Verstärkerstufe mit Emitterwiderstand R_E und Kondensator C_E und ziehen Bilanz.

a) Durch R_E haben wir eine **Stabilisierung des Arbeitspunktes,** sowohl gegen Temperatur als auch gegen Exemplarstreuungen des Transistors erreicht. Letzteres ermöglicht erst die Serienproduktion von Verstärkern.

b) Durch C_E haben wir eine **Signalgegenkopplung vermieden.** Dadurch ist die Verstärkung des Systems erhalten geblieben.

Diesen positiven Eigenschaften stehen zwei negative gegenüber:

1. Das Ausgangssignal ist bei hoher Aussteuerung des Verstärkers grundsätzlich stark verzerrt. Lineare **Großsignalverstärkung** ist praktisch nicht möglich.
2. Der **Verstärkungsfaktor V_0 streut** bei einer Massenfertigung des Verstärkers sehr stark.

Diese zwei Punkte erläutern wir nun kurz.

Zu 1: Die **Verzerrungen** erklären sich aus den Krümmungen realer Kennlinien. Je größer die Aussteuerung ist, desto größer sind die Kennlinienbereiche, welche „durchfahren" werden. Dadurch nehmen die Verzerrungen mit wachsender Aussteuerung stark zu, was Bild 8.43 am Beispiel der Eingangskennlinie belegt. Speziell die Verzerrungen, die eine „krumme" *Eingangskennlinie* hervorruft, mindert die Stromansteuerung des Transistors.

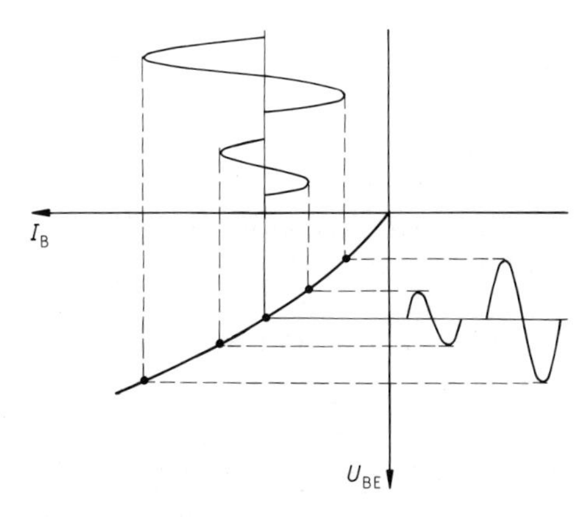

Bild 8.43 Die Verzerrungen nehmen mit der Aussteuerung zu

Zur Begriffserklärung:

Bisher hatten wir immer eine Spannungsansteuerung vorausgesetzt, d.h. eine Ansteuerung mit *niederohmiger Quelle.*

Nun betrachten wir einmal eine Ansteuerung mit einer *hochohmigen Quelle,* dies ist dann die erwähnte Stromansteuerung.

Bei einer sehr hochohmigen Quelle (oder bei Einbau eines relativ großen Vorwiderstandes R_V in die Basiszuleitung) verändert sich nämlich der Basisstrom i_B fast linear mit dem Eingangssignal u_e, und zwar unabhängig von der jeweiligen Steigung bzw. Krümmung r_{eB} der Eingangskennlinie (Bild 8.44).

Die Nachteile dieses Verfahrens:

- Quellen mit kleiner Leerlaufspannung liefern praktisch kein Signal mehr.
- Krümmungen der *Stromsteuerkennlinie* wirken sich weiterhin ungehindert aus.

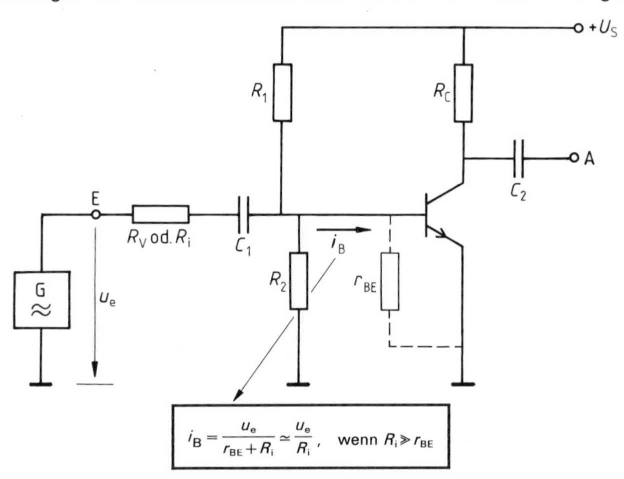

Bild 8.44 Bei einer Stromansteuerung ist der Basisstrom i_B immer proportional zum Signal u_e.

Zu 2: Der **Verstärkungsfaktor V_0** wird *überwiegend vom Transistor definiert.* Da der Kondensator C_E eine Signalgegenkopplung unterdrückt, gilt für V_0 ja die Formel des nichtgegengekoppelten Verstärkers:

$$V_0 = \frac{\beta}{r_{BE}} \cdot R_C$$

Damit hängt der Verstärkungsfaktor gleich von zwei Transistorkennwerten ab, die beide sehr großen Streuungen unterliegen. Bei einer Reparatur bzw. bei einer Fließbandproduktion stellen sich damit jeweils sehr unterschiedliche Werte von V_0 ein.
Sowohl die Verzerrungen als auch die Zufälligkeiten des Verstärkungsfaktors können mit einem Schlag (fast ganz) behoben werden, was wir nun gleich zeigen wollen.

8.12.1 Signalgegenkopplung und ihre Vorteile

Der Preis für die Vorteile der Signalgegenkopplung ist der extreme Rückgang der Verstärkung. Am Beispiel der Stromgegenkopplung (Bild 8.45) hatten wir schon dargelegt, daß auch signalbedingte Änderungen des Kollektorstromes weitgehend ausgeregelt werden, was eben das Ausgangssignal u_a verkleinert (Kapitel 8.8.2 und 8.8.4). Dem gegenüber stehen die **Vorteile** der Signalgegenkopplung:

1. Die *Systemverstärkung* V_0' hängt nur sehr wenig vom eingesetzten Transistortyp ab. Dies ermöglicht z. B. eine Fließbandproduktion mit definierten Verstärkungsfaktoren.
2. *Verzerrungen* gehen stark zurück. Dadurch wird eine lineare Großsignalverstärkung erst möglich.

   Speziell bei der Stromgegenkopplung kommt noch hinzu:
3. Der *Eingangswiderstand* der Schaltung wird größer.

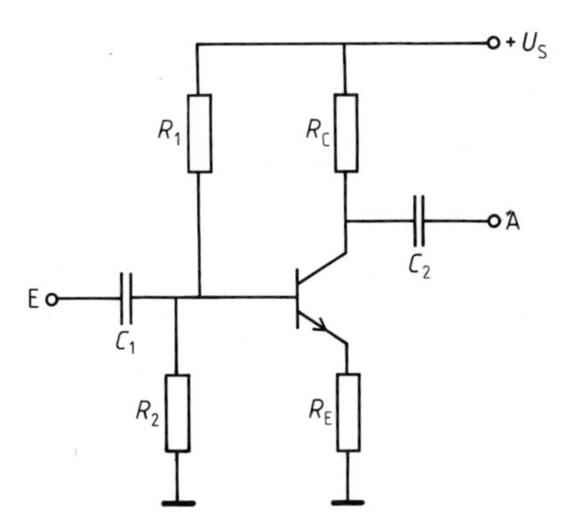

Bild 8.45 Verstärker mit Signalgegenkopplung

8.12.2 Die Signalverstärkung bei Gegenkopplung

Wir gehen von dem Schaltbild 8.45 aus und zeichnen dazu das (Wechselstrom-)Ersatzschaltbild 8.46. Dieses Bild liefert eine neue Erklärung des Verstärkungsverlustes: Die wahre Steuerspannung u_{BE} an der BE-Diode ist um den Spannungsabfall u_{RE} kleiner als das Eingangssignal u_e:

$$u_{BE} = u_e - u_{RE}$$

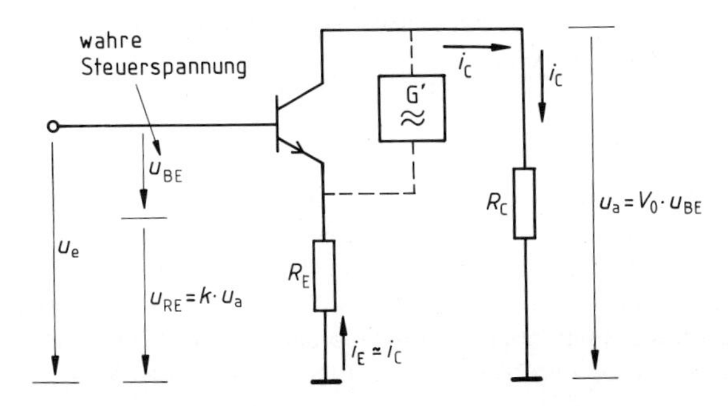

Bild 8.46 (Wechselstrom-)Ersatzschaltbild zu 8.45

In diesem Sinne stellt u_{RE} eine Gegenspannung zum Eingangssignal dar. Gleichzeitig hängt diese Gegenspannung u_{RE} unmittelbar vom vorhandenen Ausgangssignal ab. Da R_E und R_C vom (fast) gleichen Signalstrom durchflossen werden, gilt:

$$u_{RE} = i_C \cdot R_E \quad \text{und} \quad u_a = i_C \cdot R_C$$

Eine Division liefert sofort den Zusammenhang:

$$k = \frac{u_{RE}}{u_a} = \frac{R_E}{R_C}$$

Folglich ist die Gegenspannung u_{RE} immer ein definierter Bruchteil k der Ausgangsspannung u_a. Die Größe k nennen wir *Gegenkopplungsfaktor*.

Der **Gegenkopplungsfaktor** k gibt an, welcher Bruchteil der Ausgangsspannung u_a als Gegenspannung zurückgeführt wird (und damit dem Eingangssignal u_e entgegenwirkt). Speziell für die Stromgegenkopplung (Bild 8.46) gilt:

$$k = \frac{u_{RE}}{u_a} = \frac{R_E}{R_C}$$

Die wahre Steuerspannung ergibt sich so aus:

$$u_{BE} = u_e - u_{RE} = u_e - k\,u_a$$

Nun stellen wir unsere Erkenntnisse an einem Systembild etwas allgemeiner dar (Bild 8.47). Durch Gegenkopplung eines Signals wird am Eingang des Teilsystems Verstärker nur noch ein Signal der Größe

$$u_e' = u_e - k\,u_a$$

wirksam. Allein dieses Signal u_e' wird anschließend mit V_0 weiterverstärkt. Daraus folgt (im unbelasteten Fall)

$$u_a = V_0 \cdot u_e',$$

wobei

$$u_e' = u_e - k\,u_a$$

gilt.

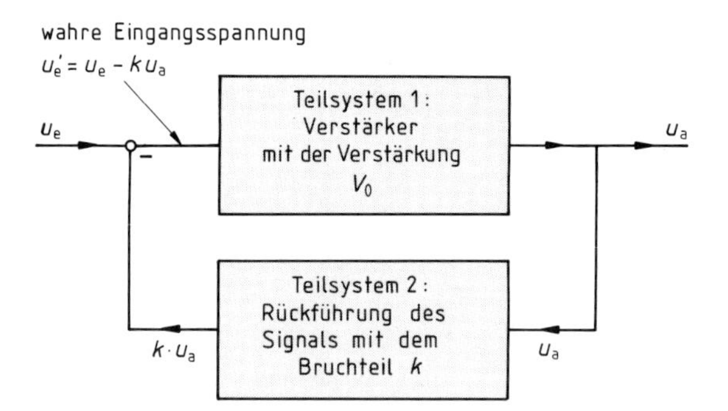

Bild 8.47 Allgemeine Darstellung der Signalgegenkopplung

Aus diesen beiden letzten Gleichungen erhalten wir sofort die *Verstärkung V_0' des Systems* „Verstärker mit Gegenkopplung". Bezogen auf die Eingangsspannung u_e, welche die Quelle liefert, gilt:

$$V_0' = \frac{u_a}{u_e} = \frac{u_a}{u_e' + k \cdot u_a}$$

Mit $u_a = V_0 \cdot u_e'$ folgt:

$$V_0' = \frac{V_0 \cdot u_e'}{u_e' + k \cdot V_0 \cdot u_e'}$$

Wir kürzen u_e' heraus. Dies ergibt endgültig:

$$V_0' = \frac{V_0}{1 + k \cdot V_0}$$

Diese sogenannte *Systemverstärkung* V_0' ist immer kleiner als V_0, da im Nenner eine Zahl größer als Eins steht. Den Verstärkungsverlust haben wir erwartet. Neu ist, daß wir ihn jetzt quantitativ beschreiben können.

Bei einer *Gegenkopplung* mit dem Faktor k verkleinert sich die **Systemverstärkung** gegenüber dem Wert V_0 (ohne Gegenkopplung) auf:

$$V_0' = \frac{V_0}{1 + k\,V_0}$$

Meist ist $V_0' \ll V_0$, dies zeigt folgendes Beispiel.

Beispiel: $V_0 = 100$, $R_C = 1\ \text{k}\Omega$, $R_E = 200\ \Omega$, also $k = 1/5$, ein üblicher Wert. Aus diesen Daten erhalten wir:

$$V_0' = \frac{100}{1 + (1/5) \cdot 100} \simeq 4{,}76\ (!)$$

Dieser starken Abnahme der Verstärkung steht aber, wie wir im folgenden Kapitel sehen werden, der geringe Einfluß des Transistors auf V_0' als deutlicher Vorteil gegenüber.

8.12.3 Auf die Systemverstärkung hat der Transistor nur noch wenig Einfluß

Die (Leerlauf-)Verstärkung V_0 hängt wegen $V_0 = (\beta / r_{BE}) \cdot R_C$ gleich von zwei Transistorparametern ab.
Wir nehmen nun an, die Kennwerte der verwendeten Transistoren streuen so sehr, daß V_0 vom Mittelwert 100 um $\pm 20\%$ abweichen kann. Diese Tatsache beeinflußt jedoch die Systemverstärkung

$$V_0' = \frac{V_0}{1 + k \cdot V_0}$$

erstaunlich wenig. Für den typischen Wert von $k = 1/5$ folgt z. B.

$$V_0' = \frac{100 \pm 20}{1 + (1/5) \cdot (100 \pm 20)} = 4{,}76 \pm 0{,}05$$

► Die Systemverstärkung „wackelt" also nur um rund 1%.

Im Extremfall ist der Transistor sogar ganz „uninteressant". Dazu muß die Verstärkung V_0 der Transistoren lediglich so groß sein, daß bei allen Exemplaren das Produkt $k \cdot V_0 \gg 1$ ausfällt. Dann wird die Systemverstärkung V_0' praktisch nur noch von der Gegenkopplung bestimmt

$$V_0' = \frac{V_0}{1 + k \cdot V_0} \simeq \frac{V_0}{k \cdot V_0} = \frac{1}{k}\ (!)$$

Beispiel: $V_0 = 250 \quad k = 1/5 \quad k \cdot V_0 = 50$
$V_0' \simeq 5$ (wahrer Wert $V_0' = 4{,}9$)

Ein gegengekoppelter Verstärker hat die Systemverstärkung:

$$V_0' = \frac{V_0}{1 + k \cdot V_0}$$

Die eingesetzten Transistoren zeigen große Streuungen der Größe V_0. Sofern für alle Transistoren aber $k \cdot V_0 \gg 1$ ist, hat die Systemverstärkung praktisch immer denselben Wert:

$$V_0' \simeq \frac{1}{k}$$

V_0' hängt (bei $k \cdot V_0 \gg 1$) *nur noch vom gewählten Gegenkopplungsfaktor k ab.*

Nun widersprechen sich häufig zwei Wünsche:

- Für eine gute Gleichstromstabilisierung des Arbeitspunktes wird ein Gegenkopplungsfaktor, sagen wir von $k=1/2$ gewünscht. Dann wäre aber V_0' mit $V_0' \simeq 2$ sehr klein.
- Tatsächlich wird aber eine Signalverstärkung von z. B. $V_0' \simeq 36$ gewünscht, deshalb müßte $k=1/36$ sein.

Bild 8.48 zeigt, wie dieses Problem gelöst werden kann. Das Stichwort heißt **aufgeteilter Emitterwiderstand.**

Solange der 100-µF-Kondensator C_E in der Emitterleitung das Signal kurzschließt,[1]) ist das Signal nur mit

$$k_S = \frac{R_{E1}}{R_C} = \frac{33\,\Omega}{1{,}2\,\text{k}\Omega} \simeq \frac{1}{36}$$

gegengekoppelt.

Für den Arbeitspunkt ist aber

$$k_A = \frac{R_{E1} + R_{E2}}{R_C} = \frac{593\,\Omega}{1{,}2\,\text{k}\Omega} \simeq \frac{1}{2}$$

maßgebend.

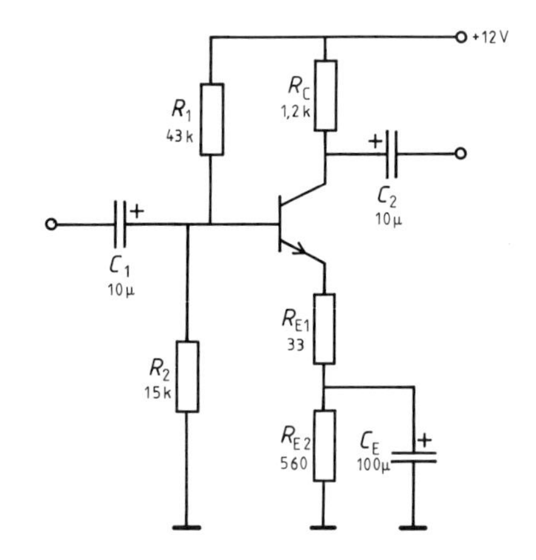

Bild 8.48 Signalgegenkopplung und Gleichstromgegenkopplung sind verschieden.

8.12.4 Signalgegenkopplung verringert Verzerrungen

Dies ist leicht einzusehen. Nehmen wir einmal an, ein Verstärker würde die negativen Halbwellen „doppelt so gut" wie die positiven verstärken. Dann würde das Ausgangssignal bei fehlender Gegenkopplung stark verzerrt erscheinen: Bild 8.49, a.

Durch eine Gegenkopplung wird aber *auch die Gegenspannung während der negativen Halbwellen* größer. Im Endeffekt bleibt für die negativen Halbwellen (die „doppelt" verstärkt werden) nur eine ungefähr halb so große Steuerspannung u_e' übrig. Dadurch erscheinen die negativen Halbwellen nur noch geringfügig „überbetont" am Ausgang, wie Bild 8.49, b zeigt. (Unterlagen zum Nachrechnen in Aufgabe 15)

[1]) Dies ist z. B. hier für alle Frequenzen f mit $f \geq f_u = 25$ Hz hinreichend der Fall.

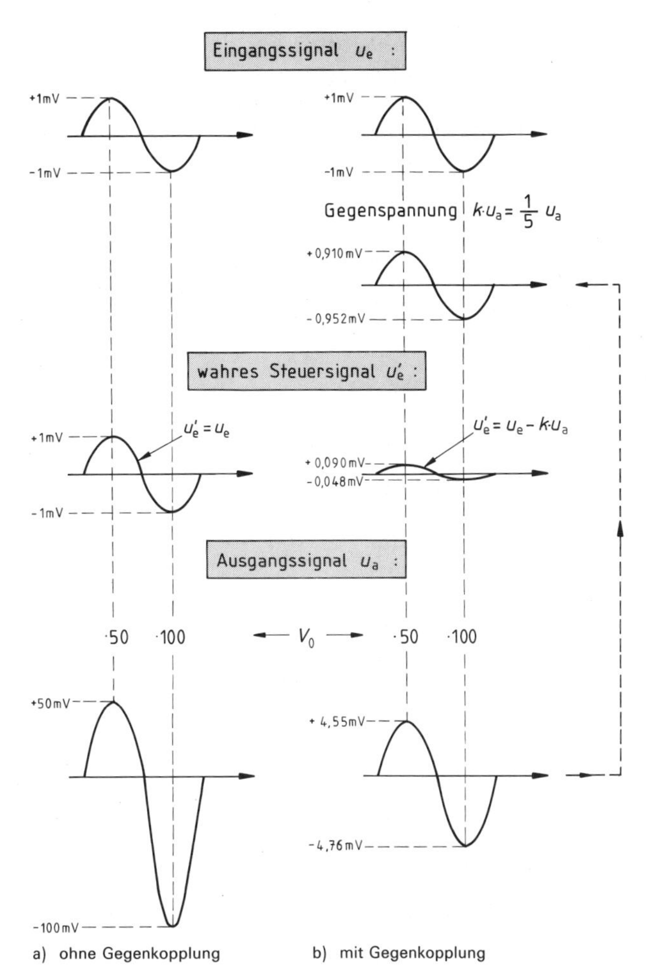

Bild 8.49 Verminderung von Verzerrungen und Klirrgrad durch Gegenkopplung ($k = 1/5$)

Ergebnis:

Eine zu große Verstärkung des Signals wird durch eine größere Gegenspannung weitgehend kompensiert (und umgekehrt).

Wir können die Abnahme der Verzerrungen aber auch so begründen:

Solange $k \cdot V_0 \gg 1$ ist, werden alle Signalteile gleichmäßig mit

$$V_0' \simeq \frac{1}{k}$$

verstärkt, auch dann, wenn V_0 nicht mehr konstant ist.
Die **Gegenkopplung kompensiert also Unlinearitäten** der Verstärkung, setzt Verzerrungen herab und ermöglicht so eine lineare Großsignalverstärkung.

Das stimmt natürlich alles nur, solange sich das Signal nicht zu rasch ändert, die Gegenkopplung (bzw. der Transistor) mit dem Ausregeln also noch „mitkommt", sonst gibt es erst recht (die TIM-)Verzerrungen.

8.12.5 Vorteil der Stromgegenkopplung, der Eingangswiderstand steigt

Zur Berechnung des Eingangswiderstandes gehen wir von Bild 8.50 aus. Den Basisspannungsteiler berücksichtigen wir erst am Schluß. Eine Signalquelle „sieht" bei Gegenkopplung den Eingangswiderstand r'_{BE}:

$$r'_{BE} = \frac{u_e}{i_B} = \frac{u_{EB} + u_{RE}}{i_B}$$

Zur Berechnung von r'_{BE} führen wir nun zwei Herleitungen parallel durch, denn u_{RE} läßt sich auf zwei Arten ausdrücken.

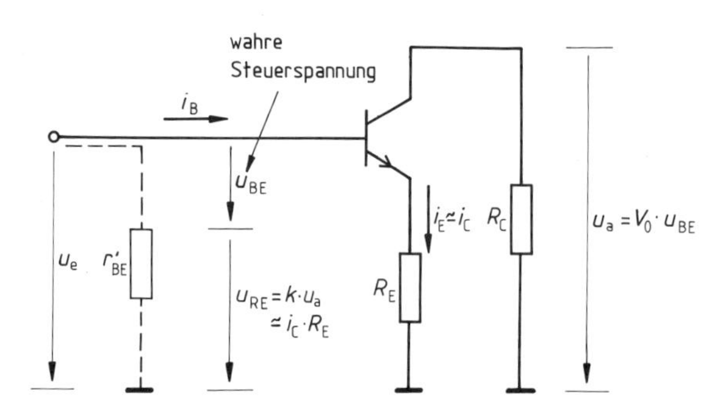

Bild 8.50 Eingangswiderstand bei Gegenkopplung

Berechnung von: $\boxed{r'_{BE} = \dfrac{u_{BE} + u_{RE}}{i_B}}$

1. Art	**2. Art**
$u_{RE} = k \cdot u_a = k \cdot V_0 \cdot u_{EB}$	$u_{RE} \simeq i_C \cdot R_E = \beta \cdot i_B \cdot R_E$

Wir erhalten entsprechend für r'_{BE}:

$r'_{BE} = \dfrac{u_{EB} + k \cdot V_0 \cdot u_{EB}}{i_B}$	$r'_{BE} = \dfrac{u_{EB} + \beta \cdot i_B \cdot R_E}{i_B}$

u_{EB}/i_B stellt den bekannten Eingangswiderstand r_{BE} des Transistors dar. Dies ergibt:

$r'_{BE} = r_{BE} + k \cdot V_0 \cdot r_{BE}$	$r'_{BE} = r_{BE} + \beta \cdot R_E$
⇓	⇓
$r'_{BE} = r_{BE}(1 + k \cdot V_0)$	$r'_{BE} = r_{BE} + \beta \cdot R_E$

Näherungsweise gilt:

Für $k \cdot V_0 \gg 1$:	Für $\beta \cdot R_E \gg r_{BE}$:
$r'_{BE} \simeq r_{BE} \cdot k \cdot V_0$	$r'_{BE} \simeq \beta \cdot R_E$

Beispiel:

$k = 1/5$; $V_0 = 100$	$\beta = 200$
$r'_{BE} \simeq \mathbf{20} \cdot r_{BE}$	$r'_{BE} \simeq \mathbf{200} \cdot \boldsymbol{R_E}$

Der Eingangswiderstand wird also durch Gegenkopplung beachtlich heraufgesetzt. Beide Ergebnisse sind natürlich äquivalent, was wir mit $k = R_E/R_C$ und $V_0 = (\beta \cdot R_C)/r_{BE}$ nachprüfen können.

Stromgegenkopplung des Signals erhöht den Eingangswiderstand r_{BE} des Transistors auf:

$$r'_{BE} \simeq r_{BE} \cdot k \cdot V_0 \simeq \beta \cdot R_E$$

Unter Berücksichtigung des Basisspannungsteilers ist der Eingangswiderstand r'_e des gegengekoppelten Verstärkers gegeben durch:

$$r'_e = (r'_{BE} \| R_1 \| R_2)$$

Die Stromgegenkopplung setzt aber neben dem Eingangswiderstand r_e auch den Ausgangswiderstand r_a herauf. Ein größerer Eingangswiderstand ist sicher ein Vorteil, ein *größerer Ausgangswiderstand* aber nicht unbedingt, denn:

- Je größer r_a ist, desto kleiner ist die Belastbarkeit des Verstärkers.

Ohne Beweis fügen wir für den stromgegengekoppelten Verstärker an:

$$r'_a = r_a(1 + k \cdot V_0)$$

8.12.6 Spannungsgegenkopplung

Bild 8.51 zeigt eine einfache Verstärkerschaltung, bei der die Gegenkopplung sowohl auf den Arbeitspunkt als auch auf das Signal einwirkt.

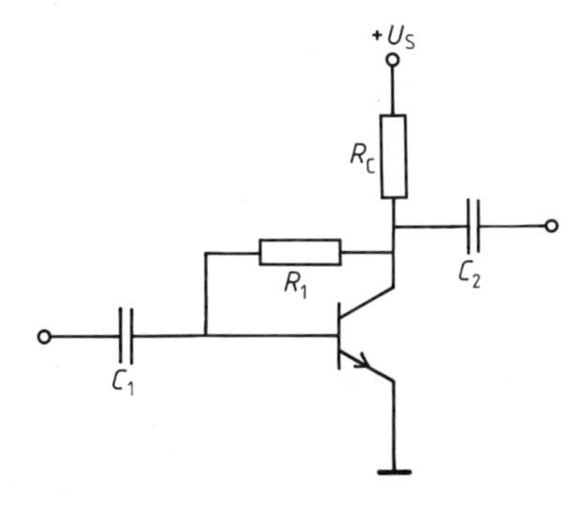

Bild 8.51 Einfacher Verstärker mit Spannungsgegenkopplung

Die Gegenkopplung entsteht hier wie folgt: Der über R_1 fließende Basisstrom hängt direkt von der Kollektorspannung ab ($I_B \simeq U_{CE}/R_1$). Diese Kollektorspannung ist über den Spannungsabfall an R_C ihrerseits mit dem Kollektorstrom I_C verknüpft. Wird nun z. B. der Kollektorstrom I_C aus irgendeinem Grunde größer, dann wird auch der Spannungsabfall an R_C größer. Die Kollektorspannung U_{CE} fällt ab, wodurch auch der Basisstrom kleiner wird, sich also gegenphasig verändert. Der Transistor „macht daraufhin etwas mehr zu" uund bremst so ganz von selbst den Anstieg des Stromes I_C. Diese I_C-Regelung ist wirksam bei Temperaturdrift, bei einem Austausch des Transistors, aber auch bei einem Signal.
Diese Schaltung läßt sich, analog zu Bild 8.26, auch als *Regelkreis* darstellen. Dabei gibt es Gemeinsamkeiten und Unterschiede zu der in Bild 8.26 dargestellten Stromgegenkopplung:

Regelgröße ist wieder I_C. Meßeinrichtung für den Istwert ist ebenfalls ein Widerstand, hier R_1. Dieser Widerstand R_1 wird hier aber nicht vom Kollektorstrom I_C durchflossen. Eingangsgröße der Meßeinrichtung R_1 ist vielmehr die Spannung am Ausgang des Verstärkers. Deshalb sprechen wir hier auch von einer *Spannungsgegenkopplung*.[1])

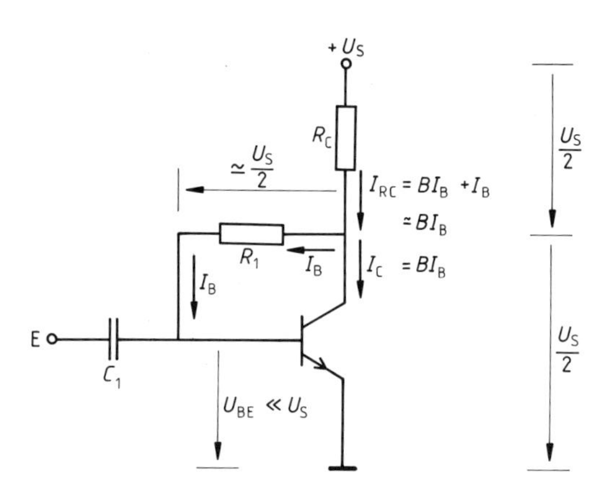

Bild 8.52 Näherungswerte zur Dimensionierung der Schaltung

Diese Spannungsgegenkopplung hat noch den Vorteil, daß die Verstärkung V_0 (praktisch) nicht verkleinert wird. Dies liegt daran, daß R_1 (siehe weiter unten) *immer* sehr groß gegen R_C ist, weshalb der Ausgang (Kollektor) als unbelastet angesehen werden kann. Dies liefert die bekannte Leerlaufverstärkung:

$$V_0 = \frac{\beta}{r_{BE}} \cdot R_C$$

Die Dimensionierung (und damit $R_1 \gg R_C$) leiten wir anhand von Bild 8.52 her:

$$R_C = \frac{U_S/2}{I_{RC}} \simeq \frac{U_S/2}{B \cdot I_B}$$

Mit der Näherung $U_{BE} \simeq 0$ ist auch $U_{R1} \simeq U_S/2$. Damit wird

$$R_1 = \frac{U_{R1}}{I_B} \simeq \frac{U_S/2}{I_B}.$$

Nun dividieren wir R_1 durch R_C und erhalten:

$$\frac{R_1}{R_C} \simeq B.$$

Folglich gilt:

$$R_1 \simeq B \cdot R_C$$

Also $R_1 \gg R_C$, wie oben behauptet.

---

[1]) Da die Meßeinrichtung R_1 die Meßgröße Spannung in den Strom I_{R1} umwandelt, heißt es genauer: Spannungs-Strom-Gegenkopplung. Regeldifferenz ist hier $I_B = I_e - I_{R1}$. Für die Stabilisierung des Arbeitspunktes ist wegen C_1 der Eingangsgleichstrom $I_e = 0 = \text{const}$. Entsprechendes ($i_e = \text{const}$) gilt für den Signalstrom nur bei einer hochohmigen Quelle (Stromansteuerung); d.h. nur bei einer hochohmigen Quelle liegt tatsächlich eine Signalgegenkopplung vor.

Durch die Spannungsgegenkopplung ist zwar V_0 konstant, dafür sinkt aber der **Eingangswiderstand r_e** des Systems ab und zwar auf den **halben Eingangswiderstand r_{BE}** des Transistors.
Der Grund: Die Quelle muß hier den Eingangsstrom $i_e = i_{R1} + i_B$ liefern (Bild 8.53). Wie wir gleich beweisen, ist hier i_{R1} so groß wie i_B. Unter dieser Voraussetzung folgt sofort:

$$r_e = \frac{u_e}{i_e} = \frac{u_e}{i_B + i_{R1}} = \frac{u_e}{2 i_B}$$

Also: $$r_e = \frac{1}{2} \cdot r_{BE}$$ [1]

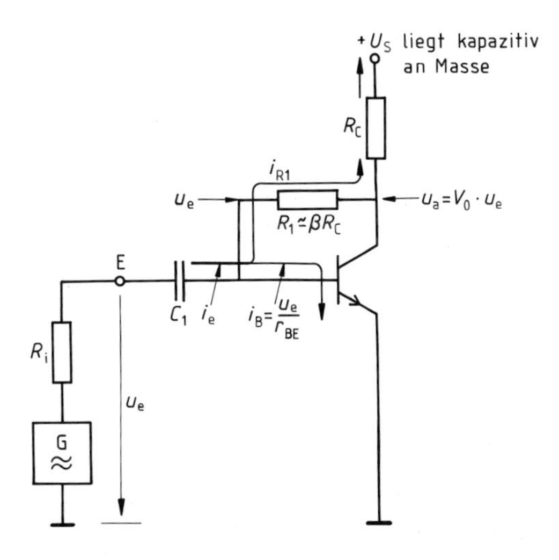

Bild 8.53 Der Eingangsstrom i_e der Signalquelle teilt sich in zwei fast gleiche Anteile auf.

Bliebe noch zu zeigen, daß $i_{R1} \simeq i_B$ ist. Wir betrachten dazu Bild 8.53. Die Spannung an R_1 ergibt sich aus

$$u_{R1} = u_a - u_e = V_0 \cdot u_e - u_e .$$

Wegen $V_0 \cdot u_e \gg u_e$ ist:

$$u_{R1} \simeq V_0 \cdot u_e$$

Zusammen mit $R_1 \simeq \beta \cdot R_C$ liefert dies i_{R1}.

$$i_{R1} = \frac{u_{R1}}{R_1} \simeq \frac{V_0 \cdot u_e}{\beta \cdot R_C}$$

Mit $V_0 = \frac{\beta}{r_{BE}} \cdot R_C$ folgt:

$$i_{R1} \simeq \frac{u_e}{r_{BE}} = i_B ,$$ was wir beweisen wollten.

[1] Wenn der hochohmige Basisvorwiderstand (wie gewohnt) direkt an $+U_S$ läge, wäre $r_e = (r_{BE} \| R_1) \simeq r_{BE}$ und *nicht* $r_e = 1/2 \cdot r_{BE}$.

Zum Schluß zeigt Bild 8.54 noch einen naheliegenden Vergleich.

gleich sind:

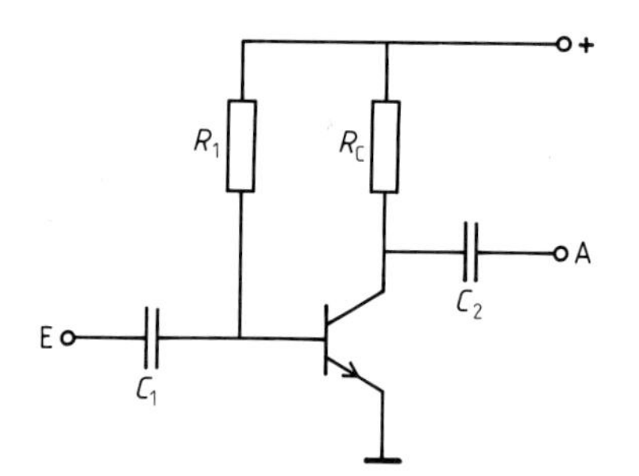

V_0
R_C
C_2
r_a

verschieden sind:

$r_e \simeq r_{BE}$	$r_e \simeq 1/2 \cdot r_{BE}$
$R_1 \simeq 2 \cdot B \cdot R_C$	$R_1 \simeq B \cdot R_C$
$C_1 \geq 10/(2\pi \cdot f_u \cdot r_e)$	$C_1 \geq 10/(2\pi \cdot f_u \cdot r_e)$
keine Gegenkopplung	Vorteile einer Gegenkopplung

Bild 8.54 Vergleich zweier Verstärkerschaltungen mit bzw. ohne Spannungsgegenkopplung

Aufgaben

Basisspannungsteiler

1. **a)** Wie sind für einen Basisspannungsteiler die Begriffe niederohmig bzw. hochohmig definiert?
   b) Der Gleichstromwiderstand einer BE-Strecke ändere sich. Welche Größe bleibt (annähernd) bei einem niederohmigen, welche bei einem hochohmigen Teiler konstant?
   c) 1. Gegeben sei ein Teiler mit den Daten von Bild 8.15, a).
   Wie groß ist der Widerstand ($R_2 \| R_{BE}$)? (*Lösung:* 1,818 kΩ)
   Wie groß ist der Gesamtwiderstand des Teilers? (*Lösung:* 31,168 kΩ)
   Wie groß ist der Gesamtstrom I_{R1}? (*Lösung:* 385 µA)
   Wie groß ist damit der Spannungsabfall an ($R_2 \| R_{BE}$)? (*Lösung:* 0,700 V)
   Wie groß ist der Strom durch R_{BE}? (*Lösung:* 35 µA)
   2. Gehen Sie nun genauso für Bild 8.15, b vor, und prüfen Sie die dort gemachten Angaben für $R'_{BE} = 18$ kΩ.
   3. Für Bild 8.17 kann genauso wie oben in c, 1 verfahren werden.
   d) 1. Die Basisvorspannung werde nach Bild 8.18 allein durch einen hochohmigen Vorwiderstand R_1 erzeugt, dessen Strom I_{R1} auch den Basisstrom I_B darstellt. Wegen der Basisvorspannung U_{BE} läßt sich die BE-Strecke ersatzweise durch den Gleichstromwiderstand R_{BE} darstellen. Ein Beispiel dazu zeigt Bild 8.20, a.
   - Wie groß ist dort der Gesamtwiderstand? (*Lösung:* 342,9 Ω)
   - Welcher Strom fließt? (*Lösung:* 35 µA)
   - Welche Spannung fällt somit an R_{BE} ab? (*Lösung:* 0,700 V)

   2. Gehen Sie nun für Bild 8.20, b genauso vor, und prüfen Sie die dort gemachten Angaben für $R'_{BE} = 18$ kΩ.

Dimensionierung und Spannungsverstärkung

2. Ein Transistor ist in der skizzierten Schaltung eingebaut. Es fließt ein Basisstrom $I_B = 10\ \mu A$ bei $U_{BE} = 0{,}7$ V. Die Stromverstärkung B beträgt $B = 200$.

a) Wie groß ist die Ausgangsspannung U_a? (*Lösung:* 7 V)

b) Es sei $R_2 = \infty$. Wie groß ist R_1 zu wählen? (*Lösung:* $\simeq 1{,}1$ MΩ)

c) Es sei R_2 endlich. Für I_{R2} gelte $I_{R2} \simeq 2 \cdot I_B$. Berechnen Sie R_1 und R_2. (*Lösung:* 377 kΩ, 35 kΩ)

d) Hier ist in die Kennlinie der BE-Diode der obige Arbeitspunkt eingetragen. Die Spannung an der Basis schwanke um ± 25 mV.

1. Um wieviel μA schwankt der Basisstrom? (*Lösung:* $\pm 7\ \mu A$)
2. Um wieviel mA schwankt der Kollektorstrom? (*Lösung:* $\pm 1{,}4$ mA)
3. Um wieviel V schwankt die Ausgangsspannung? (*Lösung:* $\pm 3{,}5$ V)
4. Wieviel mal größer sind die Schwankungen am Kollektor im Vergleich zur Basis; d. h. wie groß ist die Spannungsverstärkung? (*Lösung:* 140)

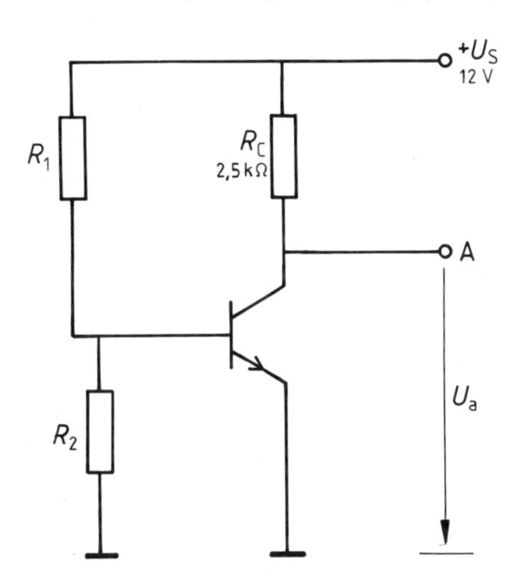

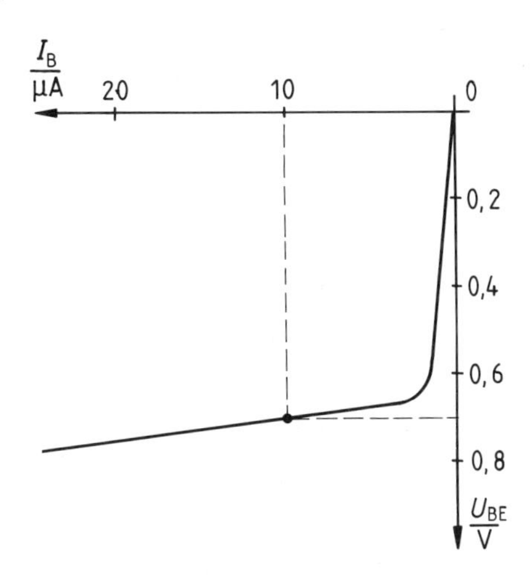

Übersteuerung / Verzerrungen des Signals

3. a) Zeichnen Sie die gegebene Eingangskennlinie, ergänzt durch eine Stromsteuerkennlinie mit $\beta \simeq B = 200$ ab. Der Arbeitspunkt sei durch U_{BE} mit (I) 0,725 V bzw. (II) 0,65 V festgelegt. Dieser Ruhespannung werde jeweils eine Wechselspannung mit $U_{SS} = 100$ mV überlagert.
Ermitteln Sie zeichnerisch dazu den Kollektorstromverlauf für den Fall (I) und (II).

b) Im Arbeitspunkt $U_{BE} = 0{,}725$ V werde stattdessen eine Wechselspannung von $U'_{SS} = 200$ mV überlagert. Ermitteln Sie wieder den Kollektorstromverlauf.

c) Formulieren Sie Ihre Erkenntnisse aus a und b. Durch welche Maßnahme ließen sich auch die 200 mV verzerrungsfrei verarbeiten?

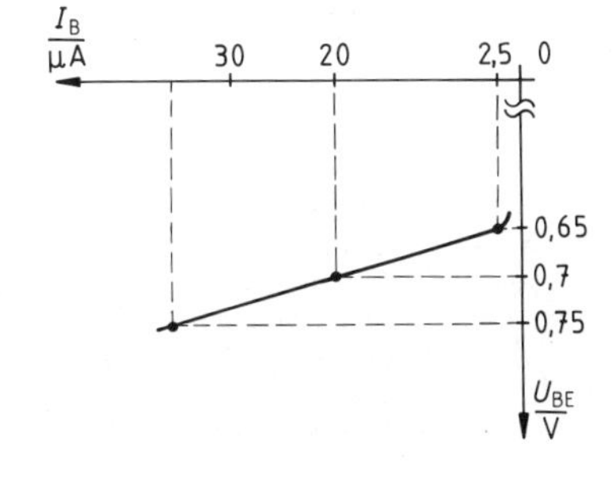

4. Dieser Aufgabe liege eine einfache Verstärkerschaltung (ohne Gegenkopplung) zugrunde (z. B. Bild 8.8). Der Arbeitspunkt eines Transistors ist eingangsseitig durch $U_{BE} = 0{,}75$ V und $I_B = 50\ \mu A$ festgelegt. Der differentielle Eingangswiderstand $r_{BE} = h_{11} = 1$ kΩ und die Stromverstärkung $B \simeq \beta = h_{21} = 100$ sind anhand von Kennlinien bestimmt worden.

a) 1. Zeichnen Sie geradlinig *schematisiert* die vorliegenden Kennlinien.
2. Welcher Kollektorruhestrom I_C fließt? Welche maximale Eingangsspannung ist hier zulässig (Abschätzung aufgrund der Kennlinien)? (*Lösung:* 5 mA; ± 50 mV)

b) Bei $U_S = 9{,}1$ V arbeite der Transistor in einem Verstärker mit $R_C = 910\ \Omega$ und in einem anderen mit $R_C = 1{,}5$ kΩ.
Zeichnen Sie die zwei Arbeitsgeraden zu obigen Kennlinien hinzu, und ermitteln Sie jeweils die maximale Ein- und Ausgangsspannung für linearen Betrieb sowie die Leerlaufverstärkung V_0 aus den Kennlinien (ohne Berücksichtigung der Kniespannung, *evtl.* mit Berücksichtigung).

Basisvorspannung durch Vorwiderstand

5. Wenn der Arbeitspunkt nur durch einen hochohmigen Vorwiderstand R_1 eingestellt wird, so gilt für R_1 näherungsweise:

$$R_1 \simeq 2 \cdot B \cdot R_C$$

Dies soll mit Hilfe nebenstehender Skizze gezeigt werden.
Begründen Sie die Angaben $U_{RC} = U_S/2$ sowie $U_{R1} \simeq U_S$.
Zeigen Sie $U_S = 2 \cdot I_C \cdot R_C$.
Berechnen Sie daraus $R_1 \simeq U_S/I_B$, verwenden Sie $B = I_C/I_B$, und bestätigen Sie damit $R_1 \simeq 2 \cdot B \cdot R_C$.

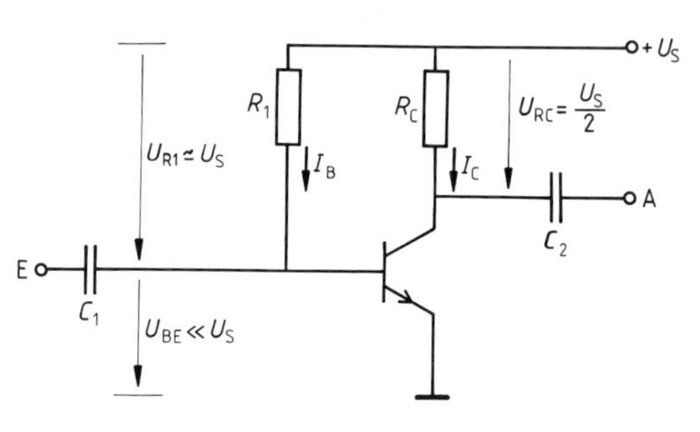

6. a) In der skizzierten Schaltung ist die Basisspannungserzeugung durch einen hochohmigen Vorwiderstand etwas abgewandelt worden. Dadurch stabilisiert sich der Kollektorstrom von selbst. Beschreiben Sie diese Regelung, z. B. für den Fall, daß I_C temperaturbedingt ansteigt. (*Hilfen* in Kapitel 8.12.6)
   b) Zeigen Sie, daß auch eine Signalgegenkopplung vorliegt.
   c) Zeigen Sie für das $U_S/2$-Prinzip die Näherungsformel für R_1:

$$R_1 \simeq B \cdot R_C$$

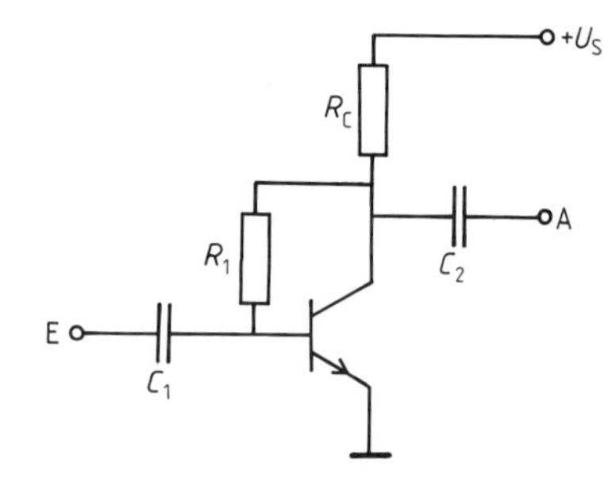

Allgemeine Betrachtungen zu Verstärkerstufen

7. a) Stellen Sie tabellarisch die Vor- und Nachteile folgender Schaltungen zusammen:
   1. Verstärker ohne Stromgegenkopplung durch R_E:
      Die Basisvorspannungserzeugung geschieht
      - durch einen hochohmigen Vorwiderstand bzw. Teiler
      - durch einen niederohmigen Spannungsteiler.
   2. Verstärker mit R_E, Parallelkondensator C_E und niederohmigem Teiler.
   3. Verstärker mit Signal-(Strom-)Gegenkopplung durch R_E.

   b) 1. Nennen Sie zwei Gründe, weshalb der Arbeitspunkt bei $U_S/2$ liegen soll.
   2. Zeigen Sie, daß R_C immer der Nebenbedingung $R_C \geq (1/4\, U_S^2/P_{tot})$ genügen muß, damit ein Transistor mit der zulässigen Verlustleistung P_{tot} nicht überlastet wird. (*Hilfe* in Kapitel 8.7.1)

8. a) 1. Erläutern Sie die Arbeitspunktstabilisierung durch R_E anhand des Schaltbildes, und begründen Sie die Dimensionierungsregeln
   $U_{RE} = 0{,}1 \ldots 0{,}2\, U_S$, $I_{R2} = 5 \ldots 10\, I_B$, $U_{RC} = 0{,}5\, U'_S$; was bedeutet U'_S?
   2. Stellen Sie die Stromgegenkopplung als Regelkreis dar, und erläutern Sie die dabei verwendeten Begriffe sowie den Regelvorgang selbst. (*Hilfe:* Bild 8.26)

   b) 1. Zeigen Sie, daß aus $U_{RE} = 10\% \cdot U_S$ bei maximaler symmetrischer Aussteuerbarkeit
   $$k \simeq R_E/R_C = 1/5$$
   folgt. (*Hilfe:* Kapitel 8.8.3 sowie $U_{RC} = 50\% \cdot U'_S$ und $U'_S = 90\% \cdot U_S$, es folgt $k = 1/4{,}5$).
   2. Zeigen Sie, daß sich für $U_{RE} = 20\% \cdot U_S$ als Verhältnis $k = 1/2$ ergibt.

Phasenlage der Signale

9. In der gezeichneten Schaltung gelte $R_C = R_E = 1\ \text{k}\Omega$. Ein Eingangssignal erzeugt einen ausgangsseitigen Wechselstromanteil $i_C \simeq i_E$ mit einem Spitzenwert von 2 mA.
   a) Zeichnen Sie die Signale u_e, u_{a1}, u_{a2}. Vergleichen Sie diese hinsichtlich Phasenlage und Betrag.
   b)* 1. Zeigen Sie, daß eine stark gegengekoppelte Schaltung vorliegt, und berechnen Sie Gegenkopplungsfaktor k und die Systemverstärkung V'_0. Überlegen Sie, für welchen Ausgang V'_0 hier gilt. (*Hilfen* in Kapitel 8.12.2)
   2. Nun sei $R_C = 0$. Welches Signal stellt sich an A_2 ein?

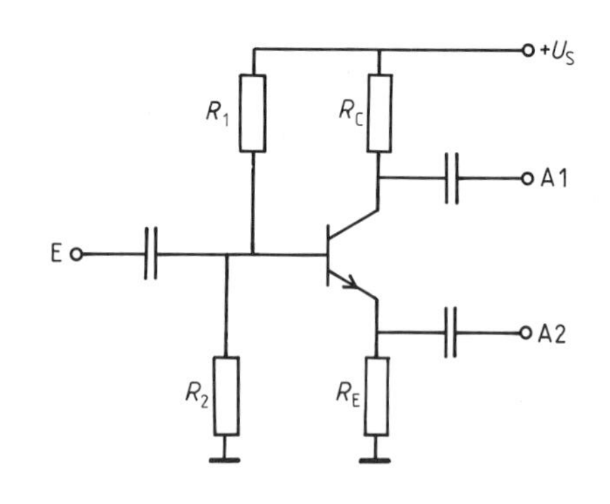

Ein- und Ausgangswiderstand

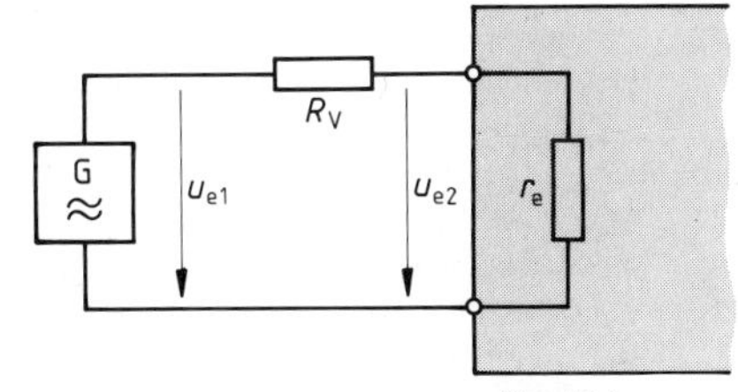

10. a) Vor einen Verstärkereingang wird zur Bestimmung des Eingangswiderstandes ein Vorwiderstand von $R_V = 500\ \Omega$ laut Skizze eingefügt.
Gemessen wird $u_{e2} = 10$ mV und $u_{e1} = 15$ mV.
Berechnen Sie den Eingangswiderstand r_e des Verstärkers. (*Lösung:* 1 kΩ)

b) Da so kleine Eingangsspannungen oft nicht gemessen werden können, wird bei einem anderen Verstärker wie folgt vorgegangen:
Bei $R_V = 0$ (Skizze) wird $u_a = 4$ V gemessen. Dann wird R_V solange verändert, bis sich $u'_a = u_a/2$ einstellt. Anschließend wird mit einem Ohmmeter R_V zu $R_V = 480\ \Omega$ bestimmt.
Welchen Eingangswiderstand r_e hat dieser Verstärker? (*Lösung:* 480 Ω)

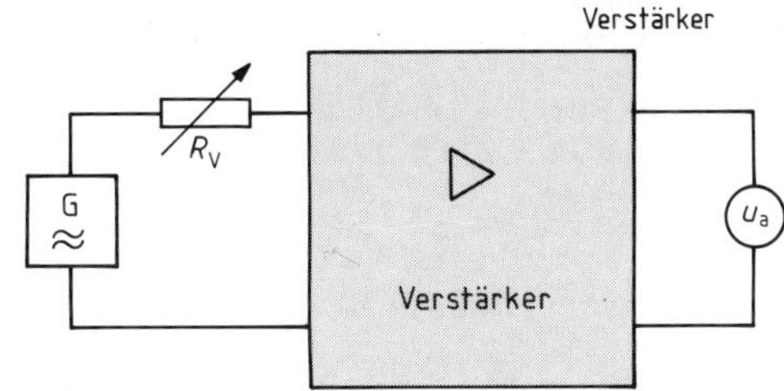

c) Ein Verstärker (ohne Gegenkopplung) hat einen Eingangswiderstand von $r_e = 1$ kΩ.
Die Signalquelle habe eine Leerlaufspannung von 10 mV.
Welche Eingangsspannung erhält der Verstärker, wenn die Quelle einen Innenwiderstand von $R_i = 1$ kΩ bzw. 10 kΩ hat? (*Lösung:* 5 mV bzw. 0,9 mV)

d) Welchen Nachteil, aber auch welchen Vorteil, hat die Quelle mit $R_i = 10$ kΩ? (*Hilfe:* Kapitel 8.12)

11. a) Bei einem Verstärker wird die Ausgangsspannung im Leerlauf zu $u_{a0} = 2$ V bestimmt.
Anschließend wird der Verstärker mit $R_L = 3$ kΩ belastet. Die Ausgangsspannung fällt dabei um 25% ab.
Welchen Ausgangswiderstand r_a hat der Verstärker? (*Lösung:* 1 kΩ)

b) Erklären Sie für eine Transistorstufe den Rückgang der Ausgangsspannung unter Last auf zwei Arten. (*Hilfen:* die Bilder 8.40 und 8.41.)

c) Ein Transistorverstärker (ohne Signalgegenkopplung) liefert im Leerlauf $u_{a0} = 5$ V. Es sei $R_C = 1$ kΩ.

1. Welcher Kollektorwechselstrom i_C fließt? (*Lösung:* 5 mA)
2. Der Verstärker wird mit $R_L = 3$ kΩ belastet.
   Welcher Kollektorwechselstrom fließt jetzt? (*Lösung:* 5 mA)
3. Welche Ausgangsspannung stellt sich ein? (*Lösung:* 3,75 V)
4. Welcher Laststrom fließt? (*Lösung:* 1,25 mA)
5. Zeigen Sie, daß auch hier $r_a = \Delta u_a / \Delta i_a = R_C$ gilt. (*Hilfe:* Kapitel 8.9.2)

d) Für die Berechnung des Ausgangswiderstandes r_a eines Verstärkers gilt:

$$r_a = \frac{\Delta u_a}{\Delta i_a} = \frac{u_{a0} - u_a}{i_{RL}} = \frac{u_{a0} - u_a}{u_a / R_L}$$

mit $u_{a0} = i_C R_C$ und $u_a = i_C \cdot (R_C \| R_L)$.
Erläutern Sie, wie diese Formeln zustande kommen. Setzen Sie dann u_{a0} und u_a in die Gleichung für r_a ein. Lassen Sie den Ausdruck $(R_C \| R_L)$ bis zum Schluß stehen. Setzen Sie dann $(R_C \| R_L) = R_C \cdot R_L / (R_C + R_L)$, und zeigen Sie schließlich allgemein, daß $r_a = R_C$ gilt.

Leistungsanpassung

12. Zeigen Sie, daß ein Verstärker (bzw. irgendeine Quelle) gerade dann die *maximale Leistung* an eine veränderliche Last R_L abgibt, wenn $R_L = r_a$ gilt.

Hilfen: Ersatzschaltbild mit r_a zeichnen. Zeigen Sie $u_a / u_{a0} = R_L / (R_L + r_a)$. Nun ist $P_{RL} = u_a^2 / R_L$. Darin wird u_a eingesetzt, dies liefert eine Funktion, die von R_L abhängt. Ihr Maximum erhält man durch Differenzieren oder aus einer Zeichnung (setzen Sie dazu $R_L = 0$, $R_L = 0{,}5 \cdot r_a$, $R_L = r_a$, $R_L = 1{,}5 \cdot r_a$ und $R_L = 2 \cdot r_a$).

dB-Skala

13. Die Empfindlichkeitskurve des Ohres verläuft logarithmisch. Diesem subjektivem Empfinden ist die Verstärkungsangabe in dB ($\hat{=}$ Phon) angepaßt. Wir erhalten aus der „normalen" Spannungsverstärkung V die Angabe von V in dB ($\hat{=} V_{dB}$) aus der Formel:

$$V_{dB} = 20 \cdot \lg V$$

► V_{dB} wird fast immer in Datenbüchern und Prospekten angegeben.

a) Welche Verstärkungen in dB gehören zu den Faktoren $V = 1/2/10/20/100/1\,000\ldots$?
(*Lösung:* 0/6/20/26/40/60 ...)

b) Welche „normalen" Verstärkungsfaktoren gehören zu einem Lautstärkeunterschied von 1...2 dB (gerade noch wahrnehmbar), von 10 dB und von 100 dB?
(*Lösung:* 1,1...1,3/3,2/100000)

c) Doppelte Lautstärke empfinden wir beim doppelten dB-Wert. Zeiten Sie, daß dazu der Verstärkungsfaktor von V auf V^2 wachsen muß!
(*Hilfe:* $\lg V^2 = 2 \cdot \lg V$)

Verstärkerdimensionierung

Verstärker ohne Signalgegenkopplung

14. In die folgenden Schaltungen werde die Kniespannung der Transistoren vernachlässigt. Gemeinsame Daten für alle Schaltungen sind:
$U_S = 9$ V; $U_{BE} = 0{,}7$ V; $I_C = 4$ mA; $\beta \simeq B = 200$; $r_{BE} = 1{,}5$ kΩ

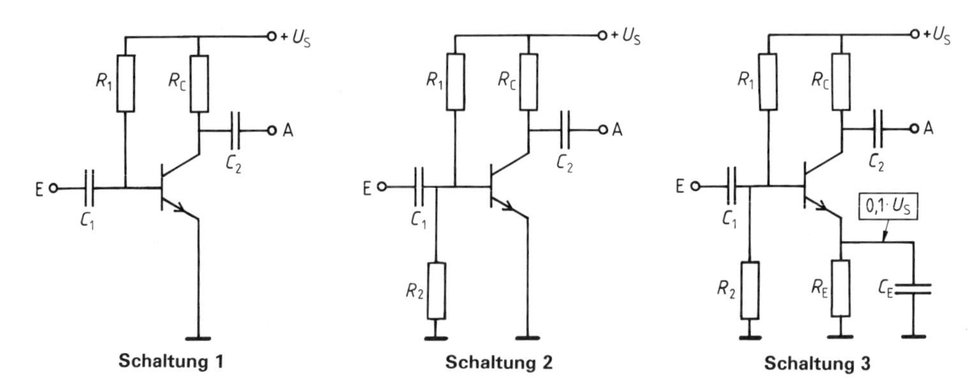

a) 1. Berechnen Sie für die Schaltung 1 alle Widerstände.
2. Berechnen Sie anhand der Wechselstromersatzschaltbilder Eingangswiderstand r_e und Ausgangswiderstand r_a.
3. Berechnen Sie die Leerlaufverstärkung V_0 und die maximale Eingangsspannung (Spitzen-Spitzen-Wert) für Vollaussteuerung.
4. Um wieviel Prozent sinkt die Ausgangsspannung ab, wenn der Verstärker mit $R_L = 2$ kΩ belastet wird?
(*Lösung:* $R_C = 1{,}1$ kΩ; $R_1 = 415$ kΩ; $r_e = 1{,}5$ kΩ; $r_a = 1{,}1$ kΩ; $V_0 = 147$; $u_e = 60$ mV; 35%)

b) Wie a, jedoch für Schaltung 2. Querstromverhältnis: $q = 1$.
(*Lösung:* $R_1 = 208$ kΩ; $R_2 = 35$ kΩ; $r_e = 1{,}4$ kΩ; sonst wie a)

c) Wie a, jedoch für Schaltung 3. Querstromverhältnis: $q = 10$.
(*Lösung:* $R_E = 225\,\Omega$; $R_C = 1$ kΩ; $R_2 = 8$ kΩ; $R_1 = 33{,}6$ kΩ; $r_e = 1{,}2$ kΩ; $r_a = 1$ kΩ; $V_0 = 133$; $u_e = 60$ mV; 33%)

d) Begründen Sie für Schaltung 2 bzw. 3 die Wahl des Querstromverhältnisses $q = 1$ bzw. $q = 10$. (*Hilfe:* Kapitel 8.6.2 in Verbindung mit Kapitel 8.8.1 und dem Schluß von Kapitel 8.9.1)

e) Berechnen Sie die Kondensatoren für $f_u = 30$ Hz, und tragen Sie auch diese Werte in die Schaltbilder ein.

f) Erstellen Sie für den Fall maximaler Aussteuerung und linearer Verstärkung bei sinusförmigem Eingangssignal u_e zu den Schaltungen 2 und 3 die Oszillogramme für

u_e, u_{BE}, u_{R2}, u_{CE}, (u_{RE}) und u_a

(*Hilfen:* Die Bilder 8.8, 8.11 und 8.32, beginnen Sie mit u_a.)

g) Wie a...c, jedoch unter Berücksichtigung der Kniespannung durch $U_{CEmin} = 1{,}5$ V.

15. Ein Verstärker mit (Strom-)Gegenkopplung verstärke sehr unsymmetrisch, z. B. die positiven Halbwellen mit $V_{0P} = 50$ und die negativen mit $V_{0N} = 100$. Der Gegenkopplungsfaktor betrage $k = 1/5$. Am Eingang liege ein sinusförmiges Signal mit dem Scheitelwert von $u_e = 1$ mV.
Berechnen Sie den Scheitelwert der positiven und negativen Halbwelle am Ausgang des Systems. (*Lösung:* Bild 8.49; *Hilfe:* Kapitel 8.12.2, Reihenfolge u_a, $k u_a$, u'_e)

16. Für die skizzierte Schaltung gelte:
$U_S = 9$ V; $U_{BE} = 0{,}7$ V; $I_C = 4$ mA; $\beta \simeq B = 200$; $r_{BE} = 1{,}5$ kΩ; $U_{RE} = 1$ V ($\simeq 11\%\, U_S$); $q = 10$

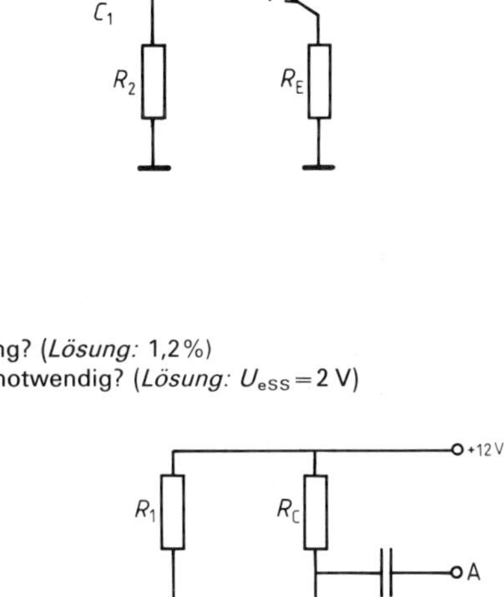

a) 1. Dimensionieren Sie alle Widerstände für maximale symmetrische Aussteuerbarkeit. (*Lösung:* $R_E = 250$ Ω, $R_C = 875$ Ω, $R_2 = 8{,}5$ kΩ, $R_1 = 33$ kΩ, *Hilfe:* Kapitel 8.8.5 b)

a) 2. Geben Sie auch den maximalen Hub der Ausgangsspannung an. (*Lösung:* 7 V)

b) Berechnen Sie Ein- und Ausgangswiderstand. (*Lösung:* 6 kΩ; 29 kΩ)

c) Berechnen Sie C_1, C_2 für $f_u = 30$ Hz.

d) Berechnen Sie den Gegenkopplungsfaktor sowie die Systemverstärkung *exakt*. (*Lösung:* $V'_0 = 3{,}4$)
Läßt sich hier die Näherungsformel $V'_0 \simeq 1/k$ verwenden? (*Lösung:* ja, Abweichung 3%)

e) Bei einer Reparatur wird der Transistor durch einen anderen mit $r_{BE} = 900$ Ω und $\beta = 250$ ersetzt.
Um wieviel Prozent ändert sich die Systemverstärkung? (*Lösung:* 1,2%)

f) Welche Eingangsspannung ist für Vollaussteuerung notwendig? (*Lösung:* $U_{eSS} = 2$ V)

17. Für einen Verstärker laut Skizze sei in jedem Fall die Schleifenverstärkung $k \cdot V_0 \gg 1$. Gewünscht wird *maximale symmetrische Aussteuerbarkeit,* eine Systemverstärkung von $V'_0 = 20$ und eine gute Stabilisierung des Arbeitspunktes mit $k_A = 1/2$.

a) Dimensionieren Sie alle Widerstände nach Vorgabe von $R_C = 1$ kΩ und $B = 200$ (*Hilfe:* Bild 8.48 und zugehöriger Text.)
(*Lösung:* $R_{E1} = 50$ Ω; $R_{E2} = 450$ Ω und für $q = 10$: $R_2 = 13{,}4$ kΩ; $R_1 = 41{,}4$ kΩ)

b) Geben Sie r'_e und r'_a an (*Hilfe:* Kapitel 8.12.5).

c) Berechnen Sie alle Kondensatoren für $f_u = 30$ Hz.

9 Die beiden anderen Grundschaltungen des Transistors

9.1 Basisschaltung des Transistors

Ein Transistor mit seinen drei Anschlüssen wird zum Verstärkervierpol, wenn *ein Anschluß als gemeinsamer Bezugspol* für Ein- und Ausgang des Signals dient. Dies war bisher (in der *Emitterschaltung*) der Emitter. Prinzipiell kann aber jeder Transistoranschluß Bezugspol sein. Dadurch entstehen drei Grundschaltungen, die sich ganz typisch in ihren Kenngrößen wie Ein- und Ausgangswiderstand, Verstärkung, Frequenzgang usw. unterscheiden. Wir betrachten nun die *Basisschaltung* (Basisgrundschaltung), Bild 9.1 zeigt ein entsprechendes Schaltungsbeispiel.

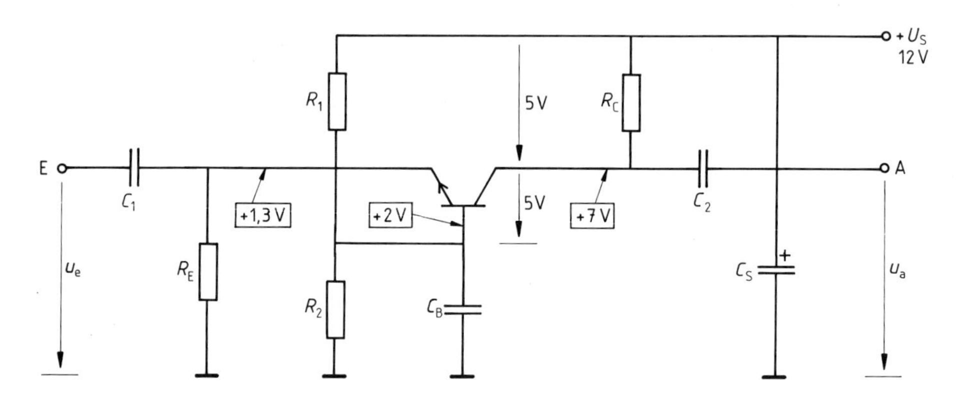

Bild 9.1 Basisschaltung (mit Beispiel für die möglichen Betriebsspannungen)

Auf Anhieb ist hier nicht erkennbar, daß die Basis mit den Signalen u_e und u_a gemeinsam auf Masse liegt. Dies ändert sich jedoch sofort, wenn wir das Wechselstromersatzschaltbild zu Bild 9.1 zeichnen. Für den Fall, daß alle Kondensatoren und insbesondere C_B kapazitive Kurzschlüsse darstellen, ergibt sich nämlich Bild 9.2.

Das heißt:

> Ob eine **Basis-(grund-)schaltung** vorliegt, erkennen wir im Wechselstromersatzschaltbild.

Wir betrachten noch einmal Bild 9.1. Gleichstrommäßig muß die Basis (bei einem NPN-Transistor) positiver als Emitter sein, damit die Emitterdiode in Durchlaßrichtung betrieben wird. Dies ist mit den in Bild 9.1 eingetragenen Spannungswerten auch der Fall.

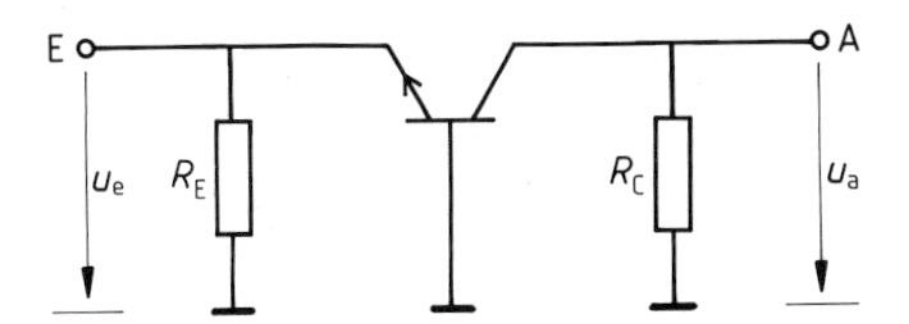

Bild 9.2 Wechselstromersatzschaltbild zur Schaltung aus Bild 9.1

Wir erkennen in Bild 9.1 ferner, daß die Schaltung einen Emitterwiderstand R_E, d.h. die bekannte *Stromgegenkopplung* enthält, und daß an R_C die halbe *effektive* Speisespannung U_S' (hier 5 V) abfällt.[1]) Die Dimensionierungsregeln[2]) der gegengekoppelten Emitterschaltung können somit sinngemäß übernommen werden.

9.1.1 Der Eingangswiderstand r_e eines Verstärkers in Basisschaltung

In der Basisschaltung ist der Emitter die Eingangsklemme für das Signal. Deshalb bezeichnen wir den Eingangswiderstand des Transistors hier mit r_{EB} (Eingangswiderstand am Emitteranschluß gemessen). Der Eingangswiderstand r_{EB} der Basisschaltung ist sehr klein. Dies begründen wir so:

Über den Emitteranschluß fließt prinzipiell der größte Strom des Transistors. Den Eingangswiderstand der Emitter-Basisstrecke berechnen wir wegen $i_E \simeq i_C$ aus

$$r_{EB} = \frac{u_e}{i_e} = \frac{u_e}{i_E} \simeq \frac{u_e}{i_C} = \frac{u_e}{\beta i_B} \overset{(!)}{=} \frac{r_{BE}}{\beta},$$

denn u_e/i_B ist der übliche, am Basisschluß gemessene Eingangswiderstand r_{BE} des Transistors (in Emitterschaltung). r_{EB} ist damit um den Faktor β kleiner als r_{BE}.

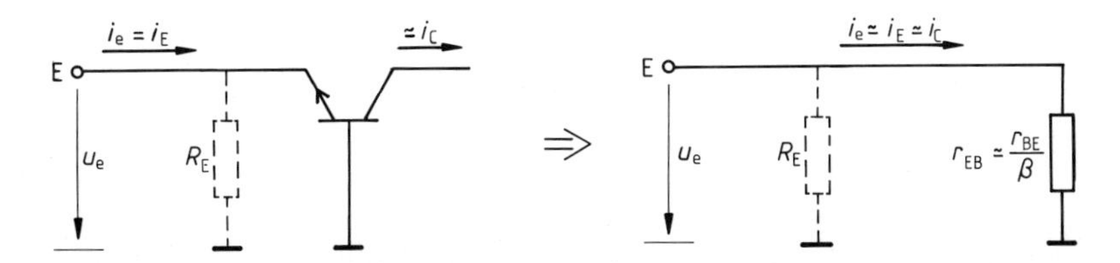

Bild 9.3 Wechselstromeingangswiderstand der Emitter-Basisstrecke

Beispiel: Bei $r_{BE} = 1\,\text{k}\Omega$ und $\beta = 100$ hat ein Transistor in Basisschaltung nur noch einen Eingangswiderstand von $10\,\Omega$.

Der Eingangswiderstand r_e der ganzen Stufe ergibt sich nach Bild 9.3 aus:

$$r_e = \left(\frac{r_{BE}}{\beta} \middle\| R_E\right) \simeq \frac{r_{BE}}{\beta}$$

Die letzte Vereinfachung gilt für beinahe alle praktischen Fälle, da der Emitterwiderstand R_E (mit z.B. $100\,\Omega$) meist sehr viel größer als r_{BE}/β (mit z.B. $10\,\Omega$) ist.

[1]) Hier ist $U_S' = U_S - U_{B\perp} = U_S - U_{R2}$, wegen C_B bleibt hier U_{R2} — bezüglich des Signals — konstant.
[2]) Siehe z.B. Formelblatt 8.11.

Wir erhalten:

Der **Eingangswiderstand r_e eines Verstärkers in Basisschaltung** errechnet sich aus:

$$r_e \simeq \frac{r_{BE}}{\beta}$$

Typischer Wert: $r_e = 10\,\Omega$

Zusammen mit der Abschätzformel für r_{BE} aus Kapitel 8.11.1 gilt für Zimmertemperatur:

$$r_e \simeq \frac{25\text{ mV}}{I_C}$$

Dieser typisch kleine Eingangswiderstand der Basisschaltung engt ihr Anwendungsgebiet stark ein (siehe Kapitel 9.1.4).

9.1.2 Der Ausgangswiderstand r_a eines Verstärkers in Basisschaltung

Genau wie bei der Emitterschaltung teilt sich der Ausgangsstrom i_C bei Anschluß des Lastwiderstandes R_L in zwei Ströme auf, so daß die Ausgangsspannung vom Leerlaufwert $u_{a0} = i_C \cdot R_C$ auf $u_a = i_C \cdot (R_C \| R_L)$ abfällt (Bild 9.4, a).

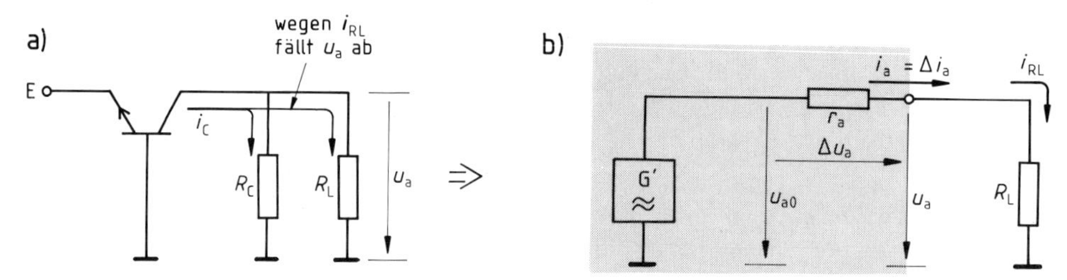

Bild 9.4 Ausgangswiderstand des Verstärkers in Basisschaltung: $r_a = R_C$, siehe Text.

Wie bei der Emitterschaltung (in Kapitel 8.9.2) erklären wir diesen Spannungsabfall modellhaft durch einen Ausgangswiderstand r_a und erhalten, aufgrund der völlig gleichen Ausgangssituation, dasselbe Ergebnis: $r_a = R_C$.[1])

Bei einem Verstärker in Basisschaltung gilt für den **Ausgangswiderstand** r_a dasselbe wie in Emitterschaltung:

$$r_a = R_C$$

[1]) Während wir in Kapitel 8.9.2 r_{CE} wegen $r_{CE} \ll R_C$ vernachlässigt haben, vernachlässigen wir hier entsprechend r_{CB}.

9.1.3 Die Spannungsverstärkung bei Basisschaltung

Diese ist besonders leicht zu berechnen. Da der Eingangsstrom i_E und der Ausgangsstrom i_C praktisch gleich groß sind, erhalten wir aus Bild 9.5 im Leerlauf:

$$V_0 = \frac{u_a}{u_e} \simeq \frac{i_E \cdot R_C}{i_E \cdot r_e} \qquad \text{Also:} \quad \boxed{V_0 = \frac{R_C}{r_e}}$$

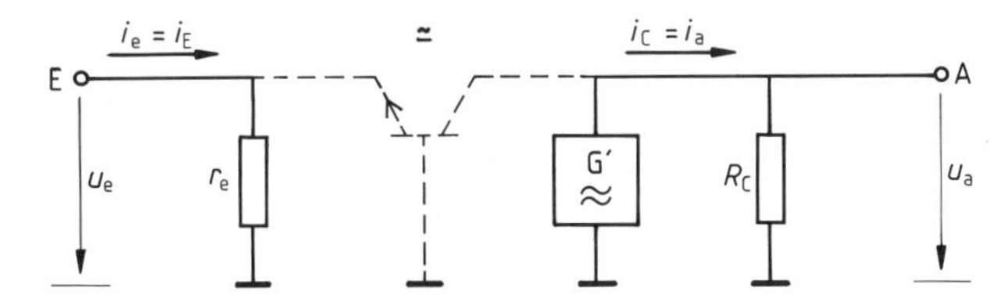

Bild 9.5 Zur Berechnung der Spannungsverstärkung

Mit $r_e \simeq r_{BE}/\beta \simeq 25\,\text{mV}/I_C$ (aus Kapitel 9.1.1) erhalten wir:

$$V_0 \simeq \beta \cdot \frac{R_C}{r_{BE}} \simeq \frac{R_C \cdot I_C}{25\,\text{mV}}$$

Da an R_C näherungsweise $U_S/2$ abfällt (Bild 9.1), wird daraus die Abschätzformel:

$$V_0 \simeq \frac{U_S/2}{25\,\text{mV}} = \frac{U_S}{50\,\text{mV}}$$

Dieselbe Formel erhielten wir auch bei der Emitterschaltung (siehe Kapitel 8.11.2).
Anhand von Bild 9.1 überlegen wir auch die *Phasenbeziehung zwischen Ein- und Ausgangssignal.*
Die *negative Halbwelle* von u_e erzeugt hier mehr Emitterstrom und somit mehr Kollektorstrom ($i_E \simeq i_C$). Dadurch wird der Spannungsabfall am Kollektorwiderstand R_C größer, die Spannung am Kollektor jedoch kleiner. Der Kondensator C_2 überträgt diese Änderung als negative Halbwelle von u_a. Entsprechende Überlegungen für die positive Halbwelle von u_e lassen erkennen:

▶ u_a und u_e sind in Phase.

Wir erhalten somit:

> Beim **Verstärker in Basisschaltung** sind Ein- und Ausgangsstrom praktisch gleich (Stromverstärkung $\simeq 1$).
> Ein- und Ausgangs*spannung* u_e und u_a sind in Phase. (Dies ist anders als bei der Emitterschaltung.)
> Die (Spannungs-)Leerlaufverstärkung $V_0 = u_a/u_e$ hat etwa den Wert wie bei der Emitterschaltung.
>
> $$V_0 \simeq \frac{\beta}{r_{BE}} \cdot R_C \simeq \frac{U_S}{50\,\text{mV}}$$

9.1.4 Anwendungsgebiete des Verstärkers in Basisschaltung

Wegen des geringen Eingangswiderstandes der Basisschaltung kommen nur Quellen mit kleinem Innenwiderstand in Frage. Dazu zählen Mikrofone[1]) oder *LC*-Schwingkreise, bei denen sich durch eine Anzapfung der Spule ein kleiner Anpassungs- bzw. Ausgangswiderstand ergibt (Bild 9.6).

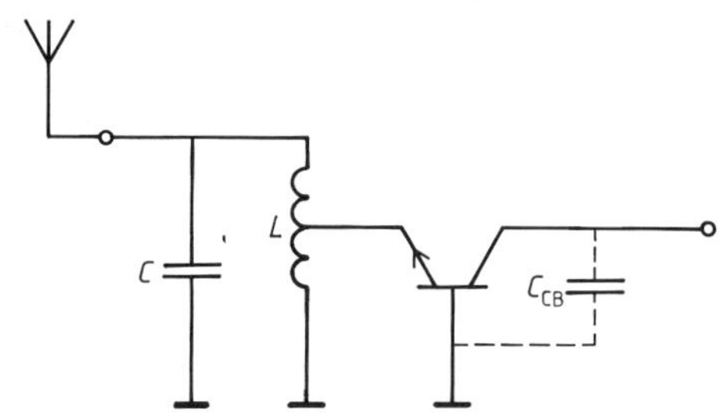

Bild 9.6 Ankopplung von Schwingkreisen an die Basisschaltung (Prinzip)

Die Schaltung aus Bild 9.6 wird gern bei HF-Schaltungen eingesetzt, weil der Transistor in der Basisschaltung eine besonders hohe Grenzfrequenz hat. Der Grund: Die Sperrschichtkapazität C_{CB} der Kollektordiode liegt hier nur zum Ausgangskreis parallel und verkoppelt diesen nicht mit dem Eingangskreis (siehe Bild 9.6). Bei der Emitterschaltung wäre das der Fall, da über C_{CB} das Ausgangssignal an die dort steuernde Basis zurück gelangen würde.

9.2 Kollektorschaltung des Transistors

Bild 9.7 zeigt einen Wechselspannungsverstärker mit dem Transistor in Kollektorschaltung. Auch hier zeigt erst das Wechselstromersatzschaltbild, daß der Kollektor wechselstrommäßig mit der Ein- und Ausgangsspannung einen Anschluß (Masse) gemeinsam hat (Bild 9.8, a und b).

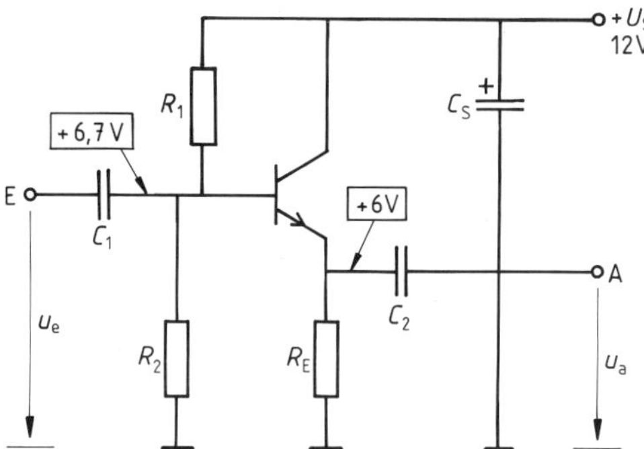

Bild 9.7 Kollektorschaltung (mit Beispiel für einige Betriebswerte)

Die Ausgangsspannung wird bei der Kollektorschaltung am Emitterwiderstand R_E entnommen. Dieser bewirkt eine (Strom-)Gegenkopplung für den Arbeitspunkt und das Signal.[2]) Dadurch werden Verzerrungen gering gehalten[3]) und der Eingangswiderstand heraufgesetzt.

[1]) Insbesondere auch Lautsprecher, die, z. B. in Wechselsprechanlagen, auch als Mikrofone arbeiten
[2]) Siehe dazu auch Kapitel 8.8.1 und Kapitel 8.12.1
[3]) Siehe speziell Kapitel 8.12.4

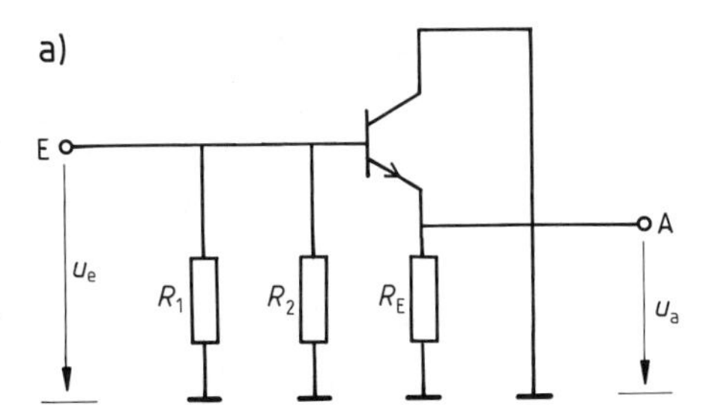

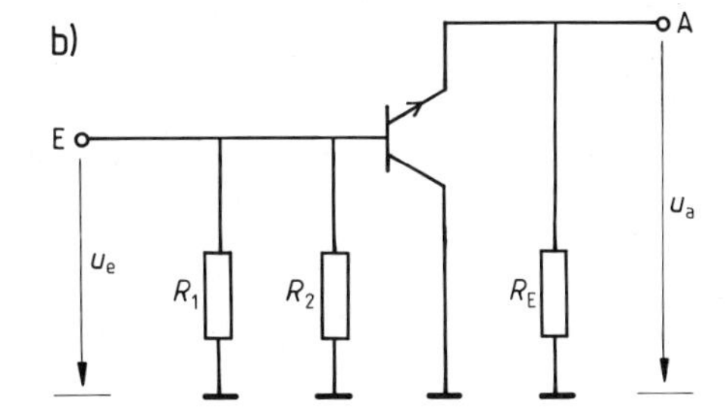

Bild 9.8 Wechselstromersatzschaltbilder zu Bild 9.7

9.2.1 Der Eingangswiderstand r_e eines Verstärkers in Kollektorschaltung

Wir betrachten zunächst nur den Transistor mit dem Gegenkopplungswiderstand R_E (R_E soll gegebenenfalls die parallele Last R_L enthalten). Den Spannungsteiler lassen wir weg (Bild 9.9).
Wir bezeichnen den gesuchten Eingangswiderstand des Transistors bei vorhandener Signalgegenkopplung mit r'_{BE}. (Genau wie in Kapitel 8.12.5, wo ebenfalls eine Gegenkopplung durch R_E vorgelegen hat.)

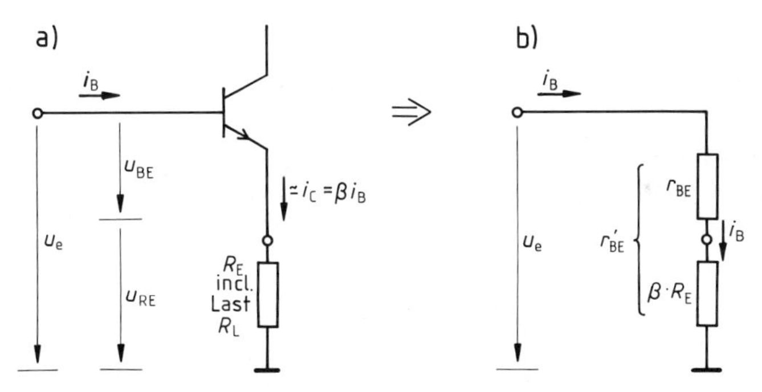

Bild 9.9 Eingangswiderstand der Kollektorschaltung

Der Eingangswiderstand r'_{BE} ergibt sich (siehe Bild 9.9, a) wie folgt:

$$r'_{BE} = \frac{u_e}{i_B} = \frac{u_{EB} + u_{RE}}{i_B} = \frac{u_{EB}}{i_B} + \frac{u_{RE}}{i_B}$$

Der Term u_{EB}/i_B stellt den Eingangswiderstand r_{BE} ohne Gegenkopplung dar. Für u_{RE} setzen wir $u_{RE} = i_E \cdot R_E \simeq i_C \cdot R_E = i_B \cdot \beta \cdot R_E$ ein und erhalten:

$$r'_{BE} = r_{BE} + \frac{i_B \cdot \beta \cdot R_E}{i_B} = r_{BE} + \beta \cdot R_E$$

In der Regel kann bei diesem Ausdruck r_{BE} vernachlässigt werden.

Beispiel: Schon bei $R_E = 200\ \Omega$ und $\beta = 250$ ergibt $\beta \cdot R_E = 50\ \text{k}\Omega$.
Im Vergleich zu typischen Werten von r_{BE} (Größenordnung 1 kΩ) gilt also $\beta R_E \gg r_{BE}$.

Dies ergibt die Näherung: $\boldsymbol{r'_{BE} \simeq \beta \cdot R_E}$

In der **Kollektorschaltung** ist der *Eingangswiderstand* des Transistors sehr groß (typisch 50 kΩ), denn es gilt:

$$r'_{BE} = r_{BE} + \beta \cdot R_E \simeq \beta \cdot R_E$$

Dieser große Eingangswiderstand wird durch die Gegenkopplung des Emitterwiderstandes R_E hervorgerufen.
Liegt dem Widerstand R_E noch eine Last R_L parallel, so ist R_E durch $(R_E \| R_L)$ zu ersetzen.
Mit dem Basisspannungsteiler ergibt sich als Eingangswiderstand der kompletten Verstärkerstufe:

$$r_e \simeq (\beta \cdot R_E \| R_1 \| R_2)$$

9.2.2 Der Ausgangswiderstand r'_a eines Verstärkers in Kollektorschaltung

Wir betrachten zunächst allein den Transistor. Am Emitter wird der Laststrom entnommen. Dieser fließt durch R_E (und eine eventuell parallel geschaltete Last R_L). Wir setzen einen Augenblick voraus, daß der Effektivwert einer Eingangs-Wechsel-Spannung U_e absolut konstant sei. Spannungsänderungen ΔU_a im Ausgangskreis entstehen dann *allein* durch laststrombedingte Spannungsänderungen ΔU_{BE} an der Basis-Emitter-Strecke (Bild 9.10, a).[1])

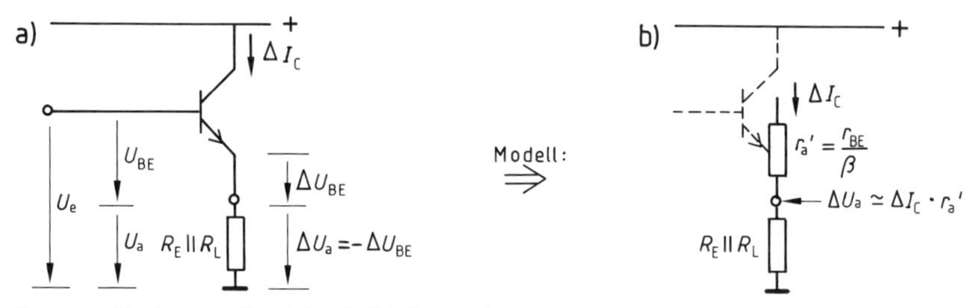

Bild 9.10 Ausgangswiderstand des Transistors in Kollektorschaltung

Damit gilt betragsmäßig: $\Delta U_a = \Delta U_{BE}$

Wenn wir uns *modellhaft* vorstellen, daß ΔU_a an einem Ausgangswiderstand[2]) r'_a auf der Emitterseite abfällt, so erhalten wir für r'_a einen recht kleinen Wert:

Es ist (Betragsrechnung):

$$r'_a = \frac{\Delta U_a}{\Delta I_E} \simeq \frac{\Delta U_a}{\Delta I_C} = \frac{\Delta U_{BE}}{\beta \cdot \Delta I_B} = \frac{r_{BE}}{\beta}$$

(Verwendet wurden die Definitionen für β und r_{BE}.)

Beispiel für r_{aE}: Mit $r_{BE} = 1$ kΩ und $\beta = 200$ erhalten wir den niedrigen Wert $r'_a = 5\ \Omega$.

Bei solch kleinen Ausgangswiderständen macht sich plötzlich der Innenwiderstand R_i einer Quelle auf der Basisseite stark bemerkbar. Im Eingangskreis werden ja R_i und r_{BE} beide vom selben Basisstrom durchflossen. Deren Spannungsabfälle addieren sich zu $\Delta U_{BEges} = \Delta U_a$. Entsprechend addiert sich R_i zu r_{BE}. Wir erhalten damit als *meßbaren* Ausgangswiderstand des Systems Quelle + Transistor in Kollektorschaltung:[2])

$$r'_a = \frac{r_{BE} + R_i}{\beta}$$

Durch einen Quellwiderstand von $R_i = 600\ \Omega$ (üblicher Wert bei Signalgeneratoren) erhöht sich im obigen Beispiel der Ausgangswiderstand von 5 Ω auf 8 Ω. Dies ist trotzdem noch ein recht niedriger Wert.

[1]) Ideal waagrechte Ausgangskennlinien und Rückwirkungsfreiheit des Transistors vorausgesetzt.
[2]) Der Strich bei r'_a deutet wieder an, daß bei dieser Schaltung Gegenkopplung (durch R_E) vorliegt.

Ein **Transistorverstärker in Kollektorschaltung hat einen sehr kleinen Ausgangswiderstand.**

$$r'_a = \frac{r_{BE}}{\beta}$$

Typischer Wert: $r'_a = \mathbf{10\ \Omega}$

Wird der Innenwiderstand R_i der Quelle berücksichtigt, so gilt:

$$r'_a = \frac{r_{BE} + R_i}{\beta}$$

9.2.3 Spannungsverstärkung und Phasenlage bei Kollektorschaltung

Ein Blick auf die Schaltung in Bild 9.11, a zeigt sofort die wesentliche Aussage:

Die Ausgangsspannung ist immer um den Spannungsabfall an der BE-Strecke *kleiner* als die Eingangsspannung.

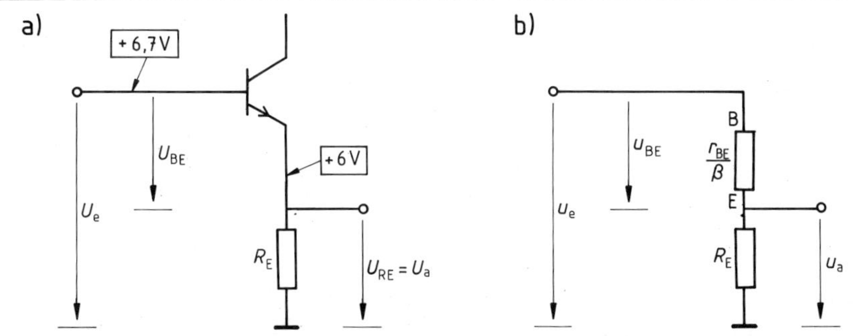

Bild 9.11 Spannungsverstärkung bei Kollektorschaltung: $V_0 \simeq 1$, a) Gleichstromfall, b) Wechselstromfall

Für Gleichspannungen beträgt diese Differenz bei Siliziumtransistoren in etwa 0,7 V, bei Wechselspannungen muß nach Kapitel 9.2.2 mit dem Ersatzschaltbild von Bild 9.11, b gerechnet werden. Da r_{BE}/β (mit ca. 10 Ω) meist klein gegen R_E ist (Größenordnung 100 Ω), wird der Spannungsabfall u_{BE} vernachlässigbar. Die Ausgangsspannung u_a ist fast so groß wie das Eingangssignal u_e.

Wir erhalten:

Die **Spannungsverstärkung** eines Verstärkers in Kollektorschaltung beträgt (fast) eins.

$$V_0 \simeq 1$$

Im Basiskreis fließt der kleine Basisstrom. Im Emitterkreis fließt ein um vieles größerer Emitterstrom. Dieser ist immer phasengleich zum Basisstrom, aber stets um den Faktor β größer als dieser.[1])

Endergebnis:

Die **Kollektorschaltung verstärkt (nur) Ströme** um den Faktor β.
Ein- und Ausgangssignal haben *keine Phasenverschiebung.* Beide sind (fast) gleich groß ($V_0 \simeq 1$). Mit anderen Worten:
Die Ausgangsspannung am Emitter folgt getreu dem Verlauf der Eingangsspannung. Deshalb nennen wir die Kollektorschaltung auch **Emitterfolger.**

[1]) Es gilt ja: $I_C \simeq I_E$

9.2.4 Anwendungsgebiete des Verstärkers in Kollektorschaltung

Wir fassen die Eigenschaften der Kollektorschaltung (des Emitterfolgers) zusammen und erhalten:

1. *Großer Eingangswiderstand,* also eine geringe Belastung der Signalquelle.
2. *Hohe Stromverstärkung* bei kleinem Ausgangswiderstand, d.h. die Schaltung ist ohne Spannungseinbruch stark belastbar.
3. (Fast-) *Unveränderte Übertragung des Wechselspannungssignals.*

Damit bietet sich der Emitterfolger als *Puffer- und Trennstufe* zwischen einer wenig belastbaren Quelle und einem relativ niederohmigen Verbraucher an. Solch eine Pufferstufe heißt auch **Impedanzwandler.**[1])
Weitere Einsatzgebiete der Kollektorschaltung sind die Darlingtontransistoren (siehe Kapitel 9.4), Spannungsreglerschaltungen (siehe Kapitel 10.1) und Gegentaktleistungsendstufen (siehe Kapitel 10.3.2).

9.3 Vergleich der Grundschaltungen

Wir vergleichen hier abschließend einige Eigenschaften beschalteter Transistoren, für die das dargestellte Wechselstromersatzschaltbild zutrifft. Der Spannungsteiler zur Einstellung des Arbeitspunktes ist hier weggelassen worden. Wechselspannungsmäßig liegen die Teilerwiderstände noch dem Eingangswiderstand parallel. Die Zahlen in Klammern geben jeweils typische Werte an.

Wechselstrom-ersatzschaltung	Eingangs-widerstand	Ausgangs-widerstand	Spannungs-verstärkung	Phasen-verschiebung
Emitterschaltung (R_C, u_e, u_a)	r_{BE}	R_C	$\frac{\beta}{r_{BE}} \cdot R_C$	ja
	(1 kΩ)	(2 kΩ)	(150)	180°
Basisschaltung (R_C, u_e, u_a)	$\frac{r_{BE}}{\beta}$	R_C	$\frac{\beta}{r_{BE}} \cdot R_C$	keine
	(10 Ω)	(2 kΩ)	(150)	0°
Kollektorschaltung (R_E, u_e, u_a)	$\beta \cdot R_E$	$\frac{r_{BE}}{\beta}$	$\simeq 1$	keine
	(50 kΩ)	(10 Ω)	(0,91)	0°

[1]) Impedanz: Wechselstromwiderstand, gewandelt wird hier (vom Verbraucher aus gesehen) der große Innenwiderstand einer Quelle auf den kleinen Ausgangswiderstand r'_a des Emitterfolgers.

9.4 Darlingtontransistoren

Wir schalten zwei Transistoren nach Bild 9.12 direkt hintereinander. Es entsteht so eine Transistorkaskade, die nach außen *wie ein Transistor* wirkt.
Deshalb wird diese Schaltung nach Darlington auch kurz als Darlingtontransistor bezeichnet.

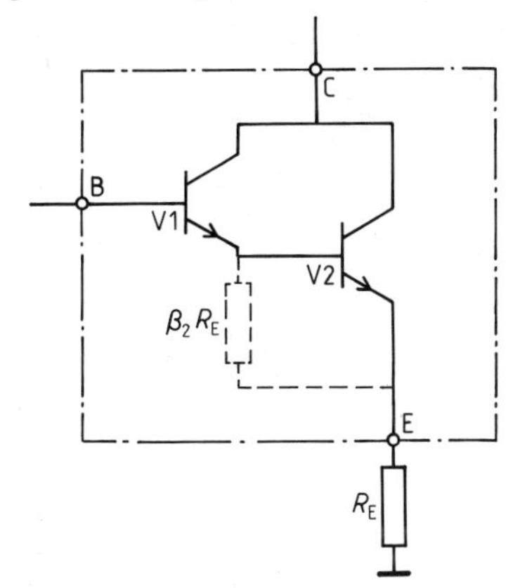

Bild 9.12 Darlingtontransistor

Beide Transistoren arbeiten als Emitterfolger (d.h. in Kollektorschaltung). Dies hat zwei Vorteile:

1. Vorteil:

Die *Stromverstärkung* ist auch dann *hoch,* wenn der zweite Transistor als Leistungstransistor nur eine typisch kleine Stromverstärkung ($\beta_2 \simeq 30$) hat. Es gilt nämlich näherungsweise (genaue Formel in Aufgabe 3, b): $\beta \simeq \beta_1 \cdot \beta_2$.

Der Emitterstrom des ersten Transistors ($\simeq \beta_1 \cdot I_B$) bildet ja den Basisstrom des zweiten, der nun nochmals um den Faktor β_2 verstärkt wird.

Beispiel: $\beta_1 = 150$, $\beta_2 = 30$ ergibt $\beta \simeq 4500$.

2. Vorteil:

Der *Eingangswiderstand* r_e des Systems ist auch dann *groß,* wenn als Last nur ein kleiner Emitterwiderstand R_E angeschlossen ist (z.B. ein niederohmiger Lautsprecher). Näherungsweise gilt: $r_e \simeq \beta_1 \cdot (\beta_2 \cdot R_E)$

Der Eingangswiderstand ($\simeq \beta_2 R_E$) des zweiten Transistors stellt ja den Emitterwiderstand des ersten dar.

Beispiel: $R_E = 5\ \Omega$, $\beta_1 = 150$, $\beta_2 = 30$ liefert $r_e = 22{,}5\ \mathrm{k\Omega}$.

Anmerkung:
Solche Darlingtontransistoren werden zwei und dreistufig (mit internen Widerständen) aus einem Halbleiterchip hergestellt und als *ein* Transistor vertrieben.
So ist z.B. der Typ BD 679 (MJE 800) ein NPN-Darlington und BD 680 (MJE 700) ein PNP-Darlington[1]). In Schaltbildern wird ein Darlington, wenn überhaupt, nach Bild 9.13 besonders herausgestellt.

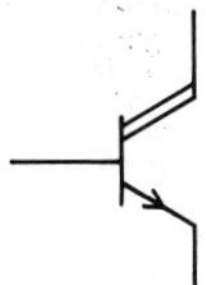

Bild 9.13 Schaltsymbol eines Darlington

> **Darlingtontransistoren** haben hohe Stromverstärkung und hohen Eingangswiderstand. Als Leistungsendstufen können sie deshalb direkt von Vorstufen angesteuert werden.

[1]) Der zweite Buchstabe D in der europäischen Typenbezeichnung bedeutet nach dem Pro-Electron-Schlüssel nicht Darlington, sondern Leistungstransistor (siehe Anhang A-9), so ist z.B. der BD 121 (2N 3055) kein Darlington.

Aufgaben

Basisschaltung

1. a) Zeichnen Sie die Basisschaltung von Bild 9.1 mit den zugehörigen Spannungswerten ab. Dimensionieren Sie die Widerstände, und begründen Sie kurz Ihre Dimensionierungsregeln. Verwenden Sie für den Transistor: $r_{BE} = 1\,k\Omega$, $\beta = 200$, $I_C = 20\,mA$.

   b) Der Basiskondensator C_B stellt nur dann einen kapazitiven Kurzschluß dar, wenn für seinen Wechselstromwiderstand gilt: $X_{CB} \leq 1/10 \cdot (R_1 \| R_2)$. Begründen Sie dies. (*Hilfe* in Kapitel 8.10)
   Berechnen Sie alle Kondensatoren für $f_u = 25\,Hz$. Tragen Sie alle errechneten Werte ins Schaltbild ein.

   c) Die Basisvorspannung kann auch nur durch *einen* Vorwiderstand R_1 erzeugt werden. Welcher Nachteil wird hier in Kauf genommen? (*Hilfe:* Arbeitspunktstabilisierung durch R_E und dazu passenden Typ des Basisspannungsteilers siehe Kapitel 8.8.1)
   Dimensionieren Sie die Schaltung entsprechend um, und vergleichen Sie.

Kollektorschaltung

2. a) Zeichnen Sie die Kollektorschaltung von Bild 9.7 mit den zugehörigen Spannungswerten ab. Dimensionieren Sie die Widerstände für einen Transistor mit $r_{BE} = 1\,k\Omega$, $\beta = 200$, $I_C = 20\,mA$.

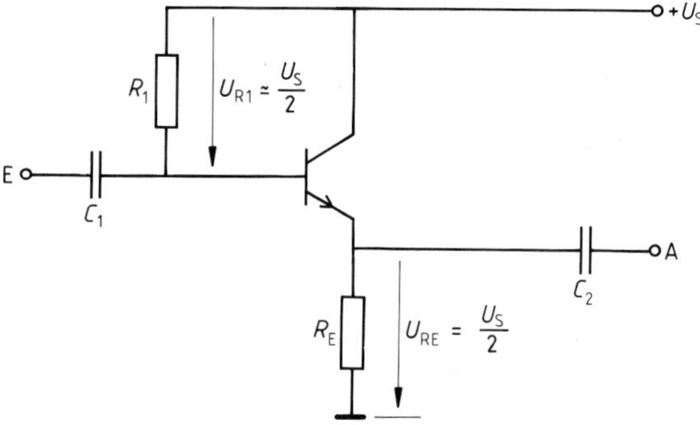

   b) Berechnen Sie die Kondensatoren für $f_u = 25\,Hz$.

   c) Auch bei einer Kollektorschaltung läßt sich die Basisvorspannung allein mit einem Vorwiderstand R_1 einstellen (siehe Skizze). Zeigen Sie für diesen Fall die Näherungsformeln $R_1 \simeq \beta \cdot R_E$, $r_e \simeq R_1/2$.

Darlingtontransistor

3. a) Welchen Schwellwert hat ein zweistufiger Si-Darlingtontransistor ungefähr?

   b) Zeigen Sie, daß sich die Stromverstärkung bei einer Darlington-Schaltung genauer aus
   $\beta = \beta_1 \cdot \beta_2 + \beta_1 + \beta_2$
   berechnet.
   (*Hilfe:* Drücken Sie alle Ströme als Vielfache des Basisstromes I_B aus. Geben Sie zuerst I_{C2} und dann I_C [siehe Skizze] an.)

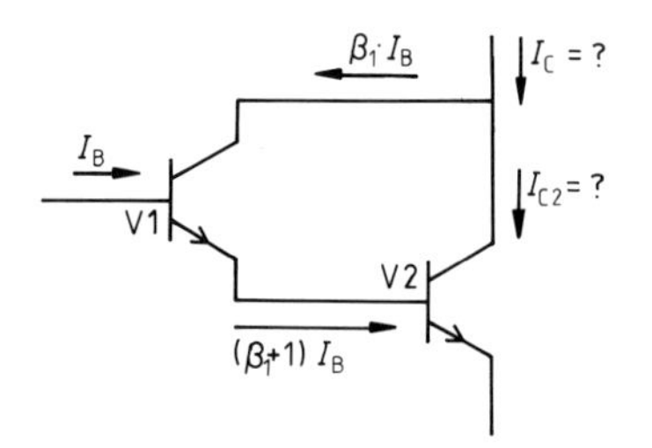

   c) Zeigen Sie ähnlich wie in b, daß sich für $I_E = I_C$ aber die Gesamtstromverstärkung aus $\beta \simeq \beta_1 \cdot \beta_2$ errechnen würde.

d) Die Spannungsverstärkung V ergibt sich bei Darlingtontransistoren aus dem Produkt $V = V_1 \cdot V_2 < 1$. Dies soll hier gezeigt werden. Es gelte:
Transistor V1: $r_{BE1} = 1\ \mathrm{k\Omega}$, $\beta_1 = 200$
Transistor V2: $r_{BE2} = 400\ \Omega$, $\beta_2 = 80$; $R_E = 5\ \Omega$

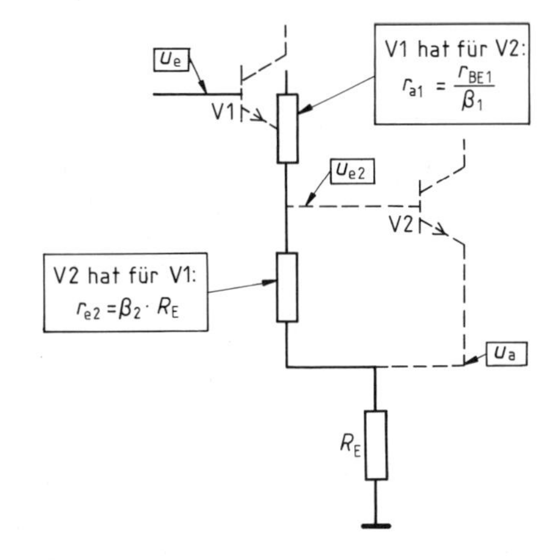

1. Zeigen Sie, daß die erste Stufe die Eingangsspannung u_e praktisch mit $V_1 \simeq 1$ „weitergibt" (also $u_{e2} \simeq u_e$).
   (*Hilfe:* Signalersatzschaltbild laut Skizze und Kapitel 9.2.3)
2. Der zweite Transistor hat einen Emitterwiderstand (inklusive Last) von $R_E = 5\ \Omega$. Zeigen Sie anhand eines entsprechenden Signalersatzschaltbildes (mit $u_{e2} \simeq u_e$, r_{a2} und R_E), daß die zweite Stufe bei den oben angegebenen Daten die Spannungsverstärkung $V_2 \simeq 1/2$ hat.
   (*Hilfe:* Bild 9.11, b)
3. Begründen Sie, indem Sie typische Kennwerte verwenden:
   Ein Darlingtontransistor hat eine Spannungsverstärkung von $V = V_1 \cdot V_2 \simeq V_2$, welche meist deutlich unter $V = 1$ liegt.

   Zeigen Sie nun allgemein:

$$V \simeq V_2 = \frac{R_E}{R_E + r_{BE2}/\beta_2}$$

10 Weiterführende Transistorschaltungen

Hier sollen noch einige wichtige Schaltungen der Analogtechnik vorgestellt werden. Dabei können ganz spezielle Details in einem Grundlagenbuch nicht abgehandelt werden. Solche Spezialitäten füllen heute schon ganze Bibliotheken, man denke nur an die zahlreichen Varianten der HiFi-Verstärker.

10.1 Einstellbare Spannungsregler

Eine weit verbreitete Standardschaltung zur Spannungsregelung zeigt Bild 10.1. Der *Regeltransistor* arbeitet in Kollektorschaltung (als Emitterfolger). Dadurch ist der Ausgangswiderstand der Schaltung sehr klein (siehe Kapitel 9.2.2).

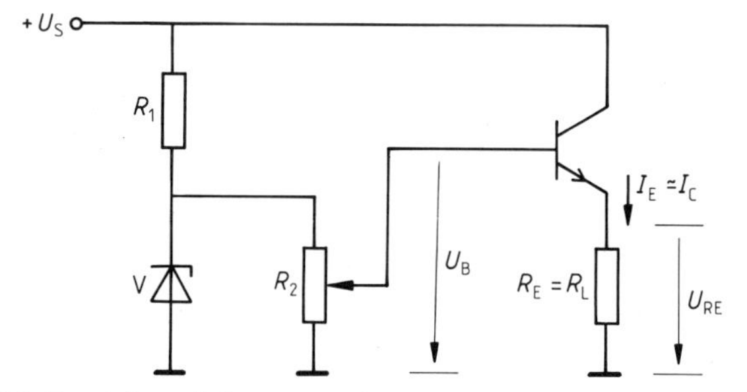

Bild 10.1 Transistor in Kollektorschaltung als Spannungsregler

Funktion

Das Poti R_2 liefert an die Basis eine einstellbare Spannung (Sollwertvorgabe). Die Z-Diode sorgt dafür, daß diese Eingangsspannung stabiliert wird, also als Signalquelle einen sehr kleinen Innenwiderstand aufweist.[1]) Durch das Gleichspannungssignal an der Basis stellt sich am Emitter ebenfalls eine Gleichspannung ein. Diese Ausgangsspannung ist – bei Si-Transistoren – um ca. 0,7 V kleiner als die Basisspannung.

Sehr wichtig ist nun folgende Feststellung:

Die **Ausgangsspannung einer geregelten Spannungsquelle** bleibt auch dann (fast) konstant, wenn sich der Laststrom I_E oder die Speisespannung U_S ändert.

Dies können wir auf zwei Arten erklären:

1. Art: Der Ausgangs-(innen-)widerstand des Emitterfolgers ist sehr klein.[2]) + [3])
2. Art: Durch die Stromgegenkopplung über R_E ist ein Regelkreis entstanden.

[1]) Der Innenwiderstand der Steuerspannung an der Basis vergrößert sonst nämlich den Ausgangs-(innen-)widerstand des Transistors, der sich nach Kapitel 9.2.2 aus $r'_a = (r_{BE} + R_i)/\beta$ berechnet.
[2]) Bei hoher Stromverstärkung β besonders, denn es ist $r'_a \simeq r_{BE}/\beta$, Genaueres in Kapitel 9.2.2.
[3]) Für quantitative Angaben müssen wir den Ausgangswiderstand r'_a kennen. Dann ist $\Delta U_{RE} = r'_a \Delta I_E$

Recht anschaulich ist die hier folgende Erklärung über den Regelkreis.

Geht aus irgendeinem Grund der Istwert U_{RE} zurück, wächst dadurch die Regeldifferenz $U_{BE} = U_B - U_{RE}$. Somit steigen der Basisstrom I_B und der Emitterstrom I_E an.

Folge: Die Spannung an (der Regelstrecke) R_E vergrößert sich, bis sie (fast) wieder den alten Wert U_{RE} erreicht hat. Das „fast" erklärt sich hier durch die Innenwiderstände von Z-Diode (mit Poti) und Transistor.[1])

Bild 10.2 zeigt die übliche Darstellung der Spannungsstabilisierung aus Bild 10.1. Wir sprechen auf Grund von Bild 10.2 von einer Regelung durch einen *Längstransistor* oder von einer *Serienstabilisierung*.

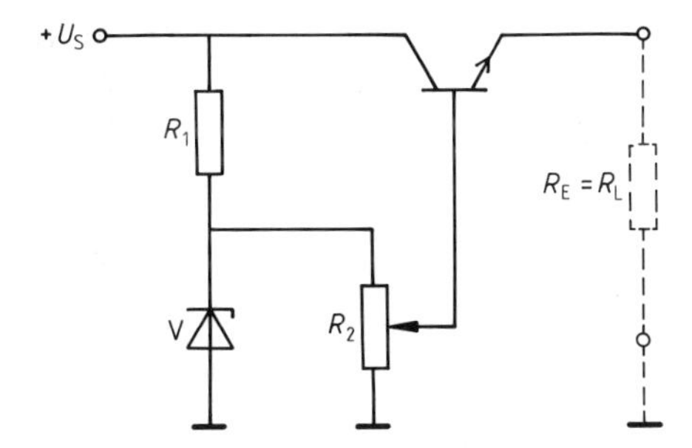

Bild 10.2 Übliche Darstellung der Regelschaltung

Gegenüber einer einfachen Z-Diodenstabilisierung ergeben sich folgende Vorteile:

1. Die Höhe der Ausgangsspannung ist *einstellbar*.

2. Der maximale *Ausgangsstrom* ist nicht mehr durch die relativ geringe Verlustleistung handelsüblicher Z-Dioden auf ca. 1 A begrenzt[2]). Ausgangsströme von 10 A sind, abhängig vom Transistor, durchaus möglich.

3. Die *Stromaufnahme* der Schaltung ist nicht, wie bei der Z-Diodenschaltung, näherungsweise konstant, sondern richtet sich nach dem tatsächlich entnommenen Laststrom. Dies ist ein ganz entscheidender Vorteil der Serienstabilisierung.

Da jedoch der Ausgangswiderstand r'_a des Transistors in derselben Größenordnung wie der differentielle Widerstand r_Z einer Z-Diode liegt, regelt die einfache Schaltung nach Bild 10.2 nicht wesentlich besser als eine Z-Diode[3]). Abhilfe schaffen hier erst *Regelverstärker*, meist integrierte Operationsverstärker (siehe Kapitel 12).

---

[1]) Für quantitative Angaben müssen wir den Ausgangswiderstand r'_a kennen. Dann ist $\Delta U_{RE} = r'_a \Delta I_E$

[2]) Z-Dioden werden bis 10 W hergestellt. Bei einer Ausgangsspannung von 10 V ist deren Leerlaufstrom maximal 1 A, damit ist der Laststrom < 1 A (siehe auch Kapitel 6.4.2).

[3]) In beiden Fällen gilt ja $\Delta U = r \cdot \Delta I$, wobei $r = r'_a$ bzw. $r = r_Z$ zu setzen ist. (r'_a ist in Kapitel 9.2.2 und r_Z in Kapitel 6.2.5 erklärt.)

10.2 Konstantstromquellen

Oft wird ein Stromregler benötigt, z. B. wenn eine Z-Diode eine absolut konstante Klemmenspannung liefern soll (wozu eben ein stabilisierter Versorgungsstrom gehört). Da ein Stromregler immer *kurzschlußfest* ist, hat er überall dort Vorteile, wo Kurzschlüsse üblich sind und es gleichgültig ist, ob Strom oder Spannung geregelt werden, denken wir nur an Spielzeugeisenbahnen.

Bild 10.3 zeigt eine entsprechende Schaltung. Es handelt sich um die längst bekannte, *gegengekoppelte Emitterschaltung*. Diese wird hier von einer konstanten *Gleich*spannung U_{R2} angesteuert. Wegen der Stromgegenkopplung über R_E ist damit der Kollektorstrom ebenfalls konstant[1]).

Oder:

> Der im Bild 10.3 vorliegende **Regelkreis stabilisiert den Kollektorstrom** über die Regeldifferenz
>
> $$U_{BE} = U_{R2} - U_{RE}$$
>
> auf den festen Wert I_C.

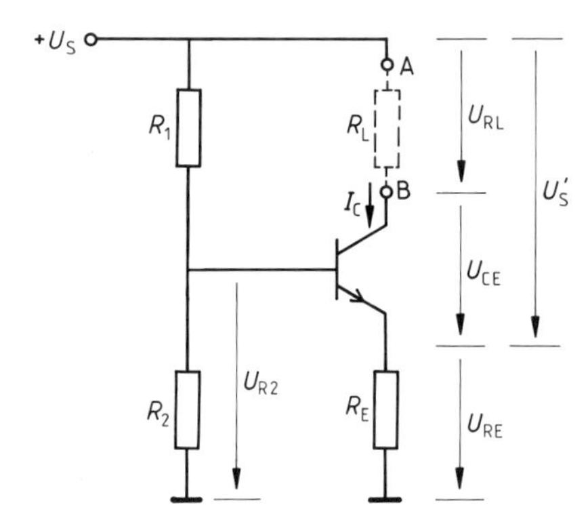

Bild 10.3 Schaltung einer Konstantstromquelle

Der sich einstellende Strom I_C läßt sich leicht abschätzen. U_{R2} geben wir vor. Mit $U_{RE} = I_C \cdot R_E$ und $U_{BE} \simeq 0{,}7\,\text{V}$ (Si-Transistor) folgt nach Bild 10.3 der Strom I_C über $U_{RE} = U_{R2} - U_{BE} \simeq U_{R2} - 0{,}7\,\text{V}$.

Ergebnis:

> Der **Konstantstrom** I_C berechnet sich aus:
>
> $$I_C \simeq \frac{U_{R2} - 0{,}7\,\text{V}}{R_E}$$

Beispiel: $U_{R2} = 4{,}7\,\text{V}$ und $R_E = 100\,\Omega$ liefert $I_C = 40\,\text{mA}$.

▶ Dieser *eingeprägte Strom* I_C fließt auch bei schwankender Kollektor-Emitterspannung U_{CE}, solange U_{CE} einen Minimalwert nicht unterschreitet (ca. 1 V).

---

[1]) Siehe dazu auch Kapitel 8.8 und 8.8.1.

Diesen wichtigen Satz begründeten wir mit dem waagrechten Verlauf der Ausgangskennlinien eines Transistors (Kapitel 7.5.4). Beim „Stromkonstanter" nach Bild 10.3 schwankt U_{CE} immer dann, wenn sich der Lastwiderstand R_L verändert. Im Extremfall tritt im Kollektorkreis, d.h. bei der Last selbst, ein Kurzschluß auf ($R_L = 0$). In diesem Fall ist $U_{RL} = 0$ und die verbleibende Spannung U_{CE} maximal, also sicher größer als der notwendige Minimalwert. Die Schaltung arbeitet folglich wie oben besprochen und liefert auch im Kurzschlußfall den eingeregelten Strom I_C[1]).

Also:

> Ein Stromregler ist kurzschlußfest. Der **Kurzschlußstrom** ist begrenzt auf den vorgegebenen Konstantstrom I_C.

Nun vergrößern wir in Gedanken den Lastwiderstand R_L ständig. Mit R_L nimmt der Spannungsabfall U_{RL} proportional zu, da ja I_C konstant ist.

$$U_{RL} = R_L \cdot I_C$$

Damit läßt sich z.B. ein linear anzeigendes Widerstandsmeßgerät bauen (Aufgabe 2, c ff.). Da aber mit $U_{RL} = R_L \cdot I_C$ die Spannung U_{CE} abnimmt, gibt es eine kritische Grenze für R_L. Diese ist erreicht, wenn U_{CE} gegen Null tendiert. Der zugehörige maximale Lastwiderstand R_{Lmax} läßt sich leicht abschätzen.

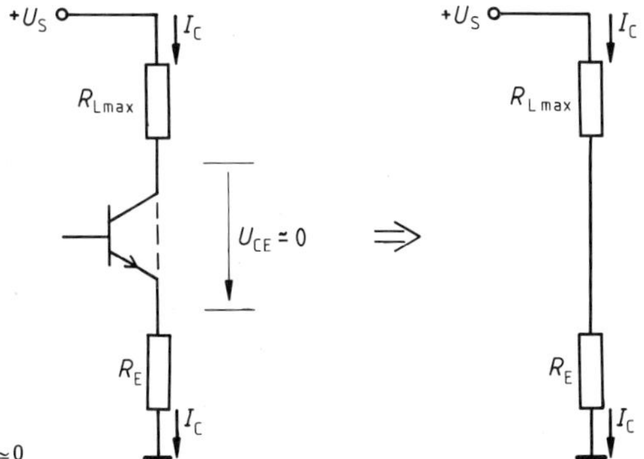

Bild 10.4 Grenzfall mit $U_{CE} \simeq 0$

Bei $U_{CE} \simeq 0$ gilt nach Bild 10.4:

$$I_C \cdot (R_{Lmax} + R_E) \simeq U_S$$

Daraus folgt:

> Der **Konstantstrom** wird nur **bis zu einem Lastwiderstand** von:
>
> $$R_{Lmax} \simeq \frac{U_S}{I_C} - R_E$$
>
> geliefert, weil sonst U_{CE} gegen Null geht.

Beispiel: $U_S = 12\,\text{V}$ $I_C = 40\,\text{mA}$ und $R_E = 100\,\Omega$ ergeben:

$R_{Lmax} \simeq 200\,\Omega$.

Realistischer wäre es, nicht von $U_{CE} \simeq 0$, sondern von $U_{CEmin} = 1\,\text{V}$ auszugehen.

Wir erhalten dann:

$R_{Lmax} = 175\,\Omega$

[1]) Der Transistor muß natürlich die hier auftretende *maximale* Verlustleistung $I_C \cdot U_{CEmax}$ „verkraften" können.

Bild 10.5 zeigt ein Ausführungsbeispiel eines Stromkonstanters. Gegenüber Bild 10.2 sind hier zwei Verbesserungen vorgenommen worden:

1. R_2 wurde durch eine Z-Diode ersetzt.
2. R_E ist über ein Poti einstellbar.

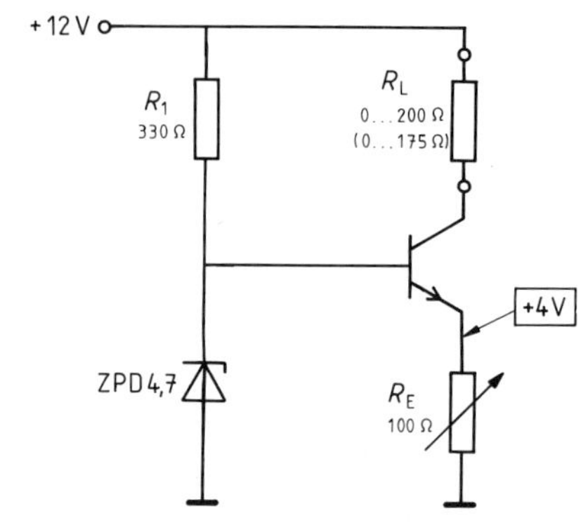

Bild 10.5 Schaltungsbeispiel: Einstellbarer Stromregler, eingestellt auf 40 mA

Zu 1: Wie wir gezeigt haben, errechnet sich der Konstantstrom I_C aus

$$I_C \simeq \frac{U_{R2} - 0{,}7\ \text{V}}{R_E}.$$

Damit hängt I_C unmittelbar von U_{R2} und R_E ab. Wenn nun die Speisespannung U_S instabil ist, verändert sich mit U_S am Spannungsteiler R_1, R_2 auch der Wert von U_{R2}. Damit wäre I_C ebenfalls nicht mehr konstant.
In der Schaltung von Bild 10.5 stabilisiert jedoch eine Z-Diode die Spannung U_{R2} und somit auch den Strom I_C.

Zu 2: Durch das Poti R_E wird der Konstantstrom I_C (siehe obige Formel) einstellbar, wodurch sich natürlich der zulässige Bereich von R_L entsprechend ändert.

10.3 NF-Verstärker mit Transistoren

Diese gliedern sich in **Vorverstärker** (meist mit Klangeinsteller) und Endverstärker, auch **Endstufen** genannt. Vorverstärker heben die kleinen Spannungen der Tonquellen soweit an, daß ein Endverstärker sicher ausgesteuert werden kann. Eine nennenswerte Leistung geben Vorverstärker nicht ab. Innerhalb der Endstufen wird meist noch die eigentliche Leistungsendstufe von der vorangehenden Treiberstufe unterschieden.

10.3.1 Mehrstufige Vorverstärker und Klangeinsteller

Bild 10.6 zeigt einen zweistufigen Vorverstärker. Beide Stufen sind *RC-gekoppelt*. Jede Stufe hat ihre eigene Gegenkopplung. Die erste Stufe ist spannungsgegengekoppelt[1]), die zweite stromgegengekoppelt[2]).

---

[1]) Siehe Kapitel 8.12.6
[2]) Siehe Kapitel 8.8ff.

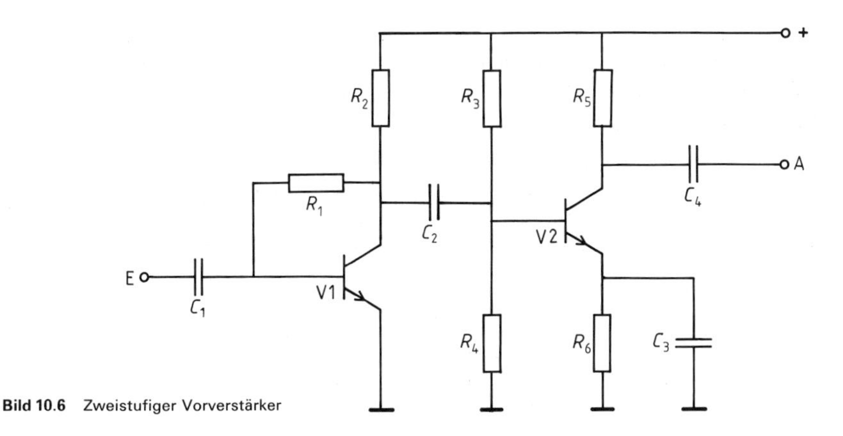

Bild 10.6 Zweistufiger Vorverstärker

Die gesamte Leerlaufverstärkung ergibt sich aus dem Produkt beider Verstärkungsfaktoren. Dabei muß aber beachtet werden, daß die erste Stufe *nicht im Leerlauf* arbeitet, sondern durch die zweite Stufe belastet wird.

Bild 10.7 zeigt zum Vergleich zwei *gleichstromgekoppelte* Stufen. Hier ist die Kollektorruhespannung von V1 identisch mit der Basisvorspannung von V2. Durch die Gleichstromkopplung entfällt für das Signal ein frequenzabhängiger, kapazitiver (Koppel-)Widerstand. Dieser ist ja grundsätzlich bei tiefen Frequenzen groß und beeinträchtigt somit gewöhnlich die Baßwiedergabe.

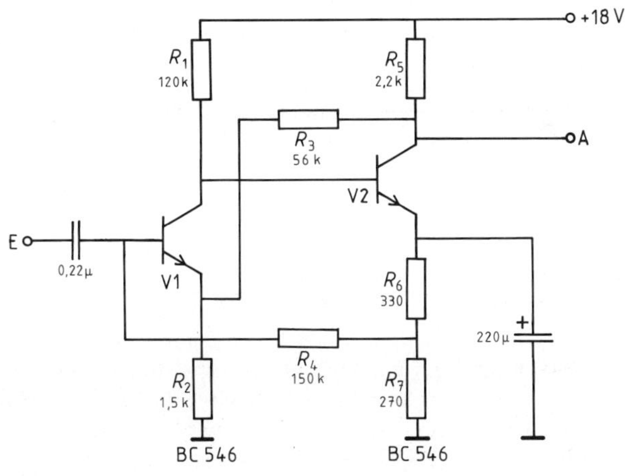

Bild 10.7 DC-gekoppelter Vorverstärker[1])

Noch eine Besonderheit hat dieser Vorverstärker aufzuweisen: Gleich *zwei Gleichstrom-Gegenkopplungen* ziehen sich wechselseitig *über beide Stufen.* R_4 liefert an V1 die Vorspannung und bildet eine Gegenkopplungsschleife[2]). R_3 schließt den zweiten Gegenkopplungskreis. Durch diese wechselseitigen Gegenkopplungen ist der Verstärker sehr gut gegenüber Temperaturschwankungen und Exemplarstreuungen stabilisiert.

[1]) Nach Valvo-Unterlagen.
[2]) Wirkung: I_{C2} möge ansteigen, also $I_{C2}\uparrow$, Folge: $U_{R7}\uparrow$ und $U_B(V1)\uparrow$, somit $U_C(V1)\downarrow$, also auch $U_B(V2)\downarrow$. Der Anstieg von I_{C2} wird „gebremst".

Wir lernen:

Verstärkerstufen können gleichspannungsmäßig **durch Kondensatoren entkoppelt** sein. Das Signal wird dann aber bei tiefen Frequenzen schwächer übertragen. Gleichstromgekoppelte Stufen haben diesen Nachteil nicht.
Eine **Gegenkopplung kann sich über mehrere Stufen erstrecken.**

In Vorverstärkern ist meist noch ein Klangeinsteller enthalten. Bild 10.8, a zeigt eine Standardschaltung zur Beeinflussung der Tiefen- und Höhenwiedergabe.

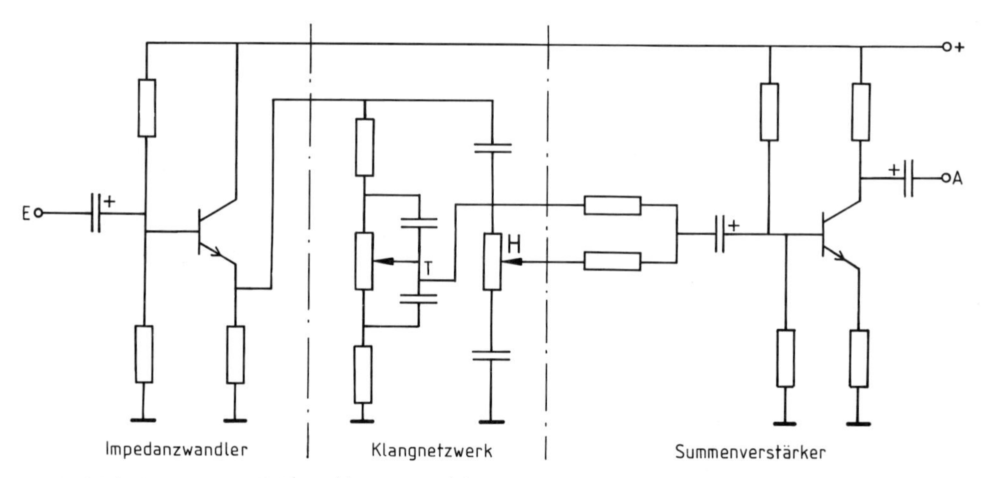

Bild 10.8 a) Klangeinsteller für Tiefen (T) und Höhen (H)

Die Funktion erklären wir vereinfacht wie folgt:

Für *tiefe Frequenzen* stellen sämtliche Kondensatoren des Klangnetzwerkes (fast) unendlich hohe Widerstände dar. Somit fließt im H-Zweig kein Strom. Dieser Teil ist für Bässe bedeutungslos. Andererseits läßt sich der T-Zweig für tiefe Töne ersatzweise nach Bild 10.8, b darstellen. Wir erkennen aus diesem Bild, daß sich die Lautstärke der tiefen Frequenzen (*Bässe*) mit dem *T-Poti einstellen* läßt.

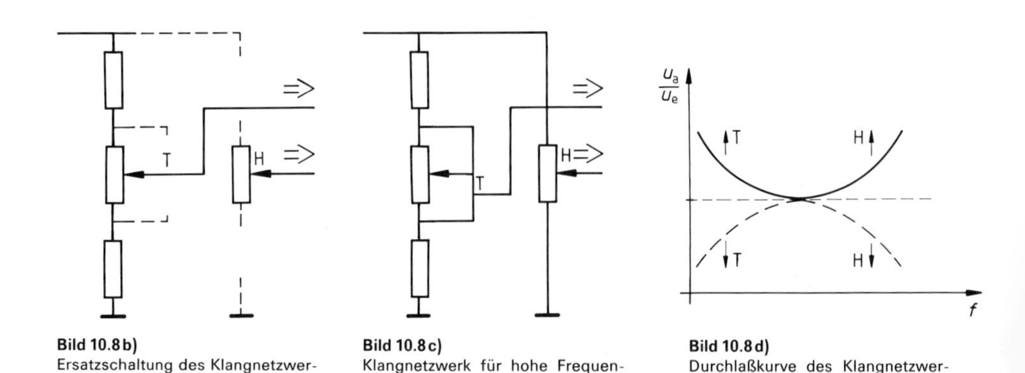

Bild 10.8 b) Ersatzschaltung des Klangnetzwerkes für Bässe

Bild 10.8 c) Klangnetzwerk für hohe Frequenzen dargestellt

Bild 10.8 d) Durchlaßkurve des Klangnetzwerkes

Entsprechend stellen die Kondensatoren für *hohe Frequenzen* einen Kurzschluß dar (Bild 10.8, c). Dadurch wird das „Tieftonpoti" T überbrückt und wirkungslos (Bild 10.8, c). Die *Höhen* sind in ihrer Amplitude allein durch den *Einsteller H* beeinflußbar.
Stehen beide Potischleifer oben, sind sowohl die Tiefen wie auch die Höhen überbetont. Wegen der sich daraus ergebenden Durchlaßkurve (Bild 10.8, d) nennen wir dieses Klangnetzwerk auch *Kuhschwanz-Entzerrer*.

Klangeinsteller arbeiten mit der Frequenzabhängigkeit der kapazitiven Widerstände von Kondensatoren.

10.3.2 NF-Endverstärker

Bei den bisher besprochenen NF-Verstärkerstufen liegt der Ruhearbeitspunkt in der Mitte der Arbeitsgeraden. Dies nennen wir nun **A-Betrieb** eines Transistors.
Innerhalb seiner Aussteuergrenzen arbeitet ein Transistor im A-Betrieb verzerrungsfrei (linear). Dafür ist die *Stromaufnahme im Ruhefall* (bzw. bei kleiner Lautstärke) prinzipiell am größten[1]), ebenso die Wärmeentwicklung. Dies erfordert große Kühlbleche und Netzteile. Bei transportablen Geräten werden die dazu notwendigen Batterien letztlich wirklich „untragbar". Aus diesem Grund werden Endstufen als sogenannte *Gegentaktverstärker* im **B-Betrieb** aufgebaut. B-Betrieb heißt, daß *im Ruhefall der Kollektorstrom (fast) Null* ist.

Gegentaktverstärker arbeiten nach folgenden Prinzipien:
1. Das Ausgangssignal wird insgesamt erst von zwei Transistoren geliefert. Jeder dieser Transistoren verarbeitet nur eine *Signalhalbwelle*.
2. Der Ausgangsstrom für jede Halbwelle fließt durch einen gemeinsamen Lastwiderstand. An diesem setzt sich so das Signal wieder zur *Vollwelle* zusammen.

Zusammen mit dem B-Prinzip wird die Stromaufnahme und die Wärmeentwicklung der Endstufe aussteuerungsabhängig. Da sich kurzzeitige Spitzenströme mit Ladekondensatoren (parallel zur Speisespannung) auffangen lassen, können Netzteile und Batterien wesentlich kleiner ausgelegt werden.

Gegentakt-B-Verstärker haben im Vergleich zu Eintakt-A-Verstärkern:
- geringere Wärmeentwicklung
- aussteuerungsabhängige Stromaufnahme
- besseren Wirkungsgrad[1])

Von den Gegentaktverstärkern gibt es zahlreiche Schaltungsvarianten. In der modernen Schaltungstechnik haben sich transformatorlose Konzepte restlos durchgesetzt. Solche „eisenlosen" Endstufen haben geringes Gewicht, großen Frequenzbereich und geringe Herstellungskosten.

[1]) Siehe dazu Aufgabe 3.

Bild 10.9 zeigt ein Schaltungsbeispiel für einen Gegentaktverstärker. Die eigentliche Endstufe mit V2, V3 ist hier *mit Si-Komplementärtransistoren* aufgebaut. Komplementäre Transistoren sind NPN-PNP-Paare mit möglichst gleichen Kennlinien bzw. -Daten. Dadurch werden beide Halbwellen unter gleichen Bedingungen verstärkt, was Verzerrungen vermindert.

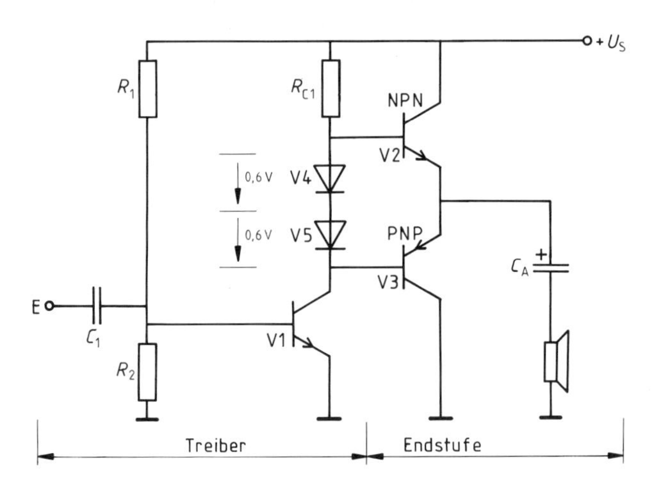

Bild 10.9 Gegentaktendstufe

Betrachten wir die Funktion des Verstärkers von Bild 10.9:
Die Vorstufe mit V1 liefert als Treiberstufe die Steuerleistung für die Endstufe. Der Treiber arbeitet konventionell im Eintakt-A-Betrieb.

Eine Besonderheit im Kollektorkreis von V1 sind die beiden stromdurchflossenen Dioden V4, V5. Diese liefern eine konstante (stabilisierte) Basisvorspannung für die beiden Endtransistoren V2, V3. Dadurch arbeiten diese auch im Ruhefall schon knapp über der Schwellspannung und „ziehen" geringfügig Strom[1]). Bei kleinen Signalen würde sonst der Schwellwert der Emitterdioden zu Verzerrungen (den sogenannten *Übernahmeverzerrungen*) führen.

Wechselspannungsmäßig bilden die beiden Dioden aber einen Kurzschluß, da ihr differentieller Widerstand im Durchlaßbereich sehr klein ist[2]). Wir können deshalb davon ausgehen, daß das Signal der Treiberstufe direkt an die Basen der Endtransistoren gelangt. Dies ist in Bild 10.10 symbolisch dargestellt: *Die Dioden sind signalmäßig überbrückt.*

Der Ruhearbeitspunkt von V1 wird (wie üblich) über R_1, R_2 auf $U_{CE} \simeq U_S/2$ festgelegt. Dadurch erhält der PNP(!)-Transistor V3 beim Einschalten eine relativ hohe positive Basisvorspannung U_{BE} und sperrt somit. (Die Spannung am Emitter ist ja anfangs recht klein, da sich der Kondensator C_A erst aufladen muß.) Im Gegensatz dazu steuert der NPN-Transistor V2 solange durch, bis sich der Kondensator C_A ungefähr auf $U_S/2$ aufgeladen hat. In diesem Augenblick sinkt die Basis-Emitter-Spannung von V2 knapp unter den Schwellwert. V2 sperrt nun ebenfalls (Bild 10.10). die *Ruhestromaufnahme* ist jetzt (fast) Null.

[1]) Sogenannter AB-Betrieb
[2]) Wir könnten auch sagen: Im Durchlaßbereich ist der Spannungsabfall an den Diodenklemmen konstant. Ein überlagerter Wechselstrom verursacht folglich keinen *Wechselspannungs*abfall.

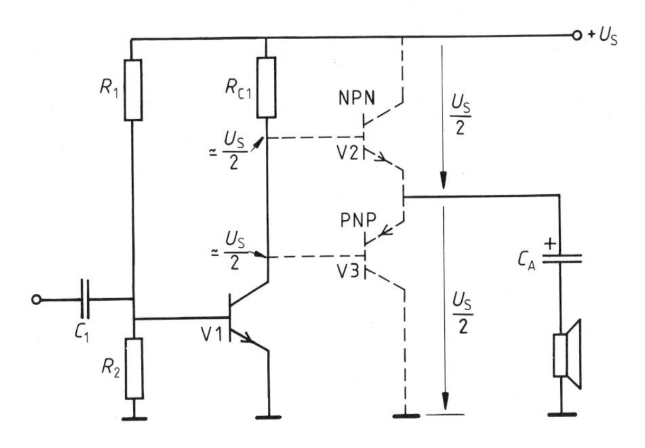

Bild 10.10 Ruhefall, nachdem sich C_A auf $U_S/2$ aufgeladen hat: beide Endtransistoren sperren.

Erscheint nun am Treiberausgang eine *positive Signalhalbwelle*, erhält die Endstufe eine Eingangsspannung, die größer als $U_S/2$ ist. Der Endtransistor V2 wird erneut leitend. Über V2, den Kondensator C_A und den Lautsprecher fließt Signalstrom (Bild 10.11, a). Der Lautsprecher gibt die positive Halbwelle wieder. Am Ende der positiven Halbwelle stellt sich wieder der Ausgangszustand von Bild 10.10 ein, beide Endtransistoren sperren erneut.

Bei der anschließenden *negativen Halbwelle* ist die Eingangsspannung der Endstufe kleiner als $U_S/2$. Da C_A noch auf $U_S/2$ aufgeladen ist, sperrt jetzt V2, während diesmal V3 Strom führt (Bild 10.11, b). In dieser Zeit, in der der Lautsprecher die negative Halbwelle abstrahlt, wird der Strom allein vom Koppelkondensator C_A geliefert. Wir erkennen daraus, daß C_A eine relativ hohe Kapazität haben muß (Richtwert: 2000...10000 µF).

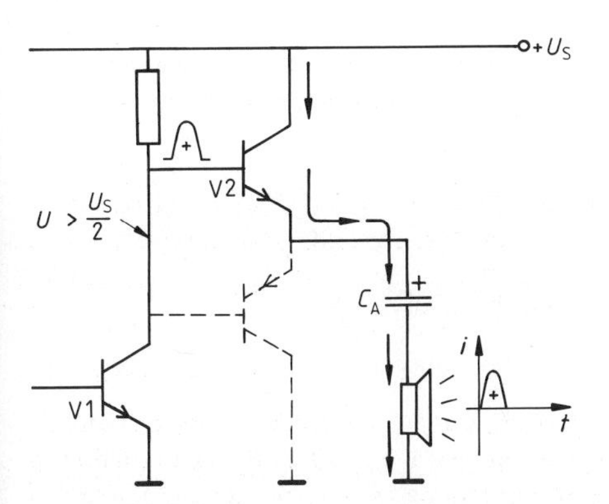

Bild 10.11 a) Wiedergabe der pos. Halbwelle: V2 führt Strom.

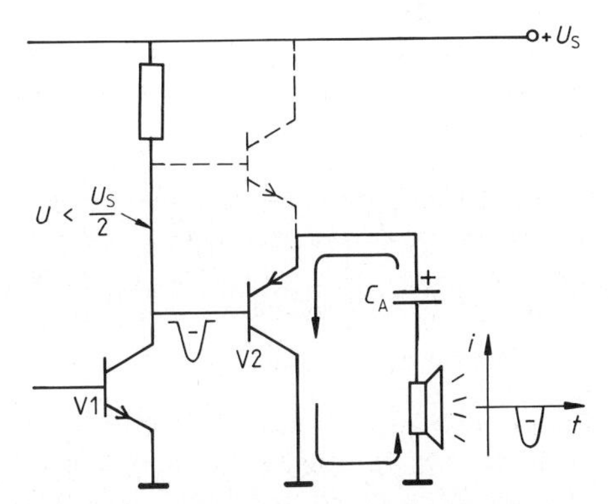

Bild 10.11 b) Wiedergabe der neg. Halbwelle: V3 führt Strom, Stromquelle ist der Kondensator C_A.

Die Höhe des Ladestroms, den der Kondensator C_A während der *positiven* Halbwelle aufnimmt, hängt direkt von der Amplitude des Signals am Eingang von V2 ab.

► Die Stromaufnahme ist folglich von der Aussteuerung abhängig (Details in Aufgabe 3).

Noch eine Bemerkung für Experten:

Wechselstrommäßig liegen die Endstufentransistoren parallel und arbeiten als Emitterfolger (d. h. in der Kollektorschaltung). Dies erkennen wir aus den Wechselstromersatzschaltbildern 10.12, a bzw. 10.12, b. (Der Punkt $+U_S$ liegt ja kapazitiv immer an Masse.)

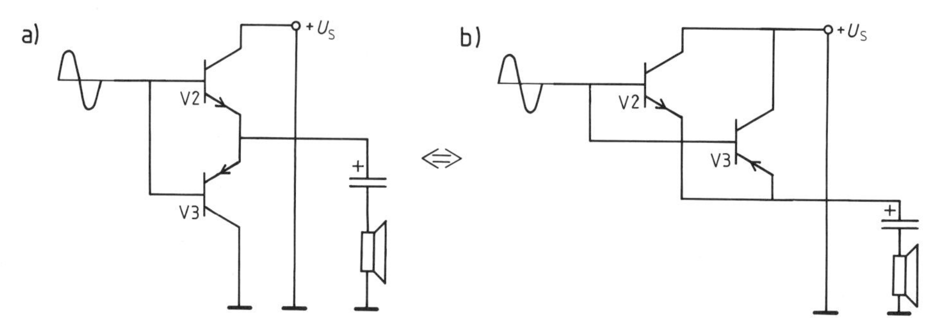

Bild 10.12 Wechselstromersatzschaltbild der Endstufe

Da Emitterfolger als Impedanzwandler einen sehr kleinen Ausgangswiderstand haben (Kapitel 9.2.2), können handelsübliche niederohmige Lautsprecher direkt an die Endstufe angeschlossen werden, wodurch eine einfache und gute Leistungsanpassung (siehe Kapitel 8.9.3) erreicht wird. Außerdem ist aus Bild 10.12, b sehr gut zu erkennen, daß V2 nur positive und V3 nur negative Halbwellen verarbeiten. Beide Halbwellenströme „setzt" der Lautsprecher schließlich „zusammen".

10.4 Sinusgeneratoren

Solche Generatoren werden auch als Oszillatoren[1]) bezeichnet. Sie beruhen alle auf dem Prinzip der **Mitkopplung.** Mitkopplung nennen wir die *gleichphasige Rückkopplung eines Signals.*

10.4.1 Mitkopplung im Vergleich zur Gegenkopplung

Die Mitkopplung ist ebenso wie die schon bekannte Gegenkopplung ein Sonderfall der allgemeinen Rückkopplung bei Verstärkern.

> Ein Verstärker ist *rückgekoppelt*, wenn ein Bruchteil k des Ausgangssignals u_a auf den Eingang zurückgeführt wird.
> Ist das an den Eingang zurückgeführte Signal $k \cdot u_a$ *gegenphasig* zum Eingangssignal u_e, sprechen wir von **Gegenkopplung.**
> *Gleichphasige* Rückführung des Ausgangssignals nennen wir **Mitkopplung.**

[1]) Oszillation (lat.) = Schwingung

Gegen- und Mitkopplung stellen wir gemeinsam nach Bild 10.13 symbolisch dar.

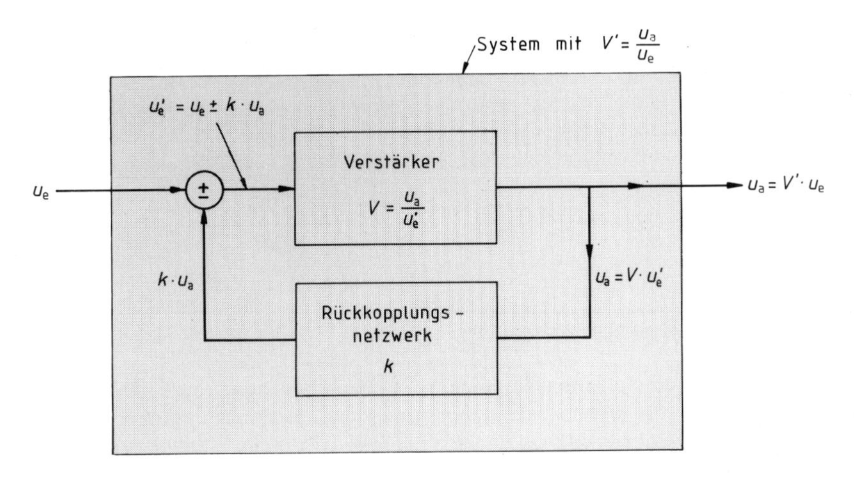

Bild 10.13 Schematische Darstellung der Gegen- und Mitkopplung

Bei der *Gegenkopplung* sinkt die wirksame Eingangsspannung u_e' (von u_e) auf den Wert:

$$u_e' = u_e - k\,u_a$$

Dadurch wird auch die gesamte Systemverstärkung $V' = u_a/u_e$ verringert, und zwar auf:

$$V' = \frac{V}{1 + k \cdot V}$$

Diese Formel hatten wir schon in Kapitel 8.12.2 am Beispiel der Stromgegenkopplung abgeleitet[1]).

Bei der *Mitkopplung* erhöht sich dagegen die wirksame Eingangsspannung u_e' gegenüber u_e auf:

$$u_e' = u_e + k\,u_a$$

Entsprechend vergrößert sich auch die Systemverstärkung $V' = u_a/u_e$ auf den Wert (siehe auch Aufgabe 4):

$$V' = \frac{V}{1 - k\,V}$$

Dies setzt allerdings voraus, daß die sogenannte (innere) Schleifenverstärkung $k \cdot V$ zwischen 0 und 1 liegt, was wir zunächst voraussetzen. Daß schon eine schwache Mitkopplung die Systemverstärkung stark anhebt, zeigt das folgende Beispiel.

Beispiel: $V = 100$; $k = 9‰$; $k \cdot V = 0{,}9$; $V' = \frac{100}{1 - 0{,}9} = 1000$.

Bei solch hohen Verstärkungen haben auch schon kleinste Störspannungen hohe Ausgangsamplituden.

[1]) Erneute Herleitung anhand von Bild 10.13 in Aufgabe 4.

Gegenkopplung vermindert die **Systemverstärkung** V'. Dadurch wird das System stabilisiert.
Mitkopplung vergrößert die Systemverstärkung V' auf:

$$V' = \frac{V}{1 - kV}$$

Ist die Schleifenverstärkung $k \cdot V$ nahe bei $k \cdot V = 1$, wird die Systemverstärkung V' extrem groß.
Das System wird störanfällig.

10.4.2 Die Anschwingbedingung

Für den Fall, daß sich die Schleifenverstärkung $k \cdot V$ dem kritischen Wert 1 nähert, wächst die Systemverstärkung V' für Wechselspannungssignale extrem an. Das mitgekoppelte System wird sehr instabil. Schon allerkleinste Störspannungen u_e, die am Eingang auftreten, führen zu merklicher Ausgangsspannung u_a. Diese gelangt nun gleichphasig an den Eingang zurück, wird deshalb erneut verstärkt usw.
Erfolgt im Extremfall $k \cdot V = 1$ eine kurze Störung u_e, so hält das System auf Dauer ein konstantes Ausgangssignal u_a aufrecht[1]). Für diesen stabilen, eingeschwungenen Endzustand ist die auslösende Störung nicht mehr wichtig.
Dies erklären wir uns so: Ein jetzt vorhandenes Ausgangssignal u_a gelangt um den Faktor k (z. B. $k = 1/100$) kleiner an den Eingang zurück. Wegen $k \cdot V = 1$ wird dieses Signal wieder um $V = 1/k$ (z. B. $V = 100$) auf den alten Wert u_a nachverstärkt. Dieser Zustand der Selbsterregung ergibt sich auch anhand von Bild 10.14.

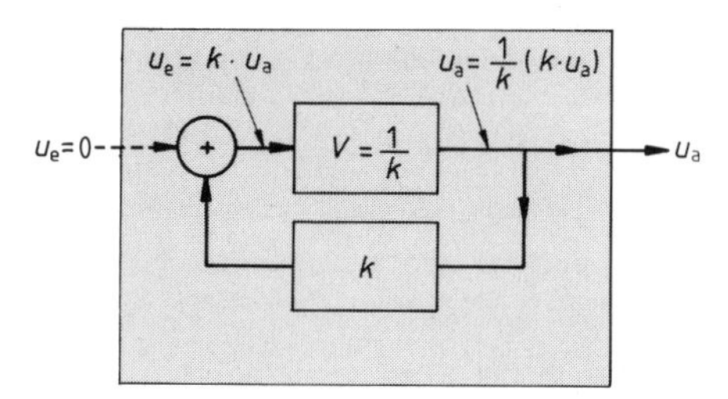

Bild 10.14 Schwingungserzeugung durch Selbsterregung bei $k \cdot V = 1$

Ist die Schleifenverstärkung $k \cdot V = 1$, verharrt ein Wechselspannungsverstärker im Zustand permanenter Selbsterregung.
Die Bedingung $\qquad$ $\mathbf{k \cdot V = 1}$
heißt auch **Anschwingbedingung.** Ist diese erfüllt, wird aus dem mitgekoppelten Verstärker ein **Oszillator.**

---

[1]) Das Ausgangssignal u_a ist ein Wechselspannungssignal mit konstanter Amplitude und fester Frequenz.
Anschauliche Begründung:
Durch eine Störung am Eingang werden dort gedämpfte elektrische Schwingungen *aller* Frequenzen angestoßen (ähnlich wie ein Stoß Pendel *aller* Längen zum Schwingen bringt). Über den Verstärker und das Rückkopplungsnetzwerk gelangen sämtliche Schwingungen zeitversetzt an den Eingang zurück. Gilt nun die Bedingung $k \cdot V = 1$ gerade für eine Schwingung definierter Frequenz, so ist es allein diese Schwingung, welche aufgrund ihrer Laufzeit eine der abklingenden Schwingungen am Eingang in exakt gleicher Phase vorfindet. Nur diese elektrische Schwingung überlebt auf Dauer.

10.4.3 Sinusoszillatoren

Wir nehmen nun an, daß

1. die Anschwingbedingung $k \cdot V = 1$ für genau eine Frequenz f_0 gilt, und
2. für alle anderen Frequenzen die Schleifenverstärkung $k \cdot V < 1$ ist.

Unter diesen Voraussetzungen schwingt unser System nur mit der Frequenz f_0 und liefert eine verzerrungsfreie, ungedämpfte Sinusschwingung konstanter Amplitude.[1]) In der Praxis ist die Bedingung

$$k \cdot V = 1 \text{ für genau eine Frequenz } f_0$$

recht schwer zu realisieren. Bei breitbandigen Verstärkern gilt oft sogar $k \cdot V > 1$, und zwar für ein ganzes Frequenzband. Hier würde sich die Ausgangsspannung u_a für ein ganzes Frequenzband auf unendlich hohe Werte aufschaukeln. (Dies können wir leicht nachprüfen, wenn wir von irgendeiner zufällig vorhandenen Ausgangsspannung u_a ausgehen.) Zum Glück verhindern die endlichen Aussteuerungsgrenzen des Verstärkers diesen Effekt. Die Ausgangsspannung ist in solchen Fällen jedoch keineswegs mehr sinusförmig, sie enthält ein Frequenzgemisch und ist stark verzerrt.
Da dieser Zustand meist ungewollt auftritt, sprechen wir von „wilden Schwingungen", z. B. liefern Musikanlagen mit angeschlossenen Mikrofonen häufig statt Musik nur ein wildes Rückkopplungspfeifen.

10.4.4 *LC*-Oszillatoren

Wird die Verstärkung *V* so ausgeführt, daß sie bei der gewünschten Frequenz f_0 ein Maximum hat, läßt sich die Bedingung $k \cdot V = 1$ (für genau eine Frequenz f_0) leichter realisieren. Bild 10.15 zeigt hierzu als Beispiel einen **Meißneroszillator**[2]).

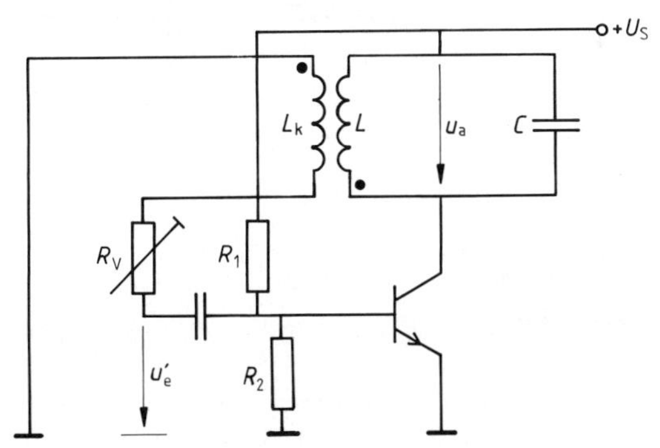

Bild 10.15 Meißneroszillator

Der Kollektorwiderstand des Transistors wird hier durch einen Schwingkreis gebildet. Dieser besteht aus der Spule *L* und dem Kondensator *C* und hat die Resonanzfrequenz f_0. Bei dieser Frequenz f_0 ist der Wechselstromwiderstand des Schwingkreises maximal. Für f_0 stellt sich so die größte Verstärkung *V* ein. Der Wert des *Mitkopplungsfaktors k* wird z. B. über die Anzahl der Windungen der Koppelspule L_k und über den Vorwiderstand R_V so verändert, daß sich $k \cdot V = 1$ einstellt. Damit sich aber tatsächlich die gleichphasige Mitkopplung einstellt, muß der Windungssinn dieser Koppelspule richtig gewählt werden. Der Windungsanfang beider Spulen ist deshalb durch einen Punkt gekennzeichnet.

[1]) Siehe Fußnote [1]) auf Seite 268.
[2]) Andere Beispiele, siehe Aufgabe 5.

Bei ***LC*-Oszillatoren** ist die Verstärkung durch einen *LC*-Schwingkreis frequenzabhängig. Mit dessen *Resonanzfrequenz* f_0 schwingt dann das System sinusförmig, wenn für f_0 die Bedingung $k \cdot V = 1$ eingehalten wird. Nach Thompson errechnet sich die Frequenz eines *LC*-Oszillators aus:

$$f_0 = \frac{1}{2\pi \cdot \sqrt{LC}}$$

10.4.5 *RC*-Oszillatoren

Bei *RC*-Oszillatoren wird das Mitkopplungsnetzwerk (und damit der Faktor k) durch *RC*-Glieder frequenzabhängig aufgebaut. Daneben erfüllen diese *RC*-Glieder noch eine andere Aufgabe. *Bei einstufigen Verstärkern in Emitterschaltung* beträgt die Phasenverschiebung zwischen Aus- und Eingangssignal 180°. Für eine gleichphasige Mitkopplung muß diese Phasenverschiebung rückgängig gemacht werden.

Auch dies leisten die *RC*-Glieder. Da auf den Kondensator erst eine Zeit lang Ladestrom fließen muß, bevor sich an dessen Klemmen die Spannung vollständig aufbaut, stellt sich an jedem *RC*-Glied eine Phasenverschiebung φ' zwischen Ein- und Ausgangsspannung ein (Bild 10.16). Diese Phasenverschiebung φ' liegt immer unter 90°. Deshalb kann erst durch eine Reihenschaltung von mindestens drei *RC*-Gliedern eine Phasenverschiebung von $\varphi = 180°$ erreicht werden[1]).

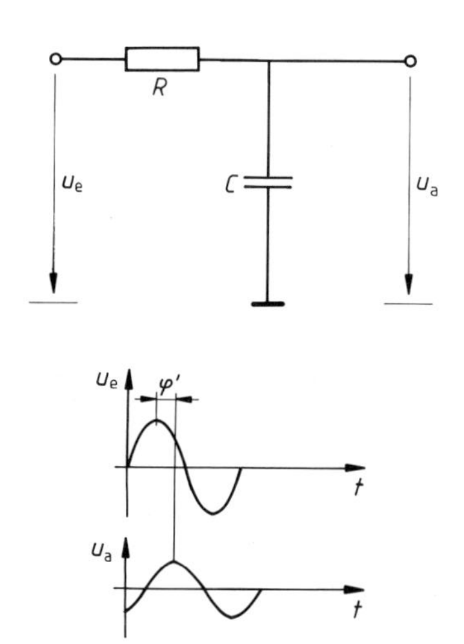

Bild 10.16 Ein *RC*-Glied erzeugt eine Phasenverschiebung.

Solch eine Anordnung nennen wir nun **Phasenschieberkette.** Bei $\varphi = 180°$ erzeugt sie Mitkopplung.

[1]) Da sich die in Reihe geschalteten *RC*-Glieder belasten, ist der Winkel φ' je *RC*-Glied nicht exakt 60°. (Genaue Ableitung nur mit dem Zeigerdiagramm möglich.)

Damit erhalten wir einen *RC*-Oszillator nach Bild 10.17. Er ist für $f_0 \simeq 1$ kHz ausgelegt[1]). Die Ein- und Auskoppelkondensatoren des Verstärkers sind so groß gewählt, daß sie keine nennenswerte Phasenverschiebung mehr verursachen. Ihr kapazitiver Widerstand ist dann ebenfalls vernachlässigbar.

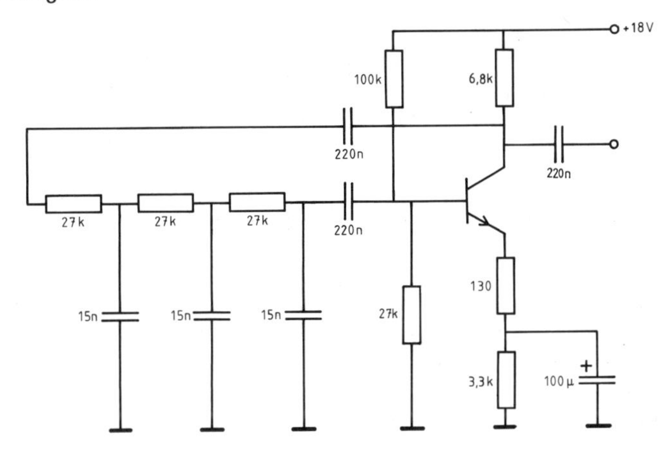

Bild 10.17 Beispiel eines *RC*-Generators (zur Verbesserung siehe Aufgabe 6, c).

Anstelle von *RC*-Gliedern *(Tiefpaßkette)* können auch *CR*-Glieder *(Hochpaßkette)* eingesetzt werden. Dadurch reduziert sich der Schaltungsaufwand etwas. Ein Beispiel zeigt Aufgabe 6.

> Bei einstufigen Verstärkern (mit $\varphi = 180°$) kann z.B. durch eine dreistufige ***RC*-Phasenschieberkette** Mitkopplung erzeugt werden. In diesem Fall muß für jedes *RC*-Glied gelten: $X_C = R/\sqrt{6}$. Daraus errechnet sich die Schwingfrequenz:
>
> $$f_0 = \frac{\sqrt{6}}{2 \cdot \pi \cdot RC} \simeq \frac{1}{2{,}56 \cdot RC}$$
>
> Werden ***CR*-Phasenschieberketten** mit drei gleichen *CR*-Gliedern verwendet, ergibt sich Mitkopplung bei $X_C = \sqrt{6} \cdot R$. Dies liefert für f_0:
>
> $$f_0 = \frac{1}{2 \cdot \pi \cdot \sqrt{6} \cdot RC} \simeq \frac{1}{15{,}4 \cdot RC}$$

Bemerkung:

Bei zweistufigen Verstärkern liegt keine Phasenverschiebung zwischen Aus- und Eingangssignal mehr vor. Das *RC*-Netzwerk für die Mitkopplung darf dann keine zusätzliche Phasenverschiebung φ erzeugen. Bild 10.18 zeigt einen entsprechenden Schaltungsvorschlag nach Wien.

Bei diesem **Wiengenerator** ergibt sich am Punkt E die Phasenverschiebung $\varphi = 0$ bei $X_C = R$. Dies ist für die Frequenz $f_0 = \frac{1}{2 \cdot \pi \cdot RC}$ der Fall.

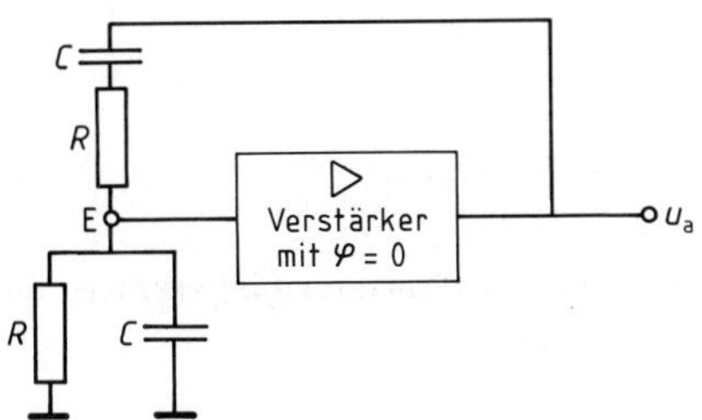

Bild 10.18 Wiengenerator

[1]) Formel siehe Kasten. Herleitung nur mit Zeigerdiagramm möglich.

Aufgaben

Einstellbarer Spannungsregler

1. Nebenstehende Schaltung ist mit dem Si-Transistor 2N 3055 aufgebaut (B = 25).

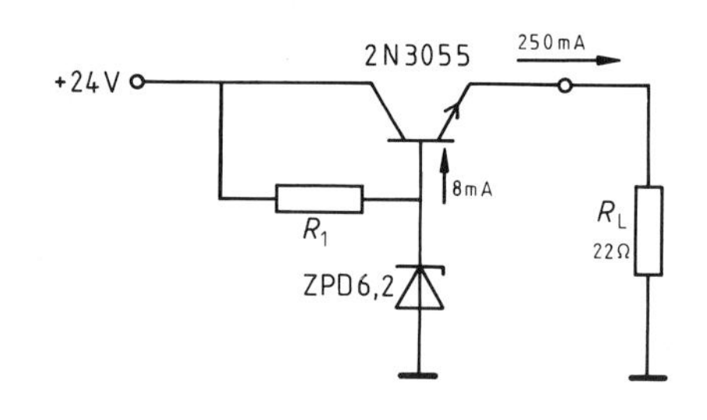

   a) Wie groß ist in etwa die Ausgangsspannung? (*Lösung:* 5,5 V)

   b) Wie groß ist die Verlustleistung des Transistors? Zeigen Sie, daß diese bei einer Ausgangsspannung gleich der halben Speisespannung prinzipiell groß sein muß.

   c) Die Z-Diode habe eine Verlustleistung von 500 mW. Bestimmen Sie R_1 so, daß sich die Z-Diode im Arbeitsbereich befindet. (Denken Sie an I_B.)

   d) Bei Schwankungen des Laststromes ist der differentielle Ausgangswiderstand der BE-Strecke des Transistors maßgebend. Bei Schwankungen der Speisespannung ist der differentielle Widerstand der Z-Diode entscheidend. Begründen Sie dies.

   e) Die Ausgangsspannung werde über einen Poti laut Bild 10.2 einstellbar gemacht. Weshalb wird dadurch das Regelverhalten schlechter? (*Hilfe:* Einfluß von R_i der „Referenzquelle", siehe Kapitel 9.2.2.)

Einstellbarer Stromregler, lineares Ohmmeter, Sägezahngenerator

2. a) Nebenstehende Schaltung zeigt einen sehr einfachen Stromregler mit einem Si-Transistor ($U_{BE} = 0{,}7$ V, B = 100). Der Konstantstrom durch R_L betrage $I_C = 0{,}5$ mA.
   Berechnen Sie R_1, R_2 für ein Querstromverhältnis von $q = 9$ (*Lösung:* 386 kΩ, 15,5 kΩ)

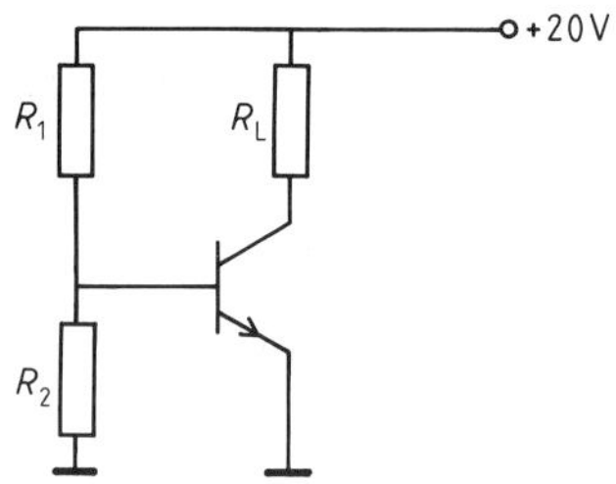

   b) Welche Lastwiderstände R_L sind (bei $I_C \simeq$ const) noch zulässig, wenn $U_{CE\,min} = 1$ V beträgt? (*Lösung:* bis 38 kΩ)

   c) Die Schaltung aus 2, a hat den Nachteil, daß I_C nicht einstellbar und auch noch stark temperaturabhängig ist. Dies ist in folgender Schaltung besser.
      1. Erläutern Sie dies. (*Hilfe:* Kapitel 10.2 und Kapitel 8.8.1)
      2. Berechnen Sie R'_1, R'_2 und R'_E so, daß sich wieder $I_C = 0{,}5$ mA einstellt. (*Lösung:* 346 kΩ, 60 kΩ, 4 kΩ)

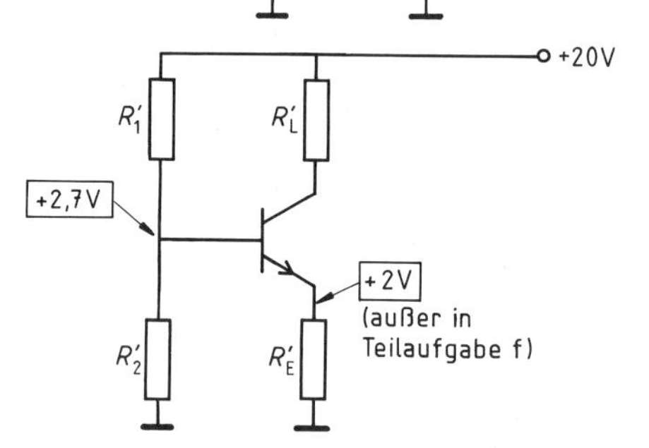

   d) Welchen Vorteil hat eine Z-Diode anstelle von R'_2?

   e) 1. Welcher maximale Lastwiderstand R'_L ist hier noch bei $I_C \simeq$ const zulässig? (*Lösung:* 36 kΩ, wenn $U_{CE\,min}$ vernachlässigt wird und 34 kΩ bei $U_{CE\,min} = 1$ V)
      2. *Lineares Ohmmeter:* Stellen Sie U'_{RL} in Abhängigkeit von R'_L bis $R'_L = 30$ kΩ graphisch dar.

   f) Ergänzen Sie das Schaubild aus e, 2 bis $R'_L = 100$ kΩ. (*Hilfe:* $R_{L\,max}$ aus Kapitel 10.2)

   g) *Sägezahngenerator:* In der Schaltung aus c wird die Speisespannung abgeklemmt und anstelle von R'_L ein ungeladener Kondensator mit $C = 100$ µF eingebaut.
   Zeichnen Sie den Spannungsverlauf am Kondensator für die ersten fünf Sekunden nach dem Wiederanlegen der Speisespannung. (*Hilfe:* Anfangs lineare Zunahme mit 5 V/1 s; „Knick" bei etwa 17 V.)

Wirkungsgrad eines Gegentakt-Endverstärkers

3. Bei einer Gegentaktendstufe nach Bild 10.11 gibt die Speisespannungsquelle nur dann Leistung ab, wenn am Treiberausgang die positive Halbwelle erscheint. Nachfolgende Skizze zeigt dazu den Verlauf von Speisespannung und -strom. Daraus folgt die von der Speisespannungsquelle abgegebene Gleichstromleistung P_S

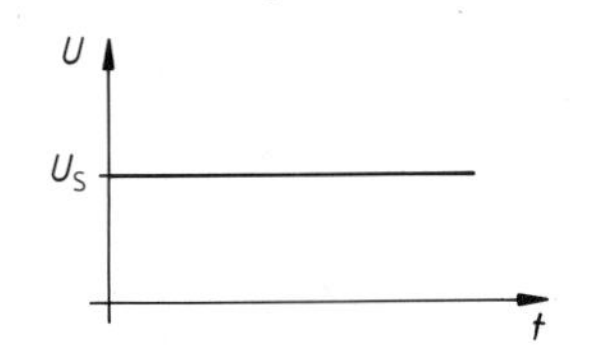

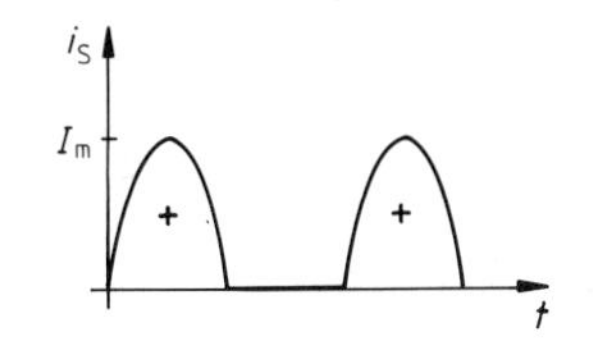

$\Rightarrow\ P_S = U_S \cdot \frac{1}{\pi} I_m$

a) Erklären Sie diese Diagramme und die Formel für P_S (*Hilfe:* Kapitel 1.5.2)

b) Die Last R_L (Lautsprecher) strahlt bei *Vollaussteuerung* folgende Leistung ab:

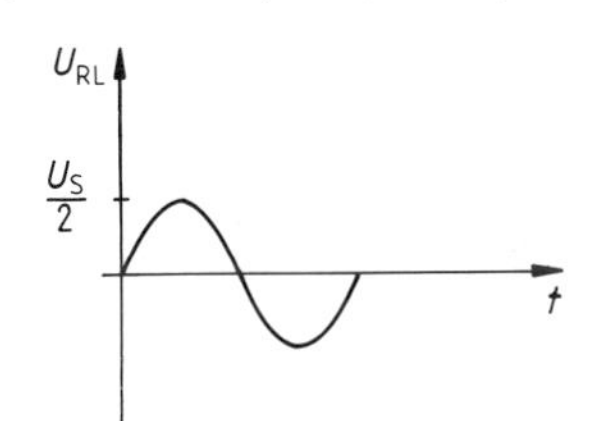

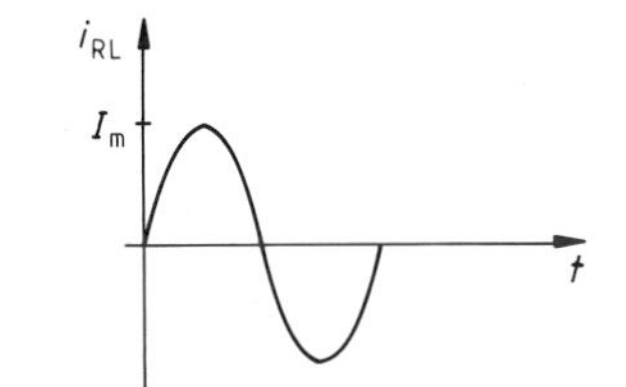

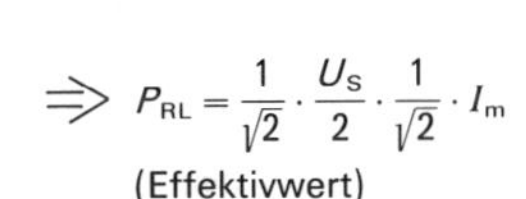

$\Rightarrow\ P_{RL} = \frac{1}{\sqrt{2}} \cdot \frac{U_S}{2} \cdot \frac{1}{\sqrt{2}} \cdot I_m$

(Effektivwert)

Erklären Sie auch hier den Verlauf der Diagramme und die Formel für P_{RL}.

c) Berechnen Sie damit den Wirkungsgrad einer Gegentaktendstufe. (*Lösung:* $\pi/4 \simeq 80\%$)

d) Zum Vergleich mit c betrachten wir die Eintaktendstufe im A-Betrieb etwa nach Bild 8.8. Zeigen Sie bitte, daß bei *Vollaussteuerung* gilt:

$$P_S = \frac{1}{2} \cdot U_S \cdot I_{max}$$

$$P_{RL} = \frac{1}{\sqrt{2}} \cdot \frac{U_{max}}{2} \cdot \frac{1}{\sqrt{2}} \cdot \frac{I_{max}}{2}$$

wobei der Index *max* hier die Spitzen-Spitzen-Werte der Ausgangssignale bezeichnet.
Weisen Sie nach, daß der maximale Wirkungsgrad eines Eintakt-Verstärkers (siehe z.B. Bild 8.8) nur 25% beträgt.

e) Zeigen Sie: Wird bei einem Eintaktverstärker nach Bild 8.8 der Widerstand R_C durch eine Induktivität L ersetzt, steigt der Wirkungsgrad auf 50%.

Gegen- und Mitkopplung

4. **a)** Zeigen Sie anhand von Bild 10.13, daß die Systemverstärkung V sich nach folgenden Formeln errechnet:

Bei Gegenkopplung: $V' = \frac{V}{1+kV}$

Bei Mitkopplung: $V' = \frac{1}{1-k \cdot V}$

(*Hilfe:* $V' = u_a/u_e$ und $u_a = Vu'_e$ sowie $u_e = \ldots$?, siehe auch Kapitel 8.12.2)

b) Wie wirken sich Gegenkopplung, wie Mitkopplung auf Signalverzerrungen und Stabilität einer Verstärkerschaltung aus? (*Hilfe:* Kapitel 10.4.1 und Kapitel 8.12.4)

c) Welche Systemverstärkung V' ergibt sich, wenn die Schleifenverstärkung $k \cdot V \to 1$ geht?
Erläutern Sie damit die Selbsterregung eines Systems beim Auftreten einer zufälligen Störung (z.B. Einschaltknack, Stromrauschen ...).
Zeigen Sie anhand von Zahlenbeispielen für k und V, daß diese Selbsterregung ein dauerhafter Zustand bleibt.

d) Wie läßt sich akustische Rückkopplung (wildes Pfeifen) bei Gesangsverstärkern vermeiden?
(*Hilfen:* Lautstärke, Klangeinsteller, Mikrofonrichtung ...)

5. **a)** Zeigen Sie anhand des Wechselstromersatzschaltbildes, daß die hier dargestellte Meißner-Schaltung mit Bild 10.15 wechselstrommäßig identisch ist.

b) Zeigen Sie, daß Mitkopplung vorliegt. Umrahmen Sie Verstärker und Mitkopplungsnetzwerk.

c) Zeigen Sie, daß sich der skizzierte Dreipunktoszillator aus der Meißnerschaltung entwickeln läßt. Gehen Sie danach wie in b vor.

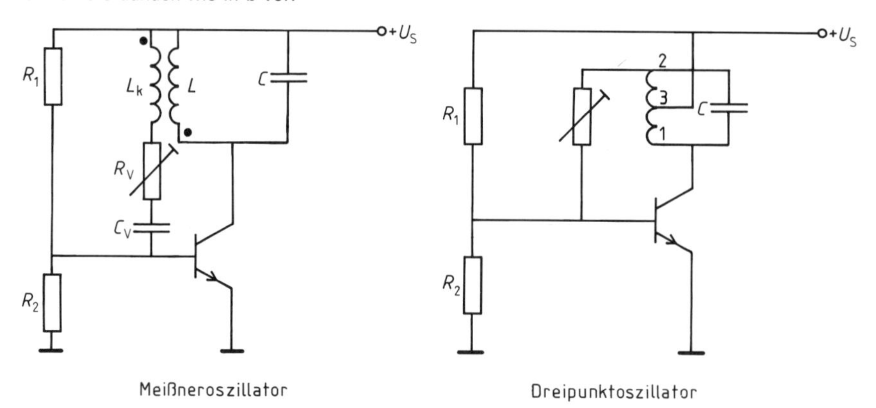

RC- und *CR*-Oszillatoren

6. **a)** In Bild 10.17 sind die drei *RC*-Glieder durch drei *CR*-Glieder zu ersetzen. Es sei wieder $R = 27\ \text{k}\Omega$.
   1. Berechnen Sie die Kondensatoren C für $f_0 \simeq 1$ kHz. (*Lösung:* $\simeq 2{,}2$ nF)
   2. Zeichnen Sie das Schaltbild, und tragen Sie die Werte sämtlicher Bauelemente darin ein.

b) Die beiden 220 nF-Koppelkondensatoren des Verstärkers werden durch je eine Leitung ersetzt.
   1. Zeichnen Sie das neue Schaltbild mit den drei *CR*-Gliedern.
   2. Begründen Sie: Die Werte aller anderen Bauelemente aus a, 2 dürfen hier ohne Änderung übernommen werden.

c)* Mit Hilfe des Zeigerdiagramms aus der Wechselstromlehre ergibt sich beim *RC*- und *CR*-Oszillator der Mitkopplungsfaktor zu $k = 1/29$. Zeigen Sie, daß mit dem Verstärkerteil von Bild 10.17 der Oszillator sicher anschwingt.
(*Hilfe:* Nach Kapitel 8.12.2 und Kapitel 8.12.3 ist V_0', d. h. hier $V \simeq 52$, also $k \cdot V > 1$, was zu Verzerrungen führt; Abhilfe laut Skizze)

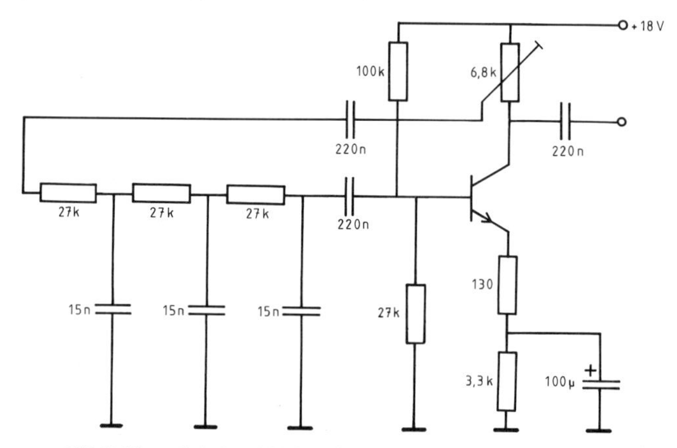

Abänderung von Bild 10.17, um (mit dem 6,8 kΩ-Poti) $k \cdot V = 1$ exakt einstellen zu können.

d) Durchstimmbare Oszillatoren werden als Wiengeneratoren und Festfrequenzoszillatoren als *CR*-Oszillatoren aufgebaut. Weshalb? (*Hilfe:* Preis von Dreifachdrehkos bzw. Stufenschaltern mit 2 Ebenen und Tandem-[Stereo-]Potis vergleichen.)

11 Feldeffekt-Transistoren und ihre Anwendungen

Die bisher besprochenen, bipolaren PNP- bzw. NPN-Transistoren haben den Nachteil, daß die steuernde BE-Diode im Durchlaßbetrieb arbeitet.

Die Folgen:

1. Die Steuerung geschieht *nicht leistungslos*. Anders ausgedrückt: Die Signalquelle wird durch einen niedrigen Eingangswiderstand belastet.
2. Statistische Schwankungen des Basisstromes *(Stromrauschen)* werden verstärkt und führen zu einem verrauschten Ausgangssignal.
3. Der Ausgangsstrom folgt recht *träge* der Eingangsspannung, weil erst der Basisstrom „in Schwung gebracht" werden muß, bevor sich der Kollektorstrom „rührt". Dies führt zu großen Schaltzeiten und mäßigen HF-Eigenschaften.

All diese Nachteile vermeidet der **F**eld-**E**ffekt-**T**ransistor (kurz **FET** genannt). Hier bewirkt allein das *elektrische Feld* der Eingangsspannung die Änderung des Ausgangsstromes. Dieses Verhalten ähnelt der guten alten Radioröhre.

Die **Steuerung geschieht beim FET praktisch stromlos, leistungslos und trägheitsfrei.** Der FET hat einen (fast) unendlich hohen Eingangswiderstand ($10^9 \ldots 10^{16}\,\Omega$), geringes Rauschen und gute HF-Eigenschaften.

Genauer betrachtet, besteht die Wirkung des FET darin, daß das elektrische Feld der Steuerspannung den Widerstand eines Halbleiterstabes, des sogenannten **Kanals** beeinflußt. Dieser Kanal besteht entweder nur aus einem P- oder einem N-Leiter. Der Kanalstrom fließt also nicht mehr über Zonen wechselnder Ladungsträgerart. Deshalb heißen **FETs** auch **unipolare Transistoren.**
Obwohl das FET-Prinzip schon seit 1928 bekannt ist, erlaubte der Stand der Halbleitertechnologie etwa erst 1960 die Serienproduktion[1]).

Bei Feldeffekttransistoren (FETs) wird der **Widerstand eines Halbleiterkanals** leistungslos durch das elektrische Feld einer Steuerspannung verändert.

[1]) Wesentlichen Anteil daran hatte wieder der Nobelpreisträger Shockley (siehe auch Fußnote bei Kapitel 7.2, obwohl schon Lilienfeld den FET-Effekt 1928 zum Patent angemeldet hatte).

11.1 Der Sperrschicht-FET

11.1.1 Aufbau und Funktion

Die ersten FETs kamen als Sperrschicht-FETs (J-FETs) auf den Markt.[1] Ohne Beschränkung der Allgemeinheit besprechen wir hier nur die N-Kanal-Ausführung. Die freien Ladungsträger werden in einem N-Kanal durch Elektronen repräsentiert. Bild 11.1 zeigt den inneren Aufbau eines solchen Sperrschicht-FETs.

Die Anschlußbezeichnungen S, G und D werden generell für FETs verwendet und haben folgende Bedeutung:

S-Pol = *Source* (engl.) = Quelle (des Kanalstromes)
D-Pol = *Drain* (engl.) = Abfluß, Senke (des Kanalstromes)
G-Pol = *Gate* (engl.) = Tor (Steueranschluß)

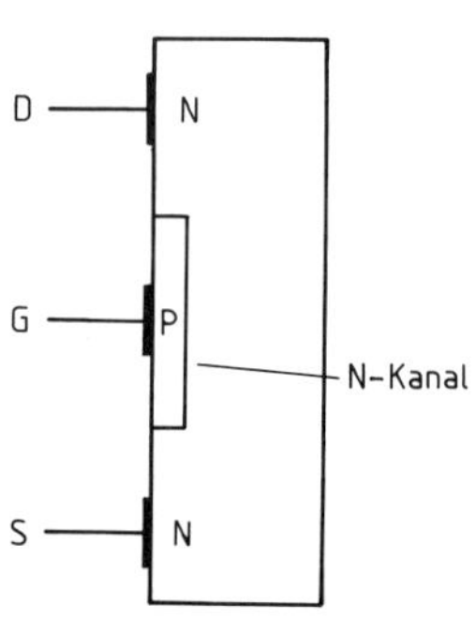

Bild 11.1 Aufbau eines Sperrschicht-FET (N-Kanal)

Zur *Funktionserklärung* des Sperrschicht-FETs verwenden wir die schematische Darstellung von Bild 11.2. Zuerst stellen wir fest, daß sich aufgrund des flächigen PN-Übergangs zwischen Gate und Kanal eine – an freien Ladungsträgern arme – *Sperrschicht* ausbildet. Etwas vereinfachend nehmen wir an, daß diese Sperrschicht proportional mit einer Sperrspannung breiter wird.

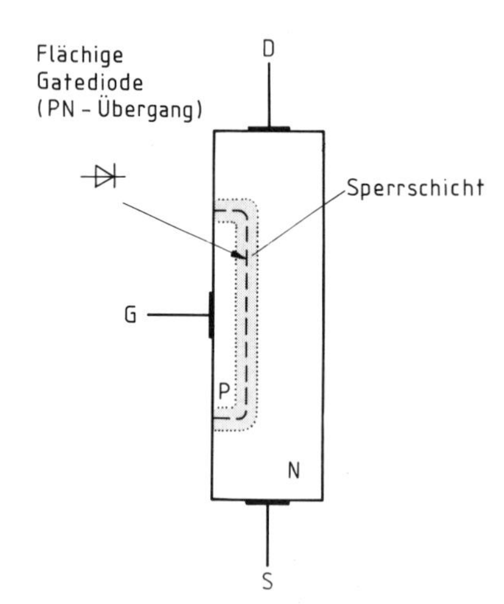

Bild 11.2 Schematisierter Sperrschicht-FET ohne äußere Spannungen

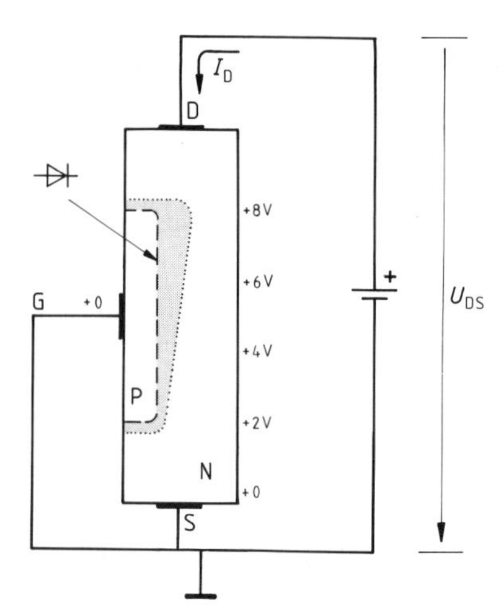

Bild 11.3 Kanalbreite unter dem Einfluß einer Drainspannung U_{DS}

[1]) J-FET = Junction-FET (engl.) = Sperrschicht-FET

In der (Test-)Schaltung von Bild 11.3 ist das Gate G mit dem S-Pol (Masse) verbunden. Bei positivem U_{DS} wird die Gatediode folglich an jedem Punkt in Sperrichtung beansprucht. Allerdings nimmt, wegen des Spannungsabfalls am (Halbleiter-)Kanal, diese Sperrspannung vom S-Pol zum D-Pol zu. Deshalb ist die Sperrschicht am Kanalende, dem D-Pol, viel breiter als am Anfang, beim S-Pol (Bild 11.3).
Da in der Sperrschicht (fast) keine freien Ladungen „sitzen", wird so der wirksame Kanalquerschnitt eingeschnürt.

Aber:

Bei kleinen Drainspannungen ($U_{DS} < 1$ V) ist die Einschnürung des Kanals vernachlässigbar. Der Kanalstrom I_D verändert sich deshalb mit U_{DS} nach dem ohmschen Gesetz.

Wird nun U_{DS} wesentlich über 1 V vergrößert, streiten zwei Effekte miteinander:

1. Der Kanalstrom müßte nach dem Ohmschen Gesetz zunehmen.
2. Die Sperrschicht wird mit U_{DS} breiter und verringert somit den Kanalstrom.

Das Ergebnis:

Der *Kanalstrom* bleibt im wesentlichen *konstant*. In diesem Fall sagen wir auch: Der FET arbeitet im Abschnürbereich bzw. in der Sättigung (Bild 11.4). Bei noch höheren Spannungen bricht er schließlich durch. Die höchstzulässige Kanalspannung U_{DSmax} ist ein typischer Grenzwert des FET.

Im **Abschnürbereich** (Sättigungsbereich) hängt der Kanalstrom I_D (fast) nicht von der Drainspannung U_{DS} ab. In diesem Betriebsfall muß U_{DS} deutlich größer als 1 V sein.

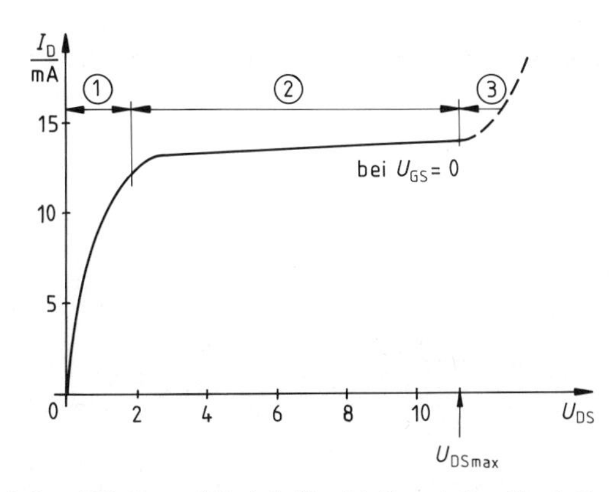

Bild 11.4 Ohmscher Bereich ① und Sättigungs-(Abschnür-)Bereich ② sowie Durchbruch ③

Nun können wir die Sperrschichtbreite auch noch durch eine zusätzliche Spannung am Gate verändern. Eine entsprechende Schaltung zeigt Bild 11.5. Das Drain D sei zunächst nicht angeschlossen.
Eine (gegen den S-Pol) *negative Spannung* $-U_{GS}$ am Gate betreibt die Gate-Kanal-Diode in Sperrichtung. Da somit **kein Gatestrom** fließt[1]), ist die Spannung $-U_{GS}$ ohne Spannungsabfall überall an der Grenzschicht*fläche* zu messen. Deshalb verbreitert sich die Grenzschicht aufgrund von $-U_{GS}$ entlang des Kanals gleichmäßig (Bild 11.5, Teil ⓐ).

[1]) Vom Sperrstrom (Gate-Kanal-Reststrom) abgesehen.

Wenn wir nun die Drainspannung U_{DS} anlegen, überlagert sich noch die schon besprochene, keilförmige Sperrschicht von Bild 11.3 (Teil ⓑ in Bild 11.5). Dies ergibt insgesamt einen Sperrschichtverlauf, wie ihn Bild 11.5 zeigt.

Entscheidend daran ist, daß wir einen Anteil der Sperrschichtbreite über eine negative Spannung am Gate steuern können, wobei erkennbar gilt:

▶ Je höher der Betrag der Steuerspannung $-U_{GS}$, desto kleiner der Kanalstrom I_D.

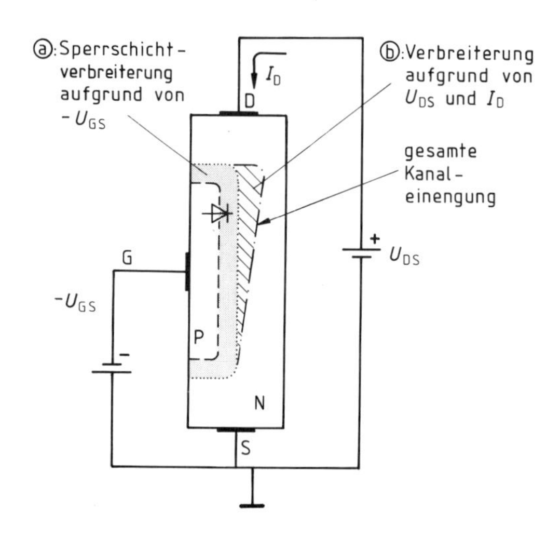

Bild 11.5 N-Kanal-Sperrschicht-FET mit neg. Sperrspannung am Gate und pos. Drainspannung

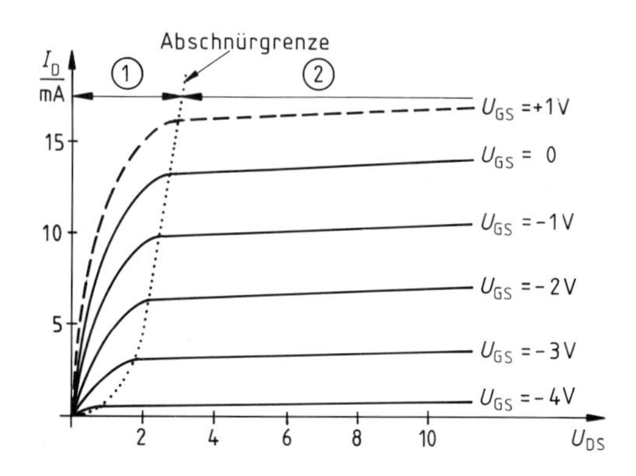

Bild 11.6 Ausgangskennlinien bei verschiedenen Gatespannungen ①: ohmscher Bereich; ②: Abschnürbereich

Dies führt zu dem in Bild 11.6 als Beispiel dargestellten Ausgangskennlinienfeld. Dieses betrachten wir gleich genauer. Zuvor aber noch folgende Merksätze:

Beim Sperrschicht-FET (Junction-FET) hat die Gatespannung eine andere Polarität als die Drainspannung (bezogen auf den S-Pol).

- Dadurch arbeitet die **Gate-Kanal-Diode in Sperrichtung.**

Die Steuerung des Kanalstromes I_D geschieht deshalb praktisch leistungslos, wobei das elektrische Feld der Gatespannung die *Breite der Sperrschicht* im Kanal ändert. Die Schaltsymbole der beiden möglichen Sperrschicht-FETs zeigt Bild 11.7.[1]) Die Polung der Betriebsspannung ist auf den S-Pol bezogen.

Bild 11.7 N-Kanal und P-Kanal-Sperrschicht-FET (G = Gate, S = Source, D = Drain)

Noch einige praktische Hinweise:

Die Gatediode kann *auch in Durchlaßrichtung* betrieben werden. Die Sperrschicht im Kanal wird dadurch abgebaut, der Kanalstrom größer (siehe Bild 11.6, gestrichelte Linie). Da nun aber Steuerstrom fließt, läuft diese Betriebsart dem Sinn des FET zuwider. Eine Verwechslung von S- und D-Pol hat auf die Funktion des Sperrschicht-FET erkennbar keinen Einfluß.

Europäische Hersteller kennzeichnen FETs nach dem schon in Kapitel 7.2.1 vorgestellten Pro-Electron-Schlüssel. (Siehe auch Anhang A-9.)

Fast alle FETs sind HF-tüchtig, z. B. die Universaltypen BF244 ... BF246 bis 700 MHz. (Es handelt sich um N-Kanal-Sperrschicht-FETs mit den Daten: 4,5 mA/V; 30 V; 10 mA.[2]) Entsprechende amerikanische Typen sind: 2N5457 ... 2N5459)

11.1.2 Kennlinien und differentielle Kennwerte

Wenn der FET im Abschnürbereich (Sättigungsbereich) arbeitet, hängt der Kanalstrom (fast) nur noch von der Steuerspannung $-U_{GS}$ ab. In diesem Fall verlaufen die *Ausgangskennlinien* nahezu horizontal, der differentielle Ausgangswiderstand der Drain-Source-Strecke ist recht groß: Bild 11.8.

Wir schließen daraus (genau wie beim Transistor in Kapitel 7.5.5):

Im Sättigungsbereich ist **der differentielle Ausgangswiderstand**

$$r_{DS} = \frac{\Delta U_{DS}}{\Delta I_D}$$

so groß, daß er kaum beachtet werden muß. (*Richtwert:* $r_{DS} \simeq 20\ \mathrm{k\Omega}$)

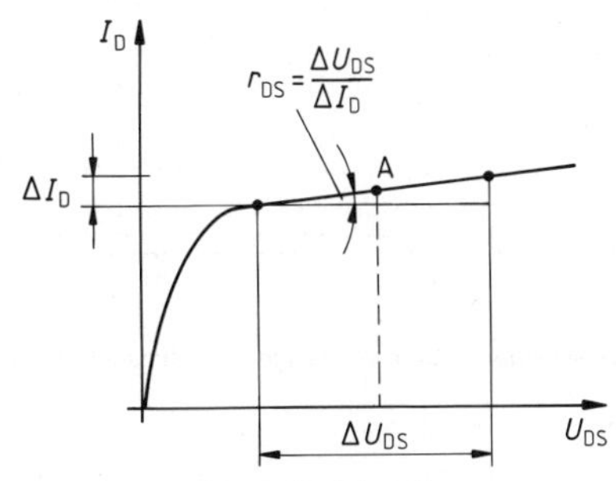

Bild 11.8 Flacher Verlauf der Ausgangskennlinien, d. h. großer Wert für r_{DS}

[1]) Die Gatezuleitung liegt bei allen FETs immer in der Höhe des S-Pols. Dieser ist so auch ohne Beschriftung erkennbar.

[2]) Erklärung der Kennwerte, siehe Kapitel 11.4.

Aus dem Ausgangskennlinienfeld läßt sich im Sättigungsbereich die *Eingangskennlinie* (Übertragungskennlinie) des FETs gewinnen. Unter Verwendung des Beispiels von Bild 11.6 erhalten wir Bild 11.9.

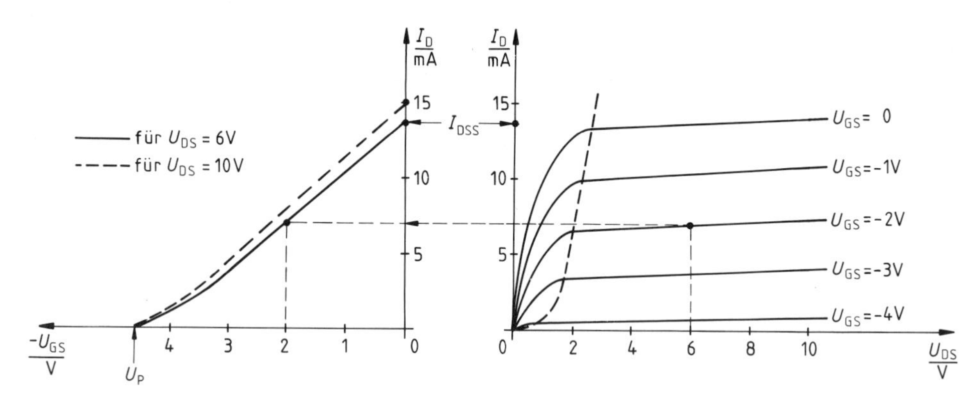

Bild 11.9 Eingangskennlinie (Parameter U_{DS}) und Ausgangskennlinien des Sperrschicht-FETs

Wir lesen aus Bild 11.9 ab:

Arbeitet der FET im Abschnürbereich, so ist die **Eingangskennlinie** $I_D(-U_{GS})$ nur wenig von der Kanalspannung U_{DS} abhängig. In diesem Sinne geschieht die Steuerung eindeutig durch die Gatespannung.
Die Eingangskennlinie heißt auch *Übertragungskennlinie* des FETs.

Ab einer bestimmten Steuerspannung, in Bild 11.9 bei etwa -4 V, ist der Kanal sogar ganz abgeschnürt. Die zu diesem *Pinch-Off-Effekt* (engl. = Einschnüreffekt) gehörende Gatespannung nennen wir **Pinch-Off-Spannung** $\boldsymbol{U_P}$.

11.1.3 Steilheit und Verstärkung

Wichtigste Kenngröße für den FET ist die *Steilheit S* der Eingangskennlinie. Anschaulich entspricht diese Größe S der *Steigung der Übertragungskennlinie*.

Nach Bild 11.10 gilt für die **Steilheit** S:

$$S = \frac{\Delta I_D}{\Delta U_{GS}} = \frac{i_D}{u_{GS}} \quad \text{mit } [S] = \frac{1 \text{ mA}}{\text{V}}$$

Der Zahlenwert von S gibt an, um wieviel mA der Kanalstrom schwankt, wenn die Gatespannung um 1 V geändert wird.

Typischer Wert: $S = 4$ mA/V

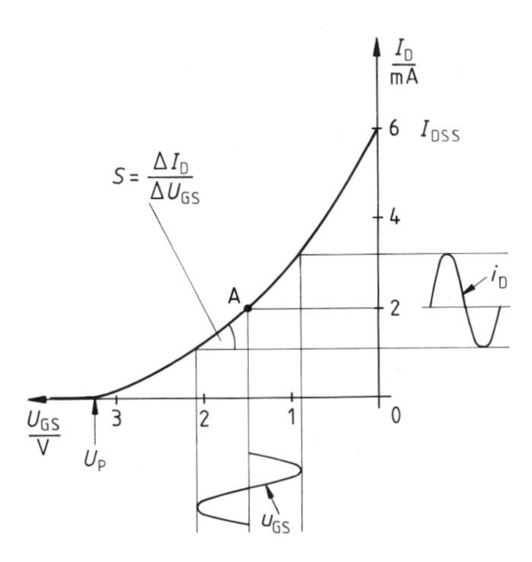

Bild 11.10 Die Steilheit S ermöglicht die Verstärkungsberechnung.

Mit Hilfe der Steilheit S läßt sich die *Spannungsverstärkung* eines FETs berechnen. Eine Gatewechselspannung $u_e = u_{GS}$ verursacht einen Kanalwechselstrom i_D der Größe

$$i_D = S \cdot u_{GS} = S \cdot u_e .$$

Liegt im Drainstromkreis ein Arbeitswiderstand R_D, so fällt im Leerlauf an diesem die Ausgangswechselspannung u_a ab:

$$u_a = i_D \cdot R_D = (S \cdot u_e) \cdot R_D = (S \cdot R_D) \cdot u_e$$

Wir erzielen also eine Leerlaufspannungsverstärkung V_0 von:

$$\boxed{V_0 = S \cdot R_D}$$

Diese Formel ist die gleiche, wie wir sie für den bipolaren Transistor in Kapitel 8.3.2 (Schluß) aufgestellt haben. Während aber beim bipolaren Transistor Steilheiten von 140 mA/V üblich sind, liegen die von FETs mit typisch 4 mA/V deutlich darunter. Bei einem Arbeitswiderstand von z. B. 2 kΩ ergibt sich im ersten Fall $V_0 = 280$, beim FET aber nur $V_0 = 8$.

Die (Leerlauf-) **Spannungsverstärkung** eines FETs errechnet sich aus:

$$V_0 = S \cdot R_D$$

Wegen der typisch kleinen Steilheit S ist die erzielbare Spannungsverstärkung eines FETs gering. (*Richtwert:* $V_0 \simeq 10$.)
Der FET wird deswegen nur dort eingesetzt, wo hohe Spannungsverstärkung nicht im Vordergrund steht, die Vorteile des FETs aber unverzichtbar sind, z. B. in NF- und HF-Vorstufen sowie in Leistungsendstufen.

Wie aus Bild 11.10 zu entnehmen ist, fällt die Steilheit S mit wachsender Gatevorspannung ab. Sollen nur sehr *kleine Eingangswechselspannungen* verarbeitet werden, legen wir den Arbeitspunkt in die Nähe von $-U_{GS} \simeq 0$. Dann sind Steilheit und Verstärkung, aber auch der Ruhestrom I_D maximal. Die ausgangsseitige Lage des Arbeitspunktes läßt sich dabei ohne genaue Kennlinie nur grob abschätzen, da der maximale Kanalstrom I_{DSS}[1]) (bei $U_{GS} = 0$) starken Fertigungstoleranzen unterliegt.

[1]) I_{DSS} = Drainstrom I_{DS}, wenn short circuit (Kurzschluß) zwischen D und S vorliegt, also $U_{GS} = 0$ ist.

11.2 Der Verarmungs-MOSFET

Dieser FET gehört zur Familie der isolierten FETs. Hier ist, im Gegensatz zum Sperrschicht-FET, *zwischen Gate und Kanal eine Isolierschicht* angebracht. Diese Isolierschicht verkleinert noch die Gate-Kanal-Restströme, wodurch der Eingangswiderstand von ca. $10^9\,\Omega$ auf etwa $10^{16}\,\Omega$ wächst.

> Die **Isolierschicht** zwischen Gate (**M**etallelektrode) und Kanal besteht meist aus einem **O**xid des **S**iliziums, deshalb heißen diese FETs auch **MOS**FETs. (Im Englischen steht MOS für Metal-Oxide-Semiconductor.)

Innerhalb der MOSFETs gibt es *Anreicherungs- und Verarmungstypen.* Wir besprechen zunächst nur den Verarmungstyp[1]), weil sein Verhalten sehr dem des Sperrschicht-FETs ähnelt.

Bild 11.11 zeigt den Aufbau einer N-Kanal-Ausführung.[2]) Die Drain-Source-Strecke wird wieder von Material *einer* Ladungsträgerart gebildet, was dem Aufbau des Sperrschicht-FETs (Bild 11.1) entspricht. Neu ist jedoch, daß dieser eigentliche N-Kanal nur schwach dotiert ist und auf einem *Substrat*[3]) aufgebracht ist, das P-dotiert ist. Dieses Substrat liefert ein viertes Anschlußbein des FETs. Meist wird das Substrat mit dem Source-Pol verbunden (Bild 11.12). Das isolierte Gate wirkt nun zusammen mit dem Substrat auf die Leitfähigkeit des Kanals ein.

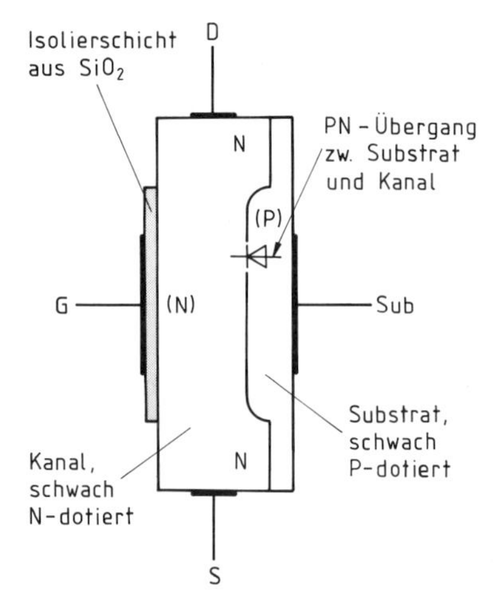

Bild 11.11 Schematischer Aufbau eines Verarmungs-MOSFETs (N-Kanal), relativ schwache Dotierung in Klammern eingetragen

Wir betrachten Bild 11.12. Hier ist zum Beispiel das *Gate negativ* gegen das Substrat (und den S-Pol). Durch die elektrischen Feldkräfte (Influenz) zwischen G und Sub werden jetzt Elektronen aus dem N-Kanal ins P-Substrat getrieben (also über den PN-Übergang in Bild 11.12). Dadurch wird der Kanal ärmer an freien Ladungsträgern, er „entleert" sich. Der Kanalstrom geht somit bei negativem U_{GS} gegenüber $U_{GS}=0$ zurück.

---

[1]) engl.: depletion-MOSFET (depletion = Entleerung)
[2]) P-Kanal-Ausführung analog
[3]) Substrat: Grundlage, (Nähr-)Boden, engl.: Bulk (B)

Der Rest ist schnell geklärt. Unabhängig von der Verarmung des Kanals wird dieser noch von einer keilförmigen Sperrschicht abgeschnürt. Hier baut sich aber die Sperrschicht nicht zwischen Gate und Kanal[1]), sondern zwischen P-Substrat und N-Kanal auf. Dieser PN-Übergang ist bei positivem U_{DS} tatsächlich in Sperrichtung beansprucht (siehe Bild 11.12). Genau wie beim Sperrschicht-FET kommt es deshalb bei höheren Werten von U_{DS} zur *Stromsättigung,* bei der der Kanalstrom I_D unabhängig von U_{DS} wird.

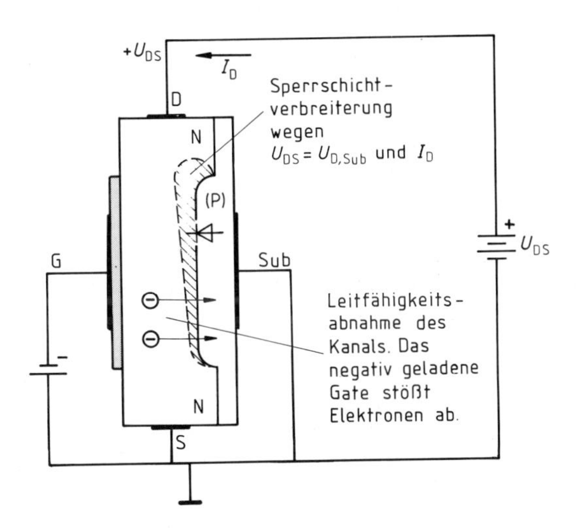

Bild 11.12 Betrieb des Verarmungs-MOSFET (N-Kanal). Drain und Gatespannung haben verschiedenes Vorzeichen: Verarmungsverhalten.

Wir erhalten also:

Der Kanal des **Verarmungs-MOSFET** (engl.: depletion-MOSFET) leitet, genau wie der Sperrschicht-FET, den Strom schon bei $U_{GS}=0$. Deshalb wird dieser MOSFET-Typ auch **selbstleitend** genannt.
Bei einem MOSFET wird aber mit U_{GS} nicht die Breite des Kanals, sondern die *Anzahl seiner freien Ladungsträger* verändert.
Bei dem vorgestellten N-Kanal-Typ ist die Drainspannung U_{DS} am N-Kanal positiv (gegen das P-Substrat bzw. den S-Pol).
Ist die Gatespannung U_{GS} negativ, so treibt sie Elektronen aus dem N-Kanal und vermindert so dessen Leitfähigkeit durch Verarmung.
Bei einem P-Kanal sind die Spannungen entsprechend umzupolen.

Gegenüber dem Sperrschicht-FET hat dieser MOSFET einen entscheidenden Systemvorteil:

- Da das *Gate isoliert* aufgebracht ist, darf die Gatespannung nun auch umgepolt werden. Es fließt auch dann kein Steuerstrom.

[1]) Wie beim Sperrschicht-FET, Bild 11.3.

In dieser Betriebsart (engl.: mode) haben Gate und Drain nun dasselbe Vorzeichen (Bild 11.13). Der Kanalstrom steigt diesmal stark an, weil das positive Gate nun Elektronen aus dem P-Substrat in den N-Kanal herüberzieht.[1]) Der Kanal wird dadurch mit freien Ladungsträgern angereichert.

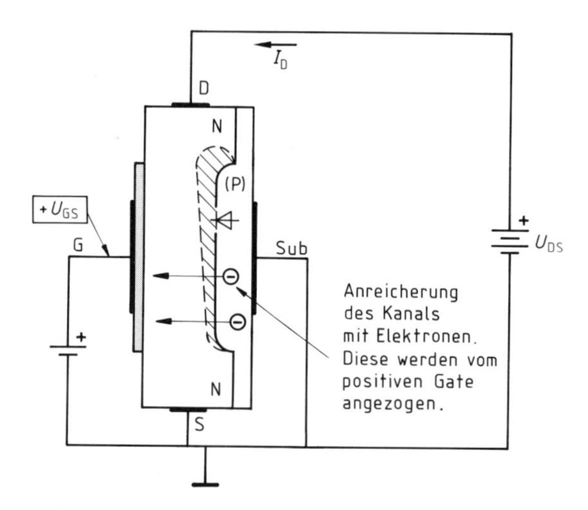

Bild 11.13 Im Gegensatz zu Bild 11.12 haben Drain- und Gatespannung dasselbe Vorzeichen: Anreicherungsverhalten.

> Im Gegensatz zum Sperrschicht-FET arbeitet der selbstleitende Verarmungs-MOSFET bei jedem Vorzeichen der Gatespannung U_{GS} ohne Steuerstrom, also leistungslos.
> Haben U_{GS} und U_{DS} dasselbe Vorzeichen, arbeitet der Verarmungstyp im **Anreicherungs-Mode.** Die bestehende Kanalleitfähigkeit wird in diesem Fall vergrößert.

Im praktischen Betrieb kann somit beim selbstleitenden MOSFET über ein Kennlinienfeld nach Bild 11.14 verfügt werden.

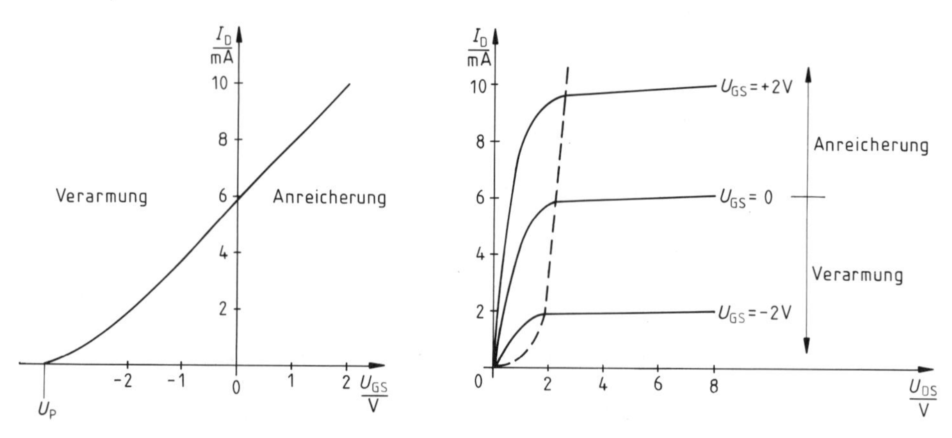

Bild 11.14 Kennlinien eines Verarmungs-MOSFET (N-Kanal)

[1]) Obwohl es sich um ein P-Substrat handelt, hat dieses dennoch einige Elektronen (= Minoritätsträger).

Die **Schaltzeichen** mit der Polung der Betriebsspannungen (gegen S-Pol) zeigt Bild 11.15. Der Kanal-Substrat-Diodenübergang liefert die Information, ob N-Kanal- oder P-Kanal-Ausführung vorliegt.

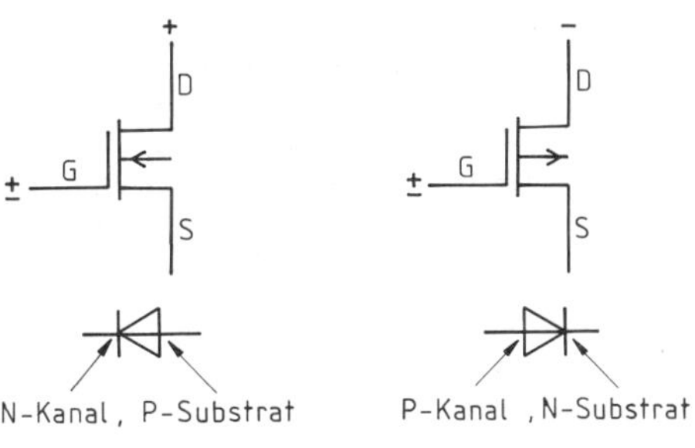

Bild 11.15 Schaltzeichen für Verarmungs-MOSFETs

Ein paar Hinweise zu MOSFETs:

Die erreichbare Steilheit von MOSFETs liegt etwas höher als die der Sperrschicht-FETs. Da die Isolierschicht bei hohen Spannungen, z. B. bei statischen Entladungen, leicht durchschlägt, werden MOSFETs mit eingebauten Z-Schutzdioden hergestellt.
Diese Schutzdioden ,,verkraften'' aber nur relativ kleine Ströme (10 mA).

Also:

MOSFETs sind grundsätzlich *vor statischen Entladungen* zwischen Gate und Kanal zu *schützen.*

Schutzmaßnahmen sind:

Aufbewahrung in leitendem Schaumgummi, Kurzschlußring um alle Elektroden vor dem Einbau, Erdung von Lötkolben, Arbeitsplatz und Händen. Im allgemeinen ist die Handhabung aber unkritischer, als oft befürchtet wird.

11.3 Der Anreicherungs-MOSFET

Im Gegensatz zum Sperrschicht- und Verarmungs-FET leitet beim Anreicherungs-FET der Kanal nicht von selbst. Bei offenem Gate bzw. $U_{GS}=0$ fließt also noch *kein Drainstrom* I_D. Die Leitfähigkeit des Kanals wird hier nämlich erst durch eine Anreicherung mit Ladungsträgern geschaffen. Dazu muß aber die Gatespannung U_{GS} immer erst einen gewissen Schwellwert U_{Th} *(Threshold-Voltage)* überschreiten.
Bild 11.16 zeigt den Aufbau einer N-Kanal-Version. Wir betrachten nun die Funktion anhand der Schaltung von Bild 11.16. Bezugselektrode ist der S-Pol. Mit diesem ist das Substrat verbunden. Das Gate denken wir uns kurz offen (bzw. die Spannung $U_{GS} \simeq 0$). Dann sperrt die obere Sub-D-Diode II den Stromfluß durch den Kanal. Nun legen wir zwischen Gate und Substrat (≙ S-Pol) eine relativ kleine positive Spannung an (z. B. 1 V). Dies ändert (erwartungsgemäß) nichts daran, daß der obere PN-Übergang den Kanalstrom sperrt.[1])

[1]) Zunächst ist auch kein anderer Mechanismus erkennbar, wie eine größere Spannung am *isolierten* Gate dies ändern könnte.

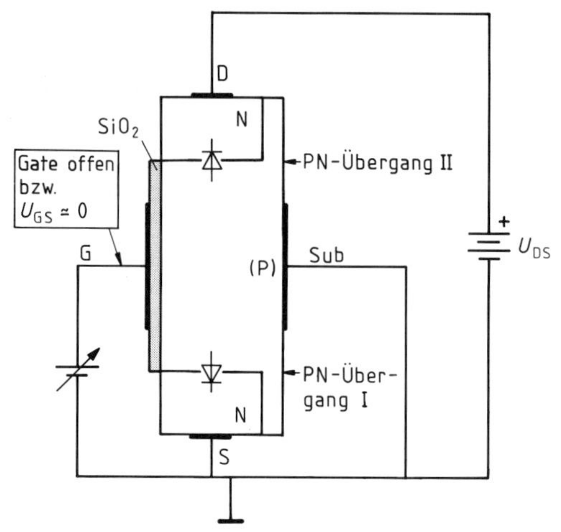

Bild 11.16 Aufbau eines Anreicherungs-MOSFET (N-Kanal), relativ schwache Dotierung in Klammern eingetragen

Wir haben also ein neues Verhalten:

Beim **Anreicherungs-MOSFET** leitet der Kanal nicht von selbst den Strom, sondern sperrt diesen. Dies gilt bei offenem Gate bzw. relativ kleiner Gatespannung ($U_{GS} < 2$ V). Aus diesem Grund heißt der *Anreicherungstyp* auch **selbstsperrender MOSFET.**

Nun laden wir das isolierte Gate immer stärker positiv gegen das Substrat auf ($U_{GS} > 2$ V). Ab einer bestimmten Spannungsschwelle $U_{GS} \geq U_{Th}$ ändert sich dann die Situation plötzlich. Das positive Gate hat nun nämlich durch elektrische Kräfte (Influenz) genügend Elektronen aus dem Substrat[1]) herangezogen (Bild 11.17). Dadurch entsteht an der Gateoberfläche ein dünner leitfähiger **N**-Kanal, der **N**-Source und **N**-Drain verbindet. Zunehmende Gatespannung führt folglich zu einer Erhöhung[2]) der Kanalanreicherung und damit zu einer Steuermöglichkeit des Kanalstromes. Dieser Kanalstrom unterliegt aber andererseits wieder der bekannten Sättigung bzw. Abschnürung durch die Sperrschicht zwischen Kanal und Substrat (in Bild 11.17 schraffiert eingezeichnet).

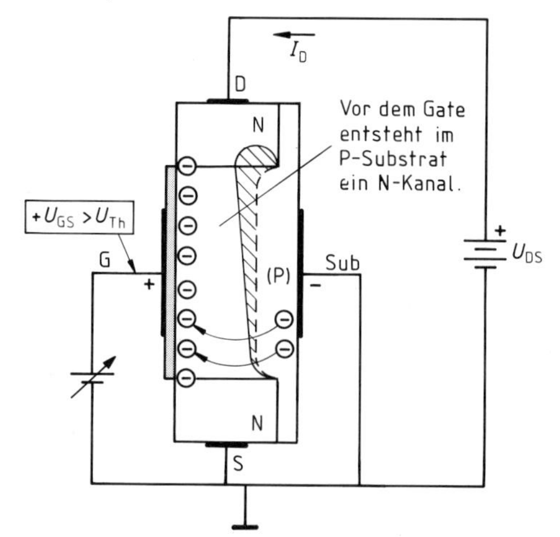

Bild 11.17 Ausreichende Anreicherung führt zur Ausbildung eines leitfähigen Kanals.

[1]) Dieses ist zwar P-leitend, es hat aber dennoch einige Elektronen.
[2]) enhancement (engl.) = Erhöhung

Ergebnis:

Der **Anreicherungs-MOSFET** (engl.: enhancement-MOSFET) leitet den Strom erst,

1. wenn die Gatespannung U_{GS} dasselbe Vorzeichen wie die Drainspannung U_{DS} hat und
2. ein bestimmter Schwellwert überschritten wird.

Dieses Verhalten entspricht dem des bipolaren Transistors.
Der Schwellwert der Gatespannung U_{GS} wird mit U_{Th} bezeichnet (Threshold Voltage). Für $U_{GS} < U_{Th}$ ist der Kanal unterbrochen, deshalb heißt dieser FET auch **selbstsperrender MOSFET.**
Diese Selbstsperrung bringen auch die nachfolgenden *Schaltzeichen* zum Ausdruck (Polarität der Betriebsspannungen jeweils gegen den S-Pol):

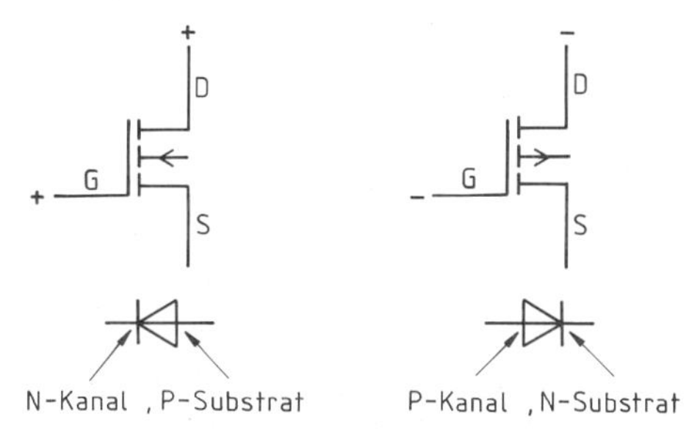

Bild 11.18 Schaltzeichen für den *selbstsperrenden* (Anreicherungs-)MOSFET

Bild 11.19 zeigt abschließend ein typisches Kennlinienfeld.

► Für den linearen Verstärkerbetrieb ist auf jeden Fall eine Gatevorspannung mit $U_{GS} > U_{Th}$ erforderlich.

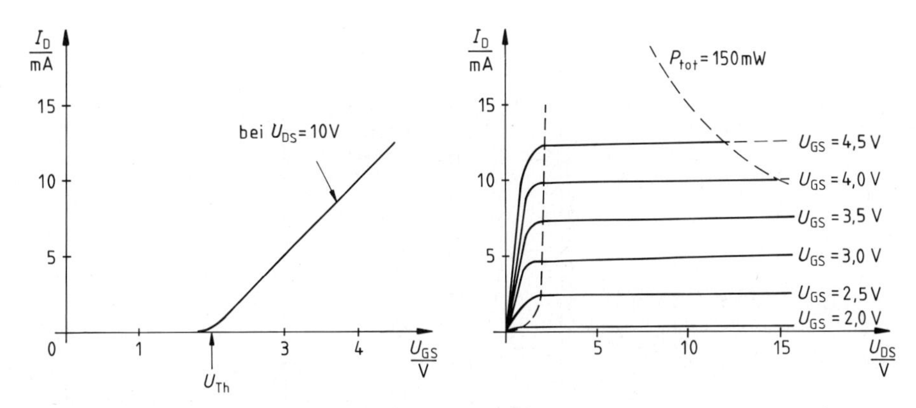

Bild 11.19 Kennlinienfeld eines Anreicherungs-MOSFET

Anmerkung:

Zum Experimentieren eignen sich die Typen 3N 128, 3N 140, BD 522 (selbstsperrende N-Kanal-MOSFETs) und BD 512 (selbstsperrend, P-Kanal). Gleich drei komplementäre Paare (selbstsperrende P- und N-Kanal-MOSFETs) enthält das CMOS-Array CA 3600 E (2,3 mA/V, 15 V, 10 mA).

11.4 FET-Kennwerte und Temperaturverhalten

Neben den unbestreitbaren Vorteilen hat der FET gegenüber dem bipolaren Transistor auch **Nachteile.**

Bei den bisher besprochenen inneren FET-Strukturen ergeben sich folgende **Minuspunkte:**

- kleine *Steilheit* S (typisch 4 mA/V),
- kleine *Spannungsverstärkung* V_0 (typisch 10),
- kleine maximal zulässige *Kanalspannung* U_{DSmax} (typisch 30 V),
- kleine *Strombelastbarkeit* I_{Dmax} des Kanals (typisch 10 mA),
- kleine zulässige *Verlustleistung* (typisch 300 mW).

Diese Nachteile erklären sich aus der Tatsache, daß sich alle Feldeffekte nur in der Nähe des Gates abspielen. Es handelt sich im Prinzip um Oberflächeneffekte, da eine Abschnürung des Kanals durch Sperrschichten nur möglich ist, wenn dieser Kanal recht dünn ist. (Wir betrachten dazu noch einmal die Bilder 11.5, 11.12 und 11.17.) Da sich der Strom somit nicht über ein größeres Kristallvolumen verteilt, kann er auch nicht „tiefgreifend" beeinflußt werden, daher die kleinen Steilheiten S. Außerdem konzentriert sich die Stromwärme nur in einer dünnen Schicht, weshalb nur eine kleine Verlustleistung P_{tot} zulässig ist. Jedoch:

Die **Temperaturstabilität** des FETs ist grundsätzlich besser als beim „normalen" Transistor.

Begründung:

Während der normale Transistor zum thermischen „Selbstmord" (Hot Spot) neigt, begrenzt der FET hohe Kanalströme von selbst.

Bei hohen Kanalströmen ist der Kanal notwendigerweise noch breit. Die Sperrschicht, die einschnürend wirkt, ist somit vergleichsweise klein. Das Temperaturverhalten dieser Schicht ist also bei großen Strömen ohne Einfluß. Der Kanalstrom hängt somit *thermisch* nur von der Beweglichkeit seiner freien Ladungsträger ab. Diese nimmt aber mit der Temperatur genau wie in Metallen ab: Die Gitteratome schwingen bei höherer Temperatur stärker, wodurch die Ladungsträger häufiger gestreut (also „gebremst") werden ...

11.5 Der VFET (VMOS)

Seit 1973 sind sogenannte VFET (VMOS, Power-MOSFET) auf dem Markt. Bei diesen VMOS-FETs ist das Gate **V**-förmig bzw. vertikal in eine Siliziumscheibe eingearbeitet. Bild 11.20 zeigt diesen Aufbau schematisch. Der Kanalstrom fließt hier vom Drain zum Source *vertikal durch den Kristall.*[1]) Dadurch ergeben sich Steilheiten S, Grenzströme I_{Dmax}, Höchstspannungen U_{DSmax} und Verlustleistungen P_{tot}, die wohl keine Wünsche mehr offen lassen.

[1]) Sind Gate (G) und Drain (D) positiv gegen den S-Pol, so reichert sich die sperrende P-Zwischenschicht mit Elektronen an und bildet einen N-Kanal. Dies ist in Bild 11.20 angedeutet.

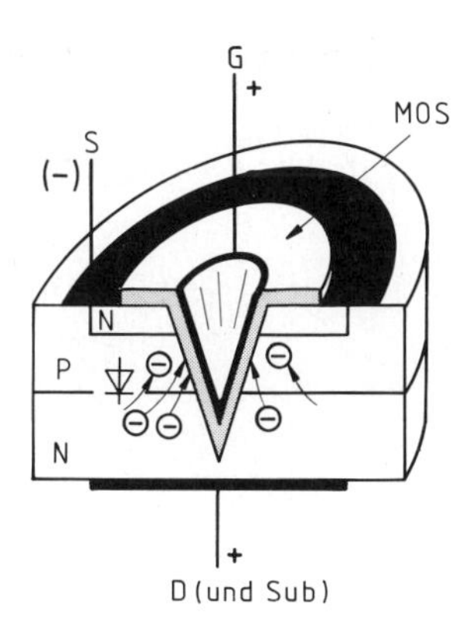

Bild 11.20 Aufbauschema eines Anreicherungs-VMOS-FETs (N-Kanal)

Dazu einige Beispiele:

Bezeichnung	Typ	S	$I_{D\,max}$	$U_{DS\,max}$	P_{tot}
BD 522, VN 40 AF VMP 12 BD 512	N-Kanal N-Kanal P-Kanal	250 mA/V	1,5 A	60 V	10 W
BUZ 50 BUZ 23	N-Kanal N-Kanal	7000 mA/V 5000 mA/V	2,5 A 40 A	1000 V 50 V	75 W 125 W
BS 170 BS 250	N-Kanal P-Kanal	Kleinleistungsschalttransistoren			
Vom Aufbau her sind alle VMOS-Transistoren selbstsperrend, also Anreicherungstypen.					

Die in 11.4 besprochene *thermische Kanalstrombegrenzung* ist bei diesen VFETs so ausgeprägt, daß sich VFETs zur Leistungserhöhung bedenkenlos parallel schalten lassen: Der Gesamtstrom verteilt sich gleichmäßig über alle VFETs, was wir uns leicht klar machen können.[1]) Ein stärkerer „Treiber" zur Ansteuerung der parallel geschalteten Transistoren ist nicht notwendig, da keine Steuerleistung gebraucht wird.

VFETs (VMOS) haben herausragende Daten und Grenzwerte. Thermischer Selbstschutz begrenzt den Kanalstrom der VMOS-Transistoren. Diese können deshalb zur Leistungserhöhung ohne besondere Maßnahmen parallel geschaltet werden.

Anmerkung:
Eine etwas andere Gate-Struktur haben die im Verhalten recht ähnlichen D-FETs, HEXFETs, SIT-FETs und SIPMOS-Transistoren.

[1]) Annahme: Einer „zieht zuviel Strom" und wird dadurch deutlich wärmer, dann nimmt *sein* Stromanteil ab ...

11.6 Übersicht über die besprochenen FET-Typen

Die Eigenschaften der besprochenen FETs fassen wir nun in einer Vergleichstabelle zusammen. Alle Spannungsvorzeichen sind auf den S-Pol bezogen. Bei den MOSFETs ist (hier) S-Pol und Substrat verbunden.

Schaltsymbol/Bezeichnung N = N-Kanal P = P-Kanal	**Gate vom Kanal isoliert**	**selbstleitend**	**Anreicherung des Kanals**	**Verarmung des Kanals**
N P *Sperrschicht-FET* *J-FET, Junction-FET*	nein	ja	—	—
N P *Selbstleitender FET,* *Verarmungs-MOSFET,* *Depletion-MOSFET*	ja	ja	ja	ja
N P *Selbstsperrender FET,* *Anreicherungs-MOSFET,* *Enhancement-MOSFET* und *VMOS-FET (VMOS, VFET, Power-MOSFET)*	ja	nein	ja	nein

11.7 Schaltungen mit FETs

Genau wie beim bipolaren Transistor gibt es hier drei Grundschaltungen: *Source-, Gate- und Drainschaltung*. Diese entsprechen der Emitter-, Basis- und Kollektorschaltung.

11.7.1 NF-Verstärker mit selbstsperrenden Anreicherungs-FETs[1])

Die Schaltungstechnik der Anreicherungstypen ist der mit bipolaren Typen am ähnlichsten.

▶ Betriebsspannung und Gateverspannung haben dieselbe Polarität, außerdem ist die Schaltschwelle U_{Th} des Gates zu überwinden. (Dies entspricht dem Schwellwert der Basisvorspannung.)

Die richtige Gatevorspannung läßt sich somit – genau wie beim bipolaren Transistor – mit einem Spannungsteiler einstellen. Bild 11.21 zeigt als Beispiel einen gegengekoppelten NF-Vorverstärker.

[1]) Es können hier auch Verarmungstypen im Anreicherungs-Mode verwendet werden (siehe Kapitel 11.2).

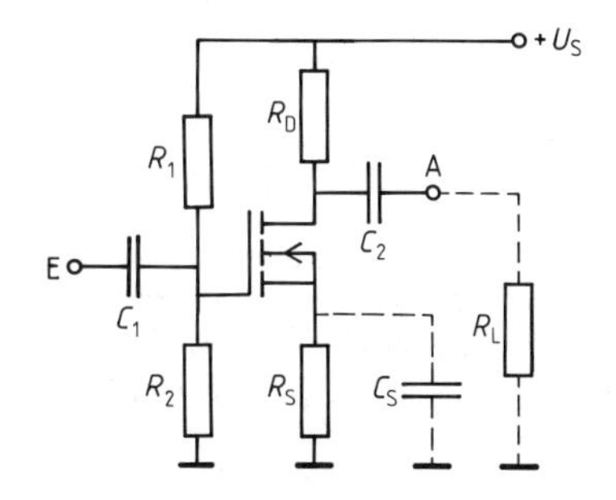

Bild 11.21 Linearer Wechselspannungsverstärker

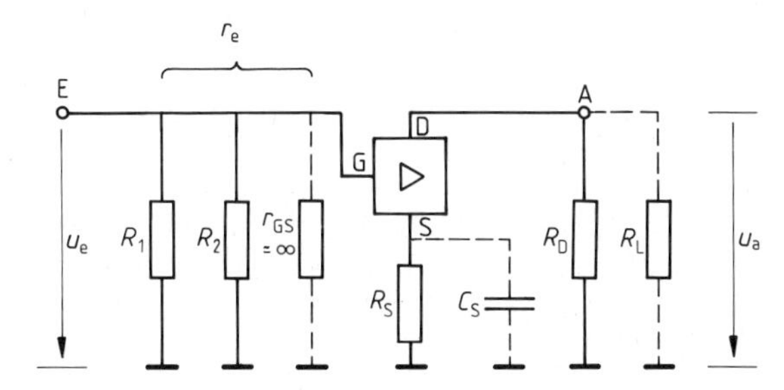

Bild 11.22 Ersatzschaltbild von 11.21 für den NF-Betrieb

Der Spannungsteiler belastet nach dem Ersatzschaltbild 11.22 die Signalquelle. Deshalb wird R_1, R_2 sehr hochohmig ausgeführt (Megaohmbereich).

► Der Querstrom sollte aber noch groß (z. B. Faktor 10 ... 100) gegen den temperaturabhängigen maximalen Gatereststrom von einigen nA sein. Dieser Gatereststrom „verfälscht" sonst durch seinen Spannungsabfall an R_2 zu stark den Arbeitspunkt.

Aus Bild 11.21 lesen wir für diesen Verstärker ab:

$r_e = (R_1 \| R_2) = r_e'$

$V_0 = S \cdot R_D$ (siehe Kapitel 11.1.3)

$V_0' = V_0/(1 + k\,V_0)$ mit $k = R_S/R_D$ (siehe Kapitel 8.12.2)

$r_a = R_D$ (siehe Kapitel 8.9.2)

$r_a' = R_D \cdot (1 + k\,V_0)$ (siehe Kapitel 8.12.5)

Die Bemessung von R_D steht in weiten Grenzen frei. Da der Spannungshub am Ausgang meist klein ausfällt (Vorverstärker), ist das *$U_S/2$-Prinzip* nicht zwingend einzuhalten.
Die Berechnung der Koppelkondensatoren C_1, C_2 bzw. eventuell eines Source-Kondensators C_S erfolgt (wie in Kapitel 8.10 begründet) über:

$$X_C \leq R/10$$

z. B. gilt für C_1

$$C_1 \geq \frac{10}{2\pi f_u r_e}$$

usw.

Bild 11.23 zeigt einen einfachen *Gegentaktverstärker* mit je einem N- und P-Kanal-Typ. Die Gatevorspannung stellt sich hier von selbst auf das Gleichgewicht $U_S/2$ ein (weil sonst der obere bzw. der untere Transistor mehr öffnen würde).

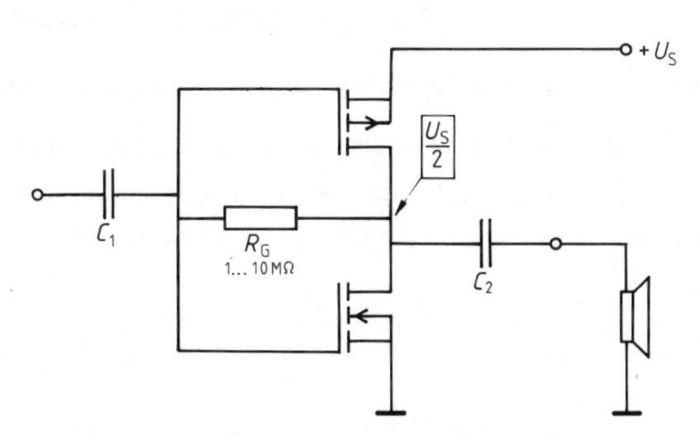

Bild 11.23 Einfacher Gegentaktverstärker in CMOS-Technik (Complementäre MOS)

11.7.2 NF-Verstärker mit Sperrschicht-FETs

Hier hat die Gate-Vorspannung ein anderes Vorzeichen als die Betriebsspannung. Die Verwendung einer zweiten Batterie oder Netzteils zur Einstellung des Arbeitspunktes verbietet sich jedoch von selbst.
Abhilfe schafft hier ein noch aus der Röhrentechnik bekannter Trick, die *automatische Erzeugung der Gatevorspannung*. Bild 11.24 zeigt, wie die Spannung einer Hilfsbatterie für $-U_{GS}$ auch durch den Spannungsabfall an einem Sourcewiderstand R_S automatisch erzeugt werden kann. Der zwischengeschaltete Gatewiderstand R_G überträgt die erzeugte Gatevorspannung ohne Änderung ans Gate. Da kein Gatestrom fließt[1]), entsteht an R_G auch kein Gleichspannungsabfall, den es zu beachten gilt.

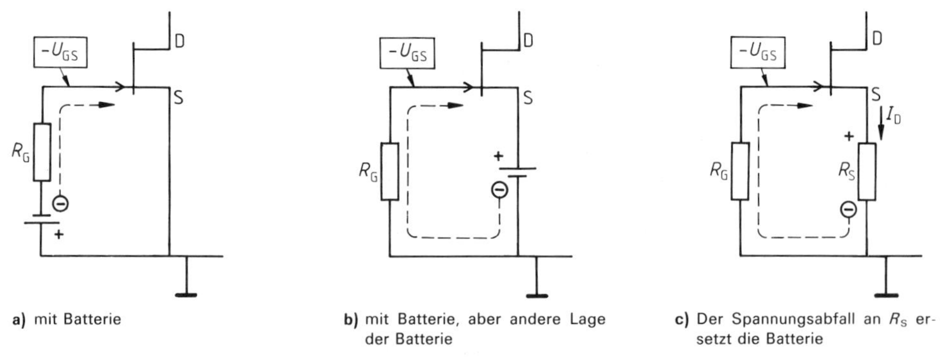

a) mit Batterie

b) mit Batterie, aber andere Lage der Batterie

c) Der Spannungsabfall an R_S ersetzt die Batterie

Bild 11.24 Automatische Vorspannungserzeugung durch R_S

Im Prinzip könnten wir demnach R_G auch kurzschließen[2]). Aber bei einem NF-Verstärker hat R_G noch eine weitere Aufgabe.
An R_G fällt nämlich laut Bild 11.25 die (Signal-)Spannung u_e ab. Diese überlagert sich so der Gatevorspannung und steuert dadurch den Drainstrom. R_G bildet damit den Eingangswiderstand r_e des Verstärkers (Megaohmbereich). Falls gewünscht, unterdrückt der Sourcekondensator C_S eine Signalgegenkopplung, die sonst durch R_S entstehen würde.

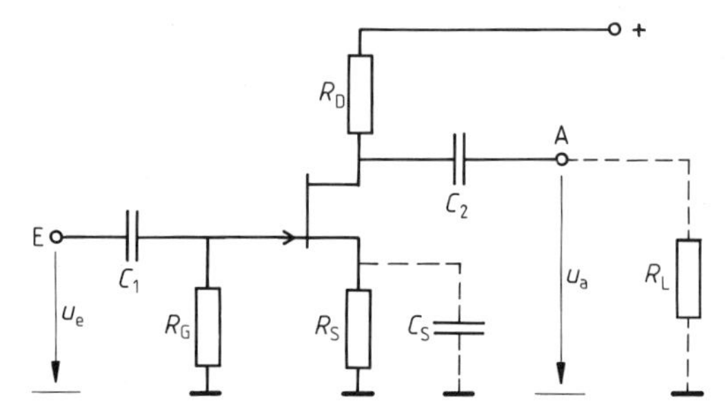

Bild 11.25 NF-Vorverstärker mit Sperrschicht-FET

Eine Dimensionierung des Verstärkers beginnt mit der Wahl des Arbeitspunktes (z. B. $-U_{GS}=1{,}5$ V, $I_D=2$ mA). Dazu wird dann der notwendige Sourcewiderstand R_S berechnet (z. B. 750 Ω). Im übrigen gelten ähnliche Überlegungen wie zuvor in Kapitel 11.7.1 (z. B. für R_G, V_0, V_0', r_a, r_a', C_1 und C_2).
Anstelle eines Sperrschicht-FETs kann auch ein Verarmungs-MOSFET eingesetzt werden. Da hier die Gatesperrströme extrem klein sind, kann R_G (und damit r_e) im Vergleich zu den Sperrschichtschaltungen noch vergrößert werden (z. B. auf 10 ... 100 MΩ).

[1]) Von Sperr- bzw. Restströmen sei abgesehen.
[2]) Wenn es nur darauf ankommt, den Spannungsabfall an R_S (also $-U_{GS}$) ans Gate zu übertragen, kann R_G tatsächlich Null sein, wie Bild 11.26 zeigt.

11.7.3 Konstantstromquelle mit FET

Mit Hilfe einer Stromgegenkopplung durch den Sourcewiderstand R_S läßt sich eine sehr einfache *Konstantstromquelle als Zweipol* aufbauen (Bild 11.26).[1]
Zu jedem Kanalstrom I_D gehört eine bestimmte Gatevorspannung $-U_{GS}$ und somit ein definierter Widerstand R_S.

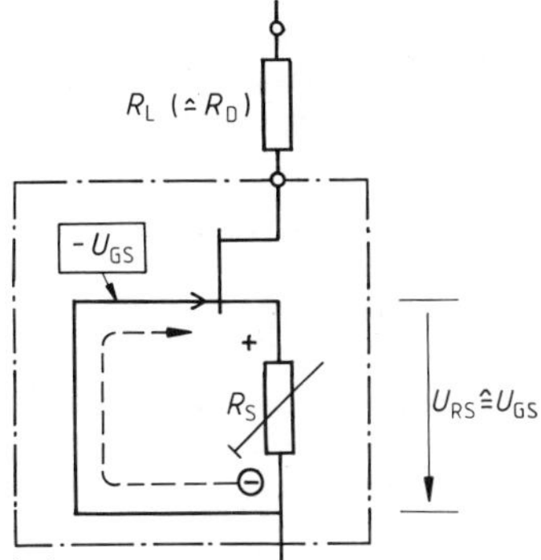

Bild 11.26 Einfacher Konstantstromzweipol

Funktionsablauf:

Eine Vergrößerung von I_D vergrößert U_{RS} und damit $-U_{GS}$. Der Kanal wird folglich stärker eingeschnürt. Dadurch regelt sich der Kanalstrom I_D (fast) wieder auf den alten Wert zurück. Eine andere Funktionserklärung wäre über den flachen Verlauf der Ausgangskennlinien (Bild 11.6) möglich.

11.7.4 FET-Spannungsmesser

Wegen des hohen Eingangswiderstandes von FETs können Spannungsmesser mit extrem großen Innenwiderstand aufgebaut werden (Bild 11.27). Die gemessene Spannung U_E wird in Bild 11.27 lediglich durch 11 MΩ (Vorwiderstand plus Teiler) belastet. Als Meßwerk dient ein preiswertes Milliamperemeter. (Mit dem Nebenwiderstand R_N läßt sich dieses für $U_E = 0$ z. B. auf Skalenmitte trimmen.)

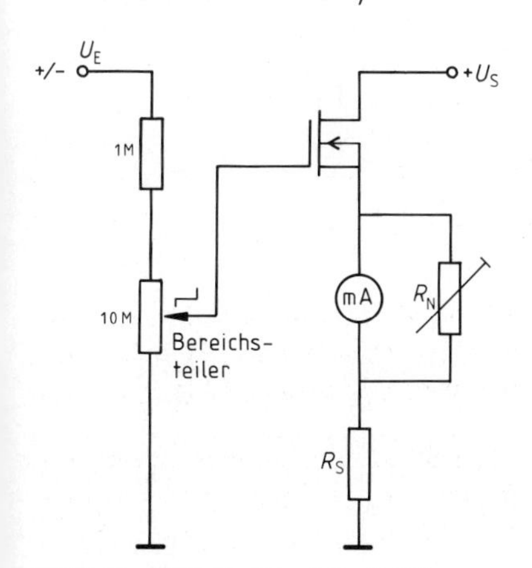

Bild 11.27 FET-Voltmeter mit $R_i = 11$ MΩ

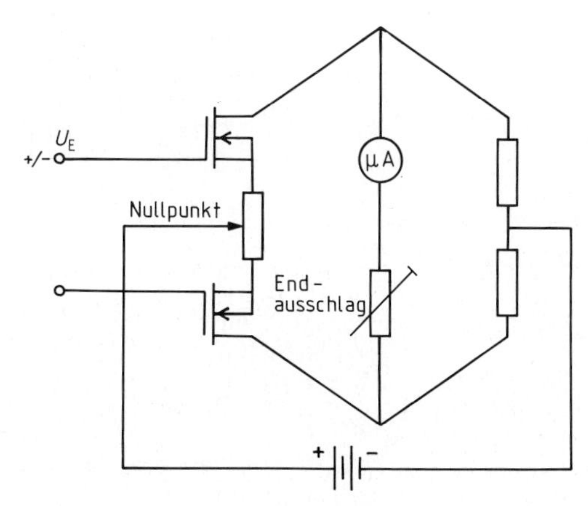

Bild 11.28 Prinzip eines FET-Voltmeters in Brückenschaltung

[1]) Im Vergleich zu Bild 11.24 ist hier einfach $R_G = 0$.

Bei diesem einfachen elektronischen Spannungsmesser wirken sich jedoch Schwankungen der Speisespannung und der Temperatur unmittelbar aus. Aus diesem Grund werden besser *Brückenschaltungen* verwendet. Änderungen der Speisespannung und der Temperatur heben sich hier auf, sofern möglichst gleiche FETs ausgesucht werden und diese gleicher Temperatur unterliegen. (Noch eleganter: Dual-MOSFETs, das sind zwei gleiche FETs in einem Gehäuse.) Bild 11.28 zeigt das Schaltungsprinzip eines Voltmeters in Brückenschaltung.

11.7.5 Elektronischer Lautstärkeeinsteller

Wenn im Betrieb nur kleine Kanalspannungen auftreten, verhalten sich FETs wie ohmsche Widerstände (siehe z. B. den Bereich ① in Bild 11.6). Die Steuerung des Kanalwiderstandes geschieht durch eine Gleichspannung am Gate, und zwar leistungslos und rückwirkungsfrei. Damit lassen sich Spannungsteiler aufbauen, bei denen der untere Teilerwiderstand R_2 und damit das Spannungsteilerverhältnis elektronisch steuerbar ist (Bild 11.29).

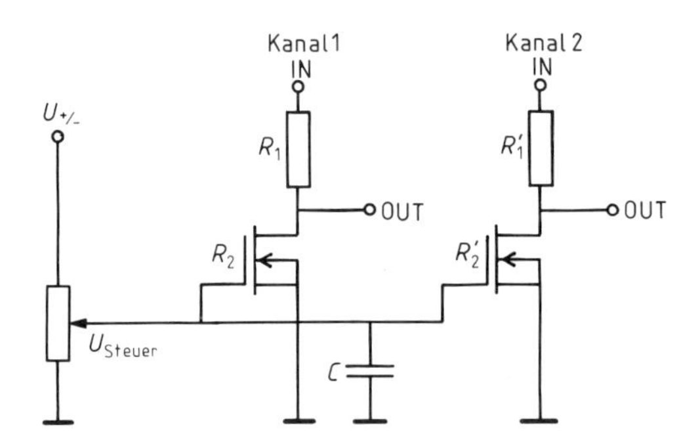

Bild 11.29 Spannungsgesteuerter Lautstärkeeinsteller

Die Schaltung von Bild 11.29 kann z. B. als elektronischer Lautstärkeeinsteller für zwei Kanäle dienen. Die Steuerleitung darf fast beliebig lang sein, ohne daß Brummeinstreuungen zu befürchten sind. Solche Störungen treten hier ja nur auf der Steuerleitung auf und werden durch den Kondensator C unterdrückt bzw. kurzgeschlossen. Früher wurden für solche Probleme teuere, motorgetriebene Potentiometer oder lange Achsen verwendet.

11.7.6 Der FET als Schalter

Diese Betriebsart besprechen wir genauer in Kapitel 13.3. Hier haben die *selbstsperrenden* Anreicherungstypen durch ihre Schwellspannung U_{Th} überzeugende Vorteile (Störsicherheit, geringe Verlustwärme). Deshalb werden elektronische Schalter mit FETs nur noch mit diesen MOSFETs aufgebaut. Beim Aufbau elektronischer *Zeitschalter* (z. B. Monoflops siehe Kapitel 15.1) und *Taktgeneratoren* (siehe Kapitel 15.2) ist es mit normalen Transistoren schwierig, größere Zeiten als eine Minute zu verwirklichen. Der Grund liegt im notwendigen Basisstrom, weshalb die zeitbestimmenden *RC*-Glieder niederohmig aufgebaut werden müssen. Da MOSFETs keinen Steuerstrom brauchen, lassen sich hier durch hochohmige *RC*-Glieder problemlos Zeiten bis 60 Min. erzeugen (siehe z. B. Kapitel 15, Aufgaben 4 und 16).

11.7.7 Dual-Gate-MOSFET

Für Sonderzwecke werden selbstleitende Verarmungs-MOSFETs *mit zwei unabhängigen Gates* hergestellt (z. B. BF900). Diese Doppelgate oder Dual-Gate-MOSFETs werden meist in regelbaren HF-Verstärkern eingesetzt. Bild 11.30 zeigt entsprechende Schaltsymbole. Jedes Gate steuert hier den Drainstrom nahezu unabhängig vom anderen Gate[1]).

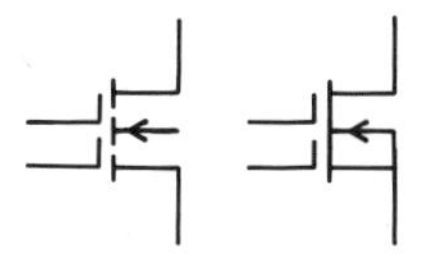

Bild 11.30 Schaltsymbole für Dual-Gate-MOSFETs

Aufgaben

Allgemeine Probleme

1. FET-Transistoren können mit folgenden Merkmalen gekennzeichnet werden:
   a) selbstleitender und selbstsperrender Typ
   b) isolierter FET und Sperrschicht-FET
   c) enhancement-FET und depletion-FET
   d) FET, der abhängig von der Gate-Spannung zum depletion- oder enhancement-Typ wird.
   e) FET, bei dem Speisespannung und Gatespannung dieselbe (verschiedene) Polarität gegen den S-Pol haben.

   Ordnen Sie die besprochenen FETs (Sperrschicht-, Verarmungs-, Anreicherungs-FET, VMOS) richtig zu.

2. a) Erläutern Sie für jeden FET-Typ das Auftreten der Abschnürung ($I_D \simeq$ const, unabhängig von U_{DS}).
   b)* Beim N-Kanal-Verarmungs-MOSFET (Bild 11.12) werde das Substrat nicht direkt mit dem S-Pol verbunden, sondern über eine dritte Spannungsquelle $U_{Sub,S}$.
   Zeigen Sie: Positives Substrat vergrößert den Kanalstrom und umgekehrt. (*Hilfe:* Kanal-Sub-Diode im Durchlaßbetrieb und umgekehrt)

3. Stellen Sie die Vor- und Nachteile der FET-Transistoren (alle Typen) im Vergleich zum bipolaren Transistor zusammen.
   Begründen Sie Ihre Aussagen, soweit möglich physikalisch oder anhand typischer Kenngrößen.

NF-Verstärker mit FETs

4. Ein Sperrschicht-FET habe die Übertragungskennlinie (Eingangskennlinie) von Bild 11.9. Der typische Drain-Source-Reststrom betrage 1...10 nA (je nach Temperatur).
   a) Dimensionieren Sie die Widerstände einer Verstärkerstufe nach Bild 11.25 (ohne und mit einer Signal-Gegenkopplung, hier sei $k = 1/5$) für $U_S = 12$ V, und zwar
      1. für maximale symmetrische Aussteuerbarkeit,
      2. für maximale Kleinsignalverstärkung. Für den Fall *ohne* Signal-Gegenkopplung gelte $-U_{GS} = 0{,}5$ V. (*Hilfe:* Schluß von Kapitel 11.1.3)

      Dabei ist R_G so festzulegen, daß der Reststrom den Arbeitspunkt nur um max. 10% verschiebt.
   b) Geben Sie jeweils r_e und r_a an, und berechnen Sie C_1 und C_2 für $f_u = 25$ Hz.

[1]) Achtung: Dual-Gate-MOSFET = zwei Gates, aber Dual-MOSFET = zwei FETs in einem Gehäuse.

5. Ein Anreicherungs-FET habe die Kennlinien von Bild 11.19. Der Reststrom liege zwischen 0,1 und 0,5 nA. Die Speisespannung betrage $U_S = 18$ V, die Verlustleistung werde vorsichtshalber auf 100 mW beschränkt. Eine *Signalgegenkopplung liege nicht vor.* Die untere Frequenzgrenze liege bei $f_u = 25$ Hz. Berechnen Sie alle Daten für einen Verstärker nach Bild 11.21, und zwar
   a) für $R_S = 0$, hier sei $U_{RD} = 1/2 \cdot U_S$,
   b) für $R_S > 0$, hier gelte $U_{RS} = 10\% \cdot U_S$ und $U_{RD} = 45\% \cdot U_S$.
   (*Hilfe:* Aus U_{RD} folgt U_{DS}, aus P_{tot} folgt der Kanalruhestrom I_D [R_S und R_D]. Bild 11.19 liefert dann U_{GS}. Weiter mit U_{R2}, U_{R1}, R_1, R_2, r_e, r_a, C_1, C_2; *Hinweis:* Der berechnete Teiler ist selbst bei $q = 100$ so hochohmig, daß er in der Praxis - wegen möglicher Kriechströme - noch niederohmiger auszuführen ist.)

6. In nebenstehender Schaltung liegt eine Arbeitspunktstabilisierung durch Spannungsgegenkopplung vor.
   a) Erläutern Sie diese Behauptung (*Hilfe:* Kapitel 8.12.6).
   b) Die Kennlinien des FETs zeigt Bild 11.14. Der Reststrom der Gatediode betrage maximal 0,5 nA. Außerdem gelte $U_{DS} \simeq U_{GS} = 3{,}5$ V.
   Berechnen Sie R_D, und legen Sie R_G fest.
   (*Lösung:* $R_D = 1{,}2$ kΩ; $R_G = 10$ MΩ [bei 5 mV Gleichspannungsabfall])

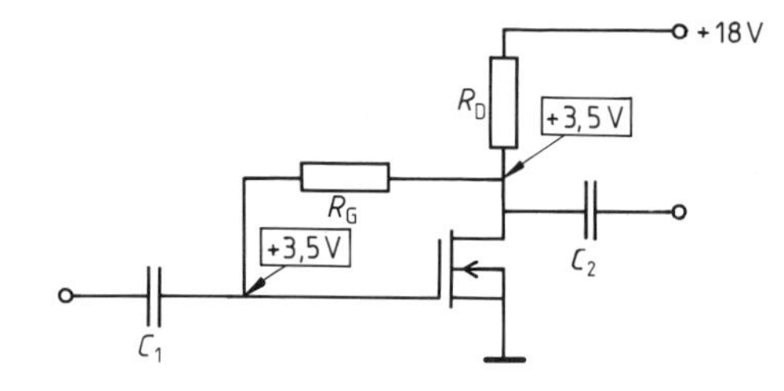

Konstantstromquelle

7. Ein Sperrschicht-FET mit den Kennlinien aus Bild 11.9 wird in die Konstantstromquelle aus Bild 11.26 eingebaut. Der Konstantstrom soll 10 mA betragen.
   a) Berechnen Sie R_S. (*Lösung:* 100 Ω)
   b) Welche Spannung muß an der Konstantstromquelle mindestens anliegen, damit $I_D \simeq$ const. gilt? (*Lösung:* ca. 3,2 V)

FET-Spannungsmesser

8. In den FET-Voltmeter aus Bild 11.27 wird ein MOSFET eingesetzt, dessen Kennlinien Bild 11.14 zeigt.[1] Der Innenwiderstand des Meßwerkes sei gegen R_S vernachlässigbar und R_N nicht vorhanden. Der Bereichsteiler ist so eingestellt, daß er ans Gate die halbe Eingangsspannung U_E abgibt.
   a) Bei $U_E = 0$ wird ein Drainstrom I_D von 4 mA angezeigt. Berechnen Sie R_S.
   (*Lösung:* ca. 200 Ω)
   b) Berechnen Sie jeweils die Eingangsspannung U_E zu den Drainströmen $I_D = 6$ mA/5 mA/3 mA/2 mA und zeichnen Sie dann ein Schaubild, das den Drainstrom I_D in Abhängigkeit der Eingangsspannung U_E darstellt.
   (*Hilfe:* Berechnen Sie zu jedem I_D-Wert U_{RS}, und entnehmen Sie $-U_{GS}$ aus der Eingangskennlinie. Aus U_{RS} und $-U_{GS}$ folgt die Spannung am Gate G gegen Masse. Dies ist dann die halbe Eingangsspannung U_E.)
   (*Lösung:* fast eine Gerade, Näherungswerte: +2,4 V / +1,2 V / −1,4 V / −3,3 V)

[1]) Da in der vorliegenden Aufgabe nur der Verarmungsteil der Eingangskennlinie angesprochen wird, könnte auch ein entsprechender Sperrschicht-FET verwendet werden. Erstaunlich, daß in diesem Fall positive Eingangsspannungen stromlos (bzw. mit $R_i = 11$ MΩ) gemessen werden können.

12 Der Operationsverstärker

12.1 Entwicklung

Entwickelt wurde der Operationsverstärker ursprünglich zur Durchführung von *Rechenoperationen,* z. B. zum Addieren und Integrieren. Im Englischen heißt dieser Rechenverstärker auch Operation-Amplifier, abgekürzt OP oder OP-Amp.

Wir verwenden für den Operationsverstärker die **Abkürzung OV.**

Im Gegensatz zu den bekannten (Taschen-)Rechnern mit Zifferneingabe erfolgt beim OV die Eingabe der Größen durch entsprechende *(analoge)* Spannungen. Als Ergebnis liefert der OV ebenfalls ein Spannungssignal.
Der OV ist somit **ein Bauelement der Analogtechnik** bzw. der analogen Rechentechnik.

Daraus ergibt sich für uns:

Der OV arbeitet als **universeller Spannungsverstärker.** Wir betrachten ihn als *ein elektronisches Bauelement.*

Letzteres insbesondere auch deshalb:
Die Industrie liefert solche OV nur noch als **integrierte Schaltkreise** (**IC**s = **i**ntegrated **c**ircuits), die durch Massenherstellung recht billig geworden sind. Aus diesem Grunde hat sich der OV als Universalverstärker schon in vielen Teilgebieten der Elektronik etabliert. Eingesetzt wird er z. B. als Vor- und Mischverstärker, Millivoltverstärker, Spannungs- und Stromkonstanter, Schwellwertschalter, Regler usw.
Mit dem OV als integriertem Bauelement machte sich auch eine neue Denkweise in der Elektronik breit. Für den Anwender sind nicht mehr die inneren Details des OV, sondern nur noch folgende Fragen interessant:

1. Wie arbeitet ein OV im Prinzip?
2. Welche Schaltungen sind mit dem OV möglich?
3. Welche Kenndaten sind bei der Auswahl eines OV wichtig?
4. Wie sieht die Anschlußbelegung (Pinbelegung) aus?

Auch wir gehen darum auf das „Innenleben" eines OV nur noch im Expertenteil Kapitel 12.8 ein.

12.2 Eigenschaften

12.2.1 Hervorragende Daten und zwei Eingänge

Viele Eigenschaften des OV lesen sich wie eine Wunschliste für einen idealen Spannungsverstärker. In dieser Liste lesen wir z. B.:

1. Der OV hat eine fast unendlich **hohe Verstärkung** V_0 (typisch im Leerlauf: 10000...200000).
2. Der **Eingangswiderstand** ist praktisch **unendlich** groß (typisch: 2 MΩ... 10^6 MΩ). Somit sind Eingangsströme vernachlässigbar (typisch 0,1 μA), die Ansteuerung geschieht leistungslos.

3. Der OV **verstärkt verzerrungsfrei** (linear) Wechselspannungen jeder Frequenz (typisch: bis 10 kHz)[1]), aber auch Gleichspannungen und gemischte Signale. Mit dem Frequenzverhalten eng gekoppelt ist die maximale Anstiegsgeschwindigkeit bzw. Änderung (engl. = slew-rate) der Ausgangsspannung. Diese **slew-rate liegt sehr hoch** (typisch: $\Delta u_A/\Delta t = 0{,}5 \ldots 50\ \text{V}/\mu\text{s}$, bei neuen Schaltungskonzepten – Current-Feedback-OVs – schon weit über 1000 V/μs).
4. Der OV verfügt über **zwei Differenzeingänge.**

▶ Ein Eingang invertiert die ankommenden Signale (Verstärkung: $-V_0$). Dieser Eingang heißt *invertierend* oder *Minuseingang* (Symbol „–", seine Eingangsspannung: u_-).

▶ Signale am anderen Eingang werden nicht invertiert (Verstärkung: $+V_0$). Dies ist der *nichtinvertierende* oder *Pluseingang* (Symbol „+", zugehörige Eingangsspannung: u_+).

Die **gesamte Ausgangsspannung** u_A ergibt sich nun als *Differenz* der Form:

$$u_A = V_0 \cdot u_+ - V_0 \cdot u_-$$

$$u_A = V_0 \cdot (u_+ - u_-)$$

$$\boxed{u_A = V_0 \cdot \Delta u_\pm}$$

Anmerkung:

Die Symbole „+" bzw. „–" haben nichts mit der Polarität der angelegten Spannungen zu tun, sie kennzeichnen nur den Eingangstyp, d.h. das Vorzeichen des Verstärkungsfaktors.

Das Schaltzeichen des OV zeigt Bild 12.1.

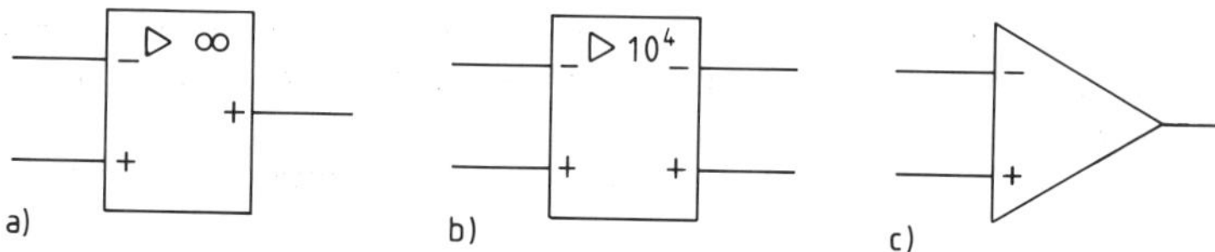

Bild 12.1 Schaltzeichen des OV
a) nach DIN 40900, Teil 13, das ∞-Zeichen sagt, daß V_0 sehr hoch ist
b) wie a), $V_0 = 10^4$, zusätzlicher komplementärer Ausgang
c) früher verwendetes Schaltzeichen des OV

Leider braucht der OV gleich zwei Speisespannungen, je eine (gegen Masse) positive und negative.[2]) Diese **duale Spannungsversorgung** (Bild 12.2, a) wird verständlich, wenn wir daran denken, daß der OV, je nach Eingangssignal, sowohl positive als auch negative Gleichspannungen am Ausgang abgeben soll.

Modellhaft stellen wir uns die Erzeugung verschiedener Ausgangsspannungen nach Bild 12.2, b vor. Je nach Spannungsdifferenz am Eingang verändert der OV die Stellung des Ausgangspotis in Richtung $+U_S$ oder $-U_S$, was $u_A > 0$ bzw. $u_A < 0$ liefert. In Mittelstellung ist u_A gerade Null. Dieses Verstellen des Potis geschieht praktisch sofort, d.h., fast unendlich schnell (genauer: mit der möglichen Anstiegsgeschwindigkeit, der slew-rate).

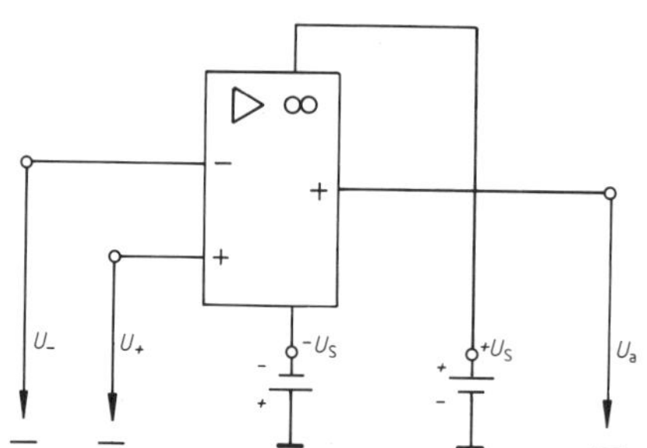

Bild 12.2 a) OV mit der notwendigen dualen Spannungsversorgung

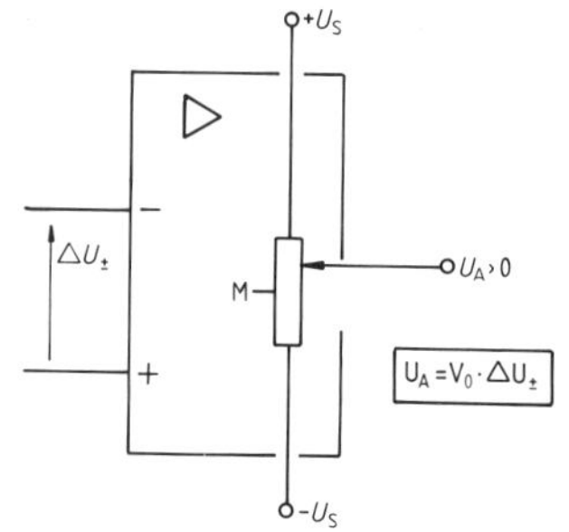

Bild 12.2 b) Modellvorstellung zur Erzeugung der Ausgangsspannungen. (Das Beispiel zeigt den Fall $u_A > 0$)

[1]) Wesentlich höher liegt die Transitfrequenz f_T (1...5 MHz), bei der die Verstärkung auf „eins" gesunken ist. Allgemein fällt die Verstärkung mit der Frequenz ab: $V_f \simeq f_T/f$, diese Formel gilt ab ca. 10 Hz. Der Verstärkungsabfall mit zunehmender Frequenz verhindert wilde Schwingungen.

[2]) Ausnahme: spezielle Schaltungen (siehe Kapitel 12.7.2).

Wegen innerer Schwellwerte bleibt die maximale Ausgangsspannung des OV dem Betrage nach etwa 1 V unter der Speisespannung U_S. Vereinfacht gilt aber, wie in Bild 12.2 angedeutet:

$$U_{A\max} \simeq +U_S \quad \text{und} \quad U_{A\min} \simeq -U_S$$

Also:

Der OV ist ein universeller **Differenzverstärker** mit zwei Eingängen. Diese werden nach ihrer Wirkung invertierend bzw. nichtinvertierend oder Minus- bzw. Pluseingang genannt. Eingangswiderstand und (Spannungs-)Verstärkung sind extrem groß. Die Spannungsversorgung erfolgt dual. Sie wird aber in Schaltbildern meist weggelassen (Bild 12.3).

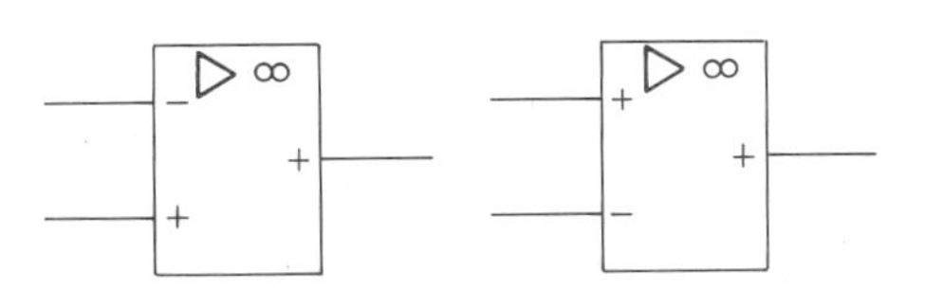

Bild 12.3 Schaltzeichen des OV, beide Varianten sind üblich

12.2.2 Das Vorzeichen der Ausgangsspannung

Zur Einübung betrachten wir hier einen realen OV mit $V_0 = 10\,000$ und $U_{A\max} = 10$ V. Die Ausgangsspannung ergibt sich dann aus:

$$u_A = V_0 \cdot (u_+ - u_-) = V_0 \cdot \Delta u_\pm$$

Bild 12.4 zeigt dazu einige Beispiele mit verschiedenen Momentanwerten für u_+ und u_-.

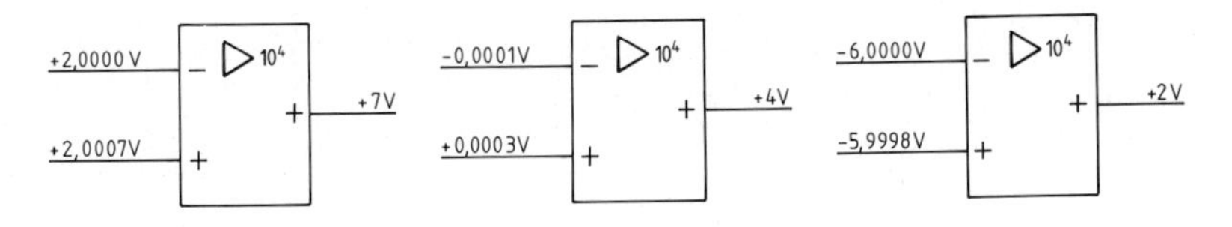

Bild 12.4 Bei $u_+ > u_-$ ist $u_A > 0$ (hier: $V_0 = 10\,000$)

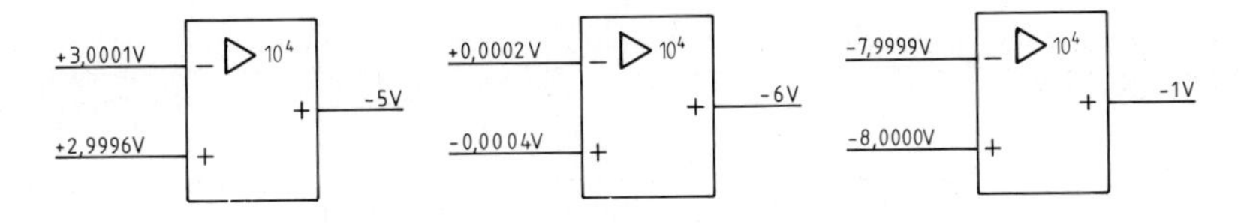

Bild 12.5 Bei $u_+ < u_-$ ist $u_A < 0$ (hier: $V_0 = 10\,000$)

Aus der Gleichung $u_A = V_0 \cdot (u_+ - u_-)$ bzw. aus Bild 12.4 und 12.5 erhalten wir folgende Vorzeichenregel:

u_A-Vorzeichenregel (VZ-Regel)

Liegt die Spannung am Pluseingang über der am Minuseingang, so ist u_A *positiv.*

$$(u_+ - u_-) > 0 \Rightarrow u_A > 0$$

Liegt die Spannung am Pluseingang unter der am Minuseingang, so ist u_A *negativ.*

$$(u_+ - u_-) < 0 \Rightarrow u_A < 0$$

Folgende Fälle sind dabei denkbar:

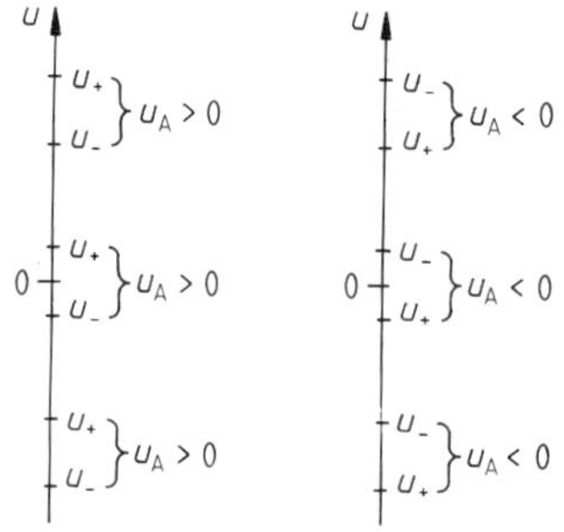

$u_+ > u_-$ (oberhalb, um, unterhalb von 0): $u_A > 0$

$u_- > u_+$ (oberhalb, um, unterhalb von 0): $u_A < 0$

Bild 12.6 stellt diese Regel noch kürzer dar.

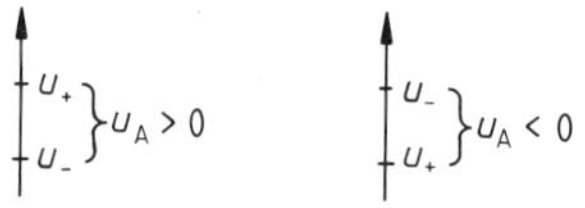

u_+ über u_-: $u_A > 0$ u_- über u_+: $u_A < 0$

Bild 12.6 Die Vorzeichenregel für den OV auf einen Blick

Bei exakt gleicher Spannung an den Eingängen wird überhaupt *kein Ausgangssignal* erzeugt.[1]) Dadurch werden gleich große und gleichphasige Störungen auf den Zuleitungen unterdrückt. Solche Störsignale entstehen z. B. durch Einstreuungen des Netzes (Netzbrumm). Selbst wenn diese Störungen viel größer als das eigentliche Nutzsignal sind, bleibt letzteres gut erkennbar (Bild 12.7).

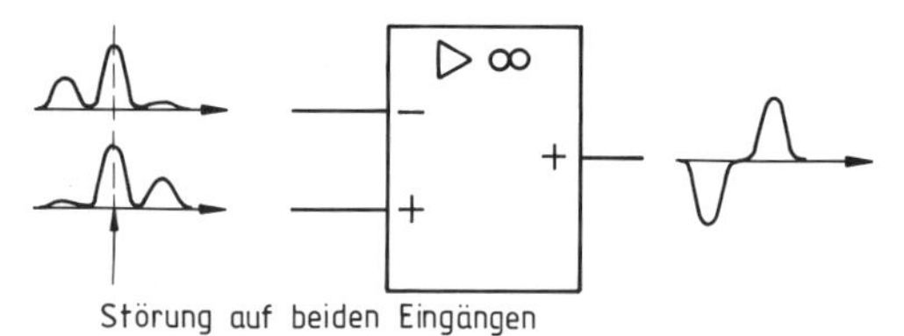

Bild 12.7 Gleichtaktunterdrückung durch den OV

Die hohe **Gleichtaktunterdrückung** des OV findet überall dort Anwendung, wo sehr kleine Meßsignale in einer „elektrisch verseuchten" Umgebung auftreten (z. B. bei EKG-Messungen).

[1]) Tatsächlich liefert ein realer OV auch bei $u_+ = u_-$ eine Ausgangsspannung $u_A \neq 0$. Diese *Gleichtaktverstärkung* ist gegen die *Differenzverstärkung* V_0 jedoch vernachlässigbar klein (typisches Verhältnis: 1:5000).

12.2.3 Eingangskennlinie und Übersteuerung

Wegen des hohen Verstärkungsfaktors V_0 für die Differenzen

$$\Delta u_{\pm} = u_+ - u_-$$

gerät der OV schon sehr rasch in die *Übersteuerung,* denn mehr als den Speisespannungspegel kann er am Ausgang nicht abgeben.

Dazu ein praktisches **Beispiel:**

Es sei:

$V_0 = 10\,000 \quad U_{Amax} \simeq U_S = 10\text{ V}$

Dann folgt aus $u_A = V_0 \cdot \Delta u_{\pm}$ und $u_A \leq 10\text{ V}$:

$$\Delta u_{\pm} = \frac{u_A}{V_0} \leq \frac{10\text{ V}}{10\,000}$$

Also:

$$\boxed{\Delta u_{\pm} \leq 1\text{ mV}}$$

Ergebnis:

- Schon bei Spannungsdifferenzen von mehr als 1 mV ist der OV *sicher* übersteuert und liefert konstant $+U_{Amax}$ bzw. $-U_{Amax}$.

Dies bringt auch die (Übertragungs-)*Kennlinie des OV* zum Ausdruck (Bild 12.8). Nur die extrem verschiedene Wahl der Achseneinheiten erlaubt es überhaupt, den kleinen Bereich der Nichtübersteuerung, d.h. den Proportionalbereich, darzustellen.[1])

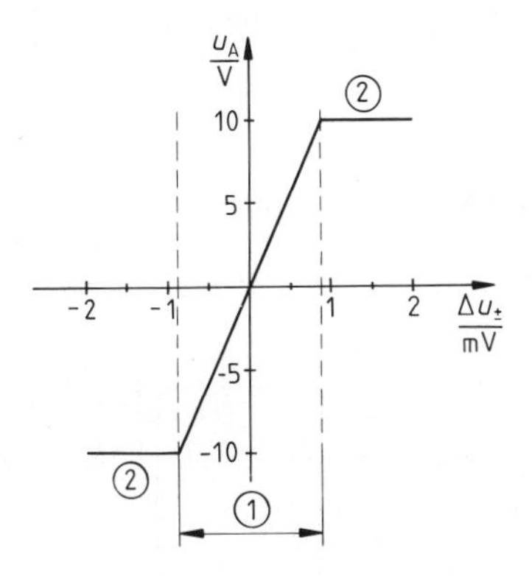

Bild 12.8 Kennlinie des OV
① Proportionalbereich, ② Sättigung bzw. Übersteuerung

Anders ausgedrückt:

- Wenn die Eingangsspannungen u_+ und u_- *meßtechnisch* differieren, befindet sich der OV immer in der Übersteuerung.
- Diese Übersteuerung läßt sich demnach sehr leicht herbeiführen.

[1]) Bei realen OV geht die Kennlinie nie exakt durch den Nullpunkt. Abhilfe durch *Offset-Abgleich,* siehe Kapitel 12.2.4.

Die Tatsache, daß sich der OV problemlos übersteuern läßt, führt zu vielen Anwendungen, von denen Bild 12.9, a eine herausgreift. Hier arbeitet der OV als *Schwellwertschalter,* Komparator oder Vergleicher.

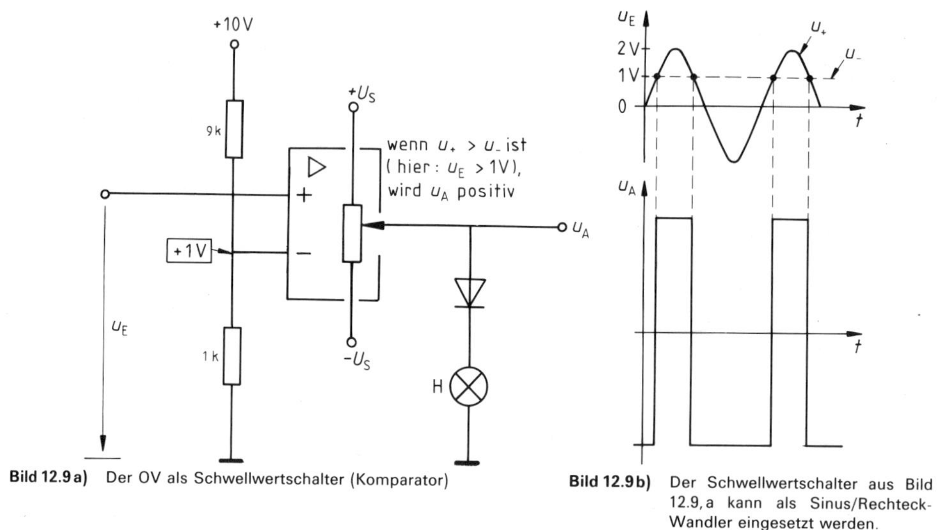

Bild 12.9 a) Der OV als Schwellwertschalter (Komparator)

Bild 12.9 b) Der Schwellwertschalter aus Bild 12.9, a kann als Sinus/Rechteck-Wandler eingesetzt werden.

Wenn wir davon ausgehen, daß meßtechnisch Differenzen von

$$\Delta u_{\pm} \leq 1 \text{ mV}$$

kaum zu erkennen sind, können wir die Funktion wie folgt beschreiben: Für $u_E < 1$ V gilt: $u_+ < u_-$. Nach der VZ-Regel kippt der übersteuerte OV also nach $-U_{Amax}$. Falls die Eingangsspannung u_E den Wert von $u_E = +1$ V überschreitet, gilt $u_+ > u_-$. Jetzt kippt der OV nach $+U_{Amax}$. (Die Indikatorlampe H leuchtet z. B. auf und zeigt das Überschreiten der Schaltschwelle an.)

Bild 12.9, b zeigt eine Anwendung dieser Schaltung als *Sinus/Rechteck-Wandler,* d. h. als einfacher Analog/Digital-Wandler.

Einen besonders einfachen Komparator zeigt Bild 12.10. Wegen $u_- = 0$ liegt hier die Schaltschwelle bei Null. Diese Schaltung heißt deshalb auch *Nulldurchgangsschalter.* Sie kann z. B. zur automatischen Polaritätserkennung in Meßgeräten dienen.

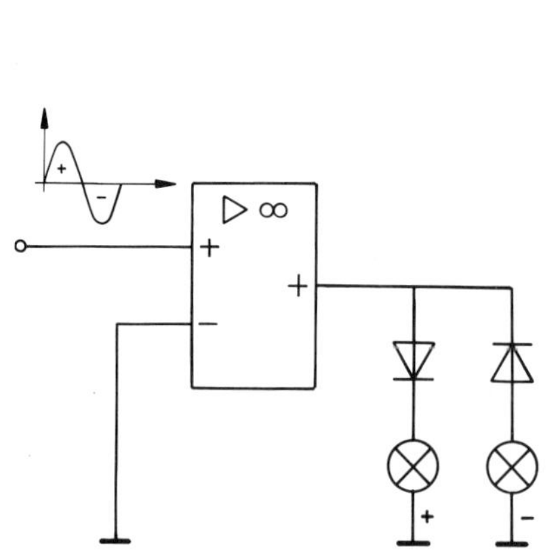

Bild 12.10 Nullpunktschalter oder Polaritätsanzeige (bei Wechselspannung leuchten beide Lampen auf)

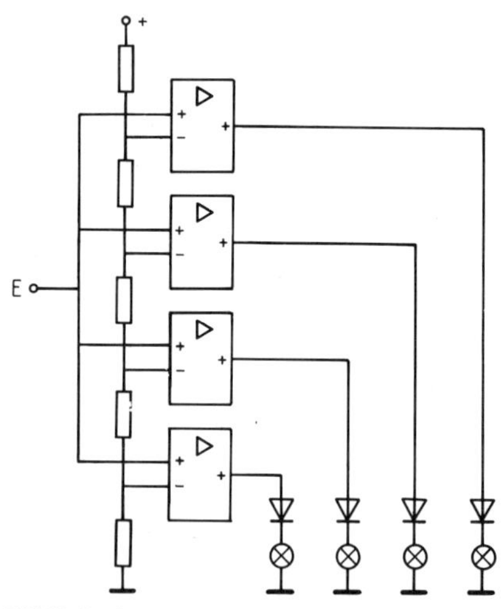

Bild 12.11 Leuchtbandanzeige des Eingangspegels

In Bild 12.11 sind dagegen mehrere Schwellwertschalter „kaskadiert", so daß immer einer nach dem anderen durchschaltet. Nach diesem Prinzip arbeiten z. B. sehr schnelle Analog/Digital-Wandler und die Leuchtband-Aussteuerungsanzeigen in Tonbandgeräten[1]).

Halten wir also fest:

> Der **OV übersteuert** schon bei kaum meßbaren Spannungsdifferenzen an den Eingängen.
> Für die Praxis gilt somit:
> Wenn $u_+ \neq u_-$ gilt, ist der OV übersteuert.
> Der OV kann deshalb wie eine *Kippschaltung* betrieben werden.

Für Praktiker:

12.2.4 Pinbelegung, Offsetabgleich und Daten

Einer der bekanntesten OV ist der Typ 741. Dieser ist, wie viele OV, in verschiedenen Gehäusetypen erhältlich. Bild 12.12 zeigt ihre Anschlußbelegung.

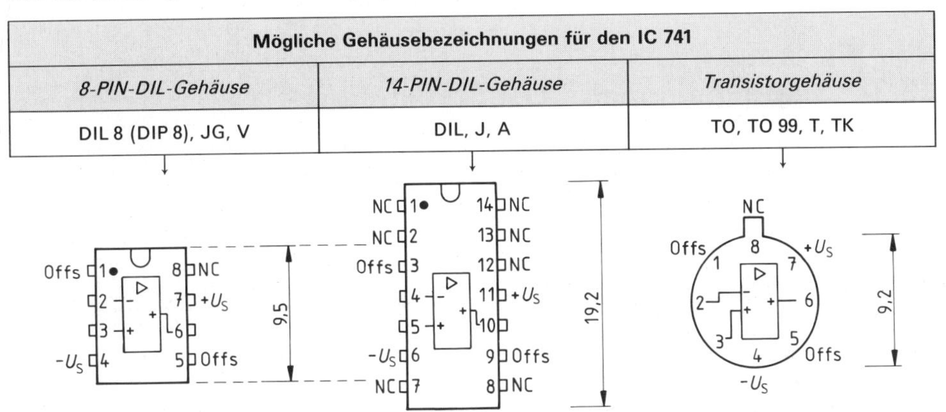

Mögliche Gehäusebezeichnungen für den IC 741		
8-PIN-DIL-Gehäuse	*14-PIN-DIL-Gehäuse*	*Transistorgehäuse*
DIL 8 (DIP 8), JG, V	DIL, J, A	TO, TO 99, T, TK

Bild 12.12 Draufsicht auf den IC 741, **NC** bedeutet: **n**ot **c**onnected (nicht belegt). Das DIL-14-Gehäuse[2]) ist ein mit Leeranschlüssen erweitertes DIL-8-Gehäuse. (Alle Maße in mm.)

Aufgrund unvermeidlicher Unsymmetrien der Eingangstransistoren ist die Ausgangsspannung u_A auch bei $u_+ = u_-$ *nie* exakt Null. Dies läßt sich auch so deuten, als ob an den Verstärkereingängen eine Eingangsfehlspannung anliegen würde, welche den **DC-Offset** (Abweichung) am Ausgang bewirkt.
Wenn dieser DC-Offset stört, läßt er sich durch Anschluß einer Schaltung nach Bild 12.13 an den Klemmen Offset (Offset-Null oder Balance) des OV auf Null abgleichen.[3])

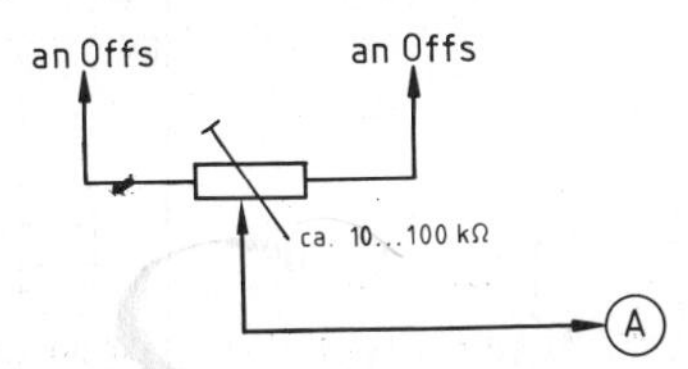

Bild 12.13 Einfacher Abgleich der Offset-Spannung. Beim 741er gilt: Ⓐ $= -U_S$

[1]) So enthält z. B. der IC UAA 180 insgesamt 16 OVs inklusive des Spannungsteilers. Mit dem UAA 170 kann statt einer Leuchtband- eine Leuchtpunktanzeige aufgebaut werden. Der LM 3916 ist von Balkenanzeige auf Leuchtpunkt umschaltbar und enthält 10 OVs. Statt Glühlampen werden natürlich Leuchtdioden (siehe Kapitel 5.1) angesteuert. Mit dem U 1096 können sogar 30 Leuchtdioden angesteuert werden.

[2]) DIL = **D**ual-**i**n-**L**ine (zwei Reihen nebeneinander liegender Anschlüsse)

[3]) Es gibt auch komplizierte (und bessere) Abgleichschaltungen.

Für viele Anwendungen (schon im NF-Bereich) ist der 741er aufgrund seiner kleinen slew-rate von 0,5 V/μs schon zu langsam. Er kann dann gegen einige pinkompatible, *schnellere* Typen direkt ausgetauscht werden. Bild 12.14 gibt einen Überblick über entsprechende Vergleichstypen. Darunter befinden sich auch solche mit extrem hochohmigem Eingang (FET-Eingang).

<table>
<tr><th>Typ</th><th>$\Delta u_A/\Delta t$
V/μs</th><th>r_e
MΩ</th><th>V_0</th><th>i_{Amax}
mA</th><th>U_{Smax}
V</th><th>Bei Abgleich (Bild 12.13) Ⓐ an:</th></tr>
<tr><td>741
TBA 221
SN 72741</td><td>0,5</td><td>0,3</td><td rowspan="2">100 000
(100 dB)</td><td rowspan="5">25</td><td rowspan="2">±18</td><td rowspan="2">$-U_S$</td></tr>
<tr><td>TL 081</td><td>13</td><td rowspan="3">10^6</td></tr>
<tr><td>LF 355</td><td>5</td><td rowspan="3">25 000
(88 dB)</td><td rowspan="2">±20</td><td rowspan="2">$+U_S$</td></tr>
<tr><td>LF 357</td><td>50</td></tr>
<tr><td>LM 318
SN 73318</td><td>50</td><td>0,5</td><td>±22</td><td>Masse</td></tr>
</table>

Bild 12.14 Vergleich des IC 741 mit schnelleren, pinkompatiblen Austauschtypen[1])

12.3 Gegengekoppelte OV-Schaltungen

In den bis jetzt besprochenen Schaltungen fand keine *Rückmeldung* über das Ausgangssignal u_A an die Eingänge statt. Dies ist in den nun folgenden Schaltungen anders. Dazu eine Vorbemerkung:

Eine Rückkopplung liegt vor, wenn ein Teil des Ausgangssignals an den Eingang gelangt. Durch gleichphasige Rückführung entsteht eine *Mitkopplung*, wodurch das System instabil wird bzw. schwingen kann (Genaueres in Kapitel 10.4ff.). Erfolgt die Rückführung des Signals gegenphasig, so sprechen wir von einer *Gegenkopplung*.

Beim OV läßt sich die Gegenphasigkeit sehr einfach erreichen. Ein Teil des Ausgangssignals wird direkt an den invertierenden Eingang zurückgeführt. Nimmt nun z. B. das Ausgangssignal zu, so erhöhen sich auch die invers verstärkten Anteile, was den weiteren „ungehemmten" Anstieg der Ausgangsspannung bremst. Diese regelt sich so automatisch auf einen Gleichgewichtswert ein.

Der Verstärker und die Gegenkopplung arbeiten wie ein sehr schneller Regelkreis. Dessen Eigenschaften lassen sich (fast) vollständig durch den Grad der Gegenkopplung festlegen. Dies zeigen wir jetzt im Detail. (Eine genauere Systemdarstellung der Gegenkopplung findet sich in den Kapiteln 8.8 und 10.4ff.)

Bei gegengekoppelten OV-Schaltungen gelangt ein Teil der Ausgangsspannung regelnd an den invertierenden Minuseingang zurück. Die Gegenkopplung bestimmt die Eigenschaften (z. B. den Verstärkungsfaktor) des Gesamtsystems.

[1]) Die Umrechnung von V_0 in die dB-Skala ist in Kapitel 8, Aufgabe 13, erklärt.

12.3.1 Zwei wichtige Berechnungsregeln

Solange der OV *nicht übersteuert* ist[1]), sind die Spannungsdifferenzen an den beiden Eingängen unmeßbar klein, da V_0 extrem groß ist.

Mit den Werten $V_0 = 10000$ und $U_{A\max} = 10$ V aus Kapitel 12.2.3 gilt für $\Delta u_{\pm} = (u_+ - u_-)$:

$$\Delta u_{\pm} = \frac{u_A}{V_0} < \frac{10\ \text{V}}{10000}$$

Also:

$$\Delta u_{\pm} < 1\ \text{mV}$$

Bei den üblichen Meßgeräten ist dies gleichbedeutend mit

$$u_+ = u_-$$

Wenn der OV nicht übersteuert ist, d.h., wenn dem Betrage nach $u_A < U_{A\max}$ ist, ist die Spannungsdifferenz zwischen den Eingängen *meßtechnisch* Null.

$$\Delta u_{\pm} = 0 \Leftrightarrow |u_A| < U_{A\max}$$

Dies liefert die **Regel 1** für den *nicht übersteuerten* OV:

$$u_+ = u_-$$

Da außerdem die Eingangsströme des OV vernachlässigbar sind (Eingangswiderstand unendlich), müssen alle Ströme in äußeren Leitungen verlaufen. Bild 12.15 zeigt einige Beispiele dazu.

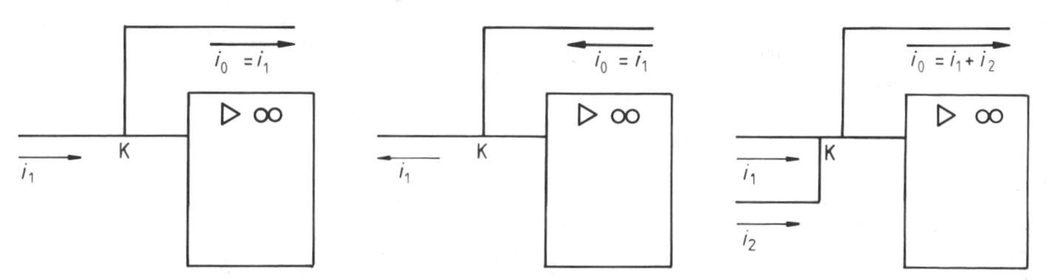

Bild 12.15 Wegen des hohen Eingangswiderstandes des OV sind Strombilanzen sehr einfach.

Wir erhalten daraus die:

Regel 2

Die Eingangsströme des OV sind vernachlässigbar. Deshalb gilt (Bild 12.15):

$$i_1 = i_0 \quad \text{bzw.} \quad i_1 + i_2 + \ldots = i_0$$

Mit diesen beiden Regeln lassen sich gegengekoppelte OV-Schaltungen leicht berechnen. Dies zeigen wir gleich an vielen Beispielen.

---

[1]) Dies soll ja gerade die Gegenkopplung bewirken.

12.3.2 Modellvorstellung zur Arbeitsweise des OV

Bei der Inbetriebnahme einer OV-Schaltung liegt im allgemeinen $u_+ = u_-$ noch nicht vor. Angenommen, es gilt anfangs $u_+ > u_-$. Dann wird der OV (nach der VZ-Regel) die Ausgangsspannung u_A in Richtung $+U_S$ „hochfahren". Wegen der teilweisen *Rückführung von u_A an den Minuseingang* vergrößert sich dadurch auch u_-. Die Zunahme von u_A hört schließlich dann auf, wenn kein Anlaß mehr dazu vorliegt, also wenn $u_+ = u_-$ geworden ist. Jede weitere Vergrößerung oder Verkleinerung von u_A würde aber wieder eine Regeldifferenz $\Delta u_\pm$ auslösen. Wir erhalten so folgende anschauliche Vorstellung von der Arbeitsweise des OV.

Arbeitsweise des OV bei vorhandener Gegenkopplung

Der OV verstellt u_A so lange, bis sich (über die Gegenkopplung) $u_+ = u_-$ ergibt.
Die Einstellung des Endwertes geschieht entsprechend der slew-rate sehr schnell.

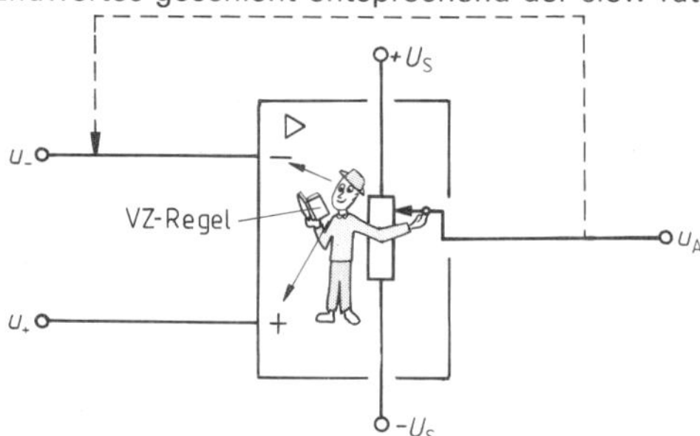

Bild 12.16 Anschauliche Darstellung der OV-Arbeitsweise: Der Ausgangspoti wird gemäß der VZ-Regel solange verstellt, bis $u_+ = u_-$ geworden ist.

12.4 Der nichtinvertierende Verstärker

Bild 12.17 zeigt den recht einfachen Stromlaufplan des nichtinvertierenden Verstärkers. Der Grad der Signalrückführung und damit seine Verstärkung wird allein von den beiden Widerständen R_0 und R_1 festgelegt. Außerdem haben Ein- und Ausgangssignal immer dasselbe Vorzeichen.

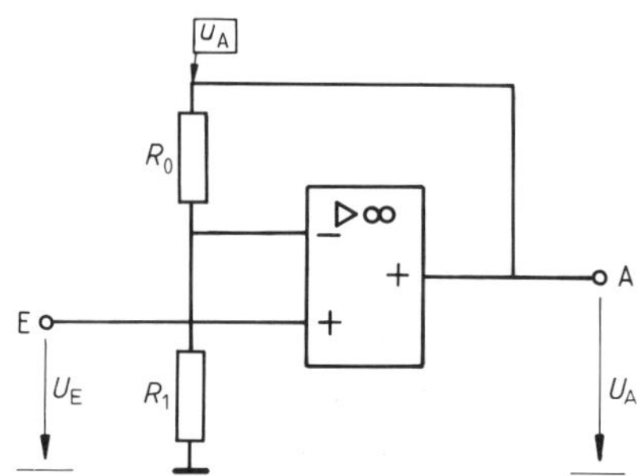

Bild 12.17 Nichtinvertierender Verstärker

Im Detail:

Durch den Spannungsteiler R_0, R_1 ist u_- immer ein Bruchteil von u_A. (Der Spannungsteiler bildet den Gegenkopplungszweig.) Nach Regel 2 ist dieser Teiler unbelastet ($i_1 = i_0$), so daß sich u_- aus u_A leicht berechnen läßt:

$$u_- = \frac{R_1}{R_1 + R_0} \cdot u_A$$

Bei einer Inbetriebnahme sei $u_A = 0$. Dann gilt auch $u_- = 0$. Liegt nun am Eingang E (Pluseingang) z. B. ein positives Signal, so gilt zunächst $u_+ > u_-$. Nach der VZ-Regel erzeugt nun der OV eine ebenfalls positive Ausgangsspannung u_A, die mit der slew-rate ansteigt. Über den Teiler wird so auch u_- größer. Der Endwert von u_A ist erreicht, wenn gilt:[1])

$$u_+ = u_-$$

In unserem Fall bedeutet dies:

$$u_E = u_-$$

Wenn wir nun u_- (siehe oben) einsetzen, erhalten wir sofort einen Zusammenhang zwischen u_E und u_A:

$$u_E = \frac{R_1}{R_1 + R_0} \cdot u_A$$

Daraus folgt schließlich u_A in Abhängigkeit von u_E.

$$u_A = \frac{R_1 + R_0}{R_1} \cdot u_E = \left(1 + \frac{R_0}{R_1}\right) u_E$$

Das Verhältnis u_A/u_E bezeichnen wir als (System-)Verstärkung V'.

Aus $i_0 = i_1 = i$ und der (Gleichgewichts-)Bedingung

$$u_+ = u_- \quad \text{d. h. hier: } u_E = \frac{R_1}{R_1 + R_0} u_A$$

folgt sofort die **Verstärkung V' des nichtinvertierenden Verstärkers:**

$$V' = 1 + \frac{R_0}{R_1}$$

Demnach ist V' immer ≥ 1.
Der Verstärker heißt *nichtinvertierend*, weil Ein- und Ausgangssignal immer dasselbe Vorzeichen haben. (Die Ansteuerung erfolgt am nichtinvertierenden Pluseingang.)

12.4.1 Einsatzgebiete des nichtinvertierenden Verstärkers

Beim nichtinvertierenden Verstärker liegt das Eingangssignal direkt an einem OV-Eingang (Bild 12.18). Der Eingangswiderstand ist also (fast) unendlich groß, die Signalquelle wird deshalb nicht belastet.

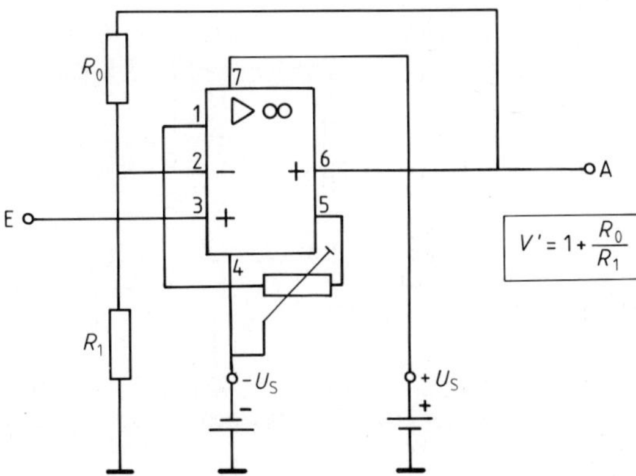

Bild 12.18 Praktische Ausführung eines nichtinvertierenden Verstärkers, die Pinbelegung gilt für den IC 741

[1]) ganz genaue Ablaufbeschreibung in Kapitel 12.4.2

Am Ausgang des OV kann aber viel Laststrom entnommen werden (Grenze: I_{Amax}). Deshalb findet diese Schaltung hauptsächlich dort Verwendung, wo eine Quelle nicht belastet werden darf oder soll, aber zur Weiterverarbeitung des Signals viel Strom benötigt wird. Solch eine Schaltung heißt auch **Impedanzwandler**[1]) bzw. **Trennverstärker.** (Die Last wird von der Quelle getrennt.)
Im Extremfall hat ein solcher Impedanzwandler den Verstärkungsfaktor $V'=1$. Die Ausgangsspannung folgt dann identisch der Eingangsspannung. Deshalb heißt die Schaltung auch **Spannungsfolger** (Bild 12.19).

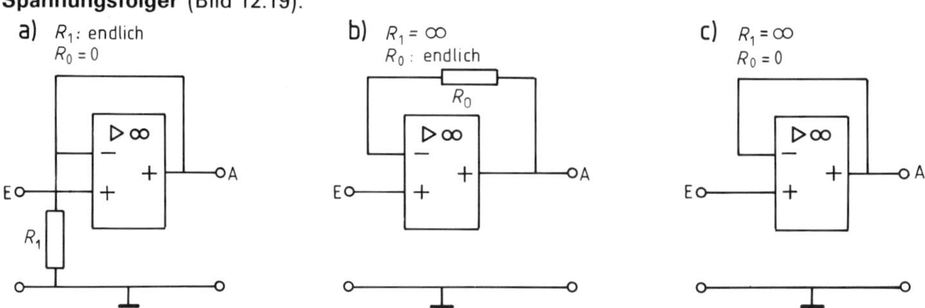

Bild 12.19 Impedanzwandler mit $V'=1+(R_0/R_1)=1$. Teilbild c zeigt die übliche und einfachste Schaltung.

Auf den ersten Blick verblüfft Bild 12.19, c. Es läßt sich (unabhängig von der Formel für V') auch so erklären:
Es gilt $u_E = u_+$. Der OV verändert seine Ausgangsspannung, bis $u_- = u_+$ wird. Da hier aber auch u_- und u_A gleich sind, wird aus

$$u_- = u_+$$

die Beziehung

$$\boldsymbol{u_A = u_E}$$

> Der nichtinvertierende Verstärker hat einen unendlich großen Eingangswiderstand. Er wird deshalb als **Impedanzwandler bzw. Trennverstärker** (Pufferverstärker) verwendet. Hochohmige Quellen können so rückwirkungsfrei an niederohmige Verbraucher angekoppelt werden.

Weitere Anwendungsbeispiele zeigen die folgenden Teilbilder 12.20, a und 12.20, b.

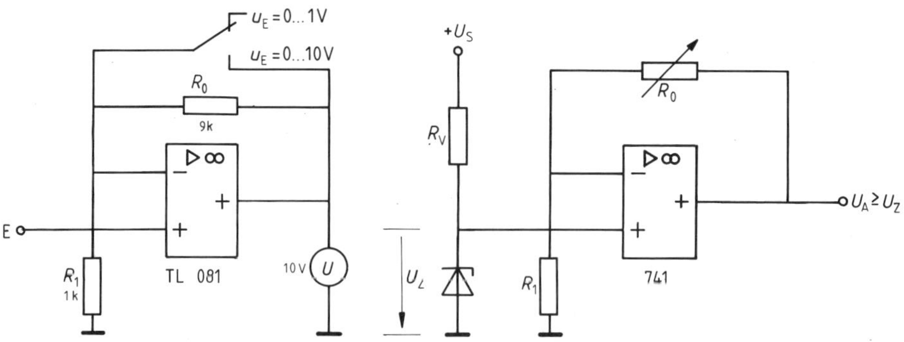

Bild 12.20 a) „Ideales" Voltmeter; in allen Meßbereichen beträgt (nach Bild 12.14) der Innenwiderstand $R_i = 10^6$ MΩ.
„Ideales" Amperemeter: siehe Bild 12.47

Bild 12.20 b) Variable Referenzspannungsquelle: Da I_Z hier lastunabhängig ist, ist U_Z und damit U_A hochkonstant.

[1]) Widerstandswandler; der große Innenwiderstand einer Quelle wird über den OV für die Last scheinbar niederohmig.

Abschließend zeigt Bild 12.21 noch zwei Darstellungsvarianten des nichtinvertierenden Verstärkers.

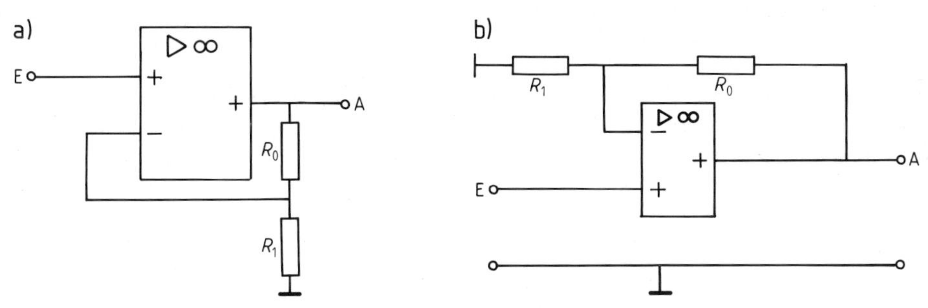

Bild 12.21 Darstellungsvarianten des nichtinvertierenden Verstärkers. Teilbild a wird am meisten verwendet.

Nur für Tüftler (sonst weiter bei Kapitel 12.5):

12.4.2 In Zeitlupe: Die Einstellung von u_A

Die hier verwendeten Daten sind in Bild 12.22 eingetragen. Im vorliegenden Fall gilt $u_- = 1/4 \cdot u_A$. Beim Einschalten sei $u_A = 0$. Dann ist auch $u_- = 0$. Wegen u_E bzw. $u_+ = 1$ V gilt $u_+ > u_-$. Der OV verändert deshalb nach der VZ-Regel die Ausgangsspannung u_A in Richtung $+U_S$.
Aufgrund der slew-rate von 1 V/1 µs ist u_A schon nach nur 3 µs auf $u_A = 3$ V angestiegen, weshalb sich u_- auf $1/4 \cdot u_A = 0{,}75$ V erhöht.

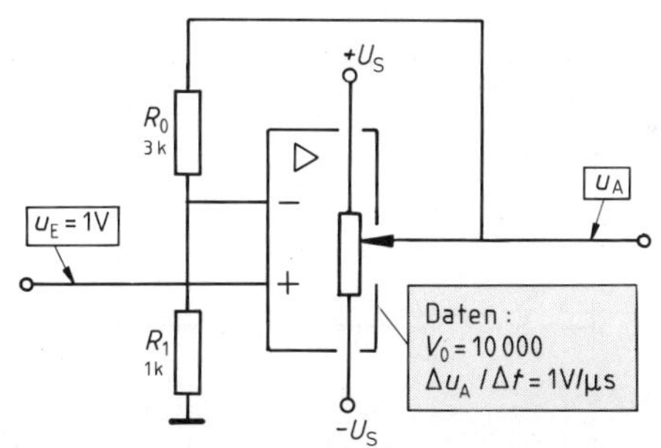

Bild 12.22 Hier ist $u_- = 1/4 \cdot u_A$

Die Differenz $\Delta u_\pm$ ist also schon auf 0,25 V abgesunken. Kurz darauf, d. h. nach

$$t = 3{,}9984\ldots\ \mu s \simeq 0{,}4\ \mu s$$

erreicht u_A den Wert

$$u_A = 3{,}9984\ldots\ V \quad \text{und damit gilt} \quad u_- = \frac{1}{4} \cdot u_A = 0{,}9996\ldots\ V.$$

Jetzt ist die Differenz an den Eingängen praktisch Null:

$$\Delta u_\pm = (1 - 0{,}9996\ldots)\,V \simeq 0{,}4\ mV \quad (\text{exakt: } 0{,}39984\ldots\ mV).$$

Diese kleine Differenz ergibt, mit dem Faktor V_0 multipliziert, gerade die tatsächlich erreichte Ausgangsspannung $u_A \simeq 4$ V. Würde sich nun u_A weiter vergrößern, z. B. nur auf $u_A = 4{,}0004$ V, wäre $u_- = 1/4 \cdot u_A = 1{,}0001$ V, d. h. um 0,1 mV größer als $u_+ = 1{,}0000$ V. Nach der VZ-Regel müßte dann der OV sofort u_A „herunterfahren". Auf diese Weise stellt sich für u_A nach ca. 4 µs, also *recht schnell*, ein **Gleichgewichtswert** ein (Bild 12.23).

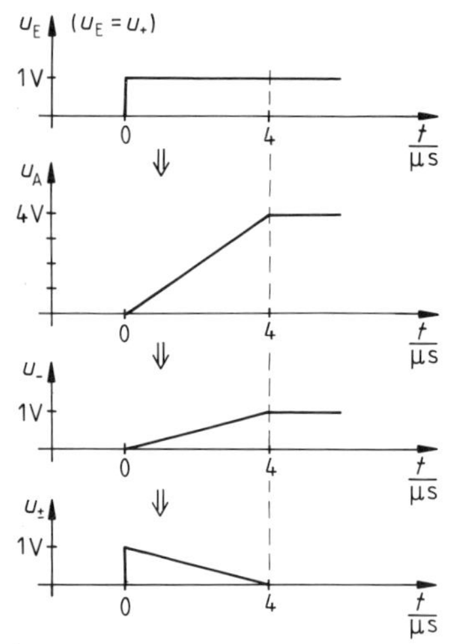

Bild 12.23 Zeitlicher Verlauf der Spannungen zu Bild 12.22

Wir erkennen an diesem Zahlenbeispiel ferner, daß $\Delta u_{\pm}$ nie exakt Null wird. Wenn wir aber mit $\Delta u_{\pm}=0$ rechnen, ist der relative Fehler für u_A äußerst gering, denn statt dem wahren Wert ($u_A \simeq 3{,}9984\ldots$ V) erhalten wir ja dann $u_A = 4$ V. Die Abweichung beträgt nur 0,4‰.

Die Ausgangsspannung u_A stellt sich entsprechend der slew-rate *sehr rasch* auf einen **Gleichgewichtswert** ein.
Dieser ist mit sehr hoher Genauigkeit gegeben durch:

$$u_+ = u_-$$

Wegen der endlichen Anstiegsgeschwindigkeit (slew-rate) der Ausgangsspannung kommt es jedoch bei hohen Signalfrequenzen zu deutlichen *Signalverzerrungen*, was Bild 12.24 belegt. Diese Verzerrungen nehmen mit der Frequenz und der Ausgangsamplitude zwangsläufig zu.

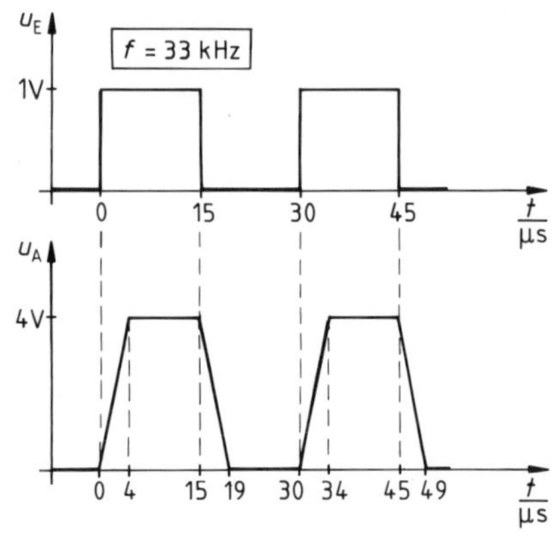

Bild 12.24 Verzerrungen bei hohen Frequenzen durch die slew-rate von (hier) 1 V/µs

12.4.3 Gegenkopplungsfaktor k und Systemverstärkung V'

Wenn wir den nichtinvertierenden Verstärker formal wie in Kapitel 8.12.2 bzw. 10.4.1 als gegengekoppelten Verstärker behandeln, ergibt sich die Systemverstärkung aus:

$$V' = \frac{V_0}{1+kV_0} \simeq \frac{V_0}{kV_0} = \frac{1}{k}$$

Dies gilt, wenn die Schleifenverstärkung $k \cdot V_0 \gg 1$ ist. In diesem Fall hängt die Systemverstärkung praktisch nur noch vom Gegenkopplungsfaktor k ab. Dessen Definition

$$k = \frac{\text{rückgeführte Spannung}}{\text{Ausgangsspannung}}$$

liefert in unserem Fall:

$$k = \frac{u_-}{u_A} = \frac{R_1}{R_1 + R_0}$$

Demnach gilt:

$$V' = \frac{1}{k} = \frac{R_1 + R_0}{R_1} = 1 + \frac{R_0}{R_1}$$

aber nur unter der Nebenbedingung, daß $k V_0 \gg 1$ ist. Anders ausgedrückt, es muß gelten:

$$k \cdot V_0 \simeq \frac{1}{V'} \cdot V_0 \gg 1, \quad \text{also} \quad V_0 \gg V'$$

Die **Verstärkungsformel**

$$V' = 1 + (R_0/R_1)$$

gilt mit großer Genauigkeit, solange $V_0 \gg V'$ ist.

Praktisches Beispiel:

$V_0 = 10000$, $V' = 200$, Genauigkeit ca. $1/50 = 2\%$

12.4.4 Richtwerte für den Spannungsteiler R_0/R_1

In obiger Ableitung für k wurde der Spannungsteiler als unbelastet angenommen. Diese Annahme trifft aber nur auf einen relativ niederohmigen Spannungsteiler R_0, R_1 zu, da eben doch ein kleiner Eingangsstrom I_- in den OV hineinfließt. Deshalb wählen wir den Querstrom durch den Teiler R_0, R_1 mindestens 100mal größer als den Eingangsstrom I_-. Der Fehler liegt dann unter 1%.

Bei einem typischen Eingangsstrom von maximal 0,1 µA wäre dann ein Querstrom von mindestens 10 µA anzusetzen. Für $U_{\text{Amax}} \simeq 10$ V ergibt sich daraus folgende Abschätzung:

$$R_0 + R_1 \leq \frac{U_{\text{Amax}}}{100 \cdot I_-} = \frac{10\text{ V}}{10\text{ µA}} = 1\text{ M}\Omega$$

Besser sind kleinere Widerstandswerte, da dann temperaturbedingte Schwankungen des Eingangsstromes I_- kaum zu Spannungsänderungen an R_1 führen. Das ist wichtig, weil solche Schwankungen ja noch mit V_0 verstärkt werden. Außerdem liefern kleinere Widerstände grundsätzlich ein geringeres (Strom-)Rauschen.

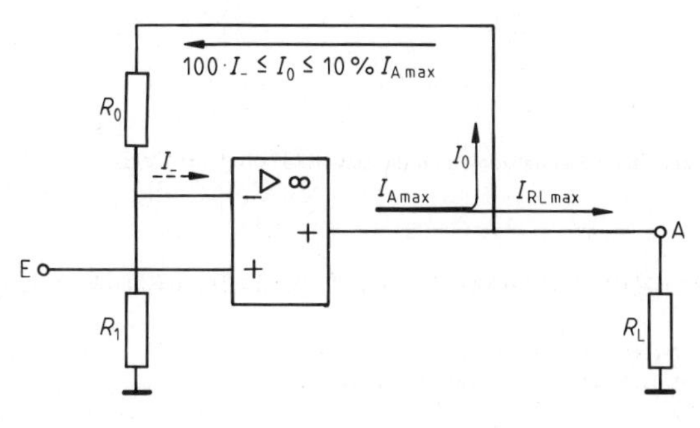

Bild 12.25 Der Querstrom I_0 verkleinert den Laststrom I_{RL}.

Für den Wert von R_0+R_1 gibt es aber auch eine Untergrenze. Da der OV ja nur einen begrenzten Ausgangsstrom I_{Amax} liefern kann, vermindert ein hoher Teilerquerstrom I_0 nach Bild 12.25 den maximal entnehmbaren Laststrom u. U. beträchtlich. Deshalb beschränken wir den Querstrom I_0 auf 10% des maximalen OV-Ausgangsstromes I_{Amax}. Wir erhalten dann:

$$R_0+R_1 \geq \frac{U_{\text{Amax}}}{0{,}1 \cdot I_{\text{Amax}}}$$

Für die typischen Werte $U_{\text{Amax}} \simeq 10$ V und $I_{\text{Amax}} \simeq 20$ mA folgt:

$$R_0+R_1 \geq 5\ \text{k}\Omega$$

Für praktische **Dimensionierungen des nichtinvertierenden Verstärkers** wählen wir:

$$5\ \text{k}\Omega \leq (R_0+R_1) \leq 1\ \text{M}\Omega$$

12.5 Der invertierende Verstärker

Die *Grundschaltung* des invertierenden Verstärkers zeigt Bild 12.26. Wieder legen zwei Widerstände R_1, R_0 die (System-)Verstärkung V' fest. Die Ansteuerung durch u_E geschieht jedoch (über R_1) am invertierenden Minuseingang. Die Ausgangsspannung u_A hat deshalb immer ein *anderes Vorzeichen* als u_E.

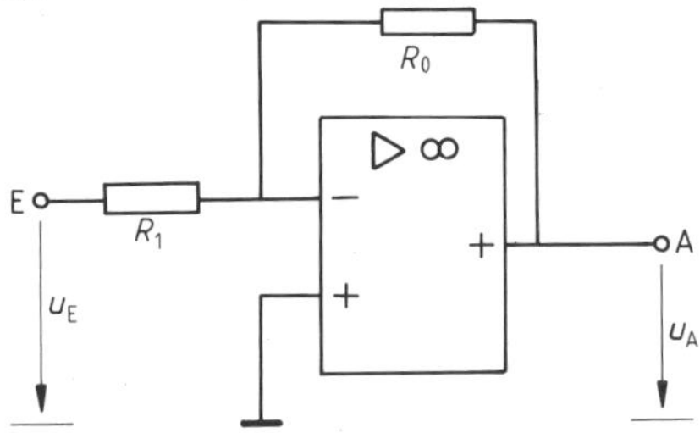

Bild 12.26 Invertierender Verstärker (u_A-Pfeil: symbolisch)

Dies zeigen wir jetzt.

▶ Nach der Schaltung (Bild 12.26) ist u_+ immer Null. Beim Anlegen der Eingangsspannung u_E wird der OV die Ausgangsspannung (sehr rasch) so lange verstellen, bis auch $u_- = 0$ geworden ist.
Deshalb wird hier der Minuseingang auch mit Null bzw. als virtuelle Masse gekennzeichnet.

Damit am Minuseingang schließlich die Spannung Null entsteht, muß die Eingangsspannung u_E am Widerstand R_1 durch einen Spannungsabfall vollständig „vernichtet" werden. Daraus folgt im Endzustand[1]) ein Strom der Größe

$$i_1 = \frac{u_{R1}}{R_1} = \frac{u_E}{R_1}$$

durch R_1. Dieser Strom fließt nach Regel 2 auch durch R_0.

[1]) Wie sich dieser einstellt, folgt „in Zeitlupe" im Kapitel 12.5.3

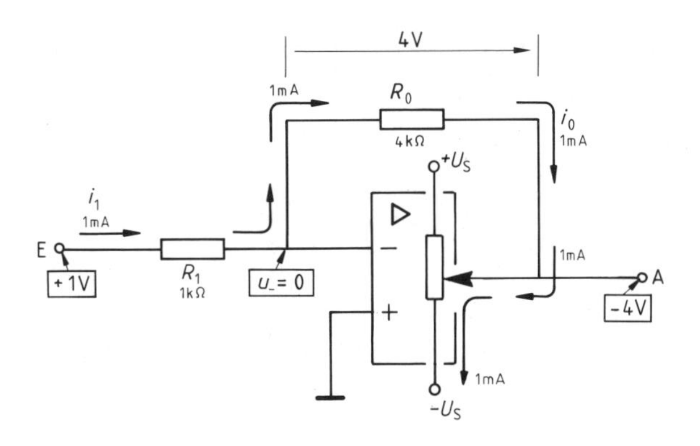

Bild 12.27 Bei positivem u_E muß u_A negativ werden, damit $u_- = 0$ wird.

Da jetzt der Minuseingang auf Null liegt, ist u_A (gegen Masse gemessen) so groß wie die Spannung an R_0. Wir erhalten so unter „symbolischer" Berücksichtigung der Vorzeichenumkehr[1]) zwischen u_A und u_E (siehe auch Bild 12.27):

$$u_A = -i_0 \cdot R_0 = -i_1 \cdot R_0 = -\frac{u_E}{R_1} R_0$$

bzw.

$$u_A = -\frac{R_0}{R_1} \cdot u_E = V' \cdot u_E$$

Ergebnis:

Aus $u_- = u_+ = 0$ (virtuelle Masse am Minuseingang) und $i_1 = i_0$ folgt sofort die **Verstärkung** V' **des invertierenden Verstärkers:**

$$V' = -\frac{R_0}{R_1}$$

Dieser Verstärker heißt invertierend, weil Ein- und Ausgangssignal immer verschiedene Vorzeichen haben. (Die Ansteuerung geschieht am invertierenden Minuseingang.)

Anmerkung:

Beim invertierenden Verstärker sind auch Verstärkungsfaktoren mit $|V'| < 1$ einstellbar.

12.5.1 Der invertierende Verstärker belastet die Quelle

Da am Minuseingang des OV die Spannung Null liegt, fließt bei dieser Schaltung immer ein Eingangsstrom, der durch $i_1 = u_E/R_1$ gegeben ist. Für die Quelle hat der Verstärker somit einen endlichen Eingangswiderstand r_e

$$r_e = \frac{u_E}{i_1} = R_1$$

Dieser endliche Eingangswiderstand unterscheidet den invertierenden Verstärker *wesentlich* vom nichtinvertierenden (siehe Kapitel 12.4.1).

[1]) Eine vorzeichenrichtige Ableitung liefert die Maschenregel (Kapitel 12.5.4).

Da der Eingangsstrom i_1 nach Bild 12.28 auch durch den Innenwiderstand R_i der Quelle fließt, geht dieser in die Verstärkung V' ein, da anstelle von R_1 eigentlich R_1+R_i zu setzen ist.

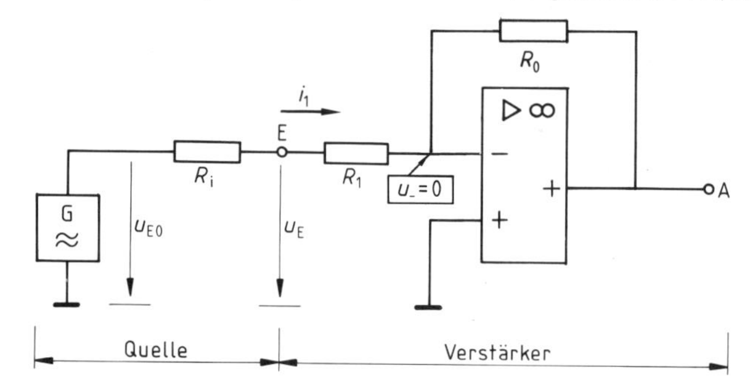

Bild 12.28 Der Strom i_1 belastet die Quelle, R_i beeinflußt die Verstärkung

Der invertierende Verstärker hat einen endlichen **Eingangswiderstand** und belastet die Quelle mit

$$r_e = R_1$$

Unter **Berücksichtigung des Innenwiderstandes** R_i der Quelle errechnet sich die Verstärkung V' aus

$$V' = -\frac{R_0}{(R_1+R_i)}$$

Gewöhnlich wird R_i jedoch vernachlässigt, d. h. mit

$$V' = -\frac{R_0}{R_1}$$

gerechnet.

12.5.2 Verwendung des invertierenden Verstärkers

Wegen der sehr einfachen Verstärkungsformel

$$V' = -\frac{R_0}{R_1}$$

läßt sich dieser Verstärker als leicht programmierbarer Universalverstärker einsetzen. Ein Signal kann mit einem beliebigen Proportionalitätsfaktor $|V'|>1$ oder $|V'|<1$ multipliziert werden. In der Regelungstechnik heißt der Verstärker deshalb auch *Proportionalglied* (P-Glied oder P-Regler).

Wird R_0 veränderlich gemacht, ist der Verstärkungsfaktor V' leicht einstellbar.[1])

[1]) Da sich mit R_1 auch r_e ändert, sollte R_1 möglichst nicht variabel ausgeführt werden.

Zunächst scheint *der endliche Eingangswiderstand* des Verstärkers ein unbedingter Nachteil dieser Schaltung zu sein. Wenn wir jedoch an eingestreute Störungen denken, welche z. B. bei langen Zuleitungen auftreten, so hat ein niederohmiger Eingang auch seine Vorteile. Sein Eingangswiderstand belastet nämlich Nutzsignal und Störquelle gleichermaßen. Da aber die eingestreute Störquelle (gewöhnlich) nur sehr geringe Ströme liefern kann, bricht die Störspannung zusammen, das Nutzsignal aber nicht.

> Der invertierende Verstärker wird als universeller Verstärker eingesetzt. Der endliche Eingangswiderstand vermindert seine **Anfälligkeit gegen eingestreute Störungen.**

Ihre wahre Bedeutung erhält die angesprochene Grundschaltung jedoch durch ihre zahlreichen Varianten, die wir ab Kapitel 12.6 vorstellen.

Nur für Tüftler (sonst weiter mit Kapitel 12.6):

12.5.3 In Zeitlupe: Die Einstellung von u_A

Wir gehen von den Angaben in Bild 12.29 aus. Zu Beginn (Zeitpunkt $t=0$) gelte noch $u_A=0$. Dann fließt über R_1, R_2 ein Querstrom von

$$i=u_E/(R_0+R_1)$$

also von

$$i=1\ \text{V}/5\ \text{k}\Omega=0{,}2\ \text{mA}$$

Dieser Strom erzeugt an R_1 einen Spannungsabfall von

$$u_{R1}=0{,}2\ \text{mA}\cdot 1\ \text{k}\Omega=0{,}2\ \text{V}.$$

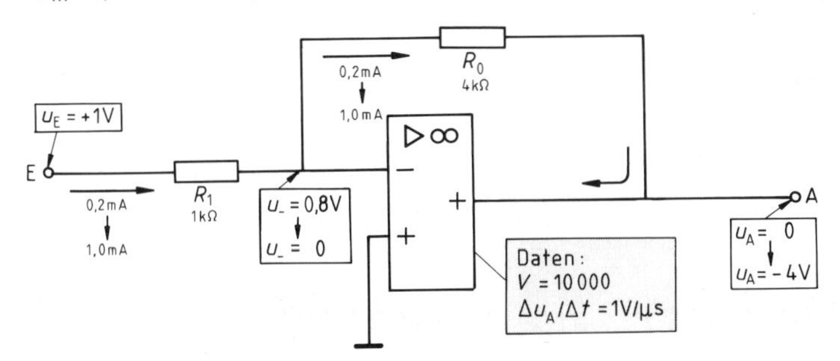

Bild 12.29 Erst im Endzustand ist $u_-=0$ und $u_A=-4$ V.

Da $u_E=1$ V gilt, verbleibt am Minuseingang eine Spannung von $u_-=u_E-u_{R1}$, also konkret von $u_-=1\ \text{V}-0{,}2\ \text{V}=0{,}8$ V. Wegen $u_+=0$ ist deshalb $u_->u_+$. Folge: Der OV verstellt nach der VZ-Regel u_A in Richtung $-U_S$.
Aufgrund der slew-rate von 1 V/1 µs ist die Ausgangsspannung u_A schon nach der Zeit $t=3{,}998\ldots$ µs (ca. 4 µs) bei $u_A=-3{,}998\ldots$ V (also ca. -4 V) angelangt. Die *Gesamt*spannung an R_1, R_0 beträgt nun 4,998... V (also rund 5 V). Der Querstrom erreicht jetzt den Wert:

$$i=u_{ges}/(R_1+R_2)\simeq 4{,}998\ldots\ \text{V}/5\ \text{k}\Omega=0{,}9996\ldots\ \text{mA}\simeq 1\ \text{mA}.$$

Am (Eingangs-)Widerstand $R_1=1$ kΩ fällt nun fast 1 V ab, so daß am Minuseingang praktisch keine Spannung übrig bleibt.
Tatsächlich ist $u_-=0{,}0003998\ldots\ \text{V}\simeq 0{,}4$ mV. Mit $V_0=10000$ multipliziert liefert dies gerade die erreichte Ausgangsspannung u_A. Jede weitere Änderung von u_A erzeugt sofort wieder eine Regeldifferenz. Dadurch erzwingt die Stromgegenkopplung über R_0, R_1 einen **stabilen Gleichgewichtswert** von u_A. Dieser ist hier nach rund 4 µs, also *praktisch sofort,* erreicht.

In guter Näherung gilt also:

> Die Ausgangsspannung des invertierenden Verstärkers hat ihren Endwert erreicht, wenn der Strom durch R_1 am Minuseingang die (Rest-)Spannung Null erzeugt. Dann gilt $u_- = u_+ = 0$. Dieser **Regelvorgang** läuft in Mikrosekunden ab.

- ▶ Allerdings werden bei höheren Signalfrequenzen die Folgen der endlichen slew-rate trotzdem deutlich sichtbar (Bild 12.30).

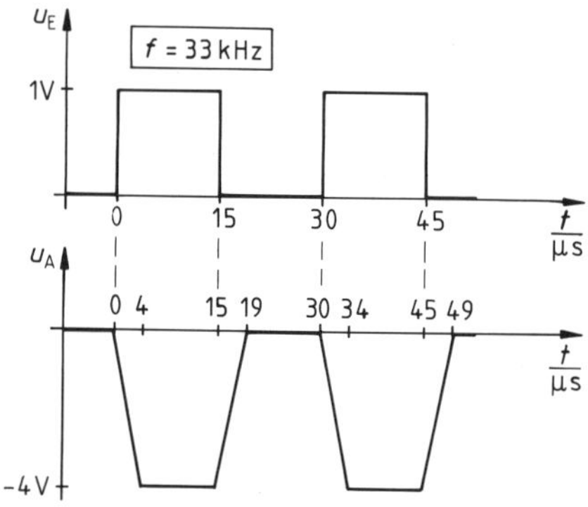

Bild 12.30 Verzerrungen durch die endliche slew-rate von (hier) 1 V/µs

12.5.4 Richtiges Vorzeichen mit der Maschenregel

Mit der Maschenregel ergibt sich die Invertierung der Ausgangsspannung auch ohne die VZ-Regel aus Kapitel 12.2.2. **Die Maschenregel** besagt:

- ▶ Wird in einer Schaltung ein geschlossener Ring (eine Masche) durchlaufen, so ist die *algebraische* Summe aller Spannungen Null.[1])

Wir wenden dies auf Bild 12.31 an. Es ist $u_+ = 0$ und nach Regel 1 gilt auch $u_+ = u_- = 0$.
Also gilt:

Eingangsmasche ①	Ausgangsmasche ②
$-u_E + u_{R1} = 0$ ⇔ $u_E = u_{R1}$	$u_{R0} + u_A = 0$ ⇔ $u_A = -u_{R0}$

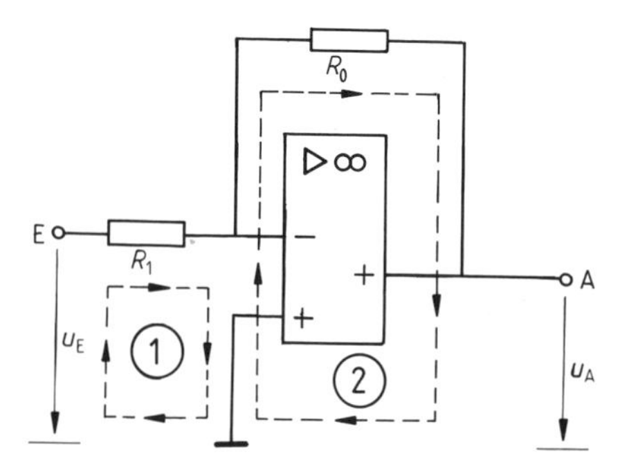

Bild 12.31 Eingangsmasche ① und Ausgangsmasche ②. (Die u_A-Pfeilrichtung hat formalen Charakter.)

[1]) Nach jedem Umlauf hat eine Probeladung wieder das alte Potential, der Energiegewinn ist also insgesamt Null. (Zum Potentialbegriff siehe Kapitel 1.1.2)

Nach Regel 2 setzen wir noch $i_1 = i_2 = i$ und erhalten aus

$$u_E = u_{R1} \quad \text{und} \quad u_A = -u_{R0}$$

die Gleichungen:

$$u_E = i \cdot R_1 \quad \text{und} \quad u_A = -i \cdot R_0$$

Wir lösen jeweils nach i auf und setzen die Ausdrücke gleich:

$$\frac{u_E}{R_1} = i = -\frac{u_A}{R_0}$$

Daraus erhalten wir vorzeichenrichtig die Verstärkung des invertierenden Verstärkers:

$$u_A = -\frac{R_0}{R_1} u_E \Rightarrow V' = -\frac{R_0}{R_1}$$

Ein Rückblick zeigt:

Für die Ausgangsmasche des invertierenden Verstärkers gilt[1])

$$u_A = -u_{R0}.$$

Daraus ergibt sich die **Signalinvertierung.**

12.5.5 Die Gegenkopplung bestimmt die Systemverstärkung

Wir behandeln hier den invertierenden Verstärker als ein System bestehend aus Verstärker und Gegenkopplungsteil. Dann gilt (genau wie beim nichtinvertierenden Verstärker in Kapitel 12.4.3) für die Systemverstärkung:

$$V' = \frac{V_0}{1 + k V_0} \simeq \frac{V_0}{k V_0} = \frac{1}{k}, \quad \text{sofern } k V_0 \gg 1$$

Die Ausgangsspannung bewirkt, daß am Minuseingang (durch den Strom i über R_1) von u_E gerade noch die Spannung *Null* „übrigbleibt". Für den *Gegenkopplungsfaktor* k:

$$k = \frac{\text{rückgeführte Spannung}}{\text{Ausgangsspannung}}$$

gilt deshalb hier:

$$k = \frac{u_{R1}}{u_A} = \frac{u_E}{-u_{R0}} = \frac{i \cdot R_1}{-i \cdot R_0} = -\frac{R_1}{R_0}$$

Daraus erhalten wir:

$$V' \simeq \frac{1}{k} = -\frac{R_0}{R_1}$$

Diese Näherung für V' ist aber nur dann zulässig, wenn $k \cdot V_0 \gg 1$ gilt (siehe oben).

Daraus folgt:

$$k \cdot V_0 \simeq \frac{1}{V'} \cdot V_0 \gg 1, \quad \text{also } V' \ll V_0.$$

Die **Verstärkungsformel** für den invertierenden Verstärker

$$V' = -\frac{R_0}{R_1}$$

gilt nur, sofern $V' \ll V_0$ eingehalten wird.
Praktische Grenze: $V' \simeq 200$

[1]) Diese Feststellung bezieht sich auf die in diesem Buch gewählten Stromrichtungen von i_1 und i_2.

12.5.6 Richtwerte für die Widerstände R_0, R_1

Genau wie beim nichtinvertierenden Verstärker (in Kapitel 12.4.4) fordern wir, daß

1. die tatsächlichen Eingangsströme I_- des OV gegen den Querstrom vernachlässigbar sind und
2. der Querstrom nicht den „Löwenanteil" des maximalen OV-Ausgangsstromes ausmacht.[1]

Anhand von Bild 12.32 ergibt sich daraus über $R_0 = U_{R0}/I_{R0} = U_A/I_{R0}$ eine Abschätzung für R_0. Der Ansatz $100 \cdot I_- \leq I_{R0} \leq 10\% \cdot I_{Amax}$ liefert hier: $10\ \mu A \leq I_{R0} \leq 2\ mA$. Mit $U_A = 10\ V$ folgt $R_0 = 5\ k\Omega \ldots 1\ M\Omega$.

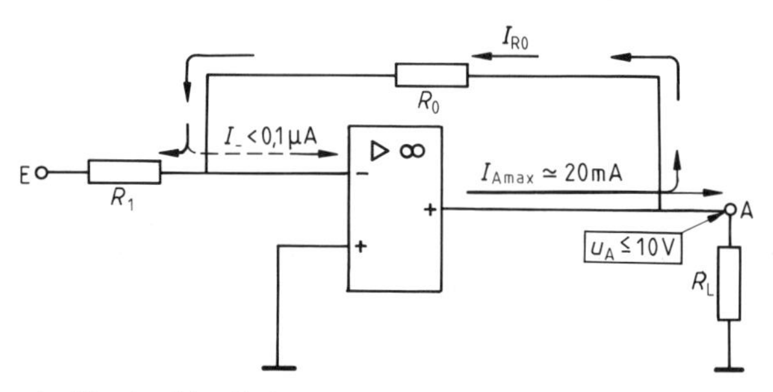

Bild 12.32 Abschätzung des Wertebereiches für R_0 aus den hier angegebenen Daten

> In praktischen Schaltungen gilt für R_0:
>
> $$5\ k\Omega \leq R_0 \leq 1\ M\Omega$$

R_1 ergibt sich dann über $V' = R_0/R_1$ (unter Beachtung von $V' \ll V_0$).

12.5.7 Ein Hilfswiderstand verkleinert die Temperaturdrift

Bei realen OV fließen endliche Eingangsströme I_+ bzw. I_-. Diese ändern sich stark mit der Temperatur. In der Grundschaltung des invertierenden Verstärkers (Bild 12.33, a) erzeugt der Strom I_- eine bisher nicht beachtete *Eingangsfehlspannung* U^f_-. Diese könnten wir durch einen Offsetabgleich (z. B. nach Bild 12.13) kompensieren, aber nur für *eine* bestimmte Temperatur. Deshalb hat diese Grundschaltung immer eine Temperaturdrift, die durch die Eingangsfehlspannung U^f_- bzw. deren Änderungen hervorgerufen wird.

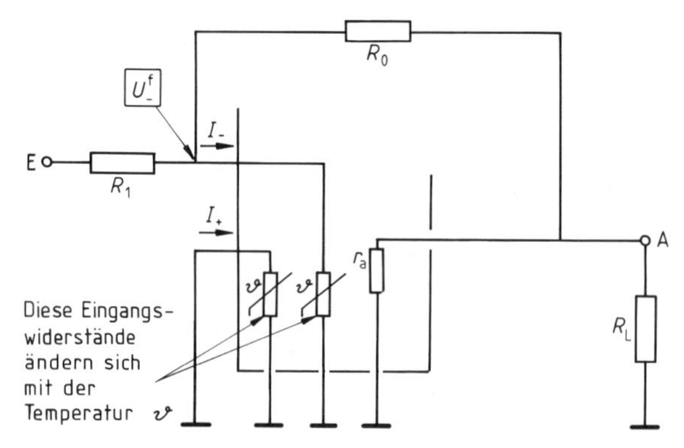

Bild 12.33 a) Grundschaltung des invertierenden Verstärkers mit realem OV-Modell

[1]) Dieser Querstrom erhöht auch die Leerlauf-Stromaufnahme.

Um diese Spannung U^f_- abschätzen zu können, erarbeiten wir ein Ersatzschaltbild zu Bild 12.33, a. Wir nehmen dazu an, daß

- R_L parallel r_a gegen R_0 vernachlässigbar ist[1]) und daß
- R_i des Generators in R_1 enthalten ist.

Damit ergibt sich aus Bild 12.33, a die Darstellung 12.33, b. Wir lesen daran ab: $U^f_- = I_- \cdot (R_1 \| R_0)$.

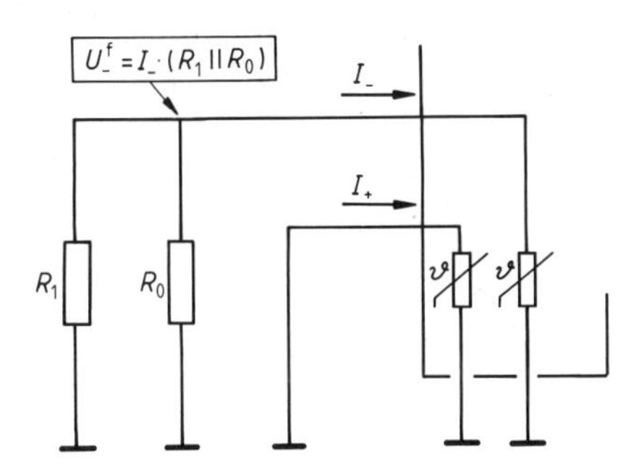

Bild 12.33b) Das Ersatzschaltbild (zu Bild 12.33, a) erlaubt eine Abschätzung der Eingangsfehlspannung U^f_-

Nun erweitern wir die Grundschaltung, indem wir in die „Plusleitung" einen Hilfswiderstand R_H einfügen (Bild 12.33, c). Jetzt ruft *auch* der Eingangsstrom I_+ eine Fehlspannung hervor, und zwar:

$$U^f_+ = I_+ \cdot R_H$$

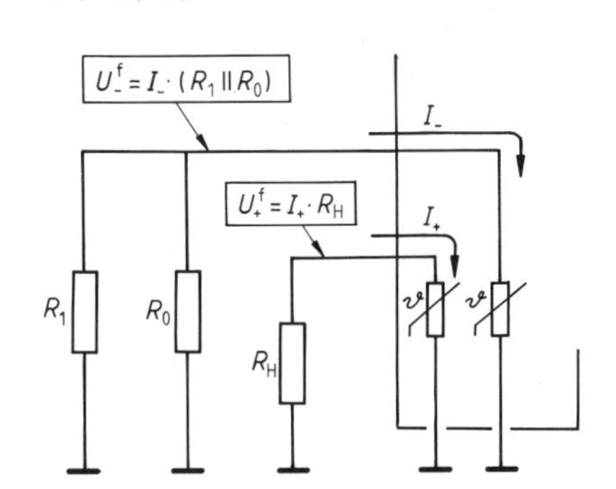

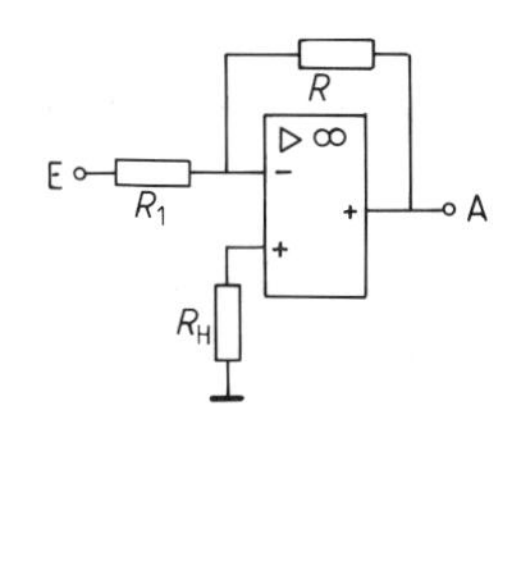

Bild 12.33c) Der Hilfswiderstand R_H erzeugt U^f_+ und kompensiert so U^f_-.

Beide Fehlspannungen kompensieren sich (Differenz Null), wenn gilt:

$$U^f_+ = U^f_-$$

bzw.

$$I_+ \cdot R_H = I_- \cdot (R_1 \| R_0)$$

Sofern die Eingangsströme bei jeder Temperatur gleich sind ($I_+ = I_-$), erhalten wir daraus:

> **Die Kompensationsbedingung zum Ausgleich der Temperaturdrift,** welche die Eingangsströme des OV hervorrufen:
>
> $$R_H = (R_1 \| R_0)$$

Anmerkung:

Tatsächlich ist $I_+ = I_-$ bei realen OV näherungsweise immer gegeben. Die Eingangstransistoren entstehen in einem Herstellungsprozeß aus einem Siliziumchip und sind somit praktisch identisch. Durch ihre enge Nachbarschaft in einem Gehäuse haben sie außerdem stets dieselbe Temperatur.

---

[1]) Nach Kapitel 12.5.6 ist R_0 (typisch) $\geq 5\,k\Omega$, somit gilt fast immer $R_L \ll R_0$, für r_a gilt r_a (typisch) $\simeq 75\,\Omega$, also ganz sicher $r_a \ll R_0$.

12.6 Schaltungsvarianten des invertierenden Verstärkers

12.6.1 Gleichrichten ohne Schwellwert

Einfache Diodengleichrichter versagen bei kleinen Signalen ganz bzw. verzerren diese durch ihren Schwellwert sehr stark. Durch den Regelkreis, den ein OV mit seinem Gegenkopplungszweig darstellt, läßt sich der Schwellwert von Dioden ausregeln. Bild 12.34 zeigt eine entsprechende Schaltung.

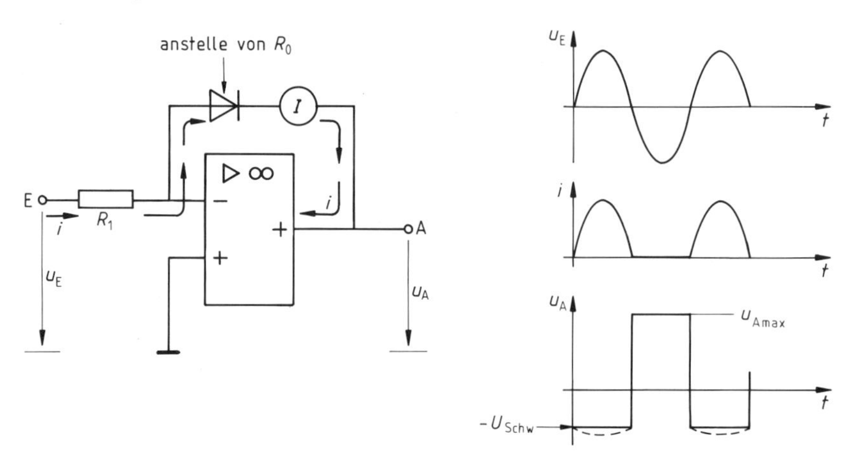

Bild 12.34 Präzisionsgleichrichter ohne Schwellwert. Die Anzeige erfolgt hier über den Strom.

Wir betrachten zunächst die positiven Halbwellen von u_E. Der OV verändert seine Ausgangsspannung u_A immer so, daß sich am Minuseingang (virtuell) die Spannung Null einstellt (Regel 1). Dazu gehört ein Strom $i = i_1 = i_0$ (Regel 2) von:

$$i = \frac{u_E}{R_1}$$

Der Wert des Eingangsstromes i hängt also allein von u_E ab. Welcher Wert u_A dazu gehört, definiert andererseits der Spannungsabfall am Widerstand R_0, der in Bild 12.34 von der Diode gebildet wird. Im Durchlaßbetrieb bleibt die Spannung an der Diode recht klein, u_A liegt bei $-U_{Schw}$ (Bild 12.34). Bei der negativen Halbwelle von u_E sperrt die Diode und verhindert so jeden Strom und jede Stromgegenkopplung. Jetzt ist $u_- = u_E$, *also nicht mehr Null*. Der OV gerät in die Übersteuerung.

Bei dem in Bild 12.34 vorgestellten Gleichrichter liefert der *Querstrom* i das gleichgerichtete Signal, welches von der Schaltschwelle der Diode völlig unabhängig ist. Dafür ist aber die Ausgangsspannung des OV sehr stark von der Diode geprägt.
Die Aufgaben 9 bis 11 stellen dagegen einige Schaltungen vor, bei denen das Ausgangssignal wie gewohnt als gleichgerichtete Spannung gegen Masse abgreifbar ist.

Grundsätzlich halten wir fest:

Der OV ermöglicht **Gleichrichter ohne Schaltschwelle** (Präzisionsgleichrichter).

12.6.2 Dreiecks- oder Rampengenerator

In Bild 12.35 ist der Widerstand R_0 (des invertierenden Verstärkers) durch den Kondensator C_0 ersetzt worden. Diese Schaltung, die auch integrierender Verstärker bzw. *Integrierer*[1]) heißt, erklären wir nun.

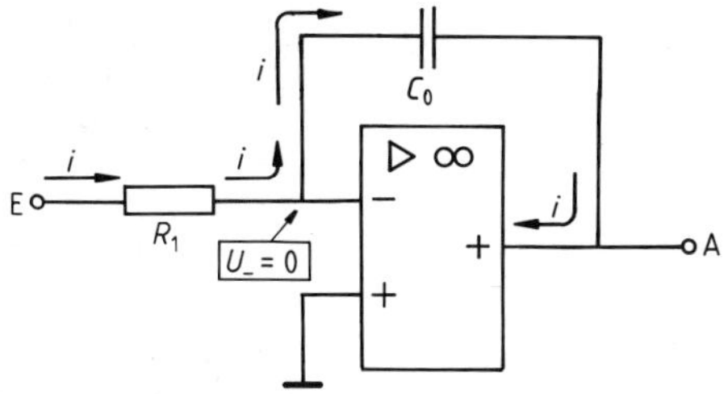

Bild 12.35 Integrierer zur Erzeugung von linearen Spannungsänderungen, wie sie z. B. Bild 12.36 zeigt

Der OV verändert bekanntlich u_A immer so, daß sich am Minuseingang (virtuell) Null einstellt (Regel 1). Im betrachteten Zeitabschnitt Δt sei die Eingangsspannung u_E konstant ($u_E = U_E$). Folglich fließt durch R_1 ein *konstanter Eingangsstrom* $i = I$ der Größe

$$I = \frac{U_E}{R_1}.$$

Nach Regel 2 fließt dieser Strom über C_0 und lädt diesen auf. Die Ladung auf C_0 ergibt sich aus:

$$\Delta Q = I \cdot \Delta t$$

Diese Ladung ΔQ nimmt linear mit der Zeit Δt zu (weil I konstant ist). Wegen $\Delta Q = C \cdot \Delta U$ wird *auch* die Spannung an C_0 linear mit der Zeit Δt größer:

$$\Delta U_C = \frac{\Delta Q}{C_0} = \frac{I}{C_0} \cdot \Delta t$$

Dies liefert ($I = U_E/R_1$ eingesetzt):

$$\Delta U_C = \frac{U_E}{R_1 \cdot C_0} \cdot \Delta t$$

Da der linke Belag von C_0 auf Null liegt, ist die Änderung ΔU_A der Ausgangsspannung mit ΔU_C betragsgleich. Da beim invertierenden Verstärker jedoch eine Vorzeichenumkehr stattfindet, erhalten wir für $\Delta U_A = -\Delta U_C$ also:[2])

$$\Delta U_A = -\frac{U_E}{R_1 \cdot C_0} \cdot \Delta t$$

[1]) Manchmal wird sie auch Integrator genannt.

[2]) Nach Kapitel 12.5.4 liefert die Maschenregel vorzeichenrichtig immer die Beziehung $u_A = -u_{R0}$, d. h. hier, wenn wir R_0 durch C_0 ersetzen, $u_A = -u_{C0}$.

Zur Illustration betrachten wir Bild 12.36. Die Schaltung erzeugt aus Rechteckimpulsen Dreiecke bzw. ansteigende Rampen.

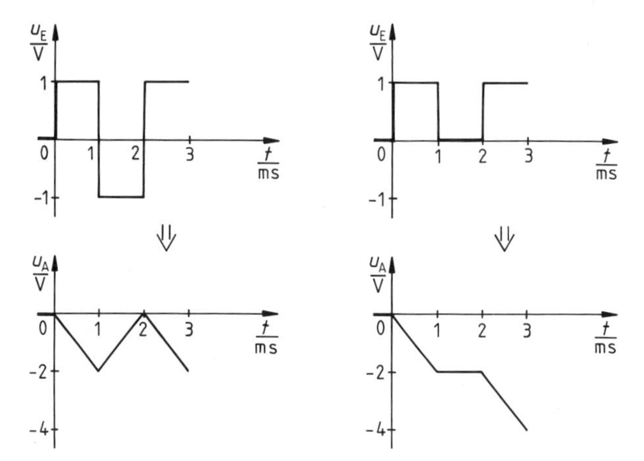

Bild 12.36 Mögliche Ein- und Ausgangsspannungen zu Bild 12.35 ($R_1 = 500\ \Omega$, $C_0 = 1\ \mu F$), zur konkreten Berechnung von ΔU_A gehen wir hier einfach schrittweise vor: $I = 2$ mA, $\Delta Q = 2\ \mu C$, $\Delta U = 2$ V.

12.6.3 Integrierer

Beim Integrierer (nach Bild 12.35) wird ΔU_A *durch* R_1 (Ladestrom), C_0 (als Ladungsspeicher) und Δt bestimmt. Wenn nun mehrere ,,Stromstöße'' ΔQ den Kondensator C_0 ,,durchfließen'', faßt er sie alle zu einer Gesamtladung zusammen, mit einem Fremdwort: er ,,integriert'' sie. Aus diesem Grund heißt die vorgestellte Schaltung auch Integrierer.

Bei einem **Integrierer** fließt, abhängig von der Eingangsspannung U_E, ein Ladestrom $I = U_E/R_1$ über den Kondensator C_0.
In der Zeit Δt ändert sich dadurch die Ausgangsspannung U_A um

$$\Delta U_A = -\frac{U_E}{R_1 C_0} \cdot \Delta t.$$

Ist U_E (innerhalb von Δt) nicht konstant, so müssen sehr kleine Zeitabschnitte betrachtet werden. Für $\Delta t \to 0$ gilt:

$$du_A = -\frac{u_E}{R_1 C_0} \cdot dt$$

Die erreichte Ausgangsspannung ergibt sich aus der Summe (bzw. dem Integral) aller Änderungen:

$$u_A = -\frac{1}{R_1 C_0} \int u_E \cdot dt$$

Bei veränderlichem Eingangssignal u_E muß der Verlauf des Ausgangssignals mit dem oben angegebenen Integral berechnet werden.

Dazu ein **Beispiel:**

▶ Das Eingangssignal u_E verlaufe dreieckförmig, z. B. so wie in Bild 12.37, a.

Für den ersten Abschnitt von u_E gilt dann die einfache lineare Beziehung:

$$u_E \sim t \quad \text{bzw.} \quad u_E = k \cdot t$$

(Dabei beschreibt k die Anstiegsgeschwindigkeit, d. h. die Steigung des Signals.) Für u_A erhalten wir:

$$u_A = -\frac{1}{R_1 C_0} \int u_E \, dt$$

bzw.

$$u_A = -\frac{1}{R_1 C_0} \int (k \cdot t) \, dt$$

Und als Ergebnis:

$$u_A = -\frac{1}{2} \cdot \frac{k}{R_1 C_0} \cdot t^2$$

Wir erkennen folgende Struktur:

▶ $u_E \sim t$ liefert $u_A \sim t^2$.

Demnach setzt sich das Ausgangssignal u_A (Bild 12.37, b) aus lauter Parabelstücken zusammen. Falls nur geringe Ansprüche an die Signalform gestellt werden, dürfen wir das Ausgangssignal sogar als sinusförmig bezeichnen. Dies erlaubt den Aufbau von Funktionsgeneratoren, die Rechteck-, Dreieck- und Sinussignal liefern, nach folgendem Schema:

- **Rechtecksignal integriert ergibt Dreiecksignal.**
- **Dreiecksignal integriert ergibt (fast) Sinussignal.**

Einen passenden Rechteckgenerator stellt z. B. Kapitel 12.7.3 vor.

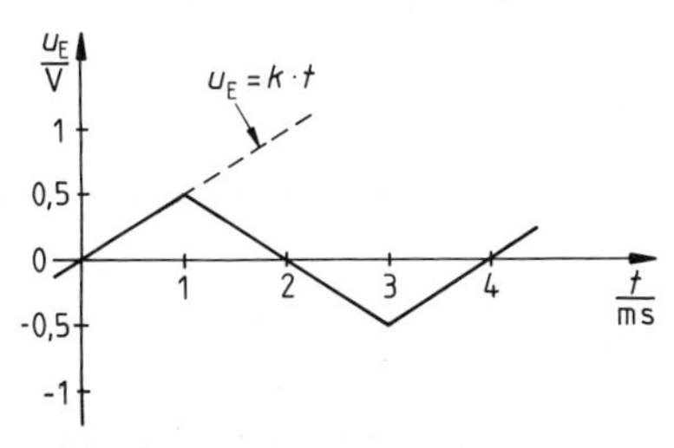

Bild 12.37 a) Dreieckförmiges Eingangssignal mit $k = 0{,}5$ V/ms

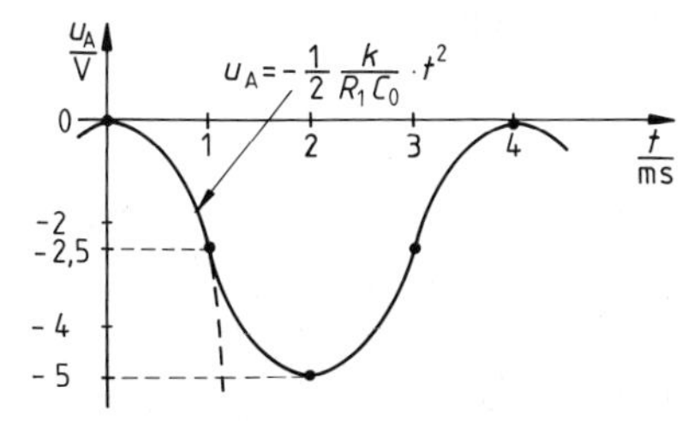

Bild 12.37 b) Das Ausgangssignal besteht hier aus Parabelstücken (Daten des Integrierers: $R_1 = 1$ kΩ, $C_0 = 0{,}1$ µF).

12.6.4 Anwendungen des Integrierers

Besprochen haben wir schon den Einsatz von Integrierern in Funktionsgeneratoren (siehe oben bzw. Kapitel 12.6.2). In Kapitel 21.2 werden wir noch sehen, daß auch sämtliche Digitalvoltmeter einen Integrierer enthalten.

Daneben ist ein Integrierer auch häufig in NF-Verstärkern anzutreffen. Er arbeitet dort als *aktiver Tiefpaß* (z. B. um Bässe anzuheben). Der Integrierer verstärkt nämlich bevorzugt niederfrequente Signalanteile, d. h., hochfrequente Anteile erscheinen mit relativ kleiner Amplitude.

Dies läßt sich schon qualitativ einsehen:

▶ Wird am Eingang ein sinusförmiges Signal u_E angelegt, so wird mit zunehmender Frequenz f die (Stromfluß-)Zeit Δt kleiner, innerhalb der sich der Kondensator C_0 aufladen kann. Dadurch sinkt mit steigender Frequenz die Ausgangsspannung (ihr Scheitelwert und ihr Effektivwert) ab.

Eine genaue Berechnung des Ausgangssignals u_A zeigt aber noch mehr (siehe dazu auch Bild 12.37, c), nämlich:

1. daß u_A gegenüber u_E eine *Phasenverschiebung* von $+90^\circ$ (bzw. $+\pi/2$) hat und
2. daß u_A *linear mit der Frequenz f* abnimmt.

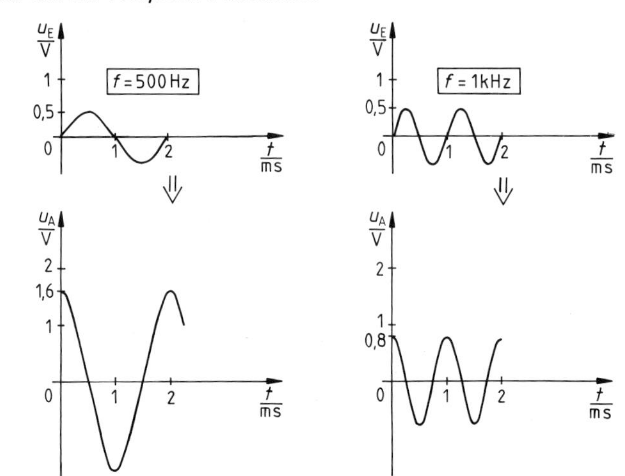

Bild 12.37 c) Mit zunehmender Frequenz nimmt die Ausgangsamplitude ab (Daten des Integrierers: $R_1 = 1\,k\Omega$, $C_0 = 0{,}1\,\mu F$).

Aus $u_E = U_m \cdot \sin\omega t$ und $u_A = -\frac{1}{R_1 C_0} \int u_E \, dt$ folgt für u_A ein kosinusförmiger Verlauf:

$$u_A = -\frac{1}{R_1 C_0} \int U_m \sin\omega t \, dt = \frac{U_m}{R_1 C_0} \frac{1}{\omega} \cos\omega t$$

Hieraus ist die Phasenverschiebung von 90° ablesbar. Mit $\omega = 2\pi f$ erhalten wir außerdem für die Amplitude

$$u_A \sim \frac{1}{f}.$$

Schließlich ist der Integrierer auch ein wichtiger Baustein der Regelungstechnik.

▶ In der Regelungstechnik heißt der Integrierer auch *integral wirkender Regler*, *I-Regler* oder kurz *I-Glied*.

Ein solches *I*-Glied wird oft durch seine *Sprungantwort* charakterisiert (Bild 12.37, d). Diese ist im Prinzip schon vom Dreiecksgenerator her bekannt (siehe Kapitel 12.6.2). Die Signalform resultiert, wie wir dort festgestellt haben, aus der Aufladung des Kondensators mit einem konstanten Strom.

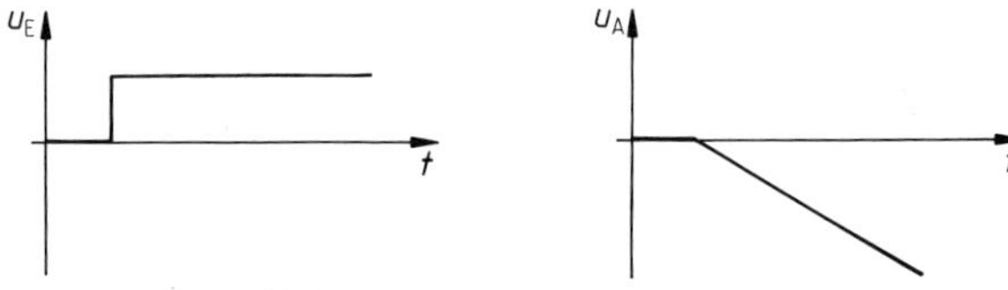

Bild 12.37 d) Sprungantwort eines *I*-Gliedes

Fassen wir zusammen:

Einsatzgebiete des Integrierers sind
- Funktionsgeneratoren,
- Digitalvoltmeter,
- aktive Tiefpässe,
- Integralregler.

Anmerkung:
Ursprünglich wurde der Integrierer (zusammen mit dem OV) für die analoge Rechentechnik entwickelt. Diese Anwendung streifen wir noch kurz in Kapitel 12.9.

12.6.5 Der Summierer, ein Mischpult oder „Position"-Einsteller

Im Prinzip kann der Eingangsstrom eines invertierenden Verstärkers auch von mehreren Quellen geliefert werden. Bild 12.38 zeigt dazu ein Beispiel mit zwei Eingängen.

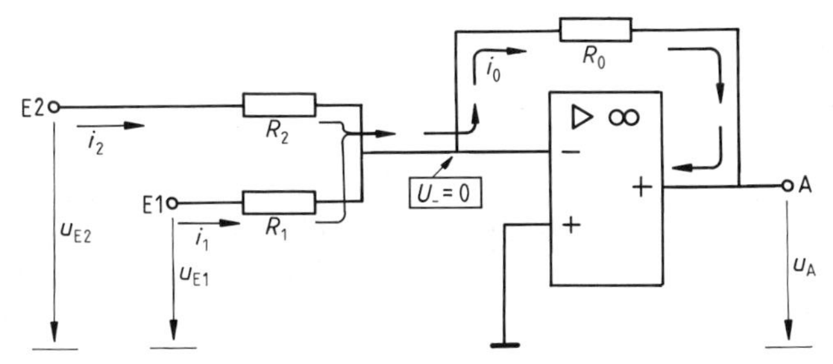

Bild 12.38 Invertierender Verstärker mit zwei Eingängen: Summierer

Nach Regel 1 stellt sich wieder $u_- = u_+ = 0$ (also Null am Minuseingang) ein. Dadurch entstehen die beiden Eingangsströme:

$$i_1 = \frac{u_{E1}}{R_1}; \quad i_2 = \frac{u_{E2}}{R_2}$$

Sie addieren sich nach Regel 2 zum Strom i_0:

$$i_0 = i_1 + i_2$$

Daraus berechnen wir u_A. Da sich der Minuseingang auf (virtuell) Null einstellt, können wir die Stromsumme wie folgt umschreiben:[1])

$$i_0 = i_1 + i_2$$

$$-\frac{u_A}{R_0} = \frac{u_{E1}}{R_1} + \frac{u_{E2}}{R_2}$$

Wir erhalten:

$$u_A = -\left(\frac{R_0}{R_1} u_{E1} + \frac{R_0}{R_2} u_{E2}\right) = -(k_1 u_{E1} + k_2 u_{E2})$$

Mit dieser Schaltung lassen sich also zwei Eingangsspannungen *mit unterschiedlichem Gewicht* (k_1, k_2) mischen bzw. summieren. Dies ist z. B. dann wichtig, wenn (Teil-)Signale unterschiedlichen Pegel haben. Eine Erweiterung der Schaltung auf mehr als zwei Eingänge ist jederzeit möglich. Dabei steigt aber die Gefahr, daß der OV durch die „Summe" in die Übersteuerung gerät.

---

[1]) Nach der Maschenregel (Kapitel 12.5.4) gilt $u_A = -u_{R0}$.

Ein summierender Verstärker, d. h. ein **Summierer** beruht letztlich auf der Addition der Eingangsströme $i_1 + i_2 + \ldots = i_0$. Mit $u_- = u_+ = 0$ ergibt sich:

$$u_A = -\left(\frac{R_0}{R_1} \cdot u_{E1} + \frac{R_0}{R_2} \cdot u_{E2} + \ldots\right)$$

Die Eingangsspannungen u_{E1}, u_{E2}, ... lassen sich gewichtet aufsummieren.

Neben dem Einsatz des Summierers in Analogrechnern und Mischpulten sei hier noch eine andere Anwendung vorgestellt. Wird ein Eingang des Summierers mit variabler Gleichspannung gespeist, so wird dem zweiten Signal ein einstellbarer Gleichspannungsanteil überlagert (Bild 12.39). Dies ergibt z. B. einen „Position-Einsteller" für Oszilloskope oder eine *elektronische Nullpunktsverschiebung* für Zeigermeßgeräte, wo häufig der Nullpunkt in Skalenmitte benötigt wird (siehe Aufgabe 12).

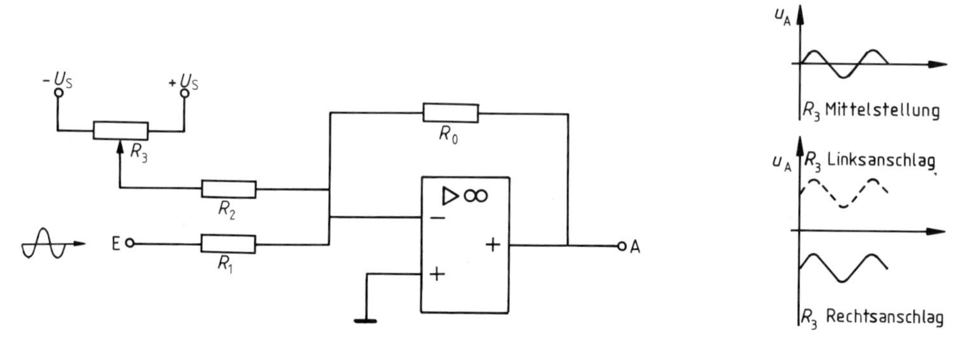

Bild 12.39 Summierer als „Position-Einsteller" im Oszilloskop

Ein Summierer wird auch oft (z. B. in Analogrechnern) nach DIN 40900 wie in Bild 12.40 dargestellt. Die Gewichtung (die Bewertungsfaktoren), mit der die einzelnen Eingangsspannungen eingehen, wird direkt ins Symbol eingetragen.

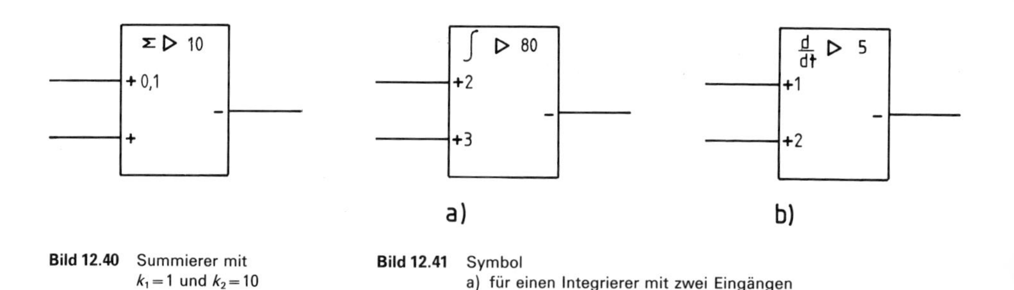

Bild 12.40 Summierer mit $k_1 = 1$ und $k_2 = 10$

Bild 12.41 Symbol
a) für einen Integrierer mit zwei Eingängen
b) für einen Differenzierer mit zwei Eingängen

Das beim Summierer vorliegende „Splitting" der Eingangsströme läßt sich auch auf andere Schaltungen, z. B. auf den Integrierer (Bild 12.41) oder auf den gleich folgenden Differenzierer übertragen.

12.6.6 Der Differenzierer

Der Differenzierer soll ein Ausgangssignal liefern, das der zeitlichen Änderung des Eingangssignals proportional ist:

$$u_A \sim \frac{\Delta u_E}{\Delta t} \quad \text{bzw.} \quad u_A \sim \frac{du_E}{dt}$$

Ein konstantes Eingangssignal muß folglich $u_A = 0$ liefern. Mit dieser Schaltung lassen sich also *Änderungen* einer Signalgröße erfassen.[1])
Mathematisch ist das Differenzieren die Umkehrung des Integrierens. Dies kommt auch im Schaltbild zum Ausdruck, denn gegenüber dem Integrierer sind Kondensator und Widerstand vertauscht worden (Bild 12.42, a).

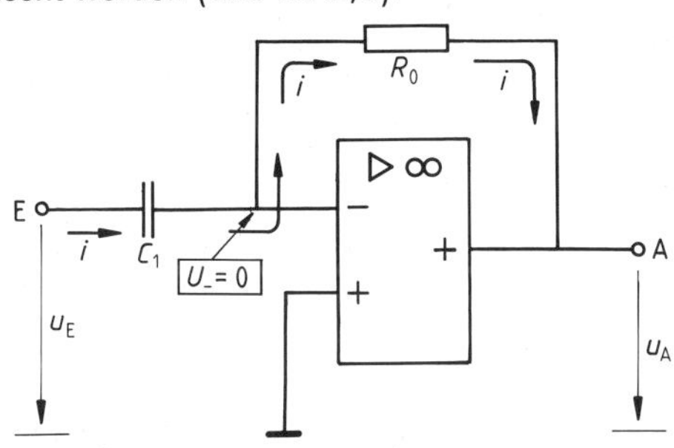

Bild 12.42 a) Grundschaltung des Differenzierers

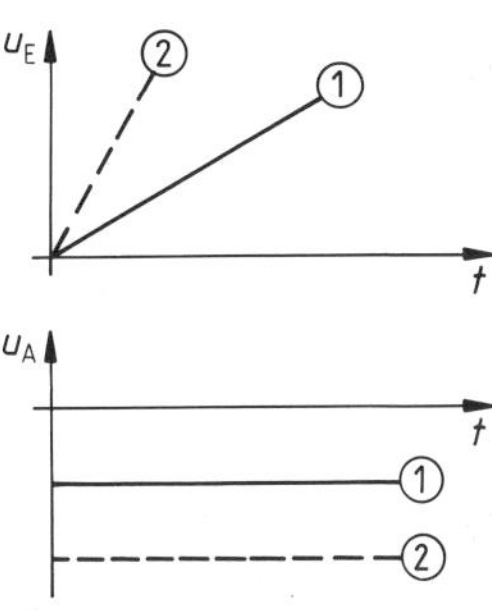

Bild 12.42 b) Beispiele für die Ein- und Ausgangssignale eines Differenzierers

Für die qualitative Funktionsbeschreibung stellen wir uns zunächst eine Eingangsspannung u_E vor, die sich linear mit der Zeit t vergrößert (Bild 12.42, b). Dann ist die Steigung (Änderung) $\Delta u_E/\Delta t$ konstant. Nach Regel 1 wird sich u_A so einstellen, daß sich am Minuseingang (virtuell) Null ergibt. Damit sind u_E und u_{C1} immer gleich. Die Spannung am Kondensator wächst also, genau wie u_E, linear mit der Zeit an. Folglich fließt über den Kondensator ein konstanter Eingangsstrom i.[2]) Dieser konstante Strom fließt auch über R_0. Damit sind $u_{R0} = R_0 \cdot i$ und die betragsgleiche Ausgangsspannung u_A ebenfalls konstant.

Also:

▶ Bei konstanter Steigung der Eingangsspannung ist die Ausgangsspannung u_A konstant, weil ein konstanter Strom fließt.

Jetzt ist leicht einzusehen, daß bei einem schnelleren Anstieg von u_E auch ein größerer Ladestrom i durch C_1 fließen muß. In diesem Fall werden $u_{R0} = R_0 \cdot i$ und u_A größer ausfallen. Für u_A gilt demnach der Ansatz:

$$u_A \sim \frac{\Delta u_E}{\Delta t}$$

Andererseits hängt der Strom i direkt von der Größe des Kondensators C_1 ab. Ein größerer Kondensator C_1 wird nämlich nur dann auf die jeweils vorgegebene Spannung u_E aufgeladen, wenn ein entsprechend größerer (Eingangs-)Strom i fließt. Deshalb muß $i \sim C_1$ sein. Da sich u_A (betragsmäßig) aus $u_{R0} = R_0 \cdot i$ berechnet, erhalten wir für u_A als weiteren Ansatz:

$$u_A \sim R_0 \cdot i \sim R_0 \cdot C_1$$

Die Zusammenfassung von $u_A \sim \Delta u_E/\Delta t$ und $u_A \sim R_0 \cdot C_1$ läßt nun folgende Berechnungsformel plausibel erscheinen (wobei das Minuszeichen den invertierenden Verstärker berücksichtigt):

$$u_A = -R_0 \cdot C_1 \cdot \frac{\Delta u_E}{\Delta t}$$

Wir leiten diese Formel im Expertenteil Kapitel 12.6.6, b exakt her.

[1]) Anwendung: Beschleunigungsmessungen $a = \Delta v/\Delta t$

[2]) Argumentation wie beim Integrierer (Dreiecksgenerator) in Kapitel 12.6.2.

Der **Differenzierer** erzeugt nur dann ein Ausgangssignal, wenn sich die Eingangsspannung ändert. Dann fließt über C_1 ein Ladestrom, der über R_0 „abgezogen" wird.
Dies liefert als Ausgangsspannung:

$$u_A = -R_0 C_1 \cdot \frac{\Delta u_E}{\Delta t}$$

Für $\Delta t \to 0$ gilt:

$$u_A = -R_0 C_1 \cdot \frac{du_E}{dt}$$

a) Differenzierer sind nicht unkritisch

Wenn sich die Eingangsspannung u_E des Differenzierers *sehr schnell ändert,* muß der OV auch sehr rasch u_A nachregeln. Unter Umständen kann dies aufgrund der endlichen *Anstiegsgeschwindigkeit* (slew-rate) von u_A mißlingen. Da dann über C_1 nicht mehr der „richtige" Strom fließt, verliert der Minuseingang seine virtuelle Masse. Der OV reagiert dann falsch, die ganze Schaltung neigt zu überschießenden Reaktionen, sie wird instabil.
Dies wird z. B. deutlich, wenn wir an den Eingang Wechselspannungen mit immer höherer Frequenz anlegen. Da mit der Frequenz auch die Änderungen $\Delta u_E/\Delta t$ wachsen, nimmt hier die Ausgangsspannung mit steigender Frequenz zu.[1]) Aus diesem Grund bildet der Differenzierer einen *aktiven Hochpaß.*

Hochfrequente *Störanteile* (z. B. in steilen Störflanken) können deshalb sofort zur Übersteuerung des Systems führen. Um diese Übersteuerung zu verhindern, wird dem Kondensator C_1 immer ein Vorwiderstand R_V als Strombegrenzer vorgeschaltet. Dieser Vorwiderstand ist oft schon (unsichtbar) als Innenwiderstand R_i der Signalquelle vorhanden (Bild 12.43, a). Mit diesem Vorwiderstand läßt sich auch erst die typische Sprungantwort eines Differenzierers (Bild 12.43, b) verstehen (Genaueres in Aufgabe 16). Speziell in der Regelungstechnik heißt eine solche Schaltung auch *Differenzierglied* oder kurz *D-Glied* bzw. *D-Regler.*

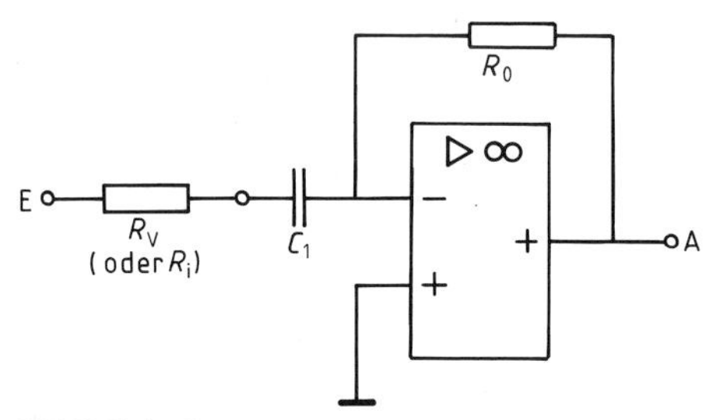

Bild 12.43 a) Verbesserung der Stabilität durch Vorwiderstand

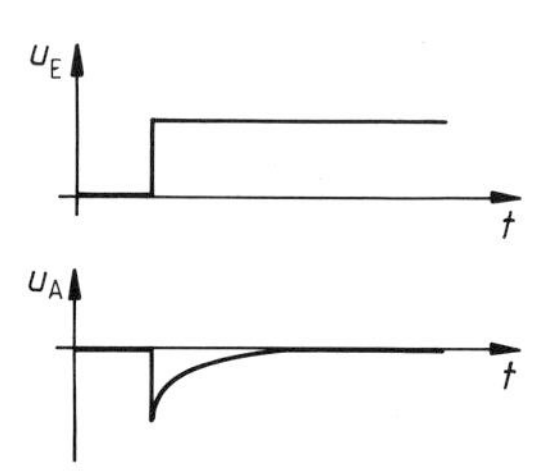

Bild 12.43 b) Sprungantwort des Differenzierers nach Bild 12.43, a. Diese Sprungantwort ist charakteristisch für einen D-Regler.

Der Differenzierer stellt einen **aktiven Hochpaß** dar.
Sein Verhalten neigt deshalb bei steilen Flanken und hohen Signalfrequenzen zur *Instabilität.* Durch einen *Vorwiderstand* in der Eingangsleitung kann mehr Stabilität erreicht werden.

[1]) Exakte mathematische Betrachtungen finden wir im Beispiel 2 zum Abschnitt 12.6.6, b.

Für Experten:

b) Etwas Mathematik liefert die exakte Ausgangsspannung u_A des Differenzierers

Wir verwenden dazu wieder die Maschenregel.[1])
Da $u_+ = 0$ gilt, ist nach Regel 1:

$$u_+ = u_- = 0$$

Nach Regel 2 setzen wir:

$$i_1 = i_2 = i$$

Bild 12.44 Ein- und Ausgangsmasche beim Differenzierer

Aus Bild 12.44 erhalten wir dann:

Eingangsmasche ①	Ausgangsmasche ②
$-u_E + u_{C1} = 0$	$u_{R0} + u_A = 0$
$-u_E + \frac{q}{C_1} = 0$	$i \cdot R_0 + u_A = 0$
Differenzieren liefert $\left(\text{mit } \frac{dq}{dt} = i\right)$:	
$-\frac{du_E}{dt} + \frac{i}{C_1} = 0$	$i = -\frac{u_A}{R_0}$

$$u_A = -R_0 \cdot C_1 \cdot \frac{du_E}{dt}$$

Damit haben wir die in Kapitel 12.6.6 vorgestellte Formel exakt hergeleitet. Wir berechnen nun mit dieser Formel die Ausgangsspannung u_A für zwei ganz typische Eingangssignale u_E.

Beispiel 1 **(Dreieckförmiges Eingangssignal):**

Für den ersten Abschnitt eines solchen Eingangssignals gilt einfach (siehe Bild 12.45, a):

$$u_E = k \cdot t$$

Die konstante Anstiegsgeschwindigkeit k des Signals u_E liefert einen konstanten Wert des Ausgangssignals u_A, denn aus

$$u_A = -R_0 C_1 \cdot \frac{du_E}{dt}$$

folgt mit $u_E = k \cdot t$ sofort:

$$u_A = -R_0 C_1 \cdot k$$

Für die anderen Abschnitte von u_E gilt entsprechendes. Wir stellen also fest:

► Der Differenzierer liefert bei einem Dreiecksignal am Eingang ein Rechtecksignal am Ausgang (Bild 12.45, a, b).

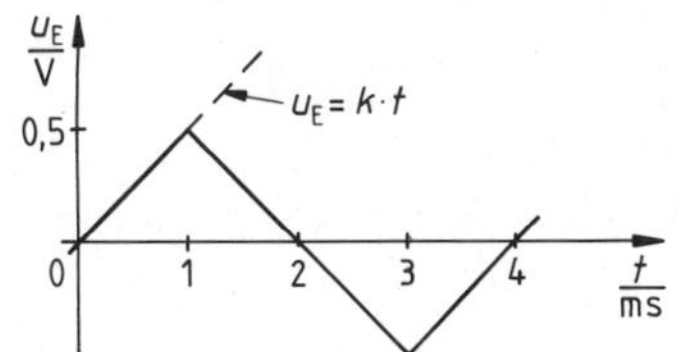

Bild 12.45 a) Dreieckförmiges Eingangssignal mit $k = 0{,}5$ V/ms

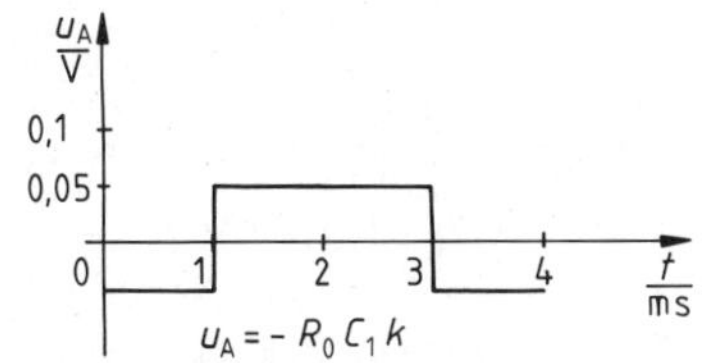

Bild 12.45 b) Als Ausgangssignal entsteht hier eine Rechteckspannung (Daten des Differenzierers: $R_0 = 1\ \text{k}\Omega$, $C_1 = 0{,}1\ \mu\text{F}$).

[1]) Zu diesem Begriff siehe Kapitel 12.5.4.

Beispiel 2 **(Sinusförmiges Eingangssignal):**

Ein solches Signal wird z. B. in NF-Verstärkern verarbeitet. Im Gegensatz zum Integrierer, der hier als aktiver Tiefpaß eingesetzt wird, arbeitet ein *Differenzierer als aktiver Hochpaß.* Dies haben wir uns schon in Kapitel 12.6.6, a qualitativ überlegt. Die exakte Rechnung zeigt darüber hinaus noch,

1. daß u_A gegenüber u_E diesmal (im Gegensatz zum Integrierer) eine *Phasenverschiebung von $-90°$* (bzw. $-\pi/2$) aufweist und
2. daß u_A *linear mit der Frequenz f* zunimmt.

Auf ein Signal mit $u_E \sim \sin\omega t$ antwortet nämlich ein Differenzierer mit $u_A \sim -\cos\omega t$. Zum Beweis setzen wir in

$$u_A = -R_0 C_1 \frac{du_E}{dt}$$

einfach $u_E = U_m \cdot \sin\omega t$ ein:

$$u_A = -R_0 C_1 \frac{d}{dt}(U_m \cdot \sin\omega t)$$

Ergebnis:

$$u_A = -R_0 C_1 U_m \omega \cdot \cos\omega t$$

Also:

$$u_A \sim -\cos\omega t$$

Mit $\omega = 2\pi f$ erkennen wir schließlich noch für die Amplitude:

$$u_A \sim f$$

Bild 12.45, c illustriert abschließend die beim Differenzierer auftretende Phasenverschiebung und sein charakteristisches Hochpaßverhalten.
Gerade dieses Hochpaßverhalten, d. h., die Zunahme von u_A mit der Frequenz f, schafft aber die schon (in Kapitel 12.6.6, a) besprochenen Stabilitätsprobleme.

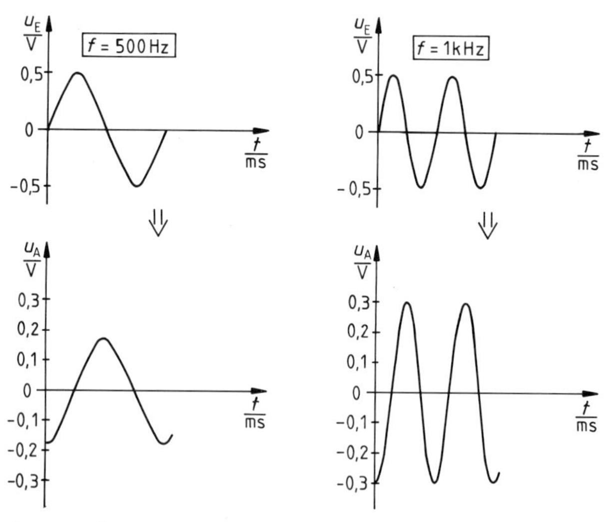

Bild 12.45 c) Mit zunehmender Frequenz nimmt die Ausgangsamplitude zu (Daten des Differenzierers: $R_0 = 1\ k\Omega$, $C_1 = 0{,}1\ \mu F$).

Ein invertierender Verstärker mit steuerbarer Spannung u_+:

12.6.7 Der Differenzverstärker (Subtrahierer)

Zunächst ist jeder OV ein linearer Differenzverstärker für $\Delta u_\pm = u_+ - u_-$. Im Linearbetrieb sind aber diese Differenzen unmeßbar klein, weshalb wir ja immer $u_+ = u_-$ angenommen haben. Praktisch meßbare Differenzen müssen deshalb anders angeschlossen werden. Bild 12.46a zeigt eine dafür geeignete Schaltung, ein Differenzverstärker mit frei wählbarer Differenzverstärkung. Wie aus Bild 12.46a hervorgeht, sind die Widerstände R_1, R_0 paarweise gleich gewählt worden.

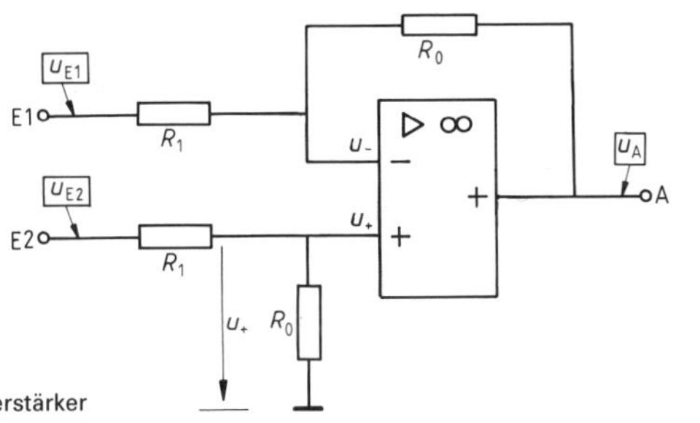

$$u_A = V'(u_{E1} - u_{E2})$$
$$\text{mit } V' = -\frac{R_0}{R_1}$$

Bild 12.46a) Differenzverstärker

▶ Die nun folgende Herleitung von u_A kann kurz überflogen werden. Bild 12.46b zeigt abschließend, wie u_A mit den Schritten ①...⑦ auch ohne Formeln gefunden werden kann.

Zunächst ist zu erkennen, daß über den Eingang E2 die Spannung u_+ vorgegeben wird. Da der OV den (unteren) Teiler R_1, R_0 nicht belastet, gilt:[1])

① $$u_+ = \left(\frac{R_0}{R_1 + R_0}\right) \cdot u_{E2} = k \cdot u_{E2} \qquad \text{mit } k = \frac{R_0}{R_1 + R_0}$$

Der OV verändert u_A nun so, daß wieder gilt:

② $$u_- = u_+ \qquad \text{d.h. } u_- = k \cdot u_{E2}$$

Deshalb ist

③ $$u_{R1} = u_{E1} - u_- = u_{E1} - k \cdot u_{E2}$$

Im oberen (E1-)Zweig fließt nun ein Querstrom i, der sich aus

④ $$i = \frac{u_{R1}}{R_1} \qquad \text{also} \quad i = \frac{u_{E1} - k \cdot u_{E2}}{R_1}$$

berechnen läßt. Er fließe (ohne Beschränkung der Allgemeinheit) von E1 in Richtung Minuseingang durch (den oberen) Widerstand R_0. Dies liefert

⑤ $$i_{R0} = i$$

und folglich

⑥ $$u_{R0} = i \cdot R_0$$

u_A muß um den Spannungsabfall u_{R0} *negativer* als u_- sein. Deshalb gilt[2]):

⑦ $$u_A = u_- - u_{R0}.$$

Bild 12.46b zeigt für die Schritte ①...⑦ ein Zahlenbeispiel. Allgemein ergibt sich

$$u_A = \underbrace{k \cdot u_{E2}}_{u_-} - \underbrace{i \cdot R_0}_{u_{R0}} = k\,u_{E2} - \underbrace{\frac{(u_{E1} - k\,u_{E2})}{R_1}}_{i} \cdot R_0$$

[1]) Die nun folgende Berechnung von u_A läßt sich sinngemäß auch auf völlig ungleiche Widerstände übertragen.
[2]) Allgemeiner Beweis dieser Beziehung über die Ausgangsmasche $-u_- + u_{R0} + u_A = 0$ ergibt $u_A = u_- - u_{R0}$.

Ausmultiplizieren und umordnen ergibt:

$$u_A = -\frac{R_0}{R_1} u_{E1} + k u_{E2} \cdot \left(1 + \frac{R_0}{R_1}\right)$$

k eingesetzt:

$$u_A = -\frac{R_0}{R_1} U_{E1} + \frac{R_0}{R_1 + R_0} \cdot u_{E2} \cdot \frac{R_1 + R_0}{R_1}$$

Kürzen von $R_1 + R_0$ im zweiten Term liefert endlich:

$$u_A = -\frac{R_0}{R_1} u_{E1} + \frac{R_0}{R_1} u_{E2}$$

Also:

$$\boxed{u_A = -\frac{R_0}{R_1} (u_{E1} - u_{E2})}$$

Die Spannungsdifferenzen werden demnach verstärkt um den Faktor:

$$V' = -\frac{R_0}{R_1}$$

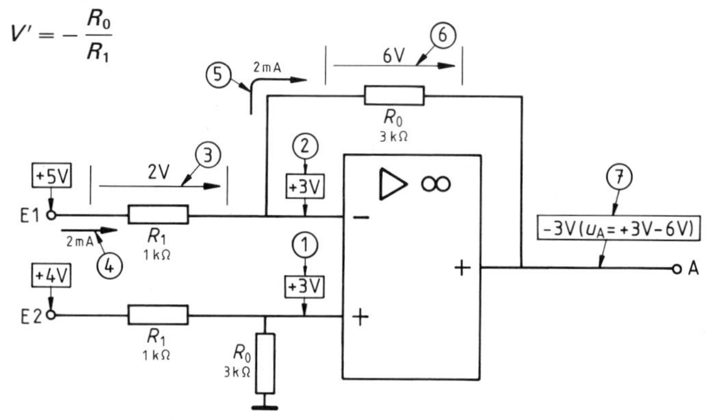

Bild 12.46b) Beispiel für einen Differenzverstärker mit $V' = -3$. Die mit einem Kreis markierten Zahlen geben die gedankliche Abfolge bei der Berechnung von u_A wieder.

Eine Besonderheit des Differenzverstärkers ist die Tatsache, daß er eine Spannung u verstärken kann, die keinerlei Verbindung mit der Bezugsmasse des Verstärkers hat. Wird dieses Signal u zwischen die Klemmen E1 und E2 des Verstärkers gelegt, so deutet es der Differenzverstärker als momentane Differenz zweier Spannungen (gegen Masse):

$$u = u_{E1} - u_{E2}$$

Diese massefreie Einspeisung wird z. B. in der Meßtechnik benötigt. Zweistrahloszilloskopen haben „von Haus aus" einen gemeinsamen Fußpunkt (Masse) für beide Kanäle, was oft hinderlich ist. In diesem Fall wird einem Oszilloskopeingang ein Differenzverstärker vorgeschaltet. Dieser Oszilloskopeingang ist dann massefrei.

Der **Differenzverstärker** (Subtrahierer) kann auf den invertierenden Verstärker zurückgeführt werden. Allerdings wird hier u_+ durch die Eingangsspannung u_{E2} gesteuert. Mit $u_- = u_+$ ergibt sich:

$$u_A = -\frac{R_0}{R_1} (u_{E1} - u_{E2})$$

Am Differenzeingang E1, E2 kann auch *ein „freischwebendes" (masseloses) Signal u* angelegt werden. Das Ausgangssignal ergibt sich dann (gegen Masse) aus:

$$u_A = -\frac{R_0}{R_1} u$$

12.6.8 Ein ideales Strommeßgerät

Da sich der invertierende Verstärker immer an die Regel 2, d.h. an $i_1 = i_0$ hält, läßt er sich auch als *Strom-Spannungswandler* mit dem (siehe Kapitel 12.5.1) definierten (Eingangs-)Innenwiderstand R_1 auffassen (Bild 12.47 a).

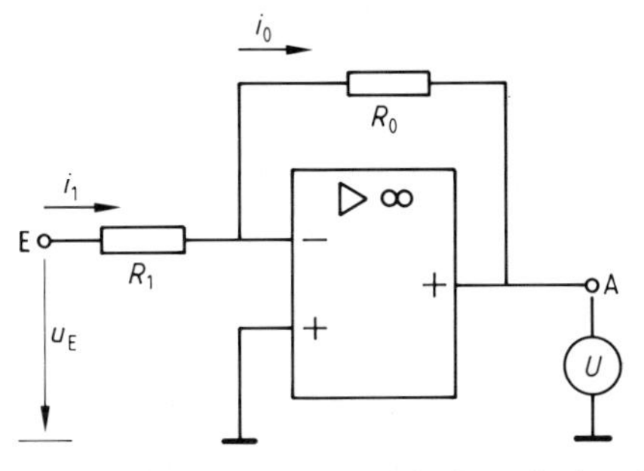

Bild 12.47 a) Strom-Spannungs-Wandler mit dem (Eingangs-)Innenwiderstand R_1.

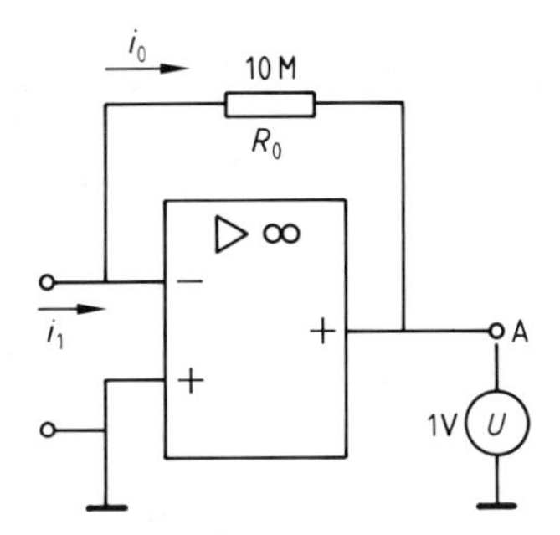

Bild 12.47 b) 10 nA-Meter mit (fast) idealen Daten (Innenwiderstand null)

Die Idee, daß der Eingangsstrom i_1 und der Strom i_0 durch den Gegenkopplungswiderstand R_0 ständig gleich sind, gilt auch für den Extremfall, wo wir einfach den Eingangswiderstand $R_1 = 0$ setzen. Wir erhalten so ein (fast) ideales Strommeßgerät mit dem Innenwiderstand null. Ohne den OV hätte ein einfaches Strommeßgerät, wegen $R_i = U/I$, gerade bei sehr kleinen Strömen einen sehr großen Innenwiderstand R_i. Nicht so aber unsere Schaltung, die sich für μA- bis pA-Meter gut eignet (Bild 12.47 b).

12.7 Einige spezielle Probleme mit Operationsverstärkern

12.7.1 Mehr Leistung durch eine externe Endstufe

Der maximale Ausgangsstrom der OV liegt (nach Bild 12.14) bei 20 bis 25 mA, also nicht gerade hoch. Mehr ist eben aus einem kleinen IC (wegen der anfallenden Verlustwärme) nicht herauszuholen. Bild 12.48 zeigt zwei „Power-Endstufen" (PA), mit denen der Ausgangsstrom bis zum maximal zulässigen Strom der (komplementären) Transistoren aufgestockt werden kann. Wegen der Schwellspannungen der Transistoren sinkt U_{Amax} am „Power-Ausgang" A_P etwas ab. Der neue Ausgang A_P tritt übrigens in allen vorgestellten Schaltungen an die Stelle von A (weil nur so die Transistoren *in die Rückkopplungsschleife* eingehen).

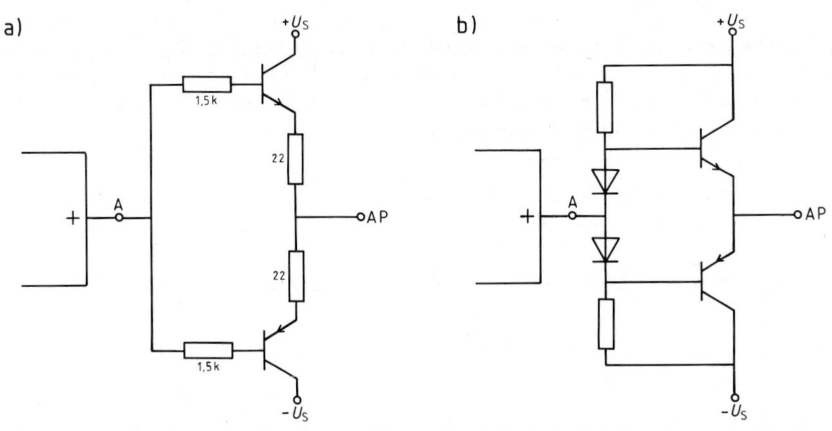

Bild 12.48 Leistungsendstufen für OV. Temperaturstabilisierung in a) durch die 22-Ω-Gegenkopplungswiderstände, in b) durch die Dioden.

Mit ganz ähnlichen Schaltungen (und einem weiteren Doppelnetzteil mit höherer Speisespannungsabgabe) kann auch *die maximale Ausgangsspannung* eines OVs erhöht werden.

> Durch (komplementäre) Transistoren kann der **Ausgangsstrom des OV** vergrößert werden. Für die Last und die Rückkopplung (!) entsteht ein neuer ausgangsseitiger Anschlußpunkt.

12.7.2 Verwendung einer unsymmetrischen Speisespannung

Sofern am Ausgang nur ein Polaritätsfall benötigt wird, kann ein OV auch unsymmetrisch versorgt werden (Bild 12.49). Durch die Schwellwerte der Transistoren im OV ist die Ausgangsspannung $u_A = 0$ bei unsymmetrischer Speisespannung jedoch nicht mehr möglich[1]).

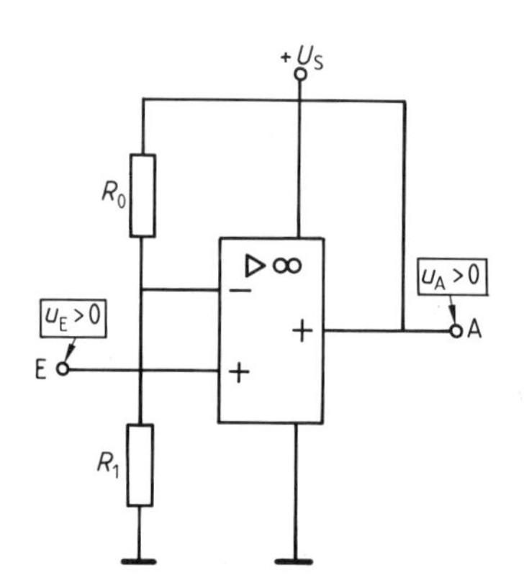

Bild 12.49 Nichtinvertierender (Gleich-)Spannungsverstärker mit unsymmetrischer Speisespannungsquelle

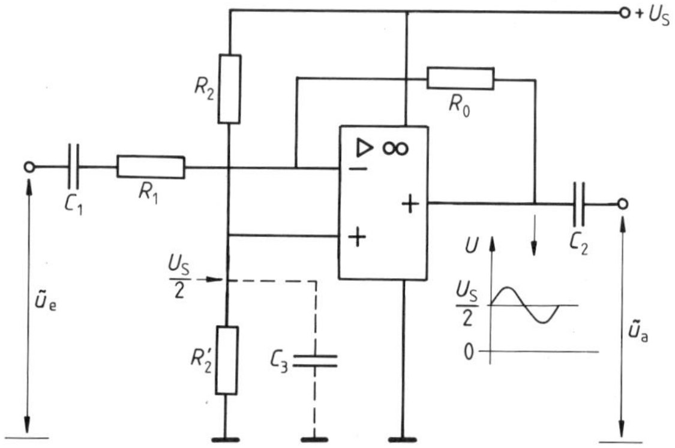

Bild 12.50 Wechselspannungsverstärker mit OV und unsymmetrischer Versorgung (C_3 unterdrückt Störspannungen)

Wenn reine Wechselspannungen verstärkt werden sollen, kann z. B. beim invertierenden Verstärker der Pluseingang fest an die halbe Speisespannung „angebunden" werden.[2]) Bild 12.50 zeigt eine entsprechende Beschaltung für einen invertierenden NF-Verstärker. Die Kondensatoren C_1 und C_2 dienen zur gleichspannungsfreien Ein- und Auskopplung des Signals.

Aus $u_- = u_+$ folgt hier sofort $u_- = U_S/2$. Ohne Eingangssignal u_e ist der Querstrom über R_1 und R_0 auch Null. Damit ist $u_{R0} = 0$ und folglich $u_A = u_- = U_S/2$. Im Ruhefall liegt der Ausgang des OV also ebenfalls auf $U_S/2$. Durch Signalströme verändert sich u_{R0} und damit die Ausgangsspannung entsprechend. Bezeichnen wir diese Änderungen mit $\tilde{u}_a$, so gilt erkennbar:

$$\tilde{u}_a = -\frac{R_0}{R_1} \cdot \tilde{u}_e$$

Aufgabe 23 stellt zum Vergleich einen nichtinvertierenden Wechselspannungsverstärker vor.

> Der OV kann auch **unsymmetrisch** gespeist werden.

---

[1]) Der 4fach-OV LM 324 geht hier aber immerhin auf 50 mV herunter.

[2]) $U_S/2$ ist bei kleinen Amplituden aber nicht zwingend.

12.7.3 Mitkopplung (Signalgeneratoren mit OV)

Die allgemeine Betrachtung der Mitkopplung in Kapitel 10.4.1 hat gezeigt, daß hier die rückgeführte Ausgangsspannung *in Phase* mit dem Eingangssignal eintreffen muß. Dies bedeutet für den OV, daß ein Teil des Ausgangssignales *an den Pluseingang* gelangen muß (natürlich nur, wenn der Rückkopplungsteil nicht selbst die Phase „schiebt“). Bild 12.51 zeigt einen nach diesem Prinzip aufgebauten Rechteckgenerator. Wir erklären ihn anhand eines Zahlenbeispiels:

Beispiel: Nehmen wir an, es gelte gerade $u_A = U_{A\max} = +10$ V. Aufgrund des Spannungsteilers ist dann u_+ positiv; die Rechnung liefert $u_+ = +4{,}6$ V. Da der Kondensator C über R an $+10$ V geladen wird, überschreitet u_- nach einiger Zeit (ganz knapp) die Spannung $u_+ = 4{,}6$ V. Jetzt kippt der Ausgang sehr rasch auf $u_A = -10$ V um, zumal (durch die gleichphasige Mitkopplung über R_0, R_1) am Pluseingang nun eine negative Spannung von $u_+ = -4{,}6$ V erscheint. Da der Kondensator die Spannung u_- noch auf $+4{,}6$ V festhält, hat sich die Spannungsdifferenz an den beiden Eingängen des OV (von fast Null) schlagartig auf 9,2 V vergrößert. Allmählich lädt sich jedoch C über R wegen $u_A = -10$ V um. Sobald die Kondensatorspannung (und damit u_-) geringfügig unter $u_+ = -4{,}6$ V abfällt, gilt $u_- < u_+$. Jetzt kippt der OV-Ausgang wieder auf $u_A = +10$ V, und der gesamte Vorgang beginnt erneut.

Bei jedem Zyklus durchläuft der Kondensator insgesamt eine Spannungsdifferenz von 9,2 V. Das sind 63% von 14,6 V. Diese 14,6 V entsprechen nun genau der Spannung, welche nach einem Kippvorgang den Ladestrom durch R startet. (Beispiel, siehe auch Bild 12.51: $u_R = +4{,}6\text{ V} - (-10\text{ V}) = 14{,}6$ V) Wegen dieser 63% dauert ein Umladezyklus, d. h. ein Impuls, gerade eine Zeitkonstante $\tau = RC$. Die Taktzeit T beträgt demnach $T = 2RC$. (Bei einer anderen Wahl von R_1/R_0 ergeben sich aber recht krumme Zeiten.)

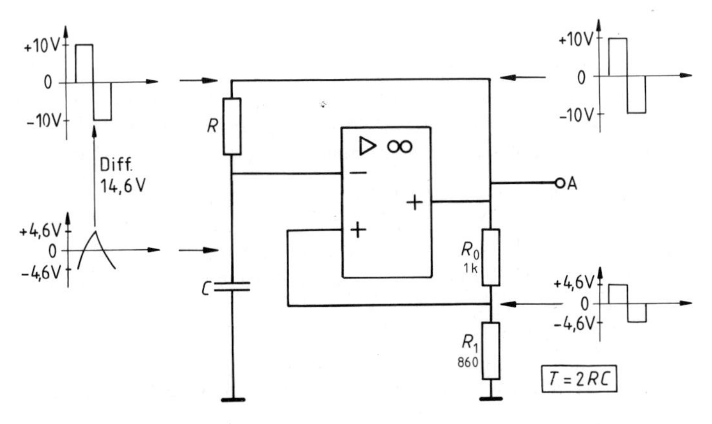

Bild 12.51 Rechteckgenerator mit OV. $T = 2RC$ gilt *nur* bei $R_1/R_0 = 0{,}86$.

Durch nachgeschaltete Integrierer kann der Rechteckgenerator schließlich zu einem Dreieck- und Sinusgenerator erweitert werden (siehe Kapitel 12.6.3 und Aufgabe 14).

Abschließend zeigt Bild 12.52 noch einen „echten" Sinusgenerator. Er entspricht dem in Bild 10.18 vorgestellten Wiengenerator. Der an den Pluseingang E zurückgeführte Ausgangsspannungsanteil $k \cdot u_A$ wird durch den nichtinvertierenden Verstärker wieder gleichphasig um den Faktor $V' = 1/k$ angehoben usw. (Details, siehe Kapitel 10.4).

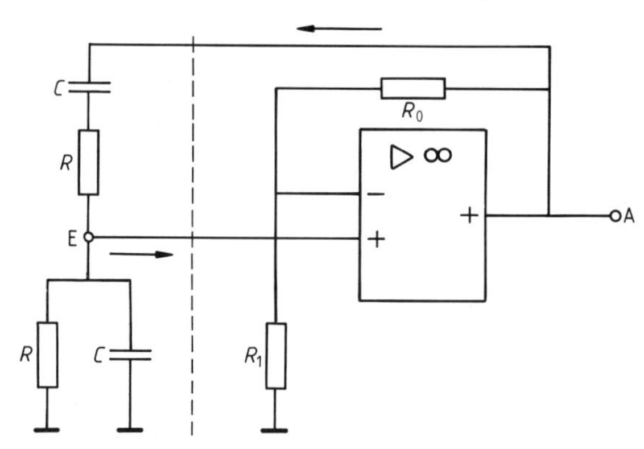

Bild 12.52 Wiengenerator mit OV

> Durch *Mitkopplung* können mit OV **Funktionsgeneratoren** (Sinus, Rechteck, Dreieck usw.) gebaut werden.

Für Experten:

12.8 Das Innenleben eines Operationsverstärkers

Kernstück und Eingangsverstärker eines jeden OV ist eine *Differenzverstärkerstufe* nach Bild 12.53.[1])

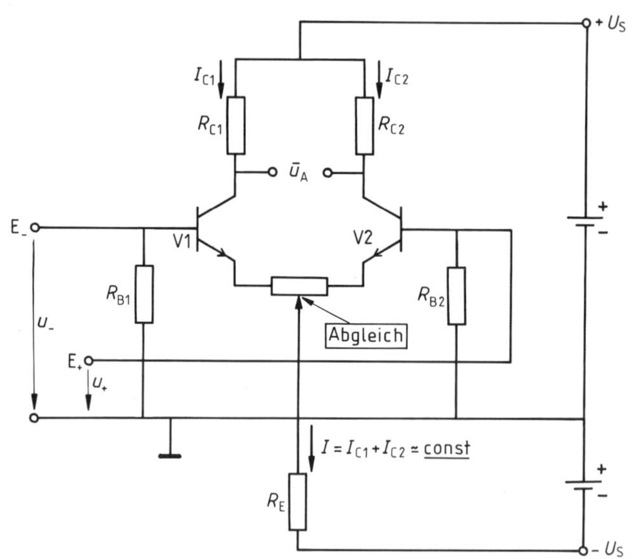

Bild 12.53 Differenzverstärker; R_E ist relativ groß und sorgt so für konstanten Gesamtstrom $I = I_{C1} + I_{C2}$.

[1]) Es gibt auch OV mit FET-Eingang.

Neben der positiven Speisespannung $+U_S$ ist noch eine negative, $-U_S$, vorgesehen. Diese hat zunächst nur den Sinn, die Emitter von V1 und V2 über R_E soweit negativ vorzuspannen, daß die Transistoren schon im Ruhefall im linearen Teil der Eingangskennlinie arbeiten. Erst dadurch wird es möglich, die Transistoren über die Eingänge E_- und E_+ schon bei (Gleich-)Spannungen im mV-Bereich *proportional* anzusteuern. Das entstehende Ausgangssignal wird bei dieser Schaltung noch massefrei zwischen den beiden Kollektoranschlüssen von V1, V2 abgegriffen (Bezeichnung $\overline{u}_A$).

Damit diese Schaltung als linearer Differenzverstärker arbeitet, ist es nun entscheidend, daß

1. beide Transistoren mit ihren zugehörigen Widerständen exakt gleich sind und daß
2. der Gesamtstrom $I \simeq I_{C1} + I_{C2}$, der durch R_E fließt, immer konstant ist.

Im einfachsten Fall wird dazu R_E im Vergleich zu R_{C1} und R_{C2} so groß gewählt, daß R_E praktisch *allein* den Gesamtstrom prägt. (In Industrieschaltungen tritt an die Stelle von R_E eine Konstantstromquelle, siehe z. B. Kapitel 10.2.)
Wenn nun an beiden Eingängen exakt gleiche Eingangsspannungen anliegen, fließen (im Idealfall) auch genau gleiche Basis- und Kollektorströme: $I_{C1} = I_{C2}$. (Jeder Kollektorstrom macht so naturgemäß die Hälfte des Gesamtstromes I aus). Wegen $R_{C1} = R_{C2}$ sind die Spannungsabfälle an beiden Kollektorwiderständen in diesem Fall auch gleich. Somit entsteht zwischen den Kollektoranschlüssen keine Spannungsdifferenz, das Ausgangssignal $\overline{u}_A$ beträgt Null.

> Der Differenzverstärker liefert bei gleichen Eingangsspannungen kein Ausgangssignal. Dieses Verhalten bezeichnen wir als **Gleichtaktunterdrückung.**

Da auch bei Schwankungen der Speisespannung und bei gleichlaufender Temperaturdrift die Kollektorströme unter sich gleich bleiben, ist die Gleichtaktunterdrückung auch in diesen Fällen wirksam. Dies ist ein wichtiger Vorteil aller Differenzverstärker.

▶ Erst wenn die beiden Eingangssignale u_+ und u_- verschieden sind, weichen die Basis- und Kollektorströme der Transistoren voneinander ab.

Der konstante Gesamtstrom $I = I_{C1} + I_{C2}$ verteilt sich nun ungleich auf die Transistoren V1, V2. Dadurch fallen auch die Spannungen an den Arbeitswiderständen R_{C1}, R_{C2} verschieden aus. Zwischen den Kollektoranschlüssen entsteht jetzt eine Spannungsdifferenz $\overline{u}_A$. In einem gewissen *Proportionalitätsbereich* gilt dann:

$$\overline{u}_A \sim (u_+ - u_-) \quad \text{also: } \overline{u}_A \sim \Delta u_\pm$$

Da diese Ausgangsspannung $\overline{u}_A$ *nicht auf Masse bezogen* ist, wird noch eine Endstufe nachgeschaltet, die eine Ausgangsspannung u_A gegen Masse liefert. Bild 12.54 zeigt ein sehr einfaches Beispiel mit nur einem PNP-Transistor.[1]) Der Spannungsabfall an R_{C2} steuert hier den (durch R_{E3} gegengekoppelten) Ausgangstransistor V3 an. Wenn R_{E3} und R_{C3} richtig bemessen werden, ist im Gleichtaktfall ($u_+ = u_-$) das Ausgangssignal u_A (gegen Masse) gerade Null.[2])

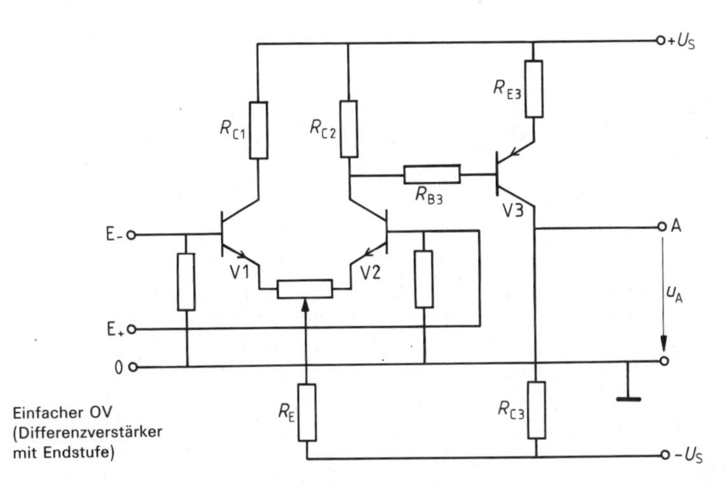

Bild 12.54 Einfacher OV (Differenzverstärker mit Endstufe)

[1]) Meist werden komplementäre Endstufen verwendet.
[2]) In diesem Fall muß also $R_{C3} \cdot I_{C3} = U_S$ gelten.

Ändert sich durch $u_+ \mp u_-$ der Spannungsabfall an R_{C2}, wird V3 je nachdem weiter auf- oder zugesteuert. Am Ausgang A stellt sich so eine gegen Masse relativ positive oder negative Ausgangsspannung ein. In einem bestimmten Bereich gilt dann:

$$u_A = V_0 \cdot \Delta u_\pm$$

Im Interesse einer hohen Leerlaufverstärkung V_0 werden vor der Endstufe natürlich noch *Zwischenverstärker* eingefügt. In vielen Fällen wird auch eine *Begrenzerschaltung* für den Ausgangsstrom mitintegriert, so daß der OV dauerkurzschlußfest wird (z. B. der 741er, der insgesamt 20 Transistoren enthält).

> OV enthalten einen oder **mehrere Differenzverstärker und eine Endstufe,** welche ein Ausgangssignal gegen die (Bezugs-)Masse liefert.

12.9 Der Operationsverstärker als Analogrechner

Mit OV-Schaltungen kann addiert, subtrahiert, integriert und differenziert werden.[1] Daneben lassen sich aber auch recht komplizierte Differentialgleichungen lösen, das sind Gleichungen, in denen eine Größe (z. B. I) mit ihrer zeitlichen Änderung (z. B. dI/dt) verknüpft ist. Allgemeine mathematische Lösungen sind hier oft recht schwierig. Häufig ist man sogar auf rein experimentelle Lösungen angewiesen.

> Die **experimentelle Lösung von Differentialgleichungen** ist die Hauptaufgabe der Analogrechner, die oft mit vielen OV arbeiten.

Um wenigstens zum Teil die Bedeutung der Analogrechner (die ursprüngliche Domäne des OV) aufzuzeigen, gehen wir von folgender Problemstellung aus:
Mehrere Spulen mit verschiedenem L-Wert sollen auf ihr Verhalten im Gleichstromkreis hin untersucht und das „optimale" L für einen bestimmten Anwendungsfall gefunden werden. Nun sind solche Spulen teuer und unhandlich groß. Deshalb wird mit einem Analogrechner bei geringen Kosten beobachtet, wie sich der Spulenstrom bei Veränderung von L verhält. Bild 12.55 zeigt die Übertragung des realen Experimentes auf den Analogrechner.

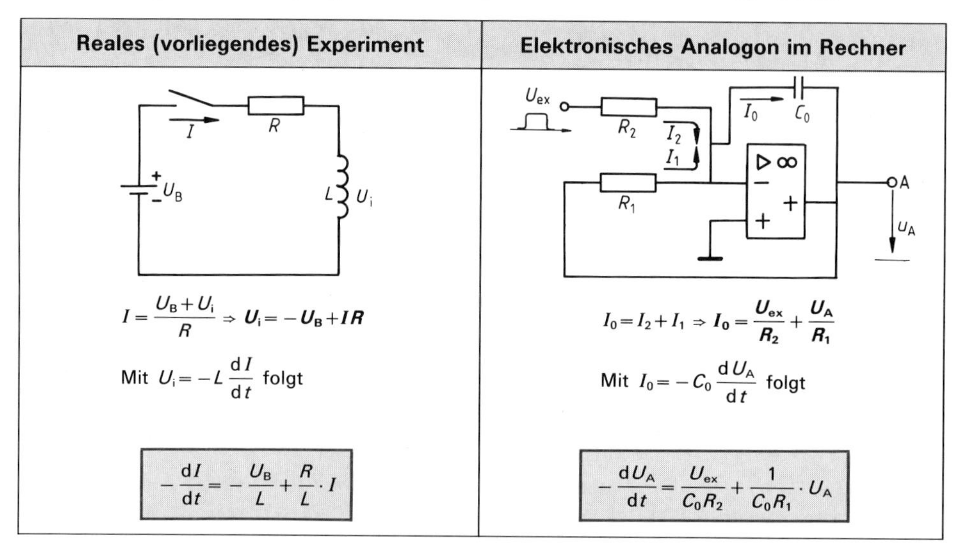

Bild 12.55 Ein Analogrechner ersetzt ein teueres oder gefährliches reales Experiment.

[1]) Es gibt auch OV zum Multiplizieren (stromprogrammierbare OV, auch OTAs genannt).

Wie wir Bild 12.55 entnehmen, gelten in beiden Fällen strukturell gleiche (analoge) Differentialgleichungen. Wir lesen folgende Zuordnungen ab:

Reales Experiment		Analogrechnung
Stromverlauf $\boldsymbol{I}$ im Spulenkreis	↔	Verlauf der Ausgangsspannung $\boldsymbol{U}_A$
Anlegen (abschalten) von $\boldsymbol{U}_B$	↔	Anlegen (abschalten) von $\boldsymbol{U}_{ex}$
Verändern der Induktivität $\boldsymbol{L}$	↔	Verändern der Kapazität $\boldsymbol{C}_0$

Genauso, wie sich nun im realen Experiment in der Tat ein ganz bestimmter Stromverlauf, nämlich die Lösung der linken Gleichung, einstellt, wird sich, analog dazu, ein ganz bestimmter Verlauf der Ausgangsspannung $U_A(t)$ als Lösung der rechten Gleichung am Rechnerausgang registrieren lassen. Damit liefert der Analogrechner (meist grafisch) die Lösung sonst schwieriger mathematischer Aufgaben, wobei entsprechende reale Experimente und die damit verbundenen Kosten und Risiken wegfallen können.

Aufgaben

Übersteuerter OV (OV im Schalterbetrieb)

Einfacher Schwellwertschalter (Komparator)

1. **a)** Bei welcher Eingangsspannung u_E wird $u_{RL} > 0$? (*Lösung:* $u_E \geq 2$ V)
   b) u_E sei ein sinusförmiges Signal mit $U_m = 4$ V und $f = 50$ Hz.
   Zeichnen Sie in richtiger zeitlicher Zuordnung über zwei Perioden hinweg den Verlauf von u_E, u_A und u_{RL}.
   c) Bei welchen Eingangsspannungen leuchtet die Leuchtdiode (LED) im rechten Teilbild auf?
   (*Lösung:* $u_E \geq 4{,}5$ V)

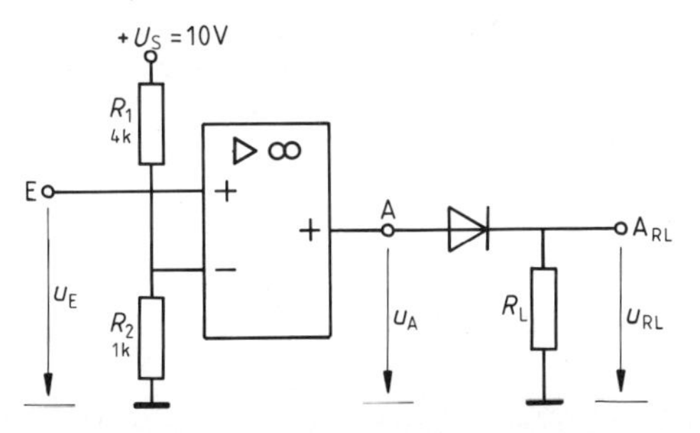

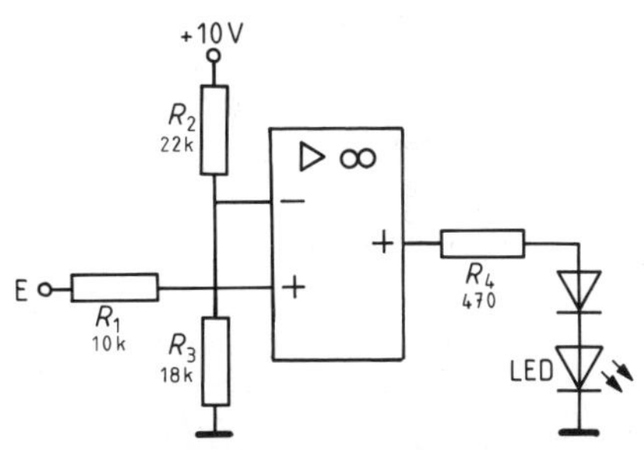

Schwellwertschalter mit zusätzlicher Mitkopplung und zwei Schaltschwellen (Schmitt-Trigger)

Hinweis zu den Aufgaben 2 und 3: Wie Kapitel 16.5 zeigen wird, handelt es sich hier um Schmitt-Trigger mit invertiertem $\overline{Q}$-Ausgang, siehe dazu auch die Aufgabe 13 aus Kapitel 16.

2. Bei der hier vorliegenden Schaltung liegen die beiden Schaltschwellen symmetrisch zur „Nullinie". Die Ausgangsspannung u_A kann sich (idealisiert) zwischen $+U_S = 10$ V und $-U_S = -10$ V ändern. Anfangszustand sei $u_A = +U_S$.
   a) 1. Wie groß ist u_+?
   2. Bei welcher Eingangsspannung kippt der Ausgang auf $-U_S$?
   (*Lösung:* $u_+ = +2$ V; $u_E \geq u_+$)
   b) 1. Welchen Wert $\overline{u}_+$ nimmt u_+ an, wenn der Ausgang auf $-U_S$ gekippt ist?
   2. Bei welcher Eingangsspannung kippt der Ausgang wieder zurück auf $+U_S$?
   (*Lösung:* $\overline{u}_+ = -2$ V; $u_E \leq \overline{u}_+$)

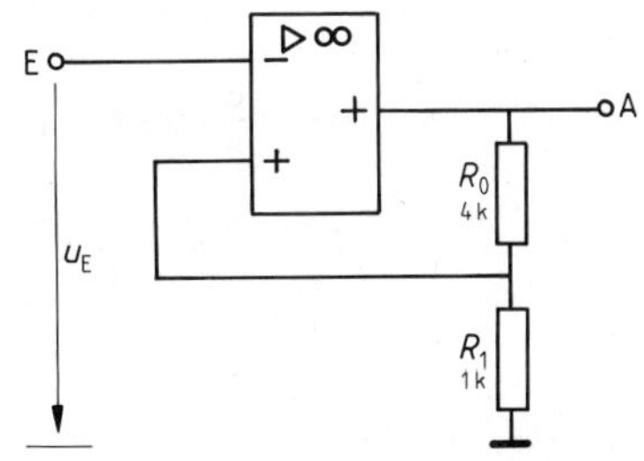

   c) Zeichnen Sie für eine sinusförmige Eingangsspannung mit $U_m = 7$ V und $f = 50$ Hz den zugehörigen Verlauf der Ausgangsspannung über zwei Perioden hinweg.

3. Im Gegensatz zu Aufgabe 2 liegen hier die Schaltschwellen unsymmetrisch.

1. Fall:
Fragestellung wie in Aufgabe 2, a und b, für R_2 gelte $R_2 = 2\,\text{k}\Omega$.
(*Lösung zu a:* $u_+ = +4{,}3$ V, bei $u_A = +U_S$ liegen R_0 und R_2 parallel.
Lösung zu b: $\overline{u}_+ = +1{,}33$ V, über R_1 fließen zwei Teilströme. Von $+U_S$ fließen (über R_2) $+3{,}33$ mA nach Masse. Von Masse über R_0 nach A ($= -U_S$) sind es -2 mA, also insgesamt $+1{,}33$ mA)

2. Fall:
Fragestellung wie in Aufgabe 2, für R_2 gelte jedoch $R_2 = R_0$.
(*Lösung zu a:* $u_+ = +3{,}33$ V; *zu b:* $\overline{u}_+ = 0$)

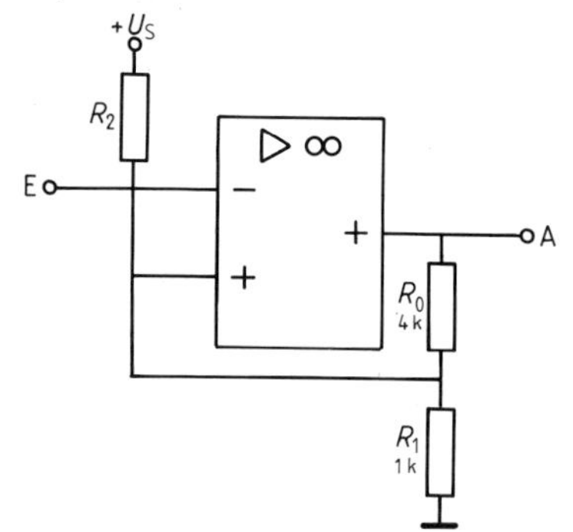

Nichtinvertierender Verstärker

4. Es sei $U_S = +10$ V.
   a) Legen Sie R_V für $P_{Z\max} = 0{,}5$ W fest.
   b) Berechnen Sie Ausgangsspannung und Ausgangsstrom des OV. (*Lösung:* $+8$ V; 8,4 mA)
   c) Wie b, jedoch sei bei A eine Last von $R_L = 1\,\text{k}\Omega$ angeschlossen. (*Lösung:* $+8$ V; 16,4 mA)
   d) R_1 sei als Poti ausgeführt, Einstellbereich 0...500 Ω. Welche Ausgangsspannungen sind einstellbar? (*Lösung:* 4,7 V...8,9 V)

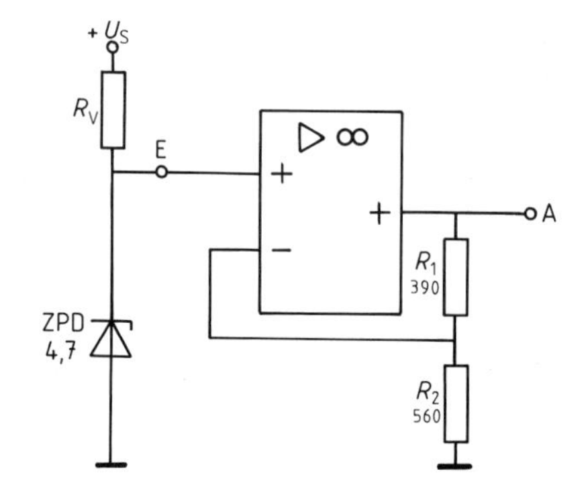

5. **a)** Poti R_0 befinde sich in Mittelstellung.
   Geben Sie U_{R2}, U_Q und U_A des OV an, wenn $U_{BE} \simeq 0{,}7$ V beträgt. (*Lösung:* 2,8 V; 4,75 V; 5,45 V)
   b) Es sei $I_{A\max} = 20$ mA und $B = 100$.
   Welcher Ausgangsstrom $I_{Q\max}$ ist möglich? (*Lösung:* $\simeq 2$ A; $I_{R1} = 5$ mA ist vernachlässigbar)

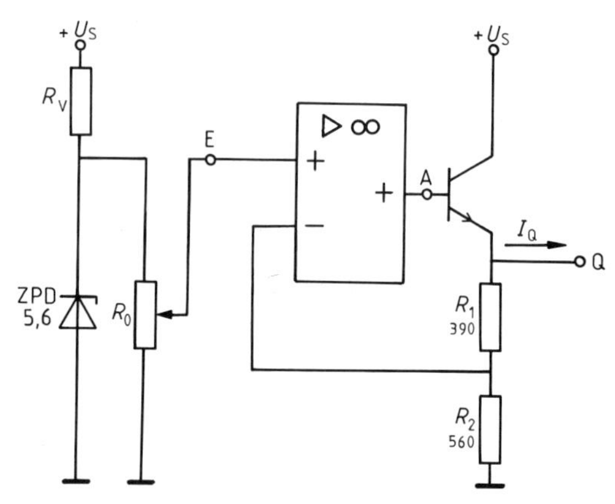

Impedanzwandler

6. **a)** Welche Werte U_A und I_A ergeben sich? (*Lösung:* -1 V; $-0{,}5$ mA)
   b) Welche Spannung U_{RL} würde man dagegen erhalten, wenn man die Quelle direkt mit R_L belasten würde? (*Lösung:* $-0{,}17$ V)

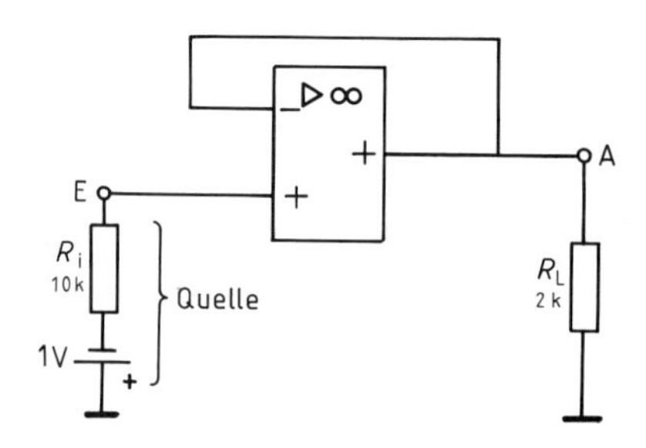

Invertierender Verstärker

Lineares Ohmmeter

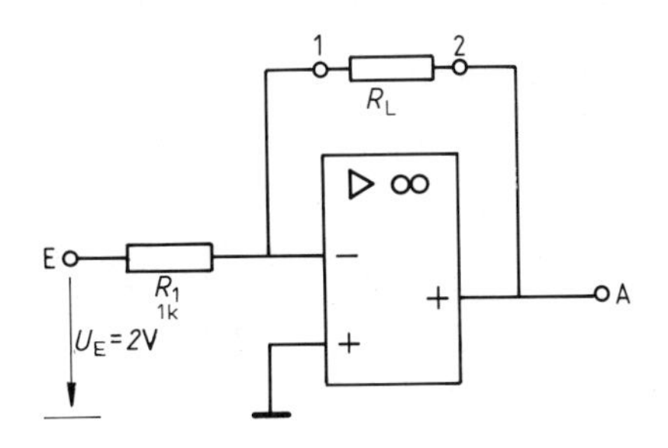

7. a) Die Last R_L sei veränderlich. Welcher Laststrom fließt bei $R_L = 2\,k\Omega$ und welcher bei $R_L = 0$?
(*Lösung:* immer 2 mA)

b) Skizzieren Sie die Funktion U_{RL} (R_L), und geben Sie R_{Lmax} für $U_{Amax} \simeq 10\,V$ an. Wie könnte man den Meßbereich dieses linearen Ohmmeters vergrößern? (*Lösung:* u_E verkleinern oder R_1 vergrößern)

Präzisionsgleichrichter

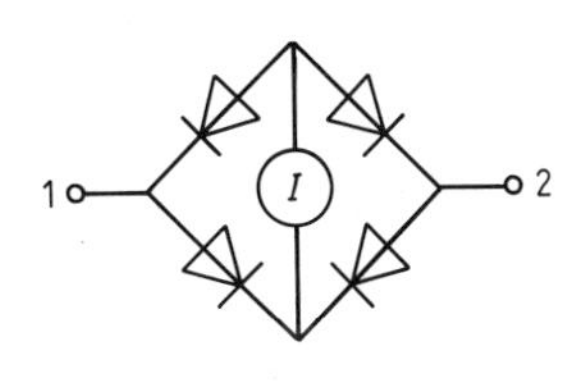

8. Schwellspannung aller Dioden $U_{Schw} \simeq 0{,}7\,V$.
Anstelle von R_L in Aufgabe 7 wird nebenstehende Anordnung eingesetzt.
Der Innenwiderstand des Meßinstrumentes sei vernachlässigbar (wahlweise $R_i = 1\,k\Omega$).
Zeichnen Sie für eine sinusförmige Eingangsspannung, $U_m = 2\,V$ und $f = 50\,Hz$, den Stromverlauf durch das Instrument und den Spannungsverlauf am Ausgang A des OV. (*Hilfe:* Bild 12.34 sinngemäß abändern)

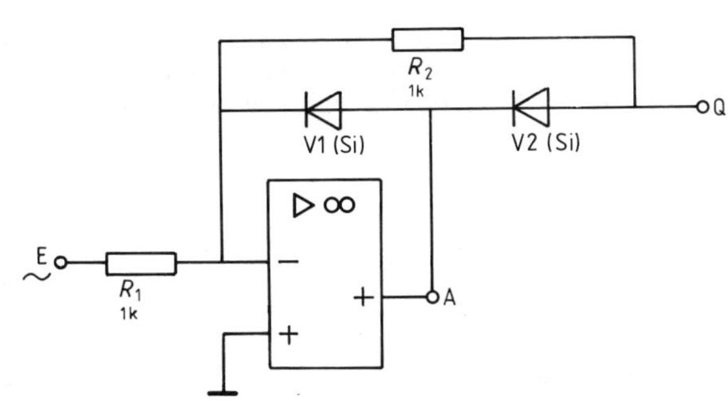

9. Zeichnen Sie zu dem dargestellten Gleichrichter für $U_{Em} = 2\,V/50\,Hz$ passend den Verlauf von u_Q und u_A (Diodenschwelle: 0,7 V).
(*Lösung:* Bei $u_E > 0$ liefert Q eine negative Halbwelle, während $u_A \simeq u_Q - 0{,}7\,V$ gilt. Bei $u_E < 0$ wird u_A positiv. V1 schaltet durch ($u_A \simeq +0{,}7\,V$). V2 sperrt aber, und somit liegt Q über R_2 virtuell an Masse, also $u_Q = 0$.)

10. Aufgabenstellung wie in 9, jedoch folgende Schaltung:

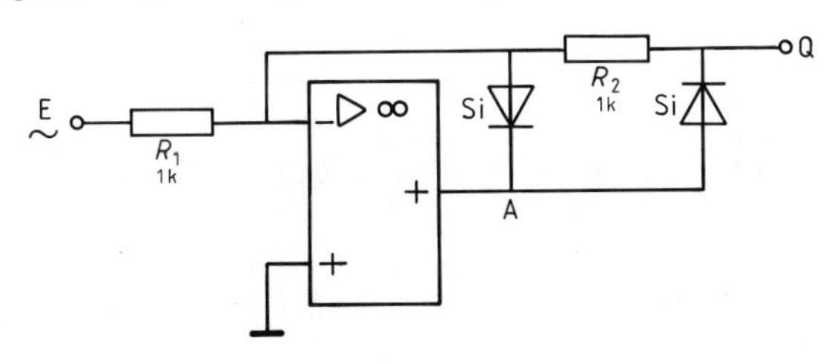

(*Lösung:* Wie in 9, jedoch hier für $u_E < 0$ positive Halbwellen am Ausgang Q)

11. Die Schaltung zeigt einen Präzisionsgleichrichter, der nicht auf dem invertierenden Verstärker aufbaut.
Aufgabenstellung und Vorgehen wie in Aufgabe 9.
(*Lösung:* positive Halbwellen bei Q)

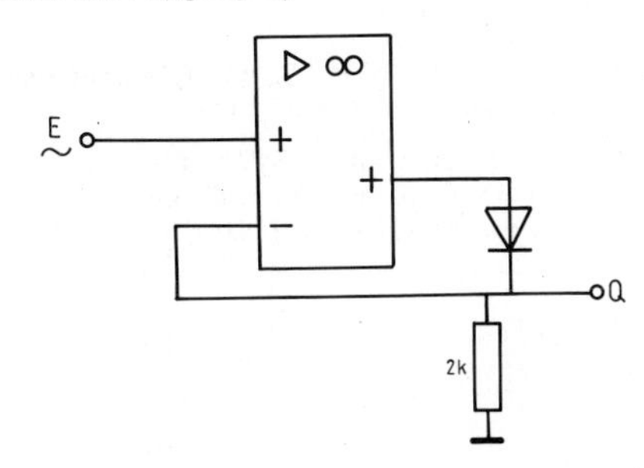

Addierer

Elektronische Nullpunktsverschiebung

12. Das Instrument hat normalerweise den Nullpunkt links und einen Meßbereich von 0...1 V.

a) Berechnen Sie R_1, so, daß mit R_3 der Nullpunkt gerade bis zum Skalenende verschiebbar wird. (*Lösung:* 50 kΩ)

b) Der Nullpunkt befinde sich in Skalenmitte. Für $u_E = \pm 10$ mV soll sich jeweils Vollausschlag ergeben. Berechnen Sie R_2. (*Lösung:* 100 Ω)

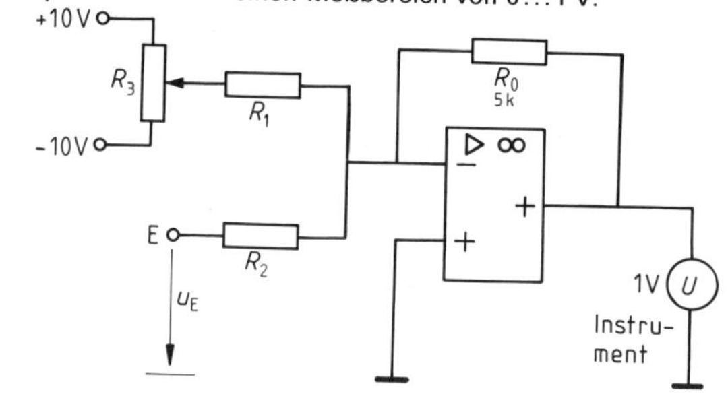

Übersteuerungsgefahr beim Addierer

13. Für einen Summierer mit drei Eingängen gelte für die Eingangswiderstände $R_1 = 1$ kΩ, $R_2 = 2$ kΩ, $R_3 = 3$ kΩ, der Gegenkopplungswiderstand habe $R_0 = 6$ kΩ.
Zeichnen Sie die Schaltung, und berechnen Sie für $U_{E1} = 1$ V und $U_{E2} = 2$ V die maximale Spannung U_{E3max} so, daß der OV bei $U_{Amax} = 12$ V gerade noch nicht übersteuert wird.
(*Lösung:* $U_{E3} \leq 0$)

Integrierer

14. Am Eingang des Integrierers liegt das skizzierte Rechtecksignal mit $f = 1$ kHz.

a) Welcher Lade-(Entlade-)Strom fließt jeweils? (*Lösung:* 10 mA)

b) Welche Ladungsmenge erhält jeweils C_0? (*Lösung:* 5 µAs)

c) Welcher Spannungshub ΔU_A ergibt sich dadurch am Ausgang? (*Lösung:* 5 V)

d) Skizzieren Sie den zeitlichen Verlauf von u_E und u_A. ($T \mathrel{\hat{=}} 4$ cm; *Hilfe:* Bild 12.36)

e) Das Ausgangssignal aus d soll so verschoben werden, daß es keinen DC-Anteil mehr hat, die Signalamplitude aber unverändert bleibt.
Berechnen Sie für den gemachten Schaltungsvorschlag R_1 und R_2. (*Lösung:* 10 kΩ und 40 kΩ)

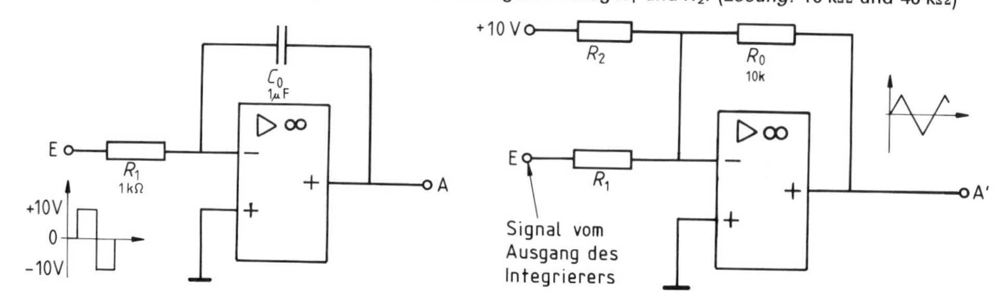

f) Wie sieht der Spannungsverlauf am Ausgang A des Integrierers jeweils aus, wenn anstelle des Rechtecksignals aus Teilaufgabe a die hier skizzierten Signale anliegen? (*Hilfe:* Bild 12.36 und 12.37)

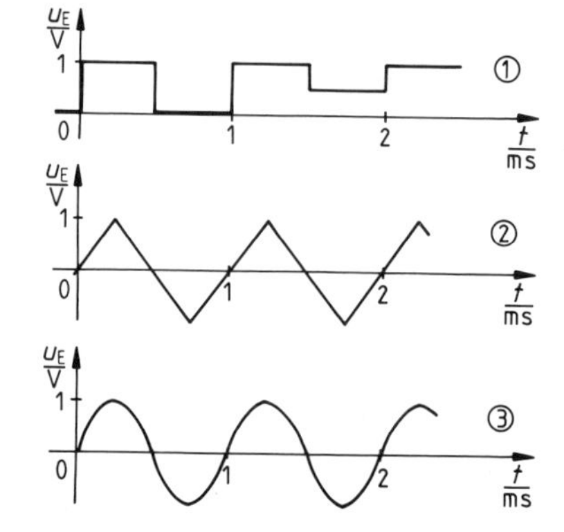

15. Zum Zeitpunkt $t=0$ wird die Eingangsspannung $u_E=+1$ V angelegt. C_0 sei noch ungeladen.

a) Wie groß ist unmittelbar danach u_A? (*Lösung:* -4 V)

b) Wie groß ist u_A nach $t=2$ ms? (*Lösung:* -6 V)

c) Zeichnen Sie den zeitlichen Verlauf von u_A bis $t=8$ ms, wenn $|U_{Amax}|=10$ V beträgt.

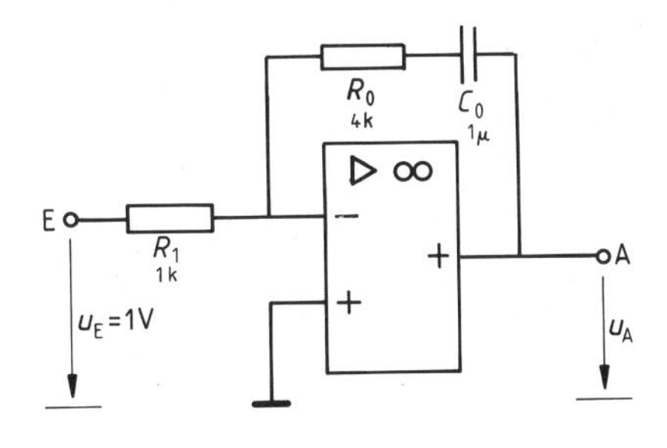

Differenzierer

16. Zur Zeit $t=0$ wird an den Eingang E eine konstante Spannung (+1 V) angelegt. C_1 ist noch ungeladen.

a) Welcher Strom i_{R1} fließt, und welche Spannung u_A stellt sich bei $t \simeq 0$ ein? (*Lösung:* 1 mA und -8 V)

b) Welcher Strom fließt nach der Zeit $t_1=R_1 \cdot C_1$, und welche Spannung u_A wird bei t_1 abgegeben? (*Lösung:* 0,37 mA und $-2{,}94$ V)

c) Zeichnen Sie den Verlauf von u_A von $t=0$ bis $t=5 \cdot t_1$, dies ist die Sprungantwort eines Differenzierers, siehe auch Bild 12.43.

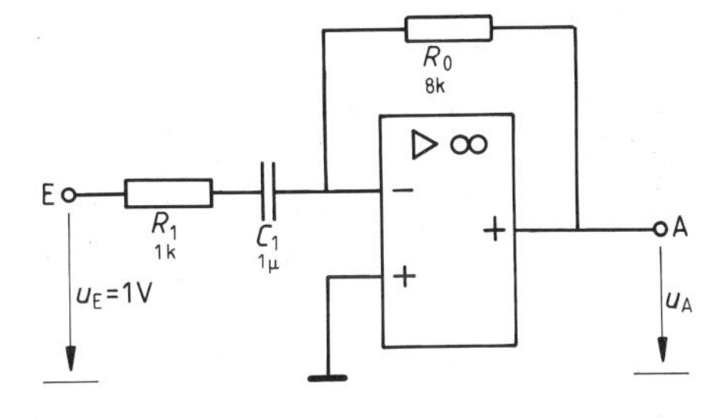

Denksportaufgaben

Differenzverstärker

17. a) Berechnen Sie Schritt für Schritt u_A. (*Hilfe:* Bild 12.46b; *Lösung:* +3 V, *nicht* +4,5 V)

b) Ebenso, jedoch *beide* Eingangsspannungen negativ. (*Lösung:* -3 V)

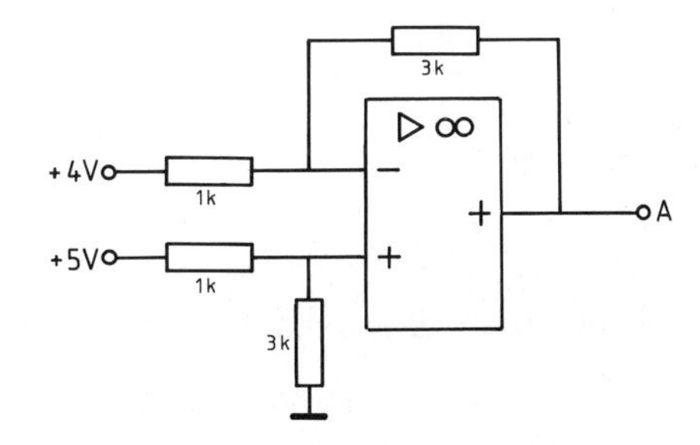

Referenzspannungsquelle

18. Wie groß ist u_A?
(*Lösung:* 7,48 V)

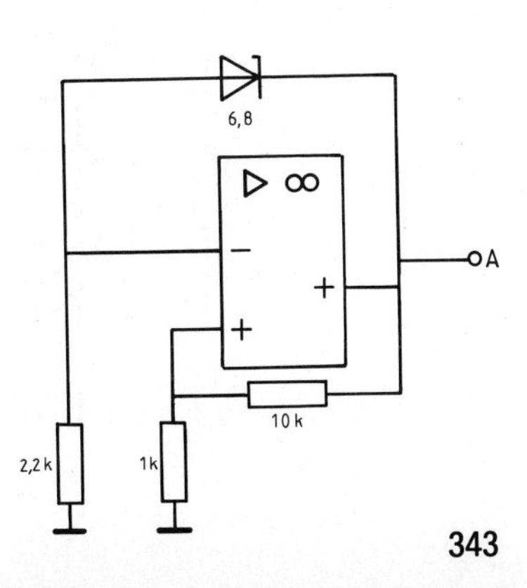

Amplitudenbegrenzer

19. Auf welche positiven bzw. negativen Ausgangsspannungen wird u_A hier begrenzt? (*Lösung:* −6,8 V bzw. +0,7 V)

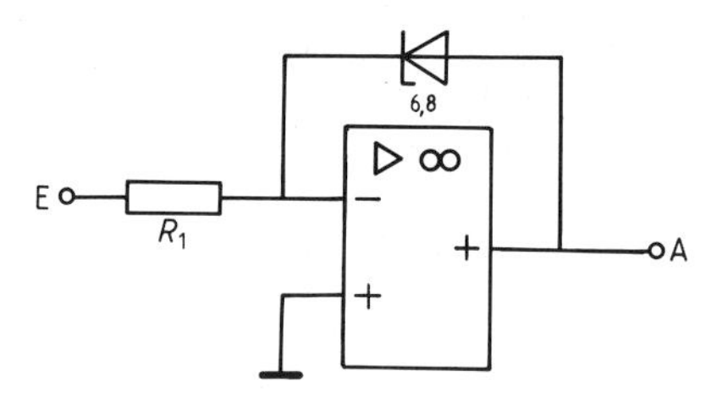

Spitzenwertspeicher

20. a) Erläutern Sie die Funktion der Schaltung als Spitzenwertspeicher, und
b) skizzieren Sie dazu $u_{A'}$ bei folgendem Verlauf von u_E.

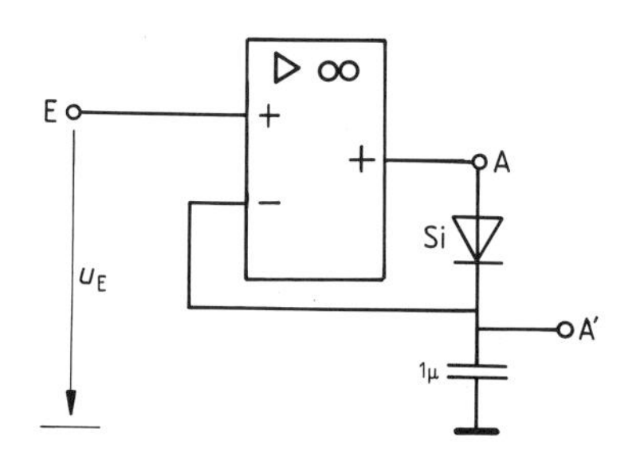

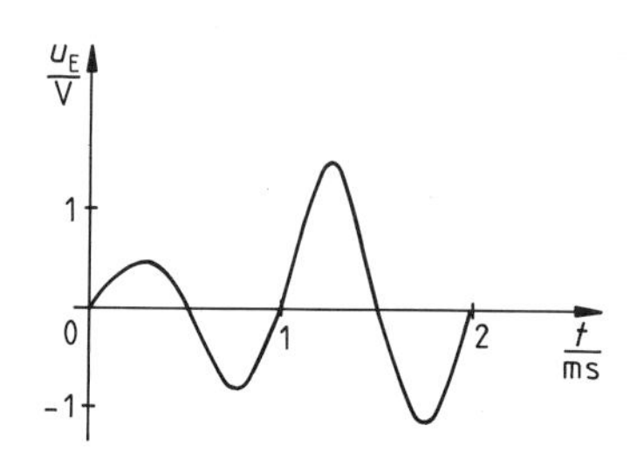

Konstantstromquellen

Transistortester mit *B*-Messung

21. a) Berechnen Sie u_+ bzw. u_-. (*Lösung:* 4,5 V)
b) Berechnen Sie U_{R3}, I_{R3} und erläutern Sie, weshalb dieser Strom unabhängig vom eingesetzten Transistortyp als konstanter Basisstrom fließt. (*Lösung:* 1,5 V; 10 µA; $u_+ = u_-$)
c) Welchen Meßbereich muß das Instrument aufweisen, wenn der Vollausschlag $B = 500$ entspricht. (*Lösung:* 5 mA)
d) Welche Spannung liegt bei dieser *B*-Messung zwischen Kollektor und Emitter des Transistors, wenn
1. der Innenwiderstand des Meßgerätes vernachlässigbar ist und
2. $U_{BE} \simeq 0{,}7$ V beträgt (Si-Transistor). (*Lösung:* $\simeq 2{,}2$ V)

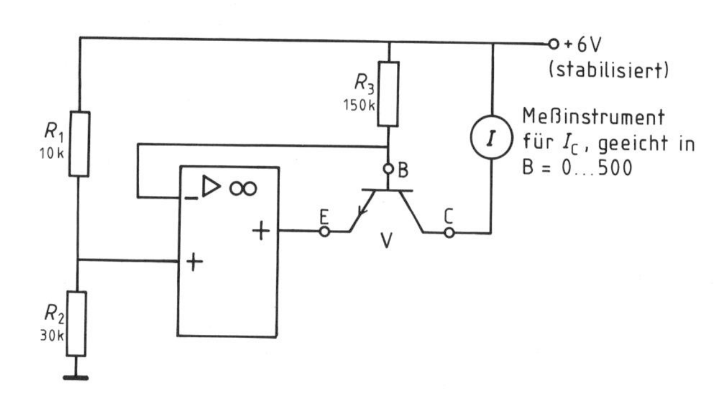

Konstantstromquelle (ähnlich wie Aufgabe 21)

22. **a)** und **b)** wie bei Aufgabe 21, jedoch sei R_3 auf 1,5 kΩ eingestellt. Berechnen Sie I_{R3}. (*Lösung:* 1 mA)

c) Wie groß ist I_{RL}? (*Lösung:* $I_C \simeq I_E = 1$ mA)

d) Begründen Sie, daß I_{RL} für $R_L = 0 \ldots 3{,}8$ kΩ konstant bleibt. (*Lösung:* $u_- = u_+$ und $U_{CE} > 0{,}7$ V)

e) Durch welche physikalischen Grenzen wird der Konstantstrom begrenzt? (*Lösung zum Beispiel so:* $I_{R3} \gg I_-$ und $I_{R3} \leq I_{A\max} \cdot B$)

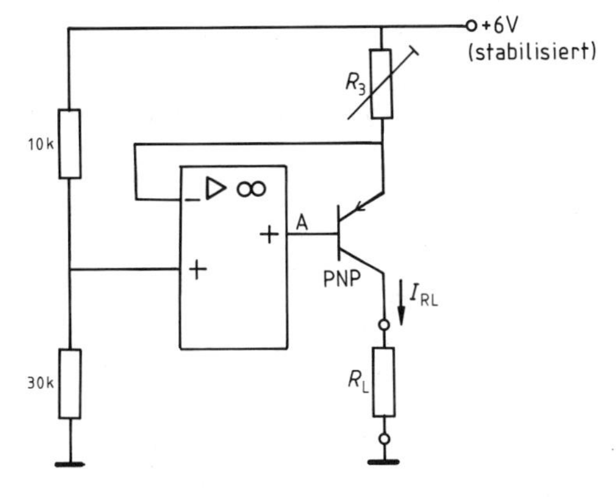

Verstärker mit unsymmetrischer Versorgung

Nichtinvertierender NF-Verstärker

23. **a)** Welche *Ruhespannung* liegt am Plus- bzw. Minus-Eingang und am OV-Ausgang A? (*Lösung:* 10 V, da *C* entsprechend aufgeladen wird)

b) Erläutern Sie, wie die Signalspannung $\tilde{u}_e$ die Spannung am Ausgang A ändert.
Zeigen Sie schließlich: Ein Signal erzeugt $\tilde{i}_{R1} = \tilde{u}_e / R_1$ und $\tilde{u}_a = (1 + R_0/R_1) \cdot \tilde{u}_e$.

Anmerkung: Die Kondensatoren sollen wechselspannungsmäßig einen Kurzschluß darstellen.

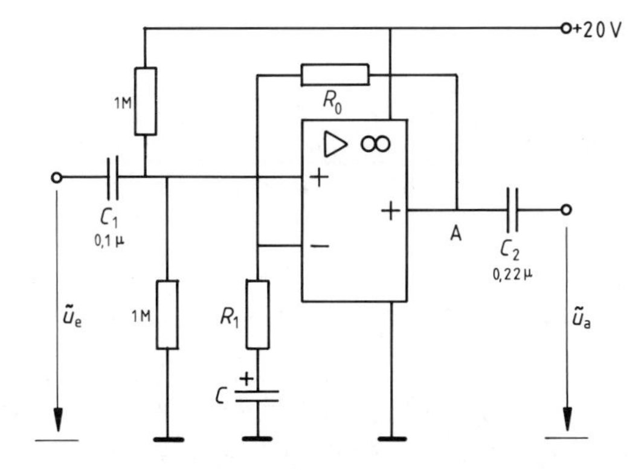

Mitkopplung

RC-Oszillator

24. Mitkopplung kann auch dann entstehen, wenn das Signal an den Minuseingang zurückgeführt wird. Erläutern Sie dies anhand nebenstehender Schaltung.
(*Hilfe:* Kapitel 10.4.5)

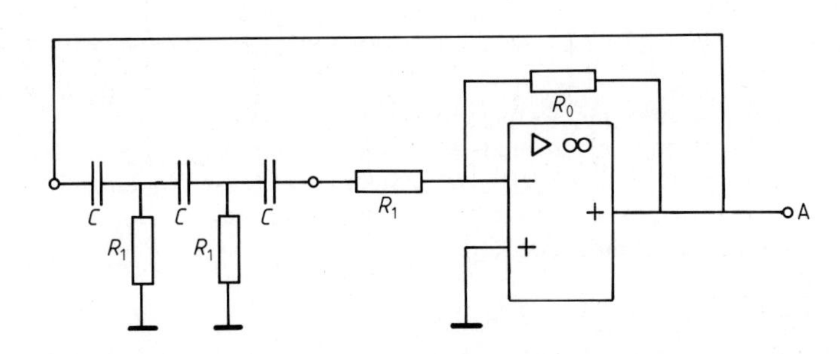

13 Transistoren als Schalter und Inverter

13.1 Grundbegriffe

13.1.1 Der Begriff Digitaltechnik

Bisher haben wir uns mit der Beeinflussung und Verarbeitung *analoger Signale* beschäftigt. Die Pegelwerte solcher Signale haben sich dabei kontinuierlich (stetig) verändert, d.h., sie haben beliebig viele Zwischenwerte angenommen. Bei der Auswertung von analogen Signalen stoßen wir jedoch häufig auf typische Schwierigkeiten:

- Momentane Zwischenwerte analoger Pegel müssen geschätzt werden (z.B. bei Zeigermeßgeräten).
- Störsignale, wie z.B. Rauschen, überdecken kleine Nutzsignale (z.B. beim Rundfunkempfang).
- Verzerrungen analoger Speicher (Tonband, Schallplatte) verändern für immer das Original (z.B. bei alten Schallplatten, wobei auch noch Rauschen hinzukommt).

Diese Nachteile der Analogtechnik führen nun dazu, daß immer konsequenter versucht wird, Information nur durch ganz *wenige, klar unterscheidbare Pegelwerte* darzustellen. Die Anzahl der hier verwendeten Signale (Pegelwerte) läßt sich daher „an den Fingern" abzählen. Nun heißt Finger lateinisch **digitus,** weshalb diese Technik den Namen **Digitaltechnik** erhalten hat.
Beispiele für Systeme der Digitaltechnik wären etwa Lichtschalter, Telefonwählscheiben, Lochkarten, Lochstreifen, Blindenschrift und Morsealphabet.

> Die **Digitaltechnik** kennt nur wenige, klar unterscheidbare Signalzustände.
> Meist wird nur mit *zwei Zuständen* gearbeitet. Wir sprechen dann von **Binärtechnik**[1]). Unter Digitaltechnik im engeren Sinne verstehen wir diese Binärtechnik.

▶ Wenn diese beiden Signalzustände der Binärtechnik einen großen Pegelabstand haben, wird ihre Speicherung, Übertragung und Verarbeitung extrem sicher. Probleme mit Zwischenwerten, Rauschen und Verzerrungen gibt es (fast) nicht mehr, denn:
▶ Der gemeinte Pegelwert ist in jedem Fall leicht zu erkennen.

Rechen-, Steuer- und Datenverarbeitungsanlagen arbeiten deshalb heute fast nur noch digital. Aber auch analoge Signale werden zunehmend in digitale umgewandelt und so digital verarbeitet. Auf diese Weise können die Vorteile der Digitaltechnik in die Analogtechnik eingebracht werden, z.B. bei der Speicherung von Musik und Fernsehbildern auf einer Digitalplatte (compact disc oder kurz CD).

[1]) bi- (lat.) = zwei

13.1.2 Logische Variablen (L- und H-Signal)

Binäre Zustände können z. B. gegeben sein durch die Gegensätze:

leitend – nichtleitend
ein – aus
hohe Spannung – niedrige Spannung

Diese binären Zustände können wir logischen Variablen zuordnen, welche nur die Werte 0 und 1 annehmen.[1]) Nun lassen sich viele technische Größen, z. B. die elektrische Spannung, anschaulicher durch Pegelwerte beschreiben. In der Binärtechnik müssen wir dann immer zwei binäre Pegelwerte unterscheiden.

Die binären Pegelwerte heißen **L** (Low) und **H** (High) oder auch L-Signal und H-Signal.

Der L-Pegel liegt laut Definition immer niedriger als der H-Pegel. (L bezeichnet immer die kleinere, H immer die größere Spannung.)
H- und L-Signal können wir auf zwei Arten den Werten 0 und 1 zuordnen.

Die Zuordnung von L und H zu 0 und 1 liefert entweder eine

negative Logik $0 \leftrightarrow H$ (z. B. $-0{,}5 \ldots\ 0$ V)
$1 \leftrightarrow L$ (z. B. $-8{,}5 \ldots -9$ V)

oder eine

positive Logik $0 \leftrightarrow L$ (z. B. $0 \ldots +1$ V)
$1 \leftrightarrow H$ (z. B. $+4 \ldots +5$ V)

Wir verwenden die positive Logik.

- ▶ Die Pegelbereiche für L- bzw. H-Signal werden von Fall zu Fall anders festgelegt, meist gilt L-Signal $\simeq 0$ und H-Signal $\simeq +U_S$ (Speisespannungspegel).
- ▶ Je größer der Abstand beider Bereiche ist, desto störsicherer arbeitet das System. Selbst stark gestörte Signale lassen sich dann immer noch eindeutig rekonstruieren bzw. nach dem „Alles-oder-nichts-Prinzip" erkennen.

13.1.3 Bit und Byte

Mit zwei Zuständen, also z. B. mit den Paaren (0, 1) bzw. (L, H) lassen sich zwei verschiedene Informationen verschlüsseln (codieren).

Beispiel: 0: alles in Ordnung
1: Gefahr

Diese Informationsdarstellung ist einstellig. Werden zwei Stellen verwendet, so lassen sich mit dem Paar (0, 1) schon vier Informationen codieren:

00: kein Treffer
01: ein Treffer
10: zwei Treffer
11: drei Treffer

[1]) Mit solchen Variablen (a, b, ...) läßt sich eine zweiwertige Schaltalgebra „betreiben". Darauf gehen wir noch genauer ein (ab Kapitel 17.2).

Jede solche *binäre Stelle* heißt **Bit** (**b**inary dig**it**, wörtlich übersetzt: binäre Ziffer). Im vorangegangenen Beispiel wurden *Daten* mit einer Länge von 2 Bits gebildet. Dies ergab vier verschiedene Mitteilungen (Datenwörter oder kurz Daten genannt).
Wir überlegen uns nun leicht, daß sich mit jedem weiteren Bit die Anzahl der codierbaren Daten verdoppelt. Mit n binären Stellen (Bits) lassen sich folglich 2^n Daten verschlüsseln. Viele Informationen werden einheitlich mit 8 Bits verschlüsselt. Diese Acht-Bit-Gruppe wird auch **Byte** genannt.[1]) Mit einem Byte lassen sich dann $2^8 = 256$ verschiedene Daten verschlüsseln.
Die meisten Mikroprozessoren arbeiten mit einem Byte. Üblich sind aber auch Systeme mit 4 Bits (= 1/2 Byte = 16 Möglichkeiten), 16 Bits (= 2 Byte = 65536 Möglichkeiten) und 32 Bits. Wir beschäftigen uns in diesem Buch mit höchstens 4 Bits, weil 4 Bits ausreichen, um alle Dezimalziffern darzustellen.

> **1 Bit** bezeichnet eine binäre Stelle. Jede Stelle (Ziffer) kann hier nur zwei Werte – 0, 1 bzw. L, H – annehmen. Mit n Bits lassen sich 2^n Daten verschlüsseln.
>
> **1 Byte** = 8 Bits

13.2 Der Transistor als Schalter (Inverter)

13.2.1 Eine Relaisschaltung als Vorbild

Jedes digitale System, ob Verknüpfungsnetzwerk, Speicher oder Zähler, enthält meist eine Ansammlung von Transistoren, die als Schalter arbeiten.[2]) Für unsere Zwecke werden dann diese Schalter mit einem binären Spannungssignal (L, H) angesteuert und geben daraufhin ein ebenfalls binäres Signal ab. Da es (bis auf wenige Fälle) unsinnig ist, am Ausgang genau das Signal abzugeben, das am Eingang anliegt, arbeiten Transistorschalter als Umkehrstufen, d. h. als *Inverter.*

> Ein **Transistor als Schalter** kehrt das binäre Eingangssignal um. Diese Schaltstufe heißt deshalb auch *Inverter* oder NICHT-Element.

Viel früher wurden Inverter noch mit einem Relais aufgebaut. Wenn wir nun auf eine solche „altertümliche" Anordnung einen Blick werfen, dann deshalb, weil sich daran das Grundprinzip des Transistorschalters ablesen läßt (Bild 13.1, a). Dagegen zeigt Bild 13.1, b schon das *allgemeine* Symbol eines NICHT-Elementes nach DIN 40900.

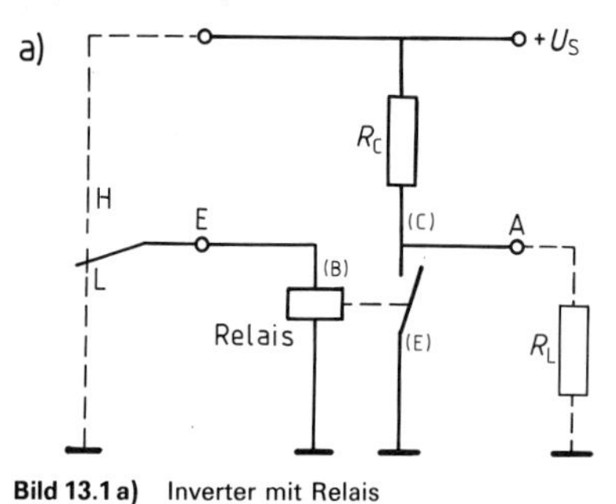

b)

1
E
A

Bild 13.1 a) Inverter mit Relais

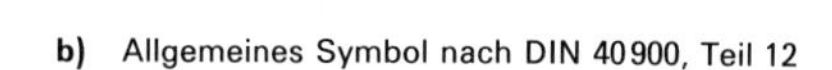

b) Allgemeines Symbol nach DIN 40900, Teil 12

[1]) Erstmals so von IBM eingeführt
[2]) Einfache Verknüpfungen können auch mit Dioden realisiert werden.

Liegt der Eingang E an H-Signal (an $+U_S$), zieht das Relais an. Der Ausgang A hat damit Masseverbindung, führt also L-Signal. Bei E=L (also E an Masse) fällt das Relais ab. Der Ausgang A liegt über R_C an $+U_S$ und liefert folglich ein H-Signal.

▶ Hier ist schon ein Problem erkennbar:
Da A=H gilt, fließt durch R_C und die angeschlossene Last R_L ein Strom. Dieser Strom ruft an R_C einen Spannungsabfall hervor. Wenn wir nun „Pech haben", bleibt dadurch an A gar kein „richtiges H-Signal" mehr übrig.

Die Belastbarkeit des Ausgangs stellt also ein grundsätzliches Problem digitaler Schalter dar (Genaueres in Kapitel 13.2.3).

13.2.2 Der Transistor ersetzt das Relais

▶ Weil ein Transistor (im Vergleich zu einem Relais) relativ schnell und verschleißfrei arbeitet, ersetzen wir das Relais jetzt durch einen Transistor.

Die Lösung dieser Aufgabe ist in Bild 13.1, a schon durch die Bezeichnung B, C, E angedeutet. Die Schaltstrecke des Relais wird einfach durch die CE-Strecke eines Transistors ersetzt. Anstelle des Steuerstromes für das Relais tritt nun der Basisstrom des Transistors. Damit entsteht der *kontaktlose* Inverter von Bild 13.2. Seine Funktion erklären wir, etwas vereinfacht, so:
Bei E=H fließt durch die Basis der Strom I_B. Die CE-Schaltstrecke leitet deshalb und verbindet Punkt A mit Masse; somit gilt A=L.
Bei E=L wird die BE- und damit auch die CE-Strecke stromlos. Der Transistor sperrt.[1] Der Ausgang A liegt über R_C an $+U_S$, was gleichbedeutend mit A=H ist.

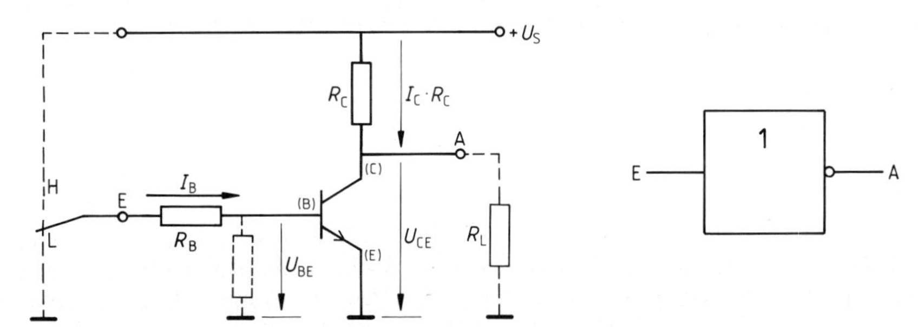

Bild 13.2 Inverter mit Transistor

> Ein Transistor ist aber nur näherungsweise ein idealer Schalter.
> Bei einem idealen Schalter ist der Kontakt entweder „echt geschlossen" ($R=0$) oder vollständig unterbrochen ($R=\infty$). Die CE-Strecke eines Transistors ist dagegen nur mehr oder weniger gut leitend.
> Erst bei richtiger **Dimensionierung** (von R_B und R_C) läßt sich die CE-Strecke annähernd als idealer Schalter betrachten.

Um diese „richtige" Dimensionierung geht es uns jetzt.

---

[1]) Tatsächlich fließt ein *Kollektorreststrom,* der bei *offenem* Eingang wie ein kleiner Basisstrom wirkt. Sollte offener Eingang vorkommen, kann dieser Strom durch den in Bild 13.2 gestrichelt eingezeichneten Widerstand (Wert $\approx R_B$) verkleinert werden. Diese Maßnahme ist jedoch bei Si-Transistoren kaum notwendig.

13.2.3 Kollektorwiderstand und Belastbarkeit (Fan-Out)

Wenn ein Inverter mit L-Signal angesteuert wird, liefert er ein H-Signal. Bei Belastung erhalten wir ausgangsseitig Bild 13.3. Die Last R_L „zieht" in diesem Falle den Laststrom I_{RL}. Dieser erzeugt an R_C einen Spannungsabfall, der den Ausgangspegel des H-Signals an A herabsetzt.[1])

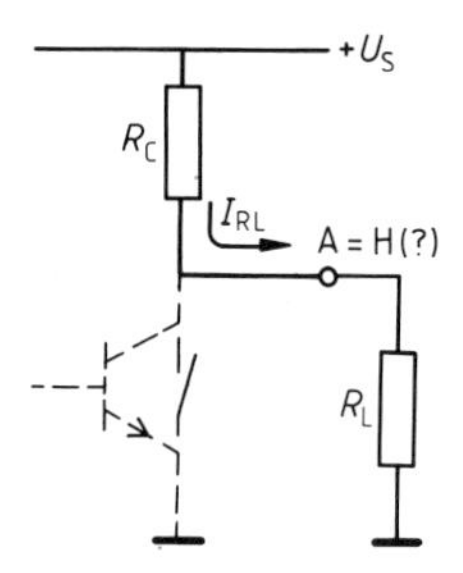

Bild 13.3 Der belastete Inverter bei E = L und A = H

- Wir einigen uns nun darauf, daß für sicheren H-Pegel die Ausgangsspannung am Punkt A mindestens noch 90% von U_S betragen soll. An R_C dürfen also bei Belastung höchstens 10% von U_S abfallen, d.h. R_C muß relativ klein gegen R_L sein.
- Wir wählen deshalb $R_C = 1/10\,R_L$, dies läßt sich leicht merken und ergibt sogar $U_A > 90\%\,U_S$.[2])

Damit der Inverter bei der Last R_L sicheren H-Pegel am Ausgang liefert, wählen wir:

$$\mathbf{R_C = 1/10\,R_L}$$

Sofern dies der höchstzulässige Kollektorstrom erlaubt, ist

$$R_C < 1/10\,R_L$$

natürlich noch günstiger.

Für Experten:

13.2.4 Der Fan-Out (Ausgangslastfaktor)

Ist R_C festgelegt, so läßt sich umgekehrt der kleinste zulässige Lastwiderstand R_L berechnen.
Hat nun jede nachfolgende Stufe den Eingangswiderstand R_e, so läßt sich als typischer Kennwert auch die Anzahl n der Stufen angeben, welche den Inverter belasten dürfen. Nach Bild 13.4 liegen die angeschlossenen Eingangswiderstände R_e parallel, somit ist $R_L = 1/n \cdot R_e$ und

$$n = \frac{R_e}{R_L}$$

Mit $R_C = 1/10 \cdot R_L$, also $R_L = 10 \cdot R_C$ folgt sofort die Anzahl n der ansteuerbaren Stufen.

[1]) Das Problem eines belasteten Ausgangs hatten wir schon bei der Relaisschaltung (Bild 13.1) erkannt.
[2]) Für $U_A = 90\%\,U_S$ würde $R_C = 1/9 \cdot R_L$ genügen. Genaueres in Aufgabe 2.

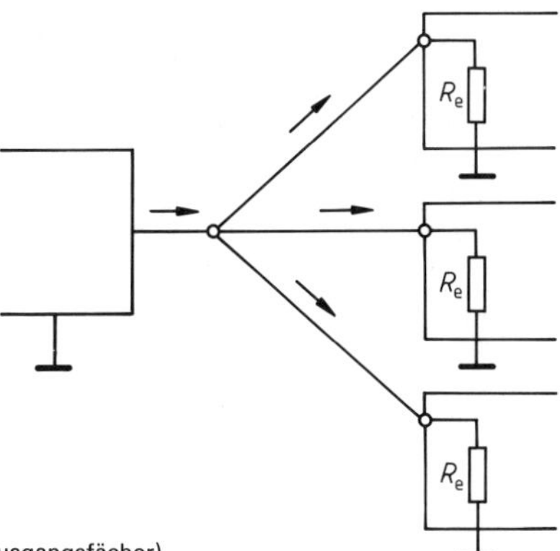

Bild 13.4 Zum Begriff Fan-Out (Ausgangsfächer)

Beispiel:[1] $R_C = 200\ \Omega$, $R_e = 6\ k\Omega$.
Aus $R_L = 10 \cdot R_C$ ergibt sich $R_L = 2\ k\Omega$, was n=3 liefert. Die Schaltung kann also mit drei weiteren Stufen belastet werden.
Wie in Bild 13.4 wird eine Belastung durch mehrere Stufen gern fächerförmig dargestellt. Fächer heißt im Englischen auch fan. Wir sagen deshalb:

- Unsere Stufe hat einen Fan-Out (Ausgangslastfaktor) von drei.

Fan-Out (Ausgangsfächer, Ausgangslastfaktor) bezeichnet die Anzahl der Laststufen, die eine digitale Schaltung (be-)treiben kann. Wird der Fan-Out nicht überschritten, werden eindeutige H- und L-Signale verarbeitet.

13.2.5 Der richtige Basiswiderstand

Wir wenden uns jetzt dem Fall zu, daß der Inverter L-Signal abgeben soll. Dazu liegt am Eingang H-Signal an. Vereinfachend setzen wir als H-Pegel am Eingang exakt U_S voraus (Bild 13.5) und „vergessen" alle Schwellwerte des Transistors. Dann entspricht L-Signal am Ausgang A exakt null Volt, die CE-Strecke ist (ideal) durchgeschaltet (Bild 13.5).

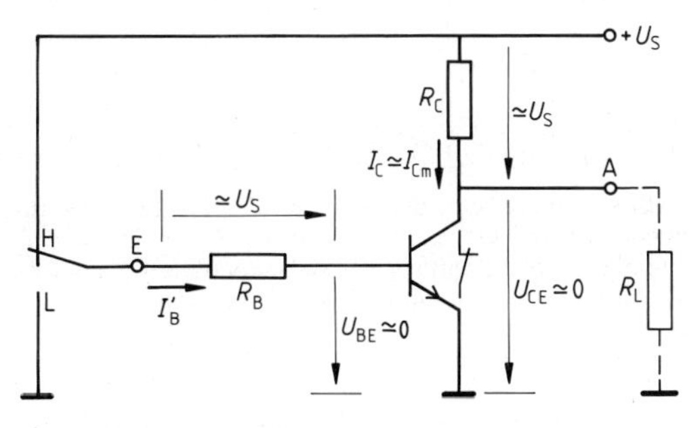

Bild 13.5 Schematische Darstellung eines Inverters, der L-Signal abgibt.

[1]) Unser Beispiel gilt nur bei statischem Betrieb und einer rein ohmschen Last, deren „Fußpunkte" an Masse liegen.

Die ganze Speisespannung U_S muß nun am Kollektorwiderstand R_C abfallen. Dies bedingt im Kollektorkreis einen, nur theoretisch erreichbaren Höchststrom von:

$$I_{Cm} = \frac{U_S}{R_C}$$

Damit dieser Strom auch „erzeugt wird", muß über den Basiswiderstand R_B der dazu notwendige Basisstrom fließen können. Deshalb muß R_B hinreichend klein sein. Wir versuchen nun den Wert für R_B *abzuschätzen*. Mit der Stromverstärkung $B = I_C/I_B$ ergibt sich für I_{Cm} ein Basisstrom I'_B von:

$$I'_B = \frac{I_{Cm}}{B} = \frac{U_S}{B \cdot R_C}$$

Dieser Strom fließt durch R_B. Für die Berechnung von R_B fehlt noch der Spannungsabfall an R_B. Da wir die Schwellwerte des Transistors vernachlässigen, fällt an R_B *auch* die ganze Speisespannung U_S ab (Bild 13.5). Wir erhalten somit für R_B:

$$R_B = \frac{U_S}{I'_B} = \frac{U_S}{\frac{U_S}{B \cdot R_C}} = B \cdot R_C$$

Also: $\boldsymbol{R_B = B \cdot R_C}$

Der Basiswiderstand wird demnach durch die Stromverstärkung und den Kollektorwiderstand festgelegt.

- ▶ Wenn wir $R_B > B \cdot R_C$ wählen, sinkt der Basisstrom unter den obigen Wert I'_B. Damit fällt der Kollektorstrom unter den Wert I_{Cm} ab. Der Spannungsabfall an R_C wird somit kleiner als U_S, das Ausgangssignal deutlich größer als Null. (Es ist unter Umständen gar nicht mehr als L-Signal zu erkennen.)
- ▶ Bei Basiswiderständen, die kleiner als $R_B = B \cdot R_C$ sind, fließt mehr Basisstrom, als unbedingt notwendig ist. In diesem Fall wird der *Transistor übersteuert.*
- ▶ Eine **Übersteuerung** des Transistors ist sogar wünschenswert, solange sie nicht übertrieben wird. Die Gründe dafür sind:
  1. Mit wachsender Übersteuerung wird die durchgeschaltete CE-Strecke immer niederohmiger. Die CE-Strecke entspricht so mehr einer idealen Schaltstrecke.[1])
  2. Liegt als H-Signal am Eingang nicht exakt $+U_S$-Pegel an, reicht der dann fließende Basisstrom immer noch aus, um den Transistor durchzusteuern.

Also: **Basiswiderstände** mit $R_B < B \cdot R_C$ sind besser.

Ganz sicher darf aber der Basiswiderstand nicht beliebig klein gemacht werden. Die untere Grenze hängt von der zulässigen Übersteuerung des Transistors ab.

- ▶ Diese Übersteuerung wird durch einen Übersteuerungsfaktor *ü* erfaßt.[2]) Bei $ü = 2$ fließt z. B. doppelt soviel Basisstrom wie „unbedingt nötig". Es ist also $I_B = 2 \cdot I'_B$, wobei $I'_B = I_{Cm}/B$ war (s. o.).

  In diesem Fall gilt dann:

$$R_B = \frac{1}{2} B \cdot R_C$$

[1]) Genauere Betrachtungen folgen ab Kapitel 13.2.6.
[2]) genaue Definition am Ende von Kapitel 13.2.8

▶ Bei beliebigem Übersteuerungsfaktor $\ddot{u}$ gilt sinngemäß:

$$R_B = \frac{1}{\ddot{u}} B \cdot R_C$$

Wie wir in Kapitel 13.2.9 genauer begründen, liegen praktische Werte für den Übersteuerungsfaktor $\ddot{u}$ zwischen 2 und 5.

Damit ein Inverter (bei H-Pegel am Eingang) sicher L-Signal abgibt, wird der **Transistor mit dem Faktor $\ddot{u} > 1$ übersteuert.**

Typische Werte für ü sind: $\ddot{u} = 2 \ldots 5$

Abhängig vom Kollektorwiderstand R_C ergibt sich daraus für den Basiswiderstand R_B:

$$R_B = \frac{1}{\ddot{u}} B \cdot R_C$$

Diese Dimensionierung garantiert bei *L-Pegel am Ausgang,* daß

- die CE-Strecke sehr niederohmig durchgeschaltet ist und daß deshalb
- der Kollektoranschluß praktisch mit Masse identisch ist.

Aber Vorsicht: Aufgrund der Herleitung gilt obige Formel für R_B *nur dann, wenn*

1. der H-Pegel am (Steuer-)Eingang der Speisespannung des Inverters entspricht und
2. $U_{CE\,Rest}$ und U_{BE} tatsächlich relativ vernachlässigbar gegen die Speisespannung sind.

13.2.6 Der Schaltvorgang im Kennlinienfeld

Wir beginnen die Betrachtung des Schaltvorgangs, wenn der Inverter H-Signal abgibt.[1]) Der Basisstrom und der Kollektorstrom sind dann (bis auf Restströme) Null. An R_C fällt also keine Spannung ab. U_{CE} ist folglich gleich U_S. Wir befinden uns in Bild 13.6 im Arbeitspunkt A_H (rechts unten). Die CE-Strecke sperrt hier (fast wie ein idealer Schalter).

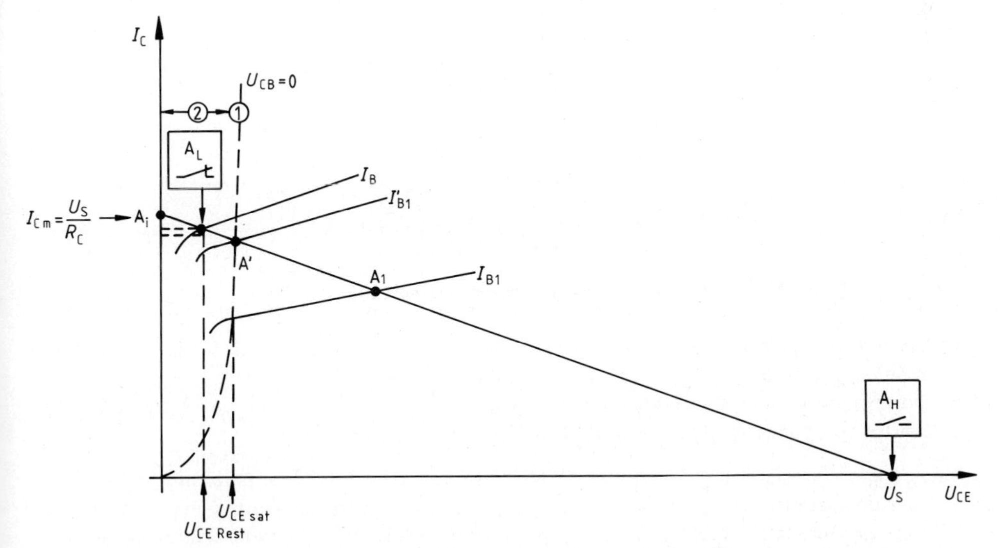

Bild 13.6 Der Schaltvorgang von H- auf L-Signal. Bei ① Sättigungsbeginn. Anschließend Übersteuerung des Transistors im Sättigungsbereich ②.

[1]) Den Lastwiderstand R_L lassen wir weg (bzw. es sei $R_L \gg R_C$).

Nun erhöhen wir langsam den Eingangspegel (in Richtung H-Signal). Dadurch fließt ein Basisstrom, z. B. der Strom I_{B1}. Der Kollektorstrom ruft nun an R_C einen Spannungsabfall hervor, U_{CE} wird somit kleiner. Wir gelangen so z. B. zum Arbeitspunkt A_1 (in Bild 13.6).

13.2.7 Die Sättigungsgrenze des Transistors

Wenn wir nun den Basisstrom vergrößern, fällt die Spannung U_{CE} am Kollektor weiter ab. Beim Basisstrom I'_B stellt sich eine merkwürdige Situation ein. Die Spannung U_{CE} am Kollektor ist nur noch so groß wie die Basisspannung U_{BE} (Bild 13.7). An der Basis-Kollektor-Diode ist somit die Spannung U_{CB} auf Null abgesunken.

► Diesen Zustand nennen wir *Sättigungsbeginn* des Transistors.

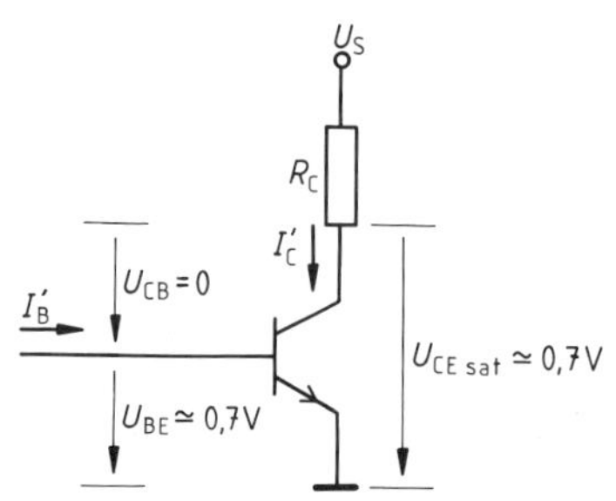

Bild 13.7 Sättigung des Transistors liegt bei $U_{CE} = U_{BE}$ vor; hier gilt dann $U_{CB} = 0$.

Der Transistor verliert hier seine gewohnte Funktion, bei dieser war ja U_{CB} immer positiv, und der Kollektor konnte noch (fast) alle Ladungsträger (Elektronen) „aufsammeln".
In Bild 13.6 haben wir jetzt den Arbeitspunkt A' auf der gestrichelt dargestellten Kniespannungslinie erreicht. Diese Linie markiert also den Sättigungsbeginn.

> Den Fall $U_{CE} = U_{BE}$ mit $U_{CB} = 0$ nennen wir **Sättigungsbeginn des Transistors.**
> Die zugehörige Spannung U_{CE} wird mit U_{CEsat} bezeichnet.[1])
>
> *Typischer Wert bei Si-Transistoren:* ca. 0,7 V

13.2.8 Die Übersteuerung des Transistors

► Die Sättigungsspannung U_{CEsat} scheint eine natürliche untere Grenze für die Ausgangsspannung, also den L-Pegel, zu sein. Dem ist aber nicht so.
► Eine Übersteuerung des Transistors vermindert nämlich den L-Pegel unter den Wert der Sättigungsspannung U_{CEsat}, also (bei Si-Transistoren) unter 0,7 V.

Dies erklären wir für den vorliegenden NPN-Transistor wie folgt. Übersteuerung bedeutet ja, daß der Basisstrom über dem (für L-Pegel) unbedingt notwendigen Wert I'_B liegt. Ist der Basisstrom größer als I'_B, so werden im Emitter so viele Elektronen ausgelöst, daß diese der Kol-

[1]) sat: saturation (engl.) = Sättigung. Die Begriffe Sättigungsspannung und Restspannung werden in der Literatur oft gleichbedeutend gebraucht.

lektor *nicht mehr vollständig* „aufsammeln" kann[1]). Diese Elektronen „stauen" sich nun im Kollektorgebiet und bilden eine negative *Raumladungswolke.*[2]) Diese negative Raumladung vermindert das dort (noch) vorhandene positive Kollektorpotential unter seinen ursprünglichen Wert von U_{CEsat}. Die jetzt noch bestehende Restspannung am Kollektor ist somit kleiner als die Basisspannung geworden (Bild 13.8). Wir bezeichnen in diesem Fall U_{CE} mit U_{CERest}.

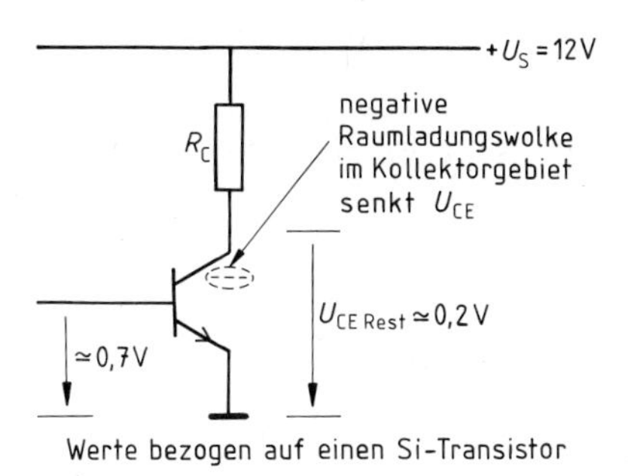

Bild 13.8 Beispiel für eine Übersteuerung des Transistors

Eigentlich müßte über die nun positivere Basis mehr (Elektronen-)Strom als über den Kollektor fließen. Dies scheitert aber daran, daß die Basiszone äußerst dünn und außerdem nur schwach dotiert worden ist. Aus diesem Grund fließen über den Kollektor dennoch die meisten Elektronen in Richtung Pluspol der Speisespannung.

Aus diesen Darlegungen folgern wir schließlich, daß sich eine Übersteuerung des Transistors meßtechnisch durch zwei Effekte bemerkbar macht:

1. U_{CEsat} (typisch 0,7 V) sinkt auf U_{CERest} (typisch 0,2 V) ab.
2. Das „Stromverhältnis" $B = I_C/I_B$ wird gegenüber der „normalen" Stromverstärkung deutlich kleiner.

Auf der Arbeitsgeraden in Bild 13.6 haben wir nun einen Arbeitspunkt A_L im Sättigungsgebiet ② erreicht. Wir sehen, daß uns eine Übersteuerung dem idealen Schaltpunkt A_i näher bringt.

> Durch **Übersteuerung** des Transistors sinkt die Kollektor-Emitter-Spannung unter den Wert U_{CEsat}.
> Die verbleibende **Restspannung** U_{CERest} zeigt, daß die CE-Strecke nicht ideal durchschaltbar ist. Dennoch darf U_{CERest} oft vernachlässigt werden, da ihr *typischer Wert* bei 0,2 V liegt.

Zwischen dem Sättigungsbeginn und der anschließenden Übersteuerung ändert sich der *Kollektorstrom* kaum noch (Bild 13.6 übertreibt hier sehr). Der Kollektorstrom bleibt hier praktisch konstant und kann dann durch den theoretischen Höchstwert $I_{Cm} = U_S/R_C$ abgeschätzt werden.
Andererseits nimmt der *Basisstrom* gegenüber dem Sättigungswert I'_B durch eine Übersteuerung stark zu, nämlich um den Übersteuerungsfaktor *ü*. Mit unseren Kenntnissen können wir nun den Übersteuerungsfaktor *ü* genauer definieren.

---

[1]) Schon bei Sättigungsbeginn war ja die Spannung U_{CB} auf *Null* gesunken.
[2]) In diesem Sinne ist das Kollektorgebiet mit Ladungsträgern der Raumladungswolke *gesättigt*.

Der **Übersteuerungsfaktor** $\ddot{u}$ ist gegeben durch das Verhältnis:

$$\ddot{u} = \frac{I_B}{I'_B} = \frac{\text{tatsächlicher Basisstrom}}{\text{Basisstrom an der Sättigungsgrenze}}$$

Dazu noch zwei Anmerkungen:

1. Bis zur Sättigungsgrenze dürfen wir (näherungsweise) mit der „normalen" Stromverstärkung B rechnen. Für I'_B gilt dann die praktische Abschätzung (siehe Kapitel 13.2.5)

$$I'_B \simeq \frac{I_{Cm}}{B} = \frac{U_S}{B \cdot R_C}$$

2. Bei einem übersteuerten Transistor nimmt die Stromverstärkung formal den Wert $B_{\ddot{u}} = B/\ddot{u}$ an.

13.2.9 Übersteuerung und Schaltzeiten

Wenn an den Eingang eines Inverters H-Signal gelangt, reagiert der Transistor leider nicht sofort mit L-Signal am Ausgang. Eine entsprechende Änderung der Sperrschichten (d. h. hier deren Abbau) erfordert nämlich einige Zeit. Die Sperrschichten stellen ja Kapazitäten dar, die in diesem Fall erst geladen werden müssen. Eine kräftige Übersteuerung verkürzt diese Ladezeit:

Kräftige Übersteuerung hat also zwei Vorteile:

1. Die *Einschaltzeit* wird kürzer.
2. Die *Restspannung* im durchgeschalteten „EIN-Zustand" wird kleiner.[1]

Leider ist eine Übersteuerung mit einem hohen Basisstrom, also mit vielen Ladungsträgern in der Basisschicht, verbunden. Beim Anlegen von L-Signal am Eingang müssen diese dann erst „ausgeräumt" werden.[2] Hohe Übersteuerung verlängert so die Ausschaltzeit des Transistors.

Hohe Übersteuerung hat auch Nachteile.

1. Die *Ausschaltzeit* des Transistors wird größer.
2. Der große *Basisstrom* muß von der Ansteuerschaltung geliefert werden und belastet diese.

Vor- und Nachteile der Übersteuerung führen zu einem praktischen Kompromiß bei der Wahl des Übersteuerungsfaktors $\ddot{u}$.

Wir wählen: $\ddot{u} = 2 \ldots 5$

Insgesamt sind dann die Schaltzeiten eines Transistors so klein (ca. 2...60 µs), daß sie meist vernachlässigt werden können. Aufgabe 5 zeigt einen Trick, wie mit einem Kondensator die Vorteile der Übersteuerung genutzt werden können, ohne deren Nachteile in Kauf nehmen zu müssen.

---

[1] Dadurch sinkt auch die Verlustleistung, siehe das nächste Kapitel 13.2.10.

[2] Noch besser als L-Pegel wäre deshalb – wenigstens kurzfristig – eine (hier) negative Sperrspannung an der Basis. Davon wird oft Gebrauch gemacht, z. B. in Aufgabe 5.

13.2.10 Verlustleistung und Schaltleistung

Wäre die CE-Strecke eine ideale Schaltstrecke, würde an dieser keine Verlustleistung P_V entstehen. In beiden Schaltzuständen wäre ja nach Bild 13.9 die Leistung $P_V = U_{CE} \cdot I_C$ Null.

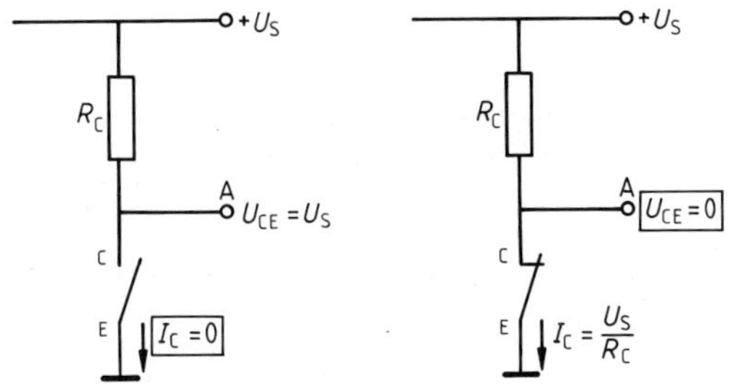

Bild 13.9 Bei einem idealen Schalter ist $P_V = U_{CE} \cdot I_C$ immer Null

Bei einem Transistor werden aber beim Umschalten sämtliche Arbeitspunkte zwischen A_H und A_L durchlaufen (Bild 13.10). Im Analogbetrieb müßten nun sämtliche Arbeitspunkte unter der Verlustleistungshyperbel P_{totA} liegen. Da aber beim Schalterbetrieb die *Umschaltung* $A_H \leftrightarrow A_L$ *sehr rasch* verläuft, muß der Transistor auf Dauer nur die Verlustleistung in den beiden Extremlagen A_H bzw. A_L aufnehmen.
Im Arbeitspunkt A_H fließen nur Restströme. Hier tritt (fast) keine Verlustleistung auf. Im Arbeitspunkt A_L fließen Basis- und Kollektorströme. Die totale Verlustleistung errechnet sich hier aus *Basis- und Kollektorverlustleistung* gemäß:

$$P_{tot} = I_B \cdot U_{BE} + I_C \cdot U_{CE\,Rest}$$

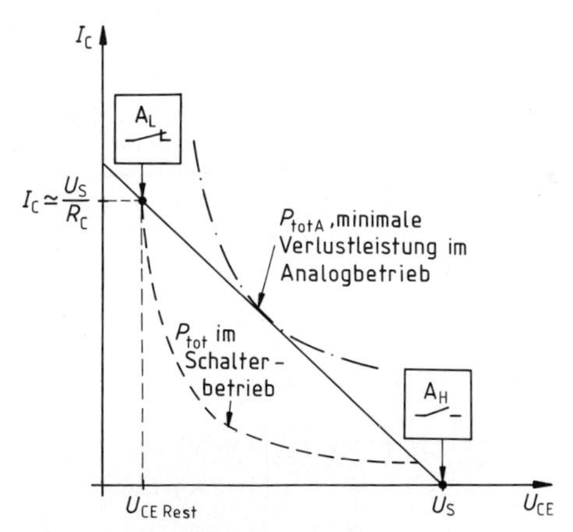

Bild 13.10 Im Schalterbetrieb treten nur kleine Verlustleistungen am Transistor auf.

Im Gegensatz zu sonst vernachlässigen wir die Verlustleistung der Basisdiode hier einmal nicht. Bei großem Basisstrom (großer Übersteuerung) wäre sonst der Fehler zu groß.

Beispiel: Es sei $U_S = 12\,V$; $R_C = 120\,\Omega$;
$U_{BE} = 0{,}7\,V$; $B = 100$; $ü = 5$;
$U_{CE\,Rest} = 0{,}2\,V$.

Dann sind $I_C \simeq \frac{U_S}{R_C} = 100\,mA$, also $I_C \cdot U_{CE\,Rest} \simeq 20\,mW$

und $I_B = ü\,\frac{I_C}{B} \simeq 5\,mA$, also $I_B \cdot U_{BE} \simeq 3{,}5\,mW$.

Damit werden an der Basis 3,5 mW und am Kollektor 20 mW umgesetzt, insgesamt also 23,5 mW.

Für diese kleine Verlustleistung[1]), die außerdem nur auftritt, wenn ein L-Signal abgegeben wird, reicht ein „winziger" Transistor aus. Bei einem Schalterbetrieb von Transistoren ist deshalb die Frage nach der zulässigen Verlustleistung meist uninteressant. Viel entscheidender ist dagegen, ob für den vorgesehenen Transistor der geforderte Kollektorstrom (hier 100 mA) auf Dauer zulässig ist.

Im Schalterbetrieb ist die **Verlustleistung** des Transistors relativ klein. Eine Verlustleistung tritt praktisch nur beim durchgeschalteten Transistor auf. In diesem Fall wird L-Signal abgegeben. Es ist:

$$U_{CE} = U_{CE\,Rest}.$$

Mit zunehmender Übersteuerung wird $U_{CE\,Rest}$ und damit die Verlustleistung der CE-Strecke kleiner:

$$P_{tot} \simeq I_C \cdot U_{CE\,Rest}$$

Der ausgewählte Transistor muß auf Dauer den bei L-Signal fließenden Kollektorstrom $I_C \simeq U_S/R_C$ „verkraften".

Anmerkung:

Diese kleine Verlustleistung des Transistors im Schalterbetrieb kommt einer Miniaturisierung digitaler Systeme entgegen. Wenn mit kleinen Kollektorströmen gearbeitet wird, lassen sich viele digitale Schalter überaus kompakt zusammenfassen (integrieren). Üblich ist eine Packungsdichte von 3000 bis 10000 Invertern pro 1 cm^2.

13.2.11 Schaltverstärkerbetrieb

In der Digitaltechnik sind wir nicht so sehr daran interessiert, ob der Inverter viel Strom schaltet, sondern mehr daran, daß er ein binäres Signal invertiert. Da ein Inverter an nachfolgende Systeme nur deren Eingangsströme liefern muß, spielen Leistungsbetrachtungen nur eine untergeordnete Rolle. Dies ist jedoch anders, wenn wir den Transistor als Schaltverstärker einsetzen wollen. In diesem Anwendungsfall sind wir daran interessiert, mit wenig Steuerleistung viel Leistung zu schalten. Hierher gehören z. B. Treiber für Anzeigelampen, LEDs, Relais sowie die Transistorzündung eines Autos. Bei solchen Schaltverstärkern sind die Steuerleistung im Basiskreis sowie die Verlustleistung des Transistors klein. Dagegen ist die geschaltete Leistung am Kollektorwiderstand R_C beachtlich.

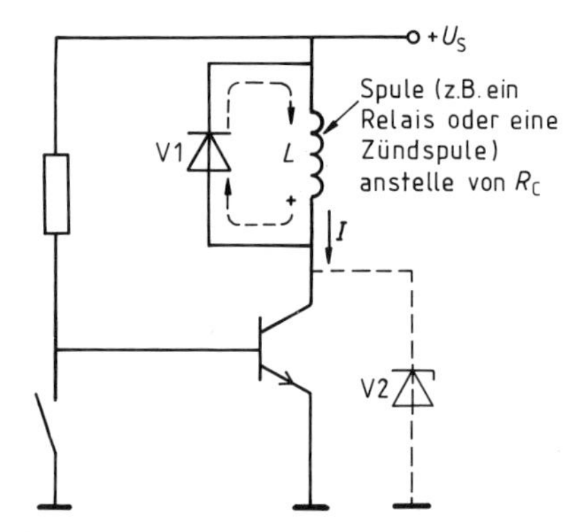

Bild 13.11 Schaltverstärker mit induktiver Last und Schutzdioden

[1]) Selbst für Kleinleistungstransistoren werden in der Regel als Grenzwert 300 mW angegeben.

Beispiel: Wir übernehmen zur Illustration das Beispiel aus Kapitel 13.2.10 mit $U_S = 12$ V und $R_C = 120\ \Omega$. Dort erhielten wir bei durchgeschaltetem Transistor einen Kollektorstrom von $I_C \simeq 100$ mA. Die Steuerleistung im Basiskreis betrug nur 3,5 mW. Die gesamte Verlustleistung des Transistors belief sich auf 23,5 mW. Am Kollektorwiderstand R_C werden aber in derselben Zeit immerhin **1,2 W** geschaltet, dies folgt aus:

$$P_{Sch} = I_C \cdot U_{RC} \simeq I_C \cdot U_S = 100\ \text{mA} \cdot 12\ \text{V} = 1{,}2\ \text{W}$$

Im Gegensatz zur Steuer- und Verlustleistung des Transistors selbst kann die **geschaltete Leistung**

$$\boldsymbol{P_{Sch} \simeq I_C \cdot U_S = U_S^2 / R_C}$$

relativ groß sein. Die Leistung P_{Sch} wird im Kollektorwiderstand R_C umgesetzt. In diesem Sinne arbeitet der Transistor als Schaltverstärker.
Die im Kollektorkreis maximal schaltbare Leistung wird auch *Schaltvermögen des Transistors* genannt.

Wie Bild 13.11 zeigt, kann als Last R_C eines Schaltverstärkers auch eine induktive Last auftreten. In diesem Fall führt das plötzliche Abschalten des Kollektorstromes zu einer hohen *Selbstinduktionsspannung an der Spule L* (Zündfunkeneffekt). Nach dem Induktionsgesetz versucht der Strom ja, seinen alten Wert und seine alte Richtung beizubehalten. Deshalb induziert die Spule an der nun offenen CE-Strecke eine hohe Spannung, die gegebenenfalls den Transistor zerstören kann.
Deshalb ist in Bild 13.11 die Diode V1 vorgesehen. Diese bildet für den Induktionsstrom einen niederohmigen *Nebenschluß*, während sie für den Strom aus der Speisespannungsquelle in Sperrichtung betrieben wird. Die Diode V1 heißt auch oft Klemmdiode (clamping diode). Alternativ (oder in Kombination mit V1) kann die Z-Diode V2 verhindern, daß für den Transistor die höchstzulässige Kollektor-Emitter-Spannung überschritten wird.

13.3 Inverter mit MOSFET

Unter den Feldeffekttransistoren ähnelt der Anreicherungs-MOSFET dem bipolaren Transistor am meisten. Er hat wie dieser eine Schaltschwelle U_{Th} und sperrt unterhalb dieses Schwellwertes U_{Th} den Kanalstrom (siehe auch Kapitel 11.3, insbesondere den Schlußteil).
Beim MOSFET ist jedoch die *Schaltschwelle* U_{Th} mit typisch 2 V wesentlich höher als beim herkömmlichen Transistor, was die Anfälligkeit für Störsignale herabsetzt. Außerdem geschieht die Ansteuerung leistungslos, was gleichzeitig ein *großes Fan-Out* digitaler MOS-Schaltungen ermöglicht.[1])

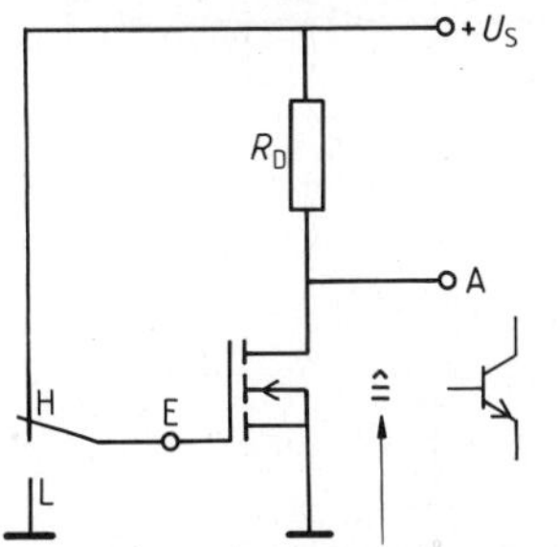

Bild 13.12 Inverter mit MOSFET; Verlustleistung bei A = L

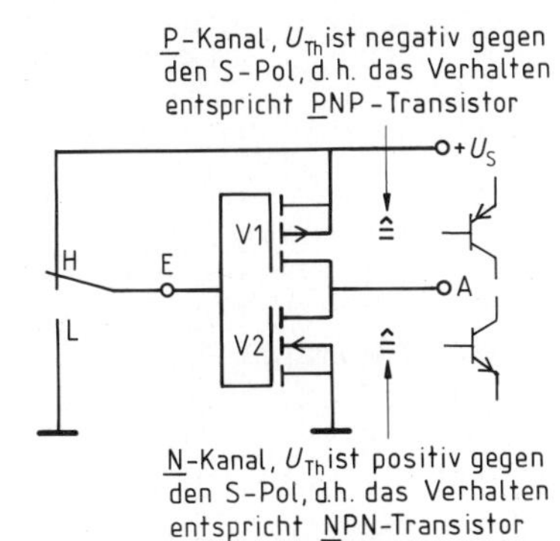

Bild 13.13 Inverter in CMOS-Technik

[1]) Zum Fan-Out-Begriff siehe Kapitel 13.2.4 mit Bild 13.4.

Mit einem selbstsperrenden Anreicherungs-MOSFET lassen sich nun Inverter aufbauen, die der Schaltung mit bipolaren Transistoren direkt gleichen (Bild 13.12). Auch hier wird bei durchgeschaltetem Transistor (A = L) *Verlustleistung* am Widerstand R_D und im Transistor erzeugt. Letzteres, weil der sogenannte ON-Kanalwiderstand nicht auf Null absinkt.
Mit komplementären MOSFETs lassen sich aber Schalter aufbauen, die in keinem der beiden Schaltzustände Strom führen, also völlig verlustfrei arbeiten. Lediglich im Umschaltmoment wird eine kleine Steuerleistung verlangt, da die Sperrschicht-Kapazitäten umgeladen werden müssen. Außerdem müssen keine Widerstände dimensioniert werden. Wegen dieser Vorteile haben sich die *CMOS-Schaltungen* vollständig durchgesetzt (**C** steht für **c**omplementär). Bild 13.13 zeigt einen Inverter in CMOS-Technik.
Bei E = L sperrt V2. Die Gatevorspannung von V1 ist relativ zum S-Pol negativ (und sicher größer als die Schaltschwelle U_{Th}). Somit wird der Kanal von V1 leitend und verbindet den Ausgang A niederohmig mit der Speisespannung $+U_S$. Das Eingangssignal wird so invertiert.

E = L liefert A = H

In diesem Schaltzustand fließt kein Strom. Auch bei Belastung durch andere CMOS-Bausteine bleibt V1 praktisch stromfrei, da solche CMOS-Gatter einen fast unendlich hohen statischen Eingangswiderstand haben.
Im umgekehrten Fall überlegen wir uns leicht, daß V1 sperrt und der Ausgang A über den Kanal von V2 niederohmig an Masse liegt.

E = H liefert A = L

Im Gegensatz zum „normalen" Inverter von Bild 13.12 fließt aber auch in diesem Schaltzustand kein Strom durch die Transistoren. V1 sperrt ja vollständig (und ein interner stromdurchflossener Arbeitswiderstand kommt ja gar nicht vor).

Inverter in komplementärer CMOS-Technik arbeiten (unbelastet) in jedem Schaltzustand ohne Verlustleistung. Bei dieser Technik treten Dimensionierungsprobleme nicht auf. CMOS-Schaltungen brauchen nur im Umschaltmoment eine kleine Steuerleistung. Die Leistungsaufnahme steigt deshalb mit der Schaltfrequenz an.

13.4 Beliebige Signale werden digital geschaltet

Eine Schaltung, die nur mit der CMOS-Technik möglich ist, zeigt Bild 13.14.

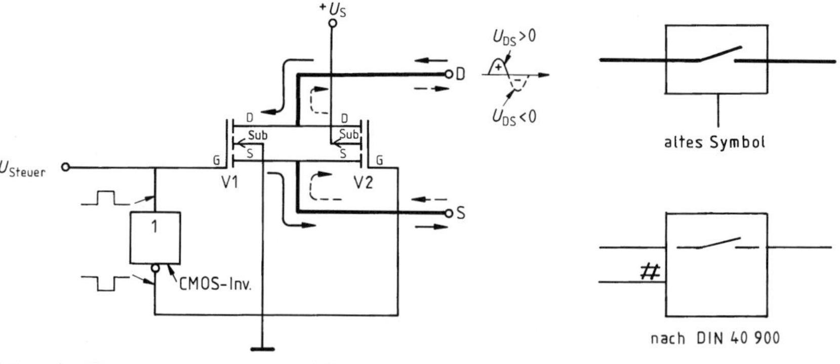

Bild 13.14 Analogschalter (mit CMOS-FETs)

Es handelt sich um einen Schalter für beliebige, also auch analoge Signale, wobei sich dieser Schalter durch ein binäres Steuersignal ein- bzw. ausschalten läßt.
Ist die Steuerspannung positiv (H-Signal), so wird V1 niederohmig und zwar für positive Signalspannungen $+U_{DS}$. Gleichzeitig erhält V2 über den CMOS-Inverter L-Pegel, also *relativ zum Substrat* negative Steuerspannung. Damit ist V2 für die negativen Signalanteile ($-U_{DS}$) durchgeschaltet. Die parallel liegenden Kanäle der beiden Transistoren schalten also Signale beliebiger Höhe und Polarität, also insbesondere auch analoge Wechselspannungssignale.
Ist die Steuerspannung Null (L-Signal), so sperren beide Transistoren, weil für V1 und (wegen des Inverters auch für) V2 die Spannung zwischen Gate und Substrat Null wird. Schließlich lassen sich mit zwei Analogschaltern auch entsprechende Umschalter aufbauen.[1])

Die CMOS-Technik ermöglicht **Schalter für beliebige Signalformen.**
Die Schaltstrecke wird durch ein digitales Signal leistungslos ein- bzw. ausgeschaltet. Werden hauptsächlich analoge Signale geschaltet, sprechen wir von *Analogschaltern* (oder Linear Gates). Auch bilateraler CMOS-Schalter oder Transmissionsgate sind übliche Bezeichnungen.

Noch eine Bemerkung zu den bilateralen CMOS-Schaltern:

In der Digitaltechnik kann mit solchen CMOS-Schaltern relativ leicht und einsichtig eine sogenannte Dreizustandslogik (Tri-State-Logik) realisiert werden.[2]) Tri-State-Logik bedeutet, daß die Ausgangsleitungen eines Systems, unabhängig davon, ob sie gerade H- oder L-Signal liefern, hochohmig „unterbrochen" werden können. Dieser dritte Ausgangszustand erlaubt es, mehrere Datensender und -empfänger gleichzeitig (parallel) an eine Gruppe von Datenaustauschleitungen (den Bus) anzuschließen. Ein zusätzliches Steuersignal sorgt nun für einen geordneten „Verkehr" der Daten auf dem Bus und vermeidet – durch die hochohmige Abkopplung „nichtgefragter" Sender – die sonst unausweichlichen Kurzschlüsse der Senderausgänge (Bild 13.15).

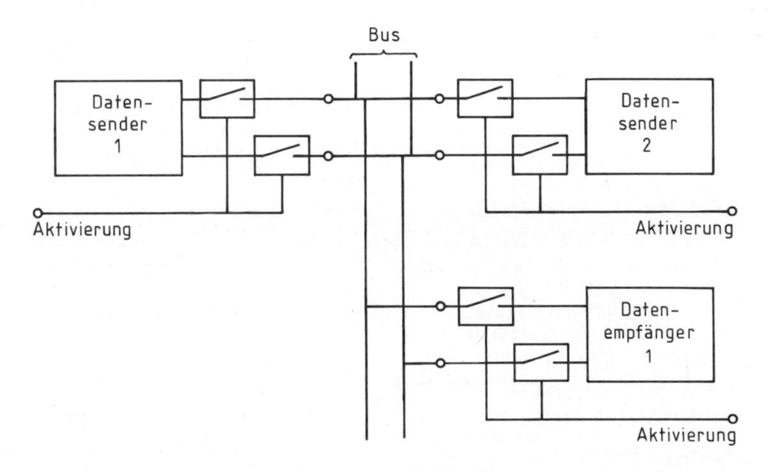

Bild 13.15 Aufbau einer Tri-State-Logik mit bilateralen Schaltern aus Bild 13.14. Der Datenaustausch geschieht zwischen allen Systemen über denselben Bus (meist 8 oder 16 Datenleitungen)

[1]) Siehe Aufgabe 10. Für Experimente eignet sich der CMOS IC 4007 (3 CMOS-Paare); gleich vier komplette Analogschalter enthalten der IC 4066 bzw. der 4016.
[2]) Tri-State-Logik gibt es aber auch mit bipolaren Transistoren.

Aufgaben

Allgemeine Probleme der Digitaltechnik

1. a) Welche Vor- und Nachteile hat die Digitaltechnik, insbesondere die Binärtechnik?
   b) Nennen Sie digitale und analoge Systeme.
   c) Erläutern Sie den Unterschied und den Zusammenhang zwischen den Werten 0, 1 einer logischen Variablen und den Signalpegeln L, H einer physikalischen Größe.
   d) Was verstehen wir unter Bit und Byte?
   e) Wieviel verschiedene Informationen lassen sich mit drei Bits darstellen?
   Wieviel Bits brauchen wir zur Darstellung der zehn Dezimalziffern 0 bis 9 somit mindestens?

Die Berechnung der Widerstände eines Inverters

2. a) Bei A=H ist der Transistor gesperrt. R_C bildet mit dem Lastwiderstand R_L einen Spannungsteiler. Dadurch fällt die Ausgangsspannung U_H unter U_S ab.
   Berechnen Sie bei gegebener Last R_L den Arbeitswiderstand R_C so, daß $U_H = 90\% U_S$ gilt. (*Lösung:* $R_C = 1/9 \cdot R_L$)
   b) Wie groß ist die Ausgangsspannung U_H, wenn $R_C = 1/10 \cdot R_L$ gewählt wird? (*Lösung:* $U_H \simeq 91\% \cdot U_S$)
   c) Dimensionieren Sie vollständig einen Inverter für $R_L = 1\ \text{k}\Omega$, $B = 100$, $ü = 2$. (*Lösung:* $R_C = 100\ \Omega$, $R_B = 5\ \text{k}\Omega$)
   d) Wieviel Inverter desselben Typs lassen sich ansteuern? (*Lösung:* Fan-Out = 5)
   e) Welche Vor- und welche Nachteile bringt eine höhere Übersteuerung des Inverters? (*Hilfe:* Kapitel 13.2.9)

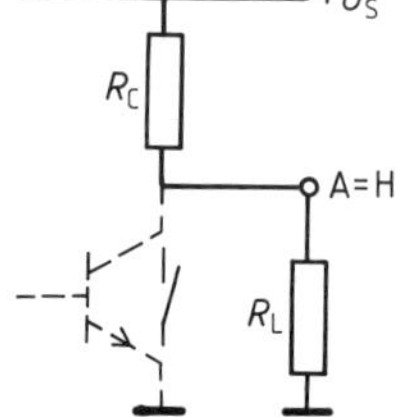

Übertragungsfunktion eines Inverters

3. Solange der Transistor nicht vollständig sperrt, nehmen wir in der folgenden Aufgabe an, daß $U_{BE} \simeq 0{,}7$ V beträgt.
   Bei einer Eingangsspannung (gemessen am Punkt E) von $U_E = 1{,}4$ V erhalten wir $U_A = 6$ V.

   a) 1. Berechnen Sie die Stromverstärkung B. (*Lösung:* 260)
      2. Berechnen Sie die Ausgangsspannung bei $U_E = 1$ V. (*Lösung:* 9,4 V)

   b) 1. Berechnen Sie den Basisstrom I'_B bei Sättigungsbeginn, d.h. bei $U_{CB} = 0$, also $U_{CE} = U_{BE}$. (*Lösung:* 132 µA)
      2. Berechnen Sie die zugehörige Eingangsspannung U'_E. (*Lösung:* 2,02 V)

   c) Für eine Übersteuerung mit $ü = 3$ fällt U_A auf $U_{CE\,Rest} = 0{,}2$ V ab. Berechnen Sie die Eingangsspannung für diesen Betriebsfall. (*Lösung:* 4,65 V)

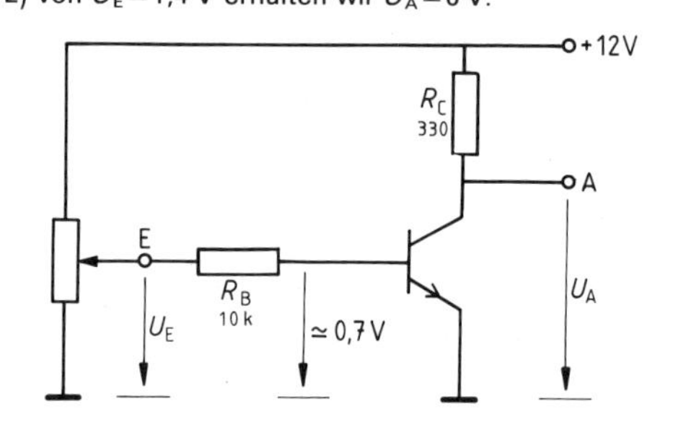

   d) Zeichnen Sie mit den nun vorliegenden Werten U_E und U_A die Funktion U_A in Abhängigkeit von U_E.

   ► **Dies ist die Übertragungsfunktion des Inverters.**

   Lesen Sie aus dieser je einen sinnvollen L- und H-Pegelbereich für die Ein- und Ausgangsspannung ab.
   (*Lösung:* z.B. so: $U_{E,H} > 2$ V, $U_{E,L} < 1$ V und $U_{A,L} < 0{,}7$ V, $U_{A,H} > 9{,}4$ V)

Probleme bei großem L- und H-Pegelbereich

4. Eine Schaltstufe arbeitet mit einem Si-Transistor mit $B=200$ ohne Übersteuerung. Es sei $R_C=1\ k\Omega$. Der Eingangspegel von $U_{E,L}=2$ V soll noch als L-Signal aufgefaßt werden. Dieses soll auf $U_H \geq 11$ V invertiert werden. Die Speisespannung betrage $U_S=12$ V.
   a) Berechnen Sie den (kleinsten) Basiswiderstand R_B. (*Lösung:* $R_B=260\ k\Omega$)
   b) Für R_B werde der Normwert von $R_B=270\ k\Omega$ eingelötet. Nun liege am Eingang H-Signal mit $U_{E,H} \geq 11$ V. Wird dieses zu L-Signal invertiert? (*Lösung:* Nein, $U_A=4{,}37$ V)
   c) R_B wird jetzt auf $R_B=150\ k\Omega$ verkleinert. Diesmal arbeitet die Stufe zwar bei $U_{E,H} \geq 11$ V als Inverter, nicht aber bei $U_{E,L}=2$ V. Zeigen Sie dies. (*Lösung:* 11 V→0, da sogar Übersteuerung vorliegt; **aber:** 2 V→10,26 V, dies liegt unter dem Mindest-H-Pegel von 11 V.)
   d) Die Schaltung aus c wird nun mit den angedeuteten Dioden ergänzt und arbeitet diesmal korrekt als Inverter bei $U_{E,L} \leq 2$ V und $U_{E,H} \geq 11$ V. Bestätigen Sie dies. (*Lösung:* 2 V→12 V und 11 V→0,13 V)

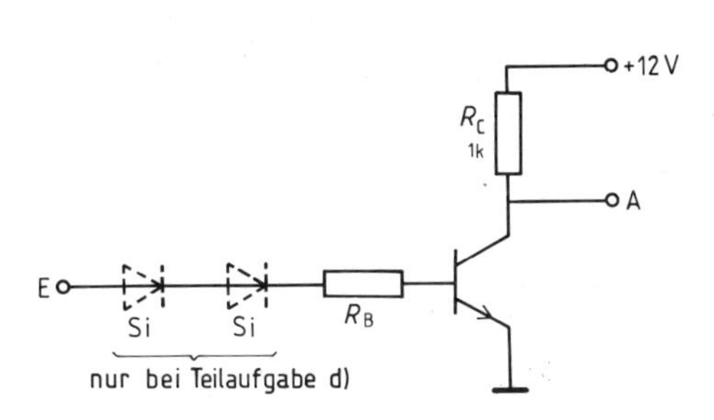

Kürzere Schaltzeiten durch einen „Beschleunigungskondensator"

5. a) Der Si-Transistor mit $B=200$ soll ohne Übersteuerung arbeiten. Berechnen Sie R_B. (*Lösung:* 200 kΩ)
   b) Der Eingang werde gerade von L auf H umgeschaltet. Skizzieren Sie grob den Basisstromverlauf. Welche Vorteile hat dieser Verlauf gegenüber „statischer Übersteuerung"? Wie (Polarität und Betrag) ist der Kondensator zum Schluß geladen?
   (*Lösung:* I_B erhöht sich kurzfristig um den Ladestrom des Kondensators, was die Einschaltzeit verkürzt. Der Kondensator wird auf 4,3 V aufgeladen; Pluspol bei E.)
   c) Der Eingang wird nun von H auf L umgeschaltet.
   Welche Polarität hat nun die Basisspannung? (*Lösung:* negativ)
   Weshalb sperrt nun der Transistor schneller als bei der üblichen Inverterschaltung?
   (*Lösung:* Es liegt keine Übersteuerung vor, außerdem fließt ein negativer „Ausräumstrom".)

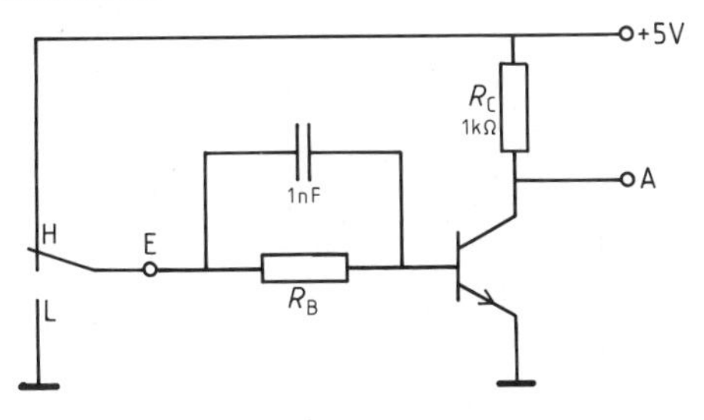

Schaltverstärker

6. a) Ein Schaltverstärker hat ein Schaltvermögen P_{Sch} (siehe Kapitel 13.2.11) von 100 W. Die Verlustleistung des Transistors sei vernachlässigbar. Mit dem Verstärker werden in einem Auto ($U_S=12$ V) die Scheinwerfer eingeschaltet.
   Dimensionieren Sie den Basiswiderstand bei $B=60$ und $\ddot{u}=2$. (*Lösung:* $R_B \simeq 43\ \Omega$)
   b) Die Ansteuerschaltung kann nur 10 mA abgeben. Bei H-Signal sollen die Scheinwerfer brennen. Deshalb wird obige Endstufe zum Darlingtontransistor erweitert (siehe Kapitel 9.4).
   Welche Stromverstärkung muß dabei der Treibertransistor mindestens haben? (*Lösung:* mindestens 28)
   Wie groß ist nun der Basisvorwiderstand zu wählen, wenn die Schwellwerte berücksichtigt werden? (*Lösung:* ca. 1 kΩ)

7. Dimensionieren Sie für den skizzierten LED-Treiber sämtliche Widerstände (Transistor $B=300$, $\ddot{u}=2$; LED-Durchlaßspannung 1,4 V, Betriebsstrom 50 mA). (*Lösung:* $R_C=72\ \Omega$, $R_B=15\ k\Omega$)

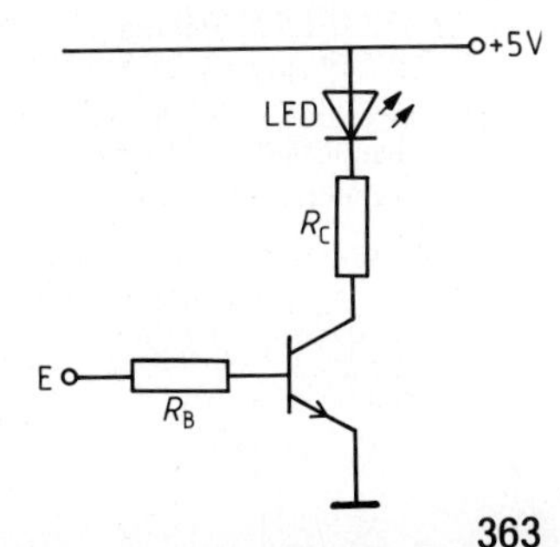

8. Ein Relais 6 V/100 mA soll mittels eines Schaltverstärkers an 12 V betrieben werden.
   a) Zeichnen Sie die komplette Schaltung. Erläutern Sie die getroffene Schutzmaßnahme gegen hohe Selbstinduktionsspannung. (*Hilfe:* siehe Kapitel 13.2.11, Bild 13.11)
   b) Dimensionieren Sie alle Widerstände für einen Transistor mit $B=250$ und $ü=5$. (*Lösung:* $R_{Cges}=120\ \Omega$ (Relais + Vorwiderstand), $R_B=6\ k\Omega$)

CMOS-Inverter

9. a) Welche Vorteile haben CMOS-Inverter?
   b) Mit nebenstehender Schaltung wird versucht, die CMOS-Technik (von Bild 13.13) auf bipolare Transistoren zu übertragen. Dies gelingt jedoch nicht, da V2 völlig stromlos bleibt, und insbesondere bei E=H keine niederohmige Masseverbindung entsteht, sondern nur ein „freischwebender" Ausgang A.
   Zeigen Sie dies. (*Hilfe:* Bei E=L sperrt V2. Bei E=H sperrt V1 und kann somit „ausgebaut" werden, der Kollektor von V2 [bzw. A] hängt also frei in der Luft. Wegen der Kollektordiode von V2 kann eine eventuelle positive Lastspannung nie über V2 niederohmig kurzgeschlossen bzw. auf L-Pegel gezogen werden ...)

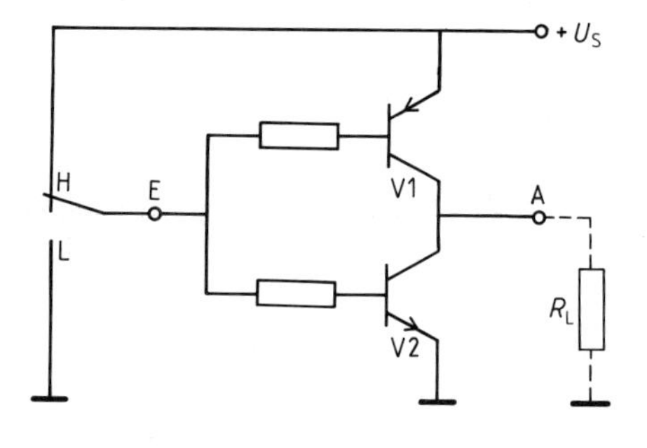

Analogumschalter in CMOS-Technik

10. Hier handelt es sich um einen CMOS-Analogumschalter. Beliebige Signale am Eingang E sind abhängig von U_{St} wahlweise nach A oder B durchschaltbar.
    Es sei $U_{St}=+U_S$, welche Strecke ist durchgeschaltet?
    (*Lösung:* Strecke EB, bei $U_{St}=0$ ist es dann die Strecke EA)

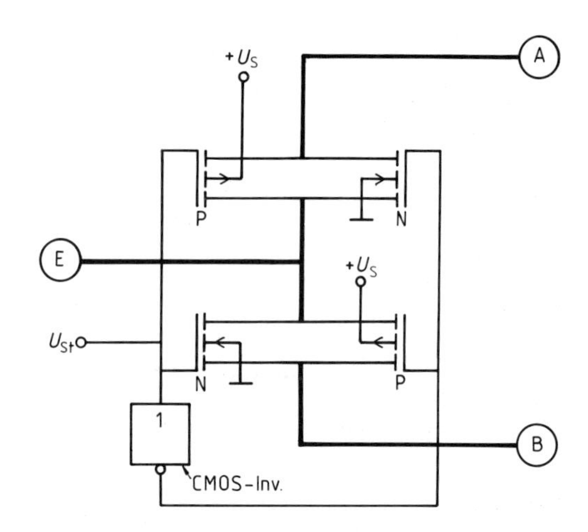

Schaltverstärker mit CMOS

11. Wenn der Sensorkontakt mit dem Finger berührt wird, leuchtet die LED.
    a) Zeichnen Sie einen ausführlichen Schaltplan, und erläutern Sie daran die angegebene Funktion detailliert.
    b) Berechnen Sie R_V, wenn der „ON"-Widerstand eines CMOS-Kanals vernachlässigt werden kann. (*Lösung:* 353 Ω)

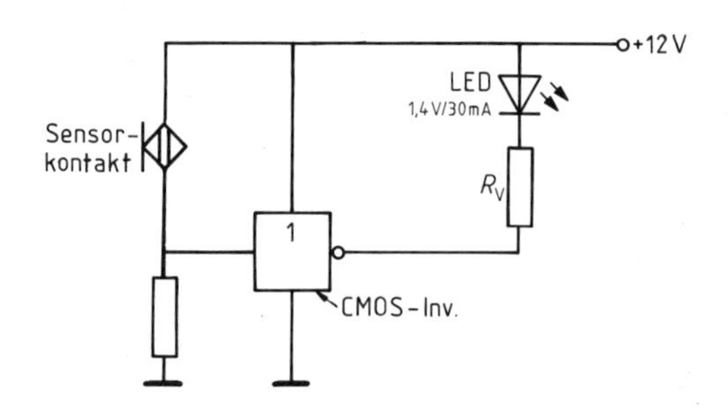

14 Bistabile Elemente, Speicher- und Zähl-Flipflops (FFs)

Informationen müssen gespeichert werden können. Wegen der Störsicherheit geschieht dies praktisch immer binär. Dabei wird für jedes Bit (binäre Stelle) je ein Speicherplatz benötigt, der entweder die Information logisch 0 (L-Pegel) oder logisch 1 (H-Pegel) enthält. Da die Binärtechnik keine Zwischenzustände kennt, müssen solche Speicherzellen möglichst „blitzartig" zwischen den beiden Zuständen hin- und herkippen. Es bietet sich deshalb – neben anderen Lösungen – als Speicherzelle eine Kippschaltung an.

Eine elektronische **Kippschaltung mit genau zwei stabilen Zuständen** stellt einen binären Speicher (für ein Bit) dar.

Ein solcher Speicher heißt deshalb auch

- bistabiles Element (DIN 40900)
- bistabile Kippschaltung
- (bistabiles) Flipflop
- Speicherflipflop[1])

oder abgekürzt

- (bistabiles) FF oder Speicher-FF.

Solche FFs werden von der Industrie fertig verschaltet als integrierte Schaltkreise (ICs) entweder einzeln oder in Gruppen angeboten. Mit der Schaltungstechnik dieser Industrietypen beschäftigen wir uns noch eingehender in späteren Kapiteln (z. B. in Kapitel 19.4ff).

Zur Einführung bleiben wir aber hier bei der diskreten Technik mit bipolaren Transistoren, weil sich auch durch die Technik der Integration das hier (in Kapitel 14.1.2) vorgestellte Prinzip der *Mitkopplung* nicht geändert hat.

14.1 Das bistabile RS- und $\overline{R}\,\overline{S}$-Flipflop

14.1.1 Definition des RS- und $\overline{R}\,\overline{S}$-Flipflops

Für die „Verwaltung" eines Speicherelementes brauchen wir in jedem Fall drei Steuerbefehle:

1. 1-Signal einlesen = Speicer setzen
2. 0-Signal einlesen = Speicher zurücksetzen (löschen)
3. Letzten Speicherinhalt unverändert erhalten

Die Konsequenzen:

► Zur Darstellung von drei Steuerbefehlen sind in der Binärtechnik (mindestens) zwei Bit und damit auch zwei Steuer-Eingänge notwendig.

Die beiden Eingänge heißen **S**- und **R**-Eingang: **Set**- und **Reset**-Eingang.

[1]) lautmalerisches Englisch: flip...flop, auf deutsch etwa: klick...klack, im Englischen wird ein Flipflop auch als Latch (Türklinke, Schloß) bezeichnet.

Wir wollen nun die Funktions- bzw. Arbeitstabelle eines Speicher-FFs in Kurzform anschreiben. Dazu verabreden wir noch folgende Symbolik:

> Der Ausgang des binären Elementes wird mit Q bezeichnet:
> Q_n steht für das Ausgangssignal zum Zeitpunkt t_n.
> Q_{n+1} steht für das Q-Signal zum Folgezeitpunkt t_{n+1}.

Damit läßt sich die Arbeitsweise eines bistabilen Elementes durch die Tabellen von Bild 14.1 darstellen.

Weil hier das Element durch S = 1 gesetzt bzw. durch R = 1 zurückgesetzt wird, sprechen wir von einem RS-FF. Bei positiver Logik entspricht ein 1-Signal dem Anlegen eines H-Signals an den entsprechenden Steuereingängen, die wir deshalb auch H-aktiv nennen[1]).

S	R	Q_{n+1}			S	R	Q_{n+1}
0	0	Q_n	⟵ Speichern ⟶		L	L	Q_n
0	1	0	⟵ Zurücksetzen ⟶		L	H	L
1	0	1	⟵ Setzen ⟶		H	L	H
1	1	-	⟵ Nicht definiert ⟶		H	H	-

a) Funktionstabelle b) Arbeitstabelle

Bild 14.1 Beschreibung eines RS-FFs

Entsprechende Schaltsymbole zeigt Bild 14.2. Der Ausgang $\overline{Q}$ (alternative Schreibweise: Q*) liefert, wenn er vorhanden ist, ein zum Ausgang Q komplementäres Signal.

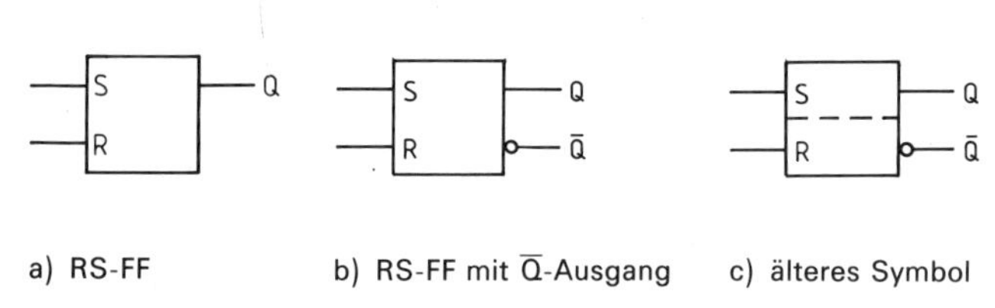

a) RS-FF b) RS-FF mit $\overline{Q}$-Ausgang c) älteres Symbol

Bild 14.2 Schaltzeichen des bistabilen RS-FFs (RS-Latch)

Wenn die Zustandsänderung des FFs durch ein L-Signal geschehen soll, sprechen wir von einem L-aktiven $\overline{R}\,\overline{S}$-FF bzw. von einem FF mit Acitive-Low-Eingängen. Dessen Verhalten wird durch die Tabellen von Bild 14.3 wiedergegeben. Die im Schaltzeichen dargestellte Negation bezieht sich auf die *Wirkung* der Eingänge und bedeutet nicht, daß hier ein „echter" Inverter vorgeschaltet wurde (obwohl dies natürlich denkbar wäre).

$\overline{S}$	$\overline{R}$	Q_{n+1}
0	0	-
0	1	1
1	0	0
1	1	Q_n

a) Funktionstabelle

$\overline{S}$	$\overline{R}$	Q_{n+1}
L	L	-
L	H	H
H	L	L
H	H	Q_n

b) Arbeitstabelle

S
R

c) Schaltzeichen

Bild 14.3 Definition und Schaltzeichen eines $\overline{R}\,\overline{S}$-FFs (RS-Latch with negated inputs)

[1]) Diese „Active-High-Eingänge" sind bei L-Signal definitionsgemäß inaktiv, deshalb führt (S|R) = (L|L) automatisch zum passiven Speicherverhalten.

14.1.2 Die Grundschaltung aller bistabilen Elemente

Auch modernste IC-Technik verwendet für bistabile Kippschaltungen kein anderes Konzept:

► Eine Signal-Rückkopplung, genauer eine Mitkopplung[1]), sorgt für die stabile Selbsthaltung des Ausgangssignals und damit für den Speichereffekt:

Ein Ausgangssignal bleibt genau dann stabil erhalten, wenn es immer wieder an den Eingang einer System-Schleife zurückgelangt, und dann von diesem System so verstärkt wird, daß es am System-Ausgang erneut und zwar *identisch* auftritt, wiederum an den Eingang zurückgekoppelt wird, verstärkt wird, usw.

Als Signalverstärker bietet sich in der Digitaltechnik der Transistor als Schalter an. Da dieser als Signal-Inverter arbeitet, brauchen wir zwei solcher Schaltverstärker in Reihe, um das Signal identisch zu reproduzieren. Daraus ergibt sich als Grundschaltung einer Speicherzelle die Schaltung von Bild 14.4. Die am System gleichberechtigt beteiligten Inverter sind hier *symmetrisch* dargestellt, wodurch die typische Über-Kreuz-Kopplung der Ein- und Ausgänge entsteht[2]).

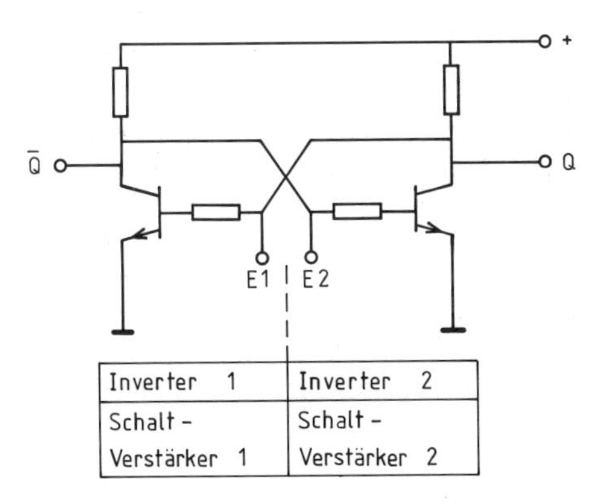

Bild 14.4 Das Prinzip jeder Selbsthaltung: Ein Signal gelangt indentisch an den Ausgang zurück. Hier geschieht dies durch zweimalige Invertierung

Die bestehende Reihenschaltung der Inverter und die zweimalige Invertierung zum Originalsignal erkennen wir wie folgt:

► Das Signal Q gelangt über E1 an den Inverter 1, wird von diesem zum (Zwischen-) Signal $\overline{Q}$ invertiert, tritt als solches am Eingang E2 des Inverter 2 auf und wird von diesem wieder zum Originalsignal Q zurückverwandelt.

Diese Selbsthaltung wäre sofort weg, wenn wir eine der Verbindungsleitungen in der Rückkopplungsschleife „kappen" würden, etwa die Leitung von Q nach E1:

Ein H-Signal am Ausgang Q würde sofort verschwinden, da nun Inverter 1 (bei offenem Eingang) ein H-Signal an $\overline{Q}$ bzw. an E2 abgeben würde: Folge: Q=L, die Speicherzelle hätte ihr Gedächtnis verloren.

---

[1]) Mitkopplung = gleichphasige Signal-Rückführung, weitere Details dazu auch in Kapitel 10.4.
Neben den hier dargestellten statischen Speichersystemen gibt es allerdings noch dynamische Speichersysteme, die mit Kondensatorladungen arbeiten.

[2]) Die Kopplung beider Stufen wird übrigens auch als reine Widerstandskopplung bezeichnet, da nur ohmsche (Ansteuer-)-Widerstände vorkommen (im Gegensatz zu den mono- oder astabilen FFs aus Kapitel 15).

Nun muß noch geklärt werden, wo die Steuersignale S und R (bzw. $\overline{S}$ und $\overline{R}$) anzulegen sind, damit die Schaltung auch von außen gekippt werden kann. Neben vielen Lösungen (die IC-Technik verwendet hier ODER- bzw. UND-Verknüpfungen[1]) sei hier eine ganz einfache vorgestellt:

Zwei Dioden sorgen dafür, daß wahlweise ein RS-FF oder ein $\overline{R}\,\overline{S}$-FF entsteht: Bild 14.5 und 14.6.

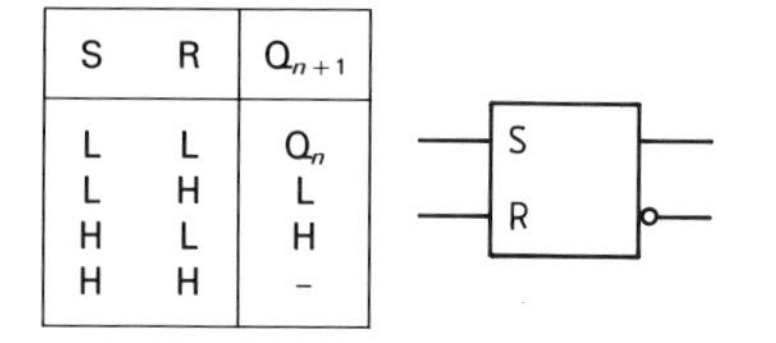

S	R	Q_{n+1}
L	L	Q_n
L	H	L
H	L	H
H	H	-

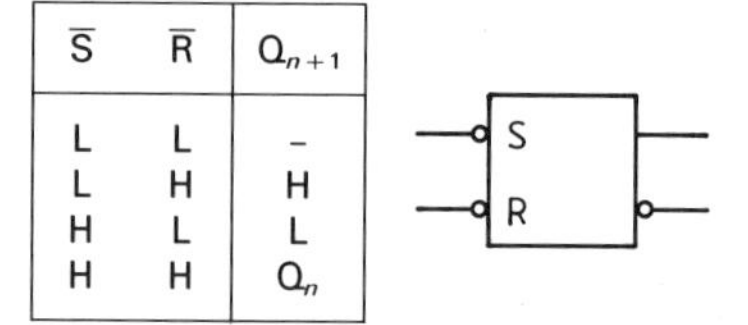

$\overline{S}$	$\overline{R}$	Q_{n+1}
L	L	-
L	H	H
H	L	L
H	H	Q_n

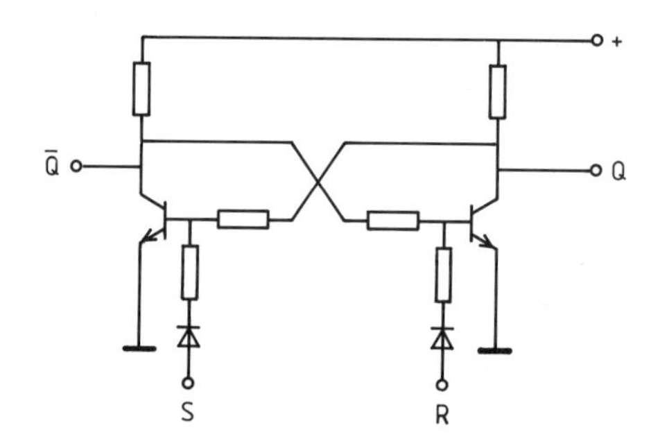

Bild 14.5 Ein RS-FF

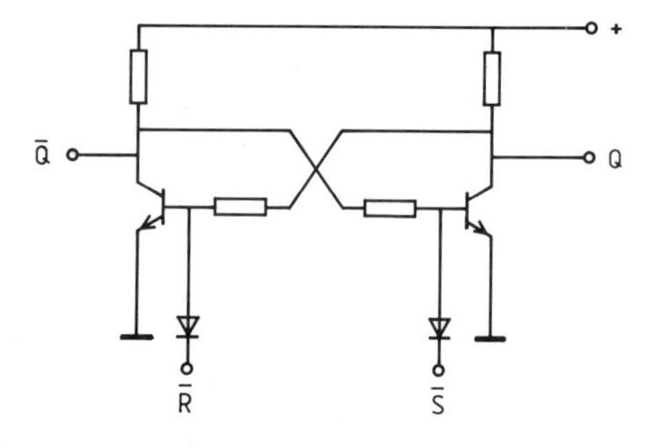

Bild 14.6 Ein $\overline{R}\,\overline{S}$-FF

Für das H-aktive RS-FF prüfen wir die Gültigkeit seiner Arbeitstabelle leicht nach. Beispiel: Ein H-Signal am S-Eingang schaltet den linken Transistor durch ($\overline{Q}$=L), wegen der Signal-Invertierung wird daraus, wie gewünscht, Q=H.

Beim $\overline{R}\,\overline{S}$-FF beruht die L-aktive Steuerung im wesentlichen darauf, daß die Schaltschwelle der Eingangsdioden (z. B. Ge-Dioden) deutlich kleiner ist als die Schaltschwelle der Transistoren.

Wenn wir unter dieser Voraussetzung etwa den $\overline{S}$-Eingang an Masse (L-Signal) legen, wird die Basisspannung des rechten Transistors so klein, daß er sofort sperrt, also am Q-Ausgang ein H-Signal erscheint.

14.2 Eine FF-Grundschaltung in CMOS-Technik

Die bisher vorgestellten FFs mit bipolaren Transistoren lassen sich auch direkt auf MOSFETs übertragen. Die Grundschaltung eines FFs besteht ja aus zwei Invertern, die über Kreuz gekoppelt sind. In der CMOS-Technik enthalten solche Inverter nicht einmal mehr Widerstände und haben praktisch keine Verlustleistung (genaueres in Kapitel 13.3).

Wenn wir den CMOS-Inverter aus Bild 13.13 übernehmen, erhalten wir eine FF-Grundschaltung nach Bild 14.7. Tatsächlich werden jedoch FFs in CMOS-Technik aus Gattern der CMOS-Technik abgeleitet bzw. aufgebaut (siehe Kapitel 19.4ff.).

[1]) Siehe Kapitel 19.4.1

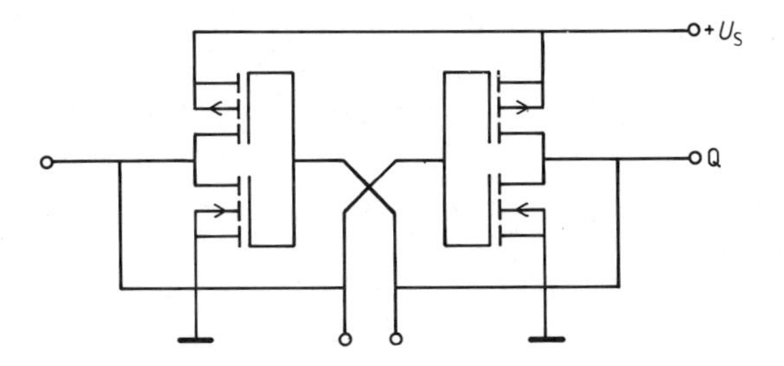

Bild 14.7 Grundschaltung eines FFs in CMOS-Technik

14.3 Die Vorzugslage eines Flipflops

Zunächst ist das Verhalten eines bistabilen Elementes beim Anlegen der Speisespannung nicht definiert. Einer der beiden Transistoren wird zufällig etwas schneller durchschalten und mit seinem L-Signal den anderen sperren (d. h. auf H-Signal setzen). Durch einfache Schaltungsmaßnahmen[1]) läßt sich erreichen, daß immer ein Transistor beim Anlegen der Spannungsversorgung schneller als der andere durchschaltet. Dadurch entsteht eine *Vorzugslage* des FF. Diese Vorzugslage wird so gewählt, daß sich anfangs ein gelöschter Speicher, also Q = L, einstellt. Folglich liefert $\overline{Q}$ ein H-Signal. Dies deutet in Bild 14.8, a der Querstrich (manchmal auch ein schwarzer Balken) an.

DIN 40900 kennzeichnet den initial-0-state mit $I = 0$ (Bild 14.8, b).

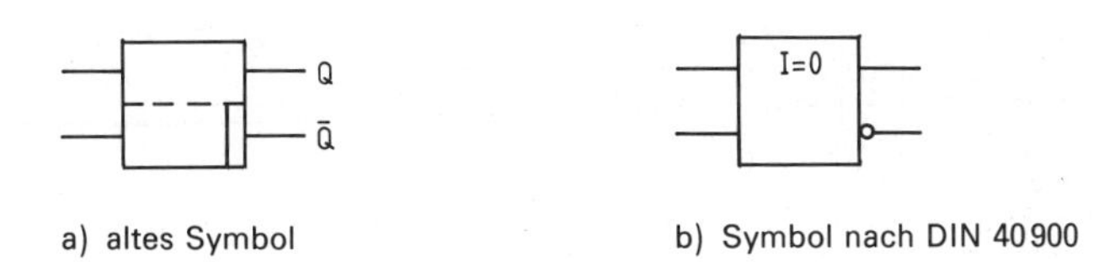

a) altes Symbol   b) Symbol nach DIN 40900

Bild 14.8 Beim Anlegen der Betriebsspannung stellt sich $\overline{Q}$ = H bzw. Q = L ein.

Diese Vorzugslage ist jedoch heute (bei Industrietypen) schon so selbstverständlich, daß eine besondere Kennzeichnung der Vorzugslage meist entfällt.

14.4 Das taktflankengesteuerte Flipflop

14.4.1 Statische und dynamische Eingänge

Bisher haben wir nur solche Kippstufen besprochen, die statische Eingänge hatten. Für diese gilt:

Bei statischen Eingängen ist die Art und Dauer der Pegeländerung beliebig.

[1]) Zum Beispiel ein *RC*-Glied laut Aufgabe 4, b oder eine „Verzögerungsdiode" laut Aufgabe 4, c.

Im Gegensatz dazu stehen die dynamischen[1]) Eingänge:

Bei dynamischen Eingängen ist nur ein sehr schneller Pegelsprung wirksam, und zwar entweder
- *die positive Anstiegsflanke* (L↑H-Sprung)
  oder
- *die negative Abfallflanke* (H↓L-Sprung).

Wirkt die positive Flanke, so sprechen wir auch von einem *positiv flankengetriggerten Eingang*[2]), sonst von einem *negativ flankengetriggerten Eingang.*[3]) Prinzipiell läßt sich jeder Eingang eines binären Elementes auf „dynamisch" umrüsten, z. B. durch Vorschalten eines *CR*-Gliedes (Kapitel 14.7) oder eines Laufzeitgatters (Kapitel 19.4.3).

Eine Anwendung für dynamische Eingänge wäre die ,,Ausblendung'' von Störungen aller Art, solange diese nur langsam genug verlaufen. Eine andere Anwendung ergibt sich aus der zeitlichen Präzision, mit der eine steile Flanke festliegt.

14.4.2 Die Taktflankensteuerung

Nehmen wir einmal an, wir messen die Zeit eines Sprinters elektronisch. Dann ändert sich während des Laufes ständig das Bitmuster, welches der Zeit entspricht. Nun soll aber nur das Bitmuster vom Zieldurchgang ,,festgehalten'' werden. Dieser Zeitpunkt muß durch ein weiteres Steuer- oder Taktsignal C (Clock) möglichst exakt definiert werden. Dazu eignet sich eben sehr gut eine extrem steile Signalflanke, d. h.:

- ▶ Das Clocksignal (Takt) wird einem dynamischen C-Eingang zugeführt. Dieser reagiert nur auf eine Art von Flanken, z. B. auf die positive.
- ▶ Das abzuspeichernde Bitmuster *(die Information)* liegt wie bisher *an den statischen Eingängen*, z. B. an den S-, R-Eingängen.
- ▶ Die Befehle an den S-, R-Eingängen werden erst mit dem Eintreffen der ,,richtigen'' Taktflanke wirksam.

Daraus folgt die Definition des taktflankengesteuerten FFs:

Bei einem **taktflankengesteuerten Flipflop** sind die S-, R-Eingänge nur in dem Augenblick wirksam, in dem eine bestimmte Taktflanke am C-Eingang eintrifft.
Beim RS-FF wird gewöhnlich die *positive* Taktflanke zur Triggerung (Auslösung) verwendet.

Anmerkung:

Neben den takt*flanken*gesteuerten FFs gibt es aber auch noch takt*zustands*gesteuerte FFs. Die zustandsgesteuerten FFs übernehmen neue Informationen während eines ganzen Zeitraumes, nämlich so lange, wie ein ganz bestimmter Taktzustand (z. B. H-Signal) überhaupt andauert. Diesen FF-Typ besprechen wir aber erst in Kapitel 19.4.2.

Im folgenden befassen wir uns also nur mit FFs, die Informationen zu ganz definierten Zeitpunkten übernehmen.

---

[1]) Dynamik: Bewegung, Veränderung

[2]) Nicht von einem flankengetriggerten *FF*, dieses ist etwas anderes, denn es hat drei Eingänge, von denen nur einer (der Clock-Eingang) *dynamisch* reagiert. Näheres folgt gleich in Kapitel 14.4.2.

[3]) ,,triggern'' (engl.: to trigger) bedeutet soviel wie auslösen. (Ursprünglich: Den Schuß eines Gewehres auslösen.)

14.4.3 Das positiv flankengetriggerte RS-FF

Bild 14.9 zeigt das Schaltsymbol des positiv taktflankengesteuerten RS-FFs. Neben den bekannten S- und R-Eingängen ist noch der dritte Eingang C für das Taktsignal (Clock) zu erkennen.

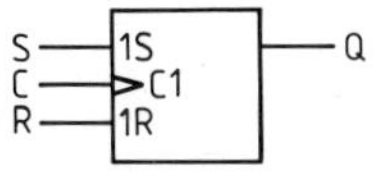

S — 1S — Q
C — >C1
R — 1R

Bild 14.9 Dieses RS-FF schaltet bei positiver Taktflanke am Eingang C.

- ▶ Das Dreieck beim Eingang C weist darauf hin, daß es sich hier um einen dynamischen Eingang handelt, der nur auf (positive) Anstiegsflanken reagiert.[1])
- ▶ Die nachgestellte 1 bei C1 besagt, daß von diesem (Clock-)Eingang alle Eingänge abhängig sind, die mit der Zahl 1 beginnt, also der 1-S- und der 1-R-Eingang (sogenannte STEUER-Abhängigkeit nach DIN 40900).

Anhand des Zeitablaufdiagramms in Bild 14.10 verfolgen wir nun den Funktionsablauf, ausgehend von Q = L. Wir verwenden dazu die Arbeitstabelle des RS-FFs und die Tatsache, daß die schon vorher vorliegenden Informationen bzw. Befehle immer erst mit der positiven Taktflanke wirksam werden.

Verwendete Arbeitstabelle:

S	R	Q
L	L	ursprünglicher Zustand bleibt
L	H	L
H	L	H
H	H	nicht definiert

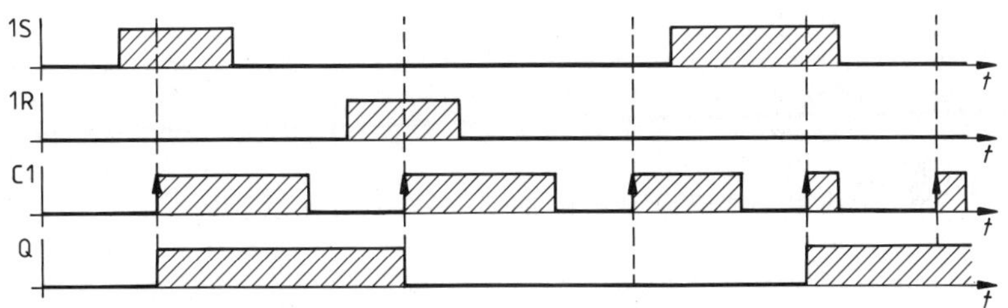

Bild 14.10 Zeitablaufdiagramm zum positiv flankengetriggerten FF aus Bild 14.9

Die schrittweise Änderung des Speicherinhaltes Q kann auch in Tabellenform anschaulich angegeben werden. Bild 14.11 zeigt in diesem Zusammenhang die normgerechte Darstellung der Arbeitstabelle eines RS-FFs. Diese Tabelle ist so zu lesen: Zunächst hat die Kippstufe einen bestimmten n-ten (Anfangs-)Zustand. Daraus ergibt sich ein (n + 1)-ter Zustand laut Tabelle. Dieser stellt sich aber beim taktgesteuerten FF nicht sofort, sondern erst mit dem Taktsignal ein.

S	R	C	Q_{n+1}
L	L	_⌐	Q_n
L	H	_⌐	L
H	L	_⌐	H
H	H	_⌐	X

X: Beliebiger Zustand, d. h. hier ist Q_{n+1} nicht vorhersehbar.

Bild 14.11 Arbeitstabelle des flankengesteuerten RS-FFs. In der ersten Zeile gilt $Q_{n+1} = Q_n$, der Speicherinhalt ändert sich also nicht.

[1]) Wenn die negative Flanke wirkt, wird ein Inverterpunkt vorgesetzt: —o▷— früher: —▶—

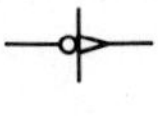

Zusammenfassung:

Beim **taktflankengesteuerten RS-FF** liegt die Information an den S-, R-Eingängen (den Informationseingängen) an. Diese Information wird aber erst *beim Eintreffen der positiven Taktflanke* am C-Eingang übernommen.
Die Information an den statischen Eingängen bereitet den Zustand des FF nach dem Eintreffen des Taktes vor. Deshalb heißen statische Informationseingänge in Verbindung mit Takteingängen auch *Vorbereitungseingänge*.

Anmerkung:

Der Begriff „Vorbereitungseingang" entstand auch deshalb, weil in der diskreten Technik (Kapitel 14.7) die eigentlichen Steuerimpulse über Kondensatoren ausgelöst werden. Diese Kondensatoren müssen vorher erst aufgeladen, d. h. „vorbereitet" werden.

14.4.4 Das negativ flankengetriggerte $\overline{R}\,\overline{S}$-FF

Während RS-FFs in der Regel mit positiven Taktflanken getriggert werden, wird bei $\overline{R}\,\overline{S}$-FFs die *negative* Taktflanke verwendet. Bild 14.12 zeigt das zugehörige Schaltsymbol.

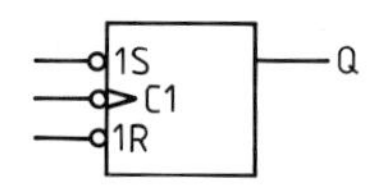

Bild 14.12 $\overline{R}\,\overline{S}$-FFs triggern mit negativen Taktflanken.

14.5 Das T-Flipflop

14.5.1 Ein FF steuert sich selbst (Selbstvorbereitung)

Wenn die (Vorbereitungs-)Eingänge eines getakteten FF von den Ausgängen der FF selbst angesteuert werden, sprechen wir von einer Selbstvorbereitung. Bild 14.13 zeigt dazu als Beispiel ein $\overline{R}\,\overline{S}$-FF mit Selbstvorbereitung.

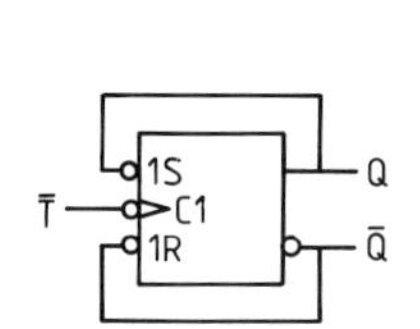

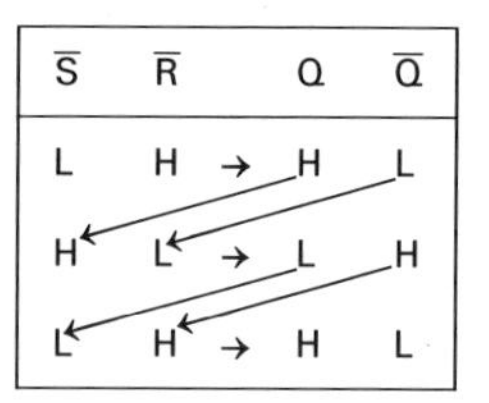

$\overline{S}$	$\overline{R}$		Q	$\overline{Q}$
L	H	→	H	L
H	L	→	L	H
L	H	→	H	L

Bild 14.13 Durch Selbstvorbereitung entsteht ein T-Flipflop mit $Q_{n+1} = \overline{Q}_n$.

Naturgemäß bleibt dann nur noch ein Eingang übrig, der hier *Toggle* oder kurz *T-Eingang* heißt (Toggle [engl.] = das Uhrenpendel). Dieser FF-Typ wird deshalb als T-FF oder Zähl-FF bezeichnet, letzteres, weil er in Binärzählern verwendet wird.

▶ Das T-FF hat eine verblüffende Eigenschaft, die sich anhand der Arbeitstabelle in Verbindung mit der gewählten Selbstvorbereitung ergibt. Nach Bild 14.13 kippt das T-FF *mit jeder negativen Taktflanke* in den jeweils komplementären Zustand, es toggelt (pendelt).

Das daraus resultierende Zeitablaufdiagramm ist in Bild 14.14 dargestellt.

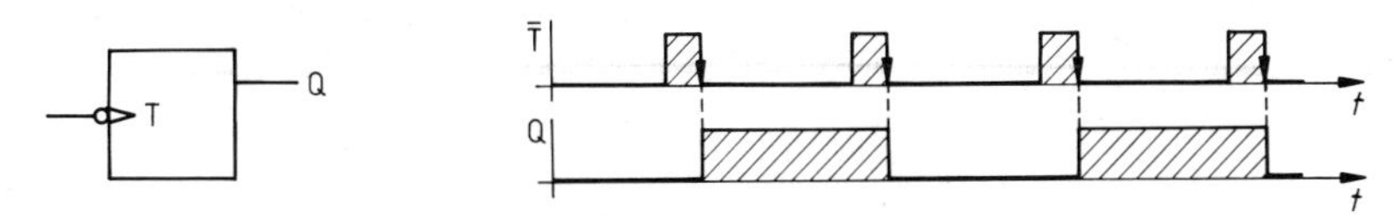

Bild 14.14 T-FF aus einem $\overline{R}\,\overline{S}$-FF durch Selbstvorbereitung

► Wird ein T-FF mit einem regelmäßigen Taktsignal betrieben, so arbeitet es als Frequenzteiler 2:1.
Grund: Nur jeweils *eine Flanke* des Taktes löst den (selbst-)vorbereiteten (Um-)Kippvorgang auch aus.

Da es hier auf die positive T-Flanke überhaupt nicht ankommt, ist das Tastverhältnis V des Eingangssignals beliebig, während das Ausgangssignal immer dasselbe Tastverhältnis V zeigt, nämlich $V = T/t_i = 2$.

> Das **T-Flipflop** toggelt, d.h. es wechselt seinen Zustand immer nur bei einer bestimmten T-Flanke am Eingang. Ein T-FF kann aus taktflankengesteuerten FFs durch (richtige) Selbstvorbereitung hergestellt werden.
> T-FFs arbeiten als *Frequenzteiler* mit einem typischen Tastverhältnis von $V = 2$ des Ausgangssignals. Werden T-FFs in Binärzählern (s.u.) eingesetzt, so heißen sie *Zähl-FFs*.

14.5.2 T-FFs zählen Impulse (asynchrone Dualzähler)

Werden mehrere T-FFs in Reihe geschaltet, entsteht eine duale Zählkette bzw. ein *Binärzähler*. Bild 14.15 zeigt als Beispiel einen Zähler, der mit drei negativ flankengetriggerten FFs arbeitet.

Wenn wir mit einer gelöschten Zählkette, also mit (L L L) beginnen, erhalten wir an den Ausgängen nach n Impulsflanken gerade die (duale) Bitdarstellung der Dezimalzahl n. (Für Umrechnungen ist es günstig, die Ausgänge fortlaufend mit 2^0, 2^1, 2^2 ... zu „bewerten".)

Erklärung:

Mit der ersten H↓L-Flanke setzt das erste FF (hier das rechte) auf $Q_A = H$. Das zweite FF erhält dadurch zwar eine positive Anstiegsflanke, reagiert aber noch nicht. Endzustand nach dem ersten Impuls: (L L H) ≙ 1

Mit der zweiten H↓L-Flanke wechselt das erste FF seinen Zustand (wieder) auf $Q_A = L$. Jetzt erhält auch das zweite FF eine negative Flanke, es kippt auf $Q_B = H$. Das dritte FF „sieht" zwar eine positive Flanke, triggert mit dieser jedoch nicht. Endzustand nach dem zweiten Impuls: (L H L) ≙ 2 usw., bis (H H H) ≙ 7 erreicht ist. Mit dem achten Impuls springt der Zähler dann wieder in seinen Grundzustand Null zurück, wobei er zum ersten Mal am Übertrags-Ausgang einen H↓L-Impuls abgibt. Deshalb erscheint dort 1/8 der Taktfrequenz.

► Hat ein solcher Binärzähler allgemein n FF-Stufen, kann er $m=2^n$ Zahlen (inklusive der Null) darstellen. Seine Zählkapazität beträgt damit $Z=2^n-1$, während er Frequenzen mit m:1, also mit 2^n:1 herunterteilen kann[1]).

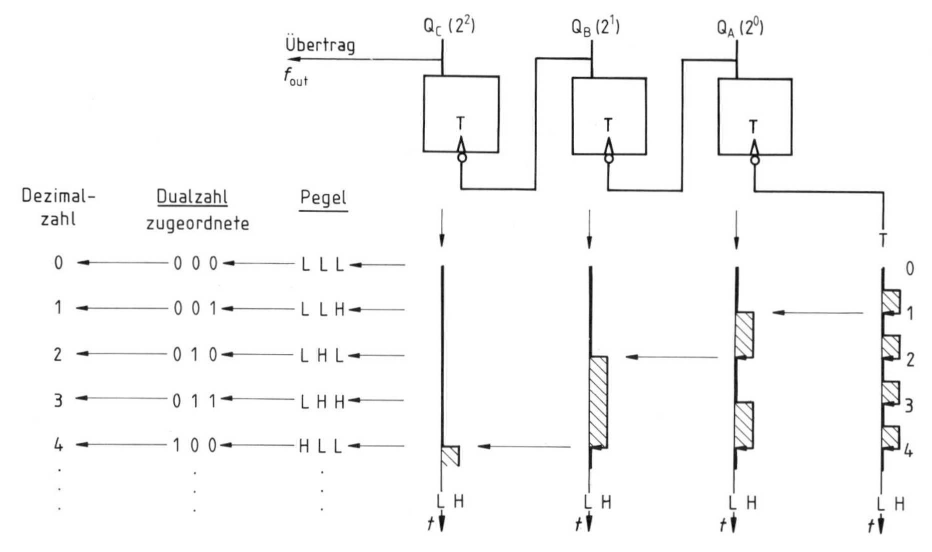

Bild 14.15 (Asynchrone) Zählkette, hier mit negativ flankengetriggerten T-FFs aufgebaut

Bei der hier vorgestellten (Zähler-)Schaltung wird immer nur das erste FF (mit der Wertigkeit 2^0) direkt vom Takt angesteuert. Die nachfolgenden FFs „erfahren" von den Taktimpulsen immer erst nach einer gewissen Schaltzeit, d. h. sie können *nicht synchron mit der Taktflanke* umschalten.

> Eine *Reihenschaltung* von T-FFs liefert einen **asynchronen Binärzähler.**
> Die Summe aller Schaltzeiten begrenzt die maximale Taktfrequenz solcher Zähler relativ stark.

Mit Hilfe einer *Steuerlogik* können auch synchrone Zähler aufgebaut werden. Deren Taktfrequenz liegt entsprechend deutlich höher. (Mehr darüber in Kapitel 20.2)

14.6 Einige FF-Typen: Übersicht

Zum Schluß noch eine Übersicht der FF-Typen, die bis jetzt verständlich sind.[2]) Zur Definition der FF-Funktion verwenden wir anstelle der L-H-Pegel hier die logischen Variablenwerte 0 und 1.

[1]) Mehr über Zähler und Frequenzteiler mit beliebiger Zählkapazität in Kapitel 20.
[2]) Weitere FF-Typen, z. B. MS-FF und JK-MS-FF ab Kapitel 19.5

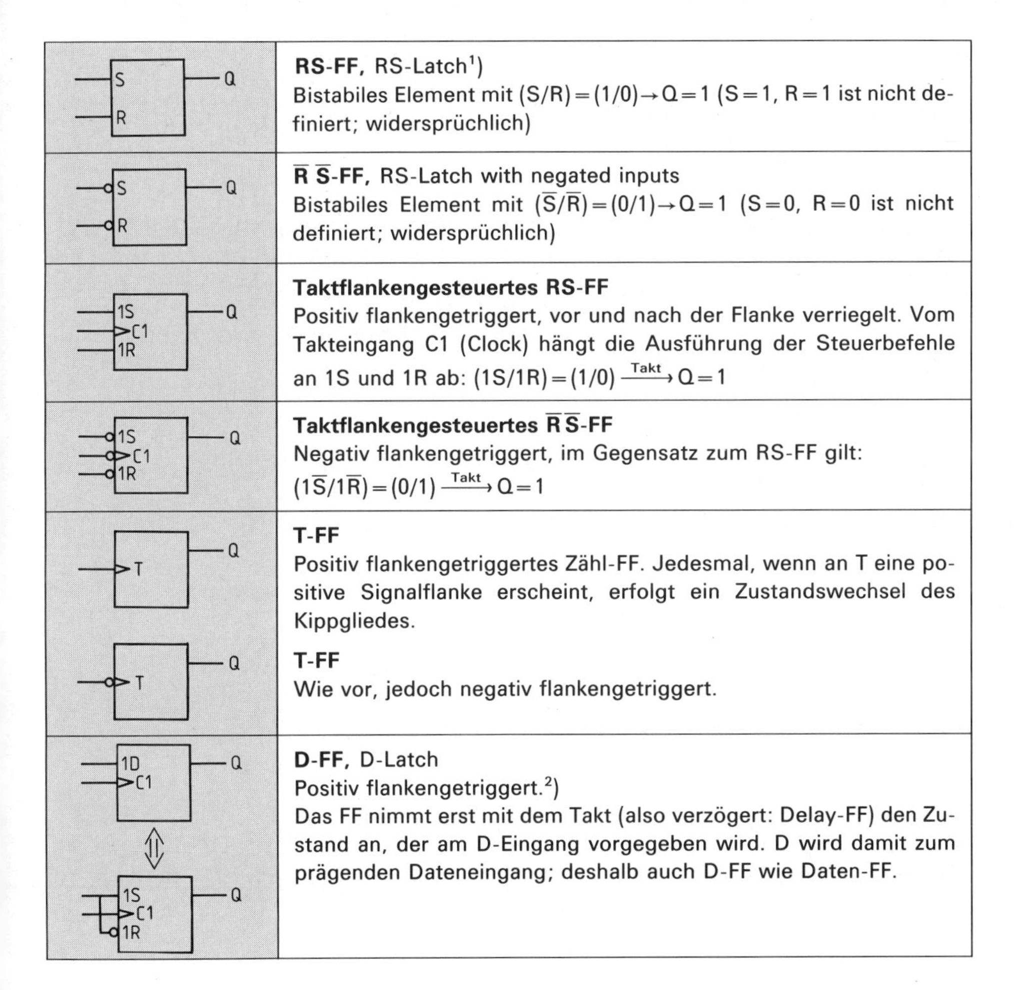

Symbol	Beschreibung
S, R, Q	**RS-FF,** RS-Latch[1]) Bistabiles Element mit (S/R) = (1/0) → Q = 1 (S = 1, R = 1 ist nicht definiert; widersprüchlich)
S, R, Q	$\overline{\text{R}}\,\overline{\text{S}}$**-FF,** RS-Latch with negated inputs Bistabiles Element mit ($\overline{\text{S}}/\overline{\text{R}}$) = (0/1) → Q = 1 (S = 0, R = 0 ist nicht definiert; widersprüchlich)
1S, C1, 1R, Q	**Taktflankengesteuertes RS-FF** Positiv flankengetriggert, vor und nach der Flanke verriegelt. Vom Takteingang C1 (Clock) hängt die Ausführung der Steuerbefehle an 1S und 1R ab: (1S/1R) = (1/0) $\xrightarrow{\text{Takt}}$ Q = 1
1S, C1, 1R, Q	**Taktflankengesteuertes** $\overline{\text{R}}\,\overline{\text{S}}$**-FF** Negativ flankengetriggert, im Gegensatz zum RS-FF gilt: (1$\overline{\text{S}}$/1$\overline{\text{R}}$) = (0/1) $\xrightarrow{\text{Takt}}$ Q = 1
T, Q	**T-FF** Positiv flankengetriggertes Zähl-FF. Jedesmal, wenn an T eine positive Signalflanke erscheint, erfolgt ein Zustandswechsel des Kippgliedes.
T, Q	**T-FF** Wie vor, jedoch negativ flankengetriggert.
1D, C1, Q ⇕ 1S, C1, 1R, Q	**D-FF,** D-Latch Positiv flankengetriggert.[2]) Das FF nimmt erst mit dem Takt (also verzögert: Delay-FF) den Zustand an, der am D-Eingang vorgegeben wird. D wird damit zum prägenden Dateneingang; deshalb auch D-FF wie Daten-FF.

Für Experten und Tüftler:

14.7 Taktflankensteuerung in diskreter Technik

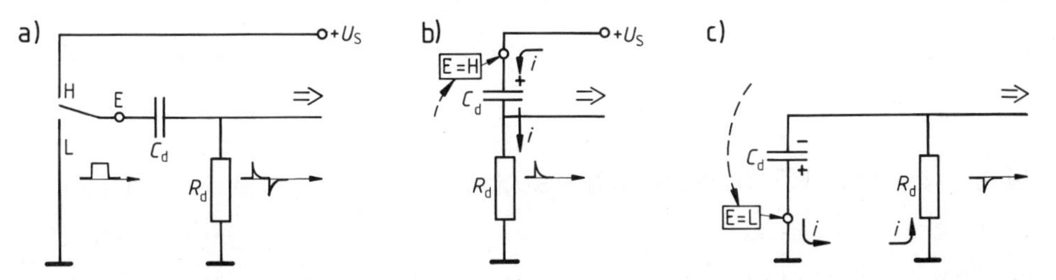

Bild 14.16 Die Lade- bzw. Entladeströme des Kondensators C_d erzeugen Nadelimpulse (E kann ein dynamischer S-, R- oder C-Eingang sein).

[1]) Latch (engl.) = (Tür-)Klinke, Schloß

[2]) Im Handel sind auch taktzustandsgetriggerte D-Latches (Funktionserklärung aber erst in Kapitel 19.4.2)

In den klassischen FF-Schaltungen werden Taktflankensteuerungen (dynamische Eingänge) mit vorgeschalteten *CR*-Gliedern realisiert.[1]) Solche *CR*-Glieder liefern (bei richtiger Dimensionierung) mit dem Auftreten der Taktflanke sehr kurze *Nadelimpulse*, sogenannte *Peaks*, die das FF ansteuern. Durch diese Nadelimpulse ist der Kippzeitpunkt des FF sehr genau festgelegt. Bild 14.16 zeigt das Prinzip eines solchen „Dynamikvorsatzes".

Wechselt das Eingangssignal von L auf H, lädt sich der Kondensator C_d auf. Der Ladestrom erzeugt einen *positiven Peak* an R_d (Bild 14.16, b).
Springt das Eingangssignal von H auf L zurück, so entlädt sich der nun geladene Kondensator C_d. Der Entladestrom fließt in umgekehrter Richtung wie der Ladestrom, da der Pluspol an Masse gelangt. Es entsteht ein „echt" *negativer Peak.*

- ▶ Entsprechend der Eingangsflanke überträgt das *CR*-Glied also einen positiven oder negativen Impuls, z. B. an die Basis eines Transistors.
- ▶ Solch ein *CR*-Glied heißt auch Differenzierglied.[2]) Genaueres, insbesondere Berechnungsgrundlagen finden wir in Kapitel 2.3.

Bild 14.17 zeigt nun detailliert das vorgestellte negativ flankengetriggerte $\overline{R}\,\overline{S}$-FF mit seinem Schaltzeichen. Das FF ist hier exemplarisch durch zwei statische Eingänge „mit Vorrang" erweitert worden:

- ▶ Wenn ein getaktetes FF vor der eigentlichen „Arbeit" auf einen bestimmten Zustand gesetzt werden soll, sind *Preset*- bzw. *Clear*-Eingänge nötig.

Bild 14.17 zeigt, wie solche Eingänge über Ge-Dioden angeschlossen werden können. Diese Eingänge sind bei H-Signal völlig inaktiv, da dann die Ge-Dioden sperren. Bei L-Signal ziehen die Ge-Dioden die Basisanschlüsse aber *vorrangig* unter die Schaltschwelle und bestimmen so das Ausgangssignal.

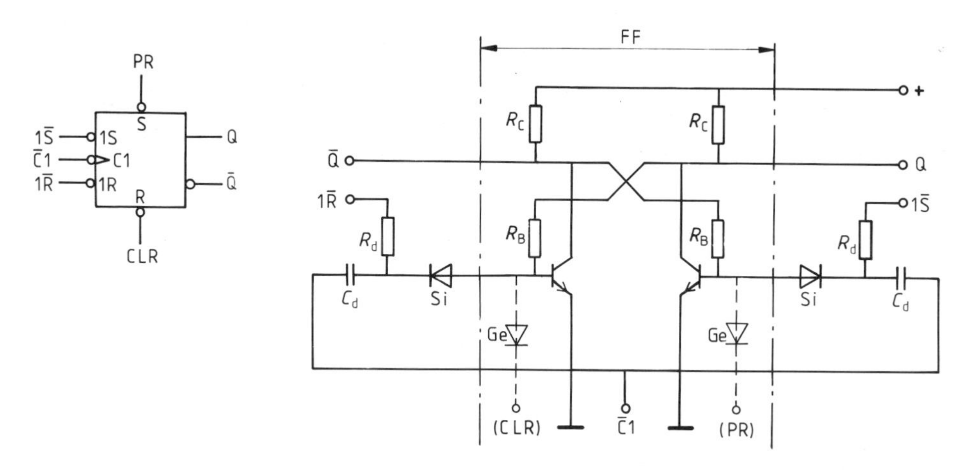

Bild 14.17 Taktflankengesteuertes $\overline{R}\,\overline{S}$-FF mit zusätzlichen statischen Setz- und Löscheingängen: Preset (PR) and Clear (CLR)

Die Eingänge $1\overline{R}$ und $1\overline{S}$ stellen hier die taktabhängigen Vorbereitungseingänge dar. Liegen sie an L-Signal, so bilden die Bauelemente R_d und C_d ein gewöhnliches Differenzierglied für das Taktsignal $\overline{C}1$ (Bild 14.18). Die Si-Dioden sorgen dafür, daß von diesem Takt immer nur die negativen Impulse an die Basis eines Transistors gelangen können: Negative Impulse an der Basis führen zu einem sehr schnellen Sperren des Transistors.

[1]) Bei vollintegrierten FFs werden statt dessen logische Verknüpfungsglieder (Gatter) verwendet. Diese Gatter werden durch den Signalsprung freigegeben, aber vom FF schon nach *einer* Schaltzeit wieder verriegelt, öffnen also praktisch nur „während" der Flanke, siehe Kapitel 19.4.3.

[2]) Index d wie differenzierend oder dynamisch (siehe auch Kapitel 2.3.3 und 2.4)

Vorbereitungseingang an L (z. B. $1\overline{R}=L$)

Es entsteht ein „normales" *CR*-Glied mit gewohntem Verhalten. Vorbereitung (Aufladung) des Kondensators bei $\overline{C}=H$. Negativer Sperrimpuls bei $\overline{C}{\downarrow}L$. Das FF kippt (gegebenenfalls).

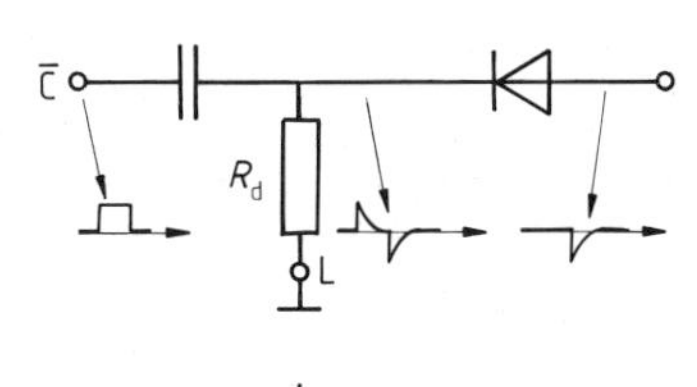

Vorbereitungseingang an H (z. B. $1\overline{R}=H$)

Bei $\overline{C}=H$ wird der Kondensator entladen bzw. *nicht* aufgeladen (vorbereitet). Somit ist kein negativer Sperrimpuls möglich. (Das bekannte Ausgangssignal des *CR*-Gliedes wird um den H-Pegel des Vorbereitungseinganges angehoben. Folge: Seine Ausgangsspannung ist immer ≥ 0.)

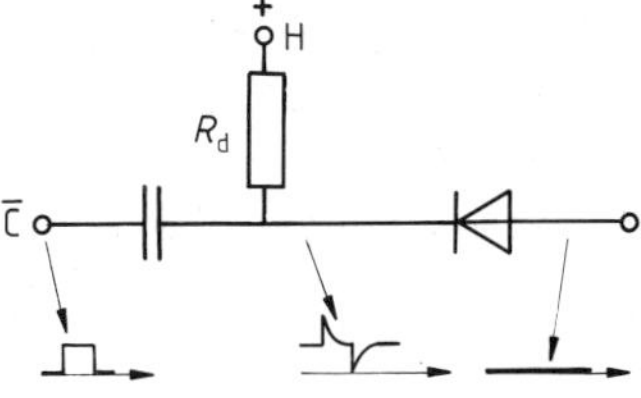

Bild 14.18 Beim taktflankengetriggerten $\overline{S}\,\overline{R}$-FF von Bild 14.17 führt die Taktabfallflanke nur dann zu einem Steuersignal (einem negativen Impuls), wenn der entsprechende Vorbereitungseingang auf L-Signal liegt.

Wenn nun (wie im Bild 14.13 schon angedeutet) die Ausgangssignale des $\overline{R}\,\overline{S}$-FFs *direkt* mit den Vorbereitungseingängen verbunden werden, so kippt das FF mit jeder negativen Taktflanke um, ein T-FF ist entstanden.

Im Detail betrachtet ergibt sich der Funktionsablauf auch aus dem Schaltbild 14.19. Der gerade stromführende Transistor (z. B. der rechte) liefert L-Signal. Das zugeordnete *CR*-Glied ist somit wie ein „normales *CR*-Glied geschaltet: Der Vorbereitungseingang (z. B. $\overline{S}$) liegt „unten", an Masse (≙ L-Signal). Mit der negativen Clockflanke wird somit an diesen Transistor ein negativer Sperrimpuls (vom *CR*-Glied) übertragen. Dieser Transistor sperrt also und liefert somit H-Signal, das bistabile FF kippt.

Jetzt schaltet sich der andere Transistor mit seinem L-Signal das *CR*-Glied an Masse, so daß er als nächstes gesperrt wird, das FF also wieder umkippt. Damit ergibt sich der ebenfalls in Bild 14.19 dargestellte ständige Zustandswechsel des T-FF mit jeder negativen Taktflanke. Dadurch eignet sich das T-FF z. B. als Frequenzteiler oder als Zähl-FF (wie in Kapitel 14.5.2 schon beschrieben).

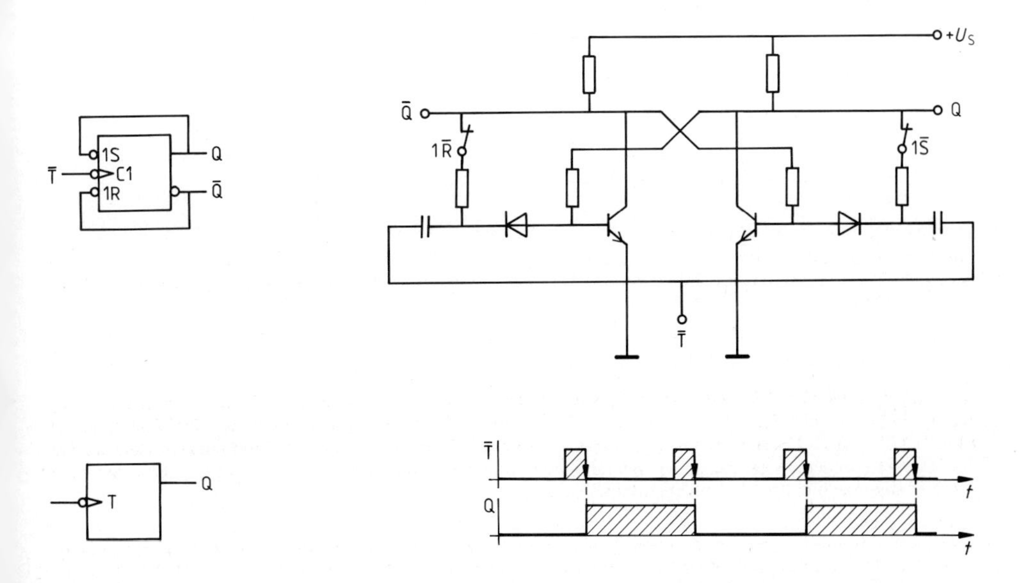

Bild 14.19 T-FF aus einem $\overline{R}\,\overline{S}$-FF durch Selbstvorbereitung

Aufgaben

Bistabile Elemente mit statischen Eingängen

1. **a1)** Weshalb sind zur Ansteuerung einer bistabilen Kippstufe im allgemeinen *zwei* Steuereingänge notwendig?
   a2) Erläutern Sie S-, R-, $\overline{S}$-, $\overline{R}$-Eingang.
   a3) Wie werden die Ausgänge einer Kippstufe normgerecht bezeichnet?

   b1) Zeichnen Sie jeweils im Vergleich für ein RS-FF bzw. ein $\overline{R}\,\overline{S}$-FF:
   - das Schaltzeichen (Blockschaltbild),
   - die (normgerechte) Arbeitstabelle,
   - einen Stromlaufplan in symmetrischer Darstellung (die externe Ansteuerung soll an den Basisanschlüssen erfolgen).

   b2) Berechnen Sie alle Widerstände so, daß eine Last von $R_L = 1\,k\Omega$ zulässig ist ($U_H \geq 90\%\,U_S$). Für die Transistoren gelte $B \geq 300$ und $ü = 2$.
   (*Lösung:* $R_C = 100\,\Omega$; $R_B = 15\,k\Omega$; $R_V = 15\,k\Omega$, nur beim RS-FF)

   c1) Erklären Sie bei beiden FF-Typen die Wirkung eines „Setzbefehls", ausgehend von Q = L. Vergleichen Sie.
   c2) Weshalb sollten beim $\overline{R}\,\overline{S}$-FF die Eingangsdioden Germaniumtypen sein?
   c3) Integrierte Schaltungen entstehen immer aus *einem* Ausgangsmaterial, meist Silizium. Die Skizze zeigt ein $\overline{R}\,\overline{S}$-FF in „full-silicon-technic".
   Erklären Sie, weshalb sich hier bei $\overline{S}$ = L ganz sicher Q = H einstellt.

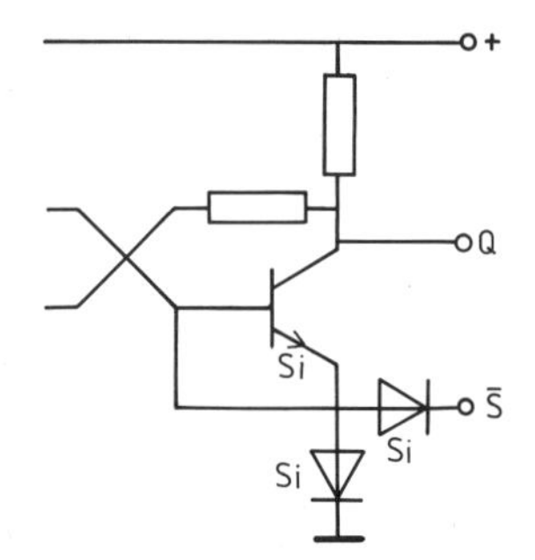

Kürzere Kippzeiten

2. **a)** Welche Auswirkungen hat die zunehmende Übersteuerung von Schaltstufen auf deren Schaltzeit?
   (*Hilfe:* Kapitel 13.2.9; *Lösung:* t_{ein} fällt, t_{aus} steigt)

   b) Mit sogenannten Beschleunigungskondensatoren parallel zu den Basiswiderständen kann die Schaltzeit einer Kippstufe verkürzt werden.
   1. Wiederholen Sie dazu die Aufgabe 5 aus Kapitel 13.
   2. Zeichnen Sie nun den Schaltplan eines RS-FF mit Beschleunigungskondensatoren in symmetrischer Darstellung.
   3. Dimensionieren Sie alle Widerstände für eine Ausgangslast von $R_L = 1\,k\Omega$ (Transistoren: $B \geq 300$).
   (*Lösung:* $R_C = 100\,\Omega$, $R_B = 30\,k\Omega$, denn statisch genügt hier $ü = 1$)

Prellfreie Umschaltung von binären Signalen

3. Bei mechanischen Schaltern und Tastern tritt immer ein Kontaktprellen auf. Die Kontaktfedern prellen nach dem Schalten undefiniert oft in den Zustand „Kontakt offen" zurück, ähnlich wie ein Hammer, der auf einen Amboß schlägt. Die Schaltskizze zeigt das Prinzip.

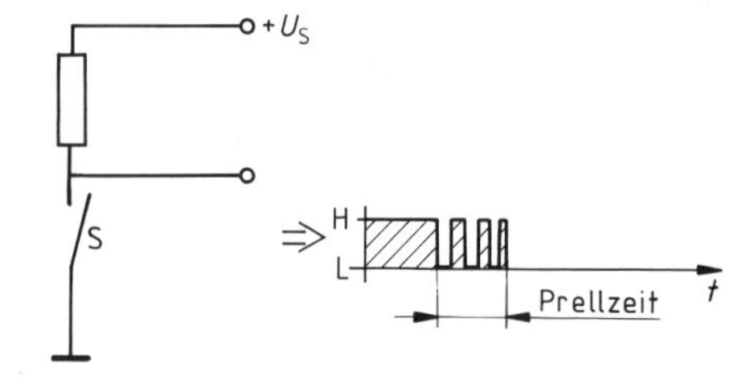

   a) Welche Nachteile hat eine solche Ansteuerung z. B. bei Zählschaltungen und EDV-Anlagen?

   b) Bei Verwendung von Umschaltern können prellfreie H-L-Wechsel mit Hilfe eines FFs leicht realisiert werden.
   Zeigen Sie, daß die folgende Schaltung entsprechend arbeitet:
   (*Hilfe:* Arbeitstabelle und Bild 14.6)

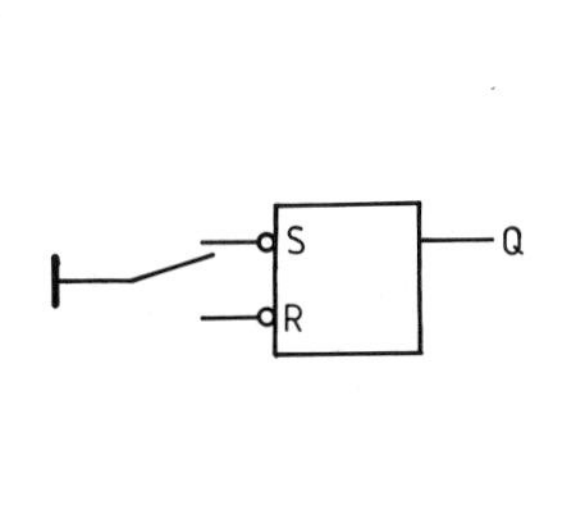

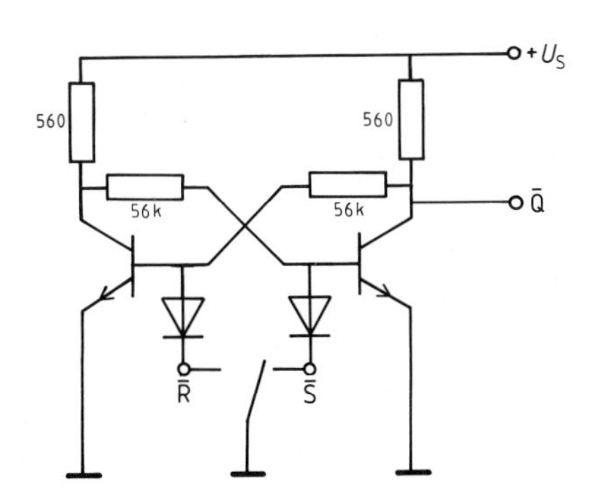

c) Welche Last ist zulässig, wie groß muß die Stromverstärkung B der Transistoren mindestens sein?
(*Lösung:* 5,6 kΩ, $B=100$)

d) Ändern Sie den obigen Stromlaufplan so ab, daß ein RS-FF vorliegt, welches einen Umschalter entprellt.
Zeichnen Sie auch dazu das Blockschaltbild.
(*Hilfe:* Bild 14.5, Umschalter an $+U_S$)

SR-FF mit Vorzugslage

4. a) Um welchen FF-Typ handelt es sich? Bezeichnen Sie die Eingänge normgerecht. (*Hilfe:* Bild 14.5)

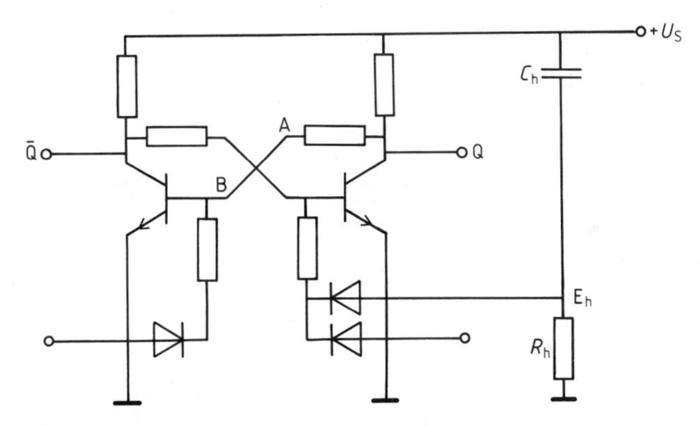

b) Zeigen Sie, daß nach dem Anlegen der Speisespannung am Hilfseingang E_h für einige Zeit ein H-Signal (z. B. $U_H > 90\,\%\ U_S$) anliegt.
Welche Vorzugslage nimmt das FF deshalb hier an?
Wie sieht das Schaltzeichen (Blockschaltbild) von diesem FF aus, wenn die Vorzugslage eingetragen wird?
(*Hilfe:* Bild 14.8)

c) Anstelle der Hilfsschaltung (Index h) wird zwischen A und B eine Diode geschaltet (Katode an B). Diese Diode hat beim Anlegen von U_S eine gewisse Durchschaltzeit. Dadurch ergibt sich dieselbe Vorzugslage. Erläutern Sie dies kurz.

FFs mit Taktflankensteuerung

5. a) Geben Sie normgerecht Arbeitstabelle und Schaltzeichen für ein taktflankengesteuertes RS- bzw. $\overline{R}\,\overline{S}$-FF an. Erläutern Sie die verwendete Abhängigkeitsnotation.

b) Geben Sie ein Anwendungsbeispiel, wo eine Befehlsausführung bzw. eine Informationsaufnahme von einem Taktsignal gesteuert werden muß.
(*Hilfe:* Kapitel 14.4.2 ff.)

Universal-FF

6. Bezeichnen Sie für folgendes FF die Ein- und Ausgänge normgerecht.
Geben Sie auch das Schaltzeichen dazu an.

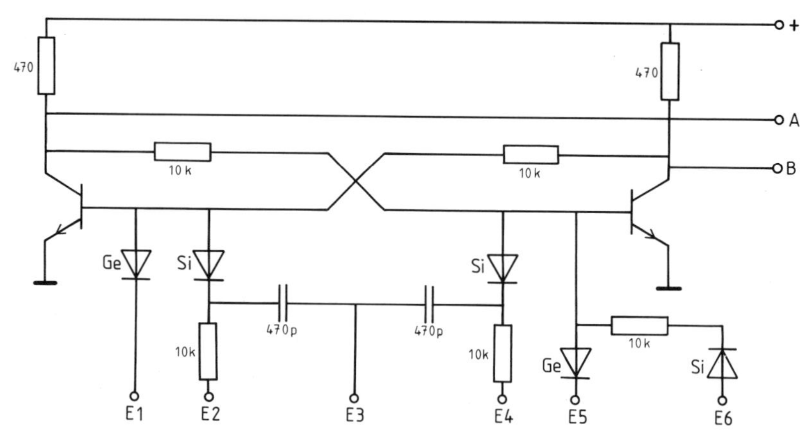

(*Lösung:* Es sei z.B. B = Q, A = $\overline{Q}$, dann folgt E3 = $\overline{C}$1, E2 = 1$\overline{R}$ und E4 = 1$\overline{S}$. E1, E5 und E6 sind statische, vorrangige Eingänge mit E1 = $\overline{R}$, E5 = $\overline{S}$ (CLR und PR, siehe Bild 14.17) und E6 = R.)

Elektronischer Münzwurf

7. Ein Beispiel, wo getaktete Speichereingabe vorkommt, zeigt folgendes elektronisches Kopf-Adler-Glücksspiel. Ein Generator erzeugt mit einer Frequenz $f = 10$ kHz H-L-Signale (Kopf-Adler-Wechsel).
Beschreiben Sie den weiteren Ablauf eines „Münzwurfes", und begründen Sie hier das Wort „Glücksspiel". (Vergleichen Sie auch mit Aufgabe 8.)

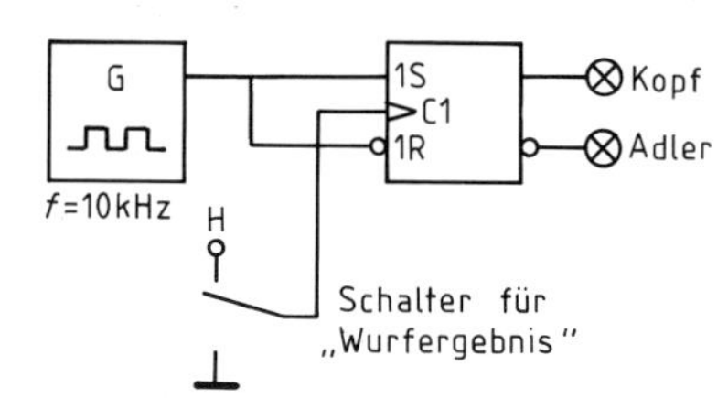

8. Hier handelt es sich um eine Variante des Glücksspieles aus Aufgabe 7.
Vergleichen Sie, und erarbeiten Sie die Funktionsunterschiede.

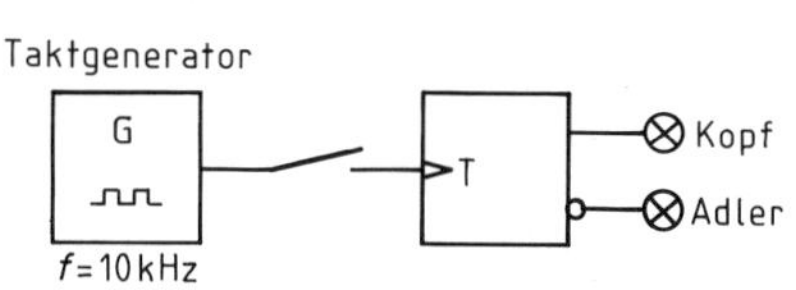

Zeitablaufdiagramme, Dualzähler

9. **a)** Welche Anwendungen eines T-FFs kennen Sie?

b) Zeichnen Sie zu dem gegebenen Clocksignal die Signale Q_A bzw. Q_B.

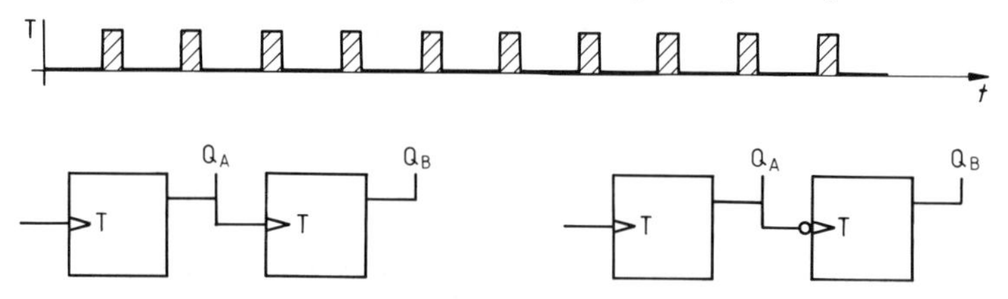

c1) Skizzieren Sie einen (asynchronen) Dualzähler, der von (dezimal) 0 bis mindestens 9 zählen kann. (*Lösung:* Bild 14.15 um ein FF erweitern).
Welche maximale Dezimalzahl ist darstellbar? (*Lösung:* 15)

c2) Für den Dualzähler (aus c1) sollen negativ flankengetriggerte $\overline{S}$ $\overline{R}$-FFs verwendet werden. Wie könnte eine gemeinsame Resetleitung (Clear) angeschlossen werden? (Schaltungsauszug im Detail anfertigen; *Hilfe:* Bild 14.17)

15 Monostabile und astabile Elemente

15.1 Das Monoflop

In vielen Fällen

- soll ein Signal eine genau festgelegte Zeit t_i andauern,
- müssen Impulse verlängert oder verkürzt werden,
- ist das Prellen mechanischer Kontakte zu unterdrücken.

Dies alles leistet eine monostabile Kippstufe, auch kurz Monoflop genannt. Bild 15.1 zeigt das Schaltzeichen und die Arbeitsweise einer solchen Kippstufe:

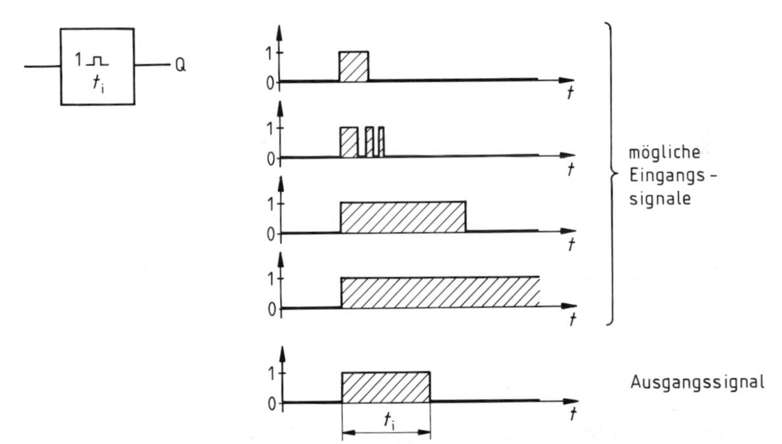

Bild 15.1 Monoflop mit statischem Eingang. Die „1" besagt, daß der Ausgang auf 1 springt, wenn der Eingang den Zustand 1 annimmt.

> Ein **Monoflop** liefert nach erfolgter Triggerung (Auslösung) *einen einzigen Impuls* mit definierter Impulsdauer t_i.

Im Gegensatz zur bistabilen Kippstufe hat das Monoflop nur einen Zustand, der auf Dauer stabil ist, es verhält sich also *monostabil*[1]), was den Namen der Kippschaltung erklärt. Den auf Dauer stabilen Zustand des Monoflops nennen wir seine *Ruhelage.* Durch einen Triggerimpuls kippt das Monoflop in seine *Arbeitslage.* Diese ist aber *nicht stabil,* denn nach Ablauf der Impulszeit t_i (auch Verweilzeit genannt) kehrt das Monoflop von selbst wieder in seine Ruhelage zurück.

15.1.1 Die Grundstufe, das Herz jeder Monoflopschaltung

Jedes Monoflop enthält im Kern eine „vorgespannte" Transistorschaltstufe (Inverter), die zusätzlich kapazitiv angesteuert wird. Bild 15.2 (Teil a) zeigt den Inverter, dessen Eingang E′ fest mit H-Signal verbunden ist. Diese „Vorspannung" an E′ erzwingt die stabile Ruhelage Q=L.

[1]) mono (gr.) = einzeln, allein

Die kapazitive Ansteuerung geschieht über den Kondensator C_2 (Teil b). Mit Teil c kann der Eingang E2 mit H- bzw. L-Signal angesteuert werden (Taste S offen oder geschlossen).

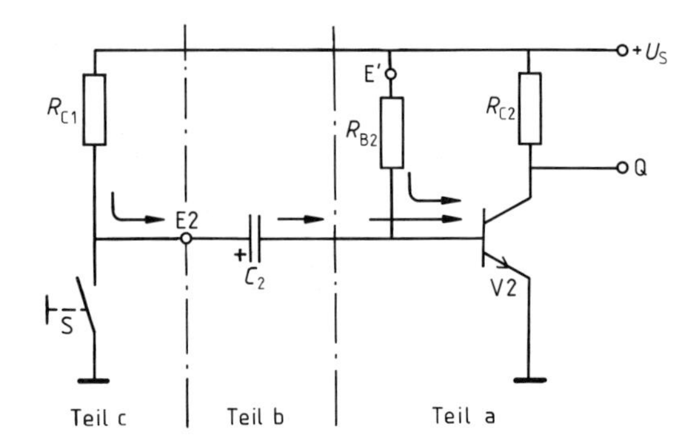

Bild 15.2 Monoflopgrundstufe. Die Bezeichnungen sind im Hinblick auf die spätere Gesamtschaltung gewählt.

15.1.2 Vorbereitung eines Impulses

Bei offener Taste S gelangt an den Eingang E2 ein H-Signal. Dadurch lädt sich C_2 über den Vorwiderstand R_{C1} und die BE-Diode von V2 mit der in Bild 15.2 dargestellten Polarität auf.[1])

Wenn wir den Schwellwert der BE-Diode vernachlässigen ($U_{BE} \ll U_S$), so ist der Kondensator am Ende der Ladezeit auf die Speisespannung U_S aufgeladen. Diese Ladezeit nennen wir auch Vorbereitungszeit oder *Erholzeit* (recovery time) des Monoflops. Sie errechnet sich aus:

$$t_{rec} = 5 \cdot R_{C1} \cdot C_2$$

Wird vor Ablauf dieser Erholzeit das Monoflop (erneut) getriggert, verkürzt sich die Impulszeit t_i, siehe unten.

15.1.3 Die Kondensatorladung erzwingt einen Sperrimpuls

Wenn wir die Taste S schließen, wird das Monoflop getriggert (ausgelöst). Für die Zeit t_i kippt die Schaltung nun in ihre Arbeitslage mit Q=H. Bei geschlossener Taste S gelangt nämlich der *Pluspol* (die linke Seite) des geladenen Kondensators C_2 *an Masse*. Der Minuspol (die rechte Seite) von C_2 bleibt an der Basis von V2 (Bild 15.2 → Bild 15.3).

Die Folge: Gegenüber dem Emitter liegt *an der Basis* von V2 plötzlich die Speisespannung voll *negativ* an. V2 sperrt schlagartig, der Ausgang springt auf Q=H. Gleichzeitig damit beginnt die Umladung des Kondensators C_2. Über den Widerstand R_{B2} fließt nämlich der Strom i_{um} vom Pluspol der Speisespannungsquelle über den Kondensator C_2.

---

[1]) Der zusätzliche (Lade-)Strom durch die Basis ändert sicher nicht den (Ruhe-)Zustand Q=L. Der Transistor V2 wird durch diesen Strom lediglich (kurzzeitig) stärker übersteuert.

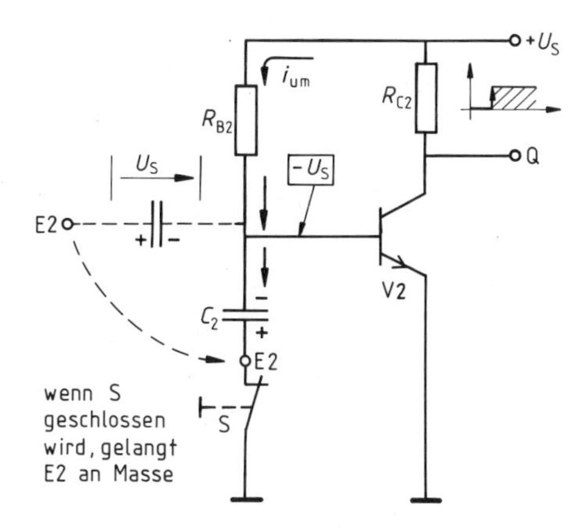

Bild 15.3 Die Impulsauslösung beginnt mit E2 an L-Signal. V2 wird durch C_2 gesperrt.

Dieser „positive" Strom baut nach einiger Zeit die negative Ladung von C_2 am Basisanschluß ab[1]), schließlich wird der Kondensator soweit umgeladen, daß die positive Schaltschwelle des Transistors V2 erreicht wird. V2 schaltet wieder durch, der Ausgang springt auf Q = L zurück, der Impuls ist nach der Zeit t_i zu Ende (Bild 15.4).

Maßgebend für die Impulsdauer t_i sind offensichtlich der Kondensator C_2 und der „Umladewiderstand" R_{B2}. Diese beiden Bauelemente bilden also das *zeitbestimmende RC-Glied* eines Monoflops. Sicher gilt $t_i \sim R_{B2}$ und $t_i \sim C_2$. Wie wir im nächsten Abschnitt genauer zeigen, gilt für t_i die folgende Berechnungsformel:

$$t_i \simeq 0{,}7\, R_{B2} \cdot C_2$$

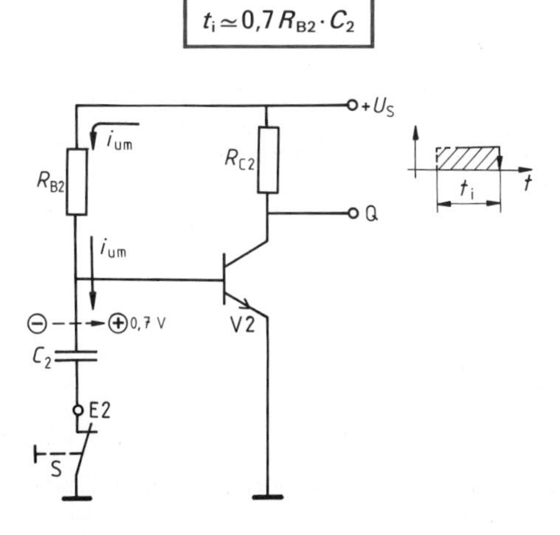

Bild 15.4 Der Impuls ist beendet, wenn C_2 durch i_{um} auf die positive Schwellspannung von V2 umgeladen worden ist

Wenn wir nach der Zeit t_i die Taste S wieder loslassen, kann sich der Kondensator C_2 zur Erzeugung eines neuen (negativen) Sperrimpulses wieder „erholen", d.h. wie schon in Kapitel 15.1.2 beschrieben, erneut aufladen.[2])

Die nächste Triggerung des Monoflops sollte also nicht vor Ablauf der Erholzeit $t_{rec} = 5 \cdot R_{C1} \cdot C_2$ erfolgen. C_2 wird sonst nicht voll aufgeladen und die Impulszeit „unkalkulierbar" verkürzt. Aus diesem Grund heißt die Erholzeit auch Wiederbereitschaftszeit des Monoflops.

[1]) Über die BE-Strecke kann sich C_2 nicht entladen, da die Basisdiode in diesem Fall in Sperrichtung betrieben wird.

[2]) Streng genommen lädt sich der Kondensator wieder um, da er mit $U_{BE} \simeq +0{,}7$ V „umgeschaltet" wird.

Ergebnis:

Die **Grundstufe des Monoflops** besteht aus einem (Schalt-)Transistor, der über einen (Basisvor-)Widerstand R_{B2} in der *Ruhelage* Q=L gehalten wird. Zusätzlich wird der Transistor noch über einen Kondensator C_2 angesteuert.
Nachdem dieser Kondensator vorbereitet wurde, kann er an die Basis einen negativen Sperrimpuls der Dauer t_i abgeben. Dazu muß diese Grundstufe durch L-Signal getriggert werden. Für die Zeit t_i verweilt die Kippstufe dann in der *Arbeitslage* Q=H. In dieser Zeit t_i wird der Kondensator C_2 über R_{B2} umgeladen, die Basisspannung erreicht zum Schluß die positive Schaltschwelle des Transistors.

Es gilt: $t_i \simeq 0{,}7 \cdot R_{B2} \cdot C_2$

Für Experten:

15.1.4 Abschätzung der Impulszeit t_i

Die Impulszeit t_i schätzen wir wie folgt ab: Mit der Triggerung (S wird geschlossen) liegt der Kondensator mit (fast) negativer Speisespannung an der Basis von V2. Dies entspricht dem Zeitpunkt t_s in Bild 15.5. Ohne den Einfluß der BE-Diode würde sich der Kondensator C_2 nach fünf Zeitkonstanten τ_i vollständig von $-U_S$ auf $+U_S$ umladen. Nach *einer* Zeitkonstanten τ_i hätte der Kondensator insgesamt schon 63% der gesamten Spannungsdifferenz durchlaufen, der Basisanschluß wäre schon deutlich positiv (Zeitpunkt τ_i in Bild 15.5).
Tatsächlich schaltet der Transistor V2 aber schon durch, wenn erst ca. 50% der Spannungsdifferenz abgebaut sind, in Bild 15.5 also etwa zum Zeitpunkt t_0, genauer bei t_i. Deshalb gilt also mit Sicherheit $t_i < \tau_i$.
Aus der Zeichnung von Bild 15.5 erhalten wir nun grob:

$$t_i \simeq 0{,}7 \cdot \tau_i = 0{,}7 \cdot R_{B2} \cdot C_2$$

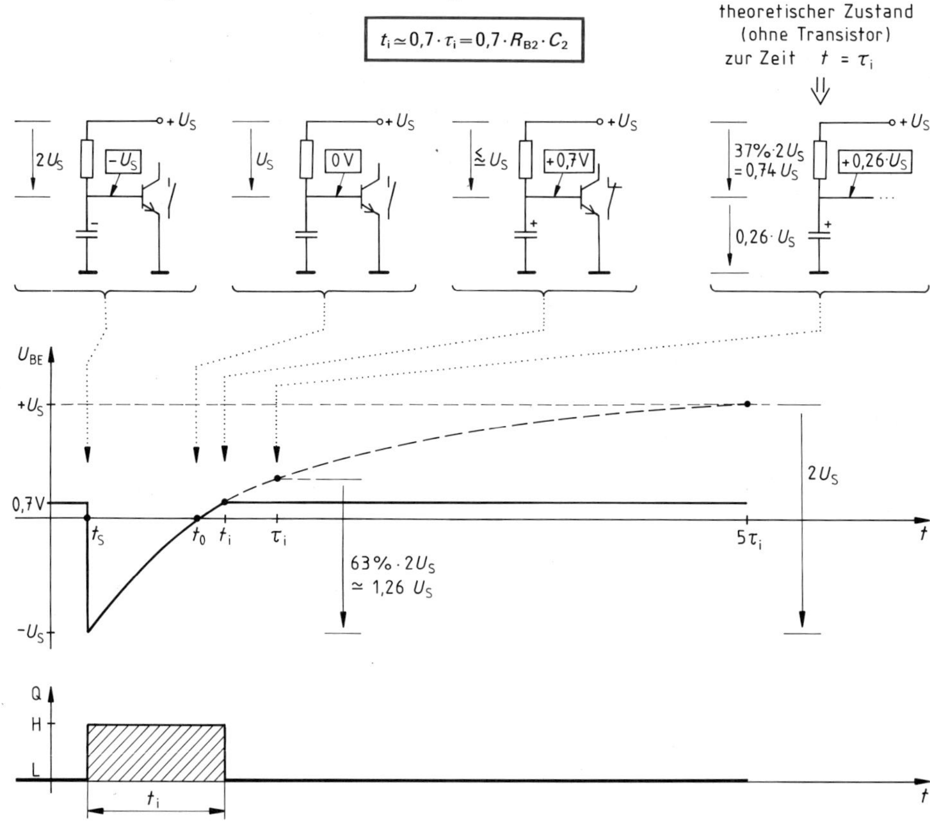

Bild 15.5 Abschätzung der Impulsdauer t_i anhand der (Um-)Ladekurve von C_2 (Zeichnung ab τ_i nicht mehr maßstäblich).

Dieses Ergebnis liefert auch eine Rechnung. Der Spannungsverlauf am Kondensator läßt sich durch eine e-Funktion beschreiben.[1]) Unter Vernachlässigung aller Schwellwerte gilt der *Ansatz:*

$$u_C = U_S(1 - 2e^{-t/\tau_i})$$

Probe für den Ansatz:

$$u_C(0) = -U_S$$
$$u_C(\tau_i) = +0{,}26 \cdot U_S$$
$$u_C(\infty) = +U_S$$

Ein Transistor (*ohne* Schwelle) schaltet bei $u_C = u_{BE} = 0$ wieder durch, also gilt für $t = t_i$ nach dem oben gemachten Ansatz:

$$u_C(t_i) = 0, \quad \text{d.h.} \quad 0 = 1 - 2e^{-t_i/\tau_i}$$

Dies liefert: $$\boxed{t_i = \tau_i \cdot \ln 2 \simeq 0{,}693\,\tau_i}$$

15.1.5 Technische Grenzen für t_i

Die Untergrenze für die Impulsdauer t_i ist sicher durch die Schaltzeiten des Transistors bestimmt. Die Obergrenze ergibt sich gemäß $t_i \simeq 0{,}7 \cdot R_{B2} \cdot C_2$ aus den Höchstwerten für R_{B2} und C_2. Der Maximalwert von R_{B2} ist jedoch durch den Basisstrom eines Transistors beschränkt. Ein Transistor wird nämlich nur dann sicher den (Ruhe-)Zustand Q = L einnehmen, wenn

$$R_{B2} = \frac{1}{\ddot{u}} \cdot BR_{C2}$$

eingehalten wird.[2])

Damit läßt sich t_i nur noch über C_2 wesentlich weiter vergrößern. Da aber große Kapazitäten nur als Elkos erhältlich sind, begrenzen deren Leckströme, die mit der Kapazität stark ansteigen, den Wert von C_2 bzw. t_i[3]).

Folge:

Mit handelsüblichen Bauelementen lassen sich **Impulszeiten von ca. 10 µs bis maximal 10 s** realisieren.

Größere Zeiten sind nur durch den Einsatz von Feldeffekt-Transistoren (z. B. Sperrschicht- oder MOSFET-Typen) möglich.[4]) Diese benötigen keine Steuerströme, dadurch kann R_{B2} extrem vergrößert werden, was sehr große Zeiten t_i ermöglicht (siehe z. B. Aufgabe 4).

15.1.6 Schutzmaßnahme bei hoher Speisespannung

Bei der Vorbereitung wird C_2 auf die Speisespannung U_S aufgeladen (vorbereitet). Nach der Triggerung liegt demnach die volle negative Speisespannung an der BE-Diode und beansprucht diese in Sperrichtung. Die BE-Dioden haben aber in der Regel schon bei Spannungen um 6 V einen Sperrdurchbruch (Zenerdurchbruch), wodurch sich C_2 unerwartet entlädt, was wiederum t_i verkürzt. Abhilfe schafft hier eine Schutzdiode in der Basiszuleitung (Bild 15.6).

[1]) mehr Grundsätzliches hierzu in Kapitel 2.2.3
[2]) siehe z. B. Kapitel 13.2.5
[3]) Bei der Umladung über R_{B2} erleiden diese Elkos eine Fehlpolung von ca. 0,7 V. Dies „verkraften" sie aber noch klaglos.
[4]) Sperrschicht-FET: siehe Kapitel 11.1, (selbstsperrender) MOSFET siehe Kapitel 11.3.

Also:

Bei Speisespannungen ab 6 V **Basisschutzdiode** vorsehen.

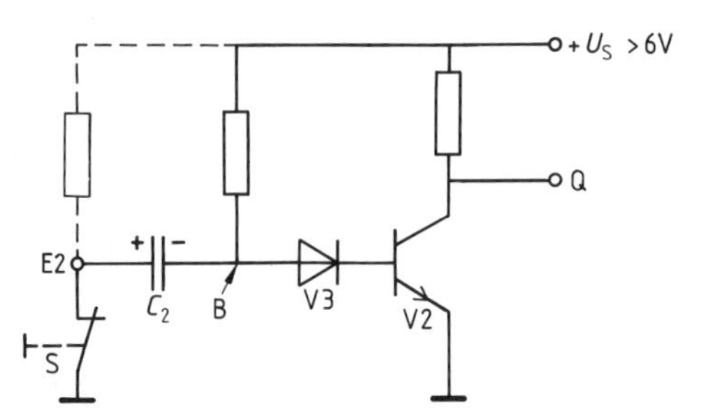

Bild 15.6 Beim Schließen der Taste S liegt negative Spannung am Punkt B an. Die Schutzdiode verhindert einen Sperrdurchbruch der BE-Diode.

15.1.7 Endausbau des Monoflops

Die vorgestellte Grundstufe hat einen entscheidenden Nachteil:

► Wenn schon während der Impulsdauer t_i die Taste S losgelassen wird (bzw. das L-Triggersignal an E2 verschwindet), hört der Ausgangsimpuls augenblicklich auf.

Grund: Die vorher stromlose Basis erhält über R_{B2} und – zusätzlich durch den Ladestrom von C_2 – sofort wieder Basisstrom. V2 schaltet durch und liefert Q = L, der Impuls bricht ab (Bild 15.7, Fall b).

Die (Monoflop-)Grundstufe erlaubt nur eine **Verkürzung von Impulsen.**

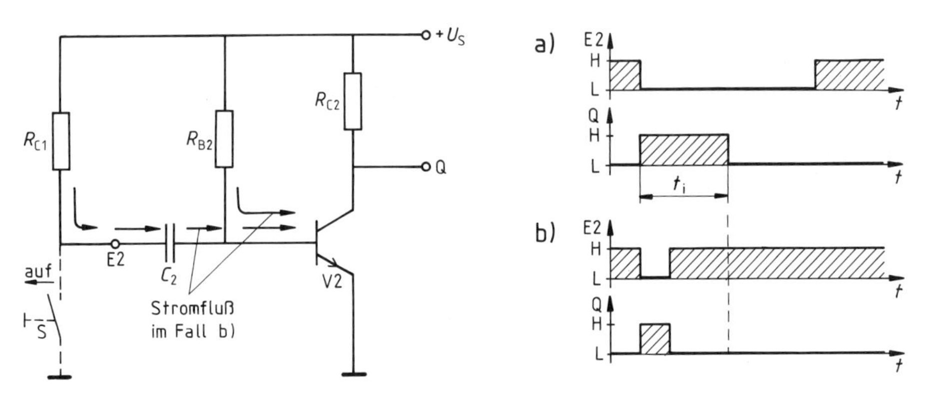

Bild 15.7 Das Verhalten der (Monoflop-)Grundstufe: Der Triggerimpuls ist im Fall a länger und im Fall b kürzer als die Impulsdauer t_i. Im Fall b bricht der Ausgangsimpuls sofort ab.

Nun hatten wir schon bei der bistabilen Kippstufe (Kapitel 14.1.1) ein ähnliches Problem. Das Ausgangssignal sollte dort ebenfalls noch weiterbestehen, wenn das Eingangssignal längst verschwunden war. Dies führte zur Idee der *Selbsthaltung*, d. h. zur Rückführung des Ausgangssignals auf den Eingang. Wir nannten diese Schaltungsmaßnahme Rückkopplung (exakter: Mitkopplung).

Bei der Monoflopgrundstufe ist zunächst eine direkte Rückführung des Ausgangssignals auf den Eingang nicht möglich, weil am Eingang ein L-Signal anliegt, während der Ausgang in der „Selbsthaltezeit" t_i ein H-Signal liefert (bzw. liefern soll). Deshalb schalten wir der Grundstufe noch einen *Signalinverter* vor.

- Dadurch wird die mechanische Schaltstrecke der Taste S durch die CE-Strecke eines Transistors ersetzt und
- die Triggerung erfolgt jetzt durch ein H-Signal.
- Somit haben Ein- und Ausgangssignal dieselbe Phasenlage, eine direkte Signalrückführung ist also möglich.

Aufgrund dieser Punkte erhalten wir eine Monoflopschaltung nach Bild 15.8 (mit der Rückkopplungsleitung RKL). Wenn das Eingangssignal (H-Signal) schon vor Ablauf der Impulszeit t_i verschwindet, erfolgt über RKL die Selbsthaltung, d. h., Q = H müßte nun E1 auf H „halten". Leider entstehen hier aber noch einige Kurzschlüsse, was leicht einzusehen ist.

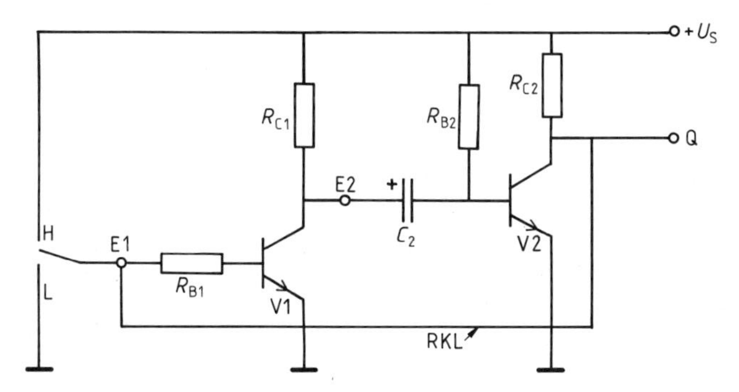

Bild 15.8 Fast funktionstüchtige Monoflopschaltung

Fall I: Das Eingangssignal ist kürzer als t_i.

Wir betrachten Bild 15.8. Wenn hier der Eingang schon auf L umschaltet, bevor der Ausgangsimpuls abgelaufen ist, wird Q = H über die Leitung RKL durch E1 = L (Masse) kurzgeschlossen.

Abhilfe: Eine Eingangsdiode *(Blockdiode)* nach Bild 15.9. Gilt jetzt E = L und dauert Q = H noch an, so sperrt V3 und verhindert den Kurzschluß des Ausgangssignals mit Masse.

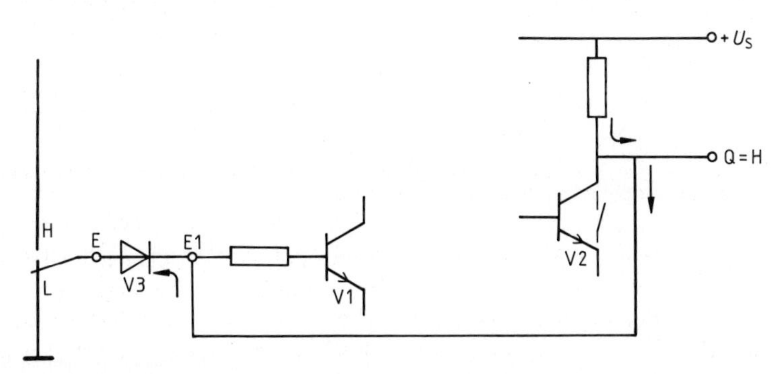

Bild 15.9 V3 verhindert einen Kurzschluß bei Q = H und E = L

Fall II: Das Eingangssignal ist länger als t_i.

Wir betrachten jetzt die verbesserte Schaltung von Bild 15.9 und stellen uns vor, daß E noch an H-Signal anliegt und Q schon wieder auf L-Signal umgeschaltet hat. Ergebnis: Diesmal wird das H-Signal am Eingang – über V3 und die Leitung RKL – durch Q=L (Masse) kurzgeschlossen.

Abhilfe: Eine *Blockdiode* V4, diesmal in der Leitung RKL (Bild 15.10). Gilt jetzt E=H und Q=L, sperrt V4.

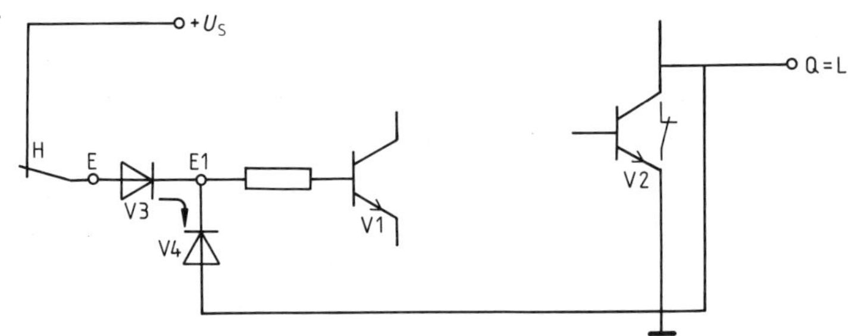

Bild 15.10 V4 verhindert einen Kurzschluß bei E=H und Q=L

Zum Glück überträgt V4 bei Q=H das H-Signal an E1, d.h. die Selbsthaltung bei relativ kurzem Eingangssignal ist nach wie vor gewährleistet.

Damit haben wir die endgültige (Grund-)Schaltung des Monoflops erarbeitet (Bild 15.11). Dieses Monoflop ist mit H-Signal beliebiger Länge triggerbar. Es gibt in jedem Fall einen H-Impuls mit definierter Dauer t_i ab.

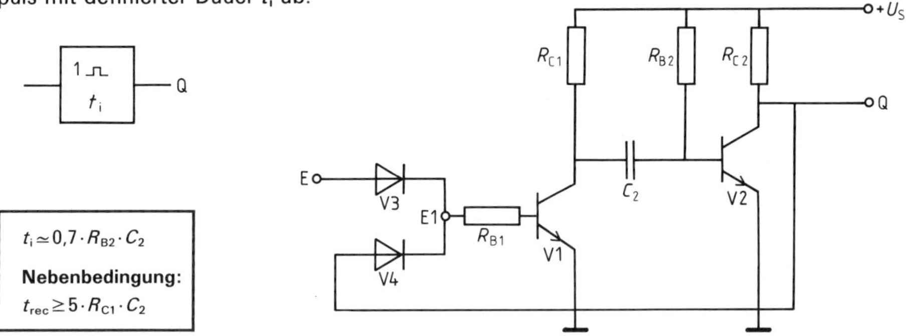

Bild 15.11 Schaltzeichen und Schaltplan eines Monoflops[1])

Die beiden Dioden stellen bezüglich E1 übrigens eine **ODER-Schaltung** dar: An E1 gelangt ein H-Signal bei E=H *oder* bei Q=H. Letzteres schafft die in der Zeit t_i gewünschte Selbsthaltung.

> Im Endausbau enthält das Monoflop neben der Grundstufe noch eine **Signalrückführung,** die über eine *ODER-Schaltung* und einen *Inverter* läuft. Das vorgestellte Monoflop (Bild 15.11) triggert mit H-Signal, die Dauer des Eingangssignals ist beliebig.
> Das Ausgangssignal hat immer die *feste Impulsdauer.*[2])
>
> $$t_i \simeq 0{,}7 \cdot R_{B2} C_2 .$$

Die ODER-Schaltung am Eingang sorgt nicht nur für die Selbsthaltung bei „zu kurzen" Triggersignalen, sondern macht auch wiederholte Triggersignale in der Zeit t_i wirkungslos: E1 bleibt ja über V4 in der Zeit t_i ständig mit Q=H verbunden. Dieses Monoflop ist also, wie wir sagen, *nicht nachtriggerbar.*

[1]) In „billigen" Versionen werden die Dioden durch Widerstände ersetzt. Die besprochenen Kurzschlüsse sind dann nur „relativ".

[2]) Natürlich nur, wenn sich vor jedem Triggerimpuls der Kondensator C_2 jedesmal vollständig „erholen" (aufladen) kann. Dies erfordert die Zeitspanne $t_{rec} = 5 \cdot R_{C1} \cdot C_2$.

Nachtriggerbare Monoflops gibt es ebenfalls, sie haben aber ein recht kompliziertes Innenleben, das vorhandene Monoflop übernimmt hier z. B. nur noch eine Hilfsfunktion[1]).
Selbstverständlich lassen sich auch Monoflops verdrahten, die mit L-Signal am Eingang getriggert werden und daraufhin ein L-Signal der Dauer t_i am Ausgang abgeben (Ruhelage also Q = H). Ihre Schaltung ergibt sich direkt aus Bild 15.11, wenn entsprechend „umgestellt" wird (siehe Aufgabe 7).

15.1.8 Symmetrische Darstellung: wechselseitige Kopplung

Wenn wir die Schaltung des Monoflops *symmetrisch* darstellen (Bild 15.12), lassen sich Ähnlichkeiten und Unterschiede zur bistabilen Kippstufe gut erkennen:
Beide Stufen sind wieder wechselseitig gekoppelt. Im Gegensatz zur bistabilen Kippstufe ist hier jedoch *eine Stufe kapazitiv angekoppelt*. Dadurch entsteht die Instabilität des zweiten Zustands (der Arbeitslage).

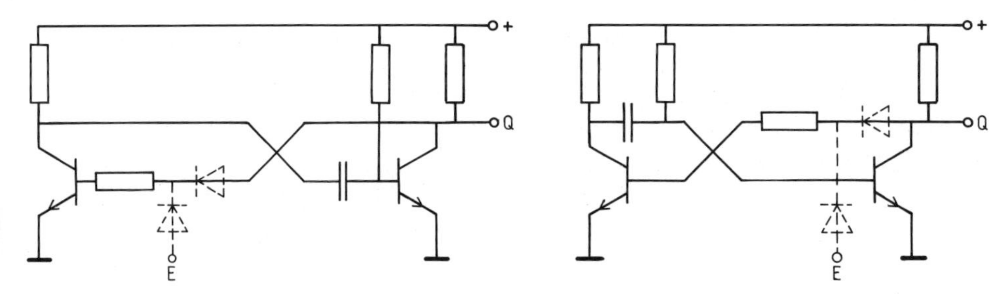

Bild 15.12 Zwei symmetrische Darstellungen des Monoflops aus Bild 15.11

15.1.9 Dynamische Triggereingänge

Monostabile Kippstufen lassen sich auch mit den schon in Kapitel 14.6 genauer besprochenen dynamischen Eingängen versehen.

> **Bei dynamischen Eingängen** erfolgt eine Triggerung nur noch bei steilen Signalflanken mit einer ganz bestimmten (Sprung-)Richtung.

Dadurch wird einerseits der Triggerzeitpunkt sehr exakt definiert und andererseits werden alle Störungen mit geringerer Flankensteilheit „ausgeblendet". Bild 15.13 deutet an, wie aus dem statisch angesteuerten Monoflop z. B. eine *positiv flankengetriggerte Kippstufe* wird.

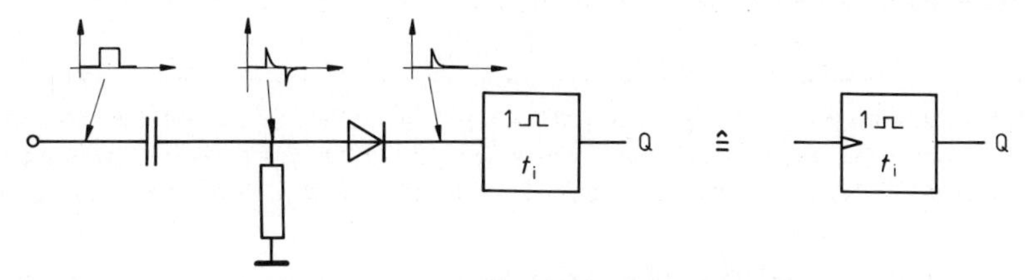

Bild 15.13 Hier wird das Monoflop nur noch durch sehr steile positive Flanken getriggert

[1]) Der integrierte Schaltkreis 74122 ist nachtriggerbar, 74121 dagegen nicht, mehr dazu in Kapitel 19.1.2.

Entsprechend zeigt Bild 15.14 den Anschluß eines Dynamikvorsatzes, wenn mit *negativen Flanken* getriggert werden soll.

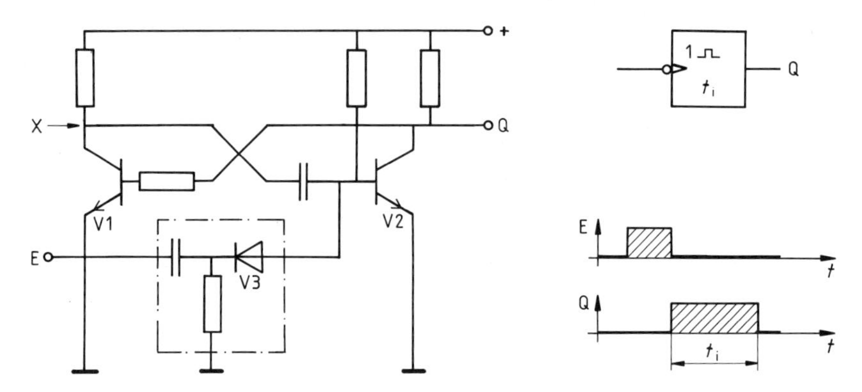

Bild 15.14 Schaltung eines negativ flankengetriggerten Monoflops

Bei einem negativen Impuls, den die Diode V3 an die Basis von V2 überträgt, wird V2 gesperrt. Q springt auf H. Durch die Rückkopplung schaltet nun V1 durch, der Punkt X legt den Kondensator an Masse. Der weitere Funktionsablauf ist bekannt.

Anmerkung zu Bild 15.14:

Die bei statischer Ansteuerung notwendigen Entkoppeldioden (siehe z. B. Bild 15.12) sind hier nicht mehr notwendig. Es können ja keine Kurzschlüsse zwischen Ausgang Q und einem bei E statisch anliegenden Eingangssignal auftreten.

15.2 Die astabile Kippschaltung, ein Rechteckgenerator

Wie der Name schon sagt, gibt es bei den astabilen Elementen überhaupt keinen Zustand, der auf Dauer stabil ist.[1]) Ohne äußere Triggerung kippt hier das Ausgangssignal ständig von einem (binären) Zustand in den anderen. Die Schaltung arbeitet somit als *Rechteckgenerator*, was auch das Schaltzeichen (Bild 15.15) andeutet. Solche Generatoren finden wir häufig als Taktgeber in Rechnern und Uhren, bei Blinkgebern und in Tongeneratoren vor.

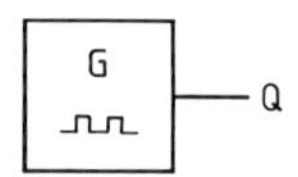

Bild 15.15 Schaltzeichen einer astabilen Kippschaltung (astabiles Element)

---

[1]) a... (gr.): verneinende Vorsilbe

15.2.1 Zwei Monoflops werden astabil

Die Idee des astabilen Elementes ist recht einfach. Zwei Monoflopgrundstufen werden ringförmig hintereinandergeschaltet (Bild 15.16).

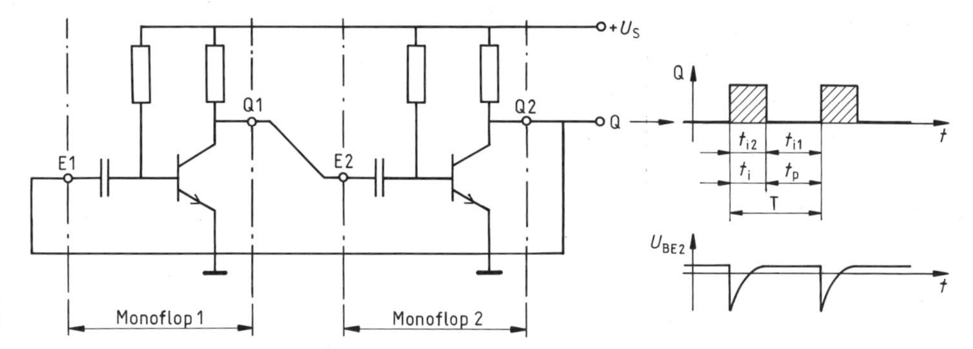

Bild 15.16 Die Ringschaltung zweier Monoflopgrundstufen liefert einen astabilen Generator

Jede Monoflopgrundstufe wird ja bekanntlich mit einem L-Signal getriggert und liefert dann für die Zeit t_i ein H-Signal. Angenommen, das erste Monoflop kippt gerade in den Ruhezustand Q1 = L zurück, dann wird in diesem Augenblick das zweite Monoflop getriggert. Dieses liefert für die Zeit t_{i2} ein H-Signal an den Ausgang Q2. Danach kippt es auf Q2 = L zurück und triggert nun das erste Monoflop. Dieses gibt dann für die Zeit t_{i1} ein H-Signal bei Q1 ab. Mit dem Rücksprung von Q1 auf L wird jetzt wieder die zweite Stufe getriggert, so daß dort die Impulspause zu Ende ist und erneut ein H-Signal der Dauer t_{i2} beginnt.[1])
Wenn wir den Ausgang Q2 zum eigentlichen Ausgang Q des Generators erklären, liefert Q Impulse der Dauer t_i und Impulspausen der Dauer t_p (Bild 15.16). Die Periodendauer ergibt sich somit aus:

$$T = t_i + t_p$$

und die (Schwing-)Frequenz des Generators folgt aus:

$$f = \frac{1}{T}$$

> Eine **astabile Kippschaltung** wird durch einen *Ring zweier Monoflopgrundstufen* gebildet. Jede Stufe liefert einen zeitlich begrenzten H-Impuls und triggert danach die jeweils nächste Stufe mit L-Signal.
> Das astabile Element nennen wir auch *astabiles Flipflop* oder *(astabilen) Multivibrator.*

15.2.2 Die symmetrische Darstellung der Schaltung

Üblicherweise wird der Monoflopring aus Bild 15.16 symmetrisch dargestellt (Bild 15.17).[2])
Damit zeigen sich starke Ähnlichkeiten zur symmetrischen Darstellung der bistabilen und monostabilen Elemente.

[1]) Weitere Details folgen gleich in Kapitel 15.2.3.
[2]) Symmetrische Darstellung bedeutet aber nicht, daß auch symmetrisch dimensioniert wird (bzw. werden muß).

Wir erkennen wieder eine wechselseitige Kopplung beider Stufen. Diese Kopplung erfolgt aber hier allein über Kondensatoren, was letztlich die zeitliche *Instabilität beider Zustände* bewirkt.

- Im folgenden stellen wir die astabilen Elemente *nur noch symmetrisch* dar.
- Da im Teilbild 15.17,a die Monoflopgrundstufen und die *Zuordnung der Bauelemente* zu diesen Stufen *leichter* zu erkennen ist, verwenden wir diese Darstellung.[1])

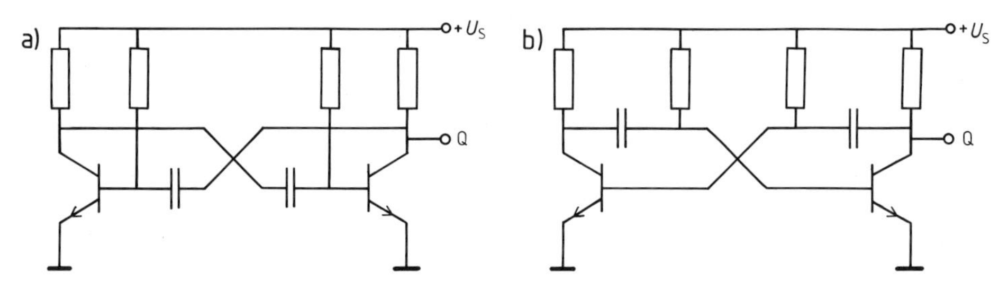

Bild 15.17 Zwei symmetrische Darstellungen der astabilen Kippschaltung aus Bild 15.16

15.2.3 Der Funktionsablauf im Detail

Wir erinnern uns:

Das astabile FF besteht aus zwei Monoflopgrundstufen. Diese arbeiten nur dann einwandfrei, wenn die Aufladung (=Vorbereitung) der zeitbestimmenden Kondensatoren jedesmal vollständig abgeschlossen ist. Diese *Vorbereitung* und ihre Problematik betrachten wir nun genauer.

Wir nehmen wieder an, die erste (linke) Stufe kippt gerade auf L-Signal zurück und triggert damit die zweite (rechte) Stufe. Dadurch liefert die Stufe 2 einen H-Impuls für die Zeit t_i an den Ausgang Q. Ordnungsgemäße Funktion vorausgesetzt, gilt für t_i:

$$t_i \simeq 0{,}7 \cdot R_{B2} \cdot C_2$$

In dieser Zeit muß sich der Kondensator C_1 der ersten Stufe aufladen. Dies geschieht über R_{C2} (Bild 15.18, a). Die Ladezeit (Erholzeit) von C_1 errechnet sich somit aus:

$$t_{rec}(C_1) = 5 \cdot R_{C2} \cdot C_1$$

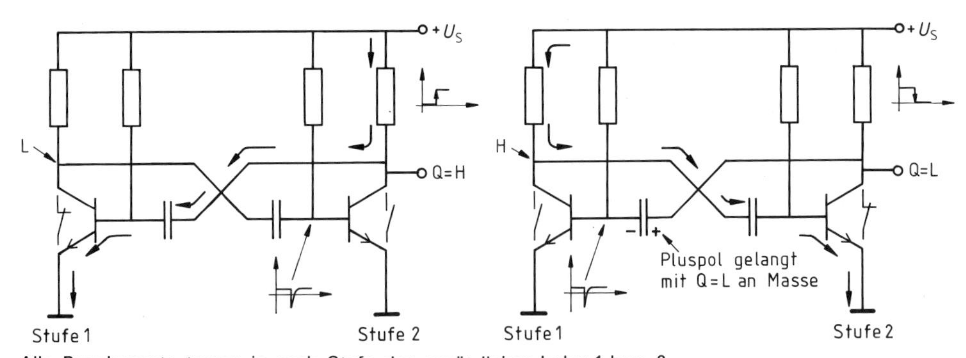

Alle Bauelemente tragen je nach Stufe den zusätzlichen Index 1 bzw. 2.

Bild 15.18 a) Stufe 1 triggert gerade Stufe 2 mit L-Signal. Die Vorbereitung von C_1 beginnt mit Q=H.

Bild 15.18 b) Stufe 2 triggert Stufe 1, C_2 wird vorbereitet

[1]) In Bild 15.17, b gehört z. B. der rechte Basiswiderstand und der rechte Kondensator zum linken Transistor, was im folgenden eine klare Gliederung in Stufe 1 und Stufe 2 unmöglich machen würde.

Eine vollständige Vorbereitung (Aufladung, Erholung) erfolgt also nur für:

$$t_{rec}(C_1) \leq t_i$$

Wenn nach der Zeit t_i der Ausgang Q auf L zurückspringt, ist C_1 (praktisch) auf U_S aufgeladen und gelangt mit seinem Pluspol an Masse (Bild 15.18, b). Dadurch erhält V1 negative Basisspannung. V1 sperrt, bis sich C_1 über R_{B1} umgeladen hat. Während der Zeit $t_p \simeq 0{,}7 \cdot R_{B1} \cdot C_1$ liegt damit am Kollektor von V1 ein H-Signal. In dieser Zeit t_p wird nun C_2 über R_{C1} vorbereitet (Bild 15.18, b). C_2 benötigt dafür die Zeit:

$$t_{rec}(C_2) = 5 \cdot R_{C1} \cdot C_2$$

Nur für den Fall, daß

$$t_{rec}(C_2) \leq t_p$$

gilt, wird C_2 ganz aufgeladen und nur dann ergibt sich auch die „ordnungsgemäße Funktion" der Stufe 2, die wir anfangs (bei der Berechnung von t_i) vorausgesetzt haben.

Ergebnis:

Immer wenn eine Stufe gerade H-Signal liefert (gesperrt ist), wird der Kondensator der jeweils anderen Stufe über den Kollektorwiderstand vorbereitet (aufgeladen).
Vollständige Vorbereitung erfordert

$$t_{rec}(C_1) \leq t_i \text{ und } t_{rec}(C_2) \leq t_p$$

Folgen des Vorbereitungsstromes:

15.2.4 Verrundetes Ausgangssignal

Bild 15.19 zeigt noch einmal die Vorbereitung von C_1. Diese beginnt, wenn Q auf H springt, V2 also sperrt. Der Ladestrom von C_1 verursacht nun an R_{C2} einen Spannungsabfall. Dieser mindert so lange die Ausgangsspannung, bis die Aufladung beendet ist, der Ausgangsimpuls erscheint dadurch *verrundet* (Bild 15.19). Die *Verrundungszeit* ergibt sich also aus der Vorbereitungszeit t_{rec}.

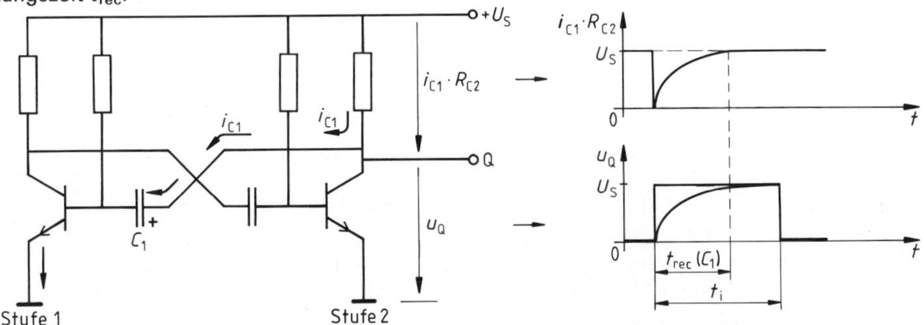

Bild 15.19 Durch den Vorbereitungsstrom für den Kondensator steigt die Ausgangsspannung nicht sprunghaft an.

Bei H-Signal fließen die *Vorbereitungsströme* für die Kondensatoren über die Kollektorwiderstände R_C. Durch den entstehenden Spannungsabfall werden die Kollektorsignale verrundet. Diese **Verrundungszeit** ergibt sich (allgemein) aus:

$$t_{rec} = 5 \cdot R_C \cdot C$$

Anmerkung:

Die Verrundung ist dann besonders deutlich zu sehen, wenn t_i und t_{rec} dieselbe Größenordnung haben. Eine Möglichkeit, die Signalverrundung relativ klein zu halten bzw. ganz aufzuheben, stellt die Aufgabe 15 vor.

Weitere Folge des Vorbereitungsstromes:

15.2.5 Begrenzung des Tastverhältnisses

Da die Vorbereitung der Kondensatoren immer Zeit benötigt, kann die *Impulszeit t_i nicht beliebig verkleinert* werden.[1]) Sofern wir die Taktzeit T (und damit die Frequenz f) des Generators konstant lassen, nimmt bei einer Verkleinerung von t_i (am Ausgang Q der Stufe 2) die Pausenzeit t_p stark zu (Bild 15.20). Eine große Zeit t_p erfordert auch einen relativ großen „Sperrkondensator" C_1 für die andere, die erste Stufe. Eben dieser Kondensator C_1 muß in der Zeit t_i noch geladen werden können.

Wegen $t_i \geq t_{rec}(C_1)$,

also $t_i \geq 5 \cdot R_{C2} \cdot C_1$

ist für t_i durch C_1 eine untere Grenze gegeben, zumal die Kollektorwiderstände (insbesondere R_{C2}) meist schon festliegen (Belastbarkeit).

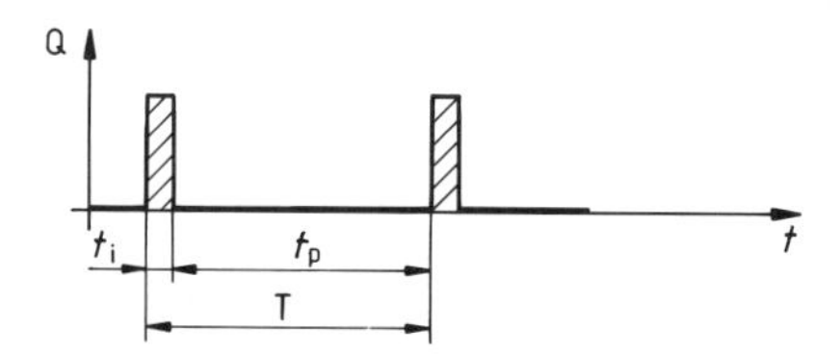

Bild 15.20 Ausgangssignal bei großem Tastverhältnis $V = T/t_i$, aufgenommen an der Stufe 2

> Bei fester Zeit T wird t_p größer, wenn t_i kleiner werden soll. In der Zeit t_i muß dann ein immer größerer Kondensator für die großen Impulspausen t_p vorbereitet werden. t_i hat deshalb eine *praktische Untergrenze*, diese liegt bei:
>
> $$t_i \geq \frac{1}{10} \cdot T$$
>
> Damit ist das **Tastverhältnis** V begrenzt auf:
>
> $$V = T/t_i \leq 10$$

Wie wir schon aus Kapitel 15.1.5 wissen, ist die Impulszeit eines Monoflops auf ca. 10 s beschränkt. Dadurch ist auch die Taktzeit T einer astabilen Kippschaltung begrenzt (bei symmetrischer Dimensionierung auf ca. 20 s).

Eine Ausnahme, sowohl im Hinblick auf die Begrenzung des Tastverhältnisses V als auch der Taktdauer T bilden Schaltungen mit **MOSFETs.** Da hier keine Basisströme fließen, kann die Sperrzeit $t_p \simeq 0{,}7 \cdot R_{B1} \cdot C_1$ mit großen Widerständen R_{B1} bei relativ kleinen Kondensatoren C_1 erzielt werden.

Solch kleine Kapazitäten C_1 können aber noch bei sehr kurzen Impulszeiten t_i aufgeladen werden. Damit unterliegt das Tastverhältnis $V = T/t_i$ (fast) keinen Beschränkungen mehr. Es sind z. B. Taktzeiten von mehr als 1 min erreichbar. Dabei läßt sich die Impulsdauer t_i ohne Schwierigkeiten unter 5% der Taktzeit halten (siehe auch Aufgabe 16).

[1]) t_p natürlich auch nicht

15.2.6 Andere Schaltungen für Rechteckgeneratoren

Es gibt noch einige Möglichkeiten, Rechteckgeneratoren aufzubauen. Bild 15.21 zeigt z.B. einen Rechteckgenerator mit einem Operationsverstärker. Diese Schaltung haben wir schon eingehend in Kapitel 12.7.3 besprochen. Es fällt übrigens auf, daß hier *nur ein einziges RC-Glied* die Taktzeit festlegt. Eine entsprechende Standardschaltung mit Transistoren gibt es ebenfalls.

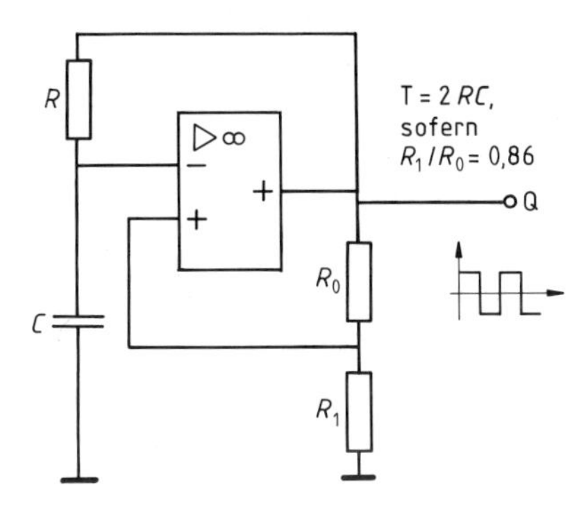

Bild 15.21 Rechteckgenerator mit OV

15.2.7 Ein Kondensator und ein Widerstand genügen auch

Für die Digitaltechnik besonders interessant ist die Generatorschaltung nach Bild 15.22. Hier werden zwei Inverter, die meist als integrierte Bausteine zur Verfügung stehen, extern mit nur zwei Bauelementen R und C beschaltet. Diese bilden hier allein das zeitbestimmende *RC*-Glied.

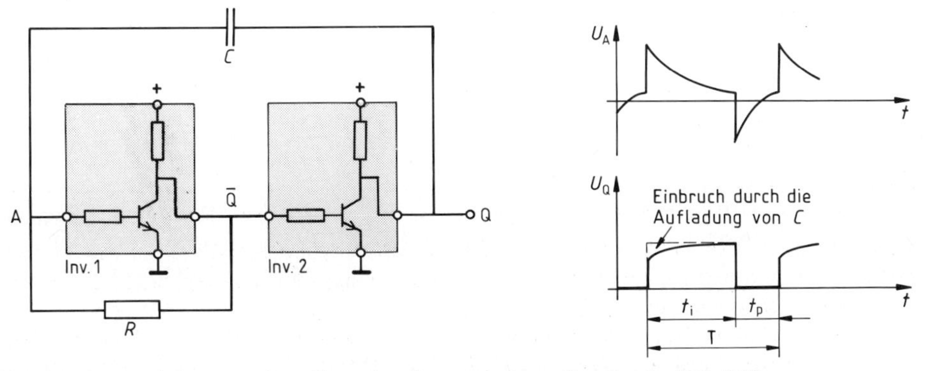

Bild 15.22 (Astabiler) Generator mit zwei Invertern und nur zwei externen Bauteilen. Es gilt $T \simeq 2RC$.

Zur *Erklärung des Funktionsablaufes* betrachten wir Bild 15.23. Die beiden Inverter sind hier durch ihr genormtes Kurzsymbol (Näheres in Kapitel 17.1.3) dargestellt.
Angenommen der Ausgang Q springt gerade auf H-Signal. Wegen der Invertierung liegt Punkt $\overline{Q}$ auf Masse. Der Kondensator C lädt sich damit „an" Q=H über R auf (Bild 15.23, a). Der Ladestrom erzeugt am Punkt A ein H-Signal, welches (einige Zeit) $\overline{Q}$=L und Q=H „stabilisiert". Das H-Signal bei A verschwindet jedoch nach der Zeit t_i, die (je nach Schaltschwelle, siehe Bild a) etwas größer als $\tau = RC$ ausfällt.

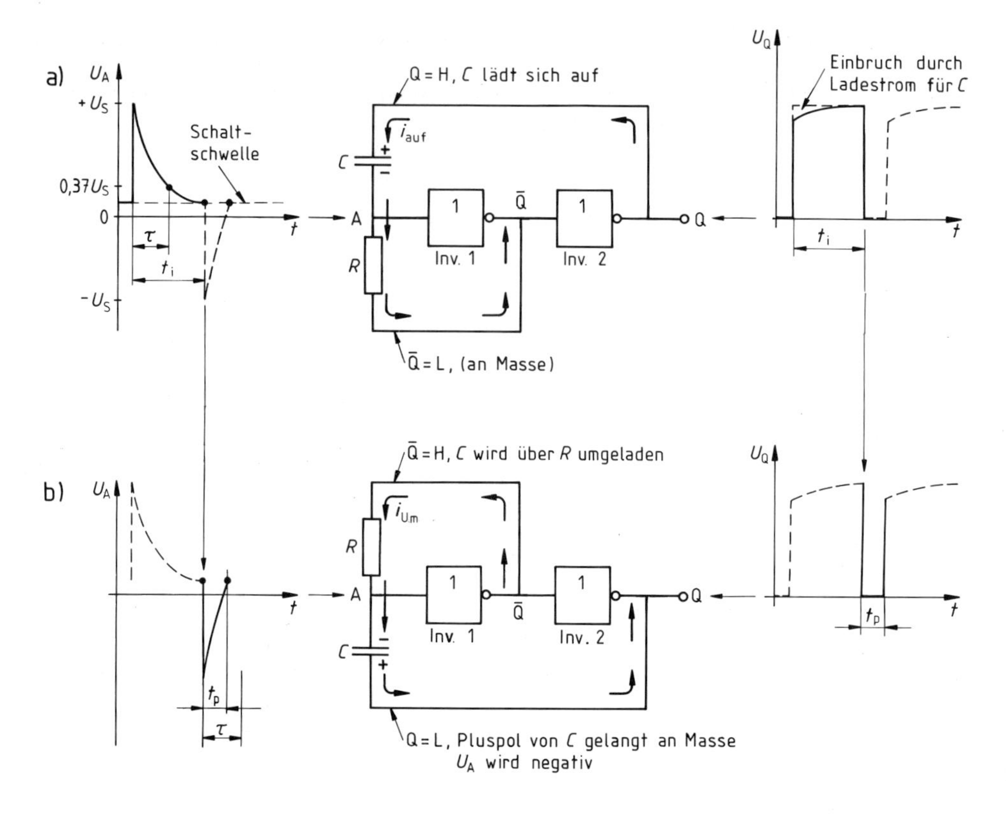

Bild 15.23 Schaltzustände zu Bild 15.22
a) In der Zeit t_i gilt Q=H, A=H, $\overline{Q}$=L. Wenn A auf L „abfällt", weil der Aufladestrom i_{auf} abklingt, kippt die Anordnung; jetzt gilt:
b) A=L, $\overline{Q}$=H, Q=L.

Durch A=L wird aber $\overline{Q}$=H und Q=L erzwungen. Der Pluspol von C gelangt jetzt durch Q=L an Masse (Bild 15.23, b). Der Inverter 1 bleibt solange gesperrt, bis sich C über R auf dessen „H-Schaltschwelle" umgeladen hat. Dies ist nach der Zeit t_p der Fall, wobei t_p deutlich unter $\tau = R \cdot C$ liegt.[1])

Jetzt gilt also wieder A=H, folglich kippt $\overline{Q}$ auf L und Q auf H zurück. Der Vorgang beginnt erneut (wie oben beschrieben). Die Zeiten $t_i > RC$ und $t_p < RC$ summieren sich in etwa auf eine Taktzeit von $T \simeq 2 \ldots 2{,}5 \cdot RC$. Die beiden Zeiten t_i, t_p können übrigens auch getrennt festgelegt werden (Bild 15.24).

Taktgeneratoren können mit zwei Invertern (in Reihe) und *einem* zeitbestimmenden *RC*-Glied aufgebaut werden.
Die Enden des *RC*-Gliedes werden dabei abwechselnd an die Inverterausgänge angeschlossen. Dadurch arbeitet R einmal als Lade- und einmal als Umladewiderstand für den Kondensator C. Für die Taktzeit gilt:

$$T \simeq 2RC$$

[1]) Dies zeigt Bild 15.23, b auch, allerdings ohne jede Erklärung. Diese kann z. B. nach Bild 15.5 erfolgen.

Weitere *Generatorschaltungen*, speziell für integrierte Schaltungen, behandeln wir in Kapitel 19.2. Für Sonderanwendungen stellt die Aufgabe 18 noch einen *stromsparenden Generator* vor. Abweichend vom bisherigen Konzept leiten bzw. sperren bei diesem Generator die beiden komplementären Transistoren immer zur selben Zeit.

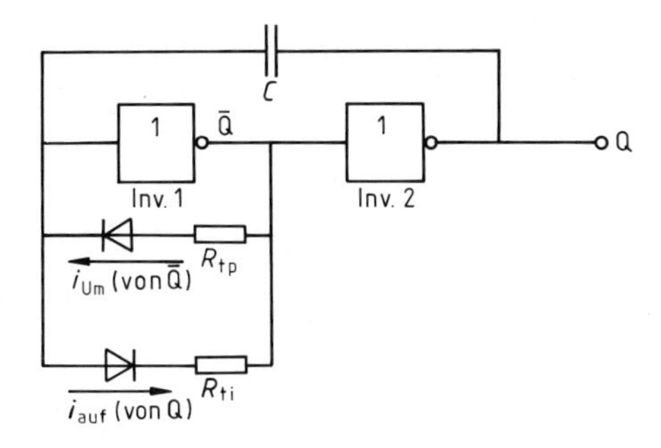

Bild 15.24 Durch „Splitten" von R können hier die Impuls- und Pausenzeiten getrennt festgelegt werden.

15.3 Ein Vergleich der besprochenen Kippschaltungen

Weggelassen sind dynamische Eingänge und Basisschutzdioden, die bei $U_S > 6$ V beim mono- und astabilen FF notwendig werden (siehe Kapitel 15.1.6).

► Die Berechnung beginnt jeweils mit den Formeln des bistabilen FF

Bistabiles FF (hier als Beispiel das R̄S̄-FF)

► zwei stabile Zustände
► wechselseitige Widerstandskopplung
► statische Zustandssteuerung mit L-Signal (R̄S̄-FF, vgl. Kapitel 14.1.2)

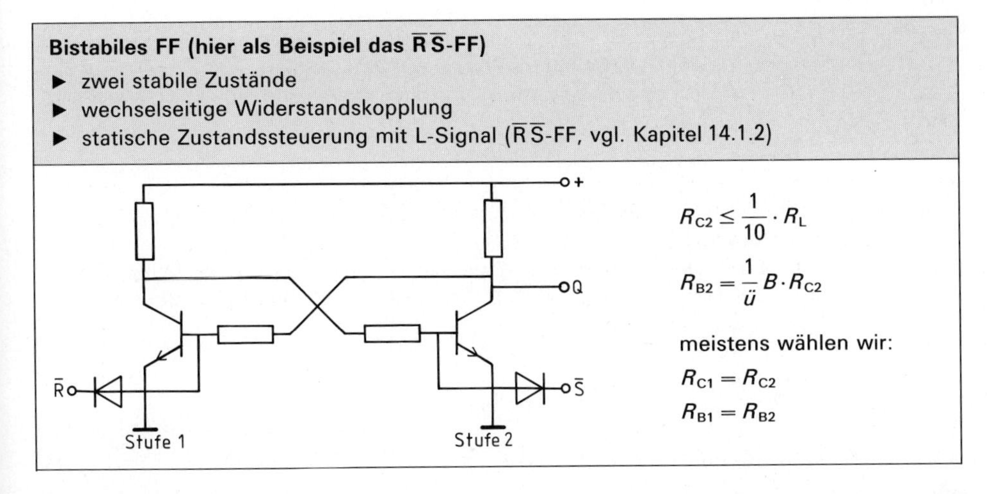

$$R_{C2} \leq \frac{1}{10} \cdot R_L$$

$$R_{B2} = \frac{1}{\ddot{u}} B \cdot R_{C2}$$

meistens wählen wir:

$R_{C1} = R_{C2}$

$R_{B1} = R_{B2}$

Monostabiles FF

- ein stabiler Zustand, Ruhelage Q = L, Arbeitslage Q = H instabil
- je eine Widerstands- und je eine Kondensatorkopplung
- Triggerung mit H-Signal (H-Zustand) am Eingang E

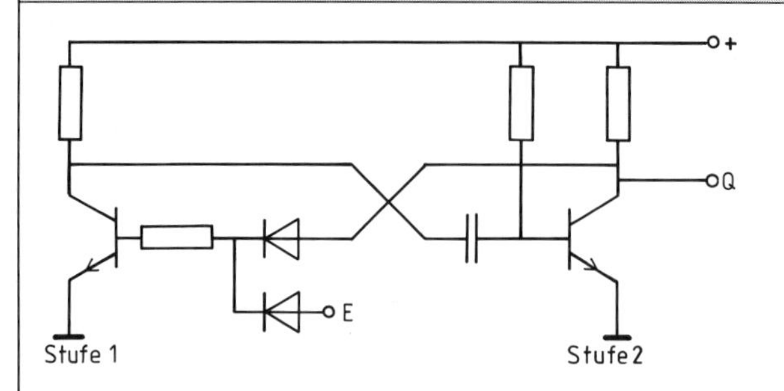

$t_i \simeq 0{,}7 \cdot R_{B2} \cdot C_2$

$t_{rec}(C_2) = 5 \cdot R_{C1} \cdot C_2$

Astabiles FF (Sonderform mit nur *einem RC*-Glied: siehe Kapitel 15.2.7)

- kein stabiler Zustand, ständiger Wechsel zwischen Q = H (Dauer t_i) und Q = L (Dauer t_p)
- wechselseitige Kondensatorkopplung

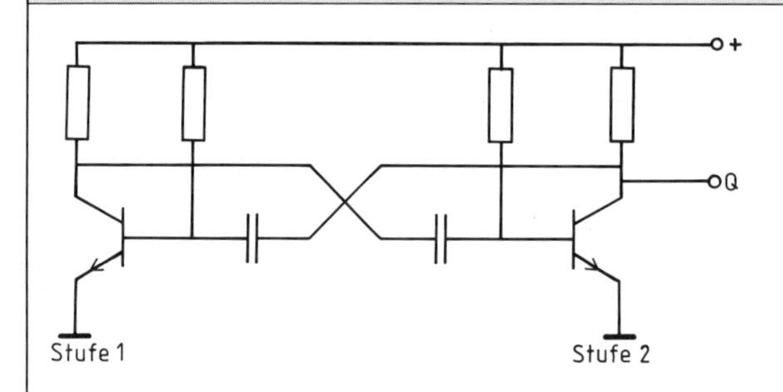

$T = t_i + t_p \rightarrow f = 1/T$

$t_p = 0{,}7 \cdot R_{B1} \cdot C_1$

$t_{rec}(C_1) = 5 \cdot R_{C2} \cdot C_1$

Aufgaben

Monostabile Kippschaltungen

Monoflopgrundstufe

1. a) Mit welchem Signal wird die skizzierte Monoflopgrundstufe getriggert?
   b) Erläutern Sie das Zustandekommen der stabilen Ruhelage, die Vorbereitung und Auslösung eines Impulses.
   c) Weshalb eignet sich die Grundstufe nur zur Impulszeitverkürzung?

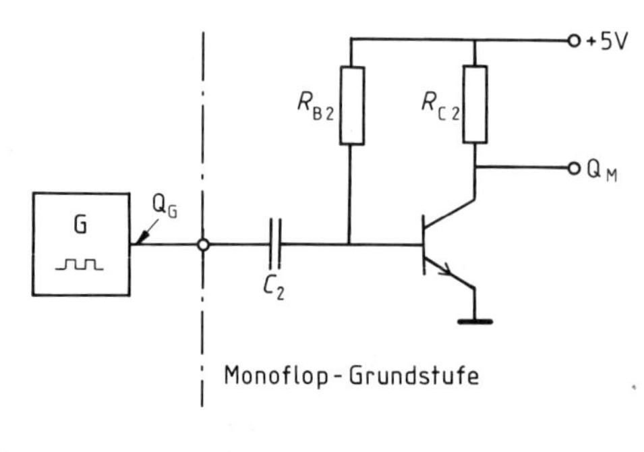

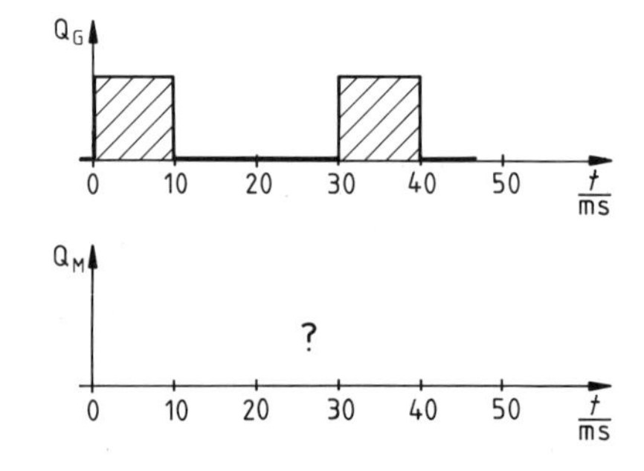

d1) Berechnen Sie für eine Last von $R_L = 4{,}7\ k\Omega$ alle Bauteile für $t_i = 5$ ms (Transistor: $B = 200$, $ü = 2$). (*Lösung:* $R_{C2} = 470\ \Omega$, $R_{B2} = 47\ k\Omega$, $C_2 \simeq 150$ nF)

d2) Übertragen Sie die Diagramme, und fügen Sie dem gegebenen Q_G-Diagramm das Q_M-Diagramm bei.

d3) Wie d2, jedoch für $C_2 = 680$ nF (*Hilfe:* 1, c)

2. Obige Monoflopgrundstufe soll an $U_S = 18$ V betrieben werden. Die Impulszeit t_i soll unverändert bleiben.
Weshalb ist nun eine Basisschutzdiode vorzusehen? (*Hilfe:* Bild 15.6)

Die Monoflopgrundstufe in einem Kapazitätsmeßgerät

3. Mit dem dargestellten Gerät können unbekannte Kapazitäten gemessen werden. Die Anzeige ändert sich linear mit C_x (bis C_{xmax}).

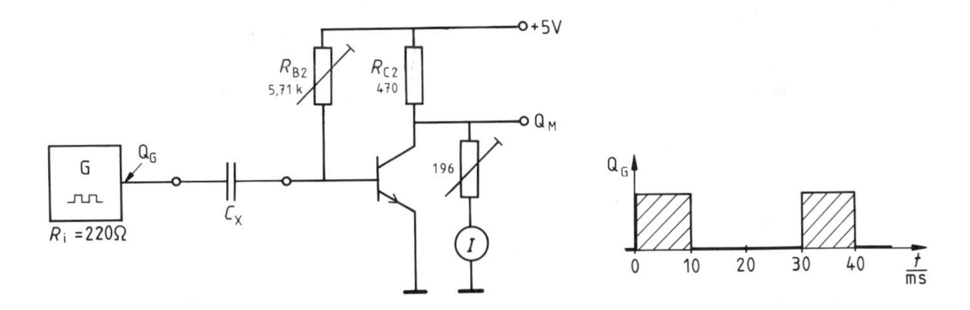

a1) Es sei $C_x = 1\ \mu F$. Berechnen Sie t_i. Zeichnen Sie zum Q_G- das Q_M-Diagramm. Berechnen Sie den angezeigten Strom (Mittelwert). (*Lösung:* 4 ms; 1 mA; *Hilfe:* Scheitelwert des Stromes: 7,5 mA)

a2) Wie a1, jedoch für $C_x = 2\ \mu F$ (*Lösung:* 8 ms, 2 mA)

b) Welche maximale Kapazität C_{xmax} kann gemessen werden, wie groß ist dabei der angezeigte Strom? (*Lösung:* 5 µF, 5 mA)

c) Es wird vorgeschlagen, den Meßbereich auf $C_{xmax} = 10\ \mu F$ zu vergrößern, indem der Widerstand R_{B2} halbiert wird. Ist dies bei dem angegebenen Innenwiderstand ($R_i = 220\ \Omega$) des Generators möglich?
(*Lösung:* Nein, denn t_{rec} (10 µF) = 11 ms > t_i)

Monoflopgrundstufen für große Impulszeiten mit FETs[1])

4. a) Wodurch ist die Impulszeit eines Monoflops mit bipolaren Transistoren auf $t_i \leq 10$ s begrenzt (*Hilfe:* Kapitel 15.1.5)

b) Die Schaltschwelle der selbstsperrenden MOSFETs liege bei $U_{Th} \simeq +2{,}5$ V. Die selbstleitenden Sperrschicht-FETs haben eine Abschnürspannung von $-U_{GS} = -U_P \simeq 3{,}5$ V.
1. Erläutern Sie jeweils die Vorbereitung des Kondensators C_2 bei E = H.
2. Zeigen Sie, daß bei E = L die Triggerung erfolgt und für eine gewisse Zeit t_i am Ausgang Q = H erscheint.
3. Geben Sie zu jeder Schaltung *ungefähr* die Impulsdauer t_i an. (*Hilfe:* die beigefügten U_{GS}-Diagramme)

[1]) FETs siehe Kapitel 11.1 (Sperrschicht-FET) und Kapitel 11.3 (MOSFET)

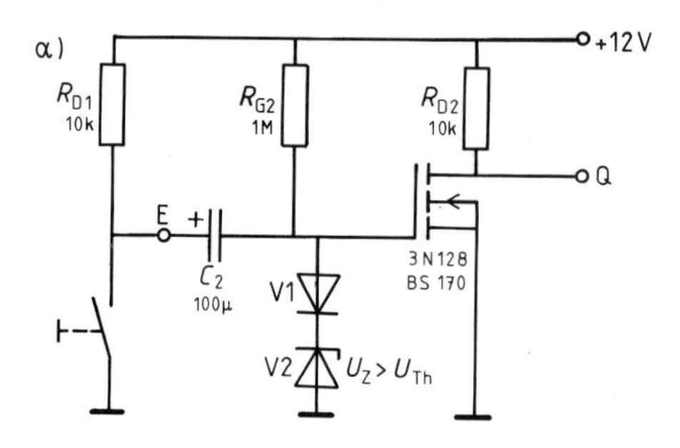

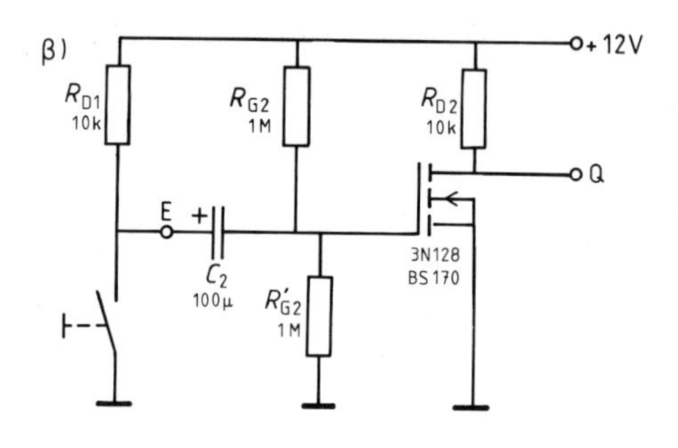

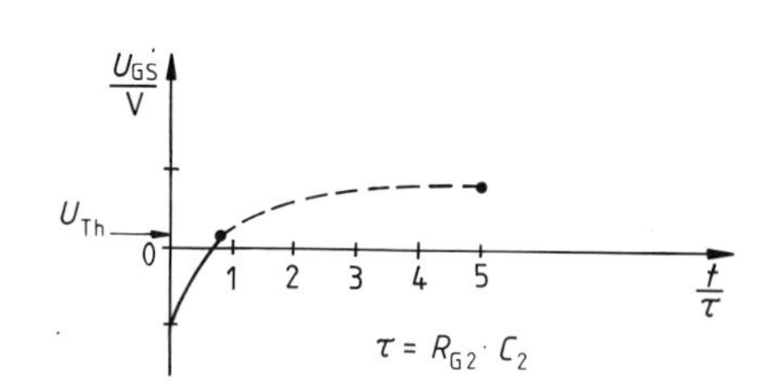

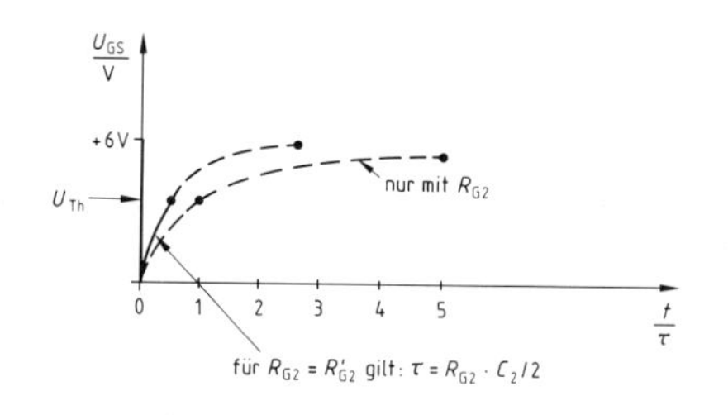

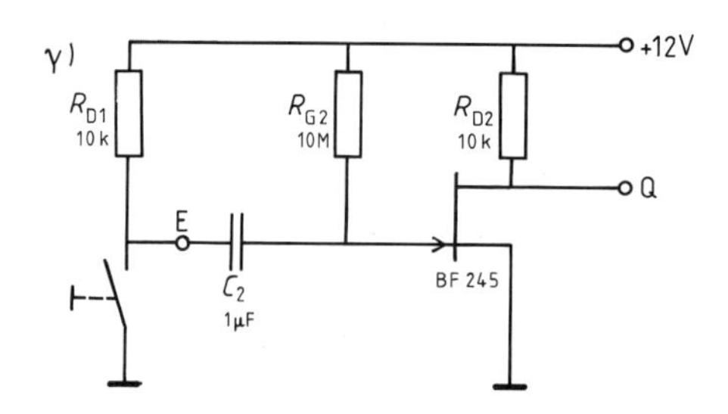

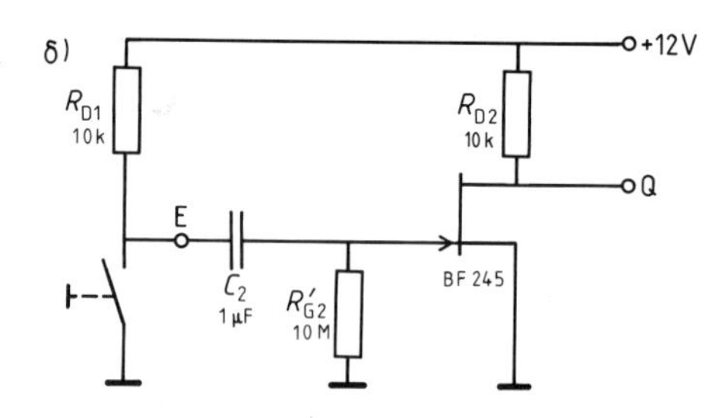

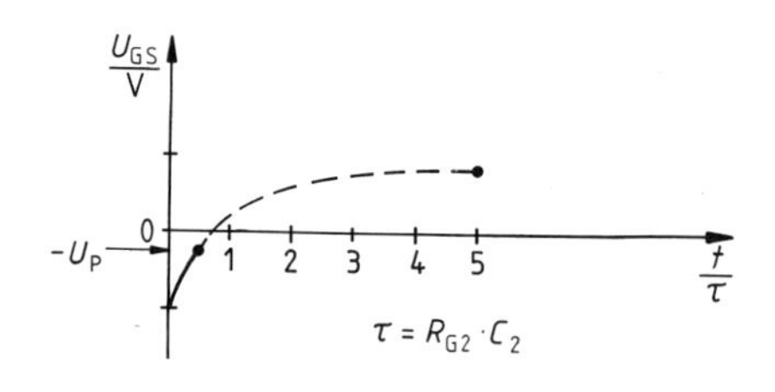

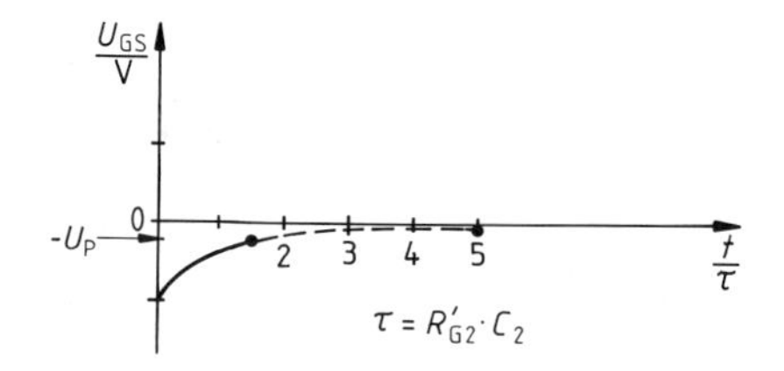

(*Lösung zu b1:* Bei den MOSFETs ist das Gate isoliert aufgebracht, der Ladestrom fließt über R_{D1} und V1, V2 bzw. R'_{G2}. Bei den Sperrschicht-FETs geschieht die Vorbereitung über R_{D1} und die GS-Diode.

Lösung zu b2: Der Pluspol von C_2 gelangt an Masse ...

Lösung zu b3: $t_{i\alpha} \simeq 0{,}7\ \tau = 70$ s $\quad t_{i\beta} \simeq 0{,}6\ \tau = 30$ s

$t_{i\gamma} \simeq 0{,}5\ \tau = \ 5$ s $\quad t_{i\delta} \simeq 1{,}5\ \tau = 15$ s

Die vollständige Monoflopschaltung

5. **a)** Durch welches Signal wird das dargestellte Monoflop getriggert?
   b) Erläutern Sie die Aufgabe der beiden Dioden V3, V4. (*Hilfe:* Kapitel 15.1.7)
   c) Stellen Sie die Schaltung auch symmetrisch dar.

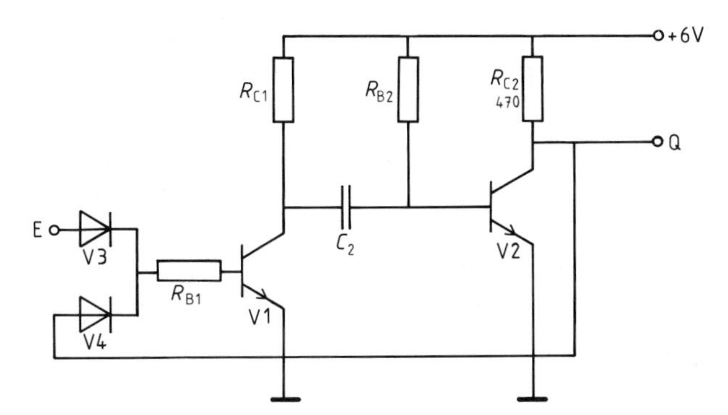

   d) Berechnen Sie alle Bauelemente für $t_i = 1$ ms und $R_{C2} = 470\ \Omega$ (Transistoren: $B = 300$, $\ddot{u} \simeq 2{,}1$).
   (*Lösung:* $R_{B2} = R_{B1} \simeq 68\ \text{k}\Omega$, $R_{C1} = R_{C2}$, $C_2 \simeq 22$ nF)
   e) Zeichnen Sie jeweils zum Eingangssignal U_E den Verlauf von U_{BE1}, U_{CE1}, U_{BE2} und U_Q.

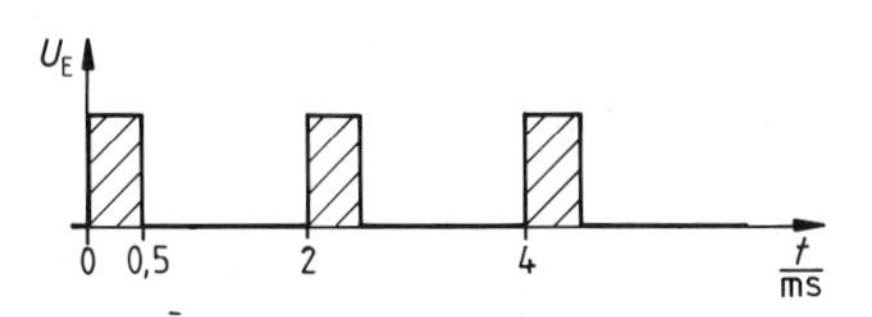

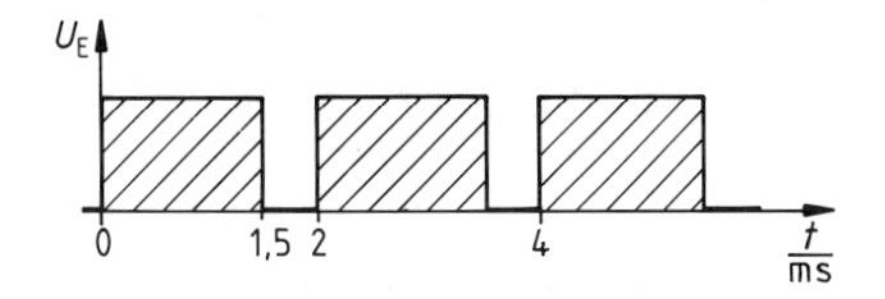

Monoflop als Frequenzmesser (oder Drehzahlmesser)

6. Am Eingang des Monoflops (Detailschaltung wie in Aufgabe 5) liege ein Signal mit einer Frequenz von $f = 100$ Hz.

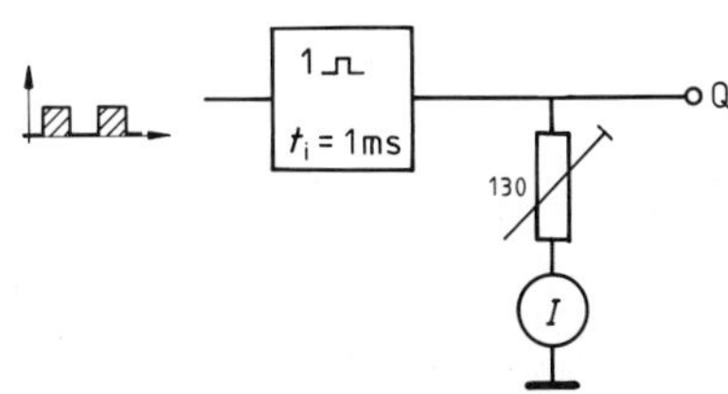

   a) Skizzieren Sie das Ausgangssignal bei Q, und berechnen Sie den angezeigten Strom I (Mittelwert).
   (*Hilfe:* $I_{SS} = 10$ mA; *Lösung:* $I = 1$ mA)
   b) wie a, jedoch $f = 200$ Hz (*Lösung:* $I = 2$ mA)
   c) Geben Sie die maximal meßbare Frequenz und den zugehörigen Meßstrom an. (*Lösung:* 1 kHz, 10 mA, denn $I \sim f$, siehe a und b)
   d) Welche Drehzahlen pro Minute sind meßbar?
   (*Lösung:* bis 60000)

Monoflop mit L-Triggerung und L-Ausgangsimpuls

7. Durch Vertauschen der Schaltstufen und einer Änderung der Ansteuerung entsteht ein Monoflop, welches mit L-Signal triggerbar ist und einen L-Impuls der Dauer t_i abgibt (Ruhelage Q=H, also handelt es sich um einen $\overline{Q}$-Ausgang).
   Diese Schaltung gibt bei relativ kurzer L-Triggerung am Eingang E ein L-Impuls der Dauer $t_i = 1$ ms ab.

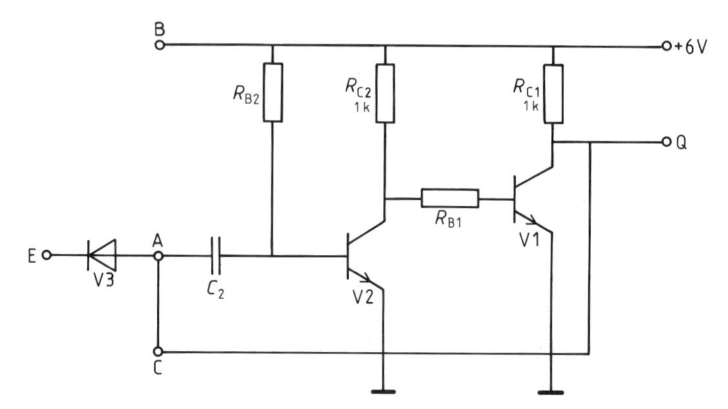

a) Erläutern Sie den Funktionsablauf (Vorbereitung und Impulsauslösung), und berechnen Sie alle Bauelemente (Transistoren: $B = 300$, $ü = 3$).
(*Lösung:* Vorbereitung über R_{C1}, E=L legt Pluspol von C_2 an Masse ..., $R_{B1} = 99\,\text{k}\Omega\,(!)$, $R_{B2} = 100\,\text{k}\Omega$, $C_2 \simeq 15\,\text{nF}$)

b1) Was geschieht, wenn der Eingang länger als die Zeit t_i auf L-Signal liegt?
(*Lösung:* Kurzschluß von Q über V3 mit Masse)

b2) Abhilfe ist durch eine Diode zwischen A und C möglich. An welchem Punkt ist deren Katode anzuschließen?
(*Lösung:* an C)

b3) Nun kann aber C_2 nicht mehr vorbereitet werden. Überlegen Sie dies, und begründen Sie: Abhilfe ist durch einen Widerstand R_V zwischen A und B möglich.

b4) Zeichnen Sie die komplette Schaltung (auch symmetrisch).

b5) Zeichnen Sie jeweils zum Eingangssignal U_E das Zeitablaufdiagramm bei Q (eventuell auch noch U_A, U_{BE2}, U_{CE2}).

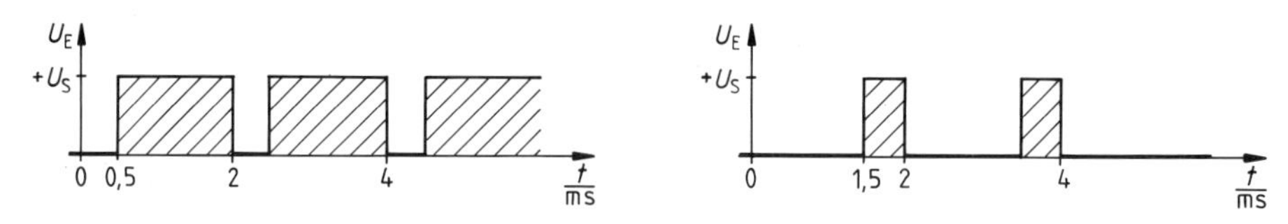

Monoflop mit dynamischem Eingang

8. a) In welchen Fällen ist eine dynamische Ansteuerung vorzuziehen? (*Hilfe:* Kapitel 15.1.9)

b) Erklären Sie die Wirkung der dynamischen Ansteuerung am Punkt E1 bzw. am Punkt E2. Welche Art von Triggerung ist jeweils möglich?

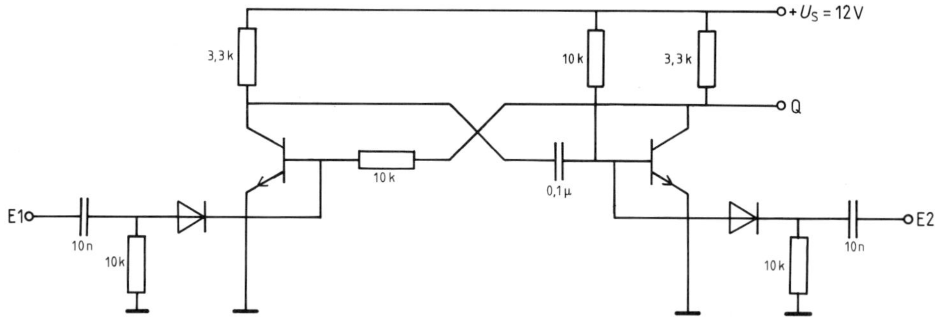

(*Hilfe:* Kapitel 15.1.9, insbesondere Bild 15.14; *Lösung:* An E1 positive, an E2 negative Flankentriggerung)

c) Berechnen Sie t_i. Weshalb wird t_i deutlich kleiner gemessen? (Abhilfe?)
(*Hilfe:* Bild 15.6; *Lösung:* $t_i \simeq 0{,}7\,\text{ms}$)

9. Zeigen Sie:

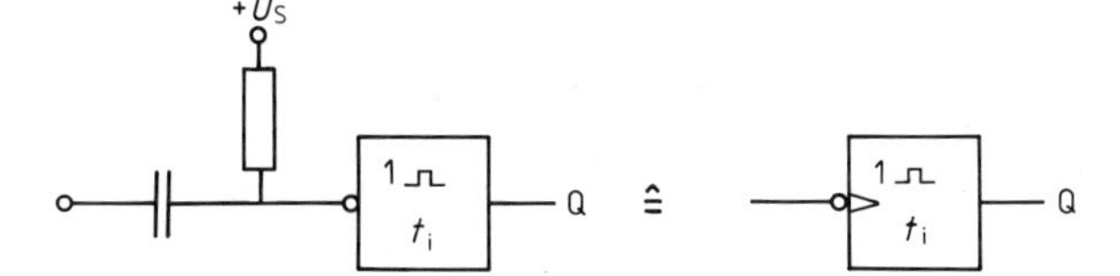

(*Hilfe:* Bild 14.18)

Monoflop mit Operationsverstärker

10.

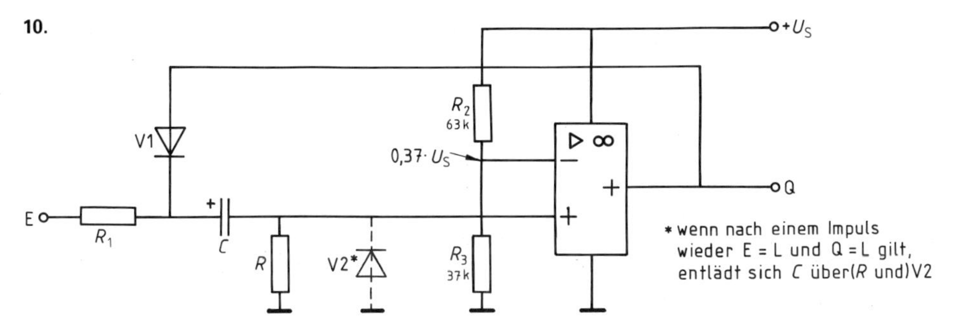

a) **Ruhelage:** Es gilt E = L, der Kondensator C ist ungeladen, woraus $U_+ = 0$ folgt. Zeigen Sie, daß sich daraus Q = L als dauerhaft stabile Ruhelage ergibt.
(*Lösung:* $U_- > U_+$, unsymmetrische Spannungsversorgung des OV.)

b) **Arbeitslage:** Durch E = H wird getriggert, der Ladestrom durch C erzeugt $U_+ > U_-$.[1]) Der Ausgang Q kippt auf H.
Zeigen Sie, daß
1. V1 die Selbsthaltung besorgt, falls das Eingangssignal relativ kurz ist, und daß
2. die Impulsdauer t_i durch $t_i \simeq RC$ gegeben ist.

Astabile Kippschaltungen (Rechteckgeneratoren)

Start-Stop-Oszillator

11. Es sei $R_{C1} = R_{C2} = 200\ \Omega$, $R_{B1} = R_{B2}$, $B = 200$ und $ü = 2$, ST sei offen.

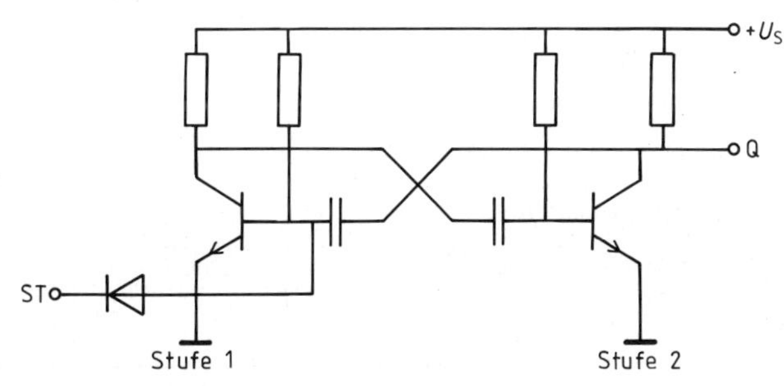

a) Berechnen Sie $R_{B1} = R_{B2}$.
(*Lösung:* 20 kΩ)

b) Berechnen Sie für $f = 200$ Hz und $t_i = 0{,}6$ ms C_1 und C_2.
(*Lösung:* $C_2 = 43$ nF, $C_1 = 315$ nF)

c) Skizzieren Sie den genauen Verlauf des Ausgangssignals.
(*Lösung:* starke Verrundung; $t_{rec}(C_1) = 0{,}3\ \text{ms} = \frac{1}{2} t_i$)

d) Prüfen Sie, ob $R_{C1} = 1{,}8$ kΩ möglich ist.
(*Lösung:* ja, weil $t_{rec}(C_2) = 0{,}4\ \text{ms} < t_p$ und $ü \gg 2$ vertretbar)

e) Diskutieren Sie die Funktion für ST = H und ST = L.
(*Lösung:* Stop mit Q = L durch ST = L)

12. **a)** Dimensionieren Sie den Taktgenerator aus Aufgabe 3 für Transistoren mit $B \geq 200$ und $ü \geq 2$.
(*Lösung:* $R_C = 220\ \Omega$, $R_B = 22$ kΩ, $C_1 = 1{,}3\ \mu$F, $C_2 = 0{,}65\ \mu$F)

b) Prüfen Sie, ob alle Erholzeiten eingehalten werden.
(*Lösung:* ja, t_{rec} maximal 1,4 ms)

[1]) Zumindest dann, wenn R_1 hinreichend klein ist ($R_1 < 1{,}7 \cdot R$, falls H-Pegel $= +U_S$ angenommen wird).

Dreitongenerator

13. E1 bzw. E2 können an L bzw. H geschaltet werden. Welche drei Tonfrequenzen sind erzeugbar? (Schwellwerte der Dioden vernachlässigen)

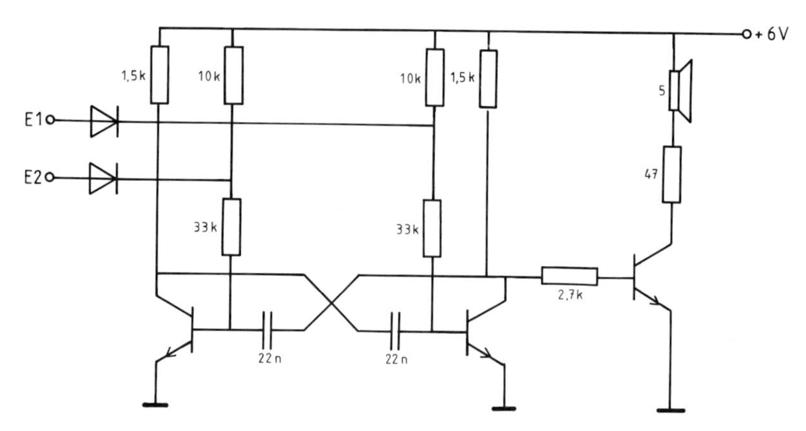

(*Lösung:* 755 Hz, 854 Hz, 984 Hz)

Elektronische Sirene

14. Der Tongenerator aus Aufgabe 13 wird von einem Taktgeber laut Blockschaltbild angesteuert.

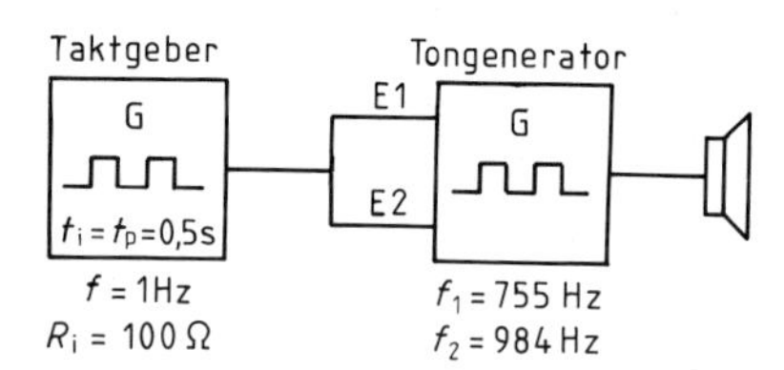

a) Zeigen Sie, daß die eingetragenen Frequenzen abgestrahlt werden.
(*Lösung:* $R_i \ll 10\ \text{k}\Omega$; sonst wie Aufgabe 13)

b) Berechnen Sie den Taktgenerator für Transistoren mit $B = 200$, $ü = 4$.
(*Lösung:* $R_C = 100\ \Omega$, $R_B = 5\ \text{k}\Omega$, $C = 143\ \mu\text{F}$)

Zwei Möglichkeiten zur Verkleinerung der Verrundung des Ausgangssignals bei einem astabilen FF

15. Verlangt werde ein Signal mit $f = 1$ kHz und $t_i = 0,2$ ms.
Das Problem: Bei einer paarweisen gleichen Wahl der Widerstände ist das Ausgangssignal stark verrundet. Dies zeigen wir zunächst.

a1) Es sei $R_{C1} = R_{C2} = 100\ \Omega$, $R_{B1} = R_{B2}$, aber $C_1 \neq C_2$. Beide Transistoren haben $B = 200$ und $ü = 4$. Speisespannung $U_S = 5$ V.
Berechnen Sie C_1, C_2 und die Vorbereitungszeiten.
(*Lösung:* $C_1 = 228$ nF [0,11 ms],
$C_2 = 57$ nF [0,03 ms])

a2) Zeichnen Sie den genauen Verlauf des Ausgangssignals.
(*Lösung:* $t_{rec}(C_1) \simeq \frac{1}{2} t_i$; die Verrundung ist also mit $\simeq 50\% \cdot t_i$ schon relativ groß.)

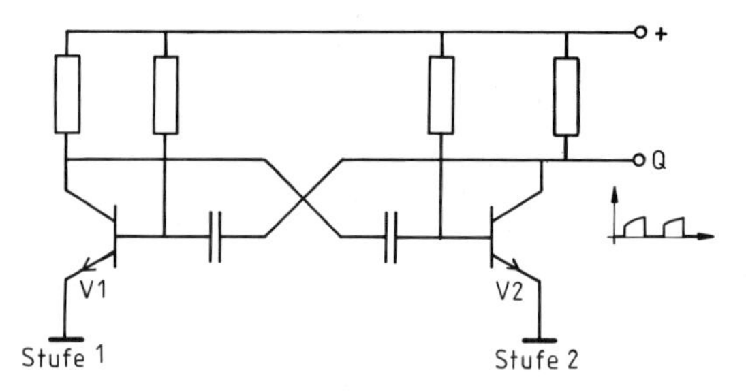

Abhilfe 1 gegen ein verrundetes Ausgangssignal: *C_1 wird minimalisiert.*
Die Verrundung des Signals bei Q geschieht durch die Vorbereitung von C_1 und läßt sich verkürzen, wenn die Kollektor- bzw. Basiswiderstände ungleich gewählt werden. Hier gibt es zwei Möglichkeiten, die gewählten Zeiten t_i und t_p einzuhalten:

- R_{C2} wird verkleinert (folglich auch R_{B2} kleiner, also C_2 größer). Dadurch steigt jedoch der Kollektorstrom von V2 unter Umständen unzulässig an.
- C_1 wird verkleinert. Dann muß R_{B1} vergrößert werden, also (bei gleicher Übersteuerung) auch R_{C1}. R_{C1} ist aber nach oben begrenzt, weil R_{C1} (in der Zeit t_p) den Kondensator C_2 vorbereiten muß.

Wir berechnen nun R_{C1max} so, daß C_2 (57 nF, s. o.) gerade noch in der Zeit t_p vorbereitet werden kann. Daraus folgt R_{B1max} und schließlich (über t_p) C_{1min}. Mit C_{1min} sinkt die Verrundung des Signals bei Q praktisch auf Null, wie die folgende Berechnung zeigt.

b) Berechnen Sie R_{C1max}, R_{B1max}, C_{1min} und die relative Verrundungszeit.
(*Lösung:* 2,8 kΩ, 140 kΩ, 8,1 nF, 2%·t_i)

Abhilfe 2: *Der Ausgang 2 wird von der Vorbereitung entlastet.*
Folgender Schaltungszusatz mit V3, R_3 erzeugt ein absolut „sauberes" Rechtecksignal an Q. Die übrige Dimensionierung muß dabei keineswegs optimiert werden.

c1) Erklären Sie dies. (*Lösung:* V3 sperrt bei Vorbereitung von C_1, diese geschieht jetzt über R_3.)

c2) Begründen Sie, warum R_3 nicht wesentlich (!) kleiner als R_{C2} gewählt werden sollte. (*Lösung:* R_3 stellt bei Q=L für V2 eine zusätzliche Last dar, weil bei Q=L R_3 (über V3) parallel zu R_{C2} liegt.)

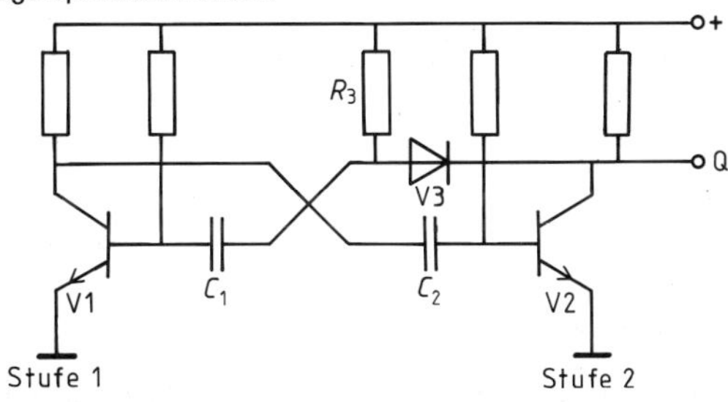

Astabile Generatoren mit FETs für große Taktzeiten T

16. (siehe dazu auch Aufgabe 4)

a) Welche Taktzeit T und welches Tastverhältnis $V = T/t_i$ liegen hier vor?
Prüfen Sie, ob die Vorbereitung der Kondensatoren gegeben ist.

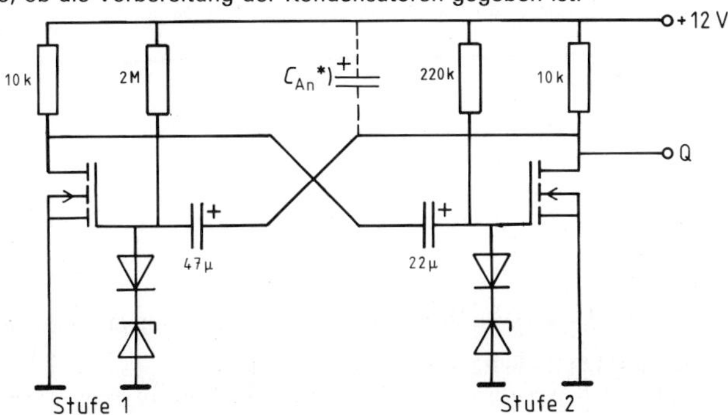

*) C_{An} dient zur anfänglichen Vorbereitung von C_1, falls sich Anschwingprobleme ergeben ($C_{An} \simeq C_1$).

(*Lösung:* T = 69 s, V = 20, Vorbereitung von C_1 tatsächlich gegeben)

b) Berechnen Sie auch die Taktzeiten folgender (symmetrisch dimensionierter) Generatoren. (*Hilfe:* Die Lösung von Aufgabe 4,b3 ist entsprechend abzuändern.)

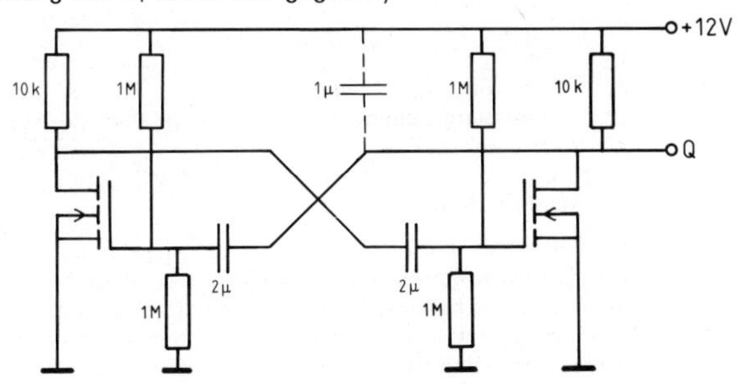

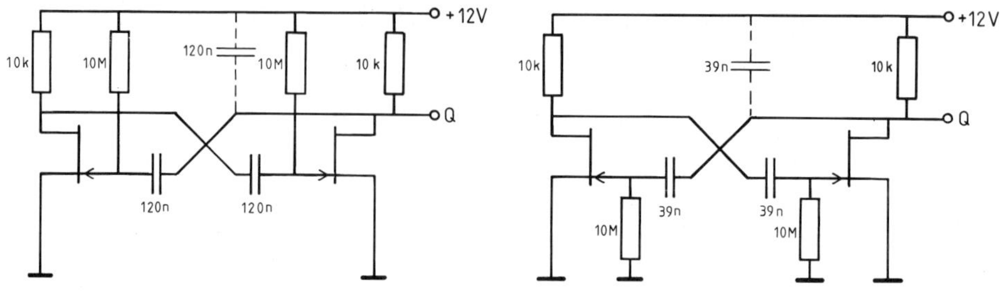

($Lösung$: Alle Taktzeiten sind ungefähr gleich: $T \simeq 1{,}2$ s)

Astabiler Generator mit integrierten Invertern

17. Erläutern Sie den Funktionsablauf folgender Schaltungen, und berechnen Sie überschlägig deren (Schwing-)Frequenz.

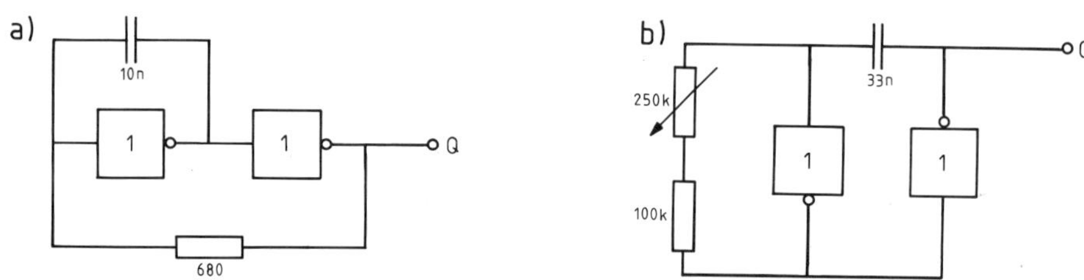

(*Lösung:* Dies sind nur andere Darstellungen von Bild 15.22; $f_a \simeq 74$ kHz; $f_b = 40$ Hz ... 150 Hz, die hohen Widerstandswerte sind aber *nur* bei CMOS-Invertern möglich.)

Stromsparender Generator für Lichtblitze

18. Im Gegensatz zur Grundschaltung des astabilen Generators
- werden hier komplementäre Transistoren eingesetzt,
- wird weniger Strom verbraucht, weil in der Ruhelage (Q=H) beide Transistoren sperren und die Arbeitslage (Q=L) relativ kurz ist.

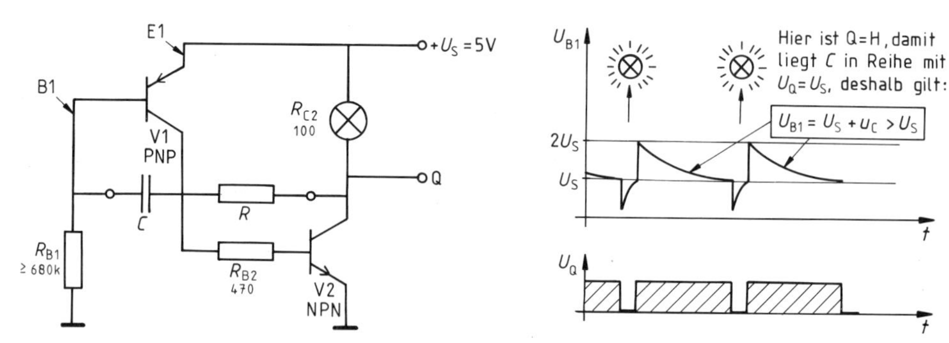

Funktionserklärung in Teilschritten

Die Schwellwerte der Transistoren werden vernachlässigt.

a) Das *RC*-Glied fehle zunächst. Berechnen Sie I_{B1}, I_{B2}, I_{C2} und U_Q (Stromverstärkung von V1 und V2: $B=50$). (*Lösung:* 7,4 µA; 0,37 mA; 18,4 mA; 3,2 V)

b) Das *RC*-Glied wird eingesetzt. Es sei $R = 1\ \text{k}\Omega$ und $C = 4{,}3\ \mu\text{F}$. Wegen $U_{B1} > U_Q$ lädt sich C. Sein Ladestrom i_C vergrößert I_{B1}, folglich fällt U_Q, was wiederum schlagartig i_C vergrößert ... Endzustand Q=L. Die Lampe blitzt aber nur kurz auf, da C recht rasch über R aufgeladen wird. Wie lange dauert ein Lichtblitz? (*Lösung:* ca. 22 ms)

c) Beim Ladestrom $i_C \simeq 0$ ist C (fast) auf U_S aufgeladen (linker Belag positiv). V1 und V2 sperren, weil jetzt $U_{B1} = U_Q + u_C > U_S$ wird, siehe auch das obige U_{B1}-Diagramm.
Wie lange dauert es ungefähr, bis C wieder entladen ist? (*Lösung:* ca. $2\ \text{s} \simeq 0{,}7\,\tau \simeq 0{,}7 \cdot R_{B1} \cdot C$, denn C entlädt sich über R_{C2}, R, R_{B1}, die Anfangssituation entspricht Bild 15.5, nach 5τ wäre C umgeladen (rechter Belag positiv). Bei $u_C \simeq 0$ beginnt jedoch wieder der in b beschriebene Ablauf.)

16 Der Schmitt-Trigger, ein Schwellwertschalter

Triggern (engl.) bezeichnet das schlagartige Auslösen eines Vorgangs (ursprünglich das Auslösen des Gewehrs). Die nach Schmitt benannte Trigger-Schaltung arbeitet in diesem Sinne:

- ▶ Wenn am Eingang ein analoges (Spannungs-)Signal einen ganz bestimmten Schwellwert U_{ein} erreicht, wird diese Triggerschaltung blitzartig ausgelöst. Sie kippt dann in den Zustand *Ein* (mit Q=H).
- ▶ Erst dann, wenn der Eingangspegel auf einen Wert U_{aus}, mit $U_{aus} < U_{ein}$, absinkt, kippt der Schmitt-Trigger wieder in den Zustand *Aus* (mit Q=L) zurück (Bild 16.1).
- ▶ Die für den Schmitt-Trigger typische Differenz zwischen Ein- und Ausschaltschwelle nennen wir (Schalt-)*Hysterese*[1]) $U_H = U_{ein} - U_{aus}$.

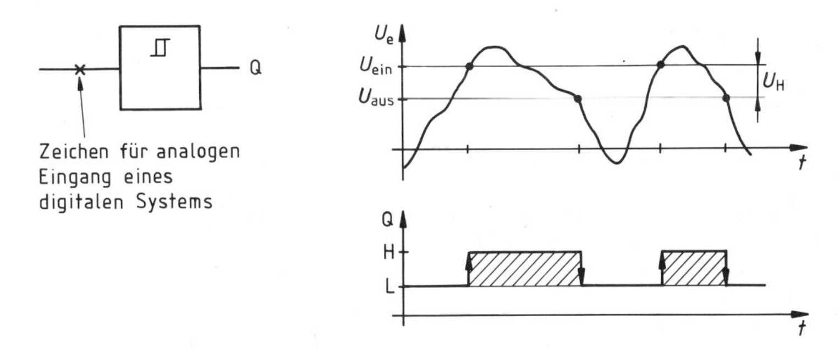

Bild 16.1 Schaltsymbol und Verhalten des Schmitt-Triggers. Das Kreuz in der Eingangsleitung fehlt häufig, das ⎍-Zeichen wird in Kapitel 16.6 erklärt.

> Der **Schmitt-Trigger** stellt eine bistabile Kippschaltung dar, welche *von analogen Spannungspegeln U_e gesteuert* wird. Er wird damit zum Bindeglied zwischen Analog- und Digitaltechnik.[2])
> Typisch für den Schmitt-Trigger sind zwei Schaltschwellen mit folgender Eigenschaft:
>
> $$U_e \geq U_{ein} \Rightarrow Q=H, \qquad U_e \leq U_{aus} \Rightarrow Q=L$$
>
> Dabei ist immer $U_{ein} > U_{aus}$. Die Differenz U_H heißt (Schalt-)*Hysterese.*
>
> $$U_H = U_{ein} - U_{aus}$$
>
> Wegen seines Verhaltens heißt der Schmitt-Trigger auch *Schwellwertschalter* (mit Hysterese).

Für die praktische Anwendung des Schmitt-Triggers sind zwei Merkmale gleich wichtig, nämlich

1. *das bistabile Kippverhalten* und
2. *die Schalthysterese.*

[1]) Hysterese (gr.) = das Zurückbleiben (im alten Zustand)
[2]) und fällt in diesem Sinne aus dem Rahmen der bisherigen *binär* angesteuerten Kippglieder.

Zu 1 (bistabiles Kippverhalten):

Das Schaltverhalten eines Schmitt-Triggers unterscheidet sich wesentlich von dem eines einfachen Schalttransistors. Nehmen wir an, wir hätten ein Eingangssignal U_e, das sich sehr langsam ändert.[1]) Steuert ein solches Signal einen Schalttransistor direkt an, so ist im analogen Übergangsbereich dessen Ausgangssignal nicht zu jeder Zeit *eindeutig binär* (Bild 16.2, a). Im Gegensatz dazu ist das Ausgangssignal eines Schmitt-Triggers immer eindeutig auf L- oder H-Pegel (Bild 16.2, b). Dieses Verhalten hat Schmitt durch eine raffinierte (Mit-)Kopplung zweier Transistoren *erzwungen,* wie wir noch sehen werden.

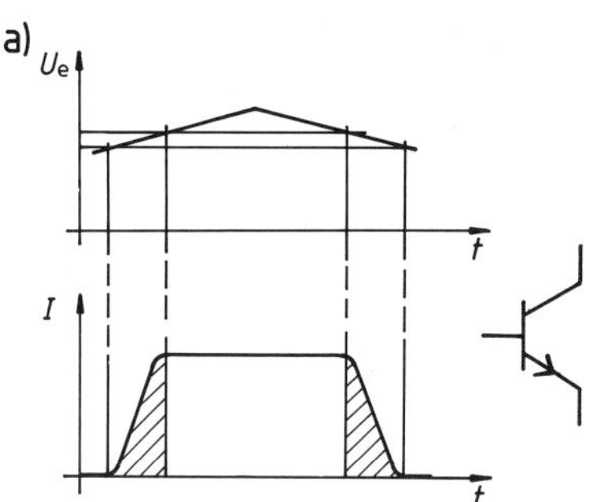

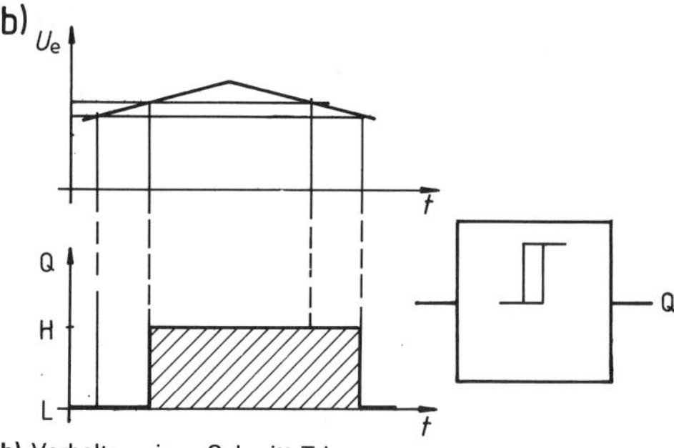

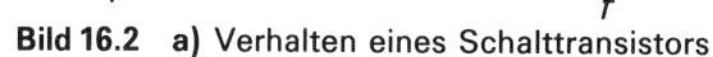
Bild 16.2 **a)** Verhalten eines Schalttransistors **b)** Verhalten eines Schmitt-Triggers

Also:

Ein Schmitt-Trigger liefert auch bei beliebig langsamen Änderungen des Eingangssignals ein **eindeutig binäres Kippverhalten.**

Zu 2 (Schalthysterese):

Jedes Signal enthält fast immer einen kleinen Wechselspannungsstöranteil, hervorgerufen z. B. durch Netzbrumm, Störeinstrahlungen oder (Strom-)Rauschen. Angenommen ein Schwellwertschalter hat keine Schalthysterese ($U_{ein} = U_{aus}$), dann verursacht der Störanteil des Eingangssignals (bei $U_e \simeq U_{ein}$) völlig unkontrollierbare Zustandswechsel (Bild 16.3, a). Solch ein „Flattern" kann z. B. ein nachgeschaltetes Relais zerstören oder digitale Steuerschaltungen „verwirren". Im Gegensatz dazu unterdrückt die Schalthysterese eines Schmitt-Triggers (weitgehend) solche Störungen (Bild 16.3, b).

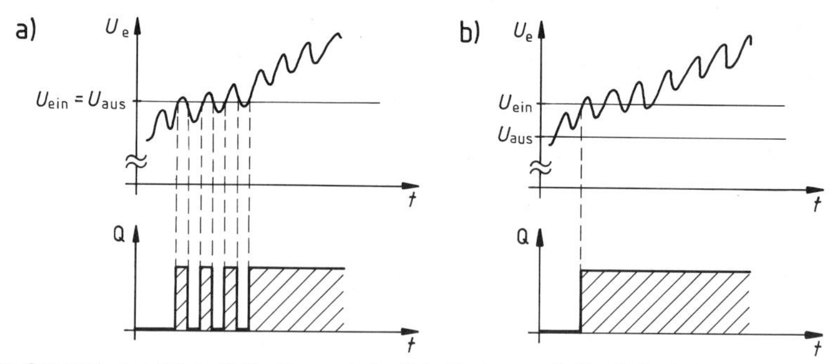

Bild 16.3 Im Gegensatz zum Fall a mit $U_H = 0$ erzeugt eine Schalthysterese mit $U_H > 0$ ein eindeutiges Verhalten (Fall b).

Durch die **Schalthysterese** liefert der Schmitt-Trigger auch *bei gestörten Steuersignalen ein eindeutiges Schaltverhalten*. Dadurch lassen sich z. B. stark verrauschte Signale wieder eindeutig in binäre Signale umwandeln (Regenerierung von Signalen).

[1]) Beispiel: Messung der Zimmertemperatur ...

16.1 Die Grundschaltung des Schmitt-Triggers

Die von Schmitt vorgestellte Kippschaltung zeigt Bild 16.4. Da beim Schmitt-Trigger ganz allgemeine Betrachtungen recht schwierig sind (insbesondere für den Kippvorgang selbst), ist im Schaltbild auch gleich eine mögliche Dimensionierung mit eingetragen.

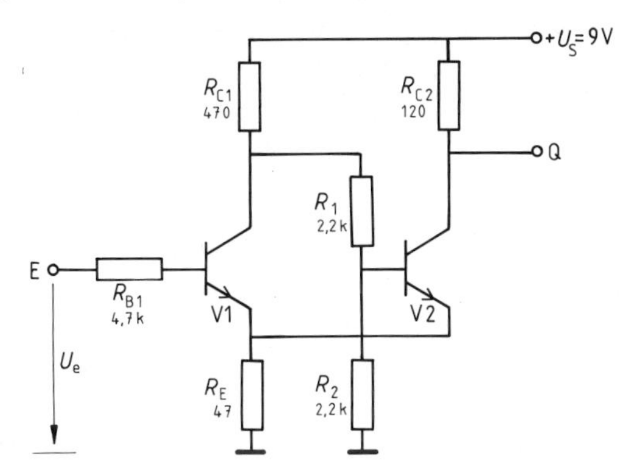

Bild 16.4 Schmitt-Trigger-Grundschaltung mit Dimensionierungsbeispiel

Charakteristisch für jede Schmitt-Trigger-Schaltung sind nun folgende Feststellungen:

1. V2 wird von der Kollektorspannung von V1 gesteuert. Diese *Spannungskopplung*[1]) geschieht hier über den Spannungsteiler R_1, R_2.
2. Beide Transistoren haben einen gemeinsamen Emitterwiderstand. Über den Emitterstrom erhalten wir so eine *Strom-Spannungs-Kopplung*.
3. Durch den Spannungsabfall an R_E liegt der Ausgang Q des Schmitt-Triggers auch im Grundzustand *Aus*, d. h. bei Q = L, schon relativ hoch.
   Diesen dritten und letzten Punkt erläutern wir zuerst.

16.2 Der Grundzustand *Aus*

In diesem Fall erwarten wir am Ausgang Q einen niedrigen Pegel, also Q = L (im Gegensatz zum Zustand *Ein* mit Q = H). Der Ausgangstransistor V2 muß dazu durchgeschaltet sein. Deshalb muß V2 von V1 mit einem H-Signal angesteuert werden. V1 kann aber nur ein H-Signal liefern, wenn V1 gesperrt ist. Damit V1 auch wirklich sperrt, legen wir an den Eingang *E* zunächst keine oder fast keine Eingangsspannung an, es sei also $U_e \simeq 0$. Wir zeigen nun, daß im Zustand *Aus* das L-Signal am Ausgang Q schon relativ hoch liegt.

Zuvor aber noch eine Vereinbarung:

▶ Damit wir leichter rechnen können, betrachten wir alle CE-Schaltstrecken als ideale Schaltstrecken. Bei einem durchgeschalteten (übersteuerten) Transistor gilt dann immer $U_{CE} = 0$[2]).

---

[1]) genauer: Mitkopplung

[2]) Realistischer wäre: $U_{CE} = U_{CERest} \simeq 0{,}2$ V

Wegen $U_e \simeq 0$ sperrt V1 sicher. Das H-Signal am Kollektor von V1 gelangt über den Teiler R_1, R_2 an die Basis von V2. Bei richtiger Dimensionierung von R_1 und R_2 (s. u.) wird dadurch V2 stark übersteuert. Die CE-Strecke von V2 schaltet also durch. Im Ausgangskreis fließt deshalb ein Strom über R_{C2}, V2 und R_E (Bild 16.5). Wegen der Annahme $U_{CE2}=0$ ist dieser Strom allein von den Widerständen bestimmt. Dies liefert:

$$I_{RE} = I_{C2\,Grenz} = \frac{U_S}{R_{C2}+R_E} \qquad \text{(hier: } I_{RE} \simeq 54 \text{ mA)}$$

Dieser Strom erzeugt an R_E einen Spannungsabfall von:

$$U_{RE} = I_{RE} \cdot R_E \qquad \text{(hier: } U_{RE} \simeq 2{,}5 \text{ V)}$$

Wegen $U_{CE2}=0$ gilt somit im Zustand *Aus*:

$$U_Q = U_{RE} \qquad \text{(hier: } U_Q \simeq 2{,}5 \text{ V)}$$

► Der L-Pegel am Ausgang liegt also im Zustand *Aus* schon recht hoch.

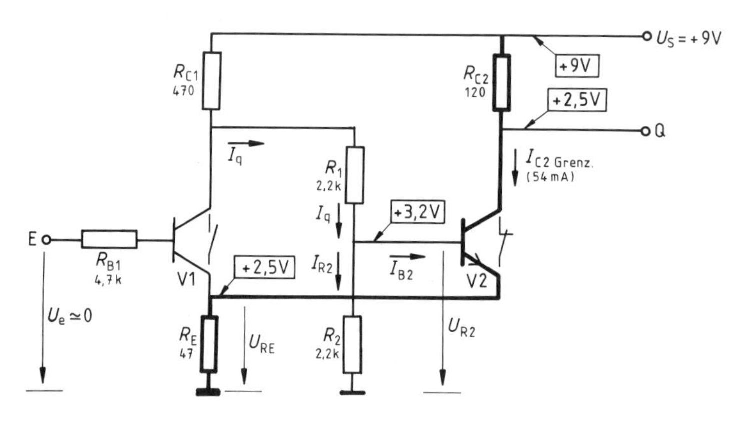

Bild 16.5 Zur Berechnung des Grundzustandes *Aus*

Nun zeigen wir noch, daß V2 übersteuert wird, was einerseits $U_{CE2}=0$ rechtfertigt, andererseits aber für die Erklärung des Kippvorgangs selbst noch wichtig sein wird.

Wenn wir Si-Transistoren verwenden, so gilt im durchgeschalteten Zustand näherungsweise immer $U_{BE} \simeq 0{,}7$ V.

Aus U_{RE} und U_{BE2} berechnen wir nun U_{R2}:

$$U_{R2} = U_{RE} + U_{BE2} \qquad \text{(hier: } U_{R2} \simeq 3{,}2 \text{ V)}$$

Daraus ergibt sich der Querstrom I_q über R_{C1} und R_1:

$$I_q = \frac{U_S - U_{R2}}{R_{C1}+R_1} \qquad \text{(hier: } I_q \simeq 2{,}2 \text{ mA)}$$

Ein Teil dieses Stromes fließt über R_2 ab:

$$I_{R2} = \frac{U_{R2}}{R_2} \qquad \text{(hier: } I_{R2} \simeq 1{,}5 \text{ mA)}$$

Somit verbleibt als Basisstrom für V2:

$$I_{B2} = I_q - I_{R2} \qquad \text{(hier: } I_{B2} \simeq 0{,}7 \text{ mA)}$$

Wenn wir für V2 eine „normale" Stromverstärkung von $B \simeq 200$ voraussetzen, so wäre schon ein weit geringerer Basisstrom I'_{B2} ausreichend, um den Strom $I_{C2Grenz}$ ($\simeq 54$ mA) fließen zu lassen: Für I'_{B2} gilt ja:

$$I'_{B2} = \frac{I_{C2Grenz}}{B} \qquad \text{(hier: } I'_{B2} \simeq 0{,}27 \text{ mA)}$$

Ein Vergleich mit I_{B2} zeigt, daß eine deutliche Übersteuerung vorliegt, und zwar um den Faktor:

$$ü = \frac{I_{B2}}{I'_{B2}} \qquad \text{(hier: } ü \simeq 2{,}5\text{)}$$

Zusammenfassung:

> Im **Grundzustand *Aus*** des Schmitt-Triggers ist der Eingangstransistor V1 gesperrt. Damit verbunden ist eine Übersteuerung des Ausgangstransistors V2. Dieser schaltet durch. Am Ausgang Q entsteht so ein L-Signal. Der zugeordnete L-Pegel liegt aber wegen des Spannungsabfalls am gemeinsamen Emitterwiderstand R_E schon relativ hoch.

16.3 Die Umschaltung in den Zustand *Ein*

Wir erhöhen nun die Eingangsspannung U_e so lange, bis V1 bei $U_e = U_{ein}$ durchschaltet. Den Spannungsabfall an R_{B1} vernachlässigen wir, die Schaltschwelle aller Transistoren setzen wir gleich hoch an ($U_{BE} \simeq 0{,}7$ V). Anhand von Bild 16.5 folgt dann die Spannung U_{ein}, bei der V1 durchschaltet. Es ist:

$$U_{ein} = U_{RE} + U_{BE1} = U_{RE} + U_{BE2} = U_{R2}$$

Es gilt also:

$$\boxed{U_{ein} = U_{R2}} \qquad \text{(hier: } U_{ein} \simeq 3{,}2 \text{ V)}$$

- Die Einschaltschwelle U_{ein} des Schmitt-Triggers ist schon im Grundzustand *Aus* aus U_{R2} (indirekt aus U_{RE}) voraussagbar.
- U_{ein} ist durch die Dimensionierung *oder* durch U_S beeinflußbar. Es ist ja:

$$U_{ein} = U_{RE} + U_{BE2} = I_{RE} \cdot R_E + U_{BE2}$$

I_{RE} wird allein (s. o.) von R_{C2} und R_E bestimmt. Wenn wir I_{RE} allgemein einsetzen und U_{BE2} zu 0,7 V abschätzen, erhalten wir:

$$\boxed{U_{ein} \simeq \frac{R_E}{R_E + R_{C2}} \cdot U_S + 0{,}7 \text{ V}}$$

Wenn $U_e = U_{ein}$ wird, schaltet V1 durch. Ohne den Kippvorgang im Detail zu besprechen (dies folgt noch in 16.7), läßt sich die **zweite stabile Lage** der Schaltung erkennen:

- Wenn V1 durchgeschaltet hat, liefert der Kollektor ein L-Signal. Dieses gelangt über den Teiler R_1, R_2 an den Ausgangstransistor V2 und sperrt diesen. Damit springt der Ausgang Q auf H-Signal. Der Schmitt-Trigger kippt in den Zustand *Ein*.

Wir berechnen nun die Spannungen im gekippten Zustand *Ein*. Sie liefern später die Ausschaltschwelle U_{aus} und zeigen konkret, daß V2 tatsächlich sperrt.

► Zur Unterscheidung vom Zustand *Aus* versehen wir alle Werte für den Zustand *Ein* mit einem *Querstrich*.

Wenn V1 durchschaltet, gilt $\overline{U}_{CE1}=0$. Damit schaltet sich der Teiler R_1, R_2 dem Widerstand R_E parallel (Bild 16.6). Da aber $R_1+R_2 \gg R_E$ gilt, vernachlässigen wir den Querstrom $\overline{I}_q$ gegen $\overline{I}_{RE}$.[1]) Damit erhalten wir aus Bild 16.6 für $\overline{I}_{RE}$:

$$\overline{I}_{RE}=\overline{I}_{C1\,Grenz}=\frac{U_S}{R_{C1}+R_E} \qquad (\text{hier: } \overline{I}_{RE}\simeq 17{,}4\text{ mA})$$

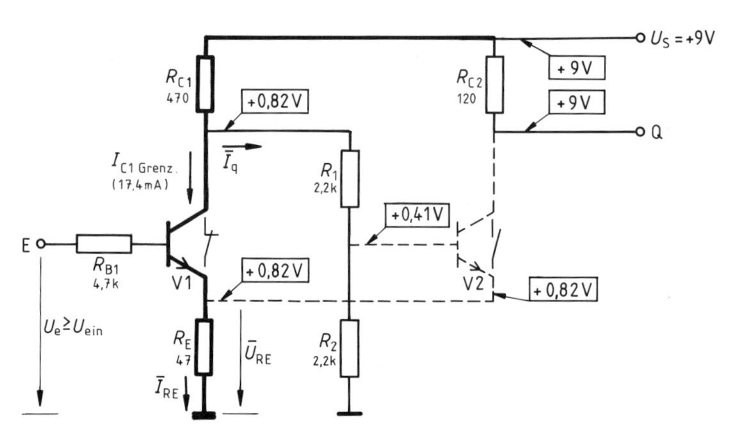

Bild 16.6 Der Schmitt-Trigger im Zustand *Ein*. (Dieser Zustand bleibt erhalten, sofern U_e nicht unter U_{aus} abgesenkt wird.)

Dieser Strom ruft an R_{C1} einen großen Spannungsabfall hervor, die Kollektorspannung von V1 sinkt auf L-Pegel:

$$\overline{U}_{C1}=U_S-\overline{I}_{RE}\cdot R_{C1} \qquad (\text{hier: } \overline{U}_{C1}\simeq 0{,}82\text{ V})$$

Diese Spannung wird von dem Teiler R_1, R_2 noch weiter herabgesetzt und an die Basis von V2 geliefert:

$$\overline{U}_{R2}\simeq\frac{R_2}{R_1+R_2}\cdot\overline{U}_{C1} \qquad (\text{hier: } \overline{U}_{R2}\simeq 0{,}41\text{ V})$$

Am Emitter von V2 liegt aber mindestens[2]) die Spannung

$$\overline{U}_{RE}=\overline{I}_{RE}\cdot R_E \qquad (\text{hier: } \overline{U}_{RE}\simeq 0{,}82\text{ V}).$$

Folglich ist die Basisspannung an V2 *kleiner* als die Spannung am Emitter (Bild 16.6). V2 sperrt damit ganz sicher (die BE-Diode wird ja sogar in Sperrichtung beansprucht). Damit haben wir konkret gezeigt:

> Im **Zustand *Ein*** führt allein der Eingangstransistor V1 Strom. Der Ausgangstransistor V2 ist sicher gesperrt, es gilt Q = H.

[1]) Ganz genaue Rechnung (ohne Vernachlässigung) in Aufgabe 1,b.

[2]) Sie wäre noch höher, wenn über V2 auch noch Strom fließen würde, daß V2 aber sicher gesperrt ist, erfahren wir jetzt gleich.

16.4 Die Schaltschwelle U_{aus} und die Schalthysterese U_H

Bei der Eingangsspannung $U_e = U_{ein}$ (hier 3,2 V) kippt der Schmitt-Trigger in die Arbeitslage *Ein*, liefert also Q = H (siehe Bild 16.6).

Ganz typisch für den Schmitt-Trigger ist nun, daß der Zustand *Ein* auch dann noch erhalten bleibt, wenn wir die Eingangsspannung anschließend unter den Wert U_{ein} absenken.

▶ Erst bei einem deutlich tieferen Pegel, nämlich bei $U_e = U_{aus}$, kippt die Schaltung wieder in den Grundzustand *Aus* zurück.

Dies läßt sich wie folgt einsehen:

Anhand von Bild 16.7 verdeutlichen wir uns noch einmal den Übergang vom Zustand *Aus* in den Zustand *Ein*. Zunächst fließt im Zustand *Aus* über R_{C2} und insbesondere über R_E ein vergleichsweise großer Strom I_{RE} ($\simeq$ 54 mA). Dadurch ist der Spannungsabfall an R_E recht groß ($\simeq$ 2,5 V). Der Transistor V1 kann deshalb nur dann durchgeschaltet werden, wenn am Eingang die relativ hohe Eingangsspannung U_{ein} (von hier 3,2 V) angelegt wird.

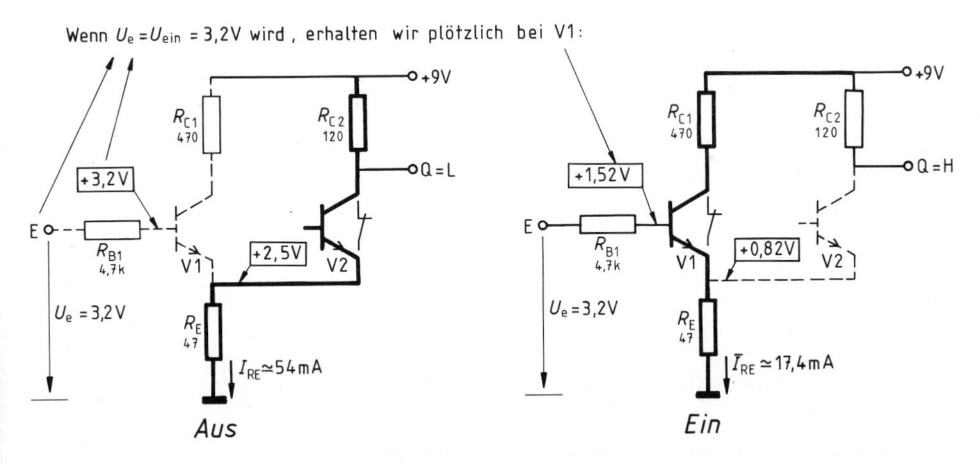

Bild 16.7 Nach dem Übergang *Aus* → *Ein* wird der Strom durch R_E kleiner. Folglich verringert sich U_{RE}. Dadurch entsteht die Schalthysterese.

Nachdem der Schmitt-Trigger jedoch in die Arbeitslage *Ein* gekippt ist, nimmt der Strom durch R_E und Spannung an R_E plötzlich ab. Jetzt fließt nämlich der Strom nur über V1 bzw. über R_{C1} und R_E. Da wir aber R_{C1} (mit 470 Ω) größer als R_{C2} (mit 120 Ω) gewählt haben, ist der Strom $\overline{I}_{RE}$ im Zustand *Ein* (mit 17,4 mA) kleiner als im Zustand *Aus* (mit 54 mA). Folglich fällt auch an R_E nun eine vergleichsweise geringe Spannung $\overline{U}_{RE}$ ab (hier sind es 0,82 V). Deshalb messen wir an der Basis von V1 – nach dem Kippvorgang in den Zustand *Ein* – nur noch eine relativ niedrige Spannung. Wir nennen sie U_{aus}. Für diese gilt:

$$U_{aus} = \overline{U}_{RE} + U_{BE1} \qquad \text{(hier: } \simeq 1{,}52\text{ V)}$$

Um V1 leitend zu halten, genügt nun erkennbar eine Eingangsspannung U_e, die gerade noch etwas größer als U_{aus} ist. Erst wenn U_e unter den Wert von U_{aus} abfällt, sperrt V1 wieder. Dadurch kippt der Schmitt-Trigger zurück in den Grundzustand *Aus* (Q=L).

Die Differenz zwischen Ein- und Ausschaltschwelle nannten wir Schalthysterese U_H. In unserem Beispiel beträgt

$$U_H = U_{ein} - U_{aus} \simeq 3{,}2\ V - 1{,}52\ V = 1{,}68\ V.$$

Genausogut könnten wir die um 0,7 V tiefer liegenden Spannungen am gemeinsamen Emitterwiderstand R_E vergleichen:

$$U_H = U_{RE} - \overline{U}_{RE} = 2{,}5\ V - 0{,}82\ V = 1{,}68\ V$$

Ergebnis:

- Mit $U_e = U_{ein}$ erfolgt das Umkippen vom Zustand *Aus* in den Zustand *Ein*.
- Dabei wird der Strom I_{RE} von V2 auf V1 „umgeschaltet“. Weil R_{C1} größer als R_{C2} ist, fällt deshalb der Strom durch R_E sprunghaft ab (Bild 16.7).
- Dies verursacht die Schalthysterese U_H.

Der allgemeine Ansatz zur Berechnung von U_{aus} unterscheidet sich nach dem oben Gesagten von U_{ein} nur darin, daß R_{C2} durch R_{C1} ersetzt werden muß:

$$U_{aus} = \overline{U}_{RE} + U_{BE1} = \overline{I}_{RE} \cdot R_E + U_{BE1}$$

Da $\overline{I}_{RE}$ von R_{C1} und R_E bestimmt wird, erhalten wir:[1])

$$\boxed{U_{aus} \simeq \frac{R_E}{R_E + R_{C1}} \cdot U_S + 0{,}7\ V}$$

▶ Genau wie U_{ein} hängt damit U_{aus} – und folglich auch U_H – sowohl von der Dimensionierung als auch von der Speisespannung U_S ab.

Wir fassen zusammen:

> Die **Ein- und Ausschaltschwellen** des Schmitt-Triggers werden nach demselben Schema berechnet.
> Der Übergang vom Zustand *Aus* (V2 führt Strom) in den Zustand *Ein* erfolgt bei der Eingangsspannung
>
> $$U_{ein} \simeq I_{RE} \cdot R_E + 0{,}7\ V \qquad \text{mit } I_{RE} = \frac{U_S}{R_E + R_{C2}}.$$
>
> Der Übergang vom Zustand *Ein* (V1 führt Strom) in den Zustand *Aus* erfolgt bei der Eingangsspannung
>
> $$U_{aus} \simeq \overline{I}_{RE} \cdot R_E + 0{,}7\ V \qquad \text{mit } \overline{I}_{RE} = \frac{U_S}{R_E + R_{C1}}.$$
>
> Wenn $R_{C1} > R_{C2}$ eingehalten wird, ist $\overline{I}_{RE}$ deutlich kleiner als I_{RE}.[2]) Daraus resultiert $U_{aus} < U_{ein}$ und die (Schalt-)Hysterese:
>
> $$U_H = U_{ein} - U_{aus}$$

[1]) Der Teilerquerstrom $\overline{I}_q$ wird vernachlässigt.
[2]) Wird für *Ein* der Strom $\overline{I}_q$ berücksichtigt, darf $R_{C2} = R_{C1}$ sein.

16.5 Schaltungsvarianten

Wie Bild 16.8 zeigt, kann die Grundschaltung durch Verzicht auf den Spannungsteiler R_1, R_2 noch weiter vereinfacht werden. In der angegebenen Dimensionierung ist allerdings die Übersteuerung von V2 extrem groß, was die Einleitung des Kippvorgangs hinauszögert (siehe 16.7).

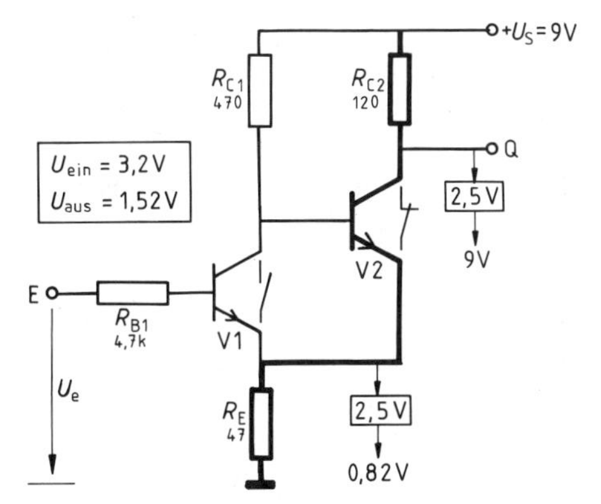

Bild 16.8 Vereinfachte Grundschaltung. Der Grundzustand *Aus* (Q = L) ist hervorgehoben.

Wenn, abweichend von Bild 16.8, der Arbeitswiderstand R_{C2} von der Kollektor- in die Emitterleitung verlegt wird, entsteht ein Schmitt-Trigger mit $\overline{Q}$-Ausgang.

Bild 16.9 zeigt dazu sowohl den Grundzustand *Aus* als auch die Arbeitslage *Ein* und ein zugehöriges Impulsdiagramm.

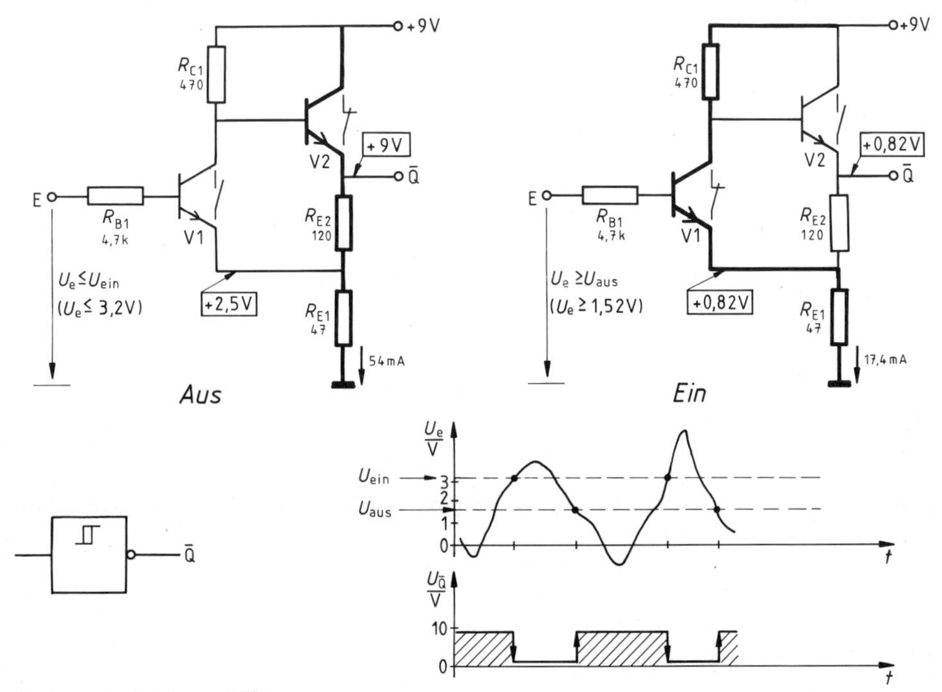

Bild 16.9 Schmitt-Trigger mit $\overline{Q}$-Ausgang

Anmerkung:

Schmitt-Trigger gibt es auch als integrierte Bausteine mit festen Parametern. Beispiel: Der IC-Typ SN 7413 ($U_{ein} \simeq 1{,}7$ V, $U_H \simeq 0{,}8$ V) mit „normalen" Transistoren und der CMOS-Typ CD 4093 ($U_{ein} \simeq 2{,}6$ V, $U_H \simeq 0{,}6$ V). Beide Typen verfügen über mehrere durch UND verknüpfte Eingänge und haben einen $\overline{Q}$-Ausgang.[1])
Schließlich läßt sich ein Schmitt-Trigger auch mit einem Operationsverstärker aufbauen (Anmerkungen dazu in Aufgabe 13).

---

[1]) siehe auch Kapitel 19.3

16.6 Die Übertragungsfunktion erklärt das Schaltzeichen

Wenn wir die Ausgangsspannung U_Q der Schmitt-Trigger-Grundschaltung in Abhängigkeit der Eingangsspannung U_e auftragen, erhalten wir zunächst für den Einschaltvorgang Bild 16.10, a. Bei $U_e = U_{ein}$ kippt der Schwellwertschalter auf Q = H.

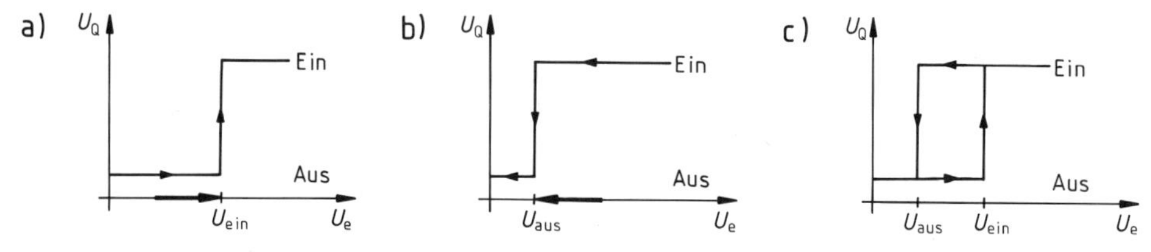

Bild 16.10 Die Übertragungsfunktion des Schmitt-Triggers
a) Einschaltvorgang,
b) Ausschaltvorgang,
c) Ein- und Ausschaltvorgang zusammen

Erst dann, wenn U_e deutlich unter U_{ein}, nämlich auf U_{aus} verkleinert wird, kippt der Schmitt-Trigger in den Zustand *Aus* zurück (Bild 16.10, b).

> Werden *Ein- und Ausschaltvorgang* in einem U_e, U_Q-Diagramm gemeinsam dargestellt, erhalten wir die **Übertragungsfunktion** des Schmitt-Triggers (Bild 16.10, c).
> Diese charakteristische Funktion finden wir auch im Schaltzeichen wieder.

Für Experten:

16.7 Der Ablauf des Kippvorganges

Eine wesentliche Eigenschaft des Schmitt-Triggers ist, neben seiner Hysterese, das auf jeden Fall *eindeutige Schaltverhalten*.

▶ Wenn der Kippvorgang einmal eingeleitet ist, läuft er, sich selbst verstärkend und ohne äußeres Zutun, blitzschnell bis zum neuen Endzustand ab.

Zur Illustration greifen wir uns das Umklappen vom Zustand *Aus* in den Zustand *Ein* heraus.

Im Grundzustand *Aus* ist V1 gesperrt. V2 ist dadurch übersteuert und führt allein Strom, der über R_E „abfließt". Wir erhöhen nun (in Gedanken beliebig langsam) die Eingangsspannung U_e, bis wir schließlich U_{ein} erreichen. Schon kurz vorher beginnt über V1 etwas Strom (I_{C1}) zu fließen. V1 schaltet aber noch keineswegs voll durch, d. h. V1 befindet sich in einem analogen Übergangsbereich (Zeitabschnitt t_a bis t_k in Bild 16.11, b und c).
Wenn nun der Strom I_{C1} durch V1 ansteigt, nimmt (wegen R_{C1}) die Spannung U_{C1} am Kollektor von V1 ab. Damit geht die Spannung U_{R2} an der Basis von V2 zurück (Bild 16.11, d). Dies ändert aber zunächst nichts am Kollektorstrom $I_{C2} = I_{C2Grenz}$ von V2, da V2 übersteuert war und anfangs *nur die Übersteuerung* abgebaut wird. Folglich nimmt der Strom durch R_E sogar noch etwas zu, denn es ist $I_{RE} = I_{C1} + I_{C2}$.

▶ In der Folge steigt auch U_{RE} noch leicht an (Bild 16.11, e).

Die Steuerspannung an V2, nämlich $U_{BE2} = U_{R2} - U_{RE}$, wird somit aus zwei Gründen kleiner (s. o.):

1. Weil U_{R2} abnimmt und
2. weil U_{RE} zunimmt.

Wir erreichen also bald einen Punkt, bei dem die Übersteuerung von V2 abgebaut ist.
Jetzt arbeiten beide Transistoren *im analogen Übergangsbereich*; jetzt beginnt *zwangsläufig der Kippvorgang* (Zeitpunkt t_k in Bild 16.11).

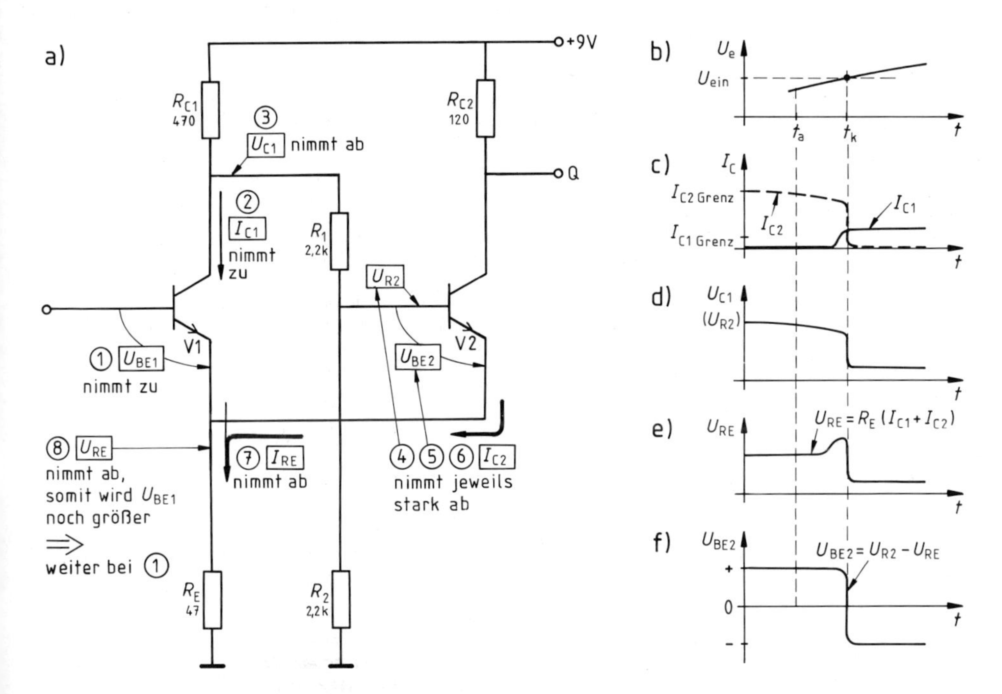

Bild 16.11 Ablauf des Kippvorganges. Bei t_a beginnt V1 zu leiten, ab t_k ist V2 nicht mehr übersteuert und verhält sich analog; der Kippvorgang beginnt.

„Grobe" Begründung:

Die geringste Zunahme der Steuerspannung an V1 erhöht auch den Strom I_{C1} durch V1. Die Folge: U_{C1}, U_{R2} und U_{BE2} nehmen ab. Letzteres steuert V2 mehr zu, was I_{C2} vermindert. Diese Abnahme von I_{C2} ist nun immer größer als die Zunahme von I_{C1} (s. u.). Der *Gesamtstrom* $I_{RE} = I_{C1} + I_{C2}$ durch R_E fällt daher; U_{RE} wird kleiner. Dies erhöht *automatisch* die Steuerspannung an V1. Folge: V1 zieht noch mehr Strom, der Strom durch V2 nimmt noch stärker ab usw. Dies zeigen wir nun im Detail.

„Genaue" Begründung:

Im Kippmoment sind beide Transistoren analog steuerbar, folglich gilt $\Delta I_C \sim \Delta U_{BE}$.

Annahme: $\Delta I_C = 0{,}1\ \mu A \mathrel{\hat{=}} \Delta U_{BE} = 1\ \mu V$[1])

Nun nehme im Kippmoment die Steuerspannung U_{BE1} an V1 um *nur* 1 µV zu (z. B. durch eine Störung [Stromrauschen] oder weil U_e weiterhin ansteigt).

Aus $\Delta U_{BE1} = +1\ \mu V$

folgt aufgrund unserer Annahme:

$$\boxed{\Delta I_{C1} = +0{,}1\ \mu A}$$

Wenn I_{C1} ansteigt, fällt U_{C1} ab. Mit $R_{C1} = 470\ \Omega$ erhalten wir:

$\Delta U_{C1} = -47\ \mu V$ (Negatives ΔU_{C1}, weil U_{C1} abnimmt.)

[1]) Dies entspricht dem Faktor $S = \dfrac{\Delta I_C}{\Delta U_{BE}} = \dfrac{0{,}1\ \mu A}{1\ \mu V} = 100\ \dfrac{mA}{V}$, welcher durchaus „gängig" ist.

Diese Abnahme wird von dem Teiler R_1, R_2 an die Basis von V2 übertragen, und zwar, wegen $R_1 = R_2$, hier zur Hälfte:

$$\Delta U_{R2} = -23{,}5\ \mu V$$

Damit fällt auch die Steuerspannung U_{BE2} von V2 um mindestens[1]) diesen Wert:

$$\Delta U_{BE2} = -23{,}5\ \mu V$$

Dies verursacht bei V2 eine Abnahme des Kollektorstromes I_{C2}, und zwar um 0,1 µA pro µV (laut obiger Annahme).
Wir erhalten deshalb für ΔI_{C2}:

$$\boxed{\Delta I_{C2} = -2{,}35\ \mu A}$$

Ein Vergleich von ΔI_{C1} und ΔI_{C2} zeigt also schon:

- *Im Kippmoment nimmt I_{C2} zwangsläufig viel stärker ab, als I_{C1} zunimmt.*

Die Folge: Der Gesamtstrom durch R_E und damit die Spannung U_{RE} nehmen ab:

$$\Delta I_{RE} = \Delta I_{C1} + \Delta I_{C2} = +0{,}1\ \mu A - 2{,}35\ \mu A = -2{,}25\ \mu A$$

Dadurch verringert sich (wegen $R_E = 47\ \Omega$) die Spannung U_{RE} näherungsweise um

$$\Delta U_{RE} = -100\ \mu V.$$

Dieser Spannungsrückgang vergrößert nun von selbst *gleichsinnig* (also mitkoppelnd) die ursprüngliche Zunahme der Steuerspannung an V1. Für diese gilt ja:

$$\Delta U_{BE1} = \Delta U_e - \Delta U_{RE}$$

Wenn wir – was während der Kippzeit sicher gerechtfertigt ist – ΔU_e mit $\Delta U_e = 0$ ansetzen, so beträgt

$$\Delta U_{BE1} = -\Delta U_{RE} = +\mathbf{100\ \mu V}.$$

Begonnen hatte alles mit einer Zunahme von

$$\Delta U_{BE1} = +\mathbf{1\ \mu V}.$$

Diese kleine Zunahme hat sich also von selbst um den Faktor 100 verstärkt. V1 zieht nun entsprechend mehr Strom, V2 wird noch weiter zugesteuert, der Gesamtstrom fällt noch weiter, ebenso U_{RE}. Folge: U_{BE1} wird von selbst immer größer und größer, das „Ende" ist nicht mehr aufzuhalten.
Bild 16.11, a zeigt abschließend noch einmal die logische Abfolge des Geschehens: ① ... ⑧ ... ① ...

Ergebnis:

Der Kippvorgang, *Aus → Ein*, beginnt bei $U_e \simeq U_{ein}$ dadurch, daß V2 (angesteuert von V1) seine Übersteuerung verliert.
Nun befinden sich beide Transistoren *in einem analogen Übergangsbereich*. Die geringste Erhöhung der Steuerspannung U_{BE1} am Transistor V1 leitet nun den Kippvorgang *unabwendbar* ein:

- I_{C1} nimmt *zu*, I_{C2} nimmt aber viel stärker *ab* (!).
- Der Gesamtstrom durch R_E wird dadurch kleiner, ebenso die Spannung U_{RE}.
- Letzteres vergrößert von selbst die Steuerspannung U_{BE1} des Transistors V1 immer weiter, bis der Kippvorgang schließlich (innerhalb kürzester Zeit) abgelaufen ist.

Damit ist die zweite stabile Arbeitslage *Ein* erreicht. V1 ist durchgeschaltet, V2 gesperrt. Hintergrund ist die *Kippbedingung:*

$$|\Delta I_{C2}| > |\Delta I_{C1}|.$$

Ob sie erfüllt wird, hängt von der Dimensionierung, insbesondere von R_{C1} ab (s. o.). Außerdem ist erkennbar, daß die Mitkopplung durch den Spannungsrückgang an R_E um so stärker ausfällt, je größer R_E gewählt wird (was aber den L-Pegel bei Q erhöht).
Entsprechend können wir den Sprung von *Ein → Aus* überlegen. Wird V1 allmählich gesperrt, nimmt I_{C1} ab. Viel stärker ist aber die Zunahme von I_{C2}, was zwangsläufig U_{RE} erhöht und V1 noch mehr sperrt ...

[1]) Weil in dem Augenblick mit I_{C1} auch U_{RE} steigt, wird $U_{BE2} = U_{R2} - U_{RE}$ sogar noch stärker zurückgehen.

Aufgaben

Berechnungen an gegebenen Schmitt-Trigger-Schaltungen

In den folgenden **Aufgaben 1 bis 5** wird für den jeweils durchgeschalteten Transistor $U_{BE} \simeq 0{,}7$ V und $U_{CE} = U_{CE\,Rest} \simeq 0$ angenommen.

Spannungskennwerte bei vorgegebener Dimensionierung

1. Berechnen Sie für die angegebene Dimensionierung $U_{Q\,Aus}$, $U_{Q\,Ein}$, U_{ein}, U_{aus} und U_H:
   a) Unter Vernachlässigung des Teilerquerstromes I_q, der im Zustand *Ein* fließt.
   b) Unter Berücksichtigung von $\bar{I}_q$. (*Hilfe:* $R_E \rightarrow R_E \| (R_1 + R_2)$)

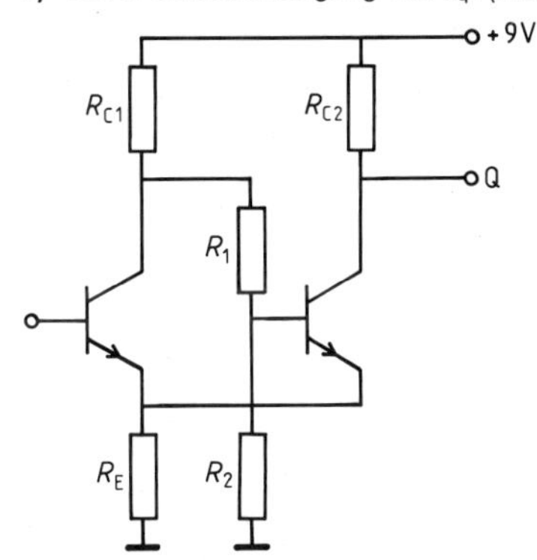

R_{C2}/Ω	R_E/Ω	R_{C1}/Ω	R_1/Ω	R_2/Ω
120	47	470	2,2 k	2,2 k
1 k	100	1 k	22 k	22 k
120	10	470	560	560
2,2 k	220	4,7 k	0	∞

(*Lösung nur für die erste Zeile*
zu a: 2,53 V; 9 V; 3,23 V; 1,52 V; 1,71 V;
zu b: 2,53 V; 9 V; 3,23 V; 1,51 V; 1,72 V)

Schmitt-Trigger mit kleiner Hysterese

2. a) Erläutern Sie, weshalb bei der dargestellten Schaltung die Hysterese U_H relativ klein (fast Null) ist.
   b) Berechnen Sie überschlägig U_H, wenn der differentielle Widerstand der Diode mit $r_F \simeq 10\,\Omega$ anzunehmen ist.
   (*Lösung:* $\simeq 20$ mV; *Hilfe:* $\Delta I_C = 2$ mA)

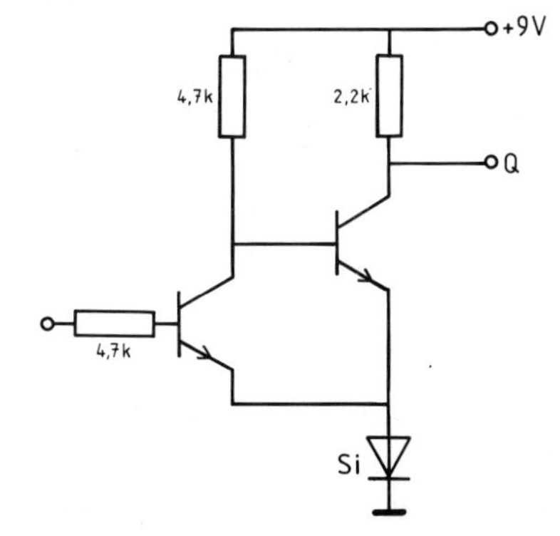

Dimensionierung der Widerstände

3. Eine Schmitt-Trigger-Grundschaltung soll $U_{Q\,Aus} = 10\% \cdot U_S$ haben. Der Ausgang soll im Zustand *Ein* bis $R_L = 2{,}2$ kΩ belastbar sein.
   Ferner sei $U_S = 9$ V und $U_H = 0{,}5$ V vorgegeben.
   Berechnen Sie:
   a) R_{C2}, R_E (*Lösung:* 220 Ω; 24 Ω)
   b) U_{ein} und U_{aus} (*Lösung:* 1,6 V; 1,1 V)
   c) R_{C1}, falls I_q für *Ein* vernachlässigbar ist (*Lösung:* 510 Ω)
   d) R_2, R_1; Nebenbedingungen: Im Zustand *Aus* betrage $I_q = 2 \cdot I_{B2}$[1], für V2 gelte $\ddot{u} \geq 2$ bei $B \geq 200$.
   (*Lösung:* 4,3 kΩ; 9,4 kΩ; *Hilfe:* Erst I_{C2}, dann I_{B2} berechnen)
   Prüfen Sie nun, ob in Teil c bei der Berechnung von R_{C1} der Strom $\bar{I}_q$ zu Recht vernachlässigt wurde. (*Lösung:* Ja, weil $R_1 + R_2 \gg R_E$)
   e) Wie ändert sich U_{ein}, U_{aus} und U_H, wenn U_S auf 5 V herabgesetzt wird?
   (*Lösung:* 1,2 V, 0,92 V, 0,28 V)

4. Wie Aufgabe 3, aber statt $U_{Q\,Aus}$ wird die Einschaltschwelle $U_{ein} = 2$ V vorgegeben.
   (*Lösung a:* 220 Ω; 37 Ω; *b:* 2 V; 1,5 V; *c:* 380 Ω; *d:* 5,7 kΩ; 9,6 kΩ)

[1]) Beachten Sie $I_q = I_{R1}$. Das Querstromverhältnis q beträgt in diesem Fall $q = I_{R2}/I_{B2} = 1$.

Herabsetzung eines hohen L-Pegels

5. Für eine Schmitt-Trigger-Grundschaltung sei $U_S = 10$ V und $U_{ein} = 6{,}3$ V.

a) Wie groß sind U_{QAus} und U_{QEin} (ohne Last)?
(*Hilfe:* Bild 16.5 und Bild 16.6.
Lösung: 5,6 V; 10 V)

b) Zeigen Sie, daß die skizzierte Schaltung den L-Pegel praktisch auf Null senkt, den H-Pegel aber nicht ändert.

c) Welche Änderungen sind vorzunehmen, wenn U_{QAus} nur bei 2,5 V liegen würde?
(*Lösung:* keine)

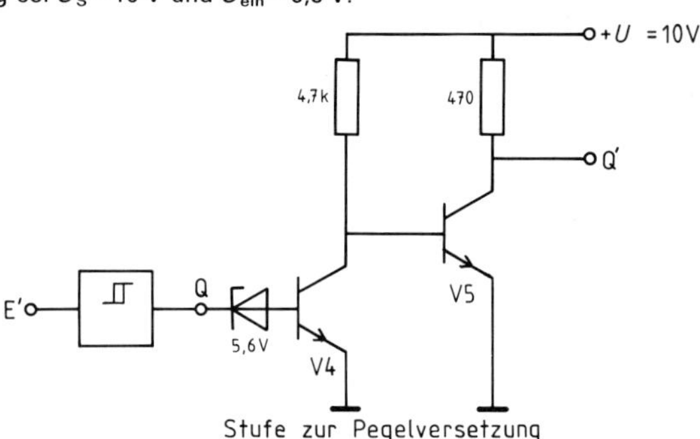

Anwenderschaltungen mit dem Schmitt-Trigger

Direkte Messung der Zeitkonstanten eines *RC*-Gliedes

6. Vorhanden sei der Schmitt-Trigger aus 5, a bzw. b und eine elektronische Stoppuhr mit zwei Eingängen A und B.

Eingang A: Start mit L↑H-Sprung
Eingang B: Stop mit L↑H-Sprung

Entwerfen Sie eine Schaltung, mit der die Zeitkonstante eines *RC*-Gliedes direkt gemessen werden kann.

(*Lösung:*

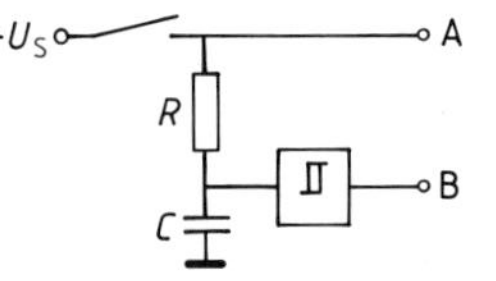

Grund: $U_{ein} = 63\,\% \cdot U_S$)

Unsymmetrischer und symmetrischer Sinus-Rechteck-Wandler

7. Gegeben sei ein Schmitt-Trigger mit $U_{ein} = 2{,}6$ V und $U_H = 0{,}6$ V. Er wird an $U_S = 5$ V betrieben.

a) An den Eingang E wird direkt an den Schmitt-Trigger eine reine, sinusförmige Wechselspannung mit $U_{eff} = 2$ V/50 Hz angelegt.
Zeichnen Sie Ein- und Ausgangssignal für mindestens zwei Perioden.
(*Lösung:* Am Ausgang ein Rechtecksignal mit $t_i \simeq 3{,}8$ ms und $t_p \simeq 16{,}2$ ms)

b) Wie a, das Eingangssignal soll jedoch hier am Eingang E′ der skizzierten Zusatzschaltung anliegen.
(*Hilfe:* Überlegen Sie den Gleichspannungsanteil des an E anliegenden gemischten Signals.
(*Lösung:* Gleichspannung an E: $\simeq 2{,}25$ V $\simeq 1/2(U_{ein} + U_{aus})$, somit am Ausgang ein Rechtecksignal mit $t_i \simeq t_p \simeq 10$ ms)

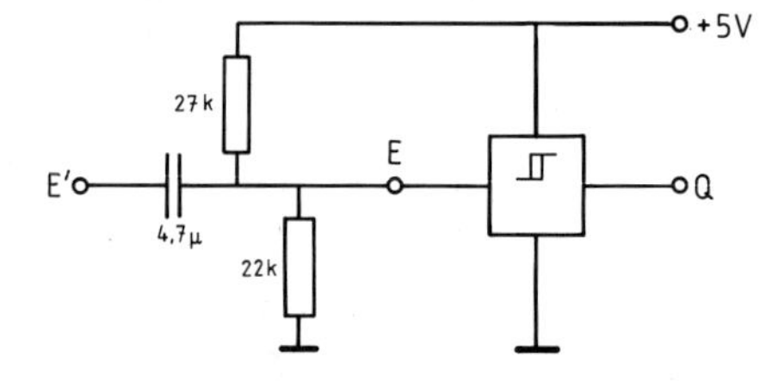

Flankenverzögerung

8. Verwendet wird der Schmitt-Trigger aus Aufgabe 7 ($U_{ein} = 2{,}6$ V; $U_H = 0{,}6$ V; $U_S = 5$ V). Angesteuert wird mit Rechtecksignal.

a) Welche Zeitverzögerung erfährt die Anstiegsflanke?
(*Lösung:* $U_{ein} \simeq 1/2 \cdot U_S$, also *ca.* $0{,}7 \cdot RC \simeq 10\ \mu s$)

b) Welche Zeitverzögerung erfährt die Abfallflanke?
(*Lösung:* fast keine, bei E = L wird C sehr rasch über V entladen)

c) Zeichnen Sie zu dem U_e-Diagramm das Q-Diagramm für den Ausgang des Schmitt-Triggers.

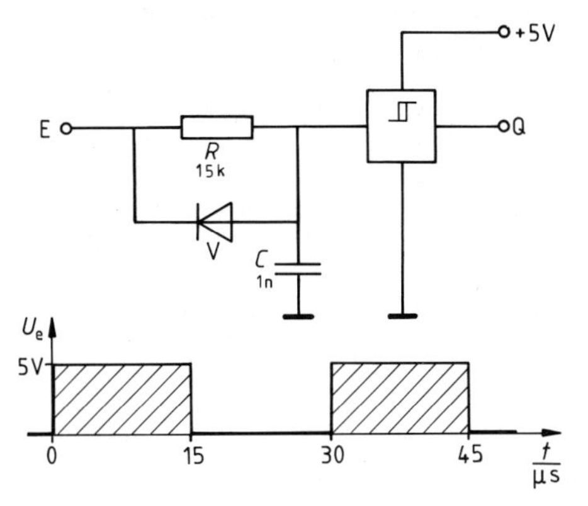

Flankenerkennung

9. a) Verwendet wird der Schmitt-Trigger aus Aufgabe 7 ($U_{ein} = 2{,}6$ V; $U_H = 0{,}6$ V; $U_S = 5$ V). Zeichnen Sie zu U_e den Verlauf des Ausgangssignals Q.
(*Lösung:* Bei den positiven Flanken des Eingangssignals erscheinen kurze H-Nadelimpulse, Dauer ca. 14 µs; *Hilfe:* Bild 2.8.)

b) Der Fußpunkt des 15-kΩ-Widerstandes wird mit $+U_S$ verbunden. Zeichnen Sie auch hierzu das Ausgangssignal Q.
(*Hilfe:* Bild 14.18 zeigt das Eingangssignal des Schmitt-Triggers. *Lösung:* Bei den negativen Flanken L-Nadelimpulse)

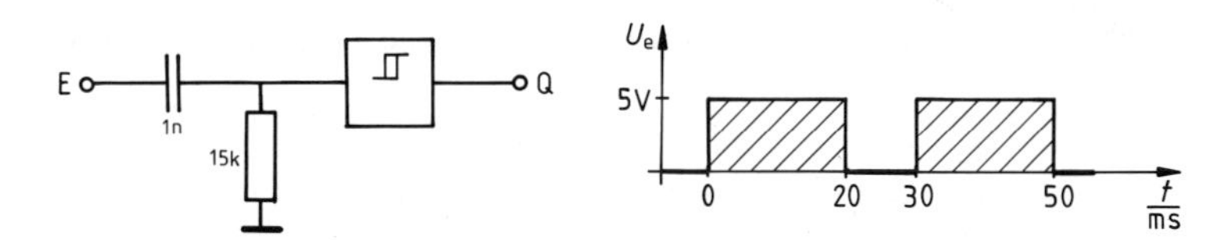

Rechteckgeneratoren

10. Verwendet wird der Schmitt-Trigger aus Aufgabe 7 ($U_{ein} = 2{,}6$ V; $U_H = 0{,}6$ V; $U_S = 5$ V). Zu Beginn der Überlegungen sei der Kondensator C ungeladen, bzw. es gelte $u_C < U_{ein}$.
Erläutern Sie, weshalb dieser Generator fortlaufend Nadelimpulse liefert. Skizzieren Sie dazu U_e und Q. Schätzen Sie grob die Signalfrequenz ab.
(*Lösung:* C lädt sich bis U_{ein} auf. Durch Q = H wird C über den Transistor praktisch kurzgeschlossen, somit springt ($t_i \simeq 0$) u_C auf U_{aus} und Q auf L, C lädt sich wieder ...; $f \simeq 290$ Hz, denn $u_C = 2 \ldots 2{,}6$ V liefert in etwa $\Delta t \simeq T \simeq 3{,}5$ ms; *Hilfe:* Bild 2.8.)

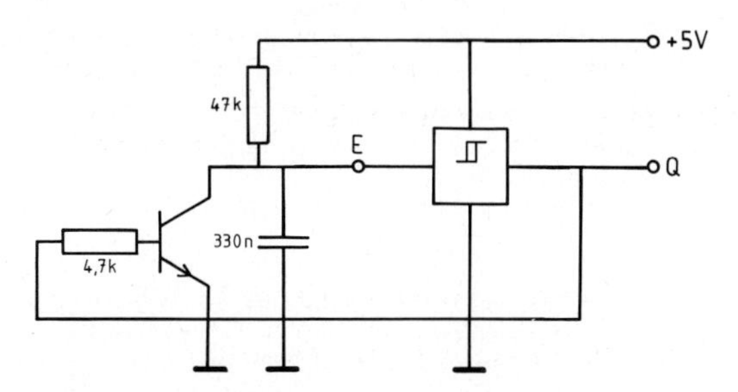

11. Aufgabenstellung und Schmitt-Trigger-Daten wie in Aufgabe 10. Beachten Sie aber den hier vorliegenden $\overline{Q}$-Ausgang.
Beginnen Sie mit $\overline{Q}$=H und C (noch) ungeladen bzw. $u_C < U_{ein}$.
(*Lösung:* Siehe Skizze mit Impulsverlauf, weitere Hilfen im Text zu Bild 19.12)

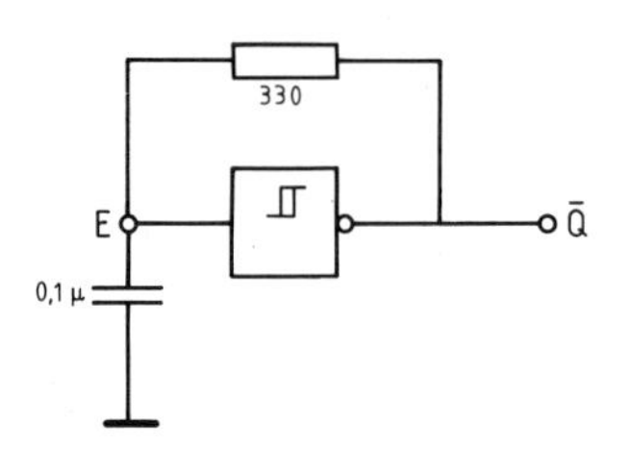

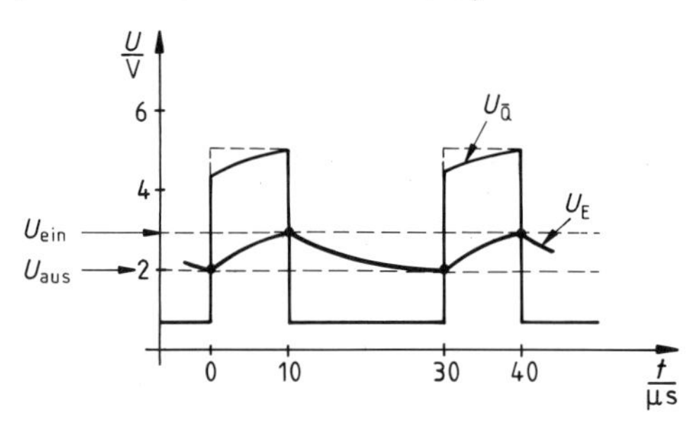

Kippvorgang im Detail

12. **a)** Welche Bauelemente der Grundschaltung sind wie zu ändern, wenn die Kippzeit verkürzt werden soll?
(*Lösung:* R_{C1}, R_E größer, siehe Kapitel 16.7)

b) Zeigen Sie: Wenn in Bild 16.11 $R_{C1} = R_{C2} = 120\ \Omega$ gesetzt wird, gilt:
1. Die Hysterese ist (fast) Null.
2. Die Kippbedingung $|\Delta I_{C2}| > |\Delta I_{C1}|$ ist weiterhin erfüllt. (Verwenden Sie dazu die Daten aus Kapitel 16.7)
(*Lösung:* Bei $\Delta I_{C1} = +0{,}1\ \mu A$ folgt $\Delta I_{C2} = -0{,}6\ \mu A$.)

Schmitt-Trigger mit Operationsverstärker

13. **a)** Betrachten bzw. bearbeiten Sie die Aufgaben 2 und 3 aus Kapitel 12.
Hinweis: Die dort aufgeführten Standardschaltungen verhalten sich wie Schmitt-Trigger mit $\overline{Q}$-Ausgang, d.h. $U_{\overline{Q}}$ ist im Zustand *Aus* größer als im Zustand *Ein* (ähnlich wie in Bild 16.9). Entsprechend gelten folgende Zuordnungen:
$A = \overline{Q}$ $\quad u_+ = U_{ein}$ $\quad$ und $\quad \overline{u}_+ = U_{aus}$

b) Die folgenden Schaltungen verhalten sich wie Schmitt-Trigger mit Q-Ausgang, d.h. U_Q ist im Zustand *Aus* kleiner als im Zustand *Ein*.
Die Ausgangsspannung der OVs kann sich (idealisiert) von $+U_S = 10$ V bis $-U_S = -10$ V ändern.
Anfangszustand sei hier der Zustand *Aus* mit $u_Q = -10$ V.
1. Bei welcher Eingangsspannung kippt der OV jeweils in den Zustand *Ein*?
2. Bei welcher Eingangsspannung kippt der OV jeweils wieder zurück in den Zustand *Aus*?

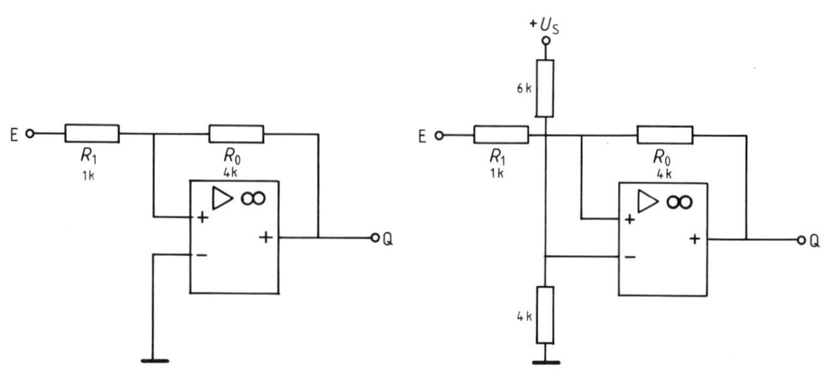

Schaltung 1 **Schaltung 2**

(*Lösung zu Schaltung 1:* $U_{ein} = +2{,}5$ V; $U_{aus} = -2{,}5$ V; *Hilfe:* Berechnen Sie den Strom durch R_0, wenn $u_+ = u_-$ wird. Daraus folgt U_{R1} und schließlich U_e.
Lösung zu Schaltung 2: $U_{ein} = +7{,}5$ V; $U_{aus} = +2{,}5$ V)

17 Gatter, Schaltalgebra und Schaltkreistechnik

In der Digitaltechnik müssen häufig Signale logisch verknüpft, d. h. kombiniert werden, wodurch z. B. Steuersignale für Aufzüge, Warnanlagen, Meßgeräte und Produktionsanlagen erzeugt werden. Früher wurden solche kombinatorischen Elemente, auch *Gatter* genannt, mit Relais und deren mechanischen Kontakten aufgebaut. Heute werden natürlich kontaktlose Transistorschalter verwendet. Sofern es sich um standardisierte Verknüpfungen handelt, können wir auf fertige Funktionsblöcke zahlreicher Hersteller in Form von ICs zurückgreifen.[1]) Komplizierte Verknüpfungen müssen wir allerdings selbst aus den lieferbaren ICs zusammenstellen. Die dazu notwendigen Regeln liefert die *Schaltalgebra* (ab Kapitel 17.2). Eine graphische Darstellung solcher Verknüpfungen durch die nun folgenden Schaltzeichen nennen wir auch den *Funktionsplan,* kurz FUP.[2])
Zu Beginn stellen wir kurz die Elemente vor, welche die logischen Grundfunktionen, wie **UND**, **ODER** usw. durchführen.

> Die Wirkung aller kombinatorischen Elemente **(Gatter)** beschreiben wir durch
> - die *Funktionstabelle* (Wahrheitstabelle),
> - die *Schaltfunktion,*
> - das *Schaltzeichen,*
> - das *Zeitablaufdiagramm* (Impulsdiagramm).

17.1 Gatter-Grundschaltungen

17.1.1 Das UND-Element (AND-Gatter)

Eine Presse z. B. darf aus Sicherheitsgründen nur dann arbeiten, wenn zur gleichen Zeit zwei Tasten betätigt werden. (Diese Tasten sind dann so angebracht, daß der bedienende Mensch sie nur erreichen kann, wenn er sich außerhalb jeder Gefahrenzone befindet.) Eine solche Aufgabenstellung löst ein UND-Element, auch AND-Gatter oder kurz AND genannt. Bild 17.1 verdeutlicht die Arbeitsweise anhand einer „antiken" Relaisschaltung.

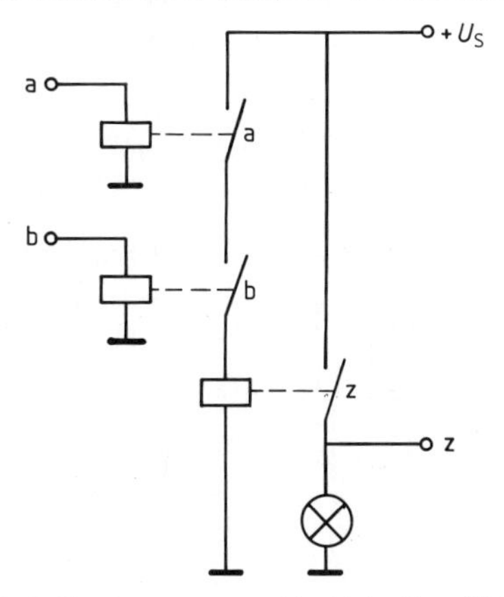

Bild 17.1 UND-Element in Relaistechnik. Nur dann, wenn a und b gleichzeitig schließen, schließt auch der Kontakt z.

[1]) **IC** = integrated circuit = zusammengefaßter Schaltkreis
[2]) Dieser Begriff stammt aus der Steuerungstechnik. Sie wendet logische Verknüpfungen praktisch an (meist in Form speicherprogrammierbarer Steuerungen, kurz SPS). Fast schon historisch ist die Darstellung als Kontaktplan (KOP).

Die Funktionstabelle

Bild 17.2, a zeigt die **Funktionstabelle** eines AND. Diese Tabelle ist mit den logischen Variablenwerten 0 und 1 geschrieben. Sie heißt auch Wahrheitstabelle oder Verknüpfungstabelle. Dagegen zeigt Bild 17.2, b die **Arbeitstabelle.** Hier werden die Pegelbezeichnungen L und H verwendet. Beide Tabellen lassen sich sinngemäß auf UND-Elemente mit mehreren Eingängen erweitern.

a)

b	a	z
0	0	0
0	1	0
1	0	0
1	1	1

b)

b	a	z
L	L	L
L	H	L
H	L	L
H	H	H

Bild 17.2 Funktionstabelle a) und Arbeitstabelle b) eines AND-Gatters mit zwei Eingängen

Die Schaltfunktion

Die eindeutige Abhängigkeit der Ausgangsvariablen z von den Eingangsvariablen a, b, ... nennen wir Schaltfunktion. Im Gegensatz zum gewohnten $y=f(x)$ hängt der Funktionswert einer Schaltfunktion fast immer von mehreren Variablen ab: $z=f(a, b, \ldots)$. In diesem Zusammenhang werden die unabhängigen Variablen a, b, ..., die Eingangsvariablen, auch als Schaltvariablen bezeichnet. Die Schaltfunktion des UND-Elementes beschreiben wir durch:

$z=a \wedge b$ oder $\boxed{z=a \cdot b}$ (lies: z = a *und* b)

Wir verwenden hier die letzte Schreibweise. Sie nimmt unmittelbar Bezug auf die Funktionstabelle aus Bild 17.2. So gilt z. B. $1 \cdot 0=0$, aber $1 \cdot 1=1$[1]). Bei dieser Schreibweise fällt auch später die Schaltalgebra, die *Boolesche Algebra*[2]), etwas leichter.

► Entsprechend wird ein Term der Form $a \cdot b$ auch als **Boolesches Produkt** bezeichnet.

Das Schaltsymbol

Nach der DIN-Norm 40900, Teil 12[3]) wird ein UND-Element (AND) wie in Bild 17.3 dargestellt. Auf das tatsächliche „Innenleben" kommt es hierbei nicht mehr an. Auch die Anschlüsse für Speisespannung und Masse werden als „Selbstverständlichkeit" betrachtet und nicht mehr eingezeichnet.

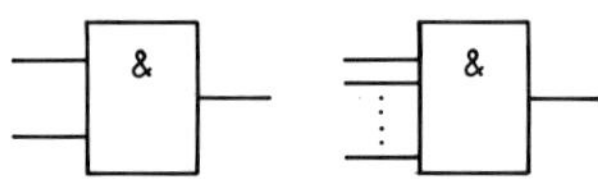

Bild 17.3 AND mit zwei und mehr Eingängen

[1]) Rechner *multiplizieren* deshalb auch mit UND-Elementen (Kapitel 21.4.10).
[2]) sprich: „buhl", siehe auch Kapitel 17.2
[3]) Zusammenstellung wichtiger Schaltsymbole im Kapitel 17.1.7

Das Zeitablaufdiagramm

Ein Zeitablaufdiagramm läßt sich – nach Vorgabe der Eingangsimpulse – mit Hilfe der Funktionstabelle erstellen. Bild 17.4 zeigt ein Zeitablaufdiagramm, das für das AND-Gatter typisch ist. Das Diagramm läßt z. B. folgende Anwendungen eines UND-Elementes erkennen:

- Anzeige, ob zwei Ereignisse (Signale) gleichzeitig auftreten (Koinzidenz).
- Steuerbares Tor für Impulse. Dies läßt sich auch algebraisch einsehen:
  Wegen $z = a \cdot b$ gilt
  - für $b = 1$: $z = a \cdot 1 = a$ (Die Impulse „laufen durch".)
  - für $b = 0$: $z = a \cdot 0 = 0$ (Die Impulse werden blockiert.)

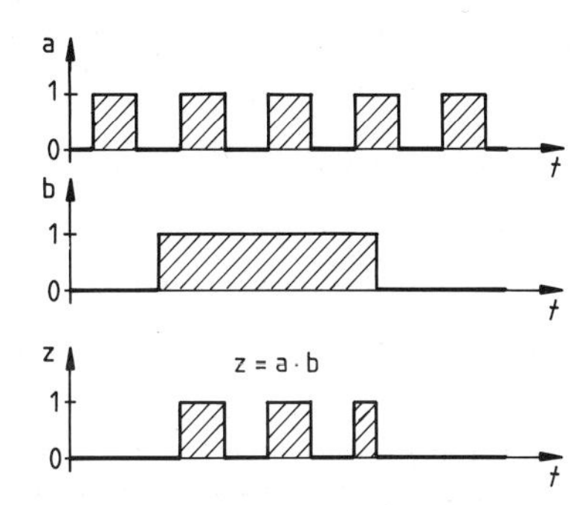

Bild 17.4 Zeitablaufdiagramm bei einer UND-Verknüpfung

AND-Gatter mit Halbleitern

Bild 17.5 zeigt ein kontaktloses AND, das direkt der Relaisschaltung aus Bild 17.1 nachempfunden wurde: Die beiden Transistorschalter liegen einfach in Reihe. Durch R_E fließt nur dann Strom (also $z = H$), wenn beide Transistoren zugleich leiten.

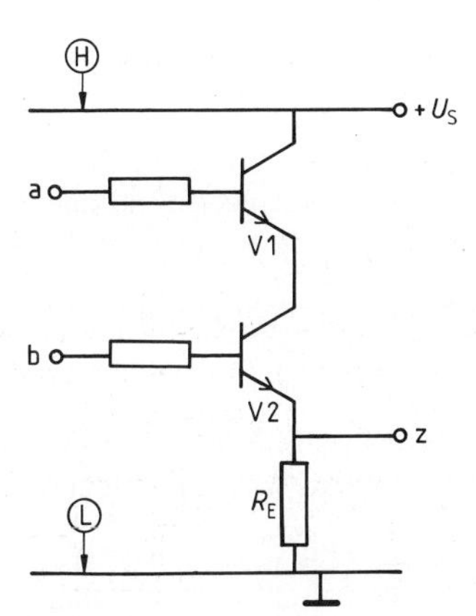

Bild 17.5 AND mit Transistoren

Solche UND-Verknüpfungen lassen sich auch allein mit passiven Bauelementen (Dioden und Widerständen) verwirklichen (siehe Aufgabe 2). Auf die üblichen Standardschaltungen der Industrie (TTL- und CMOS-Technik) gehen wir noch in Kapitel 17.5 ein.

17.1.2 Das ODER-Element (OR-Gatter)

Im Gegensatz zum UND-Element nimmt die Ausgangsvariable eines ODER-Elementes schon dann den Wert 1 an, wenn nur eine Eingangsvariable (genauer: mindestens eine Eingangsvariable) den Wert 1 hat. Eine entsprechende Relaisschaltung stellt Bild 17.6 vor.

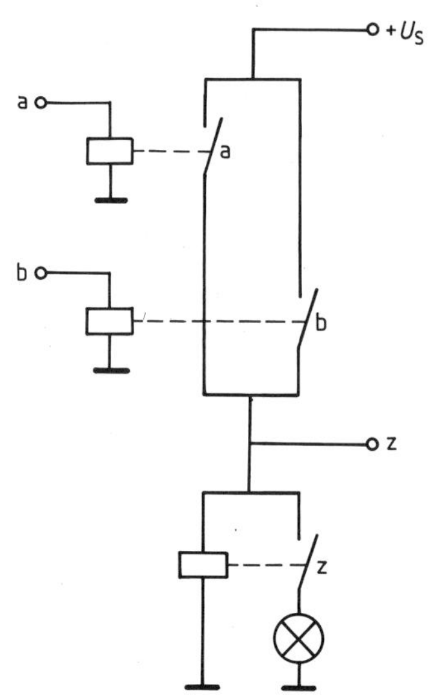

Bild 17.6 OR-Gatter mit Relais. Kontakt z schließt, wenn von den parallel liegenden Kontakten a, b einer oder beide geschlossen sind.

b	a	z
0	0	0
0	1	1
1	0	1
1	1	1

Bild 17.7 Funktionstabelle des OR-Gatters

Die Funktionstabelle

Für zwei Eingänge zeigt Bild 17.7 die Funktionstabelle (Wahrheitstabelle) des OR-Gatters. Die Tabelle ist leicht auf Gatter mit drei und mehr Eingängen übertragbar.

Die Schaltfunktion

Der allgemeine Zusammenhang der Schaltvariablen ist hier gegeben durch:

$z = a \vee b$ oder $\boxed{z = a + b}$ (lies: z = a *oder* b)

Die letzte Schreibweise entspringt wieder direkt der Funktionstabelle (Bild 17.7): $0+0=0$; $0+1=1$. Der Fall $1+1=1$ wird bei der Sprechweise: „Signal oder Signal ergibt Signal" (also $H+H=H$) etwas anschaulicher.

▶ Den Term $a+b$ nennen wir nach dem oben gesagten auch **Boolesche Summe.**[1])

Das Schaltsymbol

Das Schaltbild des OR-Gatters zeigt Bild 17.8. Das „≥1-Zeichen" ist so aufzufassen: Damit der Ausgang eine 1 liefert, muß die *Anzahl* der Eingänge, die an 1 liegen, größer gleich eins sein.

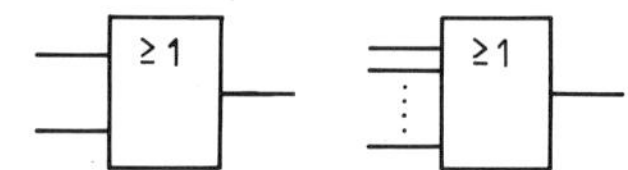

Bild 17.8 Das OR-Gatter mit zwei und mehr Eingängen

[1]) Die Zeichen + bzw. · sind für ∨ bzw. ∧ in der englischen Fachliteratur üblich. Die deutsche Norm für die Zeichen der Schaltalgebra (DIN 66000/4.65) läßt + bzw. · für ∨ bzw. ∧ ebenfalls zu.

Entsprechend läßt sich auch ein „=1-Gatter" definieren. Sein Verhalten gleicht mehr der umgangssprachlichen Auffassung vom „Oder", nämlich a „oder ausschließlich" b. Es wird deshalb als *Exklusives-OR* bezeichnet (Näheres in Kapitel 17.2.8).
Je nach Anzahl der Eingänge sind auch„=2-Gatter" bzw. „≥2-Gatter" usw. denkbar. Sie heißen dann aber *Auswahl*- bzw. *Schwellwertgatter*.

Das Zeitablaufdiagramm

Bild 17.9 zeigt ein Zeitablaufdiagramm des OR-Gatters. Dieses folgt wieder aus der Funktionstabelle (Bild 17.7). Am Ausgang entsteht immer dann ein Signal, wenn irgendein Eingang ein Signal erhält. Damit eignet sich ein OR-Gatter zur summarischen Überwachung mehrerer Leitungen, z. B. bei Alarm- und Meldeanlagen.

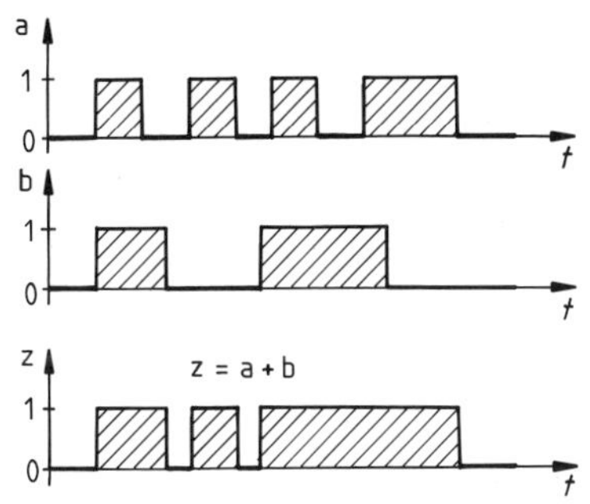

Bild 17.9 Zeitablaufdiagramm eines OR-Gatters

OR-Gatter mit Halbleitern

Ein passives OR-Gatter nach Bild 17.10 haben wir schon beim Monoflop (Kapitel 15.1.7; Bild 15.11) kennengelernt.

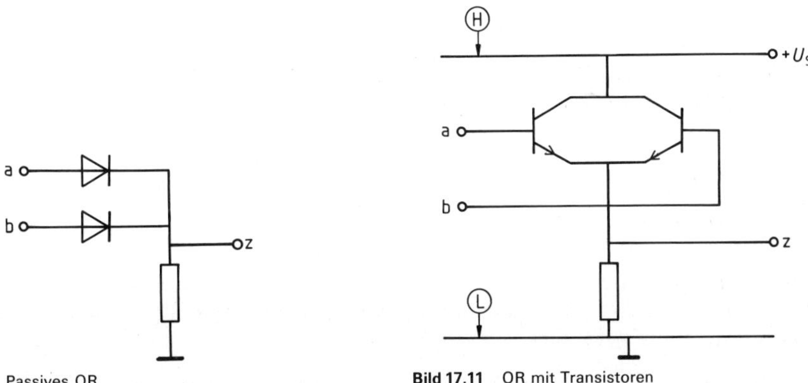

Bild 17.10 Passives OR

Bild 17.11 OR mit Transistoren

Bild 17.11 zeigt dagegen eine OR-Schaltung, die sich an die Relaisschaltung von Bild 17.6 anlehnt. Die beiden Transistorschalter (CE-Strecken) sind einfach parallel geschaltet. Dies ist z. B. auch in der TTL- und CMOS-Schaltungstechnik der Industrie prinzipiell nicht anders (siehe Kapitel 17.5 bzw. Aufgabe 3).

17.1.3 Inverter, NICHT-Element, NOT-Gatter, Negator

Häufig muß ein Signal erst „herumgedreht", also invertiert werden, bevor es die gewünschte Funktion auslöst. Eine solche *Signalumkehr* liefert ein Inverter. Bild 17.12 zeigt Funktionstabelle, Schaltfunktion und Schaltzeichen auf einen Blick, während Bild 17.13 ein Zeitablaufdiagramm vorstellt.

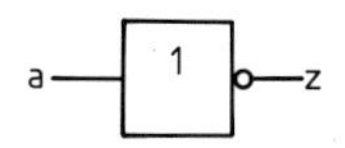

$z = \overline{a}$

a	z
0	1
1	0

Schaltsymbol **Schaltfunktion** **Funktionstabelle**

Bild 17.12 Charakterisierung eines Inverters (NICHT-Element)

Beim Schaltsymbol stellen wir uns vor, daß die eigentliche Signalumkehr im angehängten *Inverterpunkt* selbst stattfindet. Dadurch brauchen Inverter, die anderen Gattern vor- oder nachgeschaltet werden, kein eigenes „Rechteck" (siehe z. B. das gleich folgende NAND-Gatter). Konkrete Schaltungen von Invertern sind uns längst bekannt, z. B. ein bipolarer Transistor als Schalter (ab Kapitel 13.2) oder zwei komplementäre MOSFET (siehe Kapitel 13.3). Daraus ergibt sich:

- ► Ein Inverter enthält *mindestens ein aktives Bauelement.* Im Gegensatz zu AND- und OR-Gattern lassen sich Inverter nicht allein mit passiven Bauelementen aufbauen.

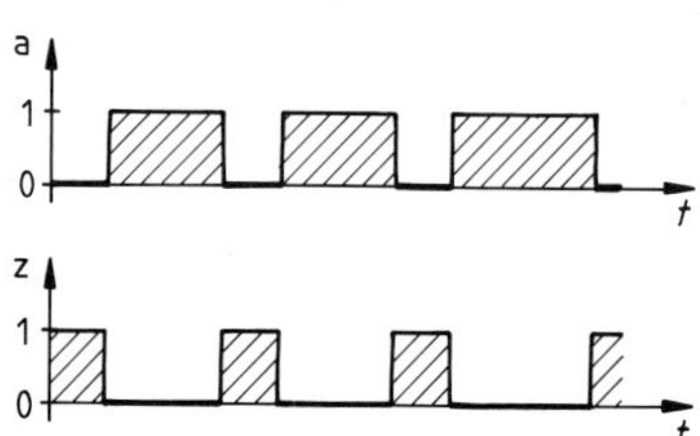

Bild 17.13 Zeitablaufdiagramm eines Inverters

17.1.4 NAND-Gatter

Wenn das Signal am Ausgang eines AND-Gatters anschließend noch invertiert wird (Bild 17.14, a), entsteht insgesamt ein NAND-Gatter (= NOT-AND-Gatter). Dieses wird kurz nach Bild 17.14, b dargestellt. Die Funktionstabelle ergibt sich sofort aus der AND-Tabelle durch Invertierung des Ausgangssignals. Wir erkennen aus der NAND-Tabelle (Bild 17.14, c):

- ► Der Ausgang eines NAND liefert genau dann den Wert 1, wenn **n**icht **a**lle (**n**ot **a**ll) **NA**ND-Eingänge an 1 liegen.

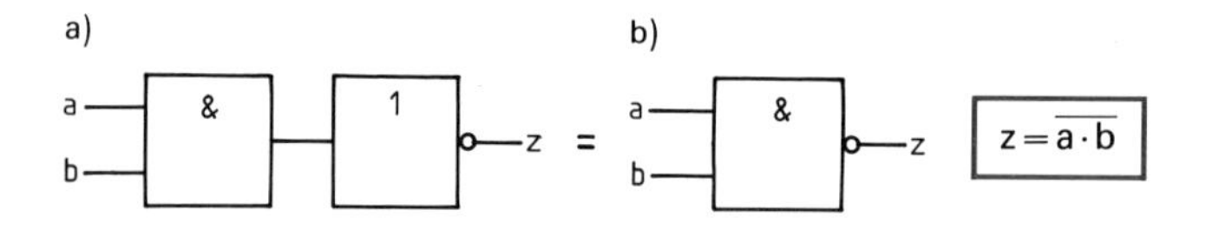

c)

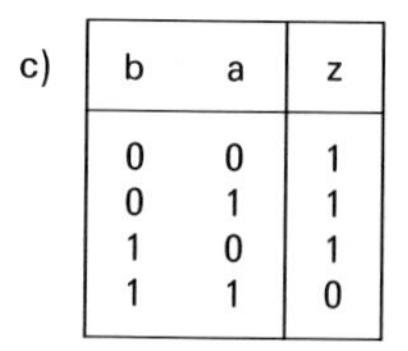

b	a	z
0	0	1
0	1	1
1	0	1
1	1	0

Schaltsymbol **Schaltfunktion** **Funktionstabelle**

Bild 17.14 Die Entstehung eines NAND-Gatters und dessen Funktionstabelle (für zwei Eingänge)

Für die Schaltfunktion des NAND schreiben wir (siehe oben):

$$z = \overline{a \cdot b},$$

dies ist aber *nicht* dasselbe wie $\overline{a} \cdot \overline{b}$ (!).

NAND-Gatter zählen zu den integrierten *Standardbausteinen.*[1])

[1]) siehe auch Praktikerteil Kapitel 17.5, speziell die Bilder 17.38 und 17.42

17.1.5 NOR-Gatter

Genauso wie es NAND-Gatter gibt, gibt es auch integrierte NOR-Gatter. Funktionstabelle, Schaltsymbol und Schaltfunktion des NOR zeigt Bild 17.15 (Achtung: $\overline{a+b} \neq \overline{a}+\overline{b}$).

b	a	z
0	0	1
0	1	0
1	0	0
1	1	0

Schaltsymbol **Schaltfunktion** **Funktionstabelle**

Bild 17.15 Tabelle, Schaltzeichen und Schaltfunktion eines NOR (mit zwei Eingängen)

Bei der Betrachtung der Tabelle fällt auf:

▶ Ein NOR liefert genau dann 1, wenn nicht einer (**n**ot **o**ne) der **NO**R-Eingänge auf 1 liegt.

17.1.6 Zusammenfassung

Besprochen haben wir kombinatorische Elemente (Gatter) mit den Verknüpfungen **AND, OR, NOT** (Inverter), **NAND** und **NOR.**

Mit Ausnahme des Inverters verknüpfen diese Gatter zwei oder mehrere Eingangssignale zu einem Ausgangssignal. Alle Gatter lassen sich durch ihre *Funktionstabelle* oder (algebraisch) durch ihre *Schaltfunktion* beschreiben. Als *Verknüpfungszeichen* haben wir „·" für AND und „+" für OR verwendet. Aus den Funktionstabellen entnehmen wir folgende Merksätze für die Gatterfunktionen:

> Am Ausgang entsteht H-Signal (bzw. 1), wenn
> - beim **A**ND **al**le (**al**l) Eingänge H-Signal tragen,
> - beim **O**R mindestens ein (**o**ne) Eingang H-Signal trägt,
> - beim **NA**ND **n**icht **al**le (**n**ot **al**l) Eingänge H-Signal tragen,
> - beim **NO**R nicht ein (**n**ot **o**ne) Eingang H-Signal trägt.

17.1.7 Definition einfacher kombinatorischer Elemente (Gatter)

Nach DIN 40900 werden sämtliche Schaltzeichen mit einem Rechteck (beliebiges Seitenverhältnis) dargestellt.

Schaltzeichen (DIN 40900)	**Name**	**Funktion**
1	Buffer	Unveränderte Weitergabe Trennstufe, Impulsverstärker, Impedanzwandler
1 1	NICHT-Element, Inverter	Ausgang hat genau dann den Wert 0, wenn der Eingang den Wert 1 hat.

Schaltzeichen (DIN 40900)	Name	Funktion
Im folgenden hat die *Anzahl der Eingänge* nur Beispielcharakter.		
≥1	ODER-Element OR	Mindestens ein Eingang muß den Wert 1 haben, damit der Ausgang den Wert 1 annimmt.
= 1	Exklusiv-OR EXOR Antivalenz	Nur ein Eingang darf den Wert 1 haben, damit der Ausgang den Wert 1 annimmt.
=	Äquivalenz-Element	Die Eingänge müssen im selben Zustand sein, damit der Ausgang den Wert 1 annimmt.
≥m z.B. ≥2	Schwellwert-Element	Mindestens m Eingänge müssen den Wert 1 haben, damit der Ausgang den Wert 1 annimmt. Mindestens zwei Eingänge müssen den Wert 1 haben, damit der Ausgang den Wert 1 annimmt.
$>\frac{n}{2}$	Majoritäts-Element	Die Mehrzahl der Eingänge müssen den Wert 1 haben, damit der Ausgang den Wert 1 annimmt.
2k+1	UNGERADE-Element (GERADE-Element entsprechend 2 *k*)	Eine ungerade Anzahl der Eingänge müssen den Wert 1 haben, damit der Ausgang den Wert 1 annimmt.
&	UND-Element AND	Alle Eingänge müssen den Wert 1 haben, damit der Ausgang den Wert 1 annimmt.
&	NAND	Mindestens ein Eingang muß den Wert 0 haben, damit der Ausgang den Wert 1 annimmt (AND mit Inverter).

17.2 Einführung in die Schaltalgebra

In der Praxis sieht es oft so aus: Die Gatter, die verfügbar sind, haben entweder zuviel oder zuwenig Eingänge, einzelne Inverter fehlen meist, anstatt der gewünschten OR-Gatter sind z. B. nur NANDs greifbar usw.

Mit den Regeln der Schaltalgebra läßt sich hier häufig ein Ausweg finden, manchmal können sogar einige Gatter eingespart und komplizierte Schaltungen vereinfacht werden. Diese Schaltalgebra wird auch Boolsche Algebra[1]) genannt.

Wir stellen diese Algebra jetzt anhand praktischer Beispiele vor.[2])

Eine Zusammenfassung *(alle Gesetze auf einen Blick)* findet sich schließlich in Kapitel 17.3.

[1]) Nach dem Engländer Georg Boole, der u. a. 1847 das Werk „The mathematical analysis of logic" veröffentlichte.

[2]) In Wirklichkeit wird ein nicht minimales Axiomensystem der Boolschen Algebra angegeben. Jede Menge (mit beliebigen Elementen), auf der zwei Verknüpfungen + und · definiert sind, welche diese Axiome erfüllen, stellt ein Modell der Booleschen Algebra dar. Elemente sind hier die Schaltvariablen a, b, c ... mit der besonderen Wertemenge 0,1. In der Mathematik sind die Elemente oft Aussagen, die mit wahr oder falsch bewertet werden.

17.2.1 Eingänge dürfen vertauscht werden

Die Eingänge der AND-, OR-, NAND- und NOR-Gatter dürfen in beliebiger Reihenfolge mit den Schaltvariablen a, b, ... belegt werden, ohne daß sich das Ergebnis ändert. Dies garantieren die Vertauschungsregeln.

Vertauschungsregeln (Kommutativgesetze):

$a \cdot b = b \cdot a$	für AND-Gatter
$a + b = b + a$	für OR-Gatter

Diese Vertauschungsmöglichkeit besteht natürlich bei „unsymmetrischen" Eingängen nicht. In Bild 17.16, a z. B. dürfen die Gattereingänge *nicht* vertauscht werden, denn es gilt sicher:

$$\bar{a} \cdot b \neq \bar{b} \cdot a$$

In Bild 17.16, b ist dagegen die Eingangsbelegung wegen

$$\bar{a} \cdot \bar{b} = \bar{b} \cdot \bar{a}$$

gleichgültig.

Bild 17.16 Im Falle a) dürfen die Eingänge keinesfalls vertauscht werden.

17.2.2 Zu wenige Eingänge

Am gängigsten sind integrierte Gatter mit zwei Eingängen.[1]) Wenn nun drei und mehr Eingänge benötigt werden, kann die Zahl der Eingänge durch Zusammenschalten mehrerer Gatter erhöht werden. Dies besagen die Regeln fürs Zusammenschalten.[2])

Regeln fürs Zusammenschalten (Assoziativgesetze):

$(a \cdot b) \cdot c = a \cdot (b \cdot c) = a \cdot b \cdot c$	für AND-Gatter
$(a + b) + c = a + (b + c) = a + b + c$	für OR-Gatter

Bild 17.17 verdeutlicht diese Regeln für AND-Gatter. Die verschiedenen Darstellungen sind einander nach DIN 40900 gleichwertig.

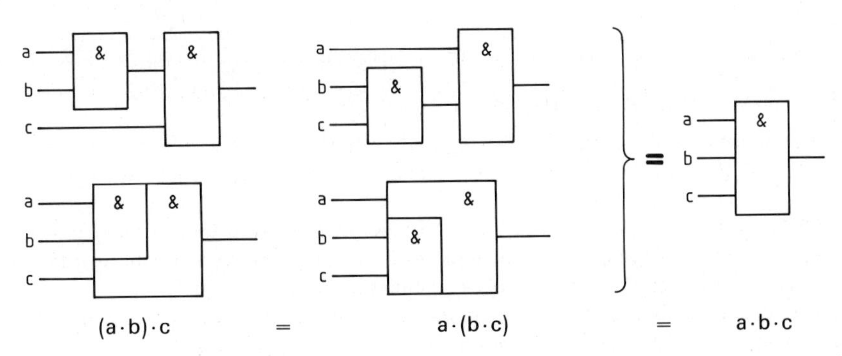

Bild 17.17 Ein AND mit drei Eingängen, aufgebaut aus zwei ANDs mit je zwei Eingängen (Untere Zeile: *Pseudogatterdarstellung*)

[1]) Auch 2-Input-Gatter genannt.

[2]) Diese Regeln (Axiome) können anhand einer Funktionstabelle überprüft *(aber nicht bewiesen)* werden.

Im Vergleich dazu zeigt Bild 17.18 ein OR mit vier Eingängen, das aus ORs mit je zwei Eingängen zusammengestellt wurde. Hier wurde die entsprechende Regel zweimal hintereinander angewendet.

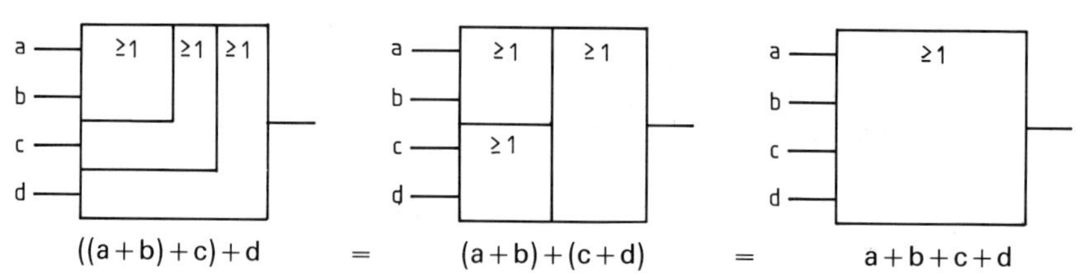

Bild 17.18 Ein OR mit vier Eingängen, gebildet aus drei ORs mit zwei Eingängen

17.2.3 Zu viele Eingänge

Wenn Gatter zu viele Eingänge haben, gibt es zwei Möglichkeiten:

a) Unbenützte Eingänge werden an feste Logikpegel gelegt.

Diese Möglichkeit beruht auf dem Gesetz vom

▶ **Eins-Element** für AND-Gatter

$a \cdot 1 = 1 \cdot a = a$

1·**1**=1 0·**1**=0

und dem Gesetz vom

▶ **Null-Element** für OR-Gatter.

$a + 0 = 0 + a = a$

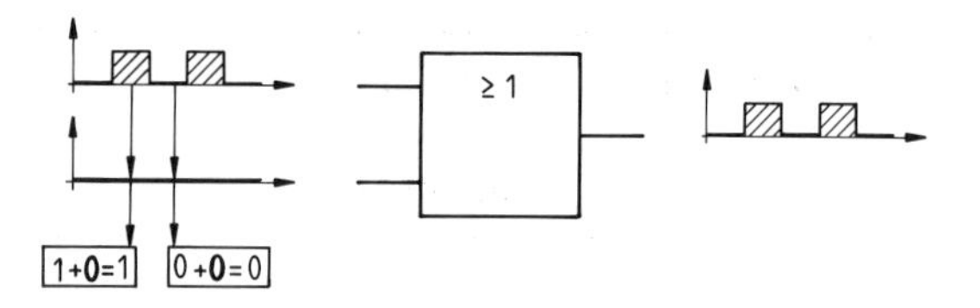

Bild 17.19 Illustration zu Wirkung von 1 beim AND bzw. 0 beim OR

Mit den Regeln fürs Zusammenschalten reduzieren wir überzählige Eingänge nun wie folgt:

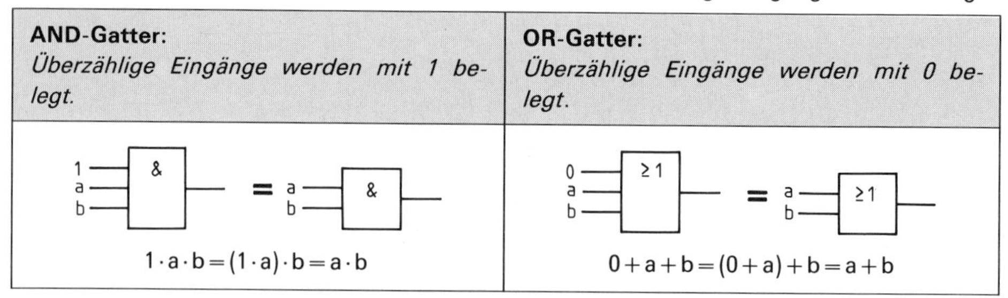

AND-Gatter: *Überzählige Eingänge werden mit 1 belegt.*	**OR-Gatter:** *Überzählige Eingänge werden mit 0 belegt.*
$1 \cdot a \cdot b = (1 \cdot a) \cdot b = a \cdot b$	$0 + a + b = (0 + a) + b = a + b$

Hat ein Gatter **zu viele Eingänge**, so werden unbenutzte Eingänge
- beim AND mit 1 (H-Pegel) und
- beim OR mit 0 (L-Pegel)

verbunden.

Völlig *falsch* wäre es *umgekehrt*, da dann die Gatterfunktionen auf jeden Fall blockiert werden. Der Grund liegt in folgenden, sofort einsichtigen Gesetzen:

$a \cdot 0 = 0$	Gesetz zur UND-Verknüpfung mit Null
$a + 1 = 1$	Gesetz zur ODER-Verknüpfung mit Eins

Eine andere Möglichkeit, die Anzahl der Eingänge zu reduzieren, betrachten wir jetzt.

b) Unbenutzte Eingänge werden mit benutzten parallelgeschaltet.

Voraussetzung für dieses Verfahren ist, daß die ansteuernden Signale „stark" genug sind, d. h. daß der Fan-Out der Treiberschaltung ausreicht.[1])

Dann gilt folgende einfache Regel:

> **Überzählige Gattereingänge** werden einfach mit benutzten Eingängen parallel geschaltet.

Dadurch ändern sich die Gatterfunktionen insgesamt nicht. Hintergrund ist das Tautologiegesetz.[2])

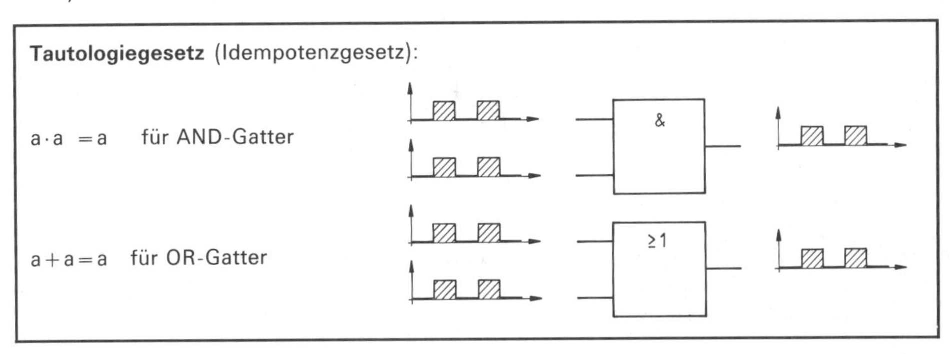

Wir verwenden die Tautologieregeln mit den Regeln fürs Zusammenschalten und erhalten, wie vorausgesagt:

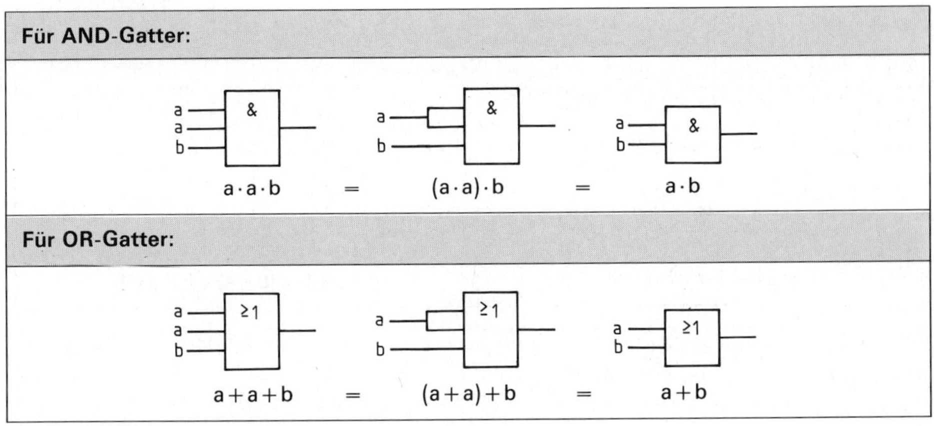

[1]) Zum Fan-Out-Begriff siehe Kapitel 13.2.4

[2]) Tautologie: gleicher Sachverhalt wird auf zwei Arten ausgedrückt, z. B. weißer Schimmel,

17.2.4 Einzelne Inverter fehlen

Im Prinzip ist der Erwerb einzelner Inverter unnötig, zumal billige ICs meist gleich vier NANDs oder NORs enthalten.[1]) Es gilt nämlich folgender Satz:

> Wenn bei NANDs oder NORs die Eingänge bis auf *einen* reduziert werden, entsteht ein **Inverter.**

Für die Reduzierung der Eingänge gibt es nach Kapitel 17.2.3 (s. o.) jeweils zwei Möglichkeiten. Bild 17.20 stellt diese vergleichend dar.

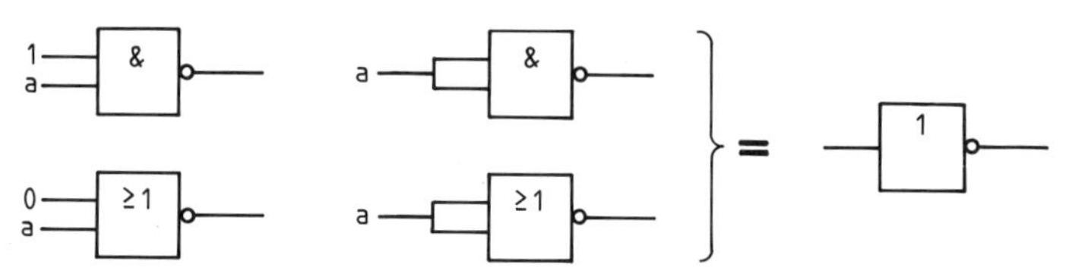

Bild 17.20 Inverter aus NAND bzw. NOR

17.2.5 Widersprüchliche Ansteuerung, die Komplementgesetze

In umfangreichen Schaltungen werden Gatter manchmal widersprüchlich angesteuert, ohne daß dies immer so schnell wie in Bild 17.21 erkennbar ist.

Wie leicht einzusehen ist, ergibt sich bei einer Ansteuerung mit komplementären Signalen bei einer UND-Verknüpfung stets die Null, bei einer ODER-Verknüpfung immer die Eins. Wir erhalten als Ergebnis:

> **Das Komplementgesetz für UND:**
>
> $$a \cdot \bar{a} = 0$$
>
> **Das Komplementgesetz für ODER:**
>
> $$a + \bar{a} = 1$$

Bild 17.21 a *und zugleich* $\bar{a}$ liefert immer „Null", bei a *oder* $\bar{a}$ ergibt sich „Eins".

Diese Komplementgesetze ermöglichen (insbesondere zusammen mit dem gleich folgenden ersten Distributivgesetz) eine systematische Vereinfachung von Schaltnetzen. (Siehe dazu das 2. Beispiel im nächsten Abschnitt und schließlich Kapitel 18.2.2.)

[1]) siehe dazu Kapitel 17.5

17.2.6 Regeln für kombinierte Schaltungen

Wenn AND- und OR-Gatter in einem Schaltnetz gemischt auftreten, kann die Schaltung mit den Mischungsregeln oft weitgehend „minimalisiert" werden.
Für die mathematische Beschreibung dieser Regeln vereinbaren wir (wie üblich):

▶ Die **Punktverknüpfung** (AND) bindet **stärker als die Plusverknüpfung** (OR).

Das erste Distributivgesetz (wichtigste Mischungsregel) lautet:

$$a \cdot b + a \cdot c = a \cdot (b + c)$$

In Bild 17.22 ist dieses Gesetz mit Verknüpfungs-Elementen dargestellt. Eine Überprüfung[1]) des Gesetzes wäre wieder mit einer Funktionstabelle möglich.

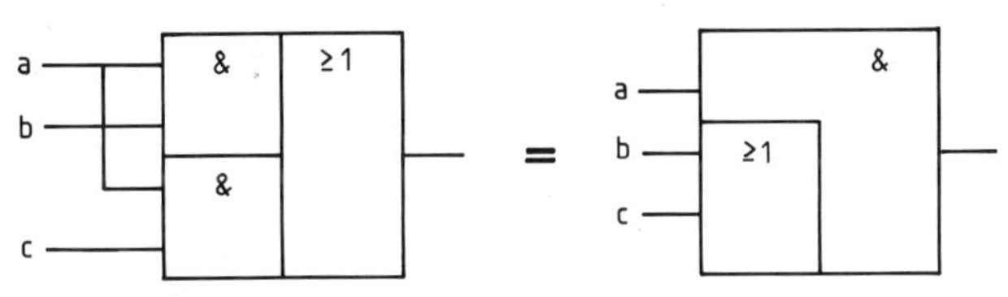

Bild 17.22 Das erste Distributivgesetz

Wir zeigen zwei Anwendungen dieses Gesetzes:

1. Beispiel: Die Schaltung aus Bild 17.23, a) liefert als Schaltfunktion

$$z = a \cdot b + a$$

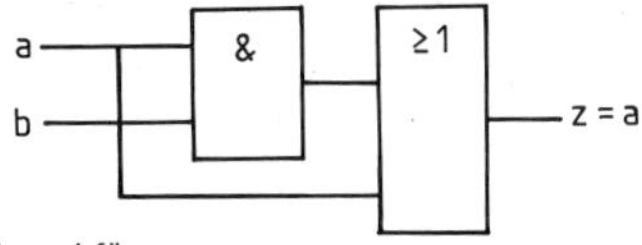

Bild 17.23 a) Viel Aufwand für $z = a$

Wegen $a = a \cdot 1$ (Gesetz vom Einselement, siehe Kapitel 17.2.3) gilt auch:

$$z = a \cdot b + a \cdot 1$$

Nach dem ersten Distributivgesetz dürfen wir a ausklammern.

$$z = a \cdot (b + 1)$$

Mit $b + 1 = 1$ (ODER-Verknüpfung mit 1, siehe Kapitel 17.2.3) folgt einfach:

$$z = a \cdot 1 = a$$

Damit ergibt sich der Zusammenhang:

$$\boxed{a = a \cdot b + a}$$

Diese Formel heißt auch **Absorptionsregel.**[2])

[1]) Kein Beweis, da es sich um ein Axiom handelt.
[2]) Eine Variante dieser Regel ist die Beziehung $a = a \cdot (b + a)$, denn $a \cdot (b + a) = a \cdot b + a \cdot a = a \cdot b + a = a$.

2. Beispiel: Auf den ersten Blick ist nicht erkennbar, daß beide Schaltungen in Bild 17.23, b) dasselbe leisten.

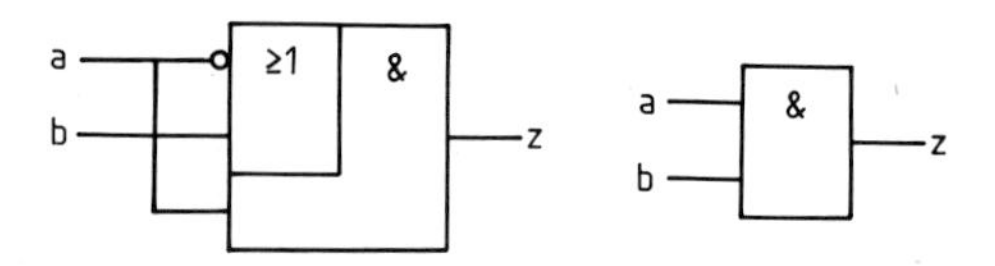

Bild 17.23 b) Beide Schaltungen sind äquivalent.

Für den linken Teil gilt:

$$z=(\bar{a}+b)\cdot a$$

Wir multiplizieren (nach dem ersten Distributivgesetz) aus und erhalten:

$$z=\bar{a}\cdot a+b\cdot a$$

Jetzt wird eine widersprüchliche (komplementäre) Ansteuerung nach Kapitel 17.2.5 erkennbar. Wegen $\bar{a}\cdot a=0$ folgt sofort $z=b\cdot a$ bzw. $z=a\cdot b$, also gilt:

$$z=(\bar{a}+b)\cdot a=a\cdot b \text{ (!)}$$

Neben dem ersten gibt es noch ein zweites Distributivgesetz. Es entsteht formal[1]) aus dem ersten, also aus

$$a\cdot b+a\cdot c = a\cdot(b+c)$$

nach folgender *Merkregel:*

> Wird beim ersten Distributivgesetz + mit · vertauscht, entsteht **das zweite Distributivgesetz:**
>
> $$(a+b)\cdot(a+c)=a+b\cdot c$$

Weil wir schon viele Regeln zugrunde gelegt haben, ist dieses Gesetz auch herleitbar.[2])

Wegen $a\cdot a=a=a\cdot 1$ und $1+\ldots=1$ gilt:

$$(a+b)\cdot(a+c)=a\cdot 1+a\cdot c+b\cdot a+b\cdot c=a(1+c+b)+b\cdot c=a\cdot 1+b\cdot c=a+b\cdot c$$

Ein Anwendungsbeispiel folgt in Aufgabe 7.

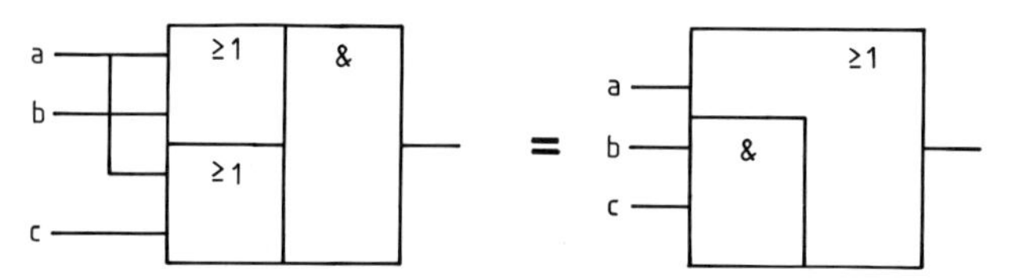

Bild 17.24 Das zweite Distributivgesetz mit Verknüpfungs-Elementen dargestellt.

---

[1]) Dies ist nur eine Merkregel und nicht das allgemeine Dualitätsprinzip (danach muß noch jede Variable durch ihr Inverses ersetzt werden, siehe nachfolgendes Kapitel).

[2]) In einem minimalen Axiomensystem jedoch nicht. Hier ist es dann ein „Grundaxiom".

17.2.7 Die Regeln von de Morgan

Die logischen Verknüpfungen können allein mit NANDs (bzw. NOR-Gattern) aufgebaut werden. Dies liegt in zwei Regeln begründet, die de Morgan schon in der Mitte des 19. Jahrhunderts fand:

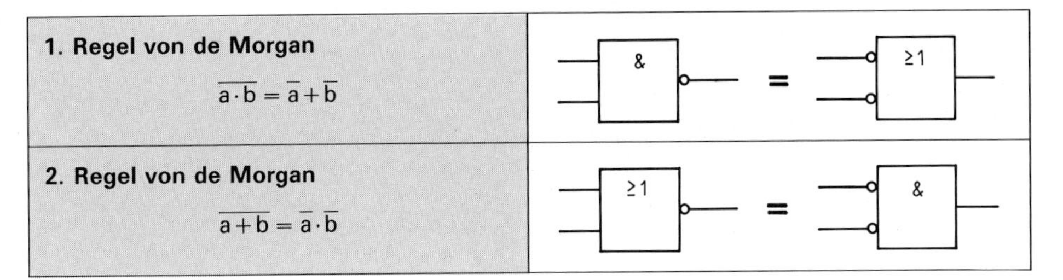

Beide Regeln können wir uns aufgrund des **allgemeinen Dualitätsprinzips** der Schaltalgebra leichter merken:

▶ Wird das Ergebnis einer Verknüpfung invertiert, erhalten wir dasselbe, wenn statt dessen

- alle Verknüpfungen vertauscht werden (+→· bzw. ·→+) und
- alle Variablen durch ihr Inverses ersetzt werden (a→$\overline{a}$, ...)

Eine Bestätigung dieser Regeln bzw. des allgemeinen Dualitätsprinzips ist z. B. wieder mit Hilfe von Funktionstabellen möglich.[1])

Mit de Morgan beweisen wir nun den Merksatz:

NAND ersetzt OR

Wir invertieren die 2. Regel von de Morgan noch einmal und erhalten:

$$\overline{\overline{a+b}} = \overline{\overline{a}\cdot\overline{b}}$$

Da sich zweimalige Invertierung aufhebt, ergibt dies für eine ODER-Verknüpfung folgende Identität (siehe auch Bild 17.25):

$$a+b = \overline{\overline{a}\cdot\overline{b}}$$

$$a+b = \overline{\overline{a}\cdot\overline{b}} = \overline{\overline{(a\cdot 1)}\cdot\overline{(b\cdot 1)}} = \overline{\overline{(a\cdot a)}\cdot\overline{(b\cdot b)}}$$

Bild 17.25 Aufbau des OR-Gatters in „Full-NAND-Technik"

> Eine ODER-Verknüpfung ist also immer auch mit NANDs realisierbar.
> Dies ermöglicht eine **Full-NAND-Technik:** *Alle* logischen Verknüpfungen werden allein mit NAND-Gattern verschaltet.

[1]) Übergeordnet ist das *Shannonsche Theorem:* z↔$\overline{z}$ durch a, b, ...↔$\overline{a}$, $\overline{b}$, ...; + ↔ – ; Äquivalenz↔Antivalenz.

Beispiele zur Full-NAND-Technik folgen im nächsten Abschnitt. Zuvor zeigen wir noch, daß es auch umgekehrt geht:

NOR ersetzt AND

Aus der 1. Regel von de Morgan folgt durch Invertierung:

$$\overline{\overline{a \cdot b}} = \overline{\bar{a} + \bar{b}}$$

Die zweimalige Invertierung hebt sich wieder auf:

$$a \cdot b = \overline{\bar{a} + \bar{b}}$$

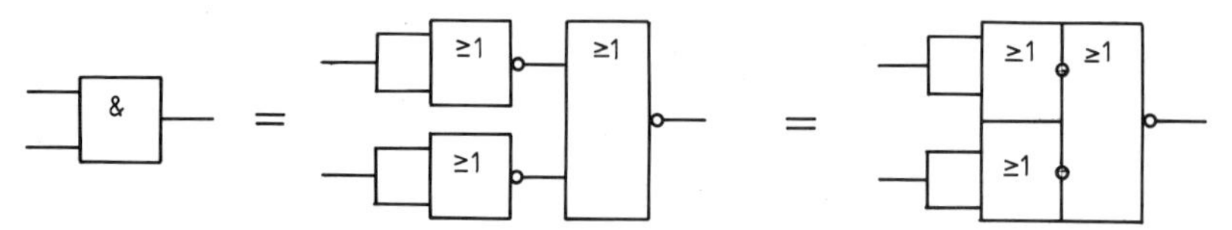

Bild 17.26 Ein AND läßt sich aus NOR-Gattern aufbauen.

Damit ist also auch eine *Full-NOR-Technik* denkbar. Sie hat sich jedoch gegen die Full-NAND-Technik nicht recht durchsetzen können.

17.2.8 Beispiele zur Full-NAND-Technik

a) Beispiel 1: Exklusives-ODER-Element (EXOR)

Neben der logischen ODER-Verknüpfung gibt es noch die Exklusive-ODER-Verknüpfung, die sich mehr an das umgangssprachliche Verständnis von „oder" anlehnt (Bild 17.27).

b	a	z
0	0	0
0	1	1
1	0	1
1	1	0

Bild 17.27 „Exklusives-ODER": wie ODER, aber *ex*klusive den Fall a = 1 und b = 1.

Entsprechende Elemente werden als Exklusiv-OR oder kurz EXOR-Gatter bezeichnet (manchmal auch Antivalenz-Element). Solche EXORs gibt es selbstverständlich auch integriert. Ihr Schaltsymbol zeigt Bild 17.28.[1])

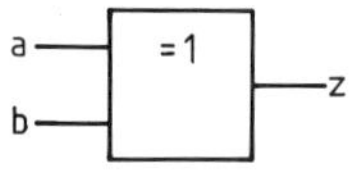

Bild 17.28 Das EXOR nach DIN 40900, Teil 12[1])

Wir versetzen uns jetzt in die Lage eines Herstellers, der ein solches EXOR aus Kostengründen mit vorhandenen NAND-Standardschaltungen produzieren will. Zunächst wird die Schaltfunktion des EXORs anhand der Funktionstabelle erstellt. (Dies ist recht leicht, was wir im nächsten Kapitel noch sehen werden.) Für das EXOR ergibt sich:

$$z = \bar{a} \cdot b + a \cdot \bar{b}$$

(Das können wir z. B. anhand einer Funktionstabelle überprüfen, Aufgabe 5, c.)

[1]) Das Zeichen „=1" im Schaltsymbol bedeutet: Der Ausgang nimmt nur dann den Wert 1 an, wenn *genau ein* Eingang auf 1 liegt.

Mit folgenden Schritten wird die gegebene Schaltfunktion für eine **Verdrahtung in Full-NAND-Technik** umgeschrieben:

1. Anstelle von z wird $\bar z$ betrachtet. (*Grund:* der Inverter am Ausgang des letzten NAND überführt $\bar z$ wieder in $z = \bar{\bar z}$.)
2. Alle ODER-Verknüpfungen (+) werden markiert.
3. Mit Hilfe der 2. de Morganschen Regel werden die markierten ODER- in UND-Verknüpfungen überführt ($+ \rightarrow \cdot$).

Also:

1. Schritt ($\bar z$ statt z):

$$\bar z = \overline{\bar a \cdot b + a \cdot \bar b}$$

2. Schritt (+ wird markiert):

$$\bar z = \overline{\bar a \cdot b \overset{\downarrow}{+} a \cdot \bar b}$$

3. Schritt (de Morgan):

$$\bar z = \overline{\bar a \cdot b} \cdot \overline{a \cdot \bar b}$$

Der Inverter am Ausgang des letzten NAND liefert z, d. h.:

$$z = \overline{\overline{\bar a \cdot b} \cdot \overline{a \cdot \bar b}}$$

Die endgültige Schaltung in Full-NAND-Technik zeigt Bild 17.29, b.

a)

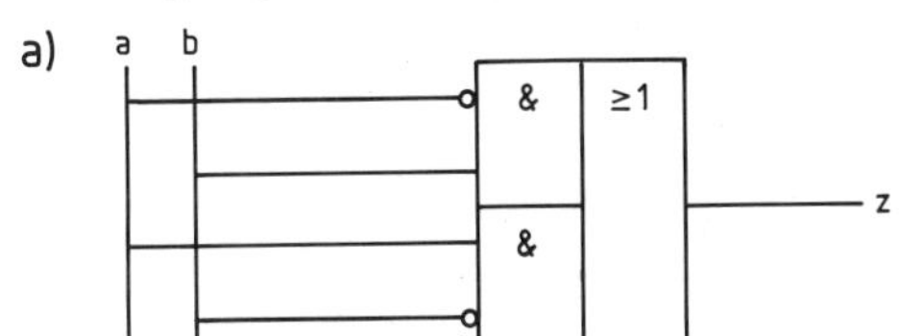

b)

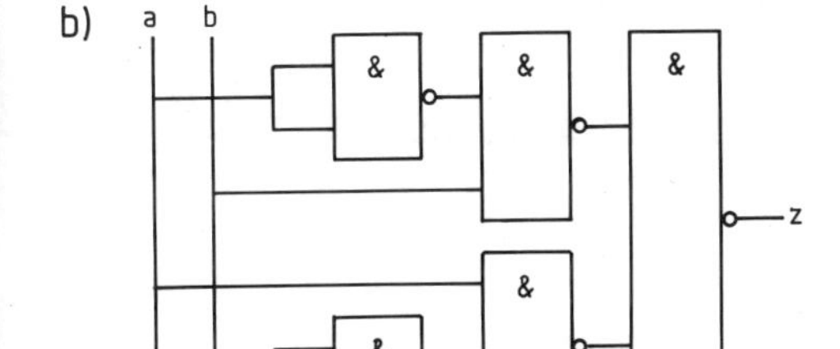

=

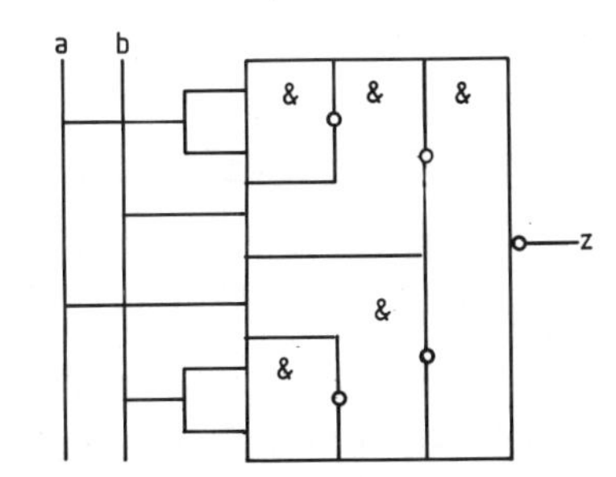

Bild 17.29 EXOR
a) direkt nach der Schaltfunktion,
b) in Full-NAND-Technik aufgebaut

b) Beispiel 2: Eine Funktion mit zwei ODER-Verknüpfungen wird umgewandelt.

Gegeben sei:[1])

$$z = \bar a \bar b + a b \bar c + a \bar b$$

1. und 2. Schritt:

$$\bar z = \overline{\bar a \bar b \overset{\downarrow}{+} a b \bar c \overset{\downarrow}{+} a \bar b}$$

3. Schritt (de Morgan überführt beide „+" gleichzeitig[2]) in „·"):

$$\bar z = \overline{\bar a \bar b} \cdot \overline{a b \bar c} \cdot \overline{a \bar b}$$

---

[1]) *Kurzschreibweise:* Der Punkt wird im folgenden teilweise weggelassen.

[2]) Natürlich nacheinander, es ergibt sich aber formal dasselbe: $\overline{\bar a \bar b + a b \bar c \overset{\downarrow}{+} a \bar b} = \overline{\bar a \bar b \overset{\downarrow}{+} a b \bar c} \cdot \overline{a \bar b} = \overline{\bar a \bar b} \cdot \overline{a b \bar c} \cdot \overline{a \bar b}$

Bild 17.30 zeigt die Schaltung. Es wurden hier (demonstrativ) nur NAND-Gatter mit *zwei* Eingängen verwendet. Insgesamt sind zwölf solcher NANDs erforderlich.[1])

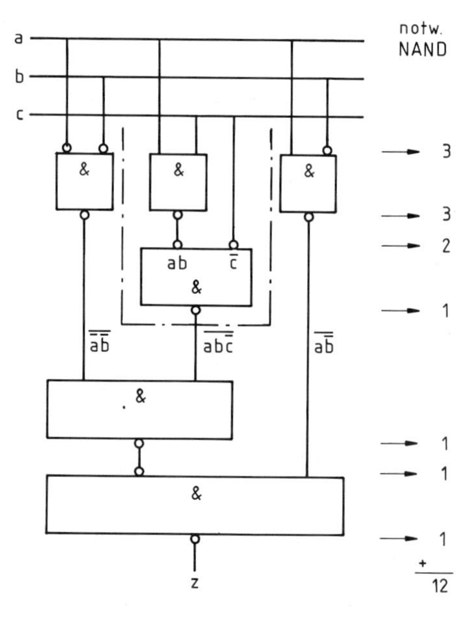

Bild 17.30 Darstellung von z aus Beispiel 2

17.2.9 Beispiele zur Full-NOR-Technik

Ziel ist es, hier alle Punkt-, d.h. UND-Verknüpfungen, in Plus-, also ODER-Verknüpfungen, zu überführen. Da *Punkt* aber stärker als *Plus* bindet, ist der Ablauf aus der Full-NAND-Technik nicht unmittelbar übertragbar.
Zur besseren Übersicht setzen wir die UND-Verknüpfung(en), die umzuwandeln sind, in Klammern und verwenden *immer* direkt die Beziehung:
NOR ersetzt AND aus Kapitel 17.2.7.

$$a \cdot b = \overline{\bar{a} + \bar{b}}$$

Beispiel 1: **EXOR mit NOR-Gattern aufgebaut.**

Die Schaltfunktion des EXORs lautet nach Kapitel 17.2.8:

$$z = \bar{a} \cdot b + a \cdot \bar{b} = (\bar{a} \cdot b) + (a \cdot \bar{b})$$

Die Umwandlung der Punkt- in Plusverknüpfungen (s.o.) liefert:

$$z = (\overline{\bar{\bar{a}} + \bar{b}}) + (\overline{\bar{a} + \bar{\bar{b}}})$$

Somit:

$$z = (\overline{a + \bar{b}}) + (\overline{\bar{a} + b})$$

Die abschließende ODER-Verknüpfung der beiden Klammern realisiert ein NOR

[1]) Es werden aber nur drei ICs vom Typ 7400 (bzw. 4011), siehe Kapitel 17.5, benötigt.

mit nachgeschaltetem Inverter (Bild 17.31). Formal wirkt dieser letzte Schritt recht unübersichtlich:

$$z = \overline{\overline{\overline{(a+\bar{b})}+\overline{(\bar{a}+b)}}}$$

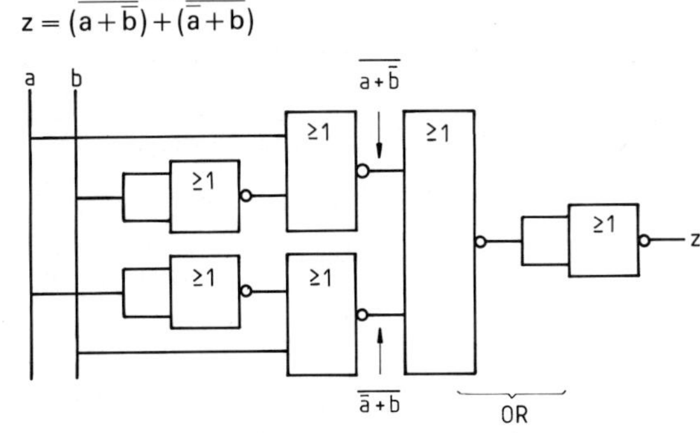

Bild 17.31 Das EXOR in Full-NOR-Technik

Beispiel 2: **Eine Funktion mit zwei UND-Verknüpfungen wird umgewandelt.**

Gegeben sei:

$$z = \bar{a} + a \cdot b \cdot \bar{c}$$

Wir setzen Klammern und wandeln die zwei markierten Punktverknüpfungen gleichzeitig[1]) in Plusverknüpfungen um:

$$z = \bar{a} + (a \overset{\downarrow}{\cdot} \bar{c}) = \bar{a} + \overline{(\bar{a} + \bar{b} + \bar{\bar{c}})}$$

Also ist:

$$z = \bar{a} + \overline{(\bar{a} + \bar{b} + c)}$$

Die zusammenfassende ODER-Verknüpfung von $\bar{a}$ und der Klammer geschieht wieder durch ein NOR, gefolgt von einem Inverter (Bild 17.32).

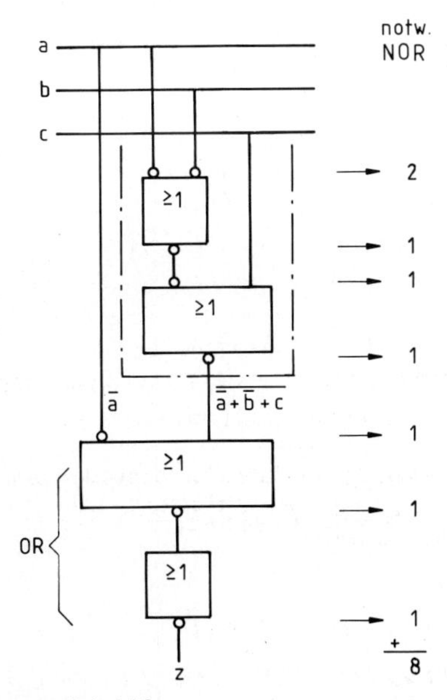

Bild 17.32 Darstellung von z aus Beispiel 2

[1]) Natürlich nacheinander, denn $(a \cdot (b \cdot \bar{c}) = \overline{(\bar{a} + \overline{\overline{(b \cdot \bar{c})}})} = \overline{(\bar{a} + \overline{\overline{(\bar{b} + c)}})} = \overline{(\bar{a} + \bar{b} + c)}$

An diesen Beispielen wird deutlich:

> Für die **Umformung von Schaltfunktionen** in die Full-NOR-Technik verwenden wir die Beziehung NOR ersetzt NAND in der Form
>
> $$a \cdot b \cdot \ldots = \overline{\overline{a} + \overline{b} + \ldots}$$

17.3 Alle Gesetze der Schaltalgebra auf einen Blick

Die mit Ⓐ (wie Axiom) gekennzeichneten Regeln bilden ein minimales Axiomensystem der Booleschen Algebra (nach Huntington, 1904). Alle anderen Regeln sind, wenn auch teils nur schwer, aus diesen Axiomen ableitbar.

Die fett gedruckten Regeln verwenden wir im nächsten Kapitel (18) zur Vereinfachung von Schaltnetzen.

Ⓐ Vertauschungsregeln (Kommutativgesetze)	$a \cdot b = b \cdot a$ $a + b = b + a$
Regeln fürs Zusammenschalten (Assoziativgesetze)	$(a \cdot b) \cdot c = a \cdot (b \cdot c) = a \cdot b \cdot c$ $(a + b) + c = a + (b + c) = a + b + c$
Ⓐ Existenz des Eins- und Nullelementes	$\mathbf{a \cdot 1 = a}$ $a + 0 = a$
UND-Verknüpfung mit Null, ODER-Verknüpfung mit Eins	$a \cdot 0 = 0$ $a + 1 = 1$
Tautologie (Idempotenzgesetze)	$a \cdot a = a$ $\mathbf{a + a = a}$
Ⓐ Widersprüchliche Ansteuerung (Komplementgesetze)	$a \cdot \overline{a} = 0$ $\mathbf{a + \overline{a} = 1}$
Ⓐ Regeln für kombinierte Netze (Distributivgesetze)	$\mathbf{a \cdot b + a \cdot c = a \cdot (b + c)}$ $(a + b) \cdot (a + c) = a + b \cdot c$
Absorptionsregeln	$a \cdot b + a = a(b + a) = a$
Regeln von de Morgan (Dualitätsprinzip)	$\overline{a \cdot b} = \overline{a} + \overline{b} \Leftrightarrow a \cdot b = \overline{\overline{a} + \overline{b}}$ $\overline{a + b} = \overline{a} \cdot \overline{b} \Leftrightarrow a + b = \overline{\overline{a} \cdot \overline{b}}$

17.4 Multiplexer und Demultiplexer

Im allgemeinen übergeben Multiplexer (multi: lat. vielfach) Signale von einer Leitungsgruppe auf eine andere.

Aber DIN 40900 engt diesen Begriff ein, indem sie zwischen Multiplexern und Demultiplexern unterscheidet: Die Multiplexer wählen einen von mehreren Signaleingängen aus und übergeben dessen Logik-Zustand dem Ausgang (Bild 17.33). Umgekehrt übergeben Demultiplexer den Logik-Zustand am Eingang an einen der ausgewählten Ausgänge.

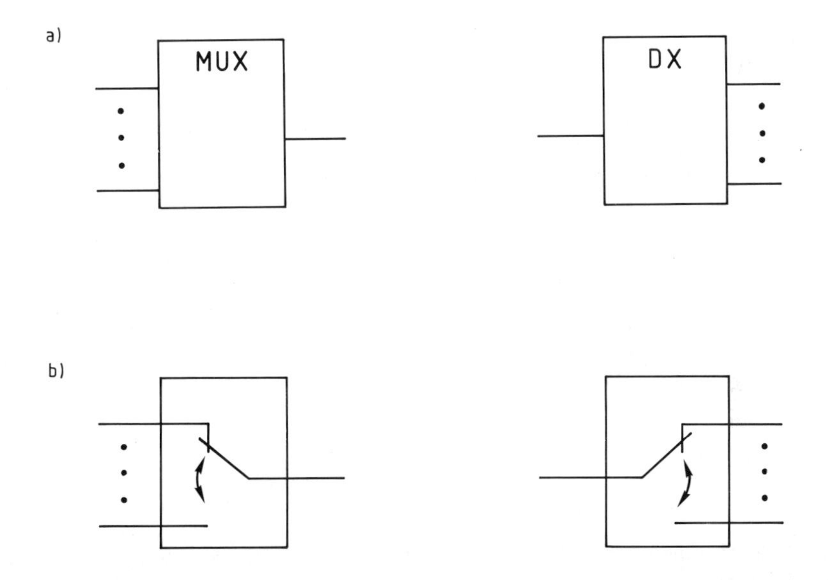

Bild 17.33 a) Symbol des Multiplexers und Demultiplexers nach DIN 40900
b) Schematische Darstellung der Wirkungsweise

Die Anwendungsmöglichkeiten sind vielfältig, z. B. können die auf einer Leitungsgruppe (Bus) gleichzeitig, d. h. parallel anfallenden Daten Schritt für Schritt angewählt werden. Dadurch ist es möglich, diese Daten über eine einzige Fern-Leitung nacheinander, also seriell zu übertragen. Beim Empfänger werden dann die Signale wieder entsprechend auf mehrere Leitungen „umgelenkt". Solche Parallel-Seriell-Wandler werden häufig mit Schieberegistern dynamisch aufgebaut (siehe Kapitel 20.7.1). Wir können sie aber auch mit den uns schon bekannten Logik-Elementen statisch aufbauen. Kern ist immer eine Schaltung, die die Adresse der Leitungsgruppe auswählt (Adress-Select). Bild 17.34 zeigt exemplarisch einen 1-aus-4-Multiplexer, zu dem wir auch 4-auf-1-Multiplexer oder 4-zu-1-Datenselektor sagen können.

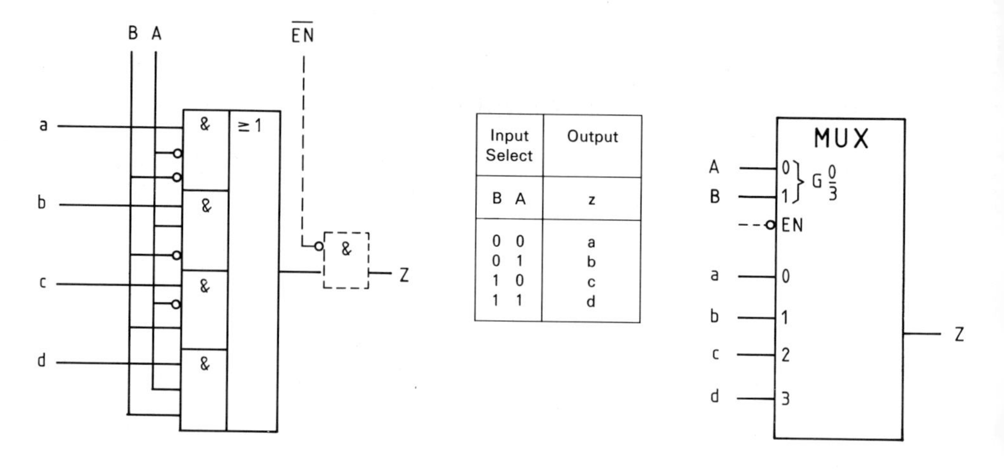

Input Select	Output
B A	z
0 0	a
0 1	b
1 0	c
1 1	d

Bild 17.34 1-aus-4-Multiplexer mit Funktionstabelle und DIN-Symbol: G 0/3 beschreibt eine UND-Verknüpfung mit den von 0 bis 3 durchnumerierten Anschlüssen, das sind hier die Eingänge. Mit EN (Enable, Freigabe) kann der Multiplexer gesperrt werden

Die Schaltfunktion z stellt sich als Boolsche Summe $z = a \cdot \overline{A}\,\overline{B} + b \cdot A\overline{B} + c \cdot \overline{A}B + d \cdot AB$ dar, wobei bei jeder selektierten Adresse A, B immer nur genau ein Term übrigbleibt.
Noch einfacher ist ein Demultiplexer aufgebaut: Ein Eingangssignal a kann nur das gerade ausgewählte Tor (AND) passieren (Bild 17.35).

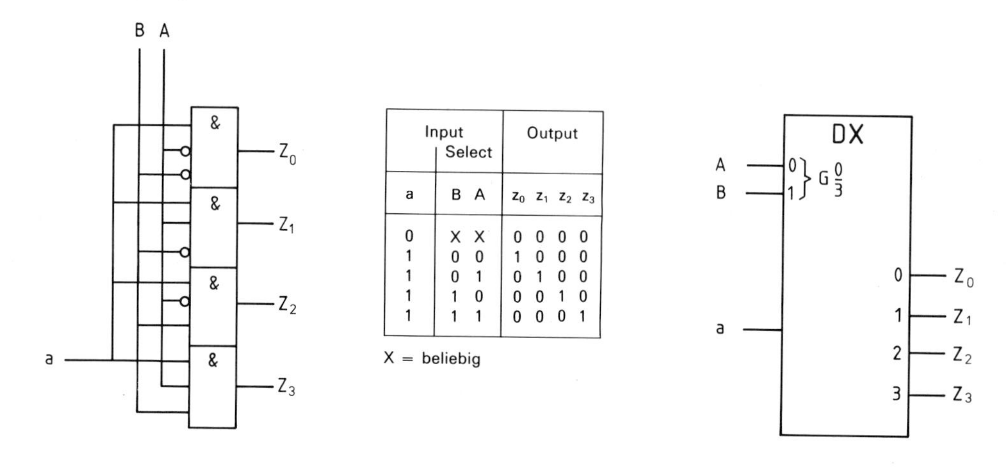

Input a	Select B A	Output z_0 z_1 z_2 z_3
0	X X	0 0 0 0
1	0 0	1 0 0 0
1	0 1	0 1 0 0
1	1 0	0 0 1 0
1	1 1	0 0 0 1

X = beliebig

Bild 17.35 1-auf-4-Demultiplexer mit Funktionstabelle und DIN-Symbol: G 0/3 beschreibt eine UND-Verknüpfung mit den von 0 bis 3 durchnumerierten Anschlüssen, das sind hier die Ausgänge

► Zur Abrundung noch einige Typenbeispiele:
74151 8-auf-1Multiplexer (1-aus-8-Multiplexer)
74138 1-auf-8-Demultiplexer
4076 1-aus-16-Multiplexer und 1-auf-16-Demultiplexer
4051 8-auf-1-Multiplexer (1-aus-8-Multiplexer), auch als Schalter für Analogsignale geeignet

17.5 Schaltungstechnik einiger integrierter Gatter

Entsprechend der verwendeten Technologie werden digitale Schaltungen in Schaltkreis-Familien zusammengefaßt. Bedeutsam sind hier die TTL-Familie (mit bipolaren Transistoren) und die CMOS-Familie (mit komplementären Feldeffekt-Transistoren).

17.5.1 TTL-Technik

Obwohl auch mit **D**ioden und **T**ransistoren eine **L**ogik (**DTL**-Technik) aufgebaut werden kann, ist es herstellungstechnisch leichter, eine Logik mit möglichst gleichartigen Elementen, also z. B. nur mit bipolaren Transistoren aufzubauen:

> Die **TTL**-*Technik* (**T**ransistor-**T**ransistor-**L**ogik) verwendet für die logischen Verknüpfungen nur (bipolare) Transistorfunktionen.
> Typisch für die TTL-Technik sind Multiemittertransistoren (Bild 17.36).

Bild 17.36 stellt, stark vereinfacht, den Aufbau eines AND-Gatters in Standard-TTL-Technik dar.[1]).

- Trägt irgendein Eingang L-Pegel, so arbeitet die betreffende BE-Diode im Durchlaßbetrieb. Die CE-Strecke schaltet daraufhin durch und legt den Ausgang ebenfalls auf L-Pegel.
- Wenn alle Eingänge auf H-Pegel ($+U_S$) liegen, sperren sämtliche BE-Dioden.[2]) Jetzt fließt über die BC-Diode (siehe Bild 17.36) ein Arbeitsstrom über R_C. Am Ausgang z erscheint ein H-Signal.

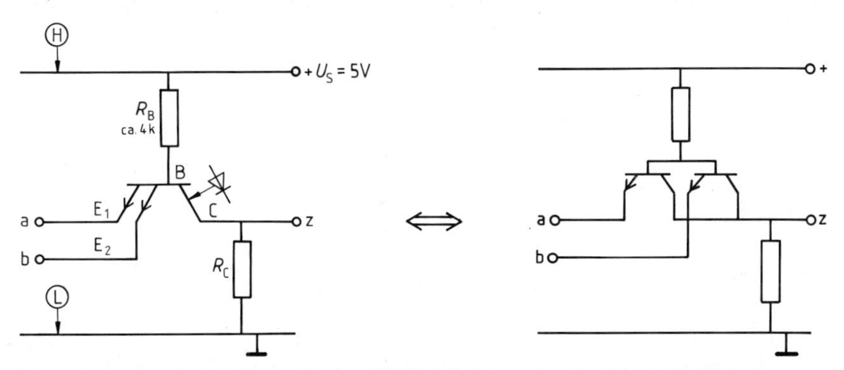

Bild 17.36 Der Multiemittertransistor liefert hier eine AND-Verknüpfung, rechts eine diskrete Nachbildung

Der maximale Eingangsstrom (bei L-Pegel) und Ausgangsstrom (bei H-Pegel) wird praktisch allein durch den Widerstand R_B bestimmt. Wegen der für TTL-Gatter zulässigen Speisespannung von

$$U_S = 4{,}75\ \text{V} \ldots 5{,}25\ \text{V}$$

fließt ein Strom von höchstens 1,6 mA (laut Hersteller), und zwar nur dann, wenn R_B zufällig extrem streut.

Falls höhere Ausgangsströme gewünscht werden, so sollten diese nicht durch ohmsche Widerstände fließen. Dies würde nämlich die innere (Wärme-)Verlustleistung des Gatters erhöhen, was z. B. den zulässigen Integrationsgrad senken würde. Aus diesem Grund wird der Eingangsstufe immer eine Gegentaktendstufe nachgeschaltet, welche von einer Treiberstufe mit jeweils gegenphasigen Signalen angesteuert wird (Bild 17.37). Bei dieser Schaltungstechnik fließt der (eventuell hohe) Ausgangsstrom immer nur über *eine durchgeschaltete* CE-Strecke. Wegen $U_{CE} \simeq 0$ ist damit auch die interne Verlustleistung entsprechend gering.

---

[1]) wahrer Aufbau in Aufgabe 3, c in Verbindung mit Bild 17.37.

[2]) Genauer: Der Transistor arbeitet invers; Kollektor- und Emitterfunktion sind vertauscht. Wegen der unsymmetrischen Dotierung von Kollektor- und Emitterdiode ist aber der Strom, der von der niedrig dotierten Kollektordiode schließlich im „falschen" Kollektor (dem Emitter) ankommt, sehr klein (ca. 10...50 µA). In diesem Sinne ist die obige Sprechweise, „die BE-Dioden sperren", gerechtfertigt.

Insgesamt arbeitet diese Anordnung jetzt aber als NAND-Gatter, was sich leicht überlegen läßt. (In Bild 17.37 sind die Schaltzustände für den Fall, daß mindestens ein Eingang auf L liegt, eingetragen.)
Die Dioden V1, V2 (Eingangskappdioden) schließen eventuelle *negative* Eingangsspannungen kurz: Der Eingangsstrom (über R_B) würde sonst unzulässig hoch ansteigen (also über 1,6 mA). Die Diode V7 und der Widerstand R in der Endstufe verhindern deren Überlastung im Umschaltmoment. In diesem führen ja beide Transistoren (noch) einen Augenblick lang gleichzeitig Strom.

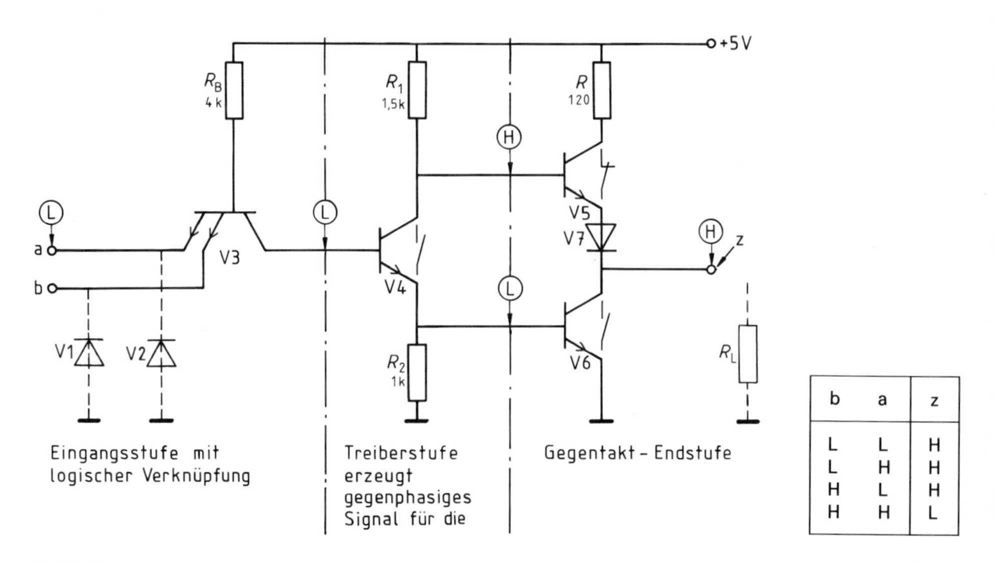

b	a	z
L	L	H
L	H	H
H	L	H
H	H	L

Bild 17.37 Schaltung eines Standard-TTL-NAND. Die eingetragenen Pegel bzw. Schaltzustände der Transistoren gelten für a = L und beliebigem Pegel am Eingang b.

Die Hersteller geben für die Schaltung einen Ausgangsdauerstrom von maximal 16 mA an. Somit können insgesamt zehn gleichartige Gatter (Eingangsstrom bei L-Pegel: 1,6 mA) angesteuert werden: Der Fan-Out (Ausgangslastfaktor) beträgt somit gerade zehn.
Dieses NAND nach Bild 17.37 ist der Grundbaustein der Standard-TTL-Familie mit der Serienbezeichnung SN 74... bzw. 74... Die Serie beginnt mit dem Typ 7400. Dieser IC enthält gleich vier der vorgestellten NANDs (mit je zwei Eingängen).
Für Sonderzwecke (Parallelschaltung, Sammelleitungen, selbstverdrahtetes AND = wired-And) gibt es diesen Baustein auch ohne den oberen Endstufentransistor V5 mit offenem Kollektor-Ausgang (Typenbezeichnung 7403). Bild 17.38 zeigt die Anschlußbelegung des vorgestellten NAND-Gatters. Weitere Gatter mit gleicher Pinbelegung sind ebenfalls aufgeführt.

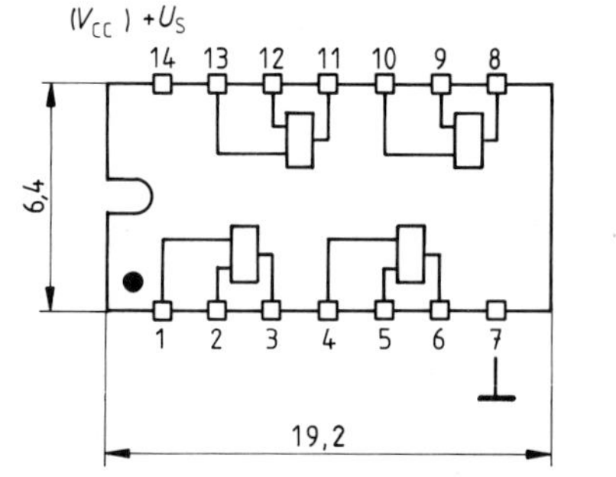

7400 NAND
7403 NAND (offener Kollektor, Symbol ◇ am Ausgang)
7408 AND
7432 OR
7486 EXOR
74132 NAND (Schmitt-Trigger-Eingang)

Bild 17.38 Schematische Anschlußbelegung (Draufsicht) einiger TTL-Verknüpfungs-Elemente (jeweils vier Gatter mit zwei Eingängen in einem Gehäuse; Maße in mm)

Im Gegensatz dazu hat das TTL-NOR eine ganz andere Anschlußbelegung (Bild 17.39).

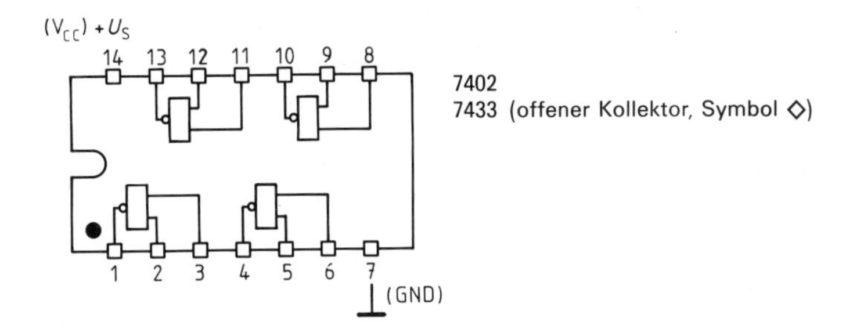

Bild 17.39 Anschlußbelegung der TTL-NOR-Gatter (Schaltung, siehe Aufgabe 3)

Neben der Standard-TTL-Familie gibt es noch TTL-*Unterfamilien*, z.B. die „stromsparende" Low-Power-TTL-Familie (Serie 74 L...). Beide Familien sind auch mit den schneller schaltenden „Schottky"-Transistoren erhältlich (Serie 74 S... bzw. 74 LS...), Bild 17.40 gibt einen Überblick.

Familienname	Typennummer	Schaltzeit in ns	Leistungsaufnahme in mW je Gatter
Standard	74 ...	10	10
Advanced-Low-Power-Schottky	74 ALS...	4	1
Advanced-Schottky	74 AS...	1,5	22
Fast-Schottky	74 F...	2	4
High-Power	74 H...	6	22,5
Low-Power	74 L...	33	1
Low-Power-Schottky	74 LS...	9	2
Schottky	74 S...	3	20

Bild 17.40 TTL-Familien im Vergleich

17.5.2 CMOS-Technik

Einen Inverter in CMOS-Technik haben wir schon in Kapitel 13.3 besprochen. Halten wir noch einmal fest:

CMOS bezeichnet den Einsatz komplementärer, selbstsperrender (Anreicherungs-)-MOSFET-Transistoren.

Die Vorteile gegenüber der TTL-Technik:

- Es müssen keinerlei *Widerstände* dimensioniert werden.
- Statische *Steuerströme* fließen praktisch keine (großes statisches Fan-Out bis 100).
- In keinem der beiden Schaltzustände (H bzw. L) fließt im Gatter ein Arbeitsstrom. Die statische *Verlustleistung* der CMOS-Gatter ist extrem klein.[1])
- Die *Packungsdichte* von CMOS-ICs kann deshalb relativ groß gemacht werden.

[1]) z.B. TTL-NAND 7400: insgesamt 40 mW, das vergleichbare CMOS-NAND 4011 verbraucht nur 74 µW, etwa 500mal weniger.

Da beim Umschalten der Gatter jedoch kapazitive Ströme fließen, nehmen Verlustleistung und Laststrom mit der Frequenz zu, und folglich der Fan-Out ab (z. B. auf 6 bei 100 kHz).

Zum Vergleich mit dem NAND der TTL-Technik zeigt Bild 17.41 die Standardschaltung eines CMOS-NAND (enthalten in dem IC 4011). Die Funktion läßt sich leichter durchschauen, wenn wir uns die MOSFETs als bipolare Transistoren vorstellen: Ein **P**-Kanal schaltet wie ein bipolarer **P**NP-Transistor, der S-Pol entspricht dem Emitter.

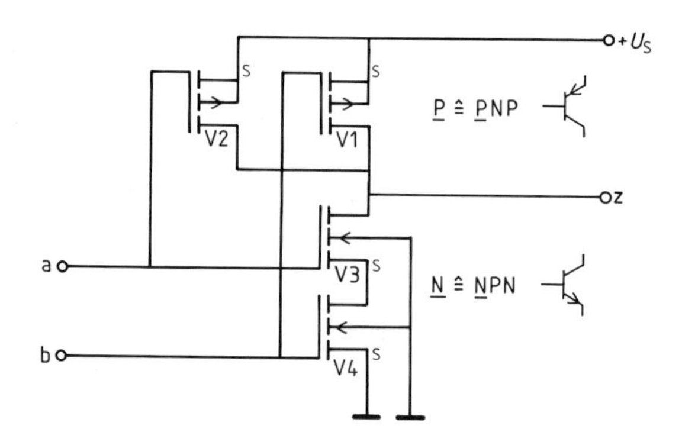

Bild 17.41 Schaltung eines CMOS-NAND

Funktionsbeispiel:

Es gelte a = L und b = H. Wir erwarten z = H. Wegen a = L sperrt V3, während V2 durchschaltet. Dadurch ist der Ausgang z über V3 von Masse (L-Signal) abgetrennt und über V2 mit Speisespannung verbunden. Es gilt also z = H.

Da die Steuerspannung U_{GS} immer größer als die Schaltschwelle der MOSFETs (ca. 2,5 V) sein muß, beginnt die minimale Speisespannung bei etwa 3 V. Im Gegensatz zu TTL-Gattern (mit $U_S \simeq 5$ V) arbeiten CMOS-Gatter aber in einem weiten *Speisespannungsbereich* einwandfrei (obere Grenze = Durchschlag der Gate-Isolierschicht bei ca. 18 V). Bild 17.42 zeigt abschließend die Pinbelegung einiger CMOS-Verknüpfungs-Elemente aus der Serie 40 (CD 40..., TP 40..., TF 40..., HEF 40..., MC 140...). Übrigens gibt es auch zu vielen TTL-ICs der 74er Reihe pinkompatible CMOS-Bausteine (74 C...).

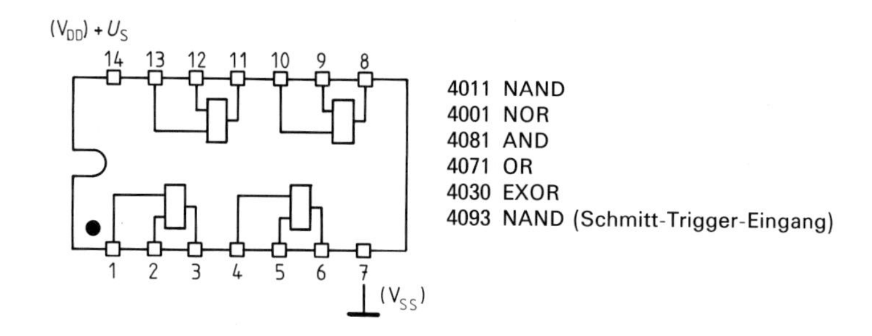

Bild 17.42 Schematische Anschlußbelegung (Draufsicht) der angegebenen CMOS-Gatter (jeweils vier Gatter mit zwei Eingängen in einem Gehäuse)

Aufgaben

Gatterquiz

1. Welches Element (AND, NAND, OR, NOR) ist einzusetzen, wenn gelten soll:
   a) z = 1 *nur dann*, wenn alle Eingangssignale „0" sind.
   b) z = 1, falls auf mindestens einer Eingangsleitung das Signal „1" auftritt.
   c) z = 1, falls nicht alle Eingänge das Signal 1 erhalten.
   d) z = 0, falls irgendein Eingang auf 0 liegt.
   e) z = 0, falls irgendein Eingang auf 1 liegt.
   (*Lösung:* a NOR; b OR; c NAND; d AND; e NOR)

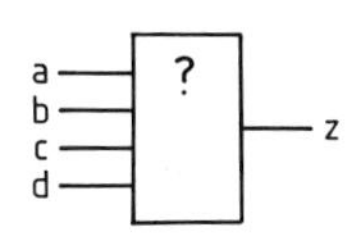

Gatterschaltungstechnik

2. Welche Gatter werden jeweils dargestellt?

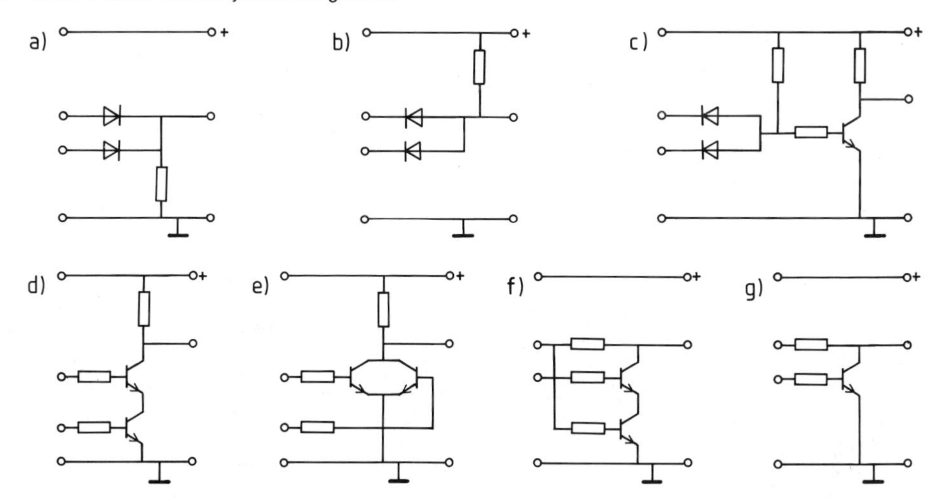

(*Lösung:* a OR; b AND; c NAND; d NAND; e NOR; f EXOR[1]); g AND, aber unterer Eingang invertiert)

3. **a)** Bild I stellt die Schaltung des Standard-TTL-NOR (7402) dar. Bestätigen Sie, daß eine NOR-Funktion vorliegt, indem Sie die Schaltzustände der Transistoren einzeichnen, z. B. für a = b = L und für a = H, b = L.

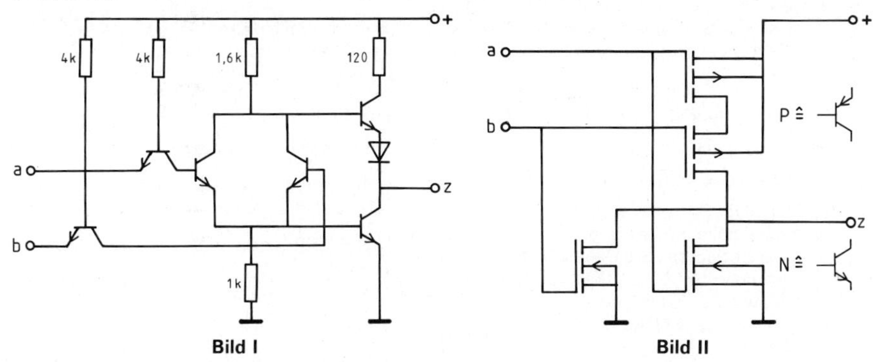

Bild I **Bild II**

[1]) *Hilfe:* Ist der obere Eingang auf 0 und der untere auf 1, so fließt über die obere BC-Diode Strom zum Ausgang, also z = 1.

b) Bild II zeigt das CMOS-NOR (4001). Verfahren Sie wie in a.

c) Zwischen der Eingangsstufe und dem Treiber des TTL-NANDs aus Bild 17.37 wird die skizzierte Schaltung eingefügt.
Zeigen Sie, daß dieser Teil als Inverter wirkt, **und** zeichnen Sie die Gesamtschaltung. Es handelt sich um ein Standard-TTL-AND (enthalten im SN 7408).
(*Lösung:* $\hat{e} = H$: Beide Transistoren schalten durch, also $\hat{z} = L$. Falls $\hat{e} = L$: Beide Transistoren sperren, über V10 gelangt H-Signal an $\hat{z}$.)

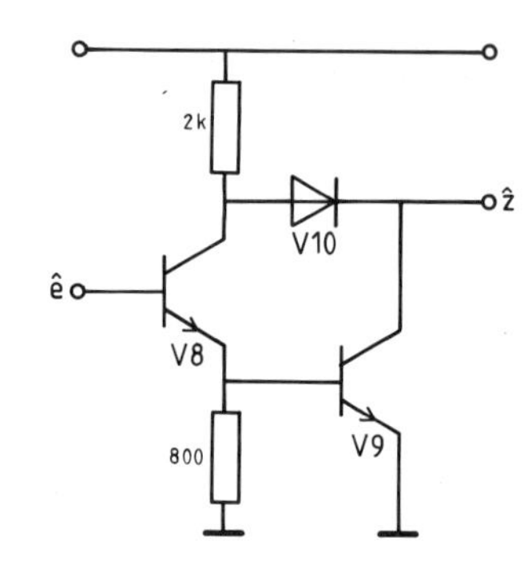

d) Welche Vorteile hat die CMOS-Technik gegenüber der TTL-Technik?
(*Lösung:* siehe Kapitel 17.5.2)

Impulsweichen

4. a) Ergänzen Sie die Zeitablaufdiagramme für die Ausgänge A und B, und begründen Sie den Namen *Impulsweiche*.[1])

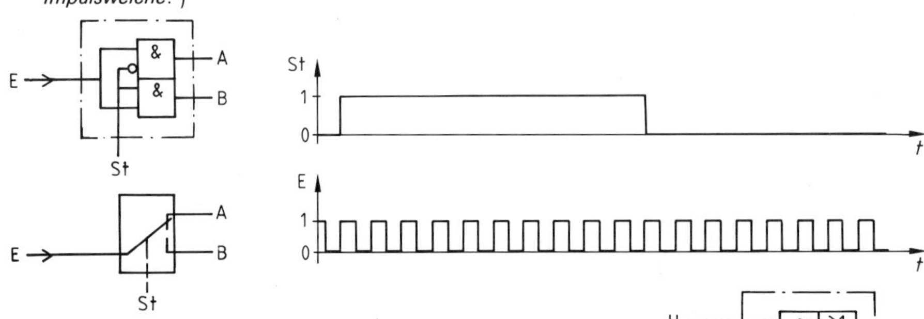

b) Geben Sie die Schaltfunktion für A und B an. Was ergibt sich für A bzw. B bei St = 1 und St = 0?
(*Lösung:* $A = \overline{St} \cdot E$; $B = St \cdot E$. Bei St = 1 gilt A = 0 und B = E. Bei St = 0 gilt A = E, B = 0.)

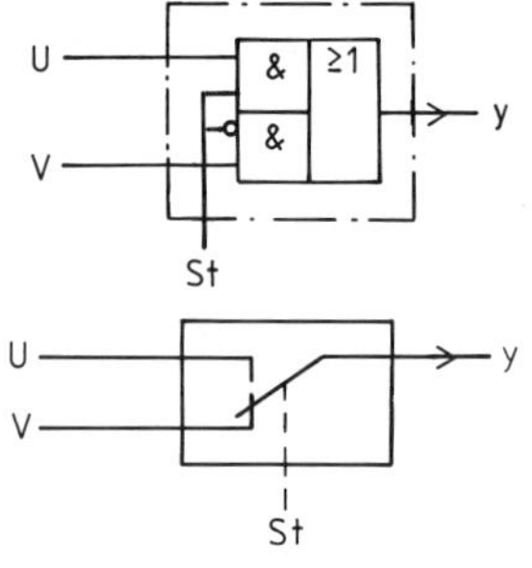

c) Auch bei nebenstehender Schaltung handelt es sich um eine Impulsweiche. Geben Sie die Schaltfunktion Y an und zeigen Sie:

Y = U bei St = 1 und
Y = V bei St = 0

(*Lösung:* $Y = U \cdot St + V \cdot \overline{St}$. Bei St = 1 gilt z. B. $Y = U \cdot 1 + 0 = U$.)

Übungen mit Funktionstabellen

5. a) Wie lautet die Schaltfunktion für z_1 und z_2?
Erstellen Sie eine Funktionstabelle mit a, b, $\overline{a}$, $\overline{b}$, z_1, z_2. Vergleichen Sie mit der Funktionstabelle von $z = a \cdot b$ und zeigen Sie damit:

$$a + b = \overline{\overline{a} \cdot \overline{b}}$$

(Dies entspricht „NAND ersetzt OR" aus Kapitel 17.2.7)

b) Wie a, jedoch ist hier die Behauptung „NOR ersetzt AND" also $a \cdot b = \overline{\overline{a} + \overline{b}}$ zu zeigen.

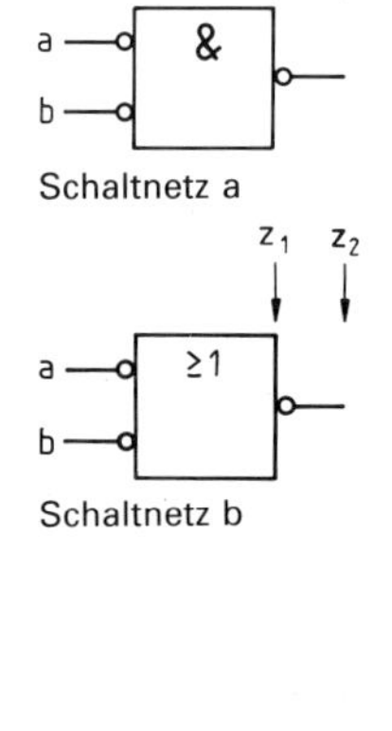

c) Erstellen Sie eine Funktionstabelle mit a, b, z_1, z_2, z. Betrachten Sie dann nur noch a, b, z. Dies müßte die Funktionstabelle eines EXORs sein (?!).

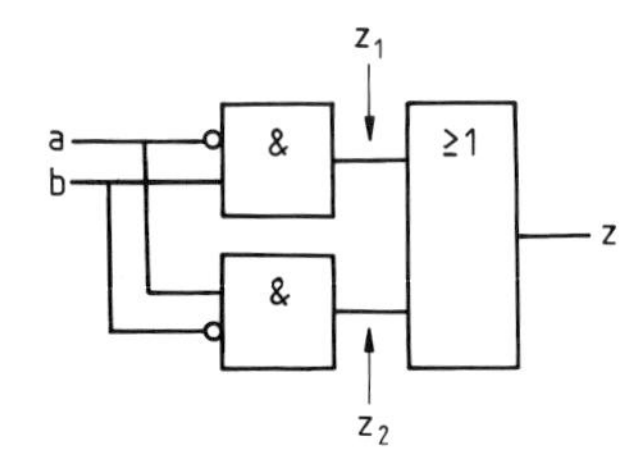

[1]) Die Impulsweiche in Teilaufgabe a) heißt *Demultiplexer*, die in c) dagegen *Multiplexer*, siehe auch Bild 17.33.

Addierer (genauer Halbaddierer)

6. a) Erstellen Sie eine Funktionstabelle (mit den Werten 0 und 1) in der Form:

a	b	ü	s
⋮	⋮	⋮	⋮

(*Lösung für s:* Bild 17.27; *für ü:* Bild 17.2)

b) Begründen Sie die Bezeichnung „Addierer". (*Hilfe:* s = Summe der Werte von a, b und ü = Übertrag an die nächste [Dual-]Stelle)

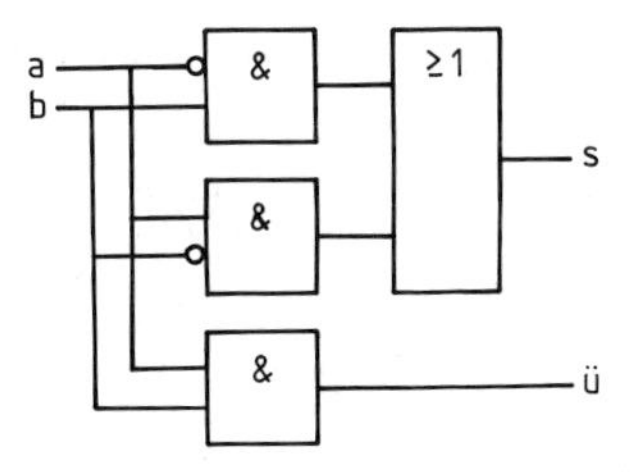

Übungen zur Schaltalgebra

7. a) Geben Sie die Schaltfunktion z_1 an.

b) Zeigen Sie mit Hilfe des *zweiten* Distributivgesetzes, daß $z_1 = z_2$ gilt. (*Hilfe:* Setzen Sie im 2. Distributivgesetz $c = \overline{a}$, und verwenden Sie $a + \overline{a} = 1$.)

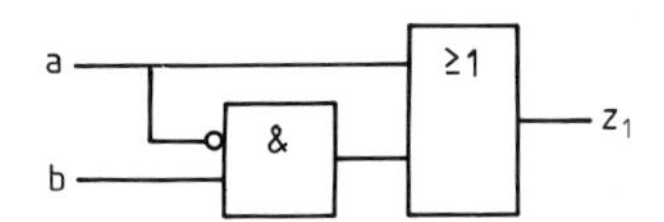

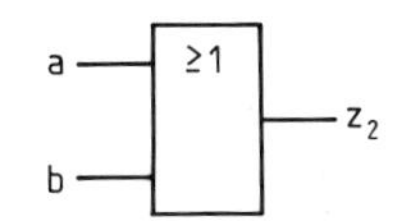

8. a) Zeigen Sie mit der Schaltalgebra die Gleichung[1]:

$$z = a\,b\,c + a\,\overline{b}\,c + a\,b\,c + \overline{a}\,b\,c = a\,c + b\,c$$

(*Hilfe:* erstes Distributivgesetz *zweimal* anwenden)

b) Formen Sie $z = a\,c + b\,c$ für die Full-NAND-Technik um. Wieviel NANDs (2 Eingänge) werden benötigt? (*Lösung:* $z = \overline{\overline{a\,c} \cdot \overline{b\,c}}$; 3 Stück)

9. Die Schaltfunktion $z = \overline{a} \cdot \overline{b} + \overline{c}$ ist umzuformen

a) für die Full-NAND-Technik,

b) für die Full-NOR-Technik.

Zeichnen Sie jeweils die Schaltung und geben Sie an, wieviele „2-Input-Gatter" benötigt werden. (*Lösung:* $z = \overline{\overline{\overline{a} \cdot \overline{b}} \cdot c}$, 4 Gatter; $z = \overline{a + b} + \overline{c}$, 4 Gatter)

10. a) Zeigen Sie[1] für $z_1 = a\,\overline{b} + \overline{a}\,b + a\,b$ und $z_2 = a + \overline{a}\,b$, daß $z_1 = z_2$ gilt.

b) 1. Zeigen Sie gesondert: $a = a\,b + a\,\overline{b}$ und $b = a\,b + \overline{a}\,b$. (*Hilfe:* $b + \overline{b} = 1$ bzw. $a + \overline{a} = 1$)

2. Zeigen Sie nun unter Verwendung von b, 1: Anstelle von z_1 läßt sich die einfache Beziehung $z_3 = a + b$ setzen. (*Hilfe:* Tautologiegesetz verwenden, dann weiter mit b, 1)

---

[1]) In dieser Aufgabe wird die Punktverknüpfung in Kurzform, d.h. ohne Punkt angegeben.

18 Aufstellung von Schaltfunktionen, Vereinfachung von Schaltnetzen, das Karnaugh-Veitch-Diagramm

Wenn ein (binäres) Schaltnetz entworfen werden soll, steht am Anfang immer der Auftrag eines Kunden, d. h. eine „Wunschliste", nach der die Verknüpfung der Schaltvariablen ablaufen soll. Diese Liste stellen wir mit einer Funktionstabelle, z. B. mit der von Bild 18.1 dar.

► Die Frage lautet nun, wie diese Funktionstabelle in eine entsprechende Schaltfunktion bzw. in ein Schaltnetz umgesetzt wird.

Dez	b	a	z
0	0	0	0
1	0	1	1
2	1	0	1
3	1	1	0

Bild 18.1 Eine Funktionstabelle gemäß „Kundenwunsch"

Dieses Problem gehen wir im ersten Teil dieses Kapitels an. Dabei entstehen schon recht aufwendige Schaltnetze. Im zweiten Teil zeigen wir dann, wie sich solche Schaltnetze „narrensicher" vereinfachen lassen.

18.1 Aufstellung von Schaltfunktionen

18.1.1 Auffinden der Schaltfunktion an Beispielen

Beispiel 1 (mit zwei Schaltvariablen):

Alarm bei ungleichen Signalen

Ein Kunde will den Zustand eines Systems durch *zwei* unabhängige (binäre) Sensoren erfassen. Die daraus resultierende Anzeige ist aber nur solange vertrauenswürdig, wie beide Sensoren dasselbe Signal liefern.

► Wenn die beiden Sensoren verschiedene Signale liefern, soll dies durch den (Alarm-)Signalzustand 1 angezeigt werden.

Die angesprochene Problematik liefert gerade die Funktionstabelle von Bild 18.1. Wir erkennen sofort, daß es hier genau zwei Fälle gibt, in denen ein Alarmsignal ausgelöst werden muß.

Diese Fälle unterscheiden wir durch das jeweils zugeordnete Bitmuster.

► Dabei deuten wir das Bitmuster der Eingangsvariablen als Dualzahl, die wir in eine Dezimalzahl umwandeln. Dadurch entsteht ein dezimales Äquivalent (Dez), welches das Bitmuster an den Eingängen abkürzend beschreibt[1]).

► Es ist Standard, die Variablen entsprechend ihrer Wertigkeit alphabetisch aufsteigend anzuordnen.[2]) Dies ist insbesondere dann vorteilhaft, wenn weitere Variable hinzukommen oder entfallen bzw. später Zähler konzipiert werden.

[1]) Das Beispiel von Bild 18.42 zeigt, daß der Wert „Dez" keinen direkten Bezug zur Zeilennummer hat

[2]) Stellenwertigkeit der Bits (von rechts nach links): $2^0, 2^1, 2^2, \ldots \leftrightarrow$ a, b, c, ...

Wir stellen nun die Schaltfunktion schrittweise auf.

Für **Zeile 1** gilt: $z_1=1 \leftrightarrow a=1$ *und* $b=0$,
d.h.: $z_1=1 \leftrightarrow a=1$ *und* $\overline{b}=1 \Rightarrow \mathbf{z_1=a \cdot \overline{b}}$ [1])

Für **Zeile 2** gilt: $z_2=1 \leftrightarrow a=0$ *und* $b=1$,
d.h.: $z_2=1 \leftrightarrow \overline{a}=1$ *und* $b=1 \Rightarrow \mathbf{z_2=\overline{a} \cdot b}$.

Schließlich müssen beide Fälle zusammengefaßt werden. Dafür kommt nur eine ODER-Verknüpfung (bzw. eine Boolesche Summe) in Frage:

► Alarm ($z=1$) muß ja bei $z_1=1$ *oder* bei $z_2=1$ gegeben werden.
Somit gilt:

$$z=z_1+z_2$$

$$\boxed{z=a\,\overline{b}+\overline{a}\,b}$$

Bild 18.2 verdeutlicht noch einmal die obigen Überlegungen anhand von Funktionstabellen.

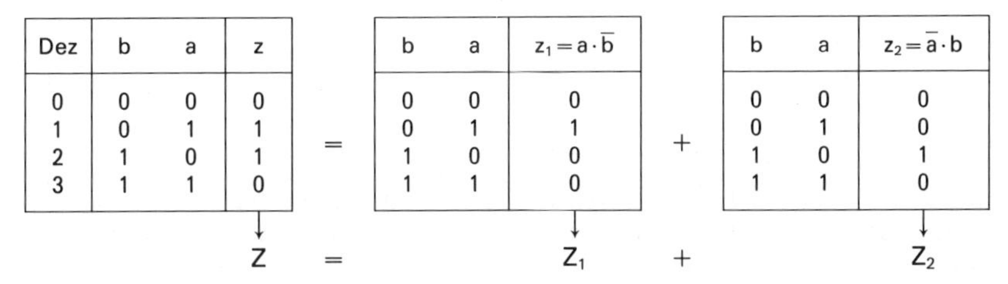

Dez	b	a	z
0	0	0	0
1	0	1	1
2	1	0	1
3	1	1	0

=

b	a	$z_1=a \cdot \overline{b}$
0	0	0
0	1	1
1	0	0
1	1	0

+

b	a	$z_2=\overline{a} \cdot b$
0	0	0
0	1	0
1	0	1
1	1	0

$Z = Z_1 + Z_2$

Bild 18.2 Die Gesamtfunktion z ergibt sich als Boolesche Summe der Teilfunktionen z_1 und z_2. Die Teilfunktionen selbst sind Boolesche Produkte (UND-Verknüpfungen) aller Eingangsvariablen (negiert und nicht negiert).

Aus der Schaltfunktion $z=a\,\overline{b}+\overline{a}\,b$ läßt sich jetzt unmittelbar das Schaltnetz gewinnen (Bild 18.3, a). Es handelt sich um das schon aus Kapitel 17.2.8 bekannte Exklusive-ODER, kurz EXOR genannt[2]).

b	a	z
0	0	0
0	1	1
1	0	1
1	1	0

Bild 18.3a) Funktionstabelle, Schaltnetz und Kurzsymbol zu $z=a\,\overline{b}+\overline{a}\,b$. Es handelt sich um ein EXOR (Exklusives ODER).

Ein EXOR heißt auch Antivalenz-Element. Im Vergleich dazu zeigt Bild 18.3, b ein Äquivalenz-Element. Es wird auch als N-EXOR oder Vergleicher bezeichnet (mehr darüber in Aufgabe 4).

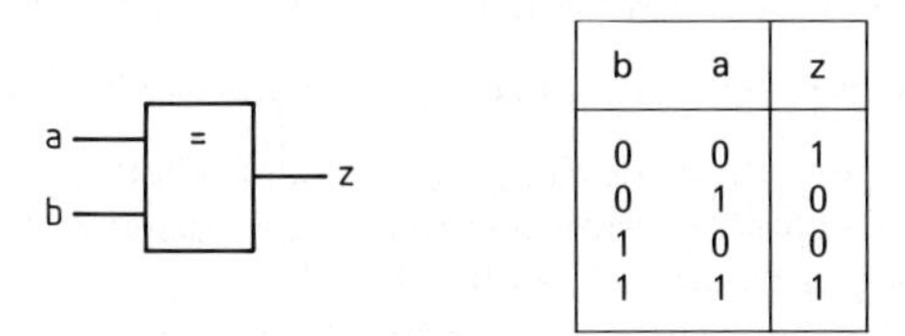

b	a	z
0	0	1
0	1	0
1	0	0
1	1	1

Bild 18.3b) Äquivalenz-Element, N-EXOR[2]), logic identity element

[1]) Dieses Boolesche Produkt $a \cdot \overline{b}$ ist immer Null, *außer* in der Zeile 1, siehe dazu auch Bild 18.2.

[2]) Das „=1"-Zeichen beim EXOR besagt: Der Ausgang nimmt dann den Wert 1 an, wenn genau *ein* Eingang auf 1 ist. Das „=" beim N-EXOR bedeutet aber: Der Ausgang nimmt dann den Wert 1 an, wenn beide Eingänge *gleiches* Signal erhalten.

Beispiel 2 (mit drei Schaltvariablen):

Kontrollsystem für eine Tunnelbelüftung

Ein Straßentunnel soll nur dann befahren werden ($z=1$, Grünlicht), wenn mindestens zwei der drei installierten Lüftergebläse a, b, c einwandfrei arbeiten. Dies soll jeweils durch den Wert 1 an das Schaltnetz signalisiert werden. Das Schaltnetz hat demnach die in Bild 18.4 gezeigte Funktionstabelle. Hier gibt es insgesamt vier Fälle, in denen grünes Licht gegeben wird.

Dez	c	b	a	z
0	0	0	0	0
1	0	0	1	0
2	0	1	0	0
3	0	1	1	1
4	1	0	0	0
5	1	0	1	1
6	1	1	0	1
7	1	1	1	1

Bild 18.4 Funktionstabelle des Kontrollsystems

So gilt z. B. für Zeile 3:

$$z_3=1 \leftrightarrow a=1 \text{ und } b=1 \text{ und } \bar{c}=1$$

Somit lautet die Teilfunktion für Zeile 3:

$$z_3=a\,b\,\bar{c}$$

Analog ergeben sich:

$$z_5=a\,\bar{b}\,c$$

$$z_6=\bar{a}\,b\,c$$

$$z_7=a\,b\,c$$

Damit in jedem der vier Fälle freie Fahrt signalisiert wird, müssen die Teilfunktionen z_3, z_5, ... noch über ein ODER verknüpft werden. Wir erhalten somit z als Boolesche Summe der Form:

$$\boxed{z=a\,b\,\bar{c}+a\,\bar{b}\,c+\bar{a}\,b\,c+a\,b\,c}$$

Das zugehörige Schaltnetz zeigt Bild 18.5.

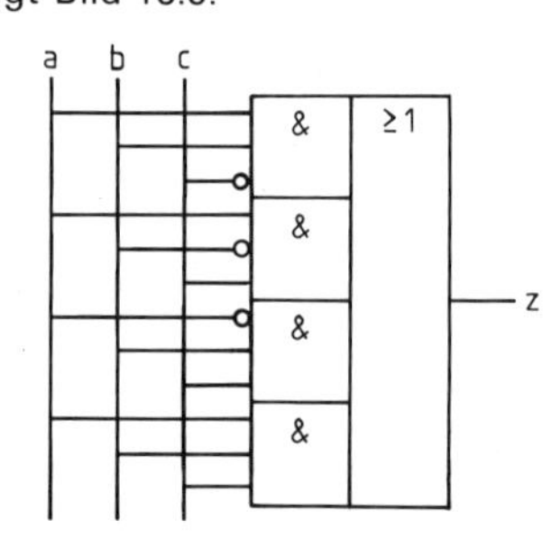

Bild 18.5 Schaltnetz des Kontrollsystems

Wir fassen nun zusammen, wobei das Wesentliche schon in Bild 18.2 angesprochen worden ist:

Aus der Funktionstabelle ergibt sich die Schaltfunktion wie folgt:

Jede Zeile mit $z=1$ (und der Zeilennummer n) wird einer Teilfunktion z_n zugeordnet. Diese Teilfunktion z_n liefert nur in der zugeordneten Zeile den Wert 1 (und sonst immer 0). Dazu schreiben wir das Boolesche Produkt (die UND-Verknüpfung) *aller* Eingangsvariablen an. Falls in der betrachteten Zeile eine Variable den Wert 0 hat, muß sie notwendigerweise negiert aufgeführt werden.

Beispiel:

Dez	...	c	b	a	z
⋮		⋮	⋮	⋮	⋮
n	...	1	0	1	1
⋮		⋮	⋮	⋮	⋮

$\Rightarrow z_n = a \cdot \overline{b} \cdot c \ldots$

Schließlich werden sämtliche Fälle, für die $z=1$ gilt, durch die Zusammenfassung (= Boolesche Summe ≙ ODER-Verknüpfung) obiger Teilfunktionen erfaßt.

Beispiel:

$$z = z_1 + z_2 + \ldots$$

Boolesche Produkte $a \cdot b \ldots$, die *alle* (Schalt-)Variablen – negiert oder nicht negiert – enthalten, heißen auch *vollständige* **Minterme.**[1])

Damit können wir den *Fundamentalsatz der Booleschen Algebra* formulieren:

Jede Schaltfunktion z läßt sich als (Boolesche) Summe sämtlicher **Minterme** mit dem Wert 1 schreiben.

Die auf diesem „normalen" Weg[2]) gefundene Schaltfunktion z heißt auch:

- **Mintermnormalform**
- UND-ODER- (bzw. AND-OR-)Normalform, kurz: ODER-Normalform
- disjunktive Normalform

Letzteres, weil durch eine *Disjunktion* (lateinischer Ausdruck für *ODER-Verknüpfung*) die Minterme zusammengefaßt werden.

---

[1]) *Worterklärung:* Ein Minterm, als Funktion aufgefaßt, entspricht einer UND-Tabelle. Diese hat in der z-Spalte nur eine einzige „1", das Minimum an möglichen „1"-en. (im Gegensatz zu einem Maxterm, dem eine ODER-Tabelle zugeordnet ist: Eine ODER-Tabelle enthält das Maximum an „1"-en. Maxterme folgen in Kapitel 18.1.2.)

[2]) Mit etwas GLück und Einsicht ins Problem läßt sich der Lösungsweg für z abkürzen.

Für Experten (sonst weiter bei Kapitel 18.2):

18.1.2 Auffinden der Schaltfunktion über die „Nullzeilen“

Zum Vergleich betrachten wir noch einmal das Antivalenz-Element bzw. das EXOR aus Bild 18.3. Die Funktionstabelle ist in Bild 18.6 wiederholt. Wir ordnen jetzt jeder Zeile n mit z=0 eine Schaltfunktion z'_n zu. z'_n habe die Eigenschaft, daß sie allein für die betrachtete Zeile den Wert 0 hat (und sonst immer 1). Dies liefert in unserem Beispiel zwei Teilfunktionen, nämlich z'_0 und z'_3. Nach Bild 18.7 läßt sich dann z als Boolesches Produkt (UND-Verknüpfung) dieser Teilfunktionen z'_n angeben:

Dez	b	a	z
0	0	0	0
1	0	1	1
2	1	0	1
3	1	1	0

Bild 18.6 EXOR-Tabelle

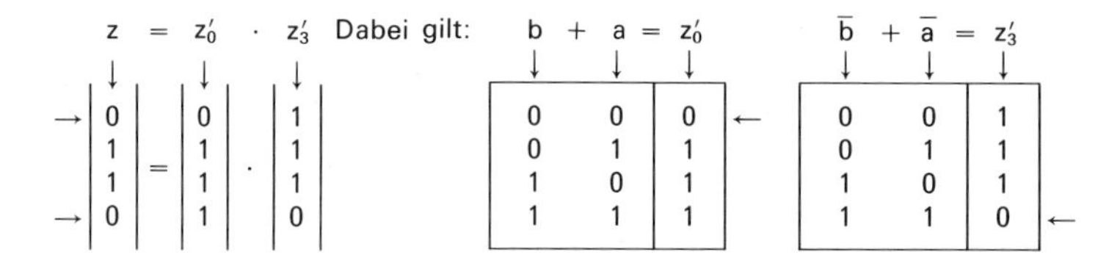

Bild 18.7 z ist hier das (Boolesche) Produkt der Teilfunktionen z'_n. Diese sind ihrerseits als (Boolesche) Summe der Schaltvariablen a, b schreibbar.

Wie Bild 18.7 ferner zu entnehmen ist (rechter Teil), „errechnen“ sich die Teilfunktionen selbst aus der Booleschen Summe der Variablen a und b. Tauchen in einer „Nullzeile“ irgendwelche Variablen (a, b, ...) mit dem Wert 1 auf, kann sich nur dann die Summe 0 ergeben, wenn wir diese Variablen negiert in die Summe aufnehmen (siehe Bildung von z'_3). Wir erhalten somit:

$$z = z'_0 \cdot z'_3$$
$$z = \overbrace{(a+b)}\cdot\overbrace{(\overline{a}+\overline{b})}$$

Dies ist eine weitere Form für die Schaltfunktion z eines EXORs. Bild 18.8 zeigt das danach aufgebaute Schaltnetz. Selbstverständlich ist die Schaltfunktion in der Form

$$z = (a+b)\cdot(\overline{a}+\overline{b})$$

mit der alten Form

$$z = \overline{a}\cdot b + a\cdot\overline{b}$$

aus Kapitel 18.1.1 äquivalent, wie z. B. das Ausmultiplizieren sofort zeigt.[1])

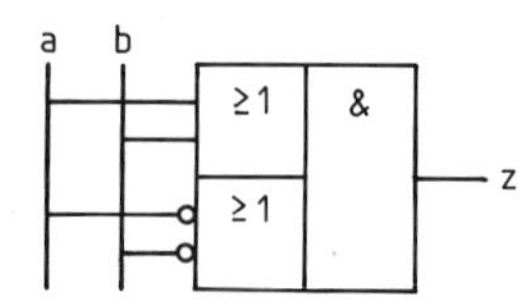

Bild 18.8 Ebenfalls ein Schaltnetz für das EXOR

[1]) $z = a\cdot\overline{a} + a\cdot\overline{b} + \overline{a}\cdot b + \overline{b}\cdot b = a\cdot\overline{b} + \overline{a}\cdot b$ ($a\cdot\overline{a}=0$ und $\overline{b}\cdot b=0$, siehe Kapitel 17.2.5 oder 17.3)

Ergebnis:

Aus der Funktionstabelle ergibt sich noch eine Form der Schaltfunktion z, und zwar so:

Jeder Zeile mit z=0 (und der Zeilennummer n) ordnen wir eine Teilfunktion z'_n zu.
Diese Teilfunktion darf nur in der zugeordneten Zeile den Wert 0 haben (sonst immer 1).
Wir schreiben sie als Boolesche Summe (ODER-Verknüpfung) *aller* Eingangsvariablen.
Falls in der betrachteten Zeile eine Variable den Wert 1 hat, muß sie hier negiert aufgeführt werden.

Beispiel:

Dez	...	c	b	a	z
⋮		⋮	⋮	⋮	⋮
n	...	1	0	1	0
⋮		⋮	⋮	⋮	⋮

$\Rightarrow z'_n = \bar{a} + b + \bar{c} \ldots$

Schließlich ergeben sich *alle* Fälle mit z=0 durch das Boolesche Produkt obiger Teilfunktionen.

Beispiel:

$$z = z'_1 \cdot z'_2 \ldots$$

Boolesche Summen a+b+..., die sämtliche (Schalt-)Variablen – negiert oder nicht – enthalten, heißen auch **Maxterme**[1]. Deshalb gilt auch der Satz:

Jede Schaltfunktion z läßt sich als Produkt aller **Maxterme** mit dem Wert 0 schreiben.

Eine auf diesem Weg gewonnene Schaltfunktion heißt entsprechend:

- Maxtermnormalform
- ODER-UND-(bzw. OR-AND-)Normalform
- konjunktive Normalform[2]

An unserem Beispiel haben wir schon gesehen:

Eine **Maxtermnormalform** läßt sich in eine *Mintermnormalform* überführen.

Die Umkehrung gilt natürlich ebenfalls. Im allgemeinen werden solche Umwandlungen graphisch durchgeführt, da direkte Umrechnungen recht schwierig sind. (Solche graphischen Umwandlungen sind ab Kapitel 18.3 nachvollziehbar.)

---

[1] Eine Worterklärung zu Maxterm und Minterm findet sich in der Fußnote 1, zwei Seiten vorher.
[2] Konjunktion (lat.) = UND-Verknüpfung aller Maxterme

18.1.3 Vergleich von Minterm- und Maxtermnormalform

Beide Verfahren zur Aufstellung von z sind etwa gleich schwierig. Somit hängt der Aufwand allein von der Anzahl der Zeilen mit z=1 bzw. z=0 ab. Ist z. B. eine Funktionstabelle nach Bild 18.9 gegeben, sind wir geneigt, das Maxtermverfahren zu wählen. Es liefert dann:

$$z=(\overline{a}+b+\overline{c})\cdot(\overline{a}+\overline{b}+\overline{c})$$

Dez	c	b	a	z
0	0	0	0	1
1	0	0	1	1
2	0	1	0	1
3	0	1	1	1
4	1	0	0	1
5	1	0	1	0
6	1	1	0	1
7	1	1	1	0

Bild 18.9 Funktionstabelle mit relativ wenig Maxtermen

Dagegen spricht:

1. Wird anstelle von z das Komplement $\overline{z}$ betrachtet, so führt das Mintermverfahren praktisch ebenso schnell zum Erfolg:

   $$\overline{z}=(a\cdot\overline{b}\cdot c)+(a\cdot b\cdot c)$$

   Um z selbst zu erhalten, muß ja lediglich noch ein Inverter nachgeschaltet werden.[1])
2. Der Formalismus zur Vereinfachung von Schaltfunktionen ist wesentlich einfacher, wenn Minterme vorliegen (dies wird das Kapitel 18.3 noch sehr deutlich zeigen).

Also:

> Das **Mintermverfahren** reicht praktisch aus. Wenn gegebenenfalls $\overline{z}$ betrachtet wird, müssen immer nur relativ wenige Zeilen betrachtet werden. Mintermnormalformen können leicht vereinfacht werden.

18.2 Vereinfachung von Schaltnetzen mit dem Karnaugh-Veitch-Diagramm

Schaltnetze, die direkt aus der Funktionstabelle abgeleitet werden, können recht umfangreich ausfallen. Wir fragen uns daher zwangsläufig, ob sich solche Schaltungen nicht vereinfachen lassen. Ein solches *Minimalisierungsproblem* läßt sich prinzipiell mit den Gesetzen der Schaltalgebra angehen. Dabei bleibt aber oft eine gewisse Unsicherheit zurück, nämlich die, ob die Minimalisierung restlos gelungen ist. Es kann ja sein, daß wir die Möglichkeit einer Termvereinfachung einfach nicht mehr erkennen.

Beispiel: (Achtung, wir lassen ab jetzt den *Punkt* der UND-Verknüpfung *weg*.)

$$z=\overline{a}\,b+\overline{a}\,\overline{b}+a\,\overline{b}$$

Leicht zu erkennen ist z. B. folgende Vereinfachung:

$$z=\overline{a}\,(b+\overline{b})+a\,\overline{b}=\overline{a}\cdot 1+a\,\overline{b}=\overline{a}+a\,\overline{b}$$

Hier wurde wesentlich das erste Distributivgesetz fürs „Ausklammern" und das Komplementgesetz $b+\overline{b}=1$ fürs „Vereinfachen" verwendet.[2])

---

[1]) algebraische Umwandlung durch Negation und de Morgan

[2]) Distributivgesetz: Kapitel 17.2.6, Komplementgesetz: Kapitel 17.2.5, außerdem wurde $a\cdot 1=1$ verwendet (siehe Kapitel 17.2.3).

► Tatsächlich gibt es noch eine viel einfachere Form, nämlich:

$$z=\bar{a}+\bar{b} \text{ (!)}$$

Schaltalgebraisch kann diese Minimalform aber erst nach einem wahren „Genieblitz" gefunden werden: Ein Term von z (und zwar der *richtige*) muß zuerst mit Hilfe des Tautologiegesetzes „aufgebläht" werden.[1])

Wir sehen uns das kurz an. Wegen $\bar{a}\bar{b}=\bar{a}\bar{b}+\bar{a}\bar{b}$ gilt:

$$z=\bar{a}b + \bar{a}\bar{b} + a\bar{b}$$

$$z=\bar{a}b+\bar{a}\bar{b}+\bar{a}\bar{b}+a\bar{b}$$

$$z=\bar{a}(b+\bar{b})+\bar{b}(\bar{a}+a)$$

$$z=\bar{a}\cdot 1 + \bar{b}\cdot 1$$

$$z=\bar{a} + \bar{b}$$

Wir fürchten nun zurecht, daß wir allein mit der Schaltalgebra wohl selten die einfachste Form einer Schaltfunktion finden werden. Karnaugh und Veitch verdanken wir aber eine graphische Darstellung der Minterme, aus der sich die minimalisierte Schaltfunktion verblüffend einfach und ohne viel Mathematik direkt ablesen läßt.[2])

► Diese graphische Darstellung der Minterme geschieht in Form eines Diagramms (bzw. einer Tafel) und heißt deshalb auch *Karnaugh-Diagramm*, *KV-Diagramm* oder *KV-Tafel*.

► Das Geheimnis des KV-Diagramms ist die *richtige Anordnung der Mintermfelder*. Diese Anordnung darf deshalb nicht *willkürlich* geändert werden.

18.2.1 Das KV-Diagramm für zwei Variable

Bei zwei Variablen müssen nach der Funktionstabelle (Bild 18.10, a) vier vollständige Minterme vom Typ a b dargestellt werden.[3]) Bild 18.10, b zeigt dazu das KV-Diagramm. Jedem Minterm wird genau ein Feld (Quadrat, Punktmenge) zugeordnet.

a)

Dez	b	a	z
0	0	0	
1	0	1	
2	1	0	
3	1	1	

Bild 18.10 Funktionstabelle und KV-Diagramm für zwei Variable
d) Kurzform des KV-Diagramms
e) Feldbeschreibung durch Angabe der Variablenwerte

b)

ab	$\bar{a}b$
$a\bar{b}$	$\bar{a}\bar{b}$

c)

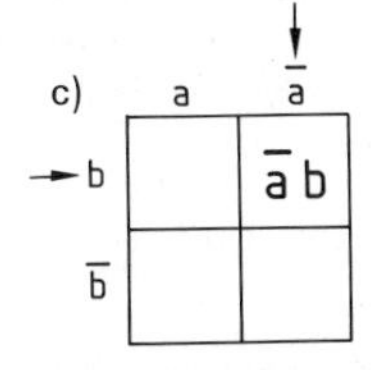

d)

	a	
b	3	2
	1	0

e)

b \ a	1	0
1		
0		

Bild c zeigt die übliche matrixartige Festlegung der einzelnen Felder, wozu auch die von uns im folgenden verwendete Kurzform nach Teilbild d ausreicht. Die eingetragenen Dezimalwerte dienen zum schnellen Auffinden des zugeordneten KV-Feldes. Verschiedentlich wird auch eine Darstellung des KV-Diagramms nach Teilbild e verwendet.

---

[1]) Genauer: Mit dem Tautologiegesetz für ODER-Verknüpfungen, allgemeine Form: $a=a+a$ (siehe Kapitel 17.2.3, b).

[2]) Karnaugh und Veitch entwickelten das vorgestellte Verfahren 1952/53 in den USA; ein anderes, mehr tabellenartiges Verfahren, stammt von Quine und McCluskey: siehe Kapitel 18.5.

[3]) Es sei noch einmal daran erinnert, daß wir inzwischen den Punkt der UND-Verknüpfung weglassen.

Die Vereinfachung von Schaltfunktionen durch Blockbildung

Wir entnehmen jetzt der Funktionstabelle oder der Schaltfunktion den Wert aller Minterme und tragen diesen in das KV-Diagramm ein.

► *Zur besseren Übersicht lassen wir aber die Null immer weg.*

Das KV-Diagramm zeigt schließlich eine Menge von Feldern, die mit dem Wert 1 besetzt sind. Die Gesamtheit dieser Felder repräsentiert somit alle Minterme der Form a b, für die die Schaltfunktion z= ... den Wert 1 annimmt.
Die Menge (oder eine Teilmenge) dieser „1"-er Felder, und damit die Schaltfunktion z, kann oft viel einfacher angegeben werden. Dies zeigen wir *zunächst* ohne tiefsinnige mathematische Begründungen anhand von Beispielen.[1])

Beispiel 1:

$z = a\,b + \bar{a}\,b$

Dez	b	a	z
0	0	0	0
1	0	1	0
2	1	0	1
3	1	1	1

Erfüllungsmenge von

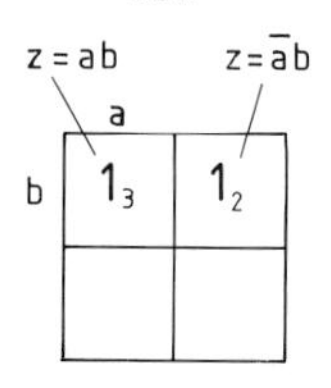

=

Erfüllungsmenge von

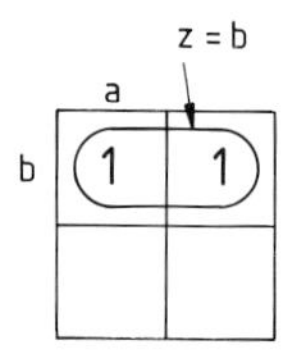

► **Offensichtlich gilt:** $z = a\,b + \bar{a}\,b = b$

Beispiel 2:

$z = a\,b + a\,\bar{b}$

Dez	b	a	z
0	0	0	0
1	0	1	1
2	1	0	0
3	1	1	1

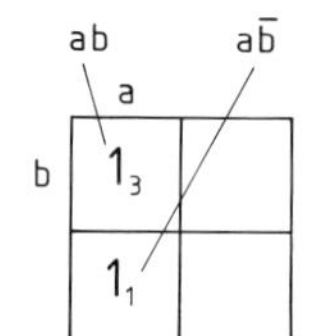

=

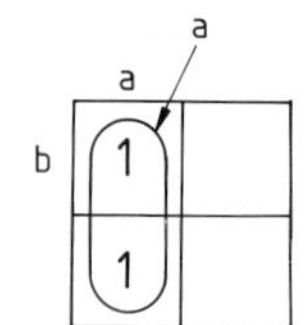

► **Offensichtlich gilt:** $z = a\,b + a\,\bar{b} = a$

Beispiel 3:

$z = a\,b + \bar{a}\,\bar{b}$

Dez	b	a	z
0	0	0	1
1	0	1	0
2	1	0	0
3	1	1	1

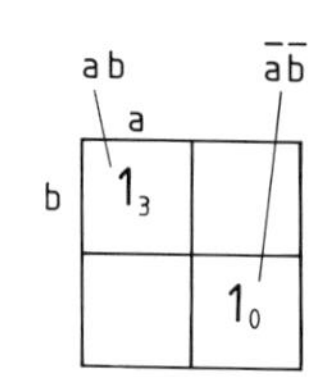

► **Keine einfachere Beschreibung möglich.**

Wie wir den Beispielen entnehmen, ist eine Vereinfachung nur möglich, wenn die Mintermfelder *randbenachbart* sind. *Eckbenachbarte* Felder lassen sich *nicht* einfacher beschreiben.

► Die Zusammenfassung randbenachbarter Felder heißt **Blockbildung.** Durch Blockbildung lassen sich Schaltfunktionen vereinfachen.

[1]) Die Indizes in den Diagrammen geben den Wert „Dez" aus der Funktionstabelle an.

Blöcke dürfen sich überlappen

Eine noch weitergehende Vereinfachung von Schaltfunktionen ergibt sich dann, wenn sich Blöcke gegenseitig *überlappen*. Wir betrachten dazu noch einmal unser einführendes Beispiel aus Kapitel 18.2, dessen Vereinfachung schaltalgebraisch schon fast unmöglich schien:

$$z = \bar{a}\,b + \bar{a}\,\bar{b} + a\,\bar{b}$$

Dem KV-Diagramm (Bild 18.11) entnehmen wir jetzt aber sofort die minimalisierte Form:

$$z = \bar{a} + \bar{b},$$

denn es gilt:

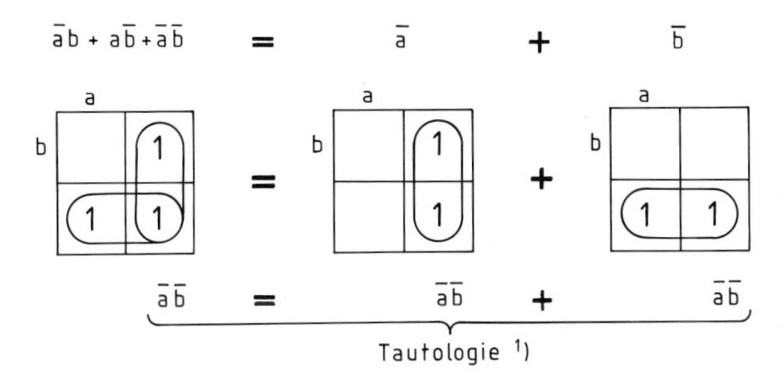

Bild 18.11 Die Blöcke $\bar{a}$ und $\bar{b}$ überlappen sich zwar auf dem Feld $\bar{a}\,\bar{b}$, stellen aber insgesamt genau die richtige Erfüllungsmenge von z dar.

Wir erkennen:

▶ Blöcke dürfen sich überlappen. In diesem Fall vereinfacht sich die Beschreibung einer Schaltfunktion besonders stark.

Also:

Das **KV-Diagramm** stellt *Minterme graphisch* dar. Jedem vollständigen Minterm (der alle Variablen enthält) ist ein ganz bestimmtes Einzelfeld (Quadrat) zugeordnet.

Randbenachbarte Felder lassen sich zu Blöcken zusammenfassen und somit einfacher beschreiben. Für eine einfachere Beschreibung dürfen sich die Blöcke auch gegenseitig überlappen.

Speziell beim KV-Diagramm mit zwei Variablen a, b werden $2^2 = 4$ vollständige Minterme dargestellt. Es gibt hier nur 2er-Blöcke:

▶ Eine Variable, z. B. a, ↔ 2er-Block.

Anmerkung:

Normalerweise beschreibt eine Variable immer die Hälfte aller Einzelfelder (sogenannte Elementarblockgröße). Elementarblöcke und 2er-Blöcke fallen *nur* bei *zwei* Variablen begrifflich zusammen.

---

[1]) Siehe dazu die Einleitung Kapitel 18.2 bzw. folgende Überlegung: Die Aussage $\bar{a}\,\bar{b}$ „oder" $\bar{a}\,\bar{b}$ liefert natürlich $\bar{a}\,\bar{b}$. (Bei der Vereinigung der Lösungsmengen von $\bar{a}=1$ und $\bar{b}=1$ werden gemeinsame Elemente ja [hier die Minterme $\bar{a}\,\bar{b}$] immer genau einmal aufgeführt.)

Für Spezialisten (sonst weiter bei Kapitel 18.2.3):

18.2.2 Der mathematische Hintergrund des KV-Diagramms

Die Blockbildung beruht auf der Tatsache, daß sich im KV-Diagramm randbenachbarte Felder immer nur um das Inverse einer einzigen Variablen unterscheiden.

▶ Nach dem Distributivgesetz können dann die restlichen gemeinsamen Variablen zweier Felder ausgeklammert werden.

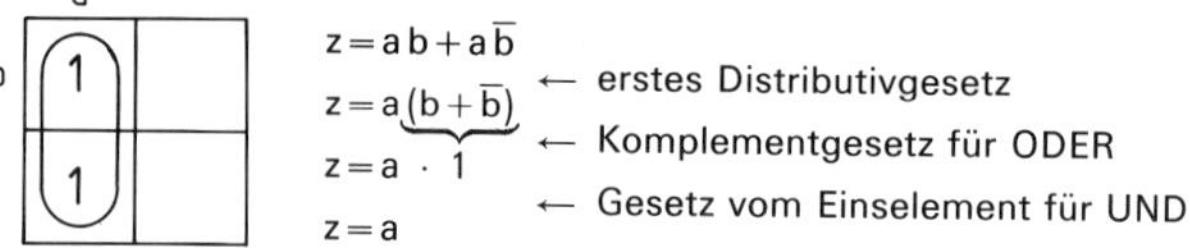

Bild 18.12 Blockbildung mit Hilfe der Schaltalgebra[1])

▶ In der Klammer bleibt so noch allein die Boolesche Summe *einer* Variablen mit ihrem Inversen stehen, was immer den Wert 1 ergibt (siehe Komplementgesetz). Diese Variable ,,verschwindet" also, der entstehende Term ist somit einfacher (Bild 18.12).

Die *Blocküberlappung* ist aufgrund des *Tautologiegesetzes* erlaubt. In einer Schaltfunktion kann ein und derselbe Term beliebig oft wiederholt werden. Dies ist schon detailliert bei unserem einführenden Beispiel (siehe Kapitel 18.2) gezeigt worden.

18.2.3 Das KV-Diagramm für drei Variable

Aufbau und Besonderheit

Nach der Funktionstabelle sind bei drei Variablen acht (vollständige) Minterme darzustellen. Der Aufbau eines KV-Diagramms für drei Variable ergibt sich nun wie folgt:
Für jede Variable, z. B. a, gibt es jeweils vier Fälle, in denen sie den Wert 1 annimmt. Entsprechendes gilt aber auch für $\overline{a}$, b, $\overline{b}$ ...

▶ *Eine* Variable definiert also immer einen Block, der die Hälfte aller Einzelfelder umfaßt, also einen Elementarblock (Bild 18.13).

Dez	c	b	a	z
0	0	0	0	
1	0	0	1	
2	0	1	0	
3	0	1	1	
4	1	0	0	
5	1	0	1	
6	1	1	0	
7	1	1	1	

Diese Elementarblöcke müssen sich nun nach der Funktionstabelle auf jeweils zwei Feldern gegenseitig überlappen (es gilt z. B. zweimal a = 1 *und* b = 1, ...). Daraus ergibt sich im Prinzip immer eine Einteilung nach Bild 18.13.

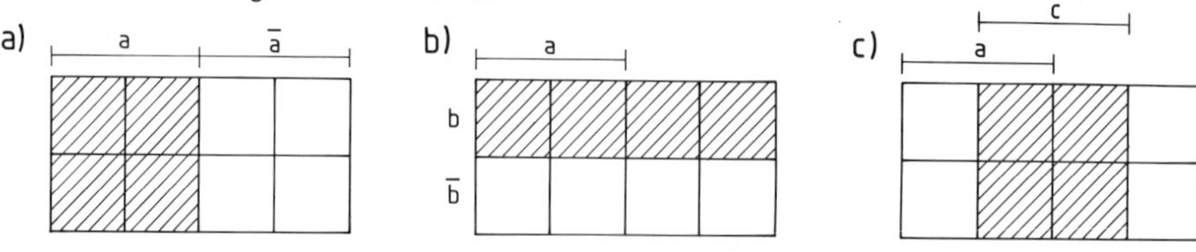

Bild 18.13 KV-Diagramm für drei Variable: a) Beginn der Blockeinteilung aufgrund der Funktionstabelle, b) der b-Block hat zwei Felder mit a und $\overline{a}$ gemeinsam, c) der c-Block ebenfalls.

[1]) Gesetze siehe Kapitel 17.2.6, 17.2.5, 17.2.3 bzw. ihre Zusammenfassung in Kapitel 17.3

Eine *Besonderheit* zeigt hier der $\bar{c}$-Block (Bild 18.14). Er scheint im Gegensatz zu den anderen Elementarblöcken „unterbrochen". Damit wir auch in diesem Fall von einem zusammenhängenden 4er-Block sprechen können, denken wir uns das KV-Diagramm auf einen Zylinder aufgeklebt. Die mit Pfeilen versehenen Seitenlinien berühren sich dann.

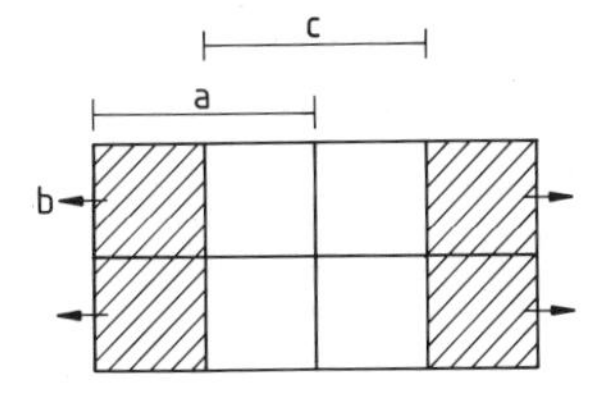

Bild 18.14 Der $\bar{c}$-Block hängt über die Seitenlinien zusammen.

Wir merken uns deshalb:

Beim **KV-Diagramm mit drei Variablen** gelten auch die Seitenlinien als randbenachbart.

Nach dieser Einteilung ist wieder jedem vollständigen Minterm vom Typ abc ein ganz bestimmtes Einzelfeld zugeordnet. Wir finden dieses am einfachsten, wenn wir fortgesetzt den Durchschnitt aus den beteiligten Elementarblöcken bilden.

Bild 18.15 verdeutlicht den Ablauf für den Minterm $\bar{a}\bar{b}c$:

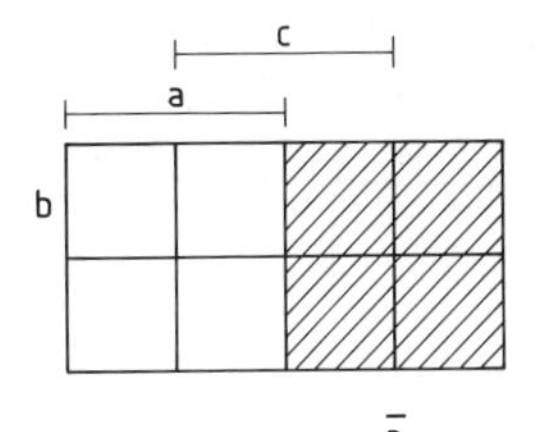

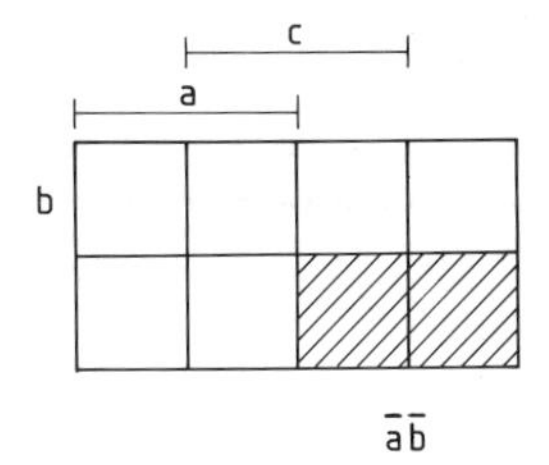

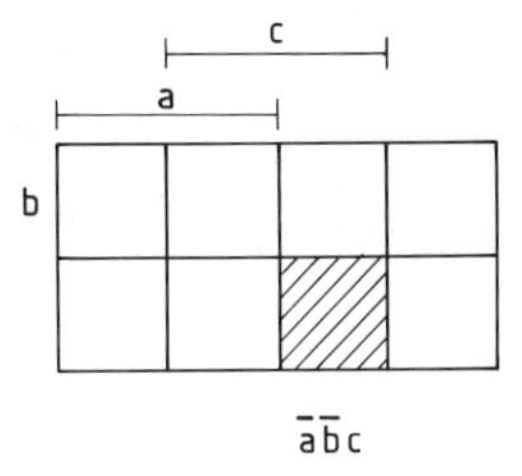

Bild 18.15 Auffinden eines einzelnen Mintermfeldes, hier von $\bar{a}\bar{b}c$, als Durchschnitt von Flächen

Andererseits ergeben sich aus der vorgestellten Konstruktion bzw. aus Bild 18.15 für ein KV-Diagramm mit drei Variablen die möglichen Blockgrößen. Wird nur eine Bedingung (z. B. $b=1$) vorgegeben, ist diese auf der Hälfte aller Felder erfüllt. Mit jeder weiteren Bedingung verkleinert sich die zugehörige Erfüllungsmenge um die Hälfte:

- 1 Variable ↔ 4er-Block ≙ Elementarblock
- 2 Variable ↔ 2er-Block
- 3 Variable ↔ 1er-Block ≙ Einzelfeld

Für die Vereinfachung von Schaltfunktionen gelten ansonsten dieselben Rezepte wie beim KV-Diagramm mit zwei Variablen:

- ▶ Bildung von Blöcken (erlaubter Größe) aus randbenachbarten Einzelfeldern.
- ▶ Die Blöcke dürfen sich gegenseitig überlappen.

Bild 18.16 zeigt dazu ein Beispiel, weitere folgen noch in Kapitel 18.2.5.

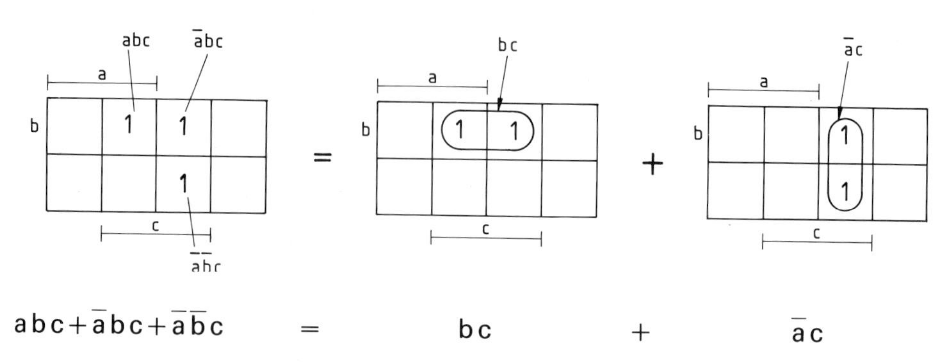

Bild 18.16 Beispiel für eine Vereinfachung mit dem KV-Diagramm

In der Regel werden die vollständigen Minterme einer Schaltfunktion aus der Funktionstabelle entnommen und in das KV-Diagramm eingetragen. Für diesen Zweck ist ein KV-Diagramm sehr nützlich, das mit den Dezimalwerten der Bitmuster aus der Funktionstabelle „präpariert" worden ist (Bild 18.17). Es enthält übrigens das KV-Diagramm für 2 Variable, wenn wir den c-Teil einfach abdecken.

Dez	c	b	a	z
0	0	0	0	
1	0	0	1	
2	0	1	0	
3	0	1	1	
4	1	0	0	
5	1	0	1	
6	1	1	0	
7	1	1	1	

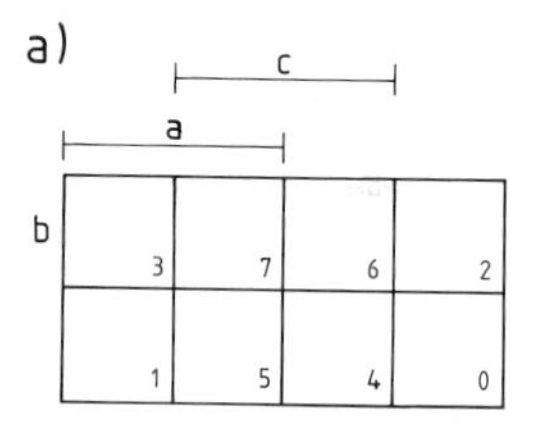

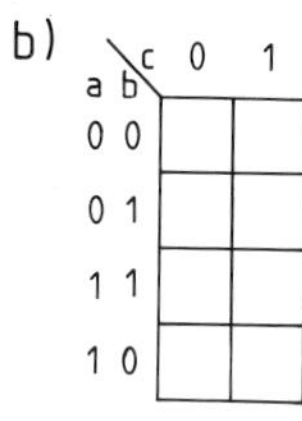

Bild 18.17 **a)** KV-Diagramm mit den Dezimalwerten der Bitmuster aus der Funktionstabelle als Hilfe für das schnelle Eintragen von Mintermen,
b) ähnlich hilfreiches KV-Diagramm, die Variablenwerte am Rand werden jedoch oft „durcheinandergebracht".

Zusammenfassung für drei Variable

Genau wie beim KV-Diagramm für zwei Variable gilt:[1])

- Das KV-Diagramm dient zur Darstellung von Schaltfunktionen in der Mintermnormalform.
- Das KV-Diagramm ordnet jedem *vollständigen* Minterm ein *Einzelfeld* zu.
- Eine Schaltfunktion läßt sich *minimalisieren*, wenn sich randbenachbarte Einzelfelder zu Blöcken definierter Größe zusammenfassen lassen. Solche Blöcke dürfen sich gegenseitig überlappen.[2])

---

[1]) Ganz allgemeine Zusammenfassung am Schluß von Kapitel 18.4

[2]) ... **müssen aber nicht,** ohne Überlappung kann manchmal eine noch einfachere Schaltfunktion entstehen, siehe z. B. Aufgabe 7, letztes KV-Diagramm.

Speziell beim KV-Diagramm mit drei Variablen a, b, c werden $2^3=8$ vollständige Minterme dargestellt.

Für die **Blockbildung** gilt:

- *eine Variable*, z. B. a ↔ 4er-Block (Elementarblock, größter Block, er umfaßt die Hälfte aller Felder)
- *zwei Variable*, z. B. ab ↔ 2er-Block
- *drei Variable*, z. B. abc ↔ Einzelfeld (entspricht vollständigem Minterm)

Für Spezialisten (sonst weiter bei Kapitel 18.2.5):

18.2.4 Schaltalgebraische Betrachtungen bei drei Variablen

Genau wie das KV-Diagramm für 2 Variable ist auch das für 3 Variable so konstruiert, daß sich randbenachbarte Felder nur um das Inverse *einer* Variablen unterscheiden. Die Bildung eines 2er-Blocks aus schaltalgebraischer Sicht zeigt hier (ganz analog zu Bild 18.12) das Bild 18.18.

$z=\bar{a}\bar{b}c+\bar{a}\bar{b}\bar{c}$ ← erstes Distributivgesetz

$z=\bar{a}\bar{b}(c+\bar{c})$ ← Komplementgesetz für ODER

$z=\bar{a}\bar{b}\cdot 1$ ← Gesetz vom Einselement

$z=\bar{a}\bar{b}$

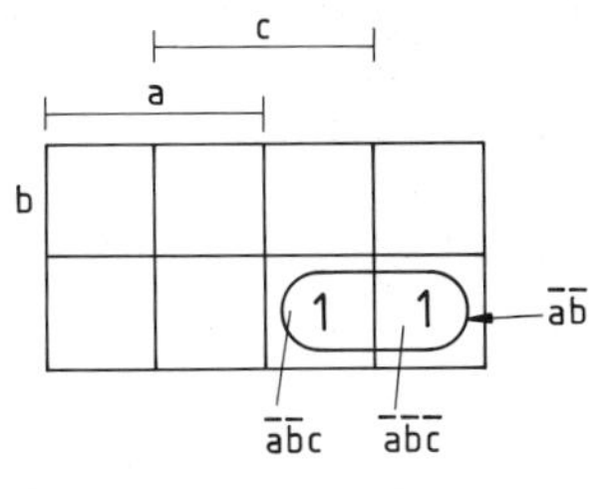

Bild 18.18 Blockbildung mit Hilfe der Schaltalgebra

Im Gegensatz dazu zeigt Bild 18.19, daß eine Vereinfachung bei eckbenachbarten Feldern unmöglich ist, da sich das Komplementgesetz für ODER nicht mehr anwenden läßt. Grund: Eckbenachbarte Felder unterscheiden sich eben in *mehr als nur in einer* Variablen. Eben deshalb darf auch ein KV-Diagramm nicht willkürlich abgeändert werden, damit „optisch mögliche", aber mathematisch völlig unsinnige Blockbildungen vermieden werden. Dennoch gibt es verschiedene „richtige" Formen von KV-Diagrammen, Näheres in Aufgabe 12.

$z=\bar{a}bc+\bar{a}\bar{b}\bar{c}$ erstes Distributivgesetz

$z=\bar{a}\underbrace{(bc+\bar{b}\bar{c})}_{\neq 1}$ keine weitere Vereinfachung[1])

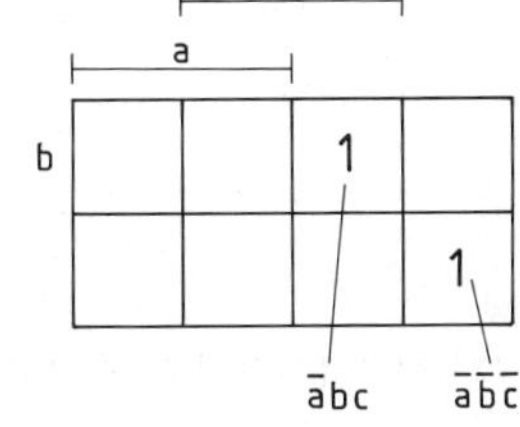

Bild 18.19 Keine Blockbildung bei eckbenachbarten Feldern

Eine Blocküberlappung erlaubt, wie immer, das Tautologiegesetz, das hier in der Form $abc=abc+abc$ verwendet werden muß.

Also:

Weil sich im KV-Diagramm **randbenachbarte Einzelfelder** nur um jeweils das Inverse *einer* Variablen unterscheiden, ist die Blockbildung möglich.

Wie wir wissen, haben die Blöcke aber immer eine ganz definierte Größe: 2er-Block, 4er-Block, ..., allgemein ergeben sich also 2^ner-Blöcke.

---

[1]) $bc+\bar{b}\bar{c} \overset{(!)}{\neq} bc+\overline{bc}=1$

18.2.5 Vereinfachungsbeispiele für drei Variable

Beispiel 1: Signalleuchtenüberwachung

Ein Hochhaus in einer Einflugschneise trägt drei rote Signalleuchten. Wenn eine der äußeren Leuchten a bzw. c ausfällt (Signal 0), soll sofort Alarm (z=1) gegeben werden. Bild 18.20 zeigt dazu die Funktionstabelle und das KV-Diagramm. Die Schaltfunktion enthält immerhin sechs Minterme, was ohne Vereinfachung zu einem „unvertretbaren" Aufwand führt. Mit Hilfe der Blockbildung (Bild 18.21) ergibt sich eine stark minimalisierte Schaltfunktion, nämlich:

$$z = \bar{a} + \bar{c}$$

Dez	c	b	a	z
0	0	0	0	1
1	0	0	1	1
2	0	1	0	1
3	0	1	1	1
4	1	0	0	1
5	1	0	1	0
6	1	1	0	1
7	1	1	1	0

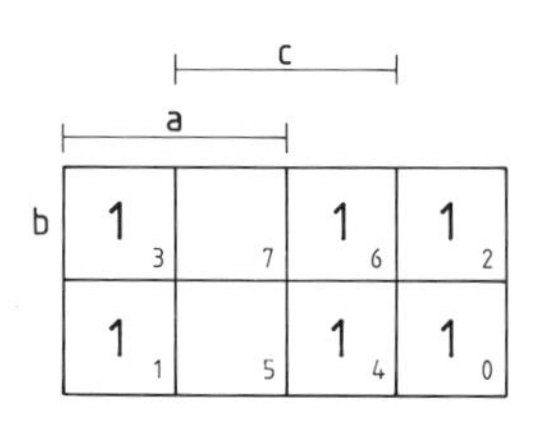

Bild 18.20 Diese Funktionstabelle liefert sechs Minterme mit dem Wert 1 (Index = Zeilennummer)

Das zugehörige Schaltnetz zeigt ebenfalls Bild 18.21.

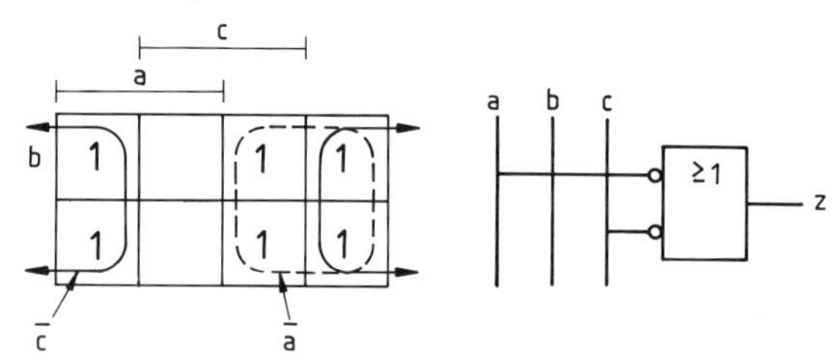

Bild 18.21 Blockbildung und minimalisiertes Schaltnetz zu Bild 18.20

Anmerkung:

Natürlich hätten wir mit Einsicht ins Problem sofort diese Minimalform finden können, kommt es doch hier nur auf die Abfrage „ist a *oder* c ausgefallen" an. Es sollte aber gerade gezeigt werden, daß wir hier ein graphisches Verfahren vor uns haben, das auf jeden Fall zur minimalisierten Schaltung führt. Übrigens hätte eine Aufstellung von z in der Maxtermnormalform keine besonders einfache Schaltfunktion geliefert, obwohl nur zwei Maxterme vorkommen (siehe z. B. Kapitel 18.1.3).

Resümee:

> Die *Mintermnormalform* von z führt in Verbindung mit dem *KV-Diagramm* schnell und sicher **zur einfachsten Schaltfunktion** bzw. Schaltung.

Beispiel 2: Kontrolle von drei Gebläsen

Wir greifen erneut das Kontrollsystem für eine Tunnelbelüftung auf (siehe auch Beispiel 2 aus Kapitel 18.1.1). Diesmal wollen wir die Schaltfunktion minimalisieren. Der Tunnel wird freigegeben (z=1), wenn mindestens zwei der drei Lüfter arbeiten. Die Funktionstabelle und das (nicht vereinfachte) Schaltnetz stellt noch einmal Bild 18.22 dar. Bild 18.23, a zeigt dazu das KV-Diagramm. Nach Teilbild b lassen sich drei 2er-Blöcke bilden, die sich alle gegenseitig überlappen.

Dez	c	b	a	z
0	0	0	0	0
1	0	0	1	0
2	0	1	0	0
3	0	1	1	1
4	1	0	0	0
5	1	0	1	1
6	1	1	0	1
7	1	1	1	1

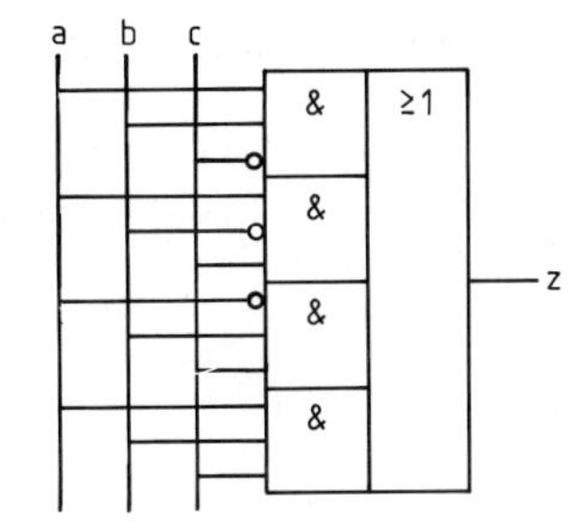

Bild 18.22 Nicht vereinfachtes Schaltnetz laut Funktionstabelle

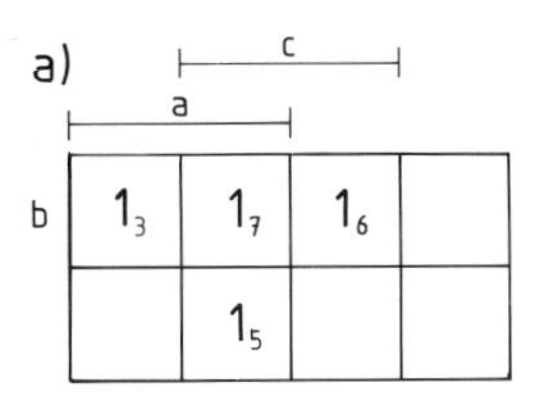

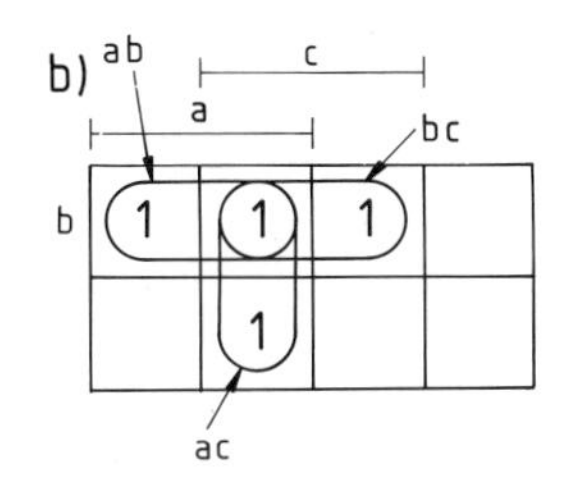

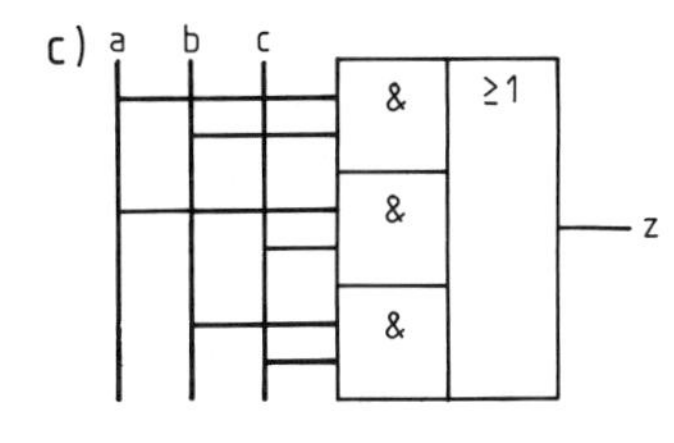

Bild 18.23 KV-Diagramm, Blockbildung und vereinfachtes Schaltnetz zu Bild 18.22

Die minimalisierte Schaltfunktion ergibt sich damit zu:

$$z = ab + ac + bc$$

In Bild 18.23, c ist sie in ein konkretes Schaltnetz umgesetzt worden.

18.2.6 Das KV-Diagramm für vier Variable

Nach der Funktionstabelle (Bild 18.24) sind hier $2^4 = 16$ Einzelfelder (Quadrate) darzustellen. Aus der Betrachtung jeweils einer Spalte der Funktionstabelle geht hervor: Es sind immer acht Felder, auf denen eine Variable den Wert 1 (bzw. 0) annimmt, d. h.:

► Elementarblöcke, die mit genau einer Variablen beschrieben werden, umfassen wieder die Hälfte aller Felder und bilden hier einen 8er-Block.

Dez	d	c	b	a	z
0	0	0	0	0	
1	0	0	0	1	
2	0	0	1	0	
3	0	0	1	1	
4	0	1	0	0	
5	0	1	0	1	
6	0	1	1	0	
7	0	1	1	1	
8	1	0	0	0	
9	1	0	0	1	
10	1	0	1	0	
11	1	0	1	1	
12	1	1	0	0	
13	1	1	0	1	
14	1	1	1	0	
15	1	1	1	1	

Bild 18.24 Funktionstabelle für vier Variable

Wenn wir jeweils zwei Spalten der Tabelle vergleichend betrachten, sehen wir:
Es gibt immer vier Felder, auf denen zwei Variable zugleich denselben Wert haben, d.h., *die Elementarblöcke überschneiden sich jeweils vierfach.* Dies bedingt z. B. einen KV-Diagrammaufbau nach Bild 18.25. Auch hier gibt es eine Besonderheit, die den Zusammenhang der Blöcke betrifft. Wir betrachten dazu Bild 18.26.

▶ Damit auch die $\bar{c}$- und $\bar{d}$-Blöcke zusammenhängen, definieren wir *alle Seitenlinien* paarweise als *randbenachbart.*[1])

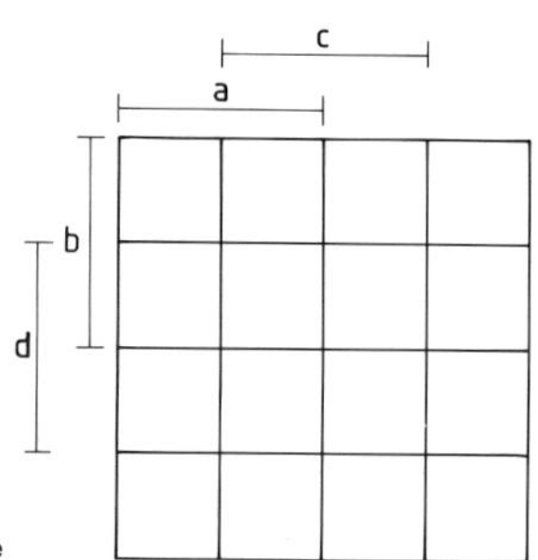

Bild 18.25 KV-Diagramm für vier Variable

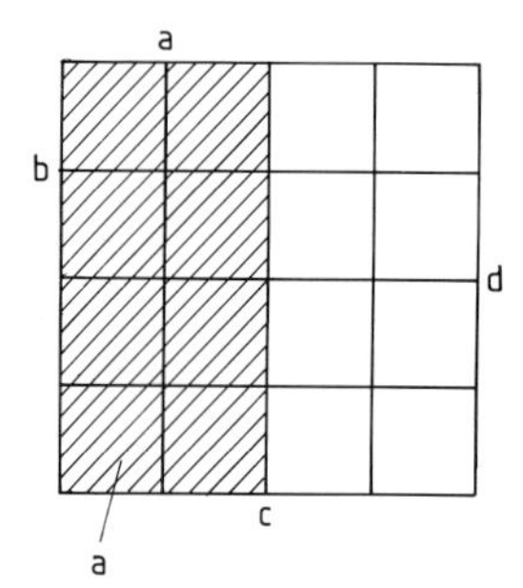

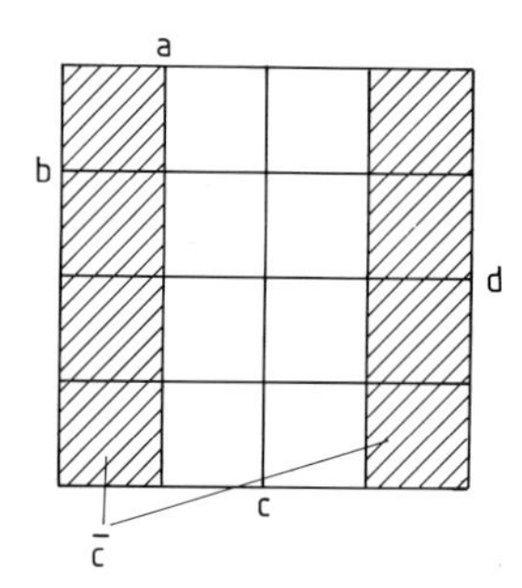

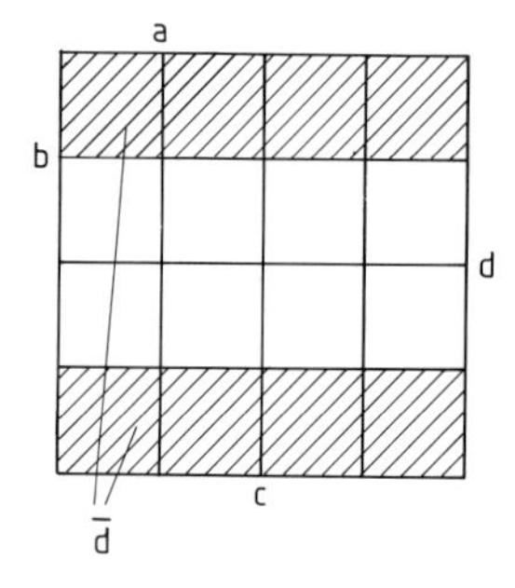

Bild 18.26 Beispiele für Elementarblöcke (mit einer Variablen)

Bild 18.27 stellt noch einige 4er-Blöcke vor. Sie ergeben sich aus der Schnittmenge zweier Elementarblöcke, anders ausgedrückt:

▶ Ein 4er-Block wird durch das Boolesche Produkt zweier Variablen beschrieben.

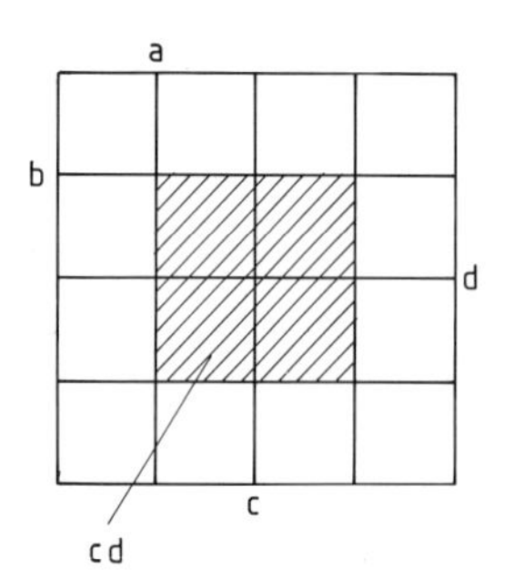

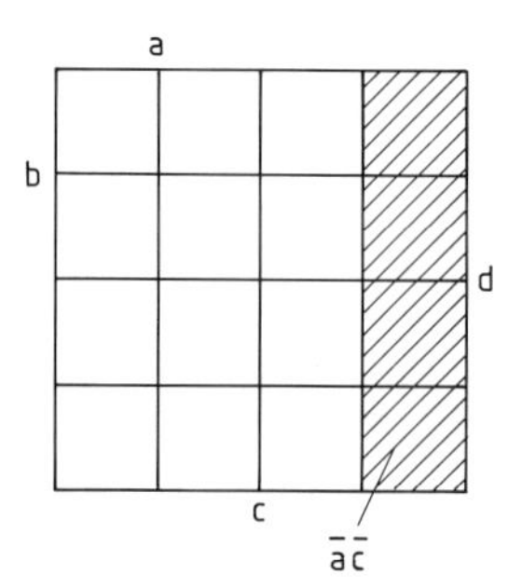

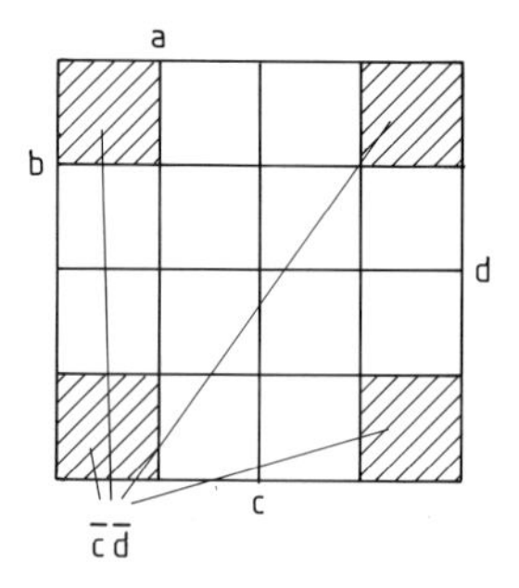

Bild 18.27 Beispiele für 4er-Blöcke (mit zwei Variablen)

[1]) Dies gilt im Prinzip für alle KV-Diagramme.

Bei fortgesetzter Durchschnittsbildung ergeben sich als nächstes 2er-Blöcke, beschrieben durch drei Variable, und schließlich Einzelfelder, welche durch einen *vollständigen* Minterm (mit allen vier Variablen) beschrieben werden (Bild 18.28).

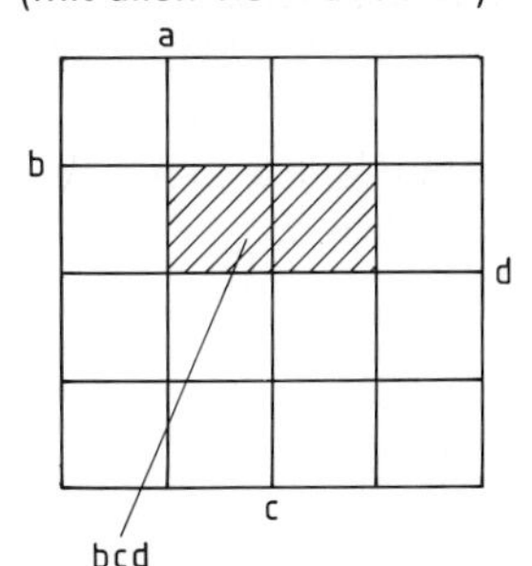

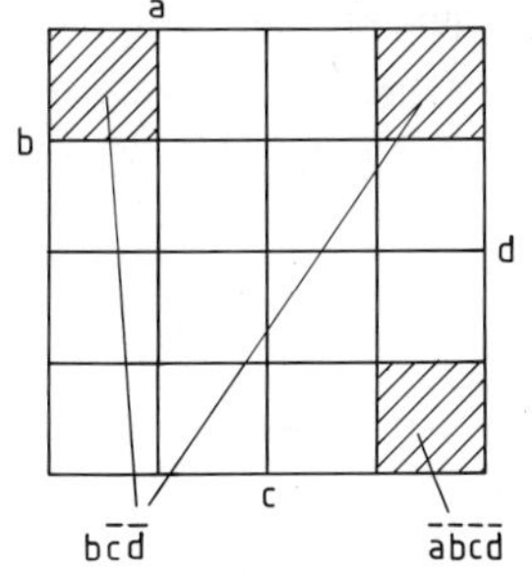

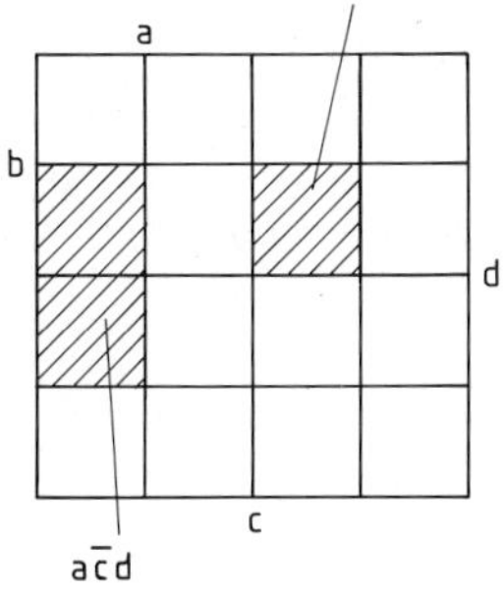

Bild 18.28 Beispiele für 2er-Blöcke (mit drei Variablen) und Einzelfelder (mit vier Variablen)

Aus der Konstruktion dieses KV-Diagramms bzw. aus Bild 18.28 ergeben sich unmittelbar die bei vier Variablen möglichen Blockgrößen:[1])

8er-, 4er-, 2er- und 1er-Blöcke, festgelegt durch eine, zwei, drei und vier Variablen.

Eine Minimalisierung beruht wieder auf der *Zusammenfassung randbenachbarter Einzelfelder* zu erlaubten Blockgrößen. Die Blöcke selbst dürfen sich dabei gegenseitig mehrfach überlappen. Beispiele folgen gleich in Kapitel 18.2.7.
Also:

> Speziell beim **KV-Diagramm mit vier Variablen** a, b, c, d werden $2^4 = 16$ vollständige Minterme dargestellt.
>
> Für die *Blockbildung* gilt:
>
> *eine* Variable, z. B. a ↔ *8er-Block* (Elementarblock, größter Block, er umfaßt die Hälfte aller Felder)
> *zwei* Variable, z. B. a b ↔ *4er-Block*
> *drei* Variable, z. B. a b c ↔ *2er-Block*
> *vier* Variable, z. B. a b c d ↔ *Einzelfeld* (entspricht vollständigem Minterm)

Als Hilfe für die Eintragung von (vollständigen) Mintermen aus der Funktionstabelle zeigt Bild 18.29 die Zuordnung der Dezimalwerte 0...15 zu den einzelnen Mintermfeldern. In diesem KV-Diagramm für 4 Variable ist wieder das mit 3 Variablen von Bild 18.17 enthalten, wenn wir den d-Block „herausschneiden".

Dez	d	c	b	a	z
0	0	0	0	0	
1	0	0	0	1	
2	0	0	1	0	
3	0	0	1	1	
⋮	⋮	⋮	⋮	⋮	

a (Spalten 2–3), b (Zeilen 1–2), d (Zeilen 2–3), c (Spalten 2–3)

3	7	6	2
11	15	14	10
9	13	12	8
1	5	4	0

Bild 18.29 Die Mintermfelder tragen hier als Index die Dezimalwerte der Bitmuster aus der Funktionstabelle
Achtung: Eine andere Reihenfolge der Bezeichner im Kopf der Funktionstabelle liefert im KV-Diagramm auch andere Indizes, siehe Aufgabe 18.

[1]) Mathematische Begründung der Blockbildung wie in Kapitel 18.2.2 und 18.2.4 aufgrund der Tatsache, daß sich randbenachbarte Einzelfelder auch hier nur um das Inverse von genau *einer* Variablen unterscheiden.

18.2.7 Vereinfachungsbeispiele für vier Variable

Beispiel 1: Schwellwert-Gatter

Vier Landebeine einer Mondfähre melden unabhängig voneinander Bodenberührung, z. B. durch a = 1, b = 1 usw. Wenn mindestens drei Landebeine Bodenberührung melden, wird das Triebwerk abgestellt (durch z = 1). Dies besorgt hier ein sogenanntes Schwellwert-Gatter nach Bild 18.30.

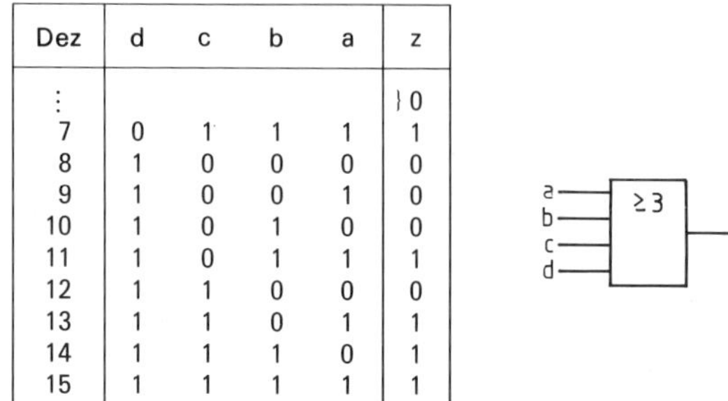

Dez	d	c	b	a	z
⋮					} 0
7	0	1	1	1	1
8	1	0	0	0	0
9	1	0	0	1	0
10	1	0	1	0	0
11	1	0	1	1	1
12	1	1	0	0	0
13	1	1	0	1	1
14	1	1	1	0	1
15	1	1	1	1	1

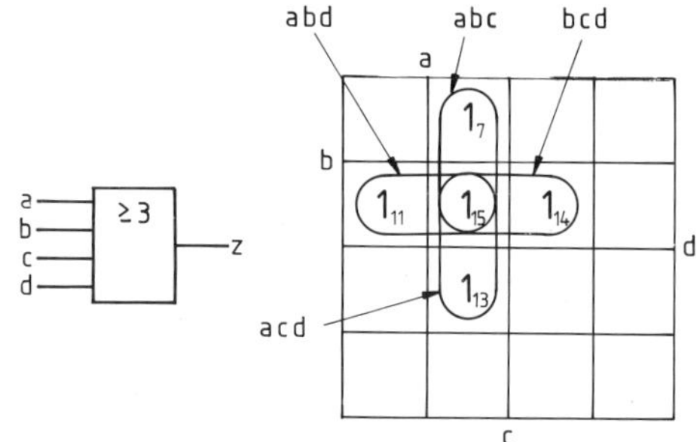

Bild 18.30 Funktionstabelle, Schaltzeichen und KV-Diagramm eines ≥3-Elementes

Wie dem KV-Diagramm zu entnehmen ist, kann hier z durch vier 2er-Blöcke beschrieben werden, die sich alle gegenseitig überlappen. Die minimalisierte Schaltfunktion lautet somit:

$$z = abc + abd + acd + bcd$$

Die danach aufgebaute Schaltung des Schwellwert-Gatters zeigt Bild 18.31.
Zum Vergleich: Ohne Minimalisierung wären 5 ANDs mit immerhin vier Eingängen nötig gewesen.

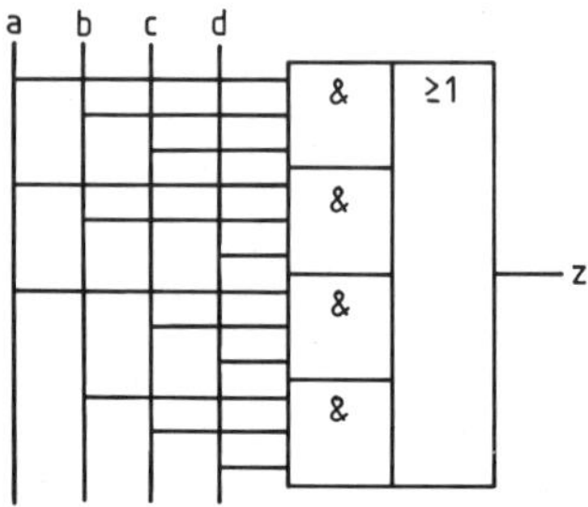

Bild 18.31 Schaltung des ≥3-Elementes

Beispiel 2: Pseudotetradenerkennung

Für die *duale Verschlüsselung der Dezimalzahlen* 0 ... 9 sind mindestens vier Bits notwendig (9↔1001). Mit vier Bits lassen sich jedoch auch größere Zahlen (10 ... 15) darstellen. Deren Bitmuster heißen *Pseudotetraden* (siehe auch Bild 18.37). Falls sie z. B. bei einem Dual/Dezimal-Wandler auftreten, müssen sie unterdrückt werden bzw. einen Überlauf auslösen. Die Entwicklung eines entsprechenden minimalisierten Schaltnetzes läßt sich anhand von Bild 18.32 verfolgen. Die d-Leitung muß offensichtlich gar nicht abgefragt werden.

Dez	d	c	b	a	z	Dezimal
	↓ 2^3	↓ 2^2	↓ 2^1	↓ 2^0		
⋮					0	0...9
10	1	0	1	0	1	10
11	1	0	1	1	1	11
12	1	1	0	0	1	12
13	1	1	0	1	1	13
14	1	1	1	0	1	14
15	1	1	1	1	1	15

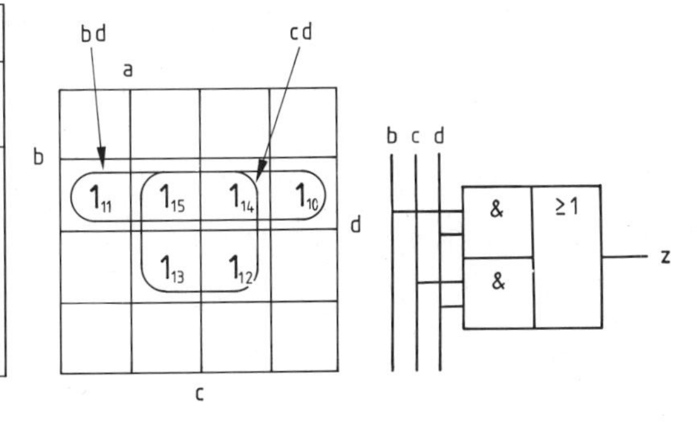

Bild 18.32 Tabelle, KV-Diagramm und Schaltnetz für eine Pseudotetradenerkennung, $z = b\,d + c\,d$

Gegenbeispiel: Manchmal läßt sich nichts mehr vereinfachen, wie Bild 18.39 zeigt.

Als Abschluß dieses Kapitels noch einige allgemeine Merksätze zur Minimalisierung von Schaltfunktionen nach Karnaugh und Veitch.

Zusammenfassung:

- ▶ **Minterme** nennen wir Boolesche Produkte (UND-Verknüpfungen) der Form $a \cdot b$.
- ▶ Ein **vollständiger Minterm** enthält immer alle Variablen (negiert oder nicht).
- ▶ **Schaltfunktionen** lassen sich stets als Boolesche Summe (ODER-Verknüpfung) vollständiger Minterme anschreiben.
- ▶ Diese *Mintermnormalform* kann durch ein **KV-Diagramm** graphisch vereinfacht werden. Jedem vollständigen Minterm wird dazu ein Einzelfeld (Quadrat) zugeordnet. Für n-Variable ergeben sich so 2^n-Einzelfelder.
- ▶ **Randbenachbarte Einzelfelder** unterscheiden sich dabei jeweils nur in einer Variablen. Sämtliche Seitenlinien gelten ebenfalls paarweise als randbenachbart.
- ▶ Durch **Blockbildung** können *randbenachbarte* Einzelfelder zusammengefaßt und einfacher beschrieben werden. Die Blöcke dürfen sich gegenseitig überlappen.
- ▶ Hat ein KV-Diagramm 2^n (z. B. 16) Einzelfelder, so erfaßt ein unvollständiger Minterm mit einer Variablen die Hälfte aller vorhandenen Felder. Dieser größte Block heißt auch **Elementarblock.**
- ▶ Mit jeder hinzukommenden (Minterm-)Variablen *halbieren* sich die **Blockgrößen** bis herab zum Einzelfeld.

  Umgekehrt formuliert:
  In einem KV-Diagramm gibt es, neben dem Einzelfeld, nur 2er-, 4er-, 8er-, ... Blöcke.

18.2.8 Kleinere Schaltnetze durch Don't-care-Positions

Ein Schaltnetz wird sicher „billiger" wenn es von den eingangsseitigen Bitmustern nur wenige auswerten und eindeutig beantworten muß.

In diesem Zusammenhang sind zwei Fälle denkbar:

Fall 1: Am Eingang treten zwar alle Bitmuster (Codewörter) auf, aber nicht alle sind funktionsentscheidend.

Fall 2: Aus technischen Gründen treten am Eingang nie alle Bitmuster auf.

In beiden Fällen muß sich der Schaltnetz-Entwickler bei einigen Bitmustern nicht um das Ausgangssignal *kümmern*, weshalb wir es ein *„Don't-care"*-Signal nennen.

In der Funktionstabelle markieren wir eine entsprechende „Position" durch ein „X". An dieser Don't-care-Position ist das Ausgangssignal für die Funktion völlig bedeutungslos und damit durch den Entwickler frei wählbar. Dieser wird es so wählen, daß möglichst einfache Schaltnetze entstehen. Häufig werden die Bitmuster, bei denen es auf das Ausgangssignal des Schaltnetzes nicht ankommt, auch als „überflüssig" bzw. (lat.) *redundant* bezeichnet.[1]).

Ein Beispiel zum Fall 1 (Nicht alle Bitmuster sind funktionsentscheidend):

Verriegelung gegen Überlastung

Ein Netzgerät sei überlastet, wenn es mehr als 4 Ampère abgeben soll. Angeschlossen sind drei Verbraucher R_A, R_B, R_C, die Ströme I von 1 A, 2 A und 4 A aufnehmen. Das Anschalten dieser Verbraucher soll durch ein Schaltnetz N überwacht werden (Bild 18.33). Der Großverbraucher R_C ist immer vorrangig zu versorgen.

Die Hauptschalter S_A, S_B, S_C, sind entsprechend zu verriegeln.

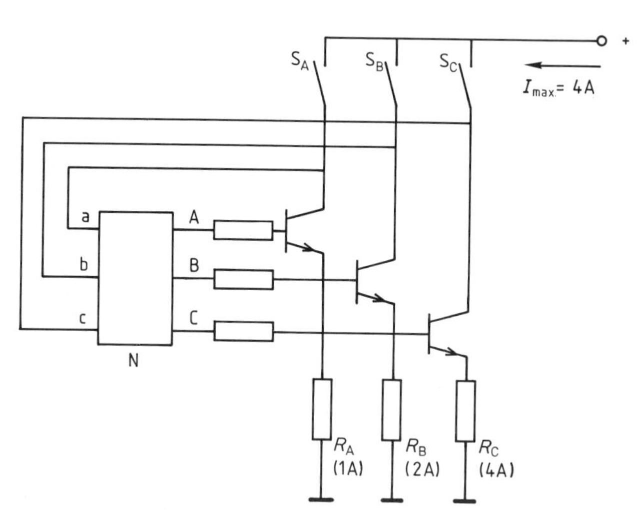

Bild 18.33 Das Schaltnetz N verriegelt die Verbraucher, wenn mehr als 4 A angefordert werden. (Nicht eingezeichnet: Pull-Down-Widerstände, die die Eingänge a, b und c bei offenen Schaltern auf 0-Signal legen.)

[1]) Das hat aber nichts damit zu tun, daß der Code selbst redundant ist, was nämlich bedeutet, daß der Code eine größere Stellenzahl benutzt, als es für den Informationsgehalt notwendig wäre, z. B. 5 Bit für die Zahlen von 0 bis 9. Ein redundanter Code ist notwendige Voraussetzung für die automatische Korrektur von Übertragungsfehlern.

Die drei Funktionen A, B, C für die Freigabe des Stromes I beschreiben wir mit Hilfe der Funktionstabelle von Bild 18.34. Hätten wir jetzt nicht die konkrete Schaltung von Bild 18.33 vor Augen, müßten wir überall wo ein „X" steht, vorsichtshalber „0" eintragen. Aufgrund der Schaltung dürfen wir aber z. B. in Zeile 0 alle Freigabesignale auf „beliebig" setzen, da es hier – bei offenen Hauptschaltern – nicht auf die Ansteuersignale der Transistoren ankommt. Entsprechend entwerfen wir die anderen Zeilen der Funktionstabelle.

	Anforderung				Freigabe			
Dez	c	b	a	I/A	C	B	A	I/A
0	0	0	0	0	X	X	X	0
1	0	0	1	1	X	X	1	1
2	0	1	0	2	X	1	X	2
3	0	1	1	3	X	1	1	3
4	1	0	0	4	1	X	X	4
5	1	0	1	5	1	X	0	4
6	1	1	0	6	1	0	X	4
7	1	1	1	7	1	0	0	4

Bild 18.34 Die Funktionstabelle des Schaltnetzes von Bild 18.33 enthält *Don't-care-Positions:* An den mit X markierten Stellen sind die Funktionswerte der Ausgangssignale A, B, C *belanglos*.

Wir erhalten so drei KV-Diagramme, die durch Einbeziehung der X-Felder in die Blockbildung relativ einfache Schaltfunktionen bzw. Schaltnetze für A, B, C liefern (Bild 18.35).

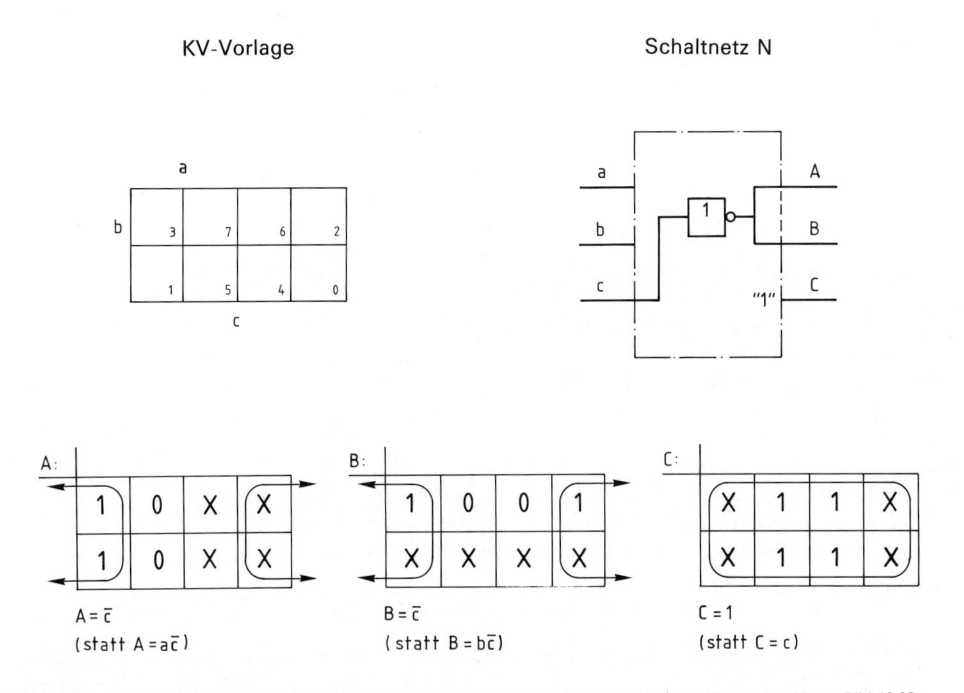

Bild 18.35 Die KV-Diagramme für die Freigabe-Funktionen A, B, C und (eingeblendet) das Schaltnetz N von Bild 18.33

Ein Beispiel zu Fall 2 (Am Eingang treten nie alle Bitmuster auf ...):

Ein Schaltnetz erzeugt ein neues (Ausgangs-)Signal

Aus den in Bild 18.36 dargestellten Signalen a, b, c, d soll das angegebene Ausgangssignal z generiert werden[1]).

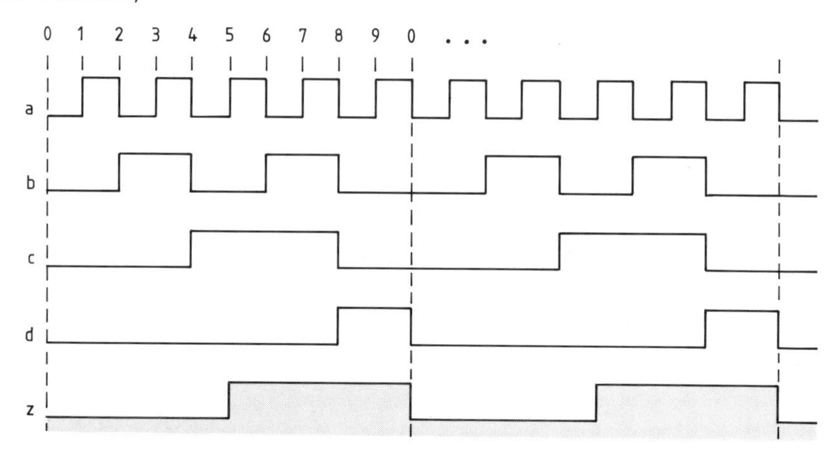

Dez	d	c	b	a	z
0	0	0	0	0	0
1	0	0	0	1	0
2	0	0	1	0	0
3	0	0	1	1	0
4	0	1	0	0	0
5	0	1	0	1	1
6	0	1	1	0	1
7	0	1	1	1	1
8	1	0	0	0	1
9	1	0	0	1	1
10 ... 15					X

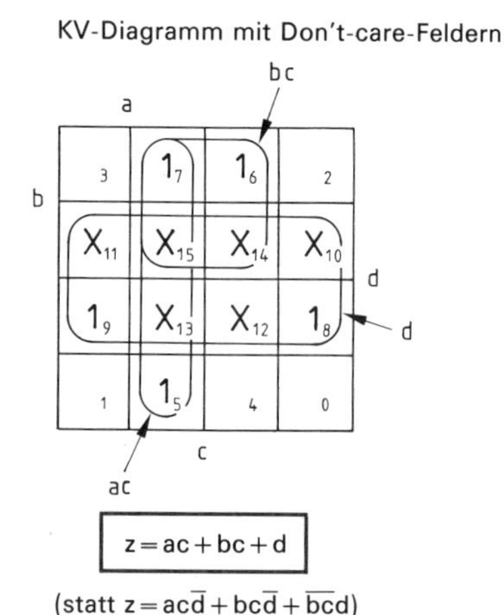

Bild 18.36 Aufgrund der Don't-care-Positions kann das Signal z recht einfach erzeugt werden.

Wenn wir diese Eingangssignale in eine Funktiontabelle übertragen, erkennen wir, daß die Bitmuster zu den Dezimalwerten 10 ... 15 niemals auftreten. Der Funktionswert von z ist bei diesen Codewörtern also wieder beliebig setzbar, was im KV-Diagramm die Bildung von 4er- und 8er-Blöcken (anstelle von 2er-Blöcken) ermöglicht (Bild 18.36). Entsprechend einfach fällt die Funktionsgleichung für z aus.

> Ist der Funktionswert z einer Schaltfunktion an einigen Stellen belanglos, sprechen wir von **Don't-care-Positions.** Diese werden mit einem „X" markiert.
> Im KV-Diagramm können mit Hilfe dieser X-Felder ggf. größere Blöcke gebildet und damit die Gleichung für z weiter vereinfacht werden.

▶ Die Codewörter, die zu z = X gehören, heißen auch redundant.

[1]) Die Signale a, b, c, d könnten z. B. von einem Dezimalzähler (siehe Kapitel 20.1.2 bzw. 20.2.2) stammen.

18.2.9 Codes, Codierer, Codewandler

Ein Code schreibt vor, wie die Zeichenmenge aus einem System zu der eines anderen zuzuordnen ist (*Beispiel:* Die Dezimalzahlen werden auf entsprechenden Dualzahlen abgebildet). Die Zuordnungsvorschrift liegt oft in Tabellenform vor. Bild 18.37 zeigt einige Codes, welche die Dezimalzahlen durch einen 4-Bit-Code darstellen.

4-Bit-Code (Dual-Code)				Dezimal	8-4-2-1-Code (übl. BCD)	Exzeß-3-Code (BCD)	Gray-Code	2-4-2-1-Aiken-Code (BCD)
0	0	0	0	0	0	X	0	0
0	0	0	1	1	1	X	1	1
0	0	1	0	2	2	X	3	2
0	0	1	1	3	3	0	2	3
0	1	0	0	4	4	1	7	4
0	1	0	1	5	5	2	6	X
0	1	1	0	6	6	3	4	X
0	1	1	1	7	7	4	5	X
1	0	0	0	8	8	5	15	X
1	0	0	1	9	9	6	14	X
1	0	1	0	10	X	7	12	X
1	0	1	1	11	X	8	13	5
1	1	0	0	12	X	9	8	6
1	1	0	1	13	X	X	9	7
1	1	1	0	14	X	X	11	8
1	1	1	1	15	X	X	10	9

Bild 18.37 Einige 4-Bit-Codes. Bei den BCD-Codes (BCD: **b**inär-**c**odierte-**D**ezimalzahl) kennzeichnen die X-Felder die Pseudotetraden

Alle Codes haben ihre Vor- und Nachteile:

Der **Exzeß-3-Code** hat z. B. gegenüber dem 8-4-2-1-Code immer die Zahl 3 „überschüssig“ [1]), und vermeidet so bei Störungen der Signalquelle(n) eine Mißdeutung von 0000 bzw. 1111 als Nutzsignal.

Der **Aiken-Code** ist besonders rechenfähig, da die inverse Bitdarstellung sofort das 9er-Komplement liefert, mit dem Subtraktionen leicht durchführbar sind (mehr dazu in Kap. 21.4.7).

Der Exzeß-3-Code, der Aiken-Code und der gewohnte 8-4-2-1-Code sind Vertreter der BCD-Codes. Hier wird *jede Stelle* einer Dezimalzahl wegen der besseren Übersicht *getrennt* binär codiert.

Der **Gray-Code** eignet sich besonders für Signalgeber (z. B. Code-Lineale): da sich bei jedem Schritt nur ein Bit ändert, bleiben bei dieser speziellen Codestruktur Abtastfehler auf den dezimalen Wert 1 beschränkt.

Codierer bewerkstelligen die Zuordnung der Zeichen automatisch. Solche Codierer arbeiten oft mit Diodengattern, wobei die Diodenmatrix als Memory-Matrix einen Nur-Lese-Speicher, d. h. ein Read-Only-Memory = ROM darstellt[2]).

[1]) exzessiv (lat.): das Maß überschreitend
[2]) Natürlich kann das Gedächtnis eines Codewandlers auch ein frei programmierbares RAM sein (RAM = random access memory).

Bild 18.38 zeigt einführend einen Dezimal-Dual-Wandler mit nur vier Eingängen. Die Besonderheit für dieses Schaltnetz besteht darin, daß immer nur *genau einer* von n Eingängen ein 1-Signal erhält. Wir sprechen in diesem Fall von einem 1-aus-n-Code, also hier konkret von einem 1-aus-4-Code.

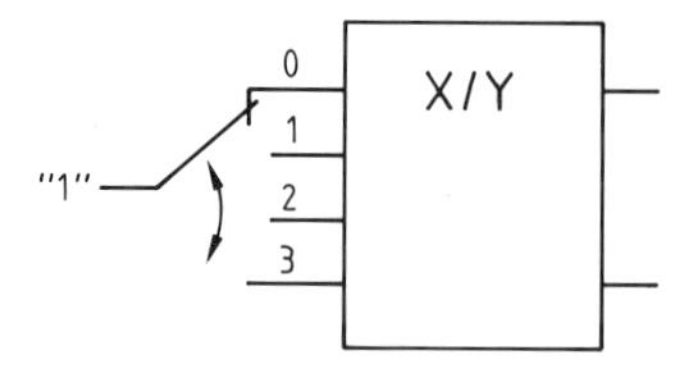

Bitmuster als Dezimalzahl	Eingabe	1-aus-4-Code x_4	x_3	x_2	x_1	Dual-Code y_2	y_1
1	0	0	0	0	1	0	0
2	1	0	0	1	0	0	1
4	2	0	1	0	0	1	0
8	3	1	0	0	0	1	1
		Rest:				X	X

Bild 18.38 Ein einfacher Dezimal-Dual-Wandler mit seiner zugehörigen Funktionstabelle. Weil diese Tabelle nur Bitmuster mit genau einer Eins enthält, nennen wir sie reduzierte Funktionstabelle (hier des 1-aus-4-Codes)

- ▶ Bei einem 1-aus-n-Code enthält ein n-stelliges Bitmuster immer nur genau eine Eins.

- ▶ Einfache Drehschalter liefern z.B. solche 1-aus-n-Codes.

- ▶ Tritt ein 1-aus-n-Code am Eingang eines Schaltnetzes auf, verwenden wir nur noch eine reduzierte Funktionstabelle, entsprechend Bild 18.38. Aus dieser reduzierten Funktionstabelle kann eine mögliche Form der Funktionsgleichungen sofort abgelesen werden.

Bevor wir das tun, überlegen wir kurz, warum wir hier nicht die klassische Synthese über die KV-Diagramme versuchen.
Die Antwort liegt auf der Hand: Was bei einem 1-aus-4-Code noch möglich wäre (und große Könner noch bei einem 1-aus-5- bzw. 1-aus-6-Code vielleicht schaffen) gerät bei einem 1-aus-10-Code zum Ding der Unmöglichkeit.

Deshalb bilden wir bei 1-aus-n-Codes die Schaltfunktion immer durch *Addition* (d.h. durch eine *ODER*-Verknüpfung) korrespondierender Eingangsvariablen, so wie es in Bild 18.39a dargestellt wird. Wir erhalten:

$y_1 = x_2 + x_4$ und $y_2 = x_3 + x_4$

x_2		x_4		y_1
0		0		0
1	+	0	=	1
0		0		0
0		1		1

x_3		x_4		y_2
0		0		0
0	+	0	=	0
1		0		1
0		1		1

Bild 18.39 a) Bei einem 1-aus-n-Eingangs-Code ergeben sich die Ausgangsfunktionen sofort aus der Addition (ODER-Verknüpfung) korrespondierender Eingangsvariablen.

Noch ein paar Anmerkungen:

Dieses Verfahren liefert nicht unbedingt die minimalsten Schaltfunktionen, weil es unnötig viele Don't-care-Positions auf 1 setzt. Es hat aber auf jeden Fall den Vorteil, daß es auch bei mehr als vier Eingangsvariablen problemlos zum Ziel führt. Außerdem kann es direkt auf eine Diodenmatrix (Kreuzschienenverteiler) übertragen werden, wie Bild 18.39 b zeigt.

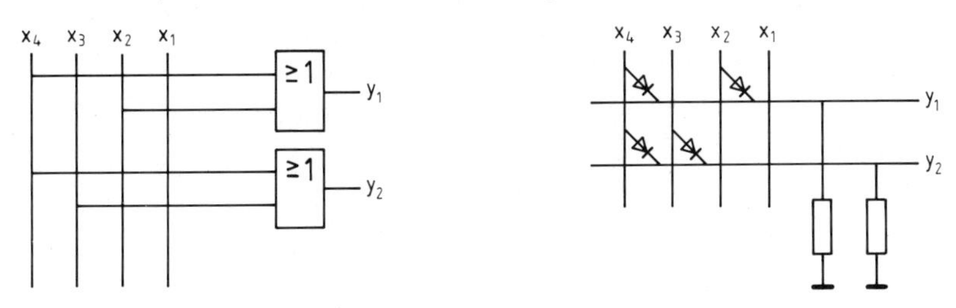

Bild 18.39 b) Der Dezimal-Dual-Wandler aus Bild 18.38. Sein Funktionsplan wurde mit einer Diodenmatrix als ROM realisiert (eine Erweiterung bringt Aufgabe 20).

Codewandler spielen in der Digitaltechnik eine große Rolle. Sie werden allgemein nach Bild 18.40 dargestellt.

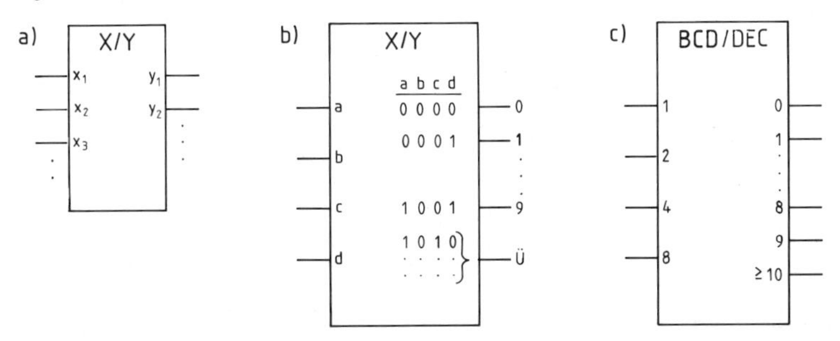

Bild 18.40 Darstellung von Codewandlern (Manchmal wird eine Funktionstabelle auch gesondert beigefügt, siehe Bild 18.43.)

Zu Teilbild c: Hier werden die Eingänge gewichtet und mit dem Wert (0 oder 1) der anliegenden Eingangsvariablen multipliziert. Die entstehende Summe gibt an, welcher Ausgang den Wert 1 annimmt. Dargestellt ist ein Umsetzer von BCD- auf Dezimal-Code (1-aus-10).

In Bild 18.41 sehen wir einen Umsetzer vom 8-4-2-1-Code in den Exzeß-3-Code. Beim Entwurf der Schaltnetze A, B, C, D kann mittels der Don't-care-Positions (siehe Kap. 18.2.8) im KV-Diagramm stark vereinfacht werden. In Aufgabe 13 können die Schaltfunktionen A bis D im Detail nachgelesen werden.

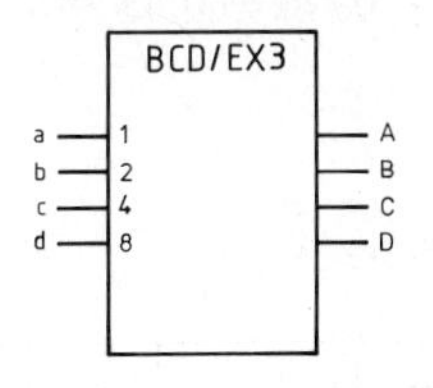

Dez	d	c	b	a	D	C	B	A
0	0	0	0	0	0	0	1	1
1	0	0	0	1	0	1	0	0
2	0	0	1	0	0	1	0	1
3	0	0	1	1	0	1	1	0
4	0	1	0	0	0	1	1	1
5	0	1	0	1	1	0	0	0
6	0	1	1	0	1	0	0	1
7	0	1	1	1	1	0	1	0
8	1	0	0	0	1	0	1	1
9	1	0	0	1	1	1	0	0
10 … 15					X	X	X	X

Bild 18.41 a) Code-Umsetzer von BCD auf Exzeß-3-Code mit Entwurfstabelle. Die Schaltung in Full-NAND-Technik folgt im Bild 18.41 b.

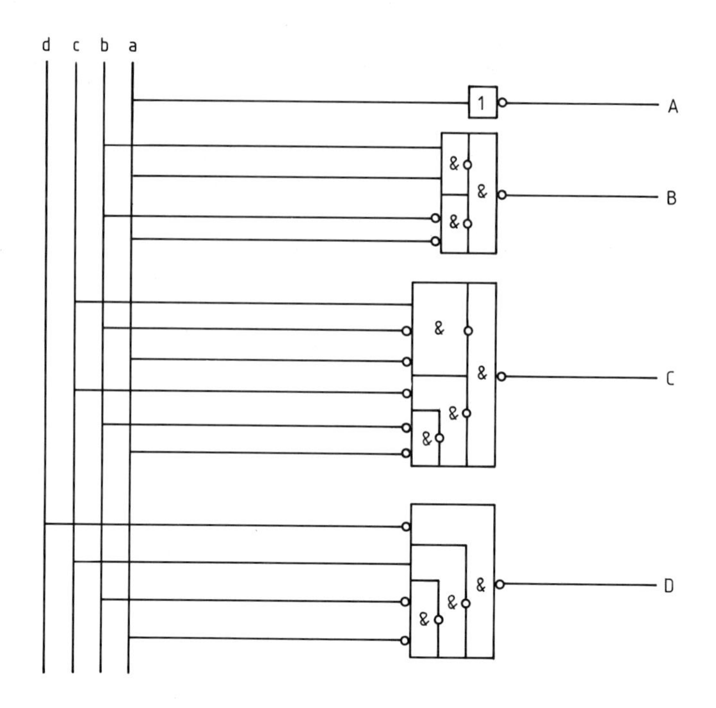

Bild 18.41 b) Code-Umsetzer von BCD auf Exzeß-3-Code in Full-NAND-Technik

Ungewohnt sind die Entwurfstabellen von Dekodern, die wieder in den 8-4-2-1-Code umwandeln. Bild 18.42 zeigt als Beispiel einen Exzeß-3-Dekoder.

Dez	D	C	B	A	d	c	b	a
3	0	0	1	1	0	0	0	0
4	0	1	0	0	0	0	0	1
5	0	1	0	1	0	0	1	0
6	0	1	1	0	0	0	1	1
7	0	1	1	1	0	1	0	0
8	1	0	0	0	0	1	0	1
9	1	0	0	1	0	1	1	0
10	1	0	1	0	0	1	1	1
11	1	0	1	1	1	0	0	0
12	1	1	0	0	1	0	0	1
0, 1, 2, 13, 14, 15					X	X	X	X

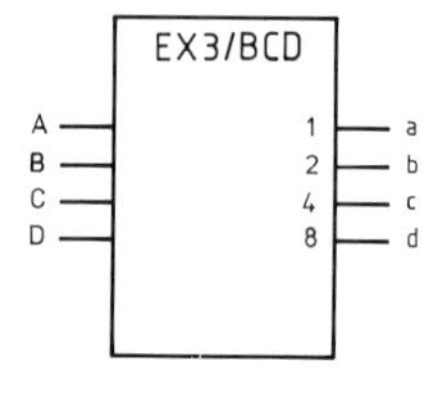

KV-Diagramm für Ausgang a

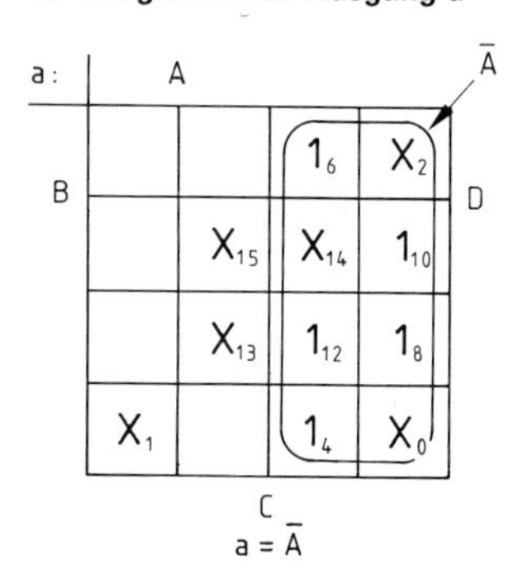

Bild 18.42 Entwurfstabelle und Symbol für einen Wandler von Exzeß-3-Code auf 8-4-2-1-Code. Für die Schaltfunktion a ist das KV-Diagramm eingeblendet. Die Schaltfunktionen b bis d sind in Aufgabe 13 näher aufgelistet.

► Es wird hier besonders deutlich, daß die Dezimalzahlen (Dez) für das äquivalente Bitmuster der Eingangsvariablen stehen, also nichts mit der Zeilennummer innerhalb der Funktionstabelle zu tun haben.

Für die Anzeige der Dezimalzahlen werden ebenfalls Codewandler eingesetzt. Ein Standardvertreter davon ist der BCD-auf-7-Segment-Umsetzer von Bild 18.43. Mit seiner, von der Industrie als Standard übernommenen Anzeigetabelle T1 gibt es beim Schaltungsentwurf übrigens keine Vereinfachung durch Don't-care-Positions[1]).

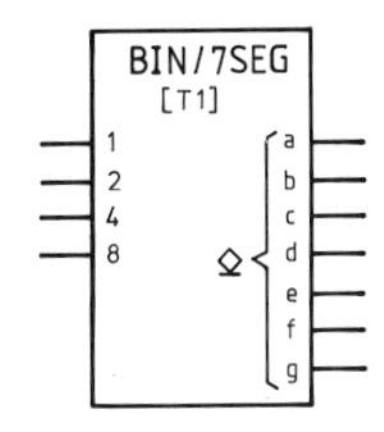

Anzeigetabelle T1:

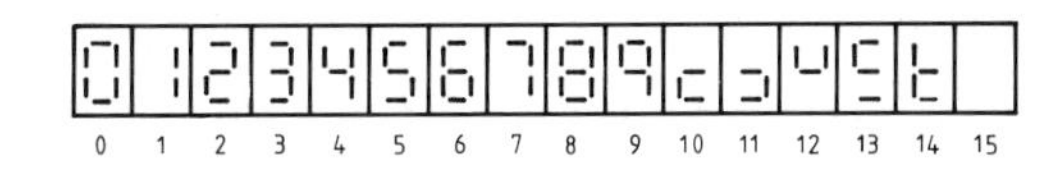

Segmentbezeichnungen:

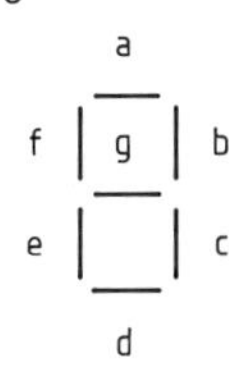

Bild 18.43 Codeumsetzer von BCD auf 7-Segment, reduziertes Symbol des IC's 7447 mit offenen Kollektorausgängen (◇), die L-Signal abgeben (◇̲), siehe auch Bild 17.38

Code-Umsetzer (Codewandler, Codierer, Dekodierer) setzen die Zeichenmenge eines Systems in die eines anderen Systems um.
Für jeden Ausgang gibt es eine eigene Schaltfunktion.

Anmerkung:

Neben diesen statischen Codewandlern können auch dynamische Code-Umsetzer mit Zählern aufgebaut werden, z. B. so: Ein Zähler beginnt mit der Zahl N, die umgewandelt werden soll, im BCD-Code *rückwärts* zu zählen. Ein zweiter Zähler zählt von null an im Exzeß-3-Code *vorwärts*. Hat der BCD-Zähler den Inhalt null, gibt der andere die Zahl N im Exzeß-3-Code ab (mehr über Zähler im Kapitel 20).

[1]) Es wäre sonst naheliegend, für die Pseudotetraden beliebige Anzeigen zuzulassen. Vergleichen Sie dazu bitte Aufgabe 17.

Für Experten:

18.3 KV-Diagramme für Maxterme

Wenn eine Schaltfunktion in der Maxtermnormalform vorliegt, kann sie ebenfalls mit Hilfe eines KV-Diagramms minimalisiert werden. Der Ablauf ist jedoch gegenüber dem Mintermverfahren etwas undurchsichtiger. Wir zeigen dies hier anhand eines Beispiels.

Dez	c	b	a	z
0	0	0	0	1
1	0	0	1	0
2	0	1	0	1
3	0	1	1	1
4	1	0	0	1
5	1	0	1	0
6	1	1	0	1
7	1	1	1	0

Bild 18.44 Funktionstabelle mit relativ wenigen Maxtermen

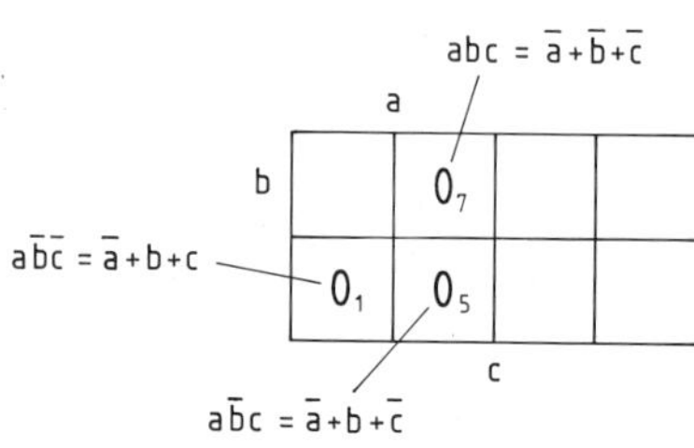

Bild 18.45 Die Darstellung der Maxterme erfolgt über die Minterme mit dem Wert 0

Gegeben sei die Funktionstabelle nach Bild 18.44. In der *Maxtermnormalform* (Definition in Kapitel 18.1.2) lautet die dargestellte Schaltfunktion:

$$z = (\bar{a}+b+c)\,(\bar{a}+b+\bar{c})\,(\bar{a}+\bar{b}+\bar{c})$$

Eine Minimalisierung mit dem KV-Diagramm läuft nun wie folgt ab:

1. Ins KV-Diagramm werden alle Minterme mit dem Wert **0** eingetragen. Sie sind nach de Morgan mit den Maxtermen von z identisch (Bild 18.45).
2. Die randbenachbarten 0-Felder werden als Minterme (wie gewohnt) zusammengefaßt und anschließend als Maxterme geschrieben (Bild 18.46).
3. Die minimalisierte Maxtermform von z ergibt sich nun als Boolesches Produkt der Maxterme mit dem Wert 0 (siehe Kapitel 18.1.2).

$$z = (\bar{a}+\bar{c})\cdot(\bar{a}+b)$$

Bild 18.46 Zusammenfassung der Minterme mit dem Wert 0

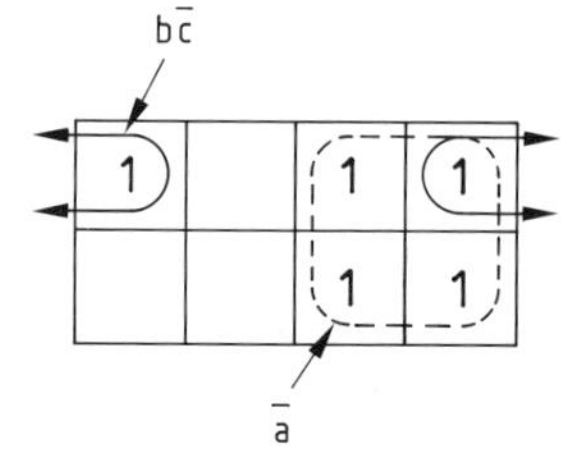

Bild 18.47 Mintermblöcke zu Bild 18.44

Im Vergleich dazu liefert Bild 18.47, ausgehend von den Mintermen (mit dem Wert 1), *sofort:*

$$z = b\,\bar{c} + \bar{a},$$

was nach dem zweiten Distributivgesetz (siehe Kapitel 17.2.6) dasselbe ist wie $(\bar{a}+\bar{c})\cdot(\bar{a}+b)$.

Dies berechtigt uns zu der Fesstellung:

> Eine Schaltfunktion läßt sich in der **Mintermnormalform leichter und schneller vereinfachen.**

Eine weitere Schlußfolgerung:

Wird umgekehrt eine beliebige Schaltfunktion vorgegeben, erlaubt das KV-Diagramm graphisch die Umwandlung in eine Maxtermnormalform. Wenn wir z. B. zu $z = b\,\bar{c} + a$ die Maxtermnormalform suchen, erhalten wir zunächst das zugeordnete KV-Diagramm in Form von Bild 18.47. Aus den Feldern mit dem Wert 0 ergibt sich dann (über de Morgan) die Maxtermnormalform entsprechend Bild 18.45.

Ebenfalls für Experten:

18.4 Systematik der KV-Diagramme

Die KV-Diagramme für beliebig viele Variablen lassen sich aus dem KV-Diagramm für zwei Variable nach Bild 18.48 entwickeln.
Nach jedem *Aufklappen* eines „Diagrammfensters" wird eine neue Variable mit ihrem Elementarblock sichtbar, während die „Innenflügel" der Fenster die vorhandenen Blöcke auf die notwendige doppelte Größe erweitern. Auf diese Art und Weise können wir KV-Diagramme für beliebig viele Variable entfalten. Grundsätzlich gelten alle Seitenlinien paarweise als randbenachbart.
Naturgemäß sinkt mit zunehmender Zahl der Variablen die Übersicht über die möglichen Blockbildungen, zumal ab fünf Variablen selbst die Elementarblöcke „auseinanderfallen" (siehe z. B. in Bild 18.48 den c-, bzw. $\bar{c}$-Block bei *fünf* Variablen).
Etwas mehr Übersicht entsteht, wenn die KV-Diagramme (ab fünf Variablen) geschickt zerschnitten und übereinandergelegt werden: Bei fünf Variablen wird z. B. der a-Block auf den $\bar{a}$-Block gelegt, wodurch ein flacher Quader entsteht, bei sechs Variablen legen wir z. B. die vier Blöcke $a\,\bar{b}$, $a\,b$, $\bar{a}\,b$ und $\bar{a}\,\bar{b}$ übereinander, was zu einem Würfel führt.

▶ Die praktische Anwendbarkeit von KV-Diagrammen endet somit erkennbar bei 6 bis 8 Variablen.

2 Variable: $2^2 = 4$ Felder

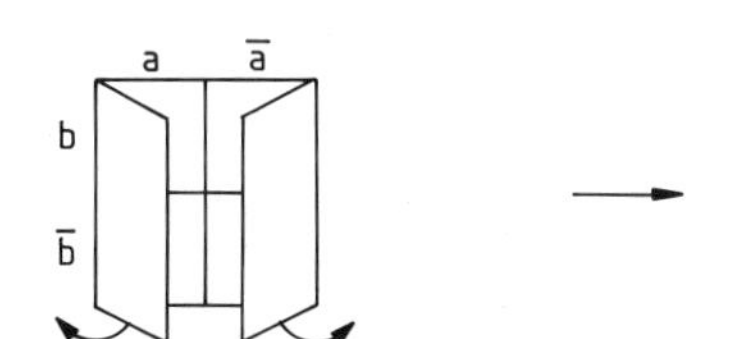

3 Variable: $2^3 = 8$ Felder

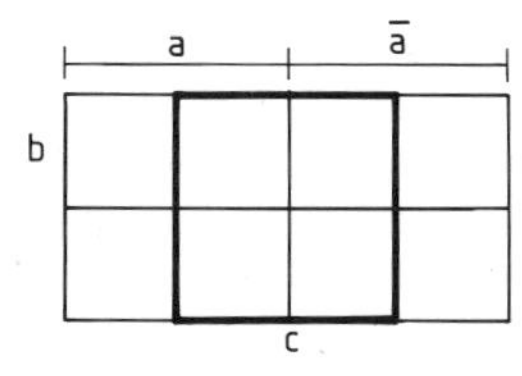

4 Variable: $2^4 = 16$ Felder

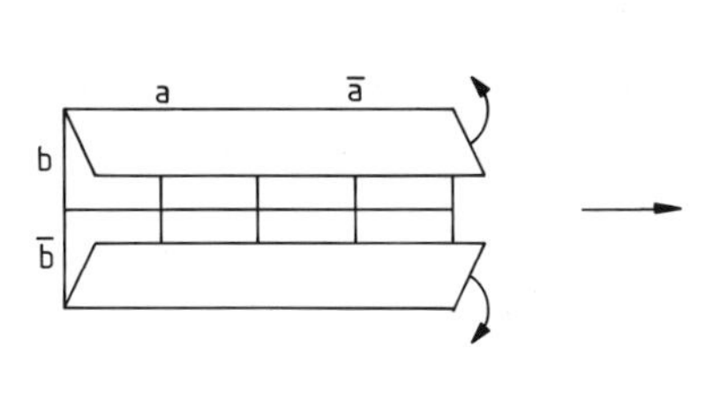

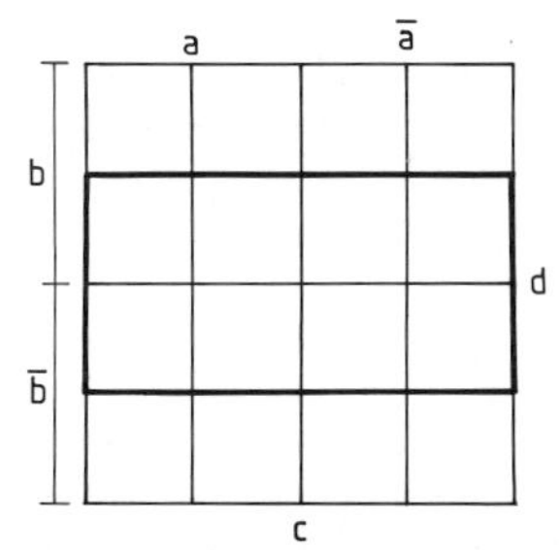

5 Variable: $2^5 = 32$ Felder

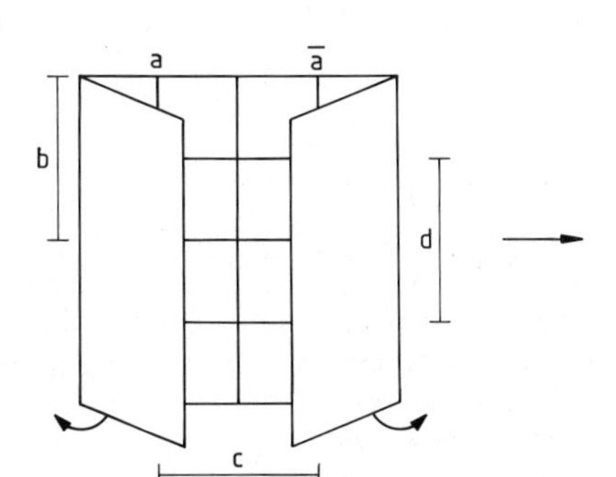

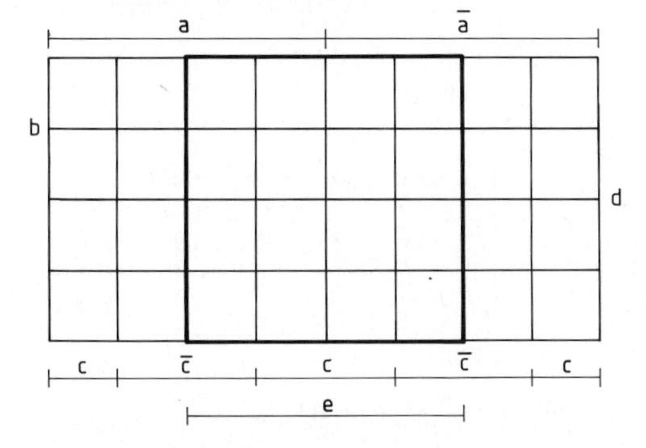

Bild 18.48 Durch Auseinanderfalten lassen sich KV-Diagramme für beliebig viele Variablen gewinnen.

18.5 Vereinfachen durch Vergleichen: Quine und McCluskey

Quine und McCluskey haben ein Vereinfachungsverfahren vorgestellt, das ohne graphische Hilfsmittel arbeitet und sich gut programmieren läßt. Es läuft wie folgt ab:

- ▶ Durch den systematischen Zeilenvergleich innerhalb einer Funktionstabelle wird ermittelt, ob sich zwei Minterme nur an genau *einer* Stelle im Bitmuster unterscheiden.
  Ist dies der Fall, können die *beiden* Minterme durch einen einfacheren Ausdruck ersetzt werden, wie folgendes Beispiel zeigt:

$$abc + ab\bar{c} = ab(c + \bar{c}) = ab \cdot 1 = ab$$

Darauf beruht ja auch die Blockbildung im KV-Diagramm (!).

Damit der Zeilenvergleich rasch abläuft, werden die Minterme mit dem Funktionswert z = 1 bzw. z = X geordnet nach Anzahl der 1er, die in C · B · A vorkommen, in einer neuen (Gruppen-) Tabelle 1 aufgelistet. Bild 18.49 illustriert diesen Vorgang anhand eines Beispiels, das wir als Leitfaden zur weiteren Darstellung des Verfahrens verwenden wollen.

Dez	C	B	A	z
0	0	0	0	X
1	0	0	1	1
2	0	1	0	1
3	0	1	1	0
4	1	0	0	1
5	1	0	1	0
6	1	1	0	1
7	1	1	1	0

a) vorgegebene Funktionstabelle, X sei beliebig

(Gruppen-) Tabelle 1				
Anzahl der 1er	C	B	A	Dez
0	0	0	0	0
1	0	0	1	1
	0	1	0	2
	1	0	0	4
2	1	1	0	6

b) Tabelle 1: Die Minterme sind nach der Anzahl der 1er in Gruppen geordnet

Bild 18.49 Ausgangspunkt jeder Quine-McCluskey-Vereinfachung ist die (Gruppen-) Tabelle 1

Anhand von Tabelle 1 wird jede Zeile der Gruppe 0 mit jeder Zeile aus der Gruppe 1 verglichen. Unterscheiden sich die Bitmuster zweier Zeilen an nur einer Stelle, werden beide Zeilen durch ein einfacheres Bitmuster erfaßt: Die Variable, auf die es nun nicht mehr ankommt, wird durch ein Kreuz (X) markiert und das „Ersatzbitmuster" in der Tabelle 2 gespeichert.

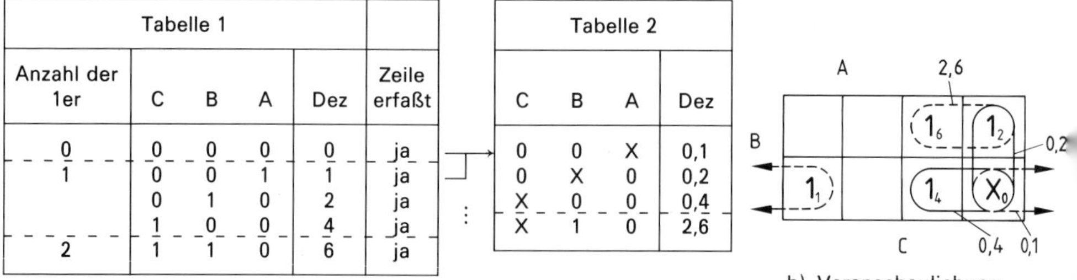

Tabelle 1					
Anzahl der 1er	C	B	A	Dez	Zeile erfaßt
0	0	0	0	0	ja
1	0	0	1	1	ja
	0	1	0	2	ja
	1	0	0	4	ja
2	1	1	0	6	ja

Tabelle 2			
C	B	A	Dez
0	0	X	0,1
0	X	0	0,2
X	0	0	0,4
X	1	0	2,6

a) 1. Vereinfachungsschritt: Bildung von 2er-Blöcken

b) Veranschaulichung im KV-Diagramm

Bild 18.50 Ein Vergleich der Bitmuster in Tabelle 1 liefert Tabelle 2, auf die mit X gekennzeichneten Variablen kommt es nicht mehr an: Don't-care

Der Vergleich wird nun (immer von oben nach unten) zwischen Gruppe 1 und Gruppe 2 fortgesetzt. In der ersten Tabelle werden alle derart erfaßten Terme zum Löschen durch „ja" markiert (Bild 18.50). Falls zum Schluß in Tabelle 1 noch ein nicht löschbarer Term übrigbliebe[1]), würden wir diesen ebenfalls in Tabelle 2 übertragen.
Mit Tabelle 2 arbeiten wir jetzt weiter. Sie enthält (in unserem Beispiel) nur noch Minterme, die je zwei Bitmuster beschreiben. Wenn wir das KV-Diagramm betrachten, sind 2er-Blöcke gebildet worden. Im nächsten Schritt wird nun ganz entsprechend versucht, 4er-Blöcke zu bilden, was zur Tabelle 3 (Bild 18.51) führt. Die nicht erfaßten Zeilen aus Tabelle 2 sind einfach umkopiert worden.

Tabelle 2				
C	B	A	Dez	Zeile erfaßt
0	0	X	0,1	-
0	X	0	0,2	-
X	0	0	0,4	ja
X	1	0	2,6	ja

Tabelle 3			
C	B	A	Dez
X	X	0	0,2,4,6
0	0	X	0,1
0	X	0	0,2

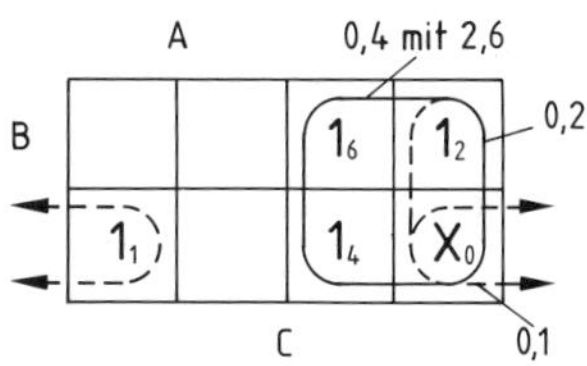

a) Ein Vergleich der Bitmuster von Tabelle 2 führt schließlich zur Primterm-Tabelle 3

b) Veranschaulichung im KV-Diagramm

Bild 18.51 Ende der Blockbildung nach Quine und McCluskey

Weitere Vereinfachungen (Blockbildungen) sind jetzt nicht mehr möglich, weshalb Tabelle 3 auch Primterm-Tabelle heißt.
Zum Schluß stellen wir zusammen, welche Blöcke (Primterme) wir zur Verfügung haben und welche Minterme wir damit abdecken müssen[2]). Die zugehörige Kreuzliste zeigt Bild 18.52.

Durch z gegebene Minterme ↓	erzeugte Blöcke (Primterme)		
	0 0 X	0 X 0	X X 0
	$\overline{C} \cdot \overline{B}$	$\overline{C} \cdot \overline{A}$	$\overline{A}$
Dez	0,1	0,2	0,2,4,6
1	ja[3])		
2			ja
4		(ja)	ja
6			ja

Richtung der Erfassung ←

Bild 18.52 Aufstellen der Schaltfunktion z durch Erfassen der vorgegebenen Minterme anhand einer Kreuzliste

Die Schaltfunktion z ergibt sich nun aus der Booleschen Addition der Blöcke, wobei wir mit dem größten Block (hier $\overline{A}$) beginnen und alle Minterm-Zeilen löschen, die durch diesen Block $\overline{A}$ schon erfaßt worden sind. In unserem Beispiel bleibt nur noch der Minterm mit dem Dezimaläquivalent 1 übrig. Diesen Minterm decken wir durch Hinzunahme des Blockes $\overline{C}\,\overline{B}$ ab.
Ergebnis: (genau wie mit einem KV-Diagramm):

$$z = \overline{A} + \overline{C}\,\overline{B}$$

[1]) Im KV-Diagramm wäre dies eine „alleinstehende" 1, mit der kein Block gebildet werden kann.
[2]) Den Minterm $\overline{A}\,\overline{B}\,\overline{C}$ mit dem Funktionswert X müssen wir ja nicht zwingend abdecken, deshalb fehlt hier Dez = 0.
[3]) ja heißt: Minterm durch Block erfaßt.

Aufgaben

Allgemeine Fragen

1. Was verstehen wir unter einem vollständigen, was unter einem unvollständigen Minterm?
Wie lautet der Fundamentalsatz der Schaltalgebra?
Was verstehen wir unter einer Mintermnormalform, welche Bezeichnungen gibt es für diese noch?
(*Lösung:* Kapitel 18.1.1, Schluß)

2. **a)** Was stellt ein KV-Diagramm graphisch dar?
Wieviel Einzelfelder gibt es bei insgesamt n Variablen?
b) Welche Blockgrößen sind bei n Variablen (z. B. bei $n=3$ und $n=4$) möglich?
c) Erläutern Sie den Begriff „Elementarblock".
d)* Worin unterscheiden sich randbenachbarte Einzelfelder?
Welche Gesetze der Schaltalgebra erlauben
1. eine Blockbildung aus randbenachbarten Feldern,
2. die Überlappung verschiedener Blöcke?

(*Lösung zu a, b, c:* Schluß von Kapitel 18.2.1, 18.2.3 und 18.2.6; *zu d:* Kapitel 18.2.2 und 18.2.4)

3.* **a)** Was bedeuten die Begriffe Maxterm und Maxtermnormalform?
b) In welchen Fällen ist die Maxtermnormalform vorteilhafter?
Warum ist in der Regel dennoch die Mintermnormalform vorzuziehen?
(*Lösung zu a:* Kapitel 18.1.2; *zu b:* Kapitel 18.1.3 und 18.3)

Aufgaben mit zwei Variablen

4. Neben dem Antivalenz-Element (dem EXOR nach Bild 18.3) gibt es auch noch das Äquivalenz-Element (N-EXOR). Es heißt auch kurz Vergleicher. Die Skizze zeigt das allgemeine Schaltsymbol.

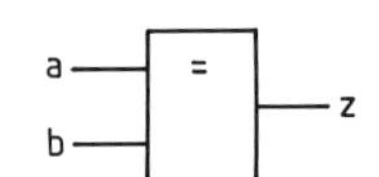

a) Erklären Sie das Schaltsymbol, stellen Sie die Funktionstabelle auf.
Geben Sie die Schaltfunktion (Mintermnormalform) an.
Läßt sich die Schaltfunktion minimalisieren?
(*Hilfe:* Bild 18.3 und die zugehörige Fußnote; *Lösung:* $z=(a\,b+\overline{a}\,\overline{b})$; nein)
b)* Wie lautet die Maxtermform? Zeigen Sie auch die Identität mit der Mintermform.
(*Lösung:* $z=(a+\overline{b})(\overline{a}+b)$, Identität durch Ausmultiplizieren, außerdem gilt $a \cdot \overline{a}=0\ldots$)

5. Stellen Sie $z=\overline{a}+b$ graphisch im KV-Diagramm dar, und geben Sie die Mintermnormalform an.
(*Lösung:* $z=a\,b+\overline{a}\,b+\overline{a}\,\overline{b}$)

6. Vereinfachen Sie mit Hilfe der KV-Diagramme für $\overline{z}$ bzw. z die dargestellte Schaltung.
(*Lösung:* $z=\overline{a}$)

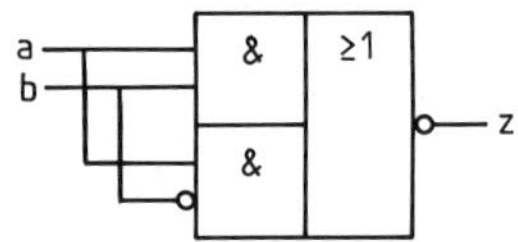

Aufgaben mit drei Variablen

7. Geben Sie die dargestellten Schaltfunktionen möglichst einfach an.

		a		
b		1	1	1
		1	1	1
			c	

		a		
b	1	1		
	1	1	1	1
			c	

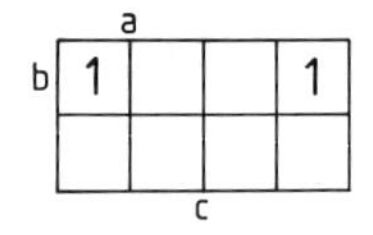

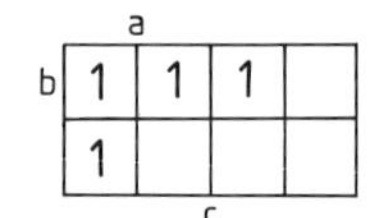

(*Lösung:* $\overline{a}+c$; $a+\overline{b}$; $b\,\overline{c}$; $a\,\overline{c}+b\,c$, das ist noch einfacher als $a\,b+a\,\overline{c}+b\,c$)

8. Geben Sie jeweils die Funktionstabelle und das minimalisierte Schaltnetz an.

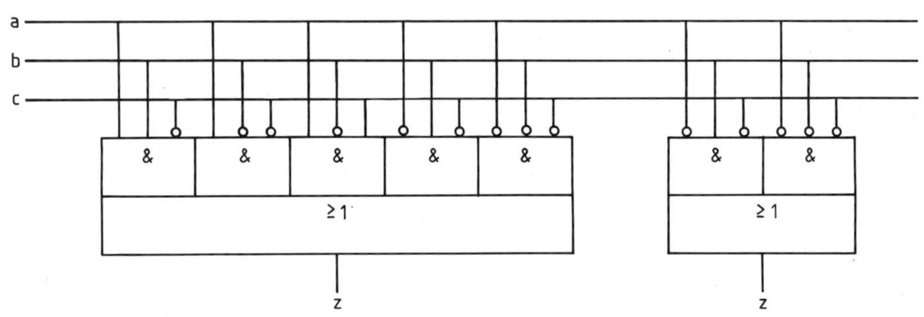

(*Lösung:* $a\bar{b}+\bar{c}$; $\bar{a}\,\bar{c}$)

9. Eine Luftschleuse hat drei Gleittüren. Falls nicht mindestens zwei unmittelbar aufeinanderfolgende Türen geschlossen sind, soll Notalarm gegeben werden. (Alarm: z = 1; Türe geschlossen: 1-Signal)

   a) Entwerfen Sie die Funktionstabelle, und geben Sie das minimalisierte Schaltnetz an.
   (*Lösung:* $z=\bar{b}+\bar{a}\,\bar{c}$)

   b)* Formen Sie z für die Full-NAND-Technik um, und bestimmen Sie die Anzahl der notwendigen NANDs mit zwei Eingängen.
   (*Lösung:* $z=\overline{b\cdot\overline{\overline{\bar{a}\,\bar{c}}}}$; zusammen mit den Invertern: 4 NANDs)

10. Drei Meßstellen erfassen den Einfall von Elementarteilchen. Ein registriertes Teilchen wird durch den Wert 1 angezeigt. Ein Schwellwertgatter, hier ein ≥2-Gatter (Skizze), soll den gleichzeitigen Einfall von zwei und mehr Teilchen durch z = 1 melden.
Wie lautet die minimalisierte Schaltfunktion dieses Gatters?
(*Lösung:* $z=ab+ac+bc$)

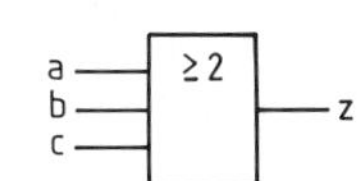

Vereinfachungen mit Don't-care-Positions

11. Das Schaltnetz N aus Bild 18.33 soll unter der Bedingung entwickelt werden, daß der Großverbraucher R_c nachrangig bedient wird. Es soll mit Don't-care-Signalen vereinfacht werden.
(*Lösung:* A = 1; B = 1; $c=\bar{a}\,\bar{b}$)

12. Aus Sicherheitsgründen darf ein Trenntrafo nur an eines von drei Betriebsmitteln Strom abgeben (Stromabgabe entspicht 1-Signal). Wenn ein weiterer Verbraucher angeschlossen wird, schaltet eine Logik sofort alles ab (z = 1).

    a) Minimalisieren Sie z mit Hilfe der hier möglichen Don't-Care-Position.
    (*Lösung:* $z=ab+ac+bc$, also das ≥2-Gatter aus Aufgabe 10, der Funktionswert z für das Bitmu ster 111 ist belanglos.)

    b) Minimalisieren Sie ähnlich: Bei einem Flugzeug sind alle Systeme dreifach vorhanden. Ein Schaltnetz bricht einen Flugzeugstart sofort ab (z = 1), wenn nach dem Ausfall (0-Signal) eines Systems auch noch der Ausfall eines zweiten Systems gemeldet wird.
    (*Lösung:* $z=\bar{a}\,\bar{b}+\bar{a}\,\bar{c}+\bar{b}\,\bar{c}$, $\bar{a}\,\bar{b}\,\bar{c}=1$ tritt am Eingang nie auf.)

Aufgaben mit vier Variablen

13. a) Für den BCD- auf Exzeß-3-Code-Umsetzer von Bild 18.41 sind die Schaltfunktionen A, B, C, D mit Hilfe von Don't-care-Positions in minimalisierter Form anzugeben.

    b) Wie lauten diese Schaltfunktionen in Full-NAND-Technik?

    c) 1. Geben Sie die minimalisierten Schaltfunktionen für den Exzeß-3-Code auf BCD-Code-Umsetzer von Bild 18.42 an.
    2. Wie lauten hier die Schaltfunktionen in Full-NAND-Technik?

    (*Lösung zu a:* $A=\bar{a}$; $B=ab+\bar{a}\,\bar{b}$; $C=a\bar{c}+b\bar{c}+\bar{a}\,\bar{b}\,c$; $D=ac+bc+d$;
    zu b: siehe Bild 18.41.
    zu c, 1: $a=\bar{A}$; $a=A\bar{B}+\bar{A}B$; $c=\bar{A}\,\bar{C}+ABC+A\,\bar{B}\,\bar{C}$; $d=CD+ABD$;
    zu c, 2: $a=\bar{A}$; $b=\overline{\overline{A\bar{B}}\cdot\overline{\bar{A}B}}$; $c=\overline{\overline{AC}\cdot\overline{ABC}\cdot\overline{A\,\bar{B}\,\bar{C}}}$; $d=\overline{\overline{CD}\cdot\overline{ABD}}$)

14. Entwickeln und vereinfachen Sie ergänzend zu Aufgabe 10 ein ≥2-Gatter mit vier Eingängen.
(*Lösung:* z = a b + a c + a d + b c + b d + c d)

15. Ein Generator ist mit maximal 6,5 kW belastbar. Anschaltbar sind vier Motoren: Motor a mit 1 kW, b mit 2 kW, c mit 3 kW und d mit 5 kW. Wenn die Gesamtlast 6,5 kW übersteigt, schaltet ein Schutzschalter (über z = 1) den Generator ab.

Geben Sie das minimalisierte Schaltnetz des Schutzschalters an.
Hilfe: Verwenden Sie eine Funktionstabelle in folgender Form:
(Motor eingeschaltet ≙ 1) Lastsumme/kW > 6,5 ⇒ z = 1

a 1 kW	b 2 kW	c 3 kW	d 5 kW	↓	z

(*Lösung:* z = b d + c d, *Hilfe:* Beachten Sie ggf. die Aufgabe 18, b)

16. Ein Majoritätsgatter (Schaltbild laut Skizze) liefert am Ausgang dann den Wert 1, wenn die Mehrzahl der Eingänge auf 1 liegt.
Geben Sie das minimalisierte Schaltnetz dazu an.
(*Lösung:* Bild 18.30 und Bild 18.31)

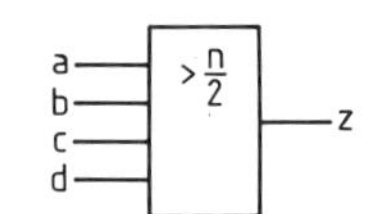

Codewandler (BCD zu 7-Segment-Decoder)

17. Dieser Decoder setzt den 4-Bit-Code, soweit möglich, in eine lesbare Ziffer um, die aus sieben Segmenten gebildet wird. Zugrunde liegt immer die Anzeigetabelle T1 von Bild 18.43.

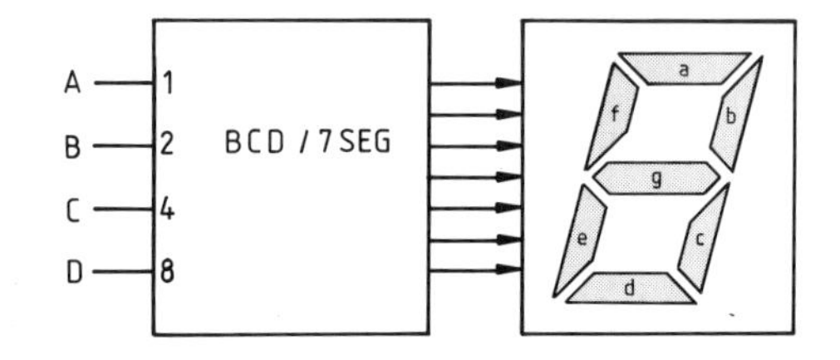

a) Welche Segmente müssen aufleuchten wenn (DCBA) = (0111) anliegt?

b) Geben Sie für das Segment b die Funktionstabelle und die (minimalisierte) Schaltfunktion an.

c) Welche Schaltfunktion ergibt sich für das Segment b, wenn die Anzeigen für die Pseudotetraden als belanglos (Don't-care) angesehen werden?

(*Lösung zu a:* die Segmente a, b, c, *zu b:* Segment b leuchtet bei 0, 1, 2, 3, 4, 7, 8, 9, 12; daraus folgt $b = \overline{A}\,\overline{B} + \overline{B}\,\overline{C} + \overline{C}\,\overline{D} + AB\overline{D}$, *zu c:* für 10...15 wird „X" gesetzt: $b = AB + \overline{A}\,\overline{B} + \overline{C}$)

Umgang mit anderen Formen des KV-Diagramms

18. Das erste Teilbild zeigt die bekannte Anordnung der Variablen in der Funktionstabelle und die zugehörige KV-Vorlage als Hilfe für Eintragungen.

a) Füllen Sie entsprechend die noch leere KV-Vorlage mit geänderter Beschriftung a, b, c, d aus.

Dez	d	c	b	a	z
0	0	0	0	0	
1	0	0	0	1	
2	0	0	1	0	
⋮					⋮
15	1	1	1	1	

↔

		a	a	
b	3	7	6	2
	11	15	14	10
	9	13	12	8
	1	5	4	0
		c	c	

d ↔

	b	b			
a					
					c
					c
		d	d		

b) In der folgenden Tabelle ist die Wertigkeit der Variablen mit dem Alphabet fallend. Füllen Sie die leeren KV-Vorlagen entsprechend aus.

Dez	a	b	c	d	z
0	0	0	0	0	
1	0	0	0	1	
2	0	0	1	0	
⋮					⋮
15	1	1	1	1	

⟷ (leere KV-Vorlage mit 4×4 Feldern; Beschriftung: a oben, b links, d rechts, c unten) ⟷ (leere KV-Vorlage mit 4×4 Feldern; Beschriftung: b oben, a links, c rechts, d unten)

c) Wie lassen sich aus den KV-Diagammen für 4 Variable solche für 3 Variable gewinnen?
(*Lösung zu a:* Zeile für Zeile:
3,11,9,1 - 7,15,13,5 - 6,14,12,4 - 2,10,8,0;
zu b: linke KV-Vorlage: 12,14,6,4 - 13,15,7,5 - 9,11,3,1 - 8,10,2,0;
rechte KV-Vorlage: 12,13,9,8 - 14,15,11,10 - 6,7,3,2 - 4,5,1,0;
zu c: In Teilaufgabe a wird einfach der d-Block gelöscht, in Teilaufgabe b muß der a-Block gelöscht und dann noch die Variablen neu zugeordnet werden: b→a usw.)

19. Welche Schaltfunktionen (minimalisierte Form) sind in den folgenden Diagrammen jeweils dargestellt?
Übertragen Sie die dargestellten Minterme in „unsere" KV-Tafel.

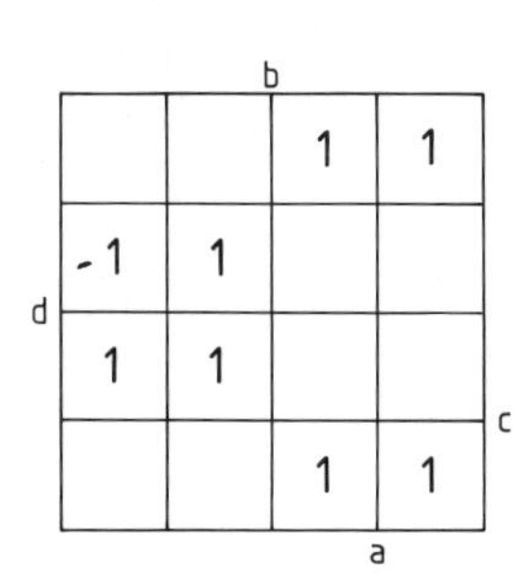

cd \ ab	00	01	11	10
00			1	
01	1	1	1	1
11			1	
10			1	

cd \ ab	11	10	00	01
11	1	1		
10	1	1		
00	1	1		
01		1		

(*Lösung:* $\bar{a}d + a\bar{d}$; $ab + \bar{c}d$; $a\bar{b} + ac + a\bar{d}$)

Codewandler mit 10-Eingangsvariablen: Dezimal-in-BCD-Code-Umsetzer

20. Die Funktionstabelle von Bild 18.38 ist auf 10 Eingänge, d.h. auf den 1-aus-10-Code am Eingang zu erweitern. Entsprechend sollen nun vier Ausgänge den zugehörigen BCD-Code abgeben. Ermitteln Sie für diesen Dezimal-in-BCD-Wandler die Schaltfunktionen entsprechend dem Vorgehen in Bild 18.39a) *und* zeichnen Sie gemäß Bild 18.39b) einen Funktionsplan sowie eine Diodenmatrix als ROM.
(*Lösung:* $y_1 = x_2 + x_4 + x_6 + x_8 + x_{10}$, $y_2 = x_3 + x_4 + x_7 + x_8$, $y_3 = x_5 + x_6 + x_7 + x_8$, $y_4 = x_9 + x_{10}$)

19 Kippstufen der Digitaltechnik mit integrierten Gattern, spezielle Flipflops

Die in diskreter Technik besprochenen Kippschaltungen (bistabile, monostabile, astabile FFs und Schmitt-Trigger) sind auch alle als integrierte Schaltungen in TTL- und CMOS-Technik erhältlich. Wir streifen hier kurz die Schaltungstechnik solcher Industrietypen.
Soweit möglich, zeigen wir aber auch, wie die einzelnen Kippglieder mit Gattern ,,aus der Bastelkiste'' schnell selbst gebaut werden können.

19.1 Monoflops aus Logikgattern aufgebaut

19.1.1 Aufbau und Funktion

Beim diskret aufgebauten Monoflop wird der *negative* Ausgangsimpuls eines *RC*-Gliedes verwendet, um eine Inverterstufe für einige Zeit zu sperren (Genaueres in Kapitel 15).
Nun verfügen integrierte Inverter (TTL und CMOS) über Eingangskappdioden, die negative Spannungsspitzen abkappen (Bild 19.1). Dadurch wird jeder negative Sperrimpuls unkalkulierbar kurz.

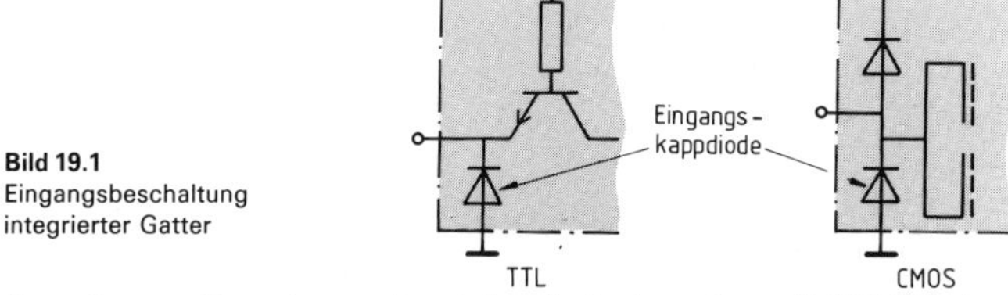

Bild 19.1
Eingangsbeschaltung integrierter Gatter

Aus diesem Grunde werden integrierte Inverter mit RC-Gliedern so angesteuert, daß allein positive Signalpegel zeitbestimmend wirken. Eine entscheidende Rolle kommt dabei der Schaltschwelle des Inverters zu. Dies und die beiden grundsätzlichen Ansteuermöglichkeiten zeigt Bild 19.2.

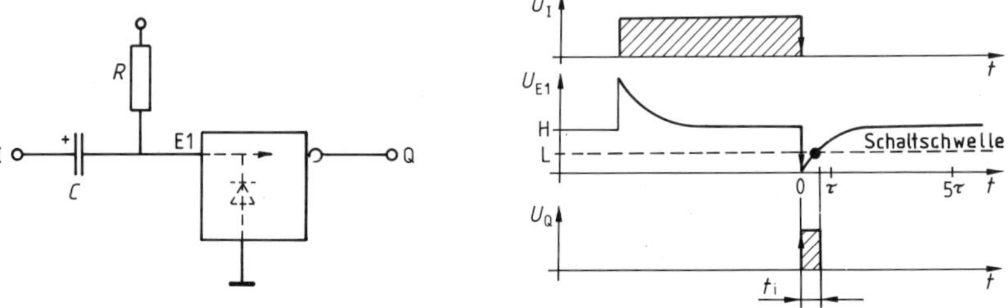

Bild 19.2, a) Monoflopgrundstufe mit integriertem Inverter, getriggert wird hier mit L-Signal. Am Ausgang erscheint ein H-Signal der Dauer t_i.

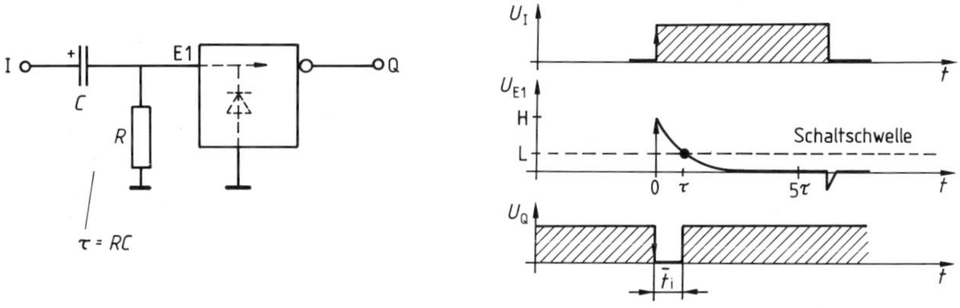

Bild 19.2, b) Monoflopgrundstufe mit integriertem Inverter, getriggert wird hier mit H-Signal. Am Ausgang erscheint ein L-Signal der Dauer $\bar{t}_i$.

Die Ansteuerung nach Bild 19.2, a) funktioniert bei *TTL-Schaltungen* jedoch nicht problemlos, da bei E1 = L über die BE-Diode des TTL-Eingangstransistors Strom aus E1 herausfließt (Bild 19.1), was den L-Pegel praktisch sofort aufhebt.
Wir diskutieren deshalb hier exemplarisch eine Ansteuerung nach Bild 19.2, b), also eine Ansteuerung mit einem „normalen *CR*-Glied".
Wenn bei diesem am Eingang I das Signal von L auf H wechselt, erzeugt der Ladestrom des Kondensators C am Widerstand R einen positiven Spannungsabfall.

Solange die Spannung am Widerstand R (bzw. an E1) *über* der Schaltschwelle des Inverters liegt, setzt der Ausgang auf Q = L. Die Dauer $\bar{t}_i$ dieses L-Ausgangsimpulses ergibt sich nach Bild 19.2, b) *überschlägig*[1]) aus der Zeitkonstanten $\tau = RC$:

$$\bar{t}_i \simeq 0{,}7 \ldots 1{,}0 \cdot RC$$

Wenn der Eingang I wieder L-Signal annimmt, wird der Kondensator C recht rasch über die Eingangskappdiode entladen. Die Wiederbereitschaftszeit (recovery time) dieses Monoflops ist also relativ klein.

Diese einfache Schaltung hat aber zwei Nachteile:

1. Das H-Signal am Eingang muß unbedingt länger sein als der L-Impuls am Ausgang (sonst bricht der Ausgangsimpuls sofort ab).
2. Am Eingang des Inverters liegt ein *CR*-Glied. Dessen Ausgangsspannung fällt nur allmählich ab, so daß der Inverter relativ lange den analogen Übergangsbereich durchläuft. Folge: Der L↑H-Rücksprung am Inverterausgang verläuft recht „flach" (Bild 19.3).

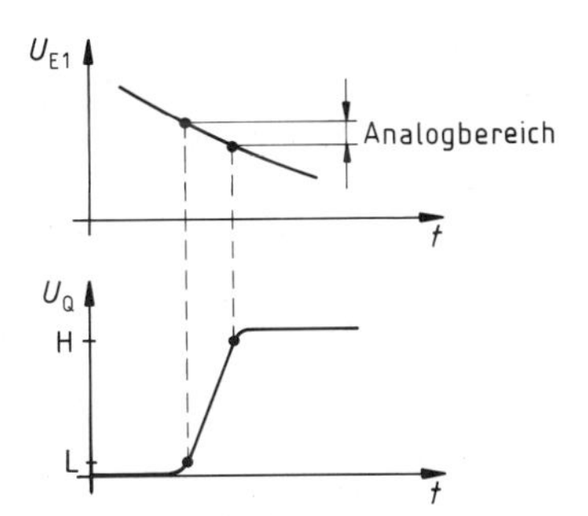

Bild 19.3 Der Inverter aus Bild 19.2 schaltet nur allmählich auf H zurück

▶ *Beide* Nachteile hebt eine gleichsinnige Rückkopplung *(Mitkopplung)* des Ausgangssignals auf den Eingang auf.

Gleichsinnig wird die Rückkopplung hier dadurch, daß wir das **L**-Signal vom Ausgang invertiert an den Eingang zurückführen (weil wir am Eingang mit einem **H**-Signal triggern müssen).

▶ Jetzt besteht am Eingang I mindestens so lange ein H-Signal weiter, wie der Ausgang auf L liegt *(Selbsthaltung)*. Dies macht uns von der tatsächlichen Länge des Triggersignals unabhängig (genau wie in der diskreten Technik).

Eine nach diesen Überlegungen aufgebaute praktische Schaltung zeigt Bild 19.4. Wegen des vorgeschalteten Inverters muß nun am neuen Eingang E (bzw. E2) mit L-Signal getriggert werden. Die beiden Dioden dienen zur Entkopplung von Eingangs- und Rückkopplungssignal. Das L-Triggersignal darf nun relativ kurz sein.

Beispiel (siehe auch das Zeitablaufdiagramm in Bild 19.4):
E = L ist kürzer als Q = L. Dann gilt irgendwann Q = L, aber E = H. In diesem Fall sperrt V2 und trennt damit den Eingang vom System ab. Das L-Signal vom Ausgang Q gelangt über V1 weiterhin an E2 zurück (genauer: V1 schaltet durch und legt E2 an L-Pegel). Eingang I bleibt auf H. Auf diese Weise entsteht die Selbsthaltung.

[1]) Die genauen Werte hängen von der aktuellen Schaltschwelle ab. Richtwerte dafür sind:
- *Bei TTL-Gattern:* 1,4 V ... 2 V, also ca. 37% vom H-Pegel (≃ 5 V);
- *Bei CMOS-Gattern:* 2 V ... 3 V, der H-Pegel hängt von U_S (≃ 5 ... 15 V) ab.

Beispiel für ein Zeitablaufdiagramm

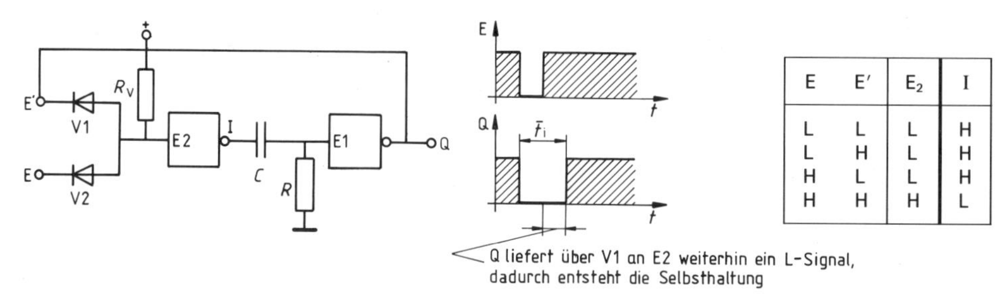

E	E'	E_2	I
L	L	L	H
L	H	L	H
H	L	L	H
H	H	H	L

Bild 19.4 Verbesserte Grundschaltung eines Monoflops aus integrierten Invertern. Bei einer Triggerung mit L-Signal gibt der Ausgang Q ein L-Signal der Dauer $\bar{t}_i \simeq R \cdot C$ ab (Gatter z. B. 7405 mit $R \leq 1$ kΩ oder 4049).

▶ Die Mitkopplung verbessert auch die Flankensteilheit des Ausgangssignals beim L↑H-Wechsel.

Begründung:

Sobald u_Q in Richtung H anzusteigen beginnt, vergrößert sich die Eingangsspannung des ersten Gatters.[1]) Folglich fällt dessen Ausgangsspannung u_I. Dies verkleinert zusätzlich den ohnehin im Abnehmen begriffenen Ladestrom von C (d.h. i_R). Die Eingangsspannung des zweiten Gatters sinkt also rascher als „gewöhnlich", u_Q steigt noch schneller in Richtung H an ...

Da V1 und V2 zusammen mit dem nachfolgenden Inverter ein NAND-Gatter bilden (siehe Arbeitstabelle in Bild 19.4), kann das Monoflop einfacher nach Bild 19.5 aufgebaut werden.

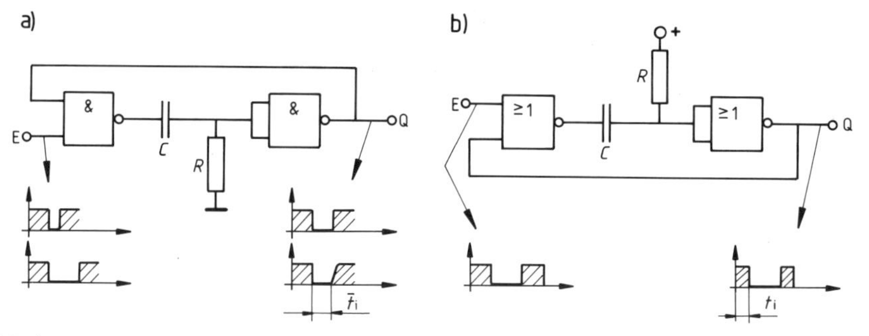

Bild 19.5, a) Monoflop-Schaltung mit NANDs. Bei „langen" Eingangsimpulsen verliert der Ausgangsimpuls seine Flankensteilheit (Gatter z. B. 7400 mit $R \leq 1$ kΩ oder 4011).
b) Zum Vergleich eine Schaltung mit NORs, die auf Bild 19.2, a) beruht (Gatter *nur* CMOS, z. B. 4001).

Noch ein Hinweis für Praktiker:

Bei TTL-Gattern darf der zeitbestimmende Widerstand R nicht wesentlich größer als 1 kΩ gewählt werden. Liegt nämlich ein TTL-Eingang an L, so fließt über den TTL-Eingangstransistor ein Strom nach Masse ab, siehe Bild 19.1. Dieser Strom erzeugt an R eine Spannung, die bei $R > 1$ kΩ schon über der Schaltschwelle liegen kann, was das Gatter bzw. das Monoflop blockieren würde.

> Mit zwei NAND-Gattern und einem RC-Glied läßt sich ein (mitgekoppeltes) Monoflop aufbauen.
> Seine Ruhelage ist durch Q = H gegeben. Es wird durch ein L-Signal (beliebiger Länge) getriggert. Am Ausgang Q erscheint ein L-Signal der Dauer
>
> $$\bar{t}_i \simeq 0{,}7 \ldots 1{,}0 \cdot RC$$

[1]) Begründung: Wenn Q seinen Massepegel verliert, fließt über R_V und V1 weniger Strom (nach Q). Dadurch wird der Spannungsabfall an R_V kleiner, der Pegel an E2 größer.

Theoretisch kann also das in Bild 19.5 vorgestellte Monoflop mit relativ kurzen und langen L-Impulsen getriggert werden. Leider ist bei realen Gattern die *Flankensteilheit* des L↑H-Rücksprungs am Ausgang bemerkenswert schlecht, falls der Eingang *länger* als der Ausgang auf L-Signal liegt (Bild 19.5, unteres Zeitablaufdiagramm).

Begründung anhand der Grundschaltung von Bild 19.4:

Wenn Q auf H wechselt, aber E noch auf L-Pegel liegt, verbleibt die Diode V2 im Durchlaßbetrieb, damit wird der Eingang E2 *konstant* auf 0,7 V und der Inverter-Ausgang I auf H-Signal gehalten, was an E1 wieder der Situation von Bild 19.3 entspricht. Die Mitkopplung, welche die Flankensteilheit am Ausgang Q durch ein „Mitziehen" der Spannung am Eingang E2 verbessern könnte (siehe oben), ist in diesem Betriebsfall außer Kraft gesetzt worden.

Abhilfe:

Ein differenzierendes *CR*-Glied vor dem Gattereingang begrenzt die *dort* mögliche L-Zeit grundsätzlich auf Werte kleiner als t_i (Bild 19.6). Daraus folgt z. B. als Bemessungsregel:

$$R_d C_d \leq \frac{1}{3} \cdot RC$$

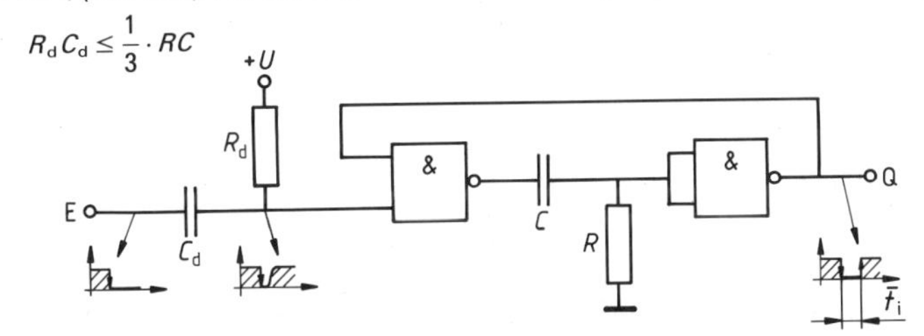

Bild 19.6 Ein *CR*-Glied am Eingang verbessert die Flankensteilheit bei „langen" Triggerimpulsen.

19.1.2 Schaltungstechnik integrierter Monoflops

Vollintegrierte Monoflops sind im Prinzip wie die diskret aufgebauten Monoflops verschaltet, d. h. ein Transistor wird mit dem *negativen* Impuls eines *CR*-Gliedes gesperrt, wobei die Umladung des Kondensators über einen Basisvorwiderstand geschieht (Näheres in Kapitel 15).

► Das zeitbestimmende *RC*-Glied wird immer extern angeschlossen. Die Impulsdauer ergibt sich aus der bekannten Formel: $t_i \simeq 0{,}7 \cdot RC$

Für den universellen Einsatz ist das Monoflop auch über Inverter ansteuerbar, so daß positive und negative Triggerimpulse verwendet werden können. Beim TTL-Monoflop 74121 laufen die Signale sogar noch über einen Schmitt-Trigger (Bild 19.7). Die beiden Monoflops des 74221 (TTL) bzw. des 4098 (CMOS) verfügen übrigens noch über eine externe Zwangsrücksetzung (= Clear), die Impulse sofort unterbricht.

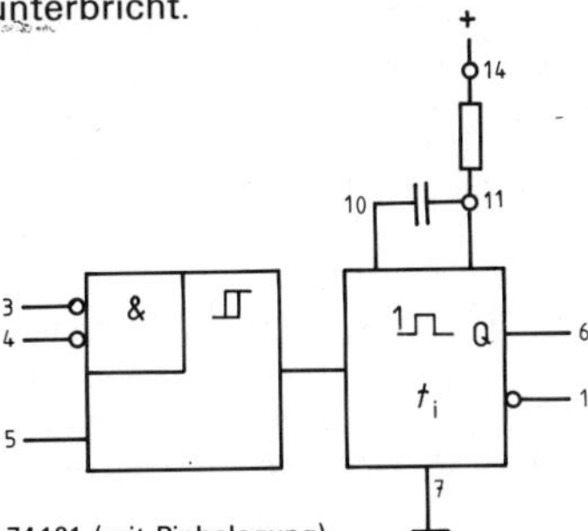

Bild 19.7 Struktur des TTL-Monoflops 74121 (mit Pinbelegung)

Auch *nachtriggerbare Monoflops* sind integriert erhältlich, etwa die Typen 74122 und 74123 (je zwei MFs). Hier liegt im Ruhefall ein geladener Kondensator *C* am Eingang eines Schmitt-Triggers.

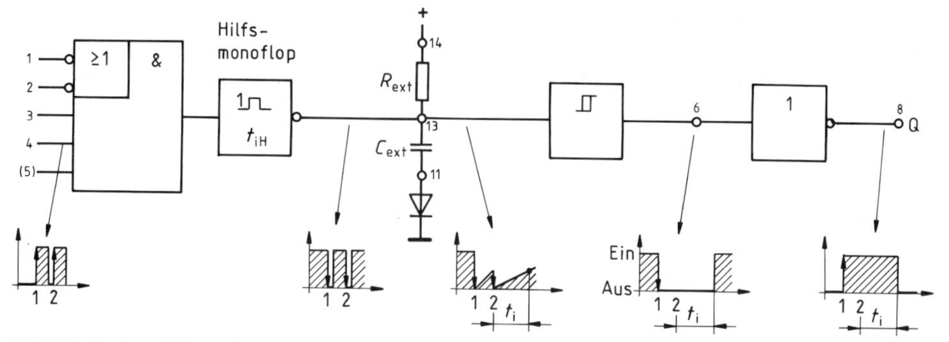

Bild 19.8 Stark vereinfachte Schaltung des retriggerbaren TTL-Monoflops 74122 (Pin 5 erzeugt zusätzlich einen Clear-Zustand)

Der erste *und* jeder nachfolgende Impuls entlädt über ein Hilfsmonoflop diesen Kondensator, der Schmitt-Trigger kippt bzw. bleibt deshalb in der Stellung *Aus* (Bild 19.8). Erst wenn die Triggerimpulse lange Zeit (mindestens die Zeit t_i) auf sich warten lassen, erreicht die Spannung am Kondensator C wieder die Einschaltschwelle des Schmitt-Triggers. Dieser kippt zurück in den Zustand *Ein* und beendet so den Ausgangsimpuls.

19.2 Oszillatoren (Rechteckgeneratoren, astabile FFs)

19.2.1 Aufbau und Funktion

Der Aufbau von Oszillatoren mit logischen Gattern ist so einfach, daß nur selten spezielle ICs eingesetzt werden (obwohl es auch solche gibt[1]).
Die naheliegende Idee für den Aufbau eines Rechteckgenerators stammt aus der diskreten Technik (siehe Kapitel 15.2.1): Zwei Monoflopgrundstufen werden ringförmig zusammengeschaltet und schieben so den Triggerimpuls ständig „im Kreis herum" (Bild 19.9).

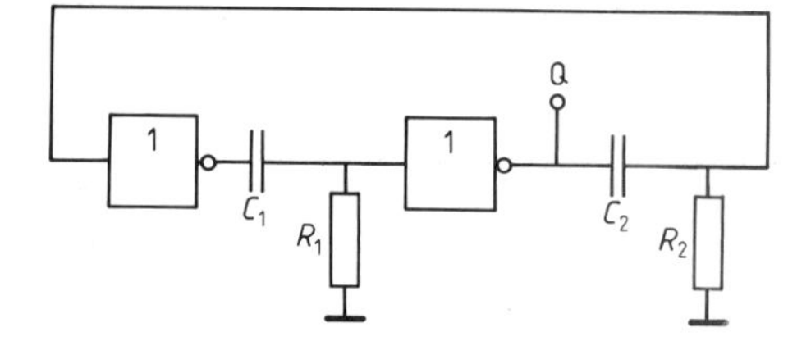

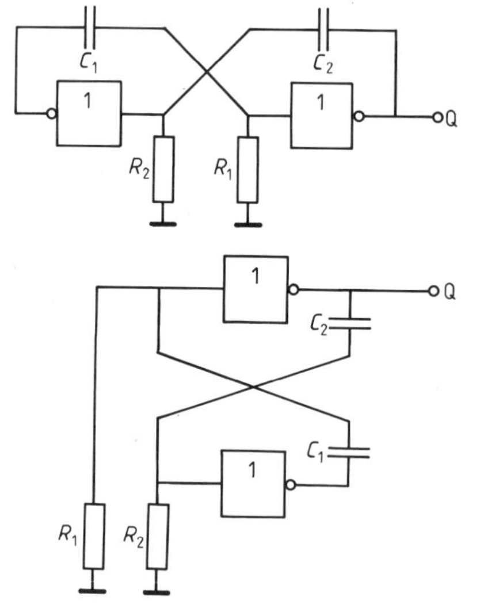

Bild 19.9 Die wechselseitige Kopplung zweier Monoflopgrundstufen (nach Bild 19.2) liefert einen Generator mit $T \simeq R_1 C_1 + R_2 C_2$. Das Bild zeigt dreimal *dieselbe Schaltung.*

[1]) Zum Beispiel den 74324 (Start-Stop-Oszillator mit Spannungssteuerung der Frequenz), den 4047 (Oszillator, umschaltbar auf Monoflopbetrieb) und den 4060 (Oszillator mit Frequenzteiler $1:2^4 \dots 1:2^{14}$, der Oszillator kann nach Bild 19.11 oder mit Quarz aufgebaut werden)

Eine andere Grundschaltung, die mit nur einem Kondensator und nur einem Widerstand zur Festlegung der Taktzeit auskommt, zeigt Bild 19.10. Den genauen Funktionsablauf haben wir schon in Kapitel 15.2.7 ausführlich dargestellt, deshalb soll hier eine kurze Erklärung genügen.

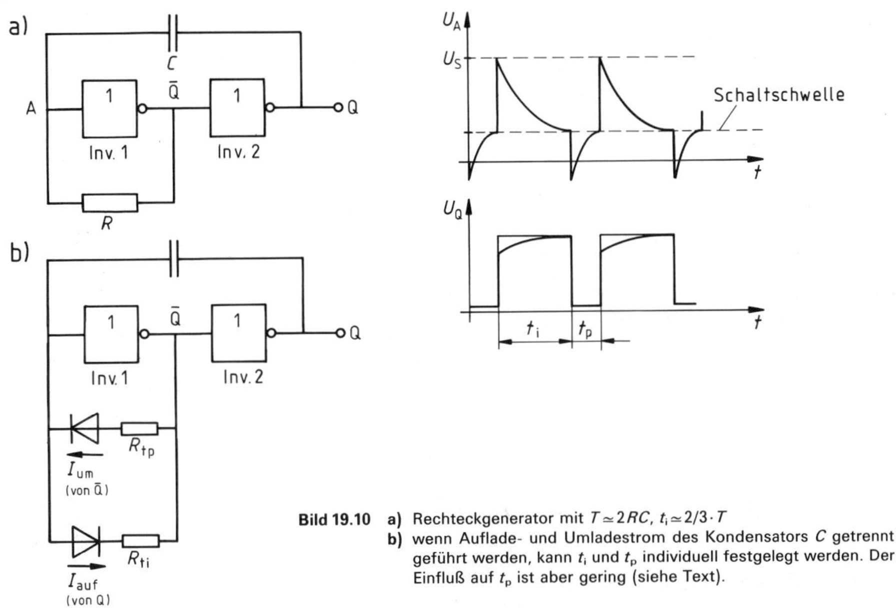

Bild 19.10 **a)** Rechteckgenerator mit $T \simeq 2RC$, $t_i \simeq 2/3 \cdot T$
b) wenn Auflade- und Umladestrom des Kondensators C getrennt geführt werden, kann t_i und t_p individuell festgelegt werden. Der Einfluß auf t_p ist aber gering (siehe Text).

Mit Q = H wird der Kondensator C auf der dem Ausgang Q zugewandten Seite positiv aufgeladen. (Die andere Seite ist also relativ dazu negativ.) Wenn Q auf L, also Massepegel, zurückkippt, nimmt der Punkt A folglich ein negatives Potential an. Dadurch liefert der Inverter 1 ein H- und der Inverter 2 ein L-Signal. Die nun folgende Pausenzeit t_p fällt aber beim Einsatz integrierter Gatter sehr kurz aus, weil die Eingangskappdiode des Inverters 1 negative Spannungen an A kurzschließt, was auch bei der Schaltung in Bild 19.10, b geschieht.
In dieser Hinsicht verhält sich die Schaltung nach Bild 19.11 besser. Bei ihr ist t_p sogar größer als t_i: Der zusätzliche Widerstand R_V überträgt nämlich die Spannungspegel des Punktes A an den Inverter 1, verhindert aber bei richtiger Bemessung, daß negative Pegel bei A sofort durch die Eingangsdioden der Gatter gekappt werden können. Dadurch wird hier die Sperrzeit t_p des Inverters 1 relativ groß. R_V sollte demnach möglichst groß bemessen werden, aber nicht so groß, daß ein Gatter bei *positiver* Spannung an A nicht mehr voll durchsteuert. Üblicher Kompromiß: $R_V = 2 \dots 10\,R$.[1])

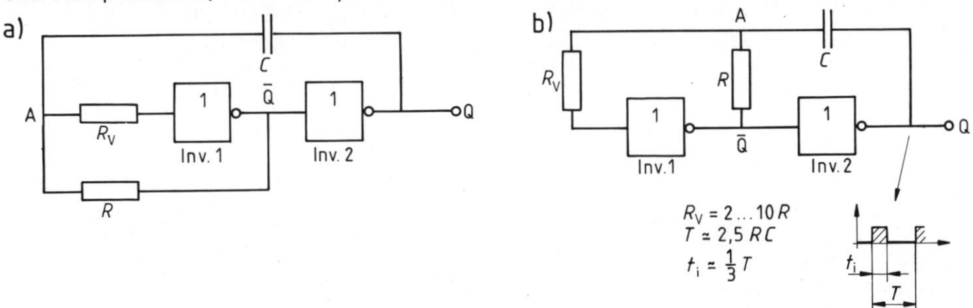

Bild 19.11 **a)** Gegenüber Bild 19.10 ist hier der Eingang des Inverters 1 vom Punkt A durch einen Vorwiderstand entkoppelt.
b) Übliche Darstellung der Schaltung

[1]) Nach Kapitel 19.1.1 (Hinweis für Praktiker) ist bei TTL-Gattern R auf ca. 1 kΩ beschränkt.

▶ Im Gegensatz zu Bild 19.10, b ist bei dieser Schaltung eine getrennte Festlegung von t_i und t_p über Entkoppeldioden weitaus effektiver.

Mit ICs wird am häufigsten die in Bild 19.11 vorgestellte **Oszillatorschaltung** aufgebaut. Sie enthält nur ein zeitbestimmendes *RC*-Glied. Die *Taktzeit T* ergibt sich aus:

$$T \simeq 2{,}5 \cdot RC$$

R_V dient nur zur Entkoppelung und ist praktisch ohne Einfluß auf *T* (*Nebenbedingung:* $R_V = 2 \ldots 10\,R$)
Statt der Inverter können z.B. auch NAND-Gatter (mit parallel geschalteten Eingängen) verwendet werden[1]).

Recht leicht zu durchschauen sind auch Oszillatoren mit einem Schmitt-Trigger.[2]) Bild 19.12 zeigt die übliche Schaltung. Bei $\overline{Q}=H$ lädt sich der Kondensator *C* bis zur oberen Schaltschwelle U_{ein}. Dann kippt $\overline{Q}$ auf $\overline{Q}=L$. Dadurch entlädt sich *C* bis zur unteren Schaltschwelle U_{aus}. $\overline{Q}$ kippt wieder auf $\overline{Q}=H$ zurück. (Weitere Details in Kapitel 16, Aufgabe 11.)

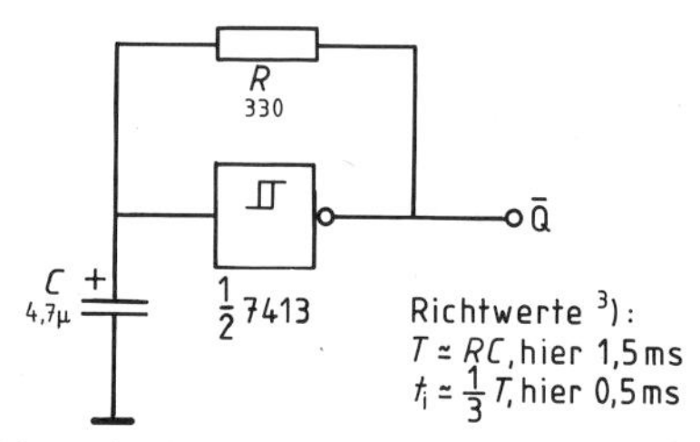

Bild 19.12 Beispiel eines Schmitt-Trigger-Generators

19.2.2 Start-Stop-Oszillatoren

Wenn die Inverter der besprochenen Generatoren ohnehin mit NANDs realisiert werden, kann ein Gattereingang schaltbar herausgeführt werden. Über diesen Eingang kann das NAND (durch L-Signal) jederzeit blockiert werden, der Oszillator stoppt dann (und umgekehrt).

▶ Wir erhalten so einen *Start-Stop-Oszillator*. Der Steuereingang wird auch als *Enable-Eingang*[4]) bzw. Freigabe-Eingang bezeichnet.

Bild 19.13 zeigt hierzu eine praktische Schaltung. Sie schwingt mit etwa 4 kHz.

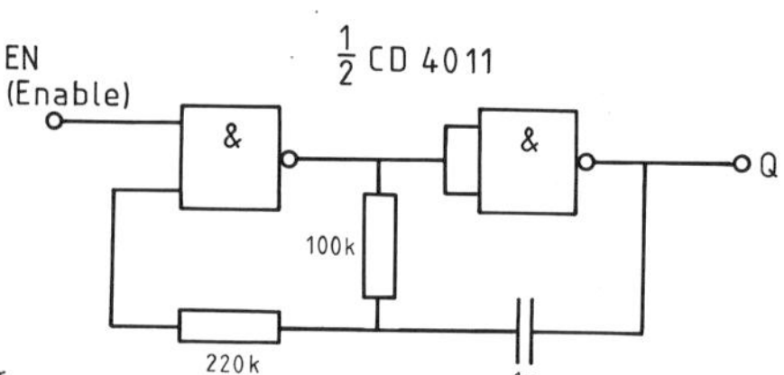

Bild 19.13 Start-Stop-Oszillator

[1]) Dann ist auch eine Funktionserweiterung nach Bild 19.13 möglich.
[2]) Schmitt-Trigger: Grundlagen in Kapitel 16; integrierte Schmitt-Trigger folgen gleich in Kapitel 19.3.
[3]) Die Zeiten *T* und t_i hängen sehr stark von den tatsächlichen Schaltschwellen des eingesetzten ICs ab.
[4]) enable (engl.) = etwas ermöglichen (EN = 1: Aktion erlaubt)

19.3 Integrierte Schmitt-Trigger

Ihre Schaltungstechnik weist keine Besonderheiten auf. Neben der aus Kapitel 16 bekannten Schmitt-Trigger-Grundschaltung[1]) werden noch Eingangs- und Ausgangsverknüpfungen integriert. Gewöhnlich wird ein $\overline{Q}$-Ausgang herausgeführt (Bild 19.14). Dieser $\overline{Q}$-Ausgang entsteht z. B. in der TTL-Technik durch die obligatorische Treiber- und Gegentaktendstufe, wie sie aus Bild 17.34 bekannt ist.

Hier noch zwei *Typenbeispiele* in verschiedener Technik:

7413 TTL = 4-Input-NAND-Schmitt-Trigger (2 Stück im Gehäuse)
4093 CMOS = 2-Input-NAND-Schmitt-Trigger (4 Stück im Gehäuse)

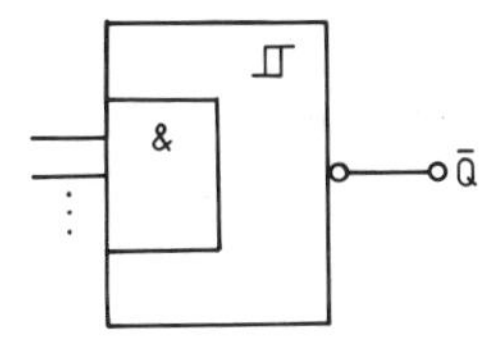

Bild 19.14 Struktur der integrierten Schmitt-Trigger

19.4 Bistabile FFs, aus Logikgattern aufgebaut

19.4.1 Statische FFs

Die einfachste Schaltung verwendet zwei Inverter (Bild 19.15). Durch die wechselseitige Kopplung der Ein- und Ausgänge entsteht eine Signalrückführung (Mitkopplung), welche für eine andauernde Selbsthaltung nach Ablauf des Kippvorganges sorgt.

▶ Dies ist das Funktionsprinzip aller bistabiler Elemente. Es wird in Kapitel 14.1.2 genauer diskutiert. Kapitel 14.1.1 stellt dazu wichtige Definitionen voran.

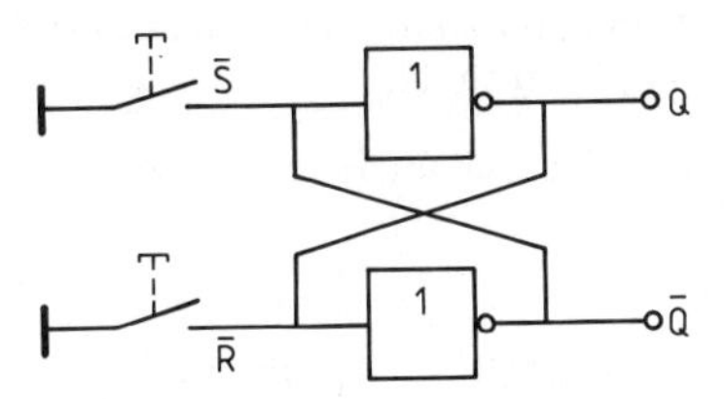

Bild 19.15 Bistabiles Element mit Invertern, direkt der diskreten Schaltungstechnik nachempfunden

Zum Zeitverhalten von FFs hier ein Beispiel:

Es möge der Grundzustand Q = L vorliegen. Beide Tasten sind „offen" (Bild 19.16, a). Nun legen wir kurz (oder beliebig lange) den $\overline{S}$-Eingang an L-Signal. Nach einer Gatterschaltzeit t_s kippt Q auf H (Bild 19.16, b).

---

[1]) meist vereinfacht nach Bild 16.8 aufgebaut

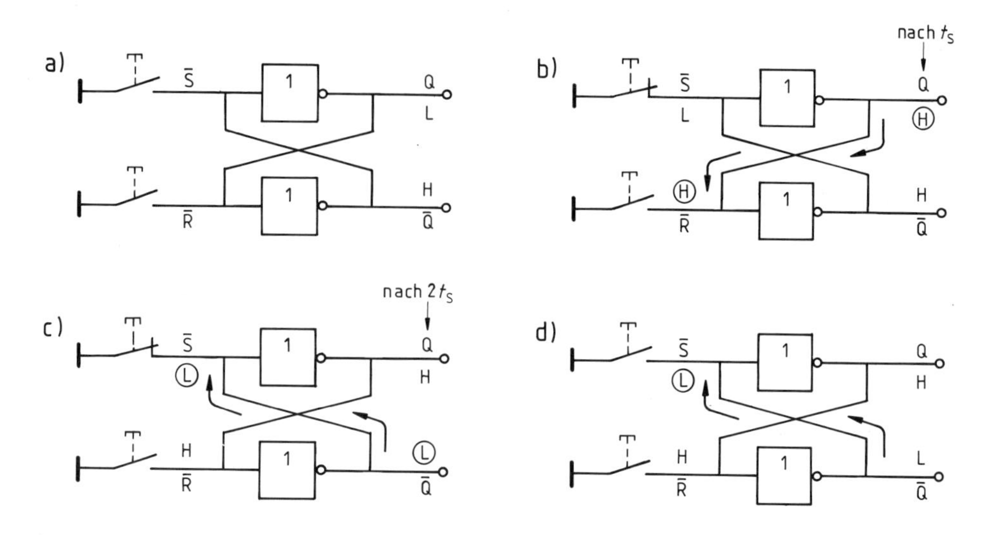

Bild 19.16 Funktionsablauf beim Übergang von Q = L nach Q = H. Anschließend Selbsthaltung des FFs (Teilbild d).

Dieses H-Signal erzwingt nach einer weiteren Schaltzeit $\overline{Q} = L$ (Bild 19.16, c). Von $\overline{Q}$ gelangt nun das L-Signal an den $\overline{S}$-Eingang zurück und besorgt dort die Selbsthaltung, falls wir die Taste bei $\overline{S}$ wieder loslassen (Bild 19.16, d).

► Die beschriebene Selbsthaltung wird aber *erst nach zwei (Gatter-)Schaltzeiten* t_s wirksam. Die neuen FF-Zustände sind nach Ablauf dieser Zeitspanne ($2t_s$) stabil.

Das vorgestellte Inverter-FF hat aber einen *Nachteil:* Im Speicherzustand muß *mindestens ein Eingang offen* betrieben werden. Immerhin ist mit dieser Schaltung die Entprellung mechanischer Umschalter (Tasten) nach Bild 19.17 möglich:

► Das einfache Inverter-FF wird deshalb auch **Tast-FF** genannt.

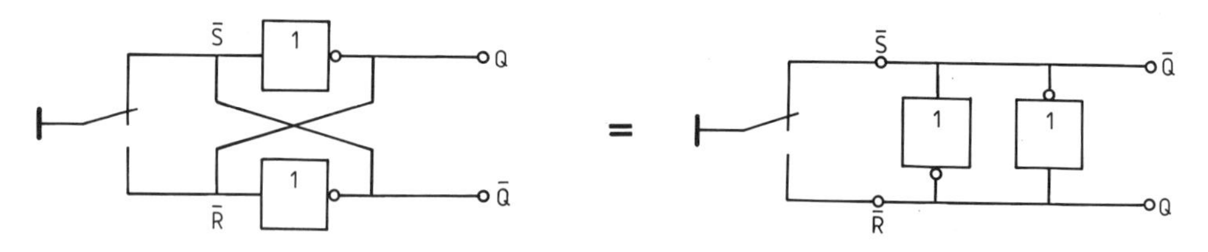

Bild 19.17 Entprellung mechanischer Umschalter mit FF[1])

Sofern nicht jeweils ein Eingang offen betrieben wird, sondern beide Eingänge mit „echtem" H- bzw. L-Signal angesteuert werden, muß Eingangssignal und Rückkopplungssignal voneinander entkoppelt werden. Dies geschieht entweder durch externe Dioden oder besser gleich durch den Einsatz äquivalenter IC-Gatter (Bild 19.18).

[1]) Bei den hochohmigen CMOS-Gattern sollten bei $\overline{S}$ und $\overline{R}$ „Pull-Up-Widerstände" gegen $+U_S$ angeschlossen werden (Wert: 10...100 kΩ). Dadurch werden Störspannungen kurzgeschlossen, das FF flattert nicht unkontrolliert.

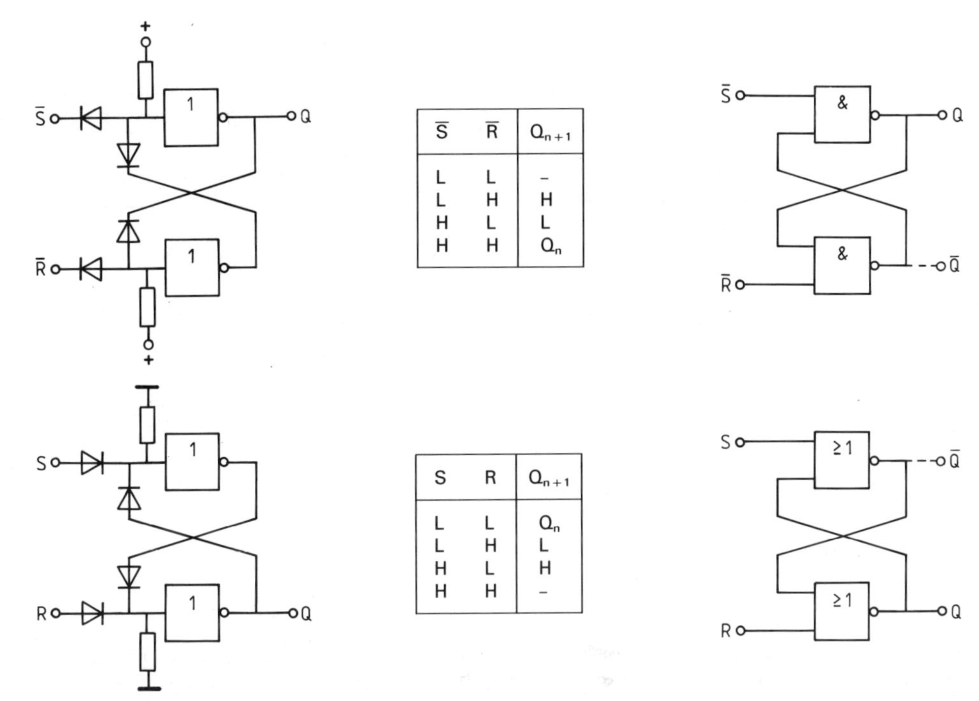

$\overline{S}$	$\overline{R}$	Q_{n+1}
L	L	–
L	H	H
H	L	L
H	H	Q_n

S	R	Q_{n+1}
L	L	Q_n
L	H	L
H	L	H
H	H	–

Bild 19.18 Durch binäre Pegel setz- und rücksetzbare $\overline{R}\,\overline{S}$- und RS-FFs.

- Bei dem in Bild 19.18 dargestellten $\overline{R}\,\overline{S}$-FF beginnt eine Funktionserklärung am besten mit $\overline{S}$ = L, weil daraufhin das obere NAND in jedem Fall Q = H abgibt: Durch $\overline{S}$ = L wird das FF also gesetzt.
  Umgekehrt erzeugt $\overline{R}$ = L über das untere NAND immer $\overline{Q}$ = H, was dann bei $\overline{S}$ = H zu Q = L führt: das FF wird so gelöscht.
- Beim RS-FF beginnen wir mit S = H, wodurch das obere NOR stets $\overline{Q}$ = L abgibt. Zusammen mit R = L erhalten wir dadurch am unteren NOR-Ausgang Q = H, d. h. ein gesetztes FF.

Zusammenfassung:

Bistabile Elemente lassen sich aus zwei NOR- bzw. zwei NAND-Gattern aufbauen. Die Ausgangssignale werden jeweils über Kreuz an einen Gattereingang zurückgeführt. Dadurch entsteht (nach zwei Gatterschaltzeiten t_s) eine *Selbsthaltung* (Speicherzustand).

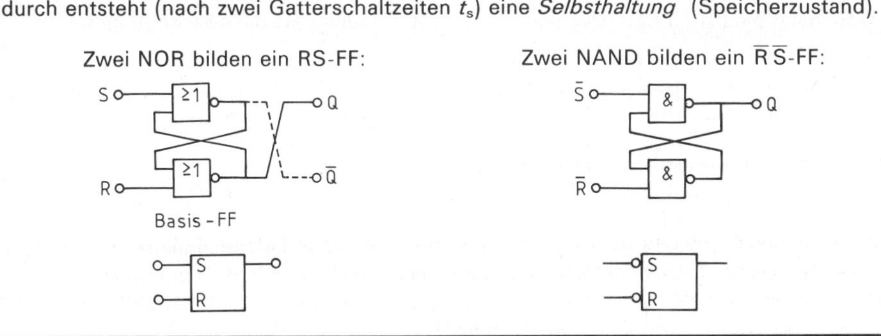

Anmerkung:

$\overline{R}\,\overline{S}$-FFs (aus je zwei NANDs) sind auch integriert erhältlich. Der IC 74279 enthält gleich vier Stück davon.

19.4.2 Taktzustandsgesteuerte FFs

Es ist häufig wünschenswert, daß die Informationseingänge (Vorbereitungseingänge) eines FFs blockiert werden können, z. B. dann, wenn die anstehende Information erst zu oder ab einem bestimmten Zeitpunkt übernommen werden darf.
Im folgenden werden die Eingangsinformationen *ab einem bestimmten Zeitpunkt* vom FF übernommen und zwar so lange, wie das *Taktsignal* einen bestimmten *Zustand* aufweist. Dies geschieht durch vorgeschaltete UND-Elemente.

- Beim RS-FF nach Bild 19.19, a sind die UND-Elemente am Eingang blockiert, wenn C = L gilt.
  Bei C = H schalten die UND-Elemente die Eingangssignale durch und geben das FF frei.
- Beim $\overline{R}\,\overline{S}$-FF ist es umgekehrt (Bild 19.19, b)
- Diese Art der FF-Freigabe heißt auch *Taktzustandssteuerung*.
- Die entstandene STEUER-Abhängigkeit vom Takt C wird wie folgt im Schaltzeichen dargestellt: C1 löst Aktionen der Eingänge 1S, 1R usw. aus (siehe auch Kapitel 14.4.3).

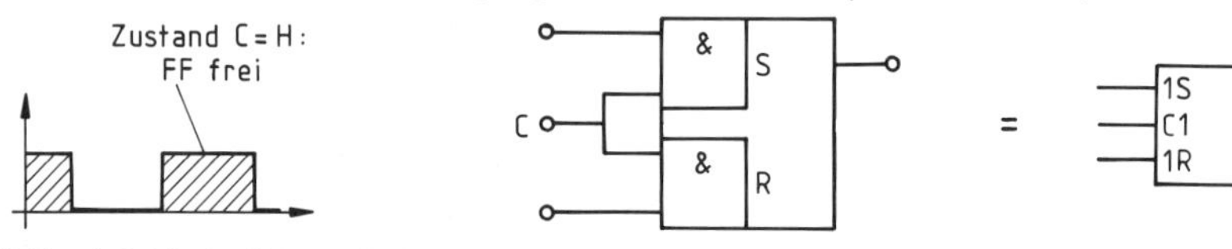

Bild 19.19 a) Bei C = L gilt immer S = L und R = L. Das H-aktive RS-FF speichert. Bei C = H erfolgt eine ständige Freigabe.

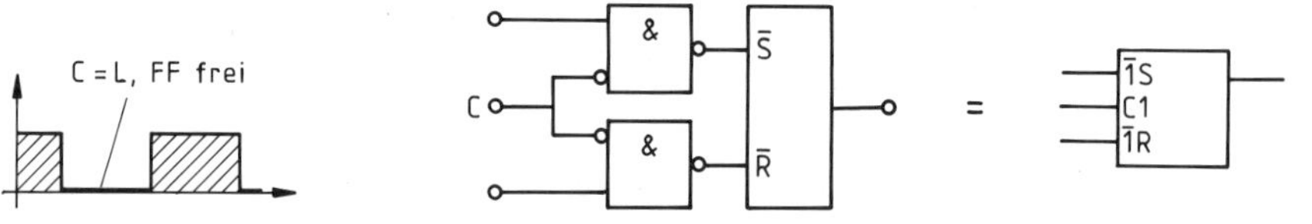

Bild 19.19 b) Hier liefert C = H immer $\overline{S}$ = H und $\overline{R}$ = H. Durch C = L erfolgt die Freigabe. Das L-aktive $\overline{R}\,\overline{S}$-FF speichert.

> **Taktzustandsgesteuerte FFs** übernehmen fortlaufend jede Eingangsinformation, solange ein ganz bestimmter Taktzustand (des Clocksignals) die Eingänge freischaltet.
> Taktzustandsgesteuerte FFs heißen auch *pulsgetriggerte* FFs.

Integriert gibt es einfache pulsgetriggerte FFs nur in einer Sonderform, als **D**-Flipflops nach Bild 19.20. Dieses FF hat nur einen **D**ateneingang. Die ankommenden Daten hält es erst dann (mit Verzögerung = **d**elay) fest, wenn ein bestimmter Taktzustand (hier C = L) das FF blokkiert. In diesem Sinne fängt es Daten auf, weshalb es auch Auffang-FF heißt.
Solange das D-Flipflop noch freigeschaltet ist, „rastet" sein Ausgang immer auf das Signal am D-Eingang ein (Bild 19.21). Deshalb wird dieses FF auch D-Latch genannt (Latch [engl.] = Raste, Klinke).

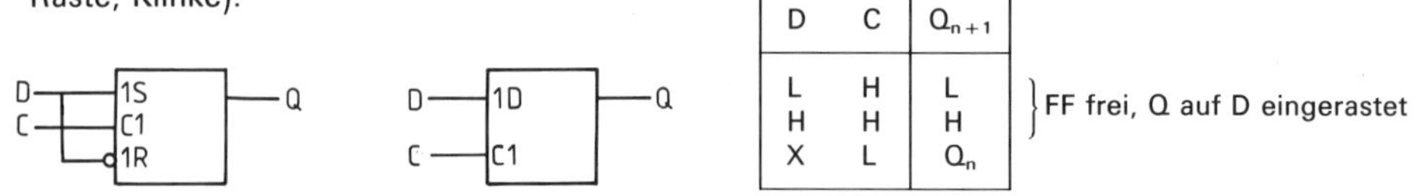

D	C	Q_{n+1}	
L	H	L	FF frei, Q auf D eingerastet
H	H	H	
X	L	Q_n	

Bild 19.20 D-Latch (z. B. 7475) mit Arbeitstabelle

Da der Takteingang C das Sperren bzw. die Freigabe des D-Latches bewirkt, wird er unter Technikern als *Enable* (= Freigabe)-Eingang bezeichnet.[1])

> Ein **D-Latch** (Daten-FF, Delay-FF) übernimmt ständig die Informationen von der D-Leitung, solange am Takteingang ein Freigabesignal anliegt. Danach speichert das D-Latch das zuletzt anliegende Datensignal.

[1]) Es gibt auch (siehe Kapitel 20.6.1) flankengetriggerte D-Latches; der Takteingang wird dann mit Clock bezeichnet.

19.4.3 Taktflankengesteuerte FFs

Bei einer Taktzustandssteuerung ist ein FF für die ankommende Information während eines ganzen Zeit*raumes* freigeschaltet (solange eben der Takt einen bestimmten Zustand hat).

Anders dagegen bei der Taktflankensteuerung:

> Ein **taktflankengesteuertes FF** ist für die anstehende Information nur zu einem ganz definierten Zeit*punkt* geöffnet. Dieser Zeitpunkt wird entweder durch die positive oder durch die negative Taktflanke festgelegt.

Die üblichen flankengetriggerten FF-Arten zeigt Bild 19.21.

Bild 19.21 **a)** positiv flankengetriggertes RS-FF **b)** negativ flankengetriggertes R̄S̄-FF

Bei diskret aufgebauten FFs wurde eine Taktflankensteuerung durch externe *RC*-Glieder (Differenzierglieder) ermöglicht. Diese *RC*-Glieder lieferten nur bei einem Taktwechsel kurze Nadelimpulse, welche dann genau in diesem Zeitpunkt das FF (gegebenenfalls) umgestoßen haben. (Genaueres in Kapitel 14.7)
Nun lassen sich Kondensatoren relativ schlecht integrieren, weshalb in der IC-Technik andere Wege beschritten werden:

1. Taktflankensteuerung durch Impuls-Laufzeiten
In diesem Fall trifft das Clock-Signal einmal direkt und einmal nach einem Umweg über einen Inverter an einem Impuls-Tor (einem AND) ein: Bild 19.22.
Über den „direkten Draht" wird das *Tor* mit der Takt-Anstiegsflanke geöffnet. Auf dem Umweg sorgt die Impulsverzögerungszeit des Inverters dafür, daß das negierte Taktsignal das Tor schon Augenblicke später (cirka 20 ns) wieder verriegeln kann.

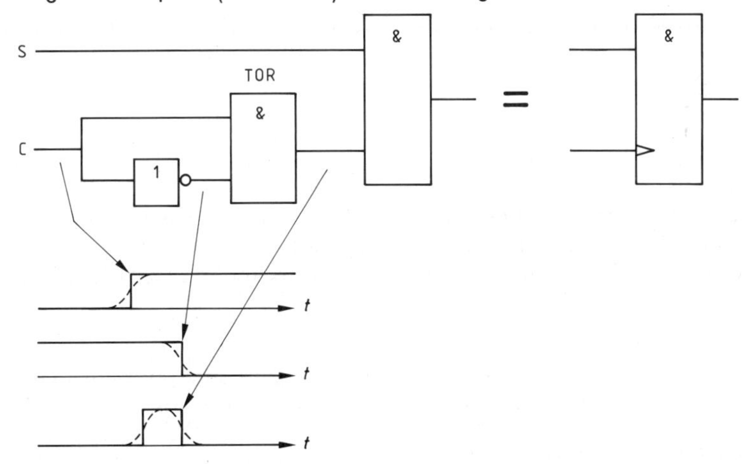

Bild 19.22 Flankentriggerung aufgrund von Signal-Laufzeiten (gestrichelt: realer Verlauf)

2. Taktflankensteuerung durch Selbstverriegelung eines FFs
Dauer und Verlauf eines Triggersignals, das durch ein Laufzeit-Tor von Bild 19.22 erzeugt wird, sind nicht exakt kalkulierbar. Klare Verhältnisse ergeben sich, wenn die steilen Ausgangssignale eines FFs selbst die Tor-Steuerung übernehmen. Wie aus dem anschließenden Spezialistenteil hervorgeht, enthalten die flankengetriggerten FFs immer noch ein zweites FF als Hilfs-Speicher. Sie rücken damit in die Nähe der Zwei-Speicher-FFs, die wir als Master-Slave-FFs im nächsten Kapitel betrachten werden.

Für Spezialisten (sonst weiter bei Kapitel 19.5):

Detaillierter Funktionsverlauf

Tatsächlich führt die Selbstverriegelung ein zusätzliches Hilfs-FF durch, welches zunächst vom Takt (durch C=L) auf symmetrische Ausgangssignale $Q' = \overline{Q}'$ gezwungen wird. Bei der Schaltung von Bild 19.23 gilt z. B. $Q' = \overline{Q}' = H$ (denn C=L bedingt S'=L *und* R'=L, die Transistoren des Hilfs-FFs sperren deshalb *beide*).

Durch die Rückführung von $Q' = \overline{Q}' = H$ schalten die Eingangstore N1 und N2 die anliegende Information weiter. Solange der Takt C aber noch auf L liegt, bleiben die Eingänge des Hilfs-FF auf jeden Fall blockiert. Erst mit C=H erreicht die anliegende Information die S'-, R'-Eingänge des *Hilfs-FFs.* Dieses FF kippt jetzt „ordnungsgemäß" und nimmt bei den in Bild 19.23 vorgegebenen Signalen den Zustand $Q' = H$ und $\overline{Q}' = L$ an.

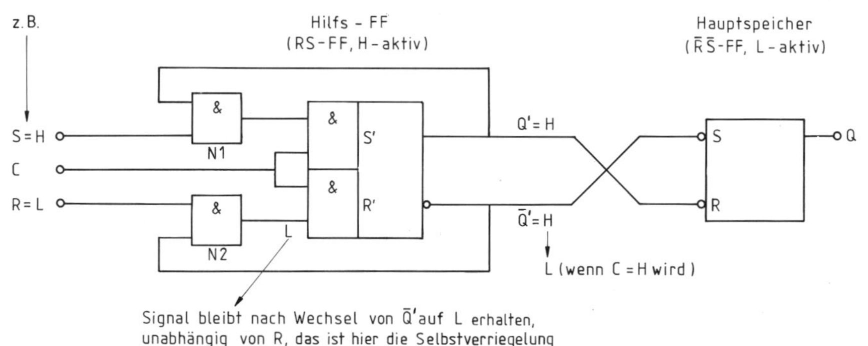

Bild 19.23 Positiv flankengetriggertes RS-FF durch Selbstverriegelung der Eingangstore N1, N2 nach dem Kippen des Hilfs-FFs. Ganz ähnlich arbeitet z. B. das TTL-IC 7470.

Durch $\overline{Q}' = L$ blockiert es *sich* aber sofort *selbst* das R'-Tor N2, gleichgültig wie lange noch der Taktzustand C=H fortbesteht. Dies ist die besagte *Selbstverriegelung des FFs.*

Augenblicke später übernimmt das L-aktive FF des Hauptspeichers vom Hilfs-FF Q=H und $\overline{Q}$=L. Da sich der Hauptspeicher bei H-Signal an den Eingängen völlig passiv verhält, speichert er die eingelesene Information auch dann, wenn der Takt C „irgendwann" auf L zurücksetzt und damit das Hilfs-FF wieder auf H–H symmetrisiert wird (wie eingangs beschrieben).[1])

Dieses FF verfügt also insgesamt über zwei interne Speicherplätze, was oft noch aus ganz anderen Gründen notwendig ist, wie wir gleich sehen werden.

19.5 Ein Flipflop mit Vor- und Hauptspeicher, das Master-Slave-Flipflop (MS-FF)

19.5.1 Aufbau und Funktion

Häufig müssen Informationen von einem Speicher-FF zum nächsten „verschoben" werden, etwa um ein Lauflicht oder eine Laufschrift anzusteuern. Doch hier gerät ein FF unwillkürlich in eine Zwickmühle, wie Bild 19.24 zeigt.

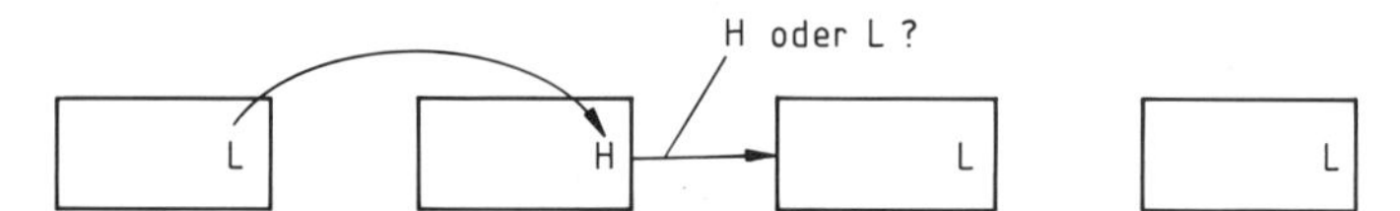

Bild 19.24 Hier müßte z. B. das zweite FF ein L abspeichern, sollte aber gleichzeitig noch am Ausgang ein H für das dritte FF abgeben.

[1]) Entsprechend würde sich der Hauptspeicher nach der Informationsübernahme auch dann passiv verhalten, wenn kurz nach der Übernahme, aber noch während des Taktzustandes C=H, am weiterhin geöffneten S-Tor N1 ein Signalwechsel von S=H auf S=L auftritt, denn S=L und R=L symmetrisieren das Hilfs-FF ebenfalls ...

Bei der Informationsübertragung von FF zu FF entsteht also ein *Widerspruch*, weil

- ein FF einerseits in einen neuen (Informations-)Zustand kippen muß, aber
- andererseits noch die alte Information für das nächste FF bereithalten muß.[1])

Dieser Widerspruch läßt sich sofort aufheben, wenn wir nach Bild 19.25 jedes FF in einen Vor- und einen Hauptspeicher unterteilen. Jetzt wird die geforderte Informationsverschiebung möglich, weil wir sie klar in zwei Teilphasen aufgliedern können. Welche Phase gerade vorliegt, steuert hier der Zustand eines Taktsignals C, etwa wie folgt:

C = L: *Grundzustand* des Taktes (Wirkung folgt gleich)

C = H: 1a) Hauptspeichereingänge blockiert, Hauptspeicher liefert dadurch noch, wie gewünscht, die alte Information.

1b) Vorspeichereingänge offen, Vorspeicher übernimmt schon die neue Information.

C = L: 2a) Vorspeichereingänge blockiert.

2b) Hauptspeichereingänge offen, Hauptspeicher übernimmt erst jetzt die neue Information aus dem Vorspeicher.

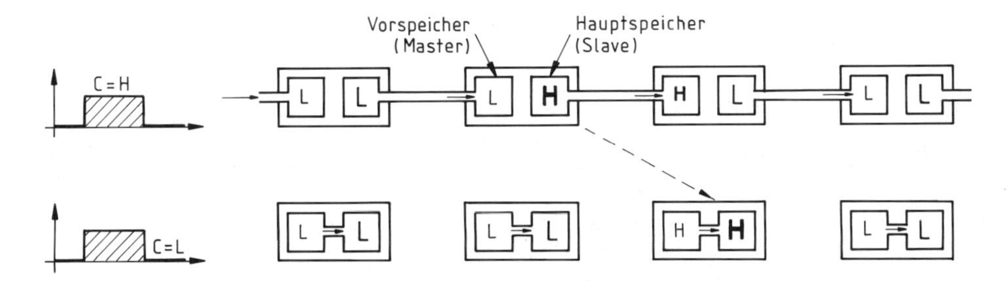

1. Die Vorspeicher übernehmen als Zwischenspeicher die neue Information

2. Die Hauptspeicher übernehmen die neue Information aus den Vorspeichern

Bild 19.25 Problemlose Informationsverschiebung in zwei Schritten bei FFs mit Vor- und Hauptspeicher, Steuerung durch den Taktzustand C

Nachdem der Takt wieder seinen Grundzustand (hier L) angenommen hat, ist die Information um eine Stelle verschoben worden. Dabei hängt letztlich der sich ergebende Hauptspeicherinhalt „sklavisch" allein vom Inhalt des Vorspeichers ab. In diesem Sinn ist der Vorspeicher „Herr und Meister" über den Hauptspeicher.

- ▶ Deshalb heißt der Hauptspeicher auch *slave*.[2])
- ▶ Der Vorspeicher wird somit auch *master* genannt.[3])
- ▶ Entsprechend bezeichnen wir solch ein zweistufiges FF als **Master-Slave-FF** oder kurz als **MS-FF.**

Am *Ausgang des MS-FFs* ändert sich das Signal also nie sofort, sondern verspätet (= retardiert), nämlich erst dann, wenn der Takt wieder den Grundzustand annimmt. Diese *Retardierung* drückt ein ⌝-Zeichen im FF-Symbol aus (Bild 19.26). Das ⌝-Zeichen weist also immer darauf hin, daß es sich um ein zweistufiges[4]) FF handelt.

[1]) Die Zustände während des Kippvorgangs selbst sind „fließend" und sicher nicht eindeutig verwertbar.
[2]) slave (engl.) = Sklave
[3]) master (engl.) = Herr, Meister
[4]) bzw. mehrstufiges, siehe Kapitel 19.5.3

In diesem Kapitel ist der Taktgrundzustand immer C = L. Das FF verhält sich wie folgt:

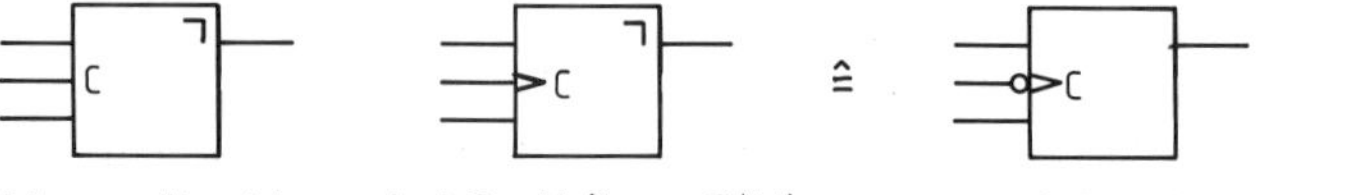

Master übernimmt bei C = H (bzw. C↑H)
Slave übernimmt bei C = L (bzw. C↓L)

Scheinbares Verhalten:
Negativ flankengetriggert

Zum Vergleich das Verhalten, wenn der Taktgrundzustand mit C = H festgelegt ist:

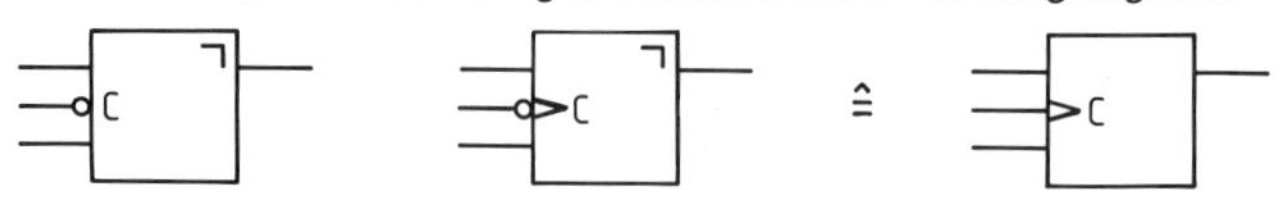

Master übernimmt bei C = L (bzw. C↓L)
Slave übernimmt bei C = H (bzw. C↑H)

Scheinbares Verhalten:
Positiv flankengetriggert

Bild 19.26 Bei MS-FFs wird nur die Triggerung des *Masters* angegeben. Das Gesamtverhalten ergibt sich erst zusammen mit der Retardierung (erkennbar am ⌝-Zeichen)

Einen Nachteil hat die Zustandssteuerung (= Pulstriggerung) allerdings: Der Master ist während der ganzen Zeit, in der ein Taktzustand mit C = H andauert, offen für eine Datenübernahme. Die Signale an den Informationseingängen dürfen sich deshalb während dieser Taktphase *nicht* unbeabsichtigt *ändern*. Unproblematisch sind jedoch kurze Störungen der Informationen. Davon bleibt ja der Inhalt des Slaves sicher unbeeinflußt, es sei denn das Störsignal liegt noch an, wenn der Master gerade „dicht" macht und - eine Schaltzeit später - der Slave übernimmt. Die Störung darf also nicht mehr *bei* der negativen Taktflanke auftreten. In dieser Hinsicht würde sich aber auch ein „echt" zweiflankengetriggertes MS-FF nicht besser verhalten. Bei diesen gelangen ja auch Störimpulse zumindest während der Anstiegsflanke in den Master.

- ▶ MS-FF sind pulsgetriggert (zustandsgesteuert) und übernehmen, solange der Takt andauert, Eingangsdaten.
- ▶ Der Master schirmt den Slave gegen kurzzeitig auftretende Störimpulse hinreichend ab.
- ▶ Für kritische Anwendungen gibt es aber auch pulsgetriggerte MS-FFs, die die Eingangsdaten nur noch eine sehr kurze Zeit (5 ns) nach der positiven Taktflanke übernehmen. Diese MS-FFs verfügen über einen Data Lockout (Schaltung zum Aussperren der Daten durch eine selbstverriegelnde Eingangssperre, ähnlich wie in Bild 19.23).

Wir merken uns also (Details folgen noch in Kapitel 19.5.3):

> Ein **Master-Slave-FF** verfügt intern über zwei FFs. Ein (Teil-)FF arbeitet als *Vorspeicher* (Master), das andere als *Hauptspeicher* (Slave).
> Master und Slave sind taktzustandsgesteuert, die Eingänge werden jeweils invers geöffnet bzw. blockiert.
> **Beispiel:** - Taktsignal C = H:
> Master übernimmt, Slaveeingänge blockiert
> - Taktsignal C = L (Grundzustand):
> Mastereingänge blockiert, Slave übernimmt den Masterinhalt.
> Angegeben wird immer nur die Triggerung für den Master. Der Slave triggert dann verzögert (⌝-Zeichen), also invers zur angegebenen Triggerung.
> Für Spezialfälle gibt es auch MS-FFs mit Data Lockout (Eingangssperre). Sie *wirken* wie echt flankengetriggerte MS-FFs.

▶ Typen und Typenvergleiche sind am Ende des nächsten Kapitels zu finden.

Ein Einsatzgebiet der MS-FFs haben wir schon vorgestellt. In einer Kette angeordnet erlauben sie das getaktete Verschieben von Informationen. Solche FF-Ketten heißen dann auch **Schieberegister.** Diese betrachten wir ab Kapitel 20.7.1 noch ausführlich.

19.5.2 JK-FFs sind Universal-FFs

Ein Blick in ein Datenbuch zeigt, daß es kaum getaktete FFs und MS-FFs mit den bekannten SR-Eingängen gibt. Fast alle FFs sind als JK- bzw. JK-MS-FFs verzeichnet. **J** (wie Jump) und **K** (wie Kill) bezeichnen hier die FF-Eingänge. Dabei verhält sich ein J- wie ein S- und K- wie ein R-Eingang, mit einem Unterschied:

- ▶ Beim RS-FF führt S = H *und* R = H nach dem Takt zu einem unbestimmten Zustand.
- ▶ Beim JK-FF ergibt sich aber bei J = H *und* K = H ein genau definiertes Verhalten. Ein JK-FF wechselt in diesem Fall mit jedem Takt seinen Zustand, d. h. $Q_{n+1} = \overline{Q}_n$. Das JK-FF arbeitet hier als T-FF (Zähl-FF) im **Toggle-Mode** (Bild 19.27).[1])

In dieser Betriebsart bereitet eine geeignete Signalrückführung des Slaveinhaltes auf die Mastereingänge den jeweils inversen Folgezustand selbst vor (siehe Kapitel 14.5 bzw. 19.5.4).

Wie aus Bild 19.27 hervorgeht, ist da JK-FF recht universell verwendbar. Für den ungetakteten Betrieb als SR-FF sind fast immer noch Preset- und Clear-Eingänge vorhanden, die direkt auf den Slave, also den Hauptspeicher zugreifen.

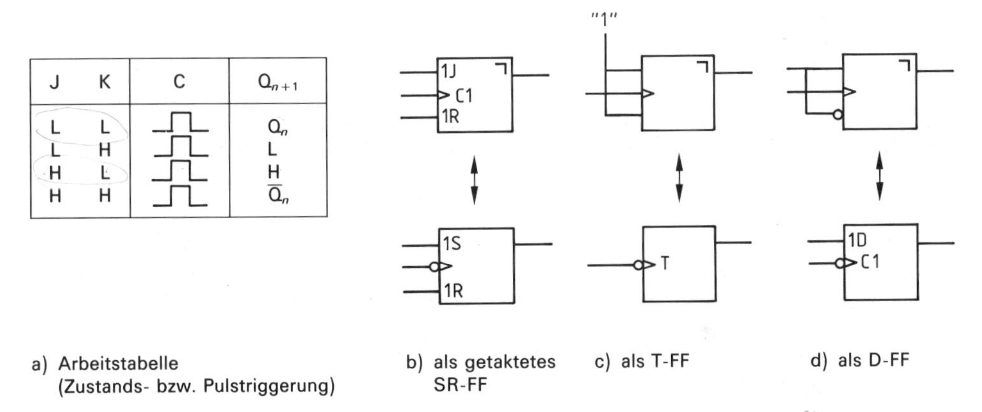

J	K	C	Q_{n+1}
L	L	⎍	Q_n
L	H	⎍	L
H	L	⎍	H
H	H	⎍	$\overline{Q}_n$

a) Arbeitstabelle (Zustands- bzw. Pulstriggerung) b) als getaktetes SR-FF c) als T-FF d) als D-FF

Bild 19.27 Das JK-FF als Universal-FF, dargestellt sind die Möglichkeiten eines pulsgetriggerten JK-MS-FFs, bei einflankengetriggerten JK-FFs ändert sich ggf. die Triggerung. Als Option sind meist noch vorrangige Preset- und Clear-Anschlüsse für den statischen SR-Betrieb vorhanden.

Zum Schluß einige handelsübliche **JK-MS-FFs und JK-FFs**[2]) im Vergleich:

7472	Pulsgetriggertes MS-FF, zusätzlich Preset und Clear
7476	wie 7472, jedoch zwei MS-FFs in einem Gehäuse
74110	Pulsgetriggertes JK-MS-FF mit Data Lockout (Eingangssperre) pinkompatibel zum 7472
74111	wie 74110, jedoch zwei MS-FFs in einem Gehäuse
4095/96	Pulsgetriggertes MS-FF (Transfer vom Master zum Slave bei der positiven Taktflanke), zusätzlich Preset und Clear
4027	wie 4095, jedoch zwei MS-FFs in einem Gehäuse
7470	Positiv einflankengetriggertes FF, einstufig mit Hilfsspeicher
74LS73	Negativ einflankengetriggertes FF, einstufig mit Hilfsspeicher

[1]) toggle (engl.) = Uhrpendel; mode (engl.) = Betriebsart, Modus
[2]) Echte einstufige JK-FFs gibt es nicht: siehe Kapitel 19.5.4, Schluß

Zum Abschluß noch für Spezialisten:

19.5.3 Schaltungsaufbau des RS-MS-FFs

Beginnen wir mit einem taktzustandsgesteuerten RS-MS-FF. Master- und Slaveeingänge müssen durch einen Taktzustand blockierbar sein, d.h., wir können für die beiden Teil-FFs direkt die Schaltung aus Bild 19.19 übernehmen, was sofort das MS-FF aus Bild 19.28 ergibt. Der Inverter für den Takt C sorgt dafür, daß entweder nur die Mastereingänge offen sind (C=H) oder nur die Slaveeingänge (C=L).

Bei C=H liest der Master die Eingangsdaten ein und C=L übernimmt der Slave anschließend den Masterinhalt, der Master ist in dieser Zeit nach außen isoliert.

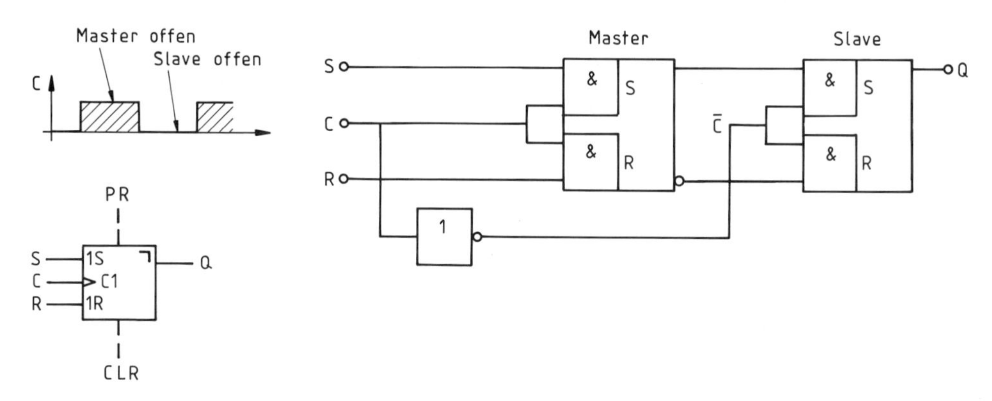

Bild 19.28 Taktzustandsgesteuertes MS-FF mit RS-Eingängen (nur Funktionsschema, siehe Text)

Werden Impulsverzögerungszeiten nicht berücksichtigt, ergibt sich tatsächlich der dargestellte Funktionsablauf. In Wirklichkeit wird bei ansteigender Taktflanke – wegen der Laufzeit des Taktsignals durch den Taktinverter – der Slave erst nach dem Öffnen der Mastereingänge blockiert. Der Master überschreibt so den Slaveinhalt, der damit verloren ist.

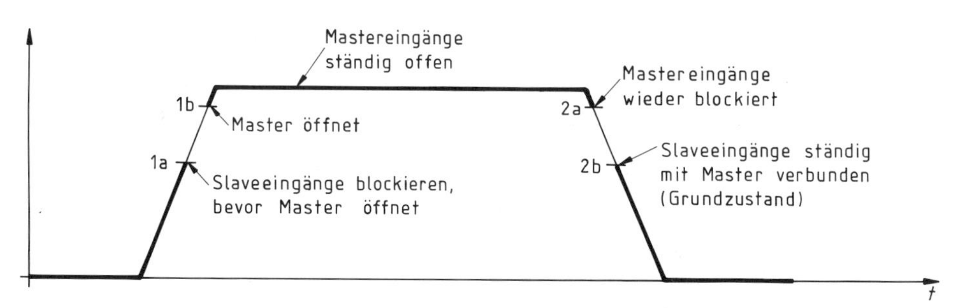

Bild 19.29 Funktionsablauf bei einem MS-FF im Detail

Nun war es ja gerade der Sinn einer Master-Slave-Anordnung, daß der Slave noch die alte Information bereithält, während der Master schon die neue vorspeichert. Dies erfordert für ein MS-FF im Verlauf der Taktflanken ein Schaltverhalten, wie es Bild 19.29 wiedergibt: Die Slaveeingänge müssen schon blockiert sein, bevor die Mastereingänge die neue Information aufnehmen.
Das gewünschte Verhalten läßt sich durch eine geeignete Festlegung der Schaltschwellen erreichen. Vorsichtshalber wird auch noch eine weitere Trennstufe zwischen Master und Slave eingeschoben, wobei diese Trennstufe als Hilfs-FF dem Slave „zuarbeitet". Damit stellt Bild 19.28 nur die prinzipielle Wirkungsweise eines MS-FF durch Logik-Elemente dar. Die ausgelieferten Industrieschaltungen sind in Wahrheit *sehr* aufwendig.
Der TTL-IC 7472 enthält z.B. nur ein MS-FF und besteht schon aus 22 Transistoren, davon acht Multiemitter-Transistoren. Wenn alles in Einzeltransistoren aufgelöst wird, enthält dieses MS-FF allein 42 (!) Transistorfunktionen.
Auch bei CMOS-MS-FFs ist der Schaltungsaufwand hoch: Allein der Datentransfer zwischen den FFs läuft hier über vier Transmissions-Gates (erklärt in Kapitel 13.4).

Ebenfalls für Spezialisten:

19.5.4 Schaltungsaufbau des JK-MS-FFs

Grundsätzlich entsteht aus jedem taktgesteuerten RS-FF ein JK-FF, wenn sich das FF für J=H und K=H richtig „selbstvorbereiten" kann. Diese Idee stammt noch aus der diskreten Schaltungstechnik (siehe z.B. Kapitel 14.5).

Übertragen auf das MS-FF aus Bild 19.28 erhalten wir dann eine Schaltung wie in Bild 19.30.

Für J=K=L bleiben die Master-FF-Eingänge (S und R) immer blockiert. Dies ist der *Speicher-Mode* mit $Q_{n+1}=Q_n$.

Bei J=H und K=H gilt immer $S=\overline{Q}$ sobald der Takt auf H springt; d.h.:
Mit jedem Taktimpuls wird als nächstes der zu Q inverse Speicherinhalt $\overline{Q}$ gesetzt (Bild 19.31).

Im *Normalbetrieb*, J≠K, stört die Selbstvorbereitung in keinem Fall. (Beispiel: J=H, K=L und Q=L. Wegen $\overline{Q}$=H gibt der Takt bei C=H den Setzbefehl richtig an den S-Eingang weiter ...)

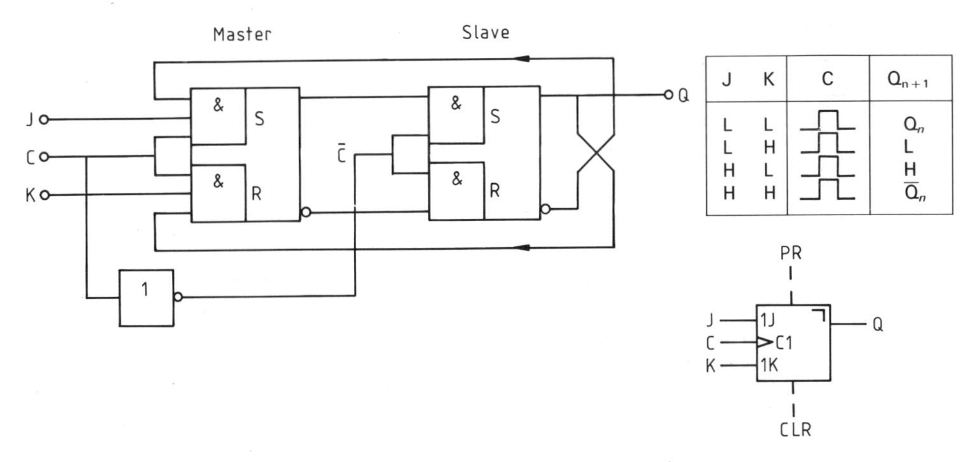

J	K	C	Q_{n+1}
L	L	⎍	Q_n
L	H	⎍	L
H	L	⎍	H
H	H	⎍	$\overline{Q}_n$

Bild 19.30 Ein JK-FF, hier mit einem MS-FF aufgebaut. Die Dreifach-ANDs (vor den Mastereingängen) ermöglichen das JK-Verhalten, mit dem Toggle-Mode $Q_{n+1}=\overline{Q}_n$.

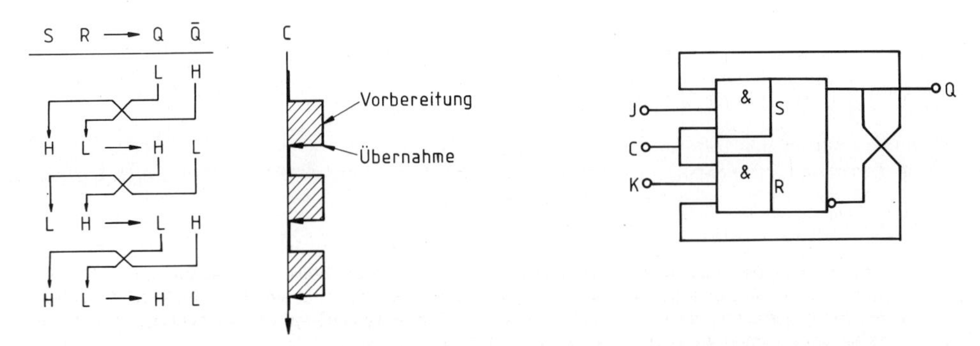

Bild 19.31 Durch richtige Selbstvorbereitung kippt ein JK-FF mit jedem Takt

Bild 19.32 Dieses einstufige System schwingt im Toggle-Mode, also bei J=K=H

Ein einfaches einstufiges, zustandsgesteuertes JK-FF nach Bild 19.32 liefert dagegen keinen sinnvollen Toggle-Mode: Mit C=H kippt Q sofort (!) um. Dies ändert aber gleich wieder die S-, R-Signale, das FF kippt erneut um ... Ergebnis: *Das System schwingt.*

Also:

► Einstufige JK-FFs gibt es nicht.

Aufgaben

Monostabile Kippschaltungen

Monoflop aus Logik-Gattern

1. a) Zeigen Sie durch Umzeichnen, daß es sich hier um das gewohnte Monoflop handelt.

   b) Erläutern Sie den Funktionsablauf nach einer Triggerung mit L-Signal.

   c) Wie lange dauert (etwa) der Ausgangsimpuls?

   (*Lösung zu a und b:* Text zu Bild 19.4; *zu c:* ca. 2 ms)

R_2 100k, R_1 330k, C 6,8n, N1, N2

N1, N2 $\triangleq \frac{1}{3}$ 4049

2. Dimensionieren Sie die Schaltung aus Aufgabe 1 für TTL-Gatter um ($\bar{t}_i = 2$ ms).
   (*Lösung:* $R_1 = 1$ kΩ, $C \simeq 2{,}2$ µF, $R_2 \leq 10$ kΩ)

3. Das Monoflop aus Aufgabe 1 kann ohne die Dioden mit NANDs (z.B. 1/2 4011) aufgebaut werden. Zeichnen Sie das Schaltbild.
   (*Lösung:* Bild 19.5)

4. a) Erläutern Sie die Aufgabe der beiden *RC*-Glieder R_1, C_1 bzw. R_2, R_3, C_2.
   (*Hilfe:* Text zu Bild 19.6)

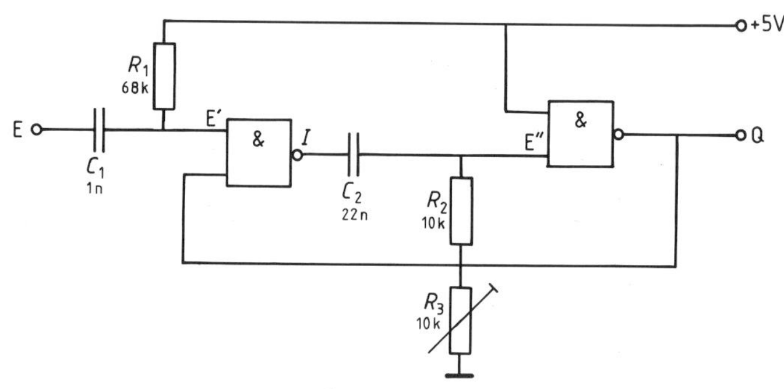

2 CMOS-ANDs $\triangleq \frac{1}{2}$ 4011

   b) Am Eingang E liege ein Rechtecksignal mit $f = 2$ kHz (Impulsdauer = Pausendauer); H $\triangleq$ +5 V. Skizzieren Sie den Spannungsverlauf an E, E', I, E'' und Q für $R_3 = 0$ *und* für $R_3 = 10$ kΩ.
   (*Hilfe:* Bild 19.6; $R_3 = 0$: Ausgangsimpuls mit ca. 0,22 ms kürzer als der Triggerimpuls; $R_3 = 10$ kΩ: Ausgangsimpuls mit ca. 0,44 ms länger als ...)

Steile Impulsflanke auch mit einem Gatter

5. a) Erläutern Sie noch einmal, weshalb durch eine Mitkopplung beim Monoflop nach Bild 19.4 bzw. 19.5 der Rücksprung L↑H am Ausgang beschleunigt wird.

   b) Erklären Sie für das dargestellte Monoflop den Funktionsablauf nach einem kurzen L-Triggersignal. Erläutern Sie insbesondere die Selbsthaltung und die Wirkung der Mitkopplung beim L↑H-Rücksprung. Im Grundzustand gilt hier E = H, Q = H, der Kondensator C ist ungeladen.
   (*Lösung:* Bei [kurzzeitigem] E = L erfolgt Q = L, C lädt sich auf; der Spannungsabfall an R hält E2 auf L [= Selbsthaltung]. Ist C fast geladen [$i_C \to 0$], so erhöht sich U_{E2}; folglich steigt U_Q und folglich steigt U_{E2} sehr stark an, denn es gilt $U_{E2} = U_Q + U_C \simeq U_Q + U_S$. Das Gatter schaltet noch mehr durch [= steile L↑H-Flanke durch Mitkopplung]).

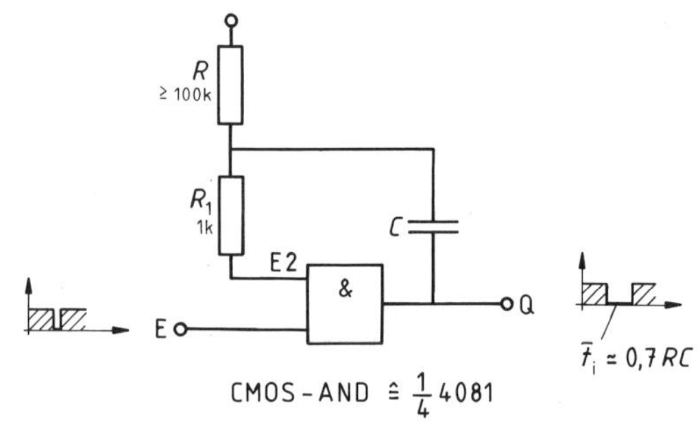

Astabile Kippschaltungen

Oszillatoren in TTL- und CMOS-Technik

6. **a)** Berechnen Sie für den gegebenen TTL-Oszillator die ungefähre Schwingfrequenz. (*Lösung:* 25 kHz)

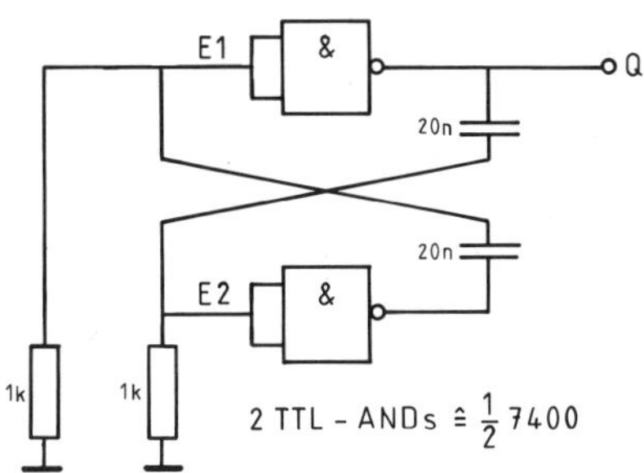

b) Skizzieren Sie das Signal an Q und E1. (*Lösung:* Q = L für 20 µs, positiver Peak bei E1; bei Q→H kleiner „gekappter" negativer Peak bei E1)

c) 1. Bei CMOS-Gattern (z. B. 4011) dürfen die Widerstände wesentlich größer werden. Warum nicht bei TTL-Gattern? (*Hilfe:* Praktikerhinweis zu Bild 19.5)

2. Berechnen Sie für CMOS-Gatter die Widerstände für eine Schwingfrequenz von 100 Hz. (*Lösung:* 250 kΩ)

Wecktongenerator

7. Der Tongenerator gibt im 2/10-Sekundenrhythmus, gesteuert vom Taktgenerator, einen 1000-Hz-Piepton ab: Piep ... Piep ...

a) Dimensionieren Sie die Widerstände (Gatter 4049 oder 4011). (*Lösung:* R_2, $R_4 \simeq 100$ kΩ; R_1, $R_3 \simeq 220$ kΩ)

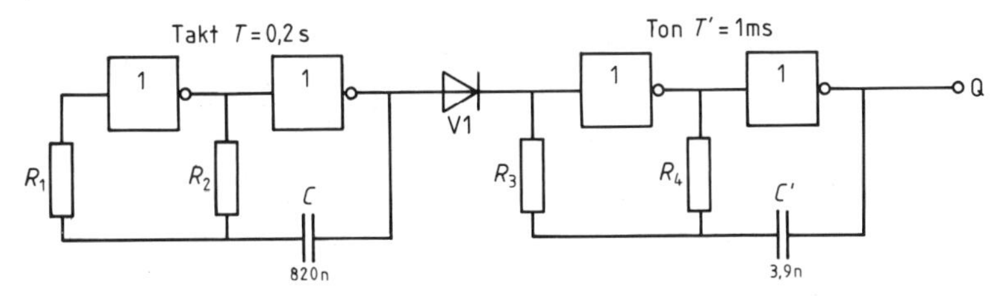

b) Bei Verwendung des NAND-Gatters 4011 kann auf V1 verzichtet werden. Zeichnen Sie die Schaltung. (*Hilfe:* Bild 19.13)

c) Was geschieht, wenn R_1, R_3 eingespart werden? (*Hilfe:* Text zu den Bildern 19.10 und 19.11)

Getrennte Festlegung von t_i und t_p bei einem Kondensator

8. **a)** Zunächst sei $R_V = 0$. Schätzen Sie t_i und t_p ab. (*Lösung:* 133 µs, 67 µs, siehe Bild 19.10)

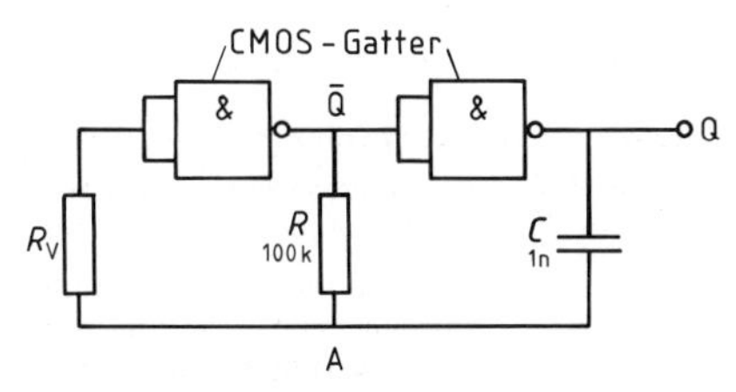

b) Wie ändern sich t_i und t_p bei $R_V = 220$ kΩ? Erläutern Sie insbesondere, weshalb jetzt (im Gegensatz zu Teilaufgabe a) $t_i < t_p$ wird. (*Lösung:* $t_i = 83$ µs, $t_p = 167$ µs; der negative Impuls bei A beginnt wegen R_V bei $-U_S$ [im Gegensatz zu Teilaufgabe a und zu dem Impulsdiagramm aus Bild 19.10])

c) 1. Wie groß ist hier t_i und t_p? (*Lösung:* $t_i \simeq t_p \simeq 167$ µs, denn: $t_i \simeq 1/3 \cdot T$ bei $R = 200$ kΩ, $t_p \simeq 2/3 \cdot T$ bei $R = 100$ kΩ)

2. Wie ändern sich t_i und t_p, wenn V2 „wegfällt" (= überbrückt wird)? (*Lösung:* $t_i \simeq 167$ µs, $t_p \simeq 110$ µs)

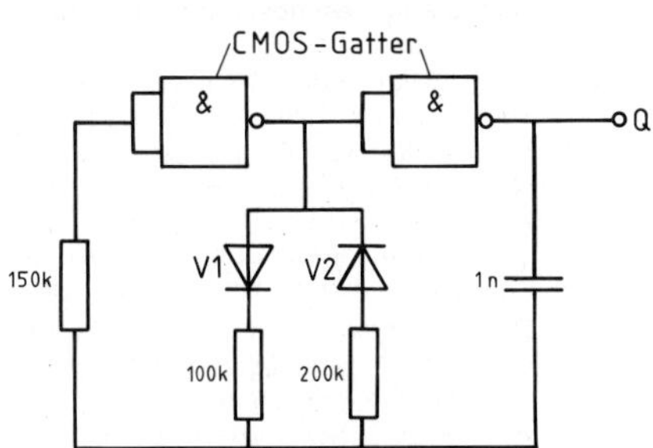

Schmitt-Trigger-Oszillator

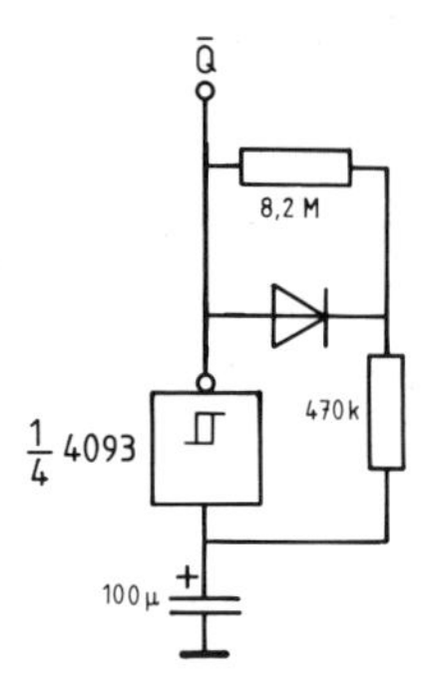

9. a) Zeichnen Sie für den Lade- und Entladevorgang die Schaltung gemäß Bild 19.12 um.

b) Schätzen Sie t_i (Q=H) und t_p (Q=L) ab.
(*Lösung:* $t_i \simeq 16\ \text{s} \simeq 1/3 \cdot T$ bei 470 kΩ; $t_p \simeq 9{,}6\ \text{min} \simeq 2/3 \cdot T$ bei 8,**67** MΩ)

Bistabile Kippschaltungen

Grundlagen

10. Triggerung wird oft synonym für Steuerung gebraucht, erläutern Sie die Begriffe

a) taktzustandsgesteuertes, taktflankengetriggertes, zweiflankengetriggertes, zweizustandsgesteuertes FF.

b) Tast-FF, RS-FF, $\overline{R}\,\overline{S}$-FF, D-Latch.

c) MS-FF, JK-MS-FF, Toggle-Mode, retardierter Ausgang.

d) Zweizustandssteuerung im Gegensatz zur Zweiflankensteuerung (Zweiflankentriggerung).

11. Wie realisiert die IC-Technik eine Flankentriggerung, wie werden aus SR-Eingängen JK-Eingänge (Prinzip genügt)?
(*Hilfe:* Kapitel 19.4.3 und 19.5.4)

12. Welche Eingangskombination ist jeweils verboten, welches FF ist falsch bezeichnet, obwohl sich z. B. bei S=H und R=L der Zustand Q=H ergibt?

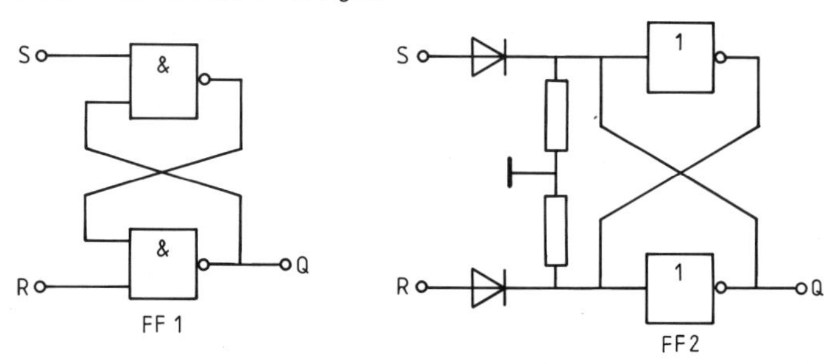

(*Lösung:* Verboten ist beim FF1: R=S=L, beim FF2: R=S=H; FF1 ist falsch bezeichnet, da beim RS-FF R=S=H verboten ist, siehe auch Bild 19.18)

Spezielle einstufige FFs

13. a) Zeichnen Sie ein taktzustandsgesteuertes $\overline{R}\,\overline{S}$-FF in Full-NAND-Technik. (*Hilfe:* Bild 19.19 mit 19.18)

b) wie a, jedoch D-Latch mit der Arbeitstabelle aus Bild 19.20

c) Zeigen Sie, daß auch nebenstehende Schaltung ein D-Latch nach Bild 19.20 darstellt.

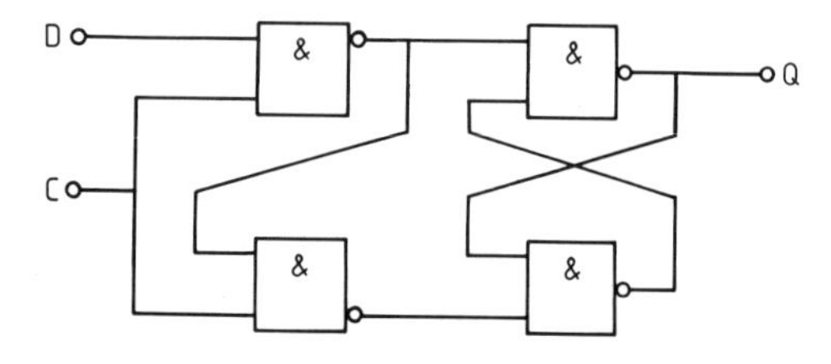

JK-MS-FFs

Schiebebetrieb (Vorwärtsbetrieb)

14. Vier JK-FFs A, B, C, D sind in Reihe geschaltet. (Q an J, $\overline{Q}$ an K, die Eingänge von FF A liegen beide an L-Signal.) Die FFs sind (statisch über Preset) so gesetzt worden, daß $Q_A = Q_B = H$ und $Q_C = Q_D = L$ gilt.

a) Zeichnen Sie über vier Takte hinweg ein Mehrfach-Impulsdiagramm, aus dem (neben dem Takt C) die Signalzustände sämtlicher Master und Slaves abzulesen sind. Heben Sie das Taktsignal und alle Slavesignale farbig hervor, beschreiben Sie den Ablauf.

b) Wie a, die JK-Eingänge von FF A sind aber mit Q und $\overline{Q}$ von FF D verbunden (Ringschieberegister).

JK-MS-FFs als (asynchroner) Zähler

15. Vier JK-MS-FFs A, B, C, D bilden eine Kette. Q_A ist mit dem Takteingang von FF B verbunden usw. Allein der Takteingang von FF A wird direkt vom Taktsignal angesteuert. Sämtliche JK-Eingänge liegen an H-Signal.

a) In welcher Betriebsart arbeiten die FFs hier? Welche Taktflanke bewirkt eine „sichtbare" Veränderung an den Ausgängen?

b) Zeichnen Sie über acht Takte hinweg ein Impulsdiagramm, welches das Taktsignal und alle Master- und Slavezustände wiedergibt. Heben Sie Takt- und alle Slavesignale farbig hervor.

(*Lösung zu a:* die FFs arbeiten hier als T-FFs [im Toggle-Mode]. Sichtbare Änderungen am Slaveausgang erfolgen erst mit der Taktabfallflanke; siehe Kapitel 19.5.2)

Schaltungstechnik von JK-MS-FFs

16. a) Stellen Sie das JK-MS-FF aus Bild 19.30 allein mit AND- und NOR-Gattern dar.

b) wie a, jedoch in Full-NAND-Technik (*Hilfe:* Statt der RS-FFs sind $\overline{R}\,\overline{S}$-FFs und statt der AND-Eingangsgatter sind NANDs zu verwenden.)

Die Auswirkung von Störimpulsen beim pulsgetriggerten MS-FF

17. Im folgenden soll überlegt werden, daß sich die zahlreichen Störimpulse (hier schraffiert dargestellt) zwar kurzfristig auf den Master, nicht aber auf den Slave auswirken (Ausgenommen der Zeitpunkt t_5). Skizzieren Sie dazu das Master- und das Slave-Ausgangssignal.

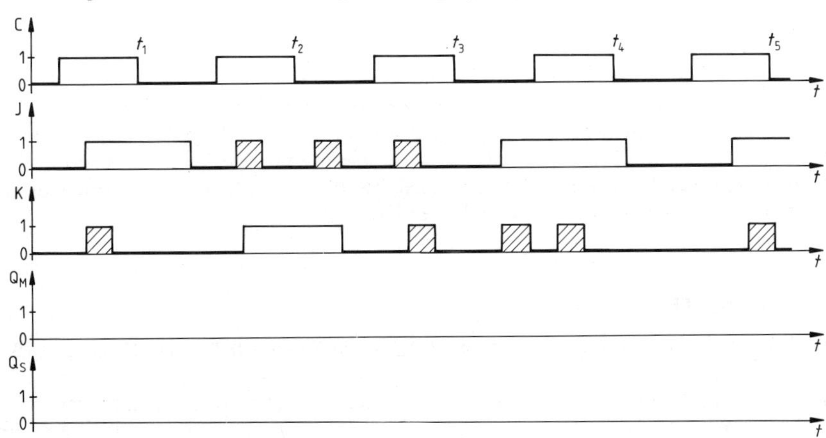

(*Lösung für* Q_S: t_1: H, t_2: L, t_3: H, t_4: L, t_5: H.

Erklärung:

Wir verwenden das Schaltbild 19.30. Ab t_2 ist Q, genauer $Q_S = 0$, also $\overline{Q}$ bzw. $\overline{Q}_S = 1$. Zusammen mit $C = 1$ liefert das Gatter am S-Eingang des Masters bei der nun folgenden Störung durch $J = 1$ ein irreguläres Setz-Signal an den Master.)

20 Zähler und Register

20.1 Asynchrone Vorwärtszähler

20.1.1 Asynchrone Dualzähler (Binärzähler)

Bild 20.1 zeigt als Beispiel eine 4-Bit-Zählkette. Die verwendeten T-FFs sind negativ flankengetriggert und werden einfach in Reihe geschaltet[1]). Den Zählerinhalt notieren wir in der Reihenfolge Q_D, Q_C, Q_B, Q_A, damit er im 8-4-2-1-Code gedeutet werden kann. Wenn wir mit dem Zählerinhalt 0000 beginnen, erhalten wir so mit der ersten negativen Taktflanke den Inhalt 0001, da FF A umkippt (toggelt). Am Ausgang Q_A entsteht zwar eine Anstiegsflanke, auf die FF B aber *nicht* reagiert. Mit der zweiten negativen Taktflanke stellt sich der Inhalt 0010 ein, da

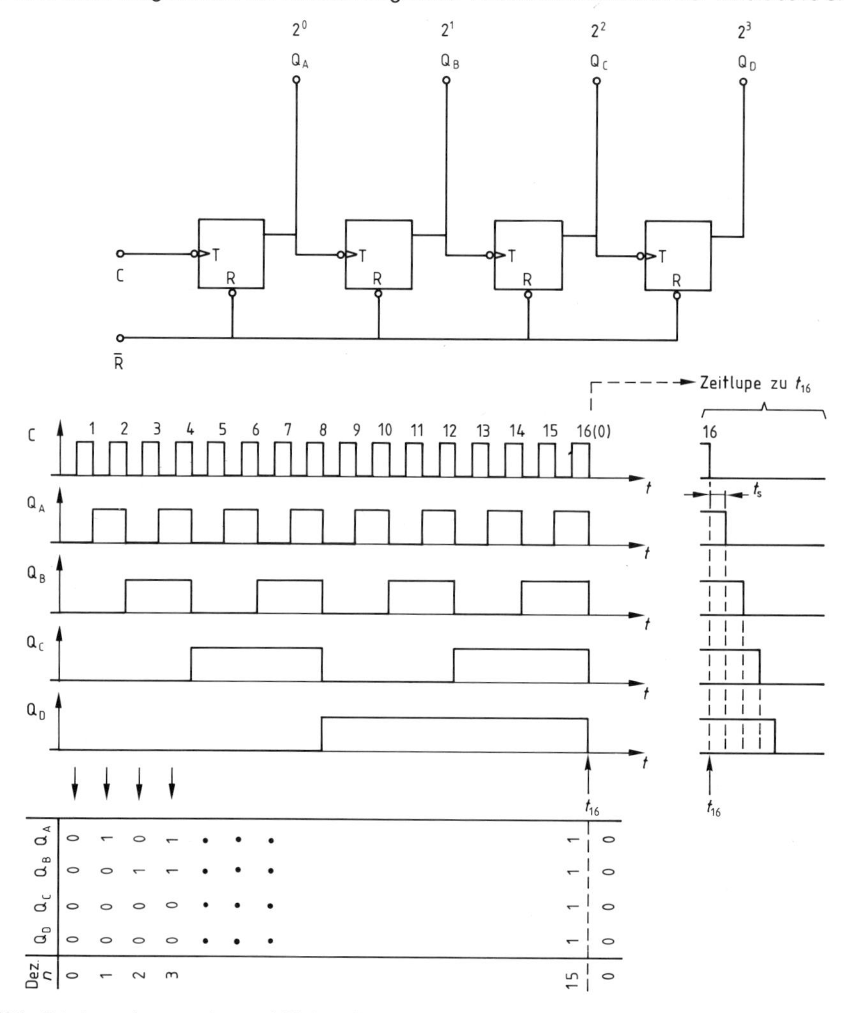

Bild 20.1 Schaltung eines asynchronen 4-Bit-Dualzählers mit vereinfachtem Zeitablaufdiagramm, siehe „Zeitlupe"

[1]) Bei positiver Triggerung muß $\overline{Q}$ „weitergegeben" werden.

FF A erneut toggelt, diesmal von $Q_A = 1$ auf $Q_A = 0$. Auf diese Abfallflanke reagiert jetzt FF B, es kippt auf $Q_B = 1$ um. Setzt man diese Überlegungen fort, so erhält man nach *n* Taktimpulsen immer die Zahl *n* im 8-4-2-1-Code an den FF-Ausgängen dargestellt. Mit dem sechzehnten Impuls kippen alle FFs (nacheinander) wieder auf Null zurück. Ein neuer Zyklus beginnt.

Bei 4 Bit beträgt die maximale Zählkapazität demnach 15. Wir bezeichnen den Zähler aber als **Modulo-16-Zähler**[1]), weil erst mit jedem sechzehnten Impuls ein neuer Zyklus beginnt.

Typisch für die hier vorgestellte Schaltungstechnik ist, daß die FFs nie gleichzeitig (um-)kippen, da ja immer erst das vorhergehende FF kippen muß, bevor sein Nachfolger „dran kommt".

► Wir sagen, dieser Zähler arbeitet nicht synchron, sondern **asynchron.** (Die FFs kippen nicht gleichzeitig.)

Demnach geraten Anzeige und Takt zunehmend „aus dem Tritt". Mit jedem FF verzögert sich der Zustandswechsel gegenüber der Taktflanke um eine FF-Schaltzeit t_s, was die Zeitlupe in Bild 20.1 deutlich macht.

Diese Tatsache begrenzt die *garantierbare Zählfrequenz* relativ stark. Bei 4-Bit-Zählern in Standard-TTL-Technik liegt sie bei 16 MHz (Typenbeispiel 7493), für die CMOS-Technik etwa bei 4 MHz (Typenbeispiel 4017).

Aus dem selben Grund können Zähler auch nicht zu beliebig langen Zählketten in Reihe geschaltet werden.

Bestehen Zähler aus FFs, die *einfach in Reihe geschaltet* sind, so kippen die FFs *asynchron*. Die Schaltungstechnik solcher asynchroner Zähler ist zwar einfach, aber die maximale Zählfrequenz relativ klein.

Solche asynchronen Zähler heißen im englischen „Ripple-Counter", weil sich der Kippbefehl von FF zu FF wie eine kleine Springwelle (=ripple) ausbreitet.

Die verwendeten T-FFs können immer durch JK-MS-FFs realisiert werden. Bild 20.2 zeigt exemplarisch einen asynchronen 2-Bit-Dualzähler, der sich z. B. aus den ICs 7476 oder 4027 aufbauen läßt. J=K=1 schaltet die FFs in den Toggle-Mode, so daß sie als T-FFs arbeiten. Die L-aktiven Preset- und Clear-Eingänge (PR und CLR) verhalten sich durch das 1-Signal passiv.

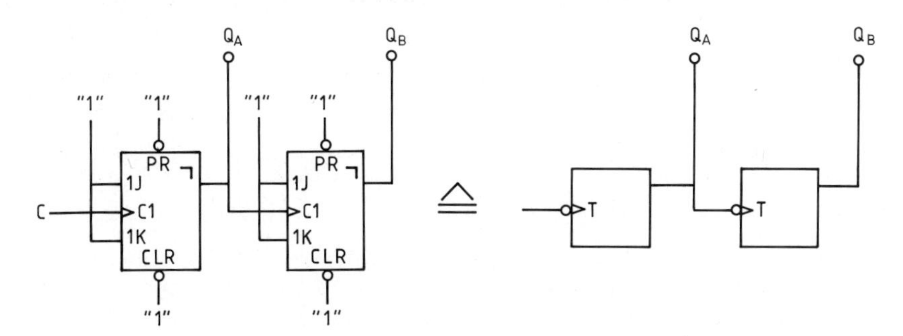

Bild 20.2 Asynchrone 2-Bit-Zählkette aus zwei JK-MS-FFs. Die JK-MS-FFs *verhalten* sich bei dieser Beschaltung wie negativ flankengetriggerte T-FFs

[1]) Modul (lat.) = Maß, Maßstab, Einheit

20.1.2 Asynchrone Dezimalzähler, BCD-Zähler

Wenn jede Stelle einer Dezimalzahl getrennt in einem 4-Bit-Code dargestellt wird, sprechen wir von einer binär codierten Dezimalzahl oder einer Darstellung im BCD-Code. Diese ist übersichtlicher als der reine Dualcode und läßt sich leichter decodieren (etwa durch einen 7-Segment-Decoder).

Beispiel: 92 ↔ (1 0 0 1) (0 0 1 0) ↔ 1 0 1 1 1 0 0
Dez. BCD-Code Dualcode

Ein Dezimalzähler bzw. eine Zähldekade muß also die Dezimalziffern 0 ... 9 im BCD-Code darstellen, bei jedem 10. Impuls zurücksetzen und gleichzeitig einen Übertrag CO (Carry-out) an die nächste Dekade liefern.

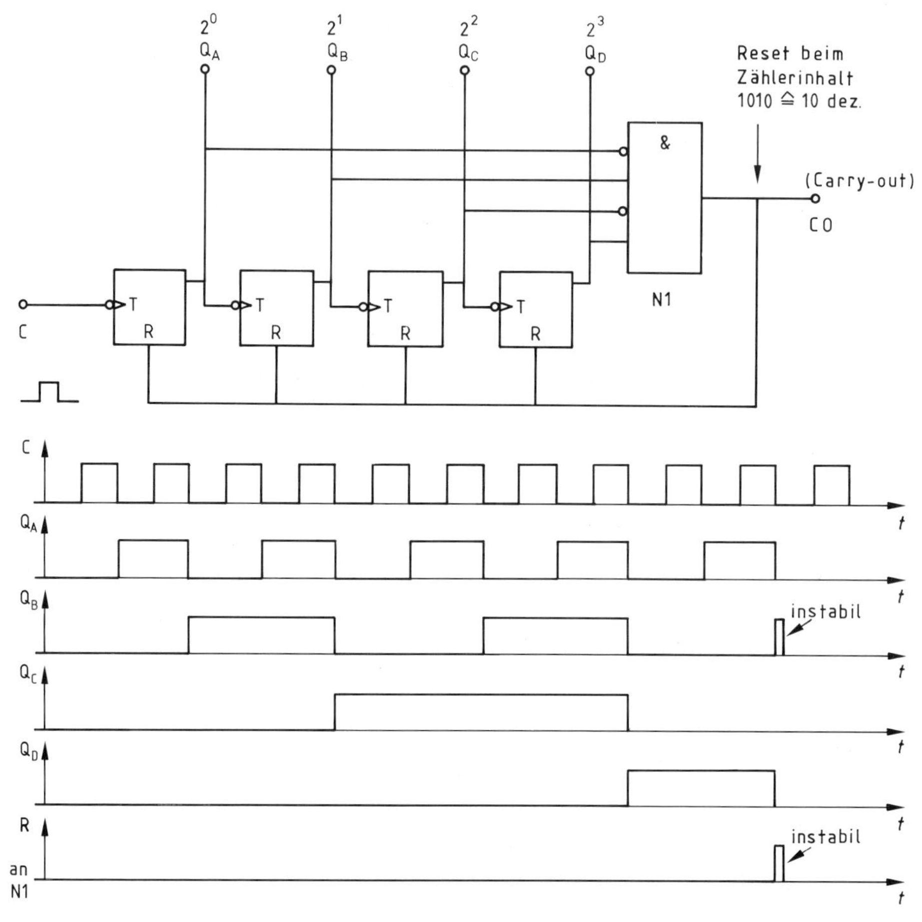

Bild 20.3 Asynchroner Dezimalzähler und sein Zeitablaufdiagramm

Reset und Übertrag erzeugt in der Schaltung von Bild 20.3 das AND-Gatter N1. Mit dem 10. Impuls erscheint als Zählerinhalt die „verbotene" Binärdarstellung der 10, also 1010. In diesem Augenblick liefert N1 einen Resetimpuls an alle FFs. Somit führt der 10. Impuls *praktisch sofort* zum Anfangszustand 0000 zurück. Dadurch verschwindet auch der Resetimpuls am Ausgang von N1 wieder. Die Zähldekade kann also erneut „hochzählen". Mit der negativen Flanke des Resetimpulses an N1 kann die zweite Dekade getriggert werden (Bild 20.5). Dieses Reset-Verfahren ist für alle asynchronen Zähler üblich.

Bei asynchronen Zählern geschieht die *Rückstellung* durch einen Resetimpuls, den ein UND-Element aus dem ersten „verbotenen" Bitmuster erzeugt.

Das Gatter N1 kann auch weniger Eingänge haben, was wir sofort sehen, wenn wir die Schaltfunktion für den Reset R mit Hilfe der Don't-care-Positions minimalisieren. In der Regel genügt jedoch die Überlegung, welche der Bits zum ersten Mal durch die „verbotene" Dualzahl n gesetzt werden. Damit entsteht die Schaltung von Bild 20.4.

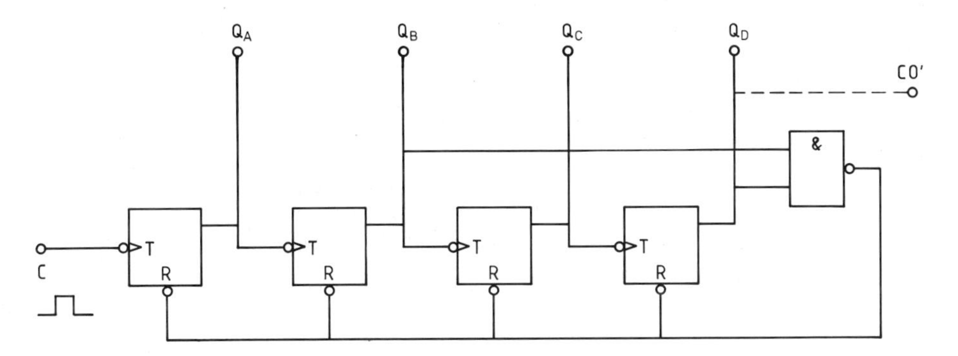

Bild 20.4 Asynchroner Dezimalzähler mit vereinfachter Reset-Logik (hier aufgebaut mit dem TTL-IC 7493)

Natürlich tritt bei asynchronen Zählern immer kurz, d. h. für eine Schaltzeit ($t_s \simeq 30$ ns) als instabiler Zwischenzustand doch das „verbotene" Bitmuster auf (Bild 20.3), was aber in aller Regel nicht stört. Falls doch Komplikationen auftreten, muß synchron gearbeitet werden: Kapitel 20.2.

Zähldekaden lassen sich nun leicht auf eine beliebige Stellenzahl erweitern: Bild 20.5.

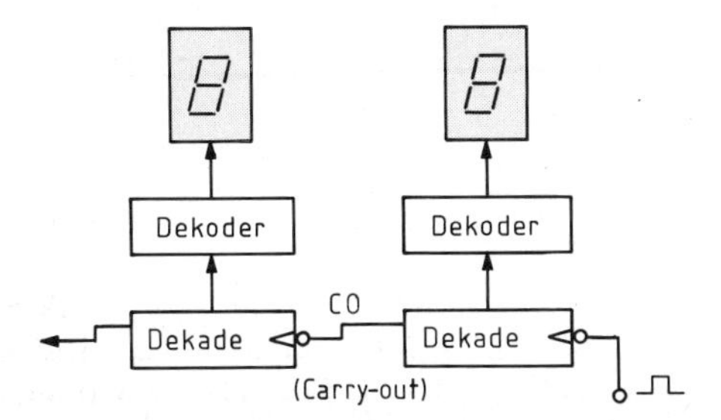

Bild 20.5 Asynchroner BCD-Zähler, Aufbau z. B. mit dem 7490

20.1.3 Modulo-m-Zähler, Zähler mit Zykluslänge m, Frequenzteiler m:1

Ein 4-Bit-Binärzähler hat eine Zählkapazität von 15, der 16te Impuls besorgt die Rückstellung. Wir nannten diesen Zähler deshalb auch einen Modulo-16-Zähler (in Modulen ≙ Einheiten à 16 arbeitend). Der Dezimalzähler hat eine Zählkapazität von 9 und ist entsprechend ein Modulo-10-Zähler, d. h. ein Zähler mit der Zykluslänge 10.

Ein Zähler mit der Zählkapazität Z ist ein **Modulo-m-Zähler**, wobei $m = Z + 1$ gilt.

Zum Aufbau beliebiger Modulo-m-Zähler genügen immer 4-Bit-Zähler mit einem entsprechenden Rückstellnetzwerk. Mit diesen kann zunächst nahtlos m-2 bis m-16 abgedeckt werden (Beispiel s. u.). Kombinationen erlauben dann beliebige Modulwerte, so ist z. B. m-50 identisch mit m-5 „in Reihe mit" m-10.

Jeder Modulo-m-Zähler läßt sich gleichzeitig als *Frequenzteiler* mit dem Teilverhältnis m:1 einsetzen. Dabei ist nur in Sonderfällen, z. B. wenn das Ausgangssignal eine bestimmte Form haben muß, zusätzlicher Aufwand notwendig.

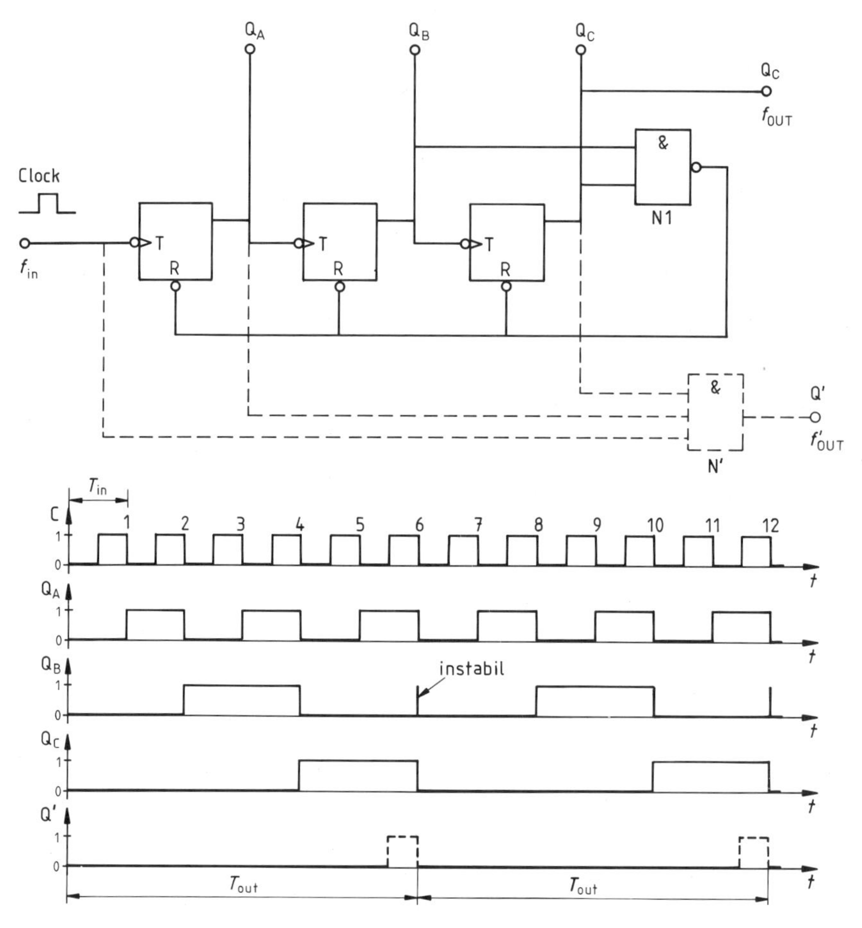

Bild 20.6 Modulo-6-Zähler (Zähler bis 5) als Frequenzteiler 6:1

Beispiel: *Asynchroner m-6-Zähler als Frequenzteiler 6:1*

Ein solcher Zähler hat die Zählkapazität 5. Er kann z. B. in einer elektronischen Uhr, zusammen mit einem m-10-Zähler, die Sekunden und Minuten erfassen. Die Rücksetzung erfolgt hier durch einen Resetimpuls, den das Gatter N1 aus der verbotenen „6" = 110 gewinnt (Bild 20.6).

Wie wir dem Impulsdiagramm entnehmen, gibt der Ausgang Q_c eine Signalfrequenz mit $f_{out} = 1/6 \cdot f_{in}$ ab. Die negative Signalflanke bei Q_C ist identisch mit der 6ten negativen Signalflanke des Taktsignals. Ist die nächste Stufe ebenfalls negativ flankengetriggert, kann das Q_C-Signal unmittelbar für den Übergang verwendet werden.

Falls gewünscht, kann noch das Gatter N′ eingefügt werden. Dieses Gatter synchronisiert das Ausgangssignal mit dem Takt.

Ein Modulo-m-Zähler kann immer auch als **Frequenzteiler** m:1 verwendet werden. Die geteilte Frequenz wird einfach am Ausgang des letzten (höchstwertigen) FFs abgegriffen (sofern keine besondere Signalform gewünscht wird).

Anmerkung:

Frequenzteiler, deren Teilerverhältnis durch elektronische Steuerimpulse ständig frei umprogrammiert werden kann, gehören heute schon zum Standard (z.B. der 4stufige Zähler 4029[1])). Ein einfaches Schaltungsbeispiel stellt die Aufgabe 5 vor.

20.1.4 Asynchrone Bereichszähler

Bisher haben wir mit dem Resetimpuls immer *alle* FFs auf den Ausgangszustand 0000 zurückgesetzt. Der Ausgangszustand kann aber z.B. auch 0001 lauten, etwa wenn wir einen Zähler für einen elektronischen Würfel bauen wollen. In diesem Fall muß der Resetbefehl den geforderten Ausgangszustand wieder herstellen. Bild 20.7 zeigt eine Umsetzung dieses Gedankens für den Fall, daß die vorrangigen Reset- und Clear-Eingänge der FFs zugänglich sind. Der gestrichelt eingezeichnete Teil ist nur dann notwendig, wenn bei der Inbetriebnahme die einmalige Initialisierung auf den Anfangszustand 1 zwingend erscheint. Die dargestellten T-FFs können wieder aus JK-MS-FFs, genau wie in Bild 20.2, aufgebaut werden.

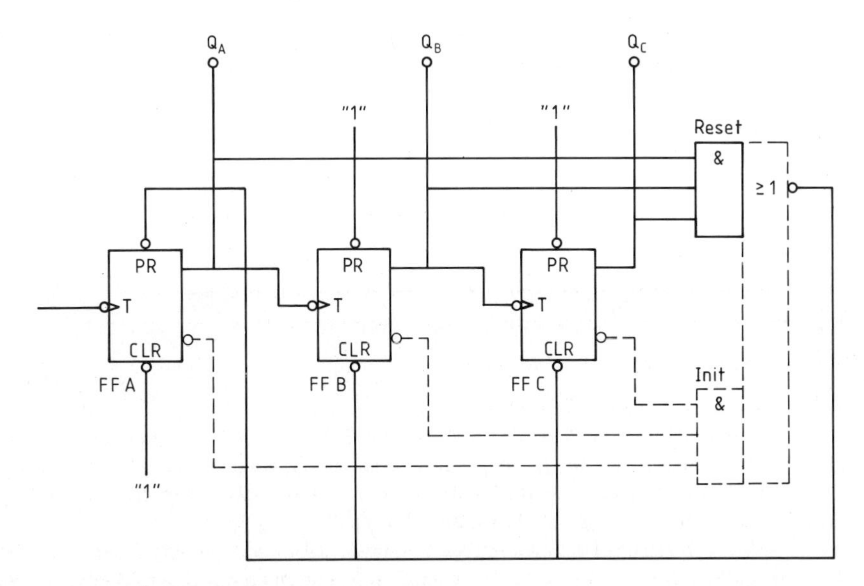

Bild 20.7 Asynchroner Zähler mit einem Zählbereich von 1 bis 6, der Resetimpuls setzt hier FF A und löscht die beiden anderen (PR = Preset, CLR = Clear)
Einen entsprechenden synchronen Zähler stellt Bild 20.39 vor.

1) Gleich 31 Stufen enthält der programmierbare Teiler 74 LS 292.

20.2 Synchrone Vorwärtszähler

20.2.1 Synchrone Dualzähler (Binärzähler)

Bei synchronen Zählern erhalten alle FFs das Taktsignal immer gleichzeitig. Sie kippen auch gleichzeitig, aber natürlich nur dann, wenn dies für den Zählvorgang sinnvoll ist.

▶ Taktsignal und neuer Zählerinhalt differieren jetzt nur noch um eine Schaltzeit t_s, gleichgültig wie lange die Zählkette auch ist. Dies erlaubt *relativ hohe garantierbare Zählfrequenzen*.
Typische Werte synchroner Zähler sind bei Standard-TTL mindestens(!) 25 MHz, bei CMOS 8 MHz.

Um zu erkennen, wann welches FF mit dem Taktsignal (um-)kippen muß, schreiben wir uns eine erweiterte Funktionstabelle auf. Aus ihr muß auch hervorgehen, mit welchen Signalen wir die FFs in den gewünschten Zustand schalten wollen. Wenn wir JK- bzw. JK-MS-FFs verwenden, gibt es dafür drei Möglichkeiten, wie Kapitel 20.5 noch zeigen wird. Wir beginnen zunächst mit FFs, die alle als T-FFs (Zähl-FFs) betrieben werden, d. h. bei allen ist J mit K fest verbunden worden: J=K. Das Signal das an J=K anliegt, wollen wir *lautmalerisch* **JK-Signal**[1]) nennen. Ist das JK-Signal gleich 1 (Toggle-Vorbereitung), so kippt das FF beim nächsten Takt um, sonst nicht. Für einen synchronen 4-Bit-Dualzähler entsteht so die erweiterte Funktionstabelle von Bild 20.8, a.

Dez	2^3 Q_D	2^2 Q_C	2^1 Q_B	2^0 Q_A	Toggle-Vorbereitung JK_D	JK_C	JK_B	JK_A
0	0	0	0	0				1
1	0	0	0	1			1	1
2	0	0	1	0				1
3	0	0	1	1		1	1	1
4	0	1	0	0				1
5	0	1	0	1			1	1
6	0	1	1	0				1
7	0	1	1	1	1	1	1	1
8	1	0	0	0				1
⋮	⋮	⋮	⋮	⋮	⋮	⋮	⋮	⋮
15	1	1	1	1	1	1	1	1

a)

Dez	Zeitpunkt t_n 2^3 Q_D	2^2 Q_C	2^1 Q_B	2^0 Q_A	Folgezeitpunkt t_{n+1} 2^3 Q_D	2^2 Q_C	2^1 Q_B	2^0 Q_A	Toggle-Vorbereitung JK_D	JK_C	JK_B	JK_A
0	0	0	0	0	0	0	0	1				1

b)

Bild 20.8 **a)** Erweiterte Funktionstabelle für einen synchronen 4-Bit-Dualzähler, der mit T-FFs arbeitet. Die Tabelle läßt erkennen, wann welches FF zum Umkippen durch JK=1 vorbereitet werden muß (0-Signale weggelassen).
b) Sehr ausführliche Darstellung der erweiterten Funktionstabelle

Die hier schon eingetragenen JK-Signale erarbeiten wir grundsätzlich wie folgt: Für jedes FF vergleichen wir den aktuellen Zählerinhalt (Zeile n) mit dem Folge-Inhalt (Zeile $n+1$). Ist er verschieden, muß durch den *aktuellen* Zählerinhalt (Zeile n) das JK-Signal auf 1 gesetzt werden, damit der *anschließende* Takt den Folge-Inhalt herstellen kann[2]).
Eine alternative Tabelle zur schrittweisen Erarbeitung der JK-Signale zeigt Bild 20.8, b. Wegen des hohen Schreibaufwandes und möglicher Übertragungsfehler von der Spalte t_n in die Spalte t_{n+1} bleiben wir jedoch bei der ersten Form.

[1]) JK-Signal soll an J=K-Signal erinnern.
[2]) Zähler, aber insbesondere synchrone Zähler, sind damit klassische Vertreter von Folgeschaltungen (sequentiellen Schaltungen).

Es entstehen so vier JK-Funktionen vom Typ $JK = f(Q_D, Q_C, Q_B, Q_A)$, deren Funktionstabellen in Bild 20.8 mit enthalten sind. Der normale Weg wäre nun, diese vier Funktionen aufzustellen, sie zu minimalisieren und dann die Schaltung zu zeichnen. Dies werden wir in Aufgabe 7 bzw. im nächsten Kapitel auch tun.
Bei diesem einfachen Problem führen aber schon kurze Überlegungen zum Ziel: Wie Bild 20.8 zeigt, muß FF A jedesmal umkippen, also setzen wir permanent für

FF A: $JK_A = 1$.

Das nächste FF B ändert (laut Funktionstabelle) seinen Zustand immer nur dann, wenn $Q_A = 1$ gilt. Also gilt für

FF B: $JK_B = Q_A$.

Für FF C erkennen wir eine UND-Bedingung. FF C muß umkippen, wenn $Q_A = 1$ und $Q_B = 1$ vorliegt (siehe Übergang 3→4 und 7→8). Daraus folgt

FF C: $JK_C = Q_A \cdot Q_B$.

Bei FF D gibt es nur einen Fall. Der Übergang 7→8 liefert für

FF D: $JK_D = Q_A \cdot Q_B \cdot Q_C$.

Diese vier JK-Funktionen liefern auch den richtigen Reset, d. h. den Übergang 15→0, was wir leicht nachprüfen können.

Bild 20.9 zeigt die hieraus erarbeitete Ansteuerung der JK-Eingänge („Drahtverhau" weggelassen).

Synchrone Zähler können mit JK- bzw. JK-MS-FFs realisiert werden.
Alle FFs erhalten das Taktsignal (Clock-Signal) gleichzeitig, wodurch sie gegebenenfalls (!) synchron ihren Inhalt ändern.
Im einfachsten Fall werden die J- und K-Eingänge gemeinsam angesteuert bzw. T-FFs (Zähl-FFs) verwendet. Es muß dann überlegt werden, ob ein FF beim nächsten Taktimpuls (um-)kippen soll (Vorbereitung durch $J = K = 1$) oder nicht.

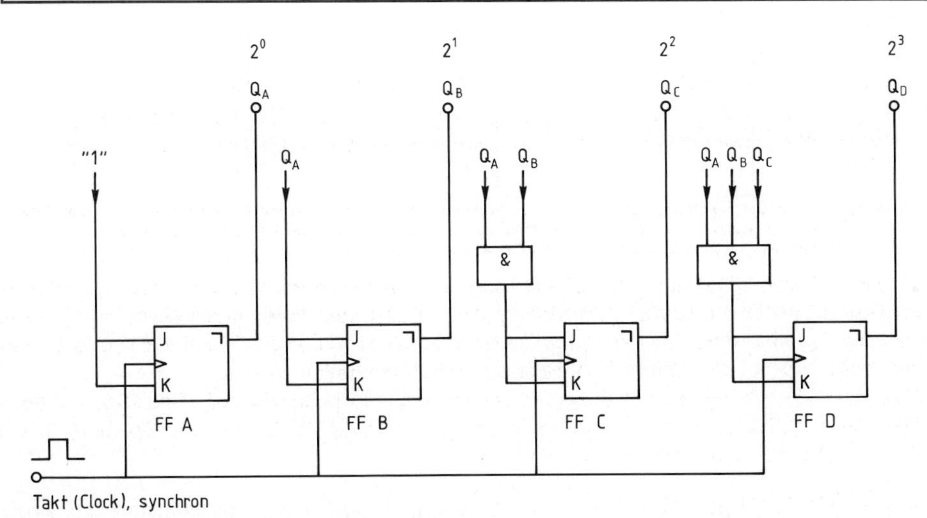

Bild 20.9 Synchroner 4-Bit-Dualzähler mit T-FFs aufgebaut

20.2.2 Synchrone Dezimalzähler, BCD-Zähler

Nach dem synchronen Dualzähler soll jetzt ein schneller synchroner *Dezimalzähler* mit T-FFs entworfen werden (Entwurfsmöglichkeiten mit anderen FF-Typen stellt Kapitel 20.5 vor). Die erweiterte Funktionstabelle dieses Zählers zeigt Bild 20.10.

Wieder wird jede Zeile (aktueller Zählerinhalt n) mit der nächsten Zeile (Folgeinhalt $n+1$) verglichen. Bei Unterschieden muß das Umkippen der betroffenen T-FFs vorbereitet werden. Wie setzen in diesem Fall die Toggle-Vorbereitung, d. h. das JK-Signal auf 1 ($J=K=1$).

Beim Dezimalzähler ist die Folgezeile von Zeile 9 die Zeile 0, die Zeilen 10 bis 15 werden bei diesem BCD-Zählcode nicht ausgewertet (Don't-care-Positions, gekennzeichnet durch „X").

Mit Ausnahme der sehr einfachen Funktion $JK_A=1$ werden die anderen JK-Funktionen erst mit Hilfe von KV-Diagrammen vereinfacht und dann angeschrieben (Bild 20.10).

Dez	2^3 Q_D	2^2 Q_C	2^1 Q_B	2^0 Q_A	Toggle-Vorbereitung JK_D	JK_C	JK_B	JK_A
0	0	0	0	0				1
1	0	0	0	1			1	1
2	0	0	1	0				1
3	0	0	1	1		1	1	1
4	0	1	0	0				1
5	0	1	0	1			1	1
6	0	1	1	0				1
7	0	1	1	1	1	1	1	1
8	1	0	0	0				1
9	1	0	0	1	1			1
10 ⋮ 15					X ⋮ X	X ⋮ X	X ⋮ X	X ⋮ X

KV-Vorlage

	Q_A	Q_A		
Q_B	3	7	6	2
Q_B, Q_D	11	15	14	10
Q_D	9	13	12	8
	1	5	4	0
		Q_C	Q_C	

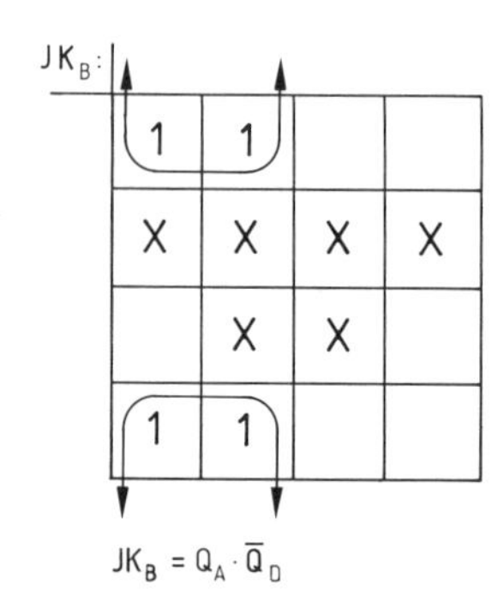

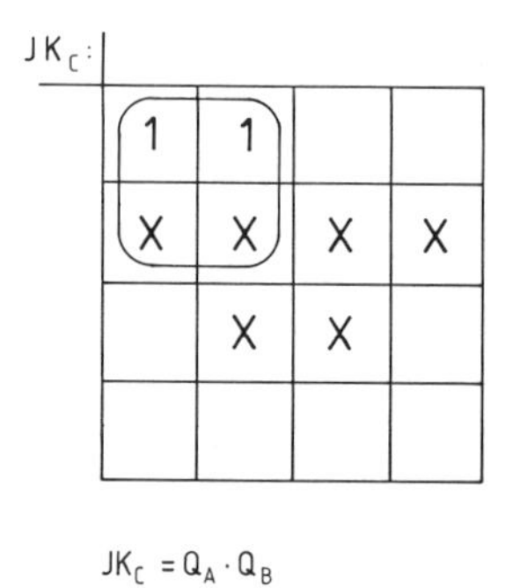

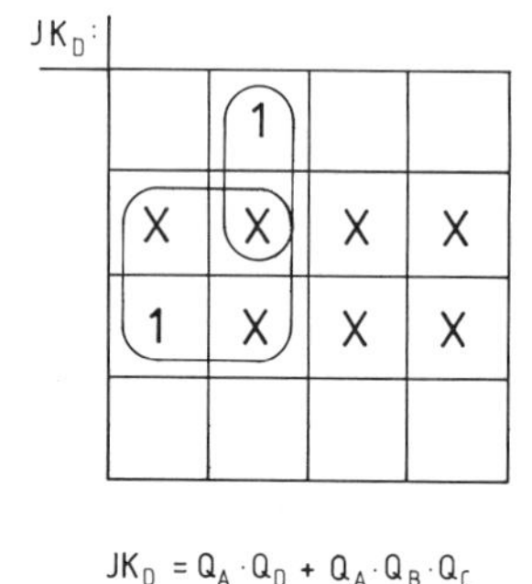

$JK_B = Q_A \cdot \overline{Q}_D$ $\quad$ $JK_C = Q_A \cdot Q_B$ $\quad$ $JK_D = Q_A \cdot Q_D + Q_A \cdot Q_B \cdot Q_C$

Bild 20.10 Erweiterte Funktionstabelle für einen synchronen Dezimalzähler inklusive den KV-Diagrammen

Die entsprechende Schaltung ist in Bild 20.11 wiedergegeben.

Das Zeitablaufdiagramm der Signale $Q_A \ldots Q_D$ sieht beim synchronen Dezimalzähler genauso wie beim asynchronen Dezimalzähler aus (Bild 20.3), mit einem kleinen, aber wichtigen Unterschied:

- ▶ Ein instabiler Zustand, ein „verbotenes" Bitmuster (dort 1010), tritt bei einem Synchronzähler *nie* auf.

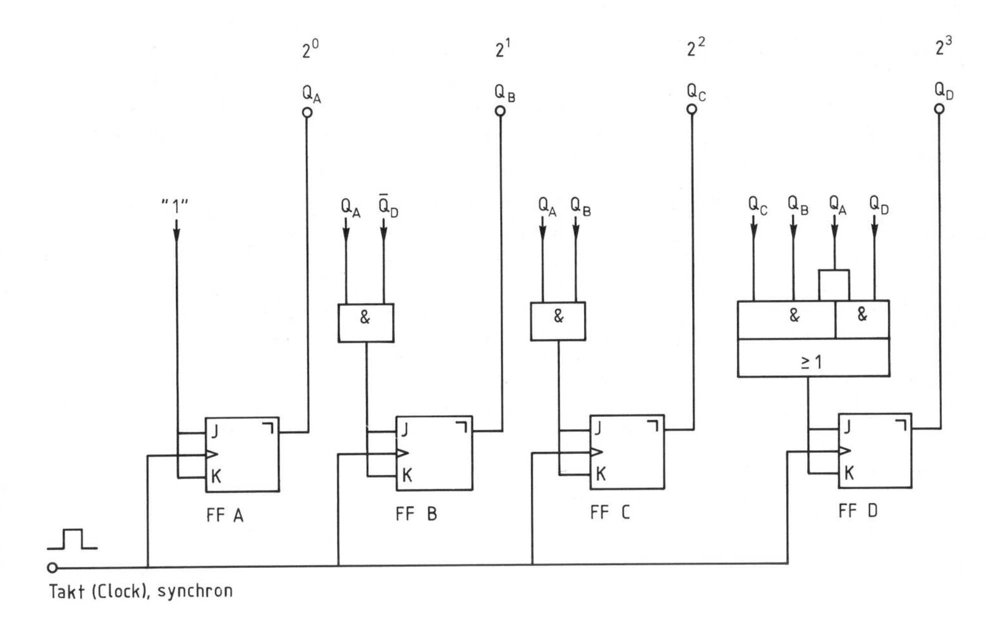

Bild 20.11 Synchroner Dezimalzähler, mit T-FFs aufgebaut

20.3 Normgerechte Schaltzeichen für Zähler

Eine detaillierte Darstellung von Zählern inklusive aller Schaltnetze zur Steuerung von Reset-, Übertrag- und anderen Signalen kann schon recht unübersichtlich werden.
DIN 40900 ermöglicht hier normierte Kurzdarstellungen durch Symbole, die anwendungsbezogen mit zusätzlichen Details versehen werden können. Das allgemeine Symbol eines Zählers mit der Zykluslänge m zeigt Bild 20.12a, hier für den Fall, daß m = 10 ist.

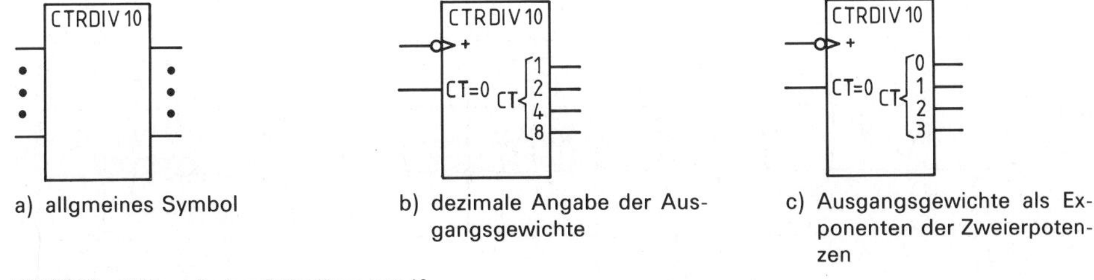

a) allgmeines Symbol b) dezimale Angabe der Ausgangsgewichte c) Ausgangsgewichte als Exponenten der Zweierpotenzen

Bild 20.12 Zähler mit einer Zykluslänge von 10

Im Schaltsymbol steht CTR für Counter, die Zahl hinter DIV gibt die Zykluslänge dezimal[1]) an. Die Buchstaben CT stehen für CONTENT, d.h. für Zählerinhalt. Liegt an dem mit CT = 0 bezeichneten Inhaltseingang intern ein 1-Signal an, so wird der Zählerinhalt (CONTENT) auf Null gesetzt, es handelt sich also um einen R-Eingang. Bei CT = 1 würde der Zähler folglich auf 1 zurücksetzen. Der Bezeichner CT dient andererseits auch zur Beschreibung der Ausgangssignale (Bild 20.12b und c). Die Zeichen + bzw. +1 am Takteingang besagen, daß sich der Zählerinhalt mit jedem Zählimpuls um 1 erhöht, hier wird also ein Vorwärtszähler wiedergegeben.

[1]) ohne DIV entspricht die Zahl dem Exponenten von 2; CRT 4 entspricht somit CRTDIV 16.

Soll detaillierter gezeigt werden, daß bestimmte Eingangssignale auf mehrere Eingänge oder Ausgänge einwirken, so wird das durch einen **Steuerblock** (Bild 20.13) dargestellt[1]).
Bei einem 4-Bit-Zähler folgen dem Steuerblock dann als Elemente die 4-FFs. Ihre Wertigkeit $2^0, 2^1, \ldots$ wird vom Steuerblock aus gezählt, wenn nichts anderes angegeben wird.

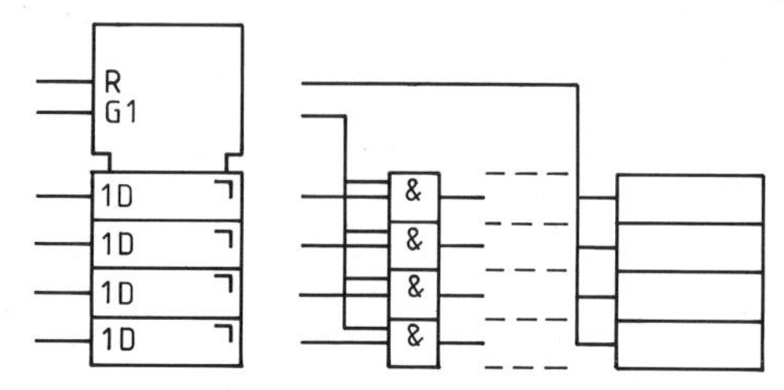

Bild 20.13 Ein Steuerblock zeigt Ein- und Ausgänge, die mit mehreren Elementen verbunden sind. G steht für eine UND-Verknüpfung (eine Aktion ermöglichen). Die Steuerung der Dateneingänge und die Resetwirkung auf die FFs sind nur symbolisch dargestellt.

Handelt es sich bei den FFs um MS-FFs, so ist das am ¬-Zeichen erkennbar. Als Triggerung wird immer nur die Triggerung des Master angegeben. Der Slave folgt dieser Master-Triggerung verzögert (¬-Zeichen), deshalb ist das äußere Verhalten invers zur eingetragenen Triggerung. Meist entfällt jede besondere Kennzeichnung, ob Zustands- oder Flankentriggerung vorliegt.
Ist z. B. der Dezimalzähler von Bild 20.12, b aus taktzustandsgesteuerten MS-FFs aufgebaut, so können wir das durch Bild 20.14 ganz verschieden zum Ausdruck bringen:

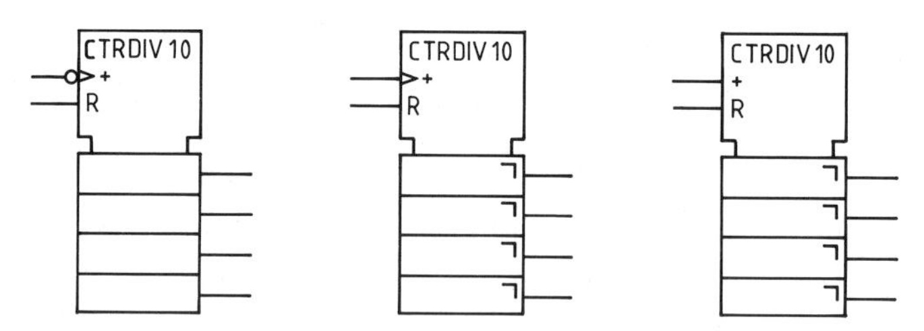

Bild 20.14 Darstellungsvarianten eines Dezimalzählers

Werden aus einer Gruppe logische Elemente (hier aus den FFs des Zählers) neue Ausgangssignale abgeleitet, so wird dafür über einen doppelten Trennstrich ein Ausgangsblock angefügt (Bild 20.15).

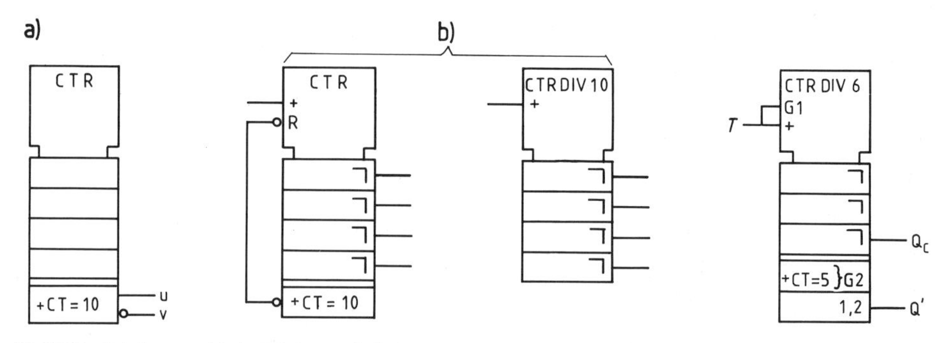

Bild 20.15 Der Ausgangsblock definiert zusätzlich erzeugte Signale, die Variable CT gibt den dazu abgefragten Zählerinhalt an

Bild 20.16 Normgerechte Darstellung des m-6-Zählers aus Bild 20.6

[1]) Damit können wir z. B. auch andere Schaltnetze, etwa ein EXOR oder einen Demultiplexer darstellen. Einen Ein- oder Ausgang, der mit den anderen Elementen überhaupt nichts zu tun hat, würden wir auch im Steuerblock eintragen.

In Bild 20.15, a nimmt der Blockausgang u dann den Wert 1 an, wenn der Zählerinhalt 10 erreicht wird, und zwar durch Vorwärtszählen (deshalb +CT). Bei v erscheint in diesem Fall der Wert 0. Bild 20.15, b repräsentiert folglich wieder einen Dezimalzähler. Bild 20.16 zeigt z. B. den m-6-Zähler aus Bild 20.6, dargestellt mit den hier diskutierten Möglichkeiten: G1 bzw. G2 besagen, daß die zugeordneten Variablen durch UND mit allen Variablen verknüpft sind, die mit 1 bzw. 2 beginnen. Das heißt hier konkret: Q′ nimmt nur dann den Wert 1 an, wenn der Takt =1 und der Zählerinhalt =5 wird.
Zum Vergleich zeigt Bild 20.17, a einen Rückwärts- oder Abwärtszähler. Das Minuszeichen am Zähleingang des Steuerblocks besagt, daß sich der Zählerinhalt mit jedem Zählimpuls um eines erniedrigt. Beim Zählerinhalt Null gibt der Ausgangsblock den Wert Null ab.
In Bild 20.17, b sehen wir dagegen einen umschaltbaren Vorwärts-Rückwärts-Zähler. Vom Eingang G1 (Up/Down) hängt die Wirkung der Zähleingänge 1,+ und $\overline{1}$,− ab, und zwar folgendermaßen: G1=0 blockiert (über UND-Elemente) den Vorwärtszähleingang (1,+) und öffnet den Rückwärtszähleingang ($\overline{1}$,−). Umgekehrtes gilt bei G1=1. Beim „Pluscountbetrieb" liefert der Ausgangsblock beim Zählerinhalt 10 am Ausgang u den Wert 1. Dagegen nimmt beim „Minuscountbetrieb" v den Wert 0 an, wenn der Inhalt 0 des Zählers erreicht wird.

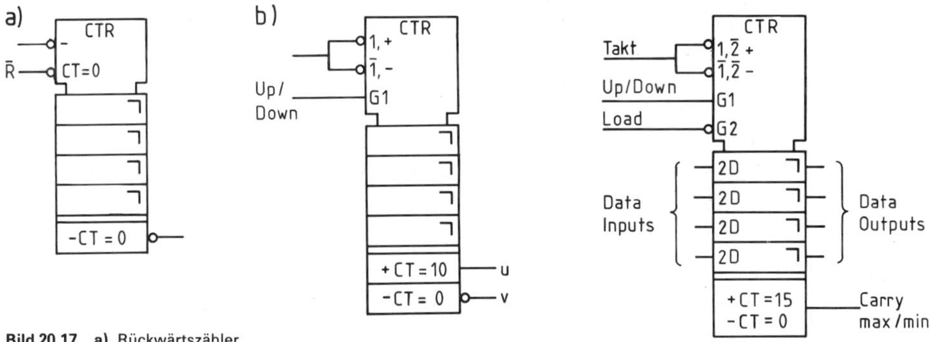

Bild 20.17 **a)** Rückwärtszähler
b) umschaltbarer Vor-Rückwärtszähler

Bild 20.18 Setzbarer Auf-Ab-Zähler

Bild 20.18 bringt noch einen voreinstellbaren Vorwärts-Rückwärtszähler.[1]) Zählbetrieb über den Takt-Eingang ist hier möglich, wenn G2=0 (d. h. Load=1) ist. Der Eingang G1 entscheidet dann, ob vorwärts (up) oder rückwärts (down) gezählt wird.
Mit G2=1 (also bei Load=0) werden über UND-Elemente die Dateneingänge D des FFs entriegelt. Die FFs können jetzt beliebig voreingestellt (programmiert) werden.
Am Ausgangsblock erscheint immer dann der Wert 1, wenn der Zähler im Pluscountbetrieb den maximalen und im Minuscountbetrieb den minimalen Zählerinhalt erreicht.

> Zähler werden normgerecht durch ein Rechteck mit dem Eintrag CTR dargestellt.
> Die Zykluslänge m (Modulo-m-Wert) wird dezimal nach der Zeichenfolge CTRDIV angegeben.
> CT kennzeichnet einen Zählerinhalt (CONTENT), der eingestellt, abgefragt oder ausgegeben wird.
> Details zeigen Zählersymbole, die aus eingeschnürtem Steuerblock, den FFs und dem durch Doppelstrich abgesetzten Ausgangsblock bestehen.
> Besonders wichtig sind im Steuer- und Ausgangsblock G1-, G2-, ... Anschlüsse.
> Sie öffnen oder verriegeln über UND-Elemente die Ein- und Ausgänge, die mit 1, 2... beginnen.
> Falls vorhanden sind V1-, V2-, ... Anschlüsse über ODER-Elemente mit den entsprechenden Ein- und Ausgängen verknüpft.

Wie die zuletzt im Bild 20.18 angedeuteten Vorwärts-Rückwärts-Zähler arbeiten und wie diese auch noch voreingestellt werden können, untersuchen wir jetzt.

[1]) ähnlich dem 74191, siehe Kapitel 20.4.3, Bild 20.27

20.4 Vorwärts-Rückwärts-Zähler

Vorwärts-Rückwärts-Zähler heißen auch Auf-Abwärts-Zähler, Up-Down-Counter, Umkehrzähler, Zweirichtungs-Zähler oder Zähler mit umschaltbarer Zählrichtung.

20.4.1 Asynchrone Umkehrzähler

► Im folgenden verwenden wir beispielhaft nur FFs, die negativ flankengetriggert sind oder sich so verhalten.[1])

Zunächst zeigen wir, wie ein einfacher asynchroner Rückwärtszähler geschaltet ist. Er muß ja mit jedem Zählimpuls seinen Zählerinhalt um 1 erniedrigen. Genau dies geschieht, wenn wir das jeweils nächste FF mit dem $\overline{Q}$-Ausgang (statt wie bisher mit dem Q-Ausgang) ansteuern (Bild 20.19).
Zunächst gehen wir davon aus, daß alle FFs gesetzt sind. In Bild 20.19 ist damit der Ausgangszählerinhalt 3. Das Zeitablaufdiagramm zeigt nun den weiteren Verlauf des Abwärtszählens. (Eine Zähldekade „rückwärts" stellt z. B. Aufgabe 4 vor.)

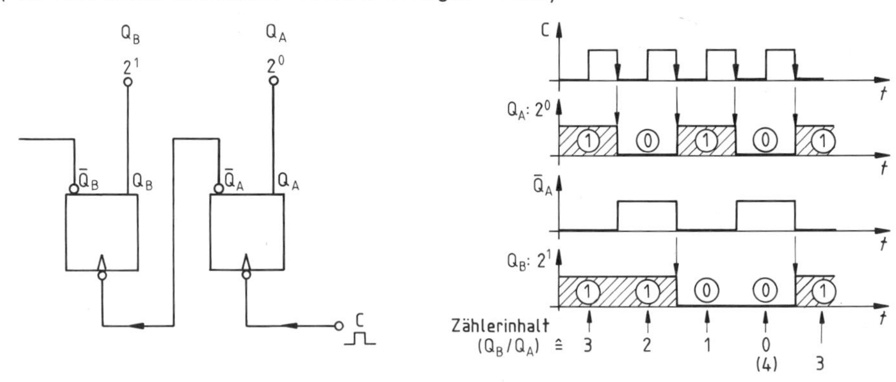

Bild 20.19 Asynchroner Rückwärtszähler mit Zeitablaufdiagramm

> **Asynchrone Rückwärtszähler** entstehen, wenn negativ flankengetriggerte FFs über ihre $\overline{Q}$-Ausgänge in Reihe geschaltet werden.

Mit Hilfe einer elektronischen Umschaltung von Q nach $\overline{Q}$ erhalten wir einen Zähler für Vorwärts- oder Rückwärtsbetrieb. Der Steuereingang U/D (Up/Down) dieser Umschaltung soll die in Bild 20.20 dargestellte Wirkung haben.

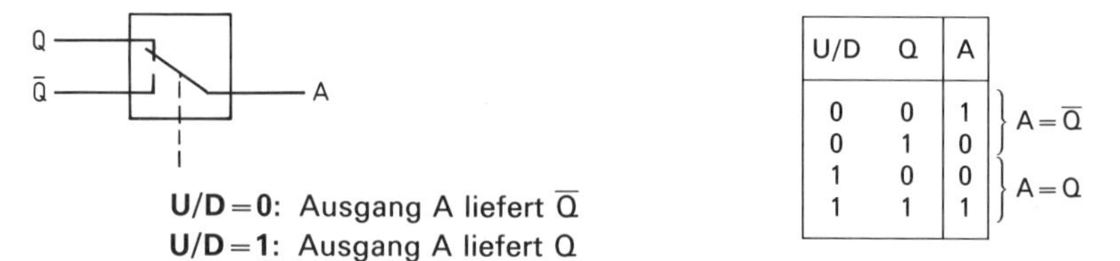

U/D	Q	A	
0	0	1	$A = \overline{Q}$
0	1	0	
1	0	0	$A = Q$
1	1	1	

Bild 20.20 Blockschaltbild und Funktionstabelle des Umschalters von Vorwärts- auf Rückwärtszählen. Die Tabelle läßt erkennen, daß es sich um einen Vergleicher (N-EXOR) handelt.

[1]) Für das Verhalten von MS-FFs gilt bekanntlich:

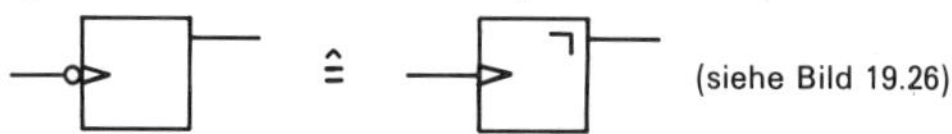

Aus der Funktionstabelle dieser Impulsweiche könnten wir die Schaltfunktion für A ablesen. Aber es geht auch einfacher: Da A = 1 gerade dann gilt, wenn U/D und Q *gleich* sind, muß der Umschalter ein 2-Bit-Vergleicher, ein Äquivalenz-Element bzw. ein N-EXOR sein.[1]) Bild 20.21 stellt den Umschalter auf verschiedene Art und Weise dar.

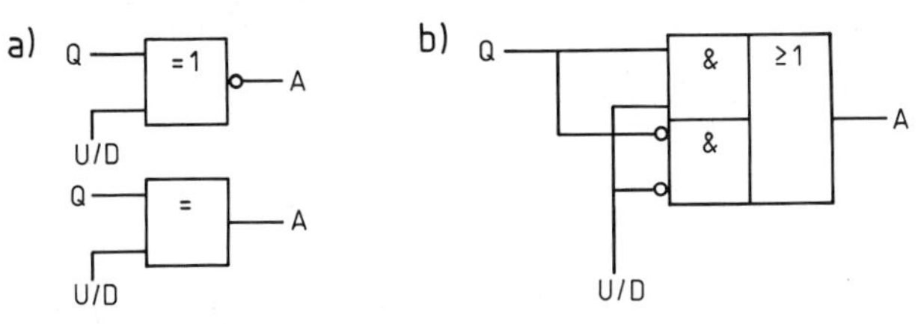

Bild 20.21 Umschaltgatter nach Bild 20.20
a) Kurzsymbole
b) ausführliches Schaltnetz

Bemerkenswert dabei ist, daß dem Umschalter das $\overline{Q}$-Signal gar nicht zugeführt werden muß (denn bei U/D = 0 erzeugt er aus Q automatisch $\overline{Q}$). Bild 20.22 zeigt nun einen (asynchronen) Zähler, der von Vorwärts- auf Rückwärtszählen umschaltbar ist.

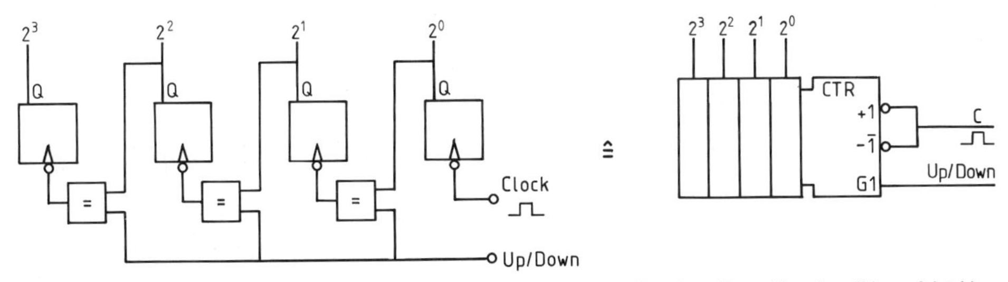

Bild 20.22 Asynchroner Vorwärts-Rückwärts-Zähler und eine normgerechte Kurzdarstellung. Vorwärtszählen erfolgt hier, wenn am Up/Down-Eingang „1"-Signal anliegt

> Mit einem *2-Bit-Vergleicher* kann aus dem Q-Signal ein $\overline{Q}$-Signal gewonnen werden. Damit kann ein asynchroner Zähler zu einem umschaltbaren Vorwärts-Rückwärts-Zähler erweitert werden.

Anmerkung:

Umschaltbare Industrietypen arbeiten alle synchron, um eine höhere Betriebsfrequenz zu ermöglichen.

20.4.2 Synchrone Umkehrzähler

Der in Bild 20.9 vorgestellte synchrone 4-Bit-Dualzähler war ein Vorwärtszähler. Er zählt rückwärts, wenn die JK-Vorbereitung für die T-FFs B, C und D durch $\overline{Q}_A$, $\overline{Q}_B$, $\overline{Q}_C$ erfolgt. Dies läßt sich relativ leicht nachprüfen, z. B. mit einer Tabelle, ganz ähnlich zu der im folgenden Bild 20.23, wobei wir in diesem Fall aber mit 1111 (also $n = 15$ statt mit $n = 9$) beginnen müßten (siehe auch Aufgabe 8).

► Aus einem synchronen m-16-Vorwärtszähler wird ein Rückwärtszähler, wenn die JK-Vorbereitung alternativ über die $\overline{Q}$-Ausgänge erfolgt.

Leider ist eine Zählrichtungs-Umkehr beim synchronen Dezimalzähler nicht so einfach, wie der folgende Entwurf gleich zeigt. Für diesen synchronen BCD-Rückwärtszähler (aus T-FFs) verwenden wir die Synthese-Tabelle Bild 20.23.

---

[1]) Siehe auch Kapitel 18, Bild 18.3, b bzw. Aufgabe 4 zu Kapitel 18.

Mit Hilfe der dargestellten KV-Diagramme folgt schließlich die endgültige Schaltung (Bild 20.24).

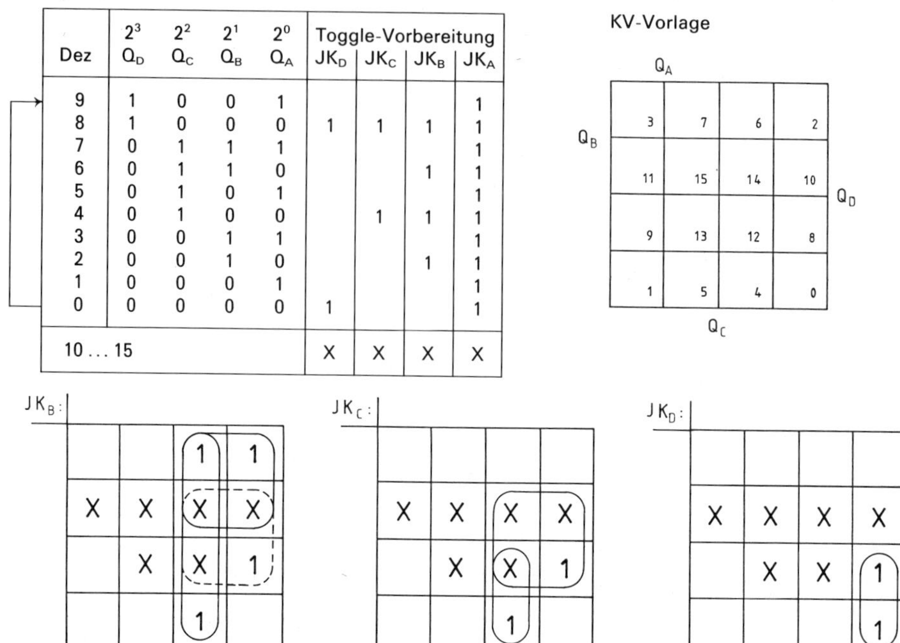

Dez	2^3 Q_D	2^2 Q_C	2^1 Q_B	2^0 Q_A	Toggle-Vorbereitung JK_D	JK_C	JK_B	JK_A
9	1	0	0	1				1
8	1	0	0	0	1	1	1	1
7	0	1	1	1				1
6	0	1	1	0			1	1
5	0	1	0	1				1
4	0	1	0	0		1	1	1
3	0	0	1	1				1
2	0	0	1	0			1	1
1	0	0	0	1				1
0	0	0	0	0	1			1
10 ... 15					X	X	X	X

Bild 20.23 Erweiterte Funktionstabelle eines dezimalen Rückwärtszähler mit T-FFs

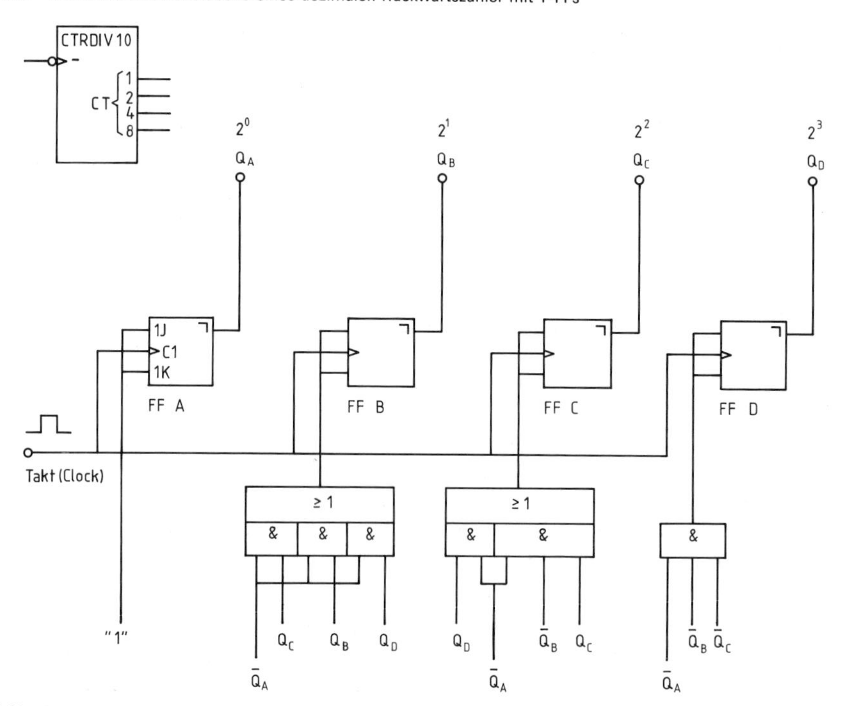

Bild 20.24 Synchroner dezimaler Rückwärtszähler mit T-FFs und einem der möglichen DIN 40 900-Schaltzeichen.

Die Umschaltung der FFs von Vorwärts- auf Rückwärtszählen kann nun entweder nach Bild 20.25, a oder nach Bild 20.25, b erfolgen.

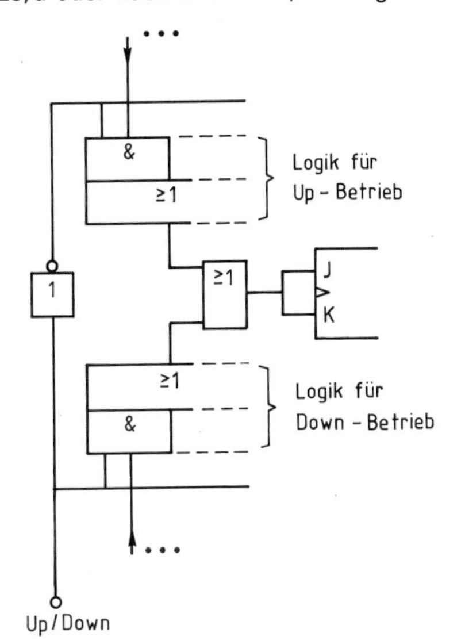

a) Die Erzeugung des Toggle-Signals wird für eine Zählrichtung durch die erweiterten AND-Gatter blockiert.

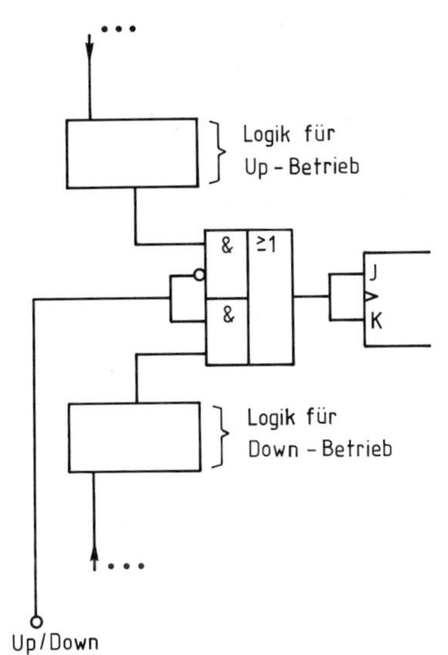

b) Das erzeugte Toggle-Signal wird ausgewählt.

Bild 20.25 Wenn ein synchroner Vorwärtszähler mit einem getrennt entwickelten Rückwärtszähler zu einem umschaltbaren Vorwärts-Rückwärtszähler kombiniert werden soll, können die hier vorgestellten Zusatzschaltungen eingesetzt werden.
Tatsächlich ist jedoch eine ganzheitliche Entwicklung der Vorbereitungsfunktionen Standard. Dazu wird die Steuervariable Up/Down mit in die Funktionstabelle aufgenommen. Die Folgezustände der FFs werden dann entsprechend dem Up/Down-Signal aufgelistet, anschließend werden die J- bzw. K-Signale überlegt. Dies führt aber in der Regel auf Tabellen mit fünf Variablen.

20.4.3 Voreinstellbare Zähler (synchron und asynchron)

Wie schon in Kapitel 20.1.4 und 20.3 angedeutet, gibt es Zähler, deren Zählerinhalt vor dem Start eingestellt werden kann. Dies ist besonders bei Rückwärtszählern interessant, weil damit nach einer voreinstellbaren Impulszahl immer der Zählerinhalt Null erscheint, was bequem für eine Steuerfunktion (Hupe, Bandstopp etc.) ausgenutzt werden kann.

Ein solches *Laden des Startzustandes* erfolgt gewöhnlich über vorrangige Preset- und Clear-Eingänge (statische $\overline{S}$-Setz- und $\overline{R}$-Rücksetz-Eingänge) der Zähl-FFs. Bild 20.26 (rechter Teil) zeigt eine entsprechende Lade-Logik für *ein* FF. Wenn am Load-Eingang der Wert 0 anliegt (Active-Low-Eingang), werden die Daten übernommen.

Beispiel: Ld = 0, D = 1 liefert $\overline{S}$ = 0, also folgt Q = 1, d.h. Q = D.
Diese Vorprogrammierung ist *unabhängig* vom Clock- bzw. Taktsignal. Dieser Schaltungsteil (Bild 20.26) kann sowohl für einfache asynchrone Zähler als auch für synchrone verwendet werden. Gezählt werden kann erst dann, wenn der vorrangige Load-Eingang den Wert 1 annimmt. Die L-aktiven Preset- und Clear-Eingänge des FFs reagieren jetzt nicht mehr.

Bild 20.26 deutet noch an, wie ein synchroner voreinstellbarer Vorwärts-Rückwärts-Zähler unter Einbeziehung von Bild 20.25 aussehen könnte. Durch den zusätzlichen Enable-Eingang EN kann der Zähler auch dann noch blockiert werden, wenn das „Laden“ (Voreinstellen) abgeschlossen ist.

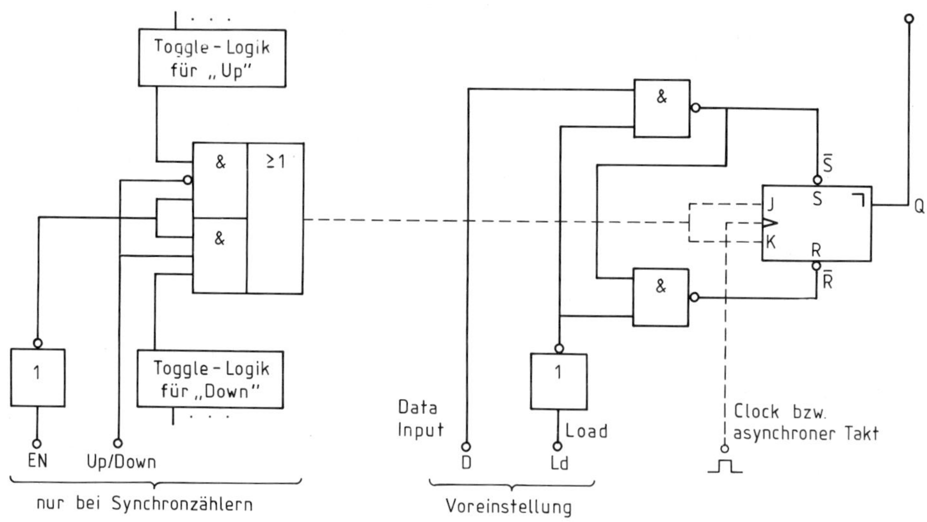

Bild 20.26 Bei Load = 0 (Ld = 0) erfolgt die Übernahme der extern anstehenden Daten D.

Die normgerechte Kurzdarstellung eines solchen Zählers[1]) zeigt abschließend Bild 20.27. Der Ausgangsblock für den Übertrag (Carry) ist üblicher Standard.

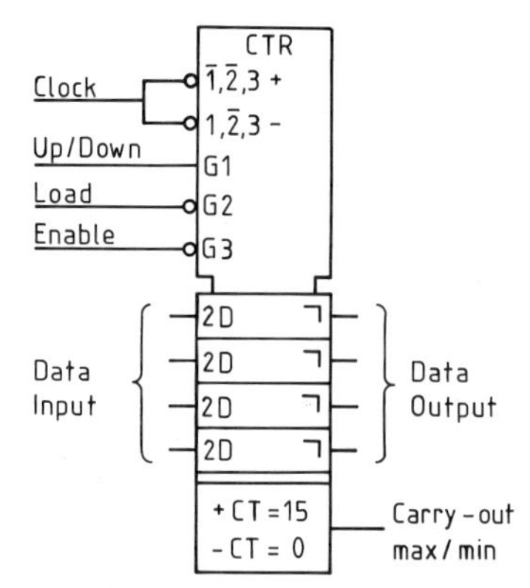

Bild 20.27 Setzbarer Umkehrzähler mit zusätzlicher Zählerblockierung durch den Enable-Eingang[1])

Voreinstellbare Zähler heißen auch setzbar oder programmierbar.
Die Voreinstellung wird durch einen bestimmten Signalzustand am Load-Eingang freigegeben (meist ein Active-Low-Eingang).
Die Zählfunktion ist während der Voreinstellung auf jeden Fall blockiert.

Anmerkung:

Solche setzbaren Umkehrzähler eignen sich hervorragend als ständig umprogrammierbare Frequenzteiler.
Die Grundidee: Erfolgt beim Abwärtszählen im Nulldurchgang automatisch das Laden des Zählerinhaltes m, wiederholt sich der Vorgang nach genau m-Impulsen, was einer Frequenzteilung von m:1 entspricht. (Details in Aufgabe 5; Industriezähler haben dazu einen besonderen Ausgang [Ripple Clock], der mit Load verbunden wird.[2]) Der Funktionsablauf beim Nulldurchgang ist dann etwas anders als in Aufgabe 5 dargestellt.)

[1]) Ähnliche Typen: 74190 (dezimal), 74191 und 193 (beide binär)

[2]) Typenbeispiele für solche Umkehrzähler (programmierbare Auf-Abwärtszähler) sind der IC 74190 (dezimal) und die ICs 74191 bzw. 193 (binär). Für Frequenzteiler bestens einsetzbar sind auch die programmierbaren Nur-Abwärtszähler 4522 (dezimal) und 4526 (binär). Bei diesen wird dazu einfach der Zero-Count-Ausgang mit Load verbunden.

20.5 Entwurfsmöglichkeiten für synchrone Zähler

Da sich asynchrone Zähler nicht für beliebige Codes (Zählfolgen) realisieren lassen, führt häufig kein Weg an den Synchronzählern vorbei. Zu ihrem Aufbau verwenden wir flankengetriggerte JK-FFs oder zustandsgesteuerte JK-MS-FFs.

Diese FFs bieten mehrere Entwurfsmöglichkeiten:

1. Alle FFs arbeiten durch die Beschaltung $J = K$ als T-FFs (Zähl-FFs). Für jedes T-FF wird, falls notwendig, das (Um-)Kippen durch *ein* JK-Signal an den miteinander verbundenen JK-Eingängen vorbereitet.
   Diese Vorbereitung des Folgezustandes über je ein FF-eigenes-JK-Signal kennen wir schon aus den Bildern 20.9, 20.11 und 20.24.
2. Jedes FF wird an den J- und K-Eingängen *getrennt* angesteuert und so für den Folgezustand vorbereitet.
   Bei dieser Vorbereitung durch unterschiedliche J- und K-Signale müssen für jedes FF *zwei* Ansteuersignale (J und K) ermittelt werden.
3. Alle FFs werden als D-FFs betrieben. Der D-Eingang für die (Folge-)Daten entsteht durch die Beschaltung $D = J = \overline{K}$. Bei einer Vorbereitung über den D-Eingang muß für jedes FF wieder nur genau ein Ansteuersignal bereitgestellt werden.

Für jeden FF-Typ lassen sich übrigens auch charakteristische Gleichungen angeben, die als Grundlage von Rechenverfahren dienen (Kap. 20.5.4).

20.5.1 Gleiche Vorbereitung an J und K (T-FF)

Aufgrund des aktuellen Zählerinhaltes wird entschieden, ob ein T-FF zum Erreichen des gewünschten Folgezustandes umkippen (toggeln) muß oder nicht. Zu den Beispielen aus Kap. 20.2.2 und 20.2.4 hier abschließend noch ein Beispiel mit einer besonderen Zählfolge: Ein Zähler soll in 2er-Schritten vorwärtszählen und zwar von 0 bis 8 (womit die Darstellungsmöglichkeiten im BCD-Code erschöpft sind). Mit diesen Vorgaben folgt die Entwurfs-Tabelle von Bild 20.28. Da FF A immer $Q_A = 0$ abgibt, könnte man es in einer konkreten Schaltung auch einfach durch eine (Masse-)Leitung ersetzen.

Dez	2^3 Q_D	2^2 Q_C	2^1 Q_B	2^0 Q_A	Toggle-Vorbereitung JK_D	JK_C	JK_B	JK_A
0	0	0	0	0			1	
2	0	0	1	0		1	1	
4	0	1	0	0			1	
6	0	1	1	0		1	1	
8	1	0	0	0	1			
1, 3, 5, 7, 9, ... 15					X	X	X	X

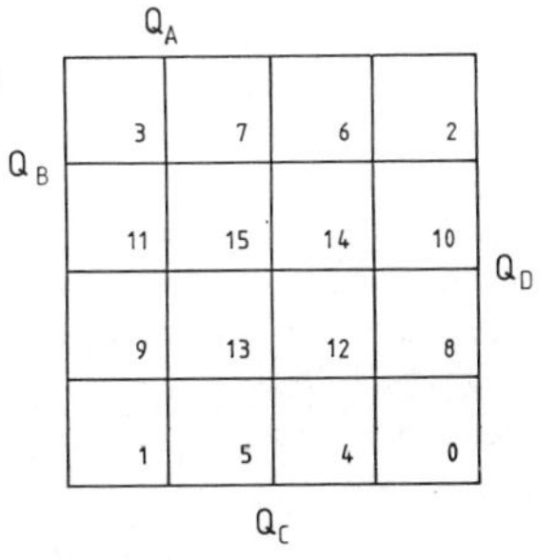

KV-Vorlage (Q_A oben, Q_B links, Q_D rechts, Q_C unten)

3	7	6	2
11	15	14	10
9	13	12	8
1	5	4	0

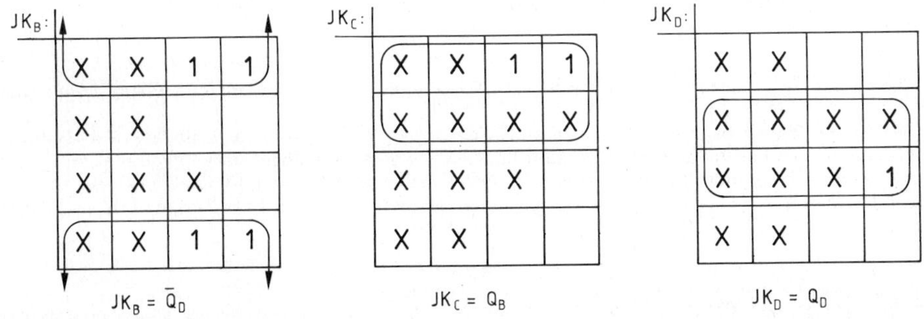

JK_B:

X	X	1	1
X	X		
X	X	X	
X	X	1	1

$JK_B = \overline{Q}_D$

JK_C:

X	X	1	1
X	X	X	X
X	X	X	
X	X		

$JK_C = Q_B$

JK_D:

X	X		
X	X	X	X
X	X	X	1
X	X		

$JK_D = Q_D$

Bild 20.28 **a)** Funktionstabelle eines BCD-Zählers, der in 2er-Schritten vorwärts zählt, das Schaltbild folgt auf der nächsten Seite

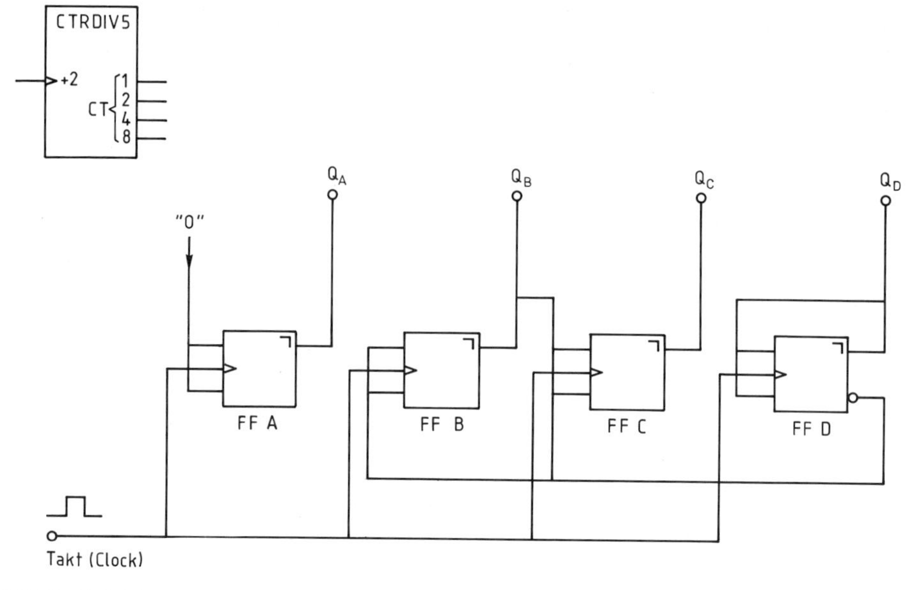

Bild 20.28 **b)** Schaltbild eines BCD-Zählers, der in 2er-Schritten vorwärts zählt

20.5.2 Getrennte Vorbereitung an J und K (JK-FF)

Wenn bei den JK-FFs die J- und K-Eingänge getrennt angesteuert werden, ergeben sich in der Regel einfachere Schaltnetze. Der Entwurf der Zähler ist dafür aber langwieriger, da für jedes FF zwei getrennte Funktionen für die Vorbereitungseingänge J und K ermittelt werden müssen. Daß trotzdem insgesamt „billigere Schaltungen" entstehen, liegt an der Übergangstabelle eines JK-FFs (Bild 20.29):

Bei jedem FF-Übergang ist nämlich immer nur ein Vorbereitungssignal zwingend . Um den gewünschten Folgezustand zu erreichen, darf das andere Vorbereitungssignal jeweils beliebig gesetzt werden, was wir anhand der Funktionstabelle (Bild 20.29) nachprüfen können:

$Q_{n+1}=0$ ergibt sich z. B. aus $Q_n=0$ durch Speichern, also $(J|K)=(0|0)$ oder durch Löschen: $(J|K)=(0|1)$, d. h. durch $(J|K)=(0|X)$ kurzum, es muß $J=0$ sein; *nur Setzen ist „verboten"*, usw.

Übergang $Q_n \rightarrow Q_{n+1}$	J	K	Merkhilfe
$0 \rightarrow 0$	0	X	Setzen verboten: J=0
$0 \rightarrow 1$	1	X	Setzen geboten: J=1
$1 \rightarrow 0$	X	1	Löschen geboten: K=1
$1 \rightarrow 1$	X	0	Löschen verboten: K=0

Funktionstabelle

J	K	Q_{n+1}
0	0	Q_n
0	1	0
1	0	1
1	1	$\overline{Q}_n$

Bild 20.29 Übergangstabelle eines JK-FFs, für X darf 0 oder 1 stehen, der angegebene Folgezustand Q_{n+1} ist davon unabhängig: Diese Übergangstabelle folgt aus der eingeblendeten Funktionstabelle.

Wenn wir nun mit dieser Übergangstabelle die insgesamt acht J- und K-Funktionen für einen synchronen 4-Bit-Dualzähler, d. h. für einen Modulo-16-Zähler getrennt entwerfen, erhalten wir bei jedem FF paarweise gleiche J- und K-Funktionen. Gegenüber dem Zähler von Bild 20.9 ergibt sich trotz des hohen Entwurfaufwandes keine Änderung, also auch keine Vereinfachung[1]).

Aber schon bei einem BCD-Zähler erhalten wir, im Vergleich zu dem von Bild 20.11, eine einfachere Schaltung.

Den Entwurf des Dezimalzählers beginnen wir mit einer Tabelle nach Bild 20.30, a.

Beim Vergleich einer Zeile n mit ihrer Folgezeile $n+1$ müssen wir jedesmal überlegen, welche Übergänge die FFs ausführen. Aufgrund der Übergangstabelle setzen wir dann J und K.

Im Detail:

Beim Übergang von Zeile 0 nach Zeile 1 hat FF A einen 0→1-Übergang, also ist Setzen geboten ($J_A = 1$), alle anderen FFs haben 0→0-Übergänge, also ist Setzen verboten: die restlichen J-Signale müssen Null sein.

Beim nun folgenden Übergang von Zeile 1 nach Zeile 2 ist für FF A Löschen geboten ($K_A = 1$), für FF B dagegen ist jetzt Setzen geboten ($J_B = 1$), die anderen FFs verbleiben auf Null, also ist bei diesen Setzen immer noch verboten ($J_C = J_D = 0$).

	2^3	2^2	2^1	2^0	J- und K-Vorbereitung							
Dez	Q_D	Q_C	Q_B	Q_A	J_D	K_D	J_C	K_C	J_B	K_B	J_A	K_A
0	0	0	0	0	0		0		0		1	
1	0	0	0	1	0		0		1			1
2	0	0	1	0								

Bild 20.30 a) Die ersten Zeilen einer Funktionstabelle beim Dezimalzähler mit getrennter J- und K-Vorbereitung (Die leeren Felder sind beliebig (X) setzbar: Don't-care-Positions).

	2^3	2^2	2^1	2^0	J- und K-Vorbereitung							
Dez	Q_D	Q_C	Q_A	Q_B	J_D	K_D	J_C	K_C	J_B	K_B	J_A	K_A
0	0	0	0	0	0		0		0		1	
1	0	0	0	1	0		0		1			1
2	0	0	1	0	0		0			0	1	
3	0	0	1	1	0		1			1		1
4	0	1	0	0	0			0	0		1	
5	0	1	0	1	0			0	1			1
6	0	1	1	0	0			0		0	1	
7	0	1	1	1	1			1		1		1
8	1	0	0	0		0	0		0		1	
9	1	0	0	1		1	0		0			1
10 … 15												

Bild 20.30 b) Vollständige Funktionstabelle, wegen der besseren Übersicht sind nur die absolut notwendigen J- und K-Signale eingetragen. Hier dürfen also alle leeren Felder beliebig (X) belegt werden

Mit dieser Strategie: *„Was ist geboten, was ist verboten?"* vervollständigt sich allmählich das Bild 20.30, a zum Bild 20.30, b. Hier sind die beliebig belegbaren Felder (X) leer geblieben, die vielen möglichen Kreuze würden das wesentliche, die zwingend notwendigen 0- und 1-Signale, nur „untergehen" lassen.

[1]) Das ist übrigens bei allen Modulo-m-Zählern so, wenn m eine Zweierpotenz ist, siehe Bild 20.34

Für FF A ergibt sich, wenn wir alle Leerfelder auf X=1 setzen[1]), sofort

$$J_A = 1 \quad \text{und} \quad K_A = 1.$$

Die restlichen J- und K-Funktionen sind im Bild 20.31 eingetragen und vereinfacht worden. Die so entstandene Schaltung zeigt Bild 20.32. Wenn wir dieses Bild mit Bild 20.11 vergleichen, ist die Vorbereitung von FF D deutlich einfacher geworden. Jetzt kann dieser Dezimalzähler (Modulo-10-Zähler) aus handelsüblichen ICs (z. B. 7472, oder mit kleinen Änderungen aus 4095/96) ohne zusätzliche externe Gatter aufgebaut werden (Bild 20.33).

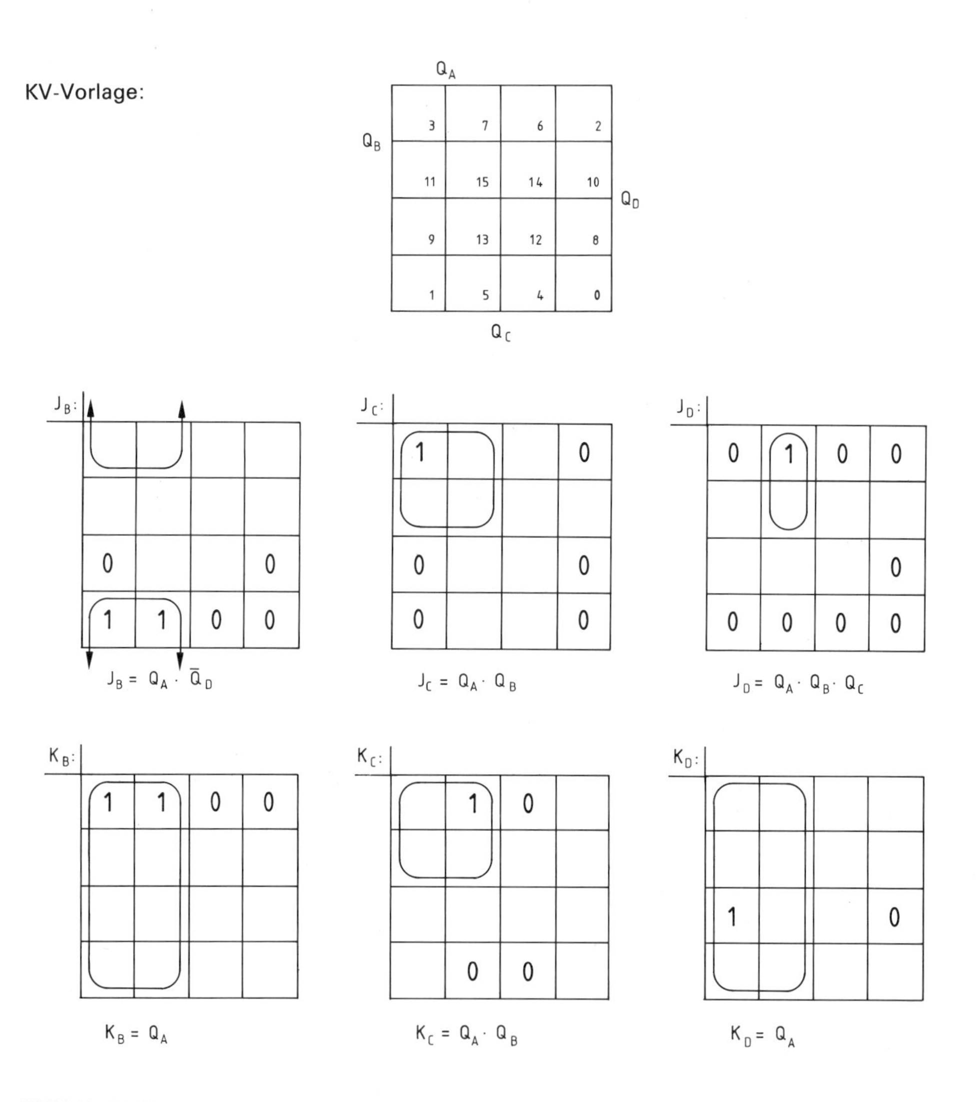

Bild 20.31 Die KV-Diagramme zu Bild 20.30. Die 0- und 1-Signale sind unbedingt notwendig, die leeren (!) Felder dürfen beliebig (X) belegt werden.

[1]) Für konkrete Verdrahtungen kann es günstiger sein, die Leerfelder auf X=0 zu setzen, was dann $J_A = \overline{Q}_A$ und $K_A = Q_A$ liefert.

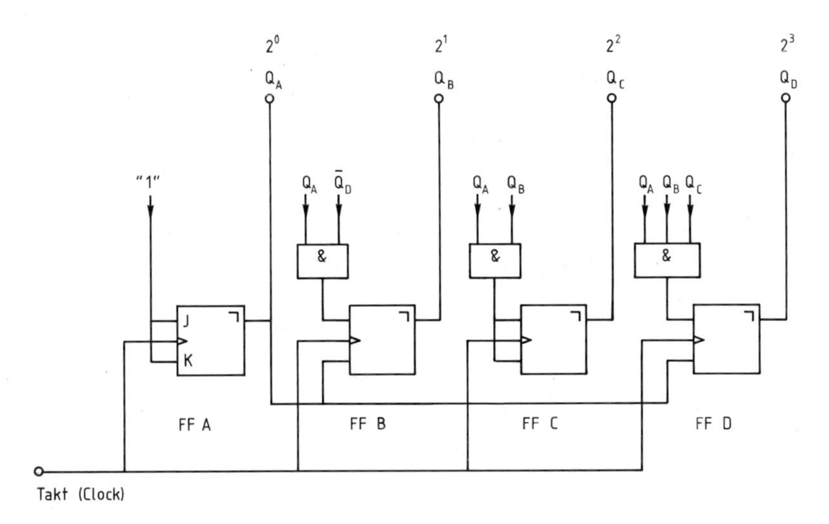

Bild 20.32 Synchroner Dezimalzähler mit getrennter J- und K-Ansteuerung

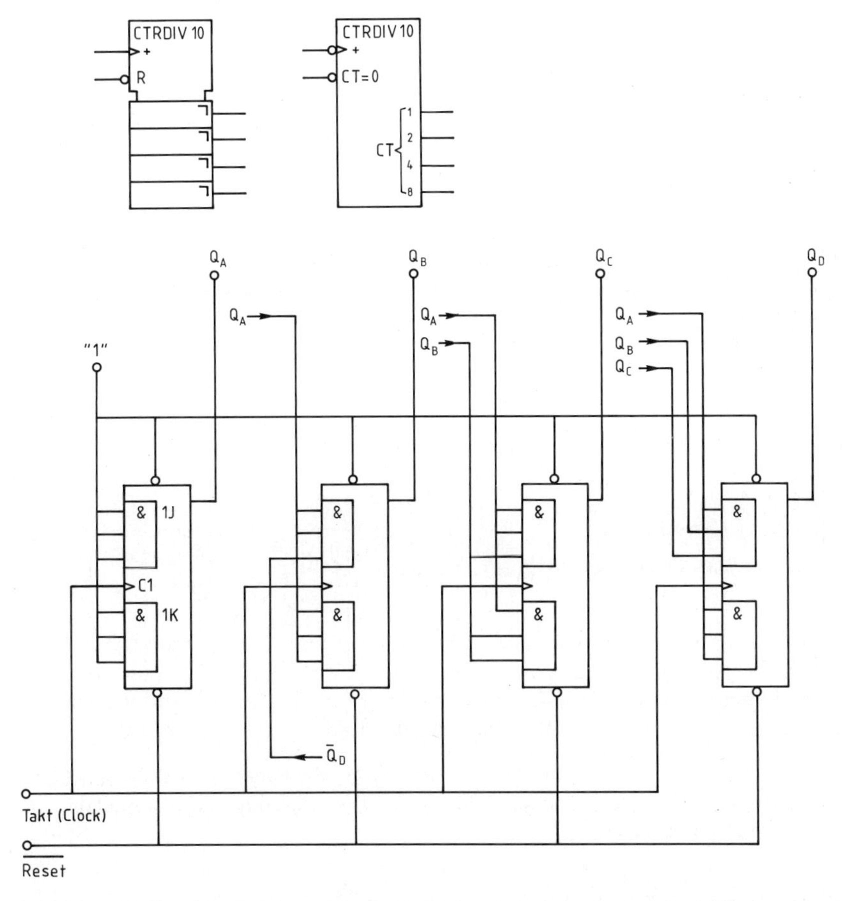

Bild 20.33 Der synchrone Modulo-10-Zähler von Bild 20.32, verdrahtet mit handelsüblichen JK-MS-FFs die jeweils 3 UND-verknüpfte J- und K-Eingänge enthalten

Am Ende dieses Kapitels bringt Bild 20.34 noch eine Zusammenstellung der J- und K-Funktionen, die bei getrennter Ansteuerung von J und K für synchrone Modulo-m-Zähler anfallen. In der letzten Spalte ist vermerkt, ob bei allen FFs J = K gilt. In diesen Fällen erhalten wir mit der J = K-Methode, also für T-FFs, dieselbe Schaltung.

► Um die Tabelle kompakt schreiben zu können, sind anstelle von Q_A, Q_B usw. nur die Indizes A, B usw. aufgeführt.

Mod.	FF A		FF B		FF C		FF D		
m	J	K	J	K	J	K	J	K	J = K
2	1	1							ja
3	$\overline{B}$	1	A	1					
4	1	1	A	A					ja
5	$\overline{C}$	1	A	A	AB	1			
6	1	1	$A\overline{C}$	A	AB	B			
7	$\overline{B}+\overline{C}$	1	A	A + C	AB	B			
8	1	1	A	A	AB	AB			ja
9	$\overline{D}$	1	A	A	AB	AB	ABC	1	
10	1	1	$A\overline{D}$	A	AB	AB	ABC	A	
11	$\overline{B}+\overline{D}$	1	A	A + D	AB	AB	ABC	B	
12	1	1	A	A	$AB\overline{D}$	AB	ABC	AB	
13	$\overline{C}+\overline{D}$	1	A	A	AB	AB + D	ABC	C	
14	1	1	$A(\overline{C}+\overline{D})$	A	AB	A(B + D)	ABC	AC	
15	$\overline{B}+\overline{C}+\overline{D}$	1	A	A + CD	AB	B(A + D)	ABC	BC	
16	1	1	A	A	AB	AB	ABC	ABC	ja

Bild 20.34 Tabelle der J- und K-Funktion für synchrone Modulo-m-Zähler. Achtung, die Zählkapazität Z ist jeweils eins niedriger als der Modulo-m-Wert

Wenn J = 1 bzw. K = 1 angegeben ist, kann für ein Layout eine andere, scheinbar weniger einfache Lösung, günstiger sein, z. B. beim Modulo-10-Zähler $J_A = \overline{Q}_A$ und $K_A = Q_A$.

20.5.3 Inverse Vorbereitung an J und K (D-FF)

Die Vorbereitung für D-FFs ist sehr einfach anzugeben:
Der jeweilige Folgezustand muß immer schon an den Datenleitungen D anliegen, d. h. vorbereitet sein. Deshalb finden wir die Folgezeile $n+1$ direkt in der Zeile n unter den D-Eingängen wieder. Für jedes FF ist nur eine D-Funktion aufzustellen.

Für einen Zähler von 1 bis 6 ergibt sich so sehr rasch die Funktionstabelle von Bild 20.35. Leider sind bei diesem Verfahren die resultierenden D-Funktionen relativ komplex.

Dez	Q_C	Q_B	Q_A	D-Vorbereitung D_C	D_B	D_A
1	0	0	1	0	1	0
2	0	1	0	0	1	1
3	0	1	1	1	0	0
4	1	0	0	1	0	1
5	1	0	1	1	1	0
6	1	1	0	0	0	1
0 und 7				X	X	X

KV-Vorlage

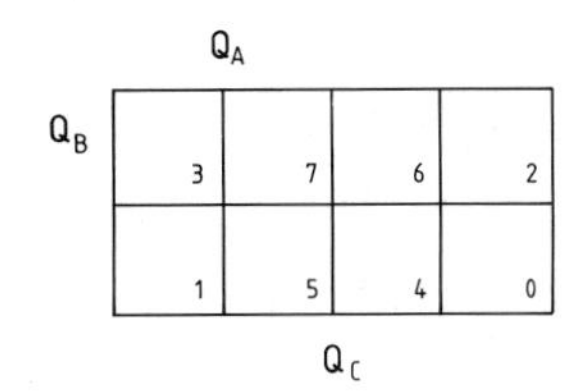

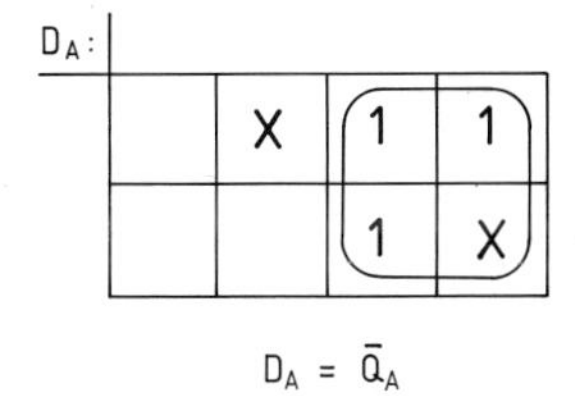

$D_A = \bar{Q}_A$

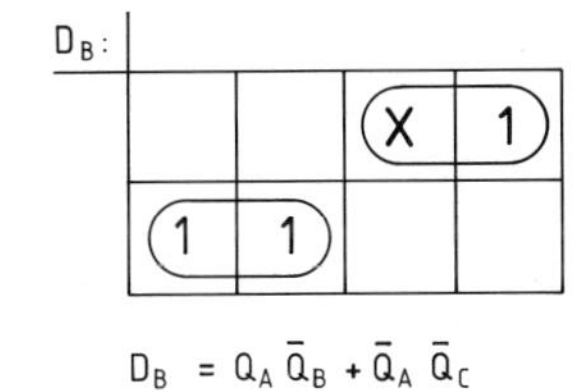

$D_B = Q_A \bar{Q}_B + \bar{Q}_A \bar{Q}_C$

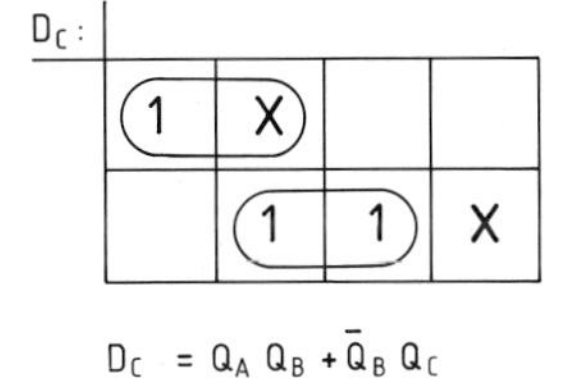

$D_C = Q_A Q_B + \bar{Q}_B Q_C$

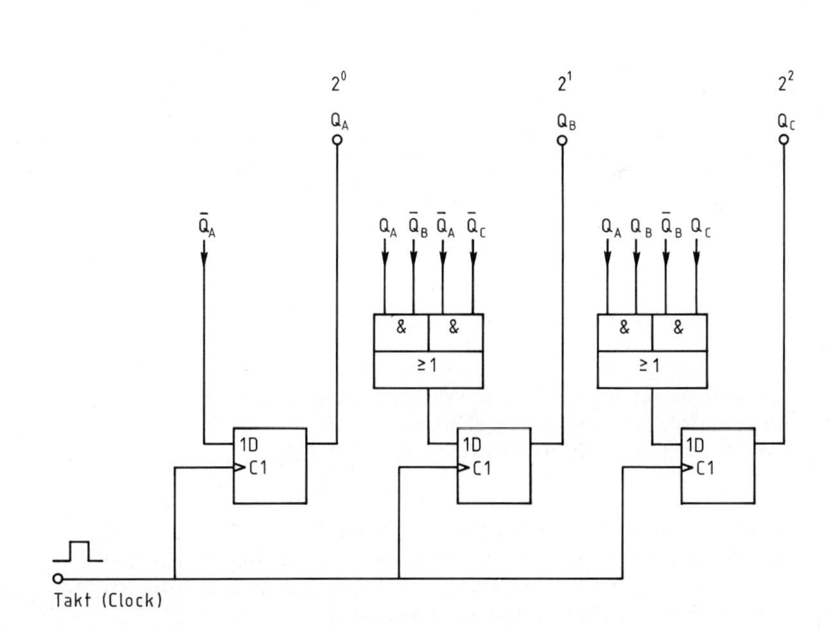

Bild 20.35 Synchroner Zähler von 1 bis 6 aus D-FFs, inklusive der Synthese-Tabelle

Abschließend eine Zusammenfassung und Wertung der vorgestellten Möglichkeiten synchrone Zählerschaltungen zu entwickeln.

Es gibt mehrere Entwurfsmethoden für synchrone Zähler:

1. **Die J = K-Methode**
   J und K werden *gleich* angesteuert: es können T-FFs (Zähl-FFs) eingesetzt werden.
   Aufwand: Die Funktionstabelle wird um die Toggle-Signale erweitert. Sie legen fest, ob ein FF (um-)kippt oder nicht.
   Für jedes FF ist nur *eine* Vorbereitungs-Funktion zu ermitteln.
   Urteil: Relativ schnelles Verfahren
   Ergebnis: Akzeptable Größe der Schaltnetze

2. **Die J ≠ K-Methode**
   J und K werden *getrennt* angesteuert.
   Aufwand: Die Funktionstabelle muß unter Verwendung der Übergangstabelle um die zwingend notwendige J- bzw K-Signale erweitert werden.
   Für jedes FF sind *zwei* Vorbereitungs-Funktionen aufzustellen.
   Urteil: Relativ zeitaufwendiges Verfahren
   Ergebnis: Kleinstmögliche Schaltnetze

3. **Die J = $\overline{K}$-Methode**
   J und K werden *invers* angesteuert, es können D-FFs verwendet werden.
   Aufwand: Die Funktionstabelle wird um die notwendigen D-Signale erweitert, die sich aus dem Folgeinhalt ergeben.
   Für jedes FF ist nur *eine* Vorbereitungsfunktion erforderlich.
   Urteil: Sehr schnelles und leichtes Verfahren
   Ergebnis: Umfangreiche Schaltnetze

► Die Erweiterung der Funktionstabellen kann umgangen werden, wenn mit der charakteristischen Gleichung der FFS gearbeitet wird.
Dies soll das nächste Kapitel zeigen.

Für Spezialisten:

20.5.4 Entwurf mit der charakteristischen Gleichung

Wenn wir die bekannte Funktionstabelle des JK- bzw. JK-MS-FFs betrachten (Bild 20.36, a), so enthält sie eine entscheidende Lücke: Wir können nicht eindeutig angeben, was sich bei J=0 und K=0 als Folgeinhalt Q_{n+1} wirklich einstellt, die Aussage $Q_{n+1}=Q_n$ läßt da alles offen.

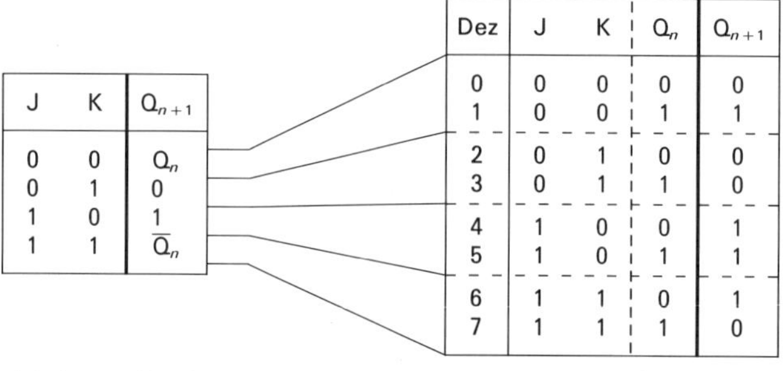

J	K	Q_{n+1}
0	0	Q_n
0	1	0
1	0	1
1	1	$\overline{Q}_n$

a) bekannte Kurzform

Dez	J	K	Q_n	Q_{n+1}
0	0	0	0	0
1	0	0	1	1
2	0	1	0	0
3	0	1	1	0
4	1	0	0	1
5	1	0	1	1
6	1	1	0	1
7	1	1	1	0

b) vollständige Tabelle

Bild 20.36 Funktionstabellen des JK-MS-FFs

Ähnlich ist es bei J=1 und K=1, wo $Q_{n+1}=\overline{Q}_n$ gilt. Wenn wir den Folgeinhalt Q_{n+1} verbindlich angeben wollen, müssen wir den aktuellen Speicherinhalt kennen bzw. in die Tabelle mit hineinnehmen (Bild 20.36b). Aufgrund dieser neuen Tabelle ergeben sich die Folgezustände Q_{n+1} eindeutig als Funktion der drei Variablen J, K und Q_n, symbolisch dargestellt gilt $Q_{n+1}=f(J, K, Q_n)$.

Diese Funktion Q_{n+1} schreiben wir mit Hilfe eines KV-Diagramms möglichst einfach auf (Bild 20.37).

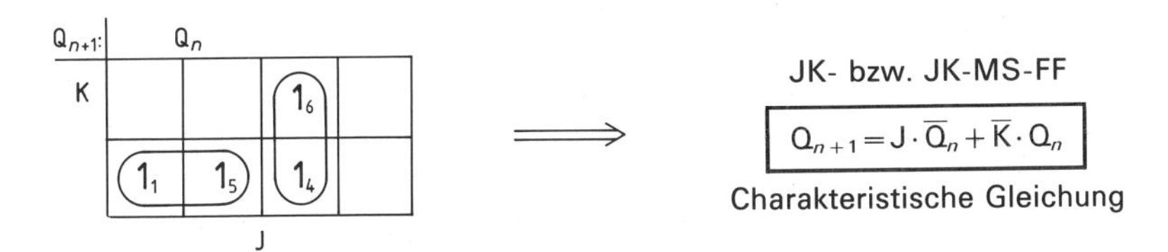

Bild 20.37 Mit Hilfe von Bild 20.36, b wird der Folgezustand Q_{n+1} als Funktion von J, K und Q_n ausgedrückt

Die so entstandene Gleichung nennen wir *charakteristische Gleichung* des JK-MS-FFs[1]).

Wollen wir etwa wissen, was bei J=1 und K=0 (nach dem Clock-Signal) aus dem Inhalt $Q_n=1$ wird, können wir in der vollständigen Tabelle (Bild 20.36, b) nachsehen oder dies aus $Q_{n+1}=J\cdot\overline{Q}_n+\overline{K}\cdot Q_n$ ausrechnen. Wir setzen dazu die Werte der Variablen in die Funktions-Gleichung ein und erhalten, genau wie aus der Tabelle:

$$Q_{n+1}=J\cdot\overline{Q}_n+\overline{K}\cdot Q_n=1\cdot\overline{1}+\overline{0}\cdot 1=1\cdot 0+1\cdot 1=0+1=1$$

► Um mehr Übersicht zu gewinnen, lassen wir den *Index n* auf der rechten Seite der charakteristischen Gleichung *ab jetzt weg*. Die Gleichung hat dann die Form:

$$\boxed{Q_{n+1}=J\cdot\overline{Q}+\overline{K}\cdot Q}$$

Richtig gelesen, sagt diese Gleichung aus, daß sich der Folgeinhalt eines JK- bzw. JK-MS-FFs immer in dieser Form darstellen lassen muß, auch wenn dies auf den ersten Blick nicht so aussieht. Dazu ein Beispiel:

Ein FF soll toggeln, d.h. es soll gelten:

$$Q_{n+1}=\overline{Q}$$

[1]) Die charakteristischen Gleichungen für drei andere FFs:
$Q_{n+1}=JK\cdot\overline{Q}_n+\overline{JK}\cdot Q_n$ (T-FF, JK ist das Toggle-Signal an J=K)
$Q_{n+1}=D$ (D-FF, besonders einfach, siehe Kap. 20.5.3)
$Q_{n+1}=S \quad +\overline{R}\cdot Q_n$ (RS-FF)

Diese Gleichung ähnelt kaum der charakteristischen, läßt sich aber denoch auf die gewünschte Form bringen, z. B. so:

$$Q_{n+1} = 1 \cdot \overline{Q} + 0 \cdot Q$$

Dies entspricht

$$Q_{n+1} = J \cdot \overline{Q} + \overline{K} \cdot Q,$$

aber nur, wenn wir $J=1$ und $\overline{K}=0$ setzen, was ein *Koeffizientenvergleich* sofort zeigt. Ergebnis: Bei $J=1$ und $K=1$ toggelt ein FF.

Wir sehen:

Über die charakteristische Gleichung lassen sich durch Koeffizentenvergleich die notwendigen Vorbereitungs-Funktionen J und K eines JK-FFs ermitteln.

Diese Idee soll nun auf eine ganze Zählkette übertragen werden. Wir wählen dafür einen Zähler aus, der von 1 bis 6 zählen soll.

Als Hilfe verwenden wir die Tabelle von Bild 20.38. (Der Tabellen-Teil mit dem Folgeinhalt wäre für Profis entbehrlich, da ja die jeweils nächste Zeile den Folgeinhalt ebenso zeigt.)

Als ersten Schritt versuchen wir zunächst nur, den Folgeinhalt Q_{n+1} eines jeden einzelnen FFs durch den aktuellen Inhalt des Zählers möglichst einfach darzustellen. Durch Vergleich mit der charakteristischen Gleichung suchen wir dann nach den „passenden“ J- und K-Funktionen, genau wie oben.

▶ Für FF A und FF B funktioniert das Verfahren auch „reibungslos“, wie aus Bild 20.38, b hervorgeht.

	aktueller Inhalt Q_n			Folge-Inhalt Q_{n+1}		
Dez	Q_C	Q_B	Q_A	Q_C	Q_B	Q_A
1	0	0	1	0	1	0
2	0	1	0	0	1	1
3	0	1	1	1	0	0
4	1	0	0	1	0	1
5	1	0	1	1	1	0
6	1	1	0	0	0	1
0 und 7				X	X	X

KV-Vorlage

		Q_A	Q_A	
Q_B	3	7	6	2
	1	5	4	0
		Q_C	Q_C	

Bild 20.38 **a)** Zähler von 1 bis 6: Funktionstabelle und KV-Vorlage

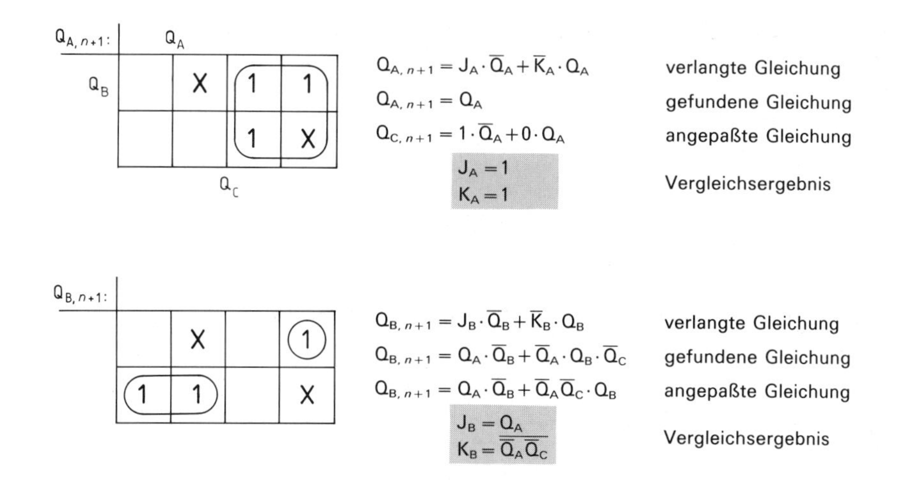

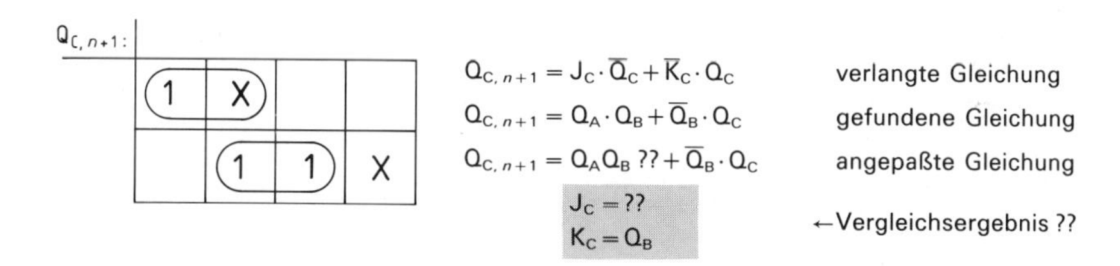

Bild 20.38 **b)** Zähler von 1 bis 6 und der gescheiterte Versuch, die charakteristische Gleichung für FFC zu finden.

► Aber der Versuch, für FF C eine charakteristische Gleichung und damit J_C und K_C zu ermitteln, schlägt fehl:
In $Q_{C,n+1}$ kommt die Variable $\overline{Q}_C$ nicht mehr vor und ist auch nicht eindeutig ergänzbar[1]).
Wir können für J_C den Koeffizientenvergleich nicht durchführen.

Schuld daran ist die Bildung des oberen Blockes $Q_A \cdot Q_B = Q_A Q_B \overline{Q}_C + Q_A Q_B Q_C$ über die Q_C-Grenze hinweg. Dadurch ist die Variable $\overline{Q}_C$ beim FF C „verschwunden".

Um dies zu verhindern, umrahmen[2]) wir im KV-Diagramm für jedes FF *seinen* charakteristischen Block durch Doppelstriche. Über diese Blockgrenzen hinweg darf bzw. soll nicht vereinfacht werden. Mit Bild 20.39 erhalten wir dann problemlos die gesuchten charakteristischen Gleichungen und damit alle Funktionen J und K durch (Koeffizienten-) Vergleich.

Dasselbe Ergebnis liefert natürlich auch das klassische Verfahren mit einer durch J und K erweiterten Funktionstabelle (siehe Kapitel 20.5.2)

---

[1]) Folgende Ergänzung funktioniert – wegen $1 = (\overline{Q}_C + Q_C)$ – immer, doch das Ergebnis ist (durch den redundanten Term $Q_A Q_B$) unnötig „aufgeblasen":
$Q_{C,n+1} = Q_A \cdot Q_B + \overline{Q}_B \cdot Q_C = Q_A \cdot Q_B \cdot 1 + \overline{Q}_B \cdot Q_C = Q_A \cdot Q_B \cdot (\overline{Q}_C + Q_C) + \overline{Q}_B \cdot Q_C$, d.h. $Q_{C,n+1} = (Q_A Q_B) \cdot \overline{Q}_C + (Q_A Q_B + \overline{Q}_B)\ Q_C$; es folgt $J_C = Q_A Q_B$ und $K_C = \overline{Q_A Q_B + \overline{Q}_B}$.

[2]) Die Umrahmung ist insbesondere bei vier und mehr Variablen wichtig.

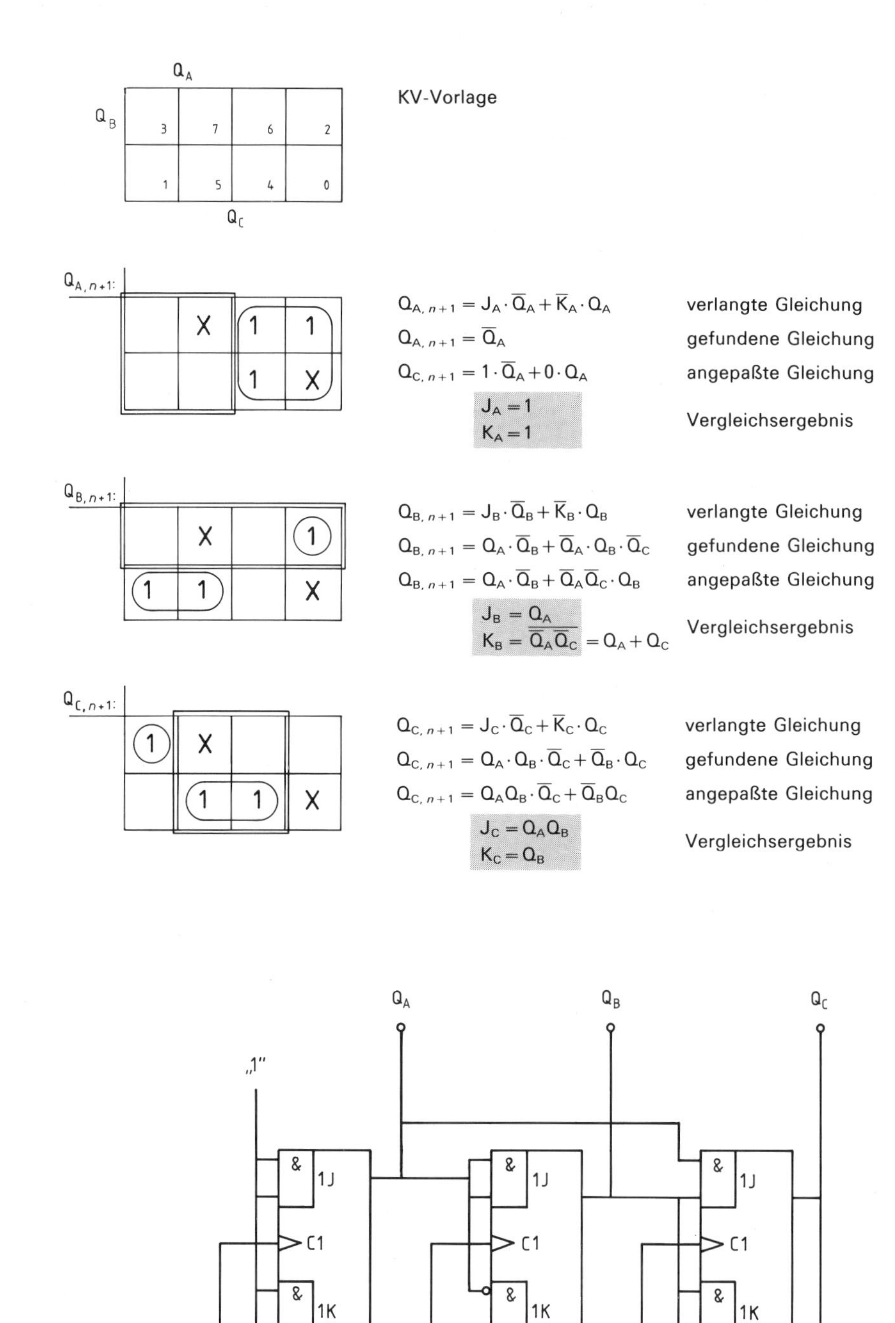

Bild 20.39 Synchroner 1-bis-6-Zähler: Ermittlung der Funktionen J und K durch Einhaltung der charakteristischen Blockgrenzen und die Schaltung, sie ist z. B. mit dem TTL-IC 74H71 realisierbar

20.6 Register

Kleinere Speicher (Umfang ca. 4 ... 32 Bit) nennen wir **Register.**

Solche Register dienen als schnelle *Datenzwischenspeicher*. Bei den *Schieberegistern* können diese Daten auch noch innerhalb der Register selbst verschoben werden. Wir beginnen mit einfachen Registern, die die Daten nur „auffangen" und wieder abgeben können.

20.6.1 Latch-Register halten Daten fest

Eine Reihe von einstufigen Auffang-FFs, auch D-FFs oder D-Latches genannt, bildet ein Register. Ein D-Latch gibt es in zwei Ausführungen.

a) Zustandsgesteuertes (pulsgetriggertes) D-Latch[1]

Die Informationen auf der Datenleitung D werden so lange „mitgelesen", wie dies ein bestimmter Taktzustand ermöglicht, meist über Enable = 1 (Bild 20.40, a). Danach wird die letzte Information gespeichert.

b) Flankengetriggertes D-Latch

Die Daten D werden nur beim Eintreffen einer bestimmten Flanke am Clockeingang eingelesen (Bild 20.40, b).

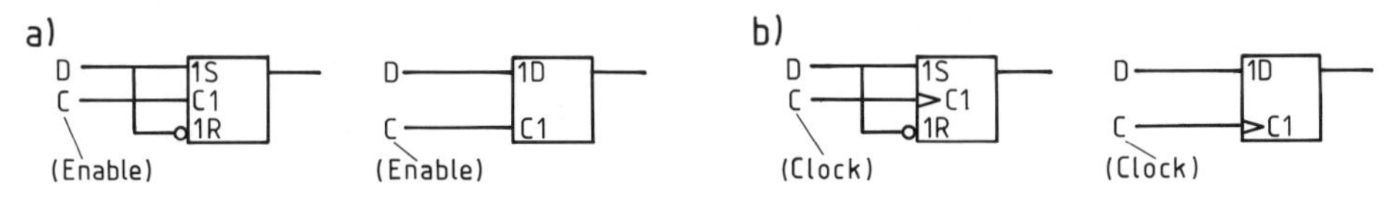

Bild 20.40 D-Latch mit
a) Zustandssteuerung und
b) mit Flankentriggerung

Bild 20.41 zeigt abschließend noch drei handelsübliche Latch-Register, bei denen jeweils vier Latches zusammengefaßt worden sind.

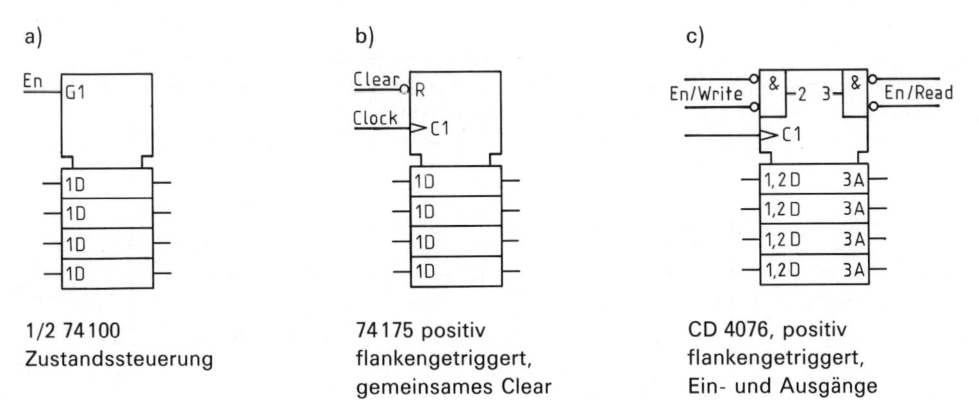

Bild 20.41 Beispiele für 4-Bit-D-Register

[1]) Details zu diesem D-Latch in Kapitel 19.4.2

20.6.2 Adressierbare Latch-Register

Solche Register speichern zwar viele Bits, haben aber *nur eine Dateneingangsleitung*. Mit Hilfe einer Adressensteuerung wird dann festgelegt, welches FF das anstehende Datenbit übernehmen soll. Die einzelnen Daten müssen demnach auf der Datenleitung nacheinander, d.h. *seriell* erscheinen. Eine bestimmte Reihenfolge muß aber nicht eingehalten werden, da über die Adressensteuerung die „Ordnung" wiederhergestellt werden kann.[1])

Bild 20.42 zeigt ein adressierbares 4-Bit-Register. Über den Adreßdekoder wird ein FF angewählt. Wenn gleichzeitig über Enable die Freigabe erfolgt, übernimmt (nur) dieses FF die Daten.

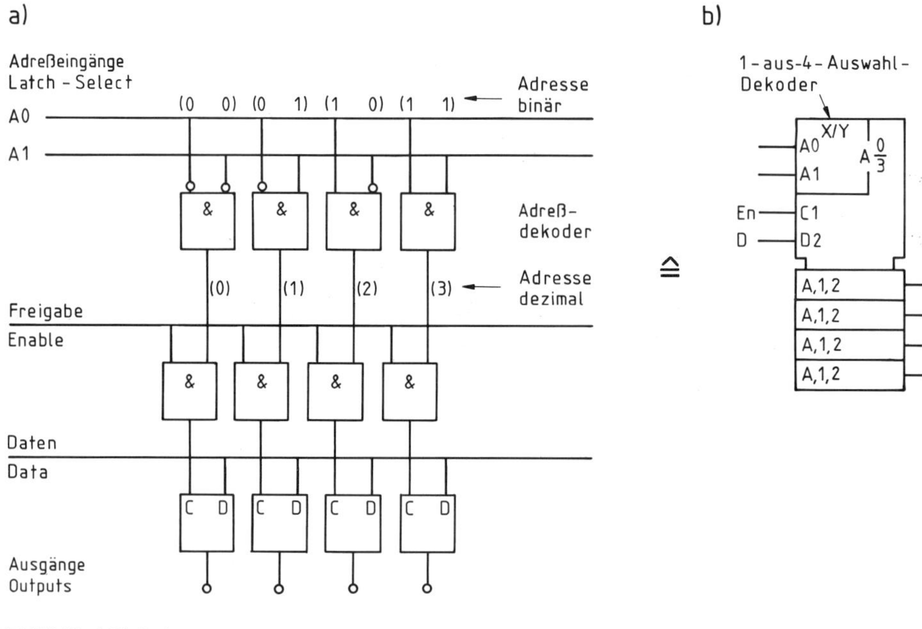

Bild 20.42 4-Bit-Register
a) ausführlich
b) Kurzdarstellung

Die *Kurzdarstellung* in Bild 20.42 ist wie folgt zu lesen: Die Auswahl einer der vier Speicherfelder geschieht über den Adreßdekoder X/Y. Er bildet als Auswahlvariable die Adresse A0 ... A3. Ein FF übernimmt nur dann den Wert 1, wenn A, C1 und D2 für dieses FF ebenfalls den Wert 1 haben.

Typenbeispiele: 74 259 und CD 4099, beides adressierbare 8-Bit-Register.

> **Latch-Register** arbeiten mit einstufigen FFs als Datenspeicher.
> Latch-Register gibt es zustandsgesteuert (= pulsgetriggert) und flankengetriggert. Adressierbare Latch-Register übernehmen die Daten nacheinander auf einer vorwählbaren Adresse (Stelle).

[1]) Dies geht z. B. bei Schieberegistern (Kapitel 20.7) nicht.

Für Spezialisten:

20.6.3 Ganze „Datenarchive" (Register Files)

Register Files (= Archive) bilden den Übergang zu den großen, frei adressierbaren Schreib-Lese-Speichern (auch RAM genannt: Random-Access-Memory = wahlfreier Zugriff auf einen Speicherplatz). Im Gegensatz zu den besprochenen Registern werden hier (fast) immer mehrere Bits zu einem *Datenwort* zusammengefaßt und *unter einer Speicheradresse* abgelegt. Nach diesem „Schreibvorgang" können die Bits auch nur wieder gruppenweise, also wortweise „ausgelesen" werden.
Bild 20.43 zeigt ein solches Register File, welches an vier Plätzen (nicht vollständig dargestellt) jeweils zwei Bits ablegt. Die Wortlänge umfaßt *hier* also 2 Bit, üblich sind jedoch 4 Bit und mehr[1]).

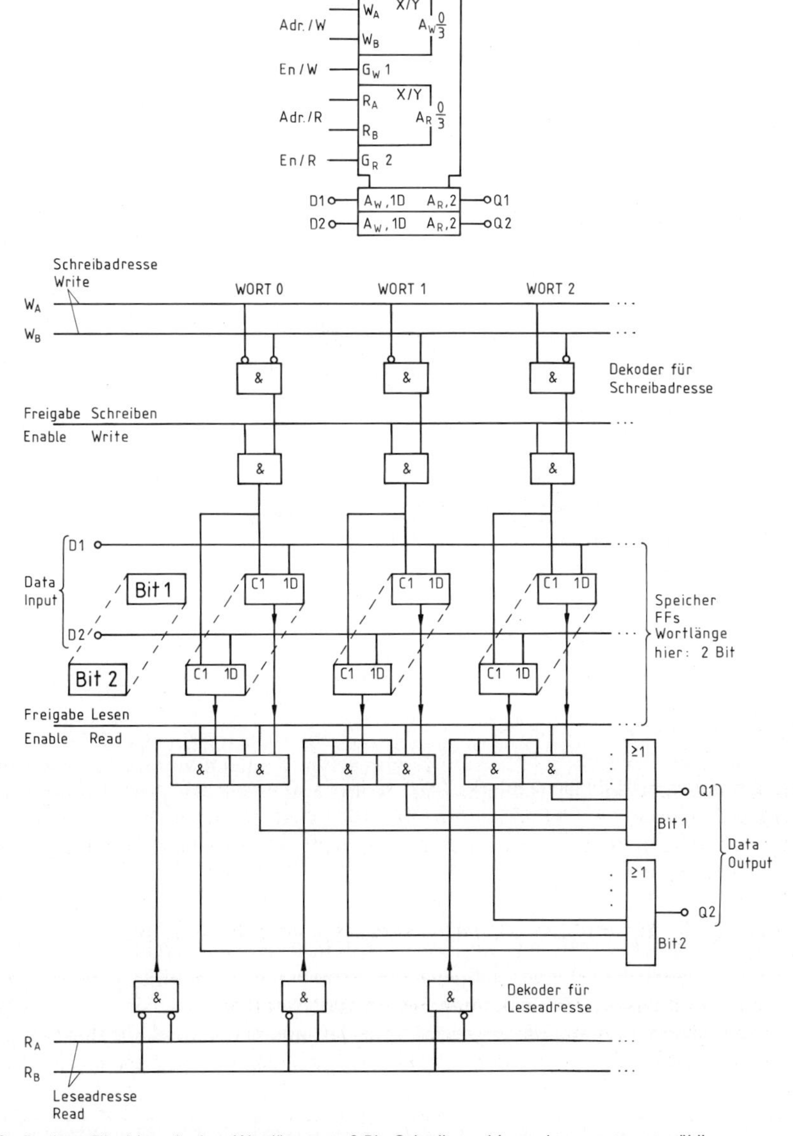

Bild 20.43 Register File, hier mit einer Wortlänge von 2 Bit. Schreib- und Leseadresse getrennt wählbar.

[1]) Typenbeispiel: 74170, Wortlänge: 4 Bit, Anzahl der Worte: 4.

Der Schreibteil ist direkt aus Bild 20.42 übernommen. Eine (Schreib-)Freigabe erfolgt hier aber gleich für ein *Wort* (also für zwei Bits bzw. FFs).

Die Leseadresse kann von der Schreibadresse völlig unabhängig vorgegeben werden. Die UND-Elemente auf der Ausgangsseite blockieren aber das Lesen eines angewählten Datenwortes solange, bis eine Lesefreigabe erfolgt. Die ODER-Elemente reduzieren schließlich die Anzahl der Ausgangsleitungen auf die Wortlänge.
Noch mehr Leitungen können eingespart werden, wenn die Schreib- und Leseadressierung zusammengefaßt wird und schließlich noch die Ein- und Ausgabe der Daten über ein gemeinsames Leitungssystem, den *Datenbus*, erfolgt.

Ein **Register File** ist schon ein kleines RAM, ein frei adressierbarer Schreib-Lese-Speicher. Unter *einer* Adresse wird gewöhnlich ein Datenwort abgelegt, das gleich mehrere Bits umfaßt[1]).

Anmerkung:
Richtige RAMs arbeiten allerdings mit einer speziellen FF-Grundschaltung oder auch dynamisch, d. h. mit Kondensatorladungen.

20.7 Schieberegister

Schieberegister können mit jedem Takt ein abgespeichertes Informationsmuster um eine Stelle verschieben. Damit lassen sich z. B. Laufschriften erzeugen.
Ein weiteres Einsatzgebiet der Schieberegister ist die Zwischenspeicherung von Informationen, die gleichzeitig (parallel) eintreffen, aber nur nacheinander (seriell) verarbeitet werden können.

20.7.1 Grundschaltung eines Schieberegisters

Schon in Kapitel 19.5 hatten wir uns überlegt, daß für eine geordnete Informationsverschiebung jedes Bit vor- bzw. zwischengespeichert werden muß.

Dies führte zur Konstruktion zweistufiger, taktgesteuerter Speicher und zu folgendem *Funktionsablauf:*

Taktanstiegsflanke: Der Vorspeicher übernimmt schon die neue Information aus der vorangehenden Speicherstelle, der Hauptspeicher liefert aber noch die alte Information an die nachfolgende Stelle.

Taktabfallflanke: Erst jetzt überträgt der Vorspeicher (Master) die neue Information in seinen Hauptspeicher (Slave).

In den Master-Slave-FFs (MS-FFs) sind Vor- und Hauptspeicher bereits zusammengefaßt.[2]) Wir verwenden sie deshalb für den Aufbau eines Schieberegisters.[3]) Bild 20.44 zeigt eine entsprechende Schaltung. Die Aufnahme der Information geschieht nacheinander *(seriell)*, und zwar über den Serieneingang SE des ersten FFs. Mit jedem Takt wandert diese Information ein FF weiter (Teilbild c).

---

[1]) Wortlänge 4, 8, 16 und 32 Bit. Strenggenommen ist die Wortlänge mit 32 Bit definiert, 16 Bit = Halbwort, ...
[2]) Genaueres zum MS-FF in Kapitel 19.5
[3]) Es gibt aber auch dynamische Schieberegister. Diese enthalten keine FFs, sondern verschieben Schritt für Schritt Kondensatorladungen.

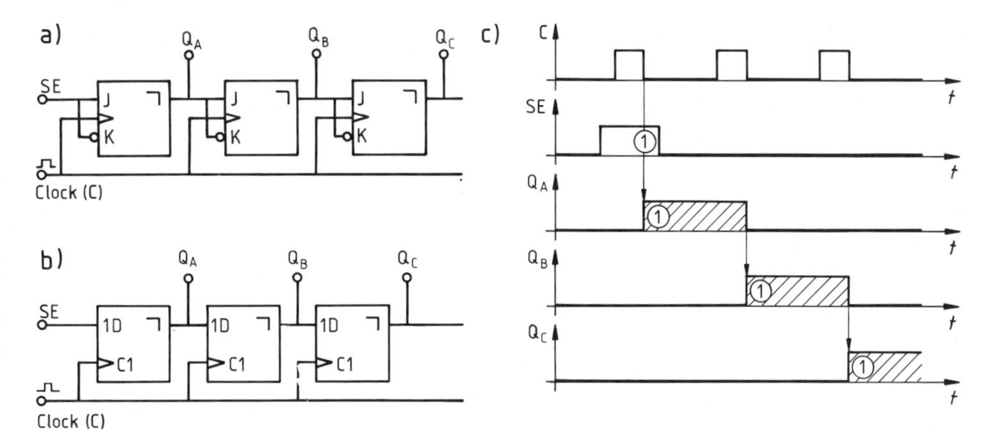

Bild 20.44 Schieberegister
a) Grundschaltung (JK-MS-FFs)
b) vereinfacht (D-MS-FFs)
c) Beispiel einer Informationseingabe mit anschließender Verschiebung

Fast immer können die FFs eines Schieberegisters auch von außen *parallel* gesetzt werden. In Bild 20.45 geschieht dies taktunabhängig.

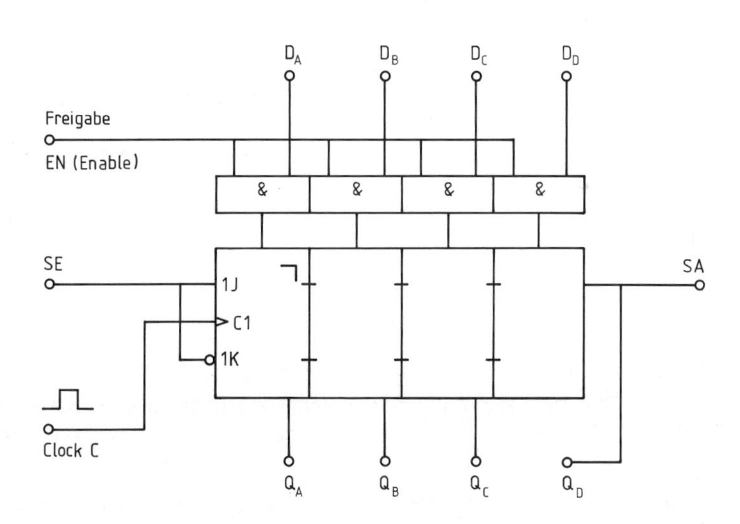

Bild 20.45 Schieberegister mit paralleler Dateneingabe bei EN = 1, unabhängig vom Takt

Falls die parallele Eingabe ebenfalls taktgesteuert geschehen soll, muß solange der Schiebebetrieb gesperrt werden. Dies erfordert eine umschaltbare Signalweiche vor den Dateneingängen D der FFs. Eine Möglichkeit zeigt BIld 20.46. Das Signal am Mode-Eingang legt die Betriebsart fest.

M = 1: Datenweg zwischen den FFs gesperrt. Alle FFs sind gleichzeitig, d. h. parallel von außen setzbar.

M = 0: Paralleleingabe gesperrt. Schiebebetrieb bzw. Serieneingabe wie in Bild 20.44.

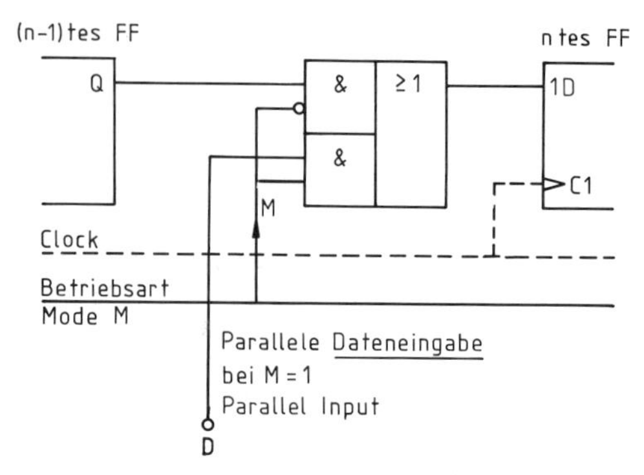

Bild 20.46 Umschaltung von Serien- auf Parallelbetrieb

Mit solchen Schieberegistern können jetzt Daten, die gleichzeitig (parallel) anstehen, abgespeichert werden. Anschließend können diese Daten nacheinander, d. h. seriell am letzten FF „vorbeigeschoben" und verarbeitet werden. Bild 20.47 zeigt als Anwendung einer solchen **Parallel-Serien-Wandlung** das Senden vieler Daten über *eine Leitung* bzw. *einen Funkkanal*. Auf der Empfängerseite findet der umgekehrte Vorgang, nämlich eine Serien-Parallel-Wandlung, statt.

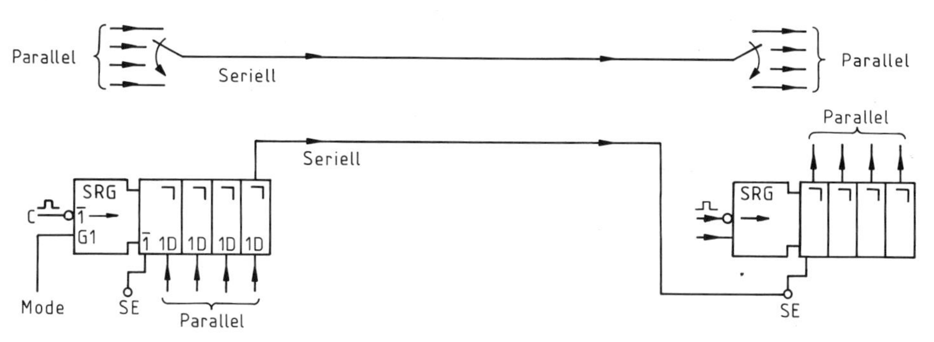

Bild 20.47 Parallele Information wird zeitlich aufgeteilt und übertragen: time division oder time multiplex (Zeitmultiplex)

Für die Schieberegister (SRG) wurde eine Kurzdarstellung gewählt, die sich eng an die Darstellung von Zählern anlehnt. Steht hinter SRG eine Zahl m, so gibt diese die Anzahl der Stufen an. Der Steuerblock der Schieberegister beschreibt übrigens immer anschaulich die Schieberichtung (hier: →, also nach rechts).

Schieberegister enthalten zweistufige MS-FFs (Ausnahme: dynamische Schieberegister). Zwei Betriebsarten (Modes) sind möglich:

- *Schiebebetrieb* mit serieller Ein- und Ausgabe
- *Parallele Ein- und Ausgabe*. (Manchmal sind jedoch keine Anschlüsse für die parallele Ausgabe vorgesehen.)

Mit Hilfe von Schieberegistern lassen sich parallele Daten zwischenspeichern und in serielle umwandeln (z. B. für *Zeitmultiplex*; über eine Leitung werden viele Daten nacheinander übertragen).
Eine *Serien-Parallel-Wandlung* ist ebenfalls möglich.

Typbeispiele: 7494 positiv flankengetriggert, keine parallele Ausgabe
7495 negativ flankengetriggert mit paralleler Ausgabe (Linksschieben möglich)

20.7.2 Ringschieberegister

Ringschieberegister heißen auch kurz Ringzähler oder Ringregister. Hier sind Serienausgang und Serieneingang eines Schieberegisters fest miteinander verbunden. Nach der parallelen Eingabe eines Bitmusters kann dann dieses ständig „im Kreis herum" geschoben werden. Auf diese Art geht die Information nie verloren, was z. B. bei Reklamelaufschriften oder Ablaufsteuerungen von Maschinen verwendet wird (Bild 20.48, siehe auch Aufgabe 14, e).

Parallele Eingabe →	**1 1** 0 **1** 0
Schiebebetrieb →	0 **1 1** 0 **1**
	1 0 **1 1** 0
	0 **1** 0 **1 1**
	1 0 **1** 0 **1**
Wiederholung →	**1 1** 0 **1** 0
	0 **1 1** 0 **1**

Bild 20.48 5-Bit-Schieberegister (z. B. 7496) im Ringbetrieb

> Beim **Ringschieberegister** bilden die FFs einen geschlossenen Informationsring. Die einmal eingelesene Information wir so *endlos* parallel oder seriell abgegeben.

Für Spezialisten (sonst weiter mit Kapitel 21):

20.7.3 Rechts-Links-Schiebebetrieb, Universalschieberegister

Bisher wurden bei allen Schieberegistern die Informationen nach rechts verschoben, weil das Nachfolger-FF sich immer rechts vom Vorgänger befand. Wird diese Reihenfolge umgekehrt, entsteht ein linksschiebendes Register (Bild 20.49).

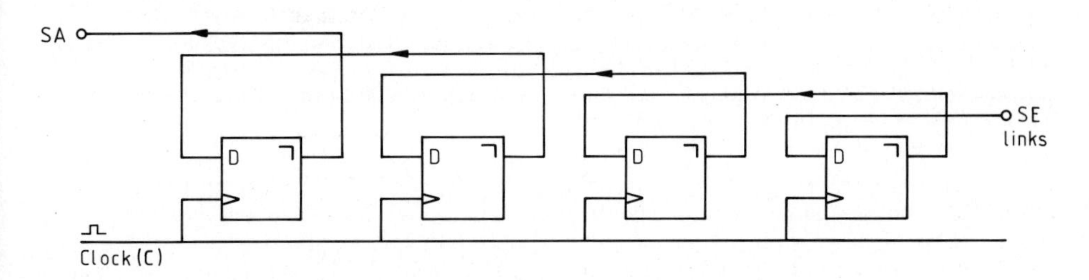

Bild 20.49 Hier werden die Daten nach links weitergegeben

Ein *umschaltbares Rechts-Links-Schieberegister* benötigt folglich ein Schaltnetz, das die Ausgangssignale eines FFs entweder nach rechts oder nach links weitergibt (Bild 20.50, oberer Teil). Da dann jedes FF die Daten entweder nur von links oder nur von rechts bekommt, genügt am Eingang ein ODER-Element für die „Datenverwaltung" (Bild 20.50, unterer Teil).

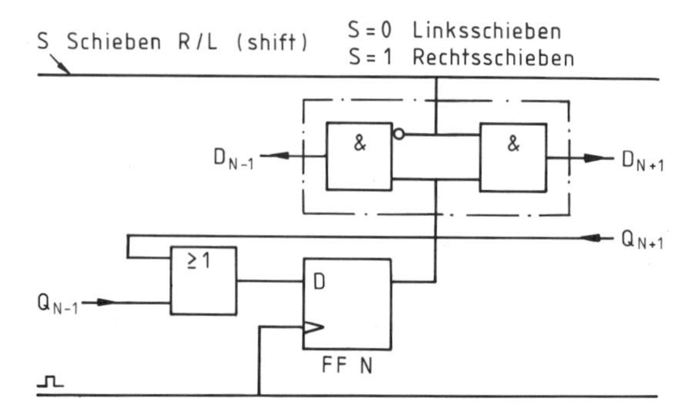

Bild 20.50 Rechts-Links-Umschaltung der Datenwege über die Leitung S

Wenn jetzt noch die Umschaltung von Serien- auf Parallelbetrieb aus Bild 20.46 hinzugefügt wird (und zwar unmittelbar vor dem Dateneingang D), entsteht ein Universal-Rechts-Links-Schieberegister. Bild 20.51 zeigt schematisch den nun vorliegenden Steuerteil.

Für die beiden elektronischen Umschalter M, S werden nun schon *zwei* Steuersignale benötigt, schließlich gibt es ja insgesamt drei Betriebsmöglichkeiten:

1. **Rechtsschieben**
2. **Linksschiebn**
3. **Parallelbetrieb**

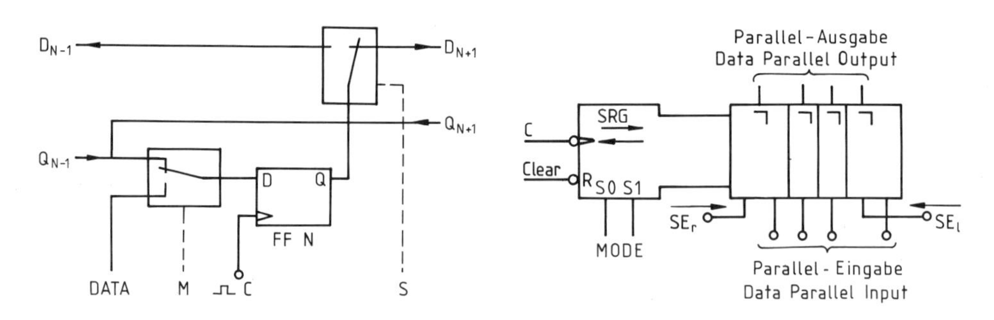

Bild 20.51 Schematische Darstellung des Steuerteils eines Universalschieberegisters

Bild 20.52 Symbolische Darstellung eines Universalschieberegisters[1])

Die beiden Steuersignale werden gerne als stell- oder *Mode-Sensor-Signale* S0, S1 sprachlich zusammengefaßt. Bild 20.52 verdeutlicht beispielhaft die möglichen Anschlüsse eines Universalschieberegisters. Über den statischen Rücksetzeingang (Clear) können alle FFs zu jeder Zeit bequem gelöscht werden. Ein *Typenbeispiel* hierzu: 74194 A bzw. 74 LS 194 A[1]).

Universalschieberegister sind umschaltbar von Rechts- auf Linksschieben. In beiden Fällen ist eine serielle und parallele Ein- und Ausgabe von Daten möglich.

► Statt Rechts-Links-Schieberegister sagen wir auch Vorwärts-Rückwärts-Schieberegister zu einem Universalschieberegister.

[1]) Detaillierte Darstellung in Aufgabe 12, d, die Steuersignale S0, S1 sind dort aber nicht identisch mit den Signalen M und S aus Bild 20.51, sondern etwas anders definert.

Aufgaben

Asynchrone Modulo-m-Zähler

Elektronischer Würfel

1. Wenn alle Zähl-FFs nur über eine gemeinsame Reset-Leitung verfügen (z. B. beim 7492/93/293), kann ein 1-bis-6-Zähler nicht nach Bild 20.7 realisiert werden. Eine Alternative dazu stellt diese Aufgabe vor.
   Zunächst sei der Inverter I zwischen Q_A und A „überbrückt".

   a) Welche Zahlen werden angezeigt, wie groß ist m, wenn wir von einem Modulo-m-Zähler sprechen?

   b) Nun werde der Inverter I eingefügt. Welche Zahlen durchläuft der Zähler, wenn wir (Q_C, Q_B, Q_A) betrachten, welche Zahlen werden bei (C, B, A) dekodiert und angezeigt?

   c) Weshalb ist das Wurfergebnis zufälliger Natur?

   (*Lösung zu a:* 0...6, m = 7; *zu b:* 0, 3, 2, 5, 4, 7, Anzeige: 1...6; *zu c:* $f \gg 50$ Hz in Verbindung mit der Augenträgheit)

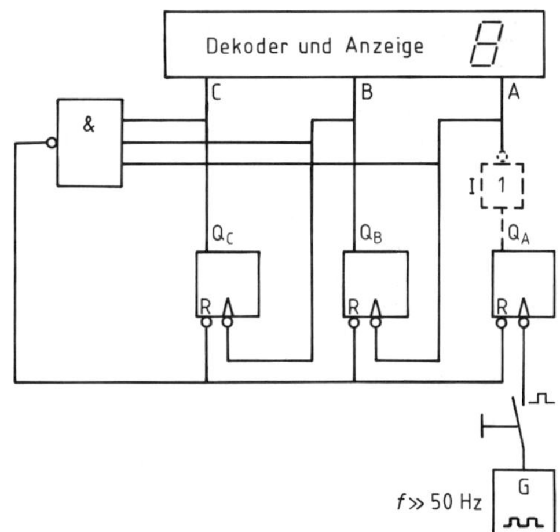

Lottozahlengenerator

2. **a)** Entwerfen Sie einen m-5-Zähler. Kombinieren Sie diesen mit einem m-10-Zähler, so daß ein 00...48-Zähler entsteht.

   b) Wenn bei dem 00...48-Zähler die Anzeige „00" als „49" gedeutet wird, läßt sich dieser Zähler für einen Lottozahlengenerator einsetzen.
   Entwerfen Sie ein Schaltnetz, das allein die Anzeige „00" verändert, und zwar in „49".

   (*Lösung zu a:* Reset beim m-5-Zähler durch $R = Q_C \cdot Q_A$. Über ein OR-Gatter zusätzlicher Reset der Zähler, wenn die Zahl 49 erscheint.
   Zu b z. B. so: Ein 7-Input-NOR liefert bei „00" am Ausgang eine „1". Damit werden drei Umschaltgatter [z. B. nach Bild 20.20] angesteuert. Diese invertieren beim m-10-Zähler die Ausgänge Q_A und Q_D bzw. beim m-5-Zähler den Ausgang Q_C.)

Asynchroner Frequenzteiler für eine Uhr

3. Wie groß sind f_1 und f_2. Wie wird für den m-12-Zähler der interne Resetimpuls erzeugt?

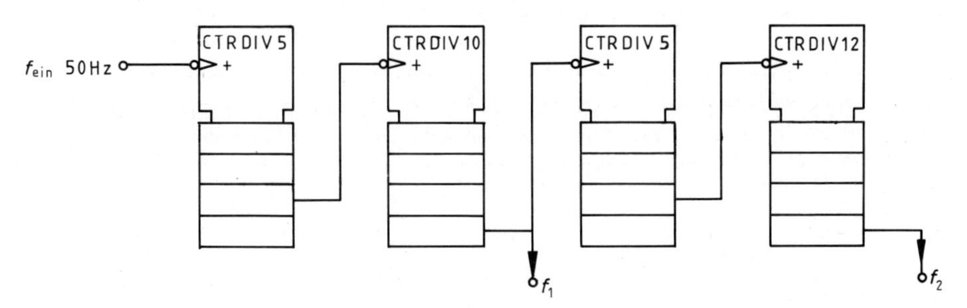

(*Lösung:* $f_1 = 1$ Hz, $f_2 = 1$/min, $R = Q_D \cdot Q_C$)

Asynchrone Umkehrzähler

Rückwärtszählende Dekade

4. a) Zeichnen Sie die Schaltung eines asynchronen 4-Bit-Binärzählers, der rückwärts zählt. (*Hilfe:* Bild 20.19)

b) Zeigen Sie: Wenn das Resetsignal $R = Q_D \cdot Q_B$ nur den FFs C und B zugeführt wird, entsteht ein *dezimaler* Umkehrzähler. Überlegen Sie dazu: Welcher *instabile* Zählerinhalt löst $R = 1$ aus, welcher stabile Zustand stellt sich daraufhin ein?
(*Lösung:* 9...0, dann erfolgt $R = 1$ durch 15 (instabil), stabil: 9 ≙ (1001), da ja nur FF C und FF B gelöscht werden.)

Umkehrzähler als programmierbarer Frequenzteiler

5. Der 4-Bit-Binär-Umkehrzähler sei voreinstellbar (Details in Bild 20.26). Beim Nulldurchgang wird jedesmal die Zahl m (hier 5) geladen.

a) Welche Zahlen sind an den Ausgängen stabil abgreifbar?

b) Wie groß ist das Verhältnis $f_{ein} : f_{aus}$?

(*Lösung zu a:* m...1 (hier 5...1); 0 ist instabil: 0→5; *zu b:* m:1)

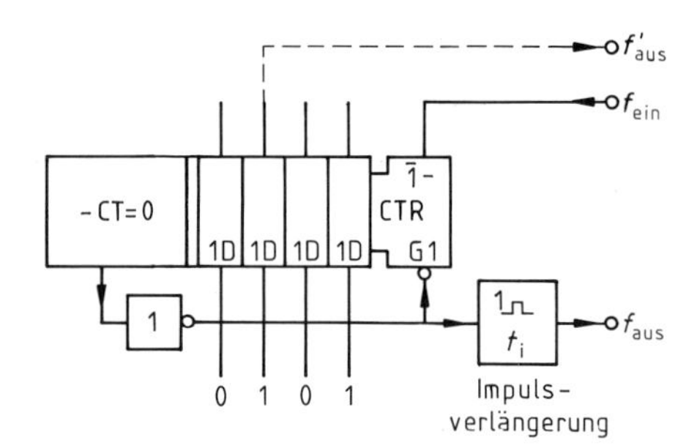

Synchrone Modulo-m-Zähler

6. Welche Unterschiede weisen synchrone und asynchrone Zähler auf?
(*Hilfe:* Taktsignalzuführung, Zählfrequenz, notwendiger FF-Typ, Vorbereitung, Zeitablaufdiagramm)

Synchroner Binärzähler mit T-FFs

7. a) Vervollständigen Sie für den 4-Bit-Binärzähler von Bild 20.8 die Funktionstabelle bis $n = 15$.

b) 1. Welche Funktionsgleichungen (vollständige Mintermnormalform) ergeben sich für die Toggle-Vorbereitung der FFs D, C, B?

2. Minimalisieren Sie jeweils die Normalformen mit Hilfe eines KV-Diagramms, und bestätigen Sie so die Schaltung von Bild 20.9.

Synchroner binärer Umkehrzähler

8. a) Fertigen Sie für die Rückwärtszählung analog zu Bild 20.23 eine Funktionstabelle für $n = 15$ bis $n = 0$ (mit dem Übergang 0→15) an.

b) 1. In welchen Fällen muß hier ein Zustandswechsel (Toggle durch $J = K = 1$) für FF D, FF C und FF B vorbereitet werden?

2. Tragen Sie die entsprechenden Minterme in ein KV-Diagramm ein, minimalisieren Sie jeweils und bestätigen Sie: Rückwärtszählend wird ein synchroner Binärzähler dann, wenn die Vorbereitung auf die $\overline{Q}$-Ausgänge umgeschaltet wird.

Synchrone Zähler (verschiedene Entwurfsmethoden)

9. Ein Modulo-12-Vorwärtszähler (0...11) ist zu entwerfen (Experten können auch die charakteristischen Gleichungen der FFs verwenden).

a) J und K werden *gleich* angesteuert (T-FFs).

b) J und K werden *getrennt* angesteuert.

c) J und K werden *invers* über den D-Eingang angesteuert.

(*Lösung zu a:* $JK_A = 1$; $JK_B = Q_A$; $JK_C = Q_A Q_B \overline{Q}_D$; $JK_D = Q_A Q_B (Q_C + Q_D)$;
zu b: siehe Bild 20.34, Zeile mit $m = 12$;
zu c: $D_A = \overline{Q}_A$; $D_B = Q_A \overline{Q}_B + \overline{Q}_A Q_B$; $D_C = Q_A Q_B \overline{Q}_C \overline{Q}_D + (\overline{Q}_A + \overline{Q}_B) Q_C$; $D_D = Q_A Q_B Q_C + (\overline{Q}_A + Q_B) Q_D$.)

Synchrone Zähler mit beliebiger Zählfolge

10. Die Zähler sollen folgende (dezimale) Zählerinhalte durchlaufen:

a) 2, 4, 6, 8, 10
b) 1, 2, 3, 6, 7, 14

Entwerfen Sie die Zähler einmal mit gleicher und einmal mit getrennter Ansteuerung von J und K. Vergleichen Sie die Ergebnisse.

(*Lösung zu a:* $JK_A=0$; $JK_B=\overline{Q}_B+\overline{Q}_D$; $JK_C=Q_B\overline{Q}_D$; $JK_D=Q_BQ_C+Q_BQ_D$ bzw. getrennt gilt: $J_A=0$ und $K_A=1$; $J_B=\overline{Q}_B$ und $K_B=\overline{Q}_D$; $J_C=\overline{Q}_D$ und $K_C=Q_B$; $J_D=Q_BQ_C$ und $K_D=Q_B$;
zu b: $JK_A=1$; $JK_B=\overline{Q}_B+Q_D$; $JK_C=Q_D+Q_AQ_B\overline{Q}_C$; $JK_D=Q_D+Q_AQ_C$ bzw. getrennt gilt: $J_A=K_A=1$; $J_B=1$ und $K_B=Q_D$; $J_C=Q_AQ_B$ und $K_C=Q_D$; $J_D=Q_AQ_C$ und $K_D=1$.)

Analyse von Zählern

11. Ein Synchronzähler hat folgendes Schaltbild:

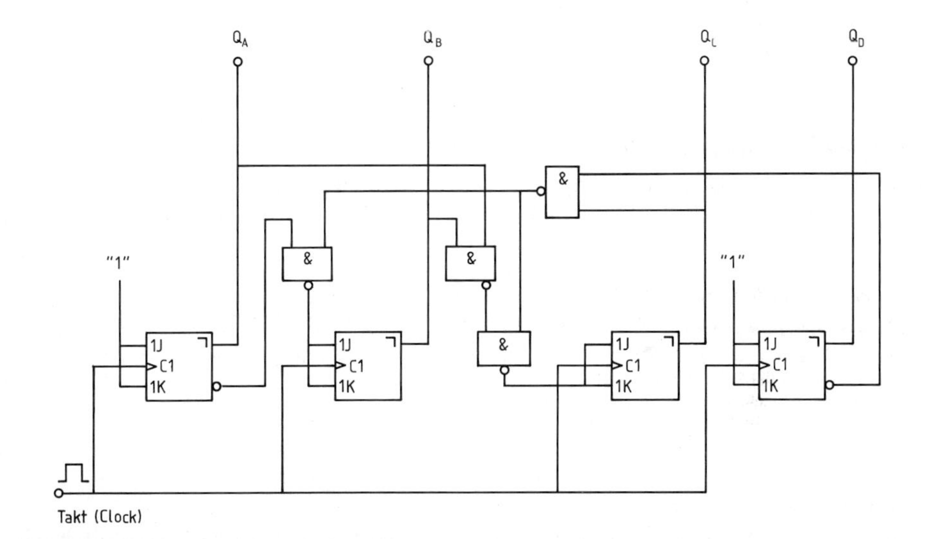

a) Die JK-Vorbereitungen sind hier in Full-Nand-Technik ausgeführt. Wie lauten die Gleichungen für JK_B und JK_C, möglichst einfach dargestellt?

b) Ermitteln Sie die Zählfolge *n*.
(*Anleitung:* Ergänzen Sie dazu die dargestellte Tabelle. Berechnen Sie für die Zeile 0 aus dem aktuellen Inhalt zuerst die Funktionswerte JK_B und JK_C. Diese JK-Signale liefern jeweils den Folgeinhalt, d.h. die nächste Zeile.)

Dez *n*	akt. Inhalt Q_D	Q_C	Q_B	Q_A	JK_D	JK_C	JK_B	JK_A	Folge-Inhalt Q_D	Q_C	Q_B	Q_A
0	0	0	0	0	1			1				
					1			1				

(*Lösungen zu a:* $JK_B=Q_A+Q_C\overline{Q}_D$; $JK_C=Q_AQ_B+Q_C\overline{Q}_D$; *zu b:* 0, 9, 2, 11, 4, 11, 4 usw.)

Schieberegister

12. a) Ein Schieberegister wird mit FFs aufgebaut. Welche FF-Typen sind unbedingt zu verwenden? Begründung! Gibt es auch noch andere Möglichkeiten, ein Schieberegister aufzubauen? (*Hilfe:* Kapitel 20.7.1)

b) 1. Erläutern Sie detailliert die Umschaltung von Rechts- auf Linksschieben. (*Hilfe:* Bild 20.50)
2. Erläutern Sie ebenfalls die Umschaltung von Schiebebetrieb auf Parallelübernahme. (*Hilfe:* Bild 20.46)

c) Weshalb benötigt ein Universalschieberegister schon zwei Steuerleitungen zur Festlegung der Betriebsart (Mode)? (*Hilfe:* Kapitel 20.7.3)

d) Dargestellt ist hier das Universalschieberegister 74194. Wann erfolgt
1. Rechtsschieben mit serieller Eingabe bei SE_R,
2. Linksschieben ...,
3. parallele Eingabe?
(*Lösung:* Mit Clock 0↑1 erfolgt bei [S0|S1]=[1|0] Rechtsschieben, bei [S0|S1]=[0|1] Linksschieben, bei [S0|S1]=[1|1] Paralleleingabe).

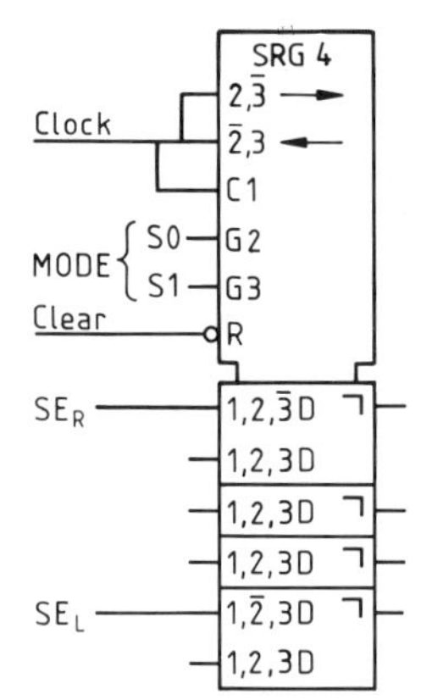

Multiplikation mit einem Schieberegister

13. Ein 8-Bit-Schieberegister (z.B. 74198) wird wie angedeutet mit einer 4-Bit-Binärzahl Z parallel geladen. Welche Zahl entsteht, wenn die Information um eine, dann um zwei Stellen nach rechts bzw. nach links verschoben wird? (*Lösung:* 1/2·Z, 1/4·Z bzw. 2·Z, 4·Z)

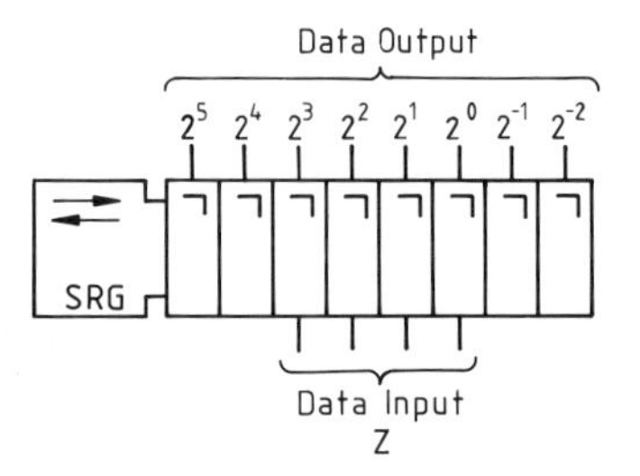

Ablaufsteuerung mit Zählern, alternativ mit Ringschieberegister

14.

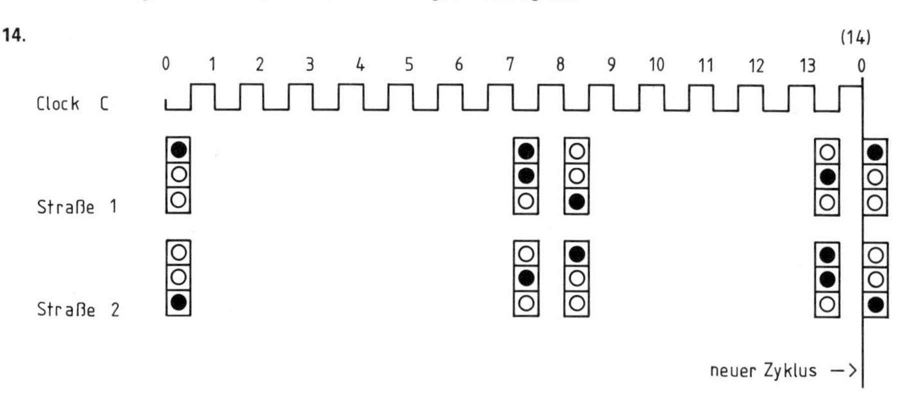

Für die Ablaufsteuerung der Ampeln von Straße 1 bzw. Straße 2 wird zunächst ein m-14-Zähler eingesetzt, der aus dem Clocksignal C die vier FF-Ausgangssignale Q_A, ..., Q_D erzeugt.

a) Entwerfen Sie einen solchen Zähler
1. asynchron, 2. synchron für T-FFs (J=K), 3. synchron für JK-MS-FFs (J≠K).

b) Zeichnen Sie ein Zeitablaufdiagramm, das die Signale C, Q_A, ..., Q_D und die Signale Rot 1, Gelb 1 und Grün 1 darstellt.

c) Die Signale Rot 1 und Gelb 1 werden aus den Zählersignalen $Q_A, \ldots, Q_D$ erzeugt. Geben Sie dazu die minimalisierten Schaltfunktionen an.
Wie läßt sich das Signal Grün 1 aus Rot 1 und Gelb 1 gewinnen?

d) Die Signale für die Straße 2 sollen aus Rot 1, Gelb 1 und Grün 1 abgeleitet werden. Wie lauten die Schaltfunktionen für Rot 2, Gelb 2 und Grün 2?

e) Anstelle des m-14-Zählers werden zwei 14-Bit-Ringschieberegister eingesetzt, welche die Signale Rot 1 und Gelb 1 führen, d. h. an den Serienausgängen abgeben. Beschreiben Sie kurz anhand einer Schaltung, wie die Bitmuster zuerst parallel geladen (Load = 1) und dann zyklisch verschoben werden. Welche Vorteile bietet der Einsatz von Schieberegistern gegenüber der „Zählerlösung"?

(*Lösung zu a, 1:* $R = Q_D Q_C Q_B$, *zu a, 2:* $JK_A = 1$, $JK_B = Q_A \overline{Q}_C + Q_A \overline{Q}_D$, $JK_C = Q_A Q_B + Q_A Q_C Q_D$), $JK_D = Q_A Q_B Q_C + Q_A Q_C Q_D$, *zu a, 3:* siehe Bild 20.34, *zu c:* Rot $1 = \overline{Q}_D$, Gelb $1 = Q_A Q_B Q_C + Q_A Q_C Q_D$, Grün $1 = \overline{\text{Rot 1}} \cdot \overline{\text{Gelb 1}}$, *zu d:* Rot $2 = \overline{\text{Rot 1}}$, Gelb 2 = Gelb 1, Grün 2 = Rot $1 \cdot \overline{\text{Gelb 1}}$, zu e: siehe Kapitel 20.7.2, Vorteile: Flexibel umprogrammierbar, da insbesondere die speziellen Schaltnetze für Rot 1 und Gelb 1 entfallen.)

21 Digital messen, anzeigen und rechnen

Anhand einiger ausgewählter Beispiele zeigen wir hier, wie sich mit den besprochenen digitalen Bausteinen schon recht komplexe Systeme aufbauen lassen. Dabei streifen wir noch einige Spezialprobleme, so z. B. die Erfassung analoger Meßgrößen und die Multiplexanzeigen.
Ein wesentliches Teilsystem vieler digitaler Meßgeräte ist immer ein digitales Frequenzmeßgerät.

21.1 Digitale Frequenzmeßgeräte

Nach einer Signalaufbereitung (durch Vorverstärker und Impulsformung mit einem Schmitt-Trigger) steht ein periodisches Meßsignal schließlich als *Rechtecksignal* zur Verfügung. Seine Signalfrequenz erhalten wir direkt in Hz, wenn wir eine Sekunde lang die Impulse zählen. Wir benötigen also als erstes einen Zähler, den wir zur Einführung mit nur zwei Zähldekaden ausrüsten. Diesem Zähler führen wir nun während einer Torzeit von $\Delta t = 1$ s das Signal zu. Als *Impulstor* verwenden wir ein UND-Element, als Taktgeber für die Torzeit einen (Rechteck-)Taktgeber (Bild 21.1).

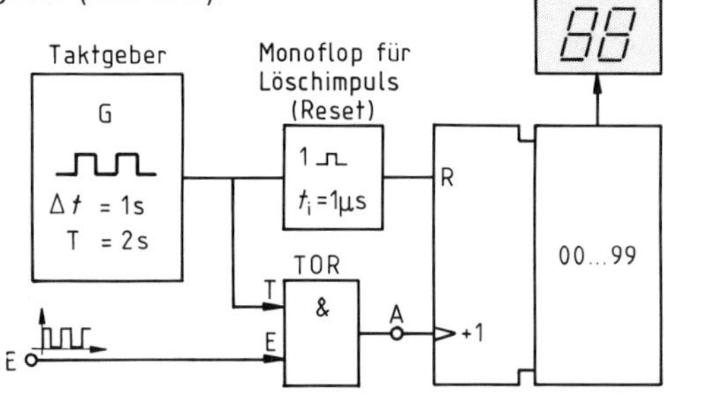

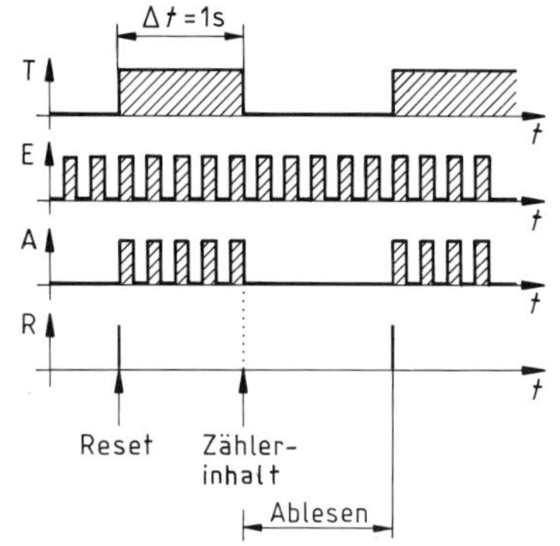

Bild 21.1 Einfacher Frequenzmesser und sein Zeitablaufdiagramm

Am Beginn jeder Messung setzen wir den Zähler durch einen relativ kurzen Resetimpuls (z. B. $t_i = 1$ µs) zurück (relativ kurz deshalb, damit sich die Torzeit nicht meßbar verkürzt). Diesen Resetimpuls liefert ein Monoflop, das vom Torsignal getriggert wird.
Damit ist unser Frequenzmesser schon betriebsbereit. An diesem einfachen System (wir verbessern später noch) lassen sich schon grundsätzliche Probleme eines digitalen Frequenzmessers aufzeigen.

1. Die Genauigkeitsfrage

Bei einer digitalen Anzeige ist die letzte Stelle prinzipiell um ± 1 Digit ($\triangleq \pm 1$ Ziffer) unsicher.

Beispiel: Die Anzeige 50 Hz kann 49,1 Hz bis 50,9 Hz bedeuten. Bei einem Meßbereich von 99 Hz liegt damit die erzielbare Genauigkeit bei $\pm 1/99 \simeq \pm 1\%$. Dies stimmt aber nur dann, wenn die Torzeit entsprechend exakt festliegt, also selbst nur um maximal $\pm 1\%$ „wackelt".

Bei mehr als 6 Zähldekaden erfordert dies eine Genauigkeit für Δt, die sich gerade noch mit „superstabilen" Quarzgeneratoren im Thermostatgehäuse erreichen läßt. (Deren erzielbare Genauigkeit liegt etwa bei $\pm 10^{-8}$, so daß maximal 8 Dekaden noch sinnvoll sind.)

2. Die Vergrößerung des Meßbereiches

Frequenzen über 99 Hz können z. B. durch eine Vergrößerung der Zählerkapazität gemessen werden. Dieser Weg endet jedoch bei ca. 6...8 Stellen, wie wir gerade gesehen haben, so daß maximal 1...100 MHz erfaßbar sind. Größere Frequenzen können somit nur noch durch eine Verkürzung der Torzeit (um jeweils eine Zehnerpotenz) erfaßt werden. Dabei sinkt notgedrungen die Anzeigegenauigkeit (um jeweils eine Zehnerpotenz).

3. Die Messung kleiner Frequenzen

Angenommen, wir wollen z. B. eine Frequenz von $f = 0{,}125$ Hz absolut genau messen. Dann „spielt" sich innerhalb einer Torzeit von $\Delta t = 1$ s „nichts mehr ab". Erst eine Vergrößerung von Δt auf **1000 s** liefert die gewünschte dreistellige Anzeige.
Da 1000 s Wartezeit wohl etwas unzumutbar sind[1]), wird statt dessen der Frequenzmesser auf „Stoppuhrbetrieb" umgeschaltet und die Periodendauer des Signals gemessen. Diese steht immerhin nach 8 s fest. (Ganz teuere Geräte rechnen dann automatisch um.)

Also:

> Die **Messung von Frequenzen** beruht auf dem Zählen von Impulsen während einer Torzeit Δt. Die Anzeige ist prinzipiell nur auf ± 1 Digit genau. Die maximale Auflösung ist durch die vorliegende Genauigkeit der Torzeit begrenzt (erreichbare Auflösung: $\pm 10^{-8}$). Extrem kleine Frequenzen müssen durch die Messung der Periodendauer des Signals bestimmt werden.

Der letzte Satz bewegt uns dazu, den Frequenzmesser auf Stoppuhrbetrieb umschaltbar zu gestalten.

21.1.1 Elektronische Stoppuhr

Der Grundgedanke ist recht einfach. Bei dem soeben besprochenen Frequenzmesser vertauschen wir einfach die Rollen von Taktgeber und Meßsignal.

Dann bestimmt das Meßsignal die Torzeit. Falls der Taktgeber gerade Sekundenimpulse liefert, gibt der Endstand des Zählers die Dauer des Signals ebenfalls in Sekunden an (Bild 21.2).

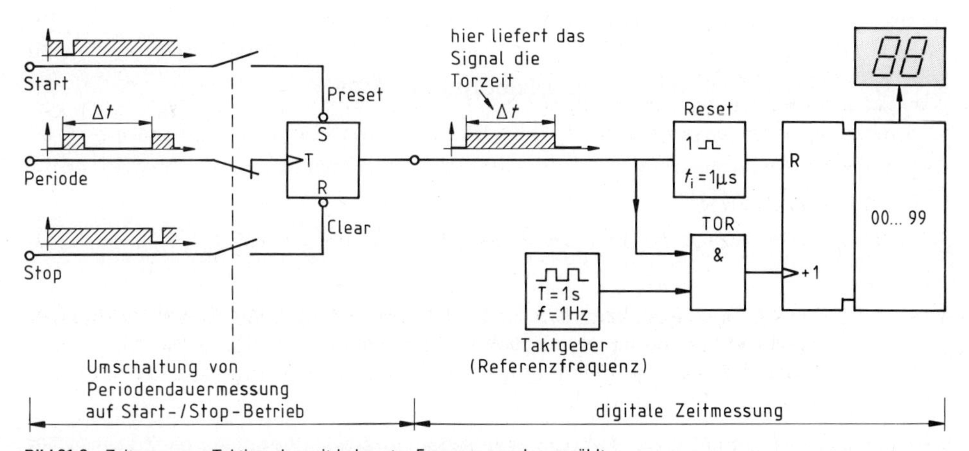

Bild 21.2 Zeitmessung: Taktimpulse mit bekannter Frequenz werden gezählt.

[1]) Ganz abgesehen davon, daß sich das Signal in dieser Zeit ändern oder ausbleiben kann.

Für eine Periodendauermessung muß die richtige Torzeit durch ein vorgeschaltetes T-FF erzeugt werden, was Bild 21.2 ebenfalls erkennen läßt (linker Teil). Die statischen Preset- und Clear-Eingänge dieses FFs bieten sich geradezu für eine Start/Stop-Steuerung der digitalen Stoppuhr an.

Falls eine bessere Zeitauflösung gewünscht wird, kann die Frequenz des Taktgebers erhöht werden. In praktischen Fällen endet die erreichbare Auflösung jedoch bei 1 µs (übliche Frequenz eines Quarzoszillators: 1 MHz). Die gewünschte Auflösung und der gewünschte Meßbereich bestimmen die Anzahl der notwendigen Zähldekaden.

Beispiel: Gewünscht wird ein Meßbereich von 10 s bei einer Auflösung von 1 ms. In diesem Fall muß maximal 9,999 angezeigt werden, also sind hier 4 Zähldekaden notwendig.

Ergebnis:

Elektronische Zeitmessung beruht auf dem Zählen von Taktimpulsen mit bekannter Frequenz.
Die Torzeit des Zählers wird dabei von der Dauer des äußeren Ereignisses bestimmt. Bei einer Periodendauermessung muß ein T-FF vorgeschaltet werden.

21.1.2 Kapazitätsmessung

Wir verwenden dazu die digitale Stoppuhr aus Bild 21.2 (rechter Teil). Die Torzeit liefert hier aber ein Monoflop, dessen instabile Zeit direkt proportional zur anliegenden Kapazität C ist ($\Delta t \simeq 0{,}7 \cdot RC$). Aus der Anzeige von Δt folgt dann die Kapazität C (Details, siehe Aufgabe 2).

21.1.3 Mehr Komfort durch Zwischenspeichern

Bei den bisher vorgestellten Meßgeräten wurde der Zählerinhalt immer unmittelbar zur Anzeige gebracht. Das hat folgende Nachteile:

1. Während der Meßzeit (Einzählzeit) läuft die Anzeige mit durch, ist also nicht flimmerfrei.
2. Solange abgelesen wird, z. B. mindestens 1 s lang, kann kein neuer Meßzyklus gestartet werden.
3. Da mit jedem Meßzyklus das alte Meßergebnis verlorengeht und erst nach einiger Zeit das neue erscheint, sind Änderungen nicht sehr augenfällig.

All diese Nachteile vermeidet eine Zwischenspeicherung des Meßergebnisses. Zu seiner Registrierung eignen sich einstufige Latch-Register oder zweistufige MS-FFs. Unterschiedlich ist der Aufwand im Steuerteil.

a) D-Latches als Zwischenspeicher

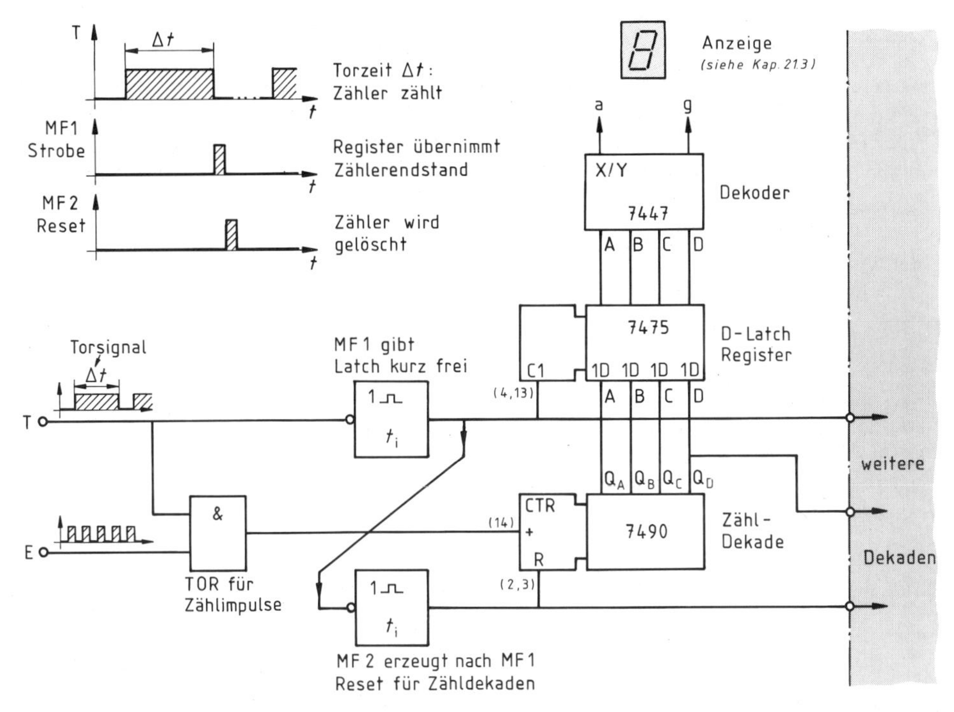

Bild 21.3 Praktische Schaltung einer anreihbaren Zähldekade mit Latch-Register, Dekoder, Steuerteil und Signal-Zeit-Plan[1])

Die Steuerung arbeitet hier prinzipiell wie folgt:
Nachdem die Torzeit Δt abgelaufen ist, hat der Zählerinhalt seinen Endwert erreicht. Dieser (und nur dieser) wird anschließend von einem Latch-Register unverzögert übernommen und zur Anzeige gebracht. Dazu erzeugt ein Monoflop (MF1) einen kurzen Übernahmeimpuls (z. B. 50 μs), welcher die Registereingänge freigibt (über Enable, hier oft Strobe = Impulsauswertung genannt).
Gleich anschließend wird der Zähler gelöscht. Dazu dient ein zweites Monoflop (MF2), das durch die Rückkehr von MF1 in den Grundzustand getriggert wird. Nun kann jederzeit ein neuer Meßzyklus ausgelöst werden. Bild 21.3 zeigt eine entsprechende Schaltung, die sich leicht auf die gewünschte Stellenzahl erweitern läßt.

b) MS-FFs als Zwischenspeicher

Wenn zweistufige MS-FFs als Register verwendet werden, vereinfacht sich der Steuerteil. Wir verwenden hier als Register ein MS-Universal-Schieberegister im Parallelbetrieb. Eine entsprechende Schaltung zeigt Bild 21.4. Das Torsignal übernimmt hier gleichzeitig die Ablaufsteuerung.
Nimmt das Torsignal den Wert 1 an, öffnet das Tor, der Zähler läuft. Gleichzeitig übernehmen die Vorspeicher (Master) der MS-FFs ständig den Zählerinhalt, schließlich auch den Zählerendstand (die Slaves sind noch abgetrennt).

[1]) Zahlen in Klammern bezeichnen die Pinbelegung, soweit diese nicht unmittelbar aus dem Datenblatt klar ist. Dezimalzähler, 4-Bit-D-Latch, Dekoder (und LED-Anzeigentreiber) gibt es auch schon in einem Gehäuse (als SN 74143).

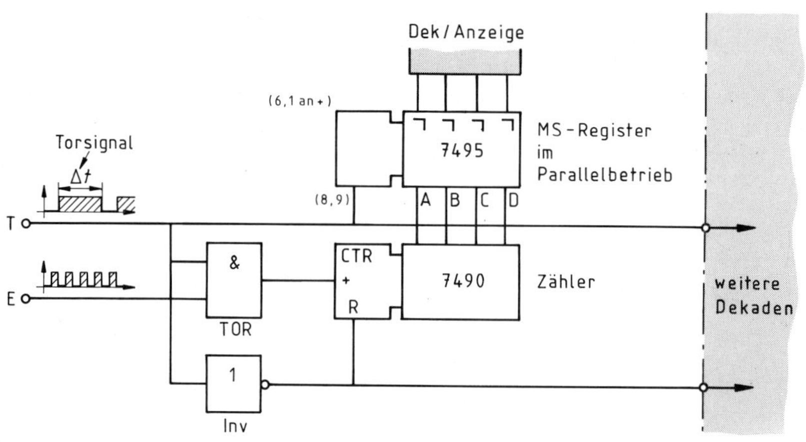

Bild 21.4 Im Vergleich zu Bild 21.3 ist die Ablaufsteuerung bei Verwendung von MS-Registern einfacher

Wenn der Takt wieder den Wert 0 angenommen hat, sind die Mastereingänge schon blokkiert[1]) und die Slaves übernehmen aus den Mastern den letzten Zählerstand.
Inzwischen wird über den Taktinverter der Zähler zurückgesetzt. Nun kann wieder ein neuer Meßzyklus begonnen werden.

Wir erkennen:

Wird der **Endwert des Zählerinhaltes durch Register zwischengespeichert,** erhalten wir eine flimmerfreie Anzeige. Sie ändert sich nur noch dann, wenn sich auch das Meßergebnis ändert. Während der Ablesezeit kann schon ein neuer Meßzyklus gestartet werden. Als Zwischenspeicher eignen sich einstufige D-Latch-Register oder zweistufige MS-Universal-Schieberegister (im Parallelbetrieb). Bei MS-Speicherung fällt der Steuerteil einfacher aus.

Anmerkung:

Werden mehrere Register am Zähler parallel angeschlossen, aber getrennt gesteuert, können Zwischenergebnisse (z. B. Zwischenzeiten) abgespeichert werden.

21.2 Digitalvoltmeter erfassen analoge Meßwerte

Wir gehen hier davon aus, daß analoge Meßgrößen (Strom, Widerstand, Druck ...) relativ einfach in Spannungen umgewandelt werden können. Dann läuft die digitale Erfassung einer analogen Meßgröße auf die Analog-/Digital-Wandlung einer Spannung hinaus. *Eine* Wandlungsmethode besteht darin, ein Zwischensignal zu erzeugen.[2]) Für solche A/D-Wandler gibt es im wesentlichen zwei Grundtypen:

1. Spannungs-/Frequenz-Wandler = *U*/*f*-Wandler

Dieser Wandler gibt ein Rechtecksignal ab, dessen Frequenz proportional zur angelegten Meßspannung ist. Die eigentliche Anzeige erfolgt dann über einen Frequenzmesser.

2. Spannungs/Zeit-Wandler = *U*/Δt-Wandler

Der Umsetzer erzeugt hier eine Torzeit Δt, deren Dauer proportional zur anliegenden Meßspannung ist. Diese Torzeit mißt dann eine digitale Stoppuhr.

[1]) Mit der Abfallflanke werden zuerst die Mastereingänge blockiert, dann die Master mit den Slaves verbunden. Bei der Anstiegsflanke ist es umgekehrt (siehe z. B. die Kapitel 19.5 und 19.5.3).

[2]) Andere A-/D-Wandler führen eine schnelle und direkte Parallelwandlung (Flash-Konvertierung) durch (Bild 12.11) oder arbeiten mit einer stufenweisen Annäherung.

21.2.1 *U/f*-Umsetzer als A/D-Wandler

Herz eines jeden Wandlers ist ein Stromintegrierer. In Bild 20.5 arbeitet er wie folgt:[1]
Der Minuseingang des OV liegt *virtuell* an Masse. Deshalb ist der Eingangsstrom über R_1 proportional zu U_e: $I_e = U_e/R_1$. Hier ist U_e negativ gewählt, damit die Ausgangsspannung des Integrierers positiv ansteigt.

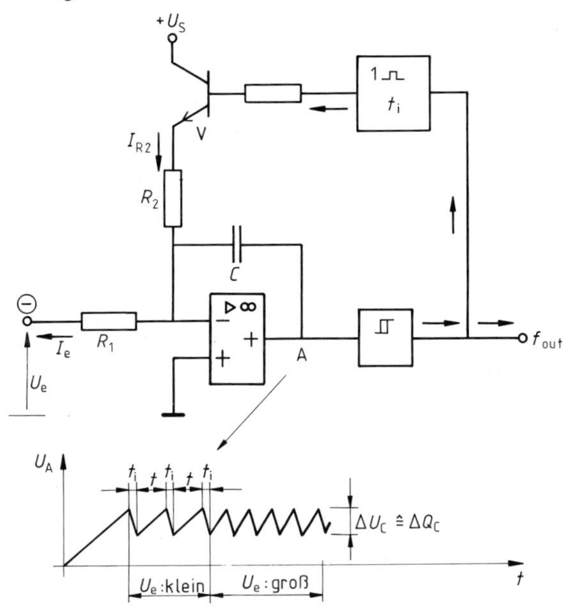

Bild 21.5 *U/f*-Umsetzer mit Integrierer

Wenn die positive Schaltschwelle des Schmitt-Triggers erreicht wird, kippt dieser und löst ein Monoflop aus, das durch einen relativ kurzen Impuls die Rückstellung des Integrierers besorgt. Der Transistor V legt dazu über R_2 während der festen Impulsdauer t_i einen bekannten positiven Entladestrom an den Eingang des Integrierers. Dadurch verliert der Kondensator C eine definierte Ladungsmenge ΔQ:

$$\Delta Q = I_{R2} \cdot t_i = \frac{U_S}{R_2} \cdot t_i$$

(Voraussetzung: $I_e \ll I_{R2}$)

Diese Ladungsmenge gleicht der Eingangsstrom in der Zeit t um so schneller aus, je größer die Eingangsspannung U_e ist.

$$\Delta Q = I_e \cdot t = \frac{U_e}{R_1} \cdot t$$

Anschließend beginnt der Vorgang erneut (Bild 21.5). Wenn wir $t_i \ll t$ annehmen, bestimmt allein die Ausgleichszeit t die abgegebene Frequenz am Schmitt-Trigger-Ausgang.

$$f = \frac{1}{t} = U_e \frac{1}{R_1 \cdot \Delta Q} = U_e \frac{R_2}{R_1 U_S t_i}$$

Die Frequenz f ist also *proportional* zu U_e. Mit zunehmender Eingangsspannung U_e ist jedoch mit Unlinearitäten zu rechnen, da dann die gemachten Voraussetzungen ($I_e \ll I_{R2}$, $t \ll t_i$) immer weniger zutreffen.

[1]) Grundlagen dazu in Kapitel 12, insbesondere in 12.6.2 und 12.6.3

U/f-**Wandler** enthalten einen (Strom-)*Integrierer* mit Operationsverstärker.
Ein Kondensator wird jedesmal mit einer definierten Ladungsmenge ΔQ schlagartig entladen. Anschließend gleicht die zu messende Eingangsspannung U_e diesen Ladungsverlust ΔQ wieder aus. Dieser Vorgang wiederholt sich um so rascher, je größer die Eingangsspannung (bzw. der Eingangsstrom) des Meßsystems ist.

21.2.2 *U/Δt*-Wandler als Standard-A/D-Wandler

a) Sägezahnverfahren

Das Meßprinzip ist sehr einfach. Die regelmäßigen Taktsignale eines Rechteckgenerators werden integriert und liefern so eine Sägezahnspannung U_{Sz} mit *konstanter* Anstiegsgeschwindigkeit.

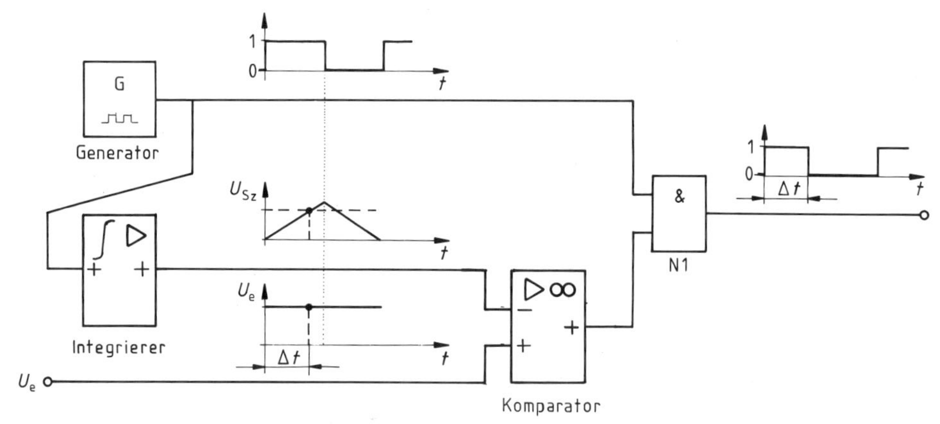

Bild 21.6 Die Torzeit Δt ist proportional zu U_e

Dieser „Sägezahn" und die zu messende Eingangsspannung U_e liegen nun an den Eingängen eines Komparators (Bild 21.6). Der Komparator liefert mit dem Beginn der Messung ein positives Ausgangssignal, da $U_{Sz} < U_e$ ist. Wenn $U_{Sz} = U_e$ wird, verschwindet dieses Signal aber. Wegen der konstanten Anstiegsgeschwindigkeit der Sägezahnspannung ist die Dauer Δt des Komparatorsignals ein unmittelbares Maß für die Höhe von U_e. Das nachfolgende Gatter N1 unterdrückt das bei der Abfallflanke des Sägezahns erneut auftauchende Komparatorsignal.

Dieses einfache Sägezahnverfahren hat aber folgende Nachteile:

1. Die *Dauer des Komparatorsignals* Δt muß absolut genau gemessen werden. Das erfordert einen aufwendigen digitalen Kurzzeitmesser, der unbedingt quarzstabilisiert sein muß.
2. Unabhängig davon muß auch die *Anstiegsgeschwindigkeit der Sägezahnspannung* immer konstant *und* gleich groß gehalten werden, da diese Größe ebenfalls unmittelbar in die Messung eingeht. Hier ist unbedingt eine Driftkompensation aller Bauelementwerte vorzunehmen.
3. Schon kurze *Störimpulse* auf der Eingangsleitung für U_e können dem Komparator Spannungsgleichheit vortäuschen und damit Δt verändern.

Viel weniger störanfällig und ohne eine quarzstabile Referenzfrequenz arbeitet dagegen das folgende Verfahren.

b) Dual-Slope-Verfahren

Hier wird der Kondensator C des Integrierers zuerst mit der unbekannten (zu messenden) Spannung U_e in einer bekannten Zeit t_1 aufgeladen. Anschließend wird dieser Kondensator C von einer bekannten Referenzspannung U_{ref} in einer gewissen Zeit t_2 entladen. Diese Zeit t_2 liefert die gesuchte Spannung U_e.

Nach Bild 21.7 zeigt das Signal (1) am Integriererausgang hier zwei „Abhänge" (engl. slopes), weshalb wir hier auch von einem Dual-Slope-Verfahren sprechen. Üblich ist auch der Name Doppelintegration, da mit U_e „auf-" und dann mit U_{ref} „abintegriert" wird.

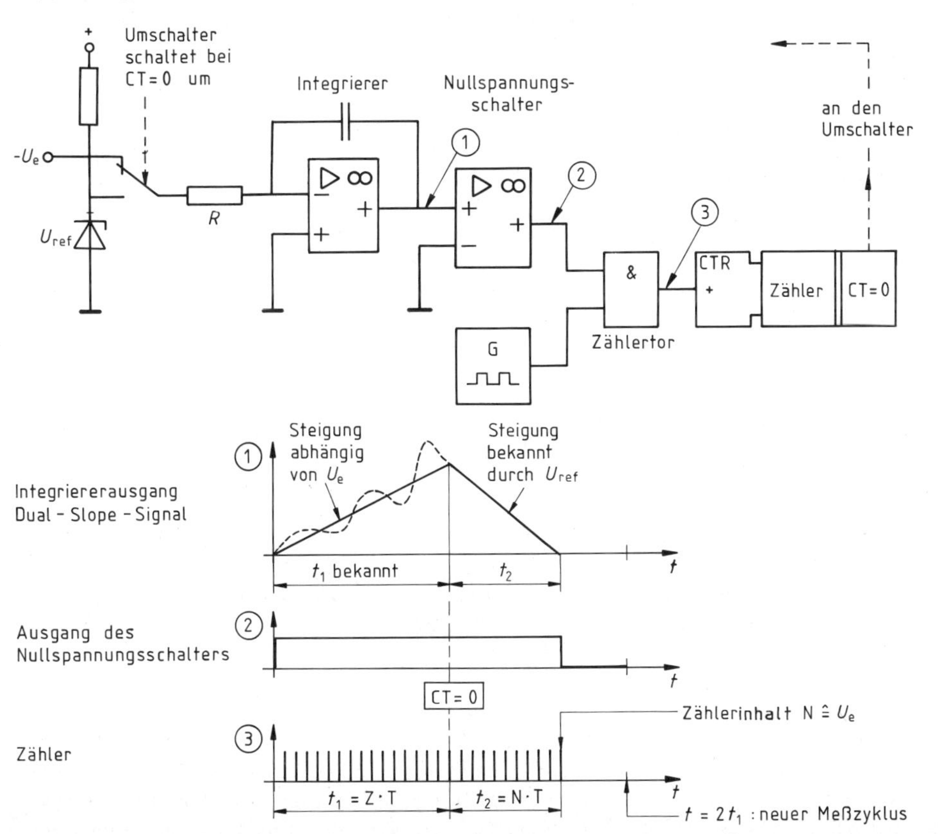

Bild 21.7 Beim Dual-Slope-Verfahren ist die Entladezeit t_2 bei bekanntem U_{ref} ein Maß für U_e.[1])

Zunächst ist gegenüber dem Sägezahnverfahren kein wesentlicher Unterschied zu erkennen, müssen doch auch hier Zeiten gemessen werden, und zwar gleich zwei, wie folgende Überlegung zeigt:

Die ständige Auf- und Abladung des Kondensators C liefert (wobei wir uns für einen Meßzyklus U_e konstant denken):

$$\Delta Q_{auf} = \Delta Q_{ab}, \quad I_{auf} \cdot t_1 = I_{ab} \cdot t_2, \quad \frac{U_e}{R} \cdot t_1 = \frac{U_{ref}}{R} \cdot t_2$$

Ist t_1 und U_{ref} bekannt, stellt t_2 ein Maß für U_e dar:

$$t_2 = U_e \cdot \frac{t_1}{U_{ref}}$$

[1]) Am Eingang des Integrierers liegt hier der Minuspol von U_e, damit das Ausgangssignal des Integrierers positiv ansteigt.

Nun die Besonderheit des Dual-Slope-Verfahrens: Keine der beiden Zeiten t_1, t_2 muß absolut genau gemessen werden. Wenn beide Zeiten nämlich aus *einem* Taktgenerator mit der Taktzeit T abgeleitet werden, muß T lediglich während *eines* Meßzyklusses konstant sein:

Beispiel: Es sei $t_1 = Z \cdot T$ und $t_2 = N \cdot T$, wobei sich die ganzen Zahlen Z und N durch einfaches Zählen der Taktimpulse ergeben.

Dann gilt: $$N \cdot T = U_e \cdot \frac{Z \cdot T}{U_{ref}}$$

Wegen $T = \text{const}$ dürfen wir kürzen und erhalten über die Impulszahl N mit

$$N = U_e \cdot \frac{Z}{U_{ref}}$$

direkt die unbekannte Eingangsspannung U_e. Das Ergebnis hängt *allein* noch von der Größe U_{ref} ab. Solange der Taktgenerator wenigstens innerhalb einer Meßperiode (ca. 0,2 s) Impulse mit konstanter Länge T liefert, kann er ruhig eine schlechte Langzeitstabilität oder eine große Temperaturdrift aufweisen, also auch recht billig sein.
Auch die übrigen Bauelemente, wie R und C, dürfen driften, kommen doch auch sie nicht mehr in der Gleichung vor. Aus diesem Grunde arbeiten fast alle Industrieschaltungen mit dem Dual-Slope-Verfahren. Am bekanntesten ist der billige IC 7106 (bzw. 7107), der bis auf die Anzeige alle Elemente eines Dual-Slope-Digitalvoltmeters enthält und dessen Grundgenauigkeit besser als 0,05% ist.[1])

Anmerkung:

Zum Funktionsablauf nun noch einige Details. Wir betrachten wieder Bild 21.7.
Wird der Meßzyklus gestartet, so wird der Zähler gelöscht[2]) und der Integrierereingang an $-U_e$ gelegt. Der Integriererausgang läuft nun hoch: ①. Der Nullspannungsschalter öffnet mit seinem Signal ② das Zählertor. Der Zähler zählt nun die Taktimpulse der Dauer T, bis seine Zählkapazität Z erschöpft ist. Jetzt ist die Zeit $t_1 = ZT$ vorbei und der Zählerinhalt erneut Null (CT=0). Mit dem CT=0-Signal wird der Umschalter am Integrierereingang an $+U_{ref}$ gelegt. Wenn $+U_{ref}$ die Ausgangsspannung des Integrierers auf Null abgebaut hat, schaltet der Nullspannungsschalter um und sperrt damit das Zählertor. Entsprechend der Zeit $t_2 = NT$ zeigt der Zähler nun N Impulse an, woraus sich direkt U_e ergibt. Da der Zähler maximal auf Z zählen kann, gilt natürlich immer $N \leq Z$, also $t_2 \leq t_1$, somit kann nach insgesamt $2t_1$ eine neue Messung gestartet werden. (Die Meßzykluszeit wird natürlich auch aus der Taktzeit T durch Frequenzteilung gewonnen.)
Noch ein Wort zur Störsicherheit: Kurze Störungen oder Schwankungen von U_e unterdrückt dieses Verfahren, da diese bei der Aufladung des Kondensators C entweder eine unbedeutende Ladungsmenge liefern oder sich „ausmitteln" (Bild 21.7, Teil ①; gestrichelte Kurve).

Bei den ***U*/Δ*t*-Wandlern** hat sich das *Sägezahnverfahren* nicht durchgesetzt, da hier zwei Größen die Genauigkeit der Messung bestimmen. Beim *Dual-Slope-Verfahren* muß nur eine Größe (nämlich U_{ref}) genau festliegen.
Bei diesem Verfahren lädt ein Integrierer einen Kondensator C mit der noch unbekannten Spannung U_e in der bekannten Zeit t_1 auf. Die Entladung geschieht mit der bekannten Referenzspannung in einer ablesbaren Zeit t_2:

$$U_e \cdot t_1 = U_{ref} \cdot t_2 \Rightarrow U_e = U_{ref} \cdot \frac{t_2}{t_1}$$

Aus t_2/t_1 folgt also U_e.
Da die Zeiten t_1 und t_2 durch Zählen von Impulsen aus demselben Taktgenerator abgeleitet werden, ist das Meßergebnis auch dann genau, wenn die Taktfrequenz selbst *langsam driftet.* Schließlich unterdrückt das Dual-Slope-Verfahren auch recht gut Störungen auf dem Eingangssignal.

Details für die Eingangsumschaltung des Integrierers bringt die Aufgabe 5, d.

[1]) 7106 ist für LCD-Anzeige (siehe Kapitel 21.3.2), 7107 für LED-Anzeige, Meßbereich ohne Vorteiler 200 mV, R und C für Integrierer bzw. Taktgeber müssen noch extern angeschlossen werden.
[2]) Vorher wurde dessen „alter" Inhalt natürlich zwischengespeichert.

21.3 Digitale Anzeigen

Digitale Anzeigen (Displays) stellen Ziffern bzw. Buchstaben mehr oder weniger schematisch durch Segmente (=kleine Flächen) oder Bildpunkte dar. Üblich sind für reine Ziffernanzeigen 7 Segmente, die über die Kennbuchstaben a...g identifizierbar sind (Bild 21.8). Für alphanumerische Anzeigen (Ziffern- *und* Buchstabendarstellung) gibt es Ausführungen mit 16 Segmenten bzw. $5 \cdot 7 = 35$ Bildpunkten.

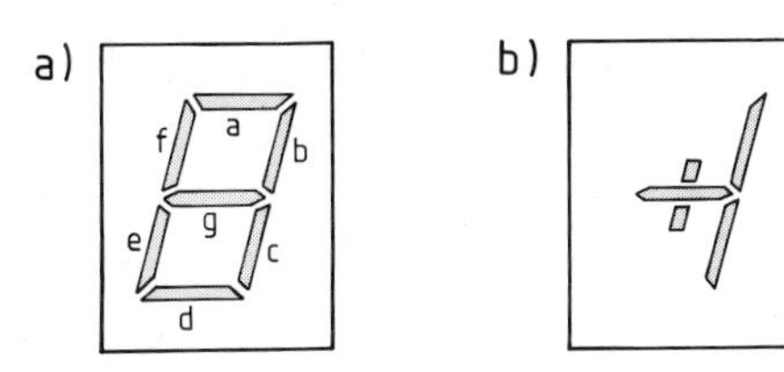

Bild 21.8 **a)** Ziffernanzeige durch 7 Segmente
b) „Halb-Stelle" mit Vorzeichen

Wir beschränken uns hier exemplarisch auf die 7-Segment-Anzeigen. Vom Funktionsprinzip her lassen sich hauptsächlich zwei Typen unterscheiden:

- Die selbstleuchtenden **LED**-Anzeigen (**l**icht**e**mittierende **D**ioden, siehe Kapitel 5.1).
- Die nicht selbstleuchtenden **LCD**-Anzeigen (**l**iquid **c**rystal **d**evice = Flüssiger-Kristall-„Trick" oder **l**iquid **c**rystal **d**isplay).

LED- und LCD-Anzeigen verhalten sich im Hinblick auf Ansteuerung, Energieverbrauch, Trägheit und Kontrast recht unterschiedlich.

21.3.1 LED-Anzeigen

Hier wird jedes einzelne Segment von einer Leuchtdiode erhellt. Um Anschlußdrähte einzusparen, werden entweder alle Anoden- oder alle Katodenanschlüsse zusammengefaßt und gemeinsam herausgeführt.
Die Ansteuerung geschieht in der Regel über einen BCD-7-Segment-Dekoder.[1]) Dieser kann entweder LED-Anzeigen mit gemeinsamer Anode oder gemeinsamer Katode ansteuern.

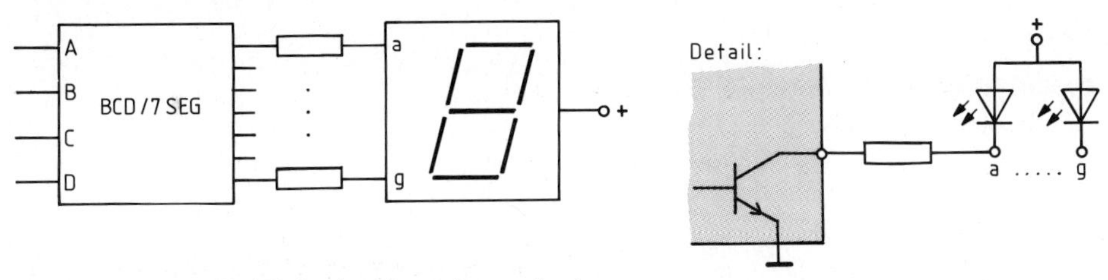

Bild 21.9 a) Dekoder treibt LED-Anzeige mit gemeinsamer Anode

Bild 21.9, a zeigt z. B. einen Dekoder in TTL-Technik mit offenen Kollektor-Ausgängen. Er dient als Treiber für LEDs mit gemeinsamer Anode. In Bild 21.9, b wird dagegen ein Dekoder in CMOS-Technik vorgestellt, der für LEDs mit gemeinsamer Katode konzipiert ist. Bei beiden Dekodertypen erfolgt eine Strombegrenzung über je 7 Vorwiderstände.

[1]) Das Schaltnetz eines solchen Dekoders kann nach Bild 18.43 Aufgabe 17, Kapitel 18, erarbeitet werden.

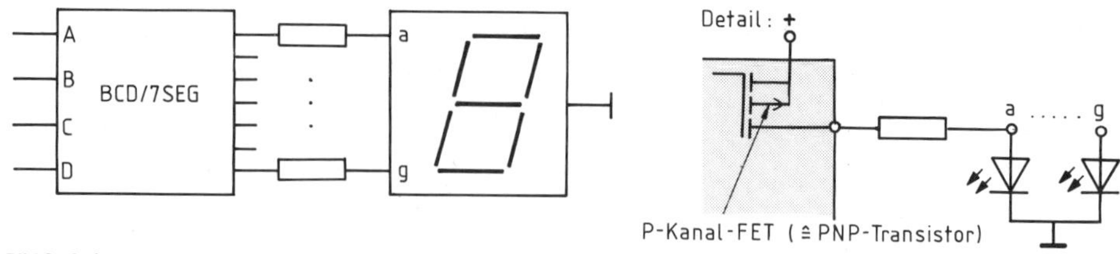

Bild 21.9 b) Dekoder treibt LED-Anzeige mit gemeinsamer Katode.

- Für die Berechnung der Vorwiderstände ist der Segmentstrom (meist 20 mA) und der Spannungsabfall an den LEDs (1,5...2 V) maßgebend.
- Einige Dekodertypen enthalten schon Konstantstromquellen für den Segmentstrom. Daran können LEDs mit gemeinsamer Anode direkt angeschlossen werden[1]).

Typenbeispiele für Dekoder:

7447, 74247:	BCD-7-Segment-Dekoder, o. K.[2]), für gemeinsame Anode
4511:	BCD-7-Segment-Dekoder (mit Speichermöglichkeit) für gemeinsame Katode
4026:	Zähldekade mit Dekoder für gemeinsame Katode
74143:	Zähldekade mit Speicher, Dekoder mit Konstantstromquelle

Typenbeispiele für LED-Anzeigen:

DL707 (703, HP5082–7730):	Rot, 8 mm, gemeinsame Anode
DL847:	Rot, 20 mm, gemeinsame Anode
CQX91 A (2stellig):	Grün, 13 mm, gemeinsame Anode
DL704:	Rot, 8 mm, gemeinsame Katode
DL850:	Rot, 20 mm, gemeinsame Katode
CQX91 K (2stellig):	Grün, 13 mm, gemeinsame Katode

21.3.2 LCD-Anzeigen

Einige organische Verbindungen zeigen in einem weiten Temperaturbereich eine Zwischenform zwischen kristallin fest und flüssig. Das ist das Verhalten eines Flüssigkristalls, kurz FK genannt. Steht ein FK nicht unter der Einwirkung eines elektrischen Feldes, läßt er polarisiertes Licht hindurch.[3]) Beim Anlegen eines elektrischen Feldes (über zwei durchsichtige Elektroden, siehe Bild 21.10) wird das polarisierte Licht jedoch diffus gestreut.
Eine vorher insgesamt helle Fläche erscheint so zwischen den Elektroden (also den Segmenten) dunkel. (Bei anderer Ausrichtung der Polfilter wird eine dunkle Fläche zwischen den Elektroden aufgehellt.) Dies ist das Funktionsprinzip einer LCD-Anzeige. Dieser Effekt erfordert jedoch eine Desorientierung der Moleküle im FK durch das elektrische Feld, was relativ lange dauert (ca. 0,1 s).

► LCD-Anzeigen (FK-Anzeigen) sind relativ träge.

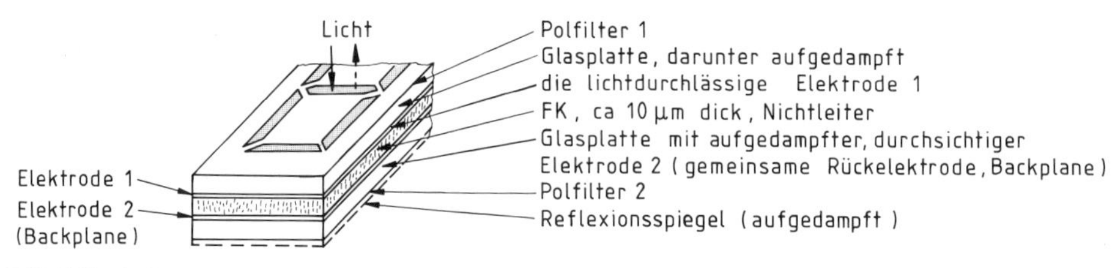

Bild 21.10 Aufbau einer LCD-Anzeige

[1]) Detailschaltung für den Ausgang siehe Kapitel 10.2 (auch auf CMOS-Transistoren übertragbar)
[2]) offene Kollektorausgänge
[3]) oft mit einer Drehung um 90° (sogenannte Drehzellen)

Andererseits ist dieser Effekt nur vom Betrag und nicht von der Richtung des elektrischen Feldes abhängig, was eine Ansteuerung mit Wechselspannung möglich macht. Dies ist insoweit ein Glück, als sich ein FK beim Betrieb an Gleichspannung (oder Spannungen mit Gleichspannungsanteil) alsbald elektrolytisch zersetzt.

▶ FK-Anzeigen müssen mit *reiner Wechselspannung* angesteuert werden. Im Hinblick auf die Lebensdauer sind 30...100 Hz üblich.

Der Einfluß auf die FK-Moleküle beginnt erst ab einer gewissen Mindestfeldstärke. Deshalb haben LCD-Anzeigen eine Schwellspannung. Sie liegt ähnlich hoch wie bei Leuchtdioden (ca. 1,5 V). Dieser Schwellwert ist z. B. beim Multiplexbetrieb sehr wichtig (siehe Kapitel 21.3.3).

▶ Die tatsächliche Höhe der Speisespannung ist recht unkritisch. Möglich sind 3...15 V (Optimum für die Lebensdauer: ca. 5 V).

Hauptvorteil der LCD-Anzeigen ist ihr vernachlässigbarer Energiebedarf. Da es sich um einen Feldeffekt handelt (und der FK gut isoliert), fließen praktisch keine Steuerströme über die Elektroden.

▶ Wegen des geringen Energiebedarfs bieten sich LCD-Anzeigen zur Kombination mit CMOS-Schaltungen geradezu an.

Bleibt die Frage, woher wir bei meist unsymmetrischer Speisespannungsversorgung die reine Wechselspannung für den Betrieb der FK-Zellen nehmen. Da auch eine *Rechteckwechselspannung* erlaubt ist, läßt sich eine solche mit einem Taktgenerator durch einen Trick erzeugen.
Segmentelektrode und gemeinsame Rückelektrode (Backplane) bilden ja einen kleinen Kondensator. Dies führt zur Ersatzdarstellung einer LCD-Anzeige nach Bild 21.11 (vereinfachend sind nur zwei Segmente dargestellt). Die gemeinsame Rückelektrode erhält immer direkt das Taktsignal. Alle Segmente, die gerade nicht angesteuert werden, erhalten ebenfalls dieses Taktsignal (in Bild 21.11 ist das das Segment b). Für diese „Segmentkondensatoren" ist die Spannungsdifferenz erkennbar Null.

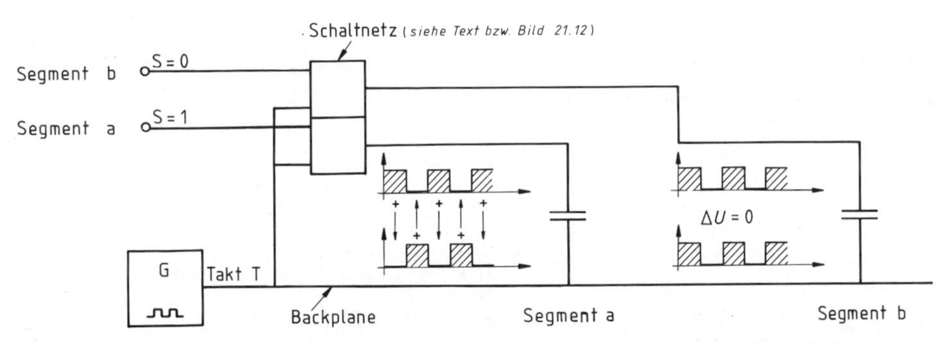

Bild 21.11 Ansteuerung von LCD-Anzeigen: Nur die angesteuerten Segmente erhalten gegenphasiges Taktsignal.

Wird nun ein Segment angesteuert, erhält es einfach das invertierte Taktsignal. In diesem Fall liegt der Segmentkondensator an einer Spannung wechselnder Polarität, also wie gewünscht an Wechselspannung (siehe Segment a in Bild 21.11).

S = 0 Segment nicht angesteuert
S = 1 Segment angesteuert
T: Takt
A: Ausgang

S	T	A	
0	0	0	A = T
0	1	1	
1	0	1	A = $\overline{T}$
1	1	0	

Bild 21.12 Nach dieser Funktionstabelle muß jedes Segment über ein EXOR angesteuert werden.

Das Schaltnetz in Bild 21.11 muß folglich für jedes Segment nach Bild 21.12 arbeiten. Es handelt sich, wie wir sehen, um ein EXOR. Ein BCD-7-Segment-LCD-Dekoder/Treiber enthält also pro Stelle insgesamt 7 solcher EXORs.

Typenbeispiele: 4055
4543 } mit Speicher
4056 }

Abschließend ein Vergleich zwischen LED- und LCD-Anzeige:

Systemvergleich LED/LCD

Eigenschaft	*LED*	*LCD*
Selbstleuchtend	ja	nein
Kontrast wird mit zunehmendem Umgebungslicht	schlechter	besser
Anzeigenträgheit	keine	merkbar
Betrieb an Gleichspannung	ja	nein
Energieverbrauch	groß	fast Null
Einsatz meist mit	TTL	CMOS
Lebensdauer in Jahren	bis 100	bis 10

21.3.3 Multiplexbetrieb spart Zuleitungen

Eine für die gängigen A/D-Wandler (Digitalvoltmeter) notwendige Anzeige umfaßt schon 3 1/2 Stellen. Dafür werden, ohne Dezimalpunkte, immerhin 24 Steuerleitungen benötigt. Bei noch mehr Stellen lohnt sich eine Multiplexanzeige.

> Bei **Multiplexanzeigen** wird innerhalb eines Zeitintervalls eine Steuerleitung vielfach verwendet. Diese Betriebsart heißt deshalb auch *Zeit-Multiplex* oder *Zeit-Vielfach-Betrieb*.

Den wenigen Steuerleitungen einerseits steht andererseits ein Mehraufwand an Steuerlogik gegenüber, hier gilt es also abzuwägen. Außerdem unterscheidet sich der Multiplexbetrieb von LED- und LCD-Anzeigen erheblich.

▶ Bei LED-Anzeigen wird gewöhnlich jeweils eine komplette BCD-Stelle pro Arbeitsschritt übertragen.

Wie Bild 21.13 für 3 Stellen verdeutlicht, nimmt ein Multiplexer[1]) nacheinander die Daten der einzelnen Stellen auf und gibt sie an einen BCD-7-Segment-Dekoder weiter. Von da aus gelangen die 7-Segment-Signale gleichzeitig an alle Anzeigen (sie sind parallelgeschaltet). Es erhält jedoch immer nur eine Anzeigestelle vom Demultiplexer auch Strom. Die *Augenträgheit* sorgt dafür, daß ein einheitlicher Bildeindruck entsteht.

[1]) Allgemein: Mehrwegumschalter, mehr dazu in Kapitel 17.4

Die Detailschaltung der adressierbaren Multiplexer bzw. Demultiplexer sieht übrigens genauso aus wie beim adressierbaren Register (Bild 20.42 oder 20.43).[1])

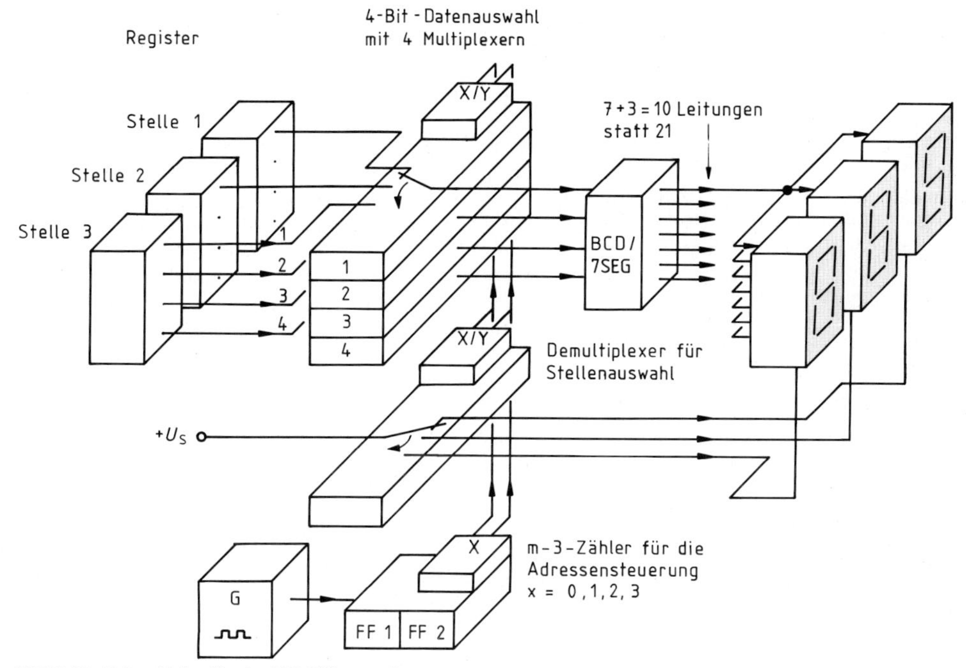

Bild 21.13 Zeitmultiplex für eine LED-Ziffernanzeige

Die Leitungsersparnis ist z. B. schon bei 6 Stellen beträchtlich. Statt $6 \cdot 7 = 42$ *Steuer*leitungen sind im Multiplexbetrieb nur $7 + 6 = 13$ Steuerleitungen notwendig.[2])

Nachteil einer jeden Multiplexanzeige: Eine Stelle leuchtet nur relativ kurz auf und ist meist (!) dunkel. Die damit einhergehende Kontrastverschlechterung muß über hohe, impulsartige Anzeigeströme wettgemacht werden.

Genau diese Möglichkeit ist *bei LCD-Anzeigen* aber verbaut, denn schon Betriebsspannungen knapp über dem Schwellwert verbessern den Kontrast nicht mehr. Außerdem muß eine LCD-Anzeige immer an *reiner* Wechselspannung betrieben werden, d. h., eine Stelle muß immer für mindestens eine volle Periodenzeit dieser Betriebswechselspannung angesteuert werden, also z. B. bei 50 Hz für 20 ms.

Bei einer 6stelligen Anzeige wäre dann für die nächsten $5 \cdot 20$ ms $= 100$ ms Betriebspause. In dieser Zeit zerfällt aber das Bild fast vollständig. Es muß somit völlig neu aufgebaut werden, was aber wegen der Ansprechträgheit der LCD-Displays in eben 20 ms nicht möglich ist.

► Aus diesen genannten Gründen ist ein Multiplexen von LCD-Anzeigen wesentlich schwieriger als bei LED-Anzeigen.

Wir sehen:

LED-Anzeigen können relativ leicht gemultiplext werden. Über einen Datenmultiplexer wird jeweils eine Stelle kurz angewählt, dekodiert und an alle Anzeigen gleichzeitig übertragen, aber: Eingeschaltet wird immer nur *eine* Anzeigenstelle.
LCD-Anzeigen können (aus physikalischen Gründen) nur mit sehr viel mehr Aufwand gemultiplext werden.

[1]) Multi- und Demultiplexer werden ausführlich in Kapitel 17.4 behandelt

[2]) Hinzu kommen in beiden Fällen gegebenenfalls die Steuerleitungen für die Dezimalpunkte

21.4 Digitale Rechentechnik

Zum Abschluß der Digitaltechnik hier noch ein kleiner Einblick in die Arbeit von einfachen Rechenwerken. Wir betrachten zunächst den Ablauf einer Addition.

21.4.1 Halbaddierer

Bei der additiven Verknüpfung von zwei einstelligen Dualzahlen kommen nur die in Bild 21.16 dargestellten Möglichkeiten vor. Allein im letzten Fall entsteht neben der Summe s noch ein Übertrag ü (altbekanntes ,,Behalte-Eins''-Prinzip). In den ersten drei Fällen ist dieser Übertrag ü formal Null. Damit ergibt sich die Funktionstabelle aus Bild 21.16.

► Ein Schaltnetz, das nach Bild 21.16 arbeitet, nennen wir Halbaddierer (HA).

```
  0     0     1     1  ← a
 +0    +1    +0    +1  ← b
 --    --    --    --
  0     1     1    10
```

b	a	ü	s
0	0	0	0
1	0	0	1
0	1	0	1
1	1	1	0

Bild 21.16 Einstellige Addition und deren Funktionstabelle

Aus der Funktionstabelle ergibt sich sofort das zugehörige Schaltnetz: ü wird durch ein AND-Gatter und s durch ein EXOR gebildet[1]) (Bild 21.17).

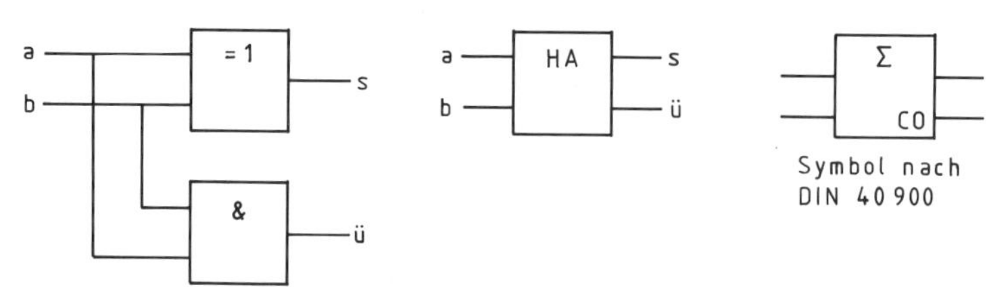

Bild 21.17 Halbaddierer arbeitet nach Bild 21.16

21.4.2 Volladdierer

Bei einer Addition von mehrstelligen Dualzahlen ist noch gegebenenfalls ein Übertrag $ü_{n-1}$ aus der vorangegangenen Stelle zu berücksichtigen (Bild 21.18, bei der ersten Stelle gilt formal immer $ü_{n-1}=0$). Daraus folgt:

► Eine vollständige Additionslogik hat drei Eingänge und wird Volladdierer (VA) genannt.

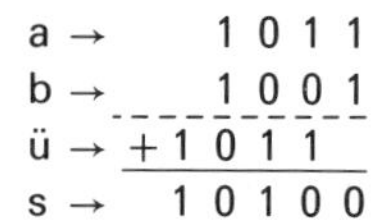

Bild 21.18 Bei mehrstelliger Addition muß jeweils noch ein Übertrag verarbeitet werden

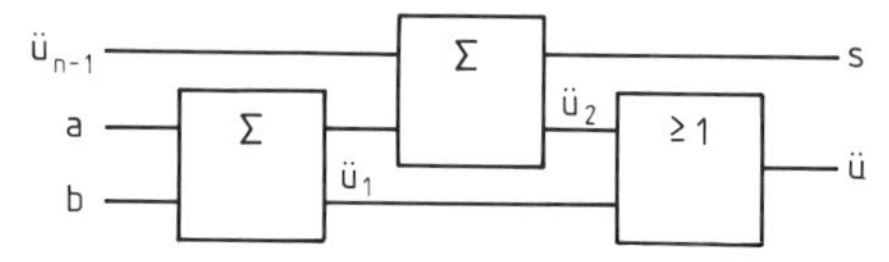

Bild 21.19 Beispiel für einen VA

[1]) Das EXOR ist z. B. in Bild 18.3, a aufgeschlüsselt.

Eine Volladdition kann durch zwei Halbadditionen durchgeführt werden. Da der (Gesamt-)-Übertrag ü beim ersten *oder* zweiten Zwischenschritt entstehen kann, müssen die Übertragsausgänge durch ein ODER-Element zusammengefaßt werden (Bild 21.19). Die Funktionstabelle des VA zeigt Bild 21.20, zusammen mit weiteren Darstellungsmöglichkeiten.

$ü_{n-1}$	b	a	ü	s
0	0	0	0	0
0	1	0	0	1
0	0	1	0	1
0	1	1	1	0
1	0	0	0	1
1	1	0	1	0
1	0	1	1	0
1	1	1	1	1

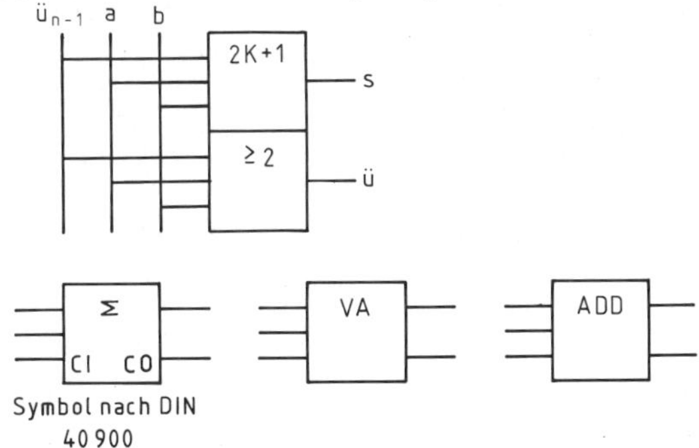

Bild 21.20 Funktionstabelle des VA, ein weiteres Schaltnetz, das direkt aus der Tabelle abgeleitet wurde und drei mögliche Kurzdarstellungen des VA

> Ein **Volladdierer** VA verfügt über drei Eingänge. Er bildet Summe s und Übertrag ü. Dabei berücksichtigt er auch den Übertrag $ü_{n-1}$ aus der vorangegangenen Stelle (im Gegensatz zum Halbaddierer HA).

21.4.3 Ein Paralleladdierwerk

Wenn Zahlen im BCD-Code abgelegt wurden, müssen vierstellige Dualzahlen addiert werden. Eine Schaltung nach Bild 21.21 verarbeitet z.B. alle vier Bits gleichzeitig, d.h. parallel. Von den Eingabespeichern A, B gelangen die dort abgelegten Bitzustände $A=(a_1 \ldots a_4)$ und $B=(b_1 \ldots b_4)$ parallel an die vier Volladdierer. Diese bilden, unter Berücksichtigung des Übertrages $ü_{n-1}$, die Summen $s_1 \ldots s_4$ und legen diese im Summenregister S ab. Das endgültige Ergebnis ergibt sich hier praktisch sofort, da sich allenfalls die Schaltzeiten der Gatter bemerkbar machen.

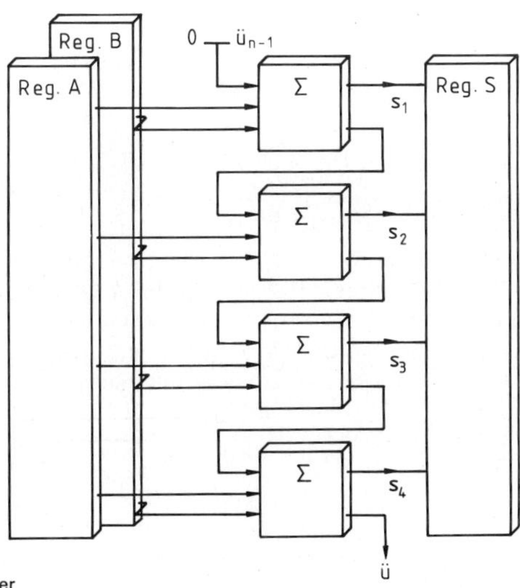

Bild 21.21 4-Bit-Paralleladdierer

- Ein Paralleladdierwerk arbeitet sehr schnell.
- Andererseits steigt der Schaltungsaufwand mit jeder weiteren Stelle proportional an.

Ist das Ergebnis im Summenregister $S \geq 10$, liegt keine reine BCD-Zahl mehr vor. Eine Rückwandlung in eine BCD-Codierung erfolgt dann durch ein Überspringen der 6 Pseudotetraden 10...15. Deshalb wird *vor* das Summenregister S noch ein Korrekturaddierwerk geschaltet, das bei $s \geq 10$ freigegeben wird und dann die festprogrammierte Zahl 6 ($\triangleq$0110) addiert (Bild 21.22).[1])
Somit werden für jede BCD-Stelle *zwei* 4-Bit-Volladdierer benötigt.

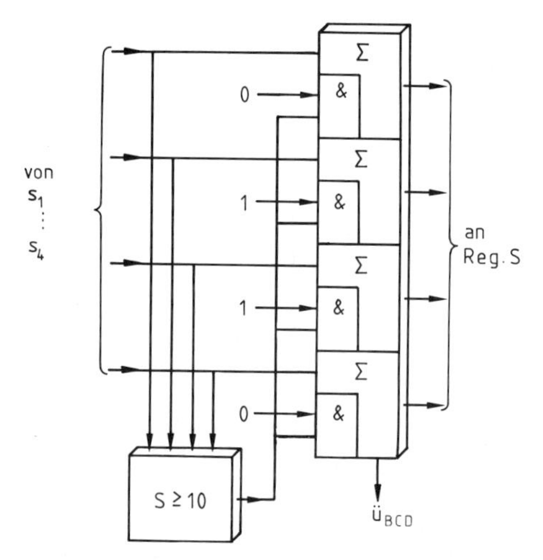

Bild 21.22 BCD-Korrektur der Summe S durch Addition von $6 \triangleq 0110$ bei $S \geq 10$

Typenbeispiele für 4-Bit-VA: 7483 $\triangleq$ 74283.

Ergebnis:

> **Paralleladdierwerke** arbeiten schnell. Der Schaltungsaufwand steigt proportional mit der Stellenzahl an.

Anmerkung:
Viele Heimcomputer (Mikroprocomputer) speichern z. B. *ganze* Zahlen im reinen Dualcode auf 16 Bits ab. Hier wird ein Paralleladdierwerk schon recht unwirtschaftlich. Aus diesem Grund betrachten wir noch ein anderes Additionsverfahren.

21.4.4 Das Prinzip der Serienaddition

Ein solches Addierwerk bearbeitet eine Addition wie wir auch, nämlich Schritt für Schritt. Wenn wir etwa die Aufgabe in Bild 21.23 lösen müssen, beginnen wir mit der „letzten" Stelle, schreiben das Ergebnis s „in einen Speicher" (Papier) und merken uns den Übertrag ü im Kopf. Dann rücken wir „eins" weiter und bearbeiten die nächste Stelle ...

▶ Die Stellen werden hier nacheinander, d. h. seriell, bearbeitet.

[1]) Details in Aufgabe 9.

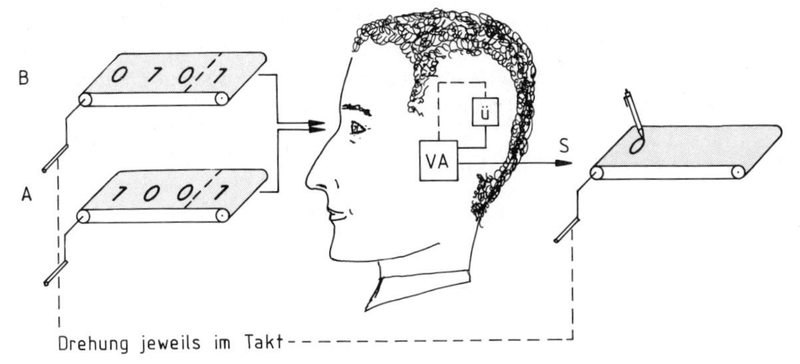

Dezimal	Dual
5	0 1 0 1
+9	1 0 0 1
	– – – –
	0 0 1
14	1 1 1 0

Start

Bild 21.23 Additionsaufgabe und deren serielle Bearbeitung

Wie wir aus Bild 21.23 entnehmen, benötigen wir unabhängig von der Stellenzahl nur noch einen Volladdierer VA und einen Übertragungsspeicher (also nur einen „Kopf"). Anstelle der Papierwalzen setzen wir als elektronisches Pendant Schieberegister ein[1]), und fertig ist unser Serienaddierwerk. Dem minimalen Schaltungsaufwand steht allerdings ein kleiner Nachteil gegenüber. Die Bearbeitungszeit wächst hier mit jeder Stelle proportional an.

> Bei **Serienaddierwerken** hängt der Aufwand nicht von der Stellenzahl ab.
> Es wird immer nur ein Volladdierer und ein Übertragsregister benötigt, da alle Stellen nacheinander bearbeitet werden. Durch diese Schritt-für-Schritt-Bearbeitung der Stellen nimmt die Bearbeitungszeit linear mit der Stellenzahl zu.

21.4.5 Schaltung eines Serienaddierwerkes

Das in Bild 21.23 eingezeichnete Ergebnisregister für die Summe S läßt sich übrigens noch einsparen, indem wir z. B. das Eingaberegister A doppelt benutzen. Mit jedem Takt wird ja immer ein Platz (auf der linken Seite) der Register frei. Auf diesem Platz schreiben wir das Ergebnis der jeweiligen Summenbildung.

► Ein solch mehrfach benutzter Zwischenspeicher heißt auch *Akkumulator* oder kurz *Akku*.

Damit erhalten wir als Schaltung für ein 4-Bit-Serienaddierwerk Bild 21.24.

---

[1]) Details über Schieberegister, die immer zweistufige MS-FFs enthalten, in Kapitel 20.7.1 und zusätzlich in Kapitel 19.5.

Hier werden Universalschieberegister, die von Parallelbetrieb auf Serienbetrieb, d.h. auf Schiebebetrieb umschaltbar sind, verwendet.[1]) Die Umschaltung der Betriebsart (Mode) geschieht über einen Steuereingang M. Der Funktionsablauf stellt sich nun wie folgt dar:

M = 1: Die Schieberegister schalten auf Parallelübernahme der Daten. Das Übertrag-Register wird (statisch) gelöscht. Nach der Taktanstiegsflanke stehen die Summanden A, B in den Mastern und nach der Abfallflanke in den Slaves der Schieberegister bereit.

Durch Umschalten der Register auf Schiebebetrieb (hier Rechtsschieben) erfolgt die Schritt-für-Schritt-Berechnung der Summe:

M = 0: Die Serienaddition beginnt. Sie ist hier nach 4 Takten beendet.

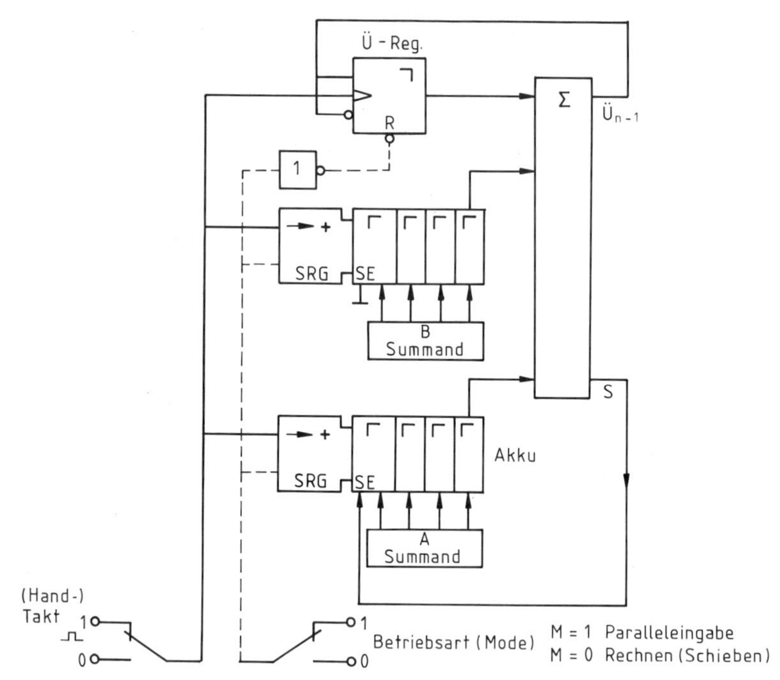

Bild 21.24 Konkrete Schaltung eines Serienaddierwerkes. Typenbeispiele: Schieberegister: 7495, Übertrag-Register: 1/2 7476, VA: 7480.

Wie wichtig für den geordneten Rechenablauf die Aufteilung aller Register in Vor- und Hauptspeicher (Master und Slave) ist, soll noch Bild 21.25 verdeutlichen.

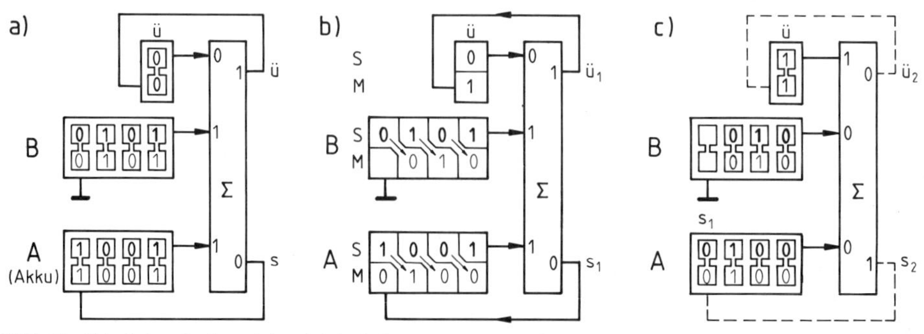

Bild 21.25 Ablauf eines Rechenschrittes mit Zwischenspeicherung der Ergebnisse in den Mastern

[1]) Mehr dazu in Kapitel 20.7.1, insbesondere in Kapitel 20.7.3.

Teilbild a zeigt den Grundzustand. Hier wurde soeben A=9 und B=5 parallel übernommen. Die eigentliche Rechnung beginnt nun mit der Taktanstiegsflanke: Die mit dem VA verbundenen Hauptspeicher liefern die Bitmuster der ersten Stelle an den VA. Dieser gibt seine Ergebnisse s_1, $ü_1$ schon an die Vorspeicher des Akkus und ü-Registers ab. Dort werden sie zunächst aufbewahrt. Alle anderen Master dienen als Vorspeicher für die jeweils nächste Stelle (Teilbild b). Mit der Taktabfallflanke gelangen die Ergebnisse s_1, $ü_1$ in die Hauptspeicher, ebenso die Bitmuster der jeweils nächsten Stelle (Teilbild c). Der VA bildet schon s_2 und $ü_2$. Mit der Abfallflanke des vierten Taktes ist die Rechnung beendet. Während Register B nun „leer" ist, enthält der Akku die Summe (in der Reihenfolge $s_4 \dots s_1$). Falls diese Summe S größer als 15 ist, steht im ü-Register noch eine „1" als Übertrag bereit.

Alle Register eines Serienaddierwerkes müssen *zweistufig* ausgeführt sein. Als **Ein- und Ausgaberegister** werden Universalschieberegister verwendet. Sie ermöglichen eine parallele Eingabe der Summanden vor der Rechnung, eine serielle Addition und anschließend eine parallele Ausgabe des Ergebnisses.
Es genügen zwei Schieberegister, denn:

▶ Ein Register wird als Ein- und Ausgaberegister doppelt benutzt (Akku).

21.4.6 Automatische Steuerung des Addierwerkes

Mit Hilfe eines Taktgenerators und eines Taktzählers kann die Addition von zwei Zahlen automatisch ablaufen. Einen entsprechenden Schaltungszusatz für unser 4-Bit-Serienaddierwerk zeigt Bild 21.26.
Solange die Taste [=] noch nicht gedrückt wird, liefert das FF 1 den Wert 1 an die Modeleitung M. Dadurch wird auch der Taktzähler gelöscht und in der Folge das Taktgatter N1 geöffnet. Der Rechner erhält nun laufend Taktimpulse vom Generator G. Da bei M=1 dessen Schieberegister mit jedem Takt parallel übernehmen, kann nun A und B eingegeben werden.[1])

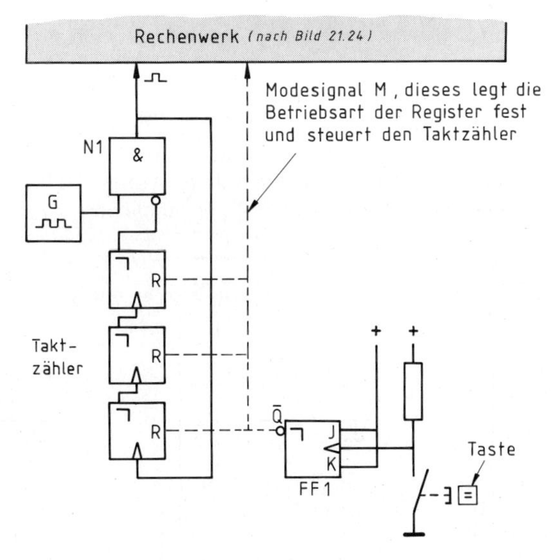

Bild 21.26 Steuerwerk für den automatischen Ablauf einer 4-Bit-Addition

[1]) Das Drücken einer Plustaste zwischen der Eingabe von A und B entfällt, weil wir hier sowieso nur addieren.

Anschließend wird die Taste [=] gedrückt. FF 1 erzeugt nun das Modesignal M = 0. Der Taktzähler wird freigegeben und zählt die Takte, die ab jetzt an den „Rechner" gehen. Wegen M = 0 arbeiten dessen Register im Schiebebetrieb. Nach 4 Takten steht damit die Summe im Akku fest. Genau nach diesen 4 Takten liefert auch der Taktzählerausgang den Wert 1. Dadurch wird automatisch das Taktgatter N1 gesperrt, die Addition also zum richtigen Zeitpunkt beendet.
Die Addition selbst geschieht sehr rasch. Arbeitet z. B. der Taktgenerator mit 100 kHz, so ist eine 4-Bit-Addition schon nach 40 µs beendet.
Vor Beginn einer neuen Rechnung muß die [=]-Taste (im Sinne einer Clear-Taste) betätigt werden.

> Das **Steuerwerk eines Serienaddierwerkes** enthält einen Taktgenerator und einen Taktzähler. Letzterer zählt die Rechenschritte und blockiert schließlich automatisch weitere Taktimpulse an den Rechner.

21.4.7 Subtrahieren durch Addieren (Das 10er-Komplement)

Durch einen einfachen Trick läßt sich jede Subtraktion auf eine Addition zurückführen. Dazu wird die negative Zahl (der Subtrahend) durch ihr Komplement ersetzt. Die zugrunde liegende Idee verdeutlichen wir zunächst im gewohnten 10er-Zahlensystem.

Das 10er-Komplement

Eine negative Zahl läßt sich auch dann eindeutig angeben, wenn wir anstelle der negativen Zahl selbst ihre Ergänzung (das Komplement) zu einer (betragsmäßig) größeren 10er-Potenz anschreiben.

Beispiele (für zweistellige Rechnungen):

$$-06 \rightarrow \overline{06} = 100 - 06 = 94$$
$$-16 \rightarrow \overline{16} = 100 - 16 = 84$$

Damit ist jeder negativen Zahl A eindeutig eine positive, nämlich $\overline{A}$, d.h. ihr 10er-Komplement zugeordnet. Es gilt:

- Mit dem Komplement läßt sich jede Differenz als Summe schreiben.
- Ist das Ergebnis positiv, entsteht grundsätzlich ein Übertrag mit dem Wert 1.
- Ist das Ergebnis negativ (also selbst ein Komplement), ist der Übertrag formal 0. Wir müssen dann das Ergebnis zurückwandeln (entkomplementieren).

Beispiel für eine zweistellige Rechnung mit positivem Ergebnis:

$$08 - 06 = 08 + \overline{06} = 08 + 94 = 1|02 \qquad \textit{Ergebnis:}\ +2$$

Der mathematische Hintergrund dieses Verfahrens ist letztlich eine „Anhebung" der negativen Zahl *und* des Ergebnisses um einen Festwert (hier $10^2 = 100$):

$$\begin{array}{rl} 08 - 06 = & 02 \\ + \quad 100 = & 100 \\ \hline 08 + 94 = & 1|02 \end{array}$$

Ergebnis (nach Korrektur um den Festwert) also: +2

Beispiel für eine zweistellige Rechnung mit negativem Ergebnis:

$$16 - 18 = 16 + \overline{18} = 16 + 82 = 0|98 = \overline{2} \qquad \textit{Ergebnis:}\ -2$$

Hintergrund:
$$\begin{array}{rl} 16 - 18 = & -2 \\ + \quad 100 = & 100 \\ \hline 16 + 82 = & 0|98 \end{array}$$

Ergebnis (nach Korrektur um den Festwert) also: −2

Das Komplement $\overline{A}$ einer negativen Zahl A ist positiv.

Wir können $\overline{A}$ auf zwei Arten definieren:[1])

1. $\overline{A}$ ergibt sich, wenn wir von einem vereinbarten Festwert den *Betrag* von A abziehen. Wird bei n-stelliger Rechnung als Festwert 10^n gewählt (mit $10^n > |A|$), so sprechen wir von einem 10er-Komplement.[2]) Für diesen Fall gilt:

$$\overline{A} = 10^n - |A|$$

2. $\overline{A}$ ergibt sich durch Anhebung der negativen Zahl A um den vereinbarten Festwert, also z. B.:

$$\overline{A} = A + 10^n$$

Mit Hilfe des Komplements läßt sich jede Subtraktion als Addition schreiben. Es entsteht dabei ein Übertrag ü. Dieser bedeutet:

ü = 1: Ergebnis ist positiv, also kein Komplement
ü = 0: Ergebnis ist negativ, also ein Komplement

Anmerkung:

In der digitalen Rechentechnik werden Zahlen und deren Komplemente üblicherweise im Dualsystem gegen den Festwert $2^n = 1\,00\ldots$ (dual) oder im Hexadezimalsystem gegen den Festwert $16^n = 1\,00\ldots$ (hex.) gebildet.
Wir betrachten hier nur das 2er-Komplement.

21.4.8 Das 2er-Komplement für Digitalrechner

Im Dualsystem ist die Bildung eines Komplements gegen den Festwert 2^n (auch maschinell) recht einfach:

Wir erhalten von einer Dualzahl A das 2er-Komplement $\overline{A}$, wenn wir alle Bits invertieren und noch „1“ addieren, denn dann gilt immer:

$$\overline{A} + |A| = 2^n$$

Beispiel für ein vierstelliges System, Festwert = $2^4 \triangleq 10000$:

$$6 \triangleq 0110 \Rightarrow \begin{array}{r} 1001 \\ +\quad 1 \\ \hline 1010 \triangleq \overline{6} \end{array} \qquad \text{Probe:} \begin{array}{rr} 6: & 0110 \\ +\overline{6}: & +\ 1010 \\ \hline & 10000 \triangleq 2^4 \end{array}$$

Wir betrachten nun Subtraktionen „per Komplement“ auf der Maschine

1. Fall: Das Ergebnis ist positiv, d. h. hier gilt:
Übertrag ü = 1, Ergebnis kein Komplement.

Ablauf:
Der Rechner übernimmt die erste Zahl (den Minuenden). Nach Drücken der Minustaste übernimmt er von der zweiten Zahl (dem Subtrahenden) alle Bits invertiert. Für das echte 2er-Komplement fehlt noch die Nachaddition der „1“. Diese erfolgt aber erst zum Schluß. In einem zweiten Durchlauf wird zum Zwischenergebnis einfach der letzte Inhalt des ü-Registers hinzuaddiert, siehe folgendes Beispiel.

[1]) Beide Definitionen sind natürlich identisch.
[2]) Genauer: Einem 10^n-Komplement (n = Stellenzahl). Es gibt z. B. auch ein 9er-Komplement (Ergänzung zu 9 oder $99\ldots = 10^n - 1$), wie überhaupt beliebig viele Komplemente (je nach Festwert) erdacht werden können.

Beispiel: Nach dem ersten Durchlauf ($8+\overline{6}$) gilt ü=1; das Ergebnis ist also positiv, und die Nachaddition von 1 erfolgt über die Addition von ü.

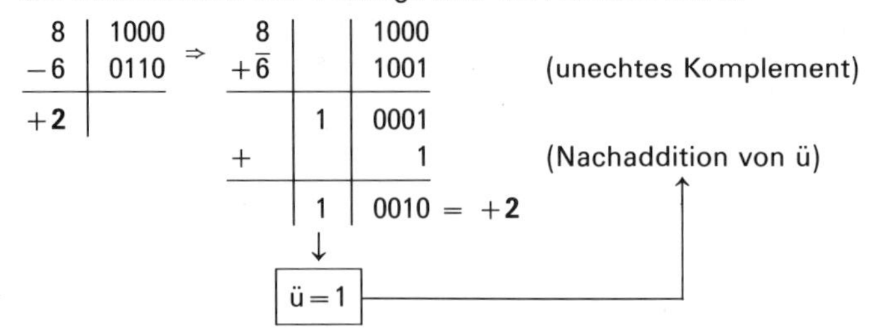

2. Fall: Das Ergebnis ist negativ, d.h. diesmal gilt:
Übertrag ü=0, Ergebnis muß umgewandelt werden.

Ablauf:
Erster Durchlauf wie zuvor, d.h. der Rechner addiert das unechte Komplement des Subtrahenden. Das ü-Register zeigt nun aber durch ü=0 an, daß das Ergebnis ein unechtes Komplement ist. Im zweiten Durchlauf wird dieses invertiert, es erscheint ein richtiges Ergebnis, weil sich der Doppelfehler aufhebt.[1])

Beispiel: Nach dem ersten Durchlauf ($6+\overline{8}$) gilt ü=0; das Ergebnis ist also negativ und muß invertiert werden.

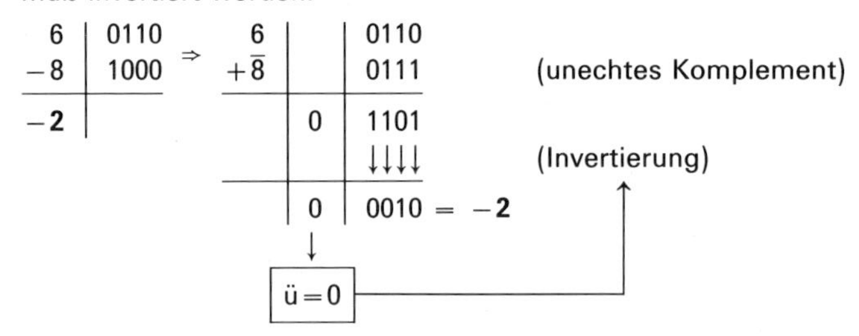

Für ein 4-Bit-*Paralleladdierwerk* ergibt sich daraus für die Subtraktion schematisch ein Signalfluß nach Bild 21.27.

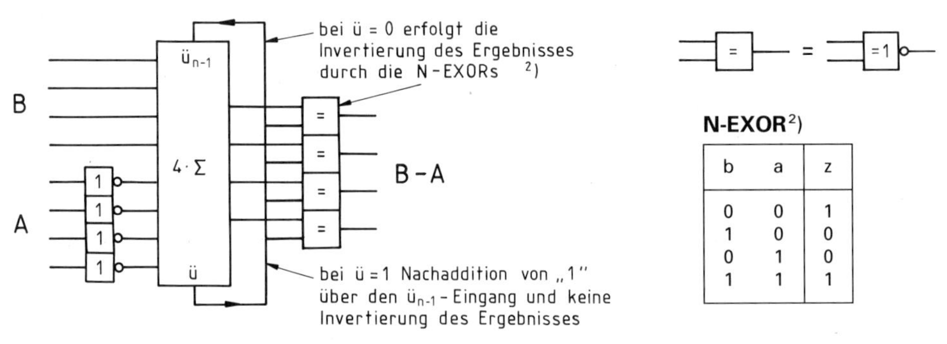

b	a	z
0	0	1
1	0	0
0	1	0
1	1	1

Bild 21.27 Schema einer parallelen Subtraktion (z.B. beim 74385, dieser ist umschaltbar von Addition auf Subtraktion)

[1]) Streng genommen arbeitet der Rechner hier mit einem Komplement gegen den Festwert $2^n-1 \triangleq 111\ldots$ (1er-Komplement). Wir nennen es hier unechtes Komplement, weil es weder bei Mikrocomputern noch bei Großrechnern „echt" vorkommt (siehe Kapitel 21.4.9).

[2]) N-EXOR = Vergleicher = Äquivalenz-Element, siehe dazu auch Bild 18.3, b.

Im Vergleich dazu zeigt Bild 21.28 den Ablauf bei einem *Serienaddierwerk*. Es arbeitet bei einer Subtraktion grundsätzlich doppelt solange wie bei einer Addition: Zuerst wird das unechte Komplement addiert (4 Takte), dann wird ü hinzugezählt bzw. bei ü = 0 das (Zwischen-)Ergebnis Stelle für Stelle invertiert, was weitere 4 Takte in Anspruch nimmt.

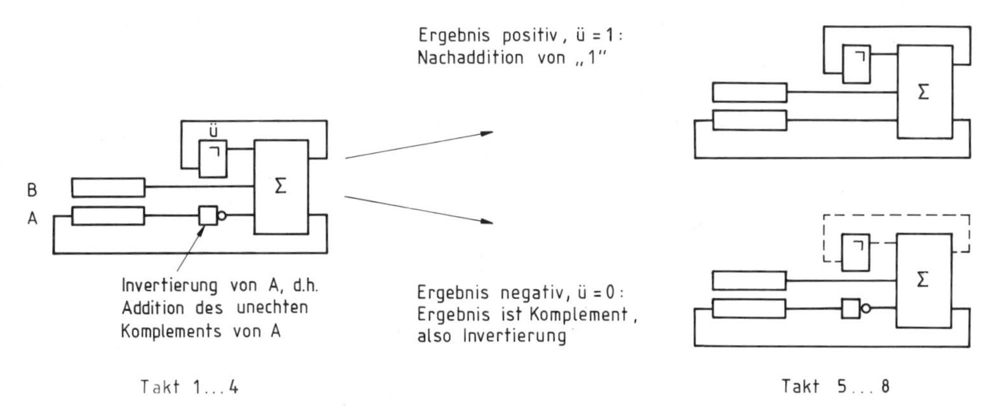

Bild 21.28 Schema einer seriellen Subtraktion mit einem einfachen 4-Bit-Addierwerk, z. B. mit dem aus Bild 21.24

Zusammenfassung:

> Digitale Addierwerke führen die **Subtraktion** additiv mit dem 2er-Komplement des Subtrahenden durch.
> Einfache Systeme arbeiten mit einem *unechten* 2er-Komplement (= invertierte Bitzustände). Bei positivem Ergebnis (ü = 1) muß eine „1" nachaddiert werden. Bei negativem Ergebnis (ü = 0) muß eine Invertierung der Bitzustände erfolgen.

21.4.9 Vorzeichenbits machen flexibler

Subtraktionsergebnisse waren nur deutbar, wenn ein zusätzliches Bit (der Übertrag ü) betrachtet wurde. Beim Abspeichern positiver und negativer Zahlen muß ein solches *Vorzeichenbit* ohnehin zur Unterscheidung „mitgeschleppt" werden.
Aus diesem Grunde reservieren „große" Rechner automatisch *ein* Bit eines Zahlenspeichers (Umfang meist 16 oder 32 Bit) für das Vorzeichen. Dieses Vorzeichenbit wird nun immer formal in die Berechnung einbezogen. Zum Schluß läßt sich aus dem Wert des Vorzeichenbits das Vorzeichen des Ergebnisses sofort ablesen.

Voraussetzung (*entgegen* obigen Betrachtungen):

- Es wird immer mit dem echten 2er-Komplement gerechnet (Aufwand im „Großrechner" unerheblich).
- Für das Vorzeichenbit gilt:
  Vorzeichenbit = 0 ↔ positive Zahl
  Vorzeichenbit = 1 ↔ negative Zahl

Jetzt sind auch Probleme wie $-8+6$ oder $-8-6$ lösbar, wie wir gleich sehen werden.

Beispiele (hier ist das 5te Bit das Vorzeichenbit):

<table>
<tr>
<td>+8   0 1000
+6   0 0110
———————
0 1110 = **+14**</td>
<td>+8   0 1000
−6   1 1001 } $\bar{6}$
             1 }
———————
0 0010 = **+2**</td>
</tr>
<tr>
<td>−8   1 0111 } $\bar{8}$
             1 }
+6   0 0110
———————
1 1110
→*negativ*, also 2er-Komplement
0001
1
———
1 0010 = **−2**</td>
<td>−8   1 0111 } $\bar{8}$
             1 }
−6   1 1001 } $\bar{6}$
             1 }
———————
1 0010
→*negativ*, also 2er-Komplement
1101
1
———
1 1110 = **−14**</td>
</tr>
</table>

> Durch **Hinzunahme eines Vorzeichenbits** können von einem Addierwerk Zahlen mit beliebigen Vorzeichen in ganz beliebiger Reihenfolge algebraisch addiert werden.
> *Übliche Zuordnung:*
> Wert des Vorzeichenbits = 0 ↔ positive Zahl

21.4.10 Multiplikation

Die binäre Multiplikation wird auf die Addition von Teilprodukten zurückgeführt. Für die Teilprodukte selbst genügt als „Multiplizierwerk" ein einfaches UND-Element, wie Bild 21.29 erkennen läßt.

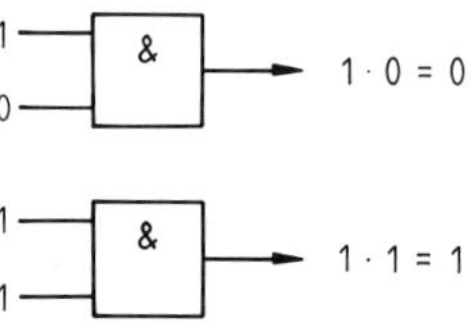

Bild 21.29 Ein UND-Element erstellt binäre Teilprodukte

Der Gesamtablauf einer maschinellen Multiplikation entspricht durchaus dem menschlichen Vorgehen (Bild 21.30).

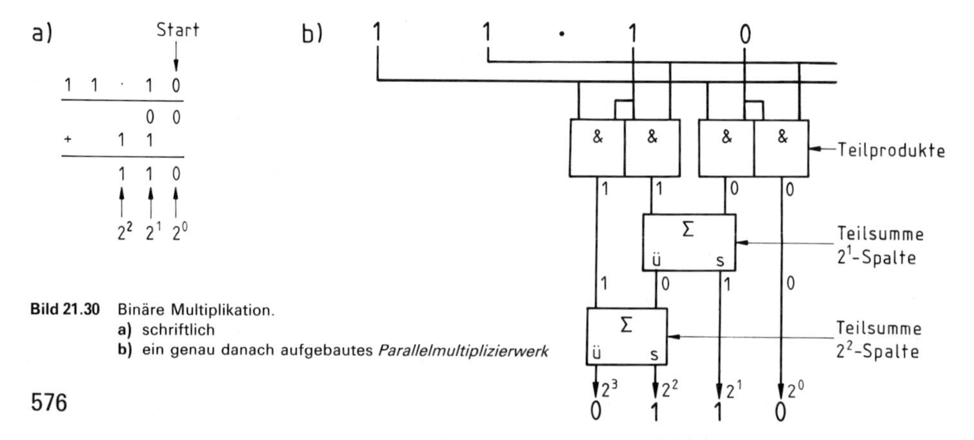

Bild 21.30 Binäre Multiplikation.
a) schriftlich
b) ein genau danach aufgebautes *Parallelmultiplizierwerk*

Abgesehen von dem etwas ungewohnten Start wird wie üblich zunächst das erste Teilprodukt gebildet. Zu diesem wird dann, um eine Stelle verschoben, das zweite Teilprodukt hinzuaddiert usw.
Für ein *Serien*addierwerk ist der Ablauf schon recht verwickelt (und langsam). Da ein Produkt immer *mehr* Stellen als die eingegebenen Zahlen umfaßt, benötigt ein Serienmultiplizierer neben dem Akku noch ein *Hilfsregister*. Dieses speichert Zwischenergebnisse und schließlich ein Teil des Gesamtergebnisses. Bild 21.31 zeigt schematisch den Ablauf einer seriellen Multiplikation. Zur Vereinfachung wird hier nur mit zweistelliger Eingabe, zweistelligem Addierwerk und zweistelligen Registern gearbeitet.

Serielle Multiplikation zweistelliger Dualzahlen: Start

```
 11·10
 -----
    00
   11
 -----
   110
```

Funktion	Hilfsregister (HR)	Register A (Akku)	Register B
Start: HR leer	0 0	1 0	1 1
1. Multiplikation	0 0	1 0	1 1
Addition (Ergebnis + HR)	+ 0 0		
	0 0	1 0	1 1
Verschiebung um eine Stelle nach rechts	0 0	0 1	1 1
2. Multiplikation	0 0	0 1	1 1
Addition (Ergebnis + HR)	+ 1 1		
	1 1	0 1	1 1
Verschiebung um eine Stelle nach rechts	0 1	1 0	1 1
Ergebnis: HR *und* Akku	0 **1**	**1 0**	

aktueller Multiplikator   *Inhalt unverändert*

Bild 21.31 Serielle Multiplikation. HR: Hilfsregister. Register B hält bis zum Schluß unverändert den Multiplikanden (11) bereit. Der Akku macht nach jedem erledigten Teilprodukt einen Platz frei und übernimmt eine weitere Stelle vom Endergebnis, welches zum Schluß HR *und* Akku belegt.

> Bei der **maschinellen Multiplikation** werden die einzelnen Teilprodukte vom Addierwerk aufsummiert.
> Die Teilprodukte selbst werden von (einem oder mehreren) UND-Elementen erzeugt.

21.4.11 Division

Division ist die schwierigste Aufgabe für ein Rechenwerk. Zwei Verfahren sind denkbar:

► **1. Verfahren**
Bei der Berechnung von A/B wird wiederholt der Divisor B vom Dividenden A abgezogen und mitgezählt, wie oft B in A „paßt" (Bild 21.32).

Die fortlaufende Subtraktion ist in diesem Fall beendet, wenn schließlich 0 bzw. „etwas Negatives" herauskommt. Die Subtraktionen erfolgen in der Binärtechnik natürlich wieder durch Addition des 2er-Komplements.

► **2. Verfahren**
Bei der Berechnung von A/B wird *zuerst* probiert, wie oft B in der *höchsten Stelle* von A enthalten ist. Dann wird der Rest zusammen mit der nächsten Stelle durch B „geteilt"; dies entspricht mehr der menschlichen Verfahrensweise (Bild 21.33).

Der Ablauf ist in diesem Fall wesentlich kürzer, dafür ist aber die Ablaufsteuerung schon recht verwickelt.

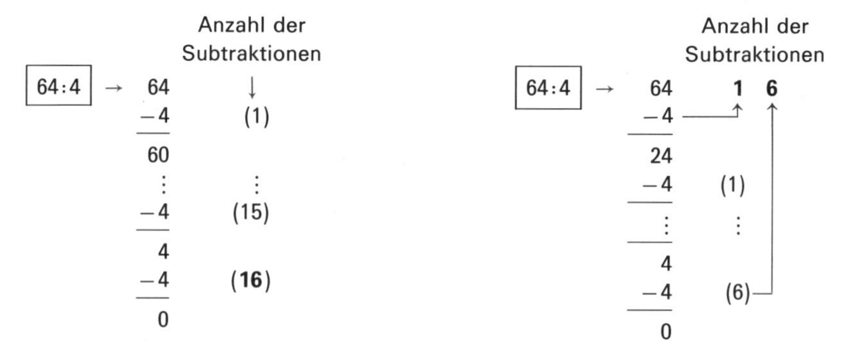

Bild 21.32 Division durch Subtraktion

Bild 21.33 Stellenweise Division

Division wird letztlich auf mehrfache Subtraktion zurückgeführt.

Aufgaben

Frequenz- und Zeitmessung

1. Eine Frequenz mit ca. 99 kHz soll auf 10 Hz genau gemessen werden.
   a) Geben Sie jeweils Mindestwerte an für die Torzeit, die Anzahl der Zähldekaden und die Grundgenauigkeit des internen (Torzeit-)Taktgebers.
   b) Eine Frequenz von 0,1875 Hz soll auf ± 1 Digit genau ermittelt werden.
   Welche Torzeit wäre dazu bei einer direkten Frequenzmessung *mindestens* notwendig?
   Nach welcher Zeit stände dagegen die Periodendauer fest? Welche Auflösung muß das Zeitmeßgerät haben?
   (*Lösung zu a:* 0,1 s; 4; 10^{-4}; *zu b:* 5000 s [Anzeige dann mal 2]; ca. 5,3 s; 1 ms)

Kapazitätsmessung

2. Mit einem digitalen Zeitmeßgerät wird die instabile Zeit t_i eines Monoflops gemessen. Eine zu messende Kapazität C bildet den zeitbestimmenden Kondensator des Monoflops.
   a) Zeichnen Sie eine entsprechende Schaltung mit Handtriggerung des Monoflops. (*Hilfe:* Bild 15.12 oder Bild 19.5)
   b) Die Zeitmessung erfolgt über drei Dekaden bei feststehender Kommastelle. Die Anzeige 1,00 ms entspreche $C = 1{,}00\ \mu F$. Wie groß ist der zeitbestimmende Widerstand des Monoflops zu wählen?
   Welche maximale und minimale Kapazität kann gemessen werden? Wie groß ist jeweils der relative Meßfehler?
   (*Lösung zu b:* ca. 1,4 kΩ; 10 μF [Fehler 1‰] und 10 nF [Fehler 100%])

A/D-Wandler für Spannungen

3. a) Beschreiben Sie die beiden Prinzipien für eine A/D-Wandlung von Spannungen über ein Zwischensignal. (*Hilfe:* Kapitel 21.2)
   b) Erläutern Sie die Begriffe „Dual-Slope-Verfahren" und „Doppelintegration".
   Weshalb sind Digitalvoltmeter, die nach dem Dual-Slope-Verfahren arbeiten, relativ genau, störsicher und preiswert aufzubauen? (*Hilfe:* Kapitel 21.2.2, b)

U/f-Wandler

4. Der *U/f*-Wandler von Bild 21.5 habe einen Meßbereich von 1 V. Bei $U_e = -1$ V gebe er $f = 1$ kHz ab. Damit der „ON-Widerstand" des durchgeschalteten Transistors vernachlässigbar ist, wählen wir $R_2 = 1$ kΩ.
   a) Wie groß ist die Impulszeit t_i des (Entlade-)Monoflops zu wählen, wenn der maximale Meßfehler 1% betragen soll?
   b) Bestimmen Sie für $|U_e| = 1$ V und $U_S = 5$ V den Aufladewiderstand R_1 so, daß $f = 1$ kHz abgegeben wird.
   c) Zeigen Sie, daß im *Entladefall* I_e gegen I_{R2} vernachlässigbar ist.
   d) Der Schmitt-Trigger habe eine Hysterese von $U_H = 1$ V. Bestimmen Sie C entsprechend.
   e) Zeichnen Sie das Signal am Ausgang des Integrierers für vier Perioden bei $U_e = -1$ V. Zeichnen Sie vergleichend das Signal bei $U_e = -0{,}5$ V ein.
   f) Weshalb ist dieses Verfahren recht driftanfällig?
   (*Lösung zu a:* 10 μs; *zu b:* 20 kΩ; *zu c:* $I_{R2} = 100\ I_e$; *zu d:* 50 nF; *Hilfe zu e:* Bild 21.5; *zu f:* zu viele Bestimmungsgrößen: U_S, t_i, R_1, R_2, U_H.

Dual-Slope-Verfahren

5. Zugrunde liegt ein Dual-Slope-A/D-Wandler nach Bild 21.7. Er habe einen Meßbereich von 200 mV bei 31/2stelliger Anzeige (1999 ≙ 200 mV). Ein Meßzyklus dauere insgesamt 0,2 s.
   a) Welche Referenzspannung muß hier für den Integrierer bereitgestellt werden?

b) Welche Frequenz muß der Taktgeber haben?

c) 1. Für den Integrierer gelte $R = 10\ \text{k}\Omega$ und $C = 1\ \mu\text{F}$.
Wie groß ist der Spannungshub am Integriererausgang?
2. Statt $C = 1\ \mu\text{F}$ wird versehentlich $C = 2\ \mu\text{F}$ eingesetzt.
Wie ändert sich dadurch der Spannungshub, wie das Ergebnis einer Messung?
3. Die Meßzykluszeit wird direkt aus dem Taktgenerator für die Zählerimpulse abgeleitet. Die Taktgeneratorfrequenz wird probehalber um 10% erhöht.
Wie ändert sich dadurch das Ergebnis einer Messung?

d) Die hier skizzierte Schaltung zeigt das Prinzip der Umschaltung am Eingang des Integrierers von $-U_e$ auf $+U_{ref}$. Der Meßzyklus beginne mit Q = H ($U_Q = +U_S$). V2 schließt U_{ref} kurz ($U_{CE\,Rest}$ vernachlässigt). Der PNP-Transistor V1 sperrt, da U_{BE} deutlich positiv ist ($U_B = +0{,}5 \cdot U_S$).
Erläutern Sie, wie beim Eintreffen des CT = 0-Signal die Umschaltung erfolgt.

(*Lösung zu a:* 200 mV, da $t_2 \leq t_1$; *zu b:* ca. 20 kHz; *zu c1:* 2 V; *zu c2:* Hub jetzt 1 V, sonst keine Änderung; *zu c3:* nicht; *zu d:* FF kippt, also gilt Q = L. V2 sperrt, aber V1 leitet und schließt $-U_e$ kurz. Q = L ≙ Q = Masse, somit ist U_{BE} von V1 jetzt deutlich negativ.)

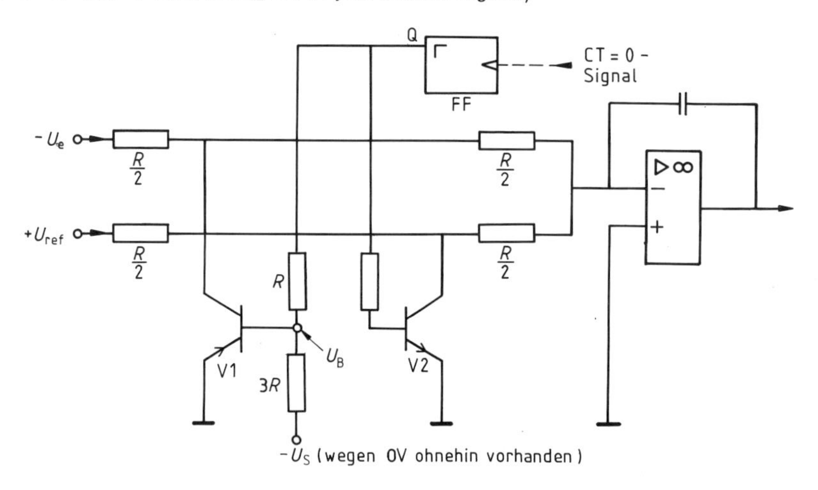

Anzeige einer Dezimalstelle

6. Geben Sie die komplette Verdrahtung einer Zähldekade mit Zwischenspeicher und BCD-7-Segment-Dekoder an, und zwar für

a) LED-Displays mit gemeinsamer Anode *bzw.* Katode.
Berechnen Sie für $U_S = 5$ V den Wert der Vorwiderstände und die *maximale* Stromaufnahme eines Displays (Segmentstrom 20 mA, Dezimalpunkt nicht berücksichtigt).

b) wie a, jedoch für eine LCD-Anzeige.

(*Lösung zu a:* Bild 21.3, 21.4, 21.9, 150 Ω, 140 mA; *zu b:* Bild 21.3, 21.4, 21.11, zusätzlicher Taktgenerator, aber keine Vorwiderstände, $I \simeq 0$)

Multiplexbetrieb

7. Die LED-Multiplexanzeige aus Bild 21.13 soll auf 6 Stellen erweitert werden.
Als Multiplexer wird 4mal der 74151 verwendet (8 Daten- und 3 Adreßeingänge).
Als Demultiplexer wird 1mal der 74145 verwendet (10 Datenausgänge, 4 Adreßeingänge).

a) Geben Sie die Schaltung des Zählers für die Adressenerzeugung 0...5 ausführlich an. Wie sind daran die Adreßeingänge von Multiplexer und Demultiplexer anzuschließen?

b) Wieviel Verbindungsleitungen werden hier durch den Multiplexbetrieb eingespart?

c) Legen Sie dar, weshalb eine Multiplexanzeige für LCDs wesentlich komplizierter aufgebaut ist.

(*Lösung zu a:* m-6-Zähler, siehe Kapitel 20, Bild 20.6; Q_C, Q_B, Q_A wird direkt mit den Eingängen C, B, A von Multi- und Demultiplexer verbunden, Adreßeingang D des Demultiplexers aber fest an Masse. *Zu b:* 29 Leitungen; *Hilfe zu c:* Kapitel 21.3.3)

Addierwerke

8. a) Welche Vor- und Nachteile haben Paralleladdierwerke gegenüber Serienaddierwerken? (*Hilfe:* Kapitel 21.4.3 und 21.4.4)

b) Worin unterscheiden sich Halbaddierer HA von Volladdierern VA?

c) Erstellen Sie für einen VA anhand der Funktionstabelle von Bild 21.20 ein Schaltnetz für ü und s. Minimalisieren Sie, soweit möglich.
(*Lösung:* $ü = ab + a\,ü_{n-1} + b\,ü_{n-1}$; s hat 4 Terme, Minimalisieren nicht möglich)

BCD-Korrekturaddition

9. Rechenwerke, die im BCD-Code organisiert sind, müssen bei einer Summe $S \geq 10$ die Zahl $6 \triangleq 0110$ nachaddieren.

a) Zeigen Sie für $S = 10 \ldots 15$, daß sich nach der Korrekturaddition die richtige BCD-Darstellung für S ergibt.

b) Die Binärdarstellungen von $S = 10 \ldots 15$ heißen Pseudotetraden. Geben Sie ein Schaltnetz zur Erkennung der Pseudotetraden an.

c) Entwerfen Sie ein Serienaddierwerk, das nach der Summenbildung (4 Takte) eine Korrekturaddition durchführt (mit weiteren 4 Takten), und zwar so: Bei $S \leq 9$ erfolgt eine Korrekturaddition mit 0000, bei $S \geq 10$ mit 0110.

(*Lösung zu a z. B.:* $1100 + 0110 = 0001|0010 \rightarrow 1|2$; *zu b:* siehe Kapitel 18, Bild 18.32; *zu c z. B. so:* Nach 4 Takten wird Register B durch ein Schieberegister mit dem festen Inhalt 0110 ersetzt. Falls $S \leq 9$ war, wird der Registerinhalt aber durch ein AND-Gatter blockiert. Daß $S \leq 9$ war, „merkt" sich ein Hilfs-FF mit dem 4ten Takt.)

Subtraktion mit dem Komplement

10. a) Was verstehen wir unter einem 2er-Komplement bei 4stelligen bzw. 8stelligen Rechnern?

b) Geben Sie zu $A = -5$ das 2er-Komplement für 4- bzw. 8stellige Rechner an.
1. Führen Sie damit die Subtraktion $S_1 = 8 - 5$ als Addition durch.
2. ebenso, jedoch $S_2 = 3 - 5$.

c) Bei einem 8-Bit(=1 Byte)-Rechner wird das „linke" Bit als Vorzeichenbit verwendet: $0 \triangleq$ positiv, $1 \triangleq$ negativ. Wie lauten hier die Ergebnisse für $S_1 = 8 - 5$ bzw. $S_2 = 3 - 5$?

d) Viele Kleincomputer speichern *ganze* Zahlen dual über 16 Bit ($\triangleq$ 2 Byte $\triangleq$ Halbwortformat) ab. 1 Bit wird fürs Vorzeichen verwendet.
Welche Darstellung hat hier die kleinste negative Zahl, wie groß ist sie im Dezimalsystem?

(*Lösung zu a:* siehe Kapitel 21.4.8; *zu b:* 1011 bzw. 1111 1011; *zu b, 1:* 1|0011 bzw. 1|0000 0011; *zu b, 2:* 0|0010 bzw. 0|0000 0010; *zu c:* $S_1 = 0|0000\ 0011$, $S_2 = 1|0000\ 0010$; *zu d:* 16mal die „1", Wert: −32767, Betrag aus $\sum_{n=0}^{14} 2^n = 2^{15} - 1$.)

11. Ergänzen Sie Bild 21.27 so, daß ein umschaltbarer 4-Bit-Addierer/Subtrahierer entsteht. (Addition erfolge z. B. dann, wenn an einem neuen Steuereingang A/S der Wert 1 anliegt.)
(*Lösung:* Inverter vor Eingang A durch N-EXORs ersetzen, A/S-Signal unmittelbar nach dem ü-Ausgang über ein OR einschleifen, $ü_{n-1}$-Eingang bei A/S = 1 sperren.)

Multiplikation

12. a) Entwerfen Sie anhand der Multiplikation 110·101 analog zu Bild 21.30 einen 3-Bit-Parallelmultiplizierer.

b) Erstellen Sie gemäß Bild 21.31 für 110·101 die Ablauftabelle für einen 3-Bit-Serienmultiplizierer.
(*Kontrolle:* Anzahl der Additionen: 3, Anzahl der Schiebeschritte: 3.)

Anhang

A-1

Normwertreihen

Erläuterungen:

- Widerstandswerte R, Kapazitätswerte C und Durchbruchspannungen U_Z von Z-Dioden werden überwiegend nach international festgelegten Nennwert-Reihen hergestellt.
- Diese Reihen heißen auch E-Reihen, IEC-Reihen oder Normwertreihen.
- Erlaubt sind innerhalb einer Reihe die angegebenen Werte sowie alle Zehnerpotenzen davon[1]).

Beispiel: In einer Normreihe aufgeführt ist die Zahl 4,7, dann sind auch folgende Werte erlaubt:
... 0,047 0,47 4,7 47 470 ...

- Jede Reihe definiert 6, 12, 24 ... Normwerte und heißt entsprechend E6-Reihe, E12-Reihe, E24-Reihe
- Jede E-Reihe hat eine ganz spezielle Auslieferungstoleranz. Die Normwerte sind in Verbindung mit der Toleranz gerade so festgelegt, daß sich die Toleranzfelder (fast) nicht überlappen.

Beispiel: Reihe E6: Toleranz ±20%

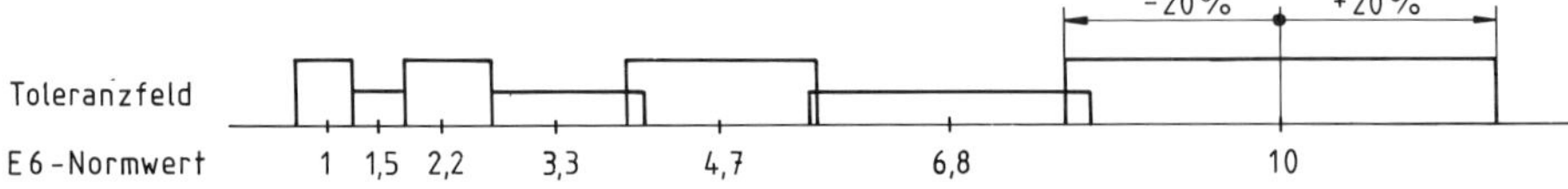

- Beim Übergang von einer Reihe (z. B. E6) zur nächstgrößeren (z. B. E12) verdoppelt sich die Anzahl der Normwerte. Folglich halbiert sich jeweils die Auslieferungstoleranz:

E6 - *Toleranz:* ±20%
E12 - *Toleranz:* ±10%
E24 - *Toleranz:* ± 5%

A-2

Normwertreihe[1]) *Toleranz*	**E6** ±20%	**E12** ±10%	**E24** ±5%
Normwerte	1,0	1,0	1,0
			1,1
		1,2	1,2
			1,3
	1,5	1,5	1,5
			1,6
		1,8	1,8
			2,0
	2,2	2,2	2,2
			2,4
		2,7	2,7
			3,0
	3,3	3,3	3,3
			3,6
		3,9	3,9
			4,3
	4,7	4,7	4,7
			5,1
		5,6	5,6
			6,2
	6,8	6,8	6,8
			7,5
		8,2	8,2
			9,1

[1]) Die Glieder a_n der Reihe E12 folgen z. B. aus der Formel $a_n = (\sqrt[12]{10})^n$; $n = 0 \ldots 11$. Für die Reihe E24 wird entsprechend $\sqrt[24]{10}$ verwendet usw.

A-3

Farbkennzeichnung für Widerstände

Widerstände, die in groberer Abstufung ausgeliefert werden, werden oft **mit 4 Farbringen** (Punkten oder Strichen) gekennzeichnet. Meist handelt es sich dabei um Widerstände aus den Reihen E 12 oder E 24.

- Die ersten drei Ringe geben den Widerstandsnennwert durch 2 Ziffern und einen Multiplikator an. Der letzte Ring kennzeichnet die Toleranz.
- Bei axialen Widerständen liegt der erste Ring den Anschlußdrähten am nächsten. Manchmal ist der letzte Toleranzring auch deutlich abgesetzt. Da die Toleranz gewöhnlich die Farbe silber oder gold zeigt, ergibt sich daraus ebenfalls die Leserichtung, insbesondere bei Widerständen für die stehende Montage (siehe Skizze).

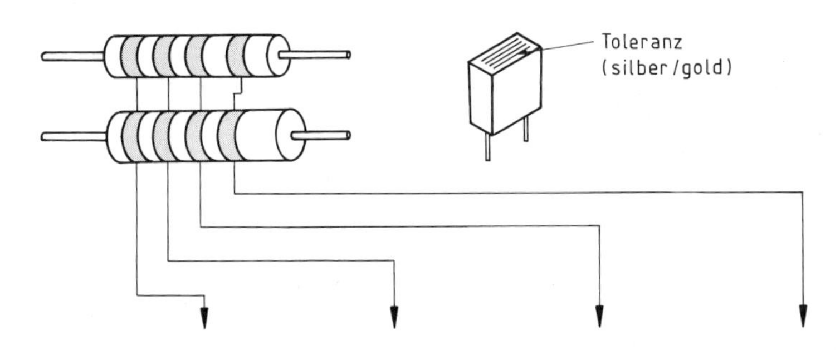

Farbe	1. Ziffer	2. Ziffer	Multiplikator	Toleranz
silber			0,01	± 10%
gold			0,1	± 5%
schwarz	0	0	1 = 10°	
braun	1	1	10	± 1%
rot	2	2	100	± 2%
orange	3	3	1 k	
gelb	4	4	10 k	
grün	5	5	100 k	±0,5%
blau	6	6	1 M	
violett	7	7	10 M	±0,1%
grau	8	8	100 M	
weiß	9	9	1000 M	

Beispiel: gelb, violett, orange, gold ≙ 47 kΩ ± 5%

A-4

Widerstände, die in engerer Abstufung hergestellt werden, werden oft **mit 5 Farbringen** (Punkten oder Strichen) gekennzeichnet. (Meistens sind dies Metallfilmwiderstände aus der Reihe E 96.)

- Die ersten 4 Ringe geben den Widerstandsnennwert durch *drei* Ziffern und einen Multiplikator an. Der letzte Ring kennzeichnet die Toleranz (Details auf der nächsten Seite).

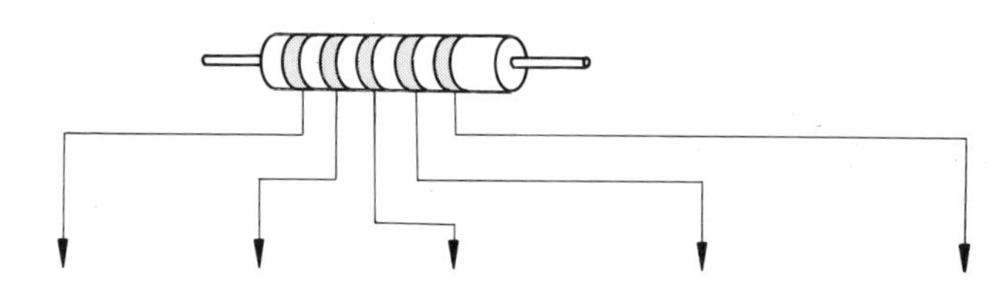

Farbe	1. Ziffer	2. Ziffer	3. Ziffer	Multiplikator	Toleranz
silber				0,01	
gold				0,1	
schwarz	0	0	0	$1 = 10^0$	
braun	1	1	1	10	±1%
rot	2	2	2	100	±2%
orange	3	3	3	1 k	
gelb	4	4	4	10 k	
grün	5	5	5	100 k	±0,5%
blau	6	6	6	1 M	
violett	7	7	7	10 M	±0,1%
grau	8	8	8	100 M	
weiß	9	9	9	1000 M	

Beispiel: braun, violett, gelb, gold, braun ≙ 17,4 Ω ± 1%

A-5
Buchstabencode für Widerstände

Hier wird die Ziffernfolge für den *Nennwiderstand im Klartext* angegeben. Das Komma wird aber immer durch einen der Buchstaben R, K oder M ersetzt, welcher gleichzeitig den Multiplikator angibt. Für diesen gilt:

$$R \rightarrow \times 1\,\Omega, \quad K \rightarrow \times 1\,k\Omega, \quad M \rightarrow \times 1\,M\Omega$$

Beispiele zu R:	**Beispiele zu K:**
6R8 = 6,8 Ω	4K7 = 4,7 kΩ
R68 = 0,68 Ω	K47 = 0,47 kΩ
68R = 68 Ω	47K = 47 kΩ

Belastbarkeit von Widerständen

Kohle-Schichtwiderstände

Gängige Werte: (Micro: 1/16 W) 0,125 W 0,2 W 0,25 W 0,33 W 0,5 W 1 W 2 W

Metalloxid-Schichtwiderstände

Gängige Werte: 1 W 1,8 W 2 W 4,5 W

Metallfilm- und Metallschichtwiderstände

Gängige Werte: 0,25 W 0,33 W 0,4 W 0,5 W 1,1 W

Drahtwiderstände

Gängige Werte: (0,5 W 2 W 3 W) 4 W 5 W 8 W 9 W 11 W 15 W 17 W

A-6
Farbkennzeichnung für Kondensatoren

Sie wird relativ selten verwendet. Angegeben wird die *Nennkapazität in pF.* (Tantalelkos haben einen eigenen Farbcode.) Üblich sind **4 Ringe:** 2 Ringe für zwei Ziffern, ein Ring für den Multiplikator, ein Ring für die Toleranz.

- Die Zuordnung Farbe ↔ Wert ist dieselbe wie bei den Widerständen.
- Falls ein 5. Ring vorhanden ist, gibt dieser die Nennspannung in V an.
- Der Anschluß für den Außenbelag liegt dem letzten Ring am nächsten (wichtig für Abschirmzwecke, dann Außenbelag an Masse).

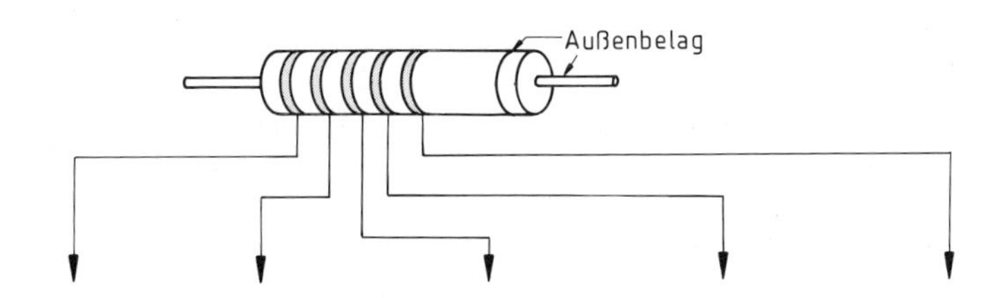

Farbe	1. Ziffer	2. Ziffer	Multiplikator	Toleranz	Nennspannung
silber			0,01	±10%	2000
gold			0,1	± 5%	1000
schwarz	0	0	$1 = 10^0$ pF		
braun	1	1	10^1	± 1%	100
rot	2	2	10^2	± 2%	200
orange	3	3	$10^3 \mathrel{\hat{=}} 1$ nF		300
gelb	4	4	10^4		400
grün	5	5	10^5	±0,5%	500
blau	6	6	$10^6 \mathrel{\hat{=}} 1$ μF		600
violett	7	7	10^7		700
grau	8	8	10^8		800
weiß	9	9	$10^9 = 1$ mF		900

Beispiel: rot, rot, gelb, gold, braun ≙ 220000 pF/±5%/100 V = 0,22 μF/±5%/100 V

A-7
Buchstabencode für Kondensatoren

Hier wird die Ziffernfolge für die *Nennkapazität im Klartext* angegeben. Das Komma wird durch einen der Buchstaben p, n, μ oder m ersetzt, welcher gleichzeitig den Multiplikator angibt:

p→ ×1 pF, n→ ×1 nF, ...

Beispiele für p:	**Beispiele für n:**
6p8 = 6,8 pF	6n8 = 6,8 nF
p68 = 0,68 pF	n68 = 0,68 nF
68p = 68 pF	68n = 68 nF

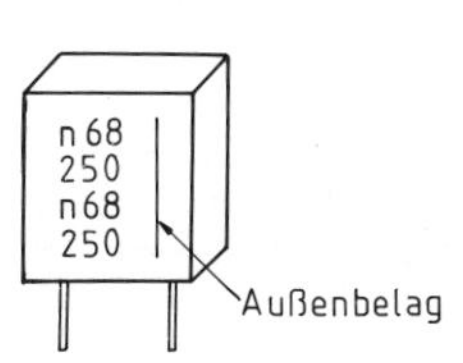

Außer der Nennkapazität wird noch die Nennspannung in V auf dem Bauteil angegeben. Die Nennspannung wird jedoch nicht verschlüsselt.

Quasi-Klartextcode für Kondensatoren

- Hat die aufgedruckte Zahl keinen Dezimalpunkt, so ist die Nennkapazität in pF angegeben (manchmal in technisch-wissenschaftlicher Schreibweise mit nachgestelltem 10er-Exponenten.

  Beispiel: 103 bedeutet $10 \cdot 10^3$ pF = 10 nF und nicht 103 pF.
- Ist ein Dezimalpunkt (bzw. ein Komma) vorhanden, so ist die Nennkapazität in μF angegeben.
- Nachgestellte Großbuchstaben geben die Toleranz an, es gibt z. B.: J: ±5%, K: ±10%, M: ±20%.

  Beispiel: 0.47 M bedeutet 0,47 μF/±20%.

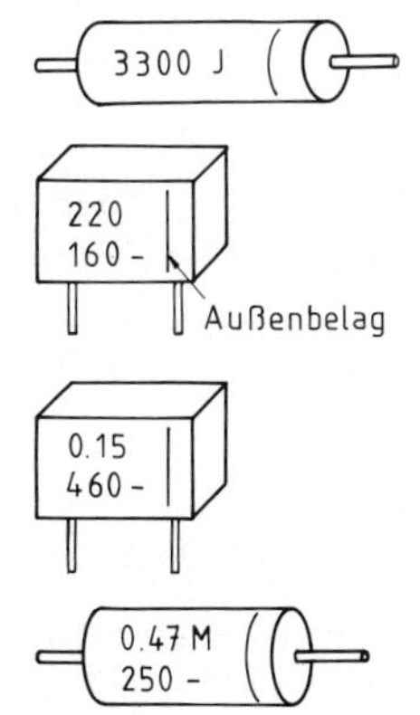

Nennspannungen für Kondensatoren

Gängige Werte aus der Normwertreihe sind:
6,3 V 10 V 16 V 25 V 35 V 40 V 50 V 63 V 100 V 160 V 200 V 250 V 350 V 400 V 450 V 630 V 1000 V 1500 V 2000 V

Diese Werte gelten auch für Elkos, jedoch nicht für Tantalelkos.

A-8
Tantalkondensatoren

Tantalelkos sind wie gewöhnliche Elkos polarisiert (Polung also einhalten (!)). Die angegebene Spannung ist eine Spitzenspannung. Sie darf nur eine Minute anliegen. (Erholzeit danach *mindestens* 10 min.) Mit zunehmender Nennkapazität wird die Spannungsfestigkeit grundsätzlich kleiner.
Falls beim Aufladen mehr als 30 mA/V fließen können, muß ein Schutzwiderstand eingefügt werden. Vorteile von Tantalelkos gegenüber „normalen" Elkos: Geringer Reststrom, kleine Temperaturdrift, höhere Betriebsfrequenz bei kleinen Verlusten.

Kennzeichnung

a) Klartextcode:

Aufgedruckt ist die Ziffernfolge für die Nennkapazität in µF.
Die Spannungsfestigkeit wird immer zusammen mit ihrer Einheit V angegeben.

b) Farbcode:

Für die beiden ersten Ziffern und den Multiplikator wird der Widerstandscode verwendet. Die Nennkapazität folgt daraus in µF[1]).
Die vierte Farbe (meist der untere Teil) kennzeichnet die Spannungsfestigkeit:

sw:	4 V	br:	6 V	rt:	10 V
or:	15 V	ge:	20 V	gr:	25 V
bl:	35 V	vi:	50 V		

A-9
Halbleiterschlüssel

Eine einheitliche, weltweite Normierung für Halbleiter gibt es (noch) nicht. Üblich sind drei verschiedene Normen:

1. Die europäische Pro-Electron-Norm (seit 1966)

a) Halbleiter für den allgemeinen Anwendungsbereich sind gekennzeichnet durch *2 Buchstaben gefolgt von 3 Ziffern.*
b) Halbleiter für den mehr kommerziellen Einsatzbereich sind beschriftet mit *3 Buchstaben gefolgt von 2 Ziffern.*

Der erste Buchstabe benennt das Halbleitermaterial:

A	Germanium	bzw. Bandabstand 0,6...1,0 eV
B	Silizium	bzw. Bandabstand 1,0...1,3 eV
C	GaAs, GaP	bzw. Bandabstand ≥1,3 eV
D	InSb	bzw. Bandabstand ≤0,6 eV
R	Halbleiterverbindung	

Der zweite Buchstabe beschreibt den Verwendungszweck:

A	Diode, allgemeine Anwendung
B	Kapazitätsdiode
C	Kleinleistungstransistor für NF
D	Leistungstransistor für NF
E	Tunneldiode
F	Kleinleistungstransistor für HF
H	Hallsonde
K	Hallgenerator
L	Leistungstransistor für HF
N	Optokoppler
P	Strahlungsempfindliches Bauelement
Q	Strahlungserzeugendes Bauelement
R	Thyristor
S	Kleinleistungs-Schalttransistor
T	Leistungs-Thyristor
U	Leistungs-Schalttransistor
Y	Leistungsdiode
Z	Z-Diode

[1]) Ausnahme: Fa. Union Carbide, hier in pF, erkennbar an dem sonst viel zu großen Zahlenwert.

A-10

Der dritte Buchstabe (falls vorhanden meist U...Z) und die folgenden 2 oder 3 Ziffern sind intern vom Hersteller festgelegt. Daraus folgt direkt keine technische Information mehr.
Zusätzliche *nachgestellte weitere Buchstaben* oder Ziffern geben verschlüsselt Hinweise auf die Stromverstärkung, Steilheit o. ä.

Beispiele:

BC 107	Si-Kleinleistungstransistor für NF
BCY 58	wie vor, jedoch für kommerzielle Zwecke
BD 139	Si-Leistungstransistor für NF
CQY 40	LED (rot, 3 mm, Material GaAsP)
BPW 34	Fotodiode

Für die Bezeichnung von Z-Dioden gelten oft Sonderregelungen (siehe Kapitel 6.2.3)

2. Die amerikanische Jedec-Norm

Die Unterscheidung erfolgt hier nur sehr grob. Das Grundmaterial und die elektrischen Eigenschaften sind nicht aufgeschlüsselt.

Für die beiden ersten Zeichen gilt folgende Zuordnung:

1N... Diode
2N... Transistor (auch Sperrschicht-FET), Thyristor
3N... Feldeffekttransistor, unipolarer Transistor
4N... Vierschicht-Diode

Diesen beiden Zeichen folgen mehrere Ziffern (meist 3 oder 4).

Beispiele:

1N4007	Diode (Universaltyp 1000 V/1 A)
2N3055	Transistor (Leistungstyp 100 V/15 A)
3N128	MOS-Feldeffekttransistor

A-11

3. Die japanische JIS-Norm

Hier gilt Ähnliches wie bei der amerikanischen Norm. Aus den ersten zwei bzw. drei Zeichen folgt:

1S... Diode
2S... Transistor oder Thyristor.
Für Transistoren gilt folgende Unterteilung:
2SA: PNP für HF   2SC: NPN für HF
2SB: PNP für NF   2SD: NPN für NF
2SK: Sperrschichtfeldeffekt-Transistor
3SK... MOS-Feldeffekttransistor

Dieser Typenkennzeichnung folgen mehrere Ziffern (meist 3 bzw. 4)

Beispiele:

2SB 681	PNP-Transistor für NF (Leistungstyp 150 V/12 A)
2SD 551	NPN-Transistor für NF (Leistungstyp 150 V/12 A)

Integrierte Halbleiter

Häufig sind die internen Bezeichnungen einzelner Hersteller weltweit in Gebrauch (z. B. für TTL-Gatter). Sofern eine Bezeichnung nach dem europäischen Pro-Electron-Schlüssel erfolgt, gilt:

Erster Buchstabe: S, FA...FZ, GA...GZ = digitale Schaltung
T = analoge Schaltung
U = analoge und digitale Funktion

Zweiter Buchstabe: ohne Bedeutung
Dritter Buchstabe: Temperaturbereich (A = ohne Angabe)

Beispiele:

FLK 101	Monoflop (74121)
UAA 170	Analoge Ansteuerung von 16 LEDs
TBA 180	NF-Verstärker 2 W

Liste häufig verwendeter Formelzeichen

▶ Im Text werden die nachfolgenden Größen (kursiv gesetzt) gelegentlich mit zusätzlichen Indizes verwendet.

B

B (Gleich-)Stromverstärkung, statische Stromverstärkung eines Transistors

β Wechselstromverstärkung eines Transistors

C

C Kapazität eines Kondensators

D, d

d Abstand, Breite, Dicke

$\Delta \ldots$ Änderung von ..., Differenz ...

ϑ Temperatur in °C

E

E Feldstärke

F, f

f Frequenz

f_g Grenzfrequenz ($X_C = R$)

f_u untere Frequenzgrenze; für diese ist X_C vernachlässigbar, weil $X_C = 1/10 \cdot R$ gilt

G

G absoluter Glättungsfaktor (Z-Diode)

I, i

I **Strom**

$\bar{I}$ arithmetischer Mittelwert, mittlerer Strom, DC-Wert, I(DC)

I_{Cm} theoretisch maximaler Kollektorstrom durch R_C, wenn $U_{CE} = 0$ wäre

$I_{C\,max}$ hochzulässiger Wert des Kollektorstromes I_C

I_D 1. Diffusionsstrom (PN-Übergang, Diode)
2. Drainstrom $= I_{DS}$ (FET)

I_{DSS} Drainstrom bei $U_{GS} = 0$ (Zusatzindex S = short circuit)

I_{eff} Effektivwert, AC-Wert I (AC)

I_F Durchlaßstrom (Diode)

$I_{F\,min}$ Mindestwert von I_F für den Arbeitsbereich ($U_F \simeq U_{Schw}$)

$I_{F\,max}$ höchstzulässiger Wert von I_F

I_H Haltestrom (Thyristor)

I_m Scheitelwert

I_R Sperrstrom (Diode)

I_{rm} thermisch ausgelöster Rückstrom (PN-Übergang)

I_{SS} Spitzen-Spitzen-Wert

I_Z Zenerstrom (Z-Diode)

$I_{Z\,min}$ Mindestwert von I_Z für den Arbeitsbereich

$I_{Z\,max}$ höchstzulässiger Wert von I_Z

i 1. Momentanwert $i = I(t)$
2. Wechselstromanteil eines gemischten Stromes

i_0 Anfangsstrom beim Laden/Entladen eines Kondensators

K, k

k 1. Rückkopplungsfaktor
2. Boltzmannkonstante

L, l

L Induktivität einer Spule

N, n

N, n Anzahl, Zahl, Modulumfang (bei Zählern)

n Dichte, Konzentration von Atomen oder Ladungsträgern, z. B. n_n = Dichte der freien Elektronen

n_i Intrinsic-Zahl (Halbleiterphysik)

P, p

P_{tot} totale (gesamte) Verlustleistung (Transistor)

P_V Verlustleistung

P_{Sch} Schaltleistung, Schaltvermögen (→ Schalttransistor)

$P_{Z\,max}$ höchstzulässige Verlustleistung einer Z-Diode

Q, q

Q **Ladung**

q Momentanwert $q = Q(t)$

R, r

R (Gleichstrom-)**Widerstand**

R_i Innenwiderstand

R_{iI} Innenwiderstand eines Strommessers

R_{iU} Innenwiderstand eines Spannungsmessers

$R_{i/V}$ R_{iU} bezogen auf 1 Volt des eingestellten Meßbereiches (Innenwiderstand pro Volt)

R_L angeschlossener Lastwiderstand

r differentieller, dynamischer (Wechselstrom-)Widerstand

r_a Ausgangswiderstand
1. allgemein
2. eines aktiven Bauelementes ohne Gegenkopplung

r'_a Ausgangswiderstand bei vorliegender Gegenkopplung

r_{BE} Eingangswiderstand des Transistors in Emitterschaltung, direkt an der Basis (Eingang) gemessen

r'_{BE} wie r_{BE}, jedoch bei vorliegender Gegenkopplung

r_{CE} Ausgangswiderstand des Transistors in Emitterschaltung, direkt am Kollektor (Ausgang) gemessen

r_e Eingangswiderstand
1. allgemein
2. eines aktiven Bauelementes ohne Gegenkopplung

r'_e Eingangswiderstand bei vorliegender Gegenkopplung

r_{EB} Eingangswiderstand des Transistors in Basisschaltung, direkt am Emitter (Eingang) gemessen

r_F differentieller Widerstand einer Diode in Flußrichtung

r_Z differentieller Widerstand einer Z-Diode (Sperrichtung)

S

S 1. Steilheit von Transistoren
2. relativer Stabilisierungsfaktor (Z-Diode)

T, t

T 1. Periodendauer
2. absolute Temperatur in K

t Zeit

t_i Impulsdauer

$\bar{t}_i$ Impulsdauer eines Monoflops mit der Ruhelage Q = H

t_p Impulspausendauer

t_{rec} recovery-time, Erholzeit, Vorbereitungszeit (Aufladezeit eines Kondensators in einer Kippschaltung)

τ Zeitkonstante: $\tau = R \cdot C$

U, u

U **Spannung**

$\overline{U}$ arithmetischer Mittelwert, mittlere Spannung, DC-Wert, U(DC), DC-Offset

U_{AK0} Nullkippspannung eines Thyristors (Gate offen bzw. $U_{GK} = 0$)

$U_{CE\,Rest}$ Kollektor-Emitter-Restspannung bei Übersteuerung

$U_{CE\,sat}$ Kollektor-Emitter-Spannung bei Sättigungsbeginn ($U_{CB} = 0$)

U_{eff} Effektivwert, AC-Wert, U(AC)

U_F Durchlaßspannung (Diode)

$U_{F\,max}$ höchstzulässiger Wert von U_F

U_0 Scheitelwert eines Rechtecksignals (oder eines Impulses)

U_P Pinch-Off-Spannung (Abschnürspannung) eines Sperrschicht-FET

U_R Sperrspannung (Diode)

$U_{R\,max}$ höchstzulässiger Wert von U_R

U_S Speisespannung

U_{Schw} Schwellwert einer Diodenstrecke

U_{SS} Spitzen-Spitzen-Wert

U_T Temperaturspannung

U_{Th} Schaltschwelle eines MOSFETs (Threshold Voltage)

U_Z Zenerspannung

U_{ZN} Zenernennspannung

u 1. Momentanwert $u = U(t)$
2. Wechselspannungsanteil einer gemischten Spannung

u_a, u_A Ausgangsspannung

u_e, u_E Eingangsspannung

u'_e wahre Eingangsspannung, wenn Gegenkopplung vorliegt

u_-, u_+ Eingangsspannung am invertierenden, nichtinvertierenden Eingang eines OV

$\Delta u_\pm$ Differenzspannung zwischen u_+ und u_-

V

V 1. (Spannungs-)Verstärkung
2. Tastverhältnis $V = T/t_i$

V' Systemverstärkung, wenn Gegenkopplung vorliegt

V_0 Leerlaufverstärkung

V'_0 Systemverstärkung, wenn Gegenkopplung vorliegt, Leerlauffall betont

X

X_C kapazitiver Widerstand

Z, z

Z Zählkapazität (digitale Zähler)

z Schaltfunktion (Schaltalgebra, Boolesche Algebra)

Stichwortverzeichnis